Werner Heise
Pasquale Quattrocchi

Informations- und Codierungstheorie

Mathematische Grundlagen der
Daten-Kompression und -Sicherung in
diskreten Kommunikationssystemen

Dritte, neubearbeitete Auflage
Mit 43 Abbildungen und 6 Tabellen

 Springer

Prof. Dr. Werner Heise

Mathematisches Institut
Technische Universität München
Arcisstraße 21
D-80333 München

Prof. Dr. Pasquale Quattrocchi

Dipartimento di Matematica Pura
ed Applicata
Università degli Studi
Via Campi 213/B
I-41100 Modena

ISBN-13: 978-3-540-57477-4   e-ISBN-13: 978-3-642-78659-4
DOI: 10.1007/978-3-642-78659-4

CIP-Aufnahme beantragt

Satz: Reproduktionsfertige Vorlage der Autoren
SPIN 10129115   45/3142 - 5 4 3 2 1 0 – Gedruckt auf säurefreiem Papier

Unseren verehrten Lehrern
Helmut Karzel
und
Luigi Antonio Rosati
in Dankbarkeit gewidmet

Vorwort zur ersten Auflage

Frau Professor JUDITA COFMAN machte den italienischen Autor im März 1977 darauf aufmerksam, daß seine Arbeiten über scharf dreifach transitive Permutationsmengen mit den Arbeiten des deutschen Autors über Minkowski-Ebenen in wesentlichen Ergebnissen deckungsgleich waren.

Der Italiener lud den Deutschen daraufhin als Gastprofessor des Consiglio Nazionale delle Ricerche (CNR) am Mathematischen Institut der Universität Modena ein; die Konkurrenz wandelte sich schnell in eine dauerhafte Freundschaft.

Ausgehend von unserem ursprünglichen Arbeitsgebiet, der endlichen Geometrie, interessierten wir uns zunehmend für die Codierungstheorie. In Vorlesungen und Seminaren der Technischen Universität München und in Seminaren an der Universität Modena (während der sich alljährlich wiederholenden Gastaufenthalte des deutschen Autors in Italien) spürten wir den Mangel an für Studenten geeigneten Lehrbüchern, die über eine bloße Einführung hinausführten. Die meisten weiterführenden Bücher sind entweder nachrichtentechnischer Natur oder wenden sich an Spezialisten mit besonderen mathematischen Vorkenntnissen.

Als wir dieses Buch schrieben, stellten wir uns den Leser als Studenten der Informatik im 5. Semester vor, der sich für die mathematischen Grundlagen der Informations- und Codierungstheorie interessiert. Zur Bequemlichkeit des Lesers haben wir die benötigten (und als bekannt vorausgesetzten) Grundbegriffe aus Analysis, Wahrscheinlichkeitsrechnung und Algebra rekapituliert. (So ist beispielsweise der Abschnitt 3.1 den grundlegenden Eigenschaften der Logarithmus-Funktionen gewidmet.) Die Darstellung dieser Grundbegriffe sollte nicht dazu verleiten, die entsprechenden Abschnitte als Lehrbuch der Algebra oder Wahrscheinlichkeitsrechnung zu mißbrauchen: Nur für den Gegenstand dieses Buches relevante Grundlagen sind dargestellt.

Zu Problemen der technischen Realisation von Kommunikationssystemen haben wir geschwiegen. Als Mathematiker haben wir dazu nichts zu sagen.

Das Buch konzentriert sich auf den mathematischen Aspekt der Daten-Kompression und -sicherung in diskreten Kommunikationssystemen. Das heißt zum Beispiel, daß in Abschnitt 9.6 die mathematischen Grundlagen der Decodierung der BCH-Codes ausführlich dargestellt werden, daß aber der BERLEKAMP-MASSEY-Algorithmus — ein effizientes Verfahren zur Aufstellung der für die Decodierung benötigten linearen Gleichungssysteme über $GF(q)$ — selbst nicht gebracht wird, ganz zu schweigen von der technischen Realisation des Decodierers.

Abgesehen von wenigen Ausnahmen in sehr speziellen Passagen (zum Beispiel in Abschnitt 8.12) werden die Aussagen dieses Buches bewiesen; deswegen haben wir im Text im allgemeinen auf Literaturhinweise und Prioritätszuweisungen verzichtet.

Ein Student der Informatik sollte nicht zuviel Zeit für ein Randgebiet der Informatik wie die Informations- und Codierungstheorie verschwenden. Wir haben deswegen auf Übungsaufgaben verzichtet und statt dessen durchgerechnete Beispiele in den Text eingefügt.

Wir danken Frau DORIS JAHN für das sorgfältige Tippen des Manuskriptes und machen sie für alle mathematischen Fehler haftbar. Der italienische Autor übernimmt dafür die Verantwortung für alle Tipp-Fehler. Der deutsche Autor weist jede Verantwortung weit von sich. Das Stichwortverzeichnis hat Frau ULRIKE HEISE angefertigt. Die Herren ARRIGO BONISOLI, PAVEL FILIP und JEAN GEORGIADES wurden von uns freundlichst gezwungen, das Manuskript auf Fehler zu kontrollieren; die Herren Professoren Dr. HELMUT VOGEL und Dr. HEINZ WÄHLING lasen Abschnitt 3.6 beziehungsweise Kapitel 7 durch. Jeder unentdeckte Fehler vermindert unseren Dank. Der Vater des deutschen Autors, BRUNO HEISE, hat die Diagramme gezeichnet. Danke, Papa! Als Materialisten danken wir dem Consiglio Nazionale delle Ricerche überaus herzlich für die Finanzierung der Gastaufenthalte in Modena. Herrn ROSSBACH vom Springer-Verlag danken wir für die unbürokratische Betreuung.

Eine persönliche Anmerkung für unseren gemeinsamen Landsmann REINHOLD MESSNER:

Bitte verzeihen Sie uns die respektlose Bemerkung in Kapitel 10. Seien Sie versichert, daß wir Ihre sportlichen Leistungen bewundern.

Modena, im Februar 1983
W. H.   P. Q.

Vorwort zur zweiten Auflage

Folgendes hat sich geändert: Viele Schreibmaschinen-Tippfehler der ersten Auflage wurden durch vornehmere Textverabeitungs-Tippfehler ersetzt. Wo die Erfahrungen des Unterrichts es ermöglichten, wurde die Darstellung gestrafft, gedehnt oder geglättet. Das betrifft insbesondere die Kapitel 1, 7 und 8. Der Begriff „systematischer Code" wird jetzt im orthodoxen Sinne verwandt. Der Begriff „optimaler Code" wurde konsequent durch „MDS-Code" ersetzt und wird jetzt in einem umfassenderen Sinne gebraucht. Die „Konvolutionscodes" heißen jetzt „Faltungscodes". Diese Terminologieänderungen entspringen keiner tiefen Einsicht, sondern wurden in Anpassung an den allgemeinen Sprachgebrauch vorgenommen. In Abschnitt 8.7 werden neben der VARŠAMOV-Schranke auch die GILBERT-Schranke für lineare Codes und die GRIESMER-Schranke bewiesen. Die Kapitel 9 und 10 wurden gründlich revidiert. Da ist sozusagen kein Buchstabe auf dem alten geblieben. In den Abschnitten 9.1 und 9.4 wurde das Automorphismenproblem für lineare und zyklische Codes sehr viel sauberer beschrieben. In Abschnitt 9.7 wird nach einem fast trivial zu nennenden Beweis des quadratischen Reziprozitätsgesetzes die Theorie der Quadratische-Rest-Codes bis zur Quadratwurzelschranke unter Einschluß des GLEASON-PRANGE-Theorems zum erstenmal in einem Lehrbuch lückenlos und frei von groben Fehlern dargestellt. In Kapitel 10 wurde großer Wert darauf gelegt, die Begriffe „Faltungscode" und „Faltungscodierer" zu trennen.

Soweit zum Abschreiben für den Rezensenten.

In Kapitel 7 und 10 haben wir uns über Fehler zweier „very important persons" mokiert. Wer sich als Zensurenverteiler und Dogmenverkünder betätigt, oder wer auf junge Mathematiker am Beginn ihrer Karriere einschlägt, sollte auch einiges einstecken können. Bei allen anderen Kollegen, die sich durch irgendeine Passage oder durch die Nichterwähnung ihrer Person in die Wade gebissen fühlen, entschuldigen wir uns von vornherein. So war das nicht gemeint. Im Zeichen von Glasnost lehnen wir Personenkult ab.

Bei der Überarbeitung des Buches haben uns viele geholfen. Dafür bedanken wir uns ganz herzlich. Zunächst einmal sind unsere zum Teil unvergeßlich vergeßlichen Studenten zu nennen, für die dieses Buch geschrieben wurde, und deren Kritik wir sehr ernst nehmen. Dr. MICHAEL KAPLAN fand bei der Durchsicht des Manuskripts viele Fehler. Der Diplomand THOMAS HONOLD arbeitete fast das gesamte Manuskript gründlich durch und veranlaßte zahlreiche Verbesserungen und Berichtigungen. Er entdeckte alle lückenhaften Argumentationen, bei denen wir der Faulheit nachgegeben und uns „'s wird schon so sein!" gedacht hatten; unerbittlich drang er auf Präzisierung. Dr. sc. nat. LUDWIG STAIGER las das Manuskript ebenfalls durch, kritisierte schlampige Formulierungen, beseitigte massenweise Fehler und machte uns auf einschlägige Arbeiten sowjetischer Codierungstheoretiker aufmerksam. Seinem fachmännischen Rat sind wir ausnahmslos gefolgt. Die Erörterung der Code-Verkettung in Abschnitt 8.10.4 entstammt seiner Feder; da beseitigte er schwachsinnige Ausführungen der ersten Auflage. Die deutschen Postverwaltungen transportierten das Papier kilogrammweise zuverlässig und verlustfrei von München nach Berlin und retour; das ist nicht selbstverständlich, sondern verdient ein großes Lob. Die italienische Post sabotierte die Fertigstellung des Buches nach Kräften: Mit einer durchschnittlichen Geschwindigkeit von 0,2 m/sec beförderte sie einen Express-Brief von Modena nach München. Auch der Zoll hat Teile des Manuskripts begutachtet und gestempelt, aber leider keine nützlichen Kommentare geliefert.

Die Ideen zu einigen neuen Bildern stammen von einem Freund, der nicht genannt werden will; ein herzliches Dankeschön nach Frankfurt. Herrn Dr. MICHAEL KAPLAN und Herrn Dr. PETER VACHENAUER danke ich für die geduldige Einweihung in die Geheimnisse der Textverarbeitung.

Bei Frau INGEBORG MAYER und Herrn Dr. HANS WÖSSNER vom Springer-Verlag bedanke ich mich für die familiäre und freundschaftliche Betreuung. Am Telephon verabschiedeten wir uns stets mit „Tschüß".

München, im September 1988
W. H.

Vorwort zur dritten Auflage

Eigentlich wollte ich an dem Buch außer der Umstellung auf das Textverarbeitungssystem Signum!Drei der Firma Application Systems Heidelberg Software GmbH nicht viel ändern. Unveränderte Neudrucke von Büchern über sich verändernde Themen gleichen aber dem Aussetzen Unmündiger; die moralischen Bedenken siegten über die Faulheit: Die vorliegende dritte Auflage ist kein „Update", sondern ein „Upgrade".

Bei guten Codierungen werden die Nachrichten und die sie symbolisierenden Signale gleichmäßig gegen Störungen geschützt. Die Homogenität drückt sich in Transitivitätseigenschaften der Symmetrien des Codes aus. Dieser Gesichtspunkt wurde verstärkt berücksichtigt. Schon in dem als Motivation gedachten Abschnitt 1.7.3 werden strukturerhaltende Abbildungen von Codes, die Isometrien und Automorphismen bezüglich der HAMMING-Metrik, behandelt.

Die Kapitel 2 bis 6 wurden – bis auf eine Vereinfachung des Beweises des Satzes über die maximale Effizienz einer Quellencodierung auf Seite 144f. – nur stilistisch überarbeitet.

In Abschnitt 7.1 habe ich die Grundlagen der linearen Algebra zum Zwecke der Sprachregelung breiter dargestellt. Der Abschnitt 7.5 enthält nun eine Liste der wichtigsten Eigenschaften der Kreisteilungspolynome.

Die Kapitel 8 und 9 sind nicht mit der zweiten Auflage kompatibel: Hier wurden die Dinge umgestellt, vereinfacht, gestrichen und ergänzt; auch die Codierungstheorie hat sich in den letzten stürmischen sechs Jahren gewandelt, und ich habe einiges dazugelernt.

Herr Dr. THOMAS HONOLD hat mich in meiner Auffassung bestärkt, keinen Personenkult zu betreiben: In den *Disquisitiones* von CARL FRIEDRICH GAUSS fand er eine Liste der Generatorpolynome der Quadratische-Rest-Codes einer Länge $n \leq 23$. Namensnennungen sind nicht als Prioritätszuweisungen zu verstehen, vielleicht findet man noch interessante babylonische Scherben.

Bei den Korrekturen haben mich Frau Dipl.-Math. IOANA CONSTANTINESCU und Herr Dr. THOMAS HONOLD sehr zuverlässig unterstützt. Dafür und für die stete Forderung nach Ausführlichkeit („Ein Leser, der zugunsten des Kaufes dieses Buches auf eine Tankfüllung bleihaltigen Superbenzins verzichtet, hat ein Anrecht darauf, sich nicht alles selbst überlegen zu müssen.") bin ich ihnen sehr dankbar. Als Grundlage für den neuen Abschnitt 9.7 diente mir die Ausarbeitung einer Vorlesung, die Herr Dr. MICHAEL KAPLAN an der Universität der Basilicata in Potenza gehalten hat; mein heißer Dank in das Büro nebenan! Herr Professor Dr. PAVEL FILIP las im Wintersemester 1992/93 die Informations- und Codierungstheorie an der TU München, davon habe ich profitiert; danke Pavlovič! Herr Professor Dr. LUDWIG STAIGER bewahrte mich davor, in Kapitel 10 einen Bock zu schießen; danke Luigi! Herr Professor Dr. ARRIGO BONISOLI versicherte mir, daß er die vor zehn Jahren begonnene Übertragung des Buches in das Italienische fortsetzen werde; lieber Sole, ich entschuldige mich dafür, daß Du Deine bisherigen Übersetzungen wegen Veraltung wirst wegwerfen müssen! Bei Herrn Professor Dr. Dr. h.c. ROLAND BULIRSCH bedanke ich mich für die Beschaffung der Zeichensätze der Firma Holger Schlicht Types Hamburg. Die Zusammenarbeit mit Frau INGEBORG MAYER und Herrn Dr. HANS WÖSSNER vom Springer-Verlag verdient das Prädikat „ideal"; ich bedanke mich für die mir gebotene Freiheit und freundschaftliche Behandlung.

Auch der Koautor der ersten Auflage hofft, daß die vorliegende dritte Auflage einen solchen Reifegrad erreicht hat, daß wir es verantworten können, dieses Buch den Männern zu widmen, die uns die Mathematik beigebracht haben, den Professoren Dr. Dr. h.c. HELMUT KARZEL und LUIGI ANTONIO ROSATI.

Die Wiedervereinigung erlaubt es mir, zwei Mißverständlichkeiten aus dem Vorwort zur zweiten Auflage auszuräumen:

Bei dem ungenannten Frankfurter Freund, der die Ideen zu einigen Bildern beisteuerte, handelt es sich um den Karikaturisten KARL KOPPE aus Frankfurt an der Oder; herzlichen Dank, Karl!

Die italienischen Zollbeamten haben mich nie kontrolliert. Ein deutscher demokratischer Zöllner studierte den Entwurf des Kapitels über Faltungscodes sehr gründlich und ließ mich unter Bedenken passieren.

München, im November 1994
W. H.

Inhaltsverzeichnis

Einleitung

Selten läßt sich die Geburt einer mathematischen Disziplin exakt datieren. Mit der Informations- und Codierungstheorie ist das anders. 1948 erschien im Juli-Heft des *Bell Systems Technical Journal* 27, 379-423, der erste Teil von Claude E. Shannons Artikel *A mathematical theory of communication*. Da heißt es:

> „Das grundlegende Problem der Kommunikation besteht darin, an einer Stelle entweder genau oder angenähert eine Nachricht wiederzugeben, die an einer anderen Stelle ausgewählt wurde."

Die Übermittlung von Nachrichten mittels eines Kommunikationssystems kann man sich *räumlich* (Rundfunk, Telegraphie, Fernschreiber, Telefon, Fernsehen usw.) oder *zeitlich* (Tonband, Schallplatte, Film, Videoband und so weiter) vorstellen. Um möglichst viele (bislang technisch realisierte oder nicht realisierte) Systeme zu erfassen, werden die Baueinheiten eines Kommunikationssystems als schwarze Kästen mit gewissen Ein- und Ausgängen betrachtet. Diese schwarzen Kästen nehmen Daten auf, speichern und verarbeiten sie und geben dann wieder Daten aus. Die *Baueinheiten* werden durch ihre Aufgaben und Wirkungen als *Funktionseinheiten* definiert und beschrieben. Ein abstraktes Kommunikationssystem besteht aus den folgenden Baueinheiten:

1. *Nachrichtenquelle*   [message source],
2. *Quellencodierer*   [source encoder],
3. *Kanalcodierer*   [channel encoder],
4. *Kanal*   [channel],
5. *Rauschquelle*   [noise],
6. *Kanaldecodierer*   [channel decoder],
7. *Quellendecodierer*   [source decoder],
8. *Nachrichtensenke*   [message sink].

Im folgenden beschreiben wir — vorbehaltlich späterer Präzisierung und
Einengung der Bedingungen — den Nachrichtenfluß in diesem Kommunikationssystem.

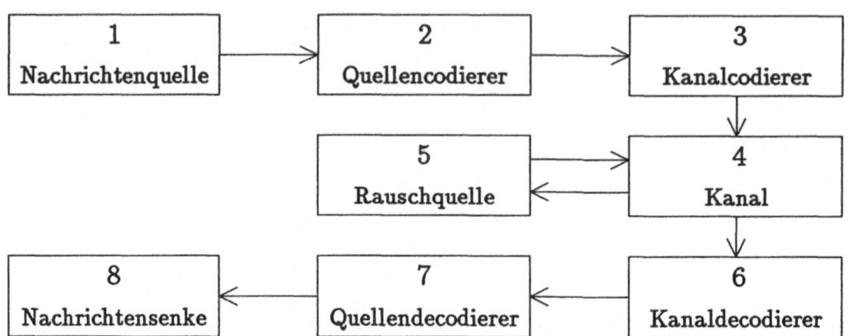

Die (diskrete und stationäre) *Nachrichtenquelle* (1) verfügt über einen
gewissen endlichen Nachrichtenvorrat. Die einzelnen Nachrichten werden
in einem stochastischen Prozeß mit gewissen, als bekannt vorausgesetzten Wahrscheinlichkeiten aus dem Vorrat ausgewählt; diese Auswahl
geschieht unabhängig vom konkreten Zeitpunkt. Mit einem bestimmten
Signalisiertempo gibt sie die als Signale dargestellten ausgewählten
Nachrichten weiter. Der Informationsgehalt einer Nachricht mißt deren
Seltenheitswert; häufige Nachrichten haben einen geringen Informationsgehalt.

Der *Quellencodierer* (2) setzt die Darstellung der Nachrichten der physi-
kalischen Auslegung des Kanals entsprechend in Folgen von solchen
Signalen um, die der Kanal übertragen kann. Der Kanal kann pro
Sekunde nur eine gewisse Anzahl von Signalen aufnehmen. Um der Nachrichtenquelle ein möglichst hohes Signalisiertempo zu ermöglichen, wird
der Quellencodierer seine Eingangssignale in solche Folgen von Aus-
gangssignalen übersetzen, daß relativ häufige Nachrichten im Gegensatz
zu den seltenen Nachrichten nur wenig Zeit zur Übertragung im Kanal
beanspruchen. Die Funktion des Quellencodierers wird als *Informations-
verdichtung der Nachrichten* oder *Datenkompression* bezeichnet: Die Darstellung wird von unnützer Redundanz befreit; bei der Nachrichtenübertragung kommt es uns nur auf den Transport des Informationsgehaltes
der Nachrichten an.

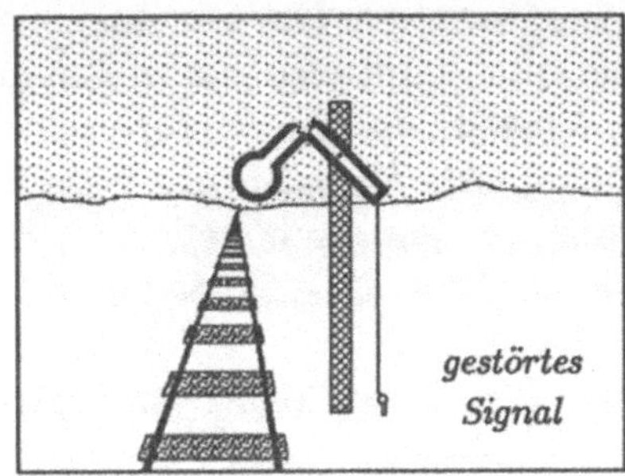

Der *Kanal* (4) wird als das von den anderen Baueinheiten unabhängige Herzstück des Kommunikationssystems angesehen: So wie man ein Tonband zu verschiedenartigsten Zwecken verwenden kann, so lassen sich an den Kanal die unterschiedlichsten Nachrichtenquellen und -senken anschließen. Wir definieren als *Zeiteinheit* die Zeitspanne, die der Kanal im Mittel benötigt, um am Eingang ein zulässiges Signal aufzunehmen. Beim Vorhandensein einer *Rauschquelle* (5) werden diese Signale während der Übertragung mit einer statistisch ermittelten Wahrscheinlichkeit gestört und verstümmelt: In eine Telegraphenleitung schlägt der Blitz ein, der magnetisierende Belag eines Tonbandes hat Fehler, eine Schallplatte ist verstaubt. Der Vorrat der Ausgangssignale eines Kanals wird sich also im allgemeinen von dem Vorrat der zulässigen Eingangssignale unterscheiden. Die Auswahl der Signale, die wir während einer konkreten Nachrichtenübertragung am Ausgang des Kanals beobachten, hängt — bedingt durch die Aktivität der Rauschquelle — statistisch von der Auswahl der Eingangssignale ab. Die als Signale dargestellten Nachrichten verlieren durch die Störung im Kanal einen gewissen Informationsgehalt, die *Äquivokation*. Der verbleibende theoretisch nutzbare Anteil des Informationsgehaltes der Nachrichten wird als *Transinformation* bezeichnet. Die Rauschquelle bewirkt nicht nur einen Informationsverlust, sondern kann selbst als Nachrichtenquelle betrachtet werden; die von ihr verursachten Störungen sind Signale, die ihrerseits Nachrichten mit einem gewissen Informationsgehalt repräsentieren. Den Kanal kümmert es wenig, daß der Benutzer des Kommunikationssystems an dieser Information überhaupt nicht interessiert ist. Er addiert diesen für den Benutzer irrelevanten und daher als *Irrelevanz*

bezeichneten Informationsgehalt zur Transinformation. Der am Ausgang des Kanals beobachtete Informationsgehalt entstammt also nur zu einem Teil der Nachrichtenquelle; es erscheint unmöglich, die Transinformation aus diesem Informationsgehalt herauszufiltern. Als *Kapazität* des Kanals werden wir den Transinformationsgehalt eines „durchschnittlichen", in den Kanal eingegebenen Signals bei Nutzung des Kanals durch eine optimale Nachrichtenquelle definieren.

Es ist die Aufgabe des *Kanalcodierers* (3), trotz dieser widrigen Umstände eine zumindest einigermaßen zuverlässige Nachrichtenübertragung zu gewährleisten. Er speichert die eingehenden Signale jeweils in Blöcken aus je k Signalen und fügt je nach Zusammensetzung dieser Blöcke planmäßig $r := n - k$ Kontrollsignale hinzu. Unter Beibehaltung des gesamten Informationsgehaltes, aber unter Einbuße von Informationsgehalt pro Signal, gibt der Kanalcodierer dann eine Folge von Blöcken aus je n Signalen an den Kanal ab. Das Verhältnis $\frac{k}{n}$ wird als *Informationsrate* bezeichnet. Der SHANNONsche Kanalcodierungssatz besagt, daß es bei einem gestörten Kanal der Kapazität K und einer vorgegebenen Zahl $R < K$ möglich ist, die Nachrichten mit einer Informationsrate mindestens gleich R so zu codieren, daß bei der Nachrichtenübertragung ein beliebiger Sicherheitsgrad erreicht wird. Allerdings geben die bekannten Beweise dieses Satzes keine konkreten Hinweise zur praktischen Konstruktion eines geeigneten Kanalcodierers: Die Anzahl der Signale, die zu Blöcken zusammengefaßt werden müßten, wüchse schon bei kleinen Systemen in astronomische Höhen. Die Anzahl der benötigten Speicherplätze läge jenseits jeder technischen Akzeptabilität. Wichtiger als der Kanalcodierungssatz selber ist seine Umkehrung: Bei einer Informationsrate über der Kanalkapazität sind der Zuverlässigkeit der Nachrichtenübertragung Schranken gesetzt. Die Herabsetzung der Informationsrate unter die Kapazität des Kanals bedeutet zwangsläufig eine Herabsetzung des Signalisiertempos der Nachrichtenquelle. In der Theorie der fehlererkennenden und fehlerkorrigierenden Codes werden Methoden und Verfahren bereitgestellt, mit denen der Kanalcodierer unter technisch realisierbaren Bedingungen arbeiten kann.

Der *Kanaldecodierer* (6) speichert die vom Kanal ausgegebenen Signale wieder in Blöcken von je n Signalen und bemüht sich unter Ausnutzung seiner Kenntnis des vom Kanalcodierer benutzten Verfahrens trotz der von der Rauschquelle verursachten Störungen die k Signale zu rekonstruieren, die der Kanalcodierer ursprünglich zu einem Block zusammenfaßte. Wenn ihm das nicht gelingt, begeht er einen *Decodierfehler*. Wenn der Kanaldecodierer seine Unzulänglichkeit erkennt, so kann er eine

Fehlermeldung weiterleiten. Dies ist besonders dann angezeigt, wenn das Kommunikationssystem Rückfragen zuläßt. Ein Decodierfehler kann aber auch darin bestehen, daß der Kanaldecodierer einen falschen Block von k Signalen rekonstruiert. In diesem Fall werden einige — aber nicht notwendig alle — der k in den Kanalcodierer eingespeisten Signale von *Übertragungsfehlern* betroffen. Mehr noch als die Decodierfehlerwahrscheinlichkeit stellt die Übertragungsfehlerwahrscheinlichkeit ein Maß für die Sicherheit der Nachrichtenübertragung des Teilsystems Kanalcodierer-Kanal-Kanaldecodierer dar. Bei empfindlichen Kommunikationssystemen können Decodierfehler katastrophale Folgen haben.

Der *Quellendecodierer* (7) übersetzt die ihm vom Kanaldecodierer übermittelten Signale in solche Signale, wie sie die Nachrichtenquelle aussandte, und gibt sie an den Empfänger, die *Nachrichtensenke* (8), weiter. Wenn aber der Kanaldecodierer einen Decodierfehler beging, so kann der Quellendecodierer aus dem Takt fallen und die gesamte weitere Nachrichtensendung verderben. Der gleiche Effekt kann auftreten, wenn im System *Synchronisationsfehler* vorkommen, das heißt, wenn der Kanal Signale verschluckt oder einfügt. (Dank der genauen Uhren, die heutzutage als Taktgeber benutzt werden, sind in der Datenverarbeitung Systeme mit Synchronisationsfehlern selten.) Wenn mit Decodierfehlern des Kanaldecodierers gerechnet werden muß, so empfiehlt es

> **Geldschrank-Kacker gefaßt über 75000 Mark erbeutet**
>
> Die drei Täter stammen aus dem Raum Hallbergmoos
>
> Goldach (ra) — Einer der spektakulärsten Einbrüche der letzten Zeit wurde aufgeklärt. Die Polizei konnte einen 27jährigen arbeitslosen Bürokaufmann, einen 19jährigen Griechen, von Beruf Aushilfskraft und einen 23jährigen
>
> *Synchronisationsfehler im Freisinger Tagblatt*

sich, unter eventuellem Verzicht auf maximale Datenkompression, den Quellencodierer und -decodierer mit selbststabilisierenden Verfahren wie *Block-Codes* oder *Komma-Codes* (die auch gegen Synchronisationsfehler helfen) arbeiten zu lassen.

Die *Informationstheorie* wird als Theorie der Übertragung des Informationsgehaltes von Daten über ein Kommunikationssystem im wesentlichen von wahrscheinlichkeitstheoretischen Methoden bestimmt. Die *Codierungstheorie* (im engeren Sinne) benutzt als Theorie der fehlererkennenden und fehlerkorrigierenden Codes hauptsächlich kombinatorische und algebraische Methoden. Der nur eine halbe Seite umfassende Artikel *Notes on digital coding* von MARCEL J. E. GOLAY aus dem Jahre 1949 und die aus patentrechtlichen Gründen zeitverzögert 1950 erschienene Arbeit *Error-detecting and error-correcting codes* von RICHARD W. HAMMING haben für die Codierungstheorie eine ähnliche Bedeutung wie SHANNONs oben erwähnter Artikel für die Informationstheorie. Motiviert durch den nichtkonstruktiven Charakter des SHANNONschen Kanalcodierungssatzes, entdeckt GOLAY — ausgehend von einem von SHANNON angegebenen Beispiel (des *binären* (7,4)-*Hamming-Codes* in heutiger Sprache) — im wesentlichen alle linearen *perfekten* Codes (von ihm *verlustlose* Codes genannt). HAMMING wurde bei seiner Forschungstätigkeit in den Bell-Laboratorien zum Nachdenken über in der Praxis anwendbare Methoden der Datensicherung angeregt: Bei den alten Relais-Großrechenanlagen mußte mit etwa einer Fehlfunktion auf zwei bis drei Millionen Relais-Operationen gerechnet werden. Mit Hilfe einfacher fehlererkennender Verfahren — wie zum Beispiel der *2-aus-5-Codierung* — wurden solche Störungen erkannt; das laufende Programm wurde mit einer Fehlermeldung unterbrochen. Trotz der gesteigerten Zuverlässigkeit der neuen Schaltelemente erzwangen die größeren Dimensionen und die erhöhten Rechengeschwindigkeiten der moderneren Computer die Entwicklung besserer Fehlerbekämpfungsmethoden durch automatische Korrektur; den Luxus, kostbare Rechenzeit wegen eines Stillstands des Rechners nach einem Programm-Abbruch zu vergeuden, wollte und konnte man sich nicht mehr leisten. HAMMING entdeckte unabhängig von GOLAY die später nach ihm benannten 1-fehlerkorrigierenden binären *Hamming-Codes* und beschrieb die Grundzüge einer Strukturtheorie der fehlererkennenden und fehlerkorrigierenden Codes.

Ein Code muß stets als integraler Bestandteil des Kommunikationssystems betrachtet werden: In Abhängigkeit vom verwendeten Code müssen Codierer und Decodierer technisch ausgelegt werden. In der Praxis überwiegt der durch die Komplexität der verwendeten Funktionseinheiten bedingte technische Aufwand in seiner Bedeutung die Beschränkung der Codierungsmöglichkeiten, wie sie nach dem SHANNONschen Kanalcodierungssatz durch die Kanalkapazität dem Kommunikationssystem auferlegt sind. In diesem Zusammenhang ist es nützlich, sich an eine alte Bauernregel zu erinnern, die besagt, daß sich die Lösung eines konkreten Problems um so leichter finden läßt, je reichhaltiger die Automorphismengruppe der dieser Aufgabe zu Grunde liegenden mathematischen Struktur ist. In der algebraischen Codierungstheorie befaßt man sich mit der Konstruktion mathematisch strukturierter Codes und untersucht natürlich auch die Beschränkungen, denen Codes mit gewissen Eigenschaften unterworfen sind.

1 Grundlagen der Codierung

Die Funktionen der Quellen- und Kanalcodierer sowie der Decodierer
bestehen im Umsetzen und Wandeln von Signalen oder Signalfolgen eines
Typs in Signale oder Signalfolgen eines anderen Typs. In diesem Kapitel
präzisieren wir diese Funktionen und vereinbaren den (in DIN 44300
genormten) Sprachgebrauch.

1.1 Zeichen und Nachrichten

Es sei F eine endliche Menge, die aus $|F| = q \geq 2$ Elementen besteht.
Wir nennen F einen *q-nären Zeichenvorrat*; die Elemente aus F heißen
Zeichen. Unter einem *Alphabet* verstehen wir einen (in vereinbarter
Reihenfolge) linear geordneten Zeichenvorrat.

Die binären Zeichenvorräte $\{O,L\}$ und $\{\male,\female\}$ sowie der ternäre,
beim Morse-Code verwandte Zeichenvorrat $\{\cdot, -, \text{'Pause'}\}$ sind
Beispiele für Zeichenvorräte ohne allgemein akzeptierte Anordnung der
Zeichen. Dagegen besteht ein allgemeiner Konsens über die Anordnung
der Alphabete $\{0,1,\dots,9\}$ und $\{a,b,\dots,z\}$. In der Literatur werden
die Begriffe „Zeichenvorrat" und „Alphabet" oft synonym verwendet. Die
Zeichen eines *binären* Zeichenvorrats (das heißt $q = 2$) heißen *Bits* (mit
großem 'B' geschrieben!) oder *Binärzeichen*. Die Zeichen eines q-nären
Zeichenvorrats, denen in irgendeiner natürlichen Weise die Zahlenwerte
des Alphabets $\{0,1,\dots,q-1\}$ umkehrbar eindeutig zugeordnet sind,
heißen *Ziffern*. Je nach der Anzahl q nennt man die Ziffern eines solchen
Zeichenvorrats *Dualziffern* (im Fall $q = 2$), *Dezimalziffern* (im Fall
$q = 10$), und so weiter. Das Wort „dual" ist nicht mit „binär" gleichbedeutend, sondern bezieht sich auf die Darstellung von Zahlen. Das Wort

„binär" bedeutet dagegen „genau zweier Werte fähig". Ein Zeichenvorrat, der mindestens die Buchstaben des gewöhnlichen Alphabets und die Dezimalziffern enthält, heißt *alphanumerischer* Zeichenvorrat.

Es sei n eine natürliche Zahl und F ein q-närer Zeichenvorrat. Unter einem *Wort* (Der Plural von „Wort" in diesem Sinn ist „Wörter", nicht „Worte"!) , einem *Vektor* oder einer *Folge* der *Länge* n mit Komponenten aus F versteht man ein *n-Tupel* $x := x_1, x_2, \ldots, x_n = (x_1, x_2, \ldots, x_n)$ aus dem n-fachen *kartesischen Produkt*

$$F^n = \bigtimes_{i=1}^{n} F = \underbrace{F \times F \times \ldots \times F}_{n\text{-mal}}$$

Die Menge F^n aller Wörter der Länge n mit Komponenten aus F bildet selbst einen q^n-nären Zeichenvorrat. Obschon wir die Null nicht zu den natürlichen Zahlen rechnen, wollen wir doch die Menge F^0 zulassen, die als einziges Element das *leere Wort* ( ) enthält.

Ist auf dem Zeichenvorrat F eine Anordnung gegeben, ist also F ein Alphabet, so können wir auch F^n zu einem Alphabet machen, indem wir auf der Menge aller Wörter der Länge n eine lineare Ordnungsrelation, etwa die *lexikographische Anordnung*, definieren: Ein Wort $x_1, x_2, \ldots, x_n$ ist *lexikographisch kleiner* als ein Wort $y_1 y_2 \ldots y_n$, wenn es einen Index k mit $1 \leq k \leq n$ und $x_1 = y_1, x_2 = y_2, \ldots, x_{k-1} = y_{k-1}$, und $x_k < y_k$ (bezüglich der Anordnung „<" des Alphabetes F) gibt.

Für jeden Zeichenvorrat F bezeichnen wir mit

$$F^{\vee} := \bigcup_{n=0}^{\infty} F^n \quad \text{(lies: „Äff Hirsch")}$$

die Menge aller Wörter aller Längen mit Komponenten aus F.

Wenn wir die *Konkatenation* $x_1 x_2 \ldots x_n y_1 y_2 \ldots y_m$ zweier Wörter $x_1 x_2 \ldots x_n$ und $y_1 y_2 \ldots y_m$ aus $F^{\vee}$ als Multiplikation auf $F^{\vee}$ interpretieren, so erweist sich $F^{\vee}$ als isomorph zu dem von F erzeugten *freien Monoid* (freie Halbgruppe mit neutralem Element). Das leere Wort ist das neutrale Element.

Als abzählbar unendliche Menge ist $F^{\vee}$ im strengen Sinne kein Zeichenvorrat. Es wird oft von Nutzen sein, die Menge $F^{\vee}$ graphisch als *Wurzelbaum* darzustellen: Sofern auf F keine Anordnung gegeben ist, prägen wir diesem Zeichenvorrat willkürlich eine Anordnung auf und machen aus F so ein Alphabet. Wir denken uns dann in der Zeichenebene äquidistant angeordnete, horizontale Geraden, die *Niveaulinien*, die wir von unten beginnend mit den Zahlen $n = 0, 1, 2, \ldots$ numerieren. Sodann markieren wir für jedes Wort der Länge n auf der Niveaulinie Nr. n einen als *Knoten* bezeichneten Punkt, wobei wir links beginnend die Knoten der Wörter der Länge n in der durch die lexikographische Anordnung auf F^n gegebenen Reihenfolge einzeichnen. Ein Wort $x = x_1 x_2 \ldots x_n \in F^n$ heißt *Präfix* eines Wortes $y = y_1 y_2 \ldots y_m \in F^m$, wenn $n < m$ und $x_1 = y_1, x_2 = y_2, \ldots, x_n = y_n$ gilt; entsprechend wird das Wort x ein *Suffix* von y genannt, wenn $n < m$ und $x_1 = y_{m-n+1}$, $x_2 = y_{m-n+2}, \ldots, x_n = y_m$ gilt. Für $n = 1, 2, 3, \ldots$ verbinden wir jetzt die Knoten der Wörter $x_1 x_2 \ldots x_n$ auf der Niveaulinie Nr. n mit den Knoten ihrer Präfixe $x_1 x_2 \ldots x_{n-1}$ auf der Niveaulinie Nr. $n - 1$ durch *Kanten* genannte Strecken, und fertig ist der Wurzelbaum von $F^\vee$.

Den Knoten des leeren Wortes bezeichnen wir als *Wurzel*. Aus Mangel an Raum und Zeit zeichnen wir nur einen kleinen Teil des Wurzelbaumes des binären Zeichenvorrates $\{O, L\}$, wobei wir die Anordnung $O < L$ zu Grunde legen.

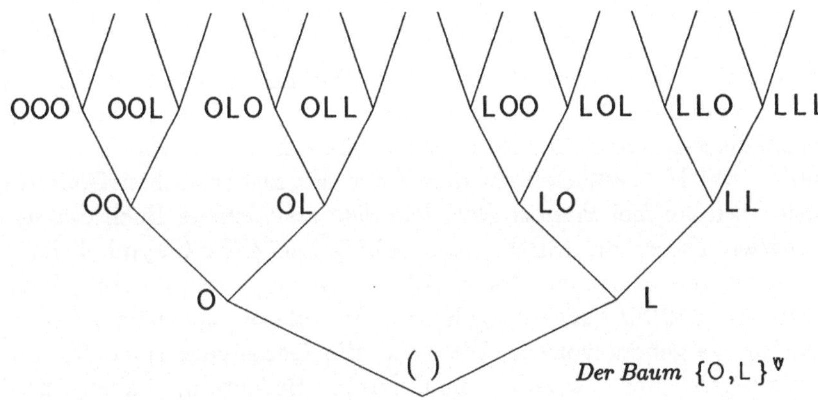

Der Baum $\{O, L\}^\vee$

Eine *Nachricht* ist nichts anderes als ein Zeichen eines Zeichenvorrates, den wir willkürlich zum *Nachrichtenvorrat* deklariert haben. Wir interessieren uns nicht für Probleme der Semantik und lassen den Begriff der Nachricht ohne philosophisch tiefschürfende Betrachtungen als unteilbares Objekt weiter undefiniert. In der Geometrie wird ja der Begriff „Punkt" auch nicht näher bestimmt, als wir es mit dem Begriff „Nachricht" tun.

Grieche sperrte Mutter in den Hühnerkäfig

Kavala (ddp)

Mit einer drakonischen Maßnahme beendete ein griechischer Ehemann das ständige Gezänk zwischen seiner Frau und seiner Mutter. Er sperrte die eigene Mutter kurzerhand in einen

Nachricht aus der
Süddeutschen Zeitung

Der Plural von „Nachricht" ist „Nachrichten" oder gleichberechtigt „Daten". Streng abzugrenzen vom Begriff „Nachricht" ist der Begriff „Botschaft", womit eine Gesandtschaft erster Klasse oder auch das Gebäude ihres Sitzes bezeichnet wird.

Im täglichen Gebrauch wird der Begriff „Zeichen" häufig mit den Begriffen „Symbol" oder „Signal" verwechselt. DIN 44300 definiert ein *Symbol* als ein Zeichen oder ein Wort, dem eine Bedeutung beigemessen wird, während ein *Signal* als die physikalische Darstellung einer Nachricht definiert wird. Wir können also ohne weiteres von einem Zeichen als von einem Symbol reden, wenn dieses Zeichen stellvertretend für eine Nachricht steht.

1.2 Der ISBN-Code

Seit einigen Jahren kennzeichnen viele Verlage aus Rationalisierungsgründen jedes ihrer neu erscheinenden Bücher durch seine *Internationale Standard-Buch-Nummer* ISBN. Beispielsweise hat das sehr schöne, von RICHARD W. HAMMING, einem der Väter der algebraischen Codierungstheorie verfaßte, bei *Prentice Hall, Inc. 1980* erschienene Buch *Coding and Information Theory* die ISBN 0-13-139139-9. Die Ziffer 0 symbolisiert den Staat USA, die folgenden Ziffern 13 den Verlag Prentice Hall, Inc.; die Ziffernfolge 139139 ist verlagsintern für dieses spezielle Werk von Hamming vergeben worden. Während die Gedankenstriche für unsere Überlegungen hier keinerlei signifikante Bedeutung haben, ist die Schlußziffer 9 eine *Prüfziffer*. Wir bezeichnen die zehn Ziffern einer stets zehnstelligen ISB-Nummer $\sum_{k=1}^{10} z_k \cdot 10^{k-1}$ der Reihenfolge nach mit $z_{10}, z_9, \ldots, z_1$ und erklären eine ISBN für *zulässig*, wenn die *gewichtete Quersumme* $\sum_{k=1}^{10} k \cdot z_k$ durch die Zahl 11 teilbar ist. Die Prüfziffer z_1 wird also als derjenige Rest von $-\sum_{k=2}^{10} k \cdot z_k$ bestimmt, der beim Teilen durch 11 übrig bleibt. Sollte sich $z_1 = 10$ ergeben, so wird $z_1 = X$ geschrieben. Die ersten neun Ziffern einer ISBN sind also Dezimalziffern, während die Prüfziffer eine Undezimalziffer ist. Wegen
$$2 \cdot 9 + 3 \cdot 3 + 4 \cdot 1 + 5 \cdot 9 + 6 \cdot 3 + 7 \cdot 1 + 8 \cdot 3 + 9 \cdot 1 + 10 \cdot 0 = 134 \equiv 2 \bmod 11$$
ergibt sich die Prüfziffer der ISBN von HAMMINGs Buch richtig als 9.

An zwei wirklich vergebenen Nummern überprüfen wir das Verfahren: ISBN 3-446-12140-4 , ISBN 3-499-14378-X.

Die Nützlichkeit des ISBN-Codes für den Buchhandel liegt hinsichtlich der ersten neun Ziffern auf der Hand: Die Buchhändler interessieren sich nicht für die Information, die ein normaler Sterblicher aus den bibliographischen Angaben wie Verfasser, Verlag, Titel und Erscheinungsjahr entnimmt. (Hinter einer der ISB-Nummern im Beispiel verbirgt sich ein Buch, dessen volle bibliographische Angaben uns die Schamesröte ins Gesicht schießen ließen.) Der Buchhändler benutzt den ISBN-Code, um überflüssige Schreibarbeit und hohe Telefonkosten zu vermeiden. Mit der Einführung dieses Codes wurde also ein effizienter Akt der Datenkompression veranstaltet. Die Prüfziffer dient dazu, durch menschliches Versagen bedingte Übermittlungsfehler beim Schreiben oder bei der telephonischen Durchgabe der ISB-Nummer zu erkennen.

In unserer Sprachregelung stellt sich der Gebrauch des ISBN-Codes folgendermaßen dar: Die Nachrichtenquelle gibt die bibliographischen Daten als Nachrichten aus. Der Quellencodierer wandelt diese Daten in die ersten neun Ziffern der entsprechenden ISBN. Der Kanalcodierer berechnet die Prüfziffer und vervollständigt die ISBN. Hier endet die Arbeit des Verlages. Die buchhändlerische Aktivität spielt sich im Kanal ab. Die Rauschquelle erklärt sich aus dem menschlichen Vorrecht des Irrens. Die Erfahrung lehrt, daß bei der mündlichen Übermittlung alphanumerischer Daten vornehmlich zwei Fehlertypen auftreten:

1) Zwei aufeinanderfolgende Zeichen werden vertauscht; man sagt: „143" und versteht: „134".

   Die deutsche Sprache ist da besonders anfällig; die Zahl „24378" auf deutsch: *„vier*-und-*zwanzig*-tausend-*drei*-hundert-*acht*-und-*siebzig"*, auf italienisch dagegen: *„venti-quattro*-mila-*tre*-cento-*settanta-otto"*.

2) Wenn zwei identische Zeichen aufeinanderfolgen, so wird eines davon unterdrückt und das nächste Zeichen dafür verdoppelt; man sagt: „446" und versteht: „466".

   Dieser Fehlertyp läßt sich unter den allgemeineren Fehlertyp subsumieren, der im Austausch eines Zeichens der Zeichenfolge gegen ein anderes Zeichen besteht.

Der Kanaldecodierer überprüft, ob die übertragene ISB-Nummer zulässig ist; er bemerkt, wenn bei der Übertragung ein Fehler vom ersten oder zweiten Typ passiert ist: Die verfälschte Nummer ist dann keine zulässige ISB-Nummer. Wenn nämlich für ein festes $i = 1, 2, \ldots, 9$ die beiden verschiedenen Ziffern z_i und z_{i+1} der ISB-Nummer $\sum_{k=1}^{10} z_k \cdot 10^{k-1}$ miteinander vertauscht wurden, dann ist die gewichtete Quersumme

$\sum\limits_{k=1}^{10} k \cdot z_k + z_i - z_{i+1}$ der verfälschten Nummer wegen $0 < |z_i - z_{i+1}| < 11$ nicht durch 11 teilbar. Wenn für ein festes $i = 1, 2, \ldots, 10$ die Ziffer z_i der ISB-Nummer gegen eine andere Ziffer x_i ausgetauscht wurde, so ist die gewichtete Quersumme $\sum\limits_{k=1}^{10} k \cdot z_k + i \cdot (x_i - z_i)$ der verfälschten ISB-Nummer wegen $1 \leq i \leq 10$ und $0 < |x_i - z_i| < 11$ nicht durch 11 teilbar. Sollten zwei Fehler dieser Art bei der Übermittlung einer ISB-Nummer auftreten, so ist es doch ziemlich unwahrscheinlich, daß die gewichtete Quersumme der verfälschten Nummer durch 11 teilbar ist. Außerdem wird das Einschieben oder Weglassen einer Ziffer in eine stets zehnstellige ISB-Nummer sofort bemerkt, und diese effiziente Methode zur Datensicherung wurde mit einer nur geringen Redundanzerhöhung, dem Anhängen einer undezimalen Prüfziffer, erkauft!

Wir können die 37 alphanumerischen Zeichen 'A', 'B', 'C', ..., 'Z', ' ', '0', '1', '2', ..., '9' umkehrbar eindeutig den Ziffern des 37-nären Alphabets $\{0, 1, \ldots, 36\}$ zuordnen. Ähnlich wie beim ISBN-Code lassen sich alle höchstens 35-stelligen Folgen dieser alphanumerischen Zeichen gegen Übertragungsfehler der beiden Typen durch Anhängen einer Prüfziffer schützen. (Achtung: Die Lücke ist kein Nichts und besitzt daher das eigene Zeichen ' '; der Buchstabe 'O' ist von der Ziffer '0' verschieden!) Die gewichtete Quersumme eines zulässigen *Codewortes* muß durch die Primzahl 37 teilbar sein.

1.3 Diskretisierung

Wir betrachten in diesem Buch ausschließlich diskrete Kommunikationssysteme, das heißt, die zu übertragenden Zeichen entstammen stets einem endlichen q-nären Zeichenvorrat. Die Signale werden in der technischen Realisierung beispielsweise durch Impulse dargestellt, die in q verschiedenen, vorher festgelegten Stufen auftreten können.

Wenn die zu übertragenden Nachrichten, wie zum Beispiel in der Telegraphie, alphanumerische Zeichen oder in anderen Situationen Steuersignale sind, wenn also der Vorrat der möglichen Nachrichten endlich ist, so können die Nachrichten ohne weiteres in Folgen von Impulsen übersetzt werden. Sind die ursprünglichen Nachrichten dagegen beispielsweise physikalische Meßwerte aus einem Intervall reeller Zahlen, so müssen wir sie vor der Übertragung runden oder *quantisieren*, wie man in der Nachrichtentechnik zu sagen pflegt. Dazu teilen wir das Intervall in einer der Situation adäquaten Weise in eine endliche Anzahl von Teilintervallen, sogenannten *Quantisierungsstufen*, auf und ordnen jedem Meßwert einen Repräsentanten (etwa den Mittelpunkt) der Quantisierungsstufe zu, der er angehört. Wenn die ursprünglichen Nachrichten sogar kontinuierliche Signale wie Sprache, Musik oder Bilder sind, so braucht man zur Übertragung nicht auf kontinuierliche Methoden wie Amplituden-, Phasen- oder Frequenz-Modulation auszuweichen, sondern man kann mit einer sogenannten *Rasterung* eine Puls-Modulation durchführen. Im einfachsten Fall kann ein solches kontinuierliches Signal als Graph einer stetigen Funktion $s(t)$ der Zeit t dargestellt werden. Der Vorgang der Rasterung besteht darin, daß zu äquidistanten Zeitpunkten $t_0, t_1, t_2, \ldots$ die Amplitudenwerte $s(t_0), s(t_1), s(t_2), \ldots$ abgetastet werden und dann, wie oben angedeutet, quantisiert werden. In der technischen Realisierung wird dieses Rasterungsverfahren *Puls-Amplituden-Modulation* (PAM) genannt; die Umsetzung der quantisierten Amplitudenwerte in Folgen von Impulsen heißt *Puls-Code-Modulation* (PCM).

Wenngleich die hier angesprochene Fragestellung aus dem Rahmen der Informations- und Codierungstheorie fällt, so werden wir in den nächsten beiden Unterabschnitten doch summarisch einige grundlegende Probleme der Diskretisierung ansprechen. Den an diesen Problemen näher interessierten Leser verweisen wir auf die nachrichtentechnische Literatur.

1.3.1 Rasterung

In Kinofilmen werden bewegte Abläufe mit 24 Bildern pro Sekunde für unser Auge naturgetreu (mit Ausnahme einiger schneller Bewegungen, wie rasch rotierende Räder) wiedergegeben. Diese Darstellungstreue illustriert den Grundgedanken des sogenannten *Abtasttheorems* [sampling theorem] der Nachrichtentechnik: Es genügt, von einem kontinuierlichen Vorgang eine gewisse Mindestanzahl von Augenblickszuständen je Zeiteinheit zu übertragen; der Ablauf des Vorgangs in den Zwischenzeiten kann dann interpoliert werden. Das Abtasttheorem gibt in Abhängigkeit von den Eigenschaften des Vorgangs — den wir als von der Zeit t abhängige Funktion $s(t)$ beschreiben — eine untere Grenze für die Anzahl der Abtastzeitpunkte pro Zeiteinheit an, die benötigt werden, um die genannte Interpolation exakt durchzuführen.

Ein besonders einfacher Fall liegt vor, wenn die gegebene Funktion eine

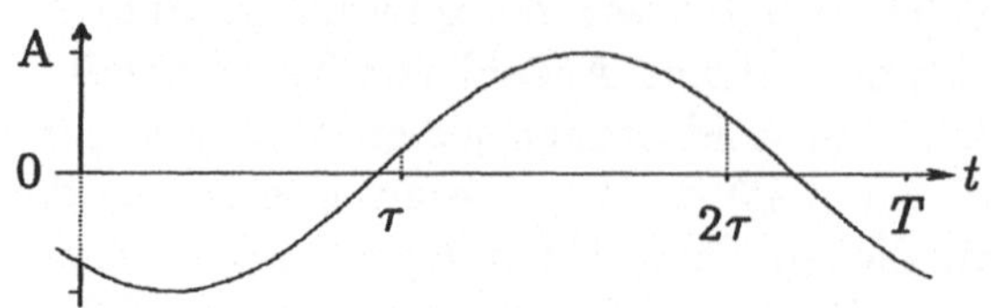

sinusförmige Schwingung
$$s(t) := A \cdot \sin(2 \cdot \pi \cdot \nu \cdot t + \varphi)$$
ist, deren Verlauf durch die Angabe der Amplitude A, der Frequenz ν und der Phase φ eindeutig festgelegt ist. Diese drei Größen lassen sich berechnen, wenn wir die Werte von $s(t)$ zu drei Zeitpunkten innerhalb einer *Periode*, das heißt in einem Zeitintervall der Länge $T = \frac{1}{\nu}$ kennen. Die Kenntnis dieser drei Werte verschaffen wir uns, indem wir das Signal $s(t)$ im Takt einer Frequenz $\mu := \frac{1}{\tau}$ die etwas größer als $2 \cdot \nu$ sein muß, *abtasten*, das heißt, indem wir die Werte von $s(t)$ zu den Zeiten $t = 0, \tau, 2 \cdot \tau$ ablesen.

Nach FOURIER kann man eine reelle, stückweise stetige und monotone periodische Funktion $s(t)$ der Periodenlänge T als eine konvergente Reihe

$$s(t) = \sum_{n=0}^{\infty} \left(a_n \cdot \cos(2 \cdot \pi \cdot \nu_0 \cdot n \cdot t) + b_n \cdot \sin(2 \cdot \pi \cdot \nu_0 \cdot n \cdot t)\right)$$

von sinusförmigen Schwingungen der Grundfrequenz $\nu_0 = 1/T$ und der dazugehörigen ganzzahligen Oberwellen darstellen. Mit dem Grenzübergang $T \to \infty$ erhält man für eine reelle, von $t = -\infty$ bis $t = +\infty$ absolut integrierbare, stückweise stetige und monotone Zeitfunktion $s(t)$ die Darstellung

$$s(t) = \int_0^{\infty} \left(a(\nu) \cdot \cos(2 \cdot \pi \cdot \nu \cdot t) + b(\nu) \cdot \sin(2 \cdot \pi \cdot \nu \cdot t)\right) d\nu.$$

In den praktischen Anwendungen durchläuft die Variable ν nicht das gesamte Spektrum aller möglichen Frequenzen. Für das menschliche Ohr sind Schwingungen von Frequenzen oberhalb 20 000 Hz nicht mehr hörbar, können also bei der Übertragung von Sprache oder Musik ignoriert werden. Außerdem neigen physikalische Apparate dazu, Frequenzen oberhalb einer gewissen Grenze abzuschneiden. In der Nachrichtentechnik können wir daher stets von der Existenz einer „Grenzfrequenz" γ ausgehen und das Signal $s(t)$ als Funktion

$$s(t) = \int_0^{\gamma} \left(a(\nu) \cdot \cos(2 \cdot \pi \cdot \nu \cdot t) + b(\nu) \cdot \sin(2 \cdot \pi \cdot \nu \cdot t)\right) d\nu$$

darstellen, deren Spektrum im Frequenzband von 0 bis γ liegt.

E. T. Whittaker zeigte 1915, daß die Funktion $s(t)$ dann in die Reihe

$$s(t) = \sum_{n=-\infty}^{\infty} s(n \cdot \tau) \cdot \sigma_n(t)$$

von *Impulsfunktionen*

$$\sigma_n(t) = \frac{\sin(\pi(t/\tau - n))}{\pi(t/\tau - n)}$$

entwickelt werden kann,
wenn $\tau \leq \frac{1}{2 \cdot \gamma}$ gewählt
wird. Dieser von
C. E. Shannon 1949 in
seiner Bedeutung für die
Nachrichtentechnik
erkannte Sachverhalt ist der Inhalt vom

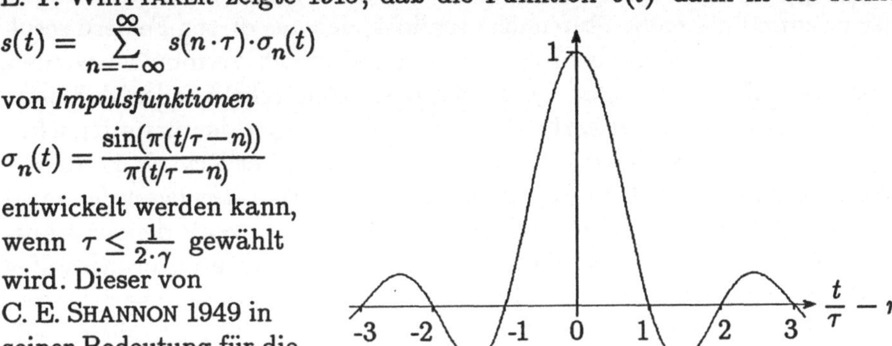

Abtasttheorem. *Das im Takt einer Frequenz μ abgetastete Signal $s(t)$ ist aus den Abtastwerten eindeutig rekonstruierbar, wenn die Abtastfrequenz μ mehr als doppelt so groß wie die Grenzfrequenz γ ist.* $\square$

Wenn wir im Kinofilm auf das Ventil eines Rades eines sich beschleunigenden Autos achten, so haben wir dank des Abtasttheorems einen naturgetreuen Eindruck von der Bewegung des Autorades, bis es mit einer Geschwindigkeit von zwölf Umdrehungen pro Sekunde abrollt. Bei 13 Umdrehungen pro Sekunde scheint das Rad mit großer Geschwindigkeit rückwärts zu rotieren. Die scheinbare Rückwärtsdrehung verlangsamt sich bei weiterer Beschleunigung, um dann wieder in eine Vorwärtsdrehung überzugehen, und so weiter. An diesem Beispiel wird die Bedeutung der Begrenzung der Abtastfrequenz durch die Grenzfrequenz besonders augenfällig.

Bei der Einführung des Telefons hat man sich, den damaligen technischen Möglichkeiten entsprechend, auf eine Abtastfrequenz von 8000 Hz geeinigt. Aus diesem Grunde kann man wegen der maximal zulässigen Frequenz von knapp 4000 Hz auch bei der Verwendung noch so guter Mikrofone und Lautsprecher über das Telefonnetz keine Musik mit HiFi-Qualität senden.

1.3.2 Quantisierung

Die Quantisierung besteht in der Zuordnung numerischer Daten, etwa der Meßwerte oder der abgetasteten Amplitudenwerte eines kontinuierlichen Signals, zu den vorbestimmten Repräsentanten der Quantisierungsstufen.

Die ursprünglichen Zahlenwerte lassen sich mit einem Fehler übertragen, der maximal die halbe Stufenhöhe erreicht; das aus diesen Fehlern resultierende *Quantisierungsgeräusch* kann nur dadurch vermindert werden, daß man die Anzahl der Quantisierungsstufen erhöht, oder daß man entsprechend der zu erwartenden Größenordnungen der ursprünglichen Zahlenwerte die Weite der Quantisierungsstufen variiert. Es kann von Vorteil sein, die einzelnen Repräsentanten der Quantisierungsstufen nicht direkt mit Dezimal- oder Dualzahlen darzustellen; wenn der ursprüngliche Zahlenwert auf der Grenze zwischen zwei Quantisierungsstufen liegt, so kann sich der Quantisierer eine Entscheidungsneurose zuziehen: Die Digitalanzeige eines auf den Kurzwellensender der Deutschen Welle in Kigali (Rwanda) eingestellten Radiogerätes springt ständig zwischen 9699 kHz und 9700 kHz hin und her oder flimmert im Grenzfall.. Um solche Effekte zu verhindern, suchen wir nach einer Darstellung der Zeichen eines endlichen Alphabets (das aus den Repräsentanten der Quantisierungsstufen besteht) durch Wörter der Länge n und über einem q-nären Zeichenvorrat F mit der Eigenschaft, daß aufeinanderfolgende Zahlen stets durch Wörter dargestellt werden, die sich in nur einer Komponente unterscheiden. Eine solche Darstellung liefert ein sogenannter *Gray-Code*.

Wir gehen der Einfachheit halber vom q^n-nären Alphabet Q der zu codierenden, von 1 bis q^n durchnumerierten Zahlen aus und wählen als Zeichenvorrat F das q-näre Alphabet $\{0,1,\ldots,q-1\}$. Wir ordnen nun jeder Zahl aus Q ein Codewort aus F^n zu. Dazu schreiben wir die q^n Codewörter der Länge n für die Zahlen 1 bis q^n aus Q der Reihenfolge nach untereinander als Zeilen einer $q^n \times n$-Matrix:

Der q-näre *Gray-Code* der Blocklänge $n = 1$ besteht dann aus den q Zeilen der Spalte

$$\begin{matrix} 0 \\ 1 \\ \vdots \\ q-1 \end{matrix}$$

Für jede natürliche Zahl $n \geq 1$ definieren wir rekursiv den q-nären *Gray-Code* der Blocklänge $n + 1$: In den ersten q^n Zeilen der $q^{n+1} \times (n+1)$-Matrix tragen wir in die erste Spalte immer eine '0' ein. In die übrigen n Spalten tragen wir zeilenweise der Reihenfolge nach die Codewörter das q-nären Gray-Codes der Blocklänge n ein. In den nächsten q^n Zeilen der Matrix tragen wir in die erste Spalte immer eine '1' ein. In die übrigen n Spalten tragen wir zeilenweise die q^n Codewörter des q-nären Gray-Codes der Blocklänge n ein, diesmal aber in umgekehrter Reihenfolge. In den nächsten q^n Zeilen der

Matrix tragen wir in die erste Spalte eine '2' ein. In die übrigen n Spalten tragen wir zeilenweise die Codewörter des q-nären Gray-Codes der Blocklänge n ein, diesmal wieder in ihrer ursprünglichen Reihenfolge. Und so weiter.

Wir bewundern die binären Gray-Codes der Blocklängen $n = 1,2,3$:

```
0          00          000
1          01          001
           11          011
           10          010
                       110
                       111
                       101
                       100
```

Offenbar unterscheiden sich zwei aufeinanderfolgende Codewörter eines q-nären Gray-Codes der Blocklänge n nur in einer Position. Wenn die *Ordnung* q des Gray-Codes gerade ist, so unterscheidet sich außerdem das erste Codewort von dem letzten Codewort nur in der ersten Stelle. Gray-Codes gerader Ordnung eignen sich damit für die Puls-Code-Modulation zyklisch angeordneter Zeichenvorräte, zum Beispiel, wenn die zu codierenden Zahlen Winkel zwischen $0°$ und $360°$ bedeuten.

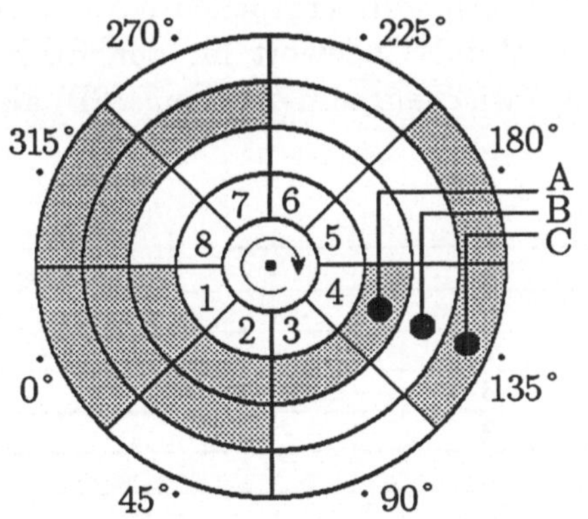

Links ein typisches Anwendungsbeispiel der Gray-Codes:

Um den Drehwinkel einer Achse mit einer Toleranz von $22°30'$ zu messen, setzen wir auf die Achse eine Codierscheibe, deren drei Kontaktspuren A, B und C durch drei Abtastköpfe abgelesen werden. Wir teilen die Scheibe in acht gleichgroße Sektoren und tragen von innen nach außen — für die Abtastköpfe lesbar — die Komponenten des binären Gray-Codes der Blocklänge 3 ein. In der angegebenen Stellung wird das Codewort 010 abgelesen, welches dem 4. Sektor oder einem Drehwinkel von $135°$ entspricht. Wenn sich die Achse um genau $157°30'$ dreht, so befinden sich die Abtastköpfe auf der Grenze der Sektoren 4 und 5 und werden im Zweifelsfall die Fehlermeldung '?10' weitergeben, aus der der Empfänger den genauen Drehwinkel bestimmen kann. Diesen Effekt der Verwendung des Gray-Codes können wir als Verminderung des Quantisierungsrauschens interpretieren.

1.4 Telegraphen-Codes

Der amerikanische Erfinder SAMUEL MORSE entwickelte 1837 den ersten brauchbaren elektromagnetischen Telegraphenapparat zur Übermittlung alphanumerischer Zeichen (hier „Buchstaben" genannt).

Mit der *Morse-Codierung* werden den einzelnen Buchstaben Wörter zugeordnet, die aus den Zeichen '·' und '—' bestehen. HäufigenBuchstaben werden im Gegensatz zu den selteneren Buchstaben kürzere Codewörter zugeordnet. Um das Ende der Verschlüsselung eines Buchstabens zu markieren, wird an das Codewort eines jeden Buchstabens ein Spezialzeichen, die 'Lücke', angefügt. Wir stellen dieses Zeichen hier (unüblicherweise) als Komma ',' dar.

Als Signal wird das Zeichen '·' durch einen von einer Stromunterbrechung einer Punktlänge gefolgten Stromstoß einer Punktlänge, das Zeichen '—' durch einen von einer Stromunterbrechung einer Punktlänge gefolgten Stromstoß dreier Punktlängen und das Zeichen ',' durch eine Stromunterbrechung einer Punktlänge realisiert.

In der folgenden Tabelle der Morse-Codierung unterdrücken wir dieses Suffix. Korrekterweise müßten wir das Morse-Codewort für den Buchstaben 'y' als ' — · — — , ' und für das Zwischenraum-Zeichen 'SP' als ' „ ' lesen.

Code-Tabelle der Morse-Codierung

a	· —	o	— — —	5	· · · · ·
ä	· — · —	ö	— — — ·	6	— · · · ·
å	· — — · —	p	· — — ·	7	— — · · ·
b	— · · ·	q	— — · —	8	— — — · ·
c	— · — ·	r	· — ·	9	— — — — ·
ch	— — — —	s	· · ·	.	· — · — · —
d	— · ·	t	—	,	— — · · — —
e	·	u	· · —	:	— — — · · ·
é	· · — · ·	ü	· · — —	—	— · · · · —
f	· · — ·	v	· · · —	'	· — — — — ·
g	— — ·	w	· — —	(	— · — — ·
h	· · · ·	x	— · · —	)	— · — — · —
i	· ·	y	— · — —	?	· · — — · ·
j	· — — —	z	— — · ·	/	— · · — ·
k	— · —	0	— — — — —	"	· — · · — ·
l	· — · ·	1	· — — — —	Notruf	· · · — — — · · ·
m	— —	2	· · — — —	Lücke	, ,
n	— ·	3	· · · — —	Anfang	— · — · —
ñ	— — · — —	4	· · · · —	Ende	· · · — · —

Um die umständliche Codierung und Decodierung zu automatisieren, wurde 1918 auf Grund einer internationalen Vereinbarung des *Comité Consultatif International de Télécommunication* ein Fernschreibnetz eingerichtet, das mit einem Code über dem binären Zeichenvorrat $\{+,-\}$ mit Wörtern der Länge 5 arbeitet.

Code-Tabelle der CCITT-Codierung

Lücke -----		Wagenrücklauf ---+-		Zeilenvorschub -+---	
Zeichenumschaltung ++-++		Buchstabenumschaltung +++++			
A	-	++---	N	,	--++-
B	?	+--++	O	9	---++
C	:	-+++-	P	0	-++-+
D	Wer da?	+--+-	Q	1	+++-+
E	3	+----	R	4	-+-+-
F	[	+-++-	S	'	+-+--
G	]	-+-++	T	5	----+
H	10	--+-+	U	7	+++--
I	8	-++--	V	–	-++++
J	;	++-+-	W	2	++--+
K	(	++++-	X	/	+-+++
L	)	-+--+	Y	6	+-+-+
M	.	--+++	Z	+	+---+

Beispiel.   „++-+++--+-"

„++++++---++----++--++-+--++++-++-++-+-++-++++--"   ☐

1.5 Binärcodierungen alphanumerischer Zeichenvorräte

In der Technik ist es besonders einfach, nur zwei physikalisch unterscheidbare Zustände darzustellen. Wir listen einige gängige Codierungen der Dezimalziffern in Wörter mit Komponenten aus dem binären Zeichenvorrat $\{O,L\}$ auf:

	Zählcodierung	1-aus-10-Codierung	2-aus-5-Codierung
1	LO	OOOOOOOOLO	OOOLL
2	LLO	OOOOOOOLOO	OOLOL
3	LLLO	OOOOOOLOOO	OOLLO
4	LLLLO	OOOOOLOOOO	OLOOL
5	LLLLLO	OOOOLOOOOO	OLOLO
6	LLLLLLO	OOOLOOOOOO	OLLOO
7	LLLLLLLO	OOLOOOOOOO	LOOOL
8	LLLLLLLLO	OLOOOOOOOO	LOOLO
9	LLLLLLLLLO	LOOOOOOOOO	LOLOO
0	LLLLLLLLLLO	OOOOOOOOOL	LLOOO

Der Zählcode ist ein *Komma-Code* mit dem Bit O als Komma; er liegt dem Fernsprechwählsystem zu Grunde. Mit der 1-aus-10- und der

2-aus-5-Codierung lassen sich (recht ineffizient) Übertragungsfehler, die nur die Veränderung eines Bits pro Wort in das entgegengesetzte Bit bewirken, entdecken. Der 2-aus-5-Code wurde früher in Fabrikhallen als Rufsignal eingesetzt: Der Meister Nr. 5 wird mit dem Hupsignal „kurz-lang-kurz-lang-kurz" gerufen; einer der anderen neun Meister müßte sich mindestens zweimal verhören, um den Ruf auf sich zu beziehen.

> **Der 2-aus-5-Code**
> Nach F.L.Bauer:
> *Des fröhlichen Landmanns Kalender auf das jeweils kommende (dürre) Jahr.*
> München, 1978

In elektronischen Rechenanlagen werden Dezimalzahlen oft nicht direkt in das Dualsystem übersetzt, sondern jede einzelne Dezimalziffer wird als *Tetrade*, das ist ein aus 4 Bits bestehendes Wort, verschlüsselt. Wir tabellieren einige gebräuchliche Codierungen:

Tetrade	BCD	Stibitz	Aiken	Gray	Aiken-Stibitz
OOOO	0		0	0	
OOOL	1		1	1	
OOLO	2		2	3	0
OOLL	3	0	3	2	
OLOO	4	1	4	7	
OLOL	5	2		6	4
OLLO	6	3		4	3
OLLL	7	4		5	1
LOOO	8	5			2
LOOL	9	6			
LOLO		7			9
LOLL		8	5		
LLOO		9	6	8	5
LLOL			7	9	6
LLLO			8		8
LLLL			9		7

Die *direkte* oder *BCD-Codierung* [binary coded decimal code] geht von der Darstellung der Dezimalzahlen im Dualsystem und der Entsprechung '0' ↔ 'O' und '1' ↔ 'L' aus. Die *Stibitz*-oder *Exzeß-3-Codierung* ist eine „verschobene" BCD-Codierung; sie vermeidet die Tetraden 'OOOO' und 'L L L L', die in gewissen technischen Realisierungen mit Stromunterbrechungen oder Dauerspannungen verwechselt werden können. Die *Aiken-Codierung* ist wie die BCD-Codierung eine *Stellenwertcodierung*; ein 'L' in der ersten, zweiten, dritten und vierten Position hat den Stellenwert 2, 4, 2 beziehungsweise 1; bei der BCD-Codierung sind die Stellenwerte 8, 4, 2 beziehungsweise 1. Die Gray-Codierung (Seite 16f) hat wie die *Gray-Stibitz-Codierung* den Vorteil, daß sich die Codewort-Tetraden zweier aufeinanderfolgender Ziffern nur in einer Position unterscheiden.

Viele Rechenanlagen arbeiten mit Acht-Bit-Wörtern — sogenannten *Bytes*. Mit den Bytes lassen sich bis zu 256 alphanumerische Zeichen codieren. Die von den verschiedenen Herstellern verwendeten Codes sind nicht einheitlich. Mit der alten *EBCDI-Codierung* [extended binary coded decimal interchange code] von IBM wurden die Dezimalziffern durch Bytes dargestellt, deren *Zonenteil* (die ersten 4 Bits) aus dem Wort 'LLLL', und deren *Ziffernteil* (die letzten 4 Bits) aus der direkten Codierung der Dezimalzahlen bestand: Während das Byte 'LLLLLOOO' die Ziffer '8' codierte, stand das Byte 'LLOOLOOO' für den Buchstaben 'H'. Heute ist die EBCDI-Codierung vom *ASCII* [American standard code for information interchange] abgelöst. Diese in den Normen DIN 66003 und ISO 646 festgelegte Codierung benutzt nur die ersten sieben Positionen eines Bytes; manchmal wird die achte Stelle des Bytes mit einem *Paritätskontroll*-Bit belegt; mehr dazu im nächsten Abschnitt.

Codetabelle der 7-Bit-Codewörter $b_1 b_2 b_3 b_4 b_5 b_6 b_7$ des ASCII:

b_7	O	O	O	O	L	L	L	L
b_6	O	O	L	L	O	O	L	L
b_5	O	L	O	L	O	L	O	L
$b_4 b_3 b_2 b_1$								
OOOO	NUL	TC7	SP	0	@	P	'	p
OOOL	TC1	DC1	!	1	A	Q	a	q
OOLO	TC2	DC2	"	2	B	R	b	r
OOLL	TC3	DC3	≠	3	C	S	c	s
OLOO	TC4	DC4	$	4	D	T	d	t
OLOL	TC5	TC8	%	5	E	U	e	u
OLLO	TC6	TC9	&	6	F	V	f	v
OLLL	BEL	TC10	'	7	G	W	g	w
LOOO	FE0	CAN	(	8	H	X	h	x
LOOL	FE1	EM	)	9	I	X	i	y
LOLO	FE2	SUB	*	:	J	Z	j	z
LOLL	FE3	ESC	+	;	K	[	k	{
LLOO	FE4	IS4	,	<	L	\	l	|
LLOL	FE5	IS3	-	=	M	]	m	}
LLLO	SO	IS2	.	>	N	^	n	~
LLLL	SI	IS1	/	?	O	—	o	DEL

Die Ziffer '8' entspricht beispielsweise dem Codewort OOOLLLO. Die in der Tabelle benutzten Kurzzeichen bedeuten: NUL = Leerzeichen; TC1 bis TC10 sind Übertragungssteuerzeichen, z. B. TC4 = EOT = End of Transmission; BEL = Klingel; FE0 bis FE5 sind Formatsteuerzeichen, z. B. FE2 = LF = Line Feed; SO = Dauerschaltung; SI = Rückschaltung; DC1 bis DC4 sind Gerätesteuerzeichen; CAN = ungültig; EM = Ende der Aufzeichnung; SUB = Substitutionszeichen; ESC = Code-Umschaltung; IS1 bis IS4 sind Informationstrennzeichen; SP = Lücke; DEL = Löschen.

1.6 Paritätskontrolle

Bei der Verwendung des ASCII-Codes ergänzt der Rechner oft automatisch jedes 7-Bit-Codewort um ein *Kontrollzeichen* [check symbol], das Bit 'O' oder 'L', so daß die Gesamtzahl der Bits 'L' in einem Byte stets geradzahlig ist. Wenn bei der Verarbeitung eines Bytes aus irgendwelchen Gründen ein Bit fälschlich in den entgegengesetzten Zustand versetzt wird, so kann der Rechner das fehlerhafte Byte mit einer *Paritätskontrolle* [parity check] — das ist die Prüfung der Anzahl der Bits 'L' auf Geradzahligkeit — entdecken.

Paritätskontroll- und Wiederholungscodes. Wir verallgemeinern die Datensicherungsmethode mittels Paritätskontrollen in zwei Richtungen: Es seien F eine additive Gruppe der Ordnung $|F| = q \geq 2$ mit dem neutralen Element 0 und $k \geq 0$ eine ganze Zahl. Die Menge

$$\{\, x_1 x_2 \ldots x_k y \in F^{k+1} \,;\, x_1 + x_2 + \ldots + x_k + y = 0 \,\}$$

heißt *Paritätskontroll-Code der Länge* $n = k + 1$ *über* F.

Die Menge aller Wörter

$$x_1 x_2 \ldots x_k x_1 x_2 \ldots x_k \in F^{2 \cdot k}$$

heißt *Zweifach-Wiederholungs-Code der Länge* $n = 2 \cdot k$ *über* F.

Beide Codes sind Beispiele für 1-*fehlererkennende Codes*: Wenn über einen gestörten Kanal Nachrichten der Gestalt $x = x_1 x_2 \ldots x_k \in F^k$ gesendet werden, so kann es manchmal passieren, daß ein Element $x \in F$ in ein anderes Element $x' \in F$ verwandelt wird. Ein Paritätskontroll-Codierer codiert die Nachricht $x = x_1 x_2 \ldots x_k$ in das Codewort $x_1 x_2 \ldots x_k y$ mit $y := -x_1 - x_2 - \ldots - x_k$ und leitet dieses Wort über den Kanal an den Decodierer weiter. Bei Verwendung des Zweifach-Wiederholungs-Codes leitet der Codierer die verdoppelte Nachricht $x_1 x_2 \ldots x_k x_1 x_2 \ldots x_k$ weiter. Wenn während der Kanalübertragung eine einzelne Komponente des Codewortes in ein anderes Element verfälscht wird, so bemerkt der Decodierer diesen Fehler automatisch: Bei der Verwendung des Paritätskontroll-Codes stellt der Decodierer bei der Paritätskontrolle fest, daß die Summe der Komponenten des empfangenen Wortes von Null verschieden ist; bei der Verwendung des Zweifach-Wiederholungs-Codes stellt der Decodierer fest, daß sich die beiden Hälften des empfangenen Wortes voneinander unterscheiden. Bei beiden Codes kann ein Doppelfehler vom Decodierer unbeanstandet bleiben.

Vorteile des Paritätskontroll-Codes: Weil der Code kürzer ist, ist die Wahrscheinlichkeit, daß in einem Codewort ein Fehler auftritt, geringer, und die Übertragungsgeschwindigkeit ist größer. Da der Kanal pro Zeiteinheit ein Zeichen aufnimmt, benötigt man für die Übertragung der Nachricht x mit dem Paritätskontroll-Code $k+1$ Zeiteinheiten, mit dem Zweifach-Wiederholungs-Code $2 \cdot k$ Zeiteinheiten. Die *Informationsrate* $\frac{k}{n}$ bietet in dieser Hinsicht ein Qualitätsmaß für die Codes. Für $k > 1$ ist der Paritätskontroll-Code wegen $\frac{k}{k+1} > \frac{k}{2 \cdot k} = \frac{1}{2}$ „besser" als der Zweifach-Wiederholungs-Code.

Der Dreifach-Wiederholungs-Code der Länge $n := 3 \cdot k$ über F, das ist die Menge $\{x_1 x_2 \ldots x_k x_1 x_2 \ldots x_k x_1 x_2 \ldots x_k \, ; \, x_1, x_2, \ldots, x_k \in F\}$, hat die Informationsrate $\frac{1}{3}$; er ist ein Beispiel eines 1-*fehlerkorrigierenden* Codes: Nehmen wir an, eine Nachricht $v = v_1 v_2 \ldots v_k \in F^k$ werde vom Kanalcodierer in das Codewort $c := vvv \in F^n$ codiert, das während seiner Übermittlung von den Kanalstörungen in einigen Komponenten gestört wird. Der Kanaldecodierer empfängt daraufhin ein Wort

$$w = x_1 x_2 \ldots x_k y_1 y_2 \ldots y_k z_1 z_2 \ldots z_k \in F^n,$$

aus dem er die ursprüngliche Nachricht v rekonstruieren soll. Diese Aufgabe erledigt er etwa mit dem folgenden Decodieralgorithmus:

1. Zerlege das Wort w in die drei Teilwörter
$$x := x_1 x_2 \ldots x_k \, , \, y := y_1 y_2 \ldots y_k, \, z := z_1 z_2 \ldots z_k.$$
2. Für $i = 1, 2, \ldots, k$ führe aus:
   Wenn mindestens zwei der drei Zeichen x_i, y_i, z_i übereinstimmen, so nenne das Mehrheitszeichen u_i, anderenfalls setze $u_i := ?$.
3. Gib das Wort $u := u_1 u_2 \ldots u_k \in (F \cup \{?\})^k$ aus. Stop.

Der Decodierer begeht wissentlich einen *Decodierfehler* [decoding error], wenn für mindestens einen Index $i \in \{1, 2, \ldots, k\}$ die drei Zeichen x_i, y_i, z_i verschieden sind, der Empfänger wird durch das Fehlersymbol '?' in dem Ausgabewort u gewarnt; der Decodierer begeht unwissentlich einen Decodierfehler, wenn in Schritt 2 jedesmal ein Mehrheitszeichen festgestellt wird, aber wenn das ausgegebene Wort $u \in F^k$ nicht mit der ursprünglichen Nachricht v übereinstimmt. Ein so schlimmer Decodierfehler kann schon dann passieren, wenn das Codewort c in nur zwei Komponenten, etwa in der ersten und der $(k+1)$-ten Komponente, gestört wird: Wenn diese Komponenten in dasselbe Zeichen verfälscht wurden, gibt der Decodierer ein „falsches" Wort aus. Wird das Codewort c in nur einer Komponente gestört, so trifft der Decodierer jedesmal die „richtige" Mehrheitsentscheidung und gibt in Schritt 3 das Originalwort v aus.

Es ist klar, daß ein entsprechend definierter *d-fach-Wiederholungs-Code* ein $\frac{d-1}{2}$-fehlerkorrigierender Code ist, wenn d eine ungerade Zahl ist. Wenn d dagegen gerade ist, so ist der d-fach-Wiederholungs-Code ein zugleich $(\frac{d}{2}-1)$-fehlerkorrigierender und $\frac{d}{2}$-fehlererkennender Code.

Der Bauer-Code B besteht aus den 16 Codewörtern:

$$b_0 := \mathsf{OOOOOOOO}, \quad b_1 := \mathsf{OOOLLLLO}, \quad b_2 := \mathsf{OOLOLLOL}, \quad b_3 := \mathsf{OOLLOOLL},$$
$$b_4 := \mathsf{OLOOLOLL}, \quad b_5 := \mathsf{OLOLOLOL}, \quad b_6 := \mathsf{OLLOOLLO}, \quad b_7 := \mathsf{OLLLLOOO},$$
$$b_7^* := \mathsf{LOOOOLLL}, \quad b_6^* := \mathsf{LOOLLOOL}, \quad b_5^* := \mathsf{LOLOLOLO}, \quad b_4^* := \mathsf{LOLLOLOO},$$
$$b_3^* := \mathsf{LLOOLLOO}, \quad b_2^* := \mathsf{LLOLOOLO}, \quad b_1^* := \mathsf{LLLOOOOL}, \quad b_0^* := \mathsf{LLLLLLLL}.$$

Wir nutzen diesen Code über dem binären Zeichenvorrat $F := \{\mathsf{O},\mathsf{L}\}$ zur Codierung der 16 Tetraden $v = x_1 x_2 x_3 x_4 \in F^4$: Wenn die Tetrade v eine gerade Anzahl von Bits 'L' enthält, so wird ihr das Codewort $vv \in B$ zugeordnet; ist diese Anzahl dagegen ungerade, so wird die Tetrade v mit der Tetrade v^*, die aus v durch Vertauschung der Bits 'O' und 'L' hervorgeht, zu dem Codewort $vv^* \in B$ ergänzt.

Der Bauer-Code B ist mit der weiter unten auf Seite 31 f. behandelten „Erweiterung des Hamming-Codes HAM(3,2)" identisch. HAMMINGS Darstellung dieses Codes war zu kompliziert, um bei den damaligen technischen Möglichkeiten als Grundlage für die Realisation eines Codierers und Decodierers zu dienen. F. L. BAUER entdeckte die hier beschriebenen Regelmäßigkeiten und entwarf einfache Relais-Schaltkreise. Auf Anraten von HERBERT WÜSTENEY, dem Entwicklungsleiter für Fernschreibgeräte der Firma SIEMENS & HALSKE, meldete BAUER am 21. Januar 1951 das Patent Nr. 892767 „Verfahren zur Sicherung der Übertragung von Nachrichtenimpulsgruppen gegenüber Störungen" für eine große Klasse ähnlich strukturierter Codierungen an. WÜSTENEY ließ sich die Einzelheiten der Codierung erst nach der Patentierung erläutern, ein nachahmenswertes Beispiel für den Umgang der Großindustrie mit jungen Erfindern! In einer 2×5-Bit-Version wurde die Codierung zur Telegraphie über eine Simplex-Verbindung von Eschborn bei Frankfurt nach Israel verwandt.

Eine Tetrade $v = v_1 v_2 v_3 v_4 \in F^4$ werde durch Anfügen der Kontroll-tetrade $v_5 v_6 v_7 v_8 \in F^4$ mit Hilfe der Bauer-Codierung in das Codewort $c = v_1 v_2 v_3 v_4 v_5 v_6 v_7 v_8 \in B$ codiert. Der Kanal gibt daraufhin ein (möglicherweise von c verschiedenes) Byte $w = x_1 x_2 x_3 x_4 y_1 y_2 y_3 y_4 \in F^8$ aus. Der Decodierer verwendet folgenden *Decodieralgorithmus:*

1. Zerlege das Byte w in die Tetraden $x := x_1 x_2 x_3 x_4$ und $y := y_1 y_2 y_3 y_4$.
2. Bestimme die Anzahl γ der Bits 'L' in der Tetrade x und die Anzahl $\varrho := |\{i\, ; x_i \neq y_i\}|$ der Stellen, an denen x und y nicht übereinstimmen.
3. Wenn $\varrho \in \{0,1\}$ und $\gamma \equiv 0 \pmod 2$ ist, so gib x aus. Stop.
4. Wenn $\varrho \in \{3,4\}$ und $\gamma \equiv 1 \pmod 2$ ist, so gib x aus. Stop.
5. Wenn $\varrho = 1$ und $\gamma \equiv 1 \pmod 2$ ist, so gib y aus. Stop.
6. Wenn $\varrho = 3$ und $\gamma \equiv 0 \pmod 2$ ist, so gib y^* aus. Stop.
7. Gib eine Fehlermeldung aus. Stop.

Wenn bei der Übertragung des Codewortes c kein Fehler auftritt, so stoppt der Algorithmus ohne Decodierfehler. (Das wäre ja noch schöner!) Wird das Codewort c von genau einem Fehler getroffen, so korrigiert der Decodierer den Fehler. Wenn das Codewort c in zwei Komponenten verfälscht wird, so terminiert der Algorithmus in Schritt 7 mit einem Decodierfehler; er erkennt aber die Störung und gibt eine Fehlermeldung aus. Der Bauer-Code B ist also zugleich 1-fehlerkorrigierend und 2-fehlererkennend. Wenn mehr als zwei Fehler passieren, begeht der Decodierer stets einen Decodierfehler.

Wir schlachten nun die Idee der Paritätskontrolle aus, um eine große Klasse 1-fehlerkorrigierender Codes beliebiger Ordnung $q \geq 2$ zu konstruieren. Dazu prägen wir dem q-nären Zeichenvorrat F die Struktur einer beliebigen kommutativen — additiv geschriebenen — Gruppe mit dem neutralen Element 0 auf.

Kreuzsicherung. Gegenüber der Einzelprüfung in der Qualitätskontrolle bei der Glühbirnenproduktion kann es von Vorteil sein, immer 64 Lampen zugleich zu testen: In einer schachbrettartigen Anordnung werden die Glühbirnen erst zu je acht Stück spaltenweise und dann zeilenweise in Serie geschaltet. Wenn bei der Prüfung die dritte Spalte und sechste Zeile dunkel bleibt, so ist die Glühbirne in Feld $(3,6)$ defekt.

Wir kombinieren das Prinzip der *Kreuzsicherung* mit dem der Paritätskontrolle, um einen 1-fehlerkorrigierenden Code C_1 der Länge $n = 8$ und der Informationsrate $\frac{1}{2}$ über F zu konstruieren: Jedem Wort $x_{11}x_{12}x_{21}x_{22} \in F^4$ werden die Zeichen $x_{10} := -x_{11}-x_{12}$, $x_{20} := -x_{21}-x_{22}$, $x_{01} := -x_{11}-x_{21}$, $x_{02} := -x_{12}-x_{22}$, angefügt; die *Kontrollkomponenten* x_{10}, x_{20} und x_{01}, x_{02} kontrollieren das *Codewort* $x := x_{11}x_{12}x_{21}x_{22}x_{10}x_{20}x_{01}x_{02} \in C_1$ spalten- und zeilenweise.

$$
\begin{array}{ll}
x_{02} \rightarrow x_{12}\ x_{22} \\
x_{01} \rightarrow x_{11}\ x_{21} \\
\quad \uparrow \quad \uparrow \\
\quad x_{10}\ x_{20}
\end{array}
$$

Es sei $y := y_{11}y_{12}y_{21}y_{22}y_{10}y_{20}y_{01}y_{02} \in F^8$ ein beliebiges Wort. Wir bezeichnen den Vektor $s(y) := (\sigma_{10}, \sigma_{20}, \sigma_{01}, \sigma_{02}) \in F^4$ der *Kontrollsummen*

$$
\begin{aligned}
\sigma_{10} &:= y_{10}+y_{11}+y_{12}, & \sigma_{20} &:= y_{20}+y_{21}+y_{22}, \\
\sigma_{01} &:= y_{01}+y_{11}+y_{21}, & \sigma_{02} &:= y_{02}+y_{12}+y_{22}
\end{aligned}
$$

als das *Syndrom* von y. Ein Wort aus F^8 ist genau dann ein Codewort aus C_1, wenn sein Syndrom der Nullvektor $s(y) = 0 = (0,0,0,0) \in F^4$ ist.

Wir betrachten nun die Fälle, in denen sich y von x in genau einer Position um einen Wert $\beta \neq 0$ aus F unterscheidet:

1.	Wenn	$y_{11} = x_{11} + \beta$	ist, so ist $s(y) = (\beta,0,\beta,0)$.
2.	Wenn	$y_{12} = x_{12} + \beta$	ist, so ist $s(y) = (\beta,0,0,\beta)$.
3.	Wenn	$y_{21} = x_{21} + \beta$	ist, so ist $s(y) = (0,\beta,\beta,0)$.
4.	Wenn	$y_{22} = x_{22} + \beta$	ist, so ist $s(y) = (0,\beta,0,\beta)$.
5.1.	Wenn	$y_{10} = x_{10} + \beta$	ist, so ist $s(y) = (\beta,0,0,0)$.
5.2.	Wenn	$y_{20} = x_{20} + \beta$	ist, so ist $s(y) = (0,\beta,0,0)$.
5.3.	Wenn	$y_{01} = x_{01} + \beta$	ist, so ist $s(y) = (0,0,\beta,0)$.
5.4.	Wenn	$y_{02} = x_{02} + \beta$	ist, so ist $s(y) = (0,0,0,\beta)$.

Der Decodierer arbeitet nach folgendem *Decodieralgorithmus:*

1. Berechne das Syndrom $s(y) := (\sigma_{10},\sigma_{20},\sigma_{01},\sigma_{02}) \in F^4$ des vom Kanal ausgegebenen Wortes $y := y_{11}y_{12}y_{21}y_{22}y_{10}y_{20}y_{01}y_{02}$.
2. Wenn $s(y) = 0 = (0,0,0,0)$ ist, so gib $(y_{11},y_{12},y_{21},y_{22})$ aus. Stop.
3. Wenn es ein $\beta \neq 0$ gibt, so daß

    3.1. $s(y) = (\beta,0,\beta,0)$ ist, so gib $(y_{11}-\beta,y_{12},y_{21},y_{22})$ aus. Stop.

    3.2. $s(y) = (\beta,0,0,\beta)$ ist, so gib $(y_{11},y_{12}-\beta,y_{21},y_{22})$ aus. Stop.

    3.3. $s(y) = (0,\beta,\beta,0)$ ist, so gib $(y_{11},y_{12},y_{21}-\beta,y_{22})$ aus. Stop.

    3.4. $s(y) = (0,\beta,0,\beta)$ ist, so gib $(y_{11},y_{12},y_{21},y_{22}-\beta)$ aus. Stop.

    3.5. $s(y) \in \{(\beta,0,0,0),(0,\beta,0,0),(0,0,\beta,0),(0,0,0,\beta)\}$ ist,

               so gib $(y_{11},y_{12},y_{21},y_{22})$ aus. Stop.

4. Gib eine Fehlermeldung aus. Stop.

Wenn die fünfte und siebte Komponente des Codewortes 00000000 im Kanal beide in eine Komponente $\beta \neq 0$ abgefälscht werden , so terminiert der Algorithmus in Schritt 3.1: Der Decodierer gibt das Wort $(-\beta,0,0,0)$ aus und begeht einen Decodierfehler. Wenn die fünfte Komponente des Codewortes 00000000 in $\beta \neq 0$ und die erste in $-\beta$ abgefälscht werden , so terminiert der Algorithmus in Schritt 3.5: Der Decodierer gibt das Wort $(-\beta,0,0,0)$ aus. Als 1-fehlerkorrigierender, aber nicht 2-fehlererkennender Code der Informationsrate $\frac{1}{2}$ ist der Code C_1 (im binären Fall) dem Bauer-Code B unterlegen.

Wir definieren einen Code C_2 der Länge $n := 11$ und der Informationsrate $\frac{7}{11}$ über der additiven Gruppe F als die Menge aller Wörter

$$x := x_{011}x_{101}x_{110}x_{111}x_{201}x_{210}x_{211}x_{100}x_{200}x_{010}x_{001} \in F^{11},$$

deren aus den *Kontrollsummen*

$$\sigma_{100} := x_{100}+x_{101}+x_{110}+x_{111},$$
$$\sigma_{200} := x_{200}+x_{201}+x_{210}+x_{211},$$
$$\sigma_{010} := x_{010}+x_{011}+x_{110}+x_{111}+x_{210}+x_{211},$$
$$\sigma_{001} := x_{001}+x_{011}+x_{101}+x_{111}+x_{201}+x_{211}$$

bestehendes *Syndrom* $s(x) = (\sigma_{100},\sigma_{200},\sigma_{010},\sigma_{001})$ der Nullvektor 0 ist.

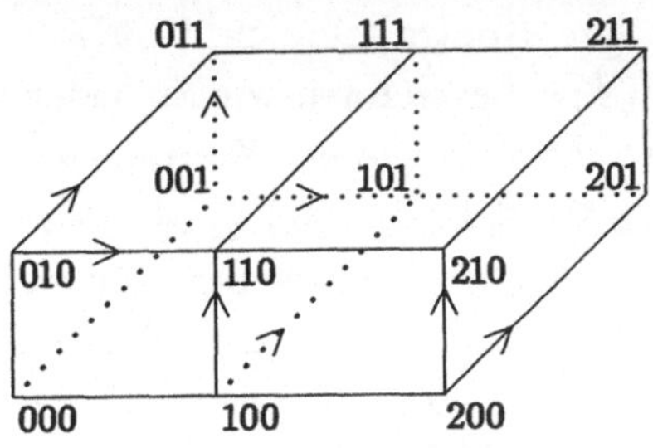

Wir veranschaulichen uns das in einem 3-dimensionalen Schema: Die Kontrollkomponente x_{001} kontrolliert die Komponenten der hinteren Wand des Quaders, x_{010} kontrolliert den Deckel, x_{100} und x_{200} kontrollieren die mittlere und die rechte vertikale Fläche. Die Position jeder der elf Komponenten im Quader wird dadurch eindeutig beschrieben, daß angegeben wird, auf welchen von diesen vier Flächen sie sich befindet. Dieser Umstand ermöglicht es uns, ähnlich wie für den Code C_1 auch für den Code C_2 einen Decodieralgorithmus zu entwerfen, mit dem sich Einzelfehler lokalisieren und korrigieren lassen; der Code C_2 ist ebenfalls 1-fehlerkorrigierend.

Gitter-Codes. Wir haben C_1 konstruiert, indem wir die Komponenten der Codewörter in der Ebene matrixartig angeordnet haben. Wir haben C_2 konstruiert, indem wir die Komponenten der Codewörter in einem dreidimensionalen quaderförmigen Gitter angeordnet haben. Wir verallgemeinern jetzt diese Konstruktionsmethode:

Es seien $h \geq 2$ natürliche Zahlen $k_1, k_2, \ldots, k_h$ vorgegeben.
Wir betrachten im h-dimensionalen euklidischen Raum $\mathbb{R}^h$ das *Gitter*

$$\mathscr{G} := \{\, (\gamma_1, \gamma_2, \ldots, \gamma_h) \in \mathbb{Z}^h \setminus \{(0, 0, \ldots, 0)\}\,;\, 0 \leq \gamma_i \leq k_i \text{ für } i = 1, 2, \ldots, h \}$$

aller $$n := (k_1 + 1) \cdot (k_2 + 1) \cdots (k_h + 1) - 1$$

von $\vec{0} = (0, 0, \ldots, 0) \in \mathbb{R}^h$ verschiedenen Punkte $\vec{\gamma} = (\gamma_1, \gamma_2, \ldots, \gamma_h)$ mit ganzzahligen Koordinaten in dem von den Punkten $(k_1, 0, \ldots, 0)$, $(0, k_2, \ldots, 0), \ldots, (0, 0, \ldots, k_h)$ aufgespannten h-dimensionalen Quader.

Die Gitterpunkte auf den Koordinatenachsen — das sind die

$$r := k_1 + k_2 + \ldots + k_h$$

Punkte $\vec{\kappa} \in \mathscr{G}$ der Gestalt $\vec{\kappa} = (0, \ldots, \kappa_i, 0, \ldots, 0)$ mit $\kappa_i \neq 0$ — bilden die Menge $\mathscr{K}$ der *Kontrollpositionen*; die übrigen

$$k := n - r$$

Gitterpunkte $\vec{\iota} = (\iota_1, \iota_2, \ldots, \iota_h) \in \mathscr{G}$ bilden die Menge $\mathscr{I} := \mathscr{G} \setminus \mathscr{K}$ der *Informationspositionen*. Mit $\mathscr{H}(\vec{\kappa}) := \{(\gamma_1, \gamma_2, \ldots, \gamma_h) \in \mathscr{G}\,;\, \gamma_i = \kappa_i\}$ bezeichnen wir für jede Kontrollposition $\vec{\kappa} = (0, \ldots, \kappa_i, 0, \ldots, 0) \in \mathscr{K}$ den *Kontrollbereich* von $\vec{\kappa}$; das ist die Menge aller Gitterpunkte $\vec{\gamma} \in \mathscr{G}$, die mit der Hyperebene des $\mathbb{R}^h$ durch den Punkt $\vec{\kappa}$ inzidieren, die parallel zu den Koordinatenachsen Nr. $1, 2, \ldots, i-1, i+1, \ldots, h$ liegt. Jede

Kontrollposition $\vec{\kappa} \in \mathcal{K}$ gehört zu ihrem Kontrollbereich $\mathcal{H}(\vec{\kappa})$, $\vec{\kappa} \in \mathcal{H}(\vec{\kappa})$. Mit $\mathcal{K}(\vec{\gamma}) := \{\vec{\kappa} \in \mathcal{K}; \vec{\gamma} \in \mathcal{H}(\vec{\kappa})\}$ bezeichnen wir für jeden Gitterpunkt $\vec{\gamma} = (\gamma_1, \gamma_2, \ldots, \gamma_h) \in \mathcal{G}$ die Menge seiner *Kontrolleure*; es ist $\mathcal{K}(\vec{\gamma}) = \{(0, \ldots, \gamma_i, 0, \ldots, 0); 1 \leq i \leq h, \gamma_i \neq 0\} \subseteq \mathcal{K}$. Die Zuordnung $\mathcal{G} \to \mathfrak{P}(\mathcal{K}); \vec{\gamma} \mapsto \mathcal{K}(\vec{\gamma})$ ist umkehrbar eindeutig: Für je zwei verschiedene Gitterpunkte $\vec{\gamma}_1, \vec{\gamma}_2 \in \mathcal{G}$ sind auch die Mengen $\mathcal{K}(\vec{\gamma}_1)$ und $\mathcal{K}(\vec{\gamma}_2)$ ihrer Kontrolleure verschieden. Eine nichtleere Teilmenge $\mathcal{S} \subseteq \mathcal{K}$ ist genau dann die Menge $\mathcal{K}(\vec{\gamma})$ der Kontrolleure eines Gitterpunktes $\vec{\gamma} \in \mathcal{G}$, wenn jede der h Koordinatenachsen mit höchstens einer Kontrollposition aus $\mathcal{S}$ inzidiert; das heißt, wenn für $i = 1, 2, \ldots, h$ jeweils höchstens eine Koordinate $\kappa_i \in \{1, 2, \ldots, k_i\}$ mit $(0, \ldots, \kappa_i, 0, \ldots, 0) \in \mathcal{S}$ existiert. Für solche Mengen $\mathcal{S}$ berechnen wir den Punkt $\vec{\gamma} \in \mathcal{G}$ mit $\mathcal{S} = \mathcal{K}(\vec{\gamma})$ als Vektorsumme $\vec{\gamma} := \sum_{\vec{\kappa} \in \mathcal{S}} \vec{\kappa}$.

Wir betrachten jetzt die Menge aller mit den Informationspositionen $\vec{\iota} \in \mathcal{I}$ indizierten *Informationswörter* $(x_{\vec{\iota}}; \vec{\iota} \in \mathcal{I}) \in F^k$ aus dem k-fachen kartesischen Produkt der additiven Gruppe F.

Wir ergänzen das Informationswort $(x_{\vec{\iota}}; \vec{\iota} \in \mathcal{I})$ durch Anfügen von r mit den Kontrollpositionen $\vec{\kappa} \in \mathcal{K}$ indizierten *Kontrollkomponenten* $x_{\vec{\kappa}}$ zu einem *Codewort* $x := (x_{\vec{\gamma}}; \vec{\gamma} \in \mathcal{G})$ des *Gitter-Codes* C: Für jede Kontrollposition $\vec{\kappa} = (0, \ldots, \kappa_i, 0, \ldots, 0) \in \mathcal{K}$ wird $x_{\vec{\kappa}}$ als

$$x_{\vec{\kappa}} := - \sum_{\vec{\iota} \in \mathcal{H}(\vec{\kappa}); \vec{\iota} \neq \vec{\kappa}} x_{\vec{\iota}}$$

definiert. Ein Wort $y = (y_{\vec{\gamma}}; \vec{\gamma} \in \mathcal{G}) \in F^n$ ist genau dann ein Codewort, wenn für jeden Kontrollbereich $\mathcal{H} \subseteq \mathcal{G}$ die Summe aller mit einem Gitterpunkt $\vec{\gamma} \in \mathcal{H}$ indizierten Komponenten $y_{\vec{\gamma}}$ von y verschwindet, das heißt, wenn die *Kontrollsumme*

$$\sigma_{\vec{\kappa}}(y) := \sum_{\vec{\gamma} \in \mathcal{H}(\vec{\kappa})} y_{\vec{\gamma}}$$

für jede Kontrollposition $\vec{\kappa} \in \mathcal{K}$ den Wert $\sigma_{\vec{\kappa}}(y) = 0$ hat. Wenn sich das Wort y dagegen in genau einer Position $\vec{v} \in \mathcal{G}$ von dem Codewort x unterscheidet, wenn etwa $y_{\vec{v}} = x_{\vec{v}} + \beta$ mit $\beta \in F \setminus \{0\}$ ist, so haben die Kontrollsummen $\sigma_{\vec{\kappa}}(y)$ für jeden Kontrolleur $\vec{\kappa} \in \mathcal{K}(\vec{v})$ von $\vec{v}$ den Wert β, während alle anderen Kontrollsummen den Wert 0 haben.

Der Decodierer behandelt ein vom Kanal ausgegebenes Wort $y = (y_{\vec{\gamma}}; \vec{\gamma} \in \mathcal{G}) \in F^n$ mit dem folgenden *Decodieralgorithmus*:

1. Berechne das Syndrom $s(y) := (\sigma_{\vec{\kappa}}(y) \,;\, \vec{\kappa} \in \mathscr{K}) \in F^r$.

2. Wenn $s(y) = \mathbf{0} \in F^r$ ist, so gib $(y_{\vec{\iota}} \,;\, \vec{\iota} \in \mathscr{I})$ aus.   Stop.

3. Wenn es ein Element $\beta \in F \setminus \{0\}$ und eine Teilmenge $\mathscr{S} \subseteq \mathscr{K}$ gibt,

   so daß $\sigma_{\vec{\kappa}}(y) = \begin{cases} \beta \,, \text{ falls } \vec{\kappa} \in \mathscr{S} \\ 0 \,, \text{ falls } \vec{\kappa} \in \mathscr{K} \setminus \mathscr{S} \end{cases}$ gilt, und wenn für $i = 1, 2, \ldots, h$

   jeweils höchstens ein $\kappa_i \in \{1, 2, \ldots, k_i\}$ mit $(0, \ldots, \kappa_i, 0, \ldots, 0) \in \mathscr{S}$

   existiert, so führe aus: Setze $\vec{\tau} := \displaystyle\sum_{\vec{\kappa} \in \mathscr{S}} \vec{\kappa}$.   Für jedes $\vec{\gamma} \in \mathscr{G}$ setze

   $z_{\vec{\gamma}} := \begin{cases} y_{\vec{\gamma}} - \beta \,, \text{ falls } \vec{\gamma} = \vec{\tau} \\ \quad y_{\vec{\gamma}} \quad \,, \text{ falls } \vec{\gamma} \neq \vec{\tau} \end{cases}$.   Gib $(z_{\vec{\iota}} \,;\, \vec{\iota} \in \mathscr{I})$ aus.   Stop.

4. Gib eine Fehlermeldung aus.   Stop.

Der Decodierer erkennt, lokalisiert und korrigiert Einzelfehler, der Gitter-Code C ist also 1-fehlerkorrigierend.

Was macht der Decodierer, wenn zwei Fehler passieren? Nehmen wir an, das Wort y unterscheide sich vom Codewort x in den zwei Positionen $\vec{\nu} := (\nu_1, \nu_2, \ldots, \nu_h)$ und $\vec{\mu} := (\mu_1, \mu_2, \ldots, \mu_h) \in \mathscr{G}$; dann gibt es zwei von dem neutralen Element $0 \in F$ verschiedene Gruppenelemente $\beta_\nu, \beta_\mu \in F$ mit $y_{\vec{\nu}} = x_{\vec{\nu}} + \beta_\nu$ und $y_{\vec{\mu}} = x_{\vec{\mu}} + \beta_\mu$.

Es sei nun $\vec{\kappa} \in \mathscr{K}$ eine Kontrollposition. Wir unterscheiden vier Fälle:

1. $\kappa \in \mathscr{K}(\vec{\nu}), \kappa \in \mathscr{K}(\vec{\mu})$, dann ist $\sigma_{\vec{\kappa}}(y) = \beta_\nu + \beta_\mu$.
2. $\kappa \in \mathscr{K}(\vec{\nu}), \kappa \notin \mathscr{K}(\vec{\mu})$, dann ist $\sigma_{\vec{\kappa}}(y) = \beta_\nu$.
3. $\kappa \notin \mathscr{K}(\vec{\nu}), \kappa \in \mathscr{K}(\vec{\mu})$, dann ist $\sigma_{\vec{\kappa}}(y) = \beta_\mu$.
4. $\kappa \notin \mathscr{K}(\vec{\nu}), \kappa \notin \mathscr{K}(\vec{\mu})$, dann ist $\sigma_{\vec{\kappa}}(y) = 0$.

Wegen $\vec{\nu} \neq \vec{\mu}$ gibt es einen Index $j \in \{1, 2, \ldots, h\}$ mit $\nu_j \neq \mu_j$; deswegen muß der zweite oder dritte Fall mindestens einmal auftreten. Wir dürfen den zweiten Fall annehmen: Dann ist $\nu_j \neq 0$, die Kontrollposition $(0, \ldots, 0, \nu_j, 0, \ldots, 0)$ ist ein Kontrolleur von $\vec{\nu}$, und es gilt $\sigma_{(0, \ldots, 0, \nu_j, 0, \ldots, 0)}(y) = \beta_\nu \neq 0$. Der Algorithmus terminiert nicht im Schritt 2. Der Decodierer stellt fest, daß das Wort y kein Codewort ist. Wir haben bei der Behandlung des Kreuzsicherungscodes C_1 gesehen, daß der Algorithmus nicht in Schritt 4 terminieren muß, daß der Decodierer fälschlicherweise nur einen Einzelfehler unterstellen und einen schlimmen Decodierfehler begehen kann.

Der Algorithmus terminiert übrigens genau dann in Schritt 3, wenn der Doppelfehler den folgenden drei Bedingungen genügt:

1. Für jeden Index $j \in \{1, 2, \ldots, h\}$ gilt $\nu_j = \mu_j$, $\nu_j = 0$ oder $\mu_j = 0$.
2. Aus $\mathscr{K}(\vec{\nu}) \cap \mathscr{K}(\vec{\mu}) \neq \emptyset$ folgt $\beta_\nu = -\beta_\mu$.
3. Aus $\mathscr{K}(\vec{\nu}) \setminus \mathscr{K}(\vec{\mu}) \neq \emptyset$ und $\mathscr{K}(\vec{\mu}) \setminus \mathscr{K}(\vec{\nu}) \neq \emptyset$ folgt $\beta_\nu = \beta_\mu$.

Die Bedingungen 2 und 3 sind im binären Fall automatisch erfüllt.

Mit einem einfachen Trick läßt sich C zu einem 2-fehlererkennenden Code $\hat{C} \subseteq F^{n+1}$ erweitern: Jedes Codewort $x = (x_{\vec{\gamma}} \,;\, \vec{\gamma} \in \mathscr{G}) \in C$ wird mit der *Universalkontrollkomponente* [overall parity check symbol]

$$x_{\vec{0}} := - \sum_{\vec{\gamma} \in \mathscr{G}} x_{\vec{\gamma}}$$

zu einem Codewort $\hat{x} = (x_{\vec{\gamma}}; \vec{\gamma} \in \mathcal{G} \cup \{\vec{0}\})$ der *Erweiterung* $\hat{C} \subseteq F^{n+1}$ von C ergänzt. Wenn sich ein Wort $\hat{y} = (y_{\vec{\gamma}}; \vec{\gamma} \in \mathcal{G} \cup \{\vec{0}\}) \in F^{n+1}$ von dem Codewort $\hat{x} \in \hat{C}$ in genau einer Position $\vec{\nu} \in \mathcal{G} \cup \{\vec{0}\}$ unterscheidet, so hat die *Universalkontrollsumme*

$$\sigma_{\vec{0}}(\hat{y}) := \sum_{\vec{\gamma} \in \mathcal{G} \cup \{\vec{0}\}} y_{\vec{\gamma}}$$

den Wert $\sigma_{\vec{0}}(\hat{y}) = y_{\vec{\nu}} - x_{\vec{\nu}}$. Wenn sich $\hat{y}$ von $\hat{x}$ außer in der Position $\vec{\nu}$ noch in genau einer weiteren Position $\vec{\mu} \in \mathcal{G} \cup \{\vec{0}\}$ unterscheidet, so ist $\sigma_{\vec{0}}(\hat{y}) = y_{\vec{\nu}} - x_{\vec{\nu}} + y_{\vec{\mu}} - x_{\vec{\mu}} \neq y_{\vec{\nu}} - x_{\vec{\nu}}$. Berücksichtigt der Decodierer diese Fakten, so wird er nicht nur eine fehlerfreie Übertragung eines Codewortes richtig diagnostizieren und Einzelfehler korrekt berichtigen können, sondern er interpretiert auch niemals ein durch einen Doppelfehler verfälschtes Codewort als richtig übertragen oder als nur von einem Einzelfehler betroffen. Die Erweiterung $\hat{C}$ des Gitter-Code*s* C ist also nicht nur 1-fehlerkorrigierend, sondern auch 2-fehlererkennend.

Die binären Hamming-Codes. Die Informationsrate des Gitter-Codes C hat den Wert $\frac{k}{n} = \frac{n-r}{n} = 1 - \frac{k_1 + k_2 + \ldots + k_h}{n}$. Es ist wünschenswert, bei fest vorgegebener Blocklänge n durch eine geschickte Wahl der Zahlen h und $k_1, k_2, \ldots, k_h$ eine möglichst hohe Informationsrate zu erzielen. Der optimale Wert wird erreicht, wenn die Produktdarstellung $n + 1 := (k_1 + 1) \cdot (k_2 + 1) \cdots (k_h + 1)$ die vollständige Primfaktorisierung von $n + 1$ ist.

Ein besonders günstiger Fall liegt vor, wenn $n + 1 = 2^h$ gilt. Wir können dann $k_1 := k_2 := \ldots := k_h := 1$ wählen; es ist $r = h$ und der Gitter-Code C hat die Informationsrate $\frac{2^r - r - 1}{2^r - 1}$. Im Fall $q = 2$ sind diese 1-fehlerkorrigierenden Gitter-Codes mit der Informationsrate $1 - \frac{r}{2^r - 1}$ gerade die *binären Hamming-Codes* HAM(r,2). Während einer Autofahrt vertrieb sich RICHARD W. HAMMING im Jahre 1948 die Langeweile mit den geometrischen Überlegungen zur Konstruktion der Gitter-Codes und entdeckte so die nach ihm benannten Codes.

Die HAMMING-Schranke für binäre Codes. Wieviele Kontrollkomponenten benötigen wir, um einen t-fehlerkorrigierenden binären Code der Blocklänge n und der Informationsrate $\frac{k}{n}$ konstruieren zu können? Diese Anzahl $r := n - k$ muß so groß sein, daß für jede Möglichkeit einer Kanalstörung, die ein Codewort in bis zu t seiner n Positionen treffen kann, eine charakteristische Kombination von Kontrollkomponenten zur Lokalisation dieser Fehlerpositionen zur Verfügung steht.

Im binären Fall bedeutet „Lokalisation" automatische Korrektur. Es sind genau $\sum\limits_{i=0}^{t} \binom{n}{i}$ *Fehlermuster* möglich, die bis zu t Positionen umfassen. Andererseits gibt es $\sum\limits_{j=0}^{r} \binom{r}{j} = 2^r$ Kombinationen der r Kontrollkomponenten, nämlich $\binom{r}{0} = 1$ leere Kombinationen, $\binom{r}{1} = r$ einzelne Komponente, $\binom{r}{2}$ Kombinationen von zwei Komponenten, und so weiter. Damit gilt für jeden t-fehlerkorrigierenden binären Code der Länge n mit k Informationspositionen und $r := n - k$ Kontrollpositionen die

HAMMING-*Schranke* $\qquad\qquad \sum\limits_{i=0}^{t} \binom{n}{i} \le 2^r.$

Für die binären Hamming-Codes $\mathrm{HAM}(r,2)$ gilt in der HAMMING-Schranke sogar das Gleichheitszeichen. Auf Seite 184 werden wir die HAMMING-Schranke für sehr viel allgemeinere Codes kennenlernen.

Der Hamming-Code HAM(3,2) der Länge 7 ist ein Standardbeispiel für einen binären 1-fehlerkorrigierenden Code. Wir studieren ihn genauer und prägen dazu dem binären Zeichenvorrat $F := \{O, L\}$ vermöge der Festsetzung $O + O := L + L := O$ und $O + L := L + O := L$ die Struktur der Gruppe der Ordnung 2 auf.
Für je vier Bits $x_1, x_2, x_3, x_4 \in F$ bildet das Wort $x_1 x_2 x_3 x_4 x_5 x_6 x_7 \in F^7$ mit $x_5 := x_2 + x_3 + x_4$, $x_6 := x_1 + x_3 + x_4$, und $x_7 := x_1 + x_2 + x_4$ ein Codewort des Hamming-Codes $C := \mathrm{HAM}(3,2)$ Wenn wir in dem „Würfelmodell" die Position 000 mit der Universalkontrollkomponente $x_8 := x_1 + x_2 + x_3 = = x_1 + x_2 + x_3 + x_4 + x_5 + x_6 + x_7$ belegen, so erhalten wir als *Erweiterung des Hamming-Codes* C den

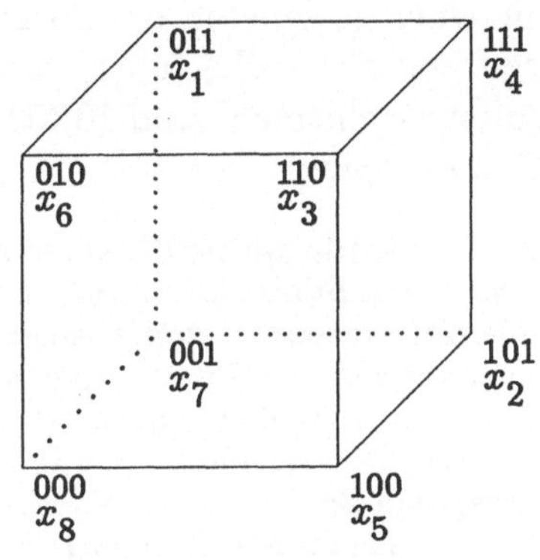

Bauer-Code $\hat{C} = B = \{x_1 x_2 x_3 x_4 x_5 x_6 x_7 x_8 \, ; x_1, x_2, x_3, x_4 \in F\}$: In der Tat, wenn $x_1 + x_2 + x_3 + x_4 = O$ ist, so ist $x_5 = x_1$, $x_6 = x_2$, $x_7 = x_3$ und $x_8 = x_4$; wenn dagegen $x_1 + x_2 + x_3 + x_4 = L$ ist, so ist $x_5 = L + x_1$, $x_6 = L + x_2$, $x_7 = L + x_3$ und $x_8 = L + x_4$.

Ein Byte $x = x_1 x_2 x_3 x_4 x_5 x_6 x_7 x_8 \in F^8$ ist genau dann ein Codewort aus B, wenn für jede der sechs Seitenflächen des Würfels die Summe der vier Komponenten von y, die mit den Positionen $1 := 011$, $2 := 101$, $3 := 110$, $4 := 111$, $5 := 100$, $6 := 010$, $7 := 001$, $8 := 000$ der Eckpunkte dieser Seitenfläche indiziert sind, den Wert O hat.

Wir unterwerfen nun den Würfel einer der 48 eigentlichen oder uneigentlichen Bewegungen des $\mathbb{R}^3$, die den Würfel in sich überführen. Wir gucken uns das Ergebnis einer Drehung um 90° um die Achse an, die die Mittelpunkte der rechten und linken Seitenfläche des Würfels verbindet. Dabei bleiben die Positionen ortsfest, bewegt werden die mit den Komponenten x_1, x_2, x_3, x_4, x_5, x_6, x_7, x_8 des Codewortes $x \in B$ belegten Ecken. Die Ecken der sechs Seitenflächen des Würfels werden jeweils in die Ecken der Bildseitenflächen gedreht. Damit überführt die sogenannte „Äquivalenzabbildung"

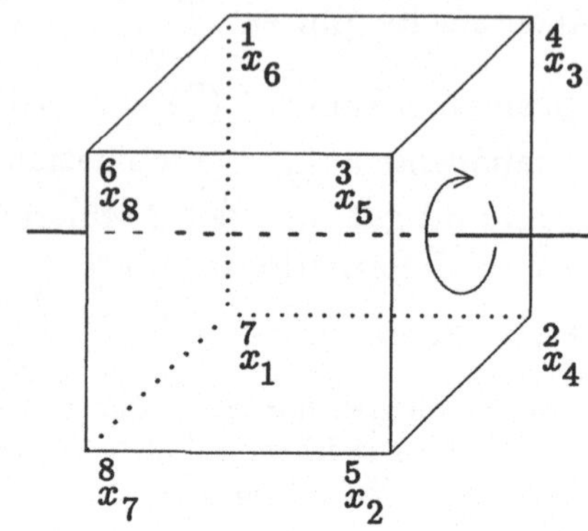

$$\tilde{\pi} : F^8 \to F^8 ; \quad x_1 x_2 x_3 x_4 x_5 x_6 x_7 x_8 \mapsto x_6 x_4 x_5 x_3 x_2 x_8 x_1 x_7$$ die Codewörter des Bauer-Codes B in Codewörter. Die Gruppe dieser 48 Bewegungen „operiert transitiv" auf den acht Positionen: Jede Ecke des Würfels kann mit einer geeigneten der 24 Drehungen des Würfels in jede beliebig vorgegebene Ecke überführt werden. Auf Seite 53ff. werden weitere 21456 „Automorphismen" und 10 300 416 sonstige „Isometrien" des Bauer-Codes B aufgespürt.

Welchen Code wählen? Diese Frage stellen sich die Inhaber ZOIA und VALENTIN C. der Firma *Bittransport S.R.L.* in Scorniceşti/România.

Die Bittransport betreibt einen kommerziellen binären Nachrichtenkanal. Pro Kanaltakt kann ein Bit über den Kanal gesendet werden. Der Kanal ist nicht absolut zuverlässig: Eine Rauschquelle überlagert die gesendeten Signale unabhängig voneinander mit Störsignalen, so daß im statistischen Mittel jedes millionste in den Kanal eingespeiste Bit den Kanal fehlerhaft als das entgegengesetzte Bit verläßt; es handelt sich um einen *binären symmetrischen Kanal der Fehlerwahrscheinlichkeit* $p = 10^{-6}$.

Die Geschäftsbedingungen und Preise der Bittransport sind auf Grund gesetzlicher Bestimmungen über das Nachrichtenwesen festgelegt und von der Firma nicht änderbar: Ein Kunde kann seine Bitfolgen nur in „Nachrichten" genannten Paketen von jeweils $m := 500\,000$ sogenannten „Informationsbits" übertragen lassen. Notfalls kann er seine Bitfolgen in mehrere Nachrichten aufteilen oder mit „blinden" Bits auffüllen.

Die Betriebskosten der Firma Bittransport setzen sich aus 10 Lei Verwaltungskosten pro Nachricht und 0,01 Ban Sendekosten pro Bit zusammen. Für die fehlerfreie Übertragung einer Nachricht berechnet die Bittransport dem Kunden 100 Lei; die Firma macht einen Gewinn von 40 Lei. Wird aber eine Nachricht fehlerhaft ausgeliefert – und das ist schon dann der Fall, wenn nur ein einziges Bit verfälscht wird – so muß die Firma dem Kunden 10 000 Lei Schadensersatz zahlen. Die Regreßpflicht tritt nicht ein, wenn die Bittransport nach der Sendung, aber vor der Auslieferung die Fehlerhaftigkeit erkennt. Der Firma sind neue Übertragungsversuche gestattet.

Die Vermutung, im Schnitt werde jede zweite Nachricht verdorben, ist voreilig: Jedes einzelne Bit passiert den Kanal mit der Wahrscheinlichkeit $1 - p = 0,999999$ unbeschädigt. Da die Störungen unabhängig voneinander auftreten, multiplizieren sich die Wahrscheinlichkeiten; mit der Wahrscheinlichkeit $(1 - p)^m \approx 0,6065$ erwartet die Firma die fehlerfreie Übertragung. Anders ausgedrückt: Im Schnitt erleidet die Bittransport pro Nachrichtensendung einen Verlust von $3\,934,04$ Lei.

VALENTIN C. denkt daran, einen Paritätskontroll-Code der Länge $k + 1$ einzusetzen. Der Codierer zerlegt die (eventuell durch einige blinde Bits ergänzte) Nachricht in $u := \lceil \frac{m}{k} \rceil$ Informationswörter, die er jeweils durch ein Paritätskontrollbit absichert. Wie groß muß er die „Dimension" k wählen, um ein optimales wirtschaftliches Ergebnis zu erzielen? Die Wahrscheinlichkeit, daß kein Bit der u Codewörter gestört wird, hat den Wert $G := (1 - p)^{u \cdot (k+1)}$; in diesen Fällen leistet der Decodierer gute Arbeit. Die Wahrscheinlichkeit, daß kein Codewort in einer ungeraden Anzahl von Bits gestört wird, die „Auslieferungsquote" berechnet sich mit dem Binomialsatz als

$$A := \Big(\sum_{i \geq 0} \binom{k+1}{2 \cdot i} \cdot p^{2 \cdot i} \cdot (1-p)^{k+1-2 \cdot i} \Big)^u = \Big(\tfrac{1}{2} \cdot \sum_{j \geq 0} (1 + (-1)^j) \cdot \binom{k+1}{j} \cdot p^j \cdot (1-p)^{k+1-j} \Big)^u =$$

$$= \Big(\tfrac{1}{2} \cdot [(p + (1-p))^{k+1} + (-p + (1-p))^{k+1}] \Big)^u = \Big(\tfrac{1}{2} \cdot [1 + (1 - 2 \cdot p)^{k+1}] \Big)^u .$$

Der erwartete Gewinn pro Nachricht in Lei ergibt sich als

$+\,100 \times G$	Einnahmen für korrekte Sendung
$-\,10$	Verwaltungskosten
$-\,0,0001 \times u \times (k + 1)$	Sendekosten
$-\,10\,000 \times (A - G)$	Regreßkosten.

Statt das Minimum durch Differenzieren zu ermitteln, rechnet VALENTINs Schwester ZOIA den Gewinn für verschiedene Dimensionen k aus:

k	Gewinn	k	Gewinn	k	Gewinn	k	Gewinn
1	$-\,73,21$	4	$-\,18,98$	228	$-\,0,046$	10000	$-\,14,54$
2	$-\,37,77$	10	$-\,7,32$	250	$-\,0,048$	100000	$-\,152,63$
3	$-\,25,33$	200	$-\,0,052$	1000	$-\,0,94$	500000	$-\,773,44$

Selbst bei dem kostengünstigsten Paritätskontroll-Code verliert die Firma Bittransport pro Nachricht im Schnitt 5 Bani. ZOIA C. schlägt vor, einen Hamming-Code $\mathrm{HAM}(r,2)$ zu verwenden. Welche „Kodimension" r soll gewählt werden? Mit wachsendem r nähert sich die Informationsrate $1 - \frac{r}{2^r - 1}$ zwar schnell dem Idealwert 1, und die Betriebskosten nähern sich der unteren Grenze von 60 Lei, aber andererseits wächst mit wachsendem r die Wahrscheinlichkeit, daß ein Codewort der Länge $2^r - 1$ von mehr als einem Bitfehler getroffen wird; und das führt immer zu katastrophalen Decodierfehlern, der Decodierer entscheidet sich da stets für ein „falsches" Codewort. Die Wahrscheinlichkeit dafür, daß keines der $u = \lceil \frac{m}{k} \rceil$ Codewörter in mehr als einer Komponente gestört wird, hat den Wert

$$G := \big((1-p)^{k+r} + (k+r) \cdot p \cdot (1-p)^{k+r-1} \big)^u .$$

Der erwartete Gewinn pro Nachricht in Lei ergibt sich als

$+\,100 \times G$	Einnahmen für korrekte Sendung
$-\,10$	Verwaltungskosten
$-\,0,0001 \times u \times (k + r)$	Sendekosten
$-\,10\,000 \times (1 - G)$	Regreßkosten.

Die günstigste Kodimension r wird wieder durch Probieren ermittelt:

r	k	Gewinn	r	k	Gewinn	r	k	Gewinn
2	1	$-$ 60,02	8	247	37,70	14	16369	$-$ 2,26
3	4	2,47	9	502	37,74	15	32752	$-$ 46,97
4	11	21,77	10	1013	36,86	16	65519	$-$ 127,35
5	26	30,29	11	2036	34,45	17	131054	$-$ 276,83
6	57	34,56	12	4083	29,25	18	262125	$-$ 537,89
7	120	36,74	13	8178	18,35	19	524268	$-$ 948,76

Beim Einsatz des Hamming-Codes HAM(9,2) der Blocklänge 511 setzt sich die Differenz zwischen dem Idealgewinn von 40 Lei und der tatsächlichen Gewinnerwartung von 37,74 Lei aus 90 Bani und 5 Bani Sendekosten für die 8973 Kontrollbits und die 494 „blinden" Bits sowie einem Leu und 31 Bani für die erwarteten Regreßkosten zusammen. Der Löwenanteil (im wahren Sinne des Wortes) an diesen Regreßkosten wird von Doppelfehlern verursacht. Wenn die Firma Bittransport die Erweiterung der Länge 2048 des Hamming-Codes HAM(11,2) verwendet, so steigt die Gewinnerwartung auf über 39,56 Lei an.

Gruppen-Codes. Die Gitter-Codes sind nicht immer optimal; die q^r Möglichkeiten, die Kontrollpositionen mit Elementen aus F zu besetzen, werden nicht ausgeschöpft. In Abschnitt 8.6 werden wir den binären Hamming-Codes entsprechende, optimale 1-fehlerkorrigierende Codes von höheren Primzahlpotenz-Ordnungen q kennenlernen.

Die geometrischen Überlegungen in diesem Abschnitt dienten uns nur zur Veranschaulichung der Gitter-Codes. Dem Zeichenvorrat F sei die Struktur einer kommutativen, additiv geschriebenen Gruppe aufgeprägt; wir definieren für je drei ganze Zahlen n,k,r mit $0 \leq k \leq n, n \geq 1$ und $r = n - k$ die (n,k)-*Gruppen-Codes* als Verallgemeinerung der Gitter-Codes von allem überflüssigen Beiwerk entkleidet als die Mengen

$$\{(x_1,x_2,\ldots,x_k, \sum_{i \in L_1} x_i, \sum_{i \in L_2} x_i, \ldots, \sum_{i \in L_r} x_i) \; ; x_1,x_2,\ldots,x_k \in F\},$$

wobei für jede der r *Kontrollstellen* $j = 1,2,\ldots,r$ jeweils eine Teilmenge L_j der Menge $\{1,2,\ldots,k\}$ der *Informationsstellen* ausgezeichnet ist. Im binären Fall $|F| = 2$ sind diese Gruppen-Codes gerade $-$ wie wir später sehen werden $-$ die binären systematischen „linearen" Codes.

1.7 Grundbegriffe der Codierungstheorie

Nach den einführenden Beispielen der vorangehenden Abschnitte wird es Zeit, formal zu definieren, was ein Code ist. Es seien F ein q-närer Zeichenvorrat mit $q \geq 2$ und $F^{\mathbb{V}}$ die Menge aller Wörter mit Komponenten aus F. Unter einem *Code* (*über* F oder *der Ordnung* q) verstehen wir eine endliche nichtleere Menge C nichtleerer Wörter aus $F^{\mathbb{V}}$, der *Codewörter*. (In diesem Buch kommen keine unendlichen Codes vor!) Der Begriff *Ordnung* bezieht sich nicht auf die Anzahl $u := |C|$ der Codewörter, sondern auf die Kardinalzahl $q = |F|$ des Zeichenvorrats F. Ein Code der Ordnung q wird auch *q-närer Code* genannt.

Es seien $u \in \mathbb{N}$ eine natürliche Zahl und E ein u-närer Zeichenvorrat. Eine *Codierung* (*von* E *über* F) ist eine injektive Abbildung

$$C : E \to F^{\mathbb{V}} \setminus \{()\},$$

die jedem Zeichen $x \in E$ ein nichtleeres Wort $C(x) \in F^{\mathbb{V}}$ zuordnet.

THOMAS HONOLD hat beim Korrekturlesen vorgeschlagen, das leere Wort () als Codewort zuzulassen. Ich habe mich aber bockig gestellt!

Verschiedene Wörter aus $F^{\mathbb{V}}$ repräsentieren verschiedene Zeichen aus E, das Bild $C(E) = \{\, C(x) \,;\, x \in E \,\}$ jeder Codierung $C : E \to F^{\mathbb{V}}$ ist also ein Code mit u Codewörtern. Wenn $C \subset F^{\mathbb{V}}$ ein Code mit $u := |C|$ Codewörtern ist, so gibt es $u!$ Codierungen $C : E \to C$.

Ein Code heißt *Blockcode* (der Länge n), wenn alle seine Codewörter dieselbe Länge n haben. Wenn Irrtümer ausgeschlossen sind, sagt man auch einfach *Code* statt *Blockcode*. Oft reden wir auch von einem *Code variabler Länge*, wenn wir unterstreichen wollen, daß ein Code nicht notwendig ein Blockcode zu sein braucht. Codes variabler Länge werden vor allem zur *Quellencodierung* eingesetzt, während für die *Kanalcodierung* Blockcodes bevorzugt werden.

Wir veranschaulichen uns einen Code durch seinen *Codebaum*. Wir markieren im Baum von $F^{\mathbb{V}}$ (Seite 8f.) alle Kanten, die die Wurzel mit denjenigen Knoten verbinden, die die Codewörter aus C repräsentieren. Sodann radieren wir alle nicht markierten Kanten und alle Knoten weg, die keine markierte Kante berühren.

Der Code-Baum des Morse-Codes. Wir betrachten den Codebaum des Teilcodes des Morse-Codes (vergleiche Abschnitt 1.4), der aus den Codewörtern besteht, die die Buchstaben des lateinischen Alphabets codieren. Wir ignorieren das die Lücke symbolisierende Zeichen ' , ' und fassen diesen Code als binären Code mit den Zeichen ' · ' und ' − ' auf:

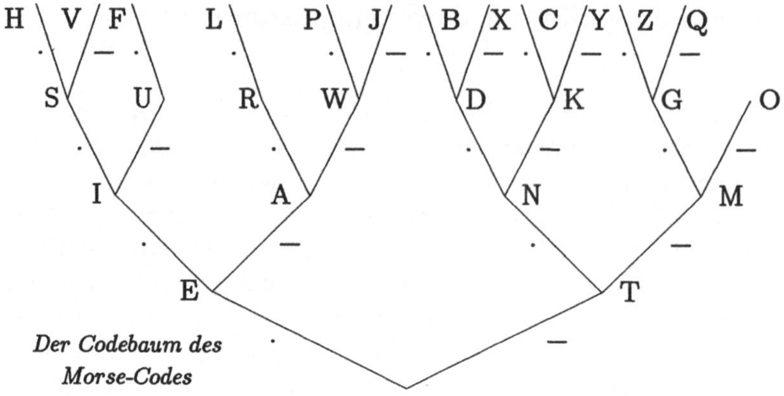

Der Codebaum des
Morse-Codes

1.7.1 Eindeutig decodierbare Codes

Wenn wir den Code $\{O,OL,OLO\}$ zugrunde legen, so kann die Bit-Folge $OOLOOLO$ auf verschiedene Arten als Aneinanderreihung von Codewörtern interpretiert werden: O,OL,O,OL,O oder O,OLO,OL,O oder O,OL,O,OLO oder O,OLO,OLO. An solchen Codes sind wir natürlich nicht interessiert.

Wir definieren *eindeutig decodierbare Codes* [uniquely decodable codes] als solche Codes, für die keine Aneinanderreihung von Codewörtern in eine andere Folge von Codewörtern zerlegt werden kann; formaler: Ein Code $C \subset F^{\mathrm{v}}$ ist eindeutig decodierbar, wenn für je zwei aus Codewörtern zusammengesetzte Wörter $w = c_1 c_2 \ldots c_r$, $w' = c_1' c_2' \ldots c_s' \in C^{\mathrm{v}}$ aus $w = w'$ stets $r = s$ und $c_1 = c_1', c_2 = c_2', c_r = c_s'$ folgt.

(*Achtung:* Es gilt zwar $C^{\mathrm{v}} \subseteq F^{\mathrm{v}}$, aber im allgemeinen ist $C^{\mathrm{v}} \subsetneqq F^{\mathrm{v}}$.)

Beispiel. Der Code $C := \{O,LO,OLL,LLLLL\}$ ist eindeutig decodierbar: Es sei nämlich $w = c_1 c_2 \ldots c_r = x_0 x_1 \ldots x_t$ ein Wort mit $c_1,c_2,\ldots,c_r \in C$ und $x_0,x_1,\ldots,x_t \in F$. Ist $x_0 = L$ und $x_1 = O$, so folgt $c_1 = LO$; ist $x_0 = L$ und $x_1 = L$, so folgt $c_1 = LLLLL$. Ist $x_0 = O$ und $s \le t$ die größte ganze Zahl mit $x_1 = x_2 = \ldots = x_s = L$, so folgt im Fall $s \equiv 2,3 \bmod 5$ stets $c_1 = OLL$, während im Fall $s \equiv 0,1 \bmod 5$ stets $c_1 = O$ folgt. Induktiv können wir jetzt die Codewörter $c_1,c_2,\ldots,c_r$ bestimmen. In der Praxis ist der Code C unzumutbar: Der Quellendecodierer müßte erst das Ende einer Nachrichtensendung der Art $OLLLLL \ldots LLLL$ abwarten, bis er mit dem Entschlüsseln beginnen könnte.   □

Unser Interesse an den eindeutig decodierbaren Codes ist wegen ihrer oft schlechten Decodierbarkeit rein mathematischer Natur. Die Theorie dieser Codes (unter Einschluß unendlicher Codes) ist in der Monographie von J. BERSTEL und D. PERRIN dargestellt. Aus dieser Theorie sei hier nur eine notwendige Bedingung für die Wortlängen eines (bei uns stets als endlich vorausgesetzten) eindeutig decodierbaren Codes erwähnt, die

Ungleichung von KRAFT und McMILLAN. *Es sei C ein eindeutig decodierbarer Code über einem q-nären Zeichenvorrat F, der aus u Codewörtern $c_1, c_2, \ldots, c_u$ der Längen $n_1, n_2, \ldots, n_u$ besteht. Dann gilt*

$$\sum_{k=1}^{u} \frac{1}{q^{n_k}} \leq 1.$$

Beweis. Wir dürfen $n_1 \leq n_2 \leq \ldots \leq n_u$ annehmen. Für $m \in \mathbb{N}$ und $w \in C^m$ bezeichnen wir mit $|w|$ die Anzahl der Zeichen aus F, aus denen das Wort w zusammengesetzt ist; mit $a_{n,m}$ bezeichnen wir die Anzahl der Wörter $w \in C^m$ mit $|w| = n$. Es ist $a_{n,m} \leq q^n$. Weil C eindeutig decodierbar ist, kann jedes der q^n Wörter aus F^n auf höchstens eine Weise in eine Folge von Codewörtern zerlegt werden; das benützen wir gleich für die Gleichheit „$\overset{(*)}{=}$". Wir erheben die linke Seite der zu beweisenden Ungleichung in die m-te Potenz und multiplizieren aus:

$$\left(\sum_{k=1}^{u} \frac{1}{q^{n_k}} \right)^m = \sum_{k_1=1}^{u} \sum_{k_2=1}^{u} \cdots \sum_{k_m=1}^{u} \frac{1}{q^{n_{k_1} + n_{k_2} + \ldots + n_{k_m}}} \overset{(*)}{=} \sum_{w \in C^m} \frac{1}{q^{|w|}} =$$

$$= \sum_{n=n_1 \cdot m}^{n_u \cdot m} \frac{a_{n,m}}{q^n} \leq \sum_{n=n_1 \cdot m}^{n_u \cdot m} \frac{q^n}{q^n} = n_u \cdot m - n_1 \cdot m + 1 \leq n_u \cdot m.$$

Es folgt $\displaystyle\sum_{k=1}^{u} \frac{1}{q^{n_k}} \leq \sqrt[m]{m} \cdot \sqrt[m]{n_u}$ und $\displaystyle\sum_{k=1}^{u} \frac{1}{q^{n_k}} \leq \lim_{m \to \infty} \sqrt[m]{m} \cdot \sqrt[m]{n_u} =$

$$= \lim_{m \to \infty} e^{\frac{\ln m}{m}} \cdot \lim_{m \to \infty} \sqrt[m]{n_u} = e^{\lim_{m \to \infty} \frac{\ln m}{m}} = e^0 = 1. \qquad \square$$

1.7.2 Präfix-Codes

Für die Praxis geeignet sind die *sofort decodierbaren Codes* [instantaneous codes]; das sind solche eindeutig decodierbaren Codes, bei denen man jede Zeichenfolge, die aus aneinandergereihten Codewörtern besteht, von vorne beginnend Wort für Wort decodieren kann, ohne die nachfolgenden Zeichen beachten zu müssen. Die sofortige Decodierbarkeit ist für einen Code genau dann gegeben, wenn die

FANO-Bedingung: *Kein Codewort ist Präfix eines anderen Codewortes*

für den Code erfüllt ist. Solche Codes heißen *Präfix-Codes* [prefix codes].

Wir werden gleich sehen, daß man ohne Nachteil jeden nur eindeutig decodierbaren Code durch einen Präfix-Code ersetzen kann.

In konkreten Anwendungen ist man manchmal gezwungen, Präfix-Codes zu benutzen: Man stelle sich das Chaos vor, wenn die Telekom für die Telefonnummern der Teilnehmer statt des jetzt benutzten Präfix-Codes einen nicht sofort decodierbaren Code verwendete.

Ein Code $C \subset F^v$ heißt *Komma-Code*, wenn der Zeichenvorrat ein spezielles Zeichen enthält, das *Komma*, das als letztes Zeichen jedes Codewortes auftritt (mit eventueller Ausnahme von Codewörtern maximaler Länge), und sonst an keiner Position eines Codewortes (mit eventueller Ausnahme eines Wortes, das nur aus Kommas besteht). Der Morse-Code (Seite 18) ist ein ternärer Komma-Code, der beim Fernsprechwählsystem benutzte Zählcode (Seite 19) ist ein binärer Komma-Code (mit dem Bit 'O' als Komma). Die Blockcodes sind trivialerweise Komma-Codes. Alle Komma-Codes sind Präfix-Codes.

Ein Code ist genau dann ein Präfix-Code, wenn die Codewörter in seinem Codebaum nur durch Blätter repräsentiert werden. (Die von der Wurzel verschiedenen Knoten eines Codebaumes, die nur an einer Kante anstoßen, heißen *Blätter*.) Die Ungleichung von KRAFT und MCMILLAN gibt eine hinreichende Existenzbedingung für Präfix-Codes:

Satz über die Existenz von Präfix-Codes. *Es seien F ein q-närer Zeichenvorrat, $u \in \mathbb{N}$ und $n_1, n_2, \ldots, n_u \in \mathbb{N}$ mit $n_1 \leq n_2 \leq \ldots \leq n_u$. Wenn die Ungleichung von KRAFT und MCMILLAN erfüllt ist, so existiert ein Präfix-Code $C \subset F^v$ mit $|C| = u$, dessen u Codewörter $c_1, c_2, \ldots, c_u$ die Längen $n_1, n_2, \ldots, n_u$ haben.*

Beweis: Wir wählen der Reihe nach für $i = 1, 2, \ldots, u$ jeweils ein Wort $c_i \in F^{n_i}$, das weder mit einem der Wörter $c_1, c_2, \ldots, c_{i-1}$ übereinstimmt, noch eines dieser Wörter als Präfix besitzt. Die Ungleichung von KRAFT und MCMILLAN garantiert die Möglichkeit dieser Wahl: Unter den q^{n_i} Wörtern aus F^{n_i} stimmen genau $\sum_{k=1}^{i-1} q^{n_i - n_k}$ Wörter mit einem der Wörter $c_1, c_2, \ldots, c_{i-1}$ überein oder haben ein solches als Präfix; wegen

$$\sum_{k=1}^{i-1} q^{n_i - n_k} < q^{n_i} \cdot \sum_{k=1}^{u} \frac{1}{q^{n_k}} \leq q^{n_i}$$ besteht die Wahlmöglichkeit.   □

Die Ungleichung von KRAFT und MCMILLAN gilt für die Codewortlängen jedes eindeutig decodierbaren Codes (Seite 37). Deswegen und nach dem eben bewiesenen Satz gilt:

Zu jedem eindeutig decodierbaren Code $C \subset F^{\mathfrak{v}}$ gibt es eine injektive, längentreue Abbildung $\varphi : C \to F^{\mathfrak{v}}$, so daß $\varphi(C)$ ein Präfix-Code ist.

Dieses Ergebnis rechtfertigt es, im folgenden nur noch Präfix-Codes zu studieren. Der Verzicht auf eindeutig decodierbare Codes, die nicht sofort decodierbar sind, schränkt unsere Bewegungsfreiheit nicht wesentlich ein.

Ein Code $C = \{c_1, c_2, \dots, c_u\} \subset F^{\mathfrak{v}}$ wird *voll* genannt, wenn es zu jedem Wort $w \in F^{\mathfrak{v}}$ eine eindeutig bestimmte (eventuell leere) Folge $c_{i_1} c_{i_2} \dots c_{i_n}$ von Codewörtern und ein (eventuell leeres) Präfix $s \in F^{\mathfrak{v}}$ eines Codewortes mit $w = c_{i_1} c_{i_2} \dots c_{i_n} s$ gibt.

Mit einem vollen Code läßt sich jede Folge w von Zeichen aus F bis auf ein eventuelles Suffix s von w eindeutig in eine Folge von Codewörtern zerlegen. Das Suffix s ist als Präfix eines Codewortes kürzer als die Codewörter maximaler Länge. Der binäre Code $\{O, LO, LLO, LLL\}$ ist ein voller Code. Jeder volle Code ist ein Präfix-Code, denn gäbe es ein Codewort c, das ein Codewort c' zum Präfix hätte, etwa $c = c's$, so könnte das Wort $w := c = c's$ auf zwei Weisen zerlegt werden.

Erste Kennzeichnung der vollen Codes. *Ein Präfix-Code $C \subset F^{\mathfrak{v}}$ der maximalen Codewortlänge m ist genau dann voll, wenn jedes Wort $w \in F^m$ entweder ein Codewort ist oder ein Codewort als Präfix besitzt.*

Beweis: Bei einem vollen Code besitzt jedes Wort $w \in F^m$ ein Codewort als Präfix, oder w ist selbst ein Codewort. Ist C ein Präfix-Code, für den jedes Wort $t \in F^m$ ein Codewort ist oder ein solches als Präfix besitzt, und ist $w \in F^{\mathfrak{v}} \setminus C$ ein beliebiges Wort, so streichen wir aus w das längste Präfix, das aus einer Folge von Codewörtern besteht. Es bleibt ein Suffix s, das weder ein Codewort ist noch ein solches als Präfix besitzt. Damit besteht s aus höchstens $m - 1$ Zeichen. Durch Anfügen beliebiger Zeichen aus F verlängern wir s zu einem Wort t der Länge m und entnehmen der Bedingung, daß das Präfix s von t ein Präfix eines Codewortes sein muß. Der Code ist also voll. $\square$

Zweite Kennzeichnung der vollen Codes. *Ein Präfix-Code $C \subset F^{\mathfrak{v}}$, dessen Codewörter $c_1, c_2, \dots, c_u$ die Längen $n_1, n_2, \dots, n_u$ haben, ist genau dann voll, wenn $\displaystyle\sum_{k=1}^{u} \frac{1}{q^{n_k}} = 1$ gilt.*

Beweis: Wir bezeichnen mit m die maximale Codewortlänge. Nach der ersten Kennzeichnung der vollen Codes ist C genau dann voll, wenn jedes Wort $w \in F^m$ ein Codewort ist oder ein solches als Präfix besitzt. Diese Bedingung ist der Gleichung $q^m = \displaystyle\sum_{k=1}^{u} q^{m-n_k}$ gleichwertig; denn für $k = 1, 2, \ldots, u$ gibt es q^{m-n_k} Wörter $w \in F^m$, die das Codewort c_k des Präfix-Codes C als Präfix besitzen. $\square$

Damit sind die vollen Codes genau diejenigen Präfix-Codes, die als eindeutig decodierbare Codes bezüglich der mengentheoretischen Inklusion maximal sind (vergleiche die Ungleichung von KRAFT und McMILLAN auf Seite 37). J. BERSTEL und D. PERRIN nennen die vollen Codes deshalb *maximale Präfix-Codes*.

Dritte Kennzeichnung der vollen Codes. *Ein Präfix-Code $C \subset F^\vee$ ist genau dann voll, wenn zu jeder nichtnegativen ganzen Zahl n, zu jedem Präfix $x_1 x_2 \ldots . x_n \in F^n$ eines Codewortes und zu jedem Zeichen $\alpha \in F$ das Wort $x_1 x_2 \ldots . x_n \alpha \in F^{n+1}$ ein Codewort oder das Präfix eines Codewortes ist.*

Beweis: Für einen vollen Code folgt die Bedingung sofort aus der Definition. Es sei umgekehrt C ein Präfix-Code, der der Bedingung genügt und $y_1 y_2 \ldots y_s \in F^\vee$ ein beliebiges Wort. Aus dem Fall $n = 0$ der Bedingung folgt, daß y_1 ein Codewort oder ein Präfix eines Codewortes ist. Wenn y_1 kein Codewort ist, so folgt aus dem Fall $n = 1$ der Bedingung, daß $y_1 y_2$ ein Codewort oder ein Präfix eines Codewortes ist. Eine Fortsetzung der Argumentation liefert den Nachweis, daß C ein voller Code ist. $\square$

Satz über die Anzahl der Codewörter eines vollen Codes. *Es sei $C \subset F^\vee$ ein q-närer voller Code. Dann gibt es eine ganze Zahl $\lambda \geq 0$ mit*
$$|C| = q + \lambda \cdot (q - 1).$$

Beweis (durch Induktion über die maximale Codewortlänge m). Offenbar bestehen die Codewörter aus C im Fall $m = 1$ gerade aus den einzelnen Zeichen aus F; dann ist $C = F$, also $|C| = q$ und $\lambda = 0$. Es sei nun $C \subset F^\vee$ ein voller Code mit $m > 1$. Nach der dritten Kennzeichnung der vollen Codes haben die Codewörter der Maximallänge m jeweils in Gruppen von q Codewörtern dasselbe Präfix der Länge $m - 1$. Diese t Präfixe und alle Codewörter von nicht maximaler Länge bilden einen vollen Code C' der maximalen Codewortlänge $m - 1$. Nach Induktionsannahme gibt es eine nichtnegative ganze Zahl λ' mit $|C'| = q + \lambda' \cdot (q - 1)$. Daraus folgt $|C| = q + \lambda' \cdot (q - 1) - t + t \cdot q$, das heißt $|C| = q + \lambda \cdot (q - 1)$ mit $\lambda = \lambda' + t$. $\square$

Ein *reduziert voller Code* ist ein Präfix-Code $C \subset F^\vee$ der maximalen Codewortlänge m, der durch Hinzufügen von maximal $q - 2$ Wörtern der Länge m zu einem vollen Code ergänzt werden kann. Im binären Fall sind die reduziert vollen Codes bereits volle Codes.

Ähnlich wie für die vollen Codes überlegt man sich die

Kennzeichnung der reduziert vollen Codes. *Ein Präfix-Code $C \subset F^v$ der maximalen Codewortlänge m ist genau dann ein reduziert voller Code, wenn die beiden folgenden Bedingungen erfüllt sind:*

1. *Für jede nichtnegative ganze Zahl $n < m - 1$, für jedes Präfix $x_1 x_2 \ldots x_n \in F^n$ eines Codeworts und für jedes Zeichen $\alpha \in F$ ist $x_1 x_2 \ldots x_n \alpha \in F^{n+1}$ ein Codewort oder das Präfix eines Codewortes.*
2. *Es gibt höchstens $q - 2$ Wörter der Länge m, die selbst keine Codewörter sind, aber deren Präfixe der Länge $m - 1$ Präfixe von Codewörtern sind.* $\square$

Der quaternäre Code $\{\, 0, 3, 10, 11, 13, 20, 22, 23 \,\}$ ist ein Beispiel eines reduziert vollen Codes.

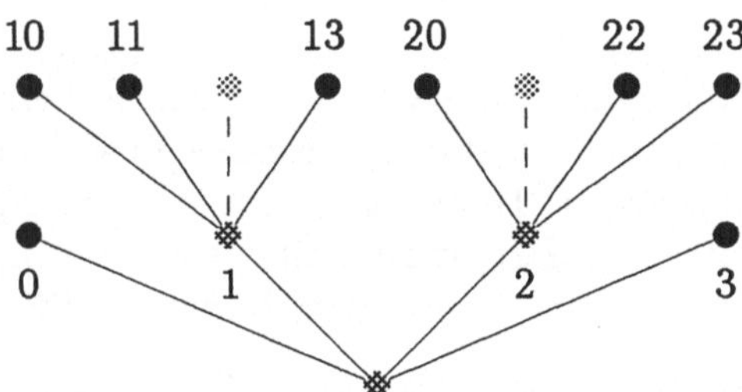

1.7.3 Blockcodes

Der ISBN-Code, die Paritätskontroll-Codes, die Wiederholungs-Codes, die Gitter-Codes, die Hamming-Codes und der Bauer-Code sind typische Beispiele für Codes, die zur Sicherung der Datenübertragung gegen die Kanalstörungen eingesetzt werden. Von kleinen Modifikationen abgesehen (etwa der Möglichkeit des Zeichens 'X' als Prüfziffer im ISBN-Code), können wir jeden solchen Blockcode C als das Bild $C = C(F^k)$ einer sogenannten *systematischen Codierung*

$$C : F^k \to F^n \,;\, x = x_1 x_2 \ldots x_k \mapsto C(x) = x_1 x_2 \ldots x_k y_1 y_2 \cdots y_r$$

beschreiben, die jedes *(Informations-)Wort* der Länge k über F durch Anfügen von $r := n - k$ Kontrollzeichen zu einem *Codewort* der Länge n verlängert. Es ist aber durchaus möglich, die Wörter aus F^k nicht systematisch, sondern mit einer beliebigen (aber stets injektiven) Abbildung $F^k \to F^n$ zu codieren. Es kann zum Beispiel zweckmäßig sein, die Wörter $x \in F^k$ zunächst einer systematischen Codierung C zu unterwerfen und dann die Komponenten der Wörter $C(x)$ mit einer fest gewählten Permutation umzusortieren.

Informationsstellen. Es seien C ein Blockcode der Länge $n \in \mathbb{N}$ über einem q-nären Zeichenvorrat F und $I := \{i_1, i_2, \ldots, i_k\} \subseteq \{1, 2, \ldots, n\}$ eine Menge von Indizes mit $i_1 < i_2 < \ldots < i_k$. Wir nennen I eine Menge von *Informationsstellen* von C, wenn es zu jeder Auswahl von k nicht notwendig verschiedenen Elementen $\alpha_1, \alpha_2, \ldots, \alpha_k \in F$ genau ein Codewort $x_1 x_2 \ldots x_n \in C$ mit $x_{i_1} = \alpha_1$, $x_{i_2} = \alpha_2, \ldots, x_{i_k} = \alpha_k$ gibt. Die Indizes der zu I komplementären Menge $\{1, 2, \ldots, n\} \setminus \{i_1, i_2, \ldots, i_k\}$ werden dann die *(zu I gehörigen) Kontrollstellen* genannt.

Ein Blockcode der Länge n, der eine Menge I von k Informationsstellen besitzt, heißt *(n,k)-Code*. Ein (n,k)-Code kann durchaus mehrere Mengen von k Informationsstellen (und dann auch mehrere Mengen von Kontrollstellen) besitzen; in solchen Fällen kann bei Bedarf eine Menge von Informationsstellen ausgezeichnet werden. Aber nicht jede der $\binom{n}{k}$ k-elementigen Teilmengen der Indexmenge $\{1, 2, \ldots, n\}$ muß eine Menge von Informationsstellen sein; die (n,k)-Codes, für die das der Fall ist, werden später unter dem Namen „MDS-Codes" studiert.

Beispiel 1. Der binäre Code $C_3 := \{\mathrm{OOO}, \mathrm{OLO}, \mathrm{LOO}, \mathrm{LLO}\}$ besitzt als einzige Menge von Informationsstellen die Menge $\{1,2\}$; die Menge $\{3\}$ ist die dazugehörige Menge von Kontrollstellen. Der — triviale — Code C_3 ist ein $(3,2)$-Code.

Der binäre Code $C_4 := \{\mathrm{OLOO}, \mathrm{OLLL}, \mathrm{LOOL}, \mathrm{LOLO}\}$ ist ein $(4,2)$-Code. Die Mengen $\{1,3\}$, $\{1,4\}$, $\{2,3\}$, $\{2,4\}$ und $\{3,4\}$ sind jeweils Mengen von zwei Informationsstellen, während die Menge $\{1,2\}$ keine Menge von Informationsstellen ist, weil es kein Codewort $x_1 x_2 x_3 x_4 \in C_4$ mit $x_1 = x_2 = \mathrm{O}$ gibt. Die Menge $\{1,2\}$ ist aber die zur Menge $\{3,4\}$ von Informationsstellen gehörige Menge von Kontrollstellen. Es gibt $4! = 24$ Codierungen $C : F^2 \to F^4$, die den Code C_4 als Bild $C(F^2) = C_4$ haben. Wir listen die fünf Codierungen auf, die den Möglichkeiten entsprechen, eine Menge von Informationsstellen zu bestimmen:

	1 3	1 4	2 3	2 4	34
OO ↦	OLOO	OLOO	LOOL	LOLO	OLOO
OL ↦	OLLL	OLLL	LOLO	LOOL	LOOL
LO ↦	LOOL	LOLO	OLOO	OLOO	LOLO
LL ↦	LOLO	LOOL	OLLL	OLLL	OLLL

Die Codierung $\mathrm{OO} \mapsto \mathrm{OLOO}$, $\mathrm{OL} \mapsto \mathrm{LOLO}$, $\mathrm{LO} \mapsto \mathrm{OLLL}$, $\mathrm{LL} \mapsto \mathrm{LOOL}$ kann ebenso wie die restlichen 18 Codierungen nicht als Codierung gedeutet werden, bei der man die Informationswörter F^2 durch Streichen der Komponenten in zwei Kontrollstellen der sie codierenden Codewörter zurückgewinnen kann. □

Eine Teilmenge $I := \{i_1, i_2, \ldots, i_k\} \subseteq \{1, 2, \ldots, n\}$ ist genau dann eine Menge von Informationsstellen eines q-nären Blockcodes $C \subseteq F^n$, wenn $F^k = \{x_{i_1} x_{i_2} \ldots x_{i_k} ; x_1 x_2 \ldots x_n \in C\}$ und $|C| = q^k$ gilt. Um zu prüfen, ob gewisse Indizes $i_1, i_2, \ldots, i_k$ eine Menge von Informationsstellen bilden, schreiben wir die q^k Codewörter (wenn es nicht q^k Codewörter sind, handelt es sich sowieso nicht um einen (n,k)-Code) als Zeilen einer $q^k \times n$-Matrix untereinander und lassen eine Schablone die Matrix herunterwandern, deren Fenster die Einträge einer Zeile in den Spalten Nr. $i_1, i_2, \ldots, i_k$ sichtbar machen. Genau dann, wenn dabei jedes der q^k k-Tupel aus F^k einmal — oder (dazu äquivalent) keines dieser k-Tupel zweimal — in den Fenstern auftaucht, ist $I = \{i_1, i_2, \ldots, i_k\}$ eine Menge von Informationsstellen.

Systematische Codes. Die lästige Wirtschaft mit den Doppelindizes ist bei dem Umgang mit Informationsstellen von (n,k)-Codes vermeidbar: Zwei Blockcodes $C, C' \subseteq F^n$ heißen *äquivalent*, wenn $|C| = |C'|$ ist, und wenn es eine Permutation π der Indexmenge $\{1, 2, \ldots, n\}$ gibt, so daß sich jedes Codewort aus C' als ein mit der Permutation π in der Reihenfolge seiner Komponenten umgeordnetes Codewort aus C darstellen läßt; das heißt, wenn eine Permutation $\pi \in \mathfrak{S}_n$ existiert mit $C' = \{x_{\pi(1)} x_{\pi(2)} \ldots x_{\pi(n)} ; x_1 x_2 \ldots x_n \in C\}$. Jeder (n,k)-Code $C \subseteq F^n$ läßt sich durch einen äquivalenten *systematischen* (n,k)-Code C' ersetzen; das ist ein Code C', dessen erste k Indizes $1, 2, \ldots, k$ Informationsstellen, und dessen letzte $r := n - k$ Indizes $k+1, k+2, \ldots, n$ die dazugehörigen Kontrollstellen sind: Ist nämlich $\{i_1, i_2, \ldots, i_k\}$ eine Menge von Informationsstellen von C, so liefert uns jede Permutation $\pi \in \mathfrak{S}_n$ mit $\pi(j) = i_j$ für $j = 1, 2, \ldots, k$ einen systematischen Code C'. Ein (n,k)-Code $C \subseteq F^n$ ist genau dann systematisch, wenn es eine systematische Codierung $C : F^k \to F^n$ gibt, deren Bild $C = C(F^k)$ dieser Code ist. Die systematische Codierung ist dann eindeutig bestimmt: Für jedes Informationswort $x = x_1 x_2 \ldots x_k \in F^k$ ist $C(x)$ dasjenige Codewort aus C, dessen Präfix der Länge k das Wort x ist.

Beispiel 2. Der binäre Code $C_4 := \{OLOO, OLLL, LOOL, LOLO\}$ aus Beispiel 1 ist zum Code $C_5 := \{OOOL, OLLL, LLOO, LOLO\}$ äquivalent; das sehen wir der Permutation $\pi := \left(\begin{smallmatrix} 1 & 2 & 3 & 4 \\ 1 & 4 & 3 & 2 \end{smallmatrix}\right) \in \mathfrak{S}_4$ an. Die Indexmenge $\{1, 2\}$ ist für C_5 eine Menge von Informationsstellen, C_5 ist ein systematischer $(4,2)$-Code. $\qquad\qquad\square$

Symmetrische Kanäle. Die in Abschnitt 1.6 angegebenen Decodieralgorithmen für den Bauer-Code, den Dreifach-Wiederholungs-Code, den Kreuzsicherungscode und die allgemeinen Gitter-Codes sind zur Fehlerkorrektur und -erkennung dann besonders geeignet, wenn sich die Rauschquelle des Kanals demokratisch gebärdet: Mit einer für alle q Zeichen des Zeichenvorrates F gleichen Wahrscheinlichkeit $p < 1 - \frac{1}{q}$ verwandelt sie ein in den Kanal eingespeistes Zeichen $\alpha \in F$ in ein anderes Zeichen, wobei keines der $q - 1$ übrigen Zeichen privilegiert wird. Mit anderen Worten: Für je zwei Zeichen $\alpha, \beta \in F$ ergibt sich die Übergangswahrscheinlichkeit $p(\beta|\alpha)$ dafür, daß der Kanal nach der Eingabe von α das Zeichen β ausgibt, als

$$p(\beta|\alpha) := \begin{cases} 1-p & \text{, falls } \alpha = \beta \\ \dfrac{p}{q-1} & \text{, falls } \alpha \neq \beta \end{cases}.$$

Einen Kanal mit diesem speziellen Störverhalten nennen wir einen *q-nären symmetrischen Kanal der Fehlerwahrscheinlichkeit* p.

Die Bedeutung der Bedingung $p < 1 - \frac{1}{q}$ wird im binären Fall $q = 2$ klar, wenn man sich das Ergebnis einer Überprüfung italienischer Hotels der $**$-Kategorie vergegenwärtigt: In 67,8 % aller Hotelzimmer fließt aus dem blauen Wasserhahn heißes Wasser. Die mit der Untersuchung betraute Kommission empfiehlt, den roten Wasserhahn zu öffnen, um kaltes Wasser zu bekommen!

Weil das weiße Licht aus allen Farben gleichmäßig zusammengesetzt ist, bezeichnet man das Störverhalten der symmetrischen Kanäle manchmal als *weißes Rauschen.* R. W. HAMMING charakterisiert diese Analogie mit vollem Recht als „armselig".

Die HAMMING-Metrik. Die besprochenen Decodieralgorithmen und das Konzept des symmetrischen Kanals legen es nahe, auf der Menge F^n aller Wörter der Länge n mit Komponenten aus F einen Abstandsbegriff einzuführen:

Es seien F ein q-närer Zeichenvorrat und $n \in \mathbb{N}$ eine natürliche Zahl. Für je zwei Wörter $x = x_1 x_2 \ldots x_n, y = y_1 y_2 \ldots y_n \in F^n$ definieren wir ihren HAMMING-*Abstand*

$$\varrho(x,y) := |\{ i \, ; \, x_i \neq y_i \}|$$

als die Anzahl der Positionen $i = 1, 2, \ldots, n$, in denen sich die Wörter x und y unterscheiden.

Beispiel 3. Die Wörter $x := \text{LOLLO}$ und $y := \text{OOLOL}$ haben den HAMMING-Abstand $\varrho(x,y) = 3$. $\qquad\qquad\square$

Die Funktion $\varrho : F^n \times F^n \to \mathbb{N}_0$ genügt den Axiomen einer Metrik; das heißt, für alle $x, y, z \in F^n$ gilt:

$$
\begin{array}{ll}
1. & \varrho(x,y) = 0 \iff x = y, \\
2. & \varrho(x,y) = \varrho(y,x), \\
3. & \varrho(x,y) + \varrho(y,z) \geq \varrho(x,z).
\end{array}
$$

Damit ist F^n bezüglich der HAMMING-*Metrik* ϱ ein (topologisch uninteressanter, weil diskreter) metrischer Raum.

Der Decodieralgorithmus des dichtesten Codewortes. Die in Abschnitt 1.6 behandelten Codes sind allesamt systematische Codes. Der Begriff der HAMMING-Metrik erlaubt es, die Anwendbarkeit der dort angegebenen Decodieralgorithmen auf allgemeine Blockcodes C der Länge n über einem q-nären Zeichenvorrat F auszudehnen.

Ein Codewort $c \in C$ werde in den q-nären symmetrischen Kanal der Fehlerwahrscheinlichkeit $p < 1 - \frac{1}{q}$ eingespeist und vom Rauschen eventuell beschädigt als Kanalwort $w \in F^n$ an den Kanaldecodierer ausgegeben.

Die wesentliche Tätigkeit des Decodierers besteht darin, aus seiner Kenntnis des Kanalwortes w das gesendete Codewort zu mutmaßen; die Ermittlung der durch das gemutmaßte Codewort $x \in C$ codierten Nachricht verursacht im allgemeinen keine großen Schwierigkeiten — bei systematischen Codierungen eine Banalität. Für die theoretische Untersuchung eines Codiersystems machen wir uns oft auf diese Weise frei von der speziellen Codierung und studieren nur den Code. Den Decodierer betrachten wir dann nur als *Codewort-Schätzer* [codeword estimator].

Weil die Fehlerwahrscheinlichkeit p des Kanals kleiner als $1 - \frac{1}{q}$ ist, ist es für jedes in den Kanal eingespeiste Zeichen wahrscheinlicher, daß es die Übertragung unbeschädigt überlebt, als daß es in ein vorgegebenes anderes Zeichen verwandelt wird. Der Decodierer wird zunächst prüfen, ob es sich bei dem Kanalwort w um ein Codewort handelt, das heißt, ob es ein Codewort x gibt, das zu w den HAMMING-Abstand $\varrho(x,w) = 0$ hat. Wenn das der Fall ist, wird er w als mutmaßlich gesendetes Codewort ausgeben; wenn aber w kein Codewort ist, so wird er nacheinander für $i = 1, 2, \ldots$ prüfen, ob es ein Codewort $x \in C$ gibt, das zu w den HAMMING-Abstand $\varrho(x,w) = i$ hat. Sowie er fündig geworden ist (wegen $C \neq \varnothing$ wird er fündig), bricht er mit der Ausgabe des gefundenen Codewortes ab. Diese Vorgehensweise wird als *Maximum-Likelihood-Decodierung* bezeichnet.

Die deutsche Sprache ist hier arm; im Englischen und Italienischen beispielsweise gibt es zwei Übersetzungen des Wortes „Wahrscheinlichkeit" mit verschiedener Bedeutung: "probability" und "likelihood", «probabilità» und «verosimiglianza». Begriffe wie „Mutmaßlichkeit" oder „Plausibilität" treffen den Sinn nicht ganz. Wir nennen einen Decodierer, der nach der Maximum-Likelihood-Methode arbeitet, einen *ML-Decodierer* und entschuldigen uns bei den Lesern im Tarifgebiet der ehemaligen Reichsbahn dafür, daß wir mit dieser Abkürzung Bauchschmerzen verursachende Erinnerungen an Marxismus-Leninismus-Kurse provozieren.

Der ML-Decodierer arbeitet mit dem *verbesserten Decodieralgorithmus des dichtesten Codewortes*:

1. Bestimme ein Codewort $x \in C$, das zu w einen minimalen Hamming-Abstand $\varrho(w,x)$ hat.
2. Gib x aus. Stop.

Der ML-Decodierer begeht einen *Decodierfehler*, wenn das geschätzte Codewort x nicht mit dem ursprünglichen Codewort c übereinstimmt. Ein solcher Decodierfehler kann ihm nur im Fall $\varrho(w,x) \leq \varrho(w,c)$ unterlaufen; wenn $\varrho(w,x) = \varrho(w,c)$ ist, so hat er mit seiner „harten" Entscheidung für das „falsche" Codewort Pech gehabt. Für theoretische Zwecke wird manchmal der sogenannte *balancierte ML-Decodierer* zu Grunde gelegt: Dieser Decodierer arbeitet nicht deterministisch (ist also im strengen Sinne gar kein Decodierer), sondern er wählt jedes Mal aus der Menge $D(w)$ aller Codewörter, die zu w einen minimalen HAMMING-Abstand haben, zufällig ein Codewort $x \in D(w)$ aus; die Wahrscheinlichkeit, daß der balancierte ML-Decodierer das Wort w in das Codewort $x \in D(w)$ decodiert, hat stets den Wert $\frac{1}{|D(w)|}$. Wenn das Kommunikationssystem Rückfragemöglichkeiten zuläßt, kann es sinnvoll sein, daß der Decodierer dem Empfänger in einem Protokoll mitteilt, welche Korrekturen er vorgenommen hat. Für alle Wörter w mit $|D(w)| > 1$ liegt die Zuverlässigkeit jedes ML-Decodierers im Mittel unter 50%. Wenn das zu unzuverlässig erscheint, sollte man den Decodierer nicht als ML-Decodierer auslegen, sondern ihm die Möglichkeit einräumen, seine Entscheidungsneurose durch einen absichtlichen, als *Fehlermeldung* '?' deklarierten Decodierfehler bekanntzugeben.

Der (nicht verbesserte) *Decodieralgorithmus des dichtesten Codewortes*:

1. Bestimme die Menge $D(w)$ der Codewörter $x \in C$, die zu w einen minimalen Hamming-Abstand $\varrho(x,w)$ haben.
2. Wenn $D(w)$ nur aus einem Codewort x besteht, so gib x aus. Stop.
3. Gib die Fehlermeldung '?' aus. Stop.

Der Minimalabstand [minimum distance] eines Blockcodes C, der mindestens zwei Codewörter enthält, wird definiert als die Anzahl

$$d(C) := \min \left\{ \varrho(x,y) \, ; \, x,y \in C, x \neq y \right\}$$

der Positionen, in denen sich zwei Codewörter mindestens unterscheiden. Wenn C nur aus einem einzigen Codewort besteht, so setzen wir den Minimalabstand von C je nach Bedarf als irgendeine natürliche Zahl $d \geq n+1$ oder auch als $d := \infty$ an; dieses pragmatische Vorgehen ist uns von der Definition des Grades $\deg 0 := -n$ mit $n \in \mathbb{N}$ oder $\deg 0 := -\infty$ des Nullpolynoms geläufig.

Es sei c ein Codewort eines Blockcodes C der Länge n mit dem Minimalabstand $d := d(C)$. Die Kanalstörungen setzen das Codewort c durch Umwandlung von t Komponenten in ein Wort $w \in F^n$ um; es gilt $t = \varrho(w,c)$. Der Kanaldecodierer bearbeitet das Kanalwort w mit dem Decodieralgorithmus des dichtesten Codewortes. Wenn $t < \frac{d}{2}$ ist, so gibt er das ursprüngliche Codewort c aus; der Fehler wird

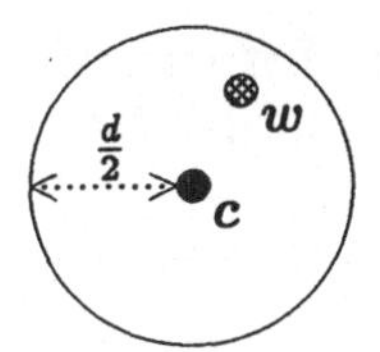

korrigiert. Wenn $t > \frac{d}{2}$ ist, kann es passieren, daß ein eindeutiges, von c verschiedenes Codewort $c' \in C$ minimalen HAMMING-Abstands $\varrho(w,c') < t$ existiert; der Kanaldecodierer gibt dann dieses Codewort als mutmaßlich originales Codewort aus und begeht einen Decodierfehler. Wenn $t = \frac{d}{2}$ ist, so gibt es kein Codewort $c' \neq c$ mit $\varrho(w,c') < \varrho(w,c)$. Wenn aber c

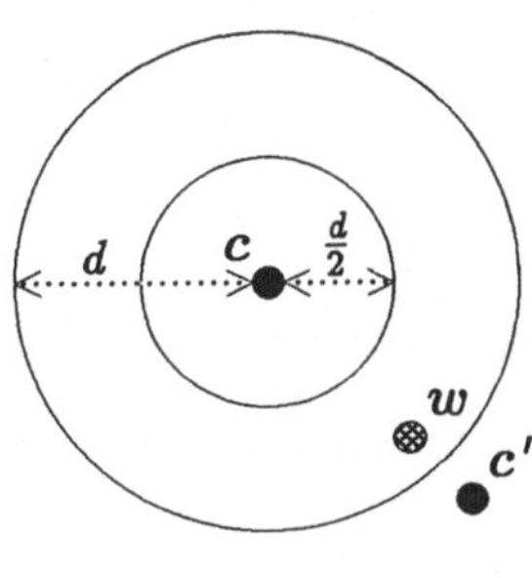

eines derjenigen Codewörter ist, für die ein Codewort $c'' \in C$ mit $\varrho(c,c'') = d$ existiert, und wenn die Komponenten von w in den $\frac{d}{2}$ gestörten Positionen heimtückischerweise jeweils mit den Komponenten von c'' in diesen Positionen übereinstimmen, so hat das Codewort c'' auch zu w den HAMMING-Abstand $\varrho(w,c'') = \frac{d}{2}$: Der Decodierer gibt die Fehlermeldung '?' aus.

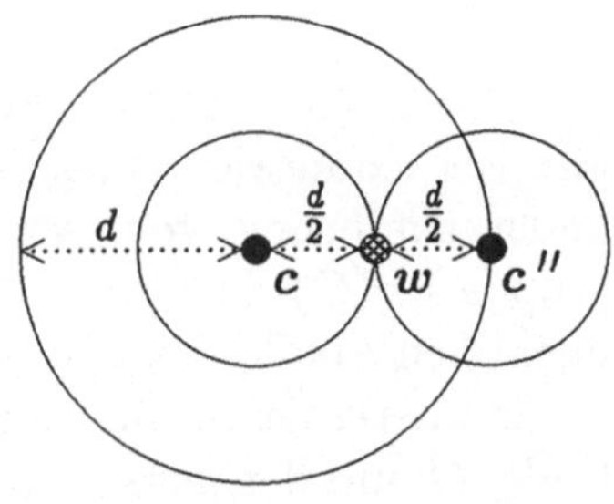

Mit dem Algorithmus des dichtesten Codeworts korrigiert der Decodierer mit Sicherheit bis zu $\frac{d-1}{2}$ Fehler und erkennt bis zu $\frac{d}{2}$ Fehler pro Codewort. In ihrem Proseminarvortrag im Dezember 1993 nannte die Münchener Mathematikstudentin REGINA HELLWIG die Zahl $\frac{d}{2}$ sehr einprägsam „die Unfehlbarkeitsgrenze". Wenn der HAMMING-Abstand $\varrho(c,w)$ die Unfehlbarkeitsgrenze übertrifft, so kann der Decodierer unter glücklichen Umständen trotzdem das originale Codewort c ausgeben.

Ein Code *tut* nichts, er *ist*! Er korrigiert oder erkennt auch keine Fehler. Ein Decodierer, der nur prüft, ob ein ausgegebenes Kanalwort ein Codewort des verwendeten Codes C ist, *erkennt* bei maximal $d(C) - 1$ Fehlern pro Codewort immer die Anwesenheit von Störungen, aber er *korrigiert* nichts. Mit unverzeihlicher Schlampigkeit im sprachlichen Ausdruck nennt man einen Blockcode C mit dem Minimalabstand $d := d(C)$ für jede nichtnegative ganze Zahl $t \leq \frac{d-1}{2}$ einen *t-fehlerkorrigierenden Code*

[t-error-correcting code]; der Code C heißt *t-fehlererkennend* [t-error-detecting], wenn $d \geq 2{\cdot}t$ ist; jeder Code C ist damit zugleich $0{\text -},1{\text -},\ldots,\lfloor \frac{d-1}{2} \rfloor$-fehlerkorrigierend und $0{\text -},1{\text -},\ldots,\lfloor \frac{d}{2} \rfloor$-fehlererkennend.

Die Informationsrate eines (n,k)-Codes wird als Verhältnis $\frac{k}{n}$ der Anzahl der Informationsstellen zu der Gesamtanzahl n der Stellen des Codes, seiner Blocklänge definiert. Allgemeiner: Die *Informationsrate* eines Blockcodes der Länge n und der Ordnung q, der aus u Codewörtern besteht, ist das Verhältnis $\frac{\log_q u}{n}$. Um Übertragungszeit zu sparen, sind Codes einer großen Informationsrate wünschenswert. Eine hohe Informationsrate bedeutet, daß relativ viele Wörter des Raumes F^n Codewörter sind. Das widerspricht aber dem Wunsch nach einem großen Minimalabstand, dem Wunsch, daß die Codewörter im Raum F^n spärlich gesät sein mögen. In Kapitel 6 suchen wir optimale Kompromisse.

Code-Isometrien. Es seien $C, C' \subseteq F^n$ zwei Blockcodes der Länge n über einem q-nären Zeichenvorrat F. Eine Bijektion $\varphi: C \to C'$ wird *Isometrie* genannt, wenn sie den HAMMING-Abstand erhält, das heißt, wenn für je zwei Codewörter $x, y \in C$ stets

$$\varrho(\varphi(x), \varphi(y)) = \varrho(x, y)$$

gilt. Die Isometrien eines Codes $C \subseteq F^n$ bilden bezüglich der Hintereinanderausführung von Abbildungen als Multiplikation „$\circ$" eine Untergruppe $\mathrm{Iso}(C)$ der *symmetrischen Gruppe* $\mathfrak{S}_C$ *von* C, der Gruppe aller bijektiven Abbildungen $\varphi: C \to C$ des Codes auf sich.

Wir interessieren uns zunächst für den Spezialfall, daß es sich bei dem Code C um den gesamten Raum $C := F^n$ handelt:

Äquivalenzabbildungen. Bekanntlich bilden die Permutationen der Ziffernmenge $\{1,2,\ldots,n\}$ bezüglich der Hintereinanderausführung von Abbildungen die *symmetrische Gruppe* $\mathfrak{S}_n$ *vom Grad* n. (Für $\varphi, \psi \in \mathfrak{S}_n$ ist $\psi \circ \varphi \in \mathfrak{S}_n$ die Hintereinanderausführung von erst φ und dann ψ, nicht umgekehrt!) Jede Permutation $\pi \in \mathfrak{S}_n$ induziert auf F^n vermöge

$$\tilde{\pi}: F^n \to F^n \; ; \; x_1 x_2 \ldots x_n \mapsto x_{\pi^{-1}(1)} x_{\pi^{-1}(2)} \cdots x_{\pi^{-1}(n)}$$

eine *Äquivalenzabbildung* genannte Isometrie $\tilde{\pi} \in \mathrm{Iso}(F^n)$.

Beachte: Für $x := x_1 x_2 \ldots x_n \in F^n$ und $y := y_1 y_2 \ldots y_n := \tilde{\pi}(x)$ befindet sich für jeden Index $j = 1, 2, \ldots, n$ die j-te Komponente $y_j = x_{\pi^{-1}(j)}$ des Bildwortes y im Urbildwort x an der Position $i := \pi^{-1}(j)$. Für $i = 1, 2, \ldots, n$ finden wir die i-te Komponente x_i des Urbildwortes $x := x_1 x_2 \ldots x_n \in F^n$ im Bildwort y an der Position $j := \pi(i)$ wieder. Die Permutation $\psi := \left(\begin{smallmatrix} 1 & 2 & 3 & 4 & 5 & 6 & 7 & 8 \\ 2 & 7 & 5 & 6 & 4 & 1 & 3 & 8 \end{smallmatrix}\right) \in \mathfrak{S}_8$ induziert auf F^8 die Äquivalenzabbildung $\tilde{\psi}: F^8 \to F^8 \; ; \; x_1 x_2 x_3 x_4 x_5 x_6 x_7 x_8 \mapsto x_6 x_1 x_7 x_5 x_3 x_4 x_2 x_8$.

Mit den Äquivalenzabbildungen rechnen wir wie mit den sie induzierenden Permutationen: für je zwei Permutationen $\pi, \psi \in \mathfrak{S}_n$ und jedes Wort $x := x_1 x_2 \ldots x_n \in F^n$ gilt

$$
\begin{aligned}
\tilde{\pi} \circ \tilde{\psi}(x) &= \tilde{\pi}(x_{\psi^{-1}(1)} x_{\psi^{-1}(2)} \cdots x_{\psi^{-1}(n)}) \\
&= x_{\psi^{-1}(\pi^{-1}(1))} x_{\psi^{-1}(\pi^{-1}(2))} \cdots x_{\psi^{-1}(\pi^{-1}(n))} \\
&= x_{(\pi \circ \psi)^{-1}(1)} x_{(\pi \circ \psi)^{-1}(2)} \cdots x_{(\pi \circ \psi)^{-1}(n)} = \widetilde{\pi \circ \psi}(x),
\end{aligned}
$$

es folgt $\tilde{\pi} \circ \tilde{\psi} = \widetilde{\pi \circ \psi}$. Die Zuordnung $\sim : \mathfrak{S}_n \to \mathrm{Iso}(F^n)\,;\, \pi \mapsto \tilde{\pi}$ ist also ein Homomorphismus. Da diese Zuordnung trivialerweise injektiv ist, ist die Gruppe $\mathrm{Äqu}(F^n)$ aller Äquivalenzabbildungen eine zur symmetrischen Gruppe $\mathfrak{S}_n$ isomorphe Untergruppe der Gruppe $\mathrm{Iso}(F^n)$ aller Isometrien von F^n.

Hätten wir die Zuordnung $* : \mathfrak{S}_n \to \mathrm{Iso}(F^n)\,;\, \pi \mapsto \pi^* := \tilde{\pi}^{-1} = \widetilde{\pi^{-1}}$ zur Definition einer Äquivalenzabbildung verwandt, so hätten wir uns die Unbequemlichkeit $\pi^* \circ \psi^* = (\psi \circ \pi)^*$ eingehandelt: Die Abbildung $* : \mathfrak{S}_n \to \mathrm{Iso}(F^n)$ ist ein Anti-Homomorphismus.

Konfigurationen. Die Menge $\mathfrak{S}_F^n$ aller n-Tupel $\check{\kappa} := (\kappa_1, \kappa_2, \ldots, \kappa_n)$ von Permutationen $\kappa_1, \kappa_2, \ldots, \kappa_n \in \mathfrak{S}_F$ des Zeichenvorrates F ist bezüglich der komponentenweisen Hintereinanderausführung von Abbildungen eine Gruppe. Diese Gruppe $\mathfrak{S}_F^n$ operiert auf dem Raum F^n als Gruppe $\mathrm{Konf}(F^n)$ der sogenannten *Konfigurationen*

$$
\check{\kappa} : F^n \to F^n\,;\, x_1 x_2 \ldots x_n \mapsto \kappa_1(x_1) \kappa_2(x_2) \ldots \kappa_n(x_n).
$$

Jede Konfiguration ist eine Isometrie von F^n: die Gruppe $\mathrm{Konf}(F^n)$ ist eine Untergruppe der Gruppe $\mathrm{Iso}(F^n)$.

Die einzige Konfiguration, die zugleich eine Äquivalenzabbildung ist, ist die Identität: die Gruppe $\mathrm{Äqu}(F^n) \cap \mathrm{Konf}(F^n)$ ist trivial. Wir folgern, daß zwei Produkte $\check{\kappa} \circ \tilde{\pi}, \check{\kappa}' \circ \tilde{\pi}' \in \mathrm{Iso}(F^n)$ einer Äquivalenzabbildung und einer Konfiguration genau dann dieselbe Isometrie sind, wenn $\check{\kappa} = \check{\kappa}'$ und $\tilde{\pi} = \tilde{\pi}'$ gilt.

$\mathrm{Aut}(F^n)$. Es seien $\check{\kappa} \in \mathrm{Konf}(F^n)$ eine Konfiguration und $\tilde{\pi} \in \mathrm{Äqu}(F^n)$ eine Äquivalenzabbildung. Die Abbildung $\tilde{\pi}^{-1} \circ \check{\kappa} \circ \tilde{\pi} \in \mathrm{Iso}(F^n)$ überführt ein Wort $x_1 x_2 \ldots x_n \in F^n$ in das Wort $\kappa_{\pi(1)}(x_1) \kappa_{\pi(2)}(x_2) \ldots \kappa_{\pi(n)}(x_n)$; damit ist $\tilde{\pi}^{-1} \circ \check{\kappa} \circ \tilde{\pi} = (\kappa_{\pi(1)}, \kappa_{\pi(2)}, \ldots, \kappa_{\pi(n)}) \in \mathrm{Konf}(F^n)$ eine Konfiguration. Wir folgern, daß sich jedes Produkt $\varphi \in \mathrm{Iso}(F^n)$ beliebig vieler Äquivalenzabbildungen und beliebig vieler Konfigurationen beliebiger Reihenfolge als Hintereinanderausführung $\varphi = \check{\kappa} \circ \tilde{\pi}$ einer Äquivalenzabbildung $\tilde{\pi}$ und einer Konfiguration $\check{\kappa}$ schreiben läßt.

Die Menge $\mathrm{Aut}(F^n) := \{\,\tilde{\kappa}\circ\tilde{\pi}\,;\quad \tilde{\kappa}\in\mathrm{Konf}(F^n)\,,\,\tilde{\pi}\in\mathrm{\ddot{A}qu}(F^n)\}$, das „Kranzprodukt" der Gruppen $\mathrm{\ddot{A}qu}(F^n)$ und $\mathfrak{S}_F$, ist also eine Untergruppe der Gruppe $\mathrm{Iso}(F^n)$ aller Isometrien des Raumes F^n. Wir bezeichnen die Isometrien von F^n, die sich als Hintereinanderausführung einer Äquivalenzabbildung und einer Konfiguration deuten lassen, das sind die Elemente der Gruppe $\mathrm{Aut}(F^n)$, als *Automorphismen von* F^n.

Ist $\mathrm{Aut}(F^n)$ eine echte Untergruppe von $\mathrm{Iso}(F^n)$? Anders gefragt: Gibt es Isometrien von F^n, die keine Automorphismen sind, die sich nicht als Hintereinanderausführungen von Äquivalenzabbildungen und Konfigurationen darstellen lassen? Hier die Antwort:

Kennzeichnung der Isometrien von F^n. $\mathrm{Aut}(F^n) = \mathrm{Iso}(F^n)$.

B e w e i s (IOANA CONSTANTINESCU). Wir bezeichnen zwei Elemente des q-nären Zeichenvorrats F mit '0' und '1'. Das HAMMING-*Gewicht* $\gamma(x) := \varrho(0,x)$ eines Wortes $x\in F^n$ wird als der HAMMING-Abstand von x zu dem *Nullwort* $0 := 00\ldots0\in F^n$ definiert. Für jedes Zeichen $\alpha\in F\setminus\{0\}$ und jeden Index $i\in\{1,2,\ldots,n\}$ hat das Wort $e_{\alpha,i} := 00\ldots0\alpha0\ldots0\in F^n$, das an der i-ten Position das Zeichen α und sonst nur Nullkomponenten hat, das Gewicht $\gamma(e_{\alpha,i}) = 1$. Außer diesen $n\cdot(q-1)$ Wörtern gibt es in F^n keine weiteren Wörter vom HAMMING-Gewicht 1.

Es sei $\varphi\in\mathrm{Iso}(F^n)$ eine Isometrie. Um $\varphi\in\mathrm{Aut}(F^n)$ zu zeigen, dürfen wir annehmen, daß das Nullwort ein Fixpunkt $\varphi(0) = 0$ von φ ist; widrigenfalls wählen wir n Permutationen $\kappa_i\in\mathfrak{S}_F$, $i=1,2,\ldots,n$, die jeweils die i-te Komponente des Wortes $\varphi(0)$ mit 0 vertauschen, und multiplizieren φ mit der Konfiguration $\tilde{\kappa} := (\kappa_1,\kappa_2,\ldots,\kappa_n)$. Für jedes Wort $x\in F^n$ gilt $\gamma(\varphi(x)) = \gamma(x)$; die Isometrie φ läßt das HAMMING-Gewicht invariant.

Für jeden Index $i\in\{1,2,\ldots,n\}$ ist $\gamma(\varphi(e_{1,i})) = 1$; es gibt stets ein Zeichen $\varepsilon_i\in F\setminus\{0\}$ und einen Index $\pi_i\in\{1,2,\ldots,n\}$ mit $\varphi(e_{1,i}) = e_{\varepsilon_i,\pi_i}$. Gäbe es zwei verschiedene Indizes $i,j\in\{1,2,\ldots,n\}$ mit $\pi_i = \pi_j$, so wäre $1\geq \varrho(e_{\varepsilon_i,\pi_i},e_{\varepsilon_j,\pi_j}) = \varrho(\varphi(e_{1,i}),\varphi(e_{1,j})) = \varrho(e_{1,i},e_{1,j}) = 2$. Die Abbildung $\pi:\{1,2,\ldots,n\}\to\{1,2,\ldots,n\}\,;\,i\mapsto\pi_i$ ist also injektiv und — als injektive Abbildung einer endlichen Menge in sich — auch surjektiv; damit ist $\pi\in\mathfrak{S}_n$ eine Permutation.

Es sei $i\in\{1,2,\ldots,n\}$ ein Index. Für jedes Zeichen $\alpha\in F\setminus\{0\}$ ist $\gamma(\varphi(e_{\alpha,i})) = 1$; es gibt also stets ein Zeichen $\varepsilon_i(\alpha)\in F\setminus\{0\}$ und einen Index $t_i(\alpha)\in\{1,2,\ldots,n\}$ mit $\varphi(e_{\alpha,i}) = e_{\varepsilon_i(\alpha),t_i(\alpha)}$. Es ist $t_i(1) = \pi(i)$.

Für $\alpha \neq 1$ gilt $1 = \varrho(e_{1,i}, e_{\alpha,i}) = \varrho(\varphi(e_{1,i}), \varphi(e_{\alpha,i})) = \varrho(e_{\varepsilon_i, \pi(i)}, e_{\varepsilon_i(\alpha), t_i(\alpha)})$,
also ebenfalls $t_i(\alpha) = \pi(i)$. Für zwei verschiedene Zeichen $\alpha, \beta \in F \setminus \{0\}$
gilt $1 = \varrho(e_{\alpha,i}, e_{\beta,i}) = \varrho(\varphi(e_{\alpha,i}), \varphi(e_{\beta,i})) = \varrho(e_{\varepsilon_i(\alpha), \pi(i)}, e_{\varepsilon_i(\beta), \pi(i)})$, also
$\varepsilon_i(\alpha) \neq \varepsilon_i(\beta)$; die vermöge $\varepsilon_i(0) := 0$ auf F fortgesetzte Abbildung
$\varepsilon_i : F \setminus \{0\} \to F \setminus \{0\}$; $\alpha \mapsto \varepsilon_i(\alpha)$ ist injektiv und damit eine Permutation, $\varepsilon_i \in \mathfrak{S}_F$. Schreibe für $i = 1, 2, \ldots, n$ jeweils $\kappa_i := \varepsilon_{\pi^{-1}(i)}$.

Für je zwei Wörter $x_1, x_2 \in F^n$ die in allen Positionen übereinstimmen, in denen ihre Komponenten beide zugleich von Null verschieden
sind, bilden wir das *Oder-Wort* $x_1 \vee x_2$ von x_1 und x_2, das in allen
Positionen, in denen x_1 oder x_2 keine Null stehen hat, mit x_1 beziehungsweise x_2 übereinstimmt, und das in allen Positionen Nullen
besitzt, in denen x_1 und x_2 gemeinsam Nullen stehen haben.

Der Automorphismus
$$\vartheta := \check{\kappa} \circ \tilde{\pi} : F^n \to F^n ; x_1 x_2 \ldots x_n \mapsto \kappa_1(x_{\pi^{-1}(1)}) \kappa_2(x_{\pi^{-1}(2)}) \ldots \kappa_n(x_{\pi^{-1}(n)})$$
stimmt auf allen Wörtern $x \in F^n$ vom Gewicht $\gamma(x) \leq 1$ mit der
Isometrie φ überein, $\vartheta(x) = \varphi(x)$. Angenommen, es gäbe ein Wort
$x \in F^n$ minimalen HAMMING-Gewichts mit $\vartheta(x) \neq \varphi(x)$, oder − gleichbedeutend − ein Wort $x \in F^n$ minimalen HAMMING-Gewichts, das kein
Fixpunkt der Isometrie $\psi := \vartheta^{-1} \circ \varphi \neq \mathrm{id}$ wäre, $\psi(x) \neq x$. Dann wäre
$\gamma := \gamma(x) \geq 2$, der minimale Verbrecher x hätte also in mindestens
zwei Positionen von 0 verschiedene Komponenten. Es seien x_1 und x_2
die Wörter, die aus x durch Nullsetzen der Komponente an diesen
Positionen hervorgehen. Dann ist $x = x_1 \vee x_2$ das Oder-Wort von x_1
und x_2. Auf Grund der Minimalität von γ gilt $\psi(x_1) = x_1$ und
$\psi(x_2) = x_2$. Wegen $\gamma(\psi(x)) = \gamma$, $\gamma(x_1) = \gamma(x_2) = \gamma - 1$, $\varrho(x_1, x_2) = 2$
und $\varrho(\psi(x), x_1) = \varrho(\psi(x), x_2) = 1$ ist $\psi(x)$ im Widerspruch zur Annahme
$\psi(x) \neq x$ das Oder-Wort $\psi(x) = x_1 \vee x_2 = x$ von x_1 und x_2. $\qquad \square$

Code-Automorphismen. Es seien $C \subseteq F^n$ ein Block-Code und $\mathfrak{U}$
eine Untergruppe der Gruppe $\mathrm{Aut}_C(F^n) := \{\varphi \in \mathrm{Aut}(F^n) ; \varphi(C) = C\}$
aller C invariant lassenden Isometrien von F^n. Die Abbildung
$\mathfrak{U} \to \mathrm{Iso}(C) ; \varphi \mapsto \varphi|_C$, die jeder Isometrie $\varphi \in \mathfrak{U}$ ihre Einschränkung
$\varphi|_C$ auf den Code C zuordnet, ist ein Gruppenhomomorphismus. Dieser
Homomorphismus ist im allgemeinen weder surjektiv noch injektiv.

Unter einem *Automorphismus des Codes* C verstehen wir die Einschrän-
kung $\varphi|_C$ einer Isometrie $\varphi \in \mathrm{Aut}_C(F^n)$ auf den Code C; die Gruppe
aller Automorphismen von C bezeichnen wir mit '$\mathrm{Aut}(C)$'. Es ist nicht
weiter tragisch, wenn wir von den Automorphismen $\varphi \in \mathrm{Aut}_C(F^n)$ des

Raumes F^n statt von ihren Restriktionen $\varphi|_C \in \mathrm{Aut}(C)$ als von den „Automorphismen des Codes C" reden; wir sollten uns nur davor hüten, bei der Bestimmung der Ordnungen der Gruppen $\mathrm{Aut}\,(C)$ oder $\mathrm{\ddot{A}qu}(C)$ manche Isometrien mehrfach zu zählen; es kann ja sein, daß die Gruppe $\mathrm{Aut}_C(F^n)$ nicht *treu* auf C operiert, das heißt, daß der Homomorphismus $\mathrm{Aut}_C(F^n) \to \mathrm{Iso}(C)$; $\varphi \mapsto \varphi|_C$ nicht injektiv ist, das heißt, daß außer der Identität noch weitere Isometrien jedes Codewort fixieren; man denke an den Extremfall, daß der Code aus nur einem Codewort besteht.

Unter einer *Äquivalenzabbildung* oder einer *Konfiguration des Codes* C verstehen wir die Restriktion $\tilde{\pi}|_C$ oder $\tilde{\kappa}|_C$ einer Äquivalenzabbildung $\tilde{\pi} \in \mathrm{\ddot{A}qu}_C(F^n) := \mathrm{\ddot{A}qu}(F^n) \cap \mathrm{Aut}_C(F^n)$ beziehungsweise einer Konfiguration $\tilde{\kappa} \in \mathrm{Konf}_C(F^n) := \mathrm{Konf}(F^n) \cap \mathrm{Aut}_C(F^n)$ auf den Code C; die Gruppe aller Äquivalenzabbildungen oder aller Konfigurationen von C bezeichnen wir mit 'Äqu(C)' beziehungsweise mit 'Konf(C)'.

Isomorphismen. Es seien $C, C' \subseteq F^n$ zwei Block-Codes. Eine Isometrie $\varphi : C \to C'$ heißt *Isomorphismus*, wenn sie zu einer Isometrie von F^n auf sich fortgesetzt werden kann. *Äquivalente* und *konfigurierte* Codes (das sind solche Codes, die von einer Äquivalenzabbildung aus $\mathrm{\ddot{A}qu}(F^n)$ oder einer Konfiguration aus $\mathrm{Konf}(F^n)$ ineinander überführt werden) sind isomorph, isomorphe Codes sind immer zueinander isometrisch.

In der Literatur herrscht in der Bezeichnungsweise für die den HAMMING-Abstand erhaltenden Bijektionen das Chaos. Daß hier der Name „Code-Isomorphismus" für *fortsetzbare* Isometrien vergeben wurde, hat einen philosophischen Hintergrund: Ein Code $C \subseteq F^n$ ist nicht nur eine mit der HAMMING-Metrik versehene *Menge* von Codewörtern, sondern ein *Teilraum* des metrischen Raumes F^n; die Nicht-Codewörter spielen ihre Rolle als potentiell verfälschte Codewörter. Insofern sind es zwei unterschiedliche Dinge, wenn wir einen Code, dessen Codewörter nur die Komponenten O und L enthalten, als *binären* Code über dem Zeichenvorrat $\{O, L\}$ oder als *ternären* Code über dem Zeichenvorrat $\{O, L, ?\}$ betrachten.

In Kapitel 8 werden *lineare Codes* studiert: Als Zeichenvorrat dient der Körper $F := \mathrm{GF}(q)$ der (Primzahlpotenz)-Ordnung q, der Raum F^n ist dann der Vektorraum aller n-Tupel mit Komponenten aus F, ein linearer Code ist ein Untervektorraum $C \subseteq F^n$. Die Äquivalenzabbildungen von F^n sind lineare Abbildungen; dagegen sind die Konfigurationen noch nicht einmal alle semilinear. Im Monomialsatz des Abschnittes 8.9 wird in Analogie zu einem berühmten Satz von ERNST WITT über metrische Vektorräume festgestellt, daß jede lineare Isometrie zwischen zwei linearen Codes $C, C' \subseteq F^n$ zu einer linearen Isometrie aus $\mathrm{Aut}\,(F^n)$ fortgesetzt werden kann.

Im nicht-linearen Fall gilt ein solcher Fortsetzungssatz nicht allgemein: Die ternären äquidistanten Codes $C := \{000, 011, 022\}$ und $C' := \{000, 011, 110\}$ über dem Zeichenvorrat $\mathbb{Z}_3 = \{0, 1, 2\}$ sind zueinander isometrisch; jede Bijektion $C \to C'$ ist eine Isometrie. Das Wort $010 \in \mathbb{Z}_3^3$ hat zu den drei Codewörtern des Codes C' den HAMMING-Abstand 1. Es gibt aber kein Wort in $\mathbb{Z}_3^3$, das zu den drei Codewörtern aus C den HAMMING-Abstand 1 hat. Deswegen läßt sich keine der sechs Isometrien von C

auf C' zu einer Isometrie des ganzen Raumes $\mathbb{Z}_3^3$ auf sich fortsetzen: Die Codes C und C' sind nicht isomorph. Geometrisch ausgedrückt: Die beiden gleichseitigen Dreiecke C und C' der Seitenlänge 2 sind im Raum $\mathbb{Z}_3^3$ nicht kongruent.

Drei Absätze weiter unten werden die Gruppen Iso(B) und Aut(B) des (binären) Bauer-Codes B bestimmt.

Isomorphe Codes haben dieselben Fehlerkorrektureigenschaften. Bei der Wahl eines Codes für ein konkretes Kommunikationsproblem sollten wir uns überlegen, ob es eine isomorphe — etwa äquivalente — Version des favorisierten Codes gibt, die sich leicht implementieren läßt. Auch für theoretische Untersuchungen kann es nützlich sein, eine übersichtliche Version des zu studierenden Codes zu verwenden; das haben wir bei der Diskussion der systematischen Codes in diesem Abschnitt gesehen.

Transitivität. Eine Gruppe $\mathfrak{U}$ von Bijektionen einer Menge M auf sich *operiert transitiv* auf einer Teilmenge $T \subseteq M$, wenn es zu je zwei Elementen $\alpha, \beta \in T$ mindestens eine Abbildung $\pi \in \mathfrak{U}$ mit $\pi(\alpha) = \beta$ gibt.

Auf Seite 57 werden wir sehen, daß die Gruppe Konf(C) aller Konfigurationen eines Gruppencodes C transitiv auf C operiert.

Wir sagen, eine Untergruppe $\mathfrak{A}$ der Automorphismengruppe Aut(C) eines Codes $C \subseteq F^n$ *operiere transitiv auf* $T \subseteq \{1, 2, \ldots, n\}$, wenn die Gruppe $\mathfrak{U}$ aller Permutationen $\pi \in \mathfrak{S}_n$, für die eine Konfiguration $\tilde{\kappa} \in \mathrm{Konf}(F^n)$ mit $\tilde{\kappa} \circ \tilde{\pi} \in \mathfrak{A}$ existiert, auf T transitiv operiert. Wir *punktieren* einen Code $C \subseteq F^n$ jeweils in einer Position $i \in \{1, 2, \ldots, n\}$, indem wir aus allen Codewörtern die Komponente an der i-ten Position streichen; wenn die Automorphismengruppe Aut(C) *transitiv auf den Positionen operiert* (das heißt transitiv auf der Menge $T := \{1, 2, \ldots, n\}$), so sind die *Punktierungen* von C in den verschiedenen Positionen paarweise isomorphe Codes der Blocklänge $n - 1$.

Die Isometrien des Bauer-Codes. Bei der Behandlung des Bauer-Codes $B \subseteq F^8$ als Erweiterung des Hamming-Codes HAM(3,2) haben wir gesehen, daß seine Gruppe Äqu(B) eine zur vollen Bewegungsgruppe des Würfels isomorphe Untergruppe umfaßt. Die Gruppe Äqu(B) operiert transitiv auf den Positionen. Die Punktierungen des Bauer-Codes in jeder der acht Positionen sind deswegen alle äquivalente Versionen des Hamming-Codes HAM(3,2).

Wir bestimmen zunächst die Gruppe Iso(B) aller den HAMMING-Abstand erhaltenden Bijektionen $\varphi : B \to B$. Wir blicken auf die Tabelle der Codewörter des Bauer-Codes auf Seite 24 und erkennen, das für $i = 0, 1, 2, 3, 4, 5, 6, 7$ das Codewort b_i zu seinem „komplementären" Codewort b_i^* den HAMMING-Abstand $\varrho(b_i, b_i^*) = 8$ und zu allen anderen Codewörtern den Abstand 4 hat; das Codewort b_i^* hat ebenfalls zu allen Codewörtern außer b_i den Abstand 4. Eine Bijektion $\varphi : B \to B$ ist also genau dann eine Isometrie des Bauer-Codes B, wenn sie für jeden Index $i \in \{0,1,2,3,4,5,6,7\}$ die Menge $\{b_i, b_i^*\}$ komplementärer Codewörter auf eine Menge $\varphi(\{b_i, b_i^*\}) = \{b_j, b_j^*\}$ komplementärer Codewörter abbildet. Damit läßt sich jede Isometrie als Hintereinanderausführung einer Zuordnung $B \to B$; $b_i \mapsto b_{\pi(i)}$, $b_i^* \mapsto b_{\pi(i)}^*$ (mit einer Permutation π der Indexmenge $\{0,1,2,3,4,5,6,7\}$) und einer Bijektion $B \to B$, die nur einige komplementäre Codewörter gegeneinander austauscht, schreiben. Die Gruppe $\mathrm{Iso}(B)$ hat also die Ordnung

$$|\mathrm{Iso}(B)| = |\mathfrak{S}_8| \cdot |\mathfrak{S}_2^8| = 8! \cdot 2^8 = 10\,321\,920.$$

Die Gruppe $\mathrm{Iso}(B)$ hat nicht nur dieselbe Ordnung wie die Gruppe $\mathrm{Aut}(F^8) = \mathrm{Iso}(F^8)$; diese Gruppen sind beide als Kranzprodukt der Gruppen $\mathfrak{S}_8$ und $\mathfrak{S}_2$ dargestellt und damit zueinander isomorph. Sind diese Gruppen womöglich identisch? Läßt jede Isometrie von F^8 den Bauer-Code invariant? Gilt ein der Kennzeichnung der Isometrien von F^n entsprechender Satz für den Bauer-Code? Ist jede Isometrie von B auf sich bereits ein Automorphismus? Die Antwort ist: „Nein!"

Wir erledigen die Begründung dieses Neins nicht nur mit der Angabe eines Beispiels, sondern wir bestimmen die volle Automorphismengruppe $\mathrm{Aut}(B)$ des Bauer-Codes B. Dazu berechnen wir zunächst die Untergruppe $\mathfrak{G}$ der Permutationen aus der symmetrischen Gruppe $\mathfrak{S}_8$, die auf F^8 den Code B invariant lassende Äquivalenzabbildungen induzieren:

Wir vertauschen in einem Codewort $x_1 x_2 x_3 x_4 y_1 y_2 y_3 y_4 \in B$ das Paar $x_1 x_2$ mit dem Paar $y_1 y_2$; dieser Austausch ändert nichts an der Parität der Anzahl der Bits 'L' — weder in der Informationstetrade $x_1 x_2 x_3 x_4$ noch in der Kontrolltetrade $y_1 y_2 y_3 y_4$. Das Wort $y_1 y_2 x_3 x_4 x_1 x_2 y_3 y_4$ ist ein Codewort. Die Permutation $\tau_1 := \left(\begin{smallmatrix} 1\,2\,3\,4\,5\,6\,7\,8 \\ 5\,6\,3\,4\,1\,2\,7\,8 \end{smallmatrix}\right) \in \mathfrak{S}_8$ liegt also in $\mathfrak{G}$. Die Permutationen $\tau_2 := \left(\begin{smallmatrix} 1\,2\,3\,4\,5\,6\,7\,8 \\ 5\,2\,7\,4\,1\,6\,3\,8 \end{smallmatrix}\right) \in \mathfrak{S}_8$ und $\tau_3 := \left(\begin{smallmatrix} 1\,2\,3\,4\,5\,6\,7\,8 \\ 5\,2\,3\,8\,1\,6\,7\,4 \end{smallmatrix}\right) \in \mathfrak{S}_8$ gehören ebenfalls zu $\mathfrak{G}$; da argumentiert man genauso.

Wenn wir die Reihenfolge der Komponenten der Informationstetrade $x_1 x_2 x_3 x_4$ und der Kontrolltetrade $y_1 y_2 y_3 y_4$ eines Codewortes in gleicher Weise mit einer der $4! = 24$ Permutationen aus der $\mathfrak{S}_4$ abändern, so erhalten wir wieder ein Codewort; damit gehören insbesondere die Permutationen $\sigma_1 := \left(\begin{smallmatrix} 1\,2\,3\,4\,5\,6\,7\,8 \\ 3\,1\,2\,4\,7\,5\,6\,8 \end{smallmatrix}\right), \sigma_2 := \left(\begin{smallmatrix} 1\,2\,3\,4\,5\,6\,7\,8 \\ 2\,1\,3\,4\,6\,5\,7\,8 \end{smallmatrix}\right) \in \mathfrak{S}_8$ zu $\mathfrak{G}$.

Daß die zyklische Permutation $\psi := \left(\begin{smallmatrix} 1\,2\,3\,4\,5\,6\,7\,8 \\ 2\,7\,5\,6\,4\,1\,3\,8 \end{smallmatrix}\right) \in \mathfrak{S}_8$ vom Grad 7 ebenfalls eine Symmetrie $\tilde{\psi}$ liefert, überprüfen wir nicht an Hand des Bildungsgesetzes des Bauer-Codes, sondern mit brachialer Gewalt:

$$\begin{aligned}
b_0 = \text{OOOOOOOO} &\mapsto b_0 = \text{OOOOOOOO}\,, & b_1 = \text{OOOLLLLO} &\mapsto b_4^* = \text{LOLLOLOO}\,, \\
b_2 = \text{OOLOLLOL} &\mapsto b_6^* = \text{LOOLLOOL}\,, & b_3 = \text{OOLLOOLL} &\mapsto b_2 = \text{OOLOLLOL}\,, \\
b_4 = \text{OLOOLOLL} &\mapsto b_3 = \text{OOLLOOLL}\,, & b_5 = \text{OLOLOLOL} &\mapsto b_7^* = \text{LOOOOLLL}\,, \\
b_6 = \text{OLLOOLLO} &\mapsto b_5^* = \text{LOLOLOLO}\,, & b_7 = \text{OLLLLOOO} &\mapsto b_1 = \text{OOOLLLLO}\,, \\
b_7^* = \text{LOOOOLLL} &\mapsto b_1^* = \text{LLLOOOOL}\,, & b_6^* = \text{LOOLLOOL} &\mapsto b_5 = \text{OLOLOLOL}\,, \\
b_5^* = \text{LOLOLOLO} &\mapsto b_7 = \text{OLLLLOOO}\,, & b_4^* = \text{LOLLOLOO} &\mapsto b_3^* = \text{LLOOLLOO}\,, \\
b_3^* = \text{LLOOLLOO} &\mapsto b_2^* = \text{LLOLOOLO}\,, & b_2^* = \text{LLOLOOLO} &\mapsto b_6 = \text{OLLOOLLO}\,, \\
b_1^* = \text{LLLOOOOL} &\mapsto b_4 = \text{OLOOLOLL}\,, & b_0^* = \text{LLLLLLLL} &\mapsto b_0^* = \text{LLLLLLLL}\,.
\end{aligned}$$

Die Gruppe $\mathfrak{G}$ operiert transitiv auf der Ziffernmenge $\{1,2,3,4,5,6,7,8\}$: Die Permutation $\tau_3 \in \mathfrak{G}$ überführt die Ziffer 8 in die 4, und für $i = 0,1,2,3,4,5,6$ überführt $\psi^i \in \mathfrak{G}$ die Ziffer 4 in 4,6,1,2,7,3,5. Bezeichnen wir mit $\mathfrak{H} := \mathfrak{G}_8 := \{\pi \in \mathfrak{G}\,;\,\pi(8) = 8\}$ den *Stabilisator* der Ziffer 8 in $\mathfrak{G}$, so ergibt sich die Darstellung von

$$\mathfrak{G} = \mathfrak{H} \cup \bigcup_{i=0}^{6} \psi^i \circ \tau_3 \circ \mathfrak{H}$$

als Vereinigung acht (disjunkter) Linksnebenklassen der Untergruppe $\mathfrak{H}$.

Die Gruppe $\mathfrak{H}$ operiert transitiv auf der Ziffernmenge $\{1,2,3,4,5,6,7\}$, das sehen wir der Permutation $\psi \in \mathfrak{H}$ an. Bezeichnen wir mit $\mathfrak{J} := \mathfrak{H}_4 := \{\pi \in \mathfrak{H}\,;\,\pi(4) = 4\}$ den Stabilisator der 4 in $\mathfrak{H}$, so ergibt sich

$$\mathfrak{H} = \bigcup_{i=0}^{6} \psi^i \circ \mathfrak{J}.$$

Die Gruppe $\mathfrak{J}$ operiert transitiv auf der Ziffernmenge $\{1,2,3,5,6,7\}$: Die Permutationen $\sigma_1 \circ \tau_2, \sigma_1^2 \circ \tau_2, \tau_2, \sigma_1, \sigma_1^2 \in \mathfrak{J}$ überführen die Ziffer 7 in 2,1,3,6,5. Bezeichnen wir mit $\mathfrak{K} := \mathfrak{J}_7 := \{\pi \in \mathfrak{J}\,;\,\pi(7) = 7\}$ den Stabilisator der 7 in $\mathfrak{J}$, so ergibt sich

$$\mathfrak{J} = \mathfrak{K} \cup \sigma_1 \circ \tau_2 \circ \mathfrak{K} \cup \sigma_1^2 \circ \tau_2 \circ \mathfrak{K} \cup \tau_2 \circ \mathfrak{K} \cup \sigma_1 \circ \mathfrak{K} \cup \sigma_1^2 \circ \mathfrak{K}.$$

Die Ziffer 3 ist für jede Permutation $\pi \in \mathfrak{K}$ ein Fixpunkt; denn es gilt $\tilde{\pi}(\text{OOLLOOLL}) = \text{OOLLOOLL}$. Die Gruppe $\mathfrak{K}$ operiert transitiv auf der Ziffernmenge $\{1,2,5,6\}$: Die Permutationen $\tau_1, \sigma_2, \sigma_2 \circ \tau_1 \in \mathfrak{K}$ überführen die Ziffer 5 in die Ziffern 1,6,2. Bezeichnen wir mit $\mathfrak{L} := \mathfrak{K}_5 := \{\pi \in \mathfrak{L}\,;\,\pi(5) = 5\}$ den Stabilisator der 5 in $\mathfrak{K}$, so ergibt sich

$$\mathfrak{K} = \mathfrak{L} \cup \tau_1 \circ \mathfrak{L} \cup \sigma_2 \circ \mathfrak{L} \cup \sigma_2 \circ \tau_1 \circ \mathfrak{L}.$$

Das Problem, die Gruppe $\mathfrak{G}$ zu bestimmen, ist damit auf das Problem reduziert, die Gruppe $\mathfrak{L}$ aller derjenigen Permutationen $\pi \in \mathfrak{G}_8$ zu bestimmen, für die die Ziffern 3,4,5,7,8 Fixpunkte sind: Es sei $\pi \in \mathfrak{K}$. Dann ist $\tilde{\pi}(\text{OOOLLLLO}) = \text{OOOLLLLO}$, also $\pi(6) = 6$. Damit gilt auch $\tilde{\pi}(\text{OLOLOLOL}) = \text{OLOLOLOL}$, also $\pi(1) = 1$ und $\pi(2) = 2$: die Gruppe $\mathfrak{L}$ ist trivial, sie besteht nur aus der Identität.

Die Gruppe $\text{Äqu}_B(F^8)$ wird also von den Äquivalenzabbildungen $\tilde{\tau}_1$, $\tilde{\tau}_2$, $\tilde{\tau}_3$, $\tilde{\sigma}_1$, $\tilde{\sigma}_2$ und $\tilde{\psi}$ erzeugt. Es ist $|\text{Äqu}_B(F^8)| = 8 \cdot 7 \cdot 6 \cdot 4 = 1344$. Keine dieser sechs Äquivalenzabbildungen überführt jedes Codewort des Bauer-Codes in sich selbst. Damit ist die Gruppe $\text{Äqu}(B)$ zu $\text{Äqu}_B(F^8)$ isomorph.

Im Durchschnitt liefert jede dreißigste der $8! = 40\,320$ Permutationen der $\mathfrak{S}_8$ eine Äquivalenzabbildung des Bauer-Codes B. Die Permutation

$$\pi = \begin{pmatrix} 1\,2\,3\,4\,5\,6\,7\,8 \\ 2\,1\,6\,4\,5\,3\,7\,8 \end{pmatrix} \in \mathfrak{S}_8$$

gehört nicht dazu; die Äquivalenzabbildung $\tilde{\pi}: F^8 \to F^8$ überführt das Codewort $b_4 = \text{OLOOLOLL}$ in das Nicht-Codewort LOOOLOLL.

Die Punktierung des Bauer-Codes in der achten Position, der Hamming-Code $\text{HAM}(3,2)$, besitzt eine äquivalente *zyklische* Version: Die Permutation $\sigma := \pi \circ \psi^{-1} \circ \pi^{-1} = \begin{pmatrix} 1\,2\,3\,4\,5\,6\,7\,8 \\ 2\,3\,4\,5\,6\,7\,1\,8 \end{pmatrix}$ induziert die Äquivalenzabbildung $\tilde{\sigma}: F^7 \to F^7$; $x_1 x_2 x_3 x_4 x_5 x_6 x_7 \mapsto x_7 x_1 x_2 x_3 x_4 x_5 x_6$. Für jedes Codewort $x := x_1 x_2 x_3 x_4 x_5 x_6 x_7 \in \tilde{\pi}(\text{HAM}(3,2))$ ist seine zyklische Verschiebung $\tilde{\sigma}(x) = x_7 x_1 x_2 x_3 x_4 x_5 x_6$ wieder ein Codewort aus $\tilde{\pi}(\text{HAM}(3,2))$; aus $x \in \tilde{\pi}(\text{HAM}(3,2))$ folgt nämlich $\tilde{\pi}^{-1}(x) \in \text{HAM}(3,2)$, $\tilde{\psi}^{-1} \circ \tilde{\pi}^{-1}(x) \in \text{HAM}(3,2)$ und $\tilde{\sigma}(x) = \tilde{\pi} \circ \tilde{\psi}^{-1} \circ \tilde{\pi}^{-1}(x) \in \tilde{\pi}(\text{HAM}(3,2))$.

Zur Bestimmung der Automorphismengruppe $\text{Aut}(B)$ fehlt uns noch die Gruppe $\text{Konf}(B)$ der den Bauer-Code invariant lassenden Konfigurationen. Außer der Identität ι enthält die Gruppe $\mathfrak{S}_F$ nur noch die involutorische Permutation κ, die die Bits O und L miteinander vertauscht. Sehen wir uns exemplarisch die Konfiguration

$$\check{\kappa}: F^8 \to F^8 \,;\, x_1 x_2 x_3 x_4 x_5 x_6 x_7 x_8 \mapsto \kappa(x_1) x_2 x_3 x_4 x_5 \kappa(x_6) \kappa(x_7) \kappa(x_8)$$

an. Für $x \in F^8$ ist $\check{\kappa}(x)$ die komponentenweise Summe des Wortes x mit dem Codewort $b_7^* = \text{LOOOOLLL}$, wenn wir auf dem binären Zeichenvorrat $F = \{\text{O}, \text{L}\}$ wie üblich durch $\text{O} + \text{O} =: \text{L} + \text{L} =: \text{O}$ und $\text{O} + \text{L} =: \text{L} + \text{O} =: \text{L}$ eine Gruppenstruktur einführen. Die Summe zweier Codewörter des Bauer-Codes ist stets wieder ein Codewort. Die Konfiguration $\check{\kappa}$ läßt also den Bauer-Code invariant, ebenso wie 15 weitere, den anderen Codewörtern entsprechende Konfigurationen (inklusive der Identität). Da die Summe eines Codewortes mit einem Nicht-Codewort nie ein Codewort ist, sind diese 16 Konfigurationen auch die einzigen Automorphismen unter den $2^8 = 256$ Konfigurationen von F^8.

Die Identität ist die einzige Konfiguration, die zugleich eine Äquivalenzabbildung ist. Die volle Automorphismengruppe $\text{Aut}(B)$ des Bauer-Codes hat also die Ordnung

$$|\text{Aut}(B)| = 16 \cdot 1344 = 21\,504.$$

Abstandshomogene Codes sind Blockcodes C der Länge n über einem q-nären Zeichenvorrat F, bei denen für jede Zahl $i \in \{0,1,\ldots,n\}$ die Anzahl $A_i := A_i(c) := |\{x \in C \,;\, \varrho(c,x) = i\}|$ der Codewörter $x \in C$, die zu einem gegebenen Codewort $c \in C$ den HAMMING-Abstand i haben, nicht von dem speziellen Codewort c abhängt. Ein Code C, dessen Isometriengruppe $\mathrm{Iso}(C)$ transitiv auf der Menge der Codewörter operiert, das heißt, bei dem es zu je zwei Codewörtern $c,c' \in C$ stets eine Isometrie $\varphi \in \mathrm{Iso}(C)$ mit $\varphi(c) = c'$ gibt, ist abstandshomogen.

Die Abstandshomogenität entspricht dem von einigen Astronomen postulierten „kosmologischen Prinzip" der Isotropie und Homogenität: Ein Beobachter des Weltraumes [des Raumes F^n] sieht von jeder Galaxie [jedem Codewort] in jeder Richtung [in jedem HAMMING-Abstand] dieselben Makro-Bedingungen [gleichviele Codewörter].

Jeder Gruppen-Code C ist abstandshomogen; für jedes Codewort $c = (c_1,c_2,\ldots,c_n) \in C$ ist nämlich die Restriktion der Abbildung

$$\check{\kappa} : F^n \to F^n \,;\, (x_1,x_2,\ldots,x_n) \mapsto (x_1{+}c_1,x_2{+}c_2,\ldots,x_n{+}c_n)$$

auf C eine Konfiguration von C, die das Nullwort $0 = 00\ldots0 \in C$ in das Codewort $\check{\kappa}(0) = c$ überführt: die Gruppe $\mathrm{Konf}(C)$ operiert transitiv auf der Menge der Codewörter.

Decodierfehlerwahrscheinlichkeit. Ein Blockcode C der Länge n über einem q-nären Zeichenvorrat F sei in ein Kommunikationssystem mit einem q-nären symmetrischen Kanal der Fehlerwahrscheinlichkeit $p < 1 - \frac{1}{q}$ integriert. Der Decodierer arbeite mit dem einfachen (nicht verbesserten) Algorithmus des dichtesten Codewortes.

Ein Codewort $c \in C$ werde in den Kanal eingespeist. Die Wahrscheinlichkeit, daß die Rauschquelle das Codewort c in ein bestimmtes Wort $w \in F^n$ mit dem HAMMING-Abstand $i := \varrho(c,w)$ umsetzt, hat den Wert $p^i \cdot (1-p)^{n-i}$. Der Decodierer begeht sicher keinen Decodierfehler, wenn der HAMMING-Abstand i kleiner als seine Unfehlbarkeitsgrenze $\frac{d}{2}$ ist. In der abgeschlossenen Kugel um den Mittelpunkt c mit dem Radius $t := \lfloor \frac{d-1}{2} \rfloor$ liegen $\sum\limits_{i=0}^{t} \binom{n}{i} \cdot (q-1)^i$ Wörter aus F^n. Wir können damit die *Decodierfehlerwahrscheinlichkeit* $p_E(c)$ von oben abschätzen:

$$p_E(c) \;\leq\; \mathrm{Sch\ddot{a}tz}(p_E) \;:=\; 1 - (1-p)^n \cdot \sum\limits_{i=0}^{t} \binom{n}{i} \cdot \left(\frac{(q-1)\cdot p}{1-p}\right)^i.$$

Diese vom gesendeten Codewort c unabhängige Abschätzung gilt auch für Decodierer, die immer dann Fehlermeldungen machen, wenn in der offenen Kugel mit dem Radius $\frac{d}{2}$ um das empfangene Kanalwort w kein Codewort liegt; bei unserem Decodierer (obwohl nicht notwendig ML-Decodierer) kann die Decodierfehlerwahrscheinlichkeit aber für einige Codewörter unter dieser Schranke liegen. Wenn die Automorphismengruppe des Codes C transitiv auf der Menge der Codewörter operiert, so hängt die

Decodierfehlerwahrscheinlichkeit $p_E := p_E(c)$ nicht vom Codewort $c \in C$ ab. Ist nämlich $c' \in C$ ein weiteres Codewort und $\varphi \in \mathrm{Aut}_C(F^n)$ eine Isometrie mit $\varphi(c) = c'$, so ist die Wahrscheinlichkeit, daß c' im Kanal in $w' := \varphi(w)$ verwandelt wird, gleich der Wahrscheinlichkeit, daß c in w umgesetzt wird. Wegen $D(w') = \varphi(D(w))$ terminiert der Algorithmus des dichtesten Codewortes mit der gleichen Wahrscheinlichkeit mit der Ausgabe des „richtigen" Codewortes.

Übertragungsfehlerwahrscheinlichkeit. Die Geschwister ZOIA und VALENTIN C. interessierten sich in Abschnitt 1.6 für die Decodierfehlerwahrscheinlichkeit: für die Firma Bittransport bedeutete ein einziger Fehler bei der Übertragung von 500 000 Bits bereits eine Katastrophe. In der Situation der Geschwister C. ist jeder Benutzer eines Kommunikationssystems, der dem Codierer optimal komprimierte Daten anvertraut: Wenn zur Datenverdichtung kein selbstsynchronisierender Code, wie etwa ein Komma-Code verwandt wurde, so wird ein einziger Fehler den Quellendecodierer im allgemeinen aus dem Takt geraten lassen und so die gesamte nachfolgende Nachrichtensendung verderben.

Die Decodierfehlerwahrscheinlichkeit ist aber trotzdem nur ein grobes Maß für die Zuverlässigkeit des Systems Codierer-Kanal-Decodierer. Ein von der Quelle ausgesandtes Informationszeichen kann den Empfänger korrekt erreichen, obwohl das zu seiner Codierung verwandte Codewort von einem Decodierfehler betroffen wurde. Die *Übertragungsfehlerwahrscheinlichkeit*, das heißt die Wahrscheinlichkeit, daß ein von der Quelle ausgesandtes Informationszeichen $x \in F$ den Empfänger verfälscht erreicht, hängt nicht nur von dem verwandten Code ab, sondern auch davon, wie der Codierer das Codewort in Abhängigkeit von dem Zeichen x und den benachbarten Informationszeichen bestimmt; im allgemeinen ist ihr genauer Wert deswegen schwer zu berechnen; die meist leichter abzuschätzende mittlere Decodierfehlerwahrscheinlichkeit stellt eine oft zufriedenstellende obere Schranke für die mittlere relative Übertragungsfehlerhäufigkeit dar. In diesem Zusammenhang ist eine Bemerkung von IOANA CONSTANTINESCU von Interesse: Wenn eine systematische (n,k)-Codierung und ein balancierter ML-Decodierer (Seite 46) benutzt werden, und wenn die Automorphismengruppe des Codes auf der Menge $T = \{1, 2, \ldots, k\}$ der Informationsstellen und die Konfigurationengruppe des Codes auf der Menge der Codewörter transitiv operiert, so hat die Übertragungsfehlerwahrscheinlichkeit für alle Zeichen $x \in F$ und alle Sendezeitpunkte t_i denselben Wert π_E; dieses Kriterium läßt sich mit vielen Codes erfüllen, zum Beispiel mit zyklischen (linearen) Codes.

Beispiel 4. Wir betrachten ein Kommunikationssystem mit einem binären symmetrischen Kanal mit der Fehlerwahrscheinlichkeit $p < \frac{1}{2}$. Wenn eine Bit-Folge uncodiert über den Kanal gesendet wird, so erwarten wir mit der relativen Häufigkeit p Übertragungsfehler. Wie verbessert sich die Übertragungssicherheit, wenn wir den binären $(5,2)$-Code

$$C_6 := \{\,00000, 0L0LL, L0L0L, LLLL0\,\}$$

in das Kommunikationssystem mit der systematischen Codierung

$$C_6 : F^2 \to C_6 \,;\, c_1 c_2 \mapsto c_1 c_2 c_1 c_2 (c_1 + c_2)$$

(dem binären Zeichenvorrat $F := \{\,0, L\,\}$ sei wie üblich die Struktur einer additiven Gruppe aufgeprägt) und einem Decodierer, der mit dem verbesserten Algorithmus des dichtesten Codewortes arbeitet, integrieren?

Der Gruppen-Code C_6 hat den Minimalabstand $d = 3$, ist also 1-fehler-korrigierend, und hat die Informationsrate $\frac{2}{5}$. Seine Konfigurationsgruppe $\text{Konf}(C_6)$ operiert transitiv auf der Menge der Codewörter.

Der Kanalcodierer zerlegt die Informationsfolge in Informationsblöcke $b := c_1 c_2 \in F^2$, codiert jeden dieser Informationsblöcke in ein Codewort $c := C_6(b) = c_1 c_2 c_1 c_2 (c_1 + c_2)$ und speist die Codewörter in den Kanal ein. Dort werden sie von Störungen überlagert. Der Decodierer zerlegt die vom Kanal ausgegebene Kanalfolge in Kanalwörter $w \in F^5$ und führt den verbesserten Decodieralgorithmus des dichtesten Codewortes aus: er sucht das Kanalwort w im *Standardschema* [standard array]

OOOOO	OLOLL	LOLOL	LLLLO
OOOOL	OLOLO	LOLOO	LLLLL
OOOLO	OLOOL	LOLLL	LLLOO
OOLOO	OLLLL	LOOOL	LLOLO
OLOOO	OOOLL	LLLOL	LOLLO
LOOOO	LLOLL	OOLOL	OLLLO
OOLLO	OLLOL	LOOLL	LLOOO
OLLOO	OOLLL	LLOOL	LOOLO

fährt in der Spalte von w nach oben in die Kopfzeile, entnimmt dort dem Codewort $x = x_1 x_2 x_1 x_2 (x_1 + x_2)$ das Paar $x_1 x_2$ der ersten beiden Komponenten und leitet es an den Empfänger weiter.

Der binäre symmetrische Kanal ist stationär, die Störungen erfolgen nicht nur unabhängig voneinander und bevorzugen weder das Bit 'O' noch das Bit 'L'; sie schlagen auch unabhängig vom Zeitpunkt zu. Wegen der Transitivität der Gruppe $\text{Aut}(C_6)$ hängt die Decodierfehlerwahrscheinlichkeit p_E nicht davon ab, welches Codewort in den Kanal eingespeist wurde. (Der Kanaldecodierer ist zwar ein ML-Decodierer, aber er bevorzugt in den Fällen, in denen er sich frei entscheiden kann, kein spezielles Codewort.) Wir dürfen zur Berechnung von p_E daher $b = c_1 c_2 = \text{OO}$ annehmen: Die Wahrscheinlichkeit, daß das Codewort $c = \text{OOOOO}$ im Kanal in ein vorgegebenes Wort $w \in F^5$ vom „Gewicht" $\varrho := \varrho(c,w) \in \{0,1,2,3,4,5\}$ verwandelt wird, hat den Wert $p^\varrho \cdot (1-p)^{5-\varrho}$. Nur wenn w ein Wort der ersten Spalte des Standardschemas ist, begeht der Decodierer keinen Decodierfehler. Damit berechnet sich die Decodierfehlerwahrscheinlichkeit als

$$p_E = 1 - p^0 \cdot (1-p)^{5-0} - 5 \cdot p^1 \cdot (1-p)^{5-1} - 2 \cdot p^2 \cdot (1-p)^{5-2}$$
$$= 8 \cdot p^2 - 14 \cdot p^3 + 9 \cdot p^4 - 2 \cdot p^5.$$

Die Übertragungsfehlerwahrscheinlichkeit π_E eines von der Quelle ausgesandten Bits hängt bei der Codierung C_6 nach dem Constantinescu-schen Kriterium (Seite 58) nicht davon ab, in welchem Informationsblock es an welcher Stelle auftritt.

Wir rechnen π_E für den Fall aus, daß der Decodierer nach der Quellenausgabe $b = c_1 c_2 = \mathsf{OO}$ das Bit $x_1 = \mathsf{L}$ an den Empfänger weiterleitet: Wenn das Kanalwort w ein Wort der zweiten Spalte des Standardschemas ist, so begeht der Kanaldecodierer einen Decodierfehler. Er sucht das Codewort $x = \mathsf{OLOLL}$ auf und gibt das Paar $x_1 x_2 = \mathsf{OL}$ aus; das Bit $c_1 = \mathsf{O}$ bleibt aber unbeschädigt. Die Wahrscheinlichkeit, daß w in der zweiten Spalte liegt, hat den Wert

$$3 \cdot p^2 \cdot (1-p)^3 + 3 \cdot p^3 \cdot (1-p)^2 + 2 \cdot p^4 \cdot (1-p)^1.$$

Wenn w dagegen in der dritten oder vierten Spalte des Standardschemas liegt, so wird c_1 von einem Übertragungsfehler betroffen. Damit gilt

$$\pi_E = p_E - 3 \cdot p^2 + 6 \cdot p^3 - 5 \cdot p^4 + 2 \cdot p^5 = 5 \cdot p^2 - 8 \cdot p^3 + 4 \cdot p^4.$$

Um den Sicherheitsgewinn beim Einsatz des Codes C_6 abzuschätzen, sehen wir uns einige numerische Werte an:

p	0,001	0,01	0,1	0,49
Schätz(p_E)	0,00001	0,001	0,081	0,8
p_E	0,000008	0,0008	0,067	0,736
π_E	0,000005	0,0005	0,047	0,4899

Bei der kleinen Fehlerwahrscheinlichkeit $p = 0,001$ des Kanals lohnt sich die Codierung: Während das Signalisiertempo mit dem Faktor 2,5 verlangsamt wird, erhöht sich die Sicherheit des Kommunikationssystems mit einem Faktor 200: Während uncodiert jedes tausendste Bit der Folge v verfälscht übertragen würde, finden sich in einer codiert übertragenen Folge v von einer Million Bits durchschnittlich nur fünf verfälschte Bits. Bei großen Fehlerwahrscheinlichkeiten bringt die Codierung mit dem Code C_6 keinen nennenswerten Sicherheitsgewinn mehr. In Abschnitt 5.2 werden wir im Kanalcodierungssatz sehen, daß es auch für den Fall $p = 0,49$, das heißt für einen fast „total gestörten" Kanal, Codes gibt, bei denen sogar die Decodierfehlerwahrscheinlichkeit kleiner als jedes beliebig vorgegebene $\varepsilon > 0$ ist; diese Codes sind allerdings unpraktikabel. Daß die Decodierfehlerwahrscheinlichkeit p_E größer als die Fehlerwahrscheinlichkeit p des Kanals sein kann, ist nicht weiter verwunderlich; die Übertragungsfehlerwahrscheinlichkeit kann nicht größer als p ausfallen. Die obere Schranke Schätz(p_E) für die Decodierfehlerwahrscheinlichkeit liefert ziemlich scharfe Abschätzungen. Das bedeutet, daß wir ohne großen Verlust statt eines ML-Decodierers einen Decodierer benutzen können, der mit dem einfachen Algorithmus des dichtesten Codewortes arbeitet. □

LEE-Metrik. Im codierungstheoretischen Teil dieses Buches verwenden wir ausschließlich die HAMMING-Metrik, die, wie wir gesehen haben, speziell den symmetrischen gestörten Kanälen angepaßt ist. Für andere Kanaltypen sind andere Metriken geeigneter. Bislang steckt die Codierungstheorie anderer Metriken noch in den Kinderschuhen. Hier sei die LEE-*Metrik* erwähnt: Zwei Wörter $c = c_1 c_2 \ldots c_n$ und $y = y_1 y_2 \ldots y_n$ der Blocklänge n mit Komponenten aus dem q-nären Alphabet $F = \{0,1,\ldots,q-1\}$ haben den LEE-*Abstand*

$$\lambda(x,y) := \sum_{i=1}^{n} \min\{|x_i - y_i|, q - |x_i - y_i|\}.$$

(Man identifiziere die Endpunkte des Intervalles $[0,q]$ und bestimme den kürzesten Abstand von x_i und y_i auf dem so entstandenen „Kreis".) Auch die Funktion $\lambda : F^n \times F^n \to \mathbb{N}_0$ genügt den Axiomen einer Metrik. Für binäre und ternäre Zeichenvorräte stimmen die HAMMING- und die LEE-Metrik überein. Während in der Literatur einige Dutzend Arbeiten über die Lee-Metrik zu finden sind, existieren über andere (zum Teil exotische) Metriken nur vereinzelte Untersuchungen. In den technischen Anwendungen interessieren hauptsächlich binäre Codes und Codes, deren Ordnung eine Potenz von 2 ist — diese werden dann in binäre Codes umcodiert; für solche Codes ist die HAMMING-Metrik geeignet.

1.8 Interleaving

Wir setzten in Abschnitt 1.7.3 stets voraus, daß die Kanalstörungen die einzelnen Zeichen einer in den Kanal eingegebenen Folge unabhängig voneinander treffen. In der Realität haben die Kanäle aber meist eine weniger einfache Struktur. Wenn ein Zeichen gestört wird, so ist die Wahrscheinlichkeit dafür, daß die benachbarten Zeichen der Folge auch gestört werden, größer als die Wahrscheinlichkeit dafür, daß die Nachbarzeichen eines ungestörten Zeichens von der Rauschquelle beschädigt werden. Mit anderen Worten: Die Störungen treten in sogenannten *Fehlerbündeln* [burst errors] auf (nicht alle Zeichen eines Fehlerbündels müssen gestört sein). In diesem Abschnitt wird eine oft praktizierte Methode vorgestellt, wie man mit für Kanäle „ohne Gedächtnis" konzipierten Codes solche Fehlerbündel bekämpfen kann.

Es seien m und n zwei natürliche Zahlen und $C \subseteq F^n$ ein Blockcode der Länge n. Wir konstruieren einen Blockcode $C' \subseteq F^{n \cdot m}$, die *m-fache Verflechtung* von C:

Ein Wort

$$c = x_{11}x_{21} \cdots x_{m1}x_{12}x_{22} \cdots x_{m2} \cdots \cdots x_{1n}x_{2n} \cdots x_{mn} \in F^{n \cdot m}$$

ist genau dann ein Codewort aus C', wenn alle m Zeilen $x_1, x_2 \ldots x_m$ der $m \times n$ - Matrix

$$\begin{bmatrix} x_{11} & x_{12} & \cdots & x_{1n} \\ x_{21} & x_{22} & \cdots & x_{2n} \\ \cdot & \cdot & & \cdot \\ \cdot & \cdot & & \cdot \\ x_{m1} & x_{m2} & \cdots & x_{mn} \end{bmatrix}$$

Codewörter aus C sind. Die Codewörter der m-fachen Verflechtung C' von C bestehen also aus den als $n \cdot m$-Tupel hintereinandergeschriebenen Spalten derjenigen $m \times n$-Matrizen, deren Zeilen Codewörter aus C sind. Wenngleich die Minimalabstände von C und C' übereinstimmen, so hat der Code C' dennoch bemerkenswerte Fehlerkorrektureigenschaften. Wir setzen C als t-fehlerkorrigierend voraus und speisen eine Folge

$$c_1 c_2 c_3 \cdots = x_{11}^1 x_{21}^1 \cdots x_{mn}^1 x_{11}^2 x_{21}^2 \cdots x_{mn}^2 x_{11}^3 x_{21}^3 \cdots x_{mn}^3 \cdots$$

von Codewörtern der m-fachen Verflechtung C' von C in den Kanal ein. Wenn die Rauschquelle diese Zeichenfolge so stört, daß in jedem Intervall von $n \cdot m$ aufeinanderfolgenden Zeichen höchstens t Fehlerbündel der maximalen Länge m auftreten, so kann der Kanaldecodierer die empfangene Zeichenfolge fehlerfrei decodieren. Wenn wir die Folge $c_1 c_2 c_3$ in Matrizenform

$$\begin{bmatrix} x_{11}^1 & x_{12}^1 & \cdots & x_{1n}^1 \\ x_{21}^1 & x_{22}^1 & \cdots & x_{2n}^1 \\ \cdot & \cdot & & \cdot \\ x_{m1}^1 & x_{m2}^1 & \cdots & x_{mn}^1 \end{bmatrix} \begin{bmatrix} x_{11}^2 & x_{12}^2 & \cdots & x_{1n}^2 \\ x_{21}^2 & x_{22}^2 & \cdots & x_{2n}^2 \\ \cdot & \cdot & & \cdot \\ x_{m1}^2 & x_{m2}^2 & \cdots & x_{mn}^2 \end{bmatrix} \begin{bmatrix} x_{11}^3 & x_{12}^3 & \cdots & x_{1n}^3 \\ x_{21}^3 & x_{22}^3 & \cdots & x_{2n}^3 \\ \cdot & \cdot & & \cdot \\ x_{m1}^3 & x_{m2}^3 & \cdots & x_{mn}^3 \end{bmatrix}$$

schreiben, so sehen wir, daß bei solchen Fehlermustern in keiner Zeile der Matrizen mehr als t Komponenten in andere Zeichen verwandelt werden.

Beispiel. Wir legen einen binären symmetrischen Kanal zu Grunde, rechnen aber diesmal mit einzelnen Fehlerbündeln der maximalen Länge $m := 4$, die durch störungsfreie Intervalle von mindestens 16 Zeichen voneinander getrennt sind. Um die Bitfolge LO OO OL LL LL LL OL LO OO OO LO LO ... bei der Übertragung gegen solche Bündelstörungen zu schützen, können wir wieder das Kommunikationssystem des Beispiels 4 von Seite 58 mit dem 1-fehlerkorrigierenden (5,2)-Code C_6 benutzen. Wir schalten zwischen den Codierer und den Kanal einen *Interleaver* [Verflechter], zwischen den Kanal und den Decodierer einen *Deinterleaver* [Entflechter]. Der Codierer zerlegt die Bitfolge in Informationsblöcke von je zwei Bits und codiert sie mit der systematischen Codierung in Codewörter aus C_6 und sendet sie an den Interleaver.

Der Interleaver speichert die Codewörter in Gruppen von je vier Stück als Zeilen der 4×5-Matrizen

und sendet die Bits jeder Matrix spaltenweise zum Kanal. (Wenn wir den Kanalcodierer und den Interleaver als eine Einheit betrachten, so wird die Nachrichtenfolge in Codewörter der 4-fachen Verflechtung von C_6 codiert.) Wir nehmen an, daß die Kanalstörungen die Bits der in den Kanal eingegebenen Folge an den Stellen 3, 5, 6, 39, 40, 41, 42, 59, 60 in die entgegengesetzten Bits verwandeln.

Der Deinterleaver speichert die vom Kanal ausgegebene Bitfolge *spaltenweise* in 4×5-Matrizen ab

und sendet die *Zeilen* dieser Matrizen an den Kanaldecodierer, der sie fehlerfrei in die ursprüngliche Nachrichtenfolge decodiert. □

Die Vorteile dieser „Interleaving-Methode" werden mit einer größeren Komplexität des Kommunikationssystems und einer gewissen Verzögerung der Datenübertragung bezahlt. Bevor der Interleaver die Codewörter an den Kanal weiterleitet, muß er jedesmal m Codewörter abspeichern. Ebenso muß der Deinterleaver jedesmal $m \cdot n$ Zeichen abwarten, bevor er mit dem Decodieralgorithmus beginnen kann.

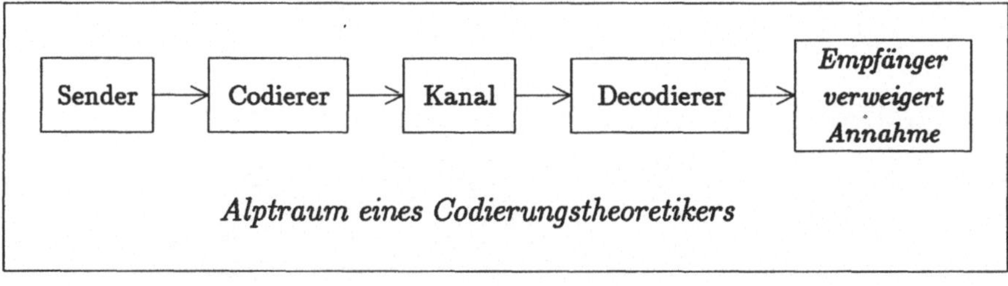

Alptraum eines Codierungstheoretikers

2 Quellen und Kanäle

In der Informations- und Codierungstheorie interessieren wir uns nicht für die Bedeutung der zu übermittelnden Nachrichten. Für uns besteht die Quelle aus einem Nachrichtenvorrat, aus dem die Nachrichten mit einer gewissen Gesetzmäßigkeit ausgewählt werden. Dieser Nachrichtenvorrat kann verschiedene Formen annehmen: Die alphanumerischen Zeichen bilden einen Nachrichtenvorrat. Ein Poet wählt nach bestimmten Regeln in linearer Folge Zeichen dieses Vorrats aus und bringt sie zu Papier. Der Poet ist eine Nachrichtenquelle; die verschiedenen Codes, mit denen seine Nachrichten verschlüsselt werden, sind nur verschiedene Darstellungsformen der Nachrichten.

Wir gehen stets von diskreten Kommunikationssystemen aus. Die Natur beliefert uns zwar hauptsächlich mit kontinuierlichen Nachrichtenquellen, aber wie wir in Abschnitt 1.3 über die Diskretisierung gesehen haben, können wir kontinuierliche Nachrichten praktisch verlustlos rastern und quantisieren, d. h. digitalisieren. In der nachrichtentechnischen Literatur gibt es umfangreiche Studien über analoge Signale. Wir beschränken uns in diesem Buch aus zwei Gründen auf digitale Signale:

1. In der Nachrichtentechnik werden analoge Systeme (Schallplatten, Telefon, Fernsehen) nach und nach durch digitale Systeme ersetzt.
   Die digitalen Computer haben die Analogrechner verdrängt. Selbst die wenigen Hybridrechenanlagen scheinen ausgestorben zu sein.
2. Digitale Signale sind gegen kleine Störungen meist unempfindlicher als analoge Signale.

Ein dritter – nicht sehr seriöser, aber deswegen nicht unwichtiger – Grund soll nicht verschwiegen werden: Eine Theorie der endlichen Mengen ist sehr viel einfacher als eine Theorie der stetigen Funktionen.

Der Kanal kann nur Signale eines bestimmten Typs aufnehmen. Wir beschreiben den Eingang des Kanals durch den Zeichenvorrat F der zulässigen Eingangssignale. Der Ausgang des Kanals wird durch den Zeichenvorrat G der Signale beschrieben, die der Kanal abgeben kann. Die vom Kanal ausgegebenen Signale hängen auf Grund der Gesetzmäßigkeiten der Rauschquelle nur statistisch von den eingegebenen Signalen ab.

Der Klarheit der Darstellung wegen werden im informationstheoretischen Teil dieses Buches einige sehr elementare Begriffe aus der Wahrscheinlichkeitsrechnung benutzt. Um Ihnen, lieber Leser, die Lektüre zu erleichtern, werden diese Begriffe in Abschnitt 2.1 zusammengestellt. Es sei betont, daß in Abschnitt 2.1 nur von *endlichen* Wahrscheinlichkeitsräumen die Rede ist.

2.1 Endliche Stichprobenräume

Es sei $Q = \{s_1, s_2, \ldots, s_u\}$ eine endliche Menge von *Stichproben* oder *Elementarereignissen* genannten Elementen. Den Stichproben $s_i \in Q$ sei für $i = 1, 2, \ldots, u$ jeweils eine reelle Zahl $p_i := p(s_i) \in [0,1]$, die *Wahrscheinlichkeit* der Stichprobe s_i, so zugeordnet, daß $p_1 + p_2 + \ldots + p_u = 1$ gilt. Den Vektor $p := p(Q) := (p_1, p_2, \ldots, p_u) \in [0,1]^u$ nennen wir die *Wahrscheinlichkeitsverteilung* von Q. Das Paar (Q,p) — wenn Mißverständnisse ausgeschlossen sind, so schreiben wir auch manchmal 'Q' statt '(Q,p)' — heißt *endlicher Stichprobenraum*. Wir benutzen häufig eine Indizierung der Stichproben $s_1, s_2, \ldots, s_u$, für die $p_1 \geq p_2 \geq \ldots \geq p_u$ gilt. Wenn alle Elementarereignisse $s_i \in Q$ die gleiche Wahrscheinlichkeit $p(s_i) = \frac{1}{u}$ haben, so wird (Q,p) LAPLACE*scher Stichprobenraum* genannt; die Wahrscheinlichkeitsverteilung $p(Q) = (\frac{1}{u}, \frac{1}{u}, \ldots, \frac{1}{u})$ heißt die *Gleichverteilung*. Die Teilmengen eines Stichprobenraumes (Q,p) werden *Ereignisse* genannt. Das *Wahrscheinlichkeitsmaß*

$$\text{Prob} : \mathfrak{P}(Q) \to \mathbb{R} \; ; \; M \mapsto \text{Prob}\, M := \sum_{s \in M} p(s)$$

ordnet jedem Ereignis $M \subseteq Q$, das heißt jedem Element M aus der *Potenzmenge* $\mathfrak{P}(Q)$ von Q, seine *Wahrscheinlichkeit* $\text{Prob}\, M$ zu. Wenn $M = \{s\}$ aus nur einem Elementarereignis $s \in Q$ besteht, so ist natürlich $\text{Prob}\, M = p(s)$.

Ein Ereignis $M \subseteq Q$ heißt *(fast) unmöglich*, wenn $\mathrm{Prob}\,M = 0$ gilt. Ohne großes Aufheben werden wir unmögliche Elementarereignisse bei Bedarf aus Stichprobenräumen streichen oder auch dem Stichprobenraum hinzufügen.

Verbund- und Produkträume. Es seien nun F und G zwei nichtleere Mengen. Jedem Paar $\alpha\beta \in F \times G$ von Stichproben $\alpha \in F$ und $\beta \in G$ sei eine *Verbundwahrscheinlichkeit* $p(\alpha\beta) \in [0,1]$ so zugeordnet, daß $\sum\limits_{\alpha \in F, \beta \in G} p(\alpha\beta) = 1$ gilt. Dann bildet das kartesische Produkt $FG := F \times G$ aller als Elementarereignisse betrachteten Paare $\alpha\beta \in F \times G$ einen Stichprobenraum (FG, p), den *Verbundraum* FG. Auf den Mengen F und G wird vermöge $p(\alpha) := \sum\limits_{\beta \in G} p(\alpha\beta)$ und $p(\beta) := \sum\limits_{\alpha \in F} p(\alpha\beta)$ jeweils eine Wahrscheinlichkeitsverteilung definiert: die *Faktoren* F und G des Verbundraumes FG sind in natürlicher Weise Stichprobenräume.

Der Verbundraum FG wird als *Produktraum* bezeichnet, und seine Faktoren F und G heißen *unabhängig*, wenn für alle $\alpha \in F$ und alle $\beta \in G$ stets $p(\alpha\beta) = p(\alpha) \cdot p(\beta)$ gilt. Wenn die beiden Faktoren F und G des Produktraumes $FG = FF$ identische Stichprobenräume sind, so bezeichnen wir den Produktraum auch mit F^2. Wir müssen aber Vorsicht walten lassen, wenn wir einen Verbundraum FG mit zwei abhängigen Faktoren F und G vor uns haben, deren Stichproben*mengen* F und G identisch sind: Die Menge der Stichproben des Verbundraumes ist dann auch das (mengentheoretische) kartesische Produkt $F^2 = F \times F$; wir bezeichnen dann den Stichprobenraum FG ausdrücklich als *Verbundraum* F^2 oder deuten durch eine Indizierung, etwa $FG =: F_1 F_2$ an, daß es sich um einen Verbundraum, aber nicht notwendigerweise um einen Produktraum handelt. Die Verallgemeinerung auf Verbunräume und Produkträume mit mehr als zwei Faktoren liegt auf der Hand.

Bedingte Wahrscheinlichkeiten. Es sei FG ein Verbundraum und $\alpha \in F$ ein nicht unmögliches Elementarereignis, das heißt eine Stichprobe des Faktors F von FG mit $p(\alpha) = \sum\limits_{\beta \in G} p(\alpha\beta) \neq 0$. Für jedes Element $\beta \in G$ definieren wir seine *bedingte Wahrscheinlichkeit* als $p(\beta|\alpha) := \dfrac{p(\alpha\beta)}{p(\alpha)}$ (lies: „p von β nach α" oder „die Wahrscheinlichkeit des Elementarereignisses β unter der Bedingung, daß das Elementarereignis α eintritt") definiert. Entsprechend definieren wir für alle $\beta \in G$ mit $p(\beta) \neq 0$ die bedingte Wahrscheinlichkeit $p(\alpha|\beta) := \dfrac{p(\alpha\beta)}{p(\beta)}$.

Markov-Matrizen. Es sei FG ein Verbundraum mit den beiden Faktoren $F = \{\alpha_1, \alpha_2, \ldots, \alpha_q\}$ und $G = \{\beta_1, \beta_2, \ldots, \beta_r\}$, wobei F keine unmöglichen Stichproben enthalte. Für $i = 1, 2, \ldots, q$ und $j = 1, 2, \ldots, r$ schreiben wir die bedingte Wahrscheinlichkeit $p_{ij} := p(\beta_j | \alpha_i)$ jeweils in die i-te Zeile und j-te Spalte einer $q \times r$-Matrix, der *Übergangs-* oder *Markov-Matrix*

$$(p_{ij}) = \begin{bmatrix} p_{11}\, p_{12} \cdots p_{1r} \\ p_{21}\, p_{22} \cdots p_{2r} \\ \vdots \qquad \vdots \qquad \vdots \\ p_{q1}\, p_{q2} \cdots p_{qr} \end{bmatrix} = \begin{bmatrix} p(\beta_1|\alpha_1)\ p(\beta_2|\alpha_1) \cdots p(\beta_r|\alpha_1) \\ p(\beta_1|\alpha_2)\ p(\beta_2|\alpha_2) \cdots p(\beta_r|\alpha_2) \\ \vdots \qquad\quad \vdots \qquad\qquad \vdots \\ p(\beta_1|\alpha_q)\ p(\beta_2|\alpha_q) \cdots p(\beta_r|\alpha_q) \end{bmatrix}$$

des Verbundraumes FG. Für jedes $\alpha \in F$ gilt

$$\sum_{\beta \in G} p(\beta|\alpha) = \sum_{\beta \in G} \frac{p(\alpha\beta)}{p(\alpha)} = \frac{p(\alpha)}{p(\alpha)} = 1;$$

die Zeilensummen der Markov-Matrix (p_{ij}) des Verbundraumes FG haben alle den Wert 1. Eine Matrix mit nichtnegativen reellen Komponenten, deren Zeilensummen alle den Wert 1 haben, heißt *stochastische Matrix*. Die Stichprobe $\beta_j \in G$ ist genau dann unmöglich, wenn die j-te Spalte der Markov-Matrix (p_{ij}) nur aus Nullen besteht, eine sogenannte „Nullspalte" ist. Die beiden Faktoren F und G des Verbundraumes FG sind genau dann unabhängig, wenn die Zeilen der Übergangsmatrix (p_{ij}) alle identisch sind. Wenn FG ein Produktraum ist, so gilt nämlich für alle $\alpha \in F$ und alle $\beta \in G$ stets $p(\beta|\alpha) = \dfrac{p(\alpha\beta)}{p(\alpha)} = \dfrac{p(\alpha) \cdot p(\beta)}{p(\alpha)} = p(\beta)$; wenn umgekehrt $p(\beta|\alpha_1) = p(\beta|\alpha_2) = \ldots = p(\beta|\alpha_q)$ für jedes $\beta \in G$ gilt, so folgt für alle $\alpha \in F$ und alle $\beta \in G$ stets $p(\alpha\beta) = p(\alpha) \cdot p(\beta|\alpha) =$

$$= p(\alpha) \cdot p(\beta|\alpha_1) \cdot \sum_{i=1}^{q} p(\alpha_i) = p(\alpha) \cdot \sum_{i=1}^{q} p(\beta|\alpha_i) \cdot p(\alpha_i) = p(\alpha) \cdot p(\beta).$$

Die Kanalgleichungen. Es seien $F = \{\alpha_1, \alpha_2, \ldots, \alpha_q\}$ ein Stichprobenraum und (p_{ij}) eine stochastische $q \times r$-Matrix. Weiterhin sei $G = \{\beta_1, \beta_2, \ldots, \beta_r\}$ eine (zunächst unstrukturierte) Menge. Wir prägen dem kartesischen Produkt $F \times G$ die Struktur eines Verbundraumes (FG, p) auf, indem wir für $i = 1, 2, \ldots, q$ und $j = 1, 2, \ldots, r$ jeweils $p(\alpha_i \beta_j) := p_{ij} \cdot p(\alpha_i)$ setzen. Die Komponente p_{ij} in der i-ten Zeile und j-ten Spalte der stochastischen Matrix ist dann — im Fall $p_{ij} \neq 0$ — die bedingte Wahrscheinlichkeit $p_{ij} = p(\beta_j | \alpha_i)$. Der Faktor F von FG ist mit dem ursprünglichen Stichprobenraum F identisch.

Die Wahrscheinlichkeiten $p(\beta_j)$ der Stichproben $\beta_j \in G$ ergeben sich dann aus den sogenannten *Kanalgleichungen*

$$p(\beta_j) \;=\; \sum_{i=1}^{q} p_{ij}\cdot p(\alpha_i) \;=\; \sum_{\alpha \in F} p(\beta_j|\alpha)\cdot p(\alpha).$$

(Der Name „Kanalgleichungen" erklärt sich aus ihrer informationstheoretischen Interpretation in Abschnitt 2.3.) Mit der BAYES*schen Formel*

$$p(\alpha|\beta) \;=\; \frac{p(\alpha)}{p(\beta)}\cdot p(\beta|\alpha)$$

beschreiben wir für $\alpha \in F$ und $\beta \in G$ mit $p(\alpha) \neq 0$ und $p(\beta) \neq 0$ die Beziehungen zwischen den bedingten Wahrscheinlichkeiten $p(\alpha|\beta)$ und $p(\beta|\alpha)$, ohne die Verbundwahrscheinlichkeit $p(\alpha\beta)$ zu benutzen. Nach Anwendung der Kanalgleichungen erhält die BAYESsche Formel die Gestalt

$$p(\alpha|\beta) \;=\; \frac{p(\alpha)}{\sum\limits_{\sigma \in F} p(\beta|\sigma)\cdot p(\sigma)}\cdot p(\beta|\alpha).$$

Zufallsgrößen, Erwartungswert, Varianz. Es sei (Q,p) ein endlicher Stichprobenraum. Eine Abbildung $v : Q \to \mathbb{R}$, die jeder Stichprobe $s \in Q$ eine reelle Zahl $v(s)$ zuordnet, heißt *Zufallsgröße* oder *aleatorische Variable*. Der gemäß der Wahrscheinlichkeitsverteilung $p(Q)$ gewichtete Mittelwert

$$E(v) \;:=\; \sum_{s \in Q} p(s)\cdot v(s)$$

einer Zufallsgröße v heißt ihr *Erwartungswert*. Die Wahrscheinlichkeit $\mathrm{Prob}\,M$ eines Ereignisses $M \subseteq Q$ läßt sich ausdrücken als der Erwartungswert $\mathrm{Prob}\,M = E(\Delta)$ seiner *Indikatorfunktion*

$$\Delta : Q \to \mathbb{R}\,;\, s \mapsto \begin{cases} 1, & \text{falls } s \in M \\ 0, & \text{falls } s \notin M \end{cases}.$$

Die *Varianz*

$$V(v) \;:=\; \sum_{s \in Q} p(s)\cdot\big(v(s)-E(v)\big)^2 \;=\; E\big((v-E(v))^2\big)$$

gibt ein Maß für die mittlere Abweichung der Werte $v(s)$ einer Zufallsgröße von ihrem Erwartungswert $E(v)$.

Es sei $Q_1Q_2\ldots Q_n$ ein Verbundraum. Für $i = 1,2,\ldots,n$ wird mit $\mathrm{pr}_i : Q_1Q_2\ldots Q_i\ldots Q_n \to Q_i\,;\, z_1z_2\ldots z_i\ldots z_n \mapsto z_i$ die *i-te Projektion* des Verbundraumes $Q_1Q_2\ldots Q_n$ auf seinen i-ten Faktor Q_i bezeichnet. Wenn $v : Q_i \to \mathbb{R}$ eine Zufallsgröße des i-ten Faktors ist, so ist die Hintereinanderausführung $v\circ\mathrm{pr}_i$ von pr_i und v eine Zufallsgröße $v\circ\mathrm{pr}_i : Q_1Q_2\ldots Q_i\ldots Q_n \to \mathbb{R}\,;\, z_1z_2\ldots z_i\ldots z_n \mapsto v(z_i)$ auf dem Verbundraum $Q_1Q_2\ldots Q_n$.

Zur Vereinfachung unübersichtlicher Formeln dient der folgende

Hilfssatz. *Es seien* $Q_1 Q_2 \ldots Q_i \ldots Q_n$ *ein Verbundraum und* $v : Q_i \to \mathbb{R}$ *eine Zufallsgröße. Dann gilt* $E(v \circ \mathrm{pr}_i) = E(v)$.

Beweis. Wir beschränken uns auf den Fall $n = 2$ und $i = 1$: Für jedes $z_1 \in Q_1$ gilt $p(z_1) = \sum\limits_{z_2 \in Q_2} p(z_1 z_2)$. Es folgt

$$E(v \circ \mathrm{pr}_1) = \sum_{z_1 z_2 \in Q_1 Q_2} p(z_1 z_2) \cdot v(z_1) = \sum_{z_1 \in Q_1} v(z_1) \cdot \sum_{z_2 \in Q_2} p(z_1 z_2) =$$

$$= \sum_{z_1 \in Q_1} v(z_1) \cdot p(z_1) = E(v). \quad \square$$

Additivität des Erwartungswertes. *Es sei* $Q_1 Q_2 \ldots Q_n$ *ein Verbundraum. Für* $i = 1, 2, \ldots, n$ *seien die Zufallsgrößen* $v_i : Q_i \to \mathbb{R}$ *gegeben.*

Dann gilt $\qquad E(\sum\limits_{i=1}^{n} v_i \circ \mathrm{pr}_i) = \sum\limits_{i=1}^{n} E(v_i)$.

Beweis. Wir beschränken uns wieder auf den Fall $n = 2$. Nach dem Hilfssatz gilt $\quad E(v_1 \circ \mathrm{pr}_1 + v_2 \circ \mathrm{pr}_2) = \sum\limits_{z_1 z_2 \in Q_1 Q_2} p(z_1 z_2) \cdot \big(v_1(z_1) + v_2(z_2)\big) =$

$$= E(v \circ \mathrm{pr}_1) + E(v \circ \mathrm{pr}_2) = E(v_1) + E(v_2). \qquad \square$$

Allgemeiner gilt für je zwei Zufallsgrößen $v, w : Q \mapsto \mathbb{R}$ stets $E(v + w) = E(v) + E(w)$.

Für die Multiplikation gilt eine entsprechende Formel nicht mehr uneingeschränkt für Verbundräume, sondern nur für Produkträume:

Multiplikativität des Erwartungswertes. *Es sei* $Q_1 Q_2 \ldots Q_n$ *ein Produktraum. Für* $i = 1, 2, \ldots, n$ *seien die Zufallsgrößen* $v_i : Q_i \to \mathbb{R}$ *gegeben.*

Dann gilt $\qquad E(\prod\limits_{i=1}^{n} v_i \circ \mathrm{pr}_i) = \prod\limits_{i=1}^{n} E(v_i)$.

Beweis. Wir beschränken uns wieder auf den Fall $n = 2$. Es ist

$$E\big((v_1 \circ \mathrm{pr}_1) \cdot (v_2 \circ \mathrm{pr}_2)\big) = \sum_{z_1 z_2 \in Q_1 Q_2} p(z_1 z_2) \cdot v_1(z_1) \cdot v_2(z_2) =$$

$$= \sum_{z_1 \in Q_1} p(z_1) \cdot v_1(z_1) \cdot \sum_{z_2 \in Q_2} p(z_2) \cdot v_2(z_2) = E(v_1) \cdot E(v_2). \qquad \square$$

Additivität der Varianz. *Es sei* $Q_1 Q_2 \ldots Q_n$ *ein Produktraum. Für* $i = 1, 2, \ldots, n$ *seien die Zufallsgrößen* $v_i : Q_i \to \mathbb{R}$ *gegeben. Dann gilt*

$$V(\sum_{i=1}^{n} v_i \circ \mathrm{pr}_i) = \sum_{i=1}^{n} V(v_i).$$

Beweis. Auch hier genügt es, den Fall $n = 2$ zu betrachten. Wegen der Multiplikativität des Erwartungswertes gilt zunächst

$$\sum_{z_1 z_2 \in Q_1 Q_2} p(z_1 z_2) \cdot (v_1(z_1) - E(v_1)) \cdot (v_2(z_2) - E(v_2)) =$$

$$= \sum_{z_1 z_2 \in Q_1 Q_2} p(z_1 z_2) \cdot (v_1 \circ \mathrm{pr}_1(z_1 z_2) - E(v_1)) \cdot (v_2 \circ \mathrm{pr}_2(z_1 z_2) - E(v_2)) =$$

$$= E(v_1 - E(v_1)) \cdot E(v_2 - E(v_2)) = 0 \cdot 0 = 0.$$

Daraus, wegen der Additivität des Erwartungswertes und nach dem Hilfssatz folgt $V(v_1 \circ \mathrm{pr}_1 + v_2 \circ \mathrm{pr}_2) =$

$$= \sum_{z_1 z_2 \in Q_1 Q_2} p(z_1 z_2) \cdot (v_1 \circ \mathrm{pr}_1(z_1 z_2) + v_2 \circ \mathrm{pr}_2(z_1 z_2) - E(v_1 \circ \mathrm{pr}_1 + v_2 \circ \mathrm{pr}_2))^2 =$$

$$= \sum_{z_1 z_2 \in Q_1 Q_2} p(z_1 z_2) \cdot ((v_1(z_1) - E(v_1))^2 + (v_2(z_2) - E(v_2))^2 +$$

$$+ 2 \cdot (v_1(z_1) - E(v_1)) \cdot (v_2(z_2) - E(v_2))) =$$

$$= \sum_{z_1 \in Q_1} p(z_1) \cdot (v_1(z_1) - E(v_1))^2 + \sum_{z_2 \in Q_2} p(z_2) \cdot (v_2(z_2) - E(v_2))^2 + 0 =$$

$$= E((v_1 - E(v_1))^2 + E((v_2 - E(v_2))^2 = V(v_1) + V(v_2). \qquad \square$$

Im Beweis des Satzes 4 auf Seite 168 werden wir vom schwachen Gesetz der großen Zahlen Gebrauch machen. Als Hilfsmittel zum Beweis dieses Gesetzes benötigen wir die

ČEBYŠEVsche Ungleichung. *Es seien* Q *ein Stichprobenraum und* $w : Q \to \mathbb{R}$ *eine Zufallsgröße. Für jede reelle Zahl* $\varepsilon > 0$ *gilt dann*

$$\mathrm{Prob}\{s \in Q \,;\, |w(s)| \geq \varepsilon\} \leq \frac{E(w^2)}{\varepsilon^2}.$$

Beweis. Es ist $E(w^2) = \sum_{s \in Q} p(s) \cdot w^2(s) \geq \sum_{s \in Q, |w(s)| \geq \varepsilon} p(s) \cdot \varepsilon^2 =$

$$= (\mathrm{Prob}\{s \in Q \,;\, |w(s)| \geq \varepsilon\}) \cdot \varepsilon^2. \qquad \square$$

(Schwaches) Gesetz der großen Zahlen. *Es seien* Q *ein Stichproben-raum,* $v : Q \to \mathbb{R}$ *eine Zufallsgröße und* $\varepsilon > 0$ *eine reelle Zahl. Für alle* $n \in \mathbb{N}$ *gilt dann*

$$E_n := \mathrm{Prob}\{z_1 z_2 \ldots z_n \in Q^n \,;\, \tfrac{1}{n} \cdot | \sum_{i=1}^{n} (v(z_i) - E(v))| \geq \varepsilon\} \leq \frac{V(v)}{\varepsilon^2 \cdot n}.$$

Es ist $\lim\limits_{n \to \infty} E_n = 0$.

Beweis. Es seien n eine beliebige natürliche Zahl und $w : Q^n \to \mathbb{R}$ die durch $w(z_1 z_2 \ldots z_n) := \tfrac{1}{n} \cdot \sum_{i=1}^{n} (v(z_i) - E(v))$ auf dem Produktraum Q^n definierte Zufallsgröße. Wir wenden die ČEBYŠEVsche Ungleichung auf die Zufallsgröße w an und erhalten $E_n \leq \frac{E(w^2)}{\varepsilon^2}$. Wegen der Additivität des

Erwartungswertes und der Varianz ist

$$E(w^2) = \sum_{z_1 z_2 \dots z_n \in Q^n} p(z_1 z_2 \dots z_n) \cdot \left(\tfrac{1}{n} \cdot \sum_{i=1}^{n} \big(v(z_i) - E(v) \big) \right)^2 =$$

$$= \tfrac{1}{n^2} \cdot \sum_{z_1 z_2 \dots z_n \in Q^n} p(z_1 z_2 \dots z_n) \cdot \left(\sum_{i=1}^{n} \big(v(z_i) - E(v) \big) \right)^2 =$$

$$= \tfrac{1}{n^2} \cdot E\left(\big(\sum_{i=1}^{n} v \circ \mathrm{pr}_i - n \cdot E(v) \big)^2 \right) = \tfrac{1}{n^2} \cdot E\left(\big(\sum_{i=1}^{n} v \circ \mathrm{pr}_i - E(\sum_{i=1}^{n} v \circ \mathrm{pr}_i) \big)^2 \right) =$$

$$= \tfrac{1}{n^2} \cdot V\big(\sum_{i=1}^{n} v \circ \mathrm{pr}_i \big) = n \cdot \frac{V(v)}{n^2}.$$ Insgesamt erhalten wir $E_n \leq \frac{V(v)}{\varepsilon^2 \cdot n}$ für

$n = 1,2,3\dots$ Wir beachten, daß die Konstante $c := \frac{V(v)}{\varepsilon^2}$ von n unabhängig ist. Aus $E_n \leq \frac{K}{n}$ für $n = 1,2,3\dots$ folgt damit $\lim\limits_{n \to \infty} E_n = 0.$ $\square$

Ein Spieler namens HANS-JOACHIM KROLL (jede Namensgleichheit mit Mathematikprofessoren ist rein zufällig und nicht beabsichtigt) hat sich dem Würfelspiel verschrieben. Er zahlt für jeden Wurf 4 Tugriki und gewinnt soviele Tugriki, wie die gewürfelte Augenzahl anzeigt. Wir betrachten die sechs möglichen Augenzahlen als Elementarereignisse, denen jeweils die Wahrscheinlichkeit $\tfrac{1}{6}$ zugeordnet ist. Wir legen also den LAPLACEschen Stichprobenraum $Q := \{1,2,3,4,5,6\}$ mit der Gleichverteilung $p(Q) := (\tfrac{1}{6}, \tfrac{1}{6}, \tfrac{1}{6}, \tfrac{1}{6}, \tfrac{1}{6}, \tfrac{1}{6})$ zu Grunde. KROLLs Nettogewinn in Tugriki, die Funktion $v : Q \to \mathbb{R} \,; s \mapsto s - 4$ ist eine Zufallsgröße. Ihr Erwartungswert, KROLLs durchschnittlicher Nettogewinn, hat den Wert

$$E(v) = \sum_{s=1}^{6} \frac{s-4}{6} = -\tfrac{1}{2}, \quad \text{ihre Varianz ist} \quad V(v) = \sum_{s=1}^{6} \tfrac{1}{6} \cdot (s - \tfrac{7}{2})^2 = \tfrac{35}{12}.$$

Als verbiesterter Spieler führt Kroll nacheinander eine große Anzahl n von Würfen durch; die Folge $z_1 z_2 \dots z_n$ der gewürfelten Augenzahlen kann als Elementarereignis des Produktraumes Q^n gedeutet werden. Dank des Gesetzes der großen Zahlen (wir setzen $\varepsilon := \tfrac{1}{2}$) ist die Wahrscheinlichkeit $E_n := \mathrm{Prob}\{z_1 z_2 \dots z_n \in Q^n \,; | \sum_{i=1}^{n} \big(v(z_i) + \tfrac{1}{2} \big)| \geq \tfrac{n}{2} \}$, daß KROLL kein Geld verliert oder mindestens n Tugriki verliert, verschwindend gering, wenn er nur lange genug spielt. Damit ist aber nicht gesagt, daß sich KROLLs Verlust von $\tfrac{n}{2}$ Tugriki nur um wenige Mongo unterscheidet. Das Gesetz der großen Zahlen garantiert nur eine geringe Wahrscheinlichkeit relativ langer Glücks- oder Pechstränen, einmal aufgetretene Glücks- oder Unglücksserien müssen durch die nachfolgenden Würfe aber in keiner Weise wieder ausgeglichen werden. Deswegen empfehlen wir dem unbekannten Spieler KROLL, seiner ungesunden Leidenschaft zu entsagen und kehren zurück zu unseren Ursprüngen — den Quellen!

2.2 Quellen

Eine u-näre *Quelle* besteht aus einem u-nären *Nachrichtenvorrat* $Q = \{s_1, s_2, \ldots, s_u\}$, aus dem mit einer gewissen Vorschrift jeweils nach Ablauf eines festen Intervalls von τ Zeiteinheiten zu den äquidistanten Zeitpunkten $t_0, t_1, t_2, \ldots$ je eine Nachricht $z_0, z_1, z_2, \ldots$ gewählt und zur Verarbeitung an den Quellencodierer weitergegeben wird. Die *Auswahlfrequenz* $\nu := \frac{1}{\tau}$, mit der die Nachrichten $z_0, z_1, z_2, \ldots$ ausgewählt werden, entspricht dem Signalisiertempo von ν Nachrichten pro Zeiteinheit, mit dem die Quelle die *Nachrichtensendung* $z_0 z_1 z_2 \ldots$ ausgibt.

Wenn der Quellencodierer mit Codes variabler Blocklänge arbeitet, so beanspruchen die Nachrichten zur Übermittlung über den Kanal unterschiedlich lange Zeiten. In solchen Fällen schalten wir zwischen die Quelle und den Quellencodierer einen Zwischenspeicher, einen sogenannten *Puffer*, in dem die von der Quelle in gleichmäßigem Takt ausgegebenen Nachrichten auf ihren Abruf durch den Quellencodierer warten. Dieser Puffer sollte eine ausreichende Speicherkapazität aufweisen, um bei einer eventuellen Serie von Nachrichten, die eine lange Verarbeitungszeit benötigen, nicht gleich überzulaufen. Wir klassifizieren die Quellen nach der Art der Vorschrift, mit der die Nachrichten ausgewählt werden.

2.2.1 Quellen im engeren Sinne

In diesem Buch verstehen wir unter einer *Quelle (im engeren Sinne)* über einem Nachrichtenvorrat $Q = \{s_1, s_2, \ldots, s_u\}$ nichts anderes als die informationstheoretische Interpretation eines Stichprobenraumes (Q, p) mit einer Wahrscheinlichkeitsverteilung $p := p(Q) = (p_1, p_2, \ldots p_u)$:

Für $j = 1, 2, \ldots, u$ gibt die j-te Komponente der Wahrscheinlichkeitsverteilung p an, mit welcher Wahrscheinlichkeit die spezielle Nachricht $s_j \in Q$ zu einem Zeitpunkt t_i ausgewählt wird. Das Auswahlverfahren besteht also zu jedem Zeitpunkt t_i in einer zufälligen Wahl einer Nachricht aus dem Stichprobenraum (Q, p).

Die Quelle wählt die Nachrichten zu den verschiedenen Zeitpunkten unabhängig voneinander aus. Insbesondere ist die Wahrscheinlichkeitsverteilung p der Quelle für alle Zeitpunkte $t_0, t_1, t_2, \ldots$ dieselbe; wir sagen auch, die Quelle arbeite *stationär*. Die Verteilung p hängt auch nicht von der Vergangenheit der Quelle ab, das heißt von den zu den Zeitpunkten $\ldots, t_{i-3}, t_{i-2}, t_{i-1}$ ausgewählten Nachrichten; wir sagen, die Quelle habe kein *Gedächtnis*.

Oft ist es zweckmäßig, die ausgewählten Nachrichten nicht sofort an den Quellencodierer (oder einen Puffer) weiterzuleiten, sondern zu je n Stück in einem weiteren Zwischenspeicher zu sammeln und diese n Nachrichten en bloc an den Quellencodierer (bzw. an den Puffer) zu senden. Als eine Einheit aufgefaßt, bilden die Quelle Q und dieser Zwischenspeicher zusammen wieder eine Quelle Q^n, die *n-te Erweiterung* der Quelle Q, die wahrscheinlichkeitstheoretisch als Produktraum Q^n von (Q,p) beschrieben werden kann.

Wegen ihrer einfachen Struktur konzentrieren wir uns in diesem Buch auf Quellen im engeren Sinne, obwohl die Annahme, die Quelle sei stationär und gedächtnislos, realitätsfremd ist: die Wahrscheinlichkeit, daß der Buchstabe 'D' der Anfangsbuchstabe eines deutschen Textes ist, ist größer als die Wahrscheinlichkeit, daß das 'D' an einer anderen Stelle (insbesondere an zweiter Stelle) des Textes auftritt; der Buchstabe 'H' folgt mit einer größeren Wahrscheinlichkeit auf den Buchstaben 'C' als auf das 'G'. Bei den sogenannten *Markov-Quellen* wird dieser Abhängigkeit durch ein allgemeineres Verfahren zur Auswahl der Nachrichten Rechnung getragen.

2.2.2 Markov-Quellen

Definition. Eine endliche *Markov-Quelle* wird definiert durch die Angabe

1. eines u-nären Nachrichtenvorrates $Q = \{s_1, s_2, \ldots, s_u\}$,
2. einer endlichen, nichtleeren Menge $\mathfrak{S} = \{S_1, S_2, \ldots S_w\}$ von *Zuständen*,
3. je einer, dem Zustand $S_m \in \mathfrak{S}$ zugeordneten Wahrscheinlichkeitsverteilung $p_m = (p_{m,1}, p_{m,2}, \ldots, p_{m,u})$ auf dem Nachrichtenvorrat Q,
4. einer Abbildung $\zeta : \mathfrak{S} \times Q \to \mathfrak{S}$ und
5. einer Wahrscheinlichkeitsverteilung $\pi_0 = (\pi_{0,1}, \pi_{0,2}, \ldots, \pi_{0,w})$ auf der Zustandsmenge $\mathfrak{S}$.

Interpretation. Wir interpretieren diese (reichlich komplexe) Definition informationstheoretisch und stellen uns eine unendliche Folge $t_0, t_1, t_2, \ldots$ von (äquidistant) aufeinanderfolgenden Zeitpunkten vor. Die Markov-Quelle befindet sich zu jedem Zeitpunkt t_i in einem gewissen Zustand

$Z_i \in \mathfrak{S}$, wählt eine Nachricht $z_i \in Q$ und gibt diese Nachricht dann an den Quellencodierer weiter. Die Auswahl der Nachricht z_i hängt vom Zustand Z_i ab: Wenn sich die Markov-Quelle zum Zeitpunkt t_i im Zustand $Z_i = S_m$ befindet, so wird die Nachricht z_i zufällig aus dem Stichprobenraum (Q, p_m) gewählt. Die Markov-Quelle arbeitet zu jedem Zeitpunkt t_i wie eine Quelle im engeren Sinne, die ihre Nachrichten aus dem Nachrichtenvorrat Q auswählt, deren Wahrscheinlichkeitsverteilung aber vom momentanen Zustand Z_i der Markov-Quelle abhängt. Der Zustand $Z_i = \zeta(Z_{i-1}, z_{i-1})$, in dem sich die Markov-Quelle zum Zeitpunkt t_i, $i \geq 1$, befindet, hängt sowohl vom Zustand Z_{i-1} ab, in dem sie sich zum Zeitpunkt t_{i-1} befand, als auch von der Nachricht z_{i-1}, die sie zum Zeitpunkt t_{i-1} auswählte; wenn sich die Markov-Quelle zum Zeitpunkt t_{i-1} im Zustand S_k befand und die Nachricht s_h auswählte, so geht sie zum Zeitpunkt t_i in den Zustand $\zeta(S_k, s_h)$ über. Die Markov-Quelle startet zum Zeitpunkt t_0 in einem Zustand Z_0, der zufällig aus dem Stichprobenraum $(\mathfrak{S}, \pi_0)$ ausgewählt wurde.

Markov-Quelle aus der Sicht eines Informatikers im Rauschzustand

Markov-Quellen mit Rückwirkung. In der Definition und Interpretation einer Markov-Quelle haben wir die Zustände $S_1, S_2, \dots S_w$ abstrakt als die Elemente einer Menge $\mathfrak{S}$ aufgefaßt. In der Informationstheorie sind solche Markov-Quellen von besonderem Interesse, in denen die Zustände die Geschichte der Markov-Quelle beschreiben. Es sei r eine nichtnegative ganze Zahl. Wir betrachten eine Markov-Quelle, deren Zustandsmenge $\mathfrak{S}$ gerade aus der Menge $\mathfrak{S} := Q^r$ aller $w := u^r$ Wörter $x_1 x_2, \dots x_r$ der Länge r mit Komponenten aus dem Nachrichtenvorrat Q besteht, und für die die Abbildung $\zeta : \mathfrak{S} \times Q \to \mathfrak{S}$ durch die Vorschrift $\zeta(x_1 x_2 \dots x_r, x) := x_2 x_3 \dots x_r x$ definiert ist. Eine solche Markov-Quelle heißt *Markov-Quelle der Rückwirkung* r. Wir schauen uns die Arbeit einer Markov-Quelle der Rückwirkung r über die Dauer von r Zeittakten an, bis zu einem Zeitpunkt t_i mit $i \geq r$: Zum Zeitpunkt t_i befindet sich die Markov-Quelle in einem Zustand $Z_i = x_0 x_1, \dots x_{r-1} \in \mathfrak{S} = Q^r$. Zum Zeitpunkt t_{i-1} wählte die Markov-Quelle eine Nachricht $z_{i-1} \in Q$ aus und befand sich in einem Zustand $Z_{i-1} = y_0 y_1, \dots y_{r-1} \in \mathfrak{S}$. Der

Zustand Z_i ergibt sich als $Z_i := \zeta(Z_{i-1}, z_{i-1}) = y_1 y_2, \ldots y_{r-1} z_{i-1}$, also ist $x_{r-1} = z_{i-1}$. Eine Betrachtung der Markov-Quelle zu den Zeitpunkten $t_{i-2}, t_{i-3}, \ldots, t_{i-r}$ zeigt $x_{r-2} = z_{i-2}, x_{r-3} = z_{i-3}, \ldots, x_0 = z_{i-r}$. Die Auswahl der Nachricht $z_i \in Q$ zum Zeitpunkt t_i hängt also (statistisch) von den r vorher gewählten Nachrichten $z_{i-r}, z_{i-r+1}, \ldots, z_{i-1}$ ab.

Die Markov-Quellen der Rückwirkung $r = 0$ sind gerade die Quellen im engeren Sinne; hier gibt es nur einen Zustand ($w = u^0 = 1$), die Quelle verharrt in ihm.

Natürliche Quellen, wie etwa Schriftsprachen, lassen sich durch Markov-Quellen der Rückwirkung r approximieren. Als Nachrichtenvorrat Q dienen etwa die Buchstaben (inklusive des Leerzeichens) oder die Wörter. Die Wahrscheinlichkeitsverteilungen p_i werden statistisch ermittelt. Eine solche Approximation ist umso besser, je größer die Zahl r gewählt wird. Allerdings wächst die Anzahl u^r der Zustände exponentiell mit der Rückwirkung r. Außerdem sind solche Beschreibungen prinzipiell problematisch: Zur Ermittlung der Wahrscheinlichkeitsverteilungen p_i der deutschen Sprache wird man sowohl die BILD-*Zeitung* als auch NIETZSCHES *Zarathustra* heranziehen müssen. Eine solche Markov-Quelle beschreibt dann KARL MAYs *Winnetou* einigermaßen leidlich, ist aber bei RÖMPPs *Chemie-Lexikon* nicht mehr anwendbar. Bei der Prognose des Wettergeschehens an einem Ort können Markov-Quellen dagegen nutzbringend eingesetzt werden. Wie so oft kann man die größeren Vorteile aus der Mathematik ziehen, wenn man sie nicht zur Beschreibung der Natur verwendet, sondern umgekehrt, wenn man die Natur nach der Mathematik ausrichtet, das heißt, wenn man Technik betreibt. Technik beinhaltet auch die Entwicklung von künstlichen Sprachen, die wir nach dem Vorbild einer abstrakten Markov-Quelle modellieren. – Genug des Geschwafels, wir wissen, lieber Leser, es dürstet Sie nach einem

Beispiel 1. Wir definieren eine Markov-Quelle der Rückwirkung 2 durch die Angabe

1. des binären Nachrichtenvorrates $Q = \{ s_1 := \mathsf{O}, s_2 := \mathsf{L} \}$,
2. der Zustandsmenge $\mathfrak{S} = \{ S_1 := \mathsf{OO}, S_2 := \mathsf{LL}, S_3 := \mathsf{OL}, S_4 := \mathsf{LO} \}$,
3. der vier Wahrscheinlichkeitsverteilungen $p_1 := (0,1)$, $p_2 := (\frac{1}{2}, \frac{1}{2})$, $p_3 := (\frac{2}{3}, \frac{1}{3})$, $p_4 := (\frac{3}{4}, \frac{1}{4})$ und
5. der unspezifizierten Anfangszustandsverteilung
    $\pi_0 = (\pi_{0,1}, \pi_{0,2}, \pi_{0,3}, \pi_{0,4})$.

Die Abbildung $\zeta : \mathfrak{S} \times Q \to \mathfrak{S}$ ist bei Markov-Quellen mit Rückwirkung automatisch bestimmt:

$$\zeta(\mathsf{OO},\mathsf{O}) = \zeta(\mathsf{LO},\mathsf{O}) = \mathsf{OO}, \qquad \zeta(\mathsf{OO},\mathsf{L}) = \zeta(\mathsf{LO},\mathsf{L}) = \mathsf{OL},$$
$$\zeta(\mathsf{LL},\mathsf{O}) = \zeta(\mathsf{OL},\mathsf{O}) = \mathsf{LO}, \qquad \zeta(\mathsf{LL},\mathsf{L}) = \zeta(\mathsf{OL},\mathsf{L}) = \mathsf{LL}.$$

Wir veranschaulichen diese Markov-Quelle durch ihren *Zustandsgraphen*. Wir repräsentieren jeden Zustand $S_m \in \mathfrak{S}$ durch einen Knoten und verbinden den Knoten des Zustands S_j mit dem Knoten eines Zustands S_k

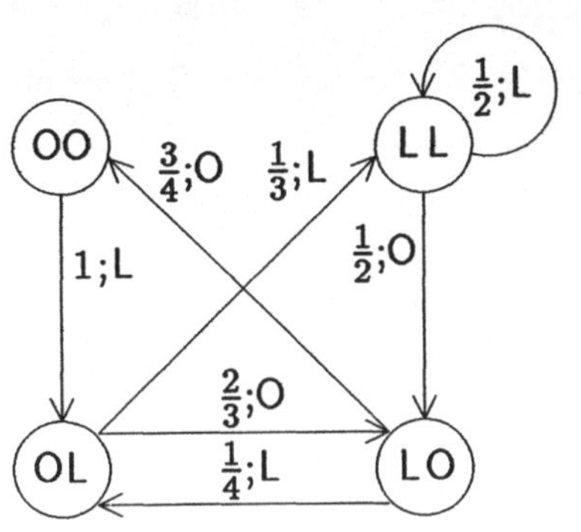

durch einen nach S_k gerichteten Pfeil, wenn es eine Nachricht $s_h \in Q$ mit $S_k = \zeta(S_j, s_h)$ und $p_{j,h} \neq 0$ gibt. An den Pfeil können wir die Wahrscheinlichkeit $p_{j,h}$ und die Nachricht s_h schreiben. Bei Markov-Quellen mit Rückwirkung sind zwei Knoten des Zustandsgraphen nie durch mehr als einen Pfeil der gleichen Richtung verbunden.   ◻

Bei einer Markov-Quelle der Rückwirkung r weiß der Quellencodierer, in welchem Zustand $Z_i \in \mathfrak{S}$ sich die Markov-Quelle zu einem Zeitpunkt t_i (mit $i \geq r$) befindet, wenn die zum Zeitpunkt t_{i-1} ausgewählte Nachricht z_{i-1} bei ihm eintrifft; es ist $Z_i = z_{i-r} z_{i-r+1} \cdots z_{i-1}$. Wenn der Quellencodierer vergißt, sich die vergangenen Nachrichten zu merken, so macht das wenig; nach spätestens r Nachrichten weiß er wieder über den Zustand der Markov-Quelle Bescheid. Bei einer allgemeinen Markov-Quelle ist das anders. Um zu wissen, in welchem Zustand die Markov-Quelle zum Zeitpunkt t_i ist, muß der Quellencodierer den Anfangszustand Z_0 kennen und kann dann aus der Kenntnis des ausgewählten Zeichens z_{i-1} und der Kenntnis des Zustands Z_{i-1} den Zustand $Z_i = \zeta(Z_{i-1}, z_{i-1})$ zum Zeitpunkt t_i ermitteln. Eine Abschaltpause ist ihm aber nicht vergönnt.

Wir ignorieren vorläufig die Hauptaufgabe einer Quelle, die Ausgabe der Zeichen, und interessieren uns für die Abfolge $Z_0 Z_1 Z_2 \ldots$ der Zustände einer Markov-Quelle zu den Zeitpunkten $t_0, t_1, t_2, \ldots$ Genauer: Wir fragen nach der Wahrscheinlichkeit $p(S_j | S_k)$ dafür, daß eine Markov-Quelle, die zu einem Zeitpunkt im Zustand S_k war, zum nächsten Zeitpunkt in den Zustand S_j übergeht. Diese Übergangswahrscheinlichkeit ergibt sich unabhängig vom konkreten Zeitpunkt als die im Stichprobenraum (Q, p_k) ermittelte Wahrscheinlichkeit

$$p(S_j | S_k) := \mathrm{Prob}\{z_{i-1} \in Q\,;\, \zeta(S_k, z_{i-1}) = S_j\} = \sum_{s_h \in Q,\, \zeta(S_k, s_h) = S_j} p_{k,h}.$$

Einfacher ausgedrückt: Die bedingte Wahrscheinlichkeit $p(S_j | S_k)$ ist die Summe der Wahrscheinlichkeiten, die an den von S_k nach S_j gerichteten Pfeilen des Zustandsgraphen stehen.

Für jeden Index $k = 1, 2, \ldots w$ ist $\sum_{j=1}^{w} p(S_j | S_k) = 1$; die Markov-Quelle gelangt vom Zustand S_k aus zum nächsten Zeitpunkt mit Sicherheit wieder in einen Zustand. Wir ordnen die Übergangswahrscheinlichkeiten $p(S_j | S_k)$ zu einer quadratischen Matrix

$$M := \begin{bmatrix} p(S_1|S_1) & p(S_2|S_1) & \cdots & p(S_w|S_1) \\ p(S_1|S_2) & p(S_2|S_2) & \cdots & p(S_w|S_2) \\ \vdots & \vdots & & \vdots \\ p(S_1|S_w) & p(S_2|S_w) & \cdots & p(S_w|S_w) \end{bmatrix}.$$

Diese Übergangsmatrix ist eine *stochastische Matrix*, das heißt, alle Zeilensummen haben den Wert 1 (Seite 68).

Markovsche Ketten. In der Stochastik kennzeichnet man eine endliche *Markovsche Kette* durch die Angabe

1. einer endlichen Zustandsmenge $\mathfrak{S} = \{S_1, S_2, \ldots S_w\}$ und
2. einer stochastischen $w \times w$-Matrix $M = (m_{k,j})$, der *Markov-Matrix* der Markovschen Kette.

Die Koeffizienten $m_{k,j}$ der Matrix M interpretiert man als die Übergangswahrscheinlichkeit $m_{k,j} = p(S_j | S_k)$, mit der der Zustand S_k im nächsten Zeitpunkt vom Zustand S_j abgelöst wird. Wenn wir auf der Zustandsmenge $\mathfrak{S}$ einer Markovschen Kette eine sogenannte *Anfangszustandsverteilung* $\pi_0 = (\pi_{0,1}, \pi_{0,2}, \ldots, \pi_{0,w})$ vorgeben, mit der die Markov-Kette gestartet wird, das heißt, wenn wir den Anfangszustand $Z_0 \in \mathfrak{S}$ nur gemäß der Wahrscheinlichkeitsverteilung π_0 prognostizieren können, so können wir nur sehr vage den Zustand Z_1 der Markovschen Kette zum Zeitpunkt t_1 vorhersagen: Die Markovsche Kette wird sich mit der Wahrscheinlichkeit $\pi_{1,j} := \sum_{k=1}^{w} \pi_{0,k} \cdot p(S_j | S_k)$ im Zustand S_j befinden. Damit ergibt sich die *Zustandsverteilung* der Markovschen Kette zum Zeitpunkt t_1 als das Produkt $\pi_1 := (\pi_{1,1}, \pi_{1,2}, \ldots, \pi_{1,w}) = \pi_0 \cdot M$ des Zeilenvektors π_0 mit der Matrix M. Die Zustandsverteilung der Markovschen Kette zum Zeitpunkt t_2 berechnet sich dann als $\pi_2 := (\pi_{2,1}, \pi_{2,2}, \ldots, \pi_{2,w}) := \pi_1 \cdot M = \pi_0 \cdot M^2$. Allgemein berechnen wir die Zustandsverteilung der Markovschen Kette zum Zeitpunkt t_i als $\pi_0 \cdot M^i$. Eine Markovsche Kette, für die eine Anfangszustandsverteilung π_0 gegeben ist, liefert also eine Folge $\mathfrak{S}_0 \mathfrak{S}_1 \mathfrak{S}_2 \ldots$ von Stichprobenräumen $\mathfrak{S}_i := (\mathfrak{S}, \pi_i)$.

Wie wir gesehen haben, gehört zu jeder Markov-Quelle eine Markovsche Kette, für die nach Punkt 5 der Definition eine Anfangszustandsverteilung π_0 gegeben ist. Wie gut können wir — ohne über weitere Information zu verfügen — prognostizieren, welche Nachricht die Markov-Quelle zum Zeitpunkt t_i auswählen wird? Die Markov-Quelle befindet sich zum Zeitpunkt t_i mit der Wahrscheinlichkeit $\pi_{i,j}$ im Zustand S_j und gibt, wenn sie im Zustand S_j ist, mit der Wahrscheinlichkeit $p_{j,h}$ eine bestimmte Nachricht $s_h \in Q$ aus. Insgesamt wird die Markov-Quelle die Nachricht $s_h \in Q$ zum Zeitpunkt t_i mit der Wahrscheinlichkeit $p_h^{(i)} := \sum_{j=1}^{w} \pi_{i,j} \cdot p_{j,h}$ auswählen. Die Verteilung $p^{(i)} := (p_1^{(i)}, p_2^{(i)}, \ldots, p_u^{(i)})$ prägt dem Nachrichtenvorrat Q die Struktur eines Stichprobenraumes $Q_i := (Q, p^{(i)})$ auf. Wir untersuchen, wie sich die Wahrscheinlichkeitsverteilung $p^{(i)}$ mit Hilfe des Matrizenkalküls berechnen läßt: Wir schreiben die w Zeilenvektoren $p_1, p_2, \ldots, p_w$ untereinander und erhalten die stochastische $w \times u$-Matrix

$$
P := \begin{bmatrix}
p_{1,2} & p_{1,2} & \cdots & p_{1,u} \\
p_{2,1} & p_{2,2} & \cdots & p_{2,u} \\
\vdots & \vdots & & \vdots \\
p_{w,1} & p_{w,2} & \cdots & p_{w,u}
\end{bmatrix}.
$$

Die Wahrscheinlichkeitsverteilung $p^{(i)}$ hängt also in sehr einfacher Weise von der Wahrscheinlichkeitsverteilung π_i ab: $p^{(i)} = \pi_i \cdot P$. Das ist der Grund, weswegen wir jetzt etwas näher auf die Folge $\mathfrak{S}_0 \mathfrak{S}_1 \mathfrak{S}_2 \ldots$ eingehen. Die eigentlich interessante Folge $Q_0 Q_1 Q_2 \ldots$ einer Markov-Quelle hängt in der genannten einfachen Weise von der Folge $\mathfrak{S}_0 \mathfrak{S}_1 \mathfrak{S}_2 \ldots$ ab, und Markovsche Ketten sind in der Mathematik seit langem intensiv untersuchte Objekte; wir können also bei den alten Meistern wie ANDREJ ANDREJEVIČ MARKOV, GEORG FERDINAND FROBENIUS, RICHARD VON MISES und OSKAR PERRON aus dem vollen schöpfen. Zuvor aber noch einmal zurück zu

Beispiel 1 (Fortsetzung von Seite 76f.). Wir bestimmen die Komponenten $p(S_j | S_k)$ der 4×4-Matrix M unserer Markov-Quelle und berechnen einige Potenzen von M:

$$
M = \begin{bmatrix}
0 & 0 & 1 & 0 \\
0 & \frac{1}{2} & 0 & \frac{1}{2} \\
0 & \frac{1}{3} & 0 & \frac{2}{3} \\
\frac{3}{4} & 0 & \frac{1}{4} & 0
\end{bmatrix} = \frac{1}{12} \cdot \begin{bmatrix}
0 & 0 & 12 & 0 \\
0 & 6 & 0 & 6 \\
0 & 4 & 0 & 8 \\
9 & 0 & 3 & 0
\end{bmatrix}, \qquad M^2 = \frac{1}{24} \cdot \begin{bmatrix}
0 & 8 & 0 & 16 \\
9 & 6 & 3 & 6 \\
12 & 4 & 4 & 4 \\
0 & 2 & 18 & 4
\end{bmatrix},
$$

$$M^3 = \tfrac{1}{144}\cdot\begin{bmatrix} 72 & 24 & 24 & 24 \\ 27 & 24 & 63 & 30 \\ 18 & 20 & 78 & 28 \\ 18 & 42 & 6 & 78 \end{bmatrix}, \qquad M^4 = \tfrac{1}{288}\cdot\begin{bmatrix} 36 & 40 & 156 & 56 \\ 45 & 66 & 69 & 108 \\ 42 & 72 & 50 & 124 \\ 117 & 46 & 75 & 50 \end{bmatrix},$$

$$M^8 = \tfrac{1}{41472}\cdot\begin{bmatrix} 8100 & 8944 & 10188 & 14240 \\ 10062 & 8046 & 11562 & 11802 \\ 10680 & 7868 & 11660 & 11264 \\ 7641 & 7708 & 14463 & 11660 \end{bmatrix},$$

$$M^{16} = \begin{bmatrix} 0,217 & 0,194 & 0,297 & 0,292 \\ 0,219 & 0,196 & 0,291 & 0,294 \\ 0,219 & 0,196 & 0,290 & 0,295 \\ 0,223 & 0,194 & 0,293 & 0,290 \end{bmatrix}.$$

Wir beobachten ein eigenartiges Phänomen: Die Folge der Matrizen M^n strebt mit wachsendem n gegen die Grenzmatrix

$$M^\infty := \tfrac{1}{41}\cdot\begin{bmatrix} 9 & 8 & 12 & 12 \\ 9 & 8 & 12 & 12 \\ 9 & 8 & 12 & 12 \\ 9 & 8 & 12 & 12 \end{bmatrix}.$$

Unabhängig von der Anfangszustandsverteilung π_0 konvergiert damit auch die Folge $\pi_0, \pi_1, \pi_2, \dots$ der Zustandsverteilungen gegen die Grenzzustandsverteilung $\pi_\infty := (\tfrac{9}{41}, \tfrac{8}{41}, \tfrac{12}{41}, \tfrac{12}{41})$.

Wir spezifizieren jetzt unsere bislang geheim gehaltene Anfangszustandsverteilung π_0, indem wir sie mit π_∞ gleichsetzen. Wir stellen fest, daß dann $\pi_\infty \cdot M^i = \pi_\infty$ für alle $i = 0,1,2,\dots$ gilt; das heißt, die Stichprobenräume $\mathfrak{S}_0, \mathfrak{S}_1, \mathfrak{S}_2, \dots$ stimmen alle überein. Damit gilt dann aber auch

$$p^{(i)} = \pi_i \cdot P = \tfrac{1}{41}\cdot(9,8,12,12)\cdot\begin{bmatrix} 0 & 1 \\ \tfrac{1}{2} & \tfrac{1}{2} \\ \tfrac{2}{3} & \tfrac{1}{3} \\ \tfrac{3}{4} & \tfrac{1}{4} \end{bmatrix} = \tfrac{1}{41}\cdot(21,20)$$

unabhängig vom konkreten Zeitpunkt t_i. Die Stichprobenräume $Q_0, Q_1, Q_2, \dots$ stimmen also paarweise überein. Vor Inbetriebnahme der Markov-Quelle wird der Quellencodierer prognostizieren, daß die Markov-Quelle zu einem Zeitpunkt t_i die Nachricht $z_i := O$ oder $z_i := L$ mit der Wahrscheinlichkeit $p_1^{(i)} = p_1^{(0)} = \tfrac{21}{41}$ oder $p_2^{(i)} = p_2^{(0)} = \tfrac{20}{41}$ auswählen wird. In diesem Sinne haben wir die Markov-Quelle durch die Quelle Q_0 im engeren Sinne approximiert. Mit dem Eintreffen der zum

Zeitpunkt t_{i-1} $(i \geq 2)$ ausgewählten Nachricht z_{i-1} kann der Quellencodierer besser vorhersagen, welche Nachricht z_i die Markov-Quelle zum Zeitpunkt t_i auswählen wird: Er merkt sich die zu den Zeitpunkten t_{i-2} und t_{i-1} ausgewählten Nachrichten z_{i-2} und z_{i-1} und weiß, in welchem Zustand $Z_i = S_m$ sich die Markov-Quelle zum Zeitpunkt t_i befinden wird. Er prognostiziert die Auswahl der Nachricht $z_i := \mathsf{O}$ oder $z_i := \mathsf{L}$ zum Zeitpunkt t_i mit der Wahrscheinlichkeit $p_{m,1}$ oder $p_{m,2}$. Wenn beispielsweise $z_{i-2} = z_{i-1} = \mathsf{O}$ war, so ist $Z_i = \mathsf{OO}$, und der Quellencodierer weiß vor Eintreffen der Nachricht z_i mit Sicherheit, daß $z_i = \mathsf{L}$ ist. $\qquad\qquad\square$

Reguläre Markovsche Ketten. Eine Zustandsverteilung π einer Markovschen Kette heißt *stationär*, wenn sie ein Eigenvektor der zugehörigen Markov-Matrix M zum Eigenwert 1 ist, das heißt, wenn $\pi \cdot M = \pi$ gilt. Eine Markovsche Kette heißt *regulär*, wenn eine „Grenz"-Matrix $M^{\infty} := \lim_{i \to \infty} M^i$ existiert, deren sämtliche w Zeilen identisch sind; dieser Zeilenvektor $\pi_{\infty} := (\pi_{\infty,1}, \pi_{\infty,2}, \ldots, \pi_{\infty,w})$ heißt dann die *Grenzzustandsverteilung* der Markovschen Kette. Ein Zustand $S_j \in \mathfrak{S}$ einer Markovschen Kette ist von einem Zustand $S_k \in \mathfrak{S}$ *in* n *Schritten erreichbar*, wenn man im Zustandsgraphen von S_k aus auf einer zusammenhängenden Folge von genau n Pfeilen (mit möglichen „Umwegen" und „Kreisläufen") nach S_j gelangen kann; dies ist genau dann möglich, wenn die Komponente in der k-ten Zeile und j-ten Spalte der n-ten Potenz M^n der zugehörigen Markov-Matrix M ungleich Null ist.

Satz über die Grenzzustandsverteilung. *Eine Markovsche Kette mit der Markov-Matrix M ist genau dann regulär, wenn es eine natürliche Zahl n und eine Spalte der Matrix M^n gibt, deren Komponenten alle von Null verschieden sind. Die Grenzzustandsverteilung ist die einzige stationäre Zustandsverteilung jeder regulären Markovschen Kette.*

Beweis. Wir gehen davon aus, daß es eine natürliche Zahl n gibt, so daß die Matrix M^n eine Spalte ohne Nullkomponenten besitzt. Mit einer eventuellen Umnumerierung der Zustände der Markovschen Kette bewirken wir, daß dies die erste Spalte von M^n ist.

Für $s = 1,2,3,\ldots$ bezeichnen wir die Komponente in der i-ten Zeile und der j-ten Spalte von M^s mit $m_{i,j}^{(s)}$. Es sei $j \in \{1,2,\ldots w\}$ ein beliebiger Spaltenindex. Die kleinste beziehungsweise größte in der Spalte j von M^s vorkommende Zahl bezeichnen wir mit $\kappa_j^{(s)}$ beziehungsweise mit $\gamma_j^{(s)}$. Wir zeigen, daß die Folge $(a_s := \gamma_j^{(s)} - \kappa_j^{(s)} \, ; s \in \mathbb{N})$ für $s \to \infty$

gegen Null strebt. Dazu halten wir ein $s \in \mathbb{N}$ fest und suchen in der Matrix M^{n+s} zwei solche Zeilen i und k, in denen die Spalte j ihre größte Komponente $\gamma_j^{(n+s)} = m_{i,j}^{(n+s)}$ und ihre kleinste Komponente $\kappa_j^{(n+s)} = m_{k,j}^{(n+s)}$ hat. (Wenn in der Spalte j von M^{n+s} die Zahl $\gamma_j^{(n+s)}$ mehrfach als Komponente auftritt, so ist die Zeile i nicht eindeutig bestimmt. Entsprechendes gilt für die Zeile k.) Wir spalten die Menge $\{1,2,\ldots w\}$ der Spaltenindizes in zwei Teilmengen

$$P := \{h \,; m_{i,h}^{(n)} - m_{k,h}^{(n)} \geq 0\} \quad \text{und} \quad N := \{h \,; m_{i,h}^{(n)} - m_{k,h}^{(n)} < 0\}$$

und setzen

$$\alpha := \sum_{h \in P} (m_{i,h}^{(n)} - m_{k,h}^{(n)}) \quad \text{und} \quad \beta := \sum_{h \in N} (m_{k,h}^{(n)} - m_{i,h}^{(n)}).$$

Als Produkt stochastischer Matrizen ist M^n eine stochastische Matrix. Es folgt $\alpha - \beta = \sum_{h=1}^{w} m_{i,h}^{(n)} - \sum_{h=1}^{w} m_{k,h}^{(n)} = 1 - 1 = 0$, also $\alpha = \beta$.

Wir wählen eine reelle Zahl ε mit $0 < \varepsilon < \kappa_1^{(n)}$. Es ist $0 < 1 - \varepsilon < 1$. Wenn der Spaltenindex 1 zu P gehört, so ist

$$\alpha = \sum_{h \in P} m_{i,h}^{(n)} - \sum_{h \in P} m_{k,h}^{(n)} \leq \sum_{h \in P} m_{i,h}^{(n)} - m_{k,1}^{(n)} \leq 1 - \varepsilon.$$

Wenn der Spaltenindex 1 zu N gehört, so ist

$$\beta = \sum_{h \in N} m_{k,h}^{(n)} - \sum_{h \in N} m_{i,h}^{(n)} \leq \sum_{h \in N} m_{k,h}^{(n)} - m_{i,1}^{(n)} \leq 1 - \varepsilon.$$

Wegen $M^{n+s} = M^n \cdot M^s$ gilt

$$a_{n+s} = \gamma_j^{(n+s)} - \kappa_j^{(n+s)} = m_{i,j}^{(n+s)} - m_{k,j}^{(n+s)} = \sum_{h=1}^{w} (m_{i,h}^{(n)} - m_{k,h}^{(n)}) \cdot m_{h,j}^{(s)} =$$

$$= \sum_{h \in P} (m_{i,h}^{(n)} - m_{k,h}^{(n)}) \cdot m_{h,j}^{(s)} - \sum_{h \in N} (m_{k,h}^{(n)} - m_{i,h}^{(n)}) \cdot m_{h,j}^{(s)} \leq \gamma_j^{(s)} \cdot \alpha - \kappa_j^{(s)} \cdot \beta \leq$$

$$\leq (\gamma_j^{(s)} - \kappa_j^{(s)}) \cdot (1 - \varepsilon).$$

Wir setzen für $t = 2,3,4,\ldots$ jeweils $s := (t-1) \cdot n$ und erhalten

$$a_{t \cdot n} = a_{n+s} \leq (\gamma_j^{(s)} - \kappa_j^{(s)}) \cdot (1 - \varepsilon) = (\gamma_j^{((t-1) \cdot n)} - \kappa_j^{((t-1) \cdot n)}) \cdot (1 - \varepsilon);$$

mit Induktion folgt $a_{t \cdot n} \leq (\gamma_j^{(n)} - \kappa_j^{(n)}) \cdot (1 - \varepsilon)^{t-1}$, also $\lim_{n \to \infty} a_{t \cdot n} = 0$.

Damit hat die Folge $(a_s \,; s \in \mathbb{N})$ eine gegen Null konvergente Teilfolge. Die Folge $(\gamma_j^{(s)} \,; s \in \mathbb{N})$ fällt monoton: Wir suchen eine Zeile i in der (stochastischen) Matrix M^{s+1} mit $\gamma_j^{(s+1)} = m_{i,j}^{(s+1)}$; wegen $M^{s+1} = M \cdot M^s$ folgt $\gamma_j^{(s+1)} = m_{i,j}^{(s+1)} = \sum_{h=1}^{w} m_{i,h}^{(1)} \cdot m_{h,j}^{(s)} \leq \gamma_j^{(s)} \cdot \sum_{h=1}^{w} m_{i,h}^{(1)} = \gamma_j^{(s)}.$

Entsprechend sieht man ein, daß die Folge $(\kappa_j^{(s)} \, ; \, s \in \mathbb{N})$ monoton steigt. Damit folgt $\lim\limits_{s\to\infty} a_s = 0$ und es gibt eine reelle Zahl $\pi_{\infty,j} \in [0,1]$ mit $\lim\limits_{s\to\infty} \gamma_j^{(s)} = \pi_{\infty,j} = \lim\limits_{s\to\infty} \kappa_j^{(s)}$. Da nun für alle $i = 1,2,\ldots,w$ und für alle $s = 1,2,3,\ldots$ stets $\kappa_j^{(s)} \leq m_{i,j}^{(s)} \leq \gamma_j^{(s)}$ gilt, folgt weiter $\lim\limits_{s\to\infty} m_{i,j}^{(s)} = \pi_{\infty,j}$ und dann

$$\lim_{s\to\infty} M^s = M^\infty = \begin{bmatrix} \pi_{\infty,1} & \pi_{\infty,2} & \cdots & \pi_{\infty,w} \\ \pi_{\infty,1} & \pi_{\infty,2} & \cdots & \pi_{\infty,w} \\ \vdots & \vdots & & \vdots \\ \pi_{\infty,1} & \pi_{\infty,2} & \cdots & \pi_{\infty,w} \end{bmatrix}.$$

Der Vektor $\pi_\infty := (\pi_{\infty,1}, \pi_{\infty,2}, \ldots, \pi_{\infty,w})$ ist die gesuchte Grenzzustandsverteilung der Markovschen Kette.

Zum Beweis des Restes des Satzes nehmen wir jetzt an, daß die Markovsche Kette regulär sei, das heißt, daß sie eine Grenzzustandsverteilung $\pi_\infty := (\pi_{\infty,1}, \pi_{\infty,2}, \ldots, \pi_{\infty,w})$ besitze. Wegen

$$\sum_{j=1}^{w} \pi_{\infty,j} = \sum_{j=1}^{w} \lim_{s\to\infty} m_{i,j}^{(s)} = \lim_{s\to\infty} \sum_{j=1}^{w} m_{i,j}^{(s)} = \lim_{s\to\infty} 1 = 1$$

für alle $i = 1,2,\ldots,w$ ist π_∞ eine Wahrscheinlichkeitsverteilung auf der Menge $\mathfrak{S}$ der Zustände. Für $i,j = 1,2,\ldots,w$ und alle $s = 1,2,3,\ldots$ gilt $\quad m_{i,j}^{(s+1)} = \sum\limits_{h=1}^{w} m_{i,h}^{(s)} \cdot m_{h,j}^{(1)} \quad$ und damit $\quad \pi_{\infty,j} = \lim\limits_{s\to\infty} m_{i,j}^{(s+1)} =$

$= \sum\limits_{h=1}^{w} (\lim\limits_{s\to\infty} m_{i,h}^{(s)}) \cdot m_{h,j}^{(1)}$, also $\quad \pi_\infty \cdot M = \pi_\infty$.

Der Vektor π_∞ ist also eine stationäre Zustandsverteilung. Es sei nun $\pi := (\pi_1, \pi_2, \ldots, \pi_w)$ irgendeine stationäre Zustandsverteilung. Dann gilt $\pi \cdot M^s = \pi$ für alle $s = 1,2,3,\ldots$ Damit gilt für $j = 1,2,\ldots,w$ stets

$$\pi_j = \lim_{s\to\infty} \pi_j = \lim_{s\to\infty} \sum_{i=1}^{w} \pi_i \cdot m_{i,j}^{(s)} = \sum_{i=1}^{w} \pi_i \cdot \pi_{\infty,j} = \pi_{\infty,j} \cdot \sum_{i=1}^{w} \pi_i = \pi_{\infty,j},$$

also ist $\pi = \pi_\infty$ die einzige stationäre Zustandsverteilung der Markovschen Kette.

Wegen $\sum\limits_{j=1}^{w} \pi_{\infty,j} = 1$ gibt es in π_∞ eine von Null verschiedene Komponente, etwa $\pi_{\infty,l} > 0$. Aus $\pi_{\infty,l} = \lim\limits_{s\to\infty} m_{i,l}^{(s)}$ folgt für jedes $i = 1,2,\ldots,w$ die Existenz einer natürlichen Zahl $s(i)$ mit $m_{i,l}^{(s)} > 0$ für alle $s \geq s(i)$. Wir bezeichnen die größte der Zahlen $s(1), s(2), \ldots, s(w)$ mit n. Dann sind alle Komponenten der l-ten Spalte von M^n von Null verschieden. $\qquad\square$

Wenn eine Markovsche Kette eine Grenzzustandsverteilung π_∞ besitzt, so wird man sie nicht als Zeile der Grenzmatrix M^∞ bestimmen, sondern wie in Beispiel 1 als den eindeutigen Eigenvektor $\pi = (\pi_1,\pi_2,\ldots,\pi_w)$ von M zum Eigenwert 1 mit $\sum_{i=1}^{w} \pi_i = 1$.

Um zu prüfen, ob eine Markovsche Kette regulär ist, brauchen wir nicht die unendlich vielen Potenzen $M,M^2,M^3,\ldots$ der Markov-Matrix auszurechnen; für diesen Test gibt es ein effektives Kriterium: Die Komponente $m_{i,j}^{(s+t)} = \sum_{h=1}^{w} m_{i,h}^{(s)} \cdot m_{h,j}^{(t)}$ der stochastischen Matrix $M^{s+t} = M^s \cdot M^t$ ist genau dann von Null verschieden, wenn es einen Index $h \in \{1,2,\ldots,w\}$ mit $m_{i,h}^{(s)} \neq 0$ und $m_{h,j}^{(t)} \neq 0$ gibt. Um Rechenaufwand zu sparen, ordnen wir jeder stochastischen $w \times w$-Matrix M eine Matrix M^* zu, indem wir alle positiven Elemente aus M durch das Zeichen P ersetzen. Wir benutzen auf der Menge $\{O,P\}$ die Arithmetik $O+O = O\cdot O = O\cdot P = P\cdot O = O$ und $O+P = P+O = P+P = P\cdot P = P$. Wegen $M^{s*} = M^{*s}$ hat die Matrix M^s genau an denjenigen Stellen positive Komponenten, wo M^{*s} den Eintrag P hat.

Beispiel 1 (Fortsetzung von Seite 76f., 79ff.). Wir bestaunen die stochastische Matrix M aus Beispiel 1, die Matrizen M^*, M^2 und M^{2*}:

$$\begin{bmatrix} 0 & 0 & 1 & 0 \\ 0 & \frac{1}{2} & 0 & \frac{1}{2} \\ 0 & \frac{1}{3} & 0 & \frac{2}{3} \\ \frac{3}{4} & 0 & \frac{1}{4} & 0 \end{bmatrix}, \quad \begin{bmatrix} O & O & P & O \\ O & P & O & P \\ O & P & O & P \\ P & O & P & O \end{bmatrix}, \quad \frac{1}{24}\cdot\begin{bmatrix} 0 & 8 & 0 & 16 \\ 9 & 6 & 3 & 6 \\ 12 & 4 & 4 & 4 \\ 0 & 2 & 18 & 4 \end{bmatrix}, \quad \begin{bmatrix} O & P & O & P \\ P & P & P & P \\ P & P & P & P \\ O & P & P & P \end{bmatrix}. \quad \square$$

Es gibt insgesamt $g := 2^{w^2}$ $w \times w$-Matrizen über $\{O,P\}$. Unter den $g+1$ Matrizen $M^*,M^{*2},M^{*3},\ldots,M^{*g+1}$ gibt es zwei identische, etwa $M^{*r} = M^{*r+s}$. Wegen $M^{*r+s} = M^{*r} \cdot M^{*s}$ sind die unendlich vielen Matrizen $M^{*r+t\cdot s}$, $t = 0,1,2,\ldots$ alle identisch. Wenn jede Spalte jeder der Matrizen $M,M^2,\ldots,M^g$ Nullen enthält, so enthält auch jede Spalte der Matrizen M^n für $n = 1,2,3,\ldots$ jeweils mindestens eine Null. Wenn in der Matrix M^n die j-te Spalte nullenfrei ist, so ist auch die j-te Spalte jeder Matrix M^s mit $s > n$ nullenfrei.

Um zu prüfen, ob eine Markovsche Kette regulär ist, brauchen wir nur die Matrix M^g zu testen; folgender Algorithmus gibt uns eine Antwort:

1. Setze $i := 0$ und $A := M^*$.
2. Solange A keine nullenfreie Spalte besitzt und solange $i \leq w^2$ ist, setze $i \leftarrow i + 1$ und $A := A^2$.
3. Wenn $i > w^2$ ist, so gib die Antwort „NEIN" aus. Stop.
4. Gib die Antwort „JA" aus. Stop.

Stationäre Zustandsverteilungen. Eine Markovsche Kette kann eine eindeutige stationäre Zustandsverteilung besitzen, ohne regulär zu sein. Das zeigt das folgende

Beispiel 2. Wir betrachten die periodische Markovsche Kette, deren Zustände S_1 und S_2 sich abwechseln. Ihre Markov-Matrix $M := \begin{bmatrix} 0 & 1 \\ 1 & 0 \end{bmatrix}$ ist involutorisch, $M^2 = \begin{bmatrix} 1 & 0 \\ 0 & 1 \end{bmatrix}$ ist die Einheitsmatrix. Diese Markovsche Kette ist nicht regulär, besitzt aber die eindeutige stationäre Zustandsverteilung $\pi = (\frac{1}{2}, \frac{1}{2})$. $\square$

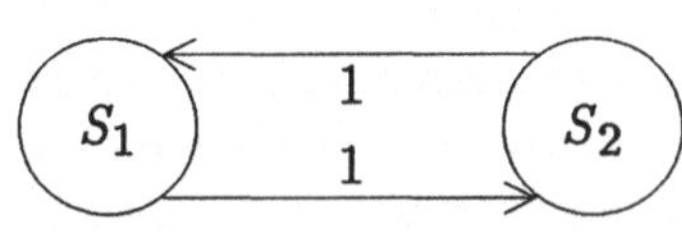

Unter welchen Bedingungen besitzt eine Markovsche Kette eine eindeutig bestimmte stationäre Zustandsverteilung?

Eine Teilmenge $\mathfrak{T}$ der Menge $\mathfrak{S}$ der Zustände heißt *wesentlich*, wenn jeder Zustand $S_k \in \mathfrak{T}$ von jedem Zustand $S_j \in \mathfrak{T}$ in endlich vielen Schritten erreichbar ist, aber wenn kein Zustand $S_k \in \mathfrak{S} \setminus \mathfrak{T}$ von einem Zustand aus $\mathfrak{T}$ erreichbar ist. Jede Markovsche Kette besitzt mindestens eine wesentliche Menge von Zuständen. Eine Markovsche Kette heißt *unzerlegbar*, wenn sie genau eine wesentliche Zustandsmenge besitzt. Ein Zustand heißt *vergänglich*, wenn er keiner wesentlichen Zustandsmenge angehört. Die Beispiele 1 und 2 zeigen unzerlegbare Markovsche Ketten. Eine zerlegbare Markovsche Kette zeigt

Beispiel 3.
Die (positiven) Übergangswahrscheinlichkeiten $p(S_k, S_j)$ bleiben unspezifiziert. Die Markov-Matrix wird als 12×12-Matrix M^* über $\{O, P\}$ aufgeschrieben:

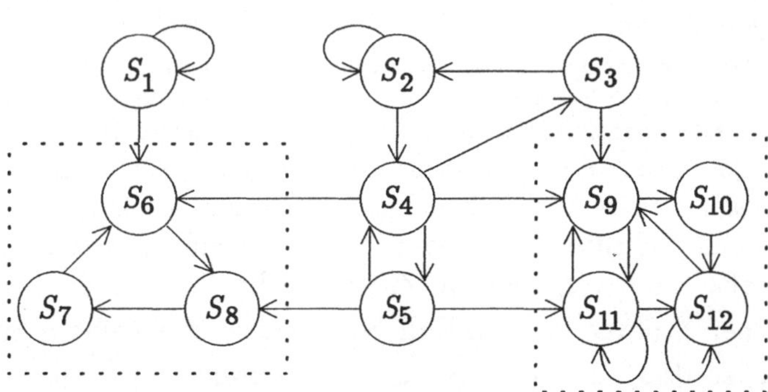

$$\begin{bmatrix}
P & O & O & O & O & P & O & O & O & O & O & O \\
O & P & O & P & O & O & O & O & O & O & O & O \\
O & P & O & O & O & O & O & O & P & O & O & O \\
O & O & P & O & P & P & O & O & P & O & O & O \\
O & O & O & P & O & O & O & P & O & O & P & O \\
O & O & O & O & O & O & O & P & O & O & O & O \\
O & O & O & O & O & P & O & O & O & O & O & O \\
O & O & O & O & O & O & P & O & O & O & O & O \\
O & O & O & O & O & O & O & O & O & P & P & O \\
O & O & O & O & O & O & O & O & O & O & O & P \\
O & O & O & O & O & O & O & O & P & O & P & P \\
O & O & O & O & O & O & O & O & P & O & O & P
\end{bmatrix}$$

In den ersten fünf Zeilen (oberhalb der durchgezogenen Linie) erkennt man, welche Zustände von einem der vergänglichen Zustände S_1, S_2, S_3, S_4, S_5 in einem Schritt erreicht werden können. In den ersten fünf Spalten und sieben letzten Zeilen (in dem südwestlichen Rechteck) befinden sich nur Nullen, kein vergänglicher Zustand ist von einem wesentlichen Zustand erreichbar. In den beiden quadratischen (gestrichelt eingerahmten) Untermatrizen auf der Hauptdiagonalen der Matrix sieht man, welche Zustände aus den beiden wesentlichen Zustandsmengen $\{S_6, S_7, S_8\}$ und $\{S_9, S_{10}, S_{11}, S_{12}\}$ von einem anderen Zustand derselben wesentlichen Zustandsmenge in einem Schritt erreichbar sind. Die übrigen Nullen erklären sich daraus, daß kein Zustand außerhalb einer wesentlichen Zustandsmenge von einem ihrer Zustände erreichbar ist. □

Durch eine geschickte Umnumerierung der Zustände einer Markovschen Kette kann man immer erreichen, daß die zugehörige Markov-Matrix M die in Beispiel 3 gezeigte typische Gestalt bekommt: Die vergänglichen Zustände mit ihren „abgehenden" Pfeilen bestimmen im oberen Teil von M eine rechteckige Matrix; die wesentlichen Zustandsmengen bestimmen quadratische Matrizen, die längs der Hauptdiagonalen von M aufgereiht sind. Die restlichen Einträge sind Nullen.

Dem Kenner des § 16 der *Angewandten Mathematik I* von R. v. Mises wird auffallen, daß sich unser Zerlegbarkeitsbegriff mit dem Frobeniusschen Begriff der totalen Zerlegbarkeit der Matrizen mit nichtnegativen Elementen deckt.

Bei einer unzerlegbaren Markovschen Kette ist jeder Zustand der wesentlichen Zustandsmenge von jedem anderen Zustand in höchstens $w-1$ Schritten erreichbar. Wenn bei einer unzerlegbaren Markovschen Kette ohne vergängliche Zustände die Wahrscheinlichkeit $p(S_j|S_j)$ für einen Zustand S_j von Null verschieden ist, so gibt es eine natürliche Zahl n, so daß alle Einträge der n-ten Potenz M^n der Markov-Matrix M positiv sind. Aus dem Satz über die Grenzzustandsverteilung entnehmen wir die Existenz einer (stationären) Grenzzustandsverteilung, deren sämtliche Komponenten natürlich positiv sein müssen.

Satz über die stationäre Zustandsverteilung. *Jede Markovsche Kette besitzt eine stationäre Zustandsverteilung. Wenn diese Zustandsverteilung eindeutig bestimmt ist, so ist die Markov-Kette unzerlegbar.*

Beweis. Wir gehen zunächst von einer unzerlegbaren Markovschen Kette ohne vergängliche Zustände mit der $w \times w$-Matrix M aus. Dann ist jeder Zustand S_k von jedem Zustand S_j in höchstens $w-1$ Schritten erreichbar. Wir deuten die stochastische Matrix $M' := \frac{1}{2} \cdot (M+I)$, wobei I die $w \times w$-Einheitsmatrix ist, als Markov-Matrix einer neuen Markovschen Kette über derselben Zustandsmenge. In dieser neuen Markovschen Kette gilt $p(S|S) > 0$ für jeden Zustand S; deswegen ist jeder Zustand S_k von jedem Zustand S_j auch in genau $w-1$ Schritten erreichbar; die Einträge der Matrix $M'^{\,w-1}$ sind alle positiv, und die neue Markovsche Kette besitzt eine Grenzzustandsverteilung π_∞, deren Komponenten alle von Null verschieden sind. Nun gilt

$$\pi_\infty = \pi_\infty \cdot M' = \frac{1}{2} \cdot \pi_\infty \cdot (M+I) = = \frac{1}{2} \cdot (\pi_\infty \cdot M + \pi_\infty);$$

also ist $\pi_\infty = \pi_\infty \cdot M$ eine stationäre Zustandsverteilung der ursprünglichen unzerlegbaren Markovschen Kette.

Es sei nun eine beliebige Markovsche Kette gegeben. Wir entnehmen ihrem Zustandsgraphen eine wesentliche Teilmenge $\mathfrak{T}$ von Zuständen und konstruieren eine unzerlegbare Markovsche Kette mit der Zustandsmenge $\mathfrak{T}$ und den gleichen Übergangswahrscheinlichkeiten wie in der ursprünglichen Markovschen Kette. Diese neue Markovsche Kette besitzt, wie oben gezeigt, eine stationäre Zustandsverteilung π_∞. Wir ordnen nun jedem Zustand der ursprünglichen Markovschen Kette die durch π_∞ gegebene Wahrscheinlichkeit zu, wenn er der neuen Markovschen Kette angehört; allen übrigen Zuständen ordnen wir die Wahrscheinlichkeit 0 zu. Diese Wahrscheinlichkeiten bilden dann eine stationäre Wahrscheinlichkeitsverteilung π für die ursprüngliche Markovsche Kette. Wenn diese Markovsche Kette zerlegbar ist, so besitzt sie außer $\mathfrak{T}$ noch eine zweite wesentliche Zustandsmenge, mit deren Hilfe wir eine von π verschiedene stationäre Zustandsverteilung finden können. $\qquad\square$

Man kann darüber hinaus zeigen, daß für eine unzerlegbare Markovsche Kette stets genau eine stationäre Zustandsverteilung existiert.

Approximation stationärer Markov-Quellen durch Markov-Quellen mit Rückwirkung.   Eine Markov-Quelle wird *regulär* beziehungsweise *unzerlegbar* genannt, wenn die zugehörige Markovsche Kette regulär beziehungsweise unzerlegbar ist. Eine Markov-Quelle heißt *stationär*, wenn sie eine stationäre Anfangszustandsverteilung besitzt. Vergängliche Zustände können von einer stationären Markov-Quelle nie angenommen werden.

Es sei eine stationäre Markov-Quelle mit der stationären Anfangszustandsverteilung $\pi = (\pi_1, \pi_2, \ldots, \pi_w)$ gegeben. Die Zustandsverteilung $\pi_i = \pi$ hängt nicht mehr vom konkreten Zeitpunkt t_i ab; es ist $\mathfrak{S}_0 = \mathfrak{S}_1 = \mathfrak{S}_2 = \ldots = (\mathfrak{S}, \pi)$. Ebenso hängt die Wahrscheinlichkeitsverteilung $p^{(i)} = \pi \cdot P =: p = (p_1, p_2, \ldots, p_u)$ nicht vom Zeitpunkt t_i ab; es gilt $Q_0 = Q_1 = Q_2 = \ldots = (Q, p)$. Wie in der Fortsetzung des Beispiels 1 bemerkt wurde, bedeutet diese Übereinstimmung nicht, daß die stationäre Markov-Quelle die Nachrichten unabhängig voneinander auswählt, sondern nur, daß wir die Markov-Quelle mehr oder weniger grob durch die Quelle Q_0 im engeren Sinne approximieren können. Wir können die Quelle Q_0 im engeren Sinn als Markov-Quelle der Rückwirkung 0 betrachten. Es leuchtet ein, daß der Quellencodierer nach dem Eintreffen der zum Zeitpunkt t_{i-1} $(i \geq 1)$ ausgewählten Nachricht $z_{i-1} \in Q$ im Mittel die zum Zeitpunkt t_i ausgewählte Nachricht z_i mit größerer Sicherheit prognostizieren kann, wenn er zu seiner Prognose sein Wissen um die Nachricht z_{i-1} benutzt. (Wir werden diese Aussage im Satz über die Entropie einer einer stationären Markov-Quelle auf Seite 137 präzisieren und beweisen.) Wir approximieren unsere Markov-Quelle durch eine Markov-Quelle der Rückwirkung 1, wenn wir den Umstand, daß die Markov-Quelle zum Zeitpunkt t_{i-1} die Nachricht $z_{i-1} = s_h \in Q$ auswählt, als den Zustand „neuer Art" interpretieren, in dem sich die Markov-Quelle zum Zeitpunkt t_i befindet. Der Nachrichtenvorrat Q bildet damit die Menge der Zustände (neuer Art) der approximierenden Markov-Quelle der Rückwirkung 1. Wie berechnet sich nun die bedingte Wahrscheinlichkeit $p(z_i | z_{i-1})$ dafür, daß die Markov-Quelle zum Zeitpunkt t_i die Nachricht $z_i = s_m$ auswählt, wenn sie zum Zeitpunkt t_{i-1} die Nachricht $z_{i-1} = s_h$ auswählte? Zum Zeitpunkt t_{i-1} befand sich die Markov-Quelle in einem Zustand $Z_{i-1} \in \mathfrak{S}$ und gab die Nachricht $z_{i-1} = s_h$ mit der Wahrscheinlichkeit $p_h = p_h^{(i-1)}$ aus. Zum Zeitpunkt t_i geht die Quelle dann in den Zustand $Z_i = \zeta(Z_{i-1}, z_{i-1}) \in \mathfrak{S}$ über. Die Verbundwahrscheinlichkeit $p(Z_{i-1} z_{i-1})$ dafür, daß sich die Markov-

Quelle zum Zeitpunkt t_{i-1} in dem Zustand $Z_{i-1} = S_k \in \mathfrak{S}$ befand und die Nachricht $z_{i-1} = s_h \in Q$ auswählte, berechnet sich als $\pi_k \cdot p_{k,h}$. Die Verbundwahrscheinlichkeit $p(z_{i-1} Z_i)$ dafür, daß die Markov-Quelle zum Zeitpunkt t_{i-1} die Nachricht $z_{i-1} = s_h \in Q$ auswählte und zum Zeitpunkt t_i in den Zustand $Z_i = S_j \in \mathfrak{S}$ übergeht, berechnet sich als $p(z_{i-1} Z_i) = \sum_{\zeta(S_k, s_h) = S_j} \pi_k \cdot p_{k,h}$. (Wir bestimmen diese Verbundwahrscheinlichkeit, indem wir die mit der Zustandsverteilung π gewichtete Summe der Wahrscheinlichkeiten $p_{k,h}$ bilden, die wir im Zustandsgraphen von den nach S_j gerichteten und von S_k abgehenden Pfeilen ablesen, an denen die Nachricht s_h vermerkt ist.) Wenn sich die Markov-Quelle zum Zeitpunkt t_i im Zustand $Z_i = S_j \in \mathfrak{S}$ befindet, so wählt sie die Nachricht $z_i = s_m \in Q$ mit der Wahrscheinlichkeit $p_{j,m}$ aus. Insgesamt berechnet sich damit die Verbundwahrscheinlichkeit $p(z_{i-1} z_i)$ dafür, daß die Markov-Quelle zum Zeitpunkt t_{i-1} die Nachricht $z_{i-1} = s_h$ und zum Zeitpunkt t_i die Nachricht $z_i = s_m$ auswählt, als

$$p(z_{i-1} z_i) = \sum_{j=1}^{w} p_{j,m} \cdot \sum_{\zeta(S_k, s_h) = S_j} \pi_k \cdot p_{k,h}.$$ Die bedingte Wahrscheinlichkeit $p(z_i | z_{i-1})$ dafür, daß die Markov-Quelle nach der zum Zeitpunkt t_{i-1} ausgewählten Nachricht $z_{i-1} = s_h$ zum Zeitpunkt t_i die bestimmte Nachricht $z_i = s_m$ auswählt, hat deswegen den Wert

$$p(z_i | z_{i-1}) = \frac{p(z_{i-1} z_i)}{p_h} = \sum_{j=1}^{w} p_{j,m} \cdot \sum_{\zeta(S_k, s_h) = S_j} \pi_k \cdot \frac{p_{k,h}}{p_h}.$$ Da die Markov-Quelle stationär ist, hängen die Wahrscheinlichkeiten $p(z_{i-1} z_i)$ und $p(z_i | z_{i-1})$ nicht vom konkreten Zeitpunkt t_i ab; das heißt, für alle $i = 1, 2, 3, \ldots$ gilt $p(z_{i-1} z_i) = p(z_0 z_1)$ und $p(z_i | z_{i-1}) = p(z_1 | z_0)$. Durch die Verbundwahrscheinlichkeiten $p(z_{i-1} z_i)$ wird der Menge aller Paare $z_{i-1} z_i$ zweier Nachrichten $z_{i-1}, z_i \in Q$ die Struktur eines Verbundraumes $Q_{i-1} Q_i$ aufgeprägt. Weil die Markov-Quelle stationär ist, gilt $Q_{i-1} Q_i = Q_0 Q_1$ für alle $i = 1, 2, 3, \ldots$. Entsprechend wird der Menge Q aller Nachrichten z_i für jede Nachricht z_{i-1} durch die bedingten Wahrscheinlichkeiten $p(z_i | z_{i-1})$ unabhängig vom konkreten Zeitpunkt t_i die Struktur eines Stichprobenraumes aufgeprägt, den wir aber nicht weiter besonders bezeichnen, um das Indextohuwabohu nicht noch mehr zu vergrößern.

Wir können also beliebige stationäre Markov-Quellen durch ebenfalls stationäre Markov-Quellen der Rückwirkung 0 oder 1 approximieren. Ganz entsprechend lassen sich stationäre Markov-Quellen allgemeiner durch stationäre Markov-Quellen der Rückwirkung r approximieren. Dazu müssen wir, wie oben im Fall $r = 1$ explizit durchgeführt, die Verbundwahrscheinlichkeiten $p(z_0 z_1 \ldots z_r)$, das heißt die Verbundräume $Q_0 Q_1 \ldots Q_r$ und die bedingten Wahrscheinlichkeiten $p(z_r | z_0 z_1 \ldots z_{r-1})$ definieren. Da diese Verallgemeinerung prinzipiell einfach ist, die expliziten Formeln aber umständlich sind, verzichten wir auf weitere Einzelheiten und studieren statt dessen das

Beispiel 4. Wir betrachten die reguläre Markov-Quelle mit dem abgebildeten Zustandsgraphen, dem binären Nachrichtenvorrat $Q = \{O, L\}$, der Zustandsmenge $\mathfrak{S} = \{S_1, S_2, S_3\}$ und der stationären Anfangszustandsverteilung $\pi = (\frac{2}{5}, \frac{3}{10}, \frac{3}{10})$.

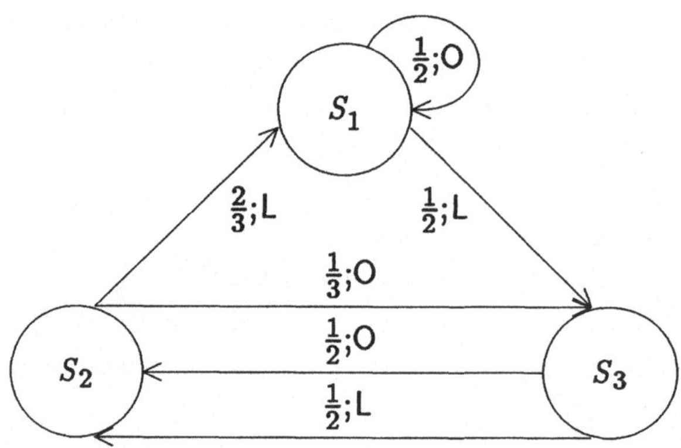

Die Markov-Matrix M der zugehörigen Markovschen Kette und die Matrix P ergeben sich als

$$M = \begin{bmatrix} \frac{1}{2} & 0 & \frac{1}{2} \\ \frac{2}{3} & 0 & \frac{1}{3} \\ 0 & 1 & 0 \end{bmatrix} \quad \text{und} \quad P = \begin{bmatrix} \frac{1}{2} & \frac{1}{2} \\ \frac{1}{3} & \frac{2}{3} \\ \frac{1}{2} & \frac{1}{2} \end{bmatrix}.$$

Damit ist $p = (\frac{9}{20}, \frac{11}{20})$, das heißt, vor Inbetriebnahme der Markov-Quelle prognostizieren wir die Auswahl der Nachricht O beziehungsweise L zu einem Zeitpunkt t_i mit der Wahrscheinlichkeit $p_1 = \frac{9}{20}$ beziehungsweise $p_2 = \frac{11}{20}$. Die Quelle $Q_0 = (Q, p)$ im engeren Sinne ist die approximierende Markov-Quelle der Rückwirkung 0.

Wir beschreiben nun die approximierende Markov-Quelle der Rückwirkung 1, indem wir die bedingten Wahrscheinlichkeiten $p(z_1 | z_0)$ angeben. Wir berechnen zunächst die Verbundwahrscheinlichkeiten $p(z_0 Z_1)$:

$p(OS_1) = \frac{4}{20}$, $p(OS_2) = \frac{3}{20}$, $p(OS_3) = \frac{2}{20}$, $p(LS_1) = \frac{4}{20}$, $p(LS_2) = \frac{3}{20}$, $p(LS_3) = \frac{4}{20}$. Damit ergeben sich die Verbundwahrscheinlichkeiten $p(z_0 z_1)$ als $p(OO) = \frac{4}{20}$, $p(OL) = \frac{5}{20}$, $p(LO) = \frac{5}{20}$, $p(LL) = \frac{6}{20}$ und die bedingten Wahrscheinlichkeiten $p(z_1|z_0)$ als $p(O|O) = \frac{44}{99}$, $p(L|O) = \frac{55}{99}$, $p(O|L) = \frac{45}{99}$, $p(L|L) = \frac{54}{99}$.

Die approximierende
Markov-Quelle der Rückwirkung 1 hat den neben-
stehenden Zustandsgraphen,
die Zustandsmenge $\{O, L\}$
und die (stationäre)
Anfangszustandsverteilung $p = (\frac{9}{20}, \frac{11}{20})$.

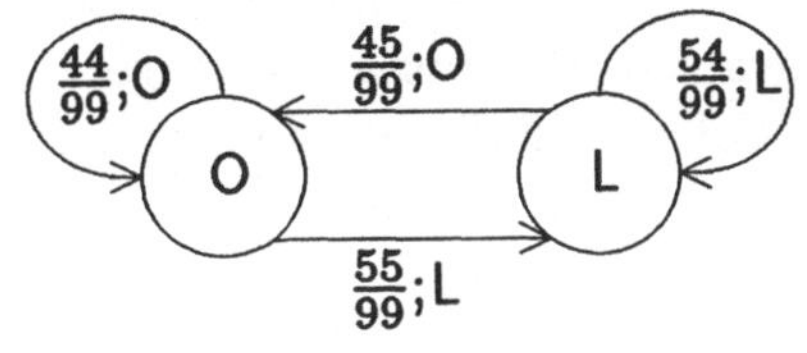

Um die approximierende Markov-Quelle der Rückwirkung 2 zu bestimmen, berechnen wir zunächst die Verbundwahrscheinlichkeiten $p(z_0 z_1 z_2)$ als $p(OOO) = \frac{11}{120}$, $p(OOL) = \frac{13}{120}$, $p(OLO) = \frac{14}{120}$, $p(OLL) = \frac{16}{120}$, $p(LOO) = \frac{13}{120}$, $p(LOL) = \frac{17}{120}$, $p(LLO) = \frac{16}{120}$, $p(LLL) = \frac{20}{120}$ und dann die bedingten Wahrscheinlichkeiten $p(z_2|z_0 z_1)$ als $p(O|OO) = \frac{165}{360}$, $p(L|OO) = \frac{195}{360}$, $p(O|OL) = \frac{168}{360}$, $p(L|OL) = \frac{192}{360}$, $p(O|LO) = \frac{156}{360}$, $p(L|LO) = \frac{204}{360}$, $p(O|LL) = \frac{160}{360}$, $p(L|LL) = \frac{200}{360}$.

Die approximierende
Markov-Quelle der
Rückwirkung 2 hat den
nebenstehenden
Zustandsgraphen, die
Zustandsmenge
$\{OO, OL, LO, LL\}$
und die (stationäre)
Anfangszustandsverteilung
$p = \frac{1}{20} \cdot (4, 5, 5, 6)$.

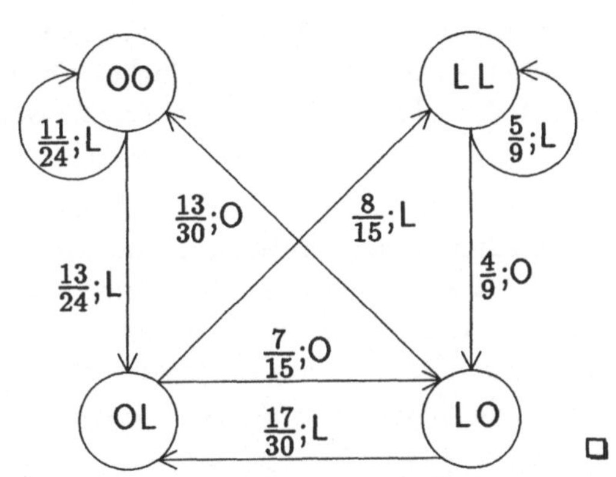

Eine Markov-Quelle der Rückwirkung r läßt sich mit weniger Rechenaufwand als eine allgemeine Markov-Quelle durch eine Markov-Quelle kürzerer Rückwirkung approximieren. Wir zeigen dies an unserem

Beispiel 1 (Fortsetzung von Seite 76f., 79ff., 84). Wir lesen die Verbundwahrscheinlichkeiten $p(z_0 z_1)$ dieser Markov-Quelle der Rückwirkung

$r = 2$ aus der Anfangszustandsverteilung ab: $p(\mathsf{OO}) = \frac{9}{41}$, $p(\mathsf{OL}) = \frac{12}{41}$, $p(\mathsf{LO}) = \frac{12}{41}$, $p(\mathsf{LL}) = \frac{8}{41}$. Die bedingten Wahrscheinlichkeiten $p(z_1|z_0)$ haben die Werte $p(\mathsf{O}|\mathsf{O}) = \frac{15}{35}$, $p(\mathsf{L}|\mathsf{O}) = \frac{20}{35}$, $p(\mathsf{O}|\mathsf{L}) = \frac{21}{35}$, $p(\mathsf{L}|\mathsf{L}) = \frac{14}{35}$.

Die approximierende Markov-
Quelle der Rückwirkung 1 hat
den nebenstehenden Zustandsgraphen, die Zustandsmenge
$\{\mathsf{O},\mathsf{L}\}$ und die (stationäre)
Anfangszustandsverteilung

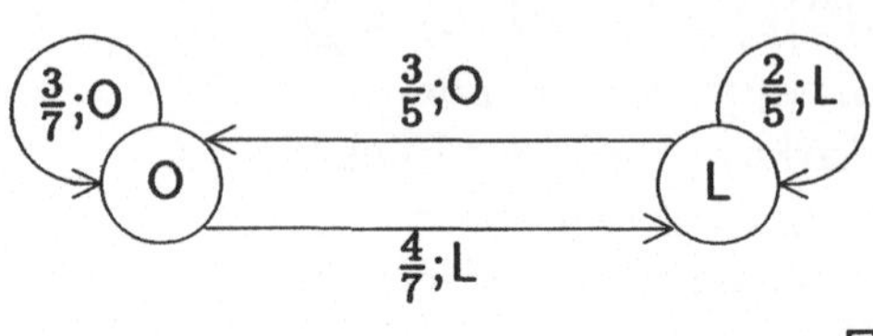

$p = \frac{1}{41}\cdot(21,20)$.   □

Es ist unsinnig, Markov-Quellen der Rückwirkung r durch Markov-Quellen einer längeren Rückwirkung approximieren zu wollen. Es gilt nämlich stets $p(z_{r+1}|z_1 z_2 \dots z_r) = p(z_{r+1}|z_0 z_1 \dots z_r)$. Die Verbundwahrscheinlichkeiten $p(z_0 z_1 \dots z_r)$, $p(z_0 z_1 \dots z_{r+1})\dots$ spielen allerdings später bei der Codierung der Markov-Quellen eine Rolle. Wir listen zum Abschluß noch die Verbundwahrscheinlichkeiten $p(z_0 z_1 z_2)$ für unsere Markov-Quelle der Rückwirkung 2 auf: $p(\mathsf{OOO}) = 0$, $p(\mathsf{OOL}) = \frac{9}{41}$, $p(\mathsf{OLO}) = \frac{8}{41}$, $p(\mathsf{OLL}) = \frac{4}{41}$, $p(\mathsf{LOO}) = \frac{9}{41}$, $p(\mathsf{LOL}) = \frac{3}{41}$, $p(\mathsf{LLO}) = \frac{4}{41}$, $p(\mathsf{LLL}) = \frac{4}{41}$.   □

Reduktion von Markov-Quellen. Vom informationstheoretischen Standpunkt aus sind zwei Markov-Quellen mit demselben Nachrichtenvorrat $Q = \{s_1,s_2,\dots,s_u\}$ identisch, wenn die Verbundräume Q_0, $Q_0 Q_1$, $Q_0 Q_1 Q_2$, $\dots$ für beide Markov-Quellen jeweils gleich sind, obwohl sich die jeweiligen zugehörigen Markovschen Ketten unterscheiden. Wegen des oft erheblichen Rechenaufwandes bei der Behandlung von Markov-Quellen empfiehlt es sich daher, bei einer gegebenen Markov-Quelle an Hand ihres Zustandsgraphen zu prüfen, ob sie sich möglicherweise durch die Zusammenfassung von Zuständen auf eine einfache — informationstheoretisch äquivalente — Gestalt reduzieren läßt:

Eine Teilmenge $\mathfrak{T} = \{S_{k_1},S_{k_2},\dots S_{k_r}\} \subseteq \mathfrak{S}$ *läßt sich zu einem Zustand* $S_{\mathfrak{T}}$ *zusammenfassen, wenn die beiden folgenden Bedingungen erfüllt sind:*

1. $p_{k_1} = p_{k_2} = \dots = p_{k_r}$,
2. *für alle* $i = 1,2,\dots u$ *mit* $p_{k_1,i} \neq 0$ *gilt:* $\zeta(S_{k_j},s_i) \in \mathfrak{T}$ *für alle* $j = 1,2,\dots r$ *oder* $\zeta(S_{k_1},s_i) = \zeta(S_{k_2},s_i) = \dots = \zeta(S_{k_r},s_i)$.

Wir veranschaulichen diese Aussage an einigen Beispielen informationstheoretisch identischer Markov-Quellen über dem binären Nachrichtenvorrat $F := \{O, L\}$ mit verschiedenen Zustandsgraphen:

Beispiel 5. Hier wird die Zustandsmenge $\mathfrak{T} = \{S_3, S_4\}$ zu einem
Zustand vereinigt. Man beachte, daß S_4 ein vergänglicher Zustand ist.

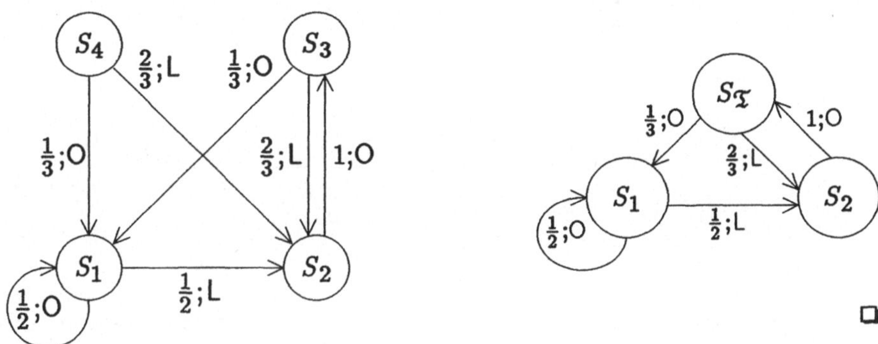

Beispiel 6. In diesem Beispiel wird die Zustandsmenge $\mathfrak{T} = \{S_3, S_4\}$ zu
einem Zustand $S_\mathfrak{T}$ vereinigt.

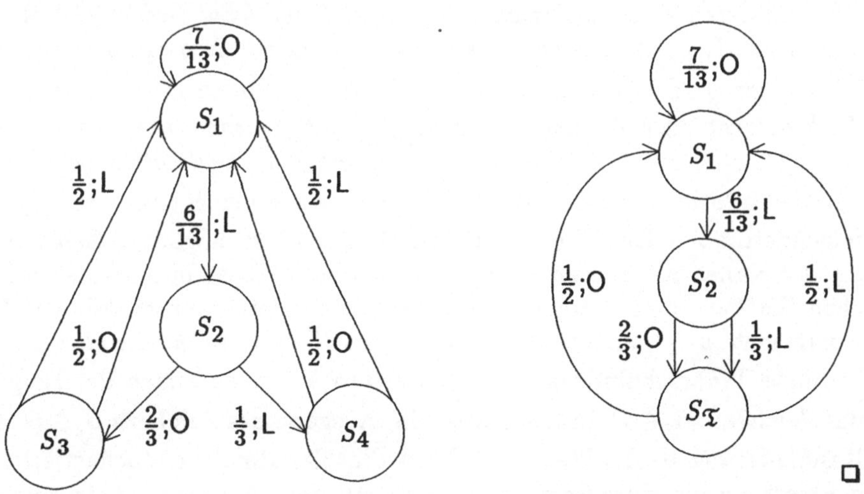

Beispiel 7. Die Menge $\mathfrak{S}$ wird hier zu nur einem Zustand $S_{\mathfrak{S}}$ vereinigt.

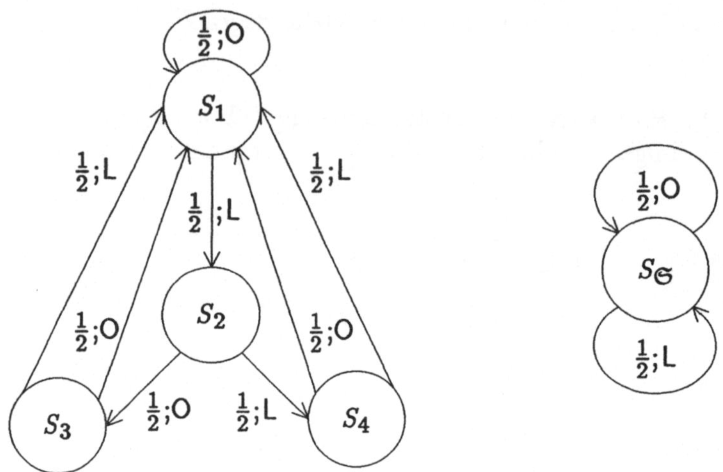

Die (rechts abgebildete) Quelle im engeren Sinne erweist sich in ihrer (links abgebildeten) Markov-Gestalt als Schaf im Wolfspelz. $\quad\square$

2.3 Kanäle

Wir definieren einen *(diskreten, stationären) Kanal (ohne Gedächtnis)* als ein Tripel $\left(F,G,(p_{i,j})\right)$, bestehend aus einem q-nären *Eingangs-Zeichenvorrat* oder *Eingang* $F = \{\alpha_1,\alpha_2,\ldots\alpha_q\}$ mit $q \geq 2$, einem r-nären *Ausgangs-Zeichenvorrat* oder *Ausgang* $G = \{\beta_1,\beta_2,\ldots\beta_r\}$ mit $r \geq 1$ und einer stochastischen $q \times r$-Matrix ohne Nullspalten, der *Kanalmatrix* $(p_{i,j})$.

In der Informationstheorie interpretieren wir einen Kanal $\left(F,G,(p_{i,j})\right)$ folgendermaßen: Der Eingang F besteht aus allen möglichen Zeichen α, die der Kanal aufnehmen kann; der Ausgang G besteht aus allen möglichen Zeichen β, die am Kanalausgang beobachtet werden können. Der Koeffizient $p_{i,j}$ der Kanalmatrix gibt als *Übergangswahrscheinlichkeit* die bedingte Wahrscheinlichkeit $p_{i,j} = p(\beta_j|\alpha_i)$ an, daß nach der Eingabe des Zeichens $\alpha_i \in F$ in den Kanal die Ausgabe des Zeichens $\beta_j \in G$ am Kanalausgang beobachtet wird. Weil die Kanalmatrix stochastisch ist, definiert sie für jedes Zeichen $\alpha_i \in F$ auf dem Ausgang G jeweils die

Wahrscheinlichkeitsverteilung $(p_{i,1},p_{i,2}\cdots,p_{i,r})$, denn für jedes $\alpha \in F$ gilt stets $\sum\limits_{\beta \in G} p(\beta|\alpha) = 1$. Um Trivialfälle auszuschließen, lassen wir in der Kanalmatrix keine Nullspalten zu: Zu jedem $\beta \in G$ gibt es mindestens ein $\alpha \in F$ mit $p(\beta|\alpha) \neq 0$; sollten in Zukunft doch Ausgangs-Zeichenvorräte vorkommen, die solche *unmöglichen Zeichen* enthalten, so werden wir sie stillschweigend aus dem Ausgangszeichenvorrat streichen.

Der binäre auslöschende Kanal ist das Tripel $(F,G,(p_{i,j}))$ mit dem Eingang $F := \{O,L\}$, dem Ausgang $G := \{O,?,L\}$ und der Matrix $(p_{i,j}) := \begin{bmatrix} 1-p & p & 0 \\ 0 & p & 1-p \end{bmatrix}$ mit $0 < p < 1$. Der Kanalcodierer gibt ein Zeichen $\alpha \in F$ in diesen Kanal ein; bei der Übertragung fällt dieses Zeichen mit der Wahrscheinlichkeit p den Kanalstörungen zum Opfer und wird als Schmierzeichen '?' ausgegeben.

Dagegen übersteht das Zeichen α die Übertragung mit der Wahrscheinlichkeit $1-p$ unbeschädigt. Wir beschreiben den binären auslöschenden Kanal durch das nebenstehend abgebildete Diagramm seiner Übergangswahrscheinlichkeiten, sein sogenanntes *Kanaldiagramm*.

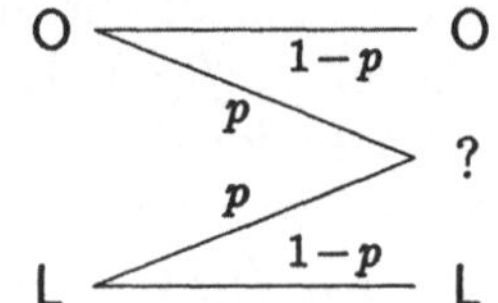

Ein- und Ausgangsquelle. Für das Studium der Vorgänge zwischen Ein- und Ausgabe eines Kanals braucht uns die spezielle Natur der Quelle, des Quellencodierers und des Kanalcodierers nicht zu interessieren; wir fassen diese Funktionseinheiten zu einer *Eingangsquelle* $(F,p(F))$ zusammen, die die einzelnen Zeichen $\alpha_1,\alpha_2,\ldots,\alpha_q \in F$ gemäß der Wahrscheinlichkeitsverteilung $p(F) := (p(\alpha_1),p(\alpha_2),\ldots,p(\alpha_q))$ in den Kanal einspeist. Der Kanal gibt dann die Zeichen $\beta_1,\beta_2,\ldots,\beta_r \in G$ des Ausgabezeichenvorrats G mit den Ausgabe-Wahrscheinlichkeiten $p(\beta_1),p(\beta_2),\ldots,p(\beta_r)$ aus, die sich für jedes $\beta \in G$ aus den Kanal-gleichungen $p(\beta) = \sum\limits_{\alpha \in F} p(\alpha)\cdot p(\beta|\alpha)$ (siehe Abschnitt 2.1) berechnen.

Die Übergangswahrscheinlichkeiten $p(\beta|\alpha)$ entnehmen wir der Kanal-matrix. Der Ausgang G des Kanals ist dann ein Stichprobenraum mit der Wahrscheinlichkeitsverteilung $p(G) := (p(\beta_1),p(\beta_2),\ldots,p(\beta_r))$, die *Ausgangsquelle* $(G,p(G))$ des Kanals. Es sei ausdrücklich darauf hingewiesen, daß die Wahrscheinlichkeitsverteilungen $p(F)$ und $p(G)$ nicht zur Definition des Kanals gehören; ein und derselbe Kanal kann mit verschiedenen Eingangsquellen genutzt werden, die sich durch ihre Wahrscheinlichkeitsverteilungen unterscheiden.

Die Verbundwahrscheinlichkeit $p(\alpha\beta) = p(\alpha)\cdot p(\beta|\alpha)$ gibt an, mit welcher Wahrscheinlichkeit ein Beobachter des Ein- und Ausgangs des Kanals die Eingabe eines Elementes $\alpha \in F$ und die darauffolgende Ausgabe eines Elementes $\beta \in G$ wahrnimmt. Mit der Definition der Verbundwahrscheinlichkeit wird der Menge FG aller Paare $\alpha\beta$ die Struktur eines Verbundraumes aufgeprägt. Man beachte, daß auch die Verbundwahrscheinlichkeiten wesentlich von der Wahrscheinlichkeitsverteilung $p(F)$ der Eingangsquelle F abhängen. Die Kanalgleichungen können wir auch als $p(\beta) = \sum\limits_{\alpha \in F} p(\alpha\beta)$ für alle $\beta \in G$ schreiben.

Die bedingte Wahrscheinlichkeit, daß ein gewisses, in den Kanal eingegebenes Zeichen $\alpha \in F$ für die beobachtete Ausgabe eines Zeichens $\beta \in G$ verantwortlich ist, berechnet sich gemäß Abschnitt 2.1 als $p(\alpha|\beta) = \frac{p(\alpha\beta)}{p(\beta)}$. Die „a-posteriori"-Wahrscheinlichkeit $p(\alpha|\beta)$ ist von $p(G)$ und damit auch von $p(F)$ abhängig; die „a-priori"-Wahrscheinlichkeit $p(\beta|\alpha)$ ist dagegen von $p(F)$ unabhängig; sie ist ja als Komponente der Kanalmatrix gegeben.

Die Summe über die Komponenten einer Wahrscheinlichkeitsverteilung hat den Wert 1, insbesondere gilt für alle $\alpha \in F$ stets $\sum\limits_{\beta \in G} p(\beta|\alpha) = 1$ und für alle $\beta \in G$ stets $\sum\limits_{\alpha \in F} p(\alpha|\beta) = 1$. Die Summen $\sum\limits_{\alpha \in F} p(\beta|\alpha)$ und $\sum\limits_{\beta \in G} p(\alpha|\beta)$ müssen nicht notwendigerweise den Wert 1 annehmen.

Ein Kanal, bei dem alle Zeilen der Kanalmatrix Permutationen der ersten Zeile sind, heißt *uniform*; sind überdies hinaus alle Spalten Permutationen der ersten Spalte, so heißt der Kanal *doppelt uniform*.

Wir betrachten nur *stationäre* Kanäle *ohne Gedächtnis*; die Übergangswahrscheinlichkeiten $p_{i,j}$ hängen nur von den Zeichen $\alpha_i \in F$ und $\beta_j \in G$ ab, aber weder vom konkreten Zeitpunkt der Eingabe noch vom Verhalten des Kanals in der Vergangenheit. Die eingegebenen Zeichen werden unabhängig voneinander gestört. Wie man den in der Realität häufig auftretenden Fehlerbündeln mit der *Interleaving-Methode* begegnen kann, haben wir in Abschnitt 1.8, Seite 61 ff. gesehen.

Der Kanal kann pro Sekunde eine feste Anzahl von Zeichen aus F verarbeiten. Wir definieren nicht das *Aufnahmetempo*, sondern umgekehrt eine *Zeiteinheit* als die Zeitdauer, die von der Eingabe eines Zeichens bis zur Eingabe des nächsten Zeichens verstreichen muß. Das Herzstück eines jeden Kommunikationssystems ist der Kanal. Abhängig von seinen Eigenschaften wird nicht nur der Code zur Datensicherung (und damit auch der Kanalcodierer und -decodierer) ausgewählt, sondern auch das Signalisiertempo der Nachrichtenquelle muß sich nach dem Aufnahmetempo des Kanals richten, damit kein Nachrichtenstau entsteht. Diese Gründe lassen es gerechtfertigt erscheinen, den Kanaltakt zur Maßeinheit für die Zeit zu erheben.

Der Begriff der *Kanalkapazität* wird später in Abschnitt 3.7, Seite 129 ff. erklärt; im folgenden präsentieren wir einige spezielle Kanaltypen.

2.3.1 Ungestörte Kanäle

Bei *ungestörten Kanälen* kann der Beobachter am Kanalausgang G aus der beobachteten Ausgabe eines Zeichens $\beta \in G$ stets mit Sicherheit auf das eingegebene Zeichen $\alpha \in F$ schließen. Wahrscheinlichkeitstheoretisch sind die ungestörten Kanäle durch die folgende Bedingung definiert:

Zu jedem $\beta \in G$ gibt es genau ein $\alpha \in F$ mit $p(\beta|\alpha) \neq 0$.

Eine stochastische Matrix ist genau dann die Kanalmatrix eines ungestörten Kanals, wenn in jeder Spalte genau ein von Null verschiedener Eintrag zu finden ist. Nach der BAYESschen Formel (Seite 69) gibt es dann zu jedem $\beta \in G$ stets genau ein $\alpha \in F$, so daß für jede Wahrscheinlichkeitsverteilung $p(F)$ stets $p(\alpha|\beta) = 1$ gilt.

Beispiel. Es seien $F := \{O, L\}$,

$G := \{\omega, \Omega, \Lambda\}$ und $(p_{i,j}) := \begin{bmatrix} \frac{1}{2} & \frac{1}{2} & 0 \\ 0 & 0 & 1 \end{bmatrix}$.

Der Kanal $\big(F, G, (p_{i,j})\big)$ ist ungestört.

Ein ungestörter Kanal, für den der Eingangszeichenvorrat mit dem Ausgangszeichenvorrat übereinstimmt (genauer: für den $q = |F| = |G| = r$ gilt), besitzt als Kanalmatrix eine *Permutationsmatrix*, das heißt, in jeder Zeile und in jeder Spalte befindet sich genau eine Eins und sonst nur Nullen. In diesem Fall sprechen wir vom *idealen Kanal*. Der ideale Kanal ist doppelt uniform.

2.3.2 Total gestörte Kanäle

Beim *total gestörten Kanal* kann der Beobachter am Kanalausgang nach der beobachteten Ausgabe eines Zeichens $\beta \in G$ nicht besser auf das eingegebene Zeichen $\alpha \in F$ schließen, als wenn er auf die Beobachtung verzichtet hätte. Der total gestörte Kanal ist wahrscheinlichkeitstheoretisch durch die folgende Bedingung definiert:

Für alle $\alpha, \alpha' \in F$ und alle $\beta \in G$ gilt $p(\beta|\alpha) = p(\beta|\alpha')$.

Nach der BAYESschen Formel (Seite 69) gilt dann für jede Wahrscheinlichkeitsverteilung $p(F)$, für alle $\alpha \in F$ und für alle $\beta, \beta' \in G$ stets $p(\alpha|\beta) = p(\alpha|\beta')$, und die Wahrscheinlichkeitsverteilung $p(G)$ der Ausgangsquelle hängt nicht von der Wahrscheinlichkeitsverteilung $p(F)$ der Eingangsquelle ab. Eine stochastische Matrix ohne Nullspalten ist genau dann die Kanalmatrix eines total gestörten Kanals, wenn alle Zeilen identisch sind. Total gestörte Kanäle sind also uniform.

Beispiel. Es seien $F := \{e, i\}$,

$G := \{\varepsilon, \eta, \iota\}$ und $(p_{i,j}) := \begin{bmatrix} \frac{1}{2} & \frac{1}{4} & \frac{1}{4} \\ \frac{1}{2} & \frac{1}{4} & \frac{1}{4} \end{bmatrix}$.

Der Kanal $(F, G, (p_{i,j}))$
ist total gestört.

Gleichgültig, mit welcher Wahrscheinlichkeitsverteilung $p(F)$ die Eingangsquelle eines gestörten Kanals $(F, G, (p_{i,j}))$ arbeitet, der Verbundraum FG ist immer ein Produktraum (mit den unabhängigen Faktoren F und G).

Der *kaputte Kanal* verfügt über nur ein Ausgangszeichen. Seine Kanalmatrix ist eine Spalte voller Einsen. Der kaputte Kanal ist ein doppelt uniformer, total gestörter Kanal.

2.3.3 Deterministische Kanäle

Beim *deterministischen Kanal* kann der Beobachter des Kanaleingangs aus der wahrgenommenen Eingabe eines Zeichens $\alpha \in F$ stets mit Sicherheit prognostizieren, welches Zeichen $\beta \in G$ der Kanal ausgeben wird. Wahrscheinlichkeitstheoretisch sind die deterministischen Kanäle durch folgende Bedingung definiert:

Zu jedem $\alpha \in F$ gibt es (genau) ein $\beta \in G$ mit $p(\beta|\alpha) = 1$.

Eine stochastische Matrix ohne Nullspalten ist genau dann die Kanalmatrix eines deterministischen Kanals, wenn in jeder ihrer Zeilen genau eine Eins und sonst nur Nullen zu finden sind. Die deterministischen Kanäle sind uniform.

Beispiel. Es seien $F := \{\omega, \Omega, \Lambda\}$,

$G := \{O, L\}$ und $(p_{i,j}) := \begin{bmatrix} 1 & 0 \\ 1 & 0 \\ 0 & 1 \end{bmatrix}$.

Der Kanal $(F, G, (p_{i,j}))$ ist deterministisch.

Deterministische, ungestörte Kanäle sind ideal. Deterministische, total gestörte Kanäle sind kaputt.

2.3.4 Symmetrische Kanäle

Im codierungstheoretischen Teil dieses Buches (Kapitel 6 bis 10) wird der q-näre *symmetrische Kanal* mit der Fehlerwahrscheinlichkeit $p \in [0,1]$ zu Grunde gelegt. Dieser Kanal hat einen q-nären Eingang F, einen q-nären Ausgang G, und seine (quadratische) Kanalmatrix $(p_{i,j})$ ist definiert als

$$p_{i,j} := \begin{cases} 1-p\,, \text{ falls } i=j \\ \frac{p}{q-1}\,, \text{ falls } i \neq j \end{cases}.$$

Dieser Kanal ist doppelt uniform und seine Kanalmatrix ist *doppelt stochastisch*, das heißt, auch die Spaltensummen ergeben alle den Wert 1. Wie wir auf Seite 44f. nachlesen können, ist die Hamming-Metrik auf den symmetrischen Kanal zugeschnitten. Wird ein Zeichen $\alpha \in F$ in den symmetrischen Kanal eingegeben, so passiert es ihn mit der Wahrscheinlichkeit $1-p$ ungestört, mit der Wahrscheinlichkeit p wird es dagegen gestört und in ein anderes Zeichen verwandelt, wobei kein Zeichen bevorzugt wird. Es dient aber oft der Klarheit, den Eingang F und den Ausgang G als verschiedene Zeichenvorräte anzusehen.

Beispiel. Der für die Anwendungen wichtigste symmetrische Kanal ist der *binäre symmetrische Kanal* [binary symmetric channel, Broadcasting of Southern California] (BSC) mit dem Eingang $F := \{O, L\}$, dem Ausgang $G := \{O, L\}$ und der Kanalmatrix $(p_{i,j}) := \begin{bmatrix} 1-p & p \\ p & 1-p \end{bmatrix}$.

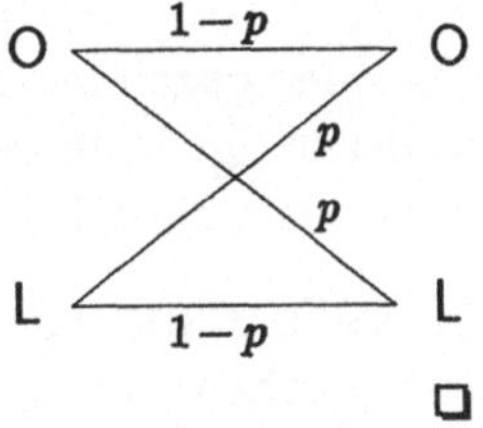

Bayerische Rauschquelle

Wir beschreiben die Rauschquelle eines symmetrischen Kanals mit der Fehlerwahrscheinlichkeit p vergröbert als den Stichprobenraum $Q := \{O, E\}$ mit der Wahrscheinlichkeitsverteilung
$$p(Q) := (p(O) = 1-p, p(E) = p):$$
Wenn in den Kanal ein Zeichen eingegeben wird, so tritt das Elementarereignis O oder E ein, wenn der Kanal das Zeichen ungestört oder gestört ausgibt. Wir betrachten jetzt die Zufallsgröße $v: Q \to \mathbb{R}$; $O \mapsto 0$, $E \mapsto 1$. Für jede nichtnegative ganze Zahl i berechnen wir die Wahrscheinlichkeit, daß die Rauschquelle von n nacheinander in den Kanal eingegebenen Zeichen genau i Stück stört, als

$$\text{Prob}\ \{z_1 z_2 \ldots z_n \in Q^n\ ;\ \sum_{j=1}^{n} v(z_j) = i\} = \binom{n}{i} \cdot p^i \cdot (1-p)^{n-i}.$$

Damit ergibt sich für jede reelle Zahl $\varepsilon > 0$ die Wahrscheinlichkeit

$$P_E := \text{Prob}\ \{z_1 z_2 \ldots z_n \in Q^n\ ;\ \sum_{j=1}^{n} v(z_j) \geq n \cdot (p+\varepsilon)\}$$

dafür, daß die Rauschquelle von n nacheinander in den Kanal eingegebenen Zeichen mindestens $n \cdot (p+\varepsilon)$ Stück stört, als

$$P_E = \sum_{i=\lceil n \cdot (p+\varepsilon) \rceil}^{n} \binom{n}{i} \cdot p^i \cdot (1-p)^{n-i}.$$

Für spätere Anwendungen in Kapitel 6 ist uns diese Formel etwas zu unhandlich; wir begnügen uns daher mit der Abschätzung

$$P_E \leq \frac{V(v)}{\varepsilon^2 \cdot n},$$

die aus dem schwachen Gesetz der großen Zahlen von Seite 71 folgt:

Satz über die Fehlerhäufigkeit in symmetrischen Kanälen. *Für jede reelle Zahl $\varepsilon > 0$ und jede natürliche Zahl n gilt*

$$P_E \leq \frac{p \cdot (1-p)}{\varepsilon^2 \cdot n}. \qquad \qquad \square$$

Die hier gegebene Beschreibung der Rauschquelle ist nur im Fall $q = 2$ vollständig. Eine genauere Beschreibung der Rauschquelle eines q-nären symmetrischen Kanals liefert uns

HANS-JOACHIM KROLL. Unsere auf Seite 72 dem Würfelspieler KROLL (inzwischen unser Freund HANS) gegebene Empfehlung, von seinem Laster abzulassen, hat einen unvorhergesehenen Erfolg gezeitigt: Heute betätigt sich HANS-JOACHIM KROLL als Rauschquelle eines Nachrichtenübertragungskanals mit dem 5-nären Ein- und Ausgang $F := \{0,1,2,3,4\}$. HANS spielt zweihändig, er besitzt einen normalen Würfel und ein Tetraeder, das auf seinen vier Seiten die Punktzahlen $1,2,3$ und 4 zeigt. Immer, wenn der Kanal ein Zeichen $\alpha \in F$ aufnimmt, würfelt HANS zuerst mit dem normalen Würfel. Wenn er eine $1,2,3,4$ oder 5 würfelt, so läßt er das Zeichen α ungestört passieren. Wenn HANS jedoch eine 6 würfelt, so wirft er gleich darauf sein Tetraeder, liest die Ziffer γ auf der Unterseite des Tetraeders ab und bestimmt das Zeichen $\beta \in F$, welches der Kanal ausgibt, als $\beta := \alpha + \gamma \pmod 5$. Mit HANS-JOACHIM KROLL als Rauschquelle berechnen wir die Koeffizienten der Kanalmatrix $(p_{i,j})$ als $p_{i,j} = \frac{5}{6}$ für $i = j$ und als $p_{i,j} = \frac{1}{24}$ für $i \neq j$; der Kanal ist der 5-näre symmetrische Kanal der Fehlerwahrscheinlichkeit $p = \frac{1}{6}$.

2.4 Kanalerweiterungen

Die Folge der Zeichen aus F, die der Kanalcodierer in den Kanal $(F,G,(p_{i,j}))$ eingibt, besteht üblicherweise aus den Codewörtern $x = x_1 x_2 \ldots x_n$ eines bestimmten Blockcodes $C \subseteq F^n$. Wir interessieren uns weniger für die einzelnen Zeichen $y_1, y_2, \ldots, y_n \in G$, die jeweils nach der Eingabe der Zeichen $x_1, x_2, \ldots, x_n \in F$ ausgegeben werden, als für das Wort $y := y_1 y_2 \ldots y_n \in G^n$ als Einheit: Nach der Eingabe des Wortes $x \in F^n$ erwarten wir mit der bedingten Wahrscheinlichkeit $p(y|x) := p(y_1|x_1) \cdot p(y_2|x_2) \cdots p(y_n|x_n)$ die Ausgabe eines bestimmten Wortes $y := y_1 y_2 \ldots y_n \in G^n$. Diese Betrachtungsweise führt uns zu dem Begriff der *n-ten Erweiterung* $(F,G,(p_{i,j}))^n$ des Kanals $(F,G,(p_{i,j}))$; das ist der Kanal mit dem Eingang F^n, dem Ausgang G^n und der $q^n \times r^n$-Kanalmatrix, deren Einträge gerade die Übergangswahrscheinlichkeiten $p(y|x)$ sind, wobei x alle Wörter aus F^n und y alle Wörter aus G^n durchläuft.

Beispiel. Die zweite Erweiterung des binär auslöschenden Kanals (Seite 95) hat den Eingangszeichenvorrat $F^2 = \{\mathsf{OO},\mathsf{OL},\mathsf{LO},\mathsf{LL}\}$, den Ausgangszeichenvorrat $G^2 = \{\mathsf{OO},\mathsf{O?},\mathsf{OL},\mathsf{?O},\mathsf{??},\mathsf{?L},\mathsf{LO},\mathsf{L?},\mathsf{LL}\}$ und die Kanalmatrix

$$
\begin{bmatrix}
(1-p)^2 & (1-p){\cdot}p & 0 & (1-p){\cdot}p & p^2 & 0 & 0 & 0 & 0 \\
0 & (1-p){\cdot}p & (1-p)^2 & 0 & p^2 & (1-p){\cdot}p & 0 & 0 & 0 \\
0 & 0 & 0 & (1-p){\cdot}p & p^2 & 0 & (1-p)^2 & (1-p){\cdot}p & 0 \\
0 & 0 & 0 & 0 & p^2 & (1-p){\cdot}p & 0 & (1-p){\cdot}p & (1-p)^2
\end{bmatrix}.
$$
□

An Hand der Kanaldiagramme sieht man, daß die n-ten Erweiterungen der ungestörten, total gestörten bzw. deterministischen Kanäle ungestört, total gestört bzw. deterministisch sind. Die n-te Erweiterung eines symmetrischen Kanals ist normalerweise kein symmetrischer Kanal.

Beispiel. Die zweite Erweiterung des binären symmetrischen Kanals aus dem Beispiel auf Seite 99 hat den identischen Ein- und Ausgang $F^2 = \{\mathsf{OO},\mathsf{OL},\mathsf{LO},\mathsf{LL}\}$ und die Kanalmatrix

$$
\begin{bmatrix}
(1-p)^2 & (1-p){\cdot}p & (1-p){\cdot}p & p^2 \\
(1-p){\cdot}p & (1-p)^2 & p^2 & (1-p){\cdot}p \\
(1-p){\cdot}p & p^2 & (1-p)^2 & (1-p){\cdot}p \\
p^2 & (1-p){\cdot}p & (1-p){\cdot}p & (1-p)^2
\end{bmatrix}.
$$
□

Wenn wir die n-te Erweiterung $(F,G,(p_{i,j}))^n$ eines Kanals $(F,G,(p_{i,j}))$, nicht mit einem besonderen Code, sondern einfach mit dem Produktraum F^n eines Stichprobenraums (F,p) als Eingangsquelle nutzen, so ist die Ausgangsquelle von $(F,G,(p_{i,j}))^n$ der Produktraum G^n der Ausgangsquelle (G,p).

2.5 Kanaldecodierer

Bei der Nachrichtenübertragung über einen Kanal $(F,G,(p_{i,j}))$ werde ein Blockcode $C \subseteq F^n$ zur Sicherung der Nachrichten gegen Kanalstörungen eingesetzt. Schon weil dieser Code im Normalfall nicht aus allen q^n Wörtern der Blocklänge n mit Komponenten aus dem q-nären Eingangs-Zeichenvorrat F besteht, läßt sich die Eingangsquelle der n-ten Erweiterung $(F,G,(p_{i,j}))^n$ im allgemeinen nicht als die n-te Erweiterung F^n einer Quelle (F,p) beschreiben. Vielmehr werden die Codewörter $c \in C$ jeweils mit gewissen — oft unbekannten — Wahrscheinlichkeiten $p(c)$ in den Kanal eingegeben. Bezüglich dieser Wahrscheinlichkeiten $p(c)$ können wir den Code C als einen Stichprobenraum $(C,p(C))$ betrachten. Der Blockcode C ist eine Teilmenge der Menge F^n. Wir prägen jetzt der Menge F^n die Struktur eines Verbundraumes $F_1 F_2 \ldots F_n$ auf, indem wir jedem Wort $x = x_1 x_2 \ldots x_n \in F^n$ die Wahrscheinlichkeit $p(x)$ zuordnen, wenn x ein Codewort aus C ist; den Wörtern $x \in F^n \setminus C$ ordnen wir die Wahrscheinlichkeit $p(x) := 0$ zu, diese Wörter sind dann unmögliche Stichproben. Die n-te Kanalerweiterung $(F,G,(p_{i,j}))^n$ wird dann mit dem Verbundraum $F_1 F_2 \ldots F_n$ als Eingangsquelle genutzt. Wenn wir nichts über die relativen Häufigkeiten der einzelnen Codewörter wissen — das ist der Normalfall —, so können wir davon ausgehen, daß sie alle dieselbe Chance haben, in den Kanal eingespeist zu werden; bezeichnen wir mit $u := |C|$ die Anzahl der Codewörter, so gilt für jedes Codewort $x \in C$ stets $p(x) = \frac{1}{u}$, während für die Nicht-Codewörter $x \in F_1 F_2 \ldots F_n \setminus C$ stets $p(x) = 0$ gilt.

Nach der Eingabe eines Codewortes $x = x_1 x_2 \ldots x_n \in C$ gibt der Kanal $(F,G,(p_{i,j}))^n$ ein Wort $y = y_1 y_2 \ldots y_n \in G^n$ aus. Der Kanaldecodierer versucht, aus seiner Kenntnis des Wortes y das ursprüngliche Codewort

$x \in C$ zu rekonstruieren. Wenn ihm das unmöglich erscheint, gibt er eine Fehlermeldung '?' aus. Bei diesem Decodiervorgang macht der Decodierer von einer *Decodierregel* Gebrauch, das ist eine Abbildung

$$f : G^n \to C \cup \{?\} \; ; y \mapsto f(y).$$

Wenn die *Ausgabe* $f(y)$ nicht mit dem ursprünglichen Codewort $x \in C$ übereinstimmt, $f(y) \neq x$, so begeht der Kanaldecodierer einen *Decodierfehler*; insbesondere begeht er wissentlich einen Decodierfehler, wenn er die Fehlermeldung $f(y) = ?$ ausgibt.

Die Wahrscheinlichkeit dafür, daß der Kanaldecodierer nach der Eingabe eines bestimmten Codewortes $x \in C$ einen Decodierfehler begeht, wird als *Decodierfehlerwahrscheinlichkeit* $p_E(x)$ *von* x bezeichnet. Es ist

$$p_E(x) \;=\; \sum_{y \in G^n; f(y) \neq x} p(y|x).$$

Dabei berechnet sich die bedingte Wahrscheinlichkeit $p(y|x)$ für $x = x_1 x_2 \ldots x_n \in C \subseteq F^n$ und $y = y_1 y_2 \ldots y_n \in G^n$ als das Produkt $p(y|x) = p(y_1|x_1) \cdot p(y_2|x_2) \cdots p(y_n|x_n)$ der aus der Kanalmatrix entnommenen Faktoren $p(y_i|x_i)$.

Ein guter Kanaldecodierer ist bestrebt, mit einer geeigneten Decodierregel die *mittlere Decodierfehlerwahrscheinlichkeit*

$$p_E(C) \;:=\; \sum_{x \in C} p(x) \cdot p_E(x)$$

zu minimieren.

Wenn dem Kanaldecodierer die Wahrscheinlichkeitsverteilung $p(C)$ bekannt ist (das heißt, wenn er den Verbundraum $F_1 F_2 \ldots F_n$ kennt), so empfiehlt sich die Anwendung der *idealen Decodierregel* $f : G^n \to C$, die jedem Wort $y \in G^n$ mit $p(y) \neq 0$ — um Wörter $y \in G^n$, deren Ausgabe unmöglich ist, braucht sich kein Decodierer zu kümmern — ein solches Codewort $f(y) \in C$ zuordnet, für welches $p(f(y)|y) \geq p(x|y)$ für alle $x \in C$ gilt; ein empfangenes Wort $y \in G^n$ wird in ein Codewort $c \in C$ decodiert, dessen a-posteriori-Wahrscheinlichkeit

$$p(c|y) = \frac{p(y|c) \cdot p(c)}{\sum_{x \in C} p(x) \cdot p(y|x)}$$

maximal ist. Die relative Häufigkeit, mit der ein Kanaldecodierer, der die ideale Decodierregel benutzt, Decodierfehler begeht, ist kleiner als die eines Kanaldecodierers, der mit einer anderen Decodierregel arbeitet. Wir nennen daher einen Kanaldecodierer, der mit der idealen Decodierregel arbeitet, einen *ME-Decodierer* [Minimum Error Probability Decoder].

Der ME-Decodierer decodiert ein empfangenes Wort $y \in G^n$ in ein solches Codewort $c \in C$, für das die a-posteriori-Wahrscheinlichkeit $p(c|y)$ oder — damit gleichbedeutend — die Verbundwahrscheinlichkeit $p(c|y){\cdot}p(y) = p(cy)$ maximal ist. (Wie kann der Kanal ein Wort $y \in G^n$ mit $p(y) = 0$ ausgeben, hää?) Wegen $p(y|c) = \frac{p(cy)}{p(c)} = p(cy){\cdot}|C|$ decodiert der ME-Decodierer bei einem „gleichverteilten" Code C ein Wort $y \in G^n$ in ein solches Codewort $c \in C$, für das die a-priori-Wahrscheinlichkeit $p(y|c)$ maximal ist. Wir definieren: Eine Abbildung

$$f : G^n \to C\,;\, y \mapsto f(y),$$

die jedem Wort $y \in G^n$ ein solches Codewort $f(y) \in C$ zuordnet, für das

$$p(y|f(y)) \geq p(y|x)$$

für alle $x \in C$ gilt, heißt *Maximum-Likelihood-Decodierregel*; der Kanaldecodierer, der eine solche Regel benutzt, heißt *ML-Decodierer*. Auf Seite 45f. haben wir den ML-Decodierer für den q-nären symmetrischen Kanal der Fehlerwahrscheinlichkeit $p < \frac{q-1}{q}$ kennengelernt: Mit dem verbesserten Decodieralgorithmus des dichtesten Codeworts als Decodierregel wird ein empfangenes Wort $w \in G^n$ in ein solches Codewort c decodiert, das unter allen Codewörtern des Blockcodes C zu w einen minimalen Hamming-Abstand $\varrho(w,c)$ hat.

Beispiel. Wir betrachten den binären symmetrischen Kanal BSC der Fehlerwahrscheinlichkeit $\frac{1}{4}$ mit dem Eingang $F := \{O, L\}$ und dem Ausgang $G := \{\Omega, \Lambda\}$. Zur Bekämpfung der Kanalstörungen setzen wir den Blockcode $C = \{c_1 = OOO, c_2 = LOO, c_3 = OLL\}$ ein.

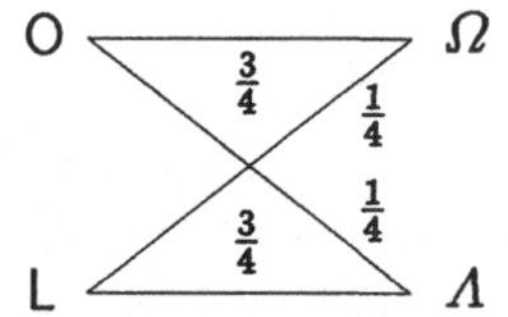

Wir berechnen die Übergangswahrscheinlichkeiten $p(y_j|c_i)$ der acht Wörter $y_1 := \Omega\Omega\Omega$, $y_2 := \Omega\Omega\Lambda$, $y_3 := \Omega\Lambda\Omega$, $y_4 := \Omega\Lambda\Lambda$, $y_5 := \Lambda\Omega\Omega$, $y_6 := \Lambda\Omega\Lambda$, $y_7 := \Lambda\Lambda\Omega$ und $y_8 := \Lambda\Lambda\Lambda$ des Ausganges der dritten Erweiterung $(F, G, (p_{i,j}))^3$ des BSC.

$p(y_j|c_i)$	y_1	y_2	y_3	y_4	y_5	y_6	y_7	y_8
c_1	$\frac{27}{64}$	$\frac{9}{64}$	$\frac{9}{64}$	$\frac{3}{64}$	$\frac{9}{64}$	$\frac{3}{64}$	$\frac{3}{64}$	$\frac{1}{64}$
c_2	$\frac{9}{64}$	$\frac{3}{64}$	$\frac{3}{64}$	$\frac{1}{64}$	$\frac{27}{64}$	$\frac{9}{64}$	$\frac{9}{64}$	$\frac{3}{64}$
c_3	$\frac{3}{64}$	$\frac{9}{64}$	$\frac{9}{64}$	$\frac{27}{64}$	$\frac{1}{64}$	$\frac{3}{64}$	$\frac{3}{64}$	$\frac{9}{64}$

Wir bestimmen eine Maximum-Likelihood-Decodierregel $f: G^3 \to C$, indem wir in der Spalte j dieser Tabelle jeweils einen maximalen Eintrag $p(y_j|c_i)$ suchen: $y_1, y_2, y_3 \mapsto c_1$; $y_5, y_6, y_7 \mapsto c_2$; $y_4, y_8 \mapsto c_3$. (Wir hätten auch $y_2 \mapsto c_3$ oder $y_3 \mapsto c_3$ setzen können; außer der Decodierregel f gibt es also noch drei weitere Maximum-Likelihood-Decodierregeln.) Bezüglich der ML-Decodierregel f berechnen wir die Decodierfehlerwahrscheinlichkeiten der drei Codewörter als $p_E(c_1) = \frac{19}{64}$, $p_E(c_2) = \frac{19}{64}$ und $p_E(c_3) = \frac{28}{64}$.

Wenn die Codewörter c_1, c_2, c_3 mit den relativen Häufigkeiten $p(c_1) := \frac{3}{4}$, $p(c_2) := \frac{1}{8}$, $p(c_3) := \frac{1}{8}$ in den Kanal eingegeben werden, das heißt, wenn die Kanalerweiterung $(F, G, (p_{i,j}))^3$ mit der Eingangsquelle $(C, p(C) := (\frac{3}{4}, \frac{1}{8}, \frac{1}{8}))$ genutzt wird, so hat die mittlere Decodierfehlerwahrscheinlichkeit des ML-Decodierers, der mit der Decodierregel f arbeitet, den Wert $\frac{161}{512}$. Da der Kanaldecodierer die Wahrscheinlichkeitsverteilung $p(C)$ kennt, kann er mit einer idealen Decodierregel $g: G^3 \to C$ arbeiten. Um eine solche zu ermitteln, berechnen wir mit Hilfe der Formel von BAYES und der Kanalgleichungen die a-posteriori-Wahrscheinlichkeiten $p(c_i|y_j)$:

$p(c_i|y_j)$	y_1	y_2	y_3	y_4	y_5	y_6	y_7	y_8
c_1	$\frac{54}{58}$	$\frac{18}{22}$	$\frac{18}{22}$	$\frac{18}{46}$	$\frac{54}{82}$	$\frac{6}{10}$	$\frac{6}{10}$	$\frac{2}{6}$
c_2	$\frac{3}{58}$	$\frac{1}{22}$	$\frac{1}{22}$	$\frac{1}{46}$	$\frac{27}{82}$	$\frac{3}{10}$	$\frac{3}{10}$	$\frac{1}{6}$
c_3	$\frac{1}{58}$	$\frac{3}{22}$	$\frac{3}{22}$	$\frac{27}{46}$	$\frac{1}{82}$	$\frac{1}{10}$	$\frac{1}{10}$	$\frac{3}{6}$

Wir bestimmen eine ideale Decodierregel $g: G^3 \to C$, indem wir in der Spalte j dieser Tabelle jeweils einen maximalen Eintrag $p(c_i|y_j)$ suchen: $y_1, y_2, y_3, y_5, y_6, y_7 \mapsto c_1$; $y_4, y_8 \mapsto c_3$. Diese Decodierregel g ist die einzige ideale Decodierregel und stimmt mit keiner der vier Maximum-Likelihood-Decodierregeln überein. Bezüglich der idealen Decodierregel g berechnen sich die einzelnen Decodierfehlerwahrscheinlichkeiten als $p_E(c_1) = \frac{1}{16}$, $p_E(c_2) = 1$, und $p_E(c_3) = \frac{7}{16}$.

Obwohl der ME-Decodierer nach der Eingabe des (seltenen) Codewortes c_2 im Gegensatz zum ML-Decodierer mit Sicherheit einen Fehler begeht, liegt seine mittlere Decodierfehlerwahrscheinlichkeit mit dem Wert $\frac{116}{512}$ erheblich unter der des ML-Decodierers. Nach der häufigen Eingabe des Codewortes c_1 in den Kanal irrt der ML-Decodierer nämlich fast fünfmal so oft wie der ME-Decodierer. □

Um die Decodierfehlerwahrscheinlichkeit zu senken, sehen die ME- und ML-Decodierer von der Möglichkeit ab, Fehlermeldungen auszugeben. In der Praxis sollte man allerdings abwägen, ob sich dieser Verzicht auszahlt. Die Geschwister ZOIA und VALENTIN C. (Seite 32ff.) gerieten in helle Aufregung, wenn sie damit rechnen müßten, daß der Decodierer in manchen Situationen Lotterie spielt.

Auf Seite 58 wurde darauf hingewiesen, daß die Decodierfehlerhäufigkeit nicht der beste Qualitätsmaßstab für die Übertragungssicherheit eines Kommunikationssystems ist. In diesem Abschnitt haben wir die Tätigkeit des Kanaldecodierers ignoriert, das rekonstruierte Codewort jeweils in diejenige Nachricht zurück zu übersetzen, die durch das Codewort codiert wird. Zur Beurteilung der Übertragungssicherheit im konkreten Fall müssen wir den Kanalcodierer, den Kanal und den ganzen Kanaldecodierer als eine Einheit betrachten, also als einen schwarzen Kasten. Wenn ein Zeichen $\alpha \in F$ in diesen schwarzen Kasten eingegeben wird, und als ein Zeichen $\beta \neq \alpha$ wieder ausgegeben wird, so ist im System ein Übertragungsfehler passiert. In diesem Sinne ist der schwarze Kasten ein Kanal mit dem Ein- und Ausgang F, über den die Zeichen uncodiert (aber ziemlich langsam) übertragen werden. Die relative Fehlerhäufigkeit dieses Superkanals, die sogenannte Übertragungsfehlerwahrscheinlichkeit, ist ein besserer Qualitätsmaßstab für das Kommunikationssystem als die mittlere Decodierfehlerwahrscheinlichkeit. Das Studium der leichter zu handhabenden Decodierfehlerwahrscheinlichkeit rechtfertigen wir damit, daß sie eine obere Schranke für die Übertragungsfehlerwahrscheinlichkeit ist. In Abschnitt 5.3 werden wir auf diesen Problemkreis zurückkommen.

2.6 Kaskadenschaltung

In ein Kommunikationssystem mit dem Kanal $\left(F, G, (p_{i,j})\right)$ sei ein Blockcode $C \subseteq F^n$ der Blocklänge n integriert. Der Kanaldecodierer sei durch eine Decodierregel $f: G^n \to C \cup \{?\}$ beschrieben. Wir können den Decodierer als einen deterministischen Kanal mit dem Eingang G^n und dem Ausgang $C \cup \{?\}$ interpretieren, der in *Kaskade* hinter die n-te Erweiterung $\left(F, G, (p_{i,j})\right)^n$ des Kanals $\left(F, G, (p_{i,j})\right)$ geschaltet ist. Diese Serienschaltung beider Kanäle liefert einen „Superkanal" mit dem Eingang F^n (oder, wenn man das so sehen will, dem Eingang C) und dem Ausgang $C \cup \{?\}$.

Verallgemeinerung: Es seien $\left(F, G, (p_{i,j}^{(1)})\right)$ und $\left(G, E, (p_{i,j}^{(2)})\right)$ zwei Kanäle. Der Ausgang G des Kanals 1 ist mit dem Eingang G von Kanal 2 identisch. Wir schalten die beiden Kanäle in Kaskade und erhalten einen *Superkanal* $\left(F, E, (\pi_{i,j})\right)$, dessen Kanalmatrix $(\pi_{i,j})$ sich als das Matrizenprodukt $(\pi_{i,j}) = (p_{i,j}^{(1)}) \cdot (p_{i,j}^{(2)})$ der Kanalmatrizen der Kanäle 1 und 2 berechnet: Für $\alpha \in F$ und $\gamma \in E$ ist die a-priori-Wahrscheinlichkeit $p(\gamma|\alpha)$ des Superkanals als $p(\gamma|\alpha) := \sum_{\beta \in G} p(\gamma|\beta) \cdot p(\beta|\alpha)$ definiert.

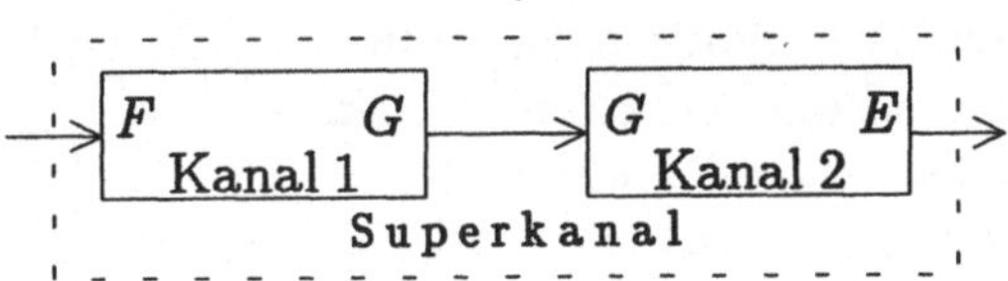

Wir nutzen jetzt den Superkanal mit einer Wahrscheinlichkeitsverteilung $p(F)$. Dann berechnet sich die Wahrscheinlichkeit, daß zugleich

1. das Zeichen $\alpha \in F$ in den Kanal 1 eingegeben wird,
2. das Zeichen $\beta \in G$ von Kanal 1 aus- und in Kanal 2 eingegeben wird,
3. das Zeichen $\gamma \in E$ von Kanal 2 ausgegeben wird,

als
$$p(\alpha\beta\gamma) = p(\alpha) \cdot p(\beta|\alpha) \cdot p(\gamma|\beta).$$

Wenn wir am Ausgang des Kanals 1 (also am Eingang des Kanals 2) ein Zeichen β beobachten, so wurde mit der Wahrscheinlichkeit $p(\alpha|\beta)$ ein bestimmtes Zeichen $\alpha \in F$ in den Kanal 1 eingegeben, unabhängig davon, welches Zeichen $\gamma \in E$ der Kanal 2 auf Grund der Eingabe von $\beta \in G$ ausgibt; in der Tat gilt

$$p(\alpha|\beta\gamma) = \frac{p(\alpha\beta\gamma)}{p(\beta\gamma)} = \frac{p(\alpha) \cdot p(\beta|\alpha) \cdot p(\gamma|\beta)}{p(\beta) \cdot p(\gamma|\beta)} = \frac{p(\alpha\beta)}{p(\beta)} = p(\alpha|\beta).$$

Wir werden von dieser Tatsache im Beweis des Hauptsatzes der Datenverarbeitung in Abschnitt 3.5 Gebrauch machen.

Beispiel. In der Praxis kommt es häufig vor, daß der Ausgabezeichenvorrat G eines Übertragungskanals größer als sein Eingabevorrat F ist, daß beispielsweise numerische Daten verzerrt wiedergegeben werden. Wir sehen uns das Diagramm eines Übertragungskanals mit dem Eingang $\{0,1\}$ und dem Ausgang $\{0,0;0,2;0,4;0,6;0,8;1,0\}$ an. In dieser Situation — ähnlich wie bei der Datenquantisierung (Seite 15 ff.) — empfiehlt es sich, bei Nutzung des Kanals mit nicht zu unterschiedlichen Wahrscheinlichkeiten $p(0)$ und $p(1)$ einen *Reduktionskanal* in Kaskade hinter den Übertragungskanal zu schalten. Im Beispiel ist der Superkanal der binäre symmetrische Kanal der Fehlerwahrscheinlichkeit $p = \frac{1}{10}$.

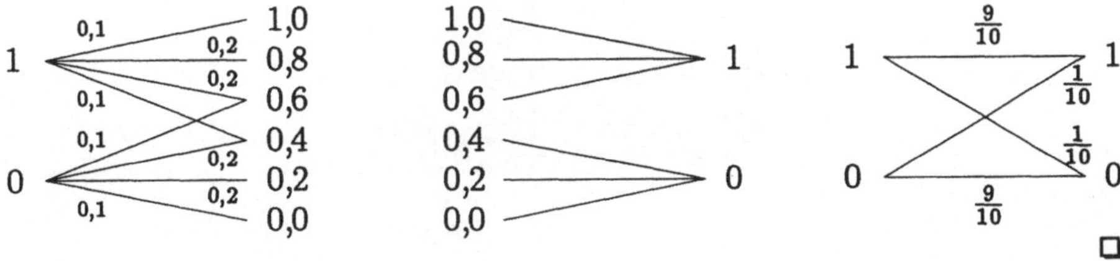

Beispiel. Hinter die zweite Erweiterung des binären auslöschenden Kanals der Fehlerwahrscheinlichkeit p (Seite 95) schalten wir den nebenstehenden Reduktionskanal in Kaskade. Als Superkanal erhalten wir den *quaternären auslöschenden Kanal* mit dem Eingangszeichenvorrat $\{OO, OL, LO, LL\}$, dem Ausgang $\{OO, OL, ?, LO, LL\}$ und der Kanalmatrix

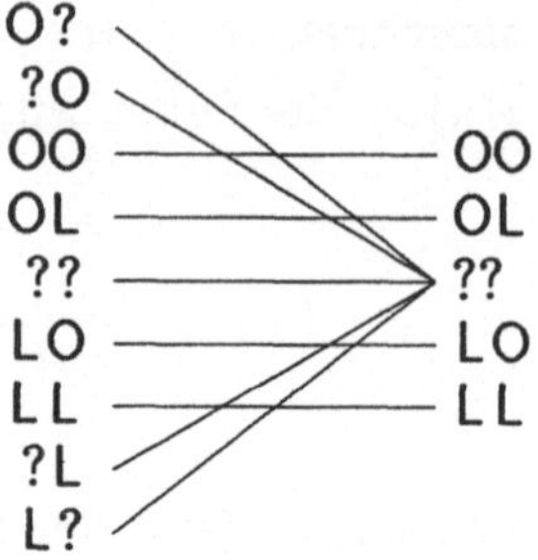

$$\begin{bmatrix} 1-p' & 0 & p' & 0 & 0 \\ 0 & 1-p' & p' & 0 & 0 \\ 0 & 0 & p' & 1-p' & 0 \\ 0 & 0 & p' & 0 & 1-p' \end{bmatrix}\ ,\ \text{wobei}\quad p' := (2-p)\cdot p\quad\text{ist.}$$

Die wohl wichtigsten Reduktionskanäle stellen die in Kaskade hinter die n-te Erweiterung eines Übertragungskanals geschalteten Kanaldecodierer dar; in der Tat sind die Kanaldecodierer deterministische Kanäle: Jedem Wort $y \in G^n$ wird eindeutig das Zeichen $f(y) \in C \cup \{?\}$ zugeordnet. Hinter jeden ungestörten Kanal läßt sich ein geeigneter Reduktionskanal schalten, so daß der Superkanal ideal ist.

Zum Schluß dieses Abschnitts merken wir noch an, daß der Superkanal aus der Kaskadenschaltung zweier identischer q-närer symmetrischer Kanäle mit der Fehlerwahrscheinlichkeit p (mit identischen Ein- und Ausgängen) wieder ein q-närer symmetrischer Kanal mit der Fehlerwahrscheinlichkeit $p \cdot \left(2 - p \cdot \left(1 + \frac{1}{q-1}\right)\right)$ ist, wie man durch Quadrieren der Kanalmatrix überprüft.

3 Information

Der Begriff „Information", wie er in der Informationstheorie gebraucht wird, unterscheidet sich vom umgangssprachlichen Informationsbegriff grundsätzlich. Vielleicht auch wegen der mißverständlichen Gleichsetzung dieser verschiedenen Bedeutungen wurde die Informationstheorie — wie in jüngster Zeit die unter reißerischen Titeln firmierende „Chaos"- und „Katatastrophen"-Theorie — in den 50er Jahren modisch. Ähnlich

wie heute einige Exponenten der Fraktalisten-Sekte in Superlativen für ihre „neue, revolutionäre Wissenschaft" werben, lockten publizitätssüchtige Jugendverderber Jünger an und weckten unerfüllbare Hoffnungen. Als Experten getarnte Scharlatane spekulierten lautstark über Anwendungen der Informationstheorie auf Gebieten, deren Probleme den Methoden der exakten Wissenschaften bislang unzugänglich waren.

Die Behauptung, die geistigen Funktionen des Menschen bestünden in der Aufnahme, Verarbeitung, Speicherung und Abgabe von Informationen, ist ebenso komisch, wie der Versuch CHRISTIAN KRAMPs (der Arzneykunde Doktor, des Herzogl. Zweybr. Oberamts sowie der Stadt Meisenheim Physikus, der herzoglichen Lande Hebammenmeister), am Anfang des 19. Jahrhunderts den menschlichen Blutkreislauf und seine krankhaften Störungen mit Hilfe von Differentialgleichungen zu erklären. CHRISTIAN KRAMP bereicherte die Wissenschaft um die Schreibweise 'n!' für das Produkt $1 \cdot 2 \cdot 3 \cdots n$, KARL STEINBUCH um eine Erläuterung des Begriffs der Kanalkapazität: *„Sachverhalte, welche die Kapazität des Bewußtseins überschreiten, können nicht ohne Vergröberung abgebildet werden."* (*Kommunikationstechnik*, Springer, Berlin 1977, S. 60)

3.1 Logarithmen

In diesem Abschnitt werden einige Eigenschaften der Logarithmus-Funktionen rekapituliert.

Es sei $a \neq 1$ eine positive reelle Zahl. Für jede reelle Zahl y können wir die Potenz a^y als Grenzwert $a^y := \lim_{n \to \infty} a^{r_n}$ definieren, wobei $(r_n ; n \in \mathbb{N})$ eine gegen y konvergente Folge rationaler Zahlen ist.

Die Abbildung $\mathbb{R} \to \mathbb{R} ; y \mapsto a^y$ ist eine streng monotone, beliebig oft differenzierbare Funktion, die jeden positiven reellen Wert x genau einmal annimmt. Die eindeutige Lösung y der Gleichung $x = a^y$ heißt *Logarithmus von x zur Basis a* und wird mit $\log_a x$ bezeichnet.

Der *duale Logarithmus* $\operatorname{ld} x := \log_2 x$ und der *natürliche Logarithmus* $\ln x := \log_e x$ haben die Basen 2 und $e := \lim_{n \to \infty} (1 + \frac{1}{n})^n$.

Aus der exponentiellen Funktionalgleichung $a^{y_1 + y_2} = a^{y_1} \cdot a^{y_2}$ folgt die logarithmische Funktionalgleichung $\log_a(x_1 \cdot x_2) = \log_a(x_1) + \log_a(x_2)$ für alle positiven reellen Zahlen $x_1, x_2 \in \mathbb{R}$. Insbesondere gilt $\log_a 1 = 0$ und $\log_a \frac{1}{x} = - \log_a x$ für alle $x \in \mathbb{R}^+$.

Ist $b \neq 1$ eine weitere positive reelle Zahl, so ist $\log_a x = \log_a b \cdot \log_b x$ und $\log_b x = \frac{\log_a x}{\log_a b}$; das ergibt sich aus den Gleichungen $y = \log_a b$, $z = \log_b x$ und $b^z = a^{y \cdot z}$. Es folgt $\log_{\frac{1}{a}} x = - \log_a x = \log_a \frac{1}{x}$.

Es ist $\frac{d}{dx} \ln x = \frac{1}{x}$ und damit $\frac{d}{dx} \log_a x = \frac{1}{x \cdot \ln a}$. Nach den L'HÔPITALschen Regeln gilt $\lim_{x \to 0} x \cdot \log_a x = \lim_{x \to 0} \frac{\log_a x}{1/x} = \frac{1}{\ln a} \cdot \lim_{x \to 0} \frac{1/x}{-1/x^2} = 0$ und damit auch $\lim_{x \to 0} x \cdot \log_a \frac{1}{x} = - \lim_{x \to 0} x \cdot \log_a x = 0$.

Für $a < 1$ fällt die Funktion $x \mapsto \log_a x$ streng monoton; für $a > 1$ steigt sie streng monoton. Wir setzen fortan stets $a > 1$ voraus.

Kennzeichnung des Logarithmus. *Für jede reelle Zahl $a > 1$ ist die Funktion $f = - \log_a$ die einzige stetige Funktion $f : \,]0,1] \to \mathbb{R}$, die der Funktionalgleichung $f(x \cdot y) = f(x) + f(y)$ und der Anfangsbedingung $f(\frac{1}{a}) = 1$ genügt.*

Beweis. Aus der Anfangsbedingung und der Funktionalgleichung folgt für alle $n, m \in \mathbb{N}$ stets $m \cdot f(\frac{1}{a^{1/m}}) = f(\frac{1}{a}) = 1$, also $f(\frac{1}{a^{1/m}}) = \frac{1}{m}$ und damit $f(\frac{1}{a^{n/m}}) = n \cdot f(\frac{1}{a^{1/m}}) = \frac{n}{m}$. Die Funktion f stimmt also auf den Potenzen von $\frac{1}{a}$ mit positiven rationalen Exponenten mit der Funktion $\log_{\frac{1}{a}} = - \log_a$ überein. Der Vollständigkeit halber müssen wir diese

Übereinstimmung auch noch für Potenzen $r \in \,]0,1]$ von $\frac{1}{a}$ mit irrationalen Exponenten zeigen: Wenn sich r als Grenzwert $r = \lim\limits_{n\to\infty} r_n$ einer Folge $(r_n\,;\,n \in \mathbb{N})$ von Potenzen von $\frac{1}{a}$ mit positiven rationalen Exponenten darstellen läßt, so folgt aus der Stetigkeit der Funktionen f und $-\log_a$ die Gleichung $f(r) = f(\lim\limits_{n\to\infty} r_n) = \lim\limits_{n\to\infty} f(r_n) = \lim\limits_{n\to\infty} -\log_a r_n = -\log_a(\lim\limits_{n\to\infty} r_n) = -\log_a r$. Um $f = -\log_a$ zu beweisen, müssen wir nur noch einsehen, daß sich jede reelle Zahl $r \in \,]0,1]$ wirklich als Grenzwert einer solchen Folge $(r_n\,;\,n \in \mathbb{N})$ darstellen läßt, das heißt, daß zu je zwei reellen Zahlen $x,y \in \,]0,1]$ mit $x < y$ stets zwei natürliche Zahlen m,n mit $x < \frac{1}{a^{n/m}} < y$ existieren: Wegen $x < y$ gibt es ein $m \in \mathbb{N}$ mit $\frac{y^m}{x^m} > a$ und es folgt $y^m > a \cdot x^m$. Wegen $\lim\limits_{n\to\infty} \frac{1}{a^n} = 0$ existiert eine kleinste ganze Zahl $n \geq 0$ mit $x^m \geq \frac{1}{a^{n+1}}$; es folgt $\frac{1}{a^n} > x^m$. Nun gilt $y^m > a \cdot x^m \geq a \cdot \frac{1}{a^{n+1}} = \frac{1}{a^n}$. Es folgt $y^m > \frac{1}{a^n} > x^m$, also $y > \frac{1}{a^{n/m}} > x$. □

Hilfssatz. *Für jede positive reelle Zahl $x \neq 1$ gilt $\ln x < x - 1$.*

Beweis. Wir differenzieren die Funktion $f(x) := \ln x - x + 1$. Es ist $f'(x) = \frac{1}{x} - 1$, also $f'(x) = 0$ genau dann, wenn $x = 1$ ist. Wegen $\lim\limits_{x\to 0} f(x) = \lim\limits_{x\to\infty} f(x) = -\infty$ hat $f(x)$ im Punkt $x = 1$ ein Maximum und ist sonst negativ.

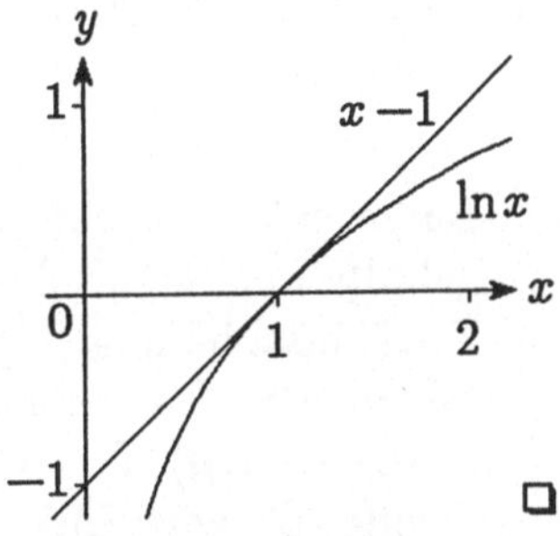

□

Fundamentale Ungleichung. *Es seien $x_1, x_2, \ldots, x_q$ und $y_1, y_2, \ldots, y_q$ nichtnegative reelle Zahlen mit $x_1 + x_2 + \ldots + x_q = y_1 + y_2 + \ldots + y_q$. Für jede Basis $a > 1$ gilt $\sum\limits_{i=1}^{q} x_i \cdot \log_a \frac{y_i}{x_i} \leq 0$. Es ist $\sum\limits_{i=1}^{q} x_i \cdot \log_a \frac{y_i}{x_i} = 0$ genau dann, wenn $x_1 = y_1, x_2 = y_2, \ldots, x_q = y_q$ gilt.* □

Beweis. Wir setzen $0 \cdot \log_a \frac{y}{0} := 0$ für $y \geq 0$ und $x \cdot \log_a \frac{0}{x} := -\infty$ für $x > 0$. Mit Ausnahme des Falles $(x,y) \neq (0,0)$ sind diese Definitionen durch die Regeln von L'HÔPITAL gedeckt. Wir dürfen $x_i \cdot y_i > 0$ für $1 \leq i \leq r$ und $x_i \cdot y_i = 0$ für $r < i \leq q$ annehmen. Mit dem Hilfssatz folgt

$$\sum_{i=1}^{q} x_i \cdot \log_a \frac{y_i}{x_i} \leq \sum_{i=1}^{r} x_i \cdot \log_a \frac{y_i}{x_i} = \frac{1}{\ln a} \cdot \sum_{i=1}^{r} x_i \cdot \ln \frac{y_i}{x_i} \leq \frac{1}{\ln a} \cdot \sum_{i=1}^{r} x_i \cdot \left(\frac{y_i}{x_i} - 1\right) =$$

$$= \frac{1}{\ln a} \cdot \left(\sum_{i=1}^{r} y_i - \sum_{i=1}^{r} x_i\right) = 0;$$ Gleichheit gilt dabei genau dann, wenn

$$\frac{y_1}{x_1} = \frac{y_2}{x_2} = \ldots = \frac{y_r}{x_r} = 1$$ und $x_i = y_i = 0$ für $r < i \leq q$ ist. □

3.2 Informationsgehalt

Wir wollen einen quantitativen Maßbegriff für die Information entwikkeln: Wie groß ist unser *Informationsgewinn* oder unsere *Überraschung*,
wenn eine Quelle (Q,p) im engeren Sinne eine spezielle Nachricht $s \in Q$
aussendet? Da wir den Nachrichten keinerlei semantische Bedeutung
bei messen, kann dieser Informationsgewinn nur von der Wahrscheinlichkeit $p := p(s)$ abhängen, mit der die Nachricht s aus dem Nachrichtenvorrat Q ausgewählt wird. Unsere Überraschung über die Aussendung
der Nachricht s ist um so größer, je unwahrscheinlicher diese Nachricht
ist, je kleiner p ist. Dabei ignorieren wir vorerst unmögliche Nachrichten,
denen die Wahrscheinlichkeit 0 zugeordnet ist.

Wir werden damit den von einer Nachricht $s \in Q$ vermittelten Informationsgehalt $I(s)$ als den Wert einer solchen Funktion $f :]0,1] \to \mathbb{R}$
an der Stelle $p := p(s)$ definieren, die den folgenden drei vom gesunden
Menschenverstand diktierten Bedingungen genügt:

1. Der Informationsgehalt zweier unabhängig voneinander ausgesandter
   Nachrichten $s, s' \in Q$ soll sich als die Summe der Informationsgehalte der Nachrichten s und s' berechnen: $I(ss') = I(s) + I(s')$.
   Zwei unabhängig voneinander ausgesandte Nachrichten $s, s' \in Q$
   bilden eine Nachricht ss' aus dem Produkt Q^2 des Stichprobenraumes (Q,p). Die Nachricht ss' dieser zweiten Erweiterung Q^2 der
   Quelle Q wird mit der Wahrscheinlichkeit $p(ss') = p(s) \cdot p(s')$ ausgesandt. Wir werden die Funktionalgleichung $f(x \cdot y) = f(x) + f(y)$ für
   alle $x, y \in]0,1]$ fordern.

2. Wenn sich die Auswahlwahrscheinlichkeiten $p(s), p(s')$ zweier Nachrichten $s, s' \in Q$ nur um wenig voneinander unterscheiden, dann
   sollen sich auch ihre Informationsgehalte $I(s)$ und $I(s')$ nur wenig
   voneinander unterscheiden. Wir fordern daher, daß die Funktion
   $f :]0,1] \to \mathbb{R}$ stetig sei.

3. Es wird eine Maßeinheit für den Informationsgehalt einer Nachricht
   eingeführt: Wir wählen willkürlich eine reelle Zahl $a > 1$ und sagen,
   daß eine Nachricht $s \in Q$, die von der Quelle Q mit der Wahrscheinlichkeit $p(s) := \frac{1}{a}$ ausgewählt wird, den Informationsgehalt
   $I(s) = 1$ habe. Wir fordern $f(\frac{1}{a}) = 1$.

Diese drei natürlichen Forderungen zwingen uns wegen der Kennzeichnung des Logarithmus (siehe Seite 110), die Funktion f als $f := -\log_a$ anzusetzen. Wir definieren daher den *Informationsgehalt* [information content] oder kürzer die *Information* einer Nachricht $s \in Q$ mit der zugehörigen Auswahlwahrscheinlichkeit $p := p(s) > 0$ als

$$I_a(s) := \log_a \frac{1}{p} = -\log_a p,$$

wobei $a > 1$ eine willkürlich gewählte reelle Konstante ist. Für die Wahl $a := 2$ ist das *bit* (kleingeschrieben!) die Maßeinheit der Information, für $a := e$ das *nat* und für $a := 10$ das *Hartley*. Für $b > 1$ ist $I_b = \frac{1}{\log_a b} \cdot I_a$. Eine Quelle (Q,p) ist nichts anderes als ein endlicher Stichprobenraum. Wir können den Informationsgehalt $I_a : Q \to \mathbb{R}$ als Zufallsgröße deuten.

Entscheidungsgehalt. Dem Begriff des Informationsgehaltes einer Nachricht ist der ihres Entscheidungsgehaltes verwandt: Wir isolieren die Nachrichten einer Quelle durch aufeinanderfolgende Alternativentscheidungen in einer *binären Entscheidungskaskade*. Wir zerlegen den Nachrichtenvorrat Q der Quelle (Q,p) unter Berücksichtigung der Wahrscheinlichkeitsverteilung $p := p(Q)$ in zwei Teilmengen. Beide Teilmengen zerlegen wir im nächsten Schritt in wieder je zwei Teilmengen und treiben das Verfahren so lange fort, bis jede einzelne Nachricht isoliert ist. Der in 'bit' gemessene *Entscheidungsgehalt* [decision content] einer Nachricht ist die Anzahl der Schritte, die nötig sind, um die Nachricht zu isolieren. Bei einer optimalen Strategie ist der mittlere Entscheidungsgehalt (bezüglich $p(Q)$) der Nachrichten minimal. Wenn sämtliche Komponenten der Wahrscheinlichkeitsverteilung p Potenzen von $\frac{1}{2}$ sind, und wenn die Alternativentscheidungen die Nachrichtenmengen immer in jeweils zwei gleichwahrscheinliche Mengen zerlegen, so ist die Strategie optimal, und der Entscheidungsgehalt einer Nachricht $s \in Q$ ist ihrem Informationsgehalt $I_2(s) = \operatorname{ld} \frac{1}{p(s)}$ [bit] gleich. Wir beäugen eine optimale Entscheidungskaskade in einem

Beispiel. Wir betrachten die Quelle $Q = \{s_1, s_2, s_3, s_4\}$ mit der Wahrscheinlichkeitsverteilung $p(Q) = (\frac{1}{2}, \frac{1}{4}, \frac{1}{8}, \frac{1}{8})$. Die Nachrichten s_1, s_2, s_3, s_4 haben die Entscheidungs- und Informationsgehalte $I_2(s_1) = 1$ bit, $I_2(s_2) = 2$ bit, $I_2(s_3) = 3$ bit und $I_2(s_4) = 3$ bit. Der mittlere Entscheidungsgehalt beträgt 1,75 bit.   □

Der mittlere Entscheidungsgehalt stimmt mit der mittleren Codewortlänge einer *kompakten binären Quellencodierung* (unten in Abschnitt 4.1, Seite 42ff.) überein. In ihrer vollen Tragweite wird die Ähnlichkeit der Begriffe *mittlerer Entscheidungsgehalt* und *mittlerer Informationsgehalt* (oder *Entropie*, Abschnitt 3.3, Seite 114ff.) im Quellencodierungssatz (Seite 154) klar: Der mittlere Entscheidungsgehalt der Nachrichten der n-ten Erweiterung $(Q,p)^n$ einer Quelle (Q,p) strebt mit wachsendem n gegen die Entropie von Q.

Der informationstheoretische Begriff des Informationsgehaltes stiftet manchmal Verwirrung, er sieht völlig vom Inhalt der Nachrichten ab. Benutzen wir das lateinische Alphabet als Quelle mit der Wahrscheinlichkeitsverteilung, die durch die Häufigkeitsverteilung der einzelnen Buchstaben in der deutschen Sprache gegeben ist, so müßte ein Buch, das von vorn bis hinten mit den Buchstaben 'y' und 'q' vollgedruckt ist, nach unserer Definition besonders reich an Information sein; wir sind aber nur von dem einzigen 'e' (einem Druckfehler?) auf Seite 114 überrascht!

3.3 Entropie

Es sei (Q,p) eine q-näre Quelle im engeren Sinne. Ein Beobachter des Ausgangs der Quelle erfährt im Mittel pro ausgegebenem Zeichen einen Informationsgewinn von

$$H_a(Q) := E(I_a) = \sum_{s \in Q} p(s) \cdot I_a(s) = \sum_{s \in Q} p(s) \cdot \log_a \frac{1}{p(s)}$$

Informationseinheiten. Dieser Erwartungswert $H_a(Q)$ der Zufallsgröße $I_a : Q \to \mathbb{R}$ heißt die *Entropie* [entropy] der Quelle (Q,p). Die Entropie mißt unsere Unsicherheit, wenn wir raten sollen, welche Nachricht von der Quelle zu einem zukünftigen Zeitpunkt ausgewählt werden wird; dabei ist vorausgesetzt, daß wir die Wahrscheinlichkeitsverteilung $p(Q)$ kennen. Die Maßeinheit der Entropie ist die von der Wahl der Konstanten $a > 1$ abhängige Maßeinheit des Informationsgehaltes. Der Übergang zu einer anderen Maßeinheit mit der Basis $b > 1$ ist einfach:

$$H_b(Q) = \frac{H_a(Q)}{\log_a b}.$$

Bei der Definition des Informationsgehaltes einer Nachricht $s \in Q$ haben wir den bei Quellen zugelassenen Fall $p(s) = 0$ ignoriert. In welcher Weise gehen nun solche Nachrichten von „unendlichem" Informationsgehalt in die Entropie der Quelle ein? Wegen $\lim_{p \to 0} p \cdot \log_a \frac{1}{p} = 0$ ist es gerechtfertigt, den Beitrag „$0 \cdot \log_a \frac{1}{0}$" einer unmöglichen Nachricht zur Entropie einer Quelle als 0 anzusehen. Aus technischen Gründen werden wir manchmal nach Bedarf ohne großes Gegacker Quellen um einige unmögliche „Dummy"-Nachrichten vergrößern; das können wir machen, ohne die Entropie zu ändern.

In der Informations- und Codierungstheorie spielt die Quelle (Q,p) über dem Nachrichtenvorrat $Q = \{s_1, s_2, \ldots, s_q\}$ mit der Wahrscheinlichkeitsverteilung

$$p(Q) = (1-p, \tfrac{p}{q-1}, \tfrac{p}{q-1}, \ldots, \tfrac{p}{q-1}),\ p \in [0,1],$$

eine besonders wichtige Rolle. Wir fassen die Entropie $H_q(Q)$ dieses Stichprobenraumes (Q,p) als sogenannte *q-näre Entropiefunktion*

$$H_q : [0,1] \to \mathbb{R}\ ; p \mapsto H_q(p)$$

der Variablen p auf. Der Wert $H_q(p)$ der Entropiefunktion an der Stelle $p \in [0,1]$ berechnet sich als

$$H_q(p) = (1-p)\cdot\log_q \tfrac{1}{1-p} + p\cdot\log_q \tfrac{q-1}{p} =$$
$$= (\log_q e)\cdot\left((1-p)\cdot\ln \tfrac{1}{1-p} + p\cdot\ln\tfrac{q-1}{p}\right).$$

An den Randpunkten des Intervalls $[0,1]$ hat die q-näre Entropiefunktion die Werte $H_q(0) = 0$ beziehungsweise $H_q(1) = \log_q(q-1)$. Um zu sehen, für welches Argument p die auf dem kompakten Intervall $[0,1]$ stetige q-näre Entropiefunktion H_q ihr Maximum annimmt, differenzieren wir sie: $\frac{d}{dp}H_q(p) = \log_q \frac{(q-1)\cdot(1-p)}{p}$. Die Ableitung $\frac{d}{dp}H_q(p)$ verschwindet nur im

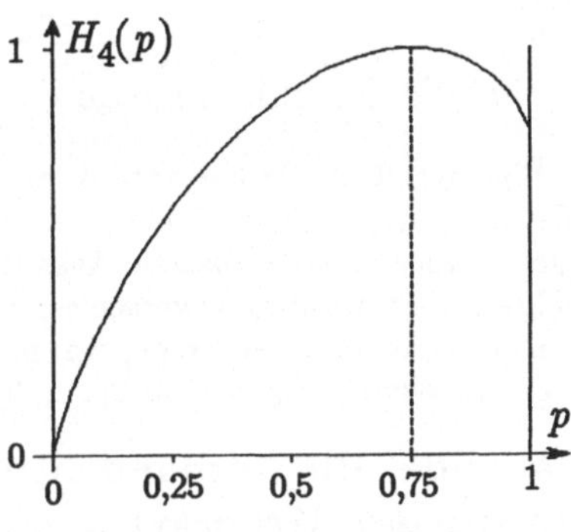

Punkt $p := \frac{q-1}{q}$; Die Entropiefunktion H_q hat dort den Wert 1. Damit ist $p = \frac{q-1}{q}$ der einzige Extremwert im Intervall $]0,1[$, ein Maximum. An den Stellen $p = 0$ und $p = 1$ hat der Graph der Entropiefunktion wegen $\lim\limits_{p\to 0}\frac{d}{dp}H_q(p) = \infty = -\lim\limits_{p\to 1}\frac{d}{dp}H_q(p)$ vertikale Tangenten.

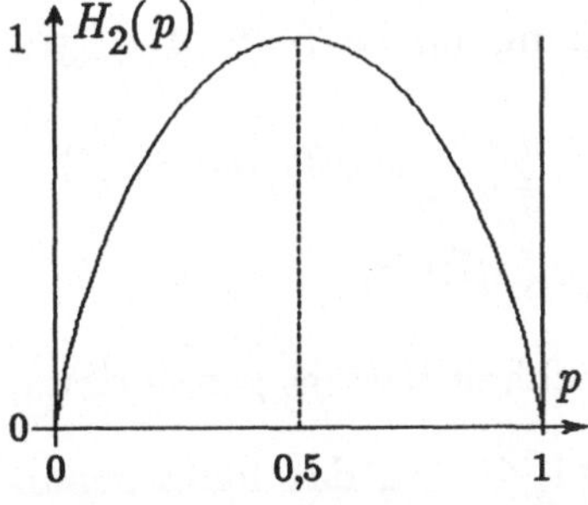

Die binäre Entropiefunktion H_2 beschreibt die Quelle $Q = \{O,L\}$ mit $p(O) = p$ und $p(L) = 1-p$. Die Entropie $H_2(Q) = H_2(p)$ hat ihren größten Wert an der Stelle $p = \frac{1}{2}$. Das Beispiel dieser binären Quelle führt uns zu der Vermutung, daß die als reelle Funktion der Variablen $p = (p_1, p_2, \ldots, p_q)$ betrachtete Entropie $H(Q)$ einer q-nären Quelle (Q,p) genau dann ihr Maximum annimmt, wenn $p = (\frac{1}{q}, \frac{1}{q}, \ldots, \frac{1}{q})$ die Gleichverteilung ist.

Als stetige reelle Funktion besitzt $H(Q)$ mit Sicherheit auf dem Kompaktum $\{(x_1, x_2, \ldots, x_q) \in [0,1]^q\} \,;\, x_1 + x_2 + \ldots + x_q = 1\}$ ein Maximum.

Satz über die maximale Entropie. *Es sei (Q,p) eine u-näre Quelle im engeren Sinne. Für jede Basis $a > 1$ gilt $H_a(Q) \leq \log_a u$, und es gilt $H_a(Q) = \log_a u$ genau dann, wenn die Wahrscheinlichkeitsverteilung $p(Q)$ die Gleichverteilung $p = (\frac{1}{u}, \frac{1}{u}, \ldots, \frac{1}{u})$ ist.*

Beweis. Wir setzen $p = (p_1, p_2, \ldots, p_u)$. Nach der fundamentalen Ungleichung von Seite 111 gilt wegen $\sum_{i=1}^{u} p_i = 1$ und $\sum_{i=1}^{u} \frac{1}{u} = 1$ stets

$$H_a(Q) - \log_a u = \sum_{i=1}^{u} p_i \cdot \log_a \frac{1}{p_i} - \sum_{i=1}^{u} p_i \cdot \log_a u = \sum_{i=1}^{u} p_i \cdot \log_a \frac{1}{p_i \cdot u} \leq 0,$$

wobei die Gleichheit genau dann gilt, wenn $p_1 = p_2 = \ldots = p_q = \frac{1}{u}$ ist.   □

Eine gesellschaftsrelevante Anwendung des Satzes über die maximale Entropie: Die Bevorzugung einiger Noten bei schulischen Leistungsbewertungen an Stelle einer gleichmäßigen statistischen Ausnutzung der gesamten Notenskala ist eine himmelschreiende Informationsverschwendung!

Die (recht dumme) Frage, wann die Entropie minimal ist, läßt sich leicht beantworten: Wenn $p(Q) = (1,0,0,\ldots,0)$ gilt, so ist $H_a(Q) = 0$.

Satz über die Verbundentropie. *Es sei $a > 1$ eine reelle Zahl und FG ein endlicher Verbundraum. Dann gilt $H_a(FG) \leq H_a(F) + H_a(G)$. Es gilt genau dann $H_a(FG) = H_a(F) + H_a(G)$, wenn die Faktoren F und G des Verbundraumes FG unabhängig sind.*

Beweis. Nach der fundamentalen Ungleichung (siehe Seite 111) gilt $H_a(F) + H_a(G) - H_a(FG) =$

$$= \sum_{\alpha \in F} p(\alpha) \cdot \log_a \frac{1}{p(\alpha)} + \sum_{\beta \in G} p(\beta) \cdot \log_a \frac{1}{p(\beta)} + \sum_{\alpha \in F, \beta \in G} p(\alpha\beta) \cdot \log_a p(\alpha\beta) =$$

$$= \sum_{\alpha \in F, \beta \in G} p(\alpha\beta) \cdot \left(\log_a \frac{1}{p(\alpha)} + \log_a \frac{1}{p(\beta)} + \log_a p(\alpha\beta) \right) =$$

$$= \sum_{\alpha \in F, \beta \in G} p(\alpha\beta) \cdot \log_a \frac{p(\alpha\beta)}{p(\alpha) \cdot p(\beta)} \geq 0;\ \text{die Gleichheit besteht genau dann,}$$

wenn $p(\alpha\beta) = p(\alpha) \cdot p(\beta)$ für alle $\alpha \in F$, $\beta \in G$ ist, das heißt genau dann, wenn FG ein Produktraum ist.   □

Als Korollar erhalten wir unmittelbar den

Satz über die Entropie der n-ten Erweiterung einer Quelle. *Es seien $a > 1$ eine Basis, n eine natürliche Zahl und (Q,p) eine Quelle im engeren Sinne. Dann gilt $H_a(Q^n) = n \cdot H_a(Q)$.* $\square$

Dieser Satz besagt nicht, daß man die Entropie einer Quelle durch einen einfachen Trick ungestraft ver-n-fachen kann; der Nachrichtenvorrat der Quelle Q^n besteht aus q^n Nachrichten. Die lineare Entropieerhöhung wird also durch eine exponentielle Nachrichtenvermehrung erkauft.

3.4 Transinformation

Wir gehen in diesem Abschnitt der Frage nach, wieviel Information ein Kanal $\big(F,G,(p_{i,j})\big)$ im Mittel pro eingegebenem Zeichen transportiert. Der Kanal werde von einer q-nären Eingangsquelle $F = \{\alpha_1,\alpha_2,\dots\alpha_q\}$ mit einer als bekannt vorausgesetzten Wahrscheinlichkeitsverteilung $p(F) := \big(p(\alpha_1),p(\alpha_2),\dots,p(\alpha_q)\big)$ gespeist. Außer der Eingangsquelle liefert auch die Rauschquelle einen Beitrag zur Entropie der r-nären Ausgangsquelle $G = \{\beta_1,\beta_2,\dots\beta_r\}$. Deren Wahrscheinlichkeitsverteilung $p(G) := \big(p(\beta_1),p(\beta_2),\dots,p(\beta_r)\big)$ berechnen wir mit Hilfe der Kanalgleichungen (Seite 68f.) aus der Wahrscheinlichkeitsverteilung $p(F)$ und der Kanalmatrix $(p_{i,j})$. Welcher Beitrag zur Entropie der Ausgangsquelle stammt von der Eingangsquelle, welcher von der Rauschquelle?

Wenn wir ein Zeichen $\alpha \in F$ in den Kanal eingeben, so erwarten wir die Ausgabe eines Zeichens $\beta \in G$ mit der bedingten Wahrscheinlichkeit $p(\beta|\alpha)$. Der *bedingte Informationsgehalt*

$$I_a(\beta|\alpha) := \log_a \frac{1}{p(\beta|\alpha)},$$

den ein Beobachter des Kanalausgangs, der über die Eingabe des Zeichens $\alpha \in F$ Bescheid weiß, durch die tatsächliche Beobachtung des Zeichens $\beta \in G$ gewinnt, ist ausschließlich im Kanal entstanden, also von den Kanalstörungen verursacht worden. Für jedes Zeichen $\alpha \in F$ deuten wir den bedingten Informationsgehalt $I_a(\beta|\alpha)$ als Zufallsgröße auf dem Stichprobenraum, dessen Stichprobenmenge der Zeichenvorrat G ist, und dessen Wahrscheinlichkeitsverteilung durch die a-priori-Wahrscheinlichkeiten $p(\beta_1|\alpha), p(\beta_2|\alpha), \ldots, p(\beta_r|\alpha)$ gegeben ist. Diese Zahlen stehen in einer Zeile der Kanalmatrix. Damit wird die Definition

$$H_a(G|\alpha) := \sum_{\beta \in G} p(\beta|\alpha) \cdot I_a(\beta|\alpha) = \sum_{\beta \in G} p(\beta|\alpha) \cdot \log_a \frac{1}{p(\beta|\alpha)}$$

der *bedingten Entropie* für jedes $\alpha \in F$ als Erwartungswert dieser Zufallsgröße verständlich: Die bedingte Entropie $H_a(G|\alpha)$ gibt an, wieviel neue Information wir im Mittel durch die Beobachtung des Kanalausgangs erhalten, wenn wir wissen, daß das Zeichen $\alpha \in F$ in den Kanal eingegeben wurde; dieser mittlere Informationsgehalt ist allein auf die Aktivität der Rauschquelle zurückzuführen.

Wir interpretieren jetzt die bedingte Entropie $H_a(G|\alpha)$ als Zufallsgröße $\alpha \mapsto H_a(G|\alpha)$ auf der Eingangsquelle (F,p) des Kanals. Ihr Erwartungswert $H_a(G|F)$, die sogenannte *Irrelevanz* oder *Streuentropie*

$$H_a(G|F) := \sum_{\alpha \in F} p(\alpha) \cdot H_a(G|\alpha) = \sum_{\alpha \in F} \sum_{\beta \in G} p(\alpha) \cdot p(\beta|\alpha) \cdot \log_a \frac{1}{p(\beta|\alpha)}$$

besteht aus dem Anteil an der Entropie $H_a(G)$ der Ausgangsquelle G, der im Mittel pro Zeiteinheit von der Rauschquelle beigesteuert wird. Der Benutzer des Kommunikationssystems ist nicht an ihr interessiert; im Gegenteil: Der Sinn der Kanalcodierung ist es, durch Verwendung eines geeigneten Codes den Rauschanteil an der Entropie $H_a(G)$ wegzufiltern.

Im Satz über die Verbundentropie auf Seite 116 wurde die *Verbundentropie* $H_a(FG)$ durch die Summe der Entropien der Eingangsquelle und Ausgangsquelle des Kanals abgeschätzt. Informationstheoretisch interpretieren wir $H_a(FG)$ als die Information, die wir im Mittel pro Zeiteinheit erhielten, wenn wir den Eingang und Ausgang des Kanals zugleich beobachten könnten. Die Verbundentropie ist also die Summe aus der Entropie der Rauschquelle, das heißt der Irrelevanz $H_a(G|F)$, und aus der Entropie $H_a(F)$. Wir bestätigen diese Überlegung im

Satz über die Verbundentropie und Irrelevanz. *Es seien $a > 1$ eine reelle Zahl und FG ein Verbundraum. Dann gilt*

$$H_a(FG) = H_a(F) + H_a(G|F).$$

Beweis. $H_a(F) + H_a(G|F) =$

$$= \sum_{\alpha \in F} p(\alpha) \cdot \log_a \frac{1}{p(\alpha)} + \sum_{\alpha\beta \in FG} p(\alpha\beta) \cdot \log_a \frac{1}{p(\beta|\alpha)} =$$

$$= \sum_{\alpha \in F} p(\alpha) \cdot \log_a \frac{1}{p(\alpha)} \cdot \sum_{\beta \in G} p(\beta|\alpha) + \sum_{\alpha\beta \in FG} p(\alpha\beta) \cdot \log_a \frac{1}{p(\beta|\alpha)} =$$

$$= \sum_{\alpha\beta \in FG} p(\alpha\beta) \cdot \log_a \frac{1}{p(\alpha) \cdot p(\beta|\alpha)} = \sum_{\alpha\beta \in FG} p(\alpha\beta) \cdot \log_a \frac{1}{p(\alpha\beta)} =$$

$$= H_a(FG). \qquad \square$$

Die a-posteriori-Wahrscheinlichkeit, daß die Eingabe des Zeichens $\alpha \in F$ in den Kanal für die Ausgabe des Zeichens $\beta \in G$ verantwortlich ist, hat den Wert $p(\alpha|\beta)$. Der *bedingte Informationsgehalt*

$$I_a(\alpha|\beta) := \log_a \frac{1}{p(\alpha|\beta)},$$

den ein Beobachter des Kanaleingangs, der über die Ausgabe des Zeichens $\beta \in G$ Bescheid weiß, durch die tatsächliche Beobachtung der Eingabe des Zeichens $\alpha \in F$ gewinnt, geht im Kanal verloren, wird von den Kanalstörungen vernichtet. Für jedes Zeichen $\beta \in G$ deuten wir den bedingten Informationsgehalt $I_a(\alpha|\beta)$ als Zufallsgröße auf dem Stichprobenraum , dessen Stichprobenmenge der Zeichenvorrat F ist und dessen Wahrscheinlichkeitsverteilung durch die a-posteriori-Wahrscheinlichkeiten $p(\alpha_1|\beta), p(\alpha_2|\beta), \ldots, p(\alpha_q|\beta)$ gegeben ist. Die *bedingte Entropie*

$$H_a(F|\beta) = \sum_{\alpha \in F} p(\alpha|\beta) \cdot I_a(\alpha|\beta) = \sum_{\alpha \in F} p(\alpha|\beta) \cdot \log_a \frac{1}{p(\alpha|\beta)}$$

gibt als Erwartungswert dieser aleatorischen Variablen an, wieviel Information wir im Mittel durch die Beobachtung des Kanaleingangs erhalten, wenn wir wissen, daß das Zeichen $\beta \in G$ vom Kanal ausgegeben wurde.

Wir interpretieren jetzt die bedingte Entropie $H_a(F|\beta)$ als Zufallsgröße $G \to H_a(F|\beta)$ auf der Ausgangsquelle (G,p) des Kanals. Ihr Erwartungswert, die sogenannte *Äquivokation* oder *Rückschlußentropie*

$$H_a(F|G) = \sum_{\beta \in G} p(\beta) \cdot H_a(F|\beta) = \sum_{\alpha \in F} \sum_{\beta \in G} p(\beta) \cdot p(\alpha|\beta) \cdot \log_a \frac{1}{p(\alpha|\beta)}$$

besteht aus dem Anteil an der Entropie $H_a(F)$ der Eingangsquelle F, der im Mittel pro Zeiteinheit von der Rauschquelle aufgefressen und damit unwiederbringlich vernichtet wird. Der Benutzer des Kommunikationssystems versucht durch die Verwendung eines geeigneten Codes die ursprüngliche, in der Nachrichtenquelle entstandene Information im Kanalcodierer so durch redundante Information anzureichern, daß der Kanaldecodierer trotzdem die ursprüngliche Information erkennen kann. Entsprechend dem Satz über die Verbundentropie und Irrelevanz gilt der

Satz über die Verbundentropie und Äquivokation. *Es seien* $a > 1$ *eine reelle Zahl und* FG *ein Verbundraum. Dann gilt*

$$H_a(FG) = H_a(G) + H_a(F|G). \qquad \square$$

Die *gegenseitige Information* [mutual information]

$$I_a(\alpha;\beta) := I_a(\alpha) - I_a(\alpha|\beta) = \log_a \frac{p(\alpha|\beta)}{p(\alpha)}$$

gibt an, welcher Anteil des Informationsgehaltes $I_a(\alpha)$ eines in den

Kanal eingegebenen (nicht unmöglichen) Zeichens $\alpha \in F$ vor der Ausgabe eines Zeichens $\beta \in G$ nicht von den Kanalstörungen verschluckt wurde, sondern die Übertragung überlebt. Die gegenseitige Information $I_a(\alpha;\beta)$ wird deshalb auch der *Transinformationsgehalt* von α und β genannt. Wenn $I_a(\alpha) < I_a(\alpha|\beta)$ ist, so frißt der Kanal mehr Information als ihm eingegeben wurde. Die Größe

$$I_a(\beta;\alpha) := I_a(\beta) - I_a(\beta|\alpha) = \log_a \frac{p(\beta|\alpha)}{p(\beta)}$$

gibt an, welcher Anteil des Informationsgehaltes $I_a(\beta)$ eines (nicht unmöglichen) Ausgabezeichens $\beta \in G$ nicht heimtückisch von der Rauschquelle erzeugt wurde, sondern vom Eingabezeichen $\alpha \in F$ stammt. Wenn $I_a(\beta) < I_a(\beta|\alpha)$ ist, so entsteht im Kanal mehr Lärm als man am Ausgang hört. Nach der Formel von BAYES (Seite 69) gilt

$$I_a(\alpha;\beta) = \log_a \frac{p(\alpha\beta)}{p(\alpha)\cdot p(\beta)} = I_a(\beta;\alpha);$$

dies erklärt die Bezeichnung „gegenseitige Information".

Wir deuten die Transinformation als Zufallsgröße $\alpha\beta \mapsto I_a(\alpha;\beta)$ auf dem Verbundraum FG. Ihr Erwartungswert

$$I_a(F;G) = \sum_{\alpha \in F} \sum_{\beta \in G} p(\alpha\beta)\cdot I_a(\alpha;\beta) = \sum_{i=1}^{q} \sum_{j=1}^{r} p(\alpha_i)\cdot p_{i,j}\cdot \log_a \frac{p(\alpha_i)\cdot p_{i,j}}{\sum\limits_{k=1}^{q} p(\alpha_k)\cdot p_{k,j}}$$

heißt die *mittlere gegenseitige Information* oder *mittlere Transinformation*. Unmögliche Zeichen α,β sind jetzt erlaubt, sie liefern keinen Beitrag. Die mittlere Transinformation gibt an, wieviel Nutzinformation pro Zeiteinheit im Mittel über den Kanal transportiert wird; es gilt

$$I_a(F;G) = H_a(F) - H_a(F|G) = H_a(G) - H_a(G|F).$$

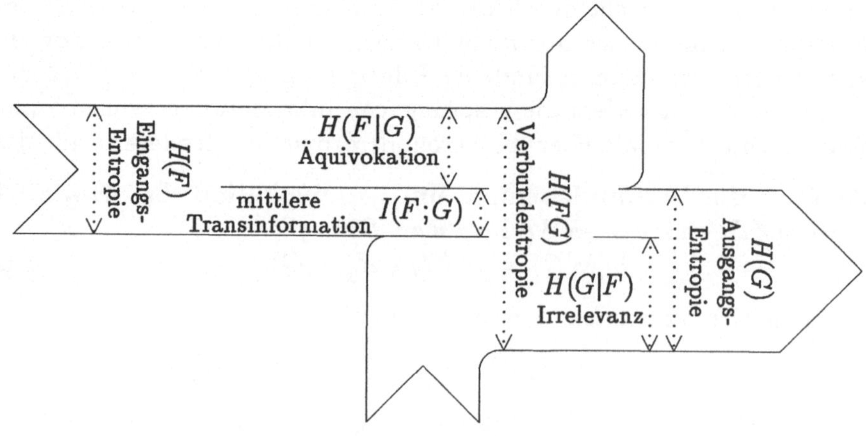

Beispiel. Wir legen den binären symmetrischen Kanal mit dem Eingang $F = \{\alpha_1, \alpha_2\}$, dem Ausgang $G = \{\beta_1, \beta_2\}$ und der Fehlerwahrscheinlichkeit $p = \frac{3}{16}$ zu Grunde. Die

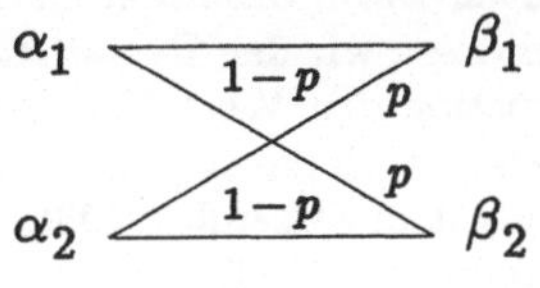

Eingabequelle (F, p) arbeite mit den Wahrscheinlichkeitsverteilung $p(F) = (\frac{9}{10}, \frac{1}{10})$. Mit den Kanalgleichungen berechnen wir die Wahrscheinlichkeitsverteilung $p(G) = (\frac{3}{4}, \frac{1}{4})$ der Ausgangsquelle. Die Werte der Entropiefunktion H_2 an den Stellen $x := \frac{1}{10}$ und $x = \frac{1}{4}$ liefern

$$\text{die Eingangsentropie} \qquad H_2(F) = 0{,}469 \text{ bit}$$
$$\text{und die Ausgangsentropie} \qquad H_2(G) = 0{,}811 \text{ bit.}$$

Mit $p(\alpha_1\beta_1) = \frac{117}{160}$, $p(\alpha_1\beta_2) = \frac{27}{160}$, $p(\alpha_2\beta_1) = \frac{3}{160}$ und $p(\alpha_2\beta_2) = \frac{13}{160}$ sowie $I_2(\alpha_1; \beta_1) = 0{,}115 \text{ bit}$, $I_2(\alpha_1; \beta_2) = -0{,}415 \text{ bit}$, $I_2(\alpha_2; \beta_1) = -2 \text{ bit}$, $I_2(\alpha_2; \beta_2) = 1{,}700 \text{ bit}$ ergibt sich

$$\text{die mittlere Transinformation} \qquad I_2(F; G) = 0{,}115 \text{ bit,}$$
$$\text{die Äquivokation} \qquad H_2(F|G) = 0{,}354 \text{ bit,}$$
$$\text{die Irrelevanz} \qquad H_2(G|F) = 0{,}696 \text{ bit}$$
$$\text{und die Verbundentropie} \qquad H_2(FG) = 1{,}165 \text{ bit.} \qquad \square$$

In dem vorangehenden Beispiel sind die beiden Transinformationsgehalte $I_2(\alpha_1; \beta_2)$ und $I_2(\alpha_2; \beta_1)$ negativ. Es kann also passieren, daß in einigen Fällen ein Ignorieren der Ausgabe vorteilhafter als deren Beobachtung ist. Da der Kanaldecodierer aber nicht weiß, wann solche Fälle auftreten, können wir dem Empfänger keine Unaufmerksamkeit empfehlen; im Gegenteil, man kann durch die Beobachtung des Kanalausgangs im Mittel keine Information verlieren:

Satz über die nicht negative mittlere Transinformation. *Es seien $a > 1$ eine reelle Zahl und FG ein Verbundraum. Dann gilt $I_a(F; G) \geq 0$. Es ist $I_a(F; G) = 0$ genau dann, wenn die Faktoren F und G des Verbundraumes FG unabhängig sind.*

Beweis. Der Satz folgt wegen $I_a(F; G) = H_a(F) - H_a(F|G)$ aus dem Satz über die Verbundentropie und Äquivokation von Seite 119 und dem Satz über die Verbundentropie von Seite 116. $\qquad \square$

Ein Leser, der der Ansicht ist, das Bundespresse- und Informationsamt gebe in seinen Verlautbarungen im Mittel nur Nachrichten mit negativem Informationsgehalt aus, braucht an diesem Satz nicht zu verzweifeln; der informationstheoretische Informationsbegriff ist rein quantitativ und nicht moralisch, in der Informationstheorie hat auch Desinformation einen positiven Informationsgehalt. In diesem Zusammenhang müssen wir den Regierungssprecher in Schutz nehmen: Wenn die mittlere Transinformation den Wert Null hat, so muß der Kanal nicht notwendig total gestört sein; es kann auch daran liegen, daß die Nachrichtenquelle die Entropie Null hat. (Bemerkung aus dem Dezember 1981, nach Bundeskanzler HELMUT SCHMIDTs Reise an den Werbellin- und Döllnsee).

Satz über die bedingte Entropie. *Es seien $a > 1$ eine reelle Zahl und FGE ein Verbundraum. Dann gilt $H_a(F|GE) \leq H_a(F|E)$, und es ist $H_a(F|GE) = H_a(F|E)$ genau dann, wenn für alle $\alpha\beta\gamma \in FGE$ aus $p(\beta\gamma) \neq 0$ stets $p(\alpha|\beta\gamma) = p(\alpha|\gamma)$ folgt; es gilt $H_a(F|GE) \leq H_a(F|G)$, und es ist $H_a(F|GE) = H_a(F|G)$ genau dann, wenn für alle $\alpha\beta\gamma \in FGE$ aus $p(\beta\gamma) \neq 0$ stets $p(\alpha|\beta\gamma) = p(\alpha|\beta)$ folgt.*

Beweis. Nach der fundamentalen Ungleichung von Seite 111 gilt

$$H_a(F|E) - H_a(F|GE) =$$

$$= \sum_{\alpha\gamma \in FE} p(\alpha\gamma) \cdot \log_a \frac{1}{p(\alpha|\gamma)} + \sum_{\alpha\beta\gamma \in FGE} p(\alpha\beta\gamma) \cdot \log_a p(\alpha|\beta\gamma) =$$

$$= \sum_{\alpha\beta\gamma \in FGE} p(\alpha\beta\gamma) \cdot \log_a \frac{p(\alpha|\beta\gamma)}{p(\alpha|\gamma)} = \sum_{\beta\gamma \in GE} p(\beta\gamma) \cdot \sum_{\alpha \in F} p(\alpha|\beta\gamma) \cdot \log_a \frac{p(\alpha|\beta\gamma)}{p(\alpha|\gamma)} \geq$$

$$\geq \sum_{\beta\gamma \in GE} p(\beta\gamma) \cdot 0.$$ Dabei gilt das Gleichheitszeichen genau dann, wenn

für alle $\alpha\beta\gamma \in FGE$ aus $p(\beta\gamma) \neq 0$ stets $p(\alpha|\beta\gamma) = p(\alpha|\gamma)$ folgt.   □

Satz über die mittlere Transinformation der n-ten Erweiterung eines Kanals. *Es seien $a > 1$ eine reelle Zahl und $\left(F,G,(p_{i,j})\right)$ ein Kanal, dessen n-te Erweiterung $\left(F,G,(p_{i,j})\right)^n$ mit einem Verbundraum $F_1 F_2 \ldots F_n$ als Eingangsquelle genutzt werde. Die Ausgangsquelle des Erweiterungskanals sei mit $G_1 G_2 \ldots G_n$ bezeichnet. Dann gilt*

$$I_a(F_1 F_2 \ldots F_n; G_1 G_2 \ldots G_n) \leq \sum_{i=1}^{n} I_a(F_i; G_i).$$

Es ist $I_a(F_1 F_2 \ldots F_n; G_1 G_2 \ldots G_n) = \sum_{i=1}^{n} I_a(F_i; G_i)$ genau dann, wenn die Faktoren $G_1, G_2, \ldots, G_n$ der Ausgangsquelle unabhängig sind, also speziell dann, wenn die Faktoren $F_1, F_2, \ldots, F_n$ der Eingangsquelle unabhängig sind.

Beweis. Es ist $I_a(F_1 F_2 \ldots F_n; G_1 G_2 \ldots G_n) =$

$= H_a(G_1 G_2 \ldots G_n) - H_a(G_1 G_2 \ldots G_n | F_1 F_2 \ldots F_n).$ Nach dem Satz über die Verbundentropie von Seite 116 gilt $H_a(G_1 G_2 \ldots G_n) \leq \sum_{i=1}^{n} H_a(G_i),$

wobei das Gleichheitszeichen genau dann gilt, wenn die Faktoren $G_1, G_2, \ldots, G_n$ unabhängig sind, also insbesondere dann, wenn die

Faktoren $F_1, F_2, \ldots, F_n$ der Eingangsquelle $F_1 F_2 \ldots F_n$ unabhängig sind. Wir berechnen jetzt die Irrelevanz

$$H_a(G_1 G_2 \ldots G_n | F_1 F_2 \ldots F_n) = \sum_{xy \in F_1 F_2 \ldots F_n G_1 G_2 \ldots G_n} p(xy) \cdot \log_a \frac{1}{p(y|x)}.$$

Für $x = x_1 x_2 \ldots x_n \in F_1 F_2 \ldots F_n$ und $y = y_1 y_2 \ldots y_n \in G_1 G_2 \ldots G_n$ gilt $\log_a \frac{1}{p(y|x)} = \sum_{i=1}^{n} \log_a \frac{1}{p(y_i|x_i)}$. Wir betrachten für $i = 1, 2, \ldots, n$ jeweils die Zufallsgröße $v_i : F_i G_i \to \mathbb{R}$; $x_i y_i \mapsto \log_a \frac{1}{p(y_i|x_i)}$. Wegen der auf Seite 70 bewiesenen Additivität des Erwartungswertes gilt

$$H_a(G_1 G_2 \ldots G_n | F_1 F_2 \ldots F_n) = E\Big(\sum_{i=1}^{n} v_i \circ \mathrm{pr}_i \Big) = \sum_{i=1}^{n} E(v_i) = \sum_{i=1}^{n} H_a(G_i|F_i).$$

Insgesamt folgt

$$I_a(G_1 G_2 \ldots G_n | F_1 F_2 \ldots F_n) \leq \sum_{i=1}^{n} \big(H_a(G_i) - H_a(G_i|F_i) \big) = \sum_{i=1}^{n} I_a(F_i ; G_i),$$

wobei das Gleichheitszeichen genau dann gilt, wenn die Faktoren $G_1, G_2, \ldots, G_n$ der Ausgangsquelle $G_1 G_2 \ldots G_n$ unabhängig sind.   □

Die Transinformation ist im Mittel am größten, wenn wir den Kanal mit einer n-ten Erweiterung einer „optimalen" Quelle (F, p) im engeren Sinne nutzen; zur Datensicherung werden Codes $C \subsetneq F^n$ eingesetzt, das heißt, die n-te Erweiterung des Kanals wird mit einem Verbundraum $F_1 F_2 \ldots F_n$ als Eingangsquelle genutzt, dessen Faktoren nicht unabhängig sind. Gerade durch diesen Verzicht auf maximale mittlere Transinformation wird die Fehlerkorrektur ermöglicht.

Zur späteren Verwendung in Abschnitt 3.9 und Abschnitt 5.3 wird eine Verallgemeinerung des Satzes über die Verbundentropie und Irrelevanz bereitgestellt:

Kettenregel für bedingte Entropien. *Es seien $a > 1$ eine reelle Zahl und FGE ein Verbundraum. Dann gilt*

$$H_a(FG|E) = H_a(G|E) + H_a(F|GE).$$

Beweis.
$$\begin{aligned}
H_a(FG|E) &= \sum_{\alpha\beta\gamma \in FGE} p(\alpha\beta\gamma) \cdot \log_a \frac{1}{p(\alpha\beta|\gamma)} = \\
&= \sum_{\alpha\beta\gamma \in FGE} p(\alpha\beta\gamma) \cdot \log_a \frac{p(\gamma)}{p(\alpha\beta\gamma)} = \\
&= \sum_{\alpha\beta\gamma \in FGE} p(\alpha\beta\gamma) \cdot \log_a \frac{p(\gamma) \cdot p(\beta\gamma)}{p(\alpha\beta\gamma) \cdot p(\beta\gamma)} = \\
&= \sum_{\alpha\beta\gamma \in FGE} p(\alpha\beta\gamma) \cdot \Big(\log_a \frac{1}{p(\beta|\gamma)} + \log_a \frac{1}{p(\alpha|\beta\gamma)} \Big) = \\
&= H_a(G|E) + H_a(F|GE).
\end{aligned}$$
□

Aus dem Satz über die Verbundentropie und Irrelevanz folgt damit die

Kettenregel für Verbundentropien. *Es seien* $a > 1$ *eine reelle Zahl und FGE ein Verbundraum. Dann gilt*

$$H_a(FGE) = H_a(E) + H_a(G|E) + H_a(F|GE). \qquad \square$$

3.5 Der Hauptsatz der Datenverarbeitung

Der Informationsgehalt, der während einer Nachrichtenübertragung als Äquivokation verloren gegangen ist, kann im Mittel nicht wieder beigebracht werden. Das besagt der

Hauptsatz der Datenverarbeitung [data-processing theorem]. *Es seien zwei in Kaskade geschaltete Kanäle gegeben. Der Kanal 1 werde mit einer Eingangsquelle* (F,p) *gespeist. Der Kanal 2 werde mit der Ausgangsquelle* (G,p) *des Kanals 1 als Eingangsquelle gespeist und habe die Ausgangsquelle* (E,p). *Dann gilt für jede reelle Zahl* $a > 1$ *stets*

$$I_a(F;G) \geq I_a(F;E).$$

Beweis. Wegen $I_a(F;E) = H_a(F) - H_a(F|E)$ und $I_a(F;G) = H_a(F) - H_a(F|G)$ brauchen wir nur $H_a(F|G) \leq H_a(F|E)$ zu zeigen. Auf Seite 107 können wir nachlesen, daß für alle $\alpha\beta\gamma \in FGE$ stets $p(\alpha|\beta\gamma) = p(\alpha|\beta)$ gilt; es folgt $H_a(F|G) = H_a(F|GE)$. Wir wenden den Satz über die bedingte Entropie von Seite 122 an. $\qquad \square$

Die Anwendung des Hauptsatzes der Datenverarbeitung auf die Kaskadenschaltung der n-ten Erweiterung des Übertragungskanals als Kanal 1 und des Kanaldecodierers als Kanal 2 wirkt auf den ersten Blick paradox : Selbst ein ME-Decodierer kann keine im Übertragungskanal verlorene Nutzinformation wieder herbeizaubern; im Gegenteil vernichtet er möglicherweise weitere Transinformation. Wozu decodieren wir dann überhaupt? Der Übertragungskanal gibt den Transinformationsgehalt in der Form von Wörtern mit Komponenten aus G aus. Der Kanaldecodierer übersetzt diese Wörter dann in eine dem Quellendecodierer verständliche Form.

Wir entnehmen dem Satz über die bedingte Entropie von Seite 122, daß die Zuschaltung eines zweiten Kanals in Kaskade bei einer Wahrscheinlichkeitsverteilung $p(F)$ im Mittel genau dann keinen Transinformationsverlust verursacht, wenn für alle $\alpha\beta\gamma \in FGE$ aus $p(\beta\gamma) \neq 0$ stets $p(\alpha|\beta\gamma) = p(\alpha|\gamma)$ folgt. Wegen $p(\alpha|\beta\gamma) = p(\alpha|\beta)$ gilt also $I_a(F;G) = I_a(F;E)$ genau dann, wenn für alle $\alpha\beta\gamma \in FGE$ mit

$p(\beta\gamma) \neq 0$ stets $p(\alpha|\beta) = p(\alpha|\gamma)$ ist. Diese Bedingung ist sicher dann erfüllt, wenn der Kanal 2 ungestört ist: Zu jedem $\gamma \in E$ gibt es dann nämlich genau ein $\beta \in G$ mit $p(\beta\gamma) \neq 0$, nämlich dasjenige $\beta \in G$, für das $p(\beta|\gamma) = 1$ gilt; für dieses Paar ist dann natürlich $p(\alpha|\beta) = p(\alpha|\gamma)$ für jedes $\alpha \in F$. Umgekehrt folgt aus $I_a(F\,;G) = I_a(F\,;E)$ nicht unbedingt, daß der Kanal 2 ungestört ist.

Beispiel. Wir betrachten das Diagramm zweier in Kaskade geschalteter Kanäle. Für jede Wahrscheinlichkeitsverteilung $p(F) = (p, 1-p)$ gilt dann

$$p(\alpha_1|\beta_1) = p(\alpha_1|\gamma_1) = p(\alpha_1|\beta_2) = p(\alpha_1|\gamma_2) = \frac{2 \cdot p}{1+p},$$

$$p(\alpha_2|\beta_1) = p(\alpha_2|\gamma_1) = p(\alpha_2|\beta_2) = p(\alpha_2|\gamma_2) = \frac{1-p}{1+p},$$

$$p(\alpha_2|\beta_3) = p(\alpha_2|\gamma_3) = 1 \quad \text{und} \quad p(\alpha_1|\beta_3) = p(\alpha_1|\gamma_3) = 0.$$

Für jede Wahrscheinlichkeitsverteilung $p(F)$ der Eingangsquelle $F = \{\alpha_1, \alpha_2\}$ gilt demnach $I_a(F\,;G) = I_a(F\,;E)$. $\square$

Wie auf Seite 107 beschrieben, steht man oft vor der Situation, daß der Ausgangszeichenvorrat G eines Kanals unnötig groß ist, daß man also die Anzahl der Zeichen aus G durch einen in Kaskade zugeschalteten Reduktionskanal verringern will. Wann ist dies ohne Transinformationsverlust möglich? Wir können uns bei der Beantwortung dieser Frage auf einen Reduktionskanal beschränken, der nur die zwei Zeichen $\beta_1, \beta_2 \in G$ zu einem Zeichen zusammenfaßt, das heißt, wir können uns auf den deterministischen Kanal mit dem r-nären Eingang G, dem $(r-1)$-nären Ausgang E und der Kanalmatrix

$$\begin{bmatrix} 1 & 0 & 0 & \cdots & 0 & 0 & 0 \\ 1 & 0 & 0 & \cdots & 0 & 0 & 0 \\ 0 & 1 & 0 & \cdots & 0 & 0 & 0 \\ \cdot & \cdot & \cdot & & \cdot & \cdot & \cdot \\ \cdot & \cdot & \cdot & & \cdot & \cdot & \cdot \\ 0 & 0 & 0 & \cdots & 1 & 0 & 0 \\ 0 & 0 & 0 & \cdots & 0 & 1 & 0 \\ 0 & 0 & 0 & \cdots & 0 & 0 & 1 \end{bmatrix} \cdot$$

beschränken. Die Gesamtreduktion nehmen wir dann mit einer Serie in Kaskade geschalteter Reduktionskanäle von solch einfachem Typ vor. Offenbar gilt $I_a(F\,;G) = I_a(F\,;E)$ genau dann, wenn $p(\alpha|\beta_1) = p(\alpha|\beta_2)$ für alle $\alpha \in F$ gilt. Diese a-posteriori-Wahrscheinlichkeiten hängen aber von der Wahrscheinlichkeitsverteilung $p(F)$ ab. Sehen wir nach, unter welchen Bedingungen die Zeichenreduktion mit diesem Reduktionskanal ohne mittleren Transinformationsverlust möglich ist, wenn wir jede denkbare Wahrscheinlichkeitsverteilung $p(F)$ der Eingangsquelle zulassen: Nach der Formel von BAYES gilt $p(\alpha|\beta_1) = p(\alpha|\beta_2)$ für alle $\alpha \in F$ genau dann, wenn $\dfrac{p(\beta_1|\alpha)\cdot p(\alpha)}{p(\beta_1)} = \dfrac{p(\beta_2|\alpha)\cdot p(\alpha)}{p(\beta_2)}$ für alle $\alpha \in F$ gilt. Diese Bedingung formen wir mit Hilfe der Kanalgleichungen äquivalent um: Mit den Abkürzungen $c_1 := \sum\limits_{i=1}^{q} p(\alpha_i)\cdot p_{i,1}$ und $c_2 := \sum\limits_{i=1}^{q} p(\alpha_i)\cdot p_{i,2}$ gilt für alle $\alpha \in F$ stets $\dfrac{p(\beta_1|\alpha)}{p(\beta_2|\alpha)} = \dfrac{c_1}{c_2}$. Wir können unseren Reduktionskanal also genau dann hinter den Übertragungskanal in Kaskade schalten, ohne bei beliebiger Wahrscheinlichkeitsverteilung der Eingangsquelle einen zusätzlichen mittleren Transinformationsverlust befürchten zu müssen, wenn sich die beiden ersten Spalten der Kanalmatrix des Übertragungskanals nur um einen skalaren Faktor unterscheiden. Mit diesem Verfahren können wir einen ungestörten Kanal ohne mittleren Transinformationsverlust ideal und einen total gestörten Kanal kaputt machen.

3.6 Thermodynamische Entropie

Der Hauptsatz der Datenverarbeitung wird oft als das informationstheoretische Äquivalent des zweiten Hauptsatzes der Thermodynamik angesehen: So wie es nicht möglich ist, ein Kommunikationssystem herzustellen, dessen Empfänger mehr nutzbare Information erhält, als die Nachrichtenquelle liefert, so unmöglich ist es, ein perpetuum mobile der zweiten Art zu konstruieren, das heißt eine Maschine, die aus der Abkühlung eines Wärmereservoirs mechanische Energie gewinnt.

In der Physik bezeichnet man denjenigen Teil G der Wärmeenergie U eines Systems, der sich in mechanische Energie umsetzen läßt, als *Exergie*. Die restliche, nicht arbeitsfähige Energie $U - G$ heißt die *Anergie* des Systems. Die thermodynamische *Entropie S* des Systems wird als die auf ein Grad der absoluten Temperatur T des Systems bezogene Anergie definiert,

$$S := \frac{U - G}{T}.$$

Der *Makrozustand* eines Systems wird durch die Angabe der Wärmeenergie-Dichte als Funktion des Ortes gekennzeichnet; der makroskopische Beobachter nimmt die Individualität der einzelnen Moleküle nicht wahr, sondern stellt nur die Gesamtsumme der Impulskomponenten der Moleküle in den einzelnen Volumenelementen fest. Für den Beobachter, der unter dem Mikroskop die einzelnen Moleküle erkennt und unterscheidet, stellt sich der Zustand des Systems anders, nämlich als sogenannter *Mikrozustand* dar: Der Beobachter charakterisiert den Zustand des Systems durch die Angabe der Koordinaten und der Impulskomponenten der einzelnen beteiligten Moleküle. Jeder Makrozustand wird also durch eine große Anzahl verschiedener Mikrozustände realisiert; die Vertauschung des Ortes zweier Moleküle der gleichen kinetischen Energie pro Freiheitsgrad ändert am Makrozustand nichts.

Der Einfachheit halber machen wir einige idealisierende Annahmen. Unser System bestehe aus einem idealen Gas in einem geschlossenen Behälter, auf das keine äußeren Einflüsse wie Gravitation oder Wärmeänderung einwirken. Das ideale Gas setze sich aus einer großen Anzahl N von Molekülen zusammen, die als ausdehnungslose Massepunkte der jeweils gleichen Masse m im Behälter hin- und herfliegen und elastisch von den Wänden des Behälters abprallen. Wegen ihres „unendlich kleinen" Rauminhaltes sollen zwei Moleküle nie aufeinander stoßen, und es bestehe auch sonst keine Wechselwirkung zwischen ihnen. Um uns nicht allzuweit von der Realität zu entfernen, nehmen wir an, daß der Behälter bei einer Molekülanzahl N in der Größenordnung der LOSCHMIDTschen Zahl $6 \cdot 10^{23}$ ein Volumen von etwa 22 Litern habe. Die Bewegungen der einzelnen Moleküle seien rein translatorischer Art, das heißt, ihre kinetische Energie berechnet sich allein aus dem Betrag der Geschwindigkeit, mit der sie durch den Behälter fliegen. Die Geschwindigkeit ändert sich im Laufe der Zeit nicht, weil die Moleküle nicht aufeinanderprallen. Als weitere idealisierende Annahme setzen wir voraus, daß alle Moleküle die gleiche Geschwindigkeit v besitzen. Die gesamte Wärmeenergie des Systems berechnet sich dann als $U = -\frac{1}{2} \cdot N \cdot m \cdot v^2$. Die Wärmeenergiedichte an einem Ort des Behälters ergibt sich unter diesen Voraussetzungen durch die Multiplikation der Massendichte mit $\frac{1}{2} \cdot v^2$. Wir quantisieren jetzt den Behälter, indem wir ihn uns in eine sehr große Zahl n von Zellen des gleichen Volumens $\Delta\tau$ zerlegt denken. Die Massendichte in der i-ten Zelle ist dann durch das Verhältnis $\frac{N_i \cdot m}{\Delta\tau}$ gegeben, wobei N_i die Anzahl der Moleküle in der i-ten Zelle ist. Die Anzahl n der Zellen soll absolut sehr groß sein; auch das Verhältnis $\frac{N}{n}$ soll noch so groß sein, daß bei einer nur annähernden Gleichverteilung der Moleküle über die Zellen in jeder Zelle soviele Moleküle sind, daß die Massendichte-Funktion $\frac{N_i \cdot m}{\Delta\tau}$ als stetige Funktion des Ortes aufgefaßt werden kann; wir setzen das Verhältnis $\frac{N}{n}$ größenordnungsmäßig etwa als $\frac{N}{n} \approx 10^{12}$ an. (Bei einem Verhältnis $\frac{N}{n} = 1$ würden wir von Zelle zu Zelle große Sprünge beobachten können, wenn zum Beispiel in einer Zelle gar kein Molekül und in der nächsten Zelle zwei Moleküle sind.) Ein Makrozustand des Systems wird nun dadurch gekennzeichnet, daß zu jeder Zelle Nr. i der n durchnumerierten Zellen die Anzahl N_i der Moleküle in dieser Zelle angegeben wird. Zur Beschreibung eines Mikrozustandes ist es dagegen nötig, auch noch zu wissen, welche der N durchnumerierten Moleküle jeweils in der Zelle Nr. i sind. Wir zählen jetzt die Anzahl W der Mikrozustände ab, die einen Makrozustand mit den bekannten Anzahlen $N_1, N_2, \ldots, N_n$ realisieren: Es gibt $\binom{N}{N_1}$ Möglichkeiten, die erste Zelle mit N_1 Molekülen zu belegen. Zu jeder solchen Möglichkeit gibt es $\binom{N-N_1}{N_2}$ Möglichkeiten, aus den restlichen $N - N_1$ Molekülen N_2 auszuwählen und in die Zelle Nr. 2 zu stecken. Eine Fortsetzung dieser Argumentation liefert das Ergebnis

$$W = \binom{N}{N_1} \cdot \binom{N-N_1}{N_2} \cdot \binom{N-N_1-N_3}{N_3} \cdots \binom{N_n}{N_n} = \frac{N!}{N_1! \cdot N_2! \cdots N_n!} \, .$$

Dieser „Multinomialkoeffizient" wird als die *thermodynamische Wahrscheinlichkeit* des Makrozustandes des Systems bezeichnet. Von Rechts wegen müßte man die Zahl W durch die Anzahl n^N aller möglichen Mikrozustände dividieren; ordnen wir nämlich jedem Mikrozustand dieselbe Wahrscheinlichkeit $p = \frac{1}{n^N}$ zu, so wird die Menge aller Mikrozustände ein LAPLACEscher Stichprobenraum, und der Quotient $\frac{W}{n^N}$ gibt dann die Wahrscheinlichkeit der Menge aller Mikrozustände an, die den betreffenden Makrozustand realisieren. In der Thermodynamik hat sich allerdings die oben erklärte Terminologie durchgesetzt. Die Zahlen n^N und $N!$ sind bei der Größenordnung $N \approx 6 \cdot 10^{23}$ so unglaublich groß, daß sie sich jeder realistischen Vorstellung entziehen. Wir schätzen den Logarithmus von $N!$ ab. Wegen der Größe von N gilt annähernd

$$\ln N! = \sum_{j=1}^{n} \ln j \approx \int_{1}^{N} \ln x\, dx = N \cdot \ln N - N + 1 \approx N \cdot \ln N - N.$$

Damit ergibt sich die (*schwache*) STIRLING*sche Näherung*

$$N! \approx \frac{N^N}{e^N}.$$

(Eine genauere Begründung wird in Abschnitt 6.4 gegeben.)

Wenn auch die Zahlen $N_1, N_2, \ldots, N_n$ alle sehr groß sind, können wir die thermodynamische Wahrscheinlichkeit W mit dieser Näherungsformel approximieren:

$$W \approx \frac{N^N}{N_1^{N_1} \cdot N_2^{N_2} \cdots N_n^{N_n}}.$$

(Man beachte die Bedingung $N_1 + N_2 + \ldots + N_n = N$.) Wenn wir die Augen noch einmal kurz zukneifen (das Verhältnis $\frac{N}{n}$ dürfen wir als ganzzahlig annehmen), sehen wir, daß die thermodynamische Wahrscheinlichkeit W ihr Maximum annimmt, wenn $N_1 = N_2 = \ldots = N_n$ gilt, wenn also die Massendichte-Funktion konstant ist. Dieses Maximum ist wegen der Größe der Zahlen N, n und $\frac{N}{n}$ scharf ausgeprägt. Mit diesen Überlegungen wird plausibel, daß ein Makrozustand eine umso größere thermodynamische Wahrscheinlichkeit besitzt, je gleichmäßiger die Moleküle über die Zellen verteilt sind. Anders ausgedrückt, die thermodynamische Wahrscheinlichkeit ist ein Maßstab für die Unordnung und Regellosigkeit der Moleküle im System. Arbeit leisten kann das System aber nur, wenn ein gewisser Grad an Ordnung besteht, wenn das System zum Beispiel in zwei homogene Teilsysteme unterschiedlicher Temperatur zerfällt. Die Unordnung und die Regellosigkeit des Systems und damit auch seine thermodynamische Wahrscheinlichkeit W geben also ein Maß für die Entropie S des Systems. Während sich die thermodynamische Wahrscheinlichkeit eines Systems als das Produkt der thermodynamischen Wahrscheinlichkeiten seiner unabhängigen Teilsysteme berechnet, ergibt sich seine Wärmeenergie als die Summe der Wärmeenergieen der Teilsysteme. Wir müssen also die thermodynamische Entropie S als proportional zum Logarithmus der (dimensionslosen) thermodynamischen Wahrscheinlichkeit W ansetzen. Wir wählen als Proportionalitätsfaktor die BOLTZMANN-Konstante $k := 1{,}38 \cdot 10^{-23}$ [Joule/Kelvin]; die PLANCKsche BOLTZMANN-Gleichung

$$S = k \cdot \ln W$$

gibt dann die auf ein Molekül bezogene Entropie des Systems als Maß der Unordnung und der Regellosigkeit des Systems an.

Der 2. Hauptsatz der Thermodynamik läßt sich aus der nur empirisch begründbaren *Ergodenhypothese* ableiten: Unabhängig vom Ausgangsmikrozustand strebt das System mit der Zeit gegen eine Grenzzustandswahrscheinlichkeitsverteilung, in der alle Mikrozustände gleichwahrscheinlich sind. Diese Hypothese ist der Realität besser angepaßt als unser ideales System, in dem man sich mit einer entsprechend angeordneten Verteilung der Bewegungsrichtungen „vergängliche" Mikrozustände vorstellen kann, oder schlimmer noch, sogar zwangsläufig periodisch ablaufende Mikrozustandsänderungen sind denkbar. Bei realen Gasen werden solche Möglichkeiten wegen der BROWNschen Molekularbewegung unglaubwürdig. Unter der Annahme der Ergodenhypothese sind die Mikrozustände nach einer gewissen Zeit alle etwa gleichwahrscheinlich, jeder einzelne Mikrozustand ist allerdings extrem unwahrscheinlich $p \approx \frac{1}{n^N}$. Je größer die Anzahl der einen Makrozustand realisierenden Mikrozustände ist, das heißt, je größer seine thermodynamische Wahrscheinlichkeit W ist, desto größer ist die Wahrscheinlichkeit $\frac{W}{n^N}$, daß das System zu einem festen Zeitpunkt in der Zukunft in diesen Makrozustand übergeht. Eine deutlich ungleichmäßige Verteilung der Moleküle über die Zellen stellt sich praktisch nicht mehr ein. Der zweite Hauptsatz der Thermodynamik kann also folgendermaßen formuliert werden: Mit an Sicherheit grenzender Wahrscheinlichkeit erhöht sich die Entropie eines sich selbst überlassenen, abgeschlossenen Systems mit der Zeit.

Die Analogie der thermodynamischen Entropie mit dem informationstheoretischen Entropiebegriff ist formaler Natur, in beiden Fällen wird eine reelle Funktion als der Logarithmus einer Wahrscheinlichkeit definiert. Da sich diese Funktionen durch das Vorzeichen unterscheiden, wäre es anständiger, aus Ehrfurcht vor der Physik in der Informationstheorie von der „Negentropie" statt von der „Entropie" zu reden. Allerdings hat BOLTZMANN selbst die thermodynamische Entropiefunktion ursprünglich mit dem entgegengesetzten Vorzeichen versehen.

3.7 Kanalkapazität

Wenn wir in den total gestörten binären symmetrischen Kanal eine Folge von 1000 Bits O und L eingeben, so erwarten wir, daß 500 dieser Zeichen in das entgegengesetzte Bit verwandelt ausgegeben werden. Wir könnten versucht sein, die Zahl $\frac{1}{2}$ als Maßstab für die Verläßlichkeit der Datenübertragung dieses Kanals anzusehen. Dieser Maßstab wäre aber ungeeignet, denn der Kanaldecodierer kann aus der bloßen Beobachtung des Kanalausgangs keine Schlüsse über die eingegebenen Bits ziehen.

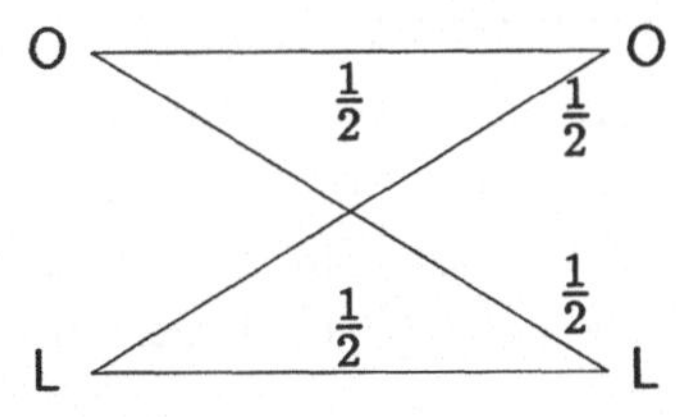

Noch deutlicher wird die Unsinnigkeit einer solchen Definition der Verläßlichkeit eines Kanals am Beispiel des binären kaputten Kanals. Hier würde eine solche Verläßlichkeit gleich der Wahrscheinlichkeit $p(\mathrm{O})$ sein, mit der das Zeichen O in den Kanal eingegeben wird.

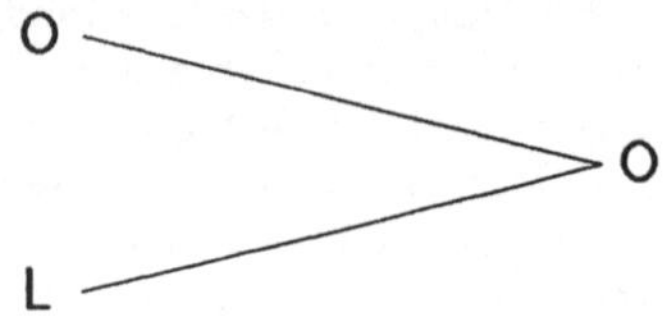

Eine geeignete Definition für die *Kapazität* eines Kanals $\big(F,G,(p_{i,j})\big)$ wird von dem Transinformationsgehalt $I_a(F;G)$ Gebrauch machen.

Der Transinformationsgehalt ist von der Wahrscheinlichkeitsverteilung $p(F)$ der Eingangsquelle abhängig. Die Kanalkapazität soll nur von den Kanaleigenschaften und nicht von der Nutzung mit einer speziellen Eingangsquelle abhängen. Wir befreien uns aus dieser Abhängigkeit mit einem kleinen Kunstgriff: Wir definieren die *Kapazität* K eines Kanals $\big(F,G,(p_{i,j})\big)$ mit dem q-nären Eingang F als den Transinformationsgehalt $I_q(F;G)$ bei optimaler Nutzung des Kanals:

$$K := \max_{p(F)} I_q(F;G).$$

Die Kapazität des Kanals wird also als das Maximum der auf dem Kompaktum $\{(p_1,p_2,\dots,p_q) \in [0,1]^q \; ; \; p_1 + p_2 + \dots + p_q = 1\}$ — wie man mit einiger Mühe der Formel auf Seite 120 Mitte ansieht — *stetigen* reellen Funktion $I_q(F;G)$ definiert. Die Basis $a := q$ haben wir so festgelegt, daß die möglichen Werte der Kapazität eines Kanals auf das Intervall $[0,1]$ beschränkt sind: Wegen $I_q(F;G) = H_q(F) - H_q(F|G)$, $H_q(F) \leq \log_q q = 1$ und $I_q(F;G) \geq 0$ gilt nämlich $K \in [0,1]$.

Wir untersuchen, unter welchen Bedingungen die Kapazität eines Kanals $\big(F,G,(p_{i,j})\big)$ den Wert $K = 0$ annimmt. Es sei zunächst $p(F) = (p_1,p_2,\dots,p_q) \in {]0,1]}$ eine beliebige Wahrscheinlichkeitsverteilung auf F. Es gilt $I_q(F;G) = \sum_{i=1}^{q} p_i \cdot \sum_{j=1}^{r} p_{i,j} \cdot \log_q \frac{p_{i,j}}{p(\beta_j)}$. Nach der fundamentalen Ungleichung von Seite 111 ist $\displaystyle\sum_{j=1}^{r} p_{i,j}\cdot\log_q\frac{p_{i,j}}{p(\beta_j)} \geq 0$, wobei das Gleichheitszeichen genau dann gilt, wenn für $j=1,2,\ldots,r$ stets $p_{i,j}=p(\beta_j)$ ist. Wenn $\big(F,G,(p_{i,j})\big)$ total gestört ist, so ist $I_q(F;G)=0$, gleichgültig, wie $p(F)$ beschaffen ist. Es sei nun umgekehrt vorausgesetzt, daß die Kapazität des Kanals $\big(F,G,(p_{i,j})\big)$ Null sei. Dann verschwindet die mittlere Transinformation $I_q(F;G)$ für jede Wahrscheinlichkeitsverteilung, insbesondere auch für die Gleichverteilung $p(F)=(\frac{1}{q},\frac{1}{q},\ldots,\frac{1}{q})$. Damit gilt $0=\displaystyle\sum_{i=1}^{q}\frac{1}{q}\cdot\sum_{j=1}^{r} p_{i,j}\cdot\log_q\frac{p_{i,j}}{p(\beta_j)}$, also $p_{i,j}=p(\beta_j)$ für alle $i=1,2,\ldots,q$ und alle $j=1,2,\ldots,r$:

Die Kapazität eines Kanals ist genau dann Null, wenn er total gestört ist.

Die Kapazität $K=\displaystyle\max_{p(F)}\big(H_q(F)-H_q(F|G)\big)$ eines Kanals $\big(F,G,(p_{i,j})\big)$ hat genau dann den Wert 1, wenn $H_q(F)=1=\log_q q$ und $H_q(F|G)=0$ gilt. Nach dem Satz über die maximale Entropie von Seite 116 hat die Eingangsquelle (F,p) genau dann die Entropie $H_q(F)=1$, wenn die Verteilung $p(F)$ die Gleichverteilung $p(F)=(\frac{1}{q},\frac{1}{q},\ldots,\frac{1}{q})$ ist. Die Äquivokation $H_q(F|G)=\displaystyle\sum_{i=1}^{q}\frac{1}{q}\cdot\sum_{j=1}^{r} p_{i,j}\cdot\log_q\frac{1}{p(\alpha_i|\beta_j)}$ verschwindet genau dann, wenn für alle $i=1,2,\ldots,q$ und alle $j=1,2,\ldots,r$ stets $p_{i,j}=0$ oder $p(\alpha_i|\beta_j)=1$ gilt. Diese Bedingung ist äquivalent dazu, daß in der Kanalmatrix $(p_{i,j})$ in jeder Spalte genau ein von Null verschiedener Eintrag zu finden ist, das heißt, daß der Kanal ungestört ist:

Die Kapazität eines Kanals ist genau dann Eins, wenn er ungestört ist.

Wir betrachten im folgenden zunächst uniforme Kanäle.

Bei einem uniformen Kanal hängt die Irrelevanz nicht von der Wahrscheinlichkeitsverteilung der Eingangsquelle ab:

$$H_q(G|F) \;=\; \sum_{i=1}^{q} p(\alpha_i)\cdot\sum_{j=1}^{r} p_{i,j}\cdot\log_q\frac{1}{p_{i,j}} \;=\; \sum_{i=1}^{q} p(\alpha_i)\cdot\sum_{j=1}^{r} p_{1,j}\cdot\log_q\frac{1}{p_{1,j}} \;=\;$$
$$=\; \sum_{j=1}^{r} p_{1,j}\cdot\log_q\frac{1}{p_{1,j}}.$$

Wegen $I_q(F;G)=H_q(G)-H_q(G|F)$ gilt für jeden uniformen Kanal $\big(F,G,(p_{i,j})\big)$ stets $K\leq\log_q r-H_q(G|F)$. Nach dem Satz über die maximale Entropie von Seite 116 gilt das Gleichheitszeichen genau dann, wenn $p(G)$ die Gleichverteilung $(\frac{1}{r},\frac{1}{r},\ldots,\frac{1}{r})$ ist.

Beispiel.

Der Kanal mit der Kanalmatrix $\begin{bmatrix} \frac{1}{2} & \frac{1}{2} & 0 \\ 0 & \frac{1}{2} & \frac{1}{2} \\ 0 & \frac{1}{2} & \frac{1}{2} \end{bmatrix}$ 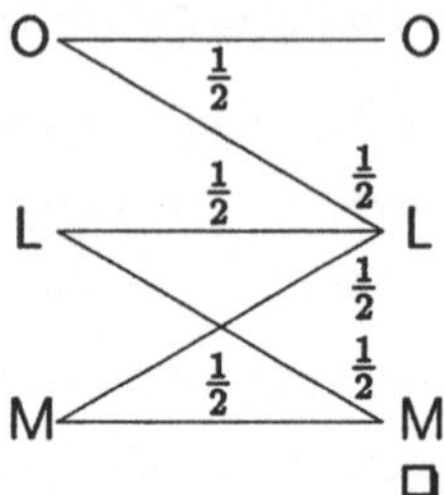

zeigt, daß es bei einem uniformen Kanal auf dem Eingang keine Wahrscheinlichkeitsverteilung zu geben braucht, so daß die Wahrscheinlichkeitsverteilung des Ausgangs die Gleichverteilung ist.

Die Irrelevanz verschwindet bei einem uniformen Kanal genau dann, wenn für alle $j = 1,2,\ldots,r$ stets $p_{1,j} \in \{0,1\}$ gilt; das heißt genau dann, wenn der Kanal deterministisch ist.

Bei einem deterministischen Kanal läßt sich auf mannigfache Weise eine Wahrscheinlichkeitsverteilung $p(F)$ finden, so daß $p(G)$ die Gleichverteilung ist. Man braucht nur zu erreichen, daß für $j = 1,2,\ldots,r$ stets

$$p(\beta_j) \;=\; \sum_{i \in \{1,2,\ldots,q\}\,;\,p_{i,j}=1} p(\alpha_i) \;=\; \frac{1}{r}$$

gilt:

> *Die Kapazität eines uniformen Kanals hat genau dann den Wert* $\log_q r$,
> *wenn er deterministisch ist.*

Für einen doppelt uniformen Kanal $\big(F,G,(p_{i,j})\big)$, der mit der Gleichverteilung $p(F) = (\frac{1}{q},\frac{1}{q},\ldots,\frac{1}{q})$ auf der Eingangsquelle F genutzt wird, ist die Wahrscheinlichkeitsverteilung $p(G)$ der Ausgangsquelle ebenfalls die Gleichverteilung, $p(G) = (\frac{1}{r},\frac{1}{r},\ldots,\frac{1}{r})$: In der Tat sind für einen solchen Kanal die Spaltensummen der Kanalmatrix $(p_{i,j})$ alle identisch, und damit gilt für je zwei Zeichen $\beta_j,\beta_k \in G$ stets

$$p(\beta_j) \;=\; \sum_{i=1}^{q} \frac{p_{i,j}}{q} \;=\; \sum_{i=1}^{q} \frac{p_{i,k}}{q} \;=\; p(\beta_k).$$

Damit berechnet sich die Kapazität des doppelt uniformen Kanals als

$$K \;=\; \log_q r - \sum_{j=1}^{r} p_{1,j} \cdot \log_q \frac{1}{p_{1,j}}.$$

Insbesondere gilt:

> *Der q-näre symmetrische Kanal mit der Fehlerwahrscheinlichkeit* p *hat die*
> *Kapazität* $1 - H_q(p)$, *wobei* $H_q(p) = (1-p)\cdot\log_q \frac{1}{1-p} + p\cdot\log_q \frac{q-1}{p}$
> *die auf Seite 115 definierte q-näre Entropiefunktion ist.*

Beispiel. Wir betrachten den (nicht uniformen) Kanal $(F,G,(p_{i,j}))$ mit der Kanalmatrix $(p_{i,j}) = \begin{bmatrix} 1 & 0 \\ \frac{1}{2} & \frac{1}{2} \end{bmatrix}$.

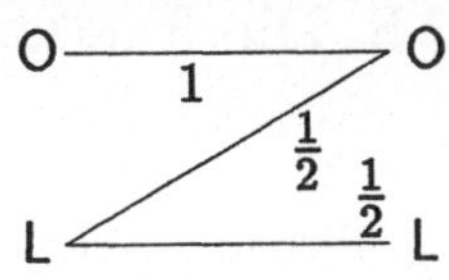

Für jede Wahrscheinlichkeitsverteilung $p(F) = (p,1-p)$ des Kanaleinganges berechnen wir die Ausgangsentropie als $H_2(G) = 1 - \frac{1}{2}\cdot(1 + p)\cdot\mathrm{ld}(1 + p) - \frac{1}{2}\cdot(1 - p)\cdot\mathrm{ld}(1 - p)$, die Irrelevanz als $H_2(G|F) = 1-p$ und die mittlere Transinformation als

$$I_2(F;G) = p - \frac{1}{2}\cdot(1 + p)\cdot\mathrm{ld}(1 + p) - \frac{1}{2}\cdot(1 - p)\cdot\mathrm{ld}(1 - p).$$

Um die Kapazität K des Kanals auszurechnen, differenzieren wir diese Funktion nach p, setzen die Ableitung Null, erhalten $p = \frac{3}{5}$, und damit das Ergebnis $K = \mathrm{ld}\,5 - 2 = 0{,}322$.

Nutzen wir den Kanal mit der durch $p := 0$ oder $p := 1$ gegebenen Wahrscheinlichkeitsverteilung $p(F)$, so ist $p(G)$ die Gleichverteilung oder $H_2(G|F)$ verschwindet; in beiden Fällen ist die mittlere Transinformation $I_2(F;G)$ aber Null.   □

Der binäre auslöschende Kanal. Wir betrachten den auf Seite 95 vorgestellten binären auslöschenden Kanal der Fehlerwahrscheinlichkeit p. Die Irrelevanz $H_2(G|F)$ berechnet sich als der Wert $H_2(p)$ der binären Entropiefunktion an der Stelle p. Wir nutzen den Kanal mit der durch die Wahrscheinlichkeitsverteilung $p(F) = (\pi,1-\pi)$ definierten Eingangsquelle $F = \{O,L\}$. Die Entropie der Ausgangsquelle $G = \{O,?,L\}$ berechnet sich als

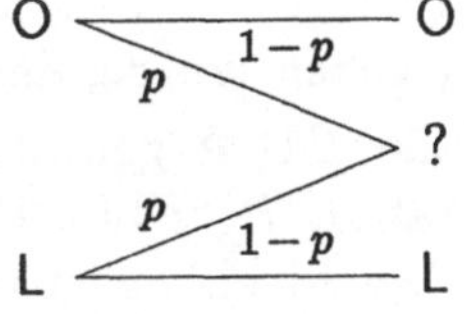

$$H_2(G) = \pi\cdot(1-p)\cdot\mathrm{ld}\frac{1}{\pi\cdot(1-p)} + p\cdot\mathrm{ld}\frac{1}{p} + (1-\pi)\cdot(1-p)\cdot\mathrm{ld}\frac{1}{(1-\pi)\cdot(1-p)} =$$

$$= (1-p)\cdot\left(\mathrm{ld}\frac{1}{1-p} + H_2(\pi)\right) + p\cdot\mathrm{ld}\frac{1}{p}.$$

Die Entropie $H_2(G)$ nimmt ebenso wie die Funktion $H_2(\pi)$ ihr Maximum an der Stelle $\pi = \frac{1}{2}$ an, das heißt, wenn $p(F)$ die Gleichverteilung ist; in diesem Fall ist $H_2(G) = H_2(p) + 1 - p$ und folglich $K = H_2(G) - H_2(G|F) = 1 - p$.

Zum Abschluß eine Folgerung aus dem Satz über die mittlere Transinformation der n-ten Erweiterung eines Kanals von Seite 122:

Kapazitätssatz. *Es sei* $(F,G,(p_{i,j}))$ *ein Kanal der Kapazität* K. *Dann hat die* n-*te Kanalerweiterung* $(F,G,(p_{i,j}))^n$ *die Kapazität* $n\cdot K$.   □

3.8 Die FANOsche Ungleichung

In diesem Abschnitt betrachten wir einen Kanal $(F, \Phi, (p_{i,j}))$ mit q-närem Eingang F und q-närem Ausgang Φ, der mit einer fest vorgegebenen Wahrscheinlichkeitsverteilung $p(F)$ auf dem Eingangszeichenvorrat F genutzt wird. Es sei $f: \Phi \to F$ eine beliebige, ebenfalls fest vorgegebene Abbildung, die jedem Zeichen $\beta \in \Phi$ ein mit $\beta' := f(\beta)$ bezeichnetes Zeichen aus F zuordnet. Wir interpretieren f als „Decodierregel", mit der der Beobachter des Ausgangs Φ des Kanals aus der Ausgabe eines Zeichens $\beta \in \Phi$ auf die Eingabe eines Zeichens $\beta' \in F$ in den Kanal schließt. Der Beobachter ist also ein Kanaldecodierer (siehe Abschnitt 2.5). Über alle Ein- und Ausgaben gemittelt, irrt sich der Beobachter mit der *Übertragungsfehlerwahrscheinlichkeit*

$$\pi_E := \sum_{\alpha \in F; \beta \in \Phi; \beta' \neq \alpha} p(\alpha\beta)$$

(*bezüglich der Abbildung* f). Wenn der Beobachter ein Zeichen $\beta \in \Phi$ beobachtet, so verschaffte ihm die Mitteilung, daß das Zeichen $\alpha \in F$ eingegeben wurde, den Informationsgewinn $I_q(\alpha|\beta)$. Über alle $\alpha \in F$ und alle $\beta \in \Phi$ gemittelt wäre dieser Informationsgewinn gerade die Äquivokation $H_q(F|\Phi)$. Es gibt aber niemanden, der dem Beobachter (das heißt Kanaldecodierer) solche Mitteilungen macht; im Gegenteil, dieser Beobachter ist ein Automat und verwandelt ein aus dem Kanal ausgegebenes Zeichen $\beta \in \Phi$ in das Zeichen $\beta' := f(\beta) \in F$ und gibt β' an den Empfänger weiter. Der Empfänger will nun wissen, wie verläßlich der Kanal und sein Decodierer gearbeitet haben. Die Wahrscheinlichkeit, daß das empfangene Zeichen auch wirklich mit dem eingegebenen Zeichen übereinstimmt, hat den Wert $1 - \pi_E$. Der Verrat, daß das empfangene Zeichen mit dem gesendeten übereinstimmt, bedeutete für den Empfänger den Informationsgewinn $\log_q \frac{1}{1-\pi_E}$. Entsprechend bedeutete die Mitteilung an den Empfänger, daß das eingegebene Zeichen nicht mit dem empfangenen Zeichen übereinstimmt, den Informationsgewinn $\log_q \frac{1}{\pi_E}$; wenn dem Empfänger sogar mitgeteilt wird, welches der $q - 1$ vom empfangenen Zeichen verschiedenen Zeichen aus F in den Kanal eingegeben wurde, so erhöht sich der mittlere Informationsgewinn um maximal $\log_q(q-1)$, also höchstens auf $\log_q \frac{q-1}{\pi_E}$. Der mittlere Informationsgewinn, den ein Verrat der in den Kanal eingegebenen Zeichen für den Empfänger bedeuten würde, wäre also höchstens gleich der Entropie

$H_q(Q)$ der Quelle $Q := F$ mit der Wahrscheinlichkeitsverteilung $p(Q) = (1-\pi_E, \frac{\pi_E}{q-1}, \frac{\pi_E}{q-1}, \ldots, \frac{\pi_E}{q-1})$. Auf Seite 115 wurde die Entropie $H_q(Q)$ dieser Quelle (Q,p) gerade als der Wert $H_q(Q) = H_q(\pi_E)$ der q-nären Entropiefunktion an der Stelle π_E berechnet. Nach dem Hauptsatz der Datenverarbeitung wissen wir, daß nicht mehr Information verlorengeht, wenn wir dem Empfänger statt nur dem Decodierer die eingegebenen Zeichen verraten. Mit unserer Argumentation haben wir also abgeschätzt, wieviel Information im Kanal als Äquivokation $H_q(F|\Phi)$ verloren geht, es ist

$$H_q(F|\Phi) \leq H_q(\pi_E).$$

Diese Aussage läßt sich auch mit etwas weniger Geschwätz beweisen:

FANOsche Ungleichung. *Es seien $\big(F, \Phi, (p_{i,j})\big)$ ein Kanal, $p(F)$ eine Wahrscheinlichkeitsverteilung auf der Eingangsquelle F, $f : \Phi \to F \, ; \beta \mapsto \beta'$ eine Abbildung und π_E die Übertragungsfehlerwahrscheinlichkeit bezüglich f. Dann gilt $H_q(F|\Phi) \leq H_q(\pi_E)$. Es ist $H_q(F|\Phi) = H_q(\pi_E)$ genau dann, wenn für alle $\alpha \in F$ und $\beta \in \Phi$ mit $\alpha \neq \beta'$ stets $p(\alpha|\beta) = \frac{\pi_E}{q-1}$ gilt.*

Beweis. Wegen $\ln x \leq x-1$ für alle $x > 0$ (siehe Seite 111) gilt

$$H_q(F|\Phi) - H_q(\pi_E) =$$

$$= \sum_{\alpha \in F; \beta \in \Phi; \beta' \neq \alpha} p(\alpha\beta) \cdot \log_q \frac{1}{p(\alpha|\beta)} + \sum_{\alpha \in F; \beta \in \Phi; \beta' = \alpha} p(\alpha\beta) \cdot \log_q \frac{1}{p(\alpha|\beta)} -$$

$$- \pi_E \cdot \log_q \frac{q-1}{\pi_E} - (1-\pi_E) \cdot \log_q \frac{1}{1-\pi_E} =$$

$$= \sum_{\alpha \in F; \beta \in \Phi; \beta' \neq \alpha} p(\alpha\beta) \cdot \log_q \frac{\pi_E}{(q-1) \cdot p(\alpha|\beta)} +$$

$$+ \sum_{\alpha \in F; \beta \in \Phi; \beta' = \alpha} p(\alpha\beta) \cdot \log_q \frac{1-\pi_E}{p(\alpha|\beta)} =$$

$$= \log_q e \cdot \Big(\sum_{\alpha \in F; \beta \in \Phi; \beta' \neq \alpha} p(\alpha\beta) \cdot \ln \frac{\pi_E}{(q-1) \cdot p(\alpha|\beta)} +$$

$$+ \sum_{\alpha \in F; \beta \in \Phi; \beta' = \alpha} p(\alpha\beta) \cdot \ln \frac{1-\pi_E}{p(\alpha|\beta)} \Big) \leq$$

$$\leq \log_q e \cdot \Big(\sum_{\alpha \in F; \beta \in \Phi; \beta' \neq \alpha} p(\alpha\beta) \cdot \big(\frac{\pi_E}{(q-1) \cdot p(\alpha|\beta)} - 1 \big) +$$

$$+ \sum_{\alpha \in F; \beta \in \Phi; \beta' = \alpha} p(\alpha\beta) \cdot \big(\frac{1-\pi_E}{p(\alpha|\beta)} - 1 \big) \Big) =$$

$$= \log_q e \cdot \Big(\frac{\pi_E}{q-1} \cdot \sum_{\beta \in \Phi} p(\beta) \cdot \sum_{\alpha \in F; \beta' \neq \alpha} p(\alpha|\beta) \cdot \big(\frac{1}{p(\alpha|\beta)} - \frac{q-1}{\pi_E} \big) +$$

$$+ (1-\pi_E) \cdot \sum_{\beta \in \Phi} p(\beta) \cdot p(\beta'|\beta) \cdot \big(\frac{1}{p(\beta'|\beta)} - \frac{1}{1-\pi_E} \big) \Big) =$$

$$= \log_q e \cdot \Big(\frac{\pi_E}{q-1} \cdot (q-1) - \pi_E + (1-\pi_E) - (1-\pi_E) \Big) = 0.$$

Wegen $\ln x = x-1 \Leftrightarrow x = 1$ gilt $H_q(F|\Phi) = H_q(\pi_E)$ genau dann, wenn die beiden Bedingungen

1. Für alle $\alpha \in F$ und $\beta \in \Phi$ mit $\alpha \neq \beta'$ gilt $p(\alpha|\beta) = \frac{\pi_E}{q-1}$.
2. Für alle $\beta \in \Phi$ gilt $p(\beta'|\beta) = 1 - \pi_E$.

erfüllt sind. Die erste Bedingung schließt die zweite mit ein:
Für $\beta \in \Phi$ gilt nämlich

$$p(\beta'|\beta) \; = \; 1 - \sum_{\alpha \in F;\, \beta' \neq \alpha} p(\alpha|\beta) \; = \; 1 - (q-1) \cdot \frac{\pi_E}{q-1} \; = \; 1 - \pi_E. \qquad \square$$

3.9 Die Entropie stationärer Markov- Quellen

Wir betrachten eine Markov-Quelle (siehe Abschnitt 2.2.2) mit dem Nachrichtenvorrat $Q = \{s_1, s_2, \ldots, s_u\}$, der Menge $\mathfrak{S} = \{S_1, S_2, \ldots, S_w\}$ der Zustände, der Abbildung $\zeta : \mathfrak{S} \times Q \to \mathfrak{S}$, den Wahrscheinlichkeitsverteilungen $p_1, p_2, \ldots, p_w$ von Q und einer *stationären* Anfangszustandsverteilung $\pi = (\pi_1, \pi_2, \ldots, \pi_w)$ von $\mathfrak{S}$. Die Markov-Matrix der zur Markov-Quelle gehörigen Markovschen Kette bezeichnen wir mit M; die stochastische $w \times u$-Matrix, deren Zeilen die Vektoren $p_1, p_2, \ldots, p_w$ sind, bezeichnen wir mit P. Wir schreiben wieder $p := \pi \cdot P$.

Wir definieren die *unbedingte Entropie* der Markov-Quelle unabhängig vom konkreten Zeitpunkt t_i als die Entropie

$$H_a(Q_i)$$

der Quelle $Q_i = Q_0 = (Q, p)$ im engeren Sinne. Diese Entropie $H_a(Q_i)$ gibt den Informationsgehalt an, den der Quellencodierer im Mittel aus der Beobachtung der zum Zeitpunkt t_i ausgewählten Nachricht $z_i \in Q$ gewinnt, wenn er nicht weiß, welche Nachrichten in der Vergangenheit ausgewählt wurden und in welchem Zustand die Markov-Quelle war.

Wenn der Quellencodierer dagegen den Zustand $Z_i = S_m$ der Markov-Quelle zum Zeitpunkt t_i kennt, so gewinnt er mit dem Eintreffen der zum Zeitpunkt t_i ausgewählten Nachricht im Mittel (vom konkreten Zeitpunkt t_i unabhängig) die Information

$$H_a(Q|S_m) \; := \; \sum_{j=1}^{u} p_{m,j} \cdot \log_a \frac{1}{p_{m,j}},$$

das ist die *bedingte Entropie* der Markov-Quelle im Zustand $Z_i = S_m$.

Die beiden genannten Entropien spiegeln aber nicht den wahren Informationsgehalt wider, den der Quellencodierer im Mittel durch die Beobachtung der zum Zeitpunkt t_i ausgewählten Nachricht $z_i \in Q$ erfährt. Bei einer allgemeinen stationären Markov-Quelle kennt der Quellencodierer die zu den Zeitpunkten $t_0, t_1, \ldots, t_{i-1}$ ausgewählten Nachrichten $z_0, z_1, \ldots, z_{i-1} \in Q$, aber nicht notwendig den Zustand Z_i. Unter Berücksichtigung der Kenntnis der Vergangenheit der Markov-Quelle gewinnt der Quellencodierer im Mittel (über alle möglichen Nachrichten $z_0, z_1, \ldots, z_{i-1}, z_i \in Q$) mit dem Eintreffen der zum Zeitpunkt t_i ausgewählten Nachricht z_i den mittleren Informationsgehalt, die *bedingte Entropie* (zum Zeitpunkt t_i)

$$H_a(Q_i|Q_0 Q_1 \cdots Q_{i-1}) = \sum_{z_0, z_1, \ldots, z_{i-1} \in Q} p(z_0 z_1 \cdots z_{i-1}) \cdot H_a(Q_i|z_0 z_1 \cdots z_{i-1})$$

mit $\ H_a(Q_i|z_0 z_1 \cdots z_{i-1}) = \sum\limits_{z_i \in Q} p(z_i|z_0 z_1 \cdots z_{i-1}) \cdot \log_a \dfrac{1}{p(z_i|z_0 z_1 \cdots z_{i-1})}$.

Wir werden sehen, daß sich die bedingten Entropien der stationären Markov-Quelle im Laufe der Zeit numerisch stabilisieren, das heißt, sie streben gegen den Grenzwert

$$H_a^{(\infty)}(Q) := \lim_{i \to \infty} H_a(Q_i|Q_0 Q_1 \cdots Q_{i-1}).$$

Es scheint vernünftig zu sein, diesen Grenzwert $H_a^{(\infty)}(Q)$ als die *Entropie* der Markov-Quelle zu bezeichnen. Mit

$$H_a(Q_0 Q_1 \cdots Q_i) := \sum_{z_0, z_1, \ldots, z_i \in Q} p(z_0 z_1 \cdots z_i) \cdot \log_a \dfrac{1}{p(z_0, z_1, \ldots, z_i)}$$

bezeichnen wir die *Verbundentropie* der Markov-Quelle (zum Zeitpunkt t_i).

Satz über die Entropie einer stationären Markov-Quelle. *Die Entropie $H_a^{(\infty)}(Q)$ existiert. Es ist $H_a^{(\infty)}(Q) = \sum\limits_{m=1}^{w} \pi_m \cdot H_a(Q|S_m) \leq \log_a u$. Die Folgen $\left(\dfrac{H_a(Q_0 Q_1 \cdots Q_n)}{n+1}; n \in \mathbb{N}_0 \right)$ und $\left(H_a(Q_n|Q_0 Q_1 \cdots Q_{n-1}); n \in \mathbb{N} \right)$ streben für $n \to \infty$ monoton fallend gegen $H_a^{(\infty)}(Q)$.*

Beweis. Weil die Markov-Quelle stationär ist, gilt

$$Q_0 Q_1 \cdots Q_{n-1} = Q_1 Q_2 \cdots Q_n.$$

Mit dem Satz über die bedingte Entropie von Seite 122 folgt daraus
$$H_a(Q_{n+1}|Q_0 Q_1 \cdots Q_n) \leq H_a(Q_{n+1}|Q_1 Q_2 \cdots Q_n) = H_a(Q_n|Q_0 Q_1 \cdots Q_{n-1});$$
die Folge $\left(H_a(Q_n|Q_0 Q_1 \cdots Q_{n-1}); n \in \mathbb{N} \right)$ strebt daher als monoton

fallende Folge nicht-negativer reeller Zahlen für $n \to \infty$ gegen einen Grenzwert $H_a^{(\infty)}(Q) \leq H_a(Q_1|Q_0)$. Nach dem Satz über die nicht negative mittlere Transinformation von Seite 121 gilt $H_a(Q_1) - H_a(Q_1|Q_0) \geq 0$. Nach dem Satz über die maximale Entropie von Seite 116 folgt

$$H_a^{(\infty)}(Q) \leq H_a(Q_1|Q_0) \leq H_a(Q_1) \leq \log_a u.$$

Nach der Kettenregel für Verbundentropien von Seite 124 und dem Satz über die bedingte Entropie von Seite 122 können wir

$$H_a(Q_0 Q_1 \cdots Q_n) = H_a(Q_0) + H_a(Q_1|Q_0) + \ldots + H_a(Q_n|Q_0 Q_1 \cdots Q_{n-1})$$

mit monoton fallenden Summanden schreiben. Daraus ergibt sich, daß auch die Folge $\left(\frac{H_a(Q_0 Q_1 \cdots Q_n)}{n+1} ; n \in \mathbb{N}_0 \right)$ monoton fällt, und es gilt

$$H_a^{(\infty)}(Q) = \lim_{n \to \infty} H_a(Q_n|Q_0 Q_1 \cdots Q_{n-1}) = \lim_{n \to \infty} \frac{H_a(Q_0 Q_1 \cdots Q_n)}{n+1}.$$

Ebenso können wir die Entropie des Verbundraumes $\mathfrak{S}_0 Q_0 Q_1 \cdots Q_n$ als

$$H_a(\mathfrak{S}_0 Q_0 Q_1 \cdots Q_n) = H_a(\mathfrak{S}_0) + H_a(Q_0|\mathfrak{S}_0) + H_a(Q_1|\mathfrak{S}_0 Q_0) + \ldots$$
$$\ldots + H_a(Q_n|\mathfrak{S}_0 Q_0 Q_1 \cdots Q_{n-1})$$

schreiben. Wir berechnen die bedingten Entropien auf der rechten Seite dieser Gleichung. Der erste Summand ist

$$H_a(Q_0|\mathfrak{S}_0) = \sum_{m=1}^{w} \pi_m \cdot H_a(Q|S_m).$$

Der zweite Summand ist

$$H_a(Q_1|\mathfrak{S}_0 Q_0) = \sum_{Z_0 \in \mathfrak{S}_0, z_0 \in Q_0} p(Z_0 z_0) \cdot H_a(Q_1|Z_0 z_0) =$$

$$= \sum_{Z_0 \in \mathfrak{S}_0, z_0 \in Q_0} p(Z_0 z_0) \cdot \sum_{z_1 \in Q_1} p(z_1|Z_0 z_0) \cdot \log_a \frac{1}{p(z_1|Z_0 z_0)} =$$

$$= \sum_{z_1 \in Q_1} \sum_{Z_1 \in \mathfrak{S}_1} p(Z_1) \cdot \sum_{Z_0 \in \mathfrak{S}_0, z_0 \in Q_0, \zeta(Z_0, z_0) = Z_1} p(z_1|Z_0 z_0) \cdot \log_a \frac{1}{p(z_1|Z_0 z_0)} =$$

$$= \sum_{z_1 \in Q_1} \sum_{Z_1 \in \mathfrak{S}_1} p(Z_1) \cdot p(z_1|Z_1) \cdot \log_a \frac{1}{p(z_1|Z_1)} = \sum_{Z_1 \in \mathfrak{S}_1} p(Z_1) \cdot H_a(Q_1|Z_1) =$$

$$= H_a(Q_1|\mathfrak{S}_1) = \sum_{m=1}^{w} \pi_m \cdot H_a(Q|S_m).$$

Induktiv fortfahrend erhalten wir schließlich den letzten Summanden:

$$H_a(Q_n|\mathfrak{S}_0 Q_0 Q_1 \cdots Q_{n-1}) = \sum_{m=1}^{w} \pi_m \cdot H_a(Q|S_m).$$

Insgesamt schließen wir

$$\frac{H_a(\mathfrak{S}_0 Q_0 Q_1 \cdots Q_n) - H_a(\mathfrak{S}_0)}{n+1} = \sum_{m=1}^{w} \pi_m \cdot H_a(Q|S_m).$$

Wir schreiben jetzt

$$H_a(Q_0 Q_1 \cdots Q_n) = I_a(\mathfrak{S}_0; Q_0 Q_1 \cdots Q_n) + H_a(Q_0 Q_1 \cdots Q_n | \mathfrak{S}_0)$$

und merken an, daß die mittlere gegenseitige Information beschränkt ist,

$$0 \leq I_a(\mathfrak{S}_0; Q_0 Q_1 \cdots Q_n) = H_a(\mathfrak{S}_0) - H_a(\mathfrak{S}_0 | Q_0 Q_1 \cdots Q_n) \leq \log_a w;$$

es folgt $\displaystyle \lim_{n \to \infty} \frac{I_a(\mathfrak{S}_0; Q_0 Q_1 \cdots Q_n)}{n+1} = 0$ und damit

$$H_a^{(\infty)}(Q) = \lim_{n \to \infty} \frac{H_a(Q_0 Q_1 \cdots Q_n)}{n+1} =$$

$$= \lim_{n \to \infty} \frac{I_a(\mathfrak{S}_0; Q_0 Q_1 \cdots Q_n)}{n+1} + \lim_{n \to \infty} \frac{H_a(Q_0 Q_1 \cdots Q_n | \mathfrak{S}_0)}{n+1} =$$

$$= 0 + \lim_{n \to \infty} \frac{H_a(Q_0 Q_1 \cdots Q_n | \mathfrak{S}_0)}{n+1} = \lim_{n \to \infty} \frac{H_a(\mathfrak{S}_0 Q_0 Q_1 \cdots Q_n) - H_a(\mathfrak{S}_0)}{n+1} =$$

$$= \sum_{m=1}^{w} \pi_m \cdot H_a(Q | S_m). \qquad\qquad \square$$

Für eine stationäre Markov-Quelle der Rückwirkung r stimmt die Entropie $H_a^{(\infty)}(Q)$ mit der bedingten Entropie

$$H_a(Q_r | Q_0 Q_1 \cdots Q_{r-1}) = \sum_{z_0, z_1, \ldots, z_{r-1} \in Q} p(z_0 z_1 \cdots z_{r-1}) \cdot H_a(Q_r | z_0 z_1 \cdots z_{r-1})$$

überein. Wenn wir eine allgemeine stationäre Markov-Quelle durch Markov-Quellen der Rückwirkung $r = 1, 2, \ldots$ approximieren, so streben deren Entropien $H_a(Q_0), H_a(Q_1 | Q_0), H_a(Q_2 | Q_0 Q_1), \ldots$ nach dem Satz über die Entropie einer stationären Markov-Quelle monoton fallend gegen die Entropie $H_a^{(\infty)}(Q)$. Der Quellencodierer tut also gut daran, sich die in der Vergangenheit gesandten Nachrichten zu merken. Seine Prognose über die nächste Nachricht wird um so sicherer, je mehr Nachrichten er sich merkt: Die Entropie $H_a(Q_r | Q_0 Q_1 \cdots Q_{r-1})$ ist ja ein Maß für die Ungewißheit, die der Quellencodierer im Mittel nach dem Empfang der Nachrichten $z_0 z_1 \cdots z_{r-1}$ über die Auswahl der Nachricht z_r hat.

Daß die Verbundentropien $H_a(Q_0 Q_1 \cdots Q_r)$ mit wachsendem r gegen den $(r+1)$-fachen Wert der Entropie $H_a^{(\infty)}(Q)$ streben, werden wir für die blockweise Quellencodierung der stationären Markov-Quellen in Abschnitt 4.5 ausnutzen. Dieser Teil des Satzes über die Entropie einer stationären Markov-Quelle kann als „Markov-Analogon" des Satzes über die Entropie der n-ten Erweiterung einer Quelle von Seite 117 betrachtet werden.

Wir schauen uns die Zahlenwerte der verschiedenen Entropien einer Markov-Quelle an:

Beispiel (Fortsetzung des Beispiels 4 von Seite 90f.). Es ist
$H_2(Q|S_1) = H_2(Q|S_3) = H_2(\frac{1}{2}) = 1$ und $H_2(Q|S_2) = H_2(\frac{1}{3}) = 0,918$, also

$$H_2^{(\infty)}(Q) = \tfrac{2}{5} \cdot H_2(Q|S_1) + \tfrac{3}{10} \cdot H_2(Q|S_2) + \tfrac{3}{10} \cdot H_2(Q|S_3) = 0,975.$$

Weiterhin ist

$$H_2(Q_0) = 0,99277; \quad \tfrac{1}{2} \cdot H_2(Q_0 Q_1) = 0,99274; \quad \tfrac{1}{3} \cdot H_2(Q_0 Q_1 Q_2) = 0,99259;$$

und $H_2(Q_1|Q_0) = 0,99270$; $H_2(Q_2|Q_0 Q_1) = 0,99230$.

Die Folgen der Verbundentropien und bedingten Entropien konvergieren in diesem Beispiel sehr langsam gegen die Entropie der Markov-Quelle. In der Praxis wird man eine solche Markov-Quelle durch die Quelle Q_0 im engeren Sinne approximieren und zugunsten einer einfachen Ausführung des Quellencodierers auf die theoretisch mögliche Entropieverminderung durch Verwendung eines sehr großen Speichers verzichten.   □

Beispiel (Fortsetzung des Beispiels von Seite 76f.,79ff.,84,92). Es ist
$H_2(Q|\mathrm{OO}) = 0; H_2(Q|\mathrm{L\,L}) = 1; H_2(Q|\mathrm{OL}) = 0,918; H_2(Q|\mathrm{L\,O}) = 0,811$; also

$$H_2^{(\infty)}(Q) = 0,701.$$

Weiterhin ist $H_2(Q_0) = 0,999$; $H_2(Q_1|Q_0) = 0,978$; $\tfrac{1}{2} \cdot H_2(Q_0 Q_1) = 0,989$ und $\tfrac{1}{3} \cdot H_2(Q_0 Q_1 Q_2) = 0,893$.   □

4 Quellencodierung

In diesem Kapitel studieren wir die Arbeit des Quellencodierers. Wie lassen sich die von der Quelle ausgegebenen Nachrichten codieren, so daß sie ohne überflüssigen Zeitverlust über den Kanal gesandt werden? Wir gehen dabei stets von einer Quelle aus, die über einen u-nären ($u \geq 2$) Nachrichtenvorrat $Q = \{s_1, s_2, \ldots, s_u\}$ verfügt. Der Kanal des zu Grunde gelegten Kommunikationssystems habe einen q-nären ($q \geq 2$) Eingangszeichenvorrat F. Wir setzen voraus, daß der Kanal pro Zeiteinheit genau ein Zeichen aus F aufnehmen kann. Die übrigen Eigenschaften des Kanals interessieren hier nicht, das heißt, wir können uns den Kanal als *ideal* vorstellen (siehe Seite 97): Der Kanal gibt ungestört die eingegebenen Zeichen wieder aus. Der Kanalcodierer und -decodierer sind in einem solchen Kommunikationssystem überflüssig. Der Quellencodierer hat zwei Aufgaben:

1. Er codiert die von der Quelle ausgesandten Nachrichten in Wörter mit Komponenten aus F, damit der Kanal überhaupt in der Lage ist, die Nachrichten zu übertragen. Eine solche Codierung $Q \to F^\nabla$ muß eindeutig sein, damit der Quellendecodierer die einzelnen Codewörter aus dem Strom der vom Kanal ausgegebenen Zeichen überhaupt isolieren kann und so die ursprünglichen Nachrichten an die Nachrichtensenke weiterleiten kann. Weil nun jeder eindeutig decodierbare Code durch einen Präfix-Code mit denselben Codewortlängen ersetzt werden kann (siehe Abschnitt 1.7.2, Seite 37ff.), wird der Quellencodierer ausschließlich diese sofort decodierbaren Codes benutzen, ohne gezwungen zu sein, das Signalisiertempo zu verringern.

2. Der Quellencodierer versucht, das Signalisiertempo zu steigern, indem er die von der Quelle ausgegebenen Nachrichten von überflüssiger Redundanz befreit. Das Prinzip dieser *Datenkompression* besteht darin, die häufigen Nachrichten durch kurze Codewörter und die seltenen Nachrichten durch längere Codewörter zu codieren. Eine optimale Codierung zeichnet sich durch eine minimale mittlere Codewortlänge aus. Das Signalisiertempo kann schließlich noch dadurch gesteigert werden, daß der Quellencodierer statt der einzelnen Nachrichten ganze Blöcke aus je n Nachrichten codiert, das heißt mit der n-ten Erweiterung Q^n der Quelle Q arbeitet. Der Preis, den man für ein solches Codierungsverfahren bezahlt, besteht in einer größeren Komplexität des Quellencodierers und -decodierers.

Die Verwendung von Codes variabler Codewortlänge macht den Einbau eines Puffers zwischen Quelle und Quellencodierer erforderlich. In den Abschnitten 4.1 bis 4.4 betrachten wir nur Quellen $Q = \{s_1, s_2, \ldots, s_u\}$ im engeren Sinne. Weil einige Eigenschaften der Codierungen $C : Q \to F^{\mathbb{v}}$ auch von der Wahrscheinlichkeitsverteilung $p(Q)$ der Quelle abhängen, sprechen wir manchmal von *Quellencodierungen* statt von *Präfix-Codierungen*. In der codierungstheoretischen Literatur — dieses Buch ist da keine Ausnahme — hat sich die schlampige Bezeichnungsweise „Quellen-*Code*" für „Quellen-*Codierung*" eingebürgert; wenn man genau sein will, sollte man aber zwischen der *Abbildung* $C : Q \to F^{\mathbb{v}}$ und dem *Bild* $C := C(Q) \subset F^{\mathbb{v}}$ unterscheiden. Die Codewörter eines Quellencodes C bezeichnen wir stets mit $c_1 := C(s_1), c_2 := C(s_2), \ldots, c_u := C(s_u)$.

4.1 Effizienz

Es sei $Q = \{s_1, s_2, \ldots, s_u\}$ eine Quelle im engeren Sinne mit der Wahrscheinlichkeitsverteilung $p := p(Q) = (p_1, p_2, \ldots, p_u)$. Um Trivialfälle auszuschließen, nehmen wir $p_1 \geq p_2 \geq \ldots \geq p_u > 0$ an. Weiterhin sei ein q-närer Zeichenvorrat $F = \{\alpha_1, \alpha_2, \ldots, \alpha_q\}$ gegeben und eine Präfix-Codierung $C : Q \to F^{\mathbb{v}}$, deren Codewörter $c_1, c_2, \ldots, c_u$ die Längen $n_1, n_2, \ldots, n_u$ haben mögen. Wir bezeichnen mit

$$n(C) := \sum_{i=1}^{u} p_i \cdot n_i$$

die *mittlere Länge* der Quellencodierung C.

Die mittlere Länge $n(C)$ einer Quellencodierung $C : Q \to F^v$ ist der Erwartungswert $E(v)$ der Zufallsgröße $v : Q \to \mathbb{R}$; $s_i \mapsto n_i$ auf dem Stichprobenraum (Q, p).

Beispiel 1. Wir betrachten die Quelle $Q = \{s_1, s_2, s_3, s_4\}$ mit der Wahrscheinlichkeitsverteilung $p(Q) = (\frac{1}{2}, \frac{1}{4}, \frac{1}{8}, \frac{1}{8})$ und die Präfix-Codierung $C : Q \to \{O, L\}^v$; $s_1 \mapsto O$, $s_2 \mapsto LO$, $s_3 \mapsto LLO$, $s_4 \mapsto LLL$. Diese Codierung hat die mittlere Länge $n(C) = 1{,}75$. □

Die mittlere Länge einer Quellencodierung gibt an, wieviele Zeichen man im Mittel zur Codierung einer Nachricht aufwendet. Um ein hohes Signalisiertempo zu ermöglichen, versuchen wir, Quellencodierungen einer möglichst kleinen mittleren Wortlänge zu finden. Die Qualität einer Quellencodierung $C : Q \to F^v$ ist umso höher, je kürzer ihre mittlere Länge ist; wir bezeichnen das Verhältnis

$$\mathrm{Eff}(C) := \frac{H_q(Q)}{n(C)}$$

als die *Effizienz* oder *Datenkompressionsrate* der Quellencodierung C.

Die Effizienz gibt den Bruchteil der in q-nären Informationseinheiten gemessenen Entropie der Quelle an, der im Mittel auf eine Komponente eines Codewortes entfällt. Eine Nachricht der Quelle hat im Mittel den Informationsgehalt $H_q(Q)$. Im Mittel benötigen wir mindestens $H_q(Q)$ Entscheidungen in einer q-nären Entscheidungskaskade, um eine einzelne Nachricht zu isolieren; diese mittlere Entscheidungsanzahl entspricht der mittleren Länge einer Quellencodierung.. Damit liegt die Vermutung $H_q(Q) \geq n(C)$ nahe (Beweis folgt auf der nächsten Seite). Die Wahl der Basis $a := q$ bedeutet also nichts weiter, als die möglichen Werte der Effizienz auf das Intervall $[0,1]$ zu beschränken.

Eine Quellencodierung $C : Q \to F^v$ heißt *ideal*, wenn

$$\mathrm{Eff}(C) = 1$$

gilt. In Beispiel 1 oben auf dieser Seite haben wir eine ideale Quellencodierung kennengelernt. Nicht für jede Quelle Q und jeden Zeichenvorrat F braucht es eine ideale Quellencodierung $C : Q \to F^v$ zu geben. Das lehrt das triviale

Beispiel 2. Wir betrachten die Quelle $Q = \{s_1, s_2\}$ mit der Wahrscheinlichkeitsverteilung $p(Q) = (\frac{3}{4}, \frac{1}{4})$ und den binären Zeichenvorrat $F := \{O, L\}$. Unter allen Quellencodierungen $Q \to F^v$ hat die durch $C(s_1) = O$ und $C(s_2) = L$ gegebene Codierung $C : Q \to F^v$ maximale Effizienz. Wegen $\mathrm{Eff}(C) = H_2(Q) = 0{,}81 < 1$ ist C nicht ideal. □

Eine Quellencodierung $C : Q \to F^{\text{v}}$ heißt *kompakt* (oder auch *optimal*), wenn keine Quellencodierung $C' : Q \to F^{\text{v}}$ mit $n(C') < n(C)$ existiert. Unter den Quellencodierungen $Q \to F^{\text{v}}$ sind die kompakten Codierungen diejenigen maximaler Effizienz; insbesondere sind die idealen Quellencodierungen kompakt.

Beispiel 3. Wir greifen das Beispiel von Seite 113 aus Abschnitt 3.2 auf und betrachten die Quelle $Q = \{s_1, s_2, s_3, s_4\}$ mit der Wahrscheinlichkeitsverteilung $p(Q) = (\frac{1}{2}, \frac{1}{4}, \frac{1}{8}, \frac{1}{8})$ sowie den binären Zeichenvorrat $F := \{\mathsf{O}, \mathsf{L}\}$. Die dort dargestellte optimale Entscheidungskaskade entspricht der idealen Quellencodierung $C : Q \to \{\mathsf{O}, \mathsf{L}\}^{\text{v}} ; s_1 \mapsto \mathsf{O}$, $s_2 \mapsto \mathsf{L}\mathsf{O}$, $s_3 \mapsto \mathsf{L}\mathsf{L}\mathsf{O}$, $s_4 \mapsto \mathsf{L}\mathsf{L}\mathsf{L}$ aus Beispiel 1 von Seite 143. $\qquad\square$

Satz über die maximale Effizienz einer Quellencodierung.
Es sei $C : Q \to F^{\text{v}}$ eine Quellencodierung. Dann gilt

$$\mathrm{Eff}(C) \leq 1.$$

Die Quellencodierung C ist genau dann ideal, wenn für $i = 1, 2, \ldots, u$ stets

$$p_i = \frac{1}{q^{n_i}}$$

gilt. Ein idealer Quellencode ist stets ein voller Code. Bei Verwendung einer idealen Quellencodierung gibt der Quellencodierer alle Zeichen aus F in jedem Ausgabezeittakt mit derselben Wahrscheinlichkeit $\frac{1}{q}$ aus.

Beweis. Wir kürzen

$$M := \sum_{i=1}^{u} \frac{1}{q^{n_i}} \quad \text{und} \quad r_i := \frac{1}{M \cdot q^{n_i}} \quad \text{für } i = 1, 2, \ldots, u$$

ab. Trivialerweise gilt

$$\sum_{i=1}^{u} r_i = \frac{1}{M} \cdot \sum_{i=1}^{u} \frac{1}{q^{n_i}} = 1.$$

Weil der Quellencode C eindeutig decodierbar ist, gilt die Ungleichung $M \leq 1$ von KRAFT und McMILLAN (Seite 37); die zweite Kennzeichnung der vollen Codes (Seite 39f.) garantiert, daß der Präfix-Code C genau dann voll ist, wenn $M = 1$ ist. Aus der fundamentalen Ungleichung von Seite 111 folgt

$$H_q(Q) - \sum_{i=1}^{u} p_i \cdot \log_q \frac{1}{r_i} = \sum_{i=1}^{u} p_i \cdot \log_q \frac{r_i}{p_i} \leq 0,$$

also

$$H_q(Q) \leq \sum_{i=1}^{u} p_i \cdot \log_q \frac{1}{r_i} = \sum_{i=1}^{u} p_i \cdot (\log_q M + n_i) = \log_q M + n(C) \leq n(C),$$

wobei das Gleichheitszeichen genau dann gilt, wenn $M = 1$ und $r_i = p_i$ für $i = 1,2,\ldots,u$ gilt. Aus $H_q(Q) = n(C)$ folgt damit

$$p_i = \frac{1}{M \cdot q^{n_i}} = \frac{1}{q^{n_i}} \quad \text{für } i = 1,2,\ldots,u.$$

Wenn umgekehrt $p_i = \frac{1}{q^{n_i}}$ für $i = 1,2,\ldots,u$ gilt, so folgt

$$M = \sum_{i=1}^{u} \frac{1}{q^{n_i}} = \sum_{i=1}^{u} p_i = 1$$

und damit auch $p_i = \frac{1}{q^{n_i}} = r_i$ für $i = 1,2,\ldots,u$, also

$$H_q(Q) = n(C).$$

Es seien $C : Q \to F^{\mathbb{v}}$ eine ideale Quellencodierung, $t_j, j \geq 0$, ein Ausgabezeittakt des Quellencodierers und $\alpha \in F$ ein Zeichen. Weiterhin sei

$$w = w_0 w_1 \ldots w_{j-1} \alpha \in F^{j+1}$$

ein Wort der Länge $j+1$ mit dem Zeichen α als letzter Komponente. Nach der Definition der vollen Codes von Seite 39 läßt sich w eindeutig als Folge $w = c_{i_1} c_{i_2} \ldots c_{i_l} s$ von Codewörtern $c_{i_1}, c_{i_2}, \ldots, c_{i_l} \in C$ und einem eventuell leeren Präfix s der Länge $s \in \mathbb{N}_0$ eines Codewortes schreiben. Wir erwarten für $h = 1,2,\ldots,l$ die Ausgabe des Codewortes c_{i_h} mit der Wahrscheinlichkeit $p_{i_h} = q^{-n_{i_h}}$ und die Ausgabe des Präfixes s mit der Wahrscheinlichkeit q^{-s}. Das Wort w hat die Länge $j+1 = n_{i_1} + n_{i_2} + \ldots + n_{i_l} + s$. Da die Quelle die Nachrichten unabhängig voneinander auswählt, erwarten wir erwarten wir das Wort w mit der Wahrscheinlichkeit

$$q^{-n_{i_1}} \cdot q^{-n_{i_2}} \cdots q^{-n_{i_l}} \cdot q^{-s} = q^{-(j+1)}.$$

Da es in $F^{\mathbb{v}}$ insgesamt q^j Wörter der Länge $j+1$ mit dem Zeichen α als letzter Komponente gibt, erwarten wir zum Zeitpunkt t_j das Zeichen $\alpha \in F$ am Ausgang des Quellencodierers mit der Wahrscheinlichkeit $\frac{1}{q}$. $\square$

Jeder ideale Quellencode ist ein voller Code, aber die idealen Quellencodes existieren nur für sehr spezielle Quellen. Im nächsten Abschnitt 4.2 werden wir einen Algorithmus zur Konstruktion kompakter Quellencodierungen für beliebige Quellen im engeren Sinne bereitstellen.

Satz. *Jeder kompakte Quellencode ist ein reduziert voller Code.*

Beweis. Wir machen von der Kennzeichnung der reduziert vollen Codes von Seite 41 aus Abschnitt 1.7.2 Gebrauch. Es sei $C : Q \to F^v$ eine kompakte Quellencodierung, deren längste Codewörter die Länge m haben. Angenommen, es existierten eine nichtnegative ganze Zahl $n < m-1$, ein Präfix $x_1 x_2 \ldots x_n \in F^n$ eines Codewortes und ein solches Zeichen $\alpha \in F$, daß das Wort $c := x_1 x_2 \ldots x_n \alpha$ weder ein Präfix eines Codewortes noch selbst ein Codewort wäre. Wir könnten dann ein Codewort der Länge m durch das kürzere Codewort c ersetzen und erhielten eine Quellencodierung $C' : Q \to F^v$ mit $n(C') < n(C)$. Das wäre ein Widerspruch zur Kompaktheit von C. Angenommen, es existierten $n \geq q - 1$ Wörter $c_1, c_2, \ldots, c_n \in F^m$, die keine Codewörter wären, aber deren Präfixe der Länge $m - 1$ Präfixe von Codewörtern (der maximalen Länge m) wären. Wir könnten dann eines dieser Präfixe, etwa $x = x_1 x_2 \ldots x_{m-1}$, und ein Codewort $c = x_1 x_2 \ldots x_{m-1} \alpha \in C$ festhalten und ohne Zerstörung der Kompaktheit von C jedes der höchstens $q-1$ von c verschiedenen Codewörter, welche x als Präfix besäßen, durch ein solches der Wörter $c_1, c_2, \ldots, c_n$ ersetzen, welches x nicht als Präfix besäße. Danach könnten wir das Codewort c gegen das kürzere Wort x austauschen und erhielten eine Quellencodierung $C' : Q \to F^v$ mit $n(C') < n(C)$. Das ergäbe einen Widerspruch zur Kompaktheit der Quellencodierung C. $\quad\square$

Auf Seite 48 haben wir die Informationsrate eines Blockcodes definiert. Diese Definition weiten wir auf den allgemeineren Fall eines eindeutig decodierbaren Codes $C \subset F^v$ aus, dessen u Codewörter die Längen $n_1, n_2, \ldots, n_u$ haben. Wir definieren die *Informationsrate* von C als

$$\frac{u \cdot \log_q u}{\sum\limits_{i=1}^{u} n_i}$$

Die Informationsrate einer Quellencodierung $C : Q \to F^v$ stimmt mit ihrer Effizienz überein, wenn $p(Q) = (\frac{1}{u}, \frac{1}{u}, \ldots, \frac{1}{u})$ die Gleichverteilung ist. Ein Präfix-Code C (und damit auch jeder eindeutig decodierbare Code) der Informationsrate 1 ist notwendigerweise der triviale Blockcode F^n mit $n = \log_q |C|$; legen wir nämlich auf Q die Gleichverteilung zu Grunde, so ist $\mathrm{Eff}(C) = 1$, und der Satz über die maximale Effizienz eines Quellencodes von Seite 144 liefert die Behauptung.

4.2 Der HUFFMANsche Algorithmus

Es sei $Q = \{s_1, s_2, \ldots, s_u\}$ eine Quelle im engeren Sinne mit der Wahrscheinlichkeitsverteilung $p(Q) = (p_1, p_2, \ldots, p_u)$. Ohne die Allgemeinheit einzuschränken, dürfen wir $p_1 \geq p_2 \geq \ldots \geq p_u$ annehmen. Es sei $F = \{\alpha_0, \alpha_1, \ldots, \alpha_{q-1}\}$ ein q-närer Zeichenvorrat.

A. D. HUFFMAN publizierte 1952 einen Algorithmus zur Konstruktion kompakter Quellencodierungen $C : Q \to F^{\mathrm{v}}$. Aus technischen Gründen fügt man zunächst (Schritt 4) zur Quelle einige unmögliche Nachrichten hinzu und definiert, ausgehend von der so ergänzten Quelle Q_0 , rekursiv eine Folge von Quellen $Q_1, Q_2, \ldots, Q_\lambda$ (Schritte 5 und 8.3). Die Quelle Q_λ besteht dann aus q Nachrichten $s_{\lambda,1}, s_{\lambda,2}, \ldots, s_{\lambda,q}$. Die Quellencodierung $C_\lambda : Q_\lambda \to F^{\mathrm{v}}$; $s_{\lambda,j} \mapsto \alpha_{j-1}$ (Schritt 9) ist trivialerweise kompakt. Dann definiert man rekursiv (Schritt 10) eine Folge $C_{\lambda-1}, C_{\lambda-2}, \ldots, C_0$ von Quellencodierungen $C_i : Q_i \to F^{\mathrm{v}}$, die sich allesamt als kompakt erweisen. Aus der Quellencodierung C_0 ergibt sich (in Schritt 11) die kompakte Quellencodierung $C : Q \to F^{\mathrm{v}}$, indem aus C_0 alle Codewörter gestrichen werden, die unmögliche Nachrichten aus $Q_0 \backslash Q$ codieren. Hier ist der HUFFMAN*sche Algorithmus* in elf Schritten:

1. Bestimme die kleinste ganze Zahl λ mit $q + \lambda \cdot (q-1) \geq u$.
2. Setze für $i = 0, 1, \ldots, \lambda$ jeweils $u_i := q + (\lambda - i) \cdot (q-1)$.
3. Für $j = 1, 2, \ldots, u$ führe aus:
   3.1. Setze $s_{0,j} := s_j$.
   3.2. Setze $p_{0,j} := p_j$.
4. Für $j = u + 1, u + 2, \ldots, u_0$ führe aus:
   4.1. Definiere eine „unmögliche" Nachricht $s_{0,j}$.
   4.2. Setze $p_{0,j} := 0$.
5. Setze $Q_0 := Q \cup \{s_{0,u+1}, s_{0,u+2}, \ldots, s_{0,u_0}\}$.
6. Setze $p_0 := (p_{0,1}, p_{0,2}, \ldots, p_{0,u_0})$.
7. Setze $i := 0$.
8. Solange $i \neq \lambda$ ist, führe aus:
   8.1. Definiere eine „neue" Nachricht σ_{i+1} .
   8.2. Setze $p(\sigma_{i+1}) := \sum_{j=0}^{q-1} p_{i, u_{i+1}+j}$.
   8.3. Setze $Q_{i+1} := \{s_{i,1}, s_{i,2}, \ldots, s_{i, u_{i+1}-1}, \sigma_{i+1}\}$.

8.4. Permutiere die Folge $(p_{i,1}, p_{i,2}, \ldots, p_{i,u_{i+1}-1}, p(\sigma_{i+1}))$ durch entsprechendes Einordnen der Zahl $p(\sigma_{i+1})$ so in einen Vektor

$$p_{i+1} := (p_{i+1,1}, p_{i+1,2}, \ldots, p_{i+1,u_{i+1}}), \text{ daß}$$
$$p_{i+1,1} \geq p_{i+1,2} \geq \cdots \geq p_{i+1,u_{i+1}} \text{ gilt.}$$

8.5. Permutiere in der gleichen Weise wie in 8.4 die Folge $(s_{i,1}, s_{i,2}, \ldots, s_{i,u_{i+1}-1}, \sigma_{i+1})$ in die Folge $(s_{i+1,1}, s_{i+1,2}, \ldots, s_{i+1,u_{i+1}})$.

8.6. Setze $i \leftarrow i+1$.

Kommentar: Die Quelle $Q_{i+1} = \{s_{i+1,1}, s_{i+1,2}, \ldots, s_{i+1,u_{i+1}}\}$ besteht aus $(\lambda - i) \cdot (q-1)$ „alten" Nachrichten, das sind die $u_{i+1}-1$ häufigsten Nachrichten $s_{i,1}, s_{i,2}, \ldots, s_{i,u_{i+1}-1}$ der Quelle Q_i, und einer „neuen" Nachricht σ_{i+1}, die als Zusammenfassung der q seltensten Nachrichten $s_{i,u_{i+1}}, s_{i,u_{i+1}+1}, \ldots, s_{i,u_i}$ aus Q_i betrachtet werden kann. Die Nachrichten $s_{i+1,1}, s_{i+1,2}, \ldots, s_{i+1,u_{i+1}}$ der Quelle Q_{i+1} sind nach fallenden Wahrscheinlichkeiten indiziert. Die Einordnung der neuen Nachricht σ_{i+1} in die alten Nachrichten ist nicht eindeutig vorgeschrieben, wenn ihre Wahrscheinlichkeit $p(\sigma_{i+1})$ für ein $j < u_{i+1}$ mit $p_{i,j}$ übereinstimmt.

9.   Setze für $j = 1, 2, \ldots, q$ jeweils $C_\lambda(s_{\lambda,j}) := \alpha_{j-1}$.

Kommentar: Die Quelle Q_λ besteht aus $u_\lambda = q$ Nachrichten. Der Quellencode C_λ ist nach der Definition der Kompaktheit einer Quellencodierung (Seite 144) trivialerweise kompakt.

10.   Solange $i \neq 0$ ist, führe aus:

10.1. Setze $i \leftarrow i-1$.

10.2. Setze für $j = 1, 2, \ldots, u_{i+1}-1$ jeweils $C_i(s_{i,j}) := C_{i+1}(s_{i,j})$.

10.3. Setze für $j = 0, 1, \ldots, q-1$ jeweils $C_i(s_{i,u_{i+1}+j}) := C_{i+1}(\sigma_{i+1})\alpha_j$.

Kommentar: In 10.3 wabert der Zeitgeist im HUFFMAN-Algorithmus: Nicht „vor Ort" sondern „nach Wort" $C_{i+1}(\sigma_{i+1})$ wird ein Zeichen α_j (für Völkerverständigung? gegen AusländerInnenfeindlichkeit?) gesetzt. Die Quellencodierung $C_i : Q_i \to F^v$ wird rekursiv aus der Quellencodierung $C_{i+1} : Q_{i+1} \to F^v$ definiert. Die $u_{i+1}-1$ häufigsten Nachrichten $s_{i,1}, s_{i,2}, \ldots, s_{i,u_{i+1}-1}$ der Quelle Q_i werden mit C_i genauso codiert wie mit C_{i+1}. Die Codewörter der q seltensten Nachrichten $s_{i,u_{i+1}}, s_{i,u_{i+1}+1}, \ldots, s_{i,u_i}$ haben bei der Codierung C_i alle dieselbe Länge und dasselbe Präfix $C_{i+1}(\sigma_{i+1})$ und unterscheiden sich nur in der letzten Komponente. Angenommen, die Quellencodierung $C_{i+1} : Q_{i+1} \to F^v$ sei kompakt. Die Codierung C_i hat die mittlere Länge

$$n(C_i) = n(C_{i+1}) + \sum_{j=0}^{q-1} p_{i,u_{i+1}+j};$$

denn die Länge der Codewörter der q seltensten Nachrichten aus Q_i übertrifft die Länge des Codewortes $C_{i+1}(\sigma_{i+1})$ um den Wert 1. Es sei nun $C_i' : Q_i \to F^v$ ein kompakter und damit voller Quellencode. Die q Codewörter $C_i'(s_{i,u_{i+1}+j})$,

$j = 0,1,\ldots,q-1$, haben dieselbe Länge m. Wir dürfen annehmen, daß sie dasselbe Präfix x der Länge $m-1$ besitzen. Für den Quellencode $C'_{i+1}: Q_{i+1} \to F^v$ mit $s_{i,h} \mapsto C'_i(s_{i,h})$ für $h = 1,2,\ldots,u_{i+1}-1$ und $\sigma_{i+1} \mapsto x$ ist

$$n(C'_i) - \sum_{j=0}^{q-1} p_{i,u_{i+1}+j} = n(C'_{i+1}) \geq n(C_{i+1}) = n(C_i) - \sum_{j=0}^{q-1} p_{i,u_{i+1}+j}.$$

Zusammen mit $n(C'_i) \leq n(C_i)$ folgt, daß auch C_i kompakt ist.

11. Setze für $j = 1,2,\ldots,u$ jeweils $C(s_j) := C_0(s_{0,j})$. Stop.

Kommentar: In Schritt 11 wird die *Huffman-Codierung* $C: Q \to F^v$ ausgegeben.

Beispiel 1. Wir legen die Quelle $Q = \{s_1, s_2, \ldots, s_8\}$ mit der Wahrscheinlichkeitsverteilung $p(Q) = (\frac{11}{50}, \frac{1}{5}, \frac{9}{50}, \frac{3}{20}, \frac{1}{10}, \frac{2}{25}, \frac{1}{20}, \frac{1}{50})$ und den Zeichenvorrat $F = \{0,1,2,3\}$ zu Grunde. Es ist $H_4(Q) = 1{,}377$.

In Schritt 1 des HUFFMAN-Algorithmus bestimmen wir $\lambda := 2$, in Schritt 2 $u_0 := 10$, $u_1 := 7$ und $u_2 := 4$. In den Schritten 5 und 8.3 bestimmen wir die Quellen Q_0, Q_1 und Q_2, in den Schritten 9 und 10 die Quellencodierungen $C_2: Q_2 \to F^v$, $C_1: Q_1 \to F^v$ und $C_0: Q_0 \to F^v$:

Q_0	$p_{0,j}$	C_0	Q_1	$p_{1,j}$	C_1	Q_2	$p_{2,j}$	C_2
$s_{0,1} := s_1$	$\frac{22}{100}$	1	$s_{1,1} := s_{0,1}$	$\frac{22}{100}$	1	$s_{2,1} := \sigma_2$	$\frac{20}{50}$	0
$s_{0,2} := s_2$	$\frac{20}{100}$	2	$s_{1,2} := s_{0,1}$	$\frac{20}{100}$	2	$s_{2,2} := s_{1,1}$	$\frac{11}{50}$	1
$s_{0,3} := s_3$	$\frac{18}{100}$	3	$s_{1,3} := s_{0,1}$	$\frac{18}{100}$	3	$s_{2,3} := s_{1,2}$	$\frac{10}{50}$	2
$s_{0,4} := s_4$	$\frac{15}{100}$	00	$s_{1,4} := s_{0,1}$	$\frac{15}{100}$	00	$s_{2,4} := s_{1,3}$	$\frac{9}{50}$	3
$s_{0,5} := s_5$	$\frac{10}{100}$	01	$s_{1,5} := s_{0,1}$	$\frac{10}{100}$	01			
$s_{0,6} := s_6$	$\frac{8}{100}$	02	$s_{1,6} := s_{0,1}$	$\frac{8}{100}$	02			
$s_{0,7} := s_7$	$\frac{5}{100}$	030	$s_{1,7} := \sigma_1$	$\frac{7}{100}$	03			
$s_{0,8} := s_8$	$\frac{2}{100}$	031						
$s_{0,9}$	0	032						
$s_{0,10}$	0	033						

In Schritt 11 bestimmen wir die Huffman-Codierung $C: Q \to F^v$; $s_1 \mapsto 1$, $s_2 \mapsto 2$, $s_3 \mapsto 3$, $s_4 \mapsto 00$, $s_5 \mapsto 01$, $s_6 \mapsto 02$, $s_7 \mapsto 030$, $s_8 \mapsto 031$. Diese kompakte Codierung hat die mittlere Länge $n(C) = \frac{147}{100}$ und die Effizienz

$$\mathrm{Eff}(C) = \frac{H_4(Q)}{n(C)} = 0{,}937. \qquad \square$$

Wenn der zugrundegelegte Zeichenvorrat F binär ist, so entfällt in Schritt 4 des HUFFMAN-Algorithmus die Ergänzung der Quelle Q um unmögliche Nachrichten: Wegen $\lambda = u - 2$ und $u_0 = u$ im Fall $q = 2$ ist dann $Q_0 = Q$.

In Schritt 8 des HUFFMAN-Algorithmus haben wir die Freiheit der Wahl bei der Einsortierung der Nachricht σ_{i+1}, wenn einer Nachricht $s_{i,j} \in Q_i$ mit $j < u_{i+1}$ dieselbe Wahrscheinlichkeit $p_{i,j}$ wie der neuen Nachricht σ_{i+1} zugeordnet ist. Wir beobachten den Effekt der verschiedenen Wahlmöglichkeiten in dem

Beispiel 2. Es sei $Q = \{s_1, s_2, s_3, s_4, s_5\}$ eine Quelle im engeren Sinne mit der Wahrscheinlichkeitsverteilung $p(Q) = (\frac{2}{5}, \frac{1}{5}, \frac{1}{5}, \frac{1}{10}, \frac{1}{10})$ und $F = \{O, L\}$ ein binärer Zeichenvorrat.

Bei der Definition der Quelle Q_1 bestehen wegen $p_2 = p_3 = \frac{1}{5}$ drei Möglichkeiten, die neue Nachricht σ_1 mit $p(\sigma_1) = \frac{1}{5}$ in die Nachrichten s_1, s_2, s_3 einzusortieren. Wir betrachten die extremen Möglichkeiten:

$$\text{\textit{Alternative A:}} \quad s_{1,1} := s_1, \ s_{1,2} := s_2, \ s_{1,3} := s_3, \ s_{1,4} := \sigma_1;$$
$$\text{\textit{Alternative B:}} \quad s_{1,1} := s_1, \ s_{1,2} := \sigma_1, \ s_{1,3} := s_2, \ s_{1,4} := s_3.$$

Bei der Definition der Quelle Q_2 bestehen wegen $p_{1,1} = p(\sigma_2) = \frac{2}{5}$ zwei Möglichkeiten, die neue Nachricht σ_2 in die Nachrichten $s_{1,1}$ und $s_{1,2}$ einzusortieren:

$$\text{\textit{Alternative A:}} \quad s_{2,1} := s_{1,1}, \ s_{2,2} := \sigma_2, \quad s_{2,3} := s_{1,2};$$
$$\text{\textit{Alternative B:}} \quad s_{2,1} := \sigma_2, \quad s_{2,2} := s_{1,1}, \ s_{2,3} := s_{1,2}.$$

Bei der Definition der Quelle Q_3 müssen wir die neue Nachricht σ_3 wegen $p(\sigma_3) = \frac{3}{5} > \frac{2}{5} = p_{2,1}$ zwangsläufig vor die Nachricht $s_{2,1}$ setzen:

$$s_{3,1} := \sigma_3, \ s_{3,2} := s_{2,1}.$$

Wir schauen nach, welche Quellencodierungen $C^A : Q \to F^v$ und $C^B : Q \to F^v$ sich als Ergebnis des HUFFMAN-Algorithmus ergeben:

Alternative A:

Q	p_j	C_0	$p_{1,j}$	C_1	$p_{2,j}$	C_2	$p_{3,j}$	C_3
s_1	$\frac{4}{10}$	O	$\frac{2}{5}$	L	$\frac{2}{5}$	L	$\frac{3}{5}$	O
s_2	$\frac{2}{10}$	OL	$\frac{1}{5}$	OL	$\frac{2}{5}$	OO	$\frac{2}{5}$	L
s_3	$\frac{2}{10}$	OOO	$\frac{1}{5}$	OOO	$\frac{1}{5}$	OL		
s_4	$\frac{1}{10}$	OOLO	$\frac{1}{5}$	OOL				
s_5	$\frac{1}{10}$	OOLL						

Alternative B:

Q	p_j	C_0	$p_{1,j}$	C_1	$p_{2,j}$	C_2	$p_{3,j}$	C_3
s_1	$\frac{4}{10}$	OO	$\frac{2}{5}$	OO	$\frac{2}{5}$	L	$\frac{3}{5}$	O
s_2	$\frac{2}{10}$	LO	$\frac{1}{5}$	OL	$\frac{2}{5}$	OO	$\frac{2}{5}$	L
s_3	$\frac{2}{10}$	LL	$\frac{1}{5}$	LO	$\frac{1}{5}$	OL		
s_4	$\frac{1}{10}$	OLO	$\frac{1}{5}$	LL				
s_5	$\frac{1}{10}$	OLL						

Die Quelle Q hat die Entropie $H_2(Q) = 2{,}12$; beide Quellencodes C^A und C^B haben die gleiche mittlere Länge $n(C^A) = n(C^B) = \frac{11}{5}$ und die gleiche Effizienz $\mathrm{Eff}(C^A) = \mathrm{Eff}(C^B) = 0{,}964$, was nicht weiter verwunderlich ist, denn beide Huffman-Codes sind kompakt. Wie auf Seite 143 beschrieben, betrachten wir die Codewortlängen n_i^A und n_i^B, der Codes C^A und C^B als Zufallsgrößen $n^A, n^B : Q \to \mathbb{R}$; $s_i \mapsto n_i^A, n_i^B$ und berechnen ihre Varianzen als $V(n^A) = \frac{34}{25}$ und $V(n^B) = \frac{4}{25}$. Wegen der erheblich geringeren Streubreite der Codewortlängen ist der Code C^B dem Code C^A vorzuziehen. $\qquad\square$

Es sei nun $Q = \{s_1, s_2, \ldots, s_u\}$ eine Quelle, deren Nachrichtenanzahl $u = q^n$ eine Potenz der Zeichenanzahl q des Zeichenvorrates F ist. Man sieht leicht ein, daß man mit dem HUFFMANschen Algorithmus jedenfalls dann einen Blockcode der Länge n konstruieren kann, wenn $\sum_{i=0}^{q-1} p_{u-i} \geq p_1$ gilt; in einem solchen Fall kann man auf den HUFFMANschen Algorithmus verzichten, denn jede Blockcodierung $C : Q \to F^n$ ist dann kompakt. Der HUFFMANsche Algorithmus lohnt sich also erst dann, wenn die Wahrscheinlichkeiten $p_1, p_2, \ldots, p_u$ sehr unterschiedlich verteilt sind.

Beispiel 3. Es sei $Q = \{s_1, s_2, s_3, s_4, s_5, s_6, s_7\}$ eine Quelle mit der Wahrscheinlichkeitsverteilung $p(Q) = (\frac{1}{2}, \frac{1}{4}, \frac{1}{8}, \frac{1}{16}, \frac{1}{32}, \frac{1}{64}, \frac{1}{64})$. Wir legen den binären Zeichenvorrat $F = \{O, L\}$ zu Grunde und bestimmen mit dem HUFFMAN-Algorithmus die kompakte Quellencodierung $s_1 \mapsto L$, $s_2 \mapsto OL$, $s_3 \mapsto OOL$, $s_4 \mapsto OOOL$, $s_5 \mapsto OOOOL$, $s_6 \mapsto OOOOOO$, $s_7 \mapsto OOOOOL$. Wir überlassen es dem Leser, in Verallgemeinerung dieses Beispiels zu untersuchen, unter welchen Bedingungen der HUFFMAN-Algorithmus Komma-Codes liefert. $\qquad\square$

4.3 SHANNON-FANO-Codierung

Wegen des geringen programmiertechnischen Aufwands ist das Problem der kompakten Quellencodierung mit dem HUFFMAN-Algorithmus auf sehr einfache Weise gelöst. Vom theoretischen Standpunkt aus befriedigt uns die HUFFMANsche Methode nicht völlig: Weil die Länge jedes Codewortes des Huffman-Codes von den Wahrscheinlichkeitsverteilungen $p_1, p_2, \ldots, p_\lambda$ der Quellen $Q_1, Q_2, \ldots, Q_\lambda$ abhängt, kann man die mittlere Länge des Huffman-Codes nicht ohne weiteres direkt der Verteilung p entnehmen.

Die — nur für theoretische Zwecke brauchbare — Quellencodierung nach C. E. SHANNON und R. M. FANO bietet nun die Möglichkeit, eine Quelle mit einem zwar nicht notwendig kompakten, aber doch ziemlich effizienten Quellencode derart zu codieren, daß sich die Codewortlängen Codewort für Codewort direkt aus den Wahrscheinlichkeiten der einzelnen Nachrichten ermitteln lassen.

Es seien F ein q-närer Zeichenvorrat und $Q = \{s_1, s_2, \ldots, s_u\}$ eine u-näre Quelle im engeren Sinne ohne unmögliche Nachrichten mit der Wahrscheinlichkeitsverteilung $p(Q) = (p_1, p_2, \ldots, p_u)$. Für jeden Index $i = 1, 2, \ldots, u$ bestimmen wir die natürliche Zahl

$$n_i := \left\lceil \log_q \frac{1}{p_i} \right\rceil.$$

Es folgt $\frac{1}{p_i} \leq q^{n_i}$ und damit auch $\frac{1}{q^{n_i}} \leq p_i$. Wegen $\sum_{i=1}^{u} p_i = 1$ gilt die Ungleichung von KRAFT und MCMILLAN $\sum_{i=1}^{u} \frac{1}{q^{n_i}} \leq 1$ für die natürlichen Zahlen $n_1, n_2, \ldots, n_u$. Wie wir im Satz über die Existenz von Präfix-Codes auf Seite 38 nachlesen können, impliziert dies die Existenz einer Quellen-Codierung $C^{SF} : Q \to F^{\vee}$; $s_i \mapsto c_i$, einer sogenannten *Shannon-Fano-Codierung*, deren u Codewörter $c_1, c_2, \ldots, c_u$ die Blocklängen $n_1, n_2, \ldots, n_u$ haben.

Satz über die Effizienz der Shannon-Fano-Codes.
Es sei $C^{SF} : Q \to F^{\vee}$ eine Shannon-Fano-Codierung. Dann gilt

$$H_q(Q) \leq n(C^{SF}) < 1 + H_q(Q).$$

Beweis. Für $i = 1, 2, \ldots, u$ multiplizieren wir die Ungleichungen

$$\log_q \frac{1}{p_i} \leq n_i < 1 + \log_q \frac{1}{p_i}$$

jeweils mit p_i und summieren auf:

$$H_q(Q) = \sum_{i=1}^{u} p_i \cdot \log_q \frac{1}{p_i} \leq \sum_{i=1}^{u} p_i \cdot n_i = n(C^{SF}) < \sum_{i=1}^{u} p_i + \sum_{i=1}^{u} p_i \cdot \log_q \frac{1}{p_i} =$$
$$= 1 + H_q(Q). \qquad\qquad \Box$$

Daß die Entropie $H_q(Q)$ die mittlere Länge $n(C^{SF})$ einer Shannon-Fano-Codierung $C^{SF} : Q \to F^{\mathsf{v}}$ von unten beschränkt, ist uns nicht neu: Im Satz über die maximale Effizienz eines Quellencodes auf Seite 144 haben wir die Ungleichung $H_q(Q) \leq n(C)$ für jede Quellencodierung $C : Q \to F^{\mathsf{v}}$ bewiesen. Für uns ist aber hier die obere Schranke $1 + H_q(Q)$ von Bedeutung: Eine Nachricht aus Q hat im Mittel den Informationsgehalt $H_q(Q)$; mit dem Shannon-Fano-Code C^{SF} benötigt man zur Codierung einer Nachricht im Mittel weniger als $1 + H_q(Q)$ Zeichen. Für die praktische Codierung einer Quelle verwenden wir lieber einen Huffman-Code $C^H : Q \to F^{\mathsf{v}}$ als einen Shannon-Fano-Code $C^{SF} : Q \to F^{\mathsf{v}}$; die Durchführung des HUFFMANschen Algorithmus ist nämlich nicht aufwendiger als die Bestimmung des Präfix-Codes C^{SF} aus den Codewortlängen $n_1, n_2, \ldots, n_u$, und außerdem ist die mittlere Länge $n(C^H)$ des kompakten Huffman-Codes nicht länger als die mittlere Länge $n(C^{SF})$ des Shannon-Fano-Codes. Die Shannon-Fano-Codes dienten uns nur zur Herleitung der Abschätzung

$$H_q(Q) \leq n(C^H) \leq n(C^{SF}) < 1 + H_q(Q).$$

Beispiel 1. Es seien $Q = \{s_1, s_2, s_3, s_4, s_5, s_6\}$, $p(Q) = (\frac{1}{4}, \frac{1}{4}, \frac{1}{8}, \frac{1}{8}, \frac{1}{8}, \frac{1}{8})$ und $F := \{\mathsf{O}, \mathsf{L}\}$. Setze $n_1 := \mathrm{ld}\, 4 = 2$, $n_2 := 2$, $n_3 := \mathrm{ld}\, 8 = 3$, $n_4 := 3$, $n_5 := 3$ und $n_6 := 3$. Wir entnehmen dem auf Seite 9 abgebildeten Codebaum von F^{v} den Shannon-Fano-Code $C^{SF} : Q \to F^{\mathsf{v}}$; $s_1 \to \mathsf{OO}$, $s_2 \to \mathsf{OL}$, $s_3 \to \mathsf{LOO}$, $s_4 \to \mathsf{LOL}$, $s_5 \to \mathsf{LLO}$, $s_6 \to \mathsf{LLL}$. Mit der mittleren Länge $n(C^{SF}) = \frac{5}{2} = H_2(Q)$ hat C^{SF} die Effizienz $\mathrm{Eff}(C^{SF}) = 1$, ist damit ideal und insbesondere kompakt. Der HUFFMANsche Algorithmus kann hier zu keinem besseren Ergebnis führen. $\qquad \Box$

Beispiel 2. Es seien $Q = \{s_1, s_2\}$, $p(Q) = (\frac{3}{4}, \frac{1}{4})$ und $F := \{\mathsf{O}, \mathsf{L}\}$. Der HUFFMAN-Algorithmus ergibt die Codierung $C^H : Q \to F^{\mathsf{v}}$; $s_1 \to \mathsf{O}$, $s_2 \to \mathsf{L}$. Die Abbildung $C^{SF} : Q \to F^{\mathsf{v}}$; $s_1 \to \mathsf{O}$, $s_2 \to \mathsf{LO}$ ist eine Shannon-Fano-Codierung der Codewortlängen $n_1 = 1$ und $n_2 = 2$. Es ist $\mathrm{Eff}(C^H) = 0{,}81$ und $\mathrm{Eff}(C^{SF}) = 0{,}65$. $\qquad \Box$

4.4 Der Quellencodierungssatz

Aus dem Beispiel 2 auf der vorherigen Seite wissen wir, daß Quellen im engeren Sinne existieren, die nicht mit der Effizienz 1 codiert werden können. CLAUDE E. SHANNON hat auch hier einen Ausweg aus der Sackgasse gefunden:

Die Quelle $Q = \{s_1, s_2, \ldots, s_u\}$ gibt eine Folge $z = z_0 z_1 z_2 \ldots$ von Nachrichten aus. Die einzelnen Nachrichten $z_0, z_1, z_2, \ldots$, werden dabei zu den äquidistanten Zeitpunkten $t_0, t_1, t_2, \ldots$ ausgewählt. Wenn wir mit Quellencodes variabler Wortlänge arbeiten, müssen wir zwischen die Quelle und den Quellencodierer einen Puffer schalten, in dem die ausgegebenen Nachrichten bis zu ihrem Abruf warten. C. E. SHANNON hatte die Idee, blockweise je r aufeinanderfolgende Nachrichten aus dem Zwischenspeicher abzurufen und diese Blöcke statt der einzelnen Nachrichten im Quellencodierer zu codieren. Diese Vorgehensweise bietet Vor- und Nachteile: Im Mittel werden weniger Zeichen zur Codierung einer einzelnen Nachricht benötigt, aber die Komplexität des Quellencodierers und -decodierers wächst mit der Blocklänge r exponentiell; außerdem wird die Übertragung der Nachrichten durch die Speicherung vor ihrer Codierung und dann noch einmal vor der Decodierung verzögert.

Wir beschreiben dieses Codierverfahren durch eine Quellencodierung $C_r : Q^r \to F^{\mathbb{V}}$ der r-ten Erweiterung der Quelle (Q, p): Zweckmäßigerweise codieren wir die Nachrichtenblöcke $z_0 z_1 z_2 \ldots z_{r-1} \in Q^r$ mit einem Huffman-Code $C_r^H : Q^r \to F^{\mathbb{V}}$. Nach dem Ergebnis des vorangehenden Abschnittes 4.3 gilt dann

$$H_q(Q^r) \;\leq\; n(C_r^H) \;<\; 1 + H_q(Q^r).$$

Nach dem Satz über die Entropie der n-ten Erweiterung einer Quelle von Seite 117 gilt $H_q(Q^r) = r \cdot H_q(Q)$. Es folgt

$$H_q(Q) \;\leq\; \frac{n(C_r^H)}{r} \;<\; H_q(Q) + \tfrac{1}{r},$$

und damit gilt

$$\lim_{r \to \infty} \tfrac{1}{r} \cdot n(C_r^H) \;=\; H_q(Q).$$

Quellencodierungssatz. *Es seien (Q, p) eine Quelle und F ein q-närer Zeichenvorrat. Dann gibt es eine Folge $(C_r : Q^r \to F^{\mathbb{V}} ; r \in \mathbb{N})$ von Quellencodierungen mit*

$$\lim_{r \to \infty} \operatorname{Eff}(C_r) = 1. \qquad \qquad \square$$

Der Quellencodierungssatz besagt, daß zu jeder reellen Zahl $\varepsilon > 0$ und jeder hinreichend großen natürlichen Zahl r bei geeigneter Codierung jeweils eines Blockes von r Nachrichten der Quelle Q zur Codierung einer Nachricht im Mittel weniger als $H_q(Q) + \varepsilon$ Zeichen aus F aufgewendet werden müssen.

Beispiel. Wir betrachten wie im Beispiel 2 von Seite 153 die Quelle $Q = \{s_1, s_2\}$ im engeren Sinne mit der Wahrscheinlichkeitsverteilung $p(Q) = (\frac{3}{4}, \frac{1}{4})$ und den binären Zeichenvorrat $F = \{\mathsf{O}, \mathsf{L}\}$. Es ist $H_2(Q) = 0{,}811$. Die Huffman-Codes $C_1^H, C_2^H, C_3^H, C_4^H$ haben die Effizienz $\mathrm{Eff}(C_1^H) = 0{,}811$, $\mathrm{Eff}(C_2^H) = 0{,}962$, $\mathrm{Eff}(C_3^H) = 0{,}968$, $\mathrm{Eff}(C_4^H) = 0{,}991$. $\square$

Wir erinnern uns an die zum Verständnis des Entropiebegriffs nützliche Bemerkung von Seite 113 über den mittleren Entscheidungsgehalt einer Quelle: Die (in binären Einheiten gemessene) Entropie $H_2(Q)$ einer Quelle (Q, p) läßt sich nach dem SHANNONschen Quellencodierungssatz als Grenzwert $(n \to \infty)$ des mittleren Entscheidungsgehaltes der Nachrichten der n-ten Erweiterung $(Q, p)^n$ der Quelle (Q, p) deuten; dabei wird der Entscheidungsgehalt einer Nachricht als die Anzahl der Alternativentscheidungen in einer binären Entscheidungskaskade (bei optimaler Strategie) gemessen, die nötig sind, um die Nachricht zu isolieren.

4.5 Codierung stationärer Markov-Quellen

Wir betrachten eine Markov-Quelle mit dem u-nären Nachrichtenvorrat $Q = \{s_1, s_2, \ldots, s_u\}$, der Menge $\mathfrak{S} = \{S_1, S_2, \ldots, S_w\}$ der Zustände, den Wahrscheinlichkeitsverteilungen $p_1, p_2, \ldots, p_w$ auf Q, der Abbildung $\zeta : \mathfrak{S} \times Q \to \mathfrak{S}$ und der stationären Anfangszustandsverteilung π.

Die Markov-Quelle gibt wie eine Quelle im engeren Sinne zu den äquidistanten Zeitpunkten $t_0, t_1, t_2, \ldots$ jeweils eine Nachricht $z_0, z_1, z_2, \ldots$ aus. Wenn sich der Quellencodierer die in der Vergangenheit empfangenen Zeichen nicht merkt, so kann er die zu einem Zeitpunkt t_i ausgewählte Nachricht z_i unter Verwendung einer Huffman-Codierung $C^H : Q \to F^{\mathsf{v}}$ in ein Codewort $C^H(z_i)$ codieren. Weil die Markov-Quelle stationär ist, gilt $Q_0 = Q_1 = \ldots = Q_i = \ldots$, und damit braucht er den Code nicht von Zeitpunkt zu Zeitpunkt zu ändern. Ein solches Vorgehen ist aber Informationsverschwendung: Mit dem bewußten Ignorieren der

Vergangenheit der Markov-Quelle approximiert man sie durch die Quelle Q_0 im engeren Sinne, und die mittlere Länge $n(C^H)$ des verwendeten Quellencodes C^H ist wegen der großen Entropie $H_q(Q_0)$ normalerweise unnötig groß. Wenn sich der Quellencodierer aber stets die zuletzt empfangenen r Nachrichten $z_{i-r}, z_{i-r+1}, \ldots, z_{i-1}$ merkt, dann kann er, abhängig von diesen r Nachrichten, eine solche Huffmansche Quellencodierung $C^H_{z_{i-r}z_{i-r+1}\cdots z_{i-1}} : Q \to F^v$ zur Codierung der zum Zeitpunkt t_i ausgewählten Nachricht z_i benutzen, die gemäß den bedingten Wahrscheinlichkeiten $p(z_i | z_{i-r} z_{i-r+1} \cdots z_{i-1})$ für die Nachrichten $z_i \in Q$ konstruiert wurde. Jetzt approximiert er die Markov-Quelle durch eine Markov-Quelle der endlichen Rückwirkung r. Er speichert die r letzten Nachrichten, um abzulesen, welche der Codierungen $C^H_{z_{i-r}z_{i-r+1}\cdots z_{i-1}}$ (inklusive der „leeren" Codierungen mit $p(z_{i-r} z_{i-r+1} \cdots z_{i-1}) = 0$ sind es u^r Codes) zum Codieren der nächsten Nachricht z_i verwenden soll. Zur Codierung einer Nachricht benötigt er im Mittel

$$N(r) := \sum_{z_1, z_2, \ldots, z_r \in Q} p(z_1 z_2 \ldots z_r) \cdot n(C^H_{z_1 z_2 \ldots z_r})$$

Zeichen.

Die Effizienz dieses Codierverfahrens läßt sich mit dem Verhältnis

$$\frac{H_q(Q_r | Q_0 Q_1 \cdots Q_{r-1})}{N(r)}$$

quantitativ ausdrücken. Wenngleich die bedingten Entropien mit wachsendem r nach dem Satz über die Entropie einer stationären Markov-Quelle von Seite 137 monoton fallend gegen die Entropie $H_q^{(\infty)}(Q)$ der Markov-Quelle streben, so können wir über die Zahl $N(r)$ nach dem Satz über die Effizienz der Shannon-Fano-Codes von Seite 152 nur die Aussage

$$H_q(Q_r | Q_0 Q_1 \cdots Q_{r-1}) \leq N(r) < 1 + H_q(Q_r | Q_0 Q_1 \cdots Q_{r-1})$$

machen, wobei die untere Grenze nur dann erreicht wird, wenn alle Codierungen $C^H_{z_1 z_2 \ldots z_r}$ ideal sind. Bei Markov-Quellen mit einem u-nären Nachrichtenvorrat Q mit $u < q$ ist beispielsweise $n(C^H_{z_1 z_2 \ldots z_r}) = 1$ und damit $N(r) = 1$. In solchen Trivialfällen bringt dieses Codierverfahren trotz seiner enormen Komplexität überhaupt keinen Gewinn.

Wenn wir dem Quellencodierer schon zumuten, sich immer die letzten r Nachrichten zu merken, so können wir entsprechend unserem Vorgehen in Abschnitt 4.4 die Nachrichten blockweise zu je r Stück mit einer Huffman-Codierung $C^H_r : Q_1 Q_2 \ldots Q_r \to F^v$ codieren. Nach der auf den Satz über die Effizienz der Shannon-Fano-Codes folgenden Bemerkung auf der Mitte der Seite 153 gilt

$$\frac{H_q(Q_1 Q_2 \cdots Q_r)}{r} \le \frac{n(C_r^H)}{r} < \frac{H_q(Q_1 Q_2 \cdots Q_r)}{r} + \frac{1}{r}.$$

Aus dem Satz über die Entropie einer stationären Markov-Quelle von Seite 137 folgt damit $\lim\limits_{r \to \infty} \frac{n(C_r^H)}{r} = H_q^{(\infty)}(Q)$. Damit gilt der Quellencodierungssatz von Seite 154 auch für stationäre Markov-Quellen:

Es ist $\lim\limits_{r \to \infty} \mathrm{Eff}(C_r^H) = 1$, *das heißt, zu jeder reellen Zahl* $\varepsilon > 0$ *und jeder hinreichend großen natürlichen Zahl* r *werden bei einer Huffman-Codierung* $C_r^H : Q_1 Q_2 \cdots Q_r \to F^{\mathbb{v}}$ *im Mittel zur Codierung einer Nachricht weniger als* $H_q^{(\infty)}(Q) + \varepsilon$ *Zeichen aus* F *aufgewendet.*

Gegen diese Codiermethode wurde eingewendet, daß die Konstruktion des Huffman-Codes C_r^H sehr langwierig sein könne; dieses Argument ist nicht stichhaltig: Die Bestimmung der Verbundwahrscheinlichkeiten $p(z_1 z_2 \cdots z_r)$ erfordert zwar Fertigkeiten im Bruchrechnen, aber diese Rechnungen brauchen nur einmal durchgeführt zu werden. Die Komplexität des Quellencodierers erhöht sich bei Markov-Quellen gegenüber Quellen im engeren Sinne bei der blockweisen Codierung nicht: Dem Quellencodierer ist es egal, an welchen Quellentyp er angeschlossen ist.

Beispiel (Fortsetzung des Beispiels von Seite 76f., 79ff., 84, 92, 140). Bei dieser Markov-Quelle der Rückwirkung 2 können wir die Markovsche Struktur vergessen und die Quelle Q_0 mit der Huffman-Codierung $C_1^H : Q \to F^{\mathbb{v}}$; $\mathsf{O} \mapsto \mathsf{O}, \mathsf{L} \mapsto \mathsf{L}$ codieren. Bezogen auf die Entropie $H_2^{(\infty)}(Q) = 0{,}70$ hat diese Codierung die Effizienz $\frac{H_2^{(\infty)}(Q)}{n(C_1^H)} = 0{,}70$. Die Effizienz erhöht sich nicht, wenn wir die Markov-Quelle durch eine Markov-Quelle der Rückwirkung 1 approximieren, oder wenn wir sogar von Zustand zu Zustand den Code wechseln; die Markov-Quelle verfügt nur über $u = 2 = q$ Nachrichten. Wenn wir jeweils zwei Nachrichten blockweise mit einer Huffman-Codierung $C_2^H : Q_0 Q_1 \to F^{\mathbb{v}}$ codieren, so erhalten wir wegen $n(C_2^H) = 2$ ebenfalls keine Effizienzerhöhung; die Wahrscheinlichkeiten $p(z_0 z_1)$ liegen so dicht beieinander, daß die Blockcodes der Länge 2 kompakt sind. Die Codierung $C_3^H : Q_0 Q_1 Q_2 \to F^{\mathbb{v}}$; $\mathsf{OOL} \mapsto \mathsf{OL}, \mathsf{LOO} \mapsto \mathsf{LO}, \mathsf{OLO} \mapsto \mathsf{OOO}, \mathsf{OLL} \mapsto \mathsf{LLO}, \mathsf{LLO} \mapsto \mathsf{LLL}, \mathsf{LLL} \mapsto \mathsf{OOLO}, \mathsf{LOL} \mapsto \mathsf{OOLL}$ hat die mittlere Länge $n(C_3^H) = 2{,}73$. Auf eine Nachricht aus Q bezogen, hat diese Quellencodierung die Effizienz $3 \cdot \frac{H_2^{(\infty)}(Q)}{n(C_3^H)} = 0{,}77$. Das Codieren in Blöcken von je drei Nachrichten ist von einer beträchtlichen Effizienzerhöhung begleitet. ◻

Beispiel (Fortsetzung des Beispiels 4 von Seite 90f., 140). Die Markov-Quelle wird durch die Quelle Q_0 im engeren Sinne so gut approximiert — es ist $\dfrac{H_2^{(\infty)}(Q)}{H_2(Q_0)} = 0{,}98$ —, daß erst blockweises Codieren einer jeweils sehr großen Anzahl r von Nachrichten einen spürbaren Effizienzgewinn bringt. Das wäre aber wegen der damit verbundenen Komplexität des Quellencodierers und -decodierers zu teuer erkauft. $\qquad\Box$

4.6 Der Ausgang des Quellencodierers

Wir betrachten ein Kommunikationssystem, das von einer stationären Markov-Quelle über einem Nachrichtenvorrat Q gespeist wird. Der Quellencodierer codiere die Nachrichten aus Q blockweise zu je r Stück, das heißt, er verwende eine Quellencodierung $C : Q_1 Q_2 \ldots Q_r \to F^{\mathbb{V}}$. (dabei sollen unmögliche Nachrichten nicht codiert werden.) Die Eingangsquelle $Q_1 Q_2 \ldots Q_r$ des Quellencodierers ist dann eine Quelle im engeren Sinne. Der Quellencodierer gibt die Zeichen aus F mit einer gewissen stochastischen Gesetzmäßigkeit aus. Der Ausgang des Quellencodierers kann als Markovsche Nachrichtenquelle über dem Nachrichtenvorrat F interpretiert werden:

1. Der Zeichenvorrat $F = \{\alpha_1, \alpha_2, \ldots, \alpha_q\}$ ist der Nachrichtenvorrat.

2. Die Menge $\mathfrak{S}$ aller Präfixe (inklusive des leeren Wortes) der Codewörter ist die Menge der Zustände.

3. Die Wahrscheinlichkeit $p_{m,j}$, daß die Markov-Quelle im Zustand $S_m \in \mathfrak{S}$ das Zeichen $\alpha_j \in F$ auswählt, ergibt sich als der Quotient aus der Summe der Wahrscheinlichkeiten derjenigen Nachrichten $s \in Q_1 Q_2 \ldots Q_r$, für die das Wort $S_m \alpha_j \in F^{\mathbb{V}}$ mit $C(s)$ übereinstimmt oder ein Präfix von $C(s)$ ist, und der Summe der Wahrscheinlichkeiten derjenigen Nachrichten $s \in Q_1 Q_2 \ldots Q_r$, für die das Wort $S_m \in F^{\mathbb{V}}$ ein Präfix von $C(s)$ ist.

4. Aus dem Zustand $S_k \in \mathfrak{S}$ geht die Markov-Quelle nach der Auswahl des Zeichens $\alpha_j \in F$ über in den Zustand

$$\zeta(S_k, \alpha_j) := \begin{cases} (\,) \in F^{\mathbb{V}}, \text{ falls } S_k \alpha_j \in C \\ S_k \alpha_j \in F^{\mathbb{V}}, \text{ falls } S_k \alpha_j \notin C \end{cases}.$$

5. Zum Zeitpunkt t_0 startet die Markov-Quelle mit Sicherheit im Zustand $(\,)$ des leeren Wortes.

Die Ausgangsquelle des Quellencodierers ist damit eine unzerlegbare Markov-Quelle ohne vergängliche Zustände.

Beispiel. Wir betrachten die Quelle $Q = \{s_1, s_2, s_3, s_4, s_5\}$ im engeren Sinne mit der Wahrscheinlichkeitsverteilung $p(Q) = (\frac{7}{13}, \frac{2}{13}, \frac{2}{13}, \frac{1}{13}, \frac{1}{13})$, den binären Zeichenvorrat $F := \{O, L\}$ und die (kompakte) Quellencodierung $C : Q \to F^{\mathbb{V}}$; $s_1 \mapsto O$, $s_2 \mapsto LOO$, $s_3 \mapsto LOL$, $s_4 \mapsto LLO$, $s_5 \mapsto LLL$. Der Zustandsgraph der Ausgangsquelle des Quellencodierers ist in Beispiel 6 auf Seite 93 unten links abgebildet; es ist $S_1 = (\,)$, $S_2 = L$, $S_3 = LO$, $S_4 = LL$. Diese Markov-Quelle ist regulär, aber nicht stationär: Sie besitzt die Grenzzustandsverteilung $\pi_\infty = (\frac{13}{25}, \frac{6}{25}, \frac{4}{25}, \frac{2}{25})$, aber ihre Anfangszustandsverteilung ist der Vektor $(1, 0, 0, 0)$. $\square$

Von Trivialfällen abgesehen gehört zur Ausgangsquelle des Quellencodierers keine stationäre Markovsche Kette. Wenn die Quellencodierung $C : Q_1 Q_2 \ldots Q_r \to F^{\mathbb{V}}$ aber ideal ist, so lassen sich nach dem Satz über die maximale Effizienz eines Quellencodes von Seite 144 alle Zustände der Markovschen Quelle wie in Beispiel 7 auf Seite 94 zu einem einzigen Zustand zusammenfassen. Die Ausgangsquelle des Quellencodierers ist dann eine Quelle im engeren Sinne der maximalen Entropie $H_q(F) = 1$.

Beispiel. Wir ändern im vorigen Beispiel die Wahrscheinlichkeitsverteilung in $p(Q) := (\frac{1}{2}, \frac{1}{8}, \frac{1}{8}, \frac{1}{8}, \frac{1}{8})$ ab. Die Quellencodierung $C : Q \to F^{\mathbb{V}}$ ist jetzt ideal, und der Zustandsgraph der Ausgangsquelle des Quellencodierers ist der in Beispiel 7 auf Seite 94 abgebildete Graph. $\square$

5 Kanalcodierung

In diesem Kapitel betrachten wir stets einen nicht total gestörten Kanal $(F, G, (p_{i,j}))$ mit einem q-nären Eingang F und einem r-nären Ausgang G. Für die Datenübertragung benutzen wir einen Blockcode $C \subseteq F^n$ der Länge n. Wenn wir in den Kanal ein Codewort $x \in C$ eingeben, so gibt der Kanal das Wort $y \in G^n$ mit der a-priori-Wahrscheinlichkeit $p(y|x)$ (Seite 101) aus. Wie in Abschnitt 2.5, Seite 102ff. beschrieben, versucht der Kanaldecodierer, das ursprüngliche Codewort x aus dem empfangenen Wort y mit Hilfe einer bestimmten Decodierregel zu ermitteln. Wir gehen in diesem Kapitel der Frage nach, welche theoretischen Möglichkeiten es gibt, die Decodierfehlerwahrscheinlichkeit unter vorgegebene Schranken zu drücken. In Abschnitt 5.2 präsentieren wir den SHANNONschen Kanalcodierungssatz; dieses Theorem garantiert die Existenz eines Blockcodes C, dessen Informationsrate beliebig dicht unter der Kanalkapazität liegt, und einer Decodierregel, so daß die Decodierfehlerwahrscheinlichkeit für jedes Codewort unter einer vorgegebenen, beliebig kleinen Schranke liegt. Der Beweis dieses Satzes wird in Abschnitt 5.1 vorbereitet. Als wesentliche Hilfsmittel werden die sogenannten stochastischen Codes benutzt; das sind Blockcodes einer so exorbitanten Länge n, daß sie keinerlei praktische Bedeutung besitzen. In diesem Sinne ist die Umkehrung des SHANNONschen Kanalcodierungssatzes in Abschnitt 5.3 von größerem praktischen Wert: Es ist nicht möglich, Daten über einen gestörten Kanal mit einer beliebig kleinen Decodierfehlerwahrscheinlichkeit zu senden, wenn die Informationsrate des verwendeten Codes über der Kanalkapazität liegt.

5.1 Stochastische Codes

Es seien u und n zwei – sehr groß gedachte – natürliche Zahlen und
$$\mathfrak{X} := x_{1,1}x_{1,2}\cdots x_{1,n}x_{2,1}x_{2,2}\cdots x_{2,n}\cdots\cdots\cdots x_{u,1}x_{u,2}\cdots x_{u,n} \in F^{u\cdot n}$$
ein Wort der Länge $u\cdot n$ mit Komponenten $x_{i,j}\in F$. Wir nennen für
$i = 1,2,\ldots u$ das Wort $x_i := x_{i,1}x_{i,2}\cdots x_{i,n}\in F^n$ jeweils ein *Codewort*
und stellen den sogenannten *stochastischen Code* $\mathfrak{X}$ als Konkatenation
$\mathfrak{X} := x_1x_2\ldots x_u$ seiner Codewörter $x_1,x_2,\ldots,x_u$ dar. Wir behandeln
solche stochastischen Codes wie Blockcodes, obwohl sie sich von diesen
in zwei (nicht sehr bedeutsamen) Merkmalen unterscheiden:

1. Durch die Indizierung der Codewörter $x_1x_2\ldots x_u$ wird dem stochastischen Code $\mathfrak{X}$ eine Anordnung der Codewörter aufgeprägt; zwei
   stochastische Codes, die sich durch die Reihenfolge ihrer Codewörter
   unterscheiden, müssen als verschiedene Codes betrachtet werden.

2. In einem stochastischen Code können einige Codewörter wiederholt
   auftreten; das heißt, es kann $x_i = x_j$ für $i\neq j$ gelten, ein stochastischer Code kann „größer" als die Menge seiner Codewörter sein. Die
   „richtigen" Blockcodes sind dagegen Bilder injektiver Codierungen.

Das zweite Merkmal ist wichtiger als das erste: um komische Begriffe wie „Multimengen" („Mengen", die einige Elemente mehrfach enthalten) zu vermeiden, haben
wir die stochastischen Codes als (geordnete) Folgen ihrer Codewörter definiert. Der
Beweis des SHANNONschen Kanalcodierungssatzes wird durch das Konzept des
stochastischen Codes erleichtert; nur für diesen theoretischen Zweck ist es sinnvoll,
wiederholte Codewörter in einem Code zuzulassen. Die Übertragung der für Blockcodes gültigen Definitionen auf stochastische Codes ist nicht schwierig; wir behalten
deswegen die übliche codierungstheoretische Sprachregelung bei: So wird beispielsweise das Verhältnis $\dfrac{\log_q u}{n}$ die *Informationsrate* des stochastischen Codes $\mathfrak{X}\in F^{u\cdot n}$
genannt. Um unsere Terminologie nicht zu überfrachten, bezeichnen wir auch die
Menge $\{x_1,x_2,..,x_u\}$ aller Codewörter aus $\mathfrak{X}$ wieder mit $\mathfrak{X}$; mit dieser Vereinbarung müssen wir dann aber auf Schreibweisen wie „$|\mathfrak{X}| = u$" verzichten.

Die Kapazität $K := \max\limits_{p(F)} I_q(F;G)$ des Kanals $\big(F,G,(p_{i,j})\big)$ ist der maximale Wert, den die mittlere Transinformation annehmen kann, wenn
man sämtliche Wahrscheinlichkeitsverteilungen $p(F)$ auf dem Eingangszeichenvorrat F berücksichtigt (Seite 130). In diesem Abschnitt sei $p(F)$
stets eine solche Wahrscheinlichkeitsverteilung, daß $K = I_q(F;G)$ gilt.

Wir prägen der Menge $F^{u\cdot n}$ aller stochastischen Codes die Struktur
eines Stichprobenraumes, des $u\cdot n$-fachen Produktraumes
$$F^{u\cdot n} := \big(F^{u\cdot n},p(F^{u\cdot n})\big) := \big(F,p(F)\big)^{u\cdot n}$$

des Stichprobenraumes $(F, p(F))$ auf. (Deswegen heißen die stochastischen Codes „stochastische Codes".) Die Wahrscheinlichkeit

$$p(\mathfrak{X}) := \prod_{i=1}^{u} \prod_{m=1}^{n} p(x_{i,m})$$

des stochastischen Codes

$$\mathfrak{X} := x_{1,1}x_{1,2}\cdots x_{1,n}x_{2,1}x_{2,2}\cdots x_{2,n}\cdots\cdots\cdots\cdots x_{u,1}x_{u,2}\cdots x_{u,n} \in F^{u \cdot n}$$

ist die relative Häufigkeit, mit der die Quelle $(F, p(F))$, die wir Folgen von $u \cdot n$ Symbolen aus F auswerfen lassen, gerade die Folge $\mathfrak{X}$ auswirft. Im Normalfall kennen wir die Wahrscheinlichkeiten nicht, mit denen die einzelnen Codewörter eines stochastischen Codes $\mathfrak{X}$ in den Kanal eingegeben werden. Deswegen kann der Decodierer im Normalfall auch nicht mit der idealen Decodierregel arbeiten (Seite 103). Der Decodierer, der ein Wort $y \in G^n$ stets in ein solches Codewort $x_i \in \mathfrak{X}$ decodiert, für das die a-priori-Wahrscheinlichkeit $p(y|x_i)$ maximal ist (im Fall mehrerer solcher Codewörter kann der Decodierer etwa das Codewort mit dem kleinsten Index auswählen), ist ein Maximum-Likelihood- Decodierer; er arbeitet mit einer ML-Regel. Aus beweistechnischen Gründen vergröbern wir die ML-Regel:

Der *Shannonsche Decodierer* decodiert ein Wort $y \in G^n$ in das Codewort $x_i \in \mathfrak{X}$, wenn die a-priori-Wahrscheinlichkeit $p(y|x_i)$ über einer (von y abhängigen) Schranke liegt, und wenn $p(y|x_j)$ für alle $j \neq i$ unterhalb dieser Schranke liegt. Sonst gibt der Shannonsche Decodierer eine Fehlermeldung $f(y) = ?$ aus; er begeht dann mit Absicht einen Decodierfehler. Die Shannonsche Decodierregel geht davon aus, daß die Kanaleingabe eines Codewortes $x_i \in \mathfrak{X}$ für die Ausgabe des Wortes $y \in G^n$ verantwortlich ist, wenn die gegenseitige Information

$$I_q(x_i; y) = \log_q \frac{p(y|x_i)}{p(y)} = \sum_{j=1}^{n} \log_q \frac{p(y_j|x_{i,j})}{p(y_j)}$$

absolut und relativ zu den anderen Codewörtern $x_j \in \mathfrak{X}$ ziemlich groß ist. Dabei ist der Stichprobenraum $(F, p(F))$ zu Grunde gelegt. Wir berechnen mit Hilfe der Kanalgleichungen (Seite 68 f.) die Wahrscheinlichkeitsverteilung $p(G)$ und gehen zu den Produkträumen $(F, p(F))^n$ und $(G, p(G))^n$ über. Die Wahrscheinlichkeit $p(x_i)$ eines Codewortes $x_i \in \mathfrak{X}$ gibt also nur an, mit welcher Wahrscheinlichkeit wir das spezielle n-Tupel x_i unter den q^n Wörtern aus F^n erzeugen, wenn wir gemäß der Wahrscheinlichkeitsverteilung $p(F)$ unabhängig voneinander sukzessive n Zeichen aus F auswählen. Die Wahrscheinlichkeit $p(x_i)$ sagt nicht mit welcher Wahrscheinlichkeit das Codewort x_i in den Kanal eingegeben wird; es ist ja keine Wahrscheinlichkeitsverteilung $p(\mathfrak{X})$ auf dem stochastischen Code $\mathfrak{X}$ festgelegt. (Der Wert $p(\mathfrak{X})$ — der Buchstabe 'p' ist nicht dickleibig! — ist keine Verteilung, sondern die aus der Verteilung $p(F^{u \cdot n})$ entnommene Wahrscheinlichkeit, daß $u \cdot n$ unabhängig voneinander gemäß der Verteilung $p(F)$ gewählte Zeichen gerade den stochastischen Code $\mathfrak{X}$ ergeben.) Entsprechend ist für $y \in G^n$ der Wert $p(y)$ die Wahrscheinlichkeit, daß n gemäß der Verteilung $p(F)$ unabhängig voneinander in den Kanal eingespeiste Zeichen nach ihrem Kanaldurchgang als das Wort y beim Decodierer erscheinen.

Wir geben uns einen positiven Schwellenwert S unterhalb der Kanalkapazität K vor, wobei wir uns die (positive) Differenz $K - S$ sehr klein vorstellen. Nach dem Kapazitätssatz von Seite 133 unten hat die n-te Erweiterung $\left(F, G, (p_{i,j})\right)^n$ des Kanals $\left(F, G, (p_{i,j})\right)$ wegen $K = I_q(F; G)$ die Kapazität $n \cdot K = I_q(F^n; G^n)$. Trivialerweise kann die Transinformation $I_q(x; y)$ nicht für alle $x \in F^n$ und alle $y \in G^n$ kleiner als ihr Mittelwert $n \cdot K = I_q(F^n; G^n)$ sein. Wegen $n \cdot S < n \cdot K$ existieren also Wörter $x \in F^n$ und $y \in G^n$ mit $I_q(x; y) \geq n \cdot S$.

Die *Shannonsche Decodierregel*

$$\mathfrak{s} : \left[\begin{array}{l} G^n \;\rightarrow\; \mathfrak{X} \cup \{?\} \\[2mm] y \;\mapsto\; \left\{ \begin{array}{l} x_i, \text{ falls } I_q(x_i; y) \geq n \cdot S \text{ und falls } I_q(x_j; y) < n \cdot S \\ \qquad\qquad \text{für alle } j = 1, 2, \ldots, i-1, i+1, \ldots, u \\[2mm] ? \quad \text{sonst} \end{array} \right. \end{array} \right.$$

decodiert ein Wort $y \in G^n$ dann in ein Codewort $\mathfrak{s}(y) = x_i \in \mathfrak{X}$, wenn $p(y|x_i) \geq p(y) \cdot q^{n \cdot S}$ ist, und wenn für alle Codewörter $x_j \in \mathfrak{X}$ mit $j \neq i$ stets $p(y|x_j) < p(y) \cdot q^{n \cdot S}$ gilt. Sonst gibt der Shannonsche Decodierer absichtlich die Fehlermeldung $\mathfrak{s}(y) = ?$ aus. Wenn man zur Abkürzung die *charakteristischen Funktionen*

$$\triangle : \mathfrak{X} \times G^n \;\rightarrow\; \{0,1\} \; ; \; (x_i, y) \mapsto \left\{ \begin{array}{l} 1, \text{ falls } I_q(x_i; y) \geq n \cdot S \\ 0, \text{ falls } I_q(x_i; y) < n \cdot S \end{array} \right.$$

und

$$\nabla : \mathfrak{X} \times G^n \;\rightarrow\; \{0,1\} \; ; \; (x_i, y) \mapsto \left\{ \begin{array}{l} 1, \text{ falls } I_q(x_i; y) < n \cdot S \\ 0, \text{ falls } I_q(x_i; y) \geq n \cdot S \end{array} \right.$$

benutzt, kann man die Shannonsche Decodierregel $\mathfrak{s}$ wie folgt schreiben:

$$\mathfrak{s} : \left[\begin{array}{l} G^n \;\rightarrow\; \mathfrak{X} \cup \{?\} \\[2mm] y \;\mapsto\; \left\{ \begin{array}{l} x_i, \text{ falls } \triangle(x_i, y) = 1 \text{ und } \nabla(x_j, y) = 1 \\ \qquad\qquad \text{für alle } j = 1, 2, \ldots, i-1, i+1, \ldots, u \\[2mm] ? \quad \text{sonst} \end{array} \right. \end{array} \right.$$

Wenn wir ein Codewort $x_i \in \mathfrak{X}$ in den Kanal eingeben, und dieser daraufhin ein Wort $y \in G^n$ ausgibt, so kann der Decodierer aus zwei verschiedenen Gründen einen Decodierfehler begehen; wir klassifizieren die möglichen Decodierfehler:

Typ I : Es ist $\triangle(x_i,y) = 0$.

Typ II : Es gibt ein $j \in \{1,2,\ldots,i-1,i+1,\ldots,u\}$ mit $\triangle(x_j,y) = 1$.

Wir prüfen jetzt nach, was passiert, wenn wir ein Codewort $x_i \in \mathfrak{X}$ in den Kanal eingeben, für das ein zweites, mit ihm identisches Codewort $x_j \in \mathfrak{X}$ (das heißt $x_i = x_j$ und $i \neq j$) existiert: Der Kanal gibt daraufhin ein Wort $y \in G^n$ aus. Wegen $\triangle(x_i,y) = \triangle(x_j,y)$ gibt der Shannonsche Decodierer jedenfalls nicht das Wort x_i aus, begeht also mit Sicherheit einen Decodierfehler. Damit dürfen wir auch die Decodierfehlerwahrscheinlichkeit $p_E(x_i)$ eines beliebigen Codewortes x_i eines stochastischen Codes $\mathfrak{X} \in F^{u \cdot n}$ wie für Blockcodes üblich (Seite 103) als

$$p_E(x_i) \;=\; \sum_{y \in G^n,\, \mathfrak{s}(y)\,\neq\, x_i} p(y|x_i)$$

schreiben. Wenn der Shannonsche Decodierer keine Fehlermeldung $\mathfrak{s}(y) = ?$ ausgibt, so decodiert er das Wort $y \in G^n$ notwendigerweise in ein Codewort $x_i \in \mathfrak{X}$ mit $p(y|x_i) \geq p(y) \cdot q^{n \cdot S} > p(y|x_j)$ für alle Codewörter $x_j \in \mathfrak{X}$ mit $j \neq i$, das heißt, in diesen Fällen verrichtet er dieselbe Arbeit (einschließlich derselben eventuellen Decodierfehler) wie ein Maximum-Likelihood-Decodierer. Es gibt keine Situation, in der der Shannonsche Decodierer richtig decodiert und ein ML-Decodierer einen Decodierfehler begeht. Der umgekehrte Sachverhalt ist allerdings möglich. Die Decodierfehlerwahrscheinlichkeit $p_E(x_i)$ eines Maximum-Likelihood-Decodierers übertrifft also für kein Codewort $x_i \in \mathfrak{X}$ die Decodierfehlerwahrscheinlichkeit des Shannonschen Decodierers.

Nach der Eingabe des Codewortes $x_i \in \mathfrak{X}$ in den Kanal begeht der Shannonsche Decodierer mit der Wahrscheinlichkeit

$$p_E^1(x_i) \;=\; \sum_{y \in G^n} \nabla(x_i,y) \cdot p(y|x_i)$$

einen Decodierfehler vom Typ I, während der Wert

$$p_E^{2,j}(x_i) \;=\; \sum_{y \in G^n} \triangle(x_j,y) \cdot p(y|x_i)$$

für jedes $j = 1,2,\ldots,i-1,i+1,\ldots,u$ die Wahrscheinlichkeit dafür angibt, daß die Existenz des Codewortes $x_j \in \mathfrak{X}$ einen Decodierfehler vom Typ II verursacht. So wie man gleichzeitig Flöhe und Läuse haben kann, so kann ein Decodierfehler den Typen I und II zugleich angehören; die a-priori-Wahrscheinlichkeit $p(y|x_i)$ kann unter der gewissen Schwelle liegen, während die bedingte Wahrscheinlichkeit $p(y|x_j)$ für ein zweites Codewort x_j mit $j \neq i$ über dieser Schwelle liegt. Wir können damit die Decodierfehlerwahrscheinlichkeit $p_E(x_i)$ durch die Wahrscheinlichkeiten $p_E^1(x_i)$ und $p_E^{2,j}(x_i)$ nur nach oben abschätzen:

Satz 1. *Für $i = 1,2,\ldots,u$ gilt* $p_E(x_i) \leq p_E^1(x_i) + \sum_{\substack{j=1 \\ j \neq i}}^{u} p_E^{2,j}(x_i).$ □

Wenn wir aus einem stochastischen Code $\mathfrak{X} \in F^{u \cdot n}$ einige Codewörter, etwa t Stück, entfernen, so entsteht wieder ein stochastischer Code $\mathfrak{X}' \in F^{(u-t) \cdot n}$. Wenn dieser Streichung alle in $\mathfrak{X}$ mehrfach auftretenden Codewörter zum Opfer fallen, so bildet die Menge $\mathfrak{X}' \subseteq F^n$ aller Codewörter des stochastischen Codes $\mathfrak{X}' \in F^{(u-t) \cdot n}$ natürlich einen Blockcode, der aus $u - t$ verschiedenen Codewörtern besteht. Wie auch immer wir solche Streichungsaktionen durchführen, es sei stets vereinbart, daß der Kanaldecodierer auch für den stochastischen Code $\mathfrak{X}'$ die Shannonsche Decodierregel mit demselben Wert S wie bei der Shannonschen Decodierregel für den stochastischen Code $\mathfrak{X}$ benutzt.

Satz 2. *Für kein Codewort x_i eines Teilcodes $\mathfrak{X}' \subseteq \mathfrak{X}$ eines stochastischen Codes $\mathfrak{X} \in F^{u \cdot n}$ ist die Decodierfehlerwahrscheinlichkeit $p_E(x_i)$ bezüglich $\mathfrak{X}'$ größer als die Decodierfehlerwahrscheinlichkeit $p_E(x_i)$ bezüglich $\mathfrak{X}$.*

Beweis. Die Streichung von Codewörtern aus $\mathfrak{X}$ beeinflußt die Wahrscheinlichkeit, daß nach der Eingabe eines Codewortes $x_i \in \mathfrak{X}'$ ein Decodierfehler vom Typ I auftritt, nicht. Im Fall $\triangle(x_i,y) = 1$ verursacht die Existenz eines Codewortes $x_j \in \mathfrak{X}$ mit $j \neq i$ und $\triangle(x_j,y) = 1$ einen Decodierfehler vom Typ II; die Streichung solcher Codewörter x_j aus dem stochastischen Code $\mathfrak{X}$ kann die Decodierfehlerwahrscheinlichkeit also nur vermindern.   □

Ganz sicher hängt die Qualität der Shannonschen Decodierregel auch von der Größe der Differenz $K - S$ ab. Selbstverständlich hängt aber die Decodierfehlerwahrscheinlichkeit für jedes Codewort bei Verwendung der Shannonschen Decodierregel auch von dem speziellen stochastischen Code $\mathfrak{X} \in F^{u \cdot n}$ ab. Im Extremfall kann $\mathfrak{X}$ aus u identischen Codewörtern $x_1 = x_2 = \ldots = x_u$ bestehen. Für diesen trivialen Code begeht der Shannonsche Kanaldecodierer immer einen Decodierfehler, er gibt stets die Fehlermeldung '?' aus, obwohl er die Ausgabe eines Wortes y gar nicht abwarten müßte, um das richtige Eingabewort zu erraten.

Es ist unser Ziel, einen stochastischen Code $\mathfrak{X} \in F^{u \cdot n}$ einer großen Informationsrate zu finden, für den die Decodierfehlerwahrscheinlichkeit $p_E(x_i)$ für jedes Codewort $x_i \in \mathfrak{X}$ bezüglich der Shannonschen Decodierregel kleiner als ein vorgegebener Wert $\frac{\varepsilon}{2} > 0$ wird. Unter probabilistischen Gesichtspunkten suchen wir diesen stochastischen Code in dem Stichprobenraum $\bigl(F^{u \cdot n}, p(F^{u \cdot n})\bigr)$ aller stochastischen Codes $\mathfrak{X} \in F^{u \cdot n}$.

Nach der Eingabe des i-ten Codewortes x_i eines stochastischen Codes $\mathfrak{X} \in F^{u \cdot n}$ begeht der Kanaldecodierer mit der Wahrscheinlichkeit $p_E(x_i)$ einen Decodierfehler. Wir betrachten die Zufallsgröße

$$\pi_i \; : \; F^{u \cdot n} \to \mathbb{R} \; ; \; \mathfrak{X} := x_1 x_2 \ldots x_u \mapsto p_E(x_i) = \sum_{y \in G^n, \, s(y) \neq x_i} p(y|x_i).$$

Ihr Erwartungswert

$$E_i \; := \; E(\pi_i)$$

gibt an, mit welcher Wahrscheinlichkeit (im Mittel über alle stochastischen Codes $\mathfrak{X} \in F^{u \cdot n}$) der Kanaldecodierer nach der Eingabe des i-ten Codewortes $x_i \in \mathfrak{X}$ in den Kanal einen Decodierfehler begeht.

Satz 3. *Es sei δ eine reelle Zahl mit $0 < \delta < \frac{1}{2}$. Wenn für alle $i = 1, 2, \ldots, u$ stets $E_i < \delta$ gilt, so gibt es einen stochastischen Code $\mathfrak{X} \in F^{u \cdot n}$ und einen Blockcode $C \subseteq F^n$, der aus mindestens $\frac{u}{2}$ verschiedenen Codewörtern des stochastischen Codes $\mathfrak{X}$ besteht, so daß für alle Codewörter $c \in C$ stets $p_E(c) < 2 \cdot \delta$ gilt.*

Beweis. Wenn für jeden stochastischen Code $\mathfrak{X} := x_1 x_2 \ldots x_u \in F^{u \cdot n}$ stets $\sum\limits_{i=1}^{u} p_E(x_i) \geq u \cdot \delta$ gälte, so ergäbe sich die widersprüchliche Ungleichung $u \cdot \delta > \sum\limits_{i=1}^{u} E(\pi_i) = E\bigl(\sum\limits_{i=1}^{u} \pi_i\bigr) = \sum\limits_{\mathfrak{X} \in F^{u \cdot n}} p(\mathfrak{X}) \cdot \sum\limits_{i=1}^{u} p_E(x_i) \geq$ $\geq \sum\limits_{\mathfrak{X} \in F^{u \cdot n}} p(\mathfrak{X}) \cdot u \cdot \delta = u \cdot \delta$. Es gibt also einen stochastischen Code $\mathfrak{X} := x_1 x_2 \ldots x_u \in F^{u \cdot n}$ mit $\frac{1}{u} \cdot \sum\limits_{i=1}^{u} p_E(x_i) < \delta$. Für höchstens $\frac{u}{2}$ Codewörter $x_i \in \mathfrak{X}$ gilt $p_E(x_i) \geq 2 \cdot \delta$; wir streichen aus $\mathfrak{X}$ diese Codewörter. Wegen $2 \cdot \delta < 1$ werden dabei auch alle in $\mathfrak{X}$ mehrfach auftretenden Codewörter gestrichen; nach dem oben Gesagten haben diese Codewörter nämlich alle die Decodierfehlerwahrscheinlichkeit 1. Es verbleiben also mindestens $\frac{u}{2}$ verschiedene Codewörter, die nach Satz 2 den gesuchten Blockcode C liefern. $\qquad\qquad\square$

Wir betrachten für $i = 1, 2, \ldots, u$ die Zufallsgröße

$$\pi_i^1 : F^{u \cdot n} \to \mathbb{R} \; ; \; \mathfrak{X} = x_1 x_2 \ldots x_i \ldots x_u \mapsto p_E^1(x_i) = \sum_{y \in G^n} \nabla(x_i, y) \cdot p(y|x_i).$$

Ihr Erwartungswert
$$E_i^1 := E(\pi_i^1)$$

gibt an, mit welcher Wahrscheinlichkeit (im Mittel über alle stochastischen Codes $\mathfrak{X} \in F^{u \cdot n}$) der Kanaldecodierer nach der Eingabe des i-ten Codewortes $x_i \in \mathfrak{X}$ in den Kanal einen Decodierfehler vom Typ I begeht. Natürlich ist E_i^1 vom Index i unabhängig.

Satz 4. *Zu jeder reellen Zahl* $\eta > 0$ *gibt es eine natürliche Zahl* $N(\eta)$, *so daß für* $i = 1, 2, \ldots, u$ *und jede natürliche Zahl* $n > N(\eta)$ *stets* $E_i^1 < \eta$ *gilt.*

Beweis. Es sei n eine natürliche Zahl. Wir betrachten die Zufallsgröße
$$w : F^n \to \mathbb{R} \; ; \; x \mapsto w(x) := \sum_{y \in G^n} \nabla(x,y) \cdot p(y|x)$$

Mit dem Hilfssatz von Seite 70 folgt
$$E_i^1 = E(\pi_i^1) = \sum_{x_1, \ldots, x_i, \ldots, x_u \in F^n} p(x_1) \cdots p(x_u) \cdot w(x_i) = E(w) =$$
$$= \sum_{x \in F^n, \, y \in F^n, \, I_q(x;y) < n \cdot S} p(xy).$$

Wir bezeichnen mit $Z := FG$ den Stichprobenraum, dessen Elementarereignissen $z = \alpha\beta$ jeweils die Wahrscheinlichkeit $p(z) := p(\alpha\beta) = = p(\beta|\alpha) \cdot p(\alpha)$ zugeordnet ist. (Dabei entnehmen wir die bedingten Wahrscheinlichkeiten $p(\beta|\alpha)$ aus der Kanalmatrix $(p_{i,j})$ und die Wahrscheinlichkeiten $p(\alpha)$ aus der Wahrscheinlichkeitsverteilung $p(F)$ des Stichprobenraumes $(F, p(F))$.) Wir betrachten die Zufallsgröße
$$v : Z \to \mathbb{R} \; ; \; z = \alpha\beta \mapsto v(z) := I_q(\alpha; \beta).$$

Für $x = x_1 x_2 \ldots x_n \in F^n$ und $y = y_1 y_2 \ldots y_n \in G^n$ gilt
$$I_q(x;y) = \sum_{m=1}^{n} v(x_m y_m).$$

Es folgt:
$$E_i^1 = \sum_{z_1, z_2, \ldots, z_n \in Z, \, v(z_1) + v(z_2) + \ldots + v(z_n) < n \cdot S} p(z_1) \cdot p(z_2) \cdots p(z_n) =$$
$$= \mathrm{Prob}\{z_1 z_2 \ldots z_n \in Z^n \; ; \; \sum_{m=1}^{n} v(z_m) < n \cdot S\}.$$

Wir vergegenwärtigen uns die Gleichung $K = I_q(F; G) = E(v)$ und bemerken, daß für je n Elementarereignisse $z_1, z_2, \ldots, z_n \in Z$, für welche die Ungleichung $v(z_1) + v(z_2) + \ldots + v(z_n) < n \cdot S$ erfüllt ist, auch die Ungleichung $|v(z_1) + v(z_2) + \ldots + v(z_n) - n \cdot K| > n \cdot (K - S)$ gilt. Wenn wir jetzt $\varepsilon := K - S$ setzen, so folgt:
$$E_i^1 \leq \mathrm{Prob}\{z_1 z_2 \ldots z_n \in Z^n \; ; \; \tfrac{1}{n} \cdot |\sum_{m=1}^{n} (v(z_m) - E(v))| > \varepsilon\}.$$

Aus dem Gesetz der großen Zahlen (Seite 71) folgt $\lim_{n \to \infty} E_i^1 = 0.$ $\qquad \square$

Wir betrachten nun für $i,j \in \{1,2,\ldots,u\}$ mit $i \neq j$ die Zufallsgröße

$$\pi_i^{2,j}\colon F^{u\cdot n} \to \mathbb{R}\;;\; \mathfrak{X} = x_1 \ldots x_i \ldots x_j \ldots x_u \mapsto p_E^{2,j}(x_i) = \sum_{y \in G^n} \Delta(x_j,y)\cdot p(y|x_i).$$

Ihr Erwartungswert
$$E_i^{2,j} := E(\pi_i^{2,j})$$

gibt an, mit welcher Wahrscheinlichkeit (im Mittel über alle stochastischen Codes $\mathfrak{X} \in F^{u\cdot n}$) das j-te Codewort $x_j \in \mathfrak{X}$ nach der Eingabe des i-ten Codewortes $x_i \in \mathfrak{X}$ in den Kanal einen Decodierfehler vom Typ II verursacht.

Satz 5. *Für jede natürliche Zahl* $n = 1,2,3,\ldots$ *und je zwei verschiedene Indizes* $i,j \in \{1,2,\ldots,u\}$ *gilt* $E_i^{2,j} \leq \frac{1}{q^{n\cdot S}}$.

Beweis. Wir betrachten die Zufallsgröße

$$w \colon F^{2\cdot n} \to \mathbb{R}\;;\; x_1 x_2 \mapsto w(x_1 x_2) := \sum_{y \in G^n} \Delta(x_1,y)\cdot p(y|x_2)$$

Mit dem Hilfssatz von Seite 70 folgt

$$E_i^{2,j} = E(\pi_i^{2,j}) = \sum_{x_1,\ldots,x_i,\ldots,x_j,\ldots,x_u \in F^n} p(x_1)\cdots p(x_u)\cdot w(x_j x_i) =$$

$$= E(w) = \sum_{x_1,x_2 \in F^n}\;\sum_{y \in G^n} p(x_1)\cdot\Delta(x_1,y)\cdot p(x_2)\cdot p(y|x_2) =$$

$$= \sum_{x \in F^n, y \in G^n} p(x)\cdot\Delta(x,y)\cdot p(y).$$

Für alle $x \in F^n$ und alle $y \in G^n$ mit $\Delta(x,y) = 1$ gilt

$n\cdot S \leq I_q(x;y) = \log_q \frac{p(xy)}{p(x)\cdot p(y)}$, und damit $p(x)\cdot p(y) \leq \frac{p(xy)}{q^{n\cdot S}}$. Es folgt

$$E_i^{2,j} \leq \sum_{x \in F^n, y \in G^n} \Delta(x,y)\cdot\frac{p(xy)}{q^{n\cdot S}} \leq \sum_{x \in F^n, y \in G^n} \frac{p(xy)}{q^{n\cdot S}} = \frac{1}{q^{n\cdot S}}. \qquad \square$$

5.2 Der Kanalcodierungssatz

Auf den ersten Blick scheint es plausibel zu sein, daß die Übertragungssicherheit eines Kommunikationssystems, in dem eine Quelle mit einem bestimmten Signalisiertempo die Nachrichten auswählt, von der Leistung der Rauschquelle des Kanals und damit von der Kanalkapazität begrenzt wird. Es erscheint uns unmöglich, diese systembedingten Schranken zu umgehen, ohne die Kanalkapazität heraufzusetzen. Der Meister der Informationstheorie (der Theorie der „Überraschung"), CLAUDE E. SHANNON, lieferte den überraschenden Nachweis, daß solche natürlichen Grenzen nicht existieren:

Die Datenübertragung über einen gestörten Kanal kann unter Verwendung eines geeigneten Codes einer Informationsrate unterhalb der Kanalkapazität beliebig genau durchgeführt werden. In der Umkehrung des Kanalcodierungssatzes in Abschnitt 5.3 werden wir sehen, daß die Leistung der Rauschquelle und die angestrebte Übertragungssicherheit die Übertragungsgeschwindigkeit des Systems begrenzen. Wir stellen die Ergebnisse des letzten Abschnitts zusammen und beweisen den

Kanalcodierungssatz. *Es sei $(F,G,(p_{i,j}))$ ein Kanal mit dem q-nären Eingang F, dem r-nären Ausgang G und der Kanalkapazität $K > 0$. Weiterhin sei $R < K$ eine vorgegebene positive reelle Zahl. Dann gibt es zu jeder reellen Zahl $\varepsilon > 0$ eine natürliche Zahl $n(\varepsilon)$, so daß für jede natürliche Zahl $n > n(\varepsilon)$ eine natürliche Zahl k und ein Blockcode $C \subseteq F^n$ der Blocklänge n und der Informationsrate $\frac{k}{n} > R$ existieren, für den bei Einsatz eines Maximum-Likelihood-Decodierers die Decodierfehlerwahrscheinlichkeit für jedes Codewort $c \in C$ kleiner als ε ist.*

Beweis. Wir können ohne weiteres $\varepsilon < 1$ annehmen. Es sei S eine reelle Zahl mit $R < S < K$. Weil die Differenz $S - R$ positiv ist, gibt es eine natürliche Zahl ν mit $\frac{8 \cdot q}{q^{n} \cdot (S-R)} < \varepsilon$ für alle $n > \nu$.
Für jede natürliche Zahl $n > \nu$ setzen wir

$$k := k(n) := \lceil n \cdot R \rceil \quad \text{und} \quad u := u(n) := 2 \cdot q^k.$$

(Mit '$\lceil n \cdot R \rceil$' wird die ganzzahlig aufgerundete Zahl $n \cdot R$ bezeichnet.) Wir betrachten jetzt den Stichprobenraum $(F^{u \cdot n}, p(F^{u \cdot n}))$ aller stochastischen Codes. Für jeden Code $\mathfrak{X} \in F^{u \cdot n}$ benutzen wir die Shannonsche Decodierregel $\mathfrak{s} : F^{u \cdot n} \to \mathfrak{X} \cup \{?\}$ mit derselben Konstanten S. Der Erwartungswert

$$E_i = \sum_{\mathfrak{X} \in F^{u \cdot n}} p(\mathfrak{X}) \cdot p_E(x_i)$$

gibt an, mit welcher Wahrscheinlichkeit (im Mittel über alle stochastischen Codes $\mathfrak{X} \in F^{u \cdot n}$) der Kanaldecodierer nach der Eingabe des i-ten Codewortes $x_i \in \mathfrak{X}$ in den Kanal einen Decodierfehler begeht. Aus Satz 1 von Seite 166 folgt

$$E_i \leq E_i^1 + \sum_{\substack{j=1 \\ j \neq i}}^{u} E_i^{2,j}.$$

Wenn wir in Satz 4 von Seite 168 $\eta := \frac{\varepsilon}{4}$ setzen, so erhalten wir

$$E_i^1 \leq \frac{\varepsilon}{4}$$

für alle $n \geq N(\frac{\varepsilon}{4})$. Nach Satz 5 von Seite 169 gilt für alle $n > 1$ stets

$$\sum_{\substack{j=1 \\ j \neq i}}^{u} E_i^{2,j} \leq \frac{u-1}{q^{n \cdot S}} < \frac{u}{q^{n \cdot S}} < \frac{2 \cdot q^{n \cdot R + 1}}{q^{n \cdot S}} = \frac{2 \cdot q}{q^{n \cdot (S-R)}} < \frac{\varepsilon}{4}.$$

Wir setzen nun $n(\varepsilon) := \max\{N(\frac{\varepsilon}{4}), \nu\}$ und erhalten

$$E_i < \frac{\varepsilon}{2}$$

für alle $n > n(\varepsilon)$. Wenn wir in Satz 3 von Seite 167 $\delta := \frac{\varepsilon}{2}$ setzen, so ergibt sich für jede natürliche Zahl $n > n(\varepsilon)$ die Existenz eines Blockcodes $C \subseteq F^n$, der aus $|C| = u = q^k$ Codewörtern besteht, und bei dem die Decodierfehlerwahrscheinlichkeit $p_E(c)$ bezüglich der Shannonschen Decodierregel $\mathfrak{s}$ und damit erst recht bezüglich einer ML-Decodierregel für jedes Codewort $c \in C$ kleiner als ε ist. Wir schätzen die Informationsrate $\frac{k}{n}$ des Codes C mit

$$\frac{k}{n} = \left\lceil \frac{n \cdot R}{n} \right\rceil \geq \frac{n \cdot R}{n} = R$$

nach unten ab. $\qquad\qquad\qquad\qquad\qquad\qquad\qquad\qquad\qquad\qquad\qquad$ $\square$

Wir rekapitulieren den Beweis des Shannonschen Kanalcodierungssatzes in groben Zügen: CLAUDE E. SHANNON hatte die geniale Idee, die Menge $F^{u \cdot n}$ aller stochastischen Codes $\mathfrak{X}$ in „typische" und „untypische" Codes aufzuspalten und zu zeigen, daß jeder typische stochastische Code (im Sinne des Satzes 3 von Seite 167) einen geeigneten Blockcode enthält. Dabei ist ein stochastischer Code $\mathfrak{X} \in F^{u \cdot n}$ *typisch*, wenn die Decodierfehlerwahrscheinlichkeit $p_E(x_i)$ bezüglich der Shannonschen Decodierregel für jedes Codewort $x_i \in \mathfrak{X}$ kleiner als $\frac{\varepsilon}{2}$ ist. Die Existenz der typischen stochastischen Codes ist garantiert, wenn im Mittel über alle stochastischen Codes $\mathfrak{X} \in F^{u \cdot n}$ die Wahrscheinlichkeit E_i, daß der Kanaldecodierer das Codewort $x_i \in \mathfrak{X}$ nach seiner Eingabe in den Kanal falsch decodiert, für alle $i = 1, 2, \ldots, u$ kleiner als $\frac{\varepsilon}{2}$ ist. Nach dem schwachen Gesetz der großen Zahlen ist der Erwartungswert E_i^1 für einen Decodierfehler vom Typ I für alle hinreichend großen natürlichen Zahlen n kleiner als $\frac{\varepsilon}{4}$. Wenn n mindestens so groß ist, daß der Erwartungswert $E_i^{2,j}$ kleiner als $\frac{\varepsilon}{4 \cdot u}$ ist, so ist $E_i < \frac{\varepsilon}{2}$.

5.3 Die Umkehrung des Kanalcodierungssatzes

Der Kanalcodierungssatz sagt, daß man mit einer Informationsrate unterhalb der Kanalkapazität beliebig genau Nachrichten über einen gestörten Kanal übertragen kann. Wenn die Informationsrate des verwendeten Codes aber über der Kanalkapazität liegt, so sind der Übertragungssicherheit in jedem Fall Grenzen gesetzt. Das ist zum Beispiel der Fall, wenn die Übertragungsgeschwindigkeit in Gegenwart einer Rauschquelle großer Entropie relativ zum Signalisiertempo der Quelle zu groß ist. In solchen Situationen muß man dann entweder die Übertragungsgeschwindigkeit senken, was bei längeren Nachrichtensendungen die Gefahr des Überlaufs des zwischen die Quelle und den Quellencodierer geschalteten Puffers beinhaltet, oder man muß die Kapazität des Kanals erhöhen, was bei großen bereits installierten Kommunikationssystemen große Kosten verursacht und bei drahtlosem Funk durch Bandbreitenerhöhung eine größeren Umweltbelastung bedeutet. Die schlechte Tonqualität der telefonischen Sprachübertragung ist durch die niedrige Abtastfrequenz von 8000 Hz begründet; bei Verständigungsschwierigkeiten muß man deutlicher und langsamer sprechen oder das alte Telefonnetz herausreißen und durch ein neues, leistungsfähigeres ersetzen.

Der informationstheoretische Satz, der die Begrenzung der Übertragungsgenauigkeit beschreibt, wird als „Umkehrung des

Die Umkehrung
Kanalcodierungssatzes

Kanalcodierungssatzes" bezeichnet. Wir gehen von dem Teilsystem Kanalcodierer-Kanal-Kanaldecodierer unseres Kommunikationssystems aus. Die Grenzen der Sicherheit des Teilsystems zeigen sich am besten, wenn der Kanaldecodierer keine Möglichkeit hat, mit einer Decodierregel zu arbeiten, die die bei der Quellencodierung übriggebliebene Redundanz verwertet. Wir stellen uns das genannte Teilsystem also an eine Nachrichtenquelle und einen Quellencodierer angeschlossen vor, der mit einer idealen Quellencodierung arbeitet. Nach dem Satz über die maximale Effizienz eines Quellencodes von Seite 144 und nach dem in Abschnitt 4.6 (Seite 158f.) Gesagten ist die Ausgangsquelle $\big(F, p(F)\big)$ des Quellencodierers dann ein LAPLACEscher Stichprobenraum mit der Wahrscheinlichkeitsverteilung $p(F) = (\frac{1}{q}, \frac{1}{q}, \ldots, \frac{1}{q})$. (Dabei bezeichnen wir mit F den q-nären Eingangszeichenvorrat des Kanals.) Nach dem Satz über die maximale Entropie von Seite 116 hat nämlich die Ausgangsquelle (F, p) des Quellencodierers unter diesen Umständen die maximale Entropie $H_q(F) = 1$; das heißt, der Eingang des Kanalcodierers ist redundanzfrei.

Der Kanalcodierer verwendet eine Blockcodierung $C : F^k \to F^n$ der Länge $n \geq k$ mit der Informationsrate $\frac{k}{n}$; er ordnet jedem Wort $x = x_1 x_2 \ldots x_k \in F^k$ ein Codewort $C(x) \in F^n$ zu. Wir können den Kanalcodierer als einen (idealen) Kanal deuten, dessen Eingangsquelle als die k-te Erweiterung F^k der Quelle (F, p) im engeren Sinne nach dem Satz über die Entropie der n-ten Erweiterung einer Quelle von Seite 117 die Entropie $H_q(F^k) = k \cdot H_q(F) = k$ hat; jedes Codewort $c \in C$ wird mit derselben Wahrscheinlichkeit $p(c) = \frac{1}{q^k}$ in den Kanal eingegeben.

Die Codewörter werden über die n-te Erweiterung des Kanals $(F,G,(p_{i,j}))$ gesendet. Die Eingangsquelle $(C,p(C))$ der Kanalerweiterung $(F,G,(p_{i,j}))^n$ läßt sich als Verbundraum $F_1F_2\ldots F_n$ schreiben; die Ausgangsquelle von $(F,G,(p_{i,j}))^n$ schreiben wir als $G_1G_2\ldots G_n$. Aus dem Satz über die mittlere Transinformation der n-ten Erweiterung eines Kanals von Seite 122 und dem Kapazitätssatz von Seite 133 ergibt sich

$$I_q(F_1F_2\ldots F_n;G_1G_2\ldots G_n) \;\leq\; n\cdot K,$$

wobei mit K die Kapazität des Kanals $(F,G,(p_{i,j}))$ bezeichnet wird.

Der Kanaldecodierer bemüht sich, aus seiner Kenntnis des von der Kanalerweiterung $(F,G,(p_{i,j}))^n$ ausgegebenen Wortes $w \in G^n$ dasjenige Wort $x \in F^k$ zu rekonstruieren, für das das Codewort $C(x) \in F^n$ die Ausgabe des Wortes $w \in G^n$ verursacht hat; er ordnet also jedem Wort $w \in G^n$ ein Wort $y = y_1y_2\ldots y_k \in F^k$ zu. Wir interpretieren den Kanaldecodierer als einen (deterministischen) Kanal, der mit der Ausgangsquelle $G_1G_2\ldots G_n$ von $(F,G,(p_{i,j}))^n$ gespeist wird, und dessen Ausgangsquelle wir mit $\Phi_1\Phi_2\ldots\Phi_k$ bezeichnen. (Die Zeichenvorräte F und Φ sind zwar gleich, aber die Wahrscheinlichkeitsverteilungen der Verbundräume F^k und $\Phi_1\Phi_2\ldots\Phi_k$ brauchen nicht übereinzustimmen.)

Wir schalten jetzt die drei Kanäle – Kanalcodierer, $(F,G,(p_{i,j}))^n$ und Kanaldecodierer – in Kaskade und entnehmen dem Hauptsatz der Datenverarbeitung von Seite 124 die Ungleichung

$$k - H_q(F^k|\Phi_1\Phi_2\ldots\Phi_k) \;=\; H_q(F^k) - H_q(F^k|\Phi_1\Phi_2\ldots\Phi_k) \;=$$
$$=\; I_q(F^k;\Phi_1\Phi_2\ldots\Phi_k) \;\leq\; I_q(F_1F_2\ldots F_n;G_1G_2\ldots G_n) \;\leq\; n\cdot K.$$

Nach der Kettenregel für bedingte Entropien von Seite 123 und dem Satz über die bedingte Entropie von Seite 122 folgt die Ungleichung

$$H_q(F^k|\Phi_1\Phi_2\ldots\Phi_k) \;=\; \sum_{m=0}^{k-1} H_q(F|F^m\Phi_1\Phi_2\ldots\Phi_k) \;\leq\; \sum_{m=1}^{k} H_q(F|\Phi_m).$$

Aus beiden Ungleichungen zusammen ergibt sich

$$k - n\cdot K \;\leq\; \sum_{m=1}^{k} H_q(F|\Phi_m).$$

Wir betrachten jetzt für $m = 1,2,\ldots,k$ die Wahrscheinlichkeit

$$\pi_E^{(m)} := \sum_{\substack{x_1x_2\ldots x_ky_1y_2\ldots y_k\in F^k\Phi_1\Phi_2\ldots\Phi_k \\ x_m \neq y_m}} p(x_1x_2\ldots x_ky_1y_2\ldots y_k),$$

daß nach Eingabe des Informationswortes $x = x_1x_2\ldots x_k \in F^k$ in den Kanalcodierer die m-te Komponente y_m des vom Kanaldecodierer ausgegebenen Wortes $y \in \Phi_1\Phi_2\ldots\Phi_k$ nicht mit der m-ten Komponente

x_m von x übereinstimmt. Nach dem Hilfssatz von Seite 70 ist

$$\pi_E^{(m)} = \sum_{\substack{x_m y_m \in F\Phi_m \\ x_m \neq y_m}} p(x_m y_m).$$

Mit der FANOschen Ungleichung von Seite 135 folgt

$$H_q(F|\Phi_m) \leq H_q(\pi_E^{(m)}).$$

Der Funktionswert der $\cap$-konvexen — nur Sadisten, Masochisten und Gymnasiallehrer reden von „konkav" statt von „$\cap$-konvex" (aus *konkav* kann man *keinen Kaffee* trinken) und „konvex" statt „$\cup$-konvex" — q-nären Entropiefunktion H_q im arithmetischen Mittel

$$\pi_E := \frac{1}{k} \cdot \sum_{m=1}^{k} \pi_E^{(m)}$$

der Argumente $\pi_E^{(1)}, \pi_E^{(2)}, \ldots, \pi_E^{(k)}$ ist mindestens ebenso groß wie das arithmetische Mittel der Funktionswerte dieser Argumente (JENSENsche Ungleichung):

$$H_q(\pi_E) \geq \frac{1}{k} \cdot \sum_{m=1}^{k} H_q(\pi_E^{(m)}).$$

Wir fassen die bewiesenen Ungleichungen zusammen:

$$\frac{k}{n} - K \leq \frac{k}{n} \cdot H_q(\pi_E).$$

Der Wert π_E ist die über alle Sendezeitpunkte t_i, alle zum Zeitpunkt t_i und zu den Nachbarzeitpunkten in der Vergangenheit und der Zukunft von der Quelle ausgegebenen Zeichen gemittelte Wahrscheinlichkeit, daß zu einem Zeitpunkt t_i nach der Eingabe eines Zeichens in den Kanalcodierer und nach seiner Verarbeitung im System Codierer-Kanal-Decodierer ein anderes Zeichen ausgegeben wird. Dieser, etwas unsauber als *Übertragungsfehlerwahrscheinlichkeit* bezeichnete Erwartungswert π_E stellt ein Maß für die Sicherheit des Kommunikationssystems (oder zumindest des Teilsystems Kanalcodierer-Kanal-Kanaldecodierer) dar.

Die Umkehrung des Kanalcodierungssatzes. *Es sei $\left(F, G, (p_{i,j})\right)$ ein Kanal der Kapazität K mit einem q-nären Eingang F. Weierhin seien k, n zwei natürliche Zahlen mit $k \leq n$ und $C : F^k \to F^n$ eine Codierung der Informationsrate $\frac{k}{n}$. Dann gilt für jeden Kanaldecodierer*

$$1 - \frac{n}{k} \cdot K \leq H_q(\pi_E). \qquad \qquad \square$$

Wenn die Informationsrate $\frac{k}{n}$ größer als die Kanalkapazität K ist, so ist $H_q(\pi_E) \geq 1 - \frac{n}{k} \cdot K > 0$. Damit ist dann auch die Übertragungsfehlerwahrscheinlichkeit π_E selbst größer als eine positive Schranke.

6 Informations- und Korrekturrate

Der Kanalcodierungssatz ist wegen des nichtkonstruktiven Charakters seines Beweises nicht viel mehr als eine Existenzaussage: Bei einem gestörten Kanal einer Kapazität $K > 0$ ist es nicht unmöglich, einen „brauchbaren" fehlerkorrigierenden Blockcode C zu finden, mit dem die Übertragungsfehlerwahrscheinlichkeit unter einer vorgegebenen, beliebig kleinen positiven Schranke bleibt. In Anbetracht der Umkehrung des Kanalcodierungssatzes darf die Informationsrate des Codes allerdings nicht über der Kapazität des Kanals liegen. Es ist einfacher, Codes mit guten Fehlerkorrektureigenschaften zu finden, wenn die Informationsrate klein ist. Im konkreten Fall wird man daher – ausgehend von dem Signalisiertempo der Nachrichtenquelle – die Informationsrate des zu bestimmenden Codes so niedrig ansetzen, daß sich die Nachrichten vor ihrer Codierung nicht anstauen können, das heißt, der zwischen Quelle und Quellencodierer geschaltete Puffer soll nicht überlaufen.

Ein „brauchbarer" Code hat aber nicht nur eine Informationsrate unterhalb der Kanalkapazität und gute Fehlerkorrektureigenschaften, sondern sollte auch mit einem technisch vertretbaren Aufwand zu implementieren sein, das heißt, seine mathematische Struktur sollte so reichhaltig sein, daß Kanalcodierer und -decodierer einfach realisiert werden können. Aus dieser Problematik hat sich die Codierungstheorie entwickelt. In der Realität sind die statistischen Parameter, die den Kanal oder seine Rauschquellen beschreiben, meist nicht so schön gegeben, wie die Theorie es suggeriert. Aus diesem Grunde ist es oft nicht mehr erheblich, ob wir zum Beispiel einen realen Kanal als binären auslöschenden oder binären symmetrischen Kanal beschreiben. Unter diesem Gesichtspunkt erscheint es gerechtfertigt, sich in der Codierungstheorie auf die mathematisch bequemer zu behandelnden q-nären (meist $q = 2$) symmetrischen

Kanäle mit einer Fehlerwahrscheinlichkeit p zu beschränken, wobei unterstellt wird, daß der Wert von p durch geeignete statistische Versuche geschätzt wurde.

In den codierungstheoretischen Kapiteln 6, 8, 9 und 10 setzen wir meist einen q-nären $(q \geq 2)$ symmetrischen Kanal mit identischem Ein- und Ausgang F und einer Fehlerwahrscheinlichkeit $p < \frac{q-1}{q}$ voraus.

Zur Erhöhung der Zuverlässigkeit der Nachrichtenübertragung benutzen wir einen Blockcode. Ein „guter" Code enthält sowenig Redundanz wie möglich: Trotz großen Minimalabstandes ist auch seine Informationsrate groß. Außerdem erwarten wir bessere Fehlerkorrektureigenschaften, wenn wir (bei einer Informationsrate unterhalb der Kanalkapazität) die Blocklänge sehr lang wählen. Ein „brauchbarer" Code hat dagegen eine relativ kurze Blocklänge (große Blocklängen beanspruchen viel Speicherplatz und verzögern die Übertragung) und eine mathematisch homogene Struktur, das heißt, er sollte möglichst systematisch (Kapitel 6) oder sogar linear (Kapitel 8) oder besser noch zyklisch (Kapitel 9) sein.

Es ist unmöglich, alle diese wünschenswerten Eigenschaften in einem Code zu vereinigen; manche dieser Forderungen widersprechen einander direkt. Die Frage nach der Wahl eines guten und brauchbaren Codes wird also stets mit einem von den realen Randbedingungen und theoretischen Möglichkeiten diktierten Kompromiß beantwortet werden.

6.1 Die Korrekturrate

Es sei ein q-närer symmetrischer Kanal mit dem Ein- und Ausgangszeichenvorrat F und der Fehlerwahrscheinlichkeit p gegeben. Zur Bekämpfung der Kanalstörungen werde ein Blockcode $C \subseteq F^n$ der Länge n mit dem Minimalabstand d eingesetzt. Ein Maximum-Likelihood-Decodierer begeht garantiert keinen Decodierfehler, wenn der Kanal nur unterhalb seiner Unfehlbarkeitsgrenze rauscht, wenn die Kanalstörungen jedes Codewort $c \in C$ in weniger als $\frac{d}{2}$ Komponenten verändern. Im Mittel erwarten wir, daß ein dem Kanal eingegebenes Codewort in $n \cdot p$ Komponenten gestört wird; der Minimalabstand d sollte also der Bedingung $\frac{d}{2} > n \cdot p$ genügen. Wir nennen das Verhältnis $\lambda := \frac{d}{n}$ die *Korrekturrate* des Codes.

Wir nehmen an, der Code habe eine Korrekturrate $\lambda > 2\cdot p$, das heißt, die Differenz $\varepsilon := \frac{\lambda}{2} - p$ sei positiv. Wenn der Kanaldecodierer nach der Eingabe eines Codewortes $c \in C$ einen Decodierfehler begeht, so haben die Kanalstörungen mindestens $\frac{d}{2} = \frac{\lambda \cdot n}{2} = n\cdot(p + \varepsilon)$ Komponenten des Codewortes c gestört.DieDecodierfehlerwahrscheinlichkeit $p_E := p_E(c)$ wird also durch die (auf Seite 100 beschriebene) Wahrscheinlichkeit P_E beschränkt, daß die Rauschquelle von n nacheinander in den Kanal eingegebenen Zeichen mindestens $n\cdot(p + \varepsilon)$ Stück stört. Aus dem Satz über Fehlerhäufigkeit in symmetrischen Kanälen von Seite 100 folgt

$$p_E \leq \frac{p\cdot(1-p)}{(\lambda/2 - p)^2 \cdot n} \ .$$

Aus dieser recht groben Abschätzung können wir zwei Dinge ablesen: Es dient der Zuverlässigkeit der Nachrichtenübertragung, wenn wir die Korrekturrate groß wählen (das ist sicher nicht erstaunlich). Bei gegebener Korrekturrate $\lambda > 2\cdot p$ ist es aber auch als Konsequenz des Gesetzes der großen Zahlen günstig, die Blocklänge sehr groß zu wählen. Allerdings stehen einer Erhöhung der Blocklänge (bei ungefähr gleichbleibender Informations- und Korrekturrate) außer den oben genannten technischen Schwierigkeiten auch handfeste theoretische Schwierigkeiten im Wege:

Satz über die geistige Beschränktheit der Codierungstheoretiker.
Mit wachsender Blocklänge sind schöne Codes einer gleichbleibenden Informations- und Korrekturate immer dünner gesät.   □

Die in diesem Abschnitt gegebene Schranke für die Decodierfehlerwahrscheinlichkeit ist so grob, daß sie im konkreten Fall nur zur allerersten Orientierung dient. In Abschnitt 8.2 werden wir einer wesentlich besseren Abschätzung für lineare Codes begegnen.

Optimale Codes. Es sei F ein q-närer Zeichenvorrat und $C \subseteq F^n$ ein Blockcode der Länge n. Wenn der Minimalabstand $d := d(C)$ relativ groß ist, so sind nur relativ wenige der q^n Wörter des metrischen Raumes F^n Codewörter. In der Tat liegt in der abgeschlossenen Kugel mit dem Radius $d - 1$ und einem Codewort $c \in C$ als Mittelpunkt außer c kein weiteres Codewort. Wenn die Anzahl $u := |C|$ der Codewörter klein ist, so ist auch die Informationsrate $R := \frac{1}{n}\cdot\log_q u$ von C klein. Es ist ein zentrales Problem der Codierungstheorie, zu gegebenen Parametern n, d, q *optimale* Blockcodes $C \subseteq F^n$ mit dem Minimalabstand d zu konstruieren, das heißt solche Codes, deren Informationsrate R den maximal möglichen Wert

$$R(n, d, q)$$

erreicht. Es ist natürlich völlig hoffnungslos, den genauen Verlauf der Funktion $R(n,d,q)$ vollständig bestimmen zu wollen. In den folgenden Abschnitten werden einige obere Schranken für diese Funktion präsentiert. Wenn es einen Code $C \subseteq F^n$ mit dem Minimalabstand d gibt, dessen Informationsrate gleich einer dieser oberen Schranken ist, so ist dieser Code optimal und seine Informationsrate hat den Wert $R(n,d,q)$.

Wenn wir zwei Codes $C_1 \subseteq F^{n_1}$ und $C_2 \subseteq F^{n_2}$ der gleichen Korrekturrate $\lambda = \frac{d_1}{n_1} = \frac{d_2}{n_2}$ zur Verfügung haben, so werden wir hinsichtlich ihrer Korrektureigenschaften aus den oben angegebenen Gründen denjenigen mit der größeren Blocklänge bevorzugen. Aus diesem Grunde interessiert uns auch das asymptotische Verhalten der Funktion $R(n,d,q)$, das heißt, wir werden versuchen, für vorgegebene Parameter q und λ den Grenzwert $\lim\limits_{n \to \infty} R(n,\lambda \cdot n,q)$ zu ermitteln.

6.2 Die SINGLETON-Schranke

Für die Informationsrate $R(n,d,q)$ der optimalen Blockcodes der Länge n und Ordnung q mit dem Minimalabstand d bewies R. C. SINGLETON 1964 eine von q unabhängige obere Schranke, die

SINGLETON-Schranke. *Es seien F ein q-närer Zeichenvorrat und $C \subseteq F^n$ ein Code der Länge n mit der Informationsrate R und dem Minimalabstand d. Dann gilt*

$$R \leq 1 - \frac{d-1}{n}.$$

Beweis. Wir bezeichnen mit $u := |C|$ die Anzahl der Codewörter. Angenommen, es wäre $\log_q u = n \cdot R > n - d + 1$, also $u > q^{n-d+1}$. Als Teilmenge der Menge F^{n-d+1} aller $(n-d+1)$-Tupel mit Komponenten aus dem q-nären Zeichenvorrat F enthielte die Menge der Präfixe der Länge $n - d + 1$ aller Codewörter aus C dann höchstens $q^{n-d+1} < u$ Elemente; folglich gäbe es zwei verschiedene Codewörter $x, y \in C$, die in den ersten $n - d + 1$ Komponenten übereinstimmten. Diese beiden Codewörter unterschieden sich dann aber in höchstens $n - (n - d + 1) = d - 1$ Komponenten; das heißt, widersprüchlicherweise gäbe es zwei verschiedene Codewörter, deren Hamming-Abstand $\varrho(x,y)$ geringer als der Minimalabstand d von C wäre. $\qquad\square$

MDS-Codes. Wenn wir $k := \log_q u$ schreiben, wie wir es im Fall der (n,k)-Codes (Seite 42) tun, so erhält die SINGLETON-Schranke die Gestalt

$$d \leq n - k + 1.$$

Ein Code ist bezüglich der SINGLETON-Schranke optimal, wenn

$$R = 1 - \frac{d-1}{n}$$

gilt. Weil n und d zwei ganze Zahlen sind, muß für solche Codes C auch die Zahl $k = \log_q u = n \cdot R = n - d + 1$ eine ganze Zahl sein. Wir wählen eine beliebige Menge $\{i_1, i_2, \ldots, i_k\} \subseteq \{1, 2, \ldots, n\}$ von k verschiedenen Indizes. Dann gilt $|\{x_{i_1} x_{i_2} \ldots x_{i_k} ; x_1 x_2 \ldots x_n \in C\}| = u$, denn sonst existierten in C mindestens zwei verschiedene Codewörter x und y, die in den $k = n - d + 1$ Positionen $i_1, i_2, \ldots, i_k$ übereinstimmten, und für die dann widersprüchlicherweise $\varrho(x,y) \leq n - k = d - 1 < d$ gälte. Ein Blockcode $C \subseteq F^n$ mit $k = n - d + 1$ ist folglich ein *separabler Code*, das heißt ein (n,k)-Code, für den jede der $\binom{n}{k}$ Mengen von k verschiedenen Indizes $i_1, i_2, \ldots, i_k \in \{1, 2, \ldots, n\}$ eine Menge von Informationsstellen bildet.

Es sei nun umgekehrt $C \subseteq F^n$ ein separabler (n,k)-Code. Zwei verschiedene Codewörter stimmen dann in maximal $k - 1$ Positionen überein. Weil in einem solchen Code auch zwei Codewörter $x, y \in C$ mit $\varrho(x,y) = n - (k - 1)$ existieren, hat sein Minimalabstand den Wert $d = n - k + 1$; das heißt, es gilt $R = 1 - \frac{d-1}{n}$.

Die (optimalen) Blockcodes C der Länge n, des Minimalabstandes d und der Informationsrate $R = 1 - \frac{d-1}{n}$ werden (doppelt gemoppelt) *MDS-Codes* [maximum distance separable codes] genannt. Wir fassen zusammen:

Kennzeichnung der MDS-Codes. *Es sei C ein Blockcode der Blocklänge n, des Minimalabstandes d und der Informationsrate $R = \frac{k}{n}$. Dann sind die folgenden Aussagen äquivalent:*

1. *C ist ein MDS-Code.*
2. *$R = 1 - \frac{d-1}{n}$.*
3. *$d = n - k + 1$.*
4. *$k \in \mathbb{N}_0$ und C ist ein separabler (n,k)-Code.* $\qquad\qquad$ □

An dieser Stelle seien nur Beispiele sogenannter *trivialer MDS-Codes* erwähnt, das heißt nur solche (n,k)-MDS-Codes, für die $k = 0, 1, n-1$ oder $k = n$ gilt:

1. Ein Code, der nur aus einem einzigen Codewort der Länge n besteht, ist ein trivialer $(n,0)$-MDS-Code.
2. Die Menge $\{\alpha\alpha \ldots \alpha \,; \alpha \in F\}$ aller „konstanten" Wörter der Blocklänge n ist ein trivialer $(n,1)$-MDS-Code.
3. Die (auf Seite 22 eingeführten) Paritätskontroll-Codes der Länge n sind triviale $(n,n-1)$-MDS-Codes.
4. Die Menge F^n aller Wörter der Länge n ist ein trivialer (n,n)-MDS-Code.

Diese trivialen (n,k)-MDS-Codes existieren für jede Ordnung $q = |F|$. Im nichttrivialen Fall spielt die Ordnung q dagegen eine wichtige Rolle für das Existenzproblem der (n,k)-MDS-Codes (Abschnitt 8.11).

Codes großer Blocklänge. Aus $\lim\limits_{n\to\infty} (1 - \lambda + \frac{1}{n}) = 1 - \lambda$ folgt die

Asymptotische Form der SINGLETON-Schranke. *Zu jeder reellen Zahl $\varepsilon > 0$ gibt es eine natürliche Zahl n_0, so daß für die Korrekturrate λ und die Informationsrate R jedes Blockcodes einer Länge $n > n_0$ gilt*

$$R < 1 - \lambda + \varepsilon. \qquad\qquad \square$$

Anschaulich: Ist $(C_i \,; i \in \mathbb{N})$ eine Folge von Blockcodes streng monoton wachsender Blocklängen mit einer festen Informationsrate R und einer festen Korrekturrate λ, so liegt das Paar (λ,R) im getupften Bereich des Schaubildes. Die Blocklänge eines Codes, für den das Paar (λ,R) außerhalb des getupften Bereiches liegt, ist kleiner als eine bestimmte, von λ und R abhängige Schranke.

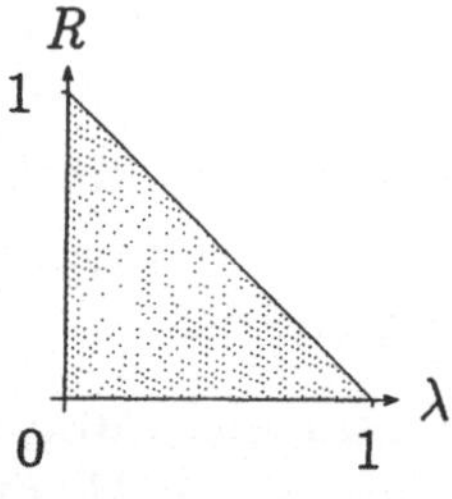

Für jede fest vorgegebene Ordnung q gibt es nur wenige nichttriviale MDS-Codes der Ordnung q (Abschnitt 8.11). Das ist weiter nicht verwunderlich, weil die Ordnung q nicht in die SINGLETON-Schranke eingeht. Die GRIESMER-Schranke (Seite 273) verschärft die SINGLETON-Schranke für lineare Codes unter Berücksichtigung der Ordnung q.

6.3 Die PLOTKIN-Schranke

Es sei $C \subseteq F^n$ ein Blockcode der Länge n über einem q-nären Zeichen-vorrat $F = \{\alpha_1, \alpha_2, \ldots, \alpha_q\}$ mit dem Minimalabstand d. Mit $u := |C|$ bezeichnen wir die Anzahl der Codewörter. Als *Gesamtabstand* von C bezeichnen wir die Summe

$$D := \sum_{c,c' \in C} \varrho(c,c')$$

der Hamming-Abstände je zweier Codewörter. (Jeder positive Abstand wird doppelt gezählt.) Weil für je zwei verschiedene Codewörter $c, c' \in C$ stets $\varrho(c,c') \geq d$ gilt, ist

$$D \geq u \cdot (u-1) \cdot d,$$

der Minimalabstand übertrifft nicht den mittleren Abstand zweier verschiedener Codewörter.

Der Code C heißt *äquidistant*, wenn je zwei verschiedene Codewörter stets denselben Hamming-Abstand voneinander haben; das ist genau dann der Fall, wenn

$$D = u \cdot (u-1) \cdot d$$

gilt.

Wir berechnen eine obere Schranke für den Gesamtabstand D des Codes C. Für $i = 1, 2, \ldots, q$ und $j = 1, 2, \ldots, n$ bezeichnen wir mit $u_{i,j}$ die Anzahl derjenigen Codewörter, die an der j-ten Stelle die Komponente $\alpha_i \in F$ stehen haben. Wir schreiben nun alle u Codewörter aus C als die Zeilen einer $u \times n$-Matrix untereinander und berechnen spaltenweise seinen Gesamtabstand als

$$D = \sum_{j=1}^{n} \sum_{i=1}^{q} u_{i,j} \cdot (u - u_{i,j}).$$

Aus $\sum_{i=1}^{q} u_{i,j} = u$ folgt

$$D = n \cdot u^2 - \sum_{j=1}^{n} \sum_{i=1}^{q} u_{i,j}^2.$$

Für jeden Index $j = 1, 2, \ldots, n$ gilt $\sum_{1 \leq i < m \leq q} (u_{i,j} - u_{m,j})^2 \geq 0$, das heißt $\sum_{i=1}^{q} (q-1) \cdot u_{i,j}^2 \geq \sum_{1 \leq i < m \leq q} 2 \cdot u_{i,j} \cdot u_{m,j}$, oder äquivalenterweise

$$q \cdot \sum_{i=1}^{q} u_{i,j}^2 \geq \sum_{i=1}^{q} u_{i,j}^2 + \sum_{1 \leq i < m \leq q} 2 \cdot u_{i,j} \cdot u_{m,j} = \left(\sum_{i=1}^{q} u_{i,j} \right)^2 = u^2.$$

Es folgt

$$D \leq n \cdot u^2 - \sum_{j=1}^{n} \frac{u^2}{q} = \frac{n \cdot u^2 \cdot (q-1)}{q}.$$

Das Gleichheitszeichen gilt genau dann, wenn für alle $j = 1,2,\ldots,n$ und alle $i,m = 1,2,\ldots,q$ stets $u_{i,j} = u_{m,j}$ gilt, das heißt genau dann, wenn für alle $i = 1,2,\ldots,q$ und alle $j = 1,2,\ldots,n$ stets $u_{i,j} = \frac{u}{q}$ gilt. In diesem Fall ist u ein Vielfaches von q.

Zusammen mit der Ungleichung $D \geq u\cdot(u-1)\cdot d$ liefert unsere Abschätzung die von M. PLOTKIN bereits 1951 bewiesene

PLOTKIN-Schranke. *Es sei* C *ein Blockcode der Länge* n *und Ordnung* q *mit dem Minimalabstand d. Weiterhin sei* $u := |C|$ *die Anzahl der Codewörter von* C. *Dann gilt*

$$d \leq \frac{n\cdot u\cdot(q-1)}{(u-1)\cdot q};$$

das Gleichheitszeichen gilt genau dann, wenn C *äquidistant ist, und wenn zu jedem* $j = 1,2,\ldots,n$ *und jedem* $\alpha \in F$ *genau* $\frac{u}{q}$ *Codewörter existieren, deren j-te Komponente das Zeichen* α *ist; der Code* C *ist dann optimal.* ☐

Im Satz über die Gleichverteilung der Zeichen in linearen Codes wird auf Seite 248 gezeigt, daß die letzte Bedingung für lineare Codes ohne universelle Nullkomponenten stets erfüllt ist.

Der binäre (7,3)-Simplex-Code. Der auf Seite 24 eingeführte binäre (8,4)-Bauer-Code $B \subseteq \{O,L\}^8$ enthält, wie bei der Bestimmung seiner Isometriengruppe $\mathrm{Iso}(B)$ auf Seite 53f. festgestellt wurde, mit jedem Codewort $b \in B$ auch dessen komplementäres Codewort b^*. Entfernen wir nun auf eine der 256 möglichen Weisen für $i = 0,1,\ldots,7$ aus dem Code B jeweils eines der Wörter b_i oder b_i^*, so entsteht als *Verkleinerung* des Bauer-Codes B ein äquidistanter Code mit den Parametern $n = 8$, $u = 8$ und $d = 4$. Die PLOTKIN-Schranke ist für diesen Code nicht scharf. Unter diesen 256 äquidistanten Codes gibt es acht Codes mit einer universellen Nullkomponente; so besitzen beispielsweise alle acht Codewörter des Codes $\{b_0,b_1,b_2,b_3,b_4,b_5,b_6,b_7\}$ in der ersten Position die Komponente O. Wenn wir in allen Codewörtern dieses Codes die universelle Nullkomponente streichen, so erhalten wir als *Ableitung*

$$\{b_1 b_2 \ldots b_7 \, ; \, O b_1 b_2 \ldots b_7 \in B\}$$

des Bauer-Codes *in der ersten Position* den äquidistanten binären (7,3)-*Simplex-Code* SIM(3,2). (Die q-nären Simplex-Codes SIM(k,q) werden auf Seite 257f. definiert.) Der Simplex-Code SIM(3,2) kann auch als Verkleinerung (als Teilcode) der Version des binären (7,4)-Hamming-Codes HAM(3,2) aufgefaßt werden, der aus dem Bauer-Code B durch *Punktieren* der ersten Komponente aller Codewörter hervorgeht. Die Ableitungen des Bauer-Codes in der zweiten, dritten, ..., achten Position sind allesamt äquivalente Versionen des Simplex-Codes SIM(3,2); da argumentiert man genauso, wie auf Seite 53 für den Hamming-Code HAM(3,2). Der Simplex-Code SIM(3,2) ist optimal, die PLOTKIN-Schranke ist scharf.

Codes großer Blocklänge. Wir können die Plotkin-Schranke auch als obere Schranke

$$\lambda \ \leq \ (1 - \tfrac{1}{q}) \cdot \frac{1}{1 - 1/q^{n \cdot R}}$$

der Korrekturrate eines Blockcodes C der Länge n, der Ordnung q und der Informationsrate R schreiben. Für $R > 0$ ist $\lim\limits_{n \to \infty} \dfrac{1}{1 - 1/q^{n \cdot R}} = 1$; bei fest vorgegebenem λ folgt daraus $\lambda \leq \lim\limits_{n \to \infty} \lambda = 1 - \tfrac{1}{q}$.

Asymptotische Form der PLOTKIN-Schranke. *Es seien $q \geq 2$ eine natürliche Zahl und $\lambda \in \,]1 - \tfrac{1}{q}, 1]$. Dann gibt es zu jedem $\varepsilon > 0$ eine natürliche Zahl n_0, so daß für die Informationsrate R jedes Blockcodes der Ordnung q, einer Länge $n \geq n_0$ und der Korrekturrate λ gilt*

$$R < \varepsilon. \qquad\qquad \square$$

Anschaulich: Ist $(C_i ; i \in \mathbb{N})$ eine Folge von q-nären Blockcodes streng monoton wachsender Blocklängen mit einer festen Informationsrate R und einer festen Korrekturrate λ, so liegt das Paar (λ, R) im getupften Gebiet; im Schaubild ist der Fall $q = 2$ unter Berücksichtigung der PLOTKIN- und SINGLETON-Schranke dargestellt.

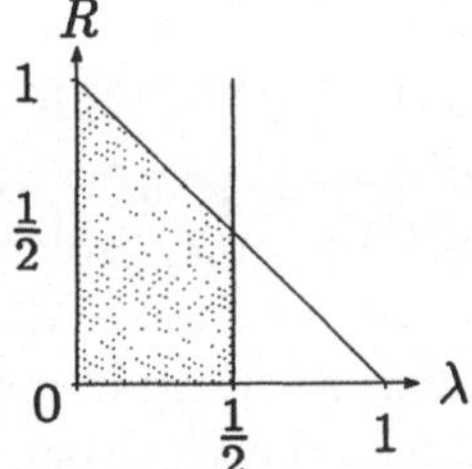

6.4 Die HAMMING-Schranke

Es sei F ein q-närer Zeichenvorrat $(q \geq 2)$ und n eine natürliche Zahl. Zu jedem Wort $x \in F^n$, zu jeder nichtnegativen ganzen Zahl $m \in \mathbb{N}_0$ und zu jeder der $\binom{n}{m}$ Teilmengen von m verschiedenen Indizes $i_1, i_2, \ldots, i_m \in \{1, 2, \ldots, n\}$ gibt es genau $(q - 1)^m$ Wörter aus F^n, die sich von x genau in den Stellen $i_1, i_2, \ldots, i_m$ unterscheiden. Damit hat die *abgeschlossene Kugel*

$$K_t(x) \ := \ \{ y \in F^n ; \varrho(x, y) \leq t \}$$

mit dem *Mittelpunkt* x und dem *Radius* t für jede nichtnegative ganze Zahl $t \in \mathbb{N}_0$ das Volumen

$$|K_t(x)| \;=\; \sum_{m=0}^{t} \binom{n}{m}\cdot(q-1)^m.$$

Es sei $C \subseteq F^n$ ein Blockcode mit dem Minimalabstand d. Wir setzen $t := \lfloor \frac{d-1}{2} \rfloor$. Weil C t-fehlerkorrigierend ist (Seite 47f.), gilt für je zwei verschiedene Codewörter $c, c' \in C$ stets $K_t(c) \cap K_t(c') = \varnothing$; es folgt

$$|C| \cdot \sum_{m=0}^{t} \binom{n}{m}\cdot(q-1)^m \;=\; \Big| \bigcup_{c \in C} K_t(c) \Big| \;\leq\; |F^n| \;=\; q^n.$$

Diese Ungleichung ist die auf Seite 31 angekündigte allgemeine

HAMMING-Schranke. *Es sei C ein q-närer Blockcode der Blocklänge n der Informationsrate R mit dem Minimalabstand d. Für $t := \lfloor \frac{d-1}{2} \rfloor$ gilt dann*

$$R \;\leq\; 1 - \tfrac{1}{n}\cdot\log_q \sum_{m=0}^{t} \binom{n}{m}\cdot(q-1)^m. \qquad\qquad \square$$

Wenn wir, wie bei (n,k)-Codes üblich, abkürzend $k := \log_q |C|$ schreiben, so nimmt die HAMMING-Schranke folgende Gestalt an:

$$\sum_{m=0}^{t} \binom{n}{m}\cdot(q-1)^m \;\leq\; q^{n-k}.$$

Perfekte Codes. In der HAMMING-Schranke gilt das Gleichheitszeichen genau dann, wenn zu jedem Wort $x \in F^n$ ein Codewort $c \in C$ mit $\varrho(c,x) \leq \lfloor \frac{d-1}{2} \rfloor$ existiert. Der Maximum-Likelihood-Decodierer verwendet für einen solchen optimalen Code den Algorithmus des dichtesten Codeworts: Die ML-Regel $f : F^n \to C$ ist dann eindeutig. Der Minimalabstand d muß eine ungerade Zahl sein. In der Literatur hat sich für die t-fehlerkorrigierenden Blockcodes der Länge n und der Informationsrate

$$R \;=\; 1 - \tfrac{1}{n}\cdot\log_q \sum_{m=0}^{t} \binom{n}{m}\cdot(q-1)^m$$

der marktschreierische Name *perfekte Codes* eingebürgert.

Kennzeichnung der perfekten Codes. *Für jeden t-fehlerkorrigierenden q-nären Blockcode C der Blocklänge n mit dem Minimalabstand $d = 2\cdot t + 1$ sind die folgenden Aussagen äquivalent:*

1. C *ist ein perfekter Code.*
2. $F^n = \bigcup_{c \in C} K_t(c).$
3.   *Für* $k := \log_q |C|$ *gilt* $\sum_{m=0}^{t} \binom{n}{m}\cdot(q-1)^m = q^{n-k}.$
4.   *Für jedes Wort* $x \in F^n$, *jedes Codewort* $c \in C$ *und jede Maximum-Likelihood-Decodierregel* $f : F^n \to C$ *folgt aus* $f(x) = c$ *stets* $\varrho(c,x) \leq t.$ $\square$

Eine Liste der sogenannten *trivialen perfekten Codes*:

1. Die Menge F^n aller Wörter der Länge n mit Komponenten aus F ist für jede Ordnung q ein perfekter (n,n)-Code.

2. Ein Code, der aus nur einem Codewort der Länge n besteht, ist ein perfekter $(n,0)$-Code.

3. Der Code $\{OO\ldots O, LL\ldots L\}$ ist für jede ungerade Blocklänge n ein binärer perfekter $(n,1)$-Code.

1-fehlerkorrigierende perfekte Codes. Für $t = 1$ hat die HAMMING-Schranke die Gestalt

$$q^k \cdot \bigl(1 + n \cdot (q-1)\bigr) \ \leq\ q^n.$$

Es sei C ein 1-fehlerkorrigierender Blockcode der Länge n und der Ordnung q mit $u := |C|$ Codewörtern. Wir setzen $k := \log_q |C|$. Der Code C ist genau dann perfekt, wenn $n = \frac{q^r - 1}{q-1}$ mit $r := n - k$ ist. Die binären $(2^r - 1, 2^r - r - 1)$-Hamming-Codes $\mathrm{HAM}(r,2)$ (Seite 30) sind Beispiele perfekter Codes. Auf Seite 263 werden für jede Potenz $q := p^\alpha$ einer Primzahl p mit positivem ganzzahligen Exponenten α die $(\frac{q^r-1}{q-1}, \frac{q^r-1}{q-1} - r)$-Hamming-Codes $\mathrm{HAM}(r,q)$ der Ordnung q vorgestellt. Diese Codes sind für perfekt und 1-fehlerkorrigierend.

Ein perfekter 1-fehlerkorrigierender Code C der Länge n und der Ordnung q mit $u := |C|$ Codewörtern hat dieselben Parameter n, q und $k := \log_q u$, wie ein q-närer Hamming-Code, wenn q eine Potenz einer Primzahl p, etwa $q = p^\alpha$ ist. Um das einzusehen, brauchen wir nur die Ganzzahligkeit von k nachzuweisen: Aus der scharfen HAMMING-Schranke $u \cdot (1 + n \cdot (q-1)) = q^n = p^{\alpha \cdot n}$ folgt $u = q^k = p^a$ mit $a \in \mathbb{N}_0$; wir schreiben $1 + n \cdot (q-1) = p^{\alpha \cdot n - a} = p^\beta \cdot q^r$ mit $\beta, r \in \mathbb{N}_0$ und $0 \leq \beta < \alpha$. Wegen der Ganzzahligkeit von

$$n \ =\ \frac{p^\beta \cdot q^r - p^\beta}{q-1} + \frac{p^\beta - 1}{q-1} \ =\ p^\beta \cdot (q^{r-1} + q^{r-2} + \ldots + 1) + \frac{p^\beta - 1}{q-1}$$

muß auch $\frac{p^\beta - 1}{q-1}$ ganzzahlig sein; es folgt $\beta = 0$, also $1 + n \cdot (q-1) = q^r$ und damit $k = n - r \in \mathbb{Z}$.

A. TIETÄVÄINEN und – unabhängig – V. A. ZINOVJEV und V. K. LEONTJEV zeigten 1973, daß über Zeichenvorräten von Primzahlpotenz-Ordnung außer den trivialen und den 1-fehlerkorrigierenden perfekten Codes nur zwei weitere perfekte Codes existieren, der binäre 3-fehlerkorrigierende (23,12)-Golay-Code GOL(23) und der ternäre 2-fehlerkorrigierende (11,6)-Golay-Code GOL(11). 1975 zeigten L. A. BASSALYGO, V. A. ZINOVJEV, V. K. LEONTJEV und N. I. FELDMAN, daß es für $t \geq 2$ keine t-fehlerkorrigierenden perfekten Codes gibt, deren Ordnung q nur die Primfaktoren 2 und 3 besitzt.

Codes großer Blocklänge. Wir wollen jetzt die asymptotische Form der HAMMING-Schranke für Blockcodes einer Korrekturrate λ ermitteln. Zur Berechnung des Grenzwertes

$$\lim_{n\to\infty} \tfrac{1}{n}\cdot\log_q \sum_{m=0}^{t} \tbinom{n}{m}\cdot(q-1)^m \ , \ t := \left\lfloor \tfrac{\lambda\cdot n-1}{2}\right\rfloor$$

benötigen wir die

Schwache STIRLING-Formel. *Für jede natürliche Zahl n gilt*

$$\frac{n^n}{e^{n-1}} < n! < n\cdot\frac{n^n}{e^{n-1}}.$$

Beweis. Nach dem Mittelwertsatz der Integralrechnung gilt

$$\ln k < \int_{k}^{k+1}\ln x\,dx < \ln(k+1) \quad\text{für}\quad k=1,2,\ldots$$

Wir addieren diese Ungleichungen für $k=1,2,\ldots,n-1$:

$$\ln(n-1)! < \int_{1}^{n}\ln x\,dx < \ln(n!).$$

Aus der rechten Seite dieser Ungleichung ergibt sich

$$n\cdot\ln n - n + 1 = \int_{1}^{n}\ln x\,dx < \ln n!,$$

während nach Addition von $\ln n$ auf der linken Seite der Ungleichung die Abschätzung

$$\ln n! < \int_{1}^{n}\ln x\,dx + \ln n = (n+1)\cdot\ln n - n + 1$$

folgt. Wir wenden die Exponentialfunktion auf diese beiden Ungleichungen an. $\qquad\square$

Korollar. *Für je zwei natürliche Zahlen n,t mit $n \geq t$ gilt*

$$\frac{1}{t\cdot(n-t)}\cdot\frac{(n/t-1)^t}{e\cdot(1-t/n)^n} < \tbinom{n}{t} < n\cdot\frac{(n/t-1)^t}{e\cdot(1-t/n)^n}.$$

Beweis. Wende die schwache STIRLING-Formel auf $\tbinom{n}{t} = \frac{n!}{t!\cdot(n-t)!}$ an. $\qquad\square$

Hilfssatz. *Es seien $q \geq 2$ eine natürliche Zahl und $\mu \leq 1-\tfrac{1}{q}$ eine positive reelle Zahl. Für $n=1,2,3,\ldots$ sei $t := t(n) := \lfloor\mu\cdot n\rfloor$. Dann gilt*

$$\lim_{n\to\infty} \tfrac{1}{n}\cdot\log_q \sum_{m=0}^{t} \tbinom{n}{m}\cdot(q-1)^m = H_q(\mu).$$

Beweis. Für $n=1,2,3,\ldots$ und $m=0,1,2,\ldots$ benutzen wir die Abkürzung $a_{n,m} := \tbinom{n}{m}\cdot(q-1)^m$. Für jede natürliche Zahl n ist die Folge $(a_{n,0}, a_{n,1}, \ldots, a_{n,t})$ streng monoton steigend; für $m=0,1,\ldots,t-1$ gilt ja $a_{n,m+1} = \frac{(n-m)\cdot(q-1)}{m+1}\cdot a_{n,m}$, und aus $\frac{n\cdot(q-1)}{q} \geq \lfloor\mu\cdot n\rfloor = t \geq m+1$ folgt $(n-m)\cdot(q-1) \geq m + q > m + 1$, also insgesamt $a_{n,m+1} > a_{n,m}$.

Es ist $\log_q a_{n,t} \leq \log_q \sum_{m=0}^{t} a_{n,m} \leq \log_q\big((t+1)\cdot a_{n,t}\big) = \log_q(t+1) + \log_q a_{n,t}$.

Wegen $t < n$ ist $\lim_{n\to\infty} \frac{1}{n}\cdot\log_q(t+1) = 0$. Es folgt $\lim_{n\to\infty} \frac{1}{n}\cdot\log_q a_{n,t} =$

$= \lim_{n\to\infty} \frac{1}{n}\cdot\log_q \sum_{m=0}^{t} a_{n,m}$. Aus dem Korollar entnehmen wir

$$-\frac{1}{n}\cdot\log_q\big(e\cdot t\cdot(n-t)\big) + \frac{1}{n}\cdot\log_q \frac{\big((1-t/n)\cdot(n/t)\cdot(q-1)\big)^t}{(1-t/n)^n} < \frac{1}{n}\cdot\log_q a_{n,t} <$$

$$< \frac{1}{n}\cdot\log_q \frac{n}{e} + \frac{1}{n}\cdot\log_q \frac{\big((1-t/n)\cdot(n/t)\cdot(q-1)\big)^t}{(1-t/n)^n}.$$

Wegen $\lim_{n\to\infty}\big(\frac{1}{n}\cdot\log_q e\cdot t\cdot(n-t)\big) = \lim_{n\to\infty} \frac{1}{n}\cdot\log_q \frac{n}{e} = 0$ folgt

$$\lim_{n\to\infty} \frac{1}{n}\cdot\log_q \sum_{m=0}^{t} a_{n,m} = \lim_{n\to\infty} \frac{1}{n}\cdot\log_q a_{n,t} =$$

$$= \lim_{n\to\infty}\big((1 - \tfrac{t}{n})\cdot\log_q \tfrac{1}{1-t/n} + \tfrac{t}{n}\cdot\log_q \tfrac{q-1}{t/n}\big) = \lim_{n\to\infty} H_q(\tfrac{t}{n}).$$

Aus der Stetigkeit der Entropiefunktion H_q folgt schließlich insgesamt

$$\lim_{n\to\infty} \frac{1}{n}\cdot\log_q \sum_{m=0}^{t} a_{n,m} = H_q(\lim_{n\to\infty} \tfrac{t}{n}) = H_q(\mu). \qquad \square$$

Mit Hilfe dieses Hilfssatzes folgt aus der HAMMINGschranke die

Asymptotische Form der HAMMING-Schranke. *Zu jeder reellen Zahl $\varepsilon > 0$, jeder rationalen Zahl $\lambda \in]0,1]$ und jeder natürlichen Zahl $q > 2$ gibt es eine natürliche Zahl n_0, so daß für die Informationsrate R jeden Blockcodes einer Blocklänge $n > n_0$, der Ordnung q und der Korrekturrate λ gilt*

$$R < 1 - H_q(\tfrac{\lambda}{2}) + \varepsilon. \qquad \square$$

Wie wir auf Seite 177 gesehen haben, sollten gute Codes für den Einsatz in einem Kommunikationssystem mit einem q-nären symmetrischen Kanal der Fehlerwahrscheinlichkeit $p < 1-\frac{1}{q}$ bei einer Korrekturrate $\lambda > 2\cdot p$ große Blocklängen besitzen. Nach der asymptotischen Form der Plotkin-Schranke muß die Korrekturrate λ kleiner oder gleich $1-\frac{1}{q}$ sein, wenn man sich eine akzeptable Informationsrate erhofft. (Für Codes einer Korrekturrate $\lambda > 1-\frac{1}{q}$ ist die asymptotische Form der HAMMING-Schranke schlechter als die der PLOTKIN-Schranke.)

Wenn die Korrekturrate λ nur sehr wenig größer als $2\cdot p$ ist, etwa $H_q(p) + \varepsilon = H_q(\tfrac{\lambda}{2})$, so wird die Informationsrate des Codes durch die Kanalkapazität $K = 1 - H_q(p)$ nach oben beschränkt. Man vergleiche diese Aussage mit der Umkehrung des Kanalcodierungssatzes von Seite 174. Die asymptotische Form der HAMMING-Schranke ist eine Verbesserung der asymptotischen Form der SINGLETON-Schranke.

Anschaulich: Ist $(C_i\,;\,i \in \mathbb{N})$ eine Folge von q-nären Blockcodes streng monoton wachsender Blocklängen mit einer festen Informationsrate R und einer festen Korrekturrate λ, so liegt das Paar (λ,R) im getupften Gebiet; im Schaubild ist der Fall $q = 2$ unter Berücksichtigung der HAMMING-, PLOTKIN- und SINGLETON-Schranke dargestellt.

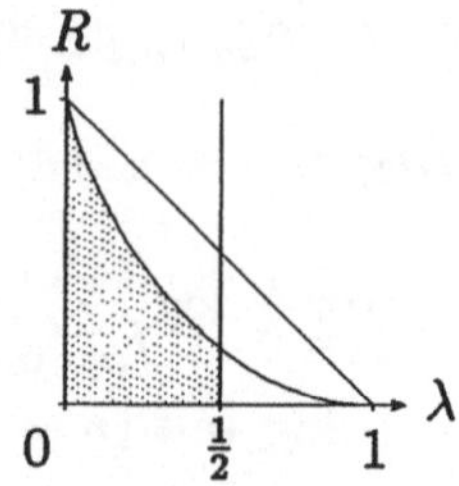

P. ELIAS kombinierte die für die Beweise der PLOTKIN- und der HAMMING-Schranke verwendeten Argumentationen und verbesserte damit in der asymptotischen Form diese Schranken:

$$R < 1 - H_q\Big(\tfrac{q-1}{q}\cdot\big(1 - \sqrt{1 - \lambda\cdot\tfrac{q}{q-1}}\,\big)\Big) + \varepsilon.$$

Ein Beweis dieser Schranke wurde von L. A. BASSALYGO, *Novyje verchnyje granicy dlja kodov ispravljajuščich ošibki*, Problemy Peredači Informacii 1 (1965) 41-44 gegeben. R. J. MCELIECE, E. R. RODEMICH, H. C. RUMSEY, JR. und L. R. WELCH konnten dieses Ergebnis für den binären Fall (und nicht zu niedrige Korrekturraten) weiter verbessern:

$$R \leq H_2\Big(\tfrac{1}{2} - \sqrt{\lambda\cdot(1 - \lambda)}\,\Big).$$

Für hohe Korrekturraten haben diese vier Autoren eine noch etwas niedrigere Schranke angegeben. Es wird vermutet, daß die Schranke

$$R \leq 1 - H_q(\lambda)$$

das beste zu erreichende asymptotische Ergebnis ist; ein Beweis steht noch aus.

6.5 Die GILBERT-Schranke

Die SINGLETON-, PLOTKIN- und HAMMING-Schranken geben uns in Abhängigkeit von der Korrekturrate obere Abschätzungen für die Informationsrate eines Codes. E. N. GILBERT bewies dagegen 1952 eine untere Schranke für die Informationsrate der optimalen Blockcodes einer gegebenen Länge, Ordnung und Korrekturrate:

GILBERT-Schranke. *Es seien* d,n,q,u *vier natürliche Zahlen mit* $q \geq 2$. *Wenn die Ungleichung*

$$\sum_{m=0}^{d-1} \tbinom{n}{m}\cdot(q - 1)^m < \frac{q^n}{u-1}$$

erfüllt ist, so gibt es einen Blockcode C *der Länge* n *und der Ordnung* q *mit* $|C| = u$ *und einem Minimalabstand mindestens* d.

Beweis. Wir wählen ein beliebiges Wort c_1 aus der Menge F^n aller Wörter der Länge n mit Komponenten aus einem q-nären Zeichenvorrat F und setzen $C_1 := \{c_1\}$. Für $i = 2,3,\ldots,u$ „konstruieren" wir rekursiv den Blockcode $C_i := C_{i-1} \cup \{c_i\}$, wobei wir das Wort c_i beliebig aus

$$F^n \setminus \bigcup_{j=1}^{i-1} K_{d-1}(c_j)$$

wählen. Diese Wahlmöglichkeit ist wegen

$$|F^n \setminus \bigcup_{j=1}^{i-1} K_{d-1}(c_j)| \geq q^n - (i-1)\cdot \sum_{m=0}^{d-1} \tbinom{n}{m}\cdot(q-1)^m \geq$$
$$q^n - (u-1)\cdot \sum_{m=0}^{d-1} \tbinom{n}{m}\cdot(q-1)^m > 0$$

gewährleistet. Der Hamming-Abstand zweier verschiedener Codewörter aus $C := C_u$ hat mindestens den Wert d. $\qquad\square$

Im konkreten Fall ist dieses Konstruktionsverfahren ungeeignet. Wenn wir uns bei der Wortauswahl blöde anstellen, so erhalten wir einen höchst unsystematischen Code mit einer nicht optimalen Informationsrate. Immerhin bietet uns die GILBERT-Schranke, insbesondere in ihrer asymptotischen Form, einen Maßstab für die „Güte" eines Blockcodes.

Asymptotische Form der Gilbert-Schranke. *Zu jeder reellen Zahl $\varepsilon > 0$, jeder natürlichen Zahl $q \geq 2$ und jeder positiven reellen Zahl $\lambda \leq 1-\frac{1}{q}$ gibt es eine natürliche Zahl n_0, so daß für jede natürliche Zahl $n > n_0$ ein Blockcode der Länge n und der Ordnung q mit einem Minimalabstand mindestens $d = \lfloor \lambda\cdot n \rfloor +1$ und einer Informationsrate $R > 1-H_q(\lambda)-\varepsilon$ existiert.*

Beweis. Für jede natürliche Zahl n setzen wir

$$u := \left\lceil q^n / \Big(\sum_{m=0}^{d-1} \tbinom{n}{m}\cdot(q-1)^m \Big) \right\rceil.$$

Aus der GILBERT-Schranke entnehmen wir die Existenz eines Blockcodes der Länge n und der Ordnung q mit einem Minimalabstand mindestens d und der Informationsrate

$$\tfrac{1}{n}\cdot\log_q u \geq 1 - \tfrac{1}{n}\cdot\log_q \sum_{m=0}^{d-1} \tbinom{n}{m}\cdot(q-1)^m.$$

Nach dem Hilfssatz von Seite 186 gilt

$$\lim_{n\to\infty} \tfrac{1}{n}\cdot\log_q \sum_{m=0}^{d-1} \tbinom{n}{m}\cdot(q-1)^m = H_q(\lambda). \qquad\square$$

Auf Seite 271ff wird die Gilbert-Schranke für lineare Codes modifiziert. Wie die verwandte Varšamov-Schranke ist sie eine untere Schranke für die Informationsrate der besten linearen Blockcodes vorgegebener Länge, vorgegebenen Mindest-Minimalabstandes und vorgegebener (Primzahl-potenz-)Ordnung. In ihrer asymptotischen Form stimmen die Gilbert-Schranke für lineare Codes und die Varšamov-Schranke mit der Gilbert-Schranke überein.

Anschaulich: Ist $(C_i\,;\,i \in \mathbb{N})$ eine Folge optimaler q-närer Blockcodes streng monoton wachsender Blocklängen mit einer festen Informations-rate R und einer festen Korrekturrate λ, so liegt das Paar (λ, R) im schraffierten Gebiet; im Schaubild ist der Fall $q = 2$ unter Berücksich-tigung aller in diesem Kapitel angesprochenen Schranken dargestellt.

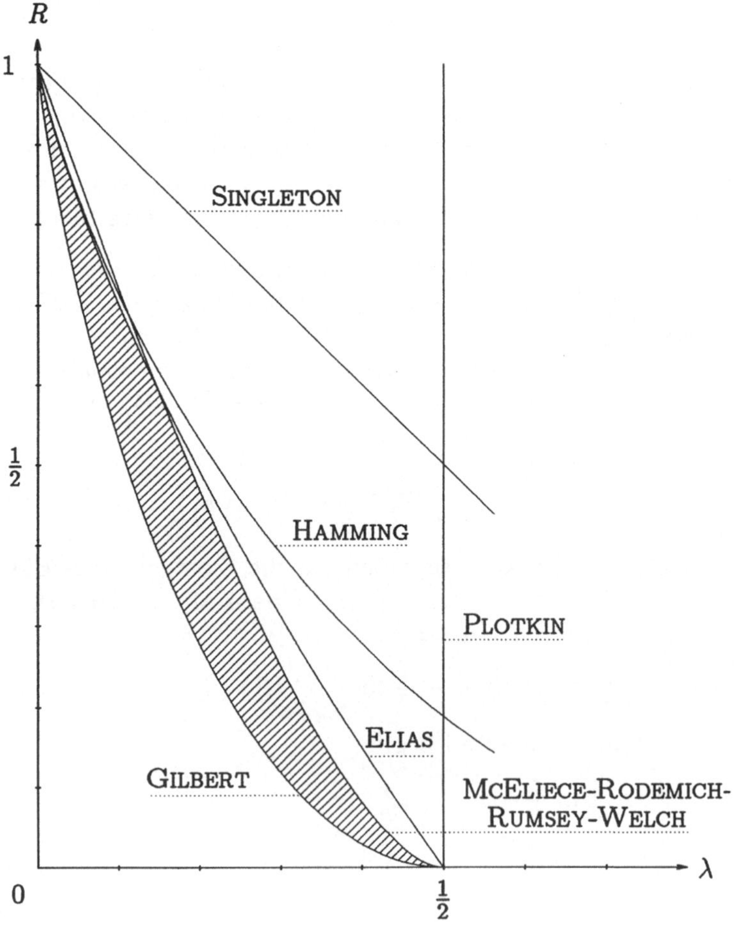

7 Algebraische Grundlagen

In diesem Kapitel vergegenwärtigen wir uns zur Vereinbarung der Terminologie einige in der algebraischen Codierungstheorie benötigte Begriffe und Fakten aus der Algebra, wobei vielfach auf die Wiedergabe von Beweisen verzichtet wird. Leser, die an einer detaillierteren Darstellung interessiert sind, sollten ein gutes Lehrbuch der Algebra zur ergänzenden Lektüre benutzen.

Die Definitionen der Begriffe Gruppe, Ring (in diesem Text stets assoziativ, mit Einselement) und Körper (stets kommutativ) werden als bekannt vorausgesetzt. Die *Einheitengruppe* eines Ringes R, das ist die multiplikative Gruppe der invertierbaren Elemente aus R, bezeichnen wir stets mit 'R^*'; für einen Körper F gilt also $F^* = F \setminus \{0\}$.

7.1 Vektorräume

Definition eines Vektorraumes. Es seien V eine kommutative, additiv geschriebene Gruppe mit neutralem Element 0, deren Elemente *Vektoren* heißen, und F ein Körper, dessen Elemente *Skalare* genannt werden. Weiterhin sei eine Multiplikation $F \times V \to V \,; (\lambda, x) \mapsto \lambda \cdot x$ gegeben, die jedem Skalar $\lambda \in F$ und jedem Vektor $x \in V$ einen Vektor $\lambda \cdot x \in V$ zuordnet. Die Gruppe V wird *Vektorraum (über F)* oder *F-Vektorraum* genannt, wenn für alle Skalare $\lambda, \mu \in F$ und alle Vektoren $x, y \in V$ die folgenden vier Gesetze gelten:

1. $\lambda \cdot (x + y) = \lambda \cdot x + \lambda \cdot y,$ 2. $(\lambda + \mu) \cdot x = \lambda \cdot x + \mu \cdot x,$
3. $\lambda \cdot (\mu \cdot x) = (\lambda \cdot \mu) \cdot x,$ 4. $1 \cdot x = x.$

Modelle. Es seien F ein beliebiger Körper, I eine (Index-)Menge und F^I die Menge aller Abbildungen $f : I \to F$; $i \mapsto f_i$. (Im Fall $I = \emptyset$ enthält F^I als einziges Element die leere Abbildung $\emptyset : \emptyset \to F$.) Bezüglich der

$$\text{Addition} \qquad F^I \times F^I \to F^I ; (f,g) \mapsto f + g : \begin{cases} I \to F \\ i \mapsto f_i + g_i \end{cases}$$

und der

$$\text{Multiplikation} \qquad F \times F^I \to F^I ; (\lambda,g) \mapsto \lambda \cdot g : \begin{cases} I \to F \\ i \mapsto \lambda \cdot g_i \end{cases}$$

bildet F^I einen F-Vektorraum.

Es sei $F^{[I]}$ die Menge aller Abbildungen $f \in F^I$ mit $f_i = 0$ für fast alle $i \in I$; das heißt mit $f_i \neq 0$ für nur endlich viele Indizes $i \in I$. Wenn I eine unendliche Menge ist, so ist $F^{[I]}$ ein echter Untervektorraum von F^I, wenn die Menge I dagegen endlich ist, so ist $F^{[I]} = F^I$. Die Natur der Indexmenge I spielt bei der Konstruktion der Vektorräume F^I und $F^{[I]}$ keine Rolle. Wenn I abzählbar unendlich ist, das heißt, wenn $|I| = \aleph_0$ ist, so identifizieren wir I mit $\mathbb{N}_0$ und interpretieren jede Abbildung $f \in F^{\mathbb{N}_0}$ als Folge $f = (f_0, f_1, f_2, \dots) = (f_i ; i \in \mathbb{N}_0)$. In diesem Sinne ist $F^{\mathbb{N}_0}$ der Vektorraum aller (abzählbar unendlichen) Folgen mit Komponenten aus F. Der Vektorraum $F^{[\mathbb{N}_0]}$ ist der Raum aller Folgen $(f_i ; i \in \mathbb{N}_0) \in F^{\mathbb{N}_0}$, die nur eine endliche Anzahl von Null verschiedener Komponenten besitzen. Wenn I endlich ist, das heißt, wenn es eine nichtnegative ganze Zahl $n \in \mathbb{N}_0$ mit $|I| = n$ gibt, so setzen wir $I := \{1, 2, \dots, n\}$ und identifizieren jede Abbildung $f \in F^I$ mit dem n-Tupel $(f_1, f_2, \dots, f_n) \in F^n$. Wir bezeichnen den Vektorraum $F^n = F^I$ mit '$V_n(F)$' oder im Fall $|F| = q$ auch mit '$V_n(q)$'. Mit dieser letzten Bezeichnung tragen wir der weiter unten auf Seite 225 bewiesenen Tatsache Rechnung, daß es zu jeder Primzahlpotenz q (und nur zu Primzahlpotenzen) bis auf Isomorphie genau einen, mit 'GF(q)' oder '$\mathbb{F}_q$' bezeichneten, endlichen Körper F der Ordnung $|F| = q$ gibt.

Es seien $(V_i ; i \in I)$ eine Familie von F-Vektorräumen mit den jeweiligen Nullvektoren $0_i \in V_i$ und $\mathfrak{V} := \bigcup_{i \in I} V_i$. Die Menge $\underset{i \in I}{\times} V_i$ aller *Auswahlabbildungen* $f : I \to \mathfrak{V}$; $i \mapsto f_i \in V_i$ ist bezüglich der (den Operationen auf F^I entsprechend definierten) Addition und Multiplikation mit Skalaren wieder ein F-Vektorraum, das *(äußere) direkte Produkt* der Familie $(V_i ; i \in I)$. Der Untervektorraum $\bigoplus_{i \in I} V_i$ aller Auswahlabbildungen $f = (f_i ; i \in I) \in \underset{i \in I}{\times} V_i$ mit $f_i = 0_i$ für fast alle $i \in I$ heißt die *(äußere) direkte Summe* der Familie $(V_i ; i \in I)$. Wenn I eine endliche Indexmenge ist, etwa $I := \{1, 2, \dots, n\}$, so stimmen das direkte Produkt und die direkte Summe überein, und wir schreiben statt '$\bigoplus_{i\in I} V_i$' auch '$V_1 \oplus V_2 \oplus \ldots \oplus V_n$'.

Untervektorräume, Erzeugendensysteme. Im vorigen Absatz war von *Untervektorräumen* die Rede. Eine Teilmenge $U \subseteq V$ eines F-Vektorraums V wird *Untervektorraum* von V genannt, wenn U bezüglich der Restriktion der Addition $+ : V \times V \to V$ auf $U \times U$ und der Restriktion der Multiplikation $\cdot : F \times V \to V$ auf $F \times U$ selbst wieder ein F-Vektorraum ist. Um zu testen, ob eine nichtleere Teilmenge $U \subseteq V$ ein Untervektorraum ist, genügt es zu prüfen, ob für je zwei Vektoren $x, y \in U$ und je zwei Skalare $\lambda, \mu \in F$ der Vektor $\lambda \cdot x + \mu \cdot y$ wieder in U liegt. Wir bezeichnen mit '$\mathfrak{U}(V)$' das System aller Untervektorräume von V. Der *Nullraum* $\{0\}$ und der ganze Vektorraum V sind trivialerweise Untervektorräume von V. Der mengentheoretische Durchschnitt über ein nichtleeres System von Untervektorräumen von V ist stets wieder ein Untervektorraum von V. Der von einer Teilmenge $S \subseteq V$ *erzeugte Untervektorraum* $\langle S \rangle$ von V wird als Durchschnitt

$$\langle S \rangle := \bigcap_{S \subseteq U \in \mathfrak{U}(V)} U$$

über alle Untervektorräume U von V, die die Menge S umfassen, definiert. Eine Teilmenge $S \subseteq U$ eines Untervektorraumes $U \in \mathfrak{U}(V)$ heißt *Erzeugendensystem* von U, wenn $\langle S \rangle = U$ gilt. Der von einer Teilmenge $S \subseteq V$ erzeugte Untervektorraum $\langle S \rangle$ besteht aus allen *Linearkombinationen* von Vektoren aus S:

$$\langle S \rangle = \{ \sum_{i=1}^{n} \lambda_i \cdot s_i \; ; \, n \in \mathbb{N}_0, \lambda_1, \lambda_2, \ldots, \lambda_n \in F, s_1, s_2, \ldots, s_n \in S \}.$$

Die leere Menge $\varnothing$ erzeugt den Nullraum $\{0\}$.

Das System $\mathfrak{U}(V)$ aller Untervektorräume von V bildet einen *Verband*: Für $U_1, U_2 \in \mathfrak{U}(V)$ ist $U_1 \cap U_2$ der größte in U_1 und U_2 enthaltene und $U_1 + U_2 := \{u_1 + u_2 \; ; u_1 \in U_1, u_2 \in U_2\} = \langle U_1 \cup U_2 \rangle$ der kleinste U_1 und U_2 umfassende Untervektorraum.

Der STEINITZ*sche Austauschsatz* sagt, daß für jede Teilmenge $S \subseteq V$ und je zwei Vektoren $x, y \in V$ aus $y \in \langle S \cup \{x\} \rangle \setminus \langle S \rangle$ stets $x \in \langle S \cup \{y\} \rangle$ folgt.

Lineare Abhängigkeit. Eine Teilmenge $S \subseteq V$ heißt *linear abhängig*, wenn eine echte Teilmenge $R \subsetneq S$ mit $\langle R \rangle = \langle S \rangle$ existiert; im gegenteiligen Fall heißt S *linear unabhängig*. Die leere Menge $\varnothing$ ist linear unabhängig. Eine einelementige Teilmenge $\{x\} \subseteq V$ ist genau dann linear unabhängig, wenn $x \neq 0$ ist. Eine zweielementige Menge $\{x, y\} \subseteq V$ ist genau dann linear abhängig, wenn $x = 0$ ist, oder wenn es einen Skalar $\lambda \in F$ mit $y = \lambda \cdot x$ gibt. Allgemeiner: Eine (nicht notwendig endliche) Teilmenge $S \subseteq V$ ist genau dann linear abhängig, wenn es eine endliche Anzahl $n \geq 1$ verschiedener Vektoren $s_1, s_2, \ldots, s_n \in S$ und n nicht notwendig verschiedene Skalare $\lambda_1, \lambda_2, \ldots, \lambda_n \in F^*$ mit $\sum_{i=1}^{n} \lambda_i \cdot s_i = 0$ gibt. Eine Menge S von Vektoren ist genau dann linear unabhängig, wenn für jeden Vektor $x \in \langle S \rangle$ eine eindeutig bestimmte Zahl $n \in \mathbb{N}_0$, eine eindeutig bestimmte n-elementige Menge $\{s_1, s_2, \ldots, s_n\} \subseteq S$ und n nicht notwendig verschiedene, eindeutig bestimmte Skalare $\lambda_1, \lambda_2, \ldots, \lambda_n \in F^*$ mit $\sum_{i=1}^{n} \lambda_i \cdot s_i = x$ existieren. Pedanterie: Die *Vektoren* $s_1, s_2, \ldots, s_n \in V$ heißen *linear abhängig*, wenn die Menge $\{s_1, s_2, s_3, \ldots\}$ linear abhängig ist, oder wenn in der Aufzählung $s_1, s_2, s_3, \ldots$ ein Vektor mehrfach auftritt; diese Bemerkung bekommt ihre Bedeutung, wenn man von der linearen Abhängigkeit oder Unabhängigkeit der Zeilen oder Spalten einer Matrix redet.

Basen, Dimension. Es sei $U \in \mathfrak{U}(V)$ ein Untervektorraum eines F-Vektorraumes V. Ein linear unabhängiges Erzeugendensystem $B \subseteq U$ heißt *Basis* von U. Die Basen von U sind genau die minimalen Erzeugendensysteme von U. Mit Hilfe des STEINITZschen Austauschsatzes zeigt man, daß die Basen von U genau die maximalen linear unabhängigen Teilmengen von U sind. Mit Hilfe des ZORNschen *Lemmas*, eines zum *Auswahlaxiom* der Mengenlehre äquivalenten Satzes, beweist man den *Basisergänzungssatz*: Jede Basis von U läßt sich zu einer Basis von V ergänzen. Das gilt insbesondere für die leere Basis $\emptyset$ des Nullraumes $U := \{0\}$; jeder (endlich oder nicht endlich erzeugte) Vektorraum besitzt also eine Basis. Mit etwas Mengenlehre zeigt man, daß je zwei Basen eines Vektorraumes gleichmächtig sind. Die Kardinalzahl einer Basis des F-Vektorraumes V heißt die *Dimension* von V und wird mit $\dim_F V$ oder kurz $\dim V$ bezeichnet.

Lineare Abbildungen. Es seien V und W zwei Vektorräume über demselben Körper F. Eine Abbildung $\varphi : V \to W$ heißt *linear*, wenn sie ein Homomorphismus der additiven Gruppe von V ist, das heißt, wenn für alle $x, y \in V$ stets $\varphi(x + y) = \varphi(x) + \varphi(y)$ gilt, und wenn für jeden Skalar $\lambda \in F$ und jeden Vektor $x \in V$ außerdem $\varphi(\lambda \cdot x) = \lambda \cdot \varphi(x)$ gilt.

Der *Kern* $\mathrm{Ker}(\varphi) := \{x \in V ; \varphi(x) = 0\}$ *von* φ ist ein Untervektorraum von V, das *Bild* $\varphi(V) := \{\varphi(x) ; x \in V\}$ *von* φ ist ein Untervektorraum von W.

Es gilt der *Dimensionssatz:* $\dim V = \dim \mathrm{Ker}(\varphi) + \dim \varphi(V)$.

Eine lineare Abbildung $\varphi : V \to W$ ist genau dann ein *(Vektorraum-) Monomorphismus*, das heißt eine injektive lineare Abbildung, wenn der Kern von φ nur aus dem Nullvektor von V besteht; sie wird als *Epimorphismus* (*Isomorphismus*) bezeichnet, wenn sie surjektiv (bijektiv) ist. Eine lineare Abbildung eines Vektorraums in sich heißt *Endomorphismus*, ein bijektiver Endomorphismus heißt *Automorphismus*.

Die Menge aller linearen Abbildungen von V in W wird hier mit 'Lin(V,W)' bezeichnet. Für je zwei Abbildungen $\varphi, \psi \in \mathrm{Lin}(V,W)$ wird die *Summe* $\varphi + \psi : V \to W$; $x \mapsto \varphi(x) + \psi(x)$, für jedes $\lambda \in F$ und jedes $\varphi \in \mathrm{Lin}(V,W)$ wird das Produkt $\lambda \cdot \varphi : V \to W$; $x \mapsto \lambda \cdot \varphi(x)$ definiert. Bezüglich dieser Addition und Multiplikation mit Skalaren ist $\mathrm{Lin}(V,W)$ selbst ein F-Vektorraum.

Es seien Y ein dritter F-Vektorraum und $\varphi \in \mathrm{Lin}(V,W)$, $\psi \in \mathrm{Lin}(W,Y)$ zwei lineare Abbildungen. Dann ist auch die Hintereinanderausführung $\psi \circ \varphi \in \mathrm{Lin}(V,Y)$ eine lineare Abbildung. Es gelten folgende Verträglichkeitsgesetze zwischen den Operationen $+, \cdot$ und $\circ$:

$$\forall\, \varphi_1, \varphi_2 \in \mathrm{Lin}(V,W)\ \forall\, \psi \in \mathrm{Lin}(W,Y) \qquad \psi \circ (\varphi_1 + \varphi_2) = \psi \circ \varphi_1 + \psi \circ \varphi_2,$$

$$\forall\, \varphi \in \mathrm{Lin}(V,W)\ \forall\, \psi_1, \psi_2 \in \mathrm{Lin}(W,Y) \qquad (\psi_1 + \psi_2) \circ \varphi = \psi_1 \circ \varphi + \psi_2 \circ \varphi,$$

$$\forall\, \lambda \in F\ \forall\, \varphi \in \mathrm{Lin}(V,W)\ \forall\, \psi \in \mathrm{Lin}(W,Y)\ \ \lambda \cdot (\psi \circ \varphi) = (\lambda \cdot \psi) \circ \varphi = \psi \circ (\lambda \cdot \varphi).$$

Ein F-Vektorraum V, auf dem neben der Addition $+$ und der Multiplikation $\cdot$ mit Skalaren eine Verknüpfung $\circ : V \times V \to V$; $(x,y) \mapsto x \circ y$ gegeben ist, wird eine *F-Algebra* genannt, wenn V bezüglich der Addition $+$ und der Multiplikation $\circ$ ein (nicht notwendig kommutativer) Ring ist, und wenn für alle $\lambda \in F$ und alle $x, y \in V$ stets

$$\lambda \cdot (x \circ y) = (\lambda \cdot x) \circ y = x \circ (\lambda \cdot y)$$

gilt. Der sogenannte *Endomorphismenring* $\mathrm{End}(V) := \mathrm{Lin}(V,V)$ ist eine F-Algebra mit der identischen Abbildung als Einselement.

Das Prinzip der linearen Fortsetzung. Es seien V und W zwei F-Vektorräume und A eine Basis von V. Weiterhin sei $\alpha : A \to W$ eine beliebige Abbildung. Dann gibt es genau eine lineare Abbildung $\varphi : V \to W$, die auf A mit α übereinstimmt: Jeder Vektor $x \in V$ läßt sich eindeutig als Linearkombination $x = \sum_{a \in A} \lambda_a \cdot a$ schreiben, wobei nur für endlich viele Basisvektoren $a \in A$ die Koeffizienten λ_a von Null verschieden sind. Die Abbildung $\varphi : V \to W$; $x \mapsto \sum_{a \in A} \lambda_a \cdot \alpha(a)$ ist die einzige lineare Abbildung mit $\varphi(a) = \alpha(a)$ für alle $a \in A$.

Konsequenzen: Zwei F-Vektorräume der gleichen Dimension sind stets isomorph. Jeder injektive und jeder surjektive Endomorphismus eines endlich-dimensionalen Vektorraums ist bereits ein Automorphismus.

Komplementäre Untervektorräume. Es sei V ein F-Vektorraum. Zwei Untervektorräume $U_1, U_2 \in \mathfrak{U}(V)$ heißen zueinander *komplementär*, wenn $U_1 \cap U_2 = \{0\}$ und $U_1 + U_2 = V$ gilt. Zwei Untervektorräume $U_1, U_2 \in \mathfrak{U}(V)$ sind genau dann zueinander komplementär, wenn sich jeder Vektor $x \in V$ als Summe $x = u_1 + u_2$ mit eindeutig bestimmten Summanden $u_1 \in U_1$ und $u_2 \in U_2$ darstellen läßt. Und das ist wiederum genau dann der Fall, wenn U_1 und U_2 zwei disjunkte Basen A_1 und A_2 besitzen, deren Vereinigung $A_1 \cup A_2$ eine Basis von V ist. Nach dem Prinzip der linearen Fortsetzung ist das genau dann der Fall, wenn die Abbildung $U_1 \oplus U_2 \to V \,; (u_1, u_2) \mapsto u_1 + u_2$ ein Isomorphismus ist. Wir sagen daher auch, der Vektorraum V zerfalle in die *(innere) direkte Summe* seiner Untervektorräume U_1, U_2, und schreiben etwas mißverständlich $V = U_1 \oplus U_2$, wenn die Untervektorräume U_1, U_2 komplementär sind. Nach dem Basisergänzungssatz können wir zu jedem Untervektorraum einen komplementären Untervektorraum finden. Es läßt sich zeigen, daß je zwei zu $U \in \mathfrak{U}(V)$ komplementäre Untervektorräume dieselbe als *Kodimension* 'codim U' bezeichnete Dimension haben. Ein Untervektorraum $H \in \mathfrak{U}(V)$ der Kodimension codim $H = 1$ beziehungsweise codim $H = 2$ heißt *Hyperebene* beziehungsweise *Hypergerade*.

Nebenklassen. Es sei $U \in \mathfrak{U}(V)$ ein Untervektorraum eines F-Vektorraumes V. Für jeden Vektor $a \in V$ heißt die Menge

$$a + U := \{a + u \,; u \in U\}$$

die *Nebenklasse von* a *nach* U oder der *affine Teilraum von* V *durch* a *in Richtung* U. Das System V/U aller Nebenklassen von V nach U ist eine Zerlegung des Vektorraumes V in paarweise disjunkte Mengen. In einem jüngst erschienenen Codierungstheorie-Buch heißt es so herrlich: „Zwei Cosets sind entweder gleich oder verschieden (teilweise Überlappung ist unmöglich)." Zwei Vektoren $x, y \in V$ liegen genau dann in derselben Nebenklasse, wenn ihre Differenz $x - y$ ein Vektor aus U ist.

Auf dem System V/U aller Nebenklassen von V nach U definieren wir vermöge $V/U \times V/U \to V/U \,; (a + U, b + U) \mapsto (a + b) + U$ eine Addition und vermöge $F \times V/U \to V/U \,; (\lambda, a + U) \mapsto \lambda \cdot a + U$ eine Multiplikation mit Skalaren und prägen so dem System V/U die Struktur eines F-Vektorraumes, des *Faktorraumes von* V *nach* U auf. Man überzeugt sich leicht, daß die Addition und Multiplikation wohldefiniert sind, das heißt unabhängig von der Auswahl der Repräsentanten.

Der Homomorphiesatz. Es seien V und W zwei F-Vektorräume und $\varphi : V \to W$ eine lineare Abbildung (ein *Vektorraum-Homomorphismus*). Der Kern $U := \mathrm{Ker}(\varphi)$ ist ein Untervektorraum von V. Die lineare Abbildung $\kappa : V \to V/U \, ; a \mapsto a + U$ ist surjektiv; sie heißt *kanonischer Epimorphismus*. Die lineare Abbildung $\iota : V/U \to W \, ; a + U \mapsto \varphi(a)$ ist ein (wohldefinierter) Monomorphismus mit dem Bild $\iota(V/U) = \varphi(V)$. Die Vektorräume $V/\mathrm{Ker}(\varphi)$ und $\varphi(V)$ sind isomorph, und es gilt $\varphi = \iota \circ \kappa$.

Der Dualraum. Es sei V ein F-Vektorraum. Der zu Grunde liegende Körper F kann als eindimensionaler F-Vektorraum betrachtet werden. (Wenn nichts anderes vereinbart wird, wählen wir die Basis $\{1\}$.) Der Vektorraum $\mathrm{Lin}(V,F)$ aller *Linearformen* genannten linearen Abbildungen $\varphi : V \to F$ heißt der *Dualraum* von V. Es sei nun A eine Basis von V. Mit dem Prinzip der linearen Fortsetzung können wir jede Abbildung $A \to F$ zu einer Linearform $V \to F$ fortsetzen. Insbesondere gibt es zu jedem Basisvektor $a \in A$ genau eine Linearform $\delta_a \in \mathrm{Lin}(V,F)$ mit $\delta_a(a) = 1$ und $\delta_a(a') = 0$ für $a' \in A \backslash \{a\}$. Die lineare Fortsetzung der Abbildung $A \to \mathrm{Lin}(V,F) \, ; a \mapsto \delta_a$ ist injektiv; wenn V endlich-dimensional ist, sogar surjektiv. Ein endlich-dimensionaler Vektorraum ist also zu seinem Dualraum isomorph; der Dualraum eines unendlich-dimensionalen Vektorraumes hat stets eine größere Dimension als der ursprüngliche Vektorraum: Der Dualraum $\mathrm{Lin}(V,F)$ ist zum direkten Produkt $\underset{a \in A}{\times} \langle\{a\}\rangle$ — das ist der Vektorraum F^A *aller* Abbildungen von A in F — isomorph.

Bilineare Abbildungen. Es seien V und W zwei F-Vektorräume. Eine Abbildung $\circ : V \times V \to W \, ; (x,y) \mapsto x \circ y$ wird *bilinear* genannt, wenn die folgenden Verträglichkeitsgesetze erfüllt sind:

$$\forall \, \lambda \in F \; \forall \, x,y \in V \quad \lambda \cdot (x \circ y) = (\lambda \cdot x) \circ y = x \circ (\lambda \cdot y) \, ,$$
$$\forall \, x,y,z \in V \quad x \circ (y + z) = x \circ y + x \circ z \, ,$$
$$\forall \, x,y,z \in V \quad (x + y) \circ z = x \circ z + y \circ z \, .$$

Eine bilineare Abbildung $\circ : V \times V \to W$ heißt symmetrisch, wenn gilt

$$\forall \, x,y \in V \quad x \circ y = y \circ x \, .$$

Wenn W der eindimensionale F-Vektorraum F ist, so sprechen wir von *Bilinearformen* statt von bilinearen Abbildungen.

Die Multiplikation jeder F-Algebra (wie zum Beispiel die Hintereinanderausführung von Endomorphismen eines Vektorraumes) ist bilinear.

Es sei nun A eine Basis von V. Dem Prinzip der linearen Fortsetzung entsprechend können wir das *Prinzip der bilinearen Fortsetzung* formulieren: Zu jeder beliebigen Abbildung $\alpha : A \times A \to W$; $(a,a') \mapsto \alpha(a,a')$ gibt es genau eine bilineare Abbildung $\circ : V \times V \to W$; $(x,y) \mapsto x \circ y$ mit $a \circ a' = \alpha(a,a')$ für alle $a,a' \in A$.

Lineare Abbildungen und Matrizen. Gegeben seien zwei endlich-dimensionale F-Vektorräume V und W der Dimensionen $n := \dim V$ und $m := \dim W$. Weiterhin sei für V und W jeweils eine *geordnete Basis*, das heißt ein n-Tupel $A := (a_1, a_2, \ldots, a_n)$ und ein m-Tupel $B := (b_1, b_2, \ldots, b_m)$ linear unabhängiger Vektoren aus V beziehungsweise W ausgezeichnet. Für jede lineare Abbildung $\varphi : V \to W$ und jeden Vektor $x = \sum_{i=1}^{n} \lambda_i \cdot a_i \in V$ gilt dann $\varphi(x) = \sum_{i=1}^{n} \lambda_i \cdot \varphi(a_i)$. Um die lineare Abbildung φ zu charakterisieren, genügt es, die Koeffizienten $\varphi_{i,j}$ der Linearkombinationen $\varphi(a_i) = \sum_{j=1}^{m} \varphi_{i,j} \cdot b_j$ für $i = 1,2,\ldots,n$ anzugeben. Umgekehrt definiert uns jede vorgegebene $n \times m$-Matrix $\Phi = (\varphi_{i,j})$ mit Komponenten aus F nach dem Prinzip der linearen Fortsetzung vermöge $\varphi\left(\sum_{i=1}^{n} \lambda_i \cdot a_i \right) := \sum_{j=1}^{m} \left(\sum_{i=1}^{n} \lambda_i \cdot \varphi_{i,j} \right) \cdot b_j$ eine lineare Abbildung $\varphi : V \to W$, die für $i = 1,2,\ldots,n$ den i-ten Basisvektor a_i aus A jeweils auf den Vektor $\sum_{j=1}^{m} \varphi_{i,j} \cdot b_j$ abbildet. Damit besteht (bezüglich der geordneten Basen A und B von V beziehungsweise W) zwischen der Menge $\mathrm{Lin}(V,W)$ der linearen Abbildungen $\varphi : V \to W$ und der Menge $\mathfrak{M}_{n \times m}(F)$ der $n \times m$-Matrizen mit Komponenten aus F die umkehrbar eindeutige Zuordnung

$$\mathrm{Lin}(V,W) \to \mathfrak{M}_{n \times m}(F) \ ; \ \varphi \mapsto {}_A Z(\varphi)_B := (\varphi_{i,j}) := \begin{bmatrix} \varphi_{1,1} & \varphi_{1,2} & \cdots & \varphi_{1,m} \\ \varphi_{2,1} & \varphi_{2,2} & \cdots & \varphi_{2,m} \\ \vdots & \vdots & & \vdots \\ \varphi_{n,1} & \varphi_{n,2} & \cdots & \varphi_{n,m} \end{bmatrix}.$$

Für $i = 1,2,\ldots,n$ besteht die i-te Zeile $\vec{\varphi}_i := (\varphi_{i,1}, \varphi_{i,2}, \ldots, \varphi_{i,m})$ der *Abbildungsmatrix* ${}_A Z(\varphi)_B$ von φ bezüglich A und B jeweils gerade aus den Koeffizienten der Linearkombinationen $\varphi(a_i) = \sum_{j=1}^{m} \varphi_{i,j} \cdot b_j$.

Die Komponenten λ_i des (als Zeile geschriebenen) *Koordinaten-Vektors* $(x)_A := (\lambda_1, \lambda_2, \ldots, \lambda_n) \in V_n(F)$ des Vektors $x \in V$ bezüglich der geordneten Basis A von V sind die Koeffizienten der Linearkombination

$x = \sum\limits_{i=1}^{n} \lambda_i \cdot a_i$. Der (ebenfalls als Zeile geschriebene) Koordinaten-Vektor $(\varphi(x))_B := (\xi_1, \xi_2, \ldots, \xi_m) \in V_m(F)$ des Bildvektors $\varphi(x) = \sum\limits_{j=1}^{m} \xi_j \cdot b_j$ bezüglich der geordneten Basis B von W hat die Komponenten $\xi_j := \sum\limits_{i=1}^{n} \lambda_i \cdot \varphi_{i,j}$. Im Matrizenkalkül schreiben wir $(\varphi(x))_B$ als das Produkt $(\varphi(x))_B = (x)_A \cdot {}_A Z(\varphi)_B$. (In der algebraischen Codierungstheorie bevorzugt man die *zeilenorientierte* Schreibweise: Für $i = 1, 2, \ldots, n$ ist die i-te Zeile der Abbildungsmatrix ${}_A Z(\varphi)_B$ der Koordinaten-Vektor des Bildes des i-ten Basisvektors aus A bezüglich B: $\vec{\phi}_i = (\varphi(a_i))_B$. In den Lehrbüchern der linearen Algebra wird meist — umweltschädigend, weil papierverschwendend — *spaltenorientiert* vorgegangen: Der (als Spalte geschriebene) Koordinaten-Vektor

$$_B(\varphi(x)) := (\varphi(x))_B^{\mathsf{T}} := \begin{bmatrix} \xi_1 \\ \xi_2 \\ \vdots \\ \xi_n \end{bmatrix}$$

des Bildvektors $\varphi(x)$ bezüglich der geordneten Basis B von W ist das Produkt $_B(\varphi(x)) = {}_B S(\varphi)_A \cdot {}_A(x)$ der aus ${}_A Z(\varphi)_B = (\varphi_{i,j})$ durch *Transponieren* (durch Spiegeln an der Hauptdiagonalen) hervorgegangenen Matrix $_B S(\varphi)_A := {}_A Z(\varphi)_B^{\mathsf{T}} = (\varphi_{j,i})$ mit dem Spaltenvektor $_A(x) := (x)_A^{\mathsf{T}}$.

Es sei nun Y ein dritter endlich-dimensionaler F-Vektorraum und C eine geordnete Basis von Y. Weiterhin seien zwei lineare Abbildungen $\varphi \in \mathrm{Lin}(V,W)$ und $\psi \in \mathrm{Lin}(W,Y)$ mit den Abbildungsmatrizen $\Phi := {}_A Z(\varphi)_B$ beziehungsweise $\Psi := {}_B Z(\psi)_C$ gegeben. Dann ist die Hintereinanderausführung $\psi \circ \varphi$ eine lineare Abbildung von V in Y mit dem Matrizenprodukt ${}_A Z(\psi \circ \varphi)_C = \Phi \cdot \Psi = {}_A Z(\varphi)_B \cdot {}_B Z(\psi)_C$ als Abbildungsmatrix. (In der spaltenorientierten Schreibweise sieht das so aus: $_C S(\psi \circ \varphi)_A = {}_A Z(\psi \circ \varphi)_C^{\mathsf{T}} = (\Phi \cdot \Psi)^{\mathsf{T}} = \Psi^{\mathsf{T}} \cdot \Phi^{\mathsf{T}} = {}_C S(\psi)_B \cdot {}_B S(\varphi)_A.$)

Skalarprodukt. Es seien $n \in \mathbb{N}_0$ eine nichtnegative ganze Zahl, V ein n-dimensionaler F-Vektorraum und $A := \{a_1, a_2, \ldots, a_n\}$ eine Basis von V. Wir definieren mit Hilfe des Prinzips der bilinearen Fortsetzung und des KRONECKER-*Symbols* $\delta_{i,j} := \begin{cases} 1, \text{ falls } i = j \\ 0, \text{ falls } i \neq j \end{cases}$ das *(Standard-) Skalarprodukt* $\cdot : V \times V \to F$ *(bezüglich der Basis A)* als bilineare Fortsetzung der Abbildung $A \times A \to F$; $(a_i, a_j) \mapsto \delta_{i,j}$.

Für je zwei Vektoren $x := \sum\limits_{i=1}^{n} \lambda_i \cdot a_i$, $y := \sum\limits_{i=1}^{n} \mu_i \cdot a_i \in V$ berechnen wir ihr Skalarprodukt als $x \cdot y = \sum\limits_{i=1}^{n} \lambda_i \cdot \mu_i \in F$: Wir summieren die

Produkte $\lambda_i \cdot \mu_i$ der Komponenten der Koordinatenvektoren $(x)_A$ und $(y)_A$ auf. Wir können das Skalarprodukt $x \cdot y$ auch als Matrizenprodukt $x \cdot y = (x)_A \cdot (y)_A^\mathsf{T}$ der Zeile $(x)_A$ und der Spalte $_A(y) = (y)_A^\mathsf{T}$ deuten. Die Spalte $(y)_A^\mathsf{T}$ ist die Abbildungsmatrix der Linearform
$$\varphi := \sum_{i=1}^{n} \mu_i \cdot \delta_{a_i} \in \mathrm{Lin}(V,F). \text{ Es ist } x \cdot y = \varphi(x).$$

Das Skalarprodukt ist offensichtlich eine symmetrische Bilinearform. Zwei Vektoren $x, y \in V$ heißen *orthogonal*, wir schreiben dann '$x \perp y$', wenn $x \cdot y = 0$ gilt. Die Menge $S^\perp := \{y \in V ; \forall\, s \in S \; s \perp y\}$ aller zu allen Vektoren einer Teilmenge $S \subseteq V$ orthogonalen Vektoren ist stets ein Untervektorraum von V. Der zu einem Untervektorraum $U \in \mathfrak{U}(V)$ orthogonale Untervektorraum $U^\perp$ ist nicht notwendigerweise komplementär zu U (wie wir es von den EUKLIDischen Vektorräumen gewohnt sind), hat aber die Dimension $\dim U^\perp = \mathrm{codim}\, U$. In der Codierungstheorie spielen *selbstorthogonale* Untervektorräume eine wichtige Rolle, das sind Untervektorräume U, für die $U^\perp = U$ gilt. Für jeden Untervektorraum $U \in \mathfrak{U}(V)$ gilt $U^{\perp\perp} = U$.

Die Standard-Basis des $V_n(F)$. Zwei F-Vektorräume der gleichen Dimension sind stets isomorph. Wenn wir uns ausschließlich in einem n-dimensionalen Vektorraum V bewegen, so dürfen wir ihn mit dem Vektorraum $V_n(F) = F^n$ aller n-Tupel $x = x_1 x_2 \ldots x_n = (x_1, x_2, \ldots, x_n)$ identifizieren. Als geordnete Basis legen wir häufig die sogenannte *Standard-Basis* $E_n := (e_1^n, e_2^n, \ldots, e_n^n)$ zu Grunde; die *Standard-Einheitsvektoren* e_i^n definieren wir dabei für $i = 1, 2, \ldots, n$ mit Hilfe des KRONECKER-Symbols als $e_i^n := (\delta_{i,1}, \delta_{i,2}, \ldots, \delta_{i,n})$.

Die Gruppe $\mathrm{GL}_n(F)$. Wir beschreiben eine lineare Abbildung $\varphi \in \mathrm{End}\big(V_n(F)\big)$ durch ihre Abbildungsmatrix $\Phi := {}_{E_n}Z(\varphi)_{E_n}$ bezüglich der Standardbasis $E_n = (e_1^n, e_2^n, \ldots, e_n^n)$. Die Bijektionen unter den Endomorphismen $V_n(F) \to V_n(F)$ bilden bezüglich der Hintereinanderausführung eine Gruppe, die Einheitengruppe $\mathrm{End}\big(V_n(F)\big)^*$ des Endomorphismenringes von $V_n(F)$. Diese Gruppe trägt den Namen *allgemeine lineare Gruppe* und wird mit '$\mathrm{GL}_n(F)$', im Fall $F = \mathbb{F}_q$ auch mit '$\mathrm{GL}_n(q)$' bezeichnet. Wir identifizieren den Ring $\mathrm{End}\big(V_n(F)\big)$ vermöge der Zuordnung $\varphi \mapsto {}_{E_n}Z(\varphi)_{E_n}$ mit dem Matrizenring $\mathfrak{M}_{n \times n}(F)$ und fassen die $\mathrm{GL}_n(F)$ als (multiplikative) Gruppe von $n \times n$-Matrizen auf. Eine lineare Abbildung $\varphi \in \mathrm{End}\big(V_n(F)\big)$ ist genau dann bijektiv, wenn die Zeilen (oder die Spalten) ihrer Abbildungsmatrix eine Basis von $V_n(F)$ bilden, also genau dann, wenn sie linear unabhängig sind.

Determinanten. Es wird unterstellt, daß der Leser im Umgang mit *Determinanten* quadratischer Matrizen vertraut ist. Die Determinanten-Abbildung $\det : \mathfrak{M}_{n\times n}(F) \to F\,;\, \Phi \mapsto \det\Phi$ ist multiplikativ: Für alle $\Phi, \Psi \in \mathfrak{M}_{n\times n}(F)$ gilt $\det(\Phi\cdot\Psi) = \det\Phi\cdot\det\Psi$. Damit läßt sich die Determinantenabbildung auch als Abbildung von $\mathrm{End}\big(V_n(F)\big)$ auf F interpretieren; für $\varphi \in \mathrm{End}\big(V_n(F)\big)$ definieren wir — unabhängig von der zu Grunde gelegten Basis von $V_n(F)$ — die *Determinante* von φ als die Determinante einer ihrer Abbildungsmatrizen Φ: $\det\varphi := \det\Phi$. Die Determinante $\det\varphi$ ist genau dann von Null verschieden, wenn $\varphi \in \mathrm{GL}_n(F)$ eine lineare Bijektion ist. Bei der konkreten Berechnung von Determinanten macht man von den folgenden drei Eigenschaften wesentlichen Gebrauch:

1. Das Vertauschen zweier Zeilen oder zweier Spalten der Matrix bewirkt einen Vorzeichenwechsel der Determinante.

2. Nach Multiplikation einer Zeile oder einer Spalte mit einem Skalar $\lambda \in F$ ver-λ-facht sich der Wert der Determinante.

3. Die Addition eines skalaren Vielfachen einer Zeile bzw. einer Spalte zu einer anderen Zeile bzw. Spalte ändert die Determinante nicht.

VANDERMONDEsche Matrizen. Es seien n paarweise verschiedene Elemente $x_1, x_2, \ldots, x_n$ eines Körpers F gegeben. Wir berechnen die Determinante der sogenannten VANDERMONDE*schen Matrix*

$$
\mathbf{M} := \begin{bmatrix}
1 & 1 & 1 & \cdots & 1 \\
x_1 & x_2 & x_3 & \cdots & x_n \\
x_1^2 & x_2^2 & x_3^2 & \cdots & x_n^2 \\
\vdots & \vdots & \vdots & & \vdots \\
x_1^{n-1} & x_2^{n-1} & x_3^{n-1} & \cdots & x_n^{n-1}
\end{bmatrix}.
$$

Zu diesem Behufe subtrahieren wir von jeder Zeile das x_1-fache der vorangehenden Zeile. Wir erhalten eine Matrix mit unveränderter Determinante, deren erste Spalte der Standardeinheitsvektor e_1^τ ist. Damit berechnet sich die Determinante der VANDERMONDEschen Matrix $\mathbf{M}$ als

$$
\det\mathbf{M} = (x_2 - x_1)\cdot(x_3 - x_1)\cdots(x_n - x_1)\cdot\det \begin{bmatrix}
1 & 1 & \cdots & 1 \\
x_2 & x_3 & \cdots & x_n \\
x_2^2 & x_3^2 & \cdots & x_n^2 \\
\vdots & \vdots & & \vdots \\
x_2^{n-2} & x_3^{n-2} & \cdots & x_n^{n-2}
\end{bmatrix};
$$

mit Induktion folgt $\det\mathbf{M} = \displaystyle\prod_{1 \le i < j \le n} (x_j - x_i) \ne 0$.

Die Gruppe $\mathrm{Mon}_n(F)$. Es sei $\pi \in \mathfrak{S}_n$ eine Permutation der Ziffernmenge $\{1,2,\ldots,n\}$. Mit dem Prinzip der linearen Fortsetzung setzen wir die Abbildung $E \to V_n(F)$; $e_i \mapsto e_{\pi(i)}$ fort zu der linearen Abbildung

$$\tilde{\pi} : V_n(F) \to V_n(F) \; ; \; x_1 x_2 \ldots x_n \mapsto x_{\pi^{-1}(1)} x_{\pi^{-1}(2)} \cdots x_{\pi^{-1}(n)}.$$

Bei der linearen Bijektion $\tilde{\pi} \in \mathrm{GL}_n(F)$ handelt es sich um eine der auf Seite 48f. studierten Äquivalenzabbildungen. Die zu $\tilde{\pi}$ gehörige Abbildungsmatrix ist die Permutationsmatrix $\Pi = (\pi_{i,j}) = (\delta_{\pi(i),j})$. Die zur symmetrischen Gruppe $\mathfrak{S}_n$ isomorphe Gruppe $\mathrm{\ddot{A}qu}_n(F) := \mathrm{\ddot{A}qu}(F^n)$ ist also eine Untergruppe der $\mathrm{GL}_n(F)$.

Es seien n nicht notwendig untereinander, aber alle von Null verschiedene Körperelemente $\kappa_1,\kappa_2,\ldots,\kappa_n \in F^*$ gegeben. Die Abbildungsmatrix $\Delta := (\kappa_i \cdot \delta_{i,j})$ beschreibt die lineare Konfiguration (Seite 49)

$$\tilde{\kappa} : V_n(F) \to V_n(F) \; ; \; x_1 x_2 \ldots x_n \mapsto (\kappa_1 \cdot x_1, \kappa_2 \cdot x_2, \ldots, \kappa_n \cdot x_n).$$

Die Untergruppe $\mathrm{Diag}_n(F) \subseteq \mathrm{Konf}(F^n)$ aller $n \times n$-Diagonalmatrizen mit nichtverschwindender Determinante ist also eine zum n-fachen direkten Produkt F^{*n} der multiplikativen Gruppe F^* des Körpers F isomorphe Untergruppe der $\mathrm{GL}_n(F)$.

Eine $n \times n$-Matrix heißt *monomial*, wenn in jeder Zeile und jeder Spalte genau ein von Null verschiedenes Körperelement steht. Die monomialen Matrizen bilden eine Untergruppe der $\mathrm{GL}_n(F)$, die *monomiale Gruppe* $\mathrm{Mon}_n(F)$. Jede Matrix $\mathbf{M} \in \mathrm{Mon}_n(F)$ läßt sich als Produkt $\mathbf{M} = \Pi \cdot \Delta$ einer eindeutig bestimmten Permutationsmatrix $\Pi \in \mathrm{\ddot{A}qu}_n(F)$ und einer eindeutig bestimmten Diagonalmatrix $\Delta \in \mathrm{Diag}_n(F)$ schreiben.

Die monomiale Gruppe $\mathrm{Mon}_n(F)$ zerfällt sogar in das semidirekte Produkt ihres Normalteilers $\mathrm{Diag}_n(F)$ und ihrer Untergruppe $\mathrm{\ddot{A}qu}_n(F)$.

Die Gruppen $\mathrm{PGL}_n(F)$, $\mathrm{SL}_n(F)$, $\mathrm{PSL}_n(F)$. Zwei $n \times n$-Matrizen $\Phi, \Phi' \in \mathfrak{M}_{n \times n}(F)$ heißen *projektiv identisch*, wenn es einen Skalar $\lambda \in F^*$ mit $\Phi' = \lambda \cdot \Phi$ gibt. Die projektive Identität ist eine Äquivalenzrelation auf $\mathfrak{M}_{n \times n}(F)$. Sind Φ und Φ' sowie Ψ und Ψ' projektiv identisch, so sind auch die Produkte $\Phi \cdot \Psi$ und $\Phi' \cdot \Psi'$ projektiv identisch. Damit ist das Produkt zweier Äquivalenzklassen als die Äquivalenzklasse des Matrizenproduktes zweier Repräsentanten wohldefiniert. Die Menge der Äquivalenzklassen aller Matrizen $\Phi \in \mathrm{GL}_n(F)$ bildet bezüglich dieser Multiplikation eine Gruppe, die *allgemeine projektive Gruppe* $\mathrm{PGL}_n(F)$. Die Abbildung $\kappa : \mathrm{GL}_n(F) \to \mathrm{PGL}_n(F) \; ; \; \Phi \mapsto \{ \lambda \cdot \Phi \, ; \, \lambda \in F^* \}$, die jeder Matrix Φ mit $\det \Phi \neq 0$ ihre Äquivalenzklasse zuordnet, ist ein Gruppenepimorphismus.

Die $n{\times}n$-Matrizen $\Phi \in \mathrm{GL}_n(F)$ mit $\det\Phi = 1$ bilden eine Untergruppe der Gruppe $\mathrm{GL}_n(F)$, die *spezielle lineare Gruppe* $\mathrm{SL}_n(F)$. Die Untergruppe $\kappa(\mathrm{SL}_n(F))$ der $\mathrm{PGL}_n(F)$ ist die *spezielle projektive Gruppe* $\mathrm{PSL}_n(F)$. Wir beachten, daß die Untergruppe $\kappa^{-1}(\mathrm{PSL}_n(F))$ der $\mathrm{GL}_n(F)$ im allgemeinen nicht die $\mathrm{SL}_n(F)$, sondern die Gruppe aller Matrizen $\Phi \in \mathrm{GL}_n(F)$ ist, für die ein $\vartheta \in F^*$ mit $\det\Phi = \vartheta^n$ existiert.

Die Gruppe der gebrochen linearen Transformationen. Wir erweitern den Körper F um das uneigentliche Element ∞, mit dem wir gemäß den Regeln $a+\infty := \infty+a := \infty$ und $b\cdot\infty := \infty\cdot b := \infty$ für alle $a \in F$ und alle $b \in F^* \cup \{\infty\}$ rechnen. Es ist nicht möglich, '$\infty+\infty$' oder '$0\cdot\infty$' sinnvoll zu definieren; wir vereinbaren aber $\frac{a}{\infty} := 0$ für alle $a \in F$ und $\frac{b}{0} := \infty$ für alle $b \in F^* \cup \{\infty\}$.

Für $a,b,c,d \in F$ und $x \in F \cup \{\infty\}$ betrachten wir den Ausdruck

$$y := \frac{a\cdot x+b}{c\cdot x+d}.$$

Wir wollen, daß y nicht unabhängig von x sei, und nehmen daher $a\cdot d - b\cdot c \neq 0$ an. Per definitionem setzen wir $y := \infty$ für $c \neq 0, x = -\frac{d}{c}$ und für $c = 0, x = \infty$; für $c \neq 0, x = \infty$ setzen wir $y := \frac{a}{c}$.

Die *gebrochen lineare Transformation*

$$\tau : F \cup \{\infty\} \to F \cup \{\infty\} \,; x \mapsto y := \frac{a\cdot x+b}{c\cdot x+d}$$

ist bijektiv: In der Tat läßt sich die Gleichung $y = \tau(x)$ nach x auflösen, nämlich $x = \frac{d\cdot y-b}{-c\cdot y+a}$. Wir können die Transformation τ durch die $2{\times}2$-Matrix $\left(\begin{smallmatrix} a & b \\ c & d \end{smallmatrix}\right) \in \mathrm{GL}_2(F)$ beschreiben. Mit dieser Beschreibung durch Matrizen sehen wir ein, daß die Hintereinanderausführung zweier gebrochen linearer Transformationen τ_1 und τ_2 wieder eine gebrochen lineare Transformation ist: Tatsächlich entspricht der Hintereinanderausführung $\tau_1 \circ \tau_2$ der Transformationen τ_1 und τ_2 das Produkt der sie beschreibenden Matrizen. Da die Vielfachen $\lambda\cdot\left(\begin{smallmatrix} a & b \\ c & d \end{smallmatrix}\right)$ mit $\lambda \in F^*$ (und nur die Vielfachen) der Matrix $\left(\begin{smallmatrix} a & b \\ c & d \end{smallmatrix}\right)$ jeweils dieselbe Transformation τ beschreiben, bilden alle gebrochen linearen Transformationen eine zur allgemeinen projektiven Gruppe $\mathrm{PGL}_2(F)$ isomorphe Untergruppe der Gruppe aller Bijektionen der sogenannten *projektiven Geraden* $F \cup \{\infty\}$ *über dem Körper F* auf sich. Wir identifizieren die Gruppe der gebrochen linearen Transformationen mit der allgemeinen projektiven Gruppe $\mathrm{PGL}_2(F)$.

Jede gebrochen lineare Transformation $\tau : x \mapsto \frac{a\cdot x+b}{c\cdot x+d}$ mit $c \neq 0$ läßt sich wegen $\frac{a\cdot x+b}{c\cdot x+d} = \frac{b\cdot c-a\cdot d}{c^2\cdot(x+d/c)} + \frac{a}{c}$ als Hintereinanderausführung der vier Transformationen $\quad x \mapsto x + \frac{d}{c}, \quad x \mapsto \frac{-1}{x}, \quad x \mapsto \frac{a \cdot d - b \cdot c}{c^2} \cdot x \quad$ und $x \mapsto x + \frac{a}{c}$ schreiben. Im Fall $c = 0$ läßt sich τ als Hintereinanderausführung der Transformationen $x \mapsto \frac{a}{d} \cdot x$ und $x \mapsto x + \frac{b}{d}$ schreiben. Aus dieser Darstellung erkennen wir, daß die Gruppe $\mathrm{PGL}_2(F)$ von den gebrochen linearen Transformationen $x \mapsto x + 1, x \mapsto \frac{-1}{x}$ und $x \mapsto \alpha \cdot x$ mit $\alpha \in F^*$ erzeugt wird. Die Gruppe $\mathrm{PGL}_2(F)$ *operiert* auf der projektiven Geraden $F \cup \{\infty\}$ *scharf dreifach transitiv*: Zu je zwei Tripeln (x_1, x_2, x_3) und (y_1, y_2, y_3) von jeweils drei verschiedenen Elementen aus $F \cup \{\infty\}$ gibt es genau ein $\tau \in \mathrm{PGL}_2(F)$ mit $\tau(x_i) = \tau(y_i)$ für $i = 1, 2, 3$; die Abbildung τ setzt sich aus den zwei Transformationen zusammen, die x_1, x_2, x_3 in $0, 1, \infty$ und $0, 1, \infty$ in y_1, y_2, y_3 überführen.

Die von den gebrochen linearen Transformationen $x \mapsto x + 1, x \mapsto \frac{-1}{x}$ und $x \mapsto \alpha^2 \cdot x$ mit $\alpha \in F^*$ erzeugte Untergruppe von $\mathrm{PGL}_2(F)$ ist zur speziellen projektiven Gruppe $\mathrm{PSL}_2(F)$ isomorph und darf mit dieser identifiziert werden. Sie besteht aus allen Transformationen $x \mapsto \frac{a \cdot x + b}{c \cdot x + d}$, deren Determinante $a \cdot d - b \cdot c \in F$ das Quadrat eines von 0 verschiedenen Elementes ist. Die $\mathrm{PSL}_2(F)$ operiert auf $F \cup \{\infty\}$ zweifach transitiv; zu je zwei Paaren $(x_1, x_2), (y_1, y_2)$ jeweils verschiedener Elemente aus $F \cup \{\infty\}$ gibt es ein $\tau \in \mathrm{PSL}_2(F)$ mit $\tau(x_i) = \tau(y_i)$ für $i = 1, 2$.

Kombinatorik endlicher Vektorräume. Es sei q eine Primzahlpotenz und $\mathbb{F}_q$ der nach dem Satz von Seite 225 eindeutig bestimmte Körper der Ordnung $|\mathbb{F}_q| = q$. Der Vektorraum $V_n(q)$ besteht aus q^n Vektoren. Es gibt $q^n - 1$ Möglichkeiten, einen Vektor $a_1 \in V_n(q) \setminus \{0\}$ auszuwählen. Es gibt $|V_n(q) \setminus \langle\{a_1\}\rangle| = q^n - q$ Möglichkeiten, einen von a_1 linear unabhängigen Vektor $a_2 \in V_n(q)$ auszuwählen. Es gibt $q^n - q^2$ Möglichkeiten, einen von a_1 und a_2 linear unabhängigen Vektor $a_3 \in V_n(q)$ auszuwählen; und so weiter: Für $k = 0, 1, \ldots, n$ gibt es in $V_n(q)$ genau $\frac{1}{k!} \cdot \prod_{i=0}^{k-1} (q^n - q^i)$ Mengen $\{a_1, a_2, \ldots, a_k\}$, die aus k linear unabhängigen Vektoren bestehen. Insbesondere besitzt jeder k-dimensionale Untervektorraum von $V_n(q)$ genau $\frac{1}{k!} \cdot \prod_{i=0}^{k-1} (q^k - q^i)$ Basen. Damit gibt es insgesamt $\left[\begin{smallmatrix} n \\ k \end{smallmatrix} \right]_q := \prod_{i=1}^{k} \frac{q^{n-k+i} - 1}{q^i - 1}$ k-dimensionale Untervektorräume von $V_n(q)$. Die Anzahl $\left[\begin{smallmatrix} n \\ k \end{smallmatrix} \right]_q$ ist der Wert des weiter unten auf Seite 213f. behandelten GAUSSschen Polynoms $\left[\begin{smallmatrix} n \\ k \end{smallmatrix} \right]_z$ an der Stelle $z := q$.

Wir bestimmen jetzt die Ordnungen der behandelten linearen Gruppen:
Für jede Abbildung $\varphi \in \mathrm{GL}_n(q)$ ist die Menge $\{\varphi(a_1),\varphi(a_2),\ldots,\varphi(a_n)\}$
der Bilder der Vektoren einer Basis $\{a_1,a_2,\ldots,a_n\}$ von $V_n(q)$ selbst
eine Basis von $V_n(q)$. Umgekehrt gibt es nach dem Prinzip der linearen
Fortsetzung zu jeder geordneten Basis $(b_1,b_2,\ldots,b_n)$ von $V_n(q)$ genau
eine lineare Bijektion $\varphi \in \mathrm{GL}_n(q)$ mit $\varphi(a_i) = b_i$ für $i = 1,2,\ldots,n$.
Deswegen hat die allgemeine lineare Gruppe $\mathrm{GL}_n(q)$ die Ordnung

$$|\mathrm{GL}_n(q)| \;=\; q^{\frac{1}{2}\cdot n\cdot(n-1)}\cdot \prod_{i=1}^{n} (q^i-1).$$

Die Ordnungen der speziellen linearen und der allgemeinen projektiven
Gruppe ergeben sich damit als

$$|\mathrm{SL}_n(q)| \;=\; |\mathrm{PGL}_n(q)| \;=\; q^{\frac{1}{2}\cdot n\cdot(n-1)}\cdot \prod_{i=2}^{n} (q^i-1).$$

Zwei Matrizen $\Phi,\Psi \in \mathrm{SL}_n(q)$ sind genau dann projektiv identisch, wenn
es eine sogenannte „n-te Einheitswurzel" $\lambda \in \mathbb{F}_q^*$ mit $\lambda^n = 1$ und
$\Psi = \lambda\cdot\Phi$ gibt. Weiter unten auf Seite 239 werden wir sehen, daß in $\mathbb{F}_q^*$
genau $\mathrm{ggT}(q-1,n)$ solche n-ten Einheitswurzeln existieren. Mit diesem
vorweggenommenen Resultat berechnen wir die Ordnung der speziellen
projektiven Gruppe als

$$|\mathrm{PSL}_n(q)| \;=\; \frac{1}{\mathrm{ggT}(q-1,n)} \cdot q^{\frac{1}{2}\cdot n\cdot(n-1)}\cdot\prod_{i=2}^{n}(q^i-1).$$

Der Vollständigkeit halber notieren wir schließlich

$$|\ddot{\mathrm{A}}\mathrm{qu}_n(q)| \;=\; n! \;,\; |\mathrm{Diag}_n(q)| \;=\; (q-1)^n \;,\; |\mathrm{Mon}_n(q)| \;=\; (q-1)^n\cdot n!.$$

7.2 Polynome

Was sind Polynome? „Für die Algebra ist ein Polynom eine formale Summe."
Solche und ähnliche Erklärungen aus Lehrbüchern für Anfänger sind geeignet,
Studenten in bittere Verzweiflung zu stürzen. Unsaubere „Definitionen" sind wert-
loses Wortgeklingel, Verständnis kann nur mit klaren Begriffen erzielt werden. Das
hat nichts mit „Purismus" zu tun. Es gibt keinen Gegensatz zwischen „formaler" und
„inhaltlicher" Mathematik, wohl aber zwischen Mathematik und Gaukelei.
   In den 50er Jahren war es schick, algebraische Objekte als Lösungen „universeller
Probleme" zu definieren: *„Es sei F ein Körper. Ein Tripel $(F[z],z,\iota)$, bestehend aus
einem kommutativen Ring $F[z]$, einem Element $z \in F[z]$ und einem Homomorphismus
$\iota:F \to F[z]$ heißt Polynomring über F in der Unbestimmten z, wenn es zu jedem
kommutativen Ring R, zu jedem Element $x \in R$ und jedem Homomorphismus $\varphi:F \to R$
genau einen Homomorphismus $\Phi_x:F[z] \to R$ mit $\Phi_x(z) = x$ und $\Phi_x\circ\iota = \varphi$ gibt."*
Kein Kommentar, es geht auch anders:

Es sei F ein Körper. Wir bezeichnen den auf Seite 192 eingeführten F-Vektorraum $F^{[\mathbb{N}_0]}$ aller Folgen $(a_i\,;i\in\mathbb{N}_0)$, deren Komponenten $a_i\in F$ mit nur endlich vielen Ausnahmen verschwinden, mit '$F[z]$'. Für $i=0,1,2,\ldots$ definieren wir das *Monom* $z^i:=(\delta_{i,0},\delta_{i,1},\delta_{i,2},\ldots)$ als diejenige Folge aus $F[z]$, die an der Position Nr. $i\in\mathbb{N}_0$ die Komponente $\delta_{i,i}=1$ und an allen anderen Positionen die Komponente 0 besitzt. Die Menge $\{z^i\,;i\in\mathbb{N}_0\}$ aller dieser Monome ist eine Basis des Vektorraumes $F[z]$, seine *Standard-Basis*. Für jede von der Nullfolge $0=(0,0,0,\ldots)$, verschiedene Folge $a=(a_i\,;i\in\mathbb{N}_0)\in F[z]$ heißt derjenige Index $n\in\mathbb{N}_0$, für den $a_n\neq 0$ aber $a_i=0$ für alle $i>n$ gilt, der *Grad* $\deg a:=n$ *von* a. Dem Nullvektor $0\in F[z]$, den wir auch ausgedünnt als '0' schreiben, ordnen wir je nach Gemütszustand als Grad $\deg 0$ irgendeine negative ganze Zahl oder auch den Wert $\deg 0:=-\infty$ zu. Wir können jede Folge $a=(a_i\,;i\in\mathbb{N}_0)\in F[z]$ vom Grad $\deg a=n$ eindeutig als Linearkombination

$$a=\sum_{i=0}^{n}a_i\cdot z^i$$

der Monome der Standard-Basis von $F[z]$ schreiben. Die Vektoren aus $F[z]$ heißen *Polynome* und werden grundsätzlich als Linearkombinationen der Monome der Standard-Basis geschrieben. Es ist üblich, jedes *konstante Polynom* $a\cdot z^0=(a,0,0,\ldots)$ mit dem Körperelement $a\in F$ zu identifizieren, also $a:=a\cdot z^0$ zu setzen. Statt 'z^1' schreiben wir meist 'z'. Die Polynome vom Grad 1 werden *lineare Polynome* genannt. Polynome werden zur Erhöhung der Konfusion meist wie Funktionen mit '$a(z)$', 'f', '$p(z)$', 'Q' oder ähnlich bezeichnet.

Die Frage nach der Natur der „Unbestimmten" z wird mit dieser Definition der Polynome gegenstandslos. Die Monome $z^0,z^1,z^2,\ldots$ sind die Vektoren der Standard-Basis des F-Vektorraums $F[z]=F^{[\mathbb{N}_0]}$, die „Exponenten" sind Indizes, die man (zunächst aus Jux und Dollerei) hoch- statt tiefgestellt schreibt. Die „Unbestimmte" z ist das Monom $z=z^1=(0,1,0,0.\ldots)$.

Gerade in der algebraischen Codierungstheorie, in der vornehmlich mit endlichen Körpern gearbeitet wird, stiftet eine unzureichende Trennung der Begriffe „Polynom" und „Polynomfunktion" großen Schaden: Jedem Polynom $a(z)=\sum_{i=0}^{n}a_i\cdot z^i\in F[z]$ wird die *Polynomfunktion* $\alpha:F\to F;x\mapsto\sum_{i=0}^{n}a_i\cdot x^i$ zugeordnet. Hierbei sind die Addition und Multiplikation die Körperoperationen, das hochgestellte 'i' ist ein echter Exponent. Für ein festes Körperelement $x\in F$ schreibt man oft '$a(x)$' oder '$[a(z)]_{z=x}$' (lies: „$a(z)$ an der Stelle $z=x$") statt '$\alpha(x)$'. Wenn F ein unendlicher Körper ist, wie etwa der Körper $\mathbb{Q}$ der rationalen Zahlen, der Körper $\mathbb{R}$ der reellen Zahlen oder der Körper $\mathbb{C}$ der komplexen Zahlen, so ist die Zuordnung von den Polynomen zu den Polynomfunktionen umkehrbar, und deswegen ist in der Analysis die Gleichsetzung dieser Begriffe statthaft. Bei endlichen Körpern ist der Unterschied zwischen Polynomen und Polynomfunktionen wesentlich. So ist beispielsweise den beiden Polynomen $z^2+z^3, z^3+z^4 \in \mathbf{F}_2[z]$ dieselbe Polynomfunktion zugeordnet. Mehr noch: Während der Vektorraum $\mathbf{F}_q[z]$ aller Polynome über dem endlichen Körper $\mathbf{F}_q$ der Ordnung q die Dimension $\dim \mathbf{F}_q[z] = \aleph_0$ hat und damit selbst abzählbar unendlich ist, gibt es nur q^q Abbildungen von $\mathbf{F}_q$ in sich.

Polynommultiplikation. Wir definieren für zwei ganze Zahlen $i, j \geq 0$ das *Produkt* der Monome z^i und z^j als $z^i \cdot z^j := z^{i+j}$. Bezüglich dieser Multiplikation bildet die Standard-Basis von $F[z]$ eine zur additiven Halbgruppe $\mathbb{N}_0$ isomorphe multiplikative Halbgruppe mit dem Einselement $1 = z^0$. Mit Hilfe des Prinzips der bilinearen Fortsetzung (Seite 198) setzen wir diese Multiplikation auf $F[z]$ fort und definieren so für je zwei Polynome $a(z) = \sum\limits_{i=0}^{n} a_i \cdot z^i$ und $b(z) = \sum\limits_{j=0}^{m} b_j \cdot z^j$ ihr Produkt

$$a(z) \cdot b(z) := \sum_{i=0}^{n} \sum_{j=0}^{m} a_i \cdot b_j \cdot z^{i+j}.$$

Wenn wir für $i > n$ und $j > m$ stets $a_i := 0$ und $b_j := 0$ setzen, so können wir das Produktpolynom auch als

$$a(z) \cdot b(z) := \sum_{l=0}^{n+m} \left(\sum_{i=0}^{l} a_i \cdot b_{l-i} \right) \cdot z^l$$

schreiben. Wir haben nur jeweils die skalaren Vielfachen des Monoms $z^l = z^{i+j}$ zusammengefaßt. Bezüglich der Addition und der Multiplikation von Polynomen bildet $F[z]$ einen Ring. Wir sprechen daher von $F[z]$ als vom *Polynomring (in einer Unbestimmten) über* F. Bezüglich der Vektorraum- und der Ringstruktur ist $F[z]$ eine F-Algebra. Für je zwei Polynome $a(z), b(z) \in F[z]$ gilt die *Gradformel*

$$\deg a(z) \cdot b(z) = \deg a(z) + \deg b(z).$$

Nach der Gradformel enthält der Polynomring $F[z]$ keine *Nullteiler*, das heißt, für je zwei vom Nullpolynom 0 verschiedene Polynome $a(z), b(z)$ ist stets $a(z) \cdot b(z) \neq 0$.

Teilbarkeit. Der Polynomring $F[z]$ ist ein EUKLID*ischer Ring:* Für je zwei Polynome $a(z) \in F[z]$ und $b(z) \in F[z] \backslash \{0\}$ existieren zwei Polynome $t(z), r(z) \in F[z]$ mit

$$a(z) = t(z) \cdot b(z) + r(z) \quad \text{und} \quad \deg r(z) < \deg b(z).$$

Der *Quotient* $t(z)$ und der *Rest* $r(z)$ *der Division von* $a(z)$ *durch* $b(z)$ sind durch $a(z)$ und $b(z)$ eindeutig bestimmt.

Man sagt, ein Polynom $b(z)$ *teile* ein Polynom $a(z)$ (sei ein *Teiler* von $a(z)$) und schreibt dann '$b(z)|a(z)$', wenn es ein Polynom $t(z)$ mit $a(z) = t(z) \cdot b(z)$ gibt. Ein vom Nullpolynom verschiedenes Polynom $b(z)$ teilt ein Polynom $a(z)$ genau dann, wenn das Nullpolynom $r(z) = 0$ der

Rest der Division von $a(z)$ durch $b(z)$ ist. Für jedes Polynom $b(z)$ gilt $0 = 0 \cdot b(z)$, also $b(z)|0$. (Das ist kein Widerspruch zur Nullteilerfreiheit von $F[z]$.) Aus $0|a(z)$ folgt stets $a(z) = 0$.

Die *Einheiten* des Polynomringes $F[z]$, das sind die Teiler des Einspolynoms $1 = z^0 \in F[z]$, sind genau die von Null verschiedenen konstanten Polynome, die Polynome vom Grad 0. Die Einheitengruppe $F[z]^*$ ist zur multiplikativen Gruppe F^* des Körpers F isomorph. Da konstante Polynome wie Körperelemente addiert und multipliziert werden, brauchen wir die Körperelemente und die konstanten Polynome weder im Hirn noch in der Schreibweise zu unterscheiden. Wir denken uns immer den Körper F auf natürliche Weise isomorph in den Polynomring $F[z]$ eingebettet. Zwei Polynome $a(z), b(z) \in F[z]$ heißen *assoziiert*, wenn $b(z)|a(z)$ und $a(z)|b(z)$ gilt. Das ist genau dann der Fall, wenn es eine Einheit $e(z) \in F^*$ mit $a(z) = e(z) \cdot b(z)$ gibt. Eindeutigkeitsaussagen in Teilbarkeitsfragen lassen sich oft nur „bis auf Assoziierte" formulieren.

Um solche Redewendungen zur vermeiden, werden wir aus jeder Assoziiertenklasse einen Repräsentanten auszeichnen: Der Koeffizient a_n eines Polynoms $a(z) = \sum_{i=0}^{n} a_i \cdot z^i$ vom Grad $\deg a(z) = n \geq 0$ heißt der *Leitkoeffizient* von $a(z)$. Ein Polynom mit dem Leitkoeffizienten 1 heißt *normiert*. Das Produkt des Polynoms $a(z)$ mit dem Kehrwert $\frac{1}{a_n}$ seines Leitkoeffizienten ist das zu $a(z)$ assoziierte normierte Polynom.

Ein nicht-konstantes Polynom $p(z) \in F[z]$ heißt *irreduzibel*, wenn es keinen Teiler $t(z)$ von $p(z)$ mit $1 \leq \deg t(z) < \deg p(z)$ gibt. Ein Polynom $p(z)$ vom Grad $\deg p(z) \geq 1$ ist genau dann irreduzibel, wenn für alle $a(z), b(z) \in F[z]$ aus $p(z)|a(z) \cdot b(z)$ stets $p(z)|a(z)$ oder $p(z)|b(z)$ folgt. Die linearen Polynome sind alle irreduzibel. Als EUKLIDischer Ring ist der Polynomring $F[z]$ *faktoriell*: Jedes normierte Polynom ist (bis auf die Reihenfolge der Faktoren) eindeutig als Produkt von irreduziblen (normierten) Polynomen darstellbar.

Hier ein für die praktische Zerlegung von Polynomen über endlichen Körpern wichtiger

Hilfssatz. *Für je zwei natürliche Zahlen m,n gilt $z^m - 1 | z^n - 1 \iff m|n$.*

Beweis. Zu den natürlichen Zahlen m und n gibt es nach EUKLID zwei eindeutig bestimmte nichtnegative ganze Zahlen t und r mit $n = t \cdot m + r$ sowie $r < m$. Das Polynom $z^n - 1 = z^r \cdot \left((z^m)^t - 1 \right) \cdot \frac{z^m - 1}{z^m - 1} + z^r - 1 =$
$= z^r \cdot \left(\sum_{i=0}^{t-1} z^m)^i \right) \cdot (z^m - 1) + z^r - 1$ ist genau dann durch $z^m - 1$ teilbar, wenn $z^r - 1$ durch $z^m - 1$ teilbar ist; also genau dann, wenn $r = 0$ ist. $\square$

Der EUKLIDische Algorithmus. Es seien zwei normierte Polynome $a(z), b(z) \in F[z]$ mit $\deg a(z) \geq \deg b(z) \geq 0$ gegeben. Der *größte gemeinsame Teiler* von $a(z)$ und $b(z)$ ist das eindeutig bestimmte normierte Polynom $d(z) := \mathrm{ggT}\big(a(z),b(z)\big)$, das einerseits $a(z)$ und $b(z)$ teilt, und das andererseits von jedem gemeinsamen Teiler von $a(z)$ und $b(z)$ geteilt wird. Den größten gemeinsamen Teiler von $a(z)$ und $b(z)$ bestimmen wir (bis auf Normierung) mit dem EUKLID*ischen Algorithmus*:

1. Setze $r_{-1}(z) := a(z), r_0(z) := b(z)$ und $i := -1$.
2. Solange $r_{i+1}(z) \neq 0$ ist, führe aus:
   Setze $i \leftarrow i+1$. Bestimme den Quotienten $t_{i+1}(z)$ und den Rest $r_{i+1}(z)$ bei der Division von $r_{i-1}(z)$ durch $r_i(z)$.
3. Setze $m := i$ und gib $d(z) := r_m(z)$ aus.

Wegen $\deg b(z) = \deg r_0(z) > \deg r_1(z) > \deg r_2(z) > \ldots$ durchläuft der Algorithmus die Schleife 2 nur endlich oft und terminiert dann. Wir wollen einsehen, daß der EUKLIDische Algorithmus mit dem Polynom $d(z)$ tatsächlich den größten gemeinsamen Teiler $\mathrm{ggT}\big(a(z),b(z)\big)$ von $a(z)$ und $b(z)$ liefert. Es gilt

$$
\begin{aligned}
r_{m-1}(z) &= t_{m+1}(z)\cdot r_m(z) \\
r_{m-2}(z) &= t_m(z)\cdot r_{m-1}(z) + r_m(z) \\
&\;\;\vdots \\
r_0(z) &= t_2(z)\cdot r_1(z) + r_2(z) \\
r_{-1}(z) &= t_1(z)\cdot r_0(z) + r_1(z)
\end{aligned}
$$

Daß $d(z)$ ein gemeinsamer Teiler von $a(z) = r_{-1}(z)$ und $b(z) = r_0(z)$ ist, erkennt man an der Implikationskette

$$d(z) = r_m(z) \mid r_{m-1}(z) \Rightarrow d(z) \mid r_{m-2}(z) \Rightarrow \ldots \Rightarrow d(z) \mid r_0(z) \Rightarrow d(z) \mid r_{-1}(z).$$

Es sei nun $c(z) \in F[z]$ mit $c(z) \mid a(z) = r_{-1}(z)$ und $c(z) \mid b(z) = r_0(z)$. Es folgt $c(z) \mid r_1(z) = r_{-1}(z) - t_1(z)\cdot r_0(z), c(z) \mid r_2(z) = r_0(z) - t_2(z)\cdot r_1(z)$, und so weiter bis $c(z) \mid r_m(z) = d(z)$; $d(z)$ ist also wirklich der *größte* gemeinsame Teiler von $a(z)$ und $b(z)$.

Für $i = m, m-1, \ldots, 2, 1$ gilt $r_i(z) = r_{i-2}(z) - t_i(z)\cdot r_{i-1}(z)$; diese Beobachtung liefert uns einen konstruktiven Beweis vom

Satz von Bézout. *Für je zwei Polynome* $a(z), b(z) \in F[z]$ *gibt es zwei Polynome* $A(z), B(z) \in F[z]$ *mit* $\mathrm{ggT}\big(a(z),b(z)\big) = A(z)\cdot a(z) + B(z)\cdot b(z)$. $\square$

Die hier erörterten Eigenschaften der Teilbarkeitsrelation auf $F[z]$ gelten fast wörtlich, wenn man den Polynomring $F[z]$ durch den Ring $\mathbb{Z}$ der ganzen Zahlen und die Gradfunktion $F[z]^* \to \mathbb{N}_0 ; a(z) \mapsto \deg a(z)$ durch die Betragsfunktion $\mathbb{Z}^* \to \mathbb{N}_0 ; a \mapsto |a|$ ersetzt. Die Eindeutigkeit des Quotienten und des Restes bei der Division zweier ganzer Zahlen ist nicht mehr wahr: $6 = 2\cdot4+(-2) = 1\cdot4+2$. Das ist aber nicht weiter schlimm, wir können uns ja bei Teilbarkeitsaussagen meist auf positive ganze Zahlen beschränken. So überträgt sich beispielsweise der

Hilfssatz. *Für je drei natürliche Zahlen n,m,k mit $k \geq 2$ gilt $k^m-1\,|\,k^n-1 \Leftrightarrow m\,|\,n$.*

Daß Schulkindern zur Bestimmung des größten gemeinsamen Teilers zweier ganzer Zahlen die Primfaktorisierung dieser Zahlen und nicht der EUKLIDische Algorithmus beigebracht wird, ist eine Schande für unser Erziehungssystem.

Nullstellen. Häufig setzen wir in Polynome Elemente x eines Oberringes $R \supseteq F$ ein: Für jedes Element $x \in R$ ist die Abbildung

$$\Phi_x : F[z] \to R \,;\, a(z) = \sum_{i=0}^{n} a_i\cdot z^i \mapsto [a(z)]_{z=x} := \sum_{i=0}^{n} a_i\cdot x^i,$$

die jedem Polynom den Wert der Polynomfunktion $R \to R \,;\, x \mapsto a(x)$ an der Stelle $x \in R$ zuordnet, ein Ring-Homomorphismus, der sogenannte *Einsetzhomomorphismus*. Ein Element $x \in R$ heißt eine *Wurzel* oder *Nullstelle* von $a(z)$, wenn die zu $a(z)$ gehörige Polynomfunktion an der Stelle x verschwindet, wenn $[a(z)]_{z=x} = 0$ ist.

Ein Element ξ des Körpers F ist genau dann eine Wurzel von $a(z)$, wenn das Polynom $z - \xi$ das Polynom $a(z)$ teilt:

$$\forall\, \xi \in F \quad a(\xi) = 0 \;\Leftrightarrow\; z - \xi \,|\, a(z).$$

In der Tat existieren nach EUKLID der Quotient $t(z)$ und der Rest $r(z)$ bei der Division von $a(z)$ durch $z - \xi$. Es ist $\deg r(z) < \deg(z-\xi) = 1$; das konstante Polynom $r := r(z) \in F$ ist wegen $a(\xi) = t(\xi)\cdot(\xi-\xi) + r$ genau dann das Nullpolynom, wenn $a(\xi) = 0$ ist.

Aus dieser Beobachtung folgt, daß ein Polynom $a(z) \in F[z]$ vom Grad $\deg a(z) = n \geq 0$ in F höchstens n Wurzeln haben kann. Eine Wurzel $\xi \in F$ eines Polynoms $a(z) \in F[z]\backslash\{0\}$ hat die *Vielfachheit* v, wenn v die größte natürliche Zahl ist, für die $(z - \xi)^v$ das Polynom $a(z)$ teilt.

Für ein Polynom $a(z) = \sum_{i=0}^{n} a_i \cdot z^i \in F[z]$ definieren wir seine *(formale)* *Ableitung* als

$$a'(z) := \tfrac{d}{dz}\, a(z) := \sum_{i=1}^{n} i \cdot a_i \cdot z^{i-1}.$$

Es sei nochmals vermerkt, daß $a(z)$ ein Polynom und keine Funktion ist. Die Ableitung des nicht-konstanten Polynoms $a(z) := z^2 + 1 \in \mathbb{F}_2[z]$ ist wegen $2 = 1 + 1 = 0$ das Nullpolynom! Für jedes Polynom $a(z) \in F[z]$ gilt $\deg a'(z) < \deg a(z)$. Für je zwei Polynome $a(z), b(z) \in F[z]$ gilt die

Summenregel $\big(a(z) + b(z)\big)' = a'(z) + b'(z)$

und die *Produktregel* $\big(a(z) \cdot b(z)\big)' = a'(z) \cdot b(z) + a(z) \cdot b'(z).$

Die Abbildung $\tfrac{d}{dz} : F[z] \to F[z] \,; a(z) \mapsto a'(z)$ ist damit ein (nicht injektiver) Endomorphismus des F-Vektorraums $F[z]$ und wird deshalb auch *Differentialoperator* genannt.

Wenn das Körperelement $\xi \in F$ eine Wurzel des Polynoms $a(z)$ der Vielfachheit $v \geq 2$ ist, so kann $a(z)$ als $t(z) \cdot (z - \xi)^v$ mit $t(z) \in F[z]$ geschrieben werden, und es ist $a'(z) = t'(z) \cdot (z - \xi)^v + v \cdot t(z) \cdot (z - \xi)^{v-1}$. Damit teilt das Polynom $(z - \xi)^{v-1}$ die Ableitung $a'(z)$ von $a(z)$. Das Element $\xi \in F$ ist also genau dann eine mehrfache Nullstelle von $a(z)$, wenn $z - \xi$ ein gemeinsamer Teiler von $a(z)$ und $a'(z)$ ist.

Formale rationale Funktionen. So, wie man aus dem Ring $\mathbb{Z}$ der ganzen Zahlen den Körper $\mathbb{Q}$ der rationalen Zahlen konstruieren kann, so kann man auch den (nullteilerfreien) Ring $F[z]$ aller Polynome mit Koeffizienten aus einem Körper F eindeutig zu seinem *Quotientenkörper* $F(z) := \{\tfrac{a}{b} \,; a, b \in F[z], b \neq 0\}$, in dem zwei Quotienten $\tfrac{a}{b}$ und $\tfrac{c}{d}$ als identisch angesehen werden, wenn $a \cdot d = b \cdot c$ ist, erweitern. Wir nennen die Elemente aus $F(z)$ *(formale) rationale Funktionen*. Die Summe und das Produkt zweier formaler rationaler Funktionen werden als mit den üblichen Bruchrechenregeln verträglich definiert. Dann ist $F(z)$ tatsächlich ein Körper, in den wir den Polynomring $F[z]$ mittels der Zuordnung $a(z) \mapsto \dfrac{a(z)}{1}$ isomorph einbetten können. In algebraischer Sprechweise ist $F(z)$ eine *einfache, rein transzendente Körpererweiterung* des Körpers F.

Reversion. Für jedes Polynom $a(z) = \sum_{i=0}^{n} a_i \cdot z^i \in F[z]$ mit $a_0, a_n \neq 0$ definieren wir sein *reziprokes Polynom* oder seine *Reversion* als das Polynom $\hat{a}(z) := \sum_{i=0}^{n} a_{n-i} \cdot z^i \in F[z]$. Als formale rationale Funktion dürfen wir die Reversion $\hat{a}(z)$ von $a(z)$ auch als $\hat{a}(z) = z^n \cdot a(\tfrac{1}{z})$ schreiben.

Da aber $\overset{\ast}{a}(z)$ ein Polynom ist, verlassen wir mit dieser Schreibweise nur scheinbar den Polynomring $F[z]$. Das Polynom $\frac{1}{a_0}\cdot\overset{\ast}{a}(z)$ nennen wir die *normierte Reversion* von $a(z)$. Schließlich heißt ein Polynom $a(z)$ *reziprok*, *reversiv* oder ein *Palindrom*, wenn $a(z) = \overset{\ast}{a}(z)$ ist.

Die binomischen Polynome. Über dem Körper $\mathbb{Q}$ der rationalen Zahlen definieren wir für jede nichtnegative ganze Zahl $k \in \mathbb{N}_0$ das trotz gegenteiliger Gerüchte nicht nach dem venezianischen Freudenmädchen GIOVANNA BINOMI (1587-1621) benannte *binomische Polynom*

$$\textstyle\binom{z}{k} := \frac{1}{k!}\cdot(z-k+1)\cdot(z-k+2)\cdots(z-1)\cdot z.$$

Es gilt $\deg\binom{z}{k} = k$. Damit bilden die binomischen Polynome eine Basis des $\mathbb{Q}$-Vektorraums $\mathbb{Q}[z]$. Der *Differenzenoperator*

$$\Delta : \mathbb{Q}[z] \to \mathbb{Q}[z] \,; a(z) \mapsto a(z+1) - a(z)$$

ist ein nicht injektiver Endomorphismus des Vektorraumes $\mathbb{Q}[z]$. Die binomischen Polynome lassen sich, wie man mit der Methode der vollständigen Illusion leicht nachweist, durch die Rekursionsformel

$$\textstyle\Delta\binom{z}{k+1} = \binom{z}{k} \quad \text{für alle } k \in \mathbb{N}$$

und die Anfangsbedingungen

$$\textstyle\binom{z}{0} = 1 \text{ und } \left[\binom{z}{k}\right]_{z=0} = 0 \quad \text{für alle } k \in \mathbb{N}$$

kennzeichnen. Die PASCAL*sche Rekursion*

$$\textstyle\binom{z+1}{k+1} = \binom{z}{k+1} + \binom{z}{k} \quad \text{für alle } k \in \mathbb{N} \,, \binom{z}{0} = 1$$

wurde hier mit Hilfe des Differenzenoperators formuliert, entsprechend der Kennzeichnung

$$\frac{d}{dz}\frac{z^{k+1}}{(k+1)!} = \frac{z^k}{k!}\,, \left[\frac{z^k}{k!}\right]_{z=0} = 0 \quad \text{für alle } k \in \mathbb{N} \,, \frac{z^0}{0!} = 1,$$

der Monome $1, z, \frac{z^2}{2!}, \frac{z^3}{3!}, \ldots$ mittels des Differentialoperators.

Nach MACLAURIN können wir jedes Polynom $a(z) = \sum\limits_{i=0}^{n} a_i\cdot z^i \in \mathbb{Q}[z]$ vom Grad $\deg a(z) = n$ in die Linearkombination

$$a(z) = \sum\limits_{k=0}^{n} \left[\frac{d^k}{dz^k}a(z)\right]_{z=0}\cdot\frac{z^k}{k!}$$

der Basisvektoren $1, z, \frac{z^2}{2!}, \frac{z^3}{3!}, \ldots$ von $\mathbb{Q}[z]$ entwickeln.

Laut Sir ARTHUR CONAN DOYLE (*The Complete Sherlock Holmes Stories. The Memoirs of Sherlock Holmes. 23. The Final Problem*, J. Murray, London 1928) schrieb der spätere Schwerverbrecher MORIARTY im Alter von 21 Jahren eine aufsehenerregende Abhandlung über den binomischen Lehrsatz. Diesem Ex-Professor zu Ehren wird hier die in Analogie zur

MacLaurinschen Formel gebildete Gleichung

$$a(z) = \sum_{k=0}^{n} [\Delta^k a(z)]_{z=0} \cdot \binom{z}{k}$$

die MORIARTY-*Entwicklung* genannt.

Ein Polynom $a(z) \in \mathbb{Q}[z]$ heißt *ganzwertig*, wenn für alle $n \in \mathbb{Z}$ stets $a(n) \in \mathbb{Z}$ gilt. Die binomischen Polynome $\binom{z}{k}$ sind ganzwertig; für $n > 0$ gibt der *Binomialkoeffizient* $\binom{n}{k}$ nämlich die Anzahl der k-elementigen Teilmengen einer n-elementigen Menge an, und es gilt

$$\binom{-n}{k} = (-1)^k \cdot \binom{n+k-1}{k}.$$

Mit der MORIARTY-Entwicklung können wir jedes ganzwertige Polynom als Linearkombination der binomischen Polynome mit ganzzahligen Koeffizienten schreiben. Wir sagen, die binomischen Polynome seien eine *Basis* der $\mathbb{Z}$-*Algebra* der ganzwertigen Polynome.

Nach dem *Binomialsatz*

$$(x + y)^n = \sum_{k=0}^{n} \binom{n}{k} \cdot x^k \cdot y^{n-k}$$

läßt sich das Polynom $(z + 1)^n \in \mathbb{Q}[z]$ als $(z + 1)^n = \sum_{k=0}^{n} \binom{n}{k} \cdot z^k$ schreiben. Wegen $\binom{n}{k} = \binom{n}{n-k}$ für alle $n \geq k$ ist das Polynom $(z + 1)^n$ reversiv. Weil die Koeffizienten dieses Polynoms bis zum Index $\lfloor \frac{n}{2} \rfloor$ monoton wachsen und vom Index $\lceil \frac{n}{2} \rceil$ an monoton fallen, ist das Polynom $(z + 1)^n$ darüberhinaus *unimodal*.

Die GAUSSschen Polynome. In Analogie zu den Binomialkoeffizienten

$$\binom{n}{k} = \prod_{i=1}^{k} \frac{n-k+i}{i}$$

definieren wir für $n, k \in \mathbb{N}_0$ mit $n \geq k$ das GAUSS*sche Polynom*

$$\begin{bmatrix} n \\ k \end{bmatrix}_z := \prod_{i=1}^{k} \frac{z^{n-k+i}-1}{z^i-1}.$$

Auf Seite 204 haben wir gesehen, daß der Vektorraum $V_n(q)$ aller Wörter der Länge n mit Komponenten aus dem endlichen Körper $\mathbb{F}_q$ genau $\begin{bmatrix} n \\ k \end{bmatrix}_q$ Untervektorräume der Dimension k umfaßt.

Wenn wir die Faktoren des GAUSSschen Polynoms $\begin{bmatrix} n \\ k \end{bmatrix}_z$ in geometrische Reihen entwickeln, so erkennen wir (mit etwas Rechnen) die kombinatorische Interpretation des Koeffizienten von z^m als die Anzahl der Möglichkeiten, die Zahl m in höchstens $n - k$ natürliche Summanden zu zerlegen, von denen keiner die Zahl k übertrifft.

Die GAUSSschen Polynome genügen der Rekursionsformel

$$\begin{bmatrix} n+1 \\ k+1 \end{bmatrix}_z = \begin{bmatrix} n \\ k+1 \end{bmatrix}_z + z^{n-k} \cdot \begin{bmatrix} n \\ k \end{bmatrix}_z$$

und den Anfangsbedingungen

$$\begin{bmatrix} n \\ 0 \end{bmatrix}_z = \begin{bmatrix} n \\ n \end{bmatrix}_z = 1.$$

Damit können wir durch Induktion über n beweisen, daß $\begin{bmatrix} n \\ k \end{bmatrix}_z$ wirklich ein Polynom (und nicht nur eine formale rationale Funktion) vom Grad $\deg \begin{bmatrix} n \\ k \end{bmatrix}_z = k \cdot (n-k)$ ist. Setzen wir die Zahl $z := 1$ in das GAUSSsche Polynom $\begin{bmatrix} n \\ k \end{bmatrix}_z$ ein, so erhalten wir ebenfalls aus der Rekursionsformel die Gleichung $\begin{bmatrix} n \\ k \end{bmatrix}_1 = \binom{n}{k}$. Ulkigerweise findet man in der Literatur diese Gleichung meist barock als $\lim_{x \to 1} \begin{bmatrix} n \\ k \end{bmatrix}_x = \binom{n}{k}$ niedergeschrieben.

Die über $\mathbb{Q}$ irreduziblen, normierten Faktoren der GAUSSschen Polynome sind die (reversiven) Kreisteilungspolynome (weiter unten Seite 233 ff.). Damit sind die GAUSSschen Polynome als Produkte reversiver Polynome selbst reversiv. Die GAUSSschen Polynome sind unimodal. I. SCHUR bewies die Unimodalität in seinen *Vorlesungen über Invariantentheorie*, Springer, Berlin 1968. HANS EDLER VON KOCH wurde an der TU München mit einem elementaren Beweis dieser Eigenschaft der GAUSSschen Polynome (*Dimostrazione elementare della unimodalità dei polinomi di Gauss*, Riv. Mat. Univ. Parma (4) **8** (1982) 495-500) promoviert.

Formale Potenzreihen. Zur späteren Verwendung (hauptsächlich in Kapitel 10) erweitern wir den Polynomring $F[z]$ über einem Körper F zum Ring $F[[z]]$ der *formalen Potenzreihen* über F. Die Elemente von $F[[z]]$ sind die als „Potenzreihen" $a(z) = \sum_{i=0}^{\infty} a_i \cdot z^i$ geschriebenen Folgen $(a_i ; i \in \mathbb{N}_0) \in F^{\mathbb{N}_0}$, die im Gegensatz zu den Polynomen unendlich viele von Null verschiedene Komponenten besitzen dürfen.

Wir addieren zwei formale Potenzreihen komponentenweise. Das wird uns durch die im Vektorraum $F^{\mathbb{N}_0}$ erklärte Addition vorgeschrieben. Das Produkt zweier Potenzreihen $a(z) = \sum_{i=0}^{\infty} a_i \cdot z^i$ und $b(z) = \sum_{j=0}^{\infty} b_j \cdot z^j$ definieren wir als $a(z) \cdot b(z) := \sum_{l=0}^{\infty} \left(\sum_{i=0}^{l} a_i \cdot b_{l-i} \right) \cdot z^l$. Bezüglich der Addition und der Multiplikation ist $F[[z]]$ ein nullteilerfreier Oberring des Polynomringes $F[z]$.

Berücksichtigen wir außerdem noch die Vektorraumstruktur, so ist $F[[z]]$ eine F-Algebra einer so gewaltigen Dimension, daß wir eine Basis von $F[[z]]$ nicht mehr konkret angeben können: Das direkte Produkt $\underset{i=0}{\overset{\infty}{\times}} F = F^{\mathbb{N}_0} = F[[z]]$ der abzählbar vielen Exemplare des eindimensionalen F-Vektorraumes F ist zum Dualraum $\mathrm{Lin}(F[z],F)$ des Vektorraumes $F[z]$ der Polynome isomorph (Seite 197). Wir können mit dem ZORNschen Lemma nur die bloße Existenz von Basen beweisen.

Die Einheiten von $F[[z]]$ sind genau diejenigen formalen Potenzreihen $a(z) = \sum\limits_{i=0}^{\infty} a_i \cdot z^i$, deren konstantes Glied a_0 von Null verschieden ist. So ist beispielsweise das Polynom $1 - z$ die zur formalen geometrischen Reihe $\sum\limits_{i=0}^{\infty} z^i$ inverse formale Potenzreihe.

Wie für Polynome kann der Differentialoperator $\frac{d}{dz}$ auch für formale Potenzreihen vermöge $\frac{d}{dz} \sum\limits_{i=0}^{\infty} a_i \cdot z^i := \sum\limits_{i=1}^{\infty} i \cdot a_i \cdot z^{i-1}$ definiert werden.

Dem unbefriedigenden Umstand, daß wir konkret keine Basis des F-Vektorraums $F[[z]]$ angeben können, begegnen wir dadurch, daß wir die Addition in $F[[z]]$ auf unendlich viele Summanden ausdehnen: Es sei $\left(a_j(z) = \sum\limits_{i=0}^{\infty} a_{j,i} \cdot z^i ; j \in \mathbb{N}_0 \right)$ eine *summierbare* Folge von Potenzreihen $a_j(z) \in F[[z]]$, das heißt, für jeden Index $i \in \mathbb{N}_0$ gelte $a_{j,i} = 0$ für fast jeden Index $j \in \mathbb{N}_0$. Dann ist $\sum\limits_{j=0}^{\infty} a_{j,i}$ für jeden Index $i \in \mathbb{N}_0$ als die Summe der nur endlich vielen von Null verschiedenen Körperelemente $a_{j,i}$ definiert, und wir können jetzt die „unendliche Summe" $\sum\limits_{j=0}^{\infty} a_j(z) := \sum\limits_{i=0}^{\infty} \left(\sum\limits_{j=0}^{\infty} a_{j,i} \right) \cdot z^i$ definieren. In diesem Sinne ist jede formale Potenzreihe $a(z) = \sum\limits_{i=0}^{\infty} a_i \cdot z^i$ als „unendliche Linearkombination" der summierbaren Basis-Folge $(z^j ; j \in \mathbb{N}_0)$ darstellbar. Geschwollen ausgedrückt: Wir haben den Polynomring $F[z]$ zum Ring $F[[z]]$ so (im topologischen Sinne) vervollständigt, wie man den Körper $\mathbb{Q}$ der rationalen Zahlen zum Körper $\mathbb{R}$ der reellen Zahlen vervollständigen kann.

Anders als bei den Polynomen können wir für formale Potenzreihen nicht einen der Polynomfunktion entsprechenden Begriff definieren. Wenn aber $b(z) \in F[[z]]$ eine Nichteinheit ist, so können wir die Reihe $b(z)$ in jede formale Potenzreihe $a(z) = \sum\limits_{i=0}^{\infty} a_i \cdot z^i \in F[[z]]$ einsetzen: Die Familie $\left((b(z))^i ; i \in \mathbb{N}_0 \right)$ ist nämlich summierbar; in Übereinstimmung mit dem Einsetzbarkeitsbegriff für Polynome dürfen wir daher $[a(z)]_{z=b(z)} := \sum\limits_{i=0}^{\infty} a_i \cdot (b(z))^i$ setzen. Im Spezialfall $F = \mathbb{R}$ oder $F = \mathbb{C}$ können unter gewissen Konvergenzvoraussetzungen auch Zahlen in Potenzreihen eingesetzt werden.

Als nullteilerfreier Ring ist $F[[z]]$ in seinen Quotientenkörper $F((z))$ einbettbar. Der Körper $F((z))$ besteht aus allen *formalen* LAURENT-*Reihen* $\sum\limits_{i=-\infty}^{\infty} a_i \cdot z^i$ mit $a_i = 0$ für fast alle $i < 0$. Für eine von der Nullreihe verschiedene formale LAURENT-Reihe $\displaystyle\sum_{i=-\infty}^{\infty} a_i \cdot z^i$ heißt der kleinste Index u, für die $a_u \neq 0$ ist, ihr *Untergrad*. Der Körper der formalen LAURENT-Reihen ist ein Oberkörper des Körpers $F(z)$ der formalen rationalen Funktionen. Eine formale LAURENT-Reihe mit Koeffizienten aus dem endlichen Körper $\mathbb{F}_q$ ist genau dann eine formale rationale Funktion, wenn sich ihre Koeffizienten schließlich periodisch wiederholen. Das hört sich sehr einfach an, ist aber bei einer vorgegebenen formalen LAURENT-Reihe oft schwer zu entscheiden.

7.3 Restklassenringe

„Wozu brauchen wir Ideale, wir haben doch einen Körper!" So der große Algebraiker WOLFGANG KRULL, als er in einer Algebra-Vorlesung merkte, daß der Definitionsbereich eines Ring-Homomorphismus ein Körper war. Dieser Abschnitt handelt von Idealen; die Theorie der zyklischen Codes (Kapitel 9) ist die Idealtheorie gewisser Algebren. Trotzdem taucht das Wort 'Ideal' nur im Kleingedruckten auf. Das hat zwei Gründe: Zum einen lehrte mich die Erfahrung, daß manche Studenten der Informatik bei der Erwähnung dieses bösen Wortes Bauchgrimmen bekamen; da will ich mich nicht schuldig machen. Zum anderen wird in der Codierungstheorie meist mit ausgezeichneten Repräsentanten gerechnet; warum sollte man da die Operationen um vermeintlicher Eleganz willen indirekt auf diesen Repräsentantenmengen erklären?

Der Restklassenring modulo n.
Es sei $n \geq 1$ eine ganze Zahl. Wir rekapitulieren die algebraischen Grundlagen der bekannten Restklassen-Arithmetik modulo n. Zwei ganze Zahlen $a, b \in \mathbb{Z}$ werden *kongruent modulo n*, $a \equiv b \bmod n$, genannt, wenn die Differenz $a - b$ ein ganzzahliges Vielfaches von n ist. Das ist genau dann der Fall, wenn die Reste von a und b bei der Division durch n über-

einstimmen, das heißt, wenn aus $a = t_a \cdot n + r_a$ und $b = t_b \cdot n + r_b$ mit $t_a, t_b, r_a, r_b \in \mathbb{Z}$ und $0 \leq r_a, r_b < n$ die Gleichheit $r_a = r_b$ der Reste r_a, r_b folgt. Die Kongruenzrelation $\equiv$ zerlegt die Menge $\mathbb{Z}$ der ganzen Zahlen in Äquivalenzklassen: Für jede Zahl $a \in \mathbb{Z}$ ist

$$\underline{a} := a + n \cdot \mathbb{Z} = \{a + n \cdot x \, ; \, x \in \mathbb{Z}\} = \{y \in \mathbb{Z} \, ; \, y \equiv a \bmod n\}$$

die *Restklasse von a modulo n*. Die Menge aller Restklassen modulo n wird mit '$\mathbb{Z}/n \cdot \mathbb{Z}$', '$\mathbb{Z}/(n)$' oder '$\mathbb{Z}_n$' bezeichnet. Wenn wir zur Benennung der Restklassen jeweils ihren kleinsten nichtnegativen Repräsentanten heranziehen, so können wir die Menge $\mathbb{Z}_n$ aller Restklassen auch als $\mathbb{Z}_n = \{\underline{0}, \underline{1}, \ldots, \underline{n-1}\}$ schreiben.

Die Kongruenzrelation ist mit den arithmetischen Operationen auf dem Ring $\mathbb{Z}$ der ganzen Zahlen verträglich: Für je vier Zahlen $a, b, c, d \in \mathbb{Z}$ mit $a \equiv c \bmod n$ und $b \equiv d \bmod n$ gilt stets $a + b \equiv c + d \bmod n$ und $a \cdot b \equiv c \cdot d \bmod n$. Diese Verträglichkeit mit den arithmetischen Operationen auf $\mathbb{Z}$ erlaubt es uns, die Addition und die Multiplikation von $\mathbb{Z}$ auf $\mathbb{Z}_n$ zu übertragen: Für je zwei Restklassen $\underline{a}, \underline{b} \in \mathbb{Z}_n$ definieren wir die Summe $\underline{a} + \underline{b} := \underline{a + b}$ und das Produkt $\underline{a} \cdot \underline{b} := \underline{a \cdot b}$. Aus den Ringeigenschaften von $\mathbb{Z}$ folgt sofort, daß auch $\mathbb{Z}_n$ ein Ring ist, der *Restklassenring modulo n*. Wenn keine Verwechslungen mit der Addition und Multiplikation ganzer Zahlen zu befürchten sind, oder wenn eine solche Vermanschung erwünscht ist, unterläßt man in der Schreibweise für die Restklassen die lästige Unterstreichung und rechnet mit (möglichst den kleinsten nichtnegativen) Repräsentanten: man schreibt dann

$$\mathbb{Z}_n = \{0, 1, \ldots, n-1\}.$$

Der Klar- und Ehrlichkeit halber sollte man dann aber bemerken, daß man in $\mathbb{Z}_n$ und nicht in $\mathbb{Z}$ rechnet, oder man sollte das Kongruenzzeichen '$\equiv$' statt des Gleichheitszeichens '$=$' verwenden.

Es sei a ein Element des Restklassenringes $\mathbb{Z}_n$, in dem wir mit Repräsentanten rechnen. Der Homomorphismus $L_a : \mathbb{Z}_n \to \mathbb{Z}_n ; x \mapsto a \cdot x$ der additiven Gruppe von $\mathbb{Z}_n$ in sich ist genau dann injektiv (und als injektive Abbildung einer endlichen Menge in sich dann auch bijektiv), wenn $x = 0$ das einzige Element aus $\mathbb{Z}_n$ mit $a \cdot x = 0$ ist: In der Tat gilt für zwei verschiedene Elemente $s, t \in \mathbb{Z}_n$ jeweils $L_a(s) \neq L_a(t)$ genau dann, wenn $a \cdot (s - t) \neq 0$ ist. Die von Null verschiedenen Elemente $a \in \mathbb{Z}_n$ sind also entweder Nullteiler im Ring $\mathbb{Z}_n$ (das ist genau dann der Fall, wenn a und n einen gemeinsamen Teiler $t > 1$ besitzen), oder sie sind Einheiten in $\mathbb{Z}_n$, das heißt multiplikativ invertierbar (das ist genau dann der Fall, wenn a und n teilerfremd sind). Insbesondere ist der Restklassenring $\mathbb{Z}_n$ genau dann ein Körper, wenn n eine Primzahl ist.

Die EULER*sche φ-Funktion* $\varphi : \mathbb{N} \to \mathbb{N}$ ordnet jeder natürlichen Zahl n die Anzahl $\varphi(n)$ der zu n teilerfremden Zahlen $k \in \{1, 2, \ldots, n\}$ zu. Die Einheitengruppe von $\mathbb{Z}_n$ hat für $n \geq 2$ die Ordnung $|\mathbb{Z}_n^*| = \varphi(n)$.

Es ist $\varphi(1) = \varphi(2) = 1, \varphi(3) = \varphi(4) = \varphi(6) = 2, \varphi(9) = 6$. Für jede Potenz p^s einer Primzahl p mit einem Exponenten $s \in \mathbb{N}$ ist $\varphi(p^s) = p^s - p^{s-1}$. Für je zwei teilerfremde Zahlen n und m ist $\varphi(n \cdot m) = \varphi(n) \cdot \varphi(m)$. Wenn $p_1, p_2, \ldots, p_r$ die verschiedenen Primteiler der Zahl n sind, so berechnet sich $\varphi(n)$ nach dem Prinzip von Inklusion und Exklusion als

$$\varphi(n) = \sum_{i=0}^{r} \sum_{1 \le j_1 < j_2 < \ldots < j_i \le r} (-1)^i \cdot \frac{n}{p_{j_1} \cdot p_{j_2} \cdots p_{j_i}} = n \cdot \prod_{i=1}^{r} \left(1 - \frac{1}{p_i}\right).$$

Über die Struktur der Einheitengruppe $\mathbb{Z}_n^*$ kann man sich zum Beispiel in Kapitel 4 von K. IRELAND und M. ROSEN, *A classical introduction to modern number theory.* 2. Aufl. Springer 1990 informieren. So ist die Gruppe $\mathbb{Z}_n^*$ genau dann zyklisch, (das heißt, die Zahl n besitzt genau dann *Primitivwurzeln*), wenn $n = 2$, $n = 4$, $n = p^s$ oder $n = 2 \cdot p^s$ mit einer ungeraden Primzahl p und $s \in \mathbb{N}$ ist.

Der Restklassenring modulo $p(z)$. Die algebraischen Grundlagen der Restklassen-Arithmetik in $\mathbb{Z}_n$ lassen sich fast wörtlich übernehmen, wenn wir den Ring $\mathbb{Z}$ der ganzen Zahlen durch den Polynomring $F[z]$ über einem Körper F und die Zahl n durch ein normiertes Polynom $p(z)$ vom Grad $n \ge 1$ ersetzen. Zwei Polynome $a(z), b(z) \in F[z]$ heißen *kongruent modulo $p(z)$*, $a(z) \equiv b(z) \bmod p(z)$, wenn ihre Differenz ein polynomiales Vielfaches von $p(z)$ ist. Das ist genau dann der Fall, wenn die Reste von $a(z)$ und $b(z)$ bei der Division durch $p(z)$ übereinstimmen, das heißt, wenn für die vier Polynome $t_a(z), t_b(z), r_a(z), r_b(z) \in F[z]$ mit $a(z) = t_a(z) \cdot p(z) + r_a(z), b(z) = t_b(z) \cdot p(z) + r_b(z)$ und $\deg r_a(z), \deg r_b(z) < n$ auch $r_a(z) = r_b(z)$ giltt. Die Kongruenzrelation $\equiv$ zerlegt die Menge $F[z]$ in Äquivalenzklassen: Für jedes Polynom $a(z) \in F[z]$ ist

$$\underline{a(z)} := a(z) + p(z) \cdot F[z] = \{y(z) \in F[z] \, ; \, y(z) \equiv a(z) \bmod p(z)\}$$

die *Restklasse von* $a(z)$ *modulo* $p(z)$. Die Menge aller Restklassen modulo $p(z)$ bezeichnet man mit $'F[z]/_{p(z) \cdot F[z]}'$, $'F[z]/_{(p(z))}'$ oder $'F[z]_{p(z)}'$.

Die Kongruenzrelation $\equiv$ ist mit der Polynomaddition und -multiplikation verträglich. Wir dürfen deswegen diese Operationen von $F[z]$ auf $F[z]_{p(z)}$ übertragen: Für je zwei Restklassen $\underline{a(z)}, \underline{b(z)} \in F[z]_{p(z)}$ definieren wir $\underline{a(z)} + \underline{b(z)} := \underline{a(z) + b(z)}$ und $\underline{a(z)} \cdot \underline{b(z)} := \underline{a(z) \cdot b(z)}$. Wie beim Restklassenring $\mathbb{Z}_n$ der ganzen Zahlen modulo n unterdrücken wir auch bei Rechnungen im *Restklassenring* $F[z]_{p(z)}$ *modulo $p(z)$* die lästige Unterstreichung. Wenn wir mit Repräsentanten minimalen Grades arbeiten, können wir $F[z]_{p(z)} = \{x(z) \, ; \, \deg x(z) < n\}$ mit der eben definierten Addition und der Multiplikation mit Skalaren $F \times F[z]_{p(z)} \to F[z]_{p(z)} \, ; \, (\lambda, a(z)) \mapsto \lambda \cdot a(z)$ als mit dem F-Vektorraum $V_n(F) = \{(x_0, x_1, \ldots, x_{n-1}) \, ; \, x_0, x_1, \ldots, x_{n-1} \in F\}$ aller n-Tupel mit

Komponenten aus F identisch ansehen. Denken wir zugleich an die Vektorraum- und Ringstruktur von $F[z]_{p(z)}$, so sprechen wir auch von der *F-Algebra* $F[z]_{p(z)}$ der Polynome modulo $p(z)$.

Es sei $a(z)$ ein Element des Restklassenringes $F[z]_{p(z)}$, in dem wir mit Repräsentanten minimalen Grades rechnen. Der Endomorphismus $L_{a(z)}: F[z]_{p(z)} \to F[z]_{p(z)}$; $x(z) \mapsto a(z){\cdot}x(z)$ des F-Vektorraumes $F[z]_{p(z)}$ ist genau dann injektiv (und, wie auf Seite 196 bemerkt wurde, als injektiver Endomorphismus eines endlich-dimensionalen Vektorraums dann auch bijektiv), wenn sein Kern nur aus dem Nullpolynom besteht, das heißt, wenn das Nullpolynom 0 das einzige Polynom $x(z) \in F[z]$ vom Grad $\deg x(z) < n$ mit $a(z){\cdot}x(z) \equiv 0 \bmod p(z)$ ist. Die vom Nullpolynom verschiedenen Polynome $a(z) \in F[z]_{p(z)}$ sind also im Restklassenring $F[z]_{p(z)}$ entweder Nullteiler (das ist genau dann der Fall, wenn $a(z)$ und $p(z)$ einen gemeinsamen Teiler $t(z)$ vom Grad $\deg t(z) \geq 1$ besitzen), oder sie sind Einheiten aus $F[z]_{p(z)}^*$ (das ist genau dann der Fall, wenn $a(z)$ und $p(z)$ teilerfremd sind). Insbesondere ist der Restklassenring $F[z]_{p(z)}$ genau dann ein Körper, wenn $p(z)$ ein irreduzibles Polynom ist.

In der F-Algebra $F[z]_{p(z)}$, in der wir mit Repräsentanten minimalen Grades rechnen, sind die n Monome $1, z, z^2, \ldots, z^{n-1}$ gerade die n Standard-Einheitsvektoren $e_0, e_1, e_2, \ldots, e_{n-1}$ des mit $F[z]_{p(z)}$ identifizierten Vektorraumes $V_n(F)$, bilden also seine Standardbasis. Für zwei Polynome $a(z) = \sum\limits_{i=0}^{n-1} a_i{\cdot}z^i$, $b(z) = \sum\limits_{j=0}^{n-1} b_j{\cdot}z^j \in F[z]$ hat der Grad ihres Produktes $a(z){\cdot}b(z) = \sum\limits_{i=0}^{n-1}\sum\limits_{j=0}^{n-1} a_i{\cdot}b_j{\cdot}z^{i+j}$ maximal den Wert $2{\cdot}n-2$. Zur Aufstellung einer Multiplikationstafel von $F[z]_{p(z)}$ empfiehlt es sich daher, zunächst eine Liste der Repräsentanten minimalen Grades der Restklassen der Polynome $z^n, z^{n+1}, \ldots, z^{2\cdot n-2}$ anzufertigen.

In der Theorie der zyklischen Codes (Kapitel 9) spielt die Algebra $F[z]_{z^n-1} = F[z]/(z^n-1) = F[z]/(z^n-1){\cdot}F[z]$ eine zentrale Rolle. Wir geben dieser Algebra den vierten Namen '$R_n(F)$' und, wenn $F = \mathbb{F}_q$ ein endlicher Körper der Ordnung $|F| = q$ ist, den fünften Namen '$R_n(q)$'.

Die Algebra $R_3(2)$. Es seien $n := 3$ und $\mathbb{F}_2 = \mathbb{Z}_2$ der Körper mit zwei Elementen. In $\mathbb{Z}_2$ ist $-1 = 1$ und $2 = 0$; für die ganzen Zahlen $-1, 0, 1, 2$ gilt ja $-1 \equiv 1 \bmod 2$ und $2 \equiv 0 \bmod 2$. Wir betrachten das Polynom $z^3 + 1 = z^3 - 1 \in \mathbb{Z}_2[z]$: Wegen $z^3 + 1 \equiv 0 \bmod z^3 - 1$ ist

$z^3 \equiv 1 \bmod z^3 - 1$ und $z^4 = z \cdot z^3 \equiv z \bmod z^3 - 1$. Wir berechnen im Ring $R_3(2) = \mathbb{Z}_2[z]_{z^3-1}$ den Repräsentanten minimalen Grades des Produktes $(z^2 + z + 1) \cdot (z^2 + z) = z^4 + 2 \cdot z^3 + 2 \cdot z^2 + z = z^4 + z \equiv 2 \cdot z = 0 \bmod z^3 - 1$. Die Polynome $z^2 + z + 1$ und $z^2 + z$ sind also in $R_3(2)$ Nullteiler. Es ist $z \cdot z^2 = z^3 \equiv 1 \bmod z^3 - 1$, die Polynome z und z^2 sind also in $R_3(2)$ Einheiten. Das ist übrigens nicht weiter verwunderlich, die Standard-Basisvektoren $1, z, z^2, \ldots, z^{n-1}$ sind in $R_n(F)$ immer Einheiten; für $i = 0, 1, 2, \ldots, n-1$ gilt ja $z^i \cdot z^{n-i} = z^n \equiv 1 \bmod z^n - 1$.

'a' statt 'z'. Für $n > 1$ ist das Polynom $z^n - 1 = (z-1) \cdot \sum_{i=0}^{n-1} z^i$ niemals irreduzibel. Die Algebra $R_n(F)$ ist — vom Trivialfall $R_1(F) = F$ abgesehen — deswegen nie ein Körper, sondern enthält stets Nullteiler. Wenn $p(z) = \sum_{i=0}^{n} p_i \cdot z^i$ dagegen ein irreduzibles Polynom ist, so ist die Algebra $F[z]_{p(z)}$ ein Körper. Da wir oft in die Verlegenheit kommen, Polynome über diesem Körper zu studieren, schreiben wir oft 'a' statt 'z'. Damit steht uns der Buchstabe 'z' zur Bezeichnung der „Unbestimmten" der Polynome über dem Körper $F[a]_{p(a)}$ wieder zur Verfügung. In Analogie zur Bezeichnung '$F(z)$' für den Körper der formalen rationalen Funktionen über F schreiben wir auch '$F(a)$' statt '$F[a]_{p(a)}$'. Im Körper $F(a)$ rechnen wir mit einer solchen Selbstverständlichkeit mit Repräsentanten minimalen Grades, daß wir das Wort „Polynom" für die Elemente aus $F(a)$ nicht mehr in den Mund nehmen. Das Körperelement $a \in F(a)$ ist ein Element, welches der Gleichung $p(a) = \sum_{i=0}^{n} p_i \cdot a^i = 0$ genügt; nach unserer Umtaufaktion dürfen wir sagen, a sei eine Nullstelle des Polynoms $p(z) \in F(a)[z]$. Das über dem Körper F irreduzible Polynom $p(z)$ ist über dem Körper $F(a)$ natürlich nicht mehr irreduzibel: Das Polynom $(z-a) \in F(a)[z]$ ist nämlich ein Teiler von $p(z)$.

Die Redewendung „die Körpererweiterung $F(a)$ entsteht aus F durch Adjunktion einer Nullstelle a des über F irreduziblen Polynoms $p(z)$" provoziert in Prüfungen mit Sicherheit die Frage, wo denn solche Nullstellen feilgeboten würden. Richtige Antwort: „$a = z$".

Der Körper $\mathbb{F}_8$. Es seien $n := 3$ und $\mathbb{F}_2 = \mathbb{Z}_2$ der Körper mit zwei Elementen. Das Polynom $p(z) := z^3 + z + 1 \in \mathbb{Z}_2[z]$ hat den Grad 3 und keine Wurzel in $\mathbb{Z}_2$, das heißt, kein Linearfaktor aus $\mathbb{Z}_2[z]$ ist abspaltbar, das Polynom $p(z)$ ist über $\mathbb{Z}_2$ irreduzibel. Die dreidimensionale $\mathbb{F}_2$-Algebra $\mathbb{F}_8 := \mathbb{Z}_2(a) := \mathbb{Z}_2[z]_{z^3+z+1}$ ist damit ein Körper, der aus den acht Elementen $0, 1, a, a+1, a^2, a^2+1, a^2+a, a^2+a+1$ besteht. Das Element a ist eine Nullstelle des Polynoms $p(z)$; wir können mit Hilfe der Gleichung $a^3+a+1=0$ die Potenzen $a^3 = a+1$, $a^4 = a^2+a$, $a^5 = a^2+a+1$, $a^6 = a^2+1$ und $a^7 = 1$ berechnen. Die multiplikative Gruppe $\mathbb{F}_8^*$ ist also die von a erzeugte zyklische Gruppe der Ordnung 7. Das ist nicht weiter verwunderlich, weil 7 eine Primzahl ist.

7.4 Endliche Körper

Charakteristik, Primkörper. Es sei F ein Körper mit dem Nullelement 0 und dem Einselement 1. Die additive Ordnung des Einselementes, das ist die kleinste natürliche Zahl p mit

$$p \cdot 1 = \underbrace{1+1+\ldots+1}_{p \text{ mal}} = 0, \quad \text{ist (im Falle}$$

ihrer Existenz) wegen der Nullteilerfreiheit von F eine Primzahl und wird als *Charakteristik* $p := \operatorname{char} F$ *von* F bezeichnet. Wenn aber für alle natürlichen Zahlen n stets $n \cdot 1 \neq 0$ gilt, so sagen wir, der Körper habe die *Charakteristik* 0, $\operatorname{char} F = 0$. Der Durchschnitt P aller Unterkörper von F ist selbst wieder ein Unterkörper von F, der sogenannte *Primkörper* von F. Wenn F die Charakteristik 0 hat, so enthält der

Primkörper P von F das Nullelement 0, das Einselement 1 und alle ganzzahligen Vielfachen $n \cdot 1$ des Einselementes. Wegen $\operatorname{char} F = 0$ sind diese ganzzahligen Vielfachen $n \cdot 1$ des Einselementes verschieden. Wir dürfen sie deshalb jeweils mit der entsprechenden ganzen Zahl n identifizieren. Der Primkörper P von F umfaßt also den Ring $\mathbb{Z}$ der ganzen Zahlen und damit auch dessen Quotientenkörper, den Körper $\mathbb{Q}$ der rationalen Zahlen. Weil P als Primkörper keinen echten Unterkörper besitzt, folgt $P = \mathbb{Q}$; der

Körper $\mathbb{Q}$ der rationalen Zahlen ist der Primkörper jeden Körpers der Charakteristik 0. Wenn der Körper F aber die Charakteristik p hat, so besteht sein Primkörper P gerade aus den ganzzahligen Vielfachen $0 = 0 \cdot 1$, $1 = 1 \cdot 1$, $2 = 2 \cdot 1$, $\ldots$, $p-1 = (p-1) \cdot 1$ seines Einselementes 1. In diesem Fall dürfen wir den Primkörper P von F mit dem Restklassenkörper $\mathbb{Z}_p$ identifizieren.

Die FROBENIUS-Abbildung. Es sei F ein Körper der Primzahl-Charakteristik $p := \operatorname{char} F$. Die FROBENIUS-*Abbildung*

$$F \to F \,;\, x \mapsto x^p$$

ist ein Ring-Homomorphismus: Für alle $x, y \in F$ gilt $(x \cdot y)^p = x^p \cdot y^p$ und

$$(x+y)^p = x^p + \sum_{i=1}^{p-1} \binom{p}{i} \cdot x^i \cdot y^{n-i} + y^p;$$ für jeden Index $i = 1, 2, \ldots, p-1$

besitzt der Binomialkoeffizient $\binom{p}{i} = \frac{1}{i!} \cdot p \cdot (p-1) \cdots (p-i+1)$ den Primfaktor p und ist deswegen — als Element des Primkörpers $\mathbb{Z}_p$ von F betrachtet — gleich Null. Die FROBENIUS-Abbildung ist wie jeder nichttriviale Ring-Homomorphismus φ von einem Körper K in einen Körper L injektiv. Gäbe es nämlich zwei verschiedene Elemente $x, y \in K$ mit $\varphi(x) = \varphi(y)$, so wäre in L das Nullelement $0 = \varphi(x) - \varphi(y) = \varphi(x-y)$ wegen $\varphi\left(\frac{1}{x-y}\right) = \frac{1}{\varphi(x-y)}$ multiplikativ invertierbar. Wenn F ein endlicher Körper ist, so folgt aus der Injektivität der FROBENIUS-Abbildung ihre Surjektivität; bei endlichen Körpern sprechen wir deswegen manchmal auch vom FROBENIUS-*Automorphismus*. Für den (unendlichen) Körper $\mathbb{Z}_p(z)$ der formalen rationalen Funktionen über dem Primkörper $\mathbb{Z}_p$ der Charakteristik p ist die FROBENIUS-Abbildung dagegen ein nicht surjektiver Monomorphismus.

Körper-Erweiterungen. Es seien H ein Körper und $F \subseteq H$ ein Unterkörper von H. Wir nennen H eine *(Körper-)Erweiterung* von F. Der Körper H ist bezüglich seiner Addition und der Restriktion seiner Multiplikation auf $F \times H$ ein F-Vektorraum. Der Körper H wird eine *endliche Erweiterung* von F genannt, wenn der *(Erweiterungs-)Grad* $[H:F] := \dim_F H$ endlich ist. Wenn H ein endlicher Körper, etwa der Charakteristik $\operatorname{char} H = p$ und der *Ordnung* $|H| = q$ ist, so hat H über seinem Primkörper $P = \mathbb{Z}_p$ einen endlichen Grad $n := [H:P]$, und es gilt $q = p^n$. Die Ordnung jeden endlichen Körpers ist also notwendigerweise eine Primzahlpotenz. Wir werden weiter unten auf Seite 225 sehen, daß es zu jeder Primzahlpotenz $q := p^n$ bis auf Isomorphie genau einen Körper der Ordnung q gibt, das sogenannte GALOIS-*Feld* $\mathrm{GF}(q) = \mathbb{F}_q$.

Adjunktion. Es seien F ein Körper, H eine Erweiterung von F und $a \in H$ ein beliebiges Element. Wir bezeichnen mit '$F(a)$' den Durchschnitt aller derjenigen in H enthaltenen Erweiterungen von F, die das Element a enthalten, und sagen, $F(a)$ sei durch *Adjunktion* des Elementes $a \in H$ an den Körper F entstanden.

Im Gegensatz zur Situation im Kleingedruckten auf Seite 220 wird das Element $a \in H$ hier wirklich feilgeboten; wir gehen ja von der Existenz des Erweiterungskörpers H von F aus.

Auf Seite 219 Mitte haben wir gesehen, daß der Restklassenkörper $K := F[z]_{p(z)}$ für jedes irreduzible Polynom $p(z) \in F[z]$ vom Grad $n := \deg p(z)$ eine Erweiterung von F vom Grad $[K:F] = n$ ist. Wenn das Element $a \in H$ eine Wurzel von $p(z)$ ist, so ist die Abbildung

$$K \to F(a) \ ; \ \sum_{i=0}^{n-1} \lambda_i \cdot z^i \mapsto \sum_{i=0}^{n-1} \lambda_i \cdot a^i \quad \text{ein Isomorphismus. Die Erweiterung}$$

H von F umfaßt dann also mit dem Körper $F(a)$ eine zu K isomorphe Erweiterung. Die Elemente $1, a, a^2, \ldots, a^{n-1}$ bilden eine Basis des F-Vektorraumes $F(a)$. Das Polynom $z - a \in F(a)[z]$ ist ein Teiler des über F irreduziblen Polynoms $p(z)$. Allerdings braucht das Polynom $p(z)$ in $F(a)[z]$ im allgemeinen nicht in Linearfaktoren, in Polynome vom Grad 1, zu zerfallen. Es ist durch wiederholte Erweiterungsprozesse aber möglich, eine Erweiterung L von F zu finden, so daß $p(z)$ in $L[z]$ in Linearfaktoren zerfällt. Allgemeiner: Zu jedem (reduziblen oder irreduziblen) Polynom $f(z) \in F[z]$ gibt es eine minimale Erweiterung L von F, so daß $f(z)$ in $L[z]$ in Linearfaktoren zerfällt. Der Körper L ist bis auf Isomorphie eindeutig bestimmt und wird der *Zerfällungskörper von* $f(z)$ *über* F genannt. Offenbar gilt stets $[L:F] \leq n!$.

Algebraische Erweiterungen. Ein Element a einer Erweiterung H eines Körpers F heißt *algebraisch vom Grad n über* F, wenn es ein irreduzibles Polynom $p(z) \in F[z]$ vom Grad $\deg p(z) = n$ mit $p(a) = 0$ gibt. Das vom Nullpolynom verschiedene, normierte Polynom $m_a(z) \in F[z]$ minimalen Grades, für das a eine Wurzel ist, stimmt bis auf einen konstanten Faktor (eine Einheit) mit dem Polynom $p(z)$ überein und wird das *Minimalpolynom von a über* F genannt. Die anderen Wurzeln von $m_a(z)$ (im Zerfällungskörper von $m_a(z)$ über F) heißen die *zu a konjugierten Elemente.* Wenn alle Elemente der Erweiterung H von F algebraisch über F sind, so heißt H eine *algebraische Erweiterung von F.* Jede endliche Erweiterung H von F ist algebraisch über F; ist nämlich $n := [H:F]$, so sind für jedes Element $a \in H$ die $n+1$ Elemente $1, a, a^2, \ldots, a^{n-1}, a^n$ als Vektoren des n-dimensionalen F-Vektorraumes H

linear abhängig: Es gibt ein Polynom $\lambda(z) = \sum_{i=0}^{n} \lambda_i \cdot z^i \in F[z] \setminus \{0\}$ mit
$\lambda(a) = 0$. Umgekehrt braucht nicht jede algebraische Erweiterung von F
eine endliche Erweiterung von F zu sein; so ist beispielsweise der
algebraische Abschluß von F, das ist die bis auf Isomorphie eindeutig
bestimmte algebraische Erweiterung von F, über der sämtliche Polynome aus $F[z]$ in Linearfaktoren zerfallen, für jeden Primkörper F eine
unendliche Erweiterung. Die Existenz des algebraischen Abschlusses für
einen beliebigen Körper F beweist man mit Hilfe des ZORNschen
Lemmas. Der algebraische Abschluß des Körpers $\mathbb{Q}$ der rationalen
Zahlen ist der Körper $\mathbb{A}$ der *algebraischen Zahlen*, es ist $[\mathbb{A} : \mathbb{Q}] = \aleph_0$. Der
algebraische Abschluß des Körpers $\mathbb{R}$ der reellen Zahlen ist der Körper
$\mathbb{C}$ der komplexen Zahlen; es ist $[\mathbb{C} : \mathbb{R}] = 2$.

Eine Erweiterung H von F heißt *einfach*, wenn es ein Element $a \in H$
mit $H = F(a)$ gibt. Der *Satz vom primitiven Element* besagt, daß jede
endliche Erweiterung eines Körpers der Charakteristik 0 oder eines endlichen Körpers eine einfache algebraische Erweiterung ist. In der Algebra
wird ein solches erzeugendes Element a häufig „primitiv" genannt. In
diesem Buch wird diese Sprechweise vermieden. Wir reservieren den
Namen 'primitives Element' für die erzeugenden Elemente der — wie wir
zwei Seiten später sehen werden — zyklischen multiplikativen Gruppe
eines endlichen Körpers.

Separabilität. Ein Polynom $p(z) \in F[z]$ heißt *separabel*, wenn es (in
seinem Zerfällungskörper über F) keine mehrfachen Wurzeln besitzt.
Jedes irreduzible Polynom über einem Körper der Charakteristik 0 oder
(wie wir drei Absätze weiter unten sehen werden) über einem endlichen
Körper ist separabel.

Das Standard-Beispiel $z^p - t^p$ eines über dem Unterkörper $\mathbb{Z}_p(t^p)$ des Körpers $\mathbb{Z}_p(t)$
der formalen rationalen Funktionen über $\mathbb{Z}_p$ irreduziblen, nicht separablen Polynoms
dient hauptsächlich für die mündliche Prüfung im Staatsexamen für das Höhere Lehr-
amt an Gymnasien.

Normale Erweiterungen. Eine Erweiterung H eines Körpers F heißt
normal, wenn jedes irreduzible Polynom $p(z) \in F[z]$, welches eine
Wurzel in H besitzt, in $H[z]$ in Linearfaktoren zerfällt, das heißt, wenn
mit jedem Element $a \in H$ auch alle zu a konjugierten Elemente in H
liegen. Eine endliche Erweiterung H von F ist genau dann normal,
wenn H der Zerfällungskörper eines Polynoms $a(z) \in F[z]$ ist.

Jeder endliche Körper H der Ordnung $|H| = q$ ist über jedem seiner
Unterkörper $F \subseteq H$ normal: Die multiplikative Gruppe H^* von H hat
die Ordnung $|H^*| = q - 1$, und deswegen gilt für jedes Element $x \in H^*$

stets $x^{q-1} = 1$. Es folgt $x^q - x = 0$ für alle Elemente $x \in H$. Damit sind die q Elemente aus H die Wurzeln des Polynoms $a(z) := z^q - z \in F[z]$, und H ist als Zerfällungskörper von $a(z)$ über F entlarvt.

Existenz und Eindeutigkeit der endlichen Körper. Gegeben seien eine Primzahl p und eine natürliche Zahl n. Weiterhin sei $q := p^n$. Das Polynom $a(z) := z^q - z \in \mathbb{Z}_p[z]$ ist separabel, denn $a(z)$ und seine Ableitung $\frac{d}{dz}a(z) = q \cdot z^{q-1} - 1 = -1$ sind teilerfremde Polynome; die q Wurzeln des Polynoms $a(z)$ in seinem Zerfällungskörper H über dem Primkörper $\mathbb{Z}_p$ sind also alle untereinander verschieden. Die Teilmenge $K \subseteq H$ der q Wurzeln des Polynoms $a(z)$ ist ein Unterkörper von H; in der Tat (wir denken an den FROBENIUS-Automorphismus) gilt für je zwei Wurzeln $x, y \in K$ stets $(x+y)^q = (x+y)^{p^n} = x^{p^n} + y^{p^n} = x^q + y^q = x + y$ und $(x \cdot y)^q = x^q \cdot y^q = x \cdot y$, also $x + y, x \cdot y \in K$. Aus der Definition des Zerfällungskörpers folgt $H = K$. Weil zwei Zerfällungskörper desselben Polynoms stets isomorph sind, ist damit die mehrfach angekündigte Existenz eines eindeutig bestimmten Körpers der Ordnung q bewiesen:

Satz. *Zu jeder Primzahl p und jeder Zahl $n \in \mathbb{N}$ gibt es bis auf Isomorphie genau einen Körper der Ordnung p^n, das* GALOIS-*Feld* $\mathrm{GF}(p^n) = \mathbb{F}_{p^n}$.

Die Freude an der Eindeutigkeitsaussage sollte etwas gedämpft ausfallen: Die Restklassenringe der Polynome aus $\mathbb{Z}_2[z]$ modulo der über $\mathbb{Z}_2$ irreduziblen Polynome $z^{16} + z^{15} + z^{13} + z^4 + 1$ und $z^{16} + z^{14} + z^{13} + z^{12} + z^{11} + z^{10} + z^9 + z^7 + z^3 + z^2 + 1$ sind beide zum Körper $\mathbb{F}_{65536}$ isomorph; ein mit der Implementation der Arithmetik dieses GALOIS-Feldes befaßter Programmierer wird den Eindeutigkeitssatz anzweifeln.

Eine herzliche Bitte an meine Damen und Herren Proseminaristen: Auch wenn Sie französische Zigaretten bevorzugen, sollten Sie den Namen 'GALOIS' richtig als 'galoà' aussprechen. Erweisen Sie EVARISTE GALOIS, dem genialen Schöpfer der nach ihm benannten Theorie, diese Ehre! GALOIS wurde am 30. Mai 1832 im Alter von 21 Jahren in einem wegen einer Hure veranstalteten Duell erschossen.

Die multiplikative Gruppe eines endlichen Körpers F schauen wir uns jetzt genauer an. Zu diesem Zwecke sei an einige gruppentheoretische Grundbegriffe erinnert:

Eine (multiplikative) Gruppe G ist *zyklisch*, wenn es ein „erzeugendes" Element $a \in G$ mit $G = \{a^n \,; n \in \mathbb{Z}\}$ gibt. Jede unendliche zyklische Gruppe ist zur additiven Gruppe der ganzen Zahlen isomorph. Eine zyklische Gruppe $G = \{1, a, a^2, \ldots, a^{n-1}\}$ der Ordnung $n := |G| \in \mathbb{N}$ besitzt zu jedem Teiler t von n genau eine Untergruppe U der Ordnung t, die von $b := a^{n/t}$ erzeugte zyklische Gruppe $U = \{1, b, b^2, \ldots, b^{t-1}\}$.

Es sei nun G eine beliebige endliche, kommutative (multiplikativ geschriebene) Gruppe. Für ein Element $a \in G$ heißt die Ordnung $m := |U|$

der von a erzeugten (zyklischen) Untergruppe $U = \{1, a, a^2, \ldots, a^{m-1}\}$ von G die *Ordnung* von a. Die Ordnung jeden Gruppenelementes $a \in G$ teilt die Gruppenordnung $|G|$. Es sei nun $a \in G$ ein Element der Ordnung m und p^ν die größte in m aufgehende Potenz einer Primzahl p. Dann hat a^{m/p^ν} die Ordnung p^ν. Wenn $a_1, a_2 \in G$ zwei Elemente der teilerfremden Ordnungen m_1, m_2 sind, so hat ihr Produkt $a_1 \cdot a_2$ die Ordnung $m_1 \cdot m_2$. Wir zerlegen das kleinste gemeinsame Vielfache n der Ordnungen der endlich vielen Elemente von G in seine Primfaktoren und erkennen die Existenz eines Elementes $b \in G$ der Ordnung n.

Es sei nun G speziell eine endliche Untergruppe der multiplikativen Gruppe F^* eines Körpers F. Als kommutative endliche Gruppe enthält G ein Element b, dessen Ordnung n von der Ordnung jeden Elementes $a \in G$ geteilt wird, $a^n = 1$. Damit sind alle Elemente aus G Wurzeln des Polynoms $z^n - 1$, das in F maximal n Wurzeln besitzt. Damit liegt jedes Element aus G in der von b erzeugten zyklischen Untergruppe, und es folgt $G = \{1, b, b^2, \ldots, b^{n-1}\}$.

Wir fassen zusammen:

Satz. *Jede endliche Untergruppe der multiplikativen Gruppe eines Körpers ist zyklisch.*   □

Insbesondere ist die multiplikative Gruppe F^* jedes endlichen Körpers F zyklisch. Ein erzeugendes Element dieser Gruppe wird ein *primitives Element* von F genannt.

Die Unterkörper eines endlichen Körpers. Es seien $q := p^n$ eine Potenz einer Primzahl p. Der Körper $\mathbb{F}_q$ sei als Zerfällungskörper des Polynoms $z^q - z$ über seinem Primkörper $\mathbb{Z}_p$ dargestellt. Wir beschreiben den Verband der Unterkörper von $\mathbb{F}_q$:

Es sei zunächst K ein Unterkörper von $\mathbb{F}_q$. Wegen $\operatorname{char} K = p$ gibt es eine natürliche Zahl m, so daß K zu $\mathbb{F}_{p^m}$ isomorph ist. Der Körper $\mathbb{F}_q$ ist ein K-Vektorraum einer Dimension $t := \dim_K \mathbb{F}_q = [\mathbb{F}_q : K]$. Damit folgt $p^n = (p^m)^t = p^{m \cdot t}$, also teilt m die Zahl n.

Ist umgekehrt m ein Teiler der Zahl n, so folgt aus den Hilfssätzen von Seite 208 und 210, daß das Polynom $z^{p^m} - z$ das Polynom $z^{p^n} - z$ teilt. Damit ist der zu $\mathbb{F}_{p^m}$ isomorphe Zerfällungskörper K des Polynoms $z^{p^m} - z$ im Zerfällungskörper $\mathbb{F}_q$ des Polynoms $z^{p^n} - z$ enthalten.

Die zyklische multiplikative Gruppe $\mathbb{F}_q^*$ von $\mathbb{F}_q$ hat die Ordnung p^n-1 und umfaßt für jeden Teiler t von p^n-1 genau eine Untergruppe der Ordnung t. Nach dem kleingedruckten Hilfssatz von Seite 210 oben umfaßt $\mathbb{F}_q^*$ insbesondere zu jedem Teiler m von n genau eine Untergruppe der Ordnung p^m-1, und diese Untergruppe muß die multiplikative Gruppe K^* eines zu $\mathbb{F}_{p^m}$ isomorphen Unterkörpers K von $\mathbb{F}_q$ sein. Deshalb kann $\mathbb{F}_q$ keinen zweiten zu $\mathbb{F}_{p^m}$ isomorphen Unterkörper umfassen, und wir dürfen den Unterkörper $K \subseteq \mathbb{F}_q$ mit '$\mathbb{F}_{p^m}$' bezeichnen.

Kurze Zusammenfassung: $\mathbb{F}_{p^m} \subseteq \mathbb{F}_{p^n} \Leftrightarrow m|n$. Lange Zusammenfassung:

Satz. *Es seien* p *eine Primzahl und* n,m *zwei natürliche Zahlen. Das* GALOIS-*Feld* $\mathbb{F}_{p^n}$ *besitzt genau dann einen (auch eindeutig bestimmten) Unterkörper der Ordnung* p^m, *wenn* m *die Zahl* n *teilt. Der Unterkörperverband des Körpers* $\mathbb{F}_{p^n}$ *ist zum Teilerverband der Zahl* n *isomorph.* $\square$

Eine seltsame Version dieses Satzes kann man in K. JACOBS, *Einführung in die Kombinatorik*, de Gruyter, Berlin 1983 auf Seite 137 nachlesen.

Um zu beweisen, daß ein Element $a \in \mathbb{F}_{p^n}$ bereits im Unterkörper $\mathbb{F}_{p^m}$ liegt, braucht man nur zu zeigen, daß a eine Wurzel des Polynoms $z^{p^m}-z$ ist, das heißt, daß $a^{p^m}=a$ gilt.

Der FROBENIUS-Automorphismus $\mathbb{F}_{p^n} \to \mathbb{F}_{p^n}\,;\,x \mapsto x^p$ läßt sich kanonisch auf den Polynomring $\mathbb{F}_{p^n}[z]$ zu dem injektiven Ring-Homomorphismus $\mathbb{F}_{p^n}[z] \to \mathbb{F}_{p^n}[z]\,;\,a(z) = \sum_{i=0}^{r} a_i \cdot z^i \mapsto (a(z))^p = \sum_{i=0}^{r} a_i^p \cdot z^{i \cdot p}$ fortsetzen. Die Koeffizienten eines Polynoms $a(z) \in \mathbb{F}_{p^n}[z]$ liegen deswegen genau dann im Unterkörper $\mathbb{F}_{p^m}$ von $\mathbb{F}_{p^n}$, wenn $(a(z))^{p^m} = a(z^{p^m})$ gilt.

Konjugierte Elemente über $\mathbb{F}_q$. Es sei $p(z) = \sum_{i=0}^{n} p_i \cdot z^i \in \mathbb{F}_q[z]$ ein normiertes, irreduzibles Polynom vom Grad $n := \deg p(z)$. Der Körper $\mathbb{F}_q[z]_{p(z)}$ hat den Grad $[\mathbb{F}_q[z]_{p(z)} : \mathbb{F}_q] = \dim_{\mathbb{F}_q} \mathbb{F}_q[z]_{p(z)} = \deg p(z) = n$ über $\mathbb{F}_q$. Wir dürfen daher $\mathbb{F}_q[z]_{p(z)} = \mathbb{F}_{q^n}$ schreiben. Es sei H der Zerfällungskörper von $p(z)$ über $\mathbb{F}_q$ und $a \in H$ eine Wurzel von $p(z)$. Die einfache algebraische Erweiterung $\mathbb{F}_q(a)$ von $\mathbb{F}_q$ ist zu $\mathbb{F}_{q^n}$ isomorph, wir dürfen $\mathbb{F}_q(a) = \mathbb{F}_{q^n}$ schreiben.

Die n Elemente $a, a^q, a^{q^2}, \ldots, a^{q^{n-1}} \in H$ sind Wurzeln von $p(z)$: Für $j = 0, 1, 2, \ldots, n-1$ ist

$$p(a^{q^j}) = \sum_{i=0}^{n} p_i \cdot a^{i \cdot q^j} = \sum_{i=0}^{n} p_i^{q^j} \cdot a^{i \cdot q^j} = \Big(\sum_{i=0}^{n} p_i \cdot a^i \Big)^{q^j} = (p(a))^{q^j} = 0.$$

Gäbe es zwei ganze Zahlen s,t mit $0 \leq s < t \leq n-1$ und $a^{q^s} = a^{q^t}$, so wäre $a = a^{q^n} = \left(a^{q^s}\right)^{q^{n-s}} = \left(a^{q^t}\right)^{q^{n-s}} = \left(a^{q^n}\right)^{q^{t-s}} = a^{q^{t-s}}$. Im Polynomring $H[z]$ teilt $\pi(z) := \prod_{j=0}^{t-s-1} (z - a^{q^j})$ das Polynom $p(z)$. Es gälte

$$\pi(z^q) = \prod_{j=0}^{t-s-1} (z^q - a^{q^j}) = \prod_{j=0}^{t-s-1} (z^q - a^{q^{j+1}}) = \prod_{j=0}^{t-s-1} (z - a^{q^j})^q = (\pi(z))^q.$$

Die Koeffizienten des Polynoms $\pi(z)$ lägen also bereits im Körper $\mathbb{F}_q$. Wegen $\deg \pi(z) = t - s - 1 < n$ widerspräche das der Irreduzibilität des Polynoms $p(z)$. Wir fassen zusammen:

Satz. *Es seien $q \in \mathbb{N}$ eine Primzahlpotenz, $p(z) \in \mathbb{F}_q[z]$ ein irreduzibles Polynom, a eine Wurzel von $p(z)$ im Zerfällungskörper von $p(z)$ über $\mathbb{F}_q$ und n die kleinste natürliche Zahl, für die $a^{q^n} = a$ gilt. Dann ist der Zerfällungskörper von $p(z)$ über $\mathbb{F}_q$ der zu $\mathbb{F}_q[z]_{p(z)}$ isomorphe Erweiterungskörper $\mathbb{F}_q(a) = \mathbb{F}_{q^n}$ von $\mathbb{F}_q$. Das Polynom $p(z)$ hat den Grad $\deg p(z) = n$, ist separabel, und seine n Wurzeln sind die zu a konjugierten Elemente $a, a^q, a^{q^2}, \ldots, a^{q^{n-1}} \in \mathbb{F}_{q^n}$.* $\square$

Das Polynom $z^{q^n} - z \in \mathbb{F}_q[z]$. Ein irreduzibles Polynom $p(z) \in \mathbb{F}_q[z]$ vom Grad $m := \deg p(z)$ teilt das Polynom $z^{q^n} - z$ genau dann, wenn m die Zahl n teilt. Das Polynom $p(z)$ zerfällt nämlich über dem Zerfällungskörper $\mathbb{F}_{q^n}$ von $z^{q^n} - z$ über $\mathbb{F}_q$ genau dann in Linearfaktoren, wenn $p(z)$ das Polynom $z^{q^n} - z$ teilt. Nach dem vorangehenden Satz ist $\mathbb{F}_{q^m}$ der Zerfällungskörper von $p(z)$ über $\mathbb{F}_q$, und $\mathbb{F}_{q^m}$ ist genau dann in $\mathbb{F}_{q^n}$ enthalten, wenn m die Zahl n teilt. Weil das Polynom $z^{q^n} - z$ separabel ist, können wir notieren:

Satz. *Das Polynom $z^{q^n} - z$ ist das Produkt aller verschiedenen normierten, über $\mathbb{F}_q$ irreduziblen Polynome, deren Grad die Zahl n teilt.* $\square$

Typen irreduzibler Polynome über $\mathbb{F}_q$. Der Körper $\mathbb{F}_{q^m}$ läßt sich als Restklassenkörper $\mathbb{F}_q[z]_{p(z)}$ der Polynome aus $\mathbb{F}_q[z]$ modulo eines beliebigen irreduziblen Polynoms $p(z) \in \mathbb{F}_q[z]$ vom Grad $m = \deg p(z)$ darstellen. Die über $\mathbb{F}_q$ irreduziblen Polynome vom Grad m können aber trotzdem sehr unterschiedliche Eigenschaften besitzen. So ist es für die Aufstellung einer Multiplikationstafel von $\mathbb{F}_{q^m}$ in Bezug auf den Rechenaufwand vorteilhaft, ein irreduzibles Polynom einer minimalen Anzahl von Null verschiedener Koeffizienten zu wählen. Die *Trinome* $z^2 + z + 1$ $z^3 + z + 1$, $z^4 + z + 1$, $z^5 + z^2 + 1$, $z^6 + z + 1$, $z^7 + z + 1$, $z^9 + z^4 + 1$, $z^{10} + z^3 + 1$, $z^{11} + z^2 + 1$, $z^{15} + z + 1$, $z^{17} + z^3 + 1$,

$z^{20} + z^3 + 1$, $z^{21} + z^2 + 1$, $z^{22} + z + 1$, $z^{23} + z^5 + 1$ und $z^{25} + z^3 + 1$ sind über $\mathbb{Z}_2$ irreduzibel.

Die Reversion $\tilde{p}(z)$ (Seite 211) eines von z verschiedenen irreduziblen Polynoms $p(z) \in \mathbb{F}_q[z]$ vom Grad $m := \deg p(z)$ ist selbst irreduzibel; sind nämlich $a, a^q, a^{q^2}, \ldots, a^{q^{m-1}} \in \mathbb{F}_{q^m}$ die m zu a konjugierten Wurzeln von $p(z)$, so sind die Konjugierten $a^{-1}, a^{-q}, a^{-q^2}, \ldots, a^{-q^{m-1}}$ von a^{-1} die Wurzeln von $\tilde{p}(z)$, und m ist die kleinste natürliche Zahl mit $(a^{-1})^{q^m} = a^{-1}$.

Die m konjugierten Wurzeln eines über $\mathbb{F}_q$ irreduziblen Polynoms $p(z)$ können im $\mathbb{F}_q$-Vektorraum $\mathbb{F}_{q^m}$ linear abhängig sein. Nach dem hier unbewiesen gelassenen *Normalbasissatz* besitzt jedoch jede Körpererweiterung $\mathbb{F}_{q^m}$ von $\mathbb{F}_q$ eine *Normalbasis*, das ist eine Basis aus über $\mathbb{F}_q$ konjugierten Elementen. Die Wurzeln der Reversion des Minimalpolynoms der Elemente einer einer Normalbasis von $\mathbb{F}_{q^m}$ über $\mathbb{F}_q$ brauchen nicht notwendig linear unabhängig zu sein.

Es seien $p(z) \in \mathbb{F}_q[z]$ ein normiertes irreduzibles Polynom vom Grad $m := \deg p(z)$ und $a \neq 0$ eine Wurzel von $p(z)$ im Zerfällungskörper $\mathbb{F}_{q^m}$ von $p(z)$ über $\mathbb{F}_q$. Die Ordnung e des Elementes a in der multiplikativen Gruppe $\mathbb{F}_{q^m}^*$ teilt die Gruppenordnung $q^m - 1 = |\mathbb{F}_{q^m}^*|$. Wenn $e = q^m - 1$ ist, so ist a ein primitives Element von $\mathbb{F}_{q^m}$. In jedem Fall sind e und q aber teilerfremd, und daher haben die zu a über $\mathbb{F}_q$ konjugierten Elemente $a, a^q, a^{q^2}, \ldots, a^{q^{m-1}}$ in der multiplikativen Gruppe $\mathbb{F}_{q^m}^*$ alle dieselbe Ordnung e, sind also Wurzeln des Polynoms $z^e - 1$. Die Zahl e ist die kleinste natürliche Zahl, für die $p(z)$ das Polynom $z^e - 1$ teilt; sie heißt der *Exponent* von $p(z)$. Ein normiertes irreduzibles Polynom $p(z) \in \mathbb{F}_q[z]$ vom Grad $m := \deg p(z)$, dessen Wurzeln im Zerfällungskörper $\mathbb{F}_{q^m}$ über $\mathbb{F}_q$ primitive Elemente sind, das heißt, dessen Exponent den Wert $e = q^m - 1$ hat, wird ein *primitives* Polynom genannt. (Achtung: In der Algebra nennt man ein Polynom $p(z) \in \mathbb{Z}[z]$ primitiv, wenn 1 der größte gemeinsame Teiler seiner Koeffizienten ist; diese Definition hat nichts mit dem in der Codierungstheorie üblichen Sprachgebrauch zu tun.) Die normierte Reversion eines primitiven Polynoms ist ein primitives Polynom, denn wenn die Wurzel a von $p(z)$ die Gruppe $\mathbb{F}_{q^m}^*$ erzeugt, so gilt dasselbe für die Wurzel $\frac{1}{a}$ von $\tilde{p}(z)$. Eine Verschärfung des Normalbasissatzes besagt, daß es über $\mathbb{F}_q$ primitive Polynome jeden Grades m gibt, deren m Wurzeln über $\mathbb{F}_q$ linear unabhängig sind.

Mit den heute bekannten Algorithmen bedeutet es im allgemeinen einen ungeheuren Aufwand, ein gegebenes normiertes Polynom $p(z) \in \mathbb{F}_q[z]$ vom Grad $m := \deg p(z)$ auf Irreduzibilität zu testen: Wegen der mit m rasch wachsenden Anzahl der über $\mathbb{F}_q$ irreduziblen Polynome vom Grad m wird es schon bald unmöglich, zu prüfen, ob das Polynom $p(z)$ bei der Division durch jedes über $\mathbb{F}_q$ irreduzible Polynom eines Grades $\leq \frac{m}{2}$ einen von Null verschiedenen Rest hinterläßt.

Ein Test auf Primitivität erscheint da einfacher: Wir prüfen, ob das Monom z in der Einheitengruppe $\mathbb{F}_q[z]^*_{p(z)}$ des Restklassenringes $\mathbb{F}_q[z]_{p(z)}$ eine Untergruppe der Ordnung q^m-1 erzeugt. Das ist wegen $|\mathbb{F}_q[z]_{p(z)}| = q^m$ nämlich genau dann der Fall, wenn der Restklassenring $\mathbb{F}_q[z]_{p(z)}$ der Körper $\mathbb{F}_{q^m}$ ist, und wenn z ein primitives Element ist. Zu dieser Prüfung gucken wir zunächst nach, ob $z^{q^m-1} \equiv 1 \bmod p(z)$ ist. Wenn das nicht der Fall ist, ist $p(z)$ nicht einmal irreduzibel. Wenn aber $z^{q^m-1} \equiv 1 \bmod p(z)$ ist, so gucken wir nach, ob nicht die Ordnung von z in der Einheitengruppe $\mathbb{F}_q[z]^*_{p(z)}$ unerwünschterweise ein echter Teiler von q^m-1 ist. Dazu bestimmen wir die verschiedenen Primfaktoren $p_1, p_2, \ldots, p_r$ von q^m-1, und sehen nach, ob für $i = 1, 2, \ldots, r$ stets $z^{(q^m-1)/p_i} \not\equiv 1 \bmod p(z)$ ist.

Die Anzahl der über $\mathbb{F}_q$ irreduziblen Polynome. Wieviele normierte, über dem GALOIS-Feld $\mathbb{F}_q$ irreduzible Polynome vom Grad m gibt es? Zur Vorbereitung der Antwort sei an die MÖBIUS*sche μ-Funktion* $\mu : \mathbb{N} \to \{-1, 0, 1\}$ erinnert, die jeder in ihre r verschiedenen Primfaktoren $p_1, p_2, \ldots, p_r$ zerlegten natürlichen Zahl $m = p_1^{e_1} \cdot p_2^{e_2} \cdots p_r^{e_r}$ im Fall $e_1 = e_2 = \ldots = e_r = 1$ den Wert $\mu(m) := (-1)^r$ und sonst (wenn m nicht *quadratfrei* ist), den Wert $\mu(m) := 0$ zuordnet.

Mit Hilfe des Binomialsatzes berechnen wir die *Summenformel*

$$\sum_{d|m} \mu(d) = \sum_{i=0}^{r} \sum_{1 \leq s_1 < s_2 < \ldots < s_i \leq r} \mu(p_{s_1} \cdot p_{s_2} \cdots p_{s_i}) = \sum_{i=0}^{r} (-1)^i \cdot \binom{r}{i} =$$

$$= (1-1)^r = \delta_{r,0} = \delta_{m,1}.$$

Es seien G eine multiplikativ geschriebene kommutative Gruppe und $g : \mathbb{N} \to G$ eine Abbildung. Mit der Summenformel ergibt sich für die Abbildung $f : \mathbb{N} \to G$; $m \mapsto \prod_{d|m} g(d)$ die MÖBIUS*sche Inversionsformel*

$$g(m) = \prod_{t|m} g(t)^{\delta_{m,t}} = \prod_{t|m} \prod_{d|\frac{m}{t}} g(t)^{\mu(d)} = \prod_{d|m} \prod_{t|\frac{m}{d}} g(t)^{\mu(d)} = \prod_{d|m} f\left(\tfrac{m}{d}\right)^{\mu(d)}.$$

Das mag etwas ungewohnt erscheinen. Wenn wir die Gruppe G additiv statt multiplikativ schreiben, und wenn wir die Abbildung $f : \mathbb{N} \to G$ durch $m \mapsto \sum\limits_{d \mid m} g(d)$ definieren, so erhält die MÖBIUSsche Inversionsformel ihre übliche, additive Gestalt

$$g(m) = \sum_{d \mid m} \mu(d) \cdot f(\tfrac{m}{d}).$$

Es sei nun speziell $g(m)$ die Anzahl derjenigen Elemente aus dem GALOIS-Feld $\mathbb{F}_{q^m}$, die in keinem echten Unterkörper liegen. Da das GALOIS-Feld $\mathbb{F}_{q^d}$ genau dann ein Unterkörper von $\mathbb{F}_{q^m}$ ist, wenn d die Zahl m teilt, gilt $|\mathbb{F}_{q^m}| = q^m = \sum\limits_{d \mid m} g(d) =: f(m)$. Aus der additiven MÖBIUSschen Inversionsformel folgt $g(m) = \sum\limits_{d \mid m} \mu(d) \cdot q^{m/d}$. Wir fassen die $g(m)$ Elemente aus $\mathbb{F}_{q^m}$ in Klassen von jeweils m konjugierten Elementen zusammen. Jedes normierte, über $\mathbb{F}_q$ irreduzible Polynom $p(z)$ vom Grad m ist das Minimalpolynom $m_a(z) \in \mathbb{F}_q[z]$ der Elemente $a, a^q, a^{q^2}, \ldots, a^{q^{m-1}}$ einer solchen Klasse. Es folgt der

Satz. *In* $\mathbb{F}_q[z]$ *gibt es* $\tfrac{1}{m} \cdot \sum\limits_{d \mid m} \mu(d) \cdot q^{m/d}$ *normierte irreduzible Polynome vom Grad* m. $\qquad\qquad\square$

Im Polynomring $\mathbb{Z}_2[z]$ gibt es genau $\tfrac{1}{120} \cdot (2^{120} - 2^{60} - 2^{40} - 2^{24} + 2^{20} + 2^{12} + 2^{8} - 2^{4}) =$
$= 11\,076\,899\,964\,874\,298\,931\,257\,370\,467\,884\,546$ irreduzible Polynome vom Grad 120.
Im Sommersemester 1986 wurde an der Technischen Universität München in den Übungen zur Vorlesung über Algebra die Sonderaufgabe gestellt, eine vollständige Liste der über $\mathbb{Z}_2$ irreduziblen Polynome vom Grad 60 aufzustellen. Die als Preis ausgesetzte Maß Bier wurde bislang nicht vergeben.

Wieviele primitive Polynome vom Grad m gibt es in $\mathbb{F}_q[z]$? Wir fassen die $\varphi(q^m - 1)$ (Die EULERsche φ-Funktion wurde auf Seite 217f. beschrieben.) erzeugenden Elemente der multiplikativen Gruppe $\mathbb{F}_{q^m}^{*}$ in Klassen von jeweils m über $\mathbb{F}_q$ konjugierten Elementen zusammen:

Satz. *In* $\mathbb{F}_q[z]$ *gibt es* $\tfrac{1}{m} \cdot \varphi(q^m - 1)$ *primitive Polynome vom Grad* m. $\quad\square$

Der Körper $\mathbb{F}_{16}$. Wir testen das Trinom $p(z) := z^4 + z^3 + 1 \in \mathbb{Z}_2[z]$ auf Primitivität: In $\mathbb{Z}_2[z]_{p(z)}$ gilt $z^4 = 1 + z^3$, $z^5 = z \cdot z^4 = z + z^4 = 1 + z + z^3$, $z^6 = z \cdot z^5 = 1 + z + z^2 + z^3$, $z^7 = z \cdot z^6 = 1 + z + z^2$, $z^{14} = (z^7)^2 = z^2 + z^3$. Wegen $z^{15} = z \cdot z^{14} = z^3 + z^4 = 1$, $z^{15/3} = z^5 \neq 1$ und $z^{15/5} = z^3 \neq 1$ fällt dieser Test positiv aus. Der Restklassenring $\mathbb{Z}_2[z]_{p(z)}$ ist das GALOIS-Feld $\mathbb{F}_{16}$.
Die Elemente $1, z, z^2, z^3$ bilden eine Basis des vierdimensionalen $\mathbb{Z}_2$-Vektorraums $\mathbb{F}_{16}$. Wir schreiben die Wurzeln z, z^2, $z^4 = 1 + z^3$,

$z^8 = z + z^2 + z^3$ als Linearkombinationen von Vektoren dieser Basis und erkennen, daß sie linear unabhängig sind, also eine Normalbasis von $\mathbb{F}_{16}$ über $\mathbb{Z}_2$ bilden.

Wir schreiben jetzt 'a' statt 'z' und stellen so den Zerfällungskörper $\mathbb{F}_{16}$ des Polynoms $p(z) \in \mathbb{Z}_2[z]$ als einfache algebraische Erweiterung $\mathbb{F}_{16} = \mathbb{Z}_2(a)$ der Wurzel $a \in \mathbb{F}_{16}$ von $p(z)$ dar. Die Wurzeln $a^{-1} = a^{14}$, $a^{-2} = a^{13}$, $a^{-4} = a^{11}$, $a^{-8} = a^7$ der (natürlich ebenfalls primitiven) Reversion $\tilde{p}(z) = z^4 + z + 1$ von $p(z)$ sind linear abhängig: Es ist $a^{14} + a^{13} + a^{11} + a^7 = 0$.

Adjungieren wir an den Körper $\mathbb{Z}_2$ ein Element $a^j \in \mathbb{F}_{16}$, so entsteht eine einfache Körpererweiterung $\mathbb{Z}_2(a^j)$, die wir als den kleinsten Unterkörper von $\mathbb{F}_{16}$ charakterisieren können, der die von a^j erzeugte zyklische Untergruppe der multiplikativen Gruppe $\mathbb{F}_{16}^*$ umfaßt. Die Elemente a^5 und a^{10} haben in $\mathbb{F}_{16}^*$ die Ordnung 3. Für sie gilt daher $\mathbb{Z}_2(a^5) = \mathbb{Z}_2(a^{10}) = \mathbb{F}_4$. Ihr gemeinsames Minimalpolynom ist das reversive und primitive Polynom $z^2 + z + 1 \in \mathbb{Z}_2[z]$. Die konjugierten Elemente a^5 und a^{10} bilden eine Normalbasis des $\mathbb{Z}_2$-Vektorraumes $\mathbb{F}_4$.

Die über $\mathbb{Z}_2$ konjugierten Elemente a^3, a^6, a^9, a^{12} haben die Ordnung 5. Adjungieren wir eines dieser Elemente an $\mathbb{Z}_2$, so entsteht als einfache Körpererweiterung von $\mathbb{Z}_2$ der Körper $\mathbb{F}_{16}$. Ihr gemeinsames Minimalpolynom ist das reversive, aber nicht primitive Polynom $z^4 + z^3 + z^2 + z + 1 \in \mathbb{Z}_2[z]$ vom Exponenten 5. Wir schreiben die Elemente $a^3 = a + a^2 + a^8$, $a^6 = a + a^2 + a^4$, $a^9 = a + a^4 + a^8$, $a^{12} = a^2 + a^4 + a^8$ als Linearkombinationen der Vektoren der Normalbasis $\{a, a^2, a^4, a^8\}$ $\mathbb{F}_{16}$ und erkennen, daß auch sie eine Normalbasis von $\mathbb{F}_{16}$ über $\mathbb{Z}_2$ bilden. Wir können den Körper $\mathbb{F}_{16}$ auch als quadratische Erweiterung des Körpers $\mathbb{F}_4 = \{0, 1, a^5, a^{10}\}$ auffassen. Die beiden Wurzeln jedes quadratischen irreduziblen Polynoms aus $\mathbb{F}_4[z]$ bilden jeweils eine Normalbasis des zweidimensionalen $\mathbb{F}_4$-Vektorraumes $\mathbb{F}_{16}$. Die beiden reversiven Polynome $(z + a^6) \cdot (z + a^9) = z^2 + a^{10} \cdot z + 1$ und $(z + a^3) \cdot (z + a^{12}) = z^2 + a^5 \cdot z + 1$ haben den Exponenten 5. Die Polynome $(z + a) \cdot (z + a^4) = z^2 + a^5 \cdot z + a^5$, $(z + a^7) \cdot (z + a^{13}) = z^2 + z + a^5$ und ihre normierten Reversionen $(z + a^2) \cdot (z + a^8) = z^2 + a^{10} \cdot z + a^{10}$, $(z + a^{11}) \cdot (z + a^{14}) = z^2 + z + a^{10}$ sind primitiv.

Zum eingehenderen Studium der Theorie der endlichen Körper wird auf die Bücher A. A. ALBERT, *Fundamental Concepts of Higher Algebra*, The University of Chicago Press, Chicago 1956, R. LIDL, H. NIEDERREITER, *Finite Fields*, Addison-Wesley, Reading/Mass. 1983 und D. JUNGNICKEL, *Finite Fields*, Bibl. Inst., Mannheim 1993 verwiesen.

7.5 Einheitswurzeln

Es seien $n \in \mathbb{N}$ eine natürliche Zahl und F ein Körper. Wir beschreiben in diesem Abschnitt einige für das Studium der zyklischen Codes in Kapitel 9 wichtige Eigenschaften des Polynoms $z^n - 1 \in F[z]$. Im Zerfällungskörper K von $z^n - 1$ über F, dem sogenannten *n-ten Kreisteilungskörper über F*, bildet die Menge E_n der *n-ten Einheitswurzeln über F*, das sind die Wurzeln von $z^n - 1$, eine endliche Untergruppe der multiplikativen Gruppe K^* von K. Nach dem Satz von Seite 226 ist die Gruppe E_n zyklisch. Wenn F ein Primkörper ist, so spricht man auch von dem *n*-ten Kreisteilungskörper über F als von dem *n-ten Kreisteilungskörper der Charakteristik* $\operatorname{char} F$.

Komplexe Einheitswurzeln. Wir behandeln zunächst den Fall der Charakteristik 0; wir setzen voraus, daß F eine Körpererweiterung des Körpers $\mathbb{Q}$ der rationalen Zahlen ist. Die Gruppe E_n der *n*-ten Einheitswurzeln besteht dann aus den n komplexen Zahlen

$$e^{\frac{2k\pi i}{n}} = \cos\frac{2k\pi}{n} + i\cdot\sin\frac{2k\pi}{n} \in \mathbb{C}, \quad k = 0,1,\ldots,n-1.$$

Die erzeugenden Elemente der zyklischen Gruppe $E_n \subset \mathbb{C}$, die *primitiven (komplexen) n-ten Einheitswurzeln*, sind diejenigen *n*-ten Einheitswurzeln $e^{\frac{2k\pi i}{n}}$, für die k zu n teilerfremd ist. Die auf Seite 217f. beschriebene EULERsche φ-Funktion $\varphi(n)$ gibt die Anzahl der primitiven *n*-ten Einheitswurzeln an. In der Abbildung sind die achten komplexen Einheitswurzeln, die primitive erste, die primitive zweite, die zwei primitiven vierten und die vier primitiven achten Einheitswurzeln in der GAUSSschen Zahlenebene durch Kullerchen abnehmender Größe dargestellt.

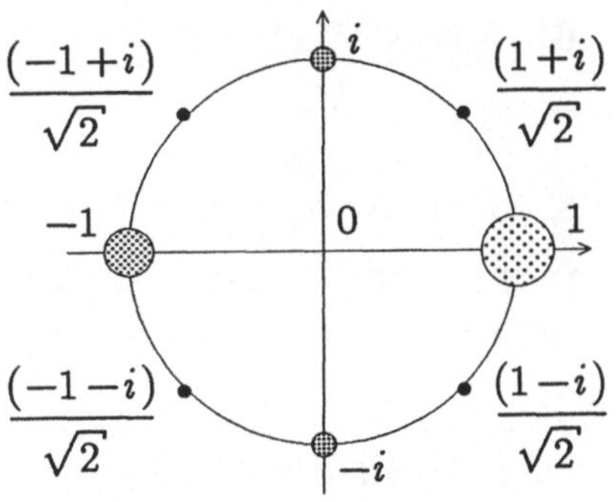

Kreisteilungspolynome. Über dem *n*-ten Kreisteilungskörper $K \subset \mathbb{C}$ der Charakteristik 0 zerfällt das Polynom $z^n - 1$ in Linearfaktoren,

$$z^n - 1 = \prod_{k=1}^{n}\left(z - e^{\frac{2k\pi i}{n}}\right).$$

Für $n = 1, 2, \ldots$ definieren wir das *n-te Kreisteilungspolynom*

$$\Phi_n(z) := \prod_{1 \le h \le n,\, \mathrm{ggT}(h,n)=1} (z - e^{\frac{2h\pi i}{n}})$$

als das normierte Polynom minimalen Grades aus $\mathbb{C}[z]$, das die primitiven n-ten Einheitswurzeln als Nullstellen besitzt. Es ist $\Phi_1 = z - 1$,
$\Phi_2 = z + 1$, $\quad \Phi_3 = z^2 + z + 1$, $\quad \Phi_4 = z^2 + 1$, $\quad \Phi_5 = z^4 + z^3 + z^2 + z + 1$,
$\Phi_6 = z^2 - z + 1$, $\quad \Phi_8 = z^4 + 1$, $\quad \Phi_9 = z^6 + z^3 + 1$, $\quad \Phi_{12} = z^4 - z^2 + 1$,
$\Phi_{16} = z^8 + 1$, $\Phi_{18} = z^6 - z^3 + 1$, $\Phi_{24} = z^8 - z^4 + 1$, $\Phi_{27} = z^{18} + z^9 + 1$.
Es folgen zehn grundlegende

Eigenschaften der Kreisteilungspolynome. *Für alle natürlichen Zahlen n und m und alle Primzahlen p gilt*

1. $\deg \Phi_n(z) = \varphi(n)$. $\qquad\qquad$ φ ist die EULERsche φ-Funktion (Seite 217 f.).

2. $z^n - 1 = \prod_{t \mid n} \Phi_t(z)$.

3. $\Phi_n(z) = \prod_{d \mid n} (z^{n/d} - 1)^{\mu(d)}$. $\quad$ μ ist die MÖBIUSsche μ-Funktion (Seite 230 f.).

4. $n \ge 2 \;\Rightarrow\; \Phi_n(0) = 1$.

5. $n \ge 2 \;\Rightarrow\; \overset{\leftarrow}{\Phi}_n(z) = \Phi_n(z)$. $\quad$ $\overset{\leftarrow}{\Phi}(z)$ ist die Reversion von $\Phi(z)$ (Seite 211 f.).

6. $\Phi_n(z) \in \mathbb{Z}[z]$.

7. $\Phi_p(z) = \sum_{i=0}^{p-1} z^i$.

8. $p \mid m \;\Rightarrow\; \Phi_{m \cdot p}(z) = \Phi_m(z^p)$.

9. $p \nmid m \;\Rightarrow\; \Phi_{m \cdot p}(z) = \Phi_m(z^p) / \Phi_m(z)$.

10. $n \ge 3, n \equiv 1 \bmod 2 \;\Rightarrow\; \Phi_{2 \cdot n}(z) = \Phi_n(-z)$.

Beweis. Die Aussagen 1 und 2 ergeben sich sofort aus den Definitionen.
Zum Beweis der Aussage 3 wenden wir die multiplikative MÖBIUSsche Inversionsformel aus der letzten Zeile von Seite 230 auf die Abbildungen $g : \mathbb{N} \to \mathbb{C}(z)^*; n \mapsto \Phi_n(z)$ und $f : \mathbb{N} \to \mathbb{C}(z)^*; n \mapsto \prod_{t \mid n} \Phi_t(z) = z^n - 1$ an.

Zu 4: Mit Aussage 3 und der Summenformel auf Seite 230 erhalten wir

$$\Phi_n(0) = \prod_{d \mid n} (-1)^{\mu(d)} = (-1)^{\delta_{n,1}}.$$

Zu 5: Das Kreisteilungspolynom $\Phi_n(z)$ ist normiert und hat nach Aussage 4 für $n \ge 2$ die Zahl 1 als konstantes Glied. Für jede primitive n-te Einheitswurzel $e^{\frac{2h\pi i}{n}}$ ist auch ihr Kehrwert $e^{-\frac{2h\pi i}{n}}$ eine primitive n-te Einheitswurzel. Es folgt $\overset{\leftarrow}{\Phi}_n(z) = z^{\varphi(n)} \cdot \Phi_n(\frac{1}{z}) = \Phi_n(z)$, das Kreisteilungspolynom $\Phi_n(z)$ ist ein Kreisteilungspalindrom.

Zu 6: Das Kreisteilungspolynom $\Phi_1(z) = z - 1$ hat ganzzahlige Koeffizienten. Als Induktionshypothese nehmen wir an, daß für ein $n \geq 2$ die Kreisteilungspolynome $\Phi_t(z)$ für alle echten Teiler t von n nur ganzzahlige Koeffizienten besitzen. Dann hat auch das Polynom

$$a(z) \; := \; \sum_{k=0}^{n-\varphi(n)} a_k \cdot z^k \; := \; \prod_{t|n,\, t<n} \Phi_t(z)$$

nur ganzzahlige Koeffizienten. Wir taufen die Koeffizienten von $\Phi_n(z)$:

$$\Phi_n(z) \; =: \; \sum_{k=0}^{\varphi(n)} \varphi_k \cdot z^k.$$

Nach 2 ist $z^n - 1 = a(z) \cdot \Phi_n(z)$ und nach 4 ist $\varphi_0 = \Phi_n(0) = 1 \in \mathbb{Z}$. Es sei k ein Index, $1 \leq k \leq \varphi(n)$. Als „Unterinduktionshypothese" nehmen wir an, daß φ_i für alle Indizes $i < k$ ganzzahlig sei. Der Koeffizient $a_0 \cdot \varphi_k + a_1 \cdot \varphi_{k-1} + \ldots + a_k \cdot \varphi_0$ von z^k in $a(z) \cdot \Phi_n(z) = z^n - 1$ ist gleich 0. Damit ist $\varphi_k \in \mathbb{Z}$.

Zu 7: Diese Aussage folgt sofort aus Aussage 2.

Zu 9: Nach 3 ist $\Phi_{n \cdot m}(z) = \prod_{d|n \cdot m}(z^{n \cdot m/d} - 1)^{\mu(d)} = \prod_{d|n \cdot m}((z^m)^{n/d} - 1)^{\mu(d)}$.

Es folgt $\Phi_{n \cdot m}(z) = \prod_{d|n}((z^m)^{n/d} - 1)^{\mu(d)}$. Wir wenden 3 noch einmal an.

Zu 8: Nach Aussage 3 ist $\Phi_{m \cdot p}(z) = \prod_{d|m \cdot p}(z^{m \cdot p/d} - 1)^{\mu(d)}$. Nach Voraussetzung teilt jeder quadratfreie Teiler von $m \cdot p$ die Zahl m. Es folgt

$$\Phi_{m \cdot p}(z) = \prod_{d|m}(z^{m \cdot p/d} - 1)^{\mu(d)} \; = \; \Phi_m(z^p).$$

Zu 9: Nach 3 ist $\Phi_{m \cdot p}(z) = \prod_{d|m}(z^{m \cdot p/d} - 1)^{\mu(d)} \cdot \prod_{t|m}(z^{m \cdot p/(t \cdot p)} - 1)^{\mu(t \cdot p)} =$

$$= \prod_{d|m}((z^p)^{m/d} - 1)^{\mu(d)} \cdot \prod_{t|m}(z^{m/t} - 1)^{-\mu(t)} \; = \; \Phi_m(z^p)/\Phi_m(z).$$

Zu 10: Nach Aussage 9 gilt $\Phi_{2 \cdot n}(z) \; = \; \Phi_n(z^2)/\Phi_n(z) \; =$

$$= \prod_{d|n}\left(\frac{(z^{n/d})^2 - 1}{z^{n/d} - 1}\right)^{\mu(d)} \; = \; \prod_{d|n}(1 + z^{n/d})^{\mu(d)} \; = \; \Phi_n(-z). \qquad \square$$

Mit der Formel 2 lassen sich die Kreisteilungspolynome

$$\Phi_n(z) \; = \; (z^n - 1)/\prod_{t|n,\, t<n} \Phi_t(z)$$

rekursiv berechnen. Das kann für aus vielen Primfaktoren zusammengesetzte Zahlen n recht aufwendig werden. Geschickter ist es, zunächst die Zahl n in Primfaktoren zu zerlegen und dann mit Hilfe der Aussagen 7 – 10 das Kreisteilungspolynom $\Phi_n(z)$ zu berechnen. Dabei wird man zunächst nur die verschiedenen ungeraden Primfaktoren von n berücksichtigen und dann mit Hilfe der Aussagen 8 und 10 das Kreisteilungspolynom $\Phi_n(z)$ sofort niederschreiben.

R. DEDEKIND bewies 1857 die Irreduzibilität der Kreisteilungspolynome. Andere Irreduzibilitätsbeweise lieferten I. SCHUR 1929, E. LANDAU 1929 und F. W. LEVI 1933. Die Autoren dieses Buches verkneifen es sich, hier einen der vielen, vielen Beweise abzuschreiben, und verweisen auf die Algebra-Lehrbücher. Im übrigen benötigen wir im folgenden die Irreduzibilität der Kreisteilungspolynome über dem Körper $\mathbb{Q}$ der rationalen Zahlen nicht.

A. MIGOTTI (*Zur Theorie der Kreisteilungsgleichung*. Sitzungsberichte, Akad. der Wiss., Wien (math.) (2) **87** (1883) 7-14) zeigte, daß die Koeffizienten des n-ten Kreisteilungspolynoms $\Phi_n(z)$ der Menge $\{-1,0,1\}$ entstammen, wenn der Index n durch maximal zwei verschiedene ungerade Primzahlen teilbar ist. Er merkte an, daß der Koeffizient von z^7 in $\Phi_{105}(z)$ den Wert -2 hat. EMMA LEHMER (*On the magnitude of coefficients of the cyclotomic polynomial*, Bull. American Math. Soc. **42** (1936) 389-392) veröffentlichte einen von I. SCHUR in einem Brief an E. LANDAU mitgeteilten Beweis der Existenz von Kreisteilungspolynomen mit betragsmäßig beliebig großen Koeffizienten und zeigte, daß bereits die Menge der Kreisteilungspolynome $\Phi_n(z)$, deren Index n in nur drei Primfaktoren zerfällt, diese schrankenlose Eigenschaft besitzt. In der 1986 neu aufgelegten Ausgabe des Deutsch-Taschenbuchs Nr. 53 *Gelöste und ungelöste mathematische Probleme* von M. MILLER ist die Geschichte des Polynoms $x^n - 1$ anders dargestellt: „Bei den Zerlegungen bis $n = 100$ ergab sich nun, daß die in den Faktoren auftretenden Koeffizienten -1, 0 oder $+1$ waren. Man kann das auch folgendermaßen formulieren: Die absoluten Beträge der Koeffizienten überschreiten die Zahl Eins nicht. Da dies nun für $n < 101$ der Fall war, lag die Vermutung nahe, daß diese Tatsache für jedes beliebige n zutreffe. Im Jahre 1938 forderte der sowjetische Mathematiker N. G. ČEBOTAREV (1894-1947) in der Zeitschrift ‚Fortschritte der mathematischen Wissenschaften‘, Heft IV, die Mathematiker auf, diese Vermutung zu beweisen. Der Beweis wurde nicht erbracht; vielmehr konnte der sowjetische Mathematiker W. IVANOV zeigen, daß in einem der Faktoren von $x^{105} - 1$ zweimal der Koeffi-zient -2 auftritt. Damit war das Problem gelöst, d. h. gezeigt, daß die Behauptung nicht richtig war." Mit diesem Zitat soll den Herren ČEBOTAREV und IVANOV kein Vorwurf gemacht werden, die Literaturversorgung in der Sowjetunion STALINs war sicherlich mangelhaft. Hier soll nur die widerwärtige Kombination von Ignoranz und Speichelleckerei eines deutschen Professors angeprangert werden.

Kreisteilungspolynome über $\mathbb{F}_q$. Wir gehen jetzt zu dem Fall über, in dem der Körper F die Primzahl-Charakteristik p hat. Während das Polynom $z^n - 1 \in \mathbb{Q}[z]$ für jede natürliche Zahl n separabel ist, hat das Polynom $z^n - 1 \in \mathbb{Z}_p[z]$ mehrfache Nullstellen, wenn $n = t \cdot p^r$ ein Vielfaches der Primzahl p ist; t und p seien dabei teilerfremd. Es gilt nämlich $z^n - 1 = (z^t - 1)^{p^r}$, und die n-ten Einheitswurzeln sind in Wirklichkeit t-te Einheitswurzeln. Wenn n und p dagegen teilerfremd sind, so ist das Polynom $z^n - 1 \in \mathbb{Z}_p[z]$ separabel, denn keine n-te Einheitswurzel ist auch eine Nullstelle der Ableitung $n \cdot z^{n-1}$ von $z^n - 1$.

> **Wir beschränken uns für den Rest des Abschnitts (mit Ausnahme des Beispiels 1) auf den Fall, daß die Primzahl p die Zahl n nicht teilt.**

Die Gruppe E_n der n-ten Einheitswurzeln (im n-ten Kreisteilungskörper der Charakteristik p) ist zyklisch; ihre erzeugenden Elemente heißen wieder *primitive n-te Einheitswurzeln*. Wir beobachten, daß die Gruppe E_{p^m-1} der $(p^m - 1)$-ten Einheitswurzeln gerade die multiplikative Gruppe des $(p^m - 1)$-ten Kreisteilungskörpers $\mathbb{F}_{p^m}$ der Charakteristik p ist.

Im n-ten Kreisteilungskörper K über F zerfällt $z^n - 1 = \prod_{k=0}^{n-1} (z - \zeta^k)$ in Linearfaktoren, wobei $\zeta \in K$ eine primitive n-te Einheitswurzel ist. Wie bei der Charakteristik 0 können wir die n-ten *Kreisteilungspolynome*

$$\Phi_n(z) := \prod_{1 \leq h \leq n, \, \mathrm{ggT}(h,n)=1} (z - \zeta^h)$$

definieren; diese Definition hängt nicht von der Wahl von ζ ab. Die Produktdarstellung $z^n - 1 = \prod_{t \mid n} \Phi_t(z)$ bleibt auch im Fall der Charakteristik p bestehen. Wir erhalten das Kreisteilungspolynom $\Phi_n(z) \in \mathbb{Z}_p[z]$ aus dem „rationalen" Kreisteilungspolynom $\Phi_n(z) \in \mathbb{Z}[z]$, indem wir dessen Koeffizienten modulo p reduzieren. In $\mathbb{Z}_p[z]$ sind aber im Gegensatz zum Fall der Charakteristik 0 nicht alle Kreisteilungspolynome irreduzibel; so zerfällt beispielsweise das 15-te Kreisteilungspolynom $\Phi_{15}(z) = z^8 - z^7 + z^5 - z^4 + z^3 - z + 1$ über $\mathbb{Z}_2$ in die zwei Faktoren $z^4 + z^3 + 1$ und $z^4 + z + 1$.

Kreisteilungsklassen. Es sei q eine Potenz der Primzahl p. Wir wollen das n-te Kreisteilungspolynom $\Phi_n(z)$ über $\mathbb{F}_q$ in irreduzible Faktoren zerlegen. Der n-te Kreisteilungskörper $\mathbb{F}_{q^m}$ über $\mathbb{F}_q$ läßt sich als der Zerfällungskörper des Polynoms $z^n - 1$ oder auch des Polynoms $z^{q^m - 1} - 1$ über $\mathbb{F}_q$ darstellen. Damit ist m die kleinste natürliche Zahl, für die $q^m \equiv 1 \bmod n$ gilt, das heißt, m ist die Ordnung der Restklasse von q in der Einheitengruppe $\mathbb{Z}_n^*$ des Restklassenringes $\mathbb{Z}_n$. Das Minimalpolynom $m_\zeta(z) \in \mathbb{F}_q[z]$ jeder primitiven n-ten Einheitswurzel $\zeta \in E_n$ hat nach dem ersten Satz von Seite 228 die Wurzeln $\zeta, \zeta^q, \zeta^{q^2}, \ldots, \zeta^{q^{m-1}}$. Damit haben die Minimalpolynome der $\varphi(n)$ primitiven n-ten Einheitswurzeln, der Wurzeln des Kreisteilungspolynoms $\Phi_n(z)$, denselben Grad m. Insbesondere teilt m den Grad $\varphi(n)$ des Polynoms $\Phi_n(z)$.

Zur Zerlegung des Polynoms $z^n - 1 \in \mathbb{F}_q[z]$ in irreduzible Faktoren benötigen wir die Darstellung von $z^n - 1 = \prod_{t \mid n} \Phi_t(z)$ als Produkt von Kreisteilungspolynomen nicht, sie kann aber helfen, die Zerlegung zu beschleunigen: Der Exponent t jeden irreduziblen Faktors $p(z) \in \mathbb{F}_q[z]$ von $z^n - 1$ ist ein Teiler der Zahl n. Die irreduziblen Faktoren von $z^n - 1$ vom Exponenten t haben alle denselben Grad, und dieser Grad ist ein Teiler der Anzahl $\varphi(t)$ aller zu t teilerfremden Zahlen aus $\{1, 2, \ldots, t\}$. Insbesondere haben die irreduziblen Faktoren des n-ten Kreisteilungspolynoms $\Phi_n(z)$ — wie auf Seite 237 unten erwähnt — alle den Grad m, wobei m die Ordnung von q in $\mathbb{Z}_n^*$ ist. Der Grad jeden irreduziblen Faktors von $z^n - 1$ teilt natürlich die Zahl m.

Für jede Restklasse $j \in \mathbb{Z}_n = \{0, 1, \ldots, n-1\}$ des Restklassenringes der ganzen Zahlen modulo n heißt die die Teilmenge

$$KK(j;n,q) := \{j, j\cdot q, j\cdot q^2, j\cdot q^3, \ldots\} \subset \mathbb{Z}_n$$

die *Kreisteilungsklasse von j modulo n bezüglich q*. Es ist $KK(0;n,q) = \{0\}$. Die Kreisteilungsklasse $KK(1;n,q) = \{1, q, q^2, \ldots, q^{m-1}\}$ von 1 modulo n bezüglich q ist eine zyklische Untergruppe der Ordnung m der Einheitengruppe $\mathbb{Z}_n^*$ des Restklassenringes $\mathbb{Z}_n$. Für jede Restklasse $j \in \mathbb{Z}_n$ besteht die Kreisteilungsklasse $KK(j;n,q) = j\cdot KK(1;n,q)$ aus den j-fachen der Kreisteilungsklasse $KK(1;n,q)$. Man überlegt sich, daß ihre Kardinalzahl $|KK(j;n,q)|$ ein Teiler von m ist.

Wir beobachten, daß für zwei zu n teilerfremde Primzahlpotenzen q und q' aus $q \equiv q' \bmod n$ stets $KK(j;n,q) = KK(j;n,q')$ folgt.

Die Kreisteilungsklassen modulo n bezüglich q bilden eine Partition (Zerlegung in disjunkte, nichtleere Teilmengen) des Restklassenringes $\mathbb{Z}_n$. Mit '$RK(n,q)$' bezeichnen wir ein Repräsentantensystem der Kreisteilungsklassen modulo n bezüglich q; das heißt, die Menge $RK(n,q)$ enthält aus jeder Kreisteilungsklasse $KK(j;n,q)$ genau eine Restklasse.

Es seien ζ eine primitive n-te Einheitswurzel aus dem n-ten Kreisteilungskörper $\mathbb{F}_{q^m}$ über $\mathbb{F}_q$, $j \in \mathbb{Z}_n$ eine Restklasse und $\eta := \zeta^j$. Das Minimalpolynom $m_\eta(z) \in \mathbb{F}_q[z]$ der n-ten Einheitswurzel η kann nach dem ersten Satz von Seite 228 als

$$m_\eta(z) = \prod_{h \in KK(j;n,q)} (z - \zeta^h)$$

geschrieben werden. Die vollständige Faktorisierung des Polynoms

$$z^n - 1 = \prod_{t \mid n} \Phi_t(z)$$

in irreduzible Faktoren liest sich jetzt folgendermaßen:

$$z^n - 1 = \prod_{j \in RK(n,q)} \ \prod_{h \in KK(j;n,q)} (z - \zeta^h).$$

In einem gewissen Sinn ist die hier dargestellte Zerlegung des Polynoms $z^n - 1$ in über $\mathbb{F}_q$ irreduzible Faktoren ein Betrug! In der Tat haben wir die irreduziblen Faktoren nur als Produkte von Linearfaktoren über dem Zerfällungskörper $\mathbb{F}_{q^m}$ von $z^n - 1$ über $\mathbb{F}_q$ geschrieben. Das Problem, die Koeffizienten dieser Polynome zu bestimmen, läuft auf die Berechnung sogenannter GAUSS*scher Summen*, das heißt auf die Berechnung der Summen gewisser n-ter Einheitswurzeln hinaus. Die Berechnung der GAUSSschen Summen gelingt aber nur in seltenen (Glücks-?) Fällen. So verschwindet beispielsweise für $n > 1$, wie man der Summenformel für die endliche geometrische Reihe ansieht, die Summe aller n-ten Einheitswurzeln, $1 + \zeta + \zeta^2 + \ldots + \zeta^{n-1} = \frac{\zeta^n - 1}{\zeta - 1} = 0$. Wenn einem aber keine Tricks zur Berechnung solcher GAUSSscher Summen einfallen, muß man in den sauren Apfel beißen, ein (möglichst primitives) irreduzibles Polynom m-ten Grades über $\mathbb{F}_q$ suchen, den n-ten Kreisteilungskörper $\mathbb{F}_{q^m}$ über $\mathbb{F}_q$ konkret darstellen und in diesem Körper weiterrechnen.

Beispiel 1. Es seien q eine Potenz einer Primzahl p, n eine (nicht notwendig zu p teilerfremde) natürliche Zahl, v die größte in n aufgehende Potenz von p, $t := \frac{n}{v}$, m die multiplikative Ordnung von q im Restklassenring $\mathbb{Z}_t$, ζ eine primitive t-te Einheitswurzel im n-ten Kreisteilungskörper $\mathbb{F}_{q^m}$ über $\mathbb{F}_q$ und $E_t \subseteq \mathbb{F}_{q^m}^*$ die von ζ erzeugte zyklische multiplikative Gruppe der t-ten Einheitswurzeln. Die multiplikative Gruppe E_{q-1} aller $(q-1)$-ten Einheitswurzeln über $\mathbb{Z}_p$ ist gerade die multiplikative Gruppe $E_{q-1} = \mathbb{F}_q^*$ des Körpers $\mathbb{F}_q$. Die Ordnung der zyklischen Gruppe $E_t \cap E_{q-1}$ ist der größte gemeinsame Teiler von t und $q-1$, $|E_t \cap E_{q-1}| = \mathrm{ggT}(t, q-1)$. Damit besteht $E_t \cap E_{q-1}$ aus allen Elementen $\lambda \in \mathbb{F}_q$, für die $\lambda^t = 1$ oder — äquivalent dazu — für die $\lambda^n = 1$ gilt. Das Versprechen von Seite 205 ist hiermit eingelöst. Wenn $q \equiv 1 \bmod n$ ist, so ist n zu q teilerfremd; für jede Restklasse $j \in \mathbb{Z}_n$ gilt dann $|KK(j;n,q)| = 1$ und $\zeta^j \in \mathbb{F}_q$, und das Polynom $z^n - 1$ zerfällt über $\mathbb{F}_q$ in Linearfaktoren. $\qquad\Box$

Beispiel 2. Es seien q eine Primzahlpotenz, n eine Primzahl und m die Ordnung von q in der multiplikativen Gruppe $\mathbb{Z}_n^*$ des Restklassenkörpers $\mathbb{Z}_n$. Abgesehen von der Kreisteilungsklasse $KK(0;n,q) = \{\,0\,\}$

haben die Kreisteilungsklassen alle die Kardinalzahl $|KK(j;n,q)| = m$. Der Spezialfall $m = 1$ wurde bereits im Beispiel 1 behandelt. Im Fall $m = 2$ ist $q \equiv -1 \bmod n$, und für $j \in \mathbb{Z}_n^*$ gilt stets $KK(j;n,q) = \{j, -j\}$. Es sei ζ wieder eine primitive n-te Einheitswurzel aus dem n-ten Kreisteilungskörper $\mathbb{F}_{q^2}$ über $\mathbb{F}_q$. („primitiv" heißt hier „$\zeta \neq 1$", weil n eine Primzahl ist.) Dann gilt

$$z^n - 1 = \Phi_1(z) \cdot \Phi_n(z) = (z-1) \cdot \prod_{j=1}^{(n-1)/2} \left(z^2 - (\zeta^j + \zeta^{-j}) + 1\right),$$

wobei die Faktoren $z^2 - (\zeta^j + \zeta^{-j}) + 1 \in \mathbb{F}_q[z]$ irreduzibel sind.   □

Beispiel 3. Für $n = 36$, jede Primzahlpotenz q mit $q \equiv 7 \bmod 36$ oder $q \equiv 31 \bmod 36$ und jedes $j \in \mathbb{Z}_{36}$ wird die Kreisteilungsklasse $KK(j;36,q)$ und der Exponent e des Minimalpolynoms $m_{\zeta^j}(z) \in \mathbb{F}_q[z]$ der j-ten Potenz einer primitiven 36-ten Einheitswurzel $\zeta \in \mathbb{F}_{q^6}$ angegeben.

j	e	$KK(j;36,q)$	j	e	$KK(j;36,q)$
0	1	0	1	36	1, 7, 13, 19, 25, 31
2	18	2, 14, 26	3	12	3, 21
4	9	4, 16, 28	5	36	5, 11, 17, 23, 29, 35
6	6	6	8	9	8, 20, 32
9	4	9, 27	10	18	10, 22, 34
12	3	12	15	12	15, 33
18	2	18	24	3	24
30	6	30			

□

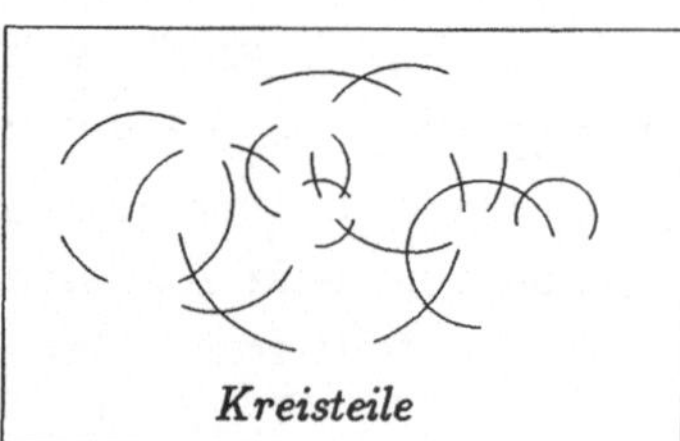

Kreisteile

8 Lineare Codes

In der Praxis sind systematische Blockcodes ohne weitere Struktur umständlich zu handhaben. Codierer und Decodierer brauchen für ihre Aufgaben vollständige Code-Tabellen. Es bedeutet eine wesentliche Erleichterung ihrer Arbeit, wenn ein Gruppen-Code (Seite 34) vorliegt, das heißt, wenn dem zu Grunde liegenden Zeichenvorrat F die Struktur einer kommutativen Gruppe aufgeprägt ist, und die Kontrollzeichen in einfacher Weise — als das Negative der Summe gewisser Informationszeichen — von den Informationskomponenten abhängen. Der Codierer braucht dann nur die Kontrollzeichen zu berechnen, während die Hauptaufgabe des Decodierers im Überprüfen der Kontrollgleichungen besteht.

Wir können eine noch größere Vereinfachung erwarten, wenn wir noch mehr mathematische Struktur in die Codes hineinstecken. Wir werden voraussetzen, daß der Zeichenvorrat F nicht nur eine additive Gruppe, sondern ein endlicher Körper $F := \mathbb{F}_q$ sei (insofern spezialisieren wir das Konzept eines Gruppen-Codes); wir werden Codes betrachten, bei denen die Komponenten der Codewörter gewissen linearen Gleichungen genügen. Für die Behandlung solcher Codes können wir uns dann der Hilfsmittel bedienen, die die lineare Algebra bereitstellt.

Lineare (n,k)-Codes. Wir definieren: Es seien $q \geq 2$ eine Primzahlpotenz, $n \in \mathbb{N}$ eine natürliche Zahl, $k \leq n$ eine nichtnegative ganze Zahl, $\mathbb{F}_q$ das GALOIS-Feld der Ordnung $|\mathbb{F}_q| = q$ und $V_n(q) = \mathbb{F}_q^n$ der mit der HAMMING-Metrik

$$V_n(q) \times V_n(q) \to \mathbb{N}_0 \, ; (x,y) \mapsto \varrho(x,y)$$

(Seite 44 ff.) versehene Vektorraum aller Wörter der Länge n mit Komponenten aus $\mathbb{F}_q$. Ein *linearer (n,k)-Code über* $\mathbb{F}_q$ ist ein k-dimensionaler Untervektorraum des Vektorraumes $V_n(q)$.

Zur Definition eines linearen (n,k)-Codes gehört die Angabe des mit der HAMMING-Metrik versehenen Vektorraumes $V_n(q)$. Jedes Nicht-Codewort aus $V_n(q)$ ist nämlich ein potentiell verfälschtes Codewort; die Fehlerkorrektureigenschaften des Codes hängen davon ab, wie die Codewörter im metrischen Raum $V_n(q)$ verteilt liegen. Im Kleingedruckten auf Seite 52 wurde diese Problematik angesprochen.

Wenn wir ganz pingelig und allgemein sein wollten, müßten wir einen linearen (n,k)-Code über einem Körper F als ein Quadrupel (C,V,B,ϱ) definieren. Dabei ist C ein k-dimensionaler Untervektorraum eines n-dimensionalen F-Vektoraumes V und $B = \{b_1, b_2, \ldots, b_n\}$ eine ausgezeichnete Basis von V; der HAMMING-Abstand $\varrho(x,y)$ zweier als Linearkombinationen $x = \sum_{i=1}^{n} x_i \cdot b_i$, $y = \sum_{i=1}^{n} y_i \cdot b_i$ geschriebener Vektoren aus V ist die Anzahl der Indizes $i \in \{1,2,\ldots,n\}$, für die $x_i \neq y_i$ ist. Um Schwerfälligkeiten zu vermeiden, werden wir trotzdem von einem Untervektorraum $C \subseteq V_n(q)$ und nicht von einem Quadrupel $(C, V_n(q), E_n, \varrho)$ als von einem linearen Code C sprechen.

Die Gruppe $F = \{O, L\}$ mit $O + O = L + L = O$, $O + L = L + O = L$ läßt sich als additive Gruppe des Galoisfeldes $\mathbb{Z}_2$ deuten. Das n-fache kartesische Produkt F^n dieser Gruppe ist bezüglich der komponentenweisen Addition wieder eine Gruppe, das (äußere) n-fache direkte Produkt der Gruppe F. Bezüglich der durch $1 \cdot x := x$ und $0 \cdot x := 0$ für alle $x \in F^n$ definierten Multiplikation $\mathbb{Z}_2 \times F^n \to F^n$ ist F^n der $\mathbb{Z}_2$-Vektorraum $V_n(2)$ aller Wörter der Länge n. Jede additive Untergruppe dieses Vektorraumes ist trivialerweise ein Untervektorraum. Damit sind alle binären Gruppen-Codes (Seite 34), insbesondere auch die binären Hamming-Codes (Seite 30) lineare Codes.

Auf Seite 204 haben wir gesehen, daß es $\left[\begin{smallmatrix} n \\ k \end{smallmatrix}\right]_q$ verschiedene lineare (n,k)-Codes der Ordnung q gibt. Von dieser — bei interessanten Parametern n,k,q riesenhaften — Anzahl linearer Codes sind die meisten wegen ihrer dürftigen Korrektureigenschaften wertlos. Ein Hauptproblem der algebraischen Codierungstheorie ist es, unter diesen vielen Codes die schönsten, besten, nicht aber die bescheidensten auszusuchen.

8.1 Das HAMMING-Gewicht

Es seien n eine natürliche Zahl, q eine Primzahlpotenz und $V_n(q)$ der Vektorraum aller Wörter der Länge n mit Komponenten aus dem GALOIS-Feld $\mathbb{F}_q$. Die HAMMING-Metrik $\varrho : V_n(q) \times V_n(q) \to \mathbb{N}_0$ ist auf $V_n(q)$ *translationsinvariant*, das heißt, für je drei Vektoren $x, y, z \in V_n(q)$ gilt stets $\varrho(x + z, y + z) = \varrho(x,y)$; für jeden Vektor $z \in V_n(q)$ ist die Abbildung $V_n(q) \to V_n(q)$; $x \mapsto x + z$ nämlich eine Konfiguration (Seite 49), also eine Isometrie des metrischen Raumes $V_n(q)$ auf sich.

Die HAMMING-*Gewichts-Funktion*

$$\gamma : V_n(q) \to \mathbb{N}_0 \; ; \; x \mapsto \varrho(x,0)$$

gibt für jedes Wort $x \in V_n(q)$ die Anzahl der von Null verschiedenen Komponenten von x an. Für jedes Wort $x = x_0 x_1 \ldots x_{n-1} \in V_n(q)$ bezeichnen wir die Teilmenge

$$\mathrm{Supp}(x) := \{ i \in \mathbb{Z}_n \; ; \; x_i \neq 0 \}$$

aller derjenigen Positionen $i \in \mathbb{Z}_n = \{ 0,1,\ldots,n-1 \}$, in denen x eine von Null verschiedene Komponente besitzt, als den *Träger* [support] von x. Es gilt stets $\gamma(x) = |\mathrm{Supp}(x)|$.

Wegen der Translationsinvarianz der HAMMING-Metrik ϱ läßt sich der Hamming-Abstand $\varrho(x,y)$ zweier Vektoren $x,y \in V_n(q)$ als das Gewicht $\gamma(x-y)$ ihres Differenzvektors $x-y$ ausdrücken; mit anderen Worten, die Gewichtsfunktion $\gamma : V_n(q) \to \mathbb{N}_0$ erfüllt die Gesetze einer *Norm*, das heißt, für alle $x,y \in V_n(q)$ und alle $\lambda \in \mathbb{F}_q^*$ gilt

$$\begin{array}{ll}
1. & \gamma(x) = 0 \iff x = 0, \\
2. & \gamma(\lambda \cdot x) = |\lambda| \cdot \gamma(x), \\
3. & \gamma(x+y) \leq \gamma(x) + \gamma(y).
\end{array}$$

Dabei ist die (triviale) *Bewertung* $| \; | : \mathbb{F}_q \to \mathbb{N}_0$ durch $|\lambda| := \begin{cases} 1, \text{ falls } \lambda \neq 0 \\ 0, \text{ falls } \lambda = 0 \end{cases}$ definiert. Im Spezialfall $n = 1$ handelt es sich bei dem Vektorraum $V_n(q)$ um den Körper $V_1(q) = \mathbb{F}_q$, und die Gewichtsfunktion $\gamma : \mathbb{F}_q \to \mathbb{N}_0$ ist nichts anderes als die triviale Bewertung von $\mathbb{F}_q$; für alle $\lambda \in \mathbb{F}_q$ ist $|\lambda| = \gamma(\lambda)$. Für eine beliebige Dimension $n \in \mathbb{N}$ und jeden Vektor $x = x_0 x_1 \ldots x_{n-1} \in V_n(q)$ gilt $\gamma(x) = \sum\limits_{i=0}^{n-1} \gamma(x_i)$.

Die Definition des HAMMING-Gewichtes läßt sich wörtlich auf F-Vektorräume über unendlichen Körpern F übertragen. Wir beachten aber, daß für $F = \mathbb{R}$ oder $F = \mathbb{C}$ die hier verwendete triviale Bewertungsfunktion nicht mit der üblichen Betragsfunktion übereinstimmt; für die Zwecke der Analysis ist die HAMMING-Metrik zu fein.

Gewichtszeiger. Für die Untersuchung der Decodierfehlerwahrscheinlichkeit bei der Verwendung eines Blockcodes C muß man sich oft einen Überblick über die Abstände aller Codewörter zu einem Codewort $c \in C$ verschaffen. Für einen linearen Code $C \subseteq V_n(q)$ ist die Restriktion der Translation $V_n(q) \to V_n(q) \; ; \; x \mapsto x + z$ für jedes Codewort $z \in C$ ein Code-Automorphismus. Da es zu je zwei Codewörtern $c,c' \in C$ ein Codewort $z \in C$, nämlich $z := c' - c$, mit $c' = c + z$ gibt, operiert die Automorphismengruppe $\mathrm{Aut}(C)$ transitiv auf der Menge der Codewörter. Der Code C ist abstandshomogen (Seite 57). Für je zwei Codewörter $c,c' \in C$ und für jede Zahl $i \in \{ 0,1,\ldots,n \}$ stimmen die Anzahlen der

Codewörter, die zu c beziehungsweise zu c' den HAMMING-Abstand i haben, überein. Wir wählen das Codewort $c := 0 \in C$ und betrachten für jede Zahl $i \in \{0,1,\ldots,n\}$ die Anzahl

$$A_i := |\{x \in C \,;\, \gamma(x) = i\}|.$$

Für die Berechnung und die Manipulation der Anzahlen A_i ist es von Nutzen, sich des *Gewichtszeigers* [weight enumerator]

$$A_C(z) := \sum_{i=0}^{n} A_i \cdot z^i = \sum_{c \in C} z^{\gamma(c)} \in \mathbb{Z}[z]$$

des Codes C als sogenannter „erzeugender Funktion" zu bedienen.

Da ein linearer Code als einziges Wort vom Gewicht 0 das Nullwort 0 enthält, gilt stets $A_C(0) = A_0 = 1$. Für einen linearen (n,k)-Code über $\mathbb{F}_q$ gilt darüberhinaus $A_C(1) = \sum_{i=0}^{n} A_i = |C| = q^k$.

Der (triviale) lineare binäre (n,n)-Code $V_n(2)$ hat den Gewichtszeiger $\sum_{i=0}^{n} \binom{n}{i} \cdot z^i = (1+z)^n$. Der Bauer-Code B (Seite 24) hat den Gewichtszeiger $A_B(z) = 1 + 14 \cdot z^4 + z^8$. Der Hamming-Code $\mathrm{HAM}(3,2)$ (Seite 31) hat den Gewichtszeiger $1 + 7 \cdot z^3 + 7 \cdot z^4 + z^7$. Der äquidistante binäre $(7,3)$-Simplex-Code $\mathrm{SIM}(3,2)$ (Seite 182) hat den Gewichtszeiger $1 + 7 \cdot z^4$.

Das Nullwort in nicht-linearen Codes. Für praktische Anwendungen ist die Existenz des Nullwortes 0 in einem linearen Code $C \subset V_n(q)$ von Nachteil, beispielsweise wenn dieses Nullwort mit einer Stromunterbrechung verwechselt werden kann. Eine beliebte Methode, diesen Nachteil zu vermeiden, besteht darin, statt des Codes ein Translat von C zu benutzen: Man wählt ein Wort $w \in V_n(q) \setminus C$ und verwendet statt des linearen Codes C die Nebenklasse $w + C$. Die Korrektureigenschaften ändern sich wegen der Translationsinvarianz der HAMMING-Metrik nicht, die Addition des Vektors w ist technisch einfach zu bewerkstelligen. Zur mathematischen Beschreibung ist es aber lästig, mit Nebenklassen von Untervektorräumen, zu hantieren, wenn man genauso gut mit den Untervektorräumen selbst rechnen kann.

Wir gehen noch weiter: Wir werden ab jetzt — wenn nicht ausdrücklich vom Gegenteil ausgegangen wird — stets voraussetzen, daß das Nullwort $0 = 00\ldots0$ ein Codewort jedes Blockcodes C über einem Zeichenvorrat F ist. Dazu berechtigt uns die folgende Überlegung: Wir dürfen voraussetzen, daß der Zeichenvorrat F ein Zeichen '0' enthält. Die Gruppe $\mathrm{Konf}(F^n)$ (Seite 49) operiert auf dem Raum F^n transitiv. Wir wählen nun ein Codewort $c \in C$ und eine Konfiguration $\tilde{\kappa} \in \mathrm{Konf}(F^n)$ mit $\tilde{\kappa}(c) = 0$. Der Code $\tilde{\kappa}(C) = \{\tilde{\kappa}(x) \,;\, x \in C\}$ ist zum Code C isomorph.

HAMMING-Gewicht für nichtlineare Codes. Da jeder Zeichenvorrat F vereinbarungsgemäß immer das Zeichen '0' enthält, können wir auch im nichtlinearen Fall von der Anzahl der von 0 verschiedenen Komponenten eines Wortes $x = x_0 x_1 \ldots x_{n-1} \in F^n$ als von dessen HAMMING-*Gewicht* $\gamma(x) := \varrho(x,0)$ sprechen. Wir können jetzt auch von dem Gewichtszeiger eines nichtlinearen Blockcodes (insbesondere auch von dem Gewichtszeiger einer Menge $S \subseteq V_n(q)$ von Vektoren) reden.

Isomorphe Codes, auch wenn sie – wie vereinbart – beide das Nullwort als Codewort besitzen, brauchen nicht denselben Gewichtszeiger zu besitzen: Die ternären Codes $\{00,11,12\}$ und $\{11,00,02\}$ belegen das. Sinnvolle Arbeit mit Gewichtszeigern nichtlinearer Codes ist nur möglich, wenn die betreffenden Codes abstandshomogen sind.

Das Einswort. Wir können ein von 0 verschiedenes Element eines Zeichenvorrats F mit '1' bezeichnen. Wenn ein Blockcode $C \subseteq F^n$ ein Codewort $c \in C$ eines bestimmten Gewichtes $\gamma(c) = i \in \{0,1,\ldots,n\}$ enthält, so können wir eine Konfiguration $\tilde{\kappa} \in \mathrm{Konf}(F^n)$ und eine Äquivalenzabbildung $\tilde{\pi} \in \mathrm{Äqu}(F^n)$ finden, so daß die Isometrie $\tilde{\kappa} \circ \tilde{\pi} \in Iso(F^n)$ das Codewort c auf ein Wort vom Gewicht i aus F^n abbildet, das an i vorgegebenen Positionen die Komponente 1 und sonst nur Nullen besitzt. Der Code $\tilde{\kappa} \circ \tilde{\pi}(C)$ ist zu C isomorph. Wenn insbesondere der Koeffizient A_n des Gewichtszeigers $A_C(z)$ eines Blockcodes $C \subseteq F^n$ von Null verschieden ist, so können wir also zu einem isomorphen Code übergehen, der das sogenannte *Einswort* $1 := 11\ldots1 \in F^n$ enthält. Aus purem Mutwillen sollte man solch eine Umtaufaktion aber nicht durchführen; sie zerstört nämlich im allgemeinen die Linearität eines Codes.

MDS-Codes. Im folgenden Satz wird gezeigt, daß die auf Seite 179 definierten MDS-Codes — auch im nichtlinearen Fall — abstandshomogen sind. Mehr noch: Für $i = 0,1,\ldots n$ wird die Anzahl A_i der Codewörter eines (n,k)-MDS-Codes C konkret berechnet, die zu einem beliebig vorgegebenen Codewort $c \in C$ den Hamming-Abstand i haben. Ein Blockcode C der Länge n über einem q-nären Zeichenvorrat ist nach der Kennzeichnung der MDS-Codes von Seite 179 genau dann ein MDS-Code, wenn er den Minimalabstand $d = n - \log_q |C| + 1$ hat; es ist erstaunlich, daß diese einfache Beziehung zwischen den Parametern eines Codes schon die gesamte Verteilung der HAMMING-Abstände zwischen den Codewörtern festlegt.

Für jeden (n,k)-MDS-Code gilt $A_1 = A_2 = \ldots = A_{n-k} = 0$; deswegen brauchen wir nur die Anzahlen $A_{n-k+1}, A_{n-k+2}, \ldots, A_n$ zu berechnen.

Satz über die Gewichtszeiger der MDS-Codes. *Es sei c ein beliebiges Codewort eines (n,k)-MDS-Codes der Ordnung q. Dann gibt es zu jeder Zahl $i = 0,1,\dots,k-1$ genau*

$$\sum_{m=0}^{k-1}(-1)^{m-i}\cdot\binom{m}{i}\cdot\binom{n}{m}\cdot(q^{k-m}-1)$$

Codewörter, die mit c in genau i Positionen übereinstimmen.

Beweis. Nach der Argumentation unter dem Stichwort „Das Nullwort in nicht-linearen Codes" dürfen wir davon ausgehen, daß es sich bei dem Codewort c unseres MDS-Codes C um das Nullwort $c = 0$ handelt.

Wir berechnen nun für $i = 0,1,\dots,k-1$ die Kardinalzahl $A_{n-i} := |\mathfrak{Z}_i|$ der Menge $\mathfrak{Z}_i := \{x \in C\,;\,\gamma(x) = n-i\}$ aller Codewörter mit genau i Nullkomponenten. Für jede nichtnegative ganze Zahl $m \le k-1$ und jede der $\binom{n}{m}$ Teilmengen $B = \{j_1, j_2, \dots, j_m\}$ von $\{1,2,\dots,n\}$ mit $|B| = m$ sei $\mathfrak{Z}(B)$ die Menge aller der Codewörter $x = x_1 x_2 \dots x_n \in C\setminus\{0\}$, für die $x_{j_1} = x_{j_2} = \dots = x_{j_m} = 0$ gilt. Weil C separabel (Seite 179) ist, gilt $|\mathfrak{Z}(B)| = q^{k-m}-1$. Damit gibt es genau $\binom{n}{m}\cdot(q^{k-m}-1)$ Paare (B,x) mit $B \subset \{1,2,\dots,n\}$, $|B| = m$ und $x \in \mathfrak{Z}(B)$.

Andererseits gibt es zu jeder Zahl $h \in \{m, m+1,\dots,k-1\}$ und jedem Codewort $x \in C$, das genau h Nullkomponenten besitzt, das heißt zu jedem Codewort $x \in \mathfrak{Z}_h$ genau $\binom{h}{m}$ Teilmengen $B \subset \{1,2,\dots,n\}$ mit $|B| = m$ und $x \in \mathfrak{Z}(B)$. Es folgt

$$\sum_{h=m}^{k-1}\binom{h}{m}\cdot A_{n-h} \;=\; \sum_{h=m}^{k-1}\binom{h}{m}\cdot|\mathfrak{Z}_h| \;=\; \binom{n}{m}\cdot(q^{k-m}-1), \quad m = 0,1,\dots,k-1.$$

Diese k Gleichungen bilden ein lineares Gleichungssystem in den k Unbekannten $A_n, A_{n-1}, \dots, A_{n-k+1}$. In der Zeile Nr. m und der Spalte Nr. h der Koeffizientenmatrix des Gleichungssystems steht der Binomialkoeffizient $\binom{h}{m}$. Diese Matrix ist eine obere Dreiecksmatrix mit lauter Einsen in der Diagonale; das Gleichungssystem ist eindeutig lösbar. Getreu der Devise „Eleganz ist eine Sache der Schuster und Schneider" meines Gymnasiallehrers HANS WÄSCHE lassen wir die Lösung des Gleichungssystems vom Himmel fallen. Für $i = 0,1,\dots,k-1$ setzen wir

$$X_{n-i} \;:=\; \sum_{m=0}^{k-1}(-1)^{m-i}\cdot\binom{m}{i}\cdot\binom{n}{m}\cdot(q^{k-m}-1)$$

und zeigen $X_{n-i} = A_{n-i}$: Wir ersetzen den Term $\binom{n}{m}\cdot(q^{k-m}-1)$ durch die Summe $\sum_{h=m}^{k-1}\binom{h}{m}\cdot A_{n-h}$, ändern die Summationsreihenfolge, setzen $s := m-i$, benutzen die Formel $\binom{m}{i}\cdot\binom{h}{m} = \binom{h}{i}\cdot\binom{h-i}{s}$, wenden den

Binomialsatz $\displaystyle\sum_{s=0}^{h-i}(-1)^s\cdot\binom{h-i}{s}=(1-1)^{h-i}=0$ für $h>i$ an und

erhalten für $i=0,1,\ldots,k-1$ jeweils

$$\sum_{m=i}^{k-1}(-1)^{m-i}\cdot\binom{m}{i}\cdot\binom{n}{m}\cdot(q^{k-m}-1)=\sum_{h=i}^{k-1}A_{n-h}\cdot\sum_{m=i}^{h}(-1)^{m-i}\cdot\binom{m}{i}\cdot\binom{h}{m}=$$

$$A_{n-i}+\sum_{h=i+1}^{k-1}A_{n-h}\cdot\binom{h}{i}\cdot\sum_{s=0}^{h-i}(-1)^s\cdot\binom{h-i}{s}=A_{n-i}.\qquad\Box$$

In Abschnitt 8.12 wird gezeigt, daß die Blocklänge n der nichttrivialen MDS-Codes durch eine von der Dimension k und der Ordnung q abhängige Schranke nach oben beschränkt ist. Bei der Bestimmung dieser Schranke wird der Satz über die Gewichtszeiger der MDS-Codes wesentlich benutzt.

Paritätssummen linearer Codes. Ein binärer abstandshomogener Code besitzt entweder keine Codewörter ungeraden Gewichts oder er besitzt genauso viele Codewörter ungeraden wie geraden HAMMING-Gewichts. Wegen seines eigenständigen Interesses zunächst der Fall eines Codes mit drei Codewörtern.

Satz über die gleichschenkligen Dreiecke in $V_n(2)$. *Für je drei Wörter $x,y,z\in V_n(2)$ mit $\varrho(x,z)\equiv\varrho(y,z)\bmod 2$ ist $\varrho(x,y)\equiv 0\bmod 2$.*

Beweis. Wegen der Translationsinvarianz der HAMMING-Metrik dürfen wir $z=0$ annehmen. Es sei α die Anzahl der Stellen, in denen die Wörter x und y zugleich die Komponente 1 haben. Die Anzahl $\varrho(x,y)$ der Positionen, in denen sich x und y unterscheiden, berechnet sich als $\gamma(x)-\alpha+\gamma(y)-\alpha$, ist also gerade. $\qquad\Box$

Dieser Hilfssatz besagt, daß ein Dreieck in $V_n(2)$ entweder keine oder zwei Seiten ungerader „HAMMING-Länge" besitzt.

Satz über die Gewichtszeiger binärer abstandshomogener Codes. *Es seien $C\subseteq V_n(2)$ ein binärer abstandshomogener Code und $\mathfrak{g}$ und $\mathfrak{u}$ die Anzahlen der Codewörter geraden beziehungsweise ungeraden HAMMING-Gewichts. Dann ist $\mathfrak{u}=0$ oder $\mathfrak{u}=\mathfrak{g}$.*

Beweis. Wir nehmen $\mathfrak{u}\neq 0$ an. Dann gibt es zwei Codewörter $x,y\in C$ mit $\varrho(x,y)\equiv 1\bmod 2$. Nach dem Satz über gleichschenklige Dreiecke in $V_n(2)$ gilt für jedes Codewort $z\in C$ stets $\varrho(x,z)\not\equiv\varrho(y,z)\bmod 2$. Es folgt $\{z\in C\,;\,\varrho(x,z)\equiv 1\bmod 2\}=\{z\in C\,;\,\varrho(y,z)\equiv 0\bmod 2\}$, also $\mathfrak{u}=\mathfrak{g}$. $\qquad\Box$

Nach diesem Satz haben je zwei Codewörter eines binären abstandshomogenen Codes, der aus einer ungeraden Anzahl $\mathfrak{u}$ von Codewörtern besteht (im Fall $\mathfrak{u}>1$ kann ein solcher Code nicht linear sein), einen geradzahligen HAMMING-Abstand.

Mit einem Minimum an linearer Algebra können wir den Satz über die Gewichtszeiger binärer abstandshomogener Codes auf lineare q-näre Codes verallgemeinern, nur ist der Satz dann kein Satz über die Gewichtszeiger linearer q-närer Codes, sondern ein

Satz über die Paritätssumme linearer Codes. *Es sei $C \subseteq V_n(q)$ ein linearer (n,k)-Code. Für jedes Element $\alpha \in \mathbb{F}_q$ sei $\tau(\alpha)$ die Anzahl der Codewörter $x = x_1 x_2 \ldots x_n \in C$, deren „Paritätssumme" $\tau(x) := \sum_{i=1}^{n} x_i$ den Wert $\tau(x) = \alpha$ hat. Es ist $\tau(0) = q^k$ oder $\tau(\alpha) = q^{k-1}$ für alle $\alpha \in \mathbb{F}_q$.*

Beweis. Die Abbildung $\tau : C \to \mathbb{F}_q \, ; x \mapsto \tau(x)$ ist eine Linearform aus $\mathrm{Lin}(C, \mathbb{F}_q)$. Wenn τ die Nullform ist, so ist ihr Kern der ganze Code C, $\mathrm{Ker}(\tau) = C$; wenn nicht, so ist $\mathrm{Ker}(\tau)$ ein $(k-1)$-dimensionaler Untervektorraum von C. $\quad\square$

Ganz entsprechend beweist man den

Satz über die Gleichverteilung der Zeichen in linearen Codes. *Es seien $C \subseteq V_n(q)$ ein linearer (n,k)-Code und $i \in \{1,2,\ldots,n\}$ ein Index. Für jedes Element $\alpha \in \mathbb{F}_q$ sei $\tau(\alpha)$ die Anzahl der Codewörter $x = x_1 x_2 \ldots x_n$ aus C mit $x_i = \alpha$. Dann gilt $\tau(0) = q^k$ oder $\tau(\alpha) = q^{k-1}$ für alle $\alpha \in \mathbb{F}_q$.*

Beweis. Die i-te Projektion $\tau : C \to \mathbb{F}_q \, ; x = x_1 x_2 \ldots x_n \mapsto x_i$ ist eine Linearform aus $\mathrm{Lin}(C, \mathbb{F}_q)$. $\quad\square$

Ein linearer Code $C \subset V_n(q)$, bei dem alle Codewörter an der i-ten Position eine Nullkomponente haben, ist überflüssig lang: Wir können diese Null aus allen Codewörtern herausstreichen; wir punktieren den Code in der i-ten Position. Ein linearer Code ohne solche universellen Nullpositionen ist nach dem Satz über die Gleichverteilung der Zeichen in linearen Codes genau dann äquidistant (Seite 181), wenn sein Minimalabstand die PLOTKIN-Schranke (Seite 182) erreicht.

8.2 Decodierfehlerwahrscheinlichkeit

Auf Seite 57ff. wurde die Decodierfehlerwahrscheinlichkeit für Kommunikationssysteme mit einem q-nären symmetrischen Kanal und einem ML-Decodierer bei Einsatz eines Blockcodes abgeschätzt. Wir wenden uns jetzt der Situation zu, daß der Übertragungskanal des Kommunikationssystems nicht unbedingt als symmetrischer Kanal ausgelegt ist.

Satz 1. *Es sei* $(F,G,(p_{i,j}))$ *ein Kanal mit einem q-nären Eingang* F *und einem r-nären Ausgang* G *und* $\delta := \max\limits_{1 \le i < h \le q} \sum\limits_{j=1}^{r} \sqrt{p_{i,j} \cdot p_{h,j}}$. *Weiterhin sei* $C \subseteq F^n$ *ein abstandshomogener Code mit dem Gewichtszeiger* $A_C(z)$. *Bei einer Maximum-Likelihood-Decodierung wird die Decodierfehlerwahrscheinlichkeit* $p_E(c)$ *für jedes Codewort* $c \in C$ *durch den Wert* $A_C(\delta) - 1$ *von oben beschränkt,* $p_E(c) \le A_C(\delta) - 1$.

Beweis. Wir nehmen zu unseren Ungunsten an, daß der Kanaldecodierer immer dann einen Decodierfehler begeht, wenn der Kanal nach der Eingabe eines Codewortes $c = c_1 c_2 \ldots c_n \in C$ ein solches Wort $y \in G^n$ ausgibt, für das ein von c verschiedenes Codewort $x \in C$ mit $p(y|x) \ge p(y|c)$ existiert. Die Decodierfehlerwahrscheinlichkeit $p_E(c)$ berechnet sich dann als

$$p_E(c) = \sum_{y \in Y} p(y|c),$$

wobei Y die Menge aller derjenigen Wörter $y \in G^n$ ist, für die ein Codewort $x \in C \setminus \{c\}$ mit $p(y|x) \ge p(y|c)$ existiert. Für jedes Codewort $x = x_1 x_2 \ldots x_n \in C \setminus \{c\}$ setzen wir

$$Y(x) := \{y \in G^n \,; p(y|x) \ge p(y|c)\} \quad \text{und} \quad \sigma(x) := \sum_{y \in Y(x)} p(y|c).$$

Für jedes Wort $y \in Y(x)$ mit $p(y|c) \ne 0$ gilt $\sqrt{p(y|x)/p(y|c)} \ge 1$. Wir multiplizieren den entsprechenden Summanden von $\sigma(x)$ mit dieser Quadratwurzel und erhalten $\sigma(x) \le \sum\limits_{y \in Y(x)} \sqrt{p(y|x) \cdot p(y|c)} \le$

$$\le \sum_{y \in G^n} \sqrt{p(y|x) \cdot p(y|c)} = \sum_{y_1, y_2, \ldots, y_n \in G} \prod_{i=1}^{n} \sqrt{p(y_i|c_i) \cdot p(y_i|x_i)} =$$

$$= \prod_{i=1}^{n} \sum_{y \in G} \sqrt{p(y|c_i) \cdot p(y|x_i)}. \text{ Für } x_i = c_i \text{ ist } \sum_{y \in G} \sqrt{p(y|c_i) \cdot p(y|x_i)} = 1.$$

Für $x_i \ne c_i$ ist $\sum\limits_{y \in G} \sqrt{p(y|c_i) \cdot p(y|x_i)} \le \delta$. Insgesamt ergibt sich damit

$\sigma(x) \le \delta^{\varrho(x,c)}$. Wegen $\bigcup\limits_{x \in C \setminus \{c\}} Y(x) = Y$ folgt

$$p_E(c) \le \sum_{x \in C \setminus \{c\}} \sigma(x) \le \sum_{x \in C \setminus \{c\}} \delta^{\varrho(x,c)} = A_C(\delta) - 1. \qquad \square$$

Beispiel. Zu Grunde gelegt sei ein Kommunikationssystem mit einem binären auslöschenden Kanal (Seite 95) der Fehlerwahrscheinlichkeit p, dem (5,2)-Code C_6 mit dem Gewichtszeiger $A_{C_6}(z) = 1 + 2 \cdot z^3 + z^4$ aus dem Beispiel auf Seite 58ff. und einem ML-Decodierer. Die Decodierfehlerwahrscheinlichkeit $p_E(c)$ wird für jedes Codewort $c \in C_6$ nach

Satz 1 für $p = 0{,}001$, $p = 0{,}01$, $p = 0{,}1$, und $p = 0{,}49$ durch die Werte $2 \cdot 10^{-9}$, $2 \cdot 10^{-6}$, $0{,}0021$ beziehungsweise $0{,}29$ nach oben beschränkt. $\square$

Für einen q-nären symmetrischen Kanal mit der Fehlerwahrscheinlichkeit p ist $\delta = \frac{p \cdot (q-2)}{q-1} + 2 \cdot \sqrt{\frac{(1-p) \cdot p}{q-1}}$. Die obere Schranke für die Decodierfehlerwahrscheinlichkeit ist hier nicht sehr scharf. Für binäre symmetrische Kanäle können wir die Schranke allerdings etwas verbessern:

Satz 2. *Für einen abstandshomogenen binären Code $C \subseteq F^n$ mit dem Gewichtszeiger $A_C(z)$ wird – bei Einsatz in einem Kommunikationssystem mit einem binären symmetrischen Kanal der Fehlerwahrscheinlichkeit $p < \frac{1}{2}$ und einem Maximum-Likelihood-Decodierer – die Decodierfehlerwahrscheinlichkeit $p_E(c)$ jedes Codewortes $c \in C$ durch den Wert*

$$\tfrac{1}{2} \cdot \big((1 + \delta) \cdot A_C(\delta) + (1 - \delta) \cdot A_C(-\delta)\big) - 1$$

mit $\delta := 2 \cdot \sqrt{(1-p) \cdot p}$ von oben beschränkt.

Beweis. Wir verwenden dieselben Bezeichnungen wie in Satz 1 und nehmen an, daß der Code C das Nullwort $c := 0$ enthalte. Damit ist die Menge Y die Menge derjenigen Wörter $y \in F^n$, für die ein Codewort $x \in C \setminus \{0\}$ mit $\gamma(y) \geq \gamma(y - x)$ existiert. Für jedes Codewort $x \in C \setminus \{0\}$ gilt $Y(x) = \{y \in F^n ; \gamma(y) \geq \gamma(y - x)\}$. Wir wählen zu jedem Wort $x \in F^n$ von ungeradem Gewicht $\gamma(x)$ ein Wort $x' \in F^n$, das man aus x durch Abänderung einer Komponente 0 in 1 erhält. Wir lassen vorläufig den Fall n ungerade und $x = 1 = 11\ldots1$ beiseite. Aus dem Satz über die gleichschenkligen Dreiecke in $V_n(2)$ auf Seite 247 folgt $Y(x) \subseteq Y(x')$ für alle Codewörter $x \in C$ mit ungeradzahligem Gewicht $\gamma(x)$. Wenn wir zu unseren Ungunsten annehmen, daß der Kanaldecodierer immer einen Decodierfehler begeht, wenn der Kanal ein Wort $y \in G^n$ ausgibt, für das ein Codewort $x \in C \setminus \{0\}$ existiert mit $p(y|x) \geq p(y|0)$, so gilt

$$p_E(0) = \sum_{\substack{y \in Y}} p(y|0) \leq \sum_{\substack{x \in C \\ \gamma(x) \equiv 1 \bmod 2}} \sigma(x') + \sum_{\substack{x \in C \setminus \{0\} \\ \gamma(x) \equiv 0 \bmod 2}} \sigma(x) \leq$$

$$\leq \sum_{i=0}^{\lfloor \frac{n-1}{2} \rfloor} A_{2 \cdot i + 1} \cdot \delta^{2 \cdot i + 2} + \sum_{i=0}^{\lfloor \frac{n}{2} \rfloor} A_{2 \cdot i} \cdot \delta^{2 \cdot i} - 1 =$$

$$= \tfrac{1}{2} \cdot \delta \cdot \big(A_C(\delta) - A_C(-\delta)\big) + \tfrac{1}{2} \cdot \big(A_C(\delta) + A_C(-\delta)\big) - 1 =$$

$$= \tfrac{1}{2} \cdot \big((1 + \delta) \cdot A_C(\delta) + (1 - \delta) \cdot A_C(-\delta)\big) - 1.$$

Um den Beweis zu vervollständigen, müssen wir zeigen, daß im Fall $A_n = 1$ (das heißt $1 \in C$) und $n = 2 \cdot m - 1$ stets $\sigma(1) \leq \delta^{n+1}$ gilt. Wir führen diese Rechnung pedantisch durch:

Es ist $\quad \sigma(1) = \sum_{i=m}^{n} \binom{n}{i} \cdot (1-p)^{n-i} \cdot p^i = (1-p)^n \cdot \sum_{i=m}^{n} \binom{n}{i} \cdot (\frac{p}{1-p})^i \quad$ und

$\delta^{n+1} = 4^m \cdot (1-p)^m \cdot p^m$. Wegen $p < \frac{1}{2} < 1-p$ gilt $\frac{1}{4} < 1-p$ und

folglich $\quad 4^m \cdot (1-p) \cdot (\frac{p}{1-p})^m > (\frac{p}{1-p})^m \cdot 2^{n-1} = (\frac{p}{1-p})^m \cdot \frac{1}{2} \cdot \sum_{i=0}^{n} \binom{n}{i} =$

$= (\frac{p}{1-p})^m \cdot \sum_{i=m}^{n} \binom{n}{i} \geq \sum_{i=m}^{n} \binom{n}{i} \cdot (\frac{p}{1-p})^i$. Wir multiplizieren diese Unglei-

chung mit $(1-p)^n$ und erhalten $\delta^{n+1} > \sigma(1)$. $\qquad \Box$

Beispiel. Zu Grunde gelegt sei ein Kommunikationssystem mit einem binären symmetrischen Kanal der Fehlerwahrscheinlichkeit $p = 0{,}001$, $p = 0{,}01$, $p = 0{,}1$ oder $p = 0{,}49$, der (5,2)-Code C_6 mit dem Gewichtszeiger $A_{C_6}(z) = 1 + 2 \cdot z^3 + z^4$ aus dem Beispiel auf Seite 58 ff. und ein ML-Decodierer. In der Tabelle sind die auf Seite 60 bestimmten genauen Werte der Decodierfehlerwahrscheinlichkeit p_E, die auf Seite 57 definierte obere Schranke $\text{Schätz}(p_E)$ und die oberen Schranken aus Satz 1 und Satz 2 aufgelistet.

p	0,001	0,01	0,1	0,49
p_E	0,000008	0,0008	0,067	0,736
$\text{Schätz}(p_E)$	0,00001	0,001	0,081	0,8
Satz 1	0,00052	0,017	0,56	2,998
Satz 2	0,000048	0,0047	0,39	2,996

$\qquad \Box$

8.3 Generatormatrizen

Es seien $n, k \in \mathbb{N}_0$ mit $n \geq k$ und $n \geq 1$, q eine Primzahlpotenz und C ein linearer (n,k)-Code über $\mathbb{F}_q$. Um den Code zu beschreiben, braucht man keine Tabelle aller Codewörter anzugeben; es reicht aus, eine Basis des k-dimensionalen Untervektorraumes C von $V_n(q)$ zu kennen.

Eine $k \times n$-Matrix

$$G = \begin{bmatrix} g_{1,1} & g_{1,2} & \cdots & g_{1,k} & g_{1,k+1} & \cdots & g_{1,n} \\ g_{2,1} & g_{2,2} & \cdots & g_{2,k} & g_{2,k+1} & \cdots & g_{2,n} \\ \vdots & \vdots & & \vdots & \vdots & & \vdots \\ g_{k,1} & g_{k,2} & \cdots & g_{k,k} & g_{k,k+1} & \cdots & g_{k,n} \end{bmatrix}$$

mit Komponenten aus $\mathbb{F}_q$ heißt eine *Generatormatrix* von C, wenn ihre Zeilenvektoren $g_i = g_{i,1}g_{i,2}\cdots g_{i,n}$, $i = 1,2,\ldots,k$, eine Basis des Untervektorraumes C von $V_n(q)$ bilden. Jedes Codewort $c = c_1c_2\ldots c_n \in C$ läßt sich mit eindeutig bestimmten Koeffizienten $x_1,x_2,\ldots,x_k \in \mathbb{F}_q$ als Linearkombination $c = \sum_{i=1}^{k} x_i\cdot g_i$ schreiben; für $j = 1,2,\ldots,n$ ist $c_j = \sum_{i=1}^{k} x_i\cdot g_{i,j}$, das heißt, für $x := x_1x_2\ldots x_k \in V_k(q)$ ist $c = x\cdot G$.

Lineare (n,k)-Codierungen sind per definitionem injektive lineare Abbildungen von $V_k(q)$ in $V_n(q)$. Das Bild $C := C(V_k(q)) \subseteq V_n(q)$ einer linearen Codierung $C \in \mathrm{Lin}(V_k(q),V_n(q))$ ist ein linearer (n,k)-Code. Die Abbildungsmatrix $G := {}_{E_k}Z(C)_{E_n}$ (zur Schreibweise siehe Seite 198) von C bezüglich der Standard-Basen E_k von $V_k(q)$ und E_n von $V_n(q)$ ist eine Generatormatrix des Codes C. Die lineare Codierung $C : V_k(q) \to C$ ordnet jedem *Informationswort* $x \in V_k(q)$ das Codewort $c = x\cdot G \in C$ zu. Umgekehrt ist die Abbildung $C : V_k(q) \to C\,; x \mapsto x\cdot G$ für jede Generatormatrix G von C eine lineare Codierung mit $G = {}_{E_k}Z(C)_{E_n}$.

Für jede lineare Codierung $C \in \mathrm{Lin}(V_k(q),V_n(q))$ und jede lineare Bijektion $\varphi \in \mathrm{GL}_k(q)$ von $V_k(q)$ auf sich ist auch die lineare Abbildung $C' := C\circ\varphi \in \mathrm{Lin}(V_k(q),V_n(q))$ eine lineare Codierung mit demselben Bildcode $C'(V_k(q)) = C := C(V_k(q))$. Umgekehrt läßt sich jede lineare Codierung $C' : V_k(q) \to C$ als Hintereinanderausführung $C' = C\circ\varphi$ einer geeigneten linearen Bijektion $\varphi \in \mathrm{GL}_k(q)$ und der Codierung C darstellen. Die zu C' gehörige Generatormatrix $G' := {}_{E_k}Z(C')_{E_n}$ ist das Produkt der Matrizen $\Phi := {}_{E_k}Z(\varphi)_{E_k}$ und $G := {}_{E_k}Z(C)_{E_n}$, $G' := \Phi\cdot G$.

Auf Seite 204f. können wir nachlesen, daß es unter den $q^k!$ bijektiven Abbildungen $\mathbb{F}_q^k \to C$ genau $q^{\binom{k}{2}}\cdot\prod_{i=1}^{k}(q^i - 1)$ lineare Codierungen gibt.

In der codierungstheoretischen Literatur – insbesondere der nachrichtentechnisch orientierten – wird mit der unzulässigen Gleichsetzung der Begriffe „Codierung" und „Code" Nebel geworfen. So heißt es auf Seite 24 in P. SWEENY, *Error control coding*, Prentice Hall 1991 (die bei Hanser erschienene deutsche Übersetzung ist ungenießbar): "Linearity is usually defined in coding theory in a way that is related to the geometry of n-dimensional space. This mathematical definition is likely to leave nonmathematicians rather cold, and so a definition in terms of the usual concepts of a linear system is often to be preferred." Unter dem Namen 'linear systems' werden dann lineare Abbildungen definiert. Weiter auf Seite 25: "This definition of linearity is in fact rather tighter than the mathematical definition of a linear code. The mathematical definition is directly equivalent to saying that the sum of two codewords, or a codeword multiplied by a scalar factor, must yield a result that is itself a codeword."

Die Zeilenstufenform einer Matrix. Der bestimmte Artikel 'die' hat vor dem Wort 'Generatormatrix' im allgemeinen nichts zu suchen. Wir wollen aus der Masse der Generatormatrizen eines linearen (n,k)-Codes C über $\mathbb{F}_q$ eine Matrix in standardisierter Normalform herausheben.

Die westlichste Nicht-Null-Komponente eines vom Nullvektor verschiedenen Zeilenvektors ist sein *Leit-* oder *Pivot-Element*. Eine $k \times n$-Matrix ohne Nullzeilen liegt in *Zeilenstufen-* oder *Staffelform* vor, wenn gilt:

1. Das Pivot-Element jeder Zeile ist 1.

2. Das Pivot-Element jeder Zeile (außer der nördlichsten) liegt östlich von dem Pivot-Element ihrer nördlichen Nachbarzeile.

3. In den k *Pivot-Spalten*, das sind die Spalten, die das Pivot-Element einer Zeile enthalten, stehen $k-1$ Nullen.

In Abweichung von dem in Vorlesungen über lineare Algebra üblichen Sprachgebrauch wird unter 3 verlangt, daß in den Pivot-Spalten nicht nur südlich der 1 sondern auch nördlich nur Nullen stehen.

Satz über die Eindeutigkeit der Zeilenstufenform. *Zwei Generatormatrizen eines linearen Codes in Zeilenstufenform sind stets identisch.*

Induktionsbeweis. Es seien F ein Körper und $G, G' \in \mathfrak{M}_{k \times n}(F)$ zwei Matrizen in Zeilenstufenform, deren Zeilenvektoren denselben k-dimensionalen Untervektorraum $C \subseteq V_n(F)$ erzeugen. Dann gibt es eine Matrix $\Phi \in \mathrm{GL}_k(F)$ mit $G' = \Phi \cdot G$.

Im Fall $k = 1$ sind die Matrizen G und G' trivialerweise identisch. Es sei nun $k > 1$. Die Pivot-Eins der k-ten Zeile von G beziehungsweise von G' befinde sich in der Spalte Nr. j beziehungsweise Nr. j'. Wir entfernen aus G und G' die Spalten Nr. $j, j+1, \ldots, n$ und erhalten zwei Matrizen $H, H' \in \mathfrak{M}_{k \times (j-1)}(F)$ in Zeilenstufenform, deren Zeilen in $V_{j-1}(F)$ denselben Untervektorraum erzeugen. Wäre nun $j \neq j'$, etwa $j' < j$, so wären die k Zeilen von H' linear unabhängig, während die letzte Zeile von H die Nullzeile wäre. Es folgt $j \neq j'$. Aus der Induktionshypothese folgt jetzt $H = H'$. Die Pivot-Spalten der Matrizen G und G' haben also dieselben Spaltennummern.

Das Produkt $\Phi \cdot e_m^{k\top}$ der Transformationsmatrix Φ mit dem als Spalte $e_m^{k\top}$ geschriebenen m-ten Standard-Einheitsvektor $e_m^k \in V_k(F)$ ist für $m = 1, 2, \ldots, k$ jeweils die m-te Spalte der Matrix Φ. Damit ist $\Phi = E_k$ die $k \times k$-Einheitsmatrix. Es folgt $G' = E_k \cdot G = G$. $\qquad\square$

Elementare Zeilenumformungen. Es sei G einer Generatormatrix eines linearen (n,k)-Codes $C \subseteq V_n(q)$. Als *elementare Zeilenumformungen* von G bezeichnet man die Operationen der folgenden drei Typen:

1. Multiplikation einer Zeile mit einem Skalar $\lambda \in \mathbb{F}_q^*$.
2. Addition einer Zeile zu einer *anderen* Zeile.
3. Vertauschung zweier Zeilen.

Wir beachten, daß sich eine elementare Zeilenumformung vom Typ 3 als Hintereinanderausführung von Zeilenumformungen der Typen 1 und 2 durchführen läßt. Der Anwendung einer elementaren Zeilenumformung entspricht die Multiplikation der Generatormatrix G mit einer Matrix $\Phi \in \mathrm{GL}_k(q)$ von links; als Ergebnis erhalten wir also wieder eine Generatormatrix $G' := \Phi \cdot G$ von C.

Der GAUSSsche Algorithmus (auch *Eliminationsverfahren nach* GAUSS-JORDAN genannt) überführt eine Generatormatrix $G = (g_{i,j}) \in \mathfrak{M}_{k \times n}(\mathbb{F}_q)$ eines linearen (n,k)-Codes $C \subseteq V_n(q)$ mit elementaren Zeilenumformungen in eine Generatormatrix von C in Zeilenstufenform:

1. Setze $i := 1 \; j := 1$.
2. Solange $i \leq k$ und $j \leq n$ ist, führe aus:
   - 2.1. Wenn $g_{h,j} = 0$ für alle $h \geq i$ ist, so setze $j \leftarrow j+1$;
   - 2.2. sonst bestimme den den kleinsten Index $h \geq i$ mit $g_{h,j} \neq 0$ und führe für $l = j, j+1, \ldots, n$ aus:
      - 2.2.1. Setze $s_l := \dfrac{g_{h,l}}{g_{h,j}}$.
      - 2.2.2. Wenn $h \neq i$ ist, so setze $g_{h,l} := g_{i,l}$.
      - 2.2.3. Setze $g_{i,l} := s_l$.
      - 2.2.4. Für $m = 1, 2, \ldots, i-1, i+1, \ldots, k$ setze
        $$g_{m,l} := g_{m,l} - g_{m,j} \cdot g_{i,l}.$$

[Kommentar: Die nordwestliche $(i-1) \times (j-1)$-Teilmatrix hat Zeilenstufenform. Die südwestliche $(k-i+1) \times (j-1)$-Teilmatrix enthält nur Nullen. Unter den Zeilen $g_i, g_{i+1}, \ldots, g_k$ wird die nördlichste Zeile g_h ausgesondert, deren Leitelement in der Spalte Nr. j steht. In 2.2.1 wird die Zeile g_h mit einer Zeilenumformung vom Typ 1 normiert und zwischengespeichert. In 2.2.2 wird die Zeile g_i in die Position Nr. h geschoben. In 2.2.3 wird die normierte Zeile g_h aus dem Zwischenspeicher in die Position Nr. i verschleppt. Die Zeilen Nr. h und Nr. i werden also mit einer elementaren Zeilenumformung vom Typ 3 vertauscht. Durch Zeilenumformungen der Typen 1 und 2 wird in 2.2.4 erreicht, daß nördlich und südlich der Pivot-Eins der (neuen) Zeile g_i nur Nullen stehen.]

   - 2.3. Setze $i \leftarrow i+1$ und $j \leftarrow j+1$.
3. Gib die Matrix $(g_{i,j})$ aus. Stop.

Wenn der GAUSSsche Algorithmus mit einer Matrix gestartet wird, deren Zeilen linear abhängig sind, so gibt er eine Matrix aus, deren nördlicher Teil Zeilenstufenform besitzt, und deren südlicher Teil nur aus Nullzeilen besteht. Vorbehaltlich späterer Schlampereien sind die Zeilen einer Generatormatrix eines linearen Codes aber stets linear unabhängig.

Satz über die Standard-Generatormatrix. *Jeder lineare Code besitzt genau eine Generatormatrix in Zeilenstufenform, seine sogenannte Standard-Generatormatrix.* □

Informationsstellen. Es seien $C \subseteq V_n(q)$ ein linearer (n,k)-Code und $G \in \mathfrak{M}_{k \times n}(\mathbb{F}_q)$ seine Standard-Generatormatrix. Die Pivot-Spalten der Matrix G seien in aufsteigender Größe (von Westen nach Osten) mit den Indizes $i_1, i_2, \ldots, i_k \in \{1, 2, \ldots, n\}$ durchnumeriert. Die Matrix G definiert als Abbildungsmatrix $G := {}_{E_k}Z(C)_{E_n}$ eine lineare Codierung $C : V_k(q) \to C \,; x \mapsto x \cdot G$. Diese lineare Codierung bildet ein Informationswort $\alpha_1 \alpha_2 \ldots \alpha_k \in V_k(q)$ stets auf ein Codewort $x := x_1 x_2 \ldots x_n \in C$ mit $x_{i_1} = \alpha_1, x_{i_2} = \alpha_2, \ldots, x_{i_k} = \alpha_k$ ab. Die Menge $\{i_1, i_2, \ldots, i_k\}$ der Pivot-Spaltennummern bildet also eine Menge von Informationsstellen (Seite 42) für den Code C.

Eine naheliegende Verallgemeinerung: Eine k-elementige Teilmenge $\{i_1, i_2, \ldots, i_k\} \subseteq \{1, 2, \ldots, n\}$ ist genau dann eine Menge von Informationsstellen eines linearen (n,k)-Codes C, wenn die Spalten $i_1, i_2, \ldots, i_k$ einer (und damit jeder) Generatormatrix von C linear unabhängig sind.

Lieber Leser, bitte fühlen Sie sich durch die folgende Konsequenz der Existenz von Mengen von Informationsstellen nicht vergackeiert, mein Drang zur formalen Pedanterie bricht durch:

Satz. *Jeder lineare (n,k)-Code ist ein (n,k)-Code.* □

Systematische lineare Codes. Es seien G eine Generatormatrix eines linearen (n,k)-Codes $C \subseteq V_n(q)$ und $\Psi := {}_{E_n}Z(\psi)_{E_n}$ die Abbildungsmatrix einer bijektiven linearen Abbildung $\psi \in \mathrm{GL}_n(q)$. Das Produkt $G \cdot \Psi \in \mathfrak{M}_{k \times n}(\mathbb{F}_q)$ ist eine Generatormatrix des linearen (n,k)-Codes $C' := \psi(C) \subseteq V_n(q)$. Der Code C' hat im allgemeinen andere Korrektureigenschaften als der Code C. Wenn aber ψ eine monomiale Abbildung (Seite 202) ist, so sind die beiden Codes nicht nur als Untervektorräume von $V_n(q)$ sondern auch als Codes isomorph (Seite 52).

Wir können davon ausgehen, daß die Generatormatrix G des Codes C in Zeilenstufenform vorliegt, daß sie also die Standard-Generatormatrix von C ist. Es seien $i_1, i_2, \ldots, i_k$ die nach aufsteigender Größe sortierten

Pivot-Spalten-Nummern. Wie auf Seite 48f. beschrieben induziert jede Permutation $\pi \in \mathfrak{S}_n$ mit $\pi(j) = i_j$ für $j = 1, 2, \ldots, k$ auf dem Vektorraum $V_n(q)$ die Äquivalenzabbildung

$$\tilde{\pi}^{-1} : x_1 x_2 \ldots x_n \mapsto x_{i_1} x_{i_2} \cdots x_{i_k} x_{\pi(k+1)} x_{\pi(k+2)} \cdots x_{\pi(n)}.$$

Die Abbildungsmatrix der linearen Bijektion $\tilde{\pi}^{-1} \in \mathrm{GL}_n(q)$ ist die Permutationsmatrix $\Pi := {}_{E_n} Z(\tilde{\pi}^{-1})_{E_n} = (\delta_{\pi^{-1}(i), j})$. Die Standard-Generatormatrix $\mathbf{G}' := \mathbf{G} \cdot \Pi$ des systematischen, zu C äquivalenten Codes $C' := \tilde{\pi}^{-1}(C)$ hat die Gestalt $\mathbf{G}' = (\mathbf{E}_k \vdots \mathbf{A})$, wobei $\mathbf{E}_k$ die $k \times k$-Einheits-Matrix und $\mathbf{A}$ eine $k \times r$-Matrix mit $r := n - k$ ist. Der Codierer berechnet das zu einem Informationswort $x \in V_k(q)$ gehörige Codewort $x \cdot \mathbf{G}' = xy \in C'$ als die Konkatenation des Informationswortes $x \in V_k(q)$ mit dem Kontrollwort $y := x \cdot \mathbf{A} \in V_r(q)$.

Reed-Muller-Codes erster Ordnung. Für jede natürliche Zahl $m \in \mathbb{N}$ definieren wir den binären linearen *Reed-Muller-Code* $\mathrm{RM}(m,1)$ *erster Ordnung* der Blocklänge $n := 2^m$ und der Dimension $m + 1$ rekursiv mittels der Anfangsbedingung

$$\mathrm{RM}(1,1) := V_2(2)$$

und der dem BAUERschen Codierungsverfahren (Seite 24) abgeguckten Rekursionsformel

$$\mathrm{RM}(m + 1, 1) := \{ xx, xx^* \in V_{2^{m+1}}(2) \; ; \; x \in \mathrm{RM}(m,1) \}.$$

Für jedes Wort $x \in V_{2^m}(2)$ ist $x^* = x + \mathbf{1}$, wobei $\mathbf{1} := 11 \ldots 1 \in V_{2^m}(2)$ das Einswort ist. Die Matrix

$$\mathbf{G}(1,1) := \begin{pmatrix} 1 & 1 \\ 0 & 1 \end{pmatrix}$$

ist eine Generatormatrix des Codes $\mathrm{RM}(1,1)$. Rekursiv bestimmen wir für $m \in \mathbb{N}$ die Generatormatrix

$$\mathbf{G}(m + 1, 1) := \begin{pmatrix} \mathbf{G}(m,1) & \mathbf{G}(m,1) \\ \mathbf{0} & \mathbf{1} \end{pmatrix}$$

des Codes $\mathrm{RM}(m + 1, 1)$; dabei ist $\mathbf{0}$ das Nullwort und $\mathbf{1}$ das Einswort der Länge 2^m.

Die erste Zeile der Matrix $\mathbf{G}(m,1)$ ist das Einswort $\mathbf{1} \in V_{2^m}(2)$. Wenn wir die 2^m Spalten von West nach Ost mit den Zahlen $0, 1, \ldots, 2^m - 1$ durchnumerieren, so erkennen wir, daß die m südlichen Bits der Spalte Nr. j von Süd nach Nord gelesen die Zahl j im Dualsystem darstellen.

Der Reed-Muller-Code $\mathrm{RM}(3,1)$ besitzt die Generatormatrix

$$\mathbf{G}(3,1) = \begin{bmatrix} 1 & 1 & 1 & 1 & 1 & 1 & 1 & 1 \\ 0 & 1 & 0 & 1 & 0 & 1 & 0 & 1 \\ 0 & 0 & 1 & 1 & 0 & 0 & 1 & 1 \\ 0 & 0 & 0 & 0 & 1 & 1 & 1 & 1 \end{bmatrix}.$$

Mit dem GAUSSschen Algorithmus überführen wir die Matrix $G(3,1)$ in Zeilenstufenform:

$$\begin{bmatrix} 1&1&1&1&1&1&1&1 \\ 0&1&0&1&0&1&0&1 \\ 0&0&1&1&0&0&1&1 \\ 0&0&0&0&1&1&1&1 \end{bmatrix} \rightarrow \begin{bmatrix} 1&0&1&0&1&0&1&0 \\ 0&1&0&1&0&1&0&1 \\ 0&0&1&1&0&0&1&1 \\ 0&0&0&0&1&1&1&1 \end{bmatrix} \rightarrow \begin{bmatrix} 1&0&0&1&1&0&0&1 \\ 0&1&0&1&0&1&0&1 \\ 0&0&1&1&0&0&1&1 \\ 0&0&0&0&1&1&1&1 \end{bmatrix} \rightarrow \begin{bmatrix} 1&0&0&1&0&1&1&0 \\ 0&1&0&1&0&1&0&1 \\ 0&0&1&1&0&0&1&1 \\ 0&0&0&0&1&1&1&1 \end{bmatrix}.$$

Der Reed-Muller-Code $RM(3,1)$ ist nicht systematisch. Wenn wir in seiner Standard-Generatormatrix erst die vierte und fünfte und dann die fünfte und achte sowie die sechste und siebente Spalte vertauschen, so erhalten wir die Standard-Generatormatrix

$$\begin{bmatrix} 1&0&0&0&1&1&1&0 \\ 0&1&0&0&1&1&0&1 \\ 0&0&1&0&1&0&1&1 \\ 0&0&0&1&0&1&1&1 \end{bmatrix}$$

des Bauer-Codes $B \subset V_8(2)$ (Seite 24).

Mit vollständiger Induktion bestätigt man, daß der Code $RM(m,1)$ den Gewichtszeiger $1 + (2^{m+1}-2) \cdot z^{2^{m-1}} + z^{2^m}$ besitzt.

Simplex-Codes. Die erste Zeile der Generatormatrix $G(m,1)$ des Reed-Muller-Codes $RM(m,1)$ ist das Einswort $1 = 11\ldots1 \in V_{2^m}(2)$; die erste Spalte enthält außer der Eins in der ersten Zeile nur Nullen. Wir entfernen aus der Matrix $G(m,1)$ die erste Zeile und erste Spalte und erhalten eine $m\times(2^m-1)$-Matrix $G'(m,1)$ mit m linear unabhängigen Zeilen. Die Matrix $G'(m,1)$ ist damit eine Generatormatrix eines linearen (n,m)-Codes der Dimension m und der Länge $n := 2^m-1$, des binären *Simplex-Codes* $SIM(m,2)$. Wir haben den Simplex-Code $SIM(m,2)$ als *Ableitung* $SIM(m,2) = \{x_1 x_2 \ldots x_n ; 0x_1 x_2 \ldots x_n \in RM(m,1)\}$ des Reed-Muller-Codes $RM(m,1)$ in der Position Nr. 0 dargestellt. Aus dem Gewichtszeiger des Codes $RM(m,1)$ entnehmen wir den Gewichtszeiger $1 + (2^m-1) \cdot z^{2^{m-1}}$ des Simplex-Codes $SIM(m,2)$; es handelt sich um einen äquidistanten Code (Seite 181).

Die 2^m-1 Spalten der Matrix $G'(m,1)$ sind gerade alle vom Nullvektor verschiedenen Vektoren aus $V_m(2)$. Da zwei vom Nullvektor verschiedene Vektoren aus $V_m(2)$ genau dann verschieden sind, wenn sie linear unabhängig sind, das heißt, wenn sie zwei verschiedene eindimensionale Untervektorräume erzeugen, können wir das auch vornehmer ausdrücken: Die Spalten der Generatormatrix $G'(m,1)$ bilden ein Repräsentantensystem der eindimensionalen Untervektorräume von $V_m(2)$. In der Sprache der projektiven Geometrie: Die Spalten der Generatormatrix $G'(m,1)$ sind die homogenen Koordinaten der Punkte des $(m-1)$-dimensionalen projektiven Raumes der Ordnung 2.

Das läßt sich nun auf beliebige Primzahlpotenzen q verallgemeinern: Für $k \in \mathbb{N}$ umfaßt der Vektorraum $V_k(q)$ genau $n := \begin{bmatrix} k \\ 1 \end{bmatrix}_q = \frac{q^k-1}{q-1}$ eindimensionale Untervektorräume (Seite 204). Aus jedem dieser Untervektorräume wählen wir einen vom Nullvektor verschiedenen Vektor und schreiben diese n Repräsentanten als Spaltenvektoren einer $k \times n$-Matrix $\mathbf{G}'(k,q)$ nebeneinander. Da die k Zeilen von $\mathbf{G}'(k,q)$ linear unabhängig sind, erzeugt diese Matrix als Generatormatrix einen q-nären linearen (n,k)-Code, den *q-nären Simplex-Code* $\mathrm{SIM}(k,q)$.

Die Matrix $\mathbf{G}'(k,q)$ und damit auch der Simplex-Code $\mathrm{SIM}(k,q)$ sind durch die Parameter q und k nicht eindeutig festgelegt, die Auswahl der Repräsentanten der eindimensionalen Untervektorräume kann im Fall $q > 2$ frei vorgenommen werden — jeder eindimensionale Untervektorraum enthält $q-1$ vom Nullvektor verschiedene Repräsentanten —, und die Anordnung der Spalten unterliegt auch keinem Zwang. Zwei Simplex-Codes, die sich nur durch die Anordnung der Spalten der sie definierenden Generatormatrizen unterscheiden, sind äquivalent. Wir bezeichnen für $i = 0,1,\ldots,n-1$ mit ‘κ_i’ den Kehrwert des Leitkoeffizienten der Spalte Nr. i einer Matrix $\mathbf{G}'(k,q)$; die lineare Konfiguration

$$\tilde{\kappa} : V_n(q) \to V_n(q) \; ; \; x_0 x_1 \ldots x_{n-1} \mapsto (\kappa_0 \cdot x_0, \kappa_1 \cdot x_1, \ldots, \kappa_{n-1} \cdot x_{n-1})$$

(Seite 49 und Seite 202) bildet den durch $\mathbf{G}'(k,q)$ definierten Simplex-Code C auf den als Code und als Untervektorraum von $V_n(q)$ isomorphen linearen Code $\tilde{\kappa}(C)$ ab. Dieser Code $\tilde{\kappa}(C)$ ist der Simplex-Code, der von der Generatormatrix erzeugt wird, deren Spalten jeweils denselben eindimensionalen Untervektorraum wie die entsprechenden Spalten von $\mathbf{G}'(k,q)$ repräsentieren, deren Leitkoeffizient aber jeweils das Einselement $1 \in \mathbb{F}_q$ ist. Insgesamt: Zu zwei Simplex-Codes derselben Parameter q und k gibt es stets eine monomiale Abbildung, die den einen in den anderen überführt. Wenn wir nun von *dem* Simplex-Code $\mathrm{SIM}(k,q)$ reden, so ist damit gemeint, daß es uns nicht auf die spezielle Version ankommt; der Code ist ja „bis auf Isomorphie" (und das als Code *und* als Vektorraum) eindeutig bestimmt.

Die Spalten jeder Generatormatrix $\mathbf{G}$ des Simplex-Codes $\mathrm{SIM}(k,q)$ bilden ein Repräsentantensystem der eindimensionalen Untervektorräume des (Spalten-)Vektorraumes $V_k(q)$; sonst gäbe es in $\mathbf{G}$ nämlich zwei linear abhängige Spalten, und die Komponenten aller Codewörter in diesen beiden Positionen wären mit einem festen Faktor proportional. Das widerspräche aber der Existenz einer den Code $\mathrm{SIM}(k,q)$ definierenden Generatormatrix $\mathbf{G}'(k,q)$.

Der $(k-1)$-dimensionale Untervektorraum des Raumes $V_k(q)$ aller als Spalten geschriebenen k-Tupel mit Komponenten aus $\mathbb{F}_q$, deren erste Komponente Null ist, besitzt $\left[\begin{smallmatrix} k-1 \\ 1 \end{smallmatrix}\right]_q = \frac{q^{k-1}-1}{q-1}$ eindimensionale Untervektorräume. Damit stehen in der ersten Zeile einer Matrix $G'(k,q)$ genau $n - \frac{q^{k-1}-1}{q-1} = q^{k-1}$ von Null verschiedene Einträge. Jedes vom Nullvektor verschiedene Codewort aus $\mathrm{SIM}(k,q)$ kann zu einer Basis des Vektorraumes $\mathrm{SIM}(k,q)$ ergänzt werden, kann als erste Zeile einer Generatormatrix des Codes $\mathrm{SIM}(k,q)$ dienen. Nach dem Ergebnis des vorangehenden Absatzes ist diese Generatormatrix eine Matrix der Gestalt $G'(k,q)$. Das Codewort hat also das HAMMING-Gewicht q^{k-1}. Der Simplex-Code $\mathrm{SIM}(k,q)$ ist also äquidistant und hat den Gewichtszeiger $1 + (q^k-1)\cdot z^{q^{k-1}}$. Die Simplex-Codes heißen wegen ihrer Äquidistanz „Simplex-Codes".

8.4 Orthogonalität

Es seien $n,k \in \mathbb{N}_0$ mit $n \geq k$ und $n \geq 1$, q eine Primzahlpotenz und $C \subseteq V_n(q)$ ein linearer (n,k)-Code über $\mathbb{F}_q$.

Das Standard-Skalarprodukt zweier als Zeilen geschriebenen Vektoren $x = x_1 x_2 \ldots x_n$, $y = y_1 y_2 \ldots y_n \in V_n(q)$ wurde auf Seite 199f. als das Matrizenprodukt $x \cdot y^\mathsf{T} = x_1 \cdot y_1 + x_2 \cdot y_2 + \ldots + x_n \cdot y_n \in \mathbb{F}_q$ der Zeile x mit der Spalte y^T definiert. Das Skalarprodukt ist *symmetrisch*, das heißt, es gilt für je zwei Vektoren $x,y \in V_n(q)$ stets $x \cdot y^\mathsf{T} = y \cdot x^\mathsf{T}$. Wir hatten zwei Vektoren $x,y \in V_n(q)$ *orthogonal* genannt, $x \perp y$, wenn $x \cdot y^\mathsf{T} = 0$ gilt. In $V_n(q)$ kann es durchaus *isotrope* Vektoren geben, das heißt vom Nullvektor verschiedene Vektoren, die zu sich selbst orthogonal sind. Ein Vektor $x \in V_n(2) \backslash \{0\}$ ist genau dann isotrop, wenn sein HAMMING-Gewicht $\gamma(x)$ geradzahlig ist.

Orthogonale Abbildungen. Eine lineare Bijektion $\varphi \in \mathrm{GL}_n(q)$ heißt *orthogonale Abbildung*, wenn für je zwei Vektoren $x,y \in V_n(q)$ stets $\varphi(x) \cdot \varphi(y)^\mathsf{T} = x \cdot y^\mathsf{T}$ gilt.

(In der geometrischen Algebra [E. ARTIN, *Geometric Algebra*, Interscience, New York 1957] heißen die orthogonalen Abbildungen bezüglich nicht ausgearteter Bilinearformen „Isometrien"; in der Codierungstheorie ist der Name „Isometrie" für die den HAMMING-Abstand erhaltenden Bijektionen vergeben.)

Wir interessieren uns hier nur für orthogonale Isometrien des Raumes $V_n(q)$ auf sich. Die Gruppe $\mathrm{LinAut}\big(V_n(q)\big)$ aller linearen Isometrien von $V_n(q)$ auf sich ist nach der Kennzeichnung der Isometrien von F^n auf Seite 50 die Gruppe $\mathrm{Mon}_n(q)$ (Seite 202) aller monomialen Abbildungen von $V_n(q)$ auf sich. Eine monomiale Abbildung $\varphi \in \mathrm{Mon}_n(q)$ überführt für $i = 1, 2, \ldots, n$ den Standard-Einheitsvektor e_i jeweils in einen Vektor $\varepsilon_i \cdot e_{\pi(i)}$ mit $\varepsilon_i \in \mathbb{F}_q^*$ und $\pi \in \mathfrak{S}_n$. Wenn φ orthogonal ist, so gilt $1 = e_i \cdot e_i = \varepsilon_i^2 \cdot e_{\pi(i)} \cdot e_{\pi(i)} = \varepsilon_i^2$, also $\varepsilon_i \in \{+1, -1\}$. Umgekehrt ist jede monomiale Abbildung, deren Abbildungsmatrix sich als Produkt einer Diagonalmatrix mit den Komponenten $+1$ und -1 in der Hauptdiagonalen und einer Permutationsmatrix schreiben läßt, eine orthogonale Abbildung. Im Fall der Charakteristik 2 ist $+1 = -1$, und die Gruppe der orthogonalen Isometrien von $V_n(q)$ auf sich ist die Gruppe $\mathrm{Äqu}_n(q)$ aller Äquivalenzabbildungen von $V_n(q)$.

Auf einer Tagung in Hamburg im Juli 1969 saß ich [W. H.] beim Mittagessen neben ERNST WITT und fühlte mich so, wie sich ein Amateur-Fußballer der Jugend-Mannschaft eines Provinz-Vereins mit FRANZ BECKENBAUER als Tischnachbar vorkommen muß. WITT sah mich aufmunternd an und erwartete Unterhaltung. In meiner Not stellte ich ihm die zwei Tage vorher von H. S. M. COXETER gehörte „Intelligenzaufgabe" nach einem Beweis des Satzes, daß die Summe zweier aufeinanderfolgender Primzahlen ≥ 3 stets mindestens drei Primfaktoren enthält. WITT schloß kurz die Augen und rührte grimmig seine Suppe um. Ich wünschte mir den Weltuntergang. Doch plötzlich lächelte WITT: „Eine Intelligenzaufgabe für Sie. Bestimmen Sie alle ganzzahligen orthogonalen Matrizen!" – Unfähig, irgendeinen klaren Gedanken zu fassen, stocherte ich in meinen Kartoffeln herum.

Der orthogonale Code $C^\perp$ eines linearen Codes $C \subseteq V_n(q)$ ist der zu dem Untervektorraum $C \subseteq V_n(q)$ orthogonale Untervektorraum

$$C^\perp = \{ x \in V_n(q) \; ; \; \forall\, c \in C \quad x \cdot c^\mathsf{T} = 0 \}.$$

In der Codierungstheorie ist für den zu C orthogonalen Code $C^\perp$ die irreführende Bezeichnung „dualer Code" gebräuchlich. Dieser Unsinn muß beendet werden! Der Code C heißt *selbstorthogonal*, wenn $C^\perp = C$ gilt; alle vom Nullvektor verschiedenen Codewörter eines selbstorthogonalen Codes sind isotrop. Der Generatormatrix $\begin{bmatrix} 1 & 0 & 0 & 0 & 0 & 1 & 1 & 1 \\ 0 & 1 & 0 & 0 & 1 & 0 & 1 & 1 \\ 0 & 0 & 1 & 0 & 1 & 1 & 0 & 1 \\ 0 & 0 & 0 & 1 & 1 & 1 & 1 & 0 \end{bmatrix}$ des Bauer-Codes (Seite 24) sehen wir an, daß dieser binäre, lineare (8,4)-Code selbstorthogonal ist.

Doppelt-gerade Codes sind binäre lineare Codes, deren Codewörter ein durch 4 teilbares HAMMING-Gewicht haben. Die Reed-Muller-Codes $\mathrm{RM}(m,1)$ erster Ordnung (Seite 256 f.) sind für $m \geq 3$ doppelt-gerade, insbesondere ist der Bauer-Code als äquivalente Version des Reed-Muller-Codes RM(3,1) (Seite 257) doppelt-gerade. Die binären Simplex-Codes SIM(k,2) (Seite 257) sind für $k \geq 3$ doppelt-gerade.

Satz über doppelt-gerade Codes. *Ein selbstorthogonaler binärer, linearer Code ist bereits dann doppelt-gerade, wenn er eine Generatormatrix besitzt, deren Zeilen alle ein durch 4 teilbares* HAMMING-*Gewicht haben.*

Beweis. In $V_n(2)$ haben zwei zueinander orthogonale Vektoren a,b mit $\gamma(a) \equiv \gamma(b) \equiv 0 \bmod 4$ stets in einer geraden Anzahl α von Positionen gemeinsam die Komponente 1. Damit ist auch

$$\gamma(a+b) \;=\; \gamma(a)+\gamma(b)-2\cdot\alpha \;\equiv\; 0 \bmod 4. \qquad\qquad \square$$

Kontrollmatrizen. Eine Generatormatrix $\mathbf{H}$ des zu C orthogonalen Codes $C^{\perp}$ wird *Kontrollmatrix* von C genannt. Ein Vektor $z \in V_n(q)$ ist genau dann ein Codewort aus C, wenn z zu allen Vektoren einer Basis von $C^{\perp}$ orthogonal ist, das heißt genau dann, wenn $\mathbf{H}\cdot z^{\mathsf{T}} = 0$ ist.

Wir setzen $r := n - k$ und konstruieren ausgehend von der Standard-Generatormatrix $\mathbf{G}$ des Codes C eine Kontrollmatrix von C. Der Übersichtlichkeit wegen nehmen wir an, daß C ein systematischer Code sei. Die Generatormatrix hat dann die Gestalt $\mathbf{G} = (\mathbf{E}_k \vdots \mathbf{A})$, wobei $\mathbf{E}_k \in \mathfrak{M}_{k\times k}(\mathbb{F}_q)$ die Einheitsmatrix und $\mathbf{A} \in \mathfrak{M}_{k\times r}(\mathbb{F}_q)$ eine $k\times r$-Matrix ist. Es sei $c = xy \in V_n(q)$ ein als Konkatenation zweier Vektoren $x \in V_k(q)$ und $y \in V_r(q)$ geschriebener Zeilenvektor. (Daß es sich bei dem Vektor $xy \in V_n(q)$ nicht um den Skalar $x\cdot y = x\cdot y^{\mathsf{T}} \in \mathbb{F}_q$ handelt, erkennt man am fehlenden Malpunkt '$\cdot$'.) Auf Seite 256 haben wir gesehen, daß der Vektor c genau dann ein Codewort aus C ist, wenn $y = x\cdot\mathbf{A}$ gilt. Das ist genau dann der Fall, wenn $(-\mathbf{A}^{\mathsf{T}} \vdots \mathbf{E}_r)\cdot c^{\mathsf{T}} = y^{\mathsf{T}} - \mathbf{A}^{\mathsf{T}}\cdot x^{\mathsf{T}} = y^{\mathsf{T}} - (x\cdot\mathbf{A})^{\mathsf{T}} = 0$ ist. Damit ist die $r\times n$-Matrix $\mathbf{H} := (-\mathbf{A}^{\mathsf{T}} \vdots \mathbf{E}_r) \in \mathfrak{M}_{r\times n}(\mathbb{F}_q)$ eine Kontrollmatrix des systematischen linearen (n,k)-Codes C, seine *Standard-Kontrollmatrix.* Wenn der Code C nicht systematisch ist, gehen wir mit Hilfe einer geeigneten (orthogonalen) Äquivalenzabbildung zu einem äquivalenten systematischen Code C' über, bestimmen dessen Standard-Kontrollmatrix $\mathbf{H}'$, und erhalten mit einer Permutation der Spalten daraus eine Kontrollmatrix $\mathbf{H}$ von C.

Als Nebenergebnis dieser Konstruktion erhalten wir eine Bestätigung der auf Seite 200 erwähnten Tatsache über die Dimension des zu einem linearen (n,k)-Code C orthogonalen Codes $C^{\perp}$:

$$\dim C^{\perp} \;=\; r \;=\; n - k \;=\; \operatorname{codim} C.$$

Jeder selbstorthogonale lineare (n,k)-Code hat die Dimension $k = \frac{n}{2}$.

Minimalabstand. Manchmal ist es zweckmäßig, die Spalten einer Kontrollmatrix H eines linearen (n,k)-Codes $C \subseteq V_n(q)$ als Elemente des Erweiterungskörpers $\mathbb{F}_{q^r}$ des Grundkörpers $\mathbb{F}_q$ zu betrachten. Dann ist $H \in \mathfrak{M}_{1 \times n}(\mathbb{F}_{q^r})$ eine einzeilige Matrix, ein Vektor aus $V_n(q^r)$.

Untere Abschätzung des Minimalabstandes linearer Codes. *Es seien $C \subseteq V_n(q)$ ein linearer (n,k)-Code mit dem Minimalabstand d, M eine n-spaltige Matrix mit Komponenten aus einer Körpererweiterung K von $\mathbb{F}_q$ mit $M \cdot c^\mathsf{T} = 0$ für alle Codewörter $c \in C$ und $\delta \in \mathbb{N}$ eine natürliche Zahl. Wenn je $\delta - 1$ Spalten von M über $\mathbb{F}_q$ linear unabhängig sind, so ist $d \geq \delta$.*

Beweis. Wir nehmen $d < \delta$ an. Der Code C enthalte ein vom Nullvektor 0 verschiedenes Codewort $l := \lambda_1 \lambda_2 \ldots \lambda_n \in C \subseteq V_n(q)$ mit dem HAMMING-Gewicht $\gamma(l) = d \leq \delta - 1$. Es sei $\{j_1, j_2, \ldots, j_{\delta-1}\}$ eine solche Teilmenge von Positionen, die die Indizes $j \in \{1, 2, \ldots, n\}$ enthält, für die $\lambda_j \neq 0$ gilt. Wir bezeichnen die n Spalten von M der Reihe nach mit $s_1^\mathsf{T}, s_2^\mathsf{T}, \ldots, s_n^\mathsf{T}$; es ist $0 = M \cdot l^\mathsf{T} = \sum_{j=1}^{n} s_j^\mathsf{T} \cdot \lambda_j = \sum_{i=1}^{\delta-1} s_{j_i}^\mathsf{T} \cdot \lambda_{j_i}$. Damit gibt es im Widerspruch zur Voraussetzung, daß je $\delta - 1$ Spalten von M linear unabhängig sind, eine nichttriviale Linearkombination der Vektoren $s_{j_1}, s_{j_2}, \ldots, s_{j_{\delta-1}}$ (mit Koeffizienten $\lambda_{j_i} \in \mathbb{F}_q$), die den Nullvektor 0 darstellt. $\qquad\Box$

Wenn $K = \mathbb{F}_q$ und $H := M$ eine Kontrollmatrix von C ist, so liefert uns ein „Minimalgewichtswort" $d \in C$ eine Menge von d linear abhängigen Spalten von H. Damit gilt der

Satz über den Minimalabstand linearer Codes. *Es seien $C \subseteq V_n(q)$ ein linearer (n,k)-Code, $H \in \mathfrak{M}_{r \times n}(\mathbb{F}_q)$ eine Kontrollmatrix von C und $\delta \in \mathbb{N}$ eine natürliche Zahl. Der Code C hat genau dann den Minimalabstand δ, wenn je $\delta - 1$ Spalten von H linear unabhängig sind, und wenn δ linear abhängige Spalten existieren.* $\qquad\Box$

Spurcodes. Wenn wir zu einer Körpererweiterung $\mathbb{F}_{q^m}$ von $\mathbb{F}_q$ übergehen, so erzeugen die Codewörter aus C in $V_n(q^m)$ einen linearen (n,k)-Code $D \subseteq V_n(q^m)$. Jede Generator- oder Kontrollmatrix von C ist auch wieder eine Generator- oder Kontrollmatrix von D. Nach dem Satz über den Minimalabstand linearer Codes hat dann D denselben Minimalabstand wie C. Ist umgekehrt $D \subseteq V_n(q^m)$ ein linearer (n,k)-Code, so kann der lineare *Spurcode* $C := D \cap V_n(q)$ eine kleinere Dimension und einen größeren Minimalabstand als D haben.

Hamming-Codes. Es sei $r \in \mathbb{N}$ eine natürliche Zahl. Der auf Seite 30 behandelte binäre Hamming-Code $\mathrm{HAM}(r,2)$ ist ein linearer (n,k)-Code der Länge $n := 2^r - 1$ und der Dimension $k := n - r$ mit dem Minimalabstand $d = 3$. Nach dem Satz über den Minimalabstand linearer Codes befindet sich unter den n Spalten einer Kontrollmatrix $\mathbf{H}$ des Codes $\mathrm{HAM}(r,2)$ weder der Nullvektor, noch gibt es zwei identische Spalten. Damit sind die n Spalten der Matrix $\mathbf{H}$ gerade die $n = 2^r - 1$ vom Nullvektor verschiedenen Vektoren aus $V_r(2)$; die Kontrollmatrix $\mathbf{H}$ von $\mathrm{HAM}(r,2)$ ist also eine Generatormatrix des binären Simplex-Codes $\mathrm{SIM}(r,2)$ (Seite 257). Es folgt $\mathrm{HAM}(r,2) = \mathrm{SIM}(r,2)^{\perp}$ und damit auch $\mathrm{HAM}(r,2)^{\perp} = \mathrm{SIM}(r,2)$. Dabei ist der Hamming-Code $\mathrm{HAM}(r,2)$ wie der Simplex-Code $\mathrm{SIM}(r,2)$ durch die Parameter $q = 2$ und $r \in \mathbb{N}$ nur „bis auf Äquivalenz" eindeutig definiert.

Der Körper $\mathbb{F}_{2^r}$ kann als der r-dimensionale $\mathbb{Z}_2$-Vektorraum $V_r(2)$ aufgefaßt werden. Ist $\zeta \in \mathbb{F}_{2^r}$ ein primitives Element (Seite 226), so ist die Zeile $\mathbf{H} := (1, \zeta, \zeta^2, \dots, \zeta^{n-1})$ eine Kontrollmatrix einer Version des Hamming-Codes $\mathrm{HAM}(r,2)$. Ein Wort $c = c_0 c_1 \dots c_{n-1} \in V_n(2)$ ist genau dann ein Codewort, wenn $\sum_{i=0}^{n-1} c_i \cdot \zeta^i = 0$ ist, das heißt genau dann, wenn das Polynom $\sum_{i=0}^{n-1} c_i \cdot z^i \in \mathbb{Z}_2[z]$ vom Minimalpolynom $m_\zeta(z)$ von ζ über $\mathbb{Z}_2$ geteilt wird. Diese Darstellung von $\mathrm{HAM}(r,2)$ als „zyklischer" Code wird in Kapitel 9 genauer studiert.

Es sei nun q eine beliebige Primzahlpotenz. Wir definieren den q-*nären Hamming-Code* $\mathrm{HAM}(r,q) \subseteq V_n(q)$ der Länge $n := \frac{q^r - 1}{q - 1}$ als den zum Simplex-Code $\mathrm{SIM}(r,q)$ orthogonalen Code, $\mathrm{HAM}(r,q) := \mathrm{SIM}(r,q)^{\perp}$. Je zwei Spalten einer Generatormatrix von $\mathrm{SIM}(r,q)$ sind linear unabhängig. Nach dem Satz über den Minimalabstand linearer Codes hat der Hamming-Code $\mathrm{HAM}(r,q)$ den Minimalabstand $d = 3$. Wir setzen die Parameter des Hamming-Codes $\mathrm{HAM}(r,q)$ in die HAMMING-Schranke (Seite 184) ein und stellen fest, daß er ein perfekter Code ist.

Italienisches Toto. Im italienischen Fußballtoto kann man allwöchentlich den Ausgang von 13 Fußballspielen prognostizieren ($\textcircled{1}$ = Heimsieg, $\otimes$ = Unentschieden, $\textcircled{2}$ = Gastsieg). Um mit Sicherheit den ersten Rang zu gewinnen, — wer hat die Mittel, einige hochbezahlte Profispieler zu bestechen?! — müssen wir notgedrungen $3^{13} = 1594323$ Tipreihen ausfüllen. Um mit Sicherheit mindestens den 2. Rang (12 Richtige) zu erlangen, brauchen wir nur $3^{10} = 59049$ Tipreihen auszufüllen: Wir deuten die 3^{13}

264   8 Lineare Codes

möglichen Tips als Vektoren aus $V_{13}(3)$ und füllen 3^{10} Tipreihen mit solchen Tips aus, die den Codewörtern des (13,10)-Hamming-Codes HAM(3,3) entsprechen. In der abgeschlossenen Kugel mit dem Radius 1 um den Vektor als Mittelpunkt, der dem richtigen Tip entspricht, liegt genau ein Codewort; der Code HAM(3,3) ist ja perfekt und 1-fehlerkorrigierend. Diesem Codewort entspricht eine Tipreihe mit 12 oder 13 richtigen Tips. Für experimentelle Mathematiker eine Kontrollmatrix des (13,10)-Hamming-Codes HAM(3,3) zum Ausprobieren:

$$\begin{bmatrix} \otimes & \otimes & \otimes & \otimes & ① & ① & ① & ① & ① & ① & ① & ① & ① \\ \otimes & ① & ① & ① & \otimes & \otimes & \otimes & ① & ① & ① & ② & ② & ② \\ ① & \otimes & ① & ② & \otimes & ① & ② & \otimes & ① & ② & \otimes & ① & ② \end{bmatrix}.$$

Lineare MDS-Codes. Nach dem Satz über den Minimalabstand linearer Codes von Seite 262 ist ein linearer (n,k)-Code über $\mathbb{F}_q$ genau dann ein MDS-Code (Seite 179), wenn er eine Kontrollmatrix H hat, in der je $r := n - k$ Spalten linear unabhängig sind.

Für jeden linearen (n,k)-MDS-Code $C \subseteq V_n(q)$ ist der orthogonale Code $C^\perp$ ein (n,r)-MDS-Code; in der Tat enthält $C^\perp$ außer dem Nullwort kein weiteres Wort c mit mindestens $n - k$ Nullkomponenten, denn sonst gäbe es eine Kontrollmatrix H von C, die c als Zeile besäße; in dieser Matrix wären aber die $n - k$ Spalten, in denen c Nullkomponenten besitzt, widersprüchlicherweise linear abhängig. Also hat das Minimalgewicht und damit auch der Minimalabstand von $C^\perp$ mindestens den Wert $k + 1 = n - r + 1$; die SINGLETON-Schranke (Seite 178) besagt jetzt, daß $C^\perp$ den Minimalabstand $k + 1 = n - r + 1$ besitzt.

Ein linearer (n,k)-Code über $\mathbb{F}_q$ ist also genau dann ein MDS-Code, wenn je k Spalten einer Generatormatrix linear unabhängig sind.

Streichen wir bei einem linearen (n,k)-MDS-Code mit $n > k$ die letzte Komponente aller Codewörter, so entsteht ein linearer $(n-1,k)$-MDS-Code. Wir werden also nach Beispielen linearer (n,k)-MDS-Codes möglichst großer Blocklänge n Ausschau halten.

Es seien $q \in \mathbb{N}$ eine Primzahlpotenz, $k \in \mathbb{N}_0$ eine ganze Zahl mit $k \leq q - 1$, $r := q + k - 1$ und $\mathbb{F}_q = \{\alpha_1 := 0, \alpha_2 := 1, \alpha_3, \ldots, \alpha_q\}$ der endliche Körper der Ordnung q. Wir betrachten die $r \times (q + 1)$-Matrix

$$
\mathbf{H} := \begin{bmatrix}
1 & 1 & \cdots & 1 & 1 & 0 \\
\alpha_2 & \alpha_3 & \cdots & \alpha_q & 0 & 0 \\
\alpha_2^2 & \alpha_3^2 & \cdots & \alpha_q^2 & 0 & 0 \\
\vdots & \vdots & & \vdots & \vdots & \vdots \\
\alpha_2^{r-1} & \alpha_3^{r-1} & \cdots & \alpha_q^{r-1} & 0 & 1
\end{bmatrix}.
$$

Die Berechnung der Determinante jeder r-spaltigen Untermatrix von $\mathbf{H}$ läuft auf die Berechnung der Determinante einer VANDERMONDEschen Matrix (Seite 201) hinaus. Damit sind je r Spalten linear unabhängig, und $\mathbf{H}$ ist die Kontrollmatrix eines linearen $(q+1,k)$-MDS-Codes über dem Körper $\mathbb{F}_q$. Zusammen mit der Vorbemerkung folgt:

Satz. *Zu jeder Primzahlpotenz q, zu jeder natürlichen Zahl $n \leq q+1$ und jeder ganzen Zahl k mit $0 \leq k \leq n$ gibt es einen linearen (n,k)-MDS-Code der Ordnung q.* □

Mit Ausnahme der Ordnungen q, die Potenzen von 2 sind, sind keine nichttrivialen (n,k)-MDS-Codes einer Länge $n > q+1$ bekannt.

Es sei nun q eine Potenz von 2. Für $\alpha,\beta \in \mathbb{F}_q$ mit $\beta \neq \alpha$ gilt

$$
\det \begin{bmatrix}
1 & 1 & 0 \\
\alpha & \beta & 1 \\
\alpha^2 & \beta^2 & 0
\end{bmatrix} = \beta^2 - \alpha^2 = (\beta - \alpha)^2 \neq 0;
$$

damit sind auch je drei Spalten der $3 \times (q+2)$-Matrix

$$
\begin{bmatrix}
1 & 1 & \cdots & 1 & 1 & 0 & 0 \\
\alpha_2 & \alpha_3 & \cdots & \alpha_q & 0 & 1 & 0 \\
\alpha_2^2 & \alpha_3^2 & \cdots & \alpha_q^2 & 0 & 0 & 1
\end{bmatrix}
$$

linear unabhängig:

Satz. *Zu jeder Potenz q von 2 gibt es einen linearen $(q+2,3)$-MDS-Code der Ordnung q.* □

In Abschnitt 8.11 (Seite 323ff.) werden wir oberen Schranken für die Blocklänge n (auch nicht-linearer) (n,k)-MDS-Codes einer gegebenen Ordnung $q \in \mathbb{N}$ nachjagen.

Der Gewichtszeiger des orthogonalen Codes. Es sei $S \subseteq V_n(q)$ eine Menge von Vektoren und $A_S(z) = \sum\limits_{i=0}^{n} A_i \cdot z^i$ ihr Gewichtszeiger. Wir definieren die MACWILLIAMS-*Transformation*

$$
B_S(z) := \bigl(1 + (q-1) \cdot z\bigr)^n \cdot A_S\bigl(\tfrac{1-z}{1+(q-1)\cdot z}\bigr) \in \mathbb{Z}[z]
$$

des Gewichtszeigers $A_S(z)$ von S. Wir beachten, daß das Polynom $B_S(z)$ nicht nur vom Polynom $A_S(z)$, sondern auch von der Zahl n abhängt.

Für je zwei disjunkte Teilmengen $S, T \subseteq V_n(q)$ gelten die *additiven Transformationsformeln*

$$A_{S \cup T}(z) = A_S(z) + A_T(z) \quad \text{und} \quad B_{S \cup T}(z) = B_S(z) + B_T(z).$$

Es seien $n_1, n_2 \in \mathbb{N}$ zwei natürliche Zahlen mit $n_1 + n_2 = n$ und $C \subseteq V_n(q), C_1 \subseteq V_{n_1}(q), C_2 \subseteq V_{n_2}(q)$ drei Codes. Wir sagen, der Code C sei in die Codes C_1 und C_2 *zerlegbar* und schreiben dann $C \cong C_1 \boxplus C_2$, wenn C zu dem Code $\{c_1 c_2 \in V_n(q) \, ; \, c_1 \in C_1, c_2 \in C_2\}$ der konkatenierten Codewörter von C_1 und C_2 äquivalent ist. Für jeden in die Codes C_1 und C_2 zerlegbaren Code C ist auch $C^\perp \cong C_1^\perp \boxplus C_2^\perp$, und es gelten die *multiplikativen Transformationsformeln*

$$A_C(z) = A_{C_1}(z) \cdot A_{C_2}(z) \quad \text{und} \quad B_C(z) = B_{C_1}(z) \cdot B_{C_2}(z).$$

Die MacWilliams-Identitäten. *Es sei* $C \subseteq V_n(q)$ *ein linearer* (n, k)-*Code mit dem Gewichtszeiger* $A_C(z)$. *Dann berechnet sich der Gewichtszeiger des zu* C *orthogonalen Codes* $C^\perp$ *als* $A_{C^\perp}(z) = \frac{1}{q^k} \cdot B_C(z)$.

Frau F. J. MacWilliams veröffentlichte unter dem Titel *A theorem on the distribution of weights in a systematic code*, Bell Systems Technical Journal 42, 79-84 (1969) einen Beweis, der von den Charakteren der Gruppe $V_n(q)$ über dem Körper $\mathbb{C}$ der komplexen Zahlen Gebrauch macht. R. A. Brualdi, V. S. Pless, J. S. Beissinger, *On the MacWilliams identities for linear codes*, Linear Algebra and its Applications 107, 181-189 (1988) geben einen kombinatorischen Beweis. S. C. Chang und J. K. Wolf, *A simple proof of the MacWilliams' identity for linear codes*, IEEE Transactions on Information Theory 26, 476-477 (1980) benutzen die Decodierfehlerwahrscheinlichkeit zu einer alternativen Herleitung. Mit stolzgeschwellter Brust präsentiert hier ein Doktorvater den an Kürze und Einfachheit wohl kaum zu unterbietenden

Induktionsbeweis von Thomas Honold (1994): Im Fall $n = 1$ gibt es nur die zwei Möglichkeiten $C = \{0\}$ und $C = \mathbb{F}_q$. Für $C = \{0\}$ ist

$$\frac{1}{q^k} \cdot B_C(z) = 1 + (q - 1) \cdot z = A_{C^\perp}(z);$$

für $C = \mathbb{F}_q$ ist

$$\frac{1}{q^k} \cdot B_C(z) = \frac{1}{q} \cdot \left(1 + (q - 1) \cdot z\right) \cdot \left(1 + (q - 1) \cdot \frac{1 - z}{1 + (q - 1) \cdot z}\right) = 1 = A_{C^\perp}(z).$$

Im Fall $n > 1$ können wir C als unzerlegbar voraussetzen, da sonst die Behauptung mit Induktion aus den multiplikativen Transformationsformeln folgt. Es seien nun:

$C_0 \subset V_n(q)$ der lineare $(n, k - 1)$-Code, der aus denjenigen Codewörtern $c_1 c_2 \ldots c_n \in C$ besteht, deren n-te Komponente $c_n = 0$ ist,

$C' \subset V_{n-1}(q)$ der lineare $(n - 1, k)$-Code, der aus C durch Streichung der n-ten Komponente c_n jedes Codewortes $c_1 c_2 \ldots c_{n-1} c_n \in C$ entsteht,

$C_0' \subset V_{n-1}(q)$ der lineare $(n-1, k-1)$-Code, der aus C_0 durch Streichung der n-ten Komponente 0 jeden Codewortes $c_1 c_2 \dots c_{n-1} 0 \in C_0$ entsteht,

$C_1 := C \setminus C_0$ die Menge aller Codewörter $c_1 c_2 \dots c_n \in C$ mit $c_n \neq 0$,

$C_1' := C' \setminus C_0'$ die Menge aller Präfixe $c_1 c_2 \dots c_{n-1}$ der Länge $n-1$ von Codewörtern $c_1 c_2 \dots c_{n-1} c_n \in C$ mit $c_n \neq 0$.

Aus den additiven Transformationsformeln folgt

$$A_{C'}(z) \;=\; A_{C_0'}(z) + A_{C_1'}(z) \;=\; A_{C_0}(z) + \tfrac{1}{z} \cdot A_{C_1}(z)$$

und

$$B_{C'}(z) \;=\; B_{C_0'}(z) + \frac{(1+(q-1)\cdot z)^n}{1-z} \cdot A_{C_1}\!\left(\frac{1-z}{1+(q-1)\cdot z}\right) \;=\; B_{C_0'}(z) + \frac{1}{1-z} \cdot B_{C_1}(z).$$

Es seien $a \in C$ ein Codewort, dessen letzte Komponente den Wert 1 hat, etwa $a = a_1 a_2 \dots a_{n-1} 1$, und $A = \{ \lambda \cdot a \,;\, \lambda \in \mathbb{F}_q \}$ der von a in $V_n(q)$ erzeugte eindimensionale Untervektorraum. Dann läßt sich C als die innere direkte Summe $C = C_0 \oplus A$ (Seite 196) schreiben.

Es sei $x = x_1 x_2 \dots x_{n-1} x_n \in C^{\perp}$. Dann ist $x_n = -\sum_{i=1}^{n-1} a_i \cdot x_i$. Wenn $x_1 x_2 \dots x_{n-1} \in C'^{\perp}$ gilt, so ist $x_n = 0$, wenn $x_1 x_2 \dots x_{n-1} \in C_0'^{\perp} \setminus C'^{\perp}$ gilt, so ist $x_n \neq 0$. Wir folgern

$$A_{C^{\perp}}(z) \;=\; A_{C'^{\perp}}(z) + z \cdot \left(A_{C_0'^{\perp}}(z) - A_{C'^{\perp}}(z) \right).$$

Nach Induktionsvoraussetzung gilt

$$A_{C'^{\perp}}(z) \;=\; \tfrac{1}{q^k} \cdot B_{C'}(z) \quad \text{und} \quad A_{C_0'^{\perp}}(z) \;=\; \tfrac{1}{q^{k-1}} \cdot B_{C_0'}(z).$$

Wir sammeln:

$$A_{C^{\perp}}(z) \;=\; \tfrac{1-z}{q^k} \cdot B_{C'}(z) + \tfrac{z}{q^{k-1}} \cdot B_{C_0'}(z) \;=$$

$$=\; \tfrac{1}{q^k} \cdot \left((1+(q-1)\cdot z) \cdot B_{C_0'}(z) + B_{C_1}(z) \right) \;=\; \tfrac{1}{q^k} \cdot \left(B_{C_0}(z) + B_{C_1}(z) \right) \;=$$

$$=\; \tfrac{1}{q^k} \cdot B_C(z). \qquad \square$$

Der Gewichtszeiger der Hamming-Codes. Für $r \in \mathbb{N}$ berechnet sich der Gewichtszeiger des q-nären Hamming-Codes $\mathrm{HAM}(r,q)$ mit Hilfe der MacWilliams-Identitäten aus dem Gewichtszeiger

$$A_{\mathrm{SIM}(r,q)}(z) \;=\; 1 + (q^r - 1) \cdot z^{q^{r-1}}$$

des zu ihm orthogonalen Simplex-Codes $\mathrm{SIM}(r,q)$ als

$$A_{\mathrm{HAM}(r,q)}(z) = \tfrac{1}{q^r} \cdot \left((1-z+q\cdot z)^{\frac{q^r-1}{q-1}} + (q^r-1) \cdot (1-z+q\cdot z)^{\frac{q^{r-1}-1}{q-1}} \cdot (1-z)^{q^{r-1}} \right).$$

8.5 Syndrom-Decodierung

Wir betrachten einen systematischen linearen (n,k)-Code $C \subseteq V_n(q)$ mit mit der Standard-Generatormatrix $G = (E_k \vdots A)$, wobei $E_k \in \mathfrak{M}_{k \times k}(\mathbb{F}_q)$ die Einheitsmatrix und $A \in \mathfrak{M}_{k \times r}(\mathbb{F}_q)$ eine $k \times r$-Matrix $(r := n - k)$ ist (Seite 256). Der Code C werde in einem Kommunikationssystem eingesetzt, dessen q-närer symmetrischer Kanal die Fehlerwahrscheinlichkeit $p < \frac{q-1}{q}$ besitze: Der Codierer $C : V_k(q) \to V_n(q)$ ordne jedem *Informationswort* $b = b_1 b_2 \ldots b_k \in V_k(q)$ das *Codewort* $c := C(b) := b \cdot G \in C$ zu, die Konkatenation $C(b) = (b, b \cdot A)$ des Informationswortes $b \in V_k(q)$ und des *Kontrollwortes* $b \cdot A \in V_r(q)$.

Wir beschreiben einen Maximum-Likelihood-Decodierer, der mit dem verbesserten Decodieralgorithmus des dichtesten Codewortes (Seite 45f.) arbeitet. Die algebraische Struktur des linearen Codes C erlaubt es, diesen Algorithmus erheblich effizienter als bei einem systematischen, aber nichtlinearen (n,k)-Code zu gestalten.

Nach der Eingabe des Codewortes $c = C(b)$ gibt der Kanal auf Grund der Störungen ein eventuell verändertes Wort, das *Kanalwort* $w \in V_n(q)$ aus. Der Differenzvektor $f := w - c \in V_n(q)$ wird *Fehlervektor* oder *Fehlermuster* [error pattern] genannt. Die Rauschquelle des Kanals ist ein Apparat, der einen vorgegebenen Vektor $f \in V_n(q)$ vom HAMMING-Gewicht $\gamma := \gamma(f)$ mit der Wahrscheinlichkeit $(1-p)^{n-\gamma} \cdot (\frac{p}{q-1})^\gamma$ zu einem in den Kanal eingegebenen Codewort c addiert: $w = c + f$. Der Kanaldecodierer kennt nur das Wort w. Wenn er den Fehlervektor f ermitteln kann, so kann er das ursprüngliche Codewort $c = w - f$ berechnen. Der Fehlervektor f liegt in der Nebenklasse $w + C$ des k-dimensionalen Untervektorraumes C von $V_n(q)$.

Der ML-Decodierer nimmt an, daß der zu dem (ihm unbekannten) ursprünglichen Codewort c addierte (ihm ebenfalls unbekannte) Fehlervektor ein minimales Hamming-Gewicht habe. Unter den (möglicherweise mehreren) Vektoren minimalen Gewichts jeder Nebenklasse $w + C$ sei willkürlich ein als *Anführer* [coset leader] bezeichneter Vektor $a \in w + C$ ausgewählt. Der Kanaldecodierer hält den Anführer a der Nebenklasse $w + C = a + C$ für den Fehlervektor und gibt das Codewort $w - a$ als seine Mutmaßung des ursprünglichen Codewortes c aus.

Die Wahrscheinlichkeit $p(w|w - a) = (1-p)^{n-\gamma(a)} \cdot (\frac{p}{q-1})^{\gamma(a)}$, daß nach der Eingabe des Codewortes $w - a$ in den Kanal das tatsächlich beobachtete Wort w ausgegeben wird, ist für kein Codewort $x \in C$ kleiner als die Wahrscheinlichkeit $p(w|x)$. Die beschriebene Decodiermethode ist also wirklich eine Maximum-Likelihood-Decodierung.

Ein Kanaldecodierer, der (ohne die Linearität des Codes auszunutzen) mit dem Algorithmus des dichtesten Codewortes so arbeitete, wie er auf Seite 46 beschrieben wurde, besäße eine Liste aller q^n Vektoren $w \in V_n(q)$ mit den zugehörigen Anführern a ihrer Nebenklassen $w + C$. Der wesentliche Vorteil der linearen Codes besteht darin, daß der Kanaldecodierer mit einem erheblich kleineren Speicher auskommt:

Vermöge $s^\intercal = \mathbf{H} \cdot w^\intercal$ berechnet der Decodierer mit der Standard-Kontrollmatrix $\mathbf{H} := (- \mathbf{A}^\intercal \!: \mathbf{E}_r) \in \mathfrak{M}_{r \times n}(\mathbb{F}_q)$ des Codes C das *Syndrom* [syndrome] $s \in V_r(q)$ des Kanalwortes $w \in V_n(q)$. Ein Vektor $f \in V_n(q)$ hat genau dann dasselbe Syndrom wie der Vektor $w \in V_n(q)$, wenn f in der Nebenklasse $w + C$ liegt; es gilt nämlich $\mathbf{H} \cdot w^\intercal = \mathbf{H} \cdot f^\intercal$ genau dann, wenn $\mathbf{H} \cdot (w - f)^\intercal = \mathbf{H} \cdot w^\intercal - \mathbf{H} \cdot f^\intercal = 0$ gilt, also genau dann, wenn $w - f$ ein Codewort ist. Jede der q^r Nebenklassen $w + C \in V_n(q)/C$ ist damit umkehrbar eindeutig ein Vektor aus $V_r(q)$, das Syndrom s von w zugeordnet. (Das ist die decodierungstheoretisch interpretierte Aussage des auf die lineare Abbildung $V_n(q) \rightarrow V_r(q) \,; w \mapsto s$ angewandten Homomorphiesatzes von Seite 197.)   Der Kanaldecodierer braucht also nur (?) eine Liste gespeichert zu haben, in der zu jedem Vektor $s \in V_r(q)$ der Anführer a der Nebenklasse $w + C$ mit $s^\intercal = \mathbf{H} \cdot w^\intercal$ eingetragen ist.

Der *Syndrom-Decodierer* wendet auf ein vom Kanal ausgegebenes Kanalwort $w \in V_n(q)$ den *Syndrom-Decodieralgorithmus* an:

1. Berechne das Syndrom $s^\intercal := \mathbf{H} \cdot w^\intercal$.

2. Suche in der Liste das Syndrom s und entnimm ihr den Anführer a.

3. Berechne das Codewort $x_1 x_2 \ldots x_n := w - a$.

4. Gib das Wort $x_1 x_2 \ldots x_k$ aus. Stop.

Für theoretische Zwecke, wie zum Beispiel für die Berechnung der Übertragungsfehlerwahrscheinlichkeit, ist es manchmal nützlich, sich die Syndrom-Decodierung am sogenannten *Standardschema* [standard array] zu vergegenwärtigen. Das Standardschema eines linearen (n,k)-Codes ist eine $q^r \times q^k$-Matrix, deren q^n Einträge gerade alle Vektoren aus $V_n(q)$ sind. Die Zeilen des Standardschemas sind die q^r Nebenklassen des Codes, wobei der Code C selbst die erste Zeile bildet. Die erste Spalte enthält die Anführer der Nebenklassen, insbesondere befindet sich in der nordwestlichen Ecke des Standardschemas der Nullvektor. Die einzelnen Vektoren werden so angeordnet, daß im Kreuzungspunkt der Spalte, deren Leitelement das Codewort $x \in C$ ist, und der Zeile, deren Leitelement der Anführer a der Nebenklasse $a + C$ ist, der Vektor $a + x$ steht. In einer zusätzlichen Spalte kann man dann noch die Syndrome der Nebenklassen bezüglich der Standard-Kontrollmatrix H eintragen.

Beispiel. Wir betrachten das Standardschema des durch die Kontroll-matrix $H := \begin{bmatrix} 1 & 0 & 1 & 0 & 0 \\ 0 & 1 & 0 & 1 & 0 \\ 1 & 1 & 0 & 0 & 1 \end{bmatrix}$ definierten binären, linearen (5,2)-Codes C_6 aus dem Beispiel 4 von Seite 58 ff.:

Anführer				*Syndrom*
00000	01011	10101	11110	000
00001	01010	10100	11111	001
00010	01001	10111	11100	010
00100	01111	10001	11010	100
01000	00011	11101	10110	011
10000	11011	00101	01110	101
00110	01101	10011	*11000*	110
01100	00111	11001	*10010*	111

Die möglichen Anführer der Nebenklassen sind kursiv gedruckt. Für die Nebenklassen mit dem Syndrom 110 und 111 haben wir jeweils zwei Möglichkeiten, einen Anführer zu wählen. Wie dieses Standardschema zur Ermittlung der Übertragungsfehlerwahrscheinlichkeit benutzt wird, haben wir auf Seite 58 ff. gesehen. □

Die Syndrom-Decodierung wurde hier nur um der Übersichtlichkeit willen für systematische lineare Codes beschrieben. Da jeder lineare Code zu einem systematischen linearen Code äquivalent ist, ist die Übertragung der Syndrom-Decodierung auf nicht-systematische lineare Codes nicht weiter schwierig.

In dem Syndrom-Decodieralgorithmus ist der Schritt 2 zeitraubend. Die Suche nach dem Syndrom in der Liste kann bei 1-fehlerkorrigieren-den Codes manchmal durch eine geschickte Numerierung der Syndrome erheblich vereinfacht werden.

Syndrom-Decodierung der binären Hamming-Codes. Wir stellen den 1-fehlerkorrigierenden binären $(2^r - 1, 2^r - r - 1)$-Hamming-Code $HAM(r,2)$ mit einer $r \times (2^r - 1)$-Kontrollmatrix H dar, deren $2^r - 1$ Spalten so angeordnet sind, daß die j-te Spalte (von Nord nach Süd gele-sen) die Zahl j im Dualsystem darstellt; für $r = 3$ beispielsweise

$$H := \begin{bmatrix} 0 & 0 & 0 & 1 & 1 & 1 & 1 \\ 0 & 1 & 1 & 0 & 0 & 1 & 1 \\ 1 & 0 & 1 & 0 & 1 & 0 & 1 \end{bmatrix}.$$

Wenn das Syndrom s eines Kanalwortes w nicht der Nullvektor ist, das heißt, wenn $s^\mathsf{T} := H \cdot w^\mathsf{T} \neq 0$ gilt — w ist dann kein Codewort —, so nimmt der ML-Decodierer an, daß das ursprüngliche Codewort c in nur einer einzigen Komponente gestört wurde, das heißt, er nimmt an, daß der Fehlervektor, der im Kanal zu c hinzuaddiert wurde, das HAMMING-Gewicht 1 hat. Weil der Hamming-Code ein 1-fehlerkorrigierender perfekter Code ist (Seite 185), ist jeder Vektor $a \in V_n(q)$ vom HAMMING-Gewicht $\gamma(a) = 1$ der Anführer einer Nebenklasse. Der mutmaßliche Fehlervektor f ist also der Anführer der Nebenklasse $w + C$, es gilt $s^\intercal = H \cdot w^\intercal = H \cdot f^\intercal$. Damit befindet sich die einzige Komponente 1 des Vektors f in derjenigen Position Nr. j, die durch das Syndrom s in der Dualzahldarstellung bezeichnet wird; das transponierte Syndrom $s^\intercal = H \cdot f^\intercal$ ist nämlich mit der Spalte Nr. j von H identisch. Der Kanaldecodierer gibt dann das Codewort $w - f$ aus, welches sich von w durch das entgegengesetzte Bit in der Position Nr. j unterscheidet.

8.6 Schranken für lineare Codes

Ein linearer (n,k)-Code der Ordnung q mit dem Minimalabstand d wird *optimaler linearer Code* genannt, wenn es keinen linearen Code der Ordnung q, der Blocklänge n und dem Minimalabstand d mit einer höheren Dimension als k gibt. Trivialerweise liegt die Informationsrate eines optimalen linearen Codes nie über der Informationsrate eines (nicht notwendig linearen) optimalen Codes (Seite 177f.) derselben Parameter q, n und d. Es ist daher um so erstaunlicher, daß die für lineare Codes modifizierte GILBERT-Schranke oft bessere Codes verspricht als die (einfache) GILBERT-Schranke von Seite 188:

GILBERT-Schranke für lineare Codes. *Es seien q eine Primzahlpotenz und n,k,d drei natürliche Zahlen mit $k,d \leq n$. Wenn die Ungleichung*

$$\sum_{m=0}^{d-1} \binom{n}{m} \cdot (q-1)^m < q^{n-k+1}$$

gilt, so gibt es einen linearen (n,k)-Code $C \subseteq V_n(q)$, dessen Minimalabstand mindestens d ist.

Beweis. Es sei C_0 der triviale lineare $(n,0)$-Code $\{0\} \subseteq V_n(q)$. Für $i = 1,2,\dots,k$ „konstruieren" wir rekursiv den Code

$$C_i := \langle C_{i-1} \cup \{c_i\} \rangle \quad \text{mit} \quad c_i \in V_n(q) \setminus \bigcup_{c \in C_{i-1}} K_{d-1}(c).$$

Die Möglichkeit der Wahl von c_i ist wegen

$$|V_n(q)\setminus \bigcup_{c\in C_{i-1}} K_{d-1}(c)| \;\geq\; q^n - q^{i-1}\cdot \sum_{m=0}^{d-1}\tbinom{n}{m}\cdot(q-1)^m \;\geq$$

$$\geq\; q^n - q^{k-1}\cdot \sum_{m=0}^{d-1}\tbinom{n}{m}\cdot(q-1)^m \;>\; 0$$

gewährleistet:

Der Code C_0 hat den Minimalabstand ∞. Als Induktionshypothese nehmen wir an, daß der Minimalabstand des Codes C_{i-1} mindestens d sei. Es sei nun $c - \lambda\cdot c_i \in C_i = \big(C_{i-1}\oplus\langle\{c_i\}\rangle\big)\setminus C_{i-1}$ mit $c_i \in C_{i-1}$ ein Codewort. Dann ist $\lambda \neq 0$ und $\gamma(c-\lambda\cdot c_i) = \varrho(\tfrac{1}{\lambda}\cdot c, c_i) \geq d$. Damit hat speziell $C := C_k$ mindestens den Minimalabstand d. $\qquad\qquad\square$

Für jeden linearen (n,k)-Code $C \subseteq V_n(q)$ gilt $u := |C| = q^k$. Die GILBERT-Schranke von Seite 188 stimmt nicht mit der GILBERT-Schranke für lineare Codes überein. Die modifizierte Schranke garantiert uns die Existenz eines binären linearen (10,5)-Codes mit dem Minimalabstand mindestens 3, während uns die einfache GILBERT-Schranke nur die Existenz eines binären Blockcodes der Länge 10 mit dem Minimalabstand mindestens 3 mit nur $u = 19$ Codewörtern sichert.

R. R. VARŠAMOV verschärfte 1957 die GILBERT-Schranke für lineare Codes:

VARŠAMOV-Schranke. *Es seien q eine Primzahlpotenz und n,k,d drei natürliche Zahlen mit $k,d \leq n$. Wenn die Ungleichung*

$$\sum_{m=0}^{d-2}\tbinom{n-1}{m}\cdot(q-1)^m \;<\; q^{n-k}$$

gilt, so gibt es einen linearen (n,k)-Code $C \subseteq V_n(q)$, dessen Minimalabstand mindestens d ist.

Beweis. Der Fall $k = n$ ist trivial. Wir dürfen daher $r := n - k \geq 1$ annehmen. Wir wählen aus $V_r(q)\setminus\{0\}$ einen (Spalten-)Vektor s_1. In der $r\times 1$-Matrix $H_1 := s_1$ sind trivialerweise je $d-1$ Spalten linear unabhängig. Es sei nun $i \in \{2,3,\dots,n\}$. Als Induktionshypothese nehmen wir die Existenz einer $r\times(i-1)$-Matrix H_{i-1} an, von deren $i-1$ Spalten $s_1, s_2, \dots, s_{i-1}$ je $d-1$ linear unabhängig sind. In $V_r(q)$ gibt es höchstens $\sum_{m=0}^{d-2}\tbinom{i-1}{m}\cdot(q-1)^m$ Vektoren, die sich als Linearkombination von höchstens $d-2$ der Vektoren $s_1, s_2, \dots, s_{i-1}$ darstellen lassen. Wegen $\sum_{m=0}^{d-2}\tbinom{i-1}{m}\cdot(q-1)^m \leq \sum_{m=0}^{d-2}\tbinom{n-1}{m}\cdot(q-1)^m < q^r$ gibt es in $V_r(q)$ einen Spaltenvektor s_i, so daß jeweils $d-1$ Spalten der Matrix

$\mathbf{H}_i := (s_1, s_2, \ldots, s_{i-1}, s_i)$ linear unabhängig sind. Nach der unteren Abschätzung des Minimalabstandes linearer Codes von Seite 262 folgt, daß die Matrix $\mathbf{H} := \mathbf{H}_n$ als Kontrollmatrix einen linearen (n,k)-Code definiert, dessen Minimalabstand mindestens d ist.   ◻

In der Literatur wird die VARŠAMOV-Schranke zuweilen so formuliert, daß sie nicht als Verschärfung der GILBERT-Schranke für lineare Codes erscheint. Wenn bei gegebenen Parametern q,n,k,d die Voraussetzung der GILBERT-Schranke für lineare Codes erfüllt ist, so ist auch die Voraussetzung der VARŠAMOV-Schranke erfüllt; das lehrt uns die Gleichung

$$\sum_{m=0}^{d-1} \binom{n}{m} \cdot (q-1)^m = q \cdot \sum_{m=0}^{d-2} \binom{n-1}{m} \cdot (q-1)^m + \binom{n-1}{d-1} \cdot (q-1)^{d-1}.$$

Die GILBERT-Schranke für lineare Codes garantiert uns die Existenz eines binären, linearen $(7,3)$-Codes mit einem Minimalabstand $d \geq 3$, während es nach der VARŠAMOV-Schranke sogar einen binären linearen $(7,4)$-Code mit einem Minimalabstand $d \geq 3$ gibt. Der Hamming-Code $\mathrm{HAM}(3,2)$ ist ein perfekter binärer, linearer $(7,4)$-Code mit dem Minimalabstand $d = 3$; hier liefert die VARŠAMOV-Schranke einen optimalen Code.

In ihrer asymptotischen Form stimmen die GILBERT- und VARŠAMOV-Schranke überein. Mit Mitteln der algebraischen Geometrie zeigten M. A. TSFASMAN, S. G. VLĂDUŢ und TH. ZINK (*Modular curves, Shimura curves and Goppa-codes*, Math. Nachr. **109** (1982) 21-28), daß für gewisse Informationsraten und für Primzahlquadrat- und -biquadrat-Ordnungen $q \geq 49$ die asymptotische Form der GILBERT-Schranke nicht die bestmögliche asymptotische Schranke ist. Vergleiche auch S. G. VLĂDUŢ, JU. I. MANIN, *Linejnyje kody i moduljarnyje krivyje*, in: Sovremennyje problemy matematiki **25**, VINITI, Moskva 1984, 209-257.

Auch die oberen Schranken für die Informationsrate von Blockcodes lassen sich im linearen Fall verschärfen. J. H. GRIESMER verbesserte 1957 die auf Seite 178 angegebene SINGLETON-Schranke $n \geq d + k - 1$:

GRIESMER-Schranke. *Es sei* $C \subseteq V_n(q)$ *ein linearer (n,k)-Code mit dem Minimalabstand d. Dann gilt*

$$n \geq \sum_{i=0}^{k-1} \left\lceil \frac{d}{q^i} \right\rceil.$$

Beweis. Um Trivialitäten auszuweichen, nehmen wir $k \geq 1$ an. Für jede natürliche Zahl d bezeichnen wir mit $N(k,d)$ die kürzeste Blocklänge, die ein linearer Code der Dimension k über $\mathbb{F}_q$ mit dem Minimalabstand d haben kann.

Für $d_1, d_2 \in \mathbb{N}$ mit $d_1 > d_2$ gilt stets $N(k,d_1) > N(k,d_2)$. Um das einzusehen, betrachten wir einen linearen (n,k)-Code $C \subseteq V_n(q)$ mit dem Minimalabstand $d(C) = d_1$ und der Blocklänge $n := N(k,d_1)$. Wegen $d_1 > d_2 \geq 1$ ist $d_1 \geq 2$, also $n > k$. Es seien I eine Menge von k Informationsstellen und $i \in \{1,2,\ldots,n\}\backslash I$ eine Kontrollstelle. Die „Punktierung" $C_i := \{x_1 x_2 \ldots x_{i-1} x_{i+1} \ldots x_n \in V_{n-1}(q) \, ; x_1 x_2 \ldots x_i \ldots x_n \in C\}$ von C in der Position i hat wegen der Minimalität von $n = N(k,d_1)$ den Minimalabstand $d(C_i) = d_1 - 1$. Es folgt $N(k,d_1) = n > n-1 \geq \geq N(k,d(C_i)) = N(k,d_1 - 1)$. Wir wiederholen diese Argumentation und erhalten $N(k,d_1) > N(k,d_2)$.

Offensichtlich gilt stets $N(k,d) \geq d$. Damit ist die GRIESMER-Schranke für $k = 1$ bewiesen.

Es sei nun $k \geq 2$. Als Induktionshypothese nehmen wir die Ungleichung $N(k-1,\delta) \geq \sum_{i=0}^{k-2} \left\lceil \frac{\delta}{q^i} \right\rceil$ für alle $\delta \in \mathbb{N}$ an. Es sei $C \subseteq V_n(q)$ ein linearer (n,k)-Code mit dem Minimalabstand d und der kleinstmöglichen Blocklänge $n := N(k,d)$. Weiterhin sei $c = c_1 c_2 \ldots c_n \in C$ ein Codewort vom Minimalgewicht $\gamma(c) = d$.

Der Bequemlichkeit halber nehmen wir $\mathrm{Supp}(c) = \{1,2,\ldots,d\}$ an, das heißt $c_{d+1} = c_{d+2} = \ldots = c_n = 0$; widrigenfalls ersetzen wir den Code C durch einen geeigneten äquivalenten Code. Wir gehen mit unserer Bequemlichkeit noch weiter und nehmen $c_1 = c_2 = \ldots = c_d = 1$ an; widrigenfalls ersetzen wir C durch einen mit einer geeigneten Diagonalabbildung konfigurierten, isomorphen linearen Code. Der Tribut, den wir unserer Bequemlichkeit wegen entrichten, besteht also darin, daß wir den Code C durch sein Bild unter einer monomialen Abbildung (Seite 202) ersetzen.

Wegen $k \geq 2$ gibt es in C außer dem Nullwort weitere Codewörter, deren HAMMING-Gewicht kleiner als n ist. Damit ist $n - d > 0$. Das Codewort $c = 11 \ldots 100 \ldots 0 \in C$ kann als erste Zeile einer $k \times n$-Generatormatrix

$$G := \begin{bmatrix} 1\,1\,1 \cdots 1 \,\vdots\, 0\,0\,0 \cdots 0 \\ X \qquad \vdots \qquad Y \end{bmatrix}$$

von C dienen. Dabei ist die Matrix $Y \in \mathfrak{M}_{(k-1) \times (n-d)}(\mathbb{F}_q)$ eine Generatormatrix des linearen Codes

$$S := \{s_1 s_2 \ldots s_{n-d} \in V_{n-d}(q) \, ; p_1 p_2 \ldots p_d s_1 s_2 \ldots s_{n-d} \in C\}$$

aller Suffixe der Länge $n - d$ von Codewörtern aus C. Die $k - 1$ Zeilen aus Y sind linear unabhängig. Anderenfalls könnten wir die Generatormatrix G von C durch elementare Zeilenoperationen so umformen, daß ihre erste Zeile $c = 11 \ldots 100 \ldots 0$ erhalten bliebe, und eine andere (von c linear unabhängige) Zeile $z = z_1 z_2 \ldots z_n$ ebenfalls das Nullwort der Länge $n - d$ als Suffix besäße; für jedes $i \in \mathrm{Supp}(z)$ ergäbe sich dann widersprüchlicherweise $z - z_i \cdot c \in C$ und $0 < \gamma(z - z_i \cdot c) < d$. Der Code S hat also die Dimension $k - 1$.

Mit 'd_S' sei der Minimalabstand von S bezeichnet. Es sei nun $a = ps = p_1 p_2 \cdots p_d s_1 s_2 \cdots s_{n-d} \in C$ ein Codewort, dessen Suffix s der Länge $n - d$ das HAMMING-Gewicht $\gamma(s) = d_S$ habe. Unter den q Elementen aus $\mathbb{F}_q$ gibt es ein Zeichen α, das mindestens $\left\lceil \frac{d}{q} \right\rceil$-mal unter den Komponenten $p_1, p_2, \ldots, p_d$ des Präfixes p der Länge d von a vorkommt. Es sei x das Präfix der Länge d des Codewortes $a - \alpha \cdot c$. Es gilt $\gamma(x) \leq d - \left\lceil \frac{d}{q} \right\rceil$. Das Suffix der Länge $n - d$ von $a - \alpha \cdot c$ ist das Codewort $s \in S$. Es folgt $d - \left\lceil \frac{d}{q} \right\rceil + d_S \geq \gamma(x) + \gamma(s) = \gamma(a - \alpha \cdot c) \geq d$, also $d_S \geq \left\lceil \frac{d}{q} \right\rceil$ und damit $n - d \geq N(k-1, d_S) \geq N(k-1, \left\lceil \frac{d}{q} \right\rceil)$, also $N(k, d) \geq d + N(k-1, \left\lceil \frac{d}{q} \right\rceil)$.

Wir wenden die Induktionshypothese an: $\quad N(k, d) \geq d + \sum_{i=0}^{k-2} \left\lceil \frac{\lceil d/q \rceil}{q^i} \right\rceil$.

Für $i = 0, 1, \ldots$ schreiben wir $d = t \cdot q^{i+1} + r$ mit eindeutig bestimmten ganzen Zahlen $t, r \geq 0$ und $r < q^{i+1}$. Die ganzen Zahlen $\left\lceil \frac{\lceil d/q \rceil}{q^i} \right\rceil$ und $\left\lceil \frac{d}{q^{i+1}} \right\rceil$ haben zugleich den Wert t oder $t + 1$, wenn $r = 0$ oder $r > 0$ ist. Es folgt $N(k, d) \geq d + \sum_{i=0}^{k-2} \left\lceil \frac{d}{q^{i+1}} \right\rceil = \sum_{i=0}^{k-1} \left\lceil \frac{d}{q^i} \right\rceil$. $\qquad \square$

Wenn ein linearer Code optimal ist, so ist er erst recht ein optimaler linearer Code. Das braucht aber nicht zu bedeuten, daß für seine Parameter die GRIESMER-Schranke scharf wird: Der perfekte Hamming-Code HAM(4,2) hat die Blocklänge $n = 15$, die Dimension $k = 11$ und den Minimalabstand $d = 3$. Die GRIESMER-Schranke sagt hier nur $n \geq 3 + 2 + 9 \cdot 1 = 14$. Dagegen ist die GRIESMER-Schranke für den Simplex-Code SIM(k, q) mit seiner Blocklänge $n = \frac{q^k - 1}{q - 1}$ und seinem Minimalabstand $d = q^{k-1}$ wegen $n = \sum_{i=0}^{k-1} \frac{q^{k-1}}{q^i}$ stets scharf.

Das ist aber nur ein Hin- aber kein Be-weis für die Tatsache, daß die Simplex-Codes optimale lineare Codes sind. Da für die Parameter der Simplex-Codes aber auch in der PLOTKIN-Schranke (Seite 182) das Gleichheitszeichen steht, sind diese Codes sind sogar optimale und nicht nur optimale lineare Codes.

H. VAN TILBORG (*On the uniqueness resp. nonexistence of certain codes meeting the Griesmer bound*, Inf. and Control 44 (1980) 16-35) studiert binäre, lineare Codes, deren Blocklängen die von der GRIESMER-Schranke versprochenen Werte erreichen. Weitere Literatur: S. M. DODUNEKOV und N. L. MANEV, *An improvement of the Griesmer bound for some small minimum distances*, Discr. Appl. Math. 12 (1985) 103-114.

8.7 Code-Modifikationen

Beim Entwurf eines Kommunikationssystems können sich die Techniker und die Code-Designer leicht in die Haare geraten: Während die technischen Rahmenbedingungen einen binären Code der Blocklänge $n = 32$ erzwingen, hat der Code-Designer einen schönen Blockcode der Länge 31 zur Hand, der den sonstigen Anforderungen an das geplante System genügt; es widerspricht aber seiner Berufsehre, das Problem brutal zu lösen, indem er einfach jedem Codewort seines Codes die Komponente 0 anfügt. Wenn sein Code (wie im Satz über die Gewichtszeiger binärer abstandshomogener Codes auf Seite 247 beschrieben) zur Hälfte aus Wörtern ungeraden Gewichts und zur Hälfte aus Wörtern geraden Gewichts besteht, so wird er vielmehr an jedes Codewort ein „Paritätskontrollbit" so anfügen, daß jedes Codewort seines „erweiterten Codes" der Blocklänge $n = 32$ ein gerades HAMMING-Gewicht hat. Wenn der Minimalabstand d des ursprünglichen Codes ungerade war, so hat der erweiterte Code den Minimalabstand $d + 1$; der erweiterte Code ist im Gegensatz zum ursprünglichen Code $\frac{d+1}{2}$-fehlererkennend. In diesem Abschnitt werden einige Methoden zur *Modifikation* oder *Perestrojka* gegebener Codes vorgestellt.

Die Erweiterung [extension] eines Block-Codes $C \subseteq V_n(q)$ ist der Code $\hat{C} \subseteq V_{n+1}(q)$ der Blocklänge $n + 1$, der aus C entsteht, indem man jedem Codewort $x = x_1 x_2 \ldots x_n \in C$ seine negative „Paritätssumme"

$$\chi(x) := -\sum_{i=1}^{n} x_i \in \mathbb{F}_q$$

als $(n + 1)$-te Komponente $x_{n+1} := \chi(x)$, als sogenannte *Universal-Kontroll-Komponente*, anfügt. Die Erweiterung $\hat{C}$ eines Codes C ist sicher dann trivial, wenn für alle Codewörter $x \in C$ stets $\chi(x) = 0$ gilt; insbesondere ist es sinnlos, einen Code mehrfach zu erweitern. Die Erweiterung $\hat{C}$ eines linearen (n,k)-Codes C ist ein linearer $(n + 1,k)$-Code. Aus einer Generatormatrix eines linearen (n,k)-Codes mit den Zeilen $z_1, z_2, \ldots, z_k$ erhalten wir eine Generatormatrix der Erweiterung, indem wir den Spaltenvektor $\left(\chi(z_1), \chi(z_2), \ldots, \chi(z_k) \right)^\mathsf{T}$ als $(n + 1)$-te Spalte anfügen. Aus einer Kontrollmatrix erhalten wir durch Anfügen des Nullvektors $0 \in V_{n-k}(q)$ als $(n + 1)$-ter Spalte und des Einswortes $1 = 11 \ldots 1$ aus $V_{n+1}(q)$ als neuer Zeile eine Kontrollmatrix der Erweiterung.

Wenn alle Minimalgewichtswörter $x = x_1 x_2 \ldots x_n$ eines linearen (n,k)-Codes $C \subseteq V_n(q)$ mit dem Minimalabstand d eine von 0 verschiedene Paritätssumme haben (das ist für $q = 2$ und $d \equiv 1 \bmod 2$ stets der Fall), so hat die Erweiterung $\hat{C}$ von C den Minimalabstand $d + 1$.

Die erweiterten binären Hamming-Codes. Die Erweiterung $\hat{C}$ eines binären Hamming-Codes $C := \mathrm{HAM}(r,2)$ mit $r \geq 2$ hat stets den Minimalabstand $d = 4$, ist also ein zugleich 1-fehlerkorrigierender und 2-fehlererkennender $(2^r, 2^r - r - 1)$-Code. Diese erweiterten binären Hamming-Codes sind *quasiperfekte* Codes der Blocklänge $n := 2^r$ und der Ordnung $q := 2$, das heißt, die abgeschlossenen Kugeln $K_{\frac{d}{2}}(\hat{c})$ vom Radius $\frac{d}{2}$ mit den Codewörtern $\hat{c} \in \hat{C}$ als Mittelpunkten überdecken den Raum $V_n(q)$ (vergleiche die Definition der perfekten Codes auf Seite 184): Es sei nämlich $y = y_1 y_2 \ldots y_n \in V_n(2)$ ein beliebiger Vektor; dann gibt es (genau) ein Codewort $c = c_1 c_2 \ldots c_{n-1}$ des perfekten und 1-fehlerkorrigierenden Hamming-Codes $\mathrm{HAM}(r,2)$, das zu dem Vektor $y_1 y_2 \ldots y_{n-1} \in V_{n-1}(2)$ höchstens den HAMMING-Abstand 1 hat; der Vektor y hat zum Codewort $\hat{c} := c_1 c_2 \ldots c_{n-1} \chi(c) \in \hat{C}$ maximal den Abstand 2. Es gibt allerdings Vektoren $y \in V_n(2)$, die zu mehreren Codewörtern des erweiterten Hamming-Codes $\hat{C}$ den Abstand 2 haben. Auf Seite 31 wurde der Bauer-Code B als Erweiterung des Hamming-Codes $\mathrm{HAM}(3,2)$ beschrieben.

Im Fall $q > 2$ bewirkt die Erweiterung des Hamming-Codes $\mathrm{HAM}(r,q)$ mit $r \geq 2$ keine Erhöhung des Minimalabstandes: Die Spalten einer Kontrollmatrix H des Hamming-Codes $\mathrm{HAM}(r,q)$ bilden ein Repräsentantensystem aller $n := \frac{q^r - 1}{q - 1}$ eindimensionalen Untervektorräume von $V_r(q)$. Wir suchen drei Skalare $\lambda_1, \lambda_2, \lambda_3 \in \mathbb{F}_q$ mit $(\lambda_1, \lambda_2, \lambda_3) \neq (0,0,0)$, $\lambda_1 + \lambda_2 + \lambda_3 = 0$ und drei Spalten $s_1^\top, s_2^\top, s_3^\top$ mit $\lambda_1 \cdot s_1 + \lambda_2 \cdot s_2 + \lambda_3 \cdot s_3 = 0$. Wenn wir fündig geworden sind, so können wir den Satz über den Minimalabstand linearer Codes von Seite 262 anwenden; dann gibt es nämlich in einer Kontrollmatrix der Erweiterung von $\mathrm{HAM}(r,q)$ drei linear abhängige Spalten, die Erweiterung hat also – wie der Hamming-Code selbst – nur den Minimalabstand 3. Wegen $q > 2$ können wir ein Element $\tau \in \mathbb{F}_q \setminus \{0, -1\}$ wählen; wir setzen $\lambda_1 := 1$, $\lambda_2 := 1$, $\lambda_3 := -1 - \tau$ und $s_1 := (1,0,0,\ldots,0)$, $s_2 := (1,1,0,\ldots,0)$, $s_3 := (1, \frac{\tau}{1+\tau}, 0, \ldots, 0)$.

Punktieren. Durch das *Punktieren* [puncturing], das ist das Streichen der Komponente in einer festen Position (etwa der letzten) in allen Codewörtern eines Blockcodes einer Blocklänge $n > 1$ entsteht ein Code der Blocklänge $n - 1$. Der punktierte Code besitzt genauso viele Codewörter wie der ursprüngliche Code, es sei denn, es gibt Codewörter im ursprünglichen Code, die sich nur in der zu punktierenden Position unterscheiden.

Wenn in einem linearen Code nicht alle Minimalgewichtswörter in der zu punktierenden Position eine Nullkomponente haben, erniedrigt das Punktieren den Minimalabstand um den Wert 1. Das Punktieren der Erweiterung eines Codes in der Position der Universalkontrollkomponente hebt das Erweitern auf. Beim Beweis der GRIESMER-Schranke auf Seite 274 haben wir von der Methode des Punktierens eines Codes Gebrauch gemacht.

Nicht-Standard-Erweiterungen. In Verallgemeinerung des Erweiterns eines Codes durch eine Universalkontrollkomponente nennt man einen linearen Code $\hat{C}$ einer Blocklänge $n+1$ auch eine *Erweiterung* eines linearen Codes der C der Blocklänge n, wenn C aus $\hat{C}$ durch Punktieren in einer Position entsteht, die als Kontrollstelle dienen kann (das heißt durch das Punktieren in einer derartigen Position, daß C dieselbe Dimension wie $\hat{C}$ besitzt). So ist es manchmal sinnvoll, einen linearen (n,k)-Code $C \subseteq V_n(q)$ durch das Anfügen einer Kontrollkomponente

$$c_{\infty} := \sum_{i=1}^{n} \alpha_i \cdot c_i$$

mit fest vorgegebenen Skalaren $\alpha_1, \alpha_2, \ldots, \alpha_q \in \mathbb{F}_q$ an jedes Codewort $c = c_1 c_2 \ldots c_n \in C$ zu einem linearen $(n+1,k)$-Code $\hat{C} \subseteq V_{n+1}(q)$ zu erweitern. In diesem Sinne ist jeder lineare (n,k)-Code eine $(n-k)$-fache Erweiterung des trivialen (k,k)-Codes $V_k(q)$; die Theorie solcher „Nicht-Standard-Erweiterungen" ist also mit der Theorie der Konstruktion linearer Codes identisch.

Vergrößern. Bei den Beweisen der GILBERT-Schranke auf Seite 189 und Seite 272 und beim Beweis der VARŠAMOV-Schranke auf Seite 272f. haben wir von der Methode des *Vergrößerns* [augmenting] eines Codes Gebrauch gemacht: Durch geschickte Hinzunahme weiterer Wörter zum Code kann man manchmal erreichen, daß trotz erhöhter Informationsrate der Minimalabstand nicht sinkt. Eine häufig verwendete Methode, einen binären linearen (n,k)-Code C zu vergrößern, ist das Hinzufügen des Einswortes $1 = 11 \ldots 1 \in V_n(2)$ als neuer Zeile zu einer Generatormatrix von C. Der vergrößerte Code besteht dann aus allen Codewörtern aus C sowie ihren Komplementen (Einsen und Nullen vertauscht). Wenn das Einswort kein Codewort ist, so ist der vergrößerte Code ein $(n,k+1)$-Code, dessen

Minimalabstand sich aus dem Minimalabstand d und dem maximalen Abstand" d' zweier Codewörter aus C als $\min\{d, n - d'\}$ berechnet.

Verkleinern. Die Umkehrung des Vergrößerns eines Codes ist das *Verkleinern* [expurgating]. Durch geschicktes Wegwerfen von Codewörtern kann man die Fehlerkorrektureigenschaften eines Codes (allerdings unter Reduzierung der Informationsrate) verbessern. So wurde auf Seite 166 beim Beweis des Kanalcodierungssatzes ein schlechter Code zu einem guten Code verkleinert. Es ist beliebt, einen linearen (n,k)-Code durch Wegschmeißen aller Codewörter $x = x_1 x_2 \ldots x_n$ mit der Paritätssumme $\chi(x) := -\sum_{i=1}^{n} x_i \neq 0$ zu einem linearen Code zu verkleinern.

Verkürzen (Ableiten). Es seien $F = \{\alpha_1 = 0, \alpha_2 = 1, \alpha_3, \ldots, \alpha_q\}$ ein q-närer Zeichenvorrat, $C \subseteq F^n$ ein (n,k)-Code einer Blocklänge $n \geq 2$ und $i \in \{1, 2, \ldots, n\}$ ein Index. Unter der *Verkürzung* [shortening] oder *Ableitung* [cross-section] *von C in einer Position i* verstehen wir den Code

$$\{c_1 c_2 \ldots c_{i-1} c_{i+1} \ldots c_n \in F^{n-1} ; \; c_1 c_2 \ldots c_{i-1} 0 c_{i+1} \ldots c_n \in C\}.$$

Wenn der Index i zu einer Menge von Informationsstellen von C gehört – bei linearen Codes bedeutet das, daß nicht alle Codewörter in der Position i eine Null stehen haben –, so ist die Ableitung des (n,k)-Codes C in der Position i ein $(n-1, k-1)$-Code, dessen Minimalabstand mindestens ebenso groß wie der von C ist. Von dieser wichtigen Modifikation haben wir häufigen Gebrauch gemacht.

Das Verlängern eines (n,k)-Codes durch Vermehren seiner Informationsstellen (hier werden die Dimension und die Länge zugleich erhöht) ist nicht immer unter Beibehaltung des Minimalabstandes möglich. Manchmal kann man einen linearen Code verlängern, indem man ihn erst vergrößert (etwa durch Hinzunahme des Einswortes) und dann erweitert.

Einen sprachlich empfindsamen Leser wird es stören, daß die Bezeichnungen „Verlängerung" und „Erweiterung" sowie „Verkürzung" und „Punktierung" jeweils vertauscht eine höhere Suggestion vermittelten. Die Autoren weisen jedoch jede Schuld weit von sich: Als diese Bezeichnungen eingeführt wurden, waren sie erstens nicht beteiligt und zweitens minderjährig.

HAM(3,2). Wir probieren die besprochenen Modifikationen an dem binären (7,4)-Hamming-Code HAM(3,2) in seiner auf Seite 31 vorgestellten Version aus. Zunächst seine Standard-Generatormatrix, seine Standard-Kontrollmatrix und ein *prosciutto di Parma*:

$$\begin{bmatrix} 1&0&0&0&0&1&1 \\ 0&1&0&0&1&0&1 \\ 0&0&1&0&1&1&0 \\ 0&0&0&1&1&1&1 \end{bmatrix}, \begin{bmatrix} 0&1&1&1&1&0&0 \\ 1&0&1&1&0&1&0 \\ 1&1&0&1&0&0&1 \end{bmatrix},$$ 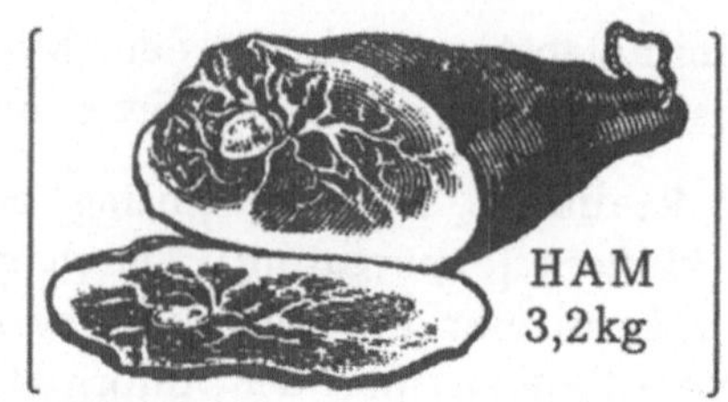

Die Erweiterung des Hamming-Codes HAM(3,2) ist der Bauer-Code B. Aus der Standard-Generatormatrix von HAM(3,2) basteln wir die Standard-Generatormatrix von B durch Anfügen der Spalte der Paritätssummen; die Standard-Kontrollmatrix von HAM(3,2) ergänzen wir durch eine Nullspalte und eine Einszeile zu einer Kontrollmatrix von B; mit dem GAUSSschen Algorithmus machen wir aus dieser Kontrollmatrix die Standard-Kontrollmatrix von B:

$$\begin{bmatrix} 1&0&0&0&0&1&1&1 \\ 0&1&0&0&1&0&1&1 \\ 0&0&1&0&1&1&0&1 \\ 0&0&0&1&1&1&1&0 \end{bmatrix}, \begin{bmatrix} 1&1&1&1&1&1&1&1 \\ 0&1&1&1&1&0&0&0 \\ 1&0&1&1&0&1&0&0 \\ 1&1&0&1&0&0&1&0 \end{bmatrix}, \begin{bmatrix} 0&1&1&1&1&0&0&0 \\ 1&0&1&1&0&1&0&0 \\ 1&1&0&1&0&0&1&0 \\ 1&1&1&0&0&0&0&1 \end{bmatrix}.$$

Da der Bauer-Code selbstorthogonal ist (Seite 260), ist jede Kontrollmatrix eine Generatormatrix und jede Generatormatrix eine Kontrollmatrix. Aus dem Bauer-Code geht durch Punktieren in einer beliebigen Position eine äquivalente Version des Hamming-Codes HAM(3,2) hervor (Seite 53).

Wir verkleinern den Code HAM(3,2), indem wir die Codewörter ungeraden Gewichts herauswerfen. Es ergibt sich ein (7,3)-Simplex-Code SIM(3,2) mit der Generator- und -Kontrollmatrix

$$\begin{bmatrix} 1&0&1&0&1&0&1 \\ 0&1&1&0&0&1&1 \\ 0&0&0&1&1&1&1 \end{bmatrix}, \begin{bmatrix} 1&1&1&0&0&0&0 \\ 1&0&0&1&1&0&0 \\ 1&0&1&1&0&1&0 \\ 1&1&0&1&0&0&1 \end{bmatrix}.$$

Durch die Hinzunahme des Einswortes als neuer erster Zeile der Generatormatrix vergrößern wir den Simplex-Code wieder zu unserem Hamming-Code HAM(3,2):

$$\begin{bmatrix} 1&1&1&1&1&1&1 \\ 1&0&1&0&1&0&1 \\ 0&1&1&0&0&1&1 \\ 0&0&0&1&1&1&1 \end{bmatrix}.$$

Durch Verkürzen (Ableiten) des Bauer-Codes in irgendeiner Position erhalten wir eine äquivalente Version des Simplex-Codes SIM(3,2).

Das Aufblasen und Einschrumpfen sind zwei Modifikationen, die die Ordnung eines linearen Codes verändern: Es sei C ein linearer (n,k)-Code über $\mathbb{F}_q$ mit einer Generatormatrix G. Für jede natürliche Zahl m definiert G als Generatormatrix einen linearen (n,k)-Code C'

über $\mathbb{F}_{q^m}$ mit demselben Minimalabstand wie C, den aus C durch *Aufblasen* hervorgegangenen Code. Umgekehrt bilden die Codewörter eines linearen (n,k)-Codes C' über $\mathbb{F}_{q^m}$, deren Komponenten alle in $\mathbb{F}_q$ liegen, einen linearen Code über $\mathbb{F}_q$, den *Spurcode* $C := C' \cap V_n(q)$ (Seite 262). Der Spurcode C hat möglicherweise eine niedrigere Dimension und einen größeren Minimalabstand als der Code C', aus dem er durch *Einschrumpfen* hervorgegangen ist. In der Formulierung und dem Beweis der unteren Abschätzung des Minimalabstandes linearer Codes wurde geschrumpft.

Weitere Modifikationen von Codes sind in der Literatur massenweise beschrieben worden; wir erinnern an die Bildung des *orthogonalen Codes* eines linearen Codes (Seite 260) und das *Interleaving* eines Blockcodes (Seite 61 ff., manchmal auf deutsch gespreizt als „Codespreizung" bezeichnet). Auch der Übergang zu einem *äquivalenten* oder *isomorphen* Code, wie zum Beispiel zur *Reversion* (Seite 337 weiter unten), kann als Modifikation betrachtet werden.

8.8 Code-Kombinationen

In diesem Abschnitt werden einige Methoden dargestellt, aus mehreren gegebenen Codes neue Codes zu konstruieren.

Ich flehe um Gnade und Vergebung dafür, daß ich auch bei mehr als zwei Codes das Wort 'Kom-bi-nation' benutze. Ist es nicht absurd, daß manche Zeitgenossen die „multinationale Gesellschaft" fordern, aber von 'Linearkombinationen' statt von 'Linearkommultinationen' reden?

Das direkte Produkt. Es seien C_1 ein systematischer linearer (n_1,k_1)-Code über $\mathbb{F}_q$ und C_2 ein systematischer linearer (n_2,k_2)-Code über $\mathbb{F}_q$. Aus den Codes C_1 und C_2 bilden wir jetzt das *direkte* (oder KRONECKER-) *Produkt* $C_1 \otimes C_2$, einen $(n_1 \cdot n_2, k_1 \cdot k_2)$-Code über $\mathbb{F}_q$: Die Codewörter aus $C_1 \otimes C_2$ schreiben wir als Matrizen

$$\begin{bmatrix}
x_{1,1} & x_{1,2} & \cdots & x_{1,k_1} & y_{1,1} & y_{1,2} & \cdots & y_{1,r_1} \\
x_{2,1} & x_{2,2} & \cdots & x_{2,k_1} & y_{2,1} & y_{2,2} & \cdots & y_{2,r_1} \\
\vdots & \vdots & & \vdots & \vdots & \vdots & & \vdots \\
x_{k_2,1} & x_{k_2,2} & \cdots & x_{k_2,k_1} & y_{k_2,1} & y_{k_2,2} & \cdots & y_{k_2,r_1} \\
\hdashline
z_{1,1} & z_{1,2} & \cdots & z_{1,k_1} & w_{1,1} & w_{1,2} & \cdots & w_{1,r_1} \\
z_{2,1} & z_{2,2} & \cdots & z_{2,k_1} & w_{2,1} & w_{2,2} & \cdots & w_{2,r_1} \\
\vdots & \vdots & & \vdots & \vdots & \vdots & & \vdots \\
z_{r_2,1} & z_{r_2,2} & \cdots & z_{r_2,k_1} & w_{r_2,1} & w_{r_2,2} & \cdots & w_{r_2,r_1}
\end{bmatrix},$$

wobei $r_1 := n_1 - k_1$ und $r_2 := n_2 - k_2$ gesetzt ist. Die ersten k_2 Zeilen bilden Codewörter aus C_1 und alle n_1 Spalten bilden Codewörter aus C_2: Der $C_1 \otimes C_2$-Codierer besteht aus einem systematischen C_1- und einem systematischen C_2-Codierer. Er ordnet dem Informationswort $x_{1,1}x_{1,2}\cdots x_{k_2,k_1} \in V_{k_1 \cdot k_2}(q)$ ein Codewort aus $C_1 \otimes C_2$ zu, indem er die Informationszeichen $x_{1,1}, x_{1,2}, \ldots, x_{k_2,k_1}$ zu einer Matrix (wie in der nordwestlichen Ecke abgebildet) zusammensetzt, mit dem C_1-Codierer die Kontrollzeichen $y_{1,1}, y_{1,2}, \ldots, y_{k_2,r_1}$ berechnet und diese dann (wie in der nordöstlichen Ecke abgebildet) an die Matrix der Informationszeichen anfügt. Schließlich berechnet er mit dem C_2-Codierer die Kontrollzeichen $z_{1,1}z_{1,2}\cdots z_{r_2,k_1}w_{1,1}, w_{1,2}, \ldots, w_{r_2,r_1}$ und fügt sie (wie abgebildet) an die Südseite der Matrix an. Nicht nur die Spalten jedes Codewortes aus $C_1 \otimes C_2$ sind Codewörter aus C_2, sondern es sind auch alle Zeilen Codewörter aus C_1: Eine einfache Rechnung ergibt, daß das Kontrollzeichen $w_{i,j}$ aus der südöstlichen Ecke sich sowohl als i-tes Kontrollzeichen des C_2-Codewortes in der (k_1+j)-ten Spalte wie auch als j-tes Kontrollzeichen des C_1-Codewortes in der (k_2+i)-ten Zeile berechnet. Eine $n_2 \times n_1$-Matrix mit Komponenten aus $\mathbb{F}_q$ ist genau dann ein Codewort aus $C_1 \otimes C_2$, wenn alle ihre Zeilen *und* Spalten Codewörter aus C_1 beziehungsweise aus C_2 sind.

Der Codierer sendet die Komponenten der Codewort-Matrix zeilenweise über den Kanal. Der Decodierer speichert die ankommenden Zeichen entsprechend zeilenweise in einer $n_2 \times n_1$-Matrix und beginnt mit dem Decodieren: Die einzelnen Zeilen des gespeicherten Wortes werden mit einem C_1-Decodierer decodiert, der mit dem Algorithmus des dichtesten Codewortes (Seite 46 unten) arbeitet. Wenn der Decodierer die Zeile eindeutig decodieren kann, so ersetzt er sie in der Matrix durch das gefundene Codewort; wenn eine eindeutige Decodierung unmöglich ist, so läßt er die Zeile unverändert in der Matrix stehen. Wenn alle Zeilen der Matrix mit dem C_1-Decodierer beharkt wurden, dann decodiert der C_2-Decodierer die Spalten der (vom C_1-Decodierer bearbeiteten) Matrix mit dem verbesserten Algorithmus des dichtesten Codewortes (Seite 46 oben). Schließlich gibt der Decodierer die nordwestliche $k_2 \times k_1$-Matrix als mutmaßlich originale Folge von Informationszeichen aus.

Die Informationsrate R und der Minimalabstand d von $C_1 \otimes C_2$ berechnen sich als die Produkte $R = R_1 \cdot R_2$ und $d = d_1 \cdot d_2$ der Informationsraten $R_1 = \frac{k_1}{n_1}$ und $R_2 = \frac{k_2}{n_2}$ und der Minimalabstände d_1 und d_2

von C_1 und C_2. Weil die Zeilen (Spalten) eines Codewortes aus $C_1 \otimes C_2$ jeweils keine oder mindestens d_1 (oder mindestens d_2) von Null verschiedene Komponenten besitzen, ist $d(C_1 \otimes C_2) \geq d_1 \cdot d_2$. Sind $c_1 \in C_1$ und $c_2 \in C_2$ zwei Codewörter vom HAMMING-Gewicht d_1 beziehungsweise d_2, so ist die $n_2 \times n_1$-Matrix $c_2^{\mathsf{T}} \cdot c_1$ ein Codewort aus $C_1 \otimes C_2$ vom HAMMING-Gewicht $d_1 \cdot d_2$.

Beispiel. Wir bilden das direkte Produkt $C_1 \otimes C_2$ des binären (7,4)-Hamming-Codes $C_1 := C_2 := \mathrm{HAM}(3,2)$ mit sich selbst. Dabei sei $\mathrm{HAM}(3,2)$ in einer systematischen Version mit der Standard-Generatormatrix

$$\begin{bmatrix} 1 & 0 & 0 & 0 & 0 & 1 & 1 \\ 0 & 1 & 0 & 0 & 1 & 0 & 1 \\ 0 & 0 & 1 & 0 & 1 & 1 & 0 \\ 0 & 0 & 0 & 1 & 1 & 1 & 1 \end{bmatrix}$$

gegeben. Der Code $C_1 \otimes C_2$ hat den Minimalabstand 9. Ein systematischer Codierer codiert das Null-Informationswort der Länge 16, das ist die 4×4-Nullmatrix, in das Nullwort aus $C_1 \otimes C_2$, die 7×7-Nullmatrix. Diese werde im Kanal in 4 Komponenten gestört und als Kanalwort

$$\begin{bmatrix} 0 & 0 & 0 & 0 & 0 & 0 & 0 \\ 1 & 0 & 1 & 0 & 0 & 0 & 0 \\ 1 & 0 & 1 & 0 & 0 & 0 & 0 \\ 0 & 0 & 0 & 0 & 0 & 0 & 0 \\ 0 & 0 & 0 & 0 & 0 & 0 & 0 \\ 0 & 0 & 0 & 0 & 0 & 0 & 0 \\ 0 & 0 & 0 & 0 & 0 & 0 & 0 \end{bmatrix}$$

an den Decodierer ausgeliefert. In der C_1-Stufe des Decodierers wird dieses Wort zeilenweise in das Wort

$$\begin{bmatrix} 0 & 0 & 0 & 0 & 0 & 0 & 0 \\ 1 & 1 & 1 & 0 & 0 & 0 & 0 \\ 1 & 1 & 1 & 0 & 0 & 0 & 0 \\ 0 & 0 & 0 & 0 & 0 & 0 & 0 \\ 0 & 0 & 0 & 0 & 0 & 0 & 0 \\ 0 & 0 & 0 & 0 & 0 & 0 & 0 \\ 0 & 0 & 0 & 0 & 0 & 0 & 0 \end{bmatrix}$$

verwandelt. In seiner zweiten Stufe decodiert der Kanaldecodierer mit dem C_2-Decodierer dieses Wort spaltenweise in das Codewort

$$\begin{bmatrix} 1 & 1 & 1 & 0 & 0 & 0 & 0 \\ 1 & 1 & 1 & 0 & 0 & 0 & 0 \\ 1 & 1 & 1 & 0 & 0 & 0 & 0 \\ 0 & 0 & 0 & 0 & 0 & 0 & 0 \\ 0 & 0 & 0 & 0 & 0 & 0 & 0 \\ 0 & 0 & 0 & 0 & 0 & 0 & 0 \\ 0 & 0 & 0 & 0 & 0 & 0 & 0 \end{bmatrix}.$$

Der Kanaldecodierer begeht einen schweren Decodierfehler, obwohl das direkte Produkt $C_1 \otimes C_2$ 4-fehlerkorrigierend ist. Das in den Codierer eingegebene 4×4-Nullwort wird im Laufe seiner Mißhandlung im Kanal und im Kanaldecodierer von 9 Übertragungsfehlern betroffen. Dieses Beispiel zeigt, daß man Decodierfehler nicht immer dem Code, sondern manchmal auch dem verwendeten Decodieralgorithmus anlasten muß. Der verwendete Stufen-Decodieralgorithmus ist aber deswegen nicht unbedingt zu verwerfen: Wenn der Kanal nicht als symmetrischer Kanal ausgelegt ist, sondern zu Bündelstörungen neigt, so kann die Verwendung dieses Decodierers ein Interleaving (Seite 61ff.) unter Umständen überflüssig machen; schauen wir uns die Decodierung des von zwei Bündelstörungen mit insgesamt 9 Bitfehlern betroffenen Nullwortes an:

$$
\begin{bmatrix}
0 & 0 & 0 & 0 & 0 & 0 & 0 \\
1 & 1 & 1 & 0 & 0 & 1 & 0 \\
0 & 0 & 0 & 0 & 0 & 0 & 0 \\
0 & 0 & 0 & 0 & 0 & 0 & 0 \\
0 & 0 & 1 & 1 & 1 & 1 & 1 \\
0 & 0 & 0 & 0 & 0 & 0 & 0 \\
0 & 0 & 0 & 0 & 0 & 0 & 0
\end{bmatrix}
\xrightarrow{C_1}
\begin{bmatrix}
0 & 0 & 0 & 0 & 0 & 0 & 0 \\
1 & 1 & 1 & 0 & 0 & 0 & 0 \\
0 & 0 & 0 & 0 & 0 & 0 & 0 \\
0 & 0 & 0 & 0 & 0 & 0 & 0 \\
0 & 0 & 0 & 1 & 1 & 1 & 1 \\
0 & 0 & 0 & 0 & 0 & 0 & 0 \\
0 & 0 & 0 & 0 & 0 & 0 & 0
\end{bmatrix}
\xrightarrow{C_2}
\begin{bmatrix}
0 & 0 & 0 & 0 & 0 & 0 & 0 \\
0 & 0 & 0 & 0 & 0 & 0 & 0 \\
0 & 0 & 0 & 0 & 0 & 0 & 0 \\
0 & 0 & 0 & 0 & 0 & 0 & 0 \\
0 & 0 & 0 & 0 & 0 & 0 & 0 \\
0 & 0 & 0 & 0 & 0 & 0 & 0 \\
0 & 0 & 0 & 0 & 0 & 0 & 0
\end{bmatrix}.
\qquad \square
$$

ELIAS-Codes. Es sei $r \geq 2$ eine ganze Zahl. Für $i = 1,2,\ldots$ sei $\hat{C}_{r,i}$ die Erweiterung des binären Hamming-Codes $\mathrm{HAM}(r+i,2)$ (Seite 277). Der Code $\hat{C}_{r,i}$ ist ein binärer 1-fehlerkorrigierender, 2-fehlererkennender $(2^{r+i}, 2^{r+i} - r - i - 1)$-Code. Für $m = 2,3,\ldots$ ist das direkte Produkt

$$
\mathrm{ELI}(r,m) := \hat{C}_{r,1} \otimes \hat{C}_{r,2} \otimes \ldots \otimes \hat{C}_{r,m},
$$

der nach seinem Entdecker P. ELIAS (1954) benannte *Elias-Code* der Blocklänge $n = 2^{m \cdot r + \binom{m+1}{2}}$, der Informationsrate $R = \prod\limits_{i=r+1}^{r+m} (1 - \frac{i+1}{2^i})$ und des Minimalabstandes $d = 4^m$.

Die Informationsrate R des Elias-Codes ist (bei festem $r \geq 3$) für alle m durch den positiven Wert $1 - \frac{r+3}{2^r}$ nach unten beschränkt:

$$
R = \prod_{i=r+1}^{r+m} \left(1 - \frac{i+1}{2^i}\right) > 1 - \sum_{i=r+1}^{r+m} \frac{i+1}{2^i} > 1 - \sum_{i=r+1}^{\infty} \frac{i+1}{2^i} =
$$

$$
= 1 - \left[\frac{d}{dz}\left(\sum_{i=0}^{\infty} z^i - \sum_{i=0}^{r+1} z^i\right)\right]_{z=\frac{1}{2}} = 1 - \left[\frac{d}{dz}\frac{z^{r+2}}{1-z}\right]_{z=\frac{1}{2}} = 1 - \frac{r+3}{2^r}.
$$

Für jedes feste $r \geq 3$ konvergiert die monoton fallende Folge der Informationsraten der Elias-Codes $\mathrm{ELI}(r,m)$ für $m \to \infty$ gegen einen positiven Wert. Die Folge der Korrekturraten $\lambda = \frac{d}{n}$ strebt allerdings gegen 0.

Bei dem beschriebenen Stufen-Decodierverfahren werden beim Elias-Code $\mathrm{ELI}(r,m)$ oft mehr als $\lfloor \frac{d-1}{2} \rfloor = 2^{2 \cdot m - 1} - 1$ Fehler korrigiert. Wir schätzen die Decodierfehlerwahrscheinlichkeit bei Einsatz des Elias-Codes $\mathrm{ELI}(r,m)$ in einem Kommunikationssystem mit einem binären symmetrischen Kanal der Fehlerwahrscheinlichkeit $p_0 := p$ ab:

Nach Eingabe eines Codewortes in den Kanal erwartet der Kanal-decodierer, daß im Mittel $n \cdot p_0$ Bits des eingegebenen Wortes durch die Kanalstörungen in das entgegengesetzte Bit verwandelt wurden. Er teilt das empfangene Wort in Teilwörter der Länge 2^{r+1} und decodiert diese mit dem $\hat{C}_{r,1}$-Decodierer. Pro Teilwort rechnet der $\hat{C}_{r,1}$-Decodierer mit $2^{r+1} \cdot p_0$ gestörten Bits. Wenn höchstens ein Bit eines Teilwortes gestört wurde, so gibt der $\hat{C}_{r,1}$-Decodierer das richtige Codewort aus (der Code $\hat{C}_{r,1}$ ist 2-fehlererkennend). Wenn eine ungerade Anzahl, mindestens aber drei Bits gestört wurden, decodiert der $\hat{C}_{r,1}$-Decodierer dieses Teilwort in ein Codewort aus $\hat{C}_{r,1}$, das zu dem Teilwort den HAMMING-Abstand 1 hat. Möglicherweise verwandelt der Decodierer dabei zusätzlich ein vorher richtiges Bit in das entgegengesetzte und produziert so einen weiteren Fehler. Bei einer geraden Fehleranzahl hat das Teilwort nach dem Satz über die gleichschenkligen Dreiecke in $V_n(2)$ von Seite 247 zu allen Code-wörtern des erweiterten Hamming-Codes $\hat{C}_{r,1}$ einen geraden HAMMING-Abstand und wird vom $\hat{C}_{r,1}$-Decodierer unverändert ausgegeben.

Wieviele Bits werden nun nach der $\hat{C}_{r,1}$-Decodierung falsch sein? Wir bezeichnen die Wahrscheinlichkeit, daß ein Bit eines vom $\hat{C}_{r,1}$-Decodierer ausgegebenen Wortes nicht mit dem entsprechenden Bit des in den Kanal eingegebenen Codewortes aus $\mathrm{ELI}(r,m)$ übereinstimmt, mit p_1. (Diese Wahrscheinlichkeit ist für alle Bits eines Codewortes dieselbe; wie wir auf Seite 344 feststellen werden, besitzen die binären Hamming-Codes zyklische Versionen, und ihre Automorphismengruppen operieren demzufolge transitiv auf den Positionen.) Die Wahrscheinlichkeit, daß ein in den $\hat{C}_{r,1}$-Decodierer eingegebenes Teilwort genau $t = 0,1,\ldots,2^{r+1}$ verfälschte Bits enthält, hat den Wert $\binom{2^{r+1}}{t} \cdot p^t \cdot (1-p)^{2^{r+1}-t}$.

Die erwartete Anzahl der falschen Bits in einem (vom $\hat{C}_{r,1}$-Decodierer ausgegebenen) Wort der Länge 2^{r+1} ist damit

$$2^{r+1} \cdot p_1 \leq$$

$$\leq 2 \cdot \binom{2^{r+1}}{2} \cdot p^2 \cdot (1-p)^{2^{r+1}-2} + \sum_{\substack{3 \leq t \leq 2^{r+1} \\ t \equiv 1 \bmod 2}} (t+1) \cdot \binom{2^{r+1}}{t} \cdot p^t \cdot (1-p)^{2^{r+1}-t} +$$

$$+ \sum_{\substack{4 \leq t \leq 2^{r+1} \\ t \equiv 0 \bmod 2}} t \cdot \binom{2^{r+1}}{t} \cdot p^t \cdot (1-p)^{2^{r+1}-t} \leq$$

$$\leq 2^{r+1} \cdot (2^{r+1}-1) \cdot p^2 \cdot (1-p)^{2^{r+1}-2} +$$

$$+ \sum_{t=3}^{2^{r+1}} (t+1) \cdot \binom{2^{r+1}}{t} \cdot p^t \cdot (1-p)^{2^{r+1}-t} =$$

$$= 2^{r+1} \cdot (2^{r+1} - 1) \cdot p^2 \cdot$$

$$\cdot \left((1-p)^{2^{r+1}-2} + \sum_{t=3}^{2^{r+1}} \frac{t+1}{t \cdot (t-1)} \cdot \binom{2^{r+1}-2}{t-2} \cdot p^{t-2} \cdot (1-p)^{2^{r+1}-t} \right) \leq$$

$$\leq 2^{r+1} \cdot (2^{r+1} - 1) \cdot p^2 \cdot$$

$$\cdot \left((1-p)^{2^{r+1}-2} + \sum_{t=3}^{2^{r+1}} \binom{2^{r+1}-2}{t-2} \cdot p^{t-2} \cdot (1-p)^{2^{r+1}-2-(t-2)} \right) =$$

$$= 2^{r+1} \cdot (2^{r+1} - 1) \cdot p^2 \cdot$$

$$\cdot \left((1-p)^{2^{r+1}-2} + (p+1-p)^{2^{r+1}-2} - (1-p)^{2^{r+1}-2} \right) =$$

$$= 2^{r+1} \cdot (2^{r+1} - 1) \cdot p^2 \, ;$$

insgesamt folgt $\qquad p_1 \leq (2^{r+1} - 1) \cdot p_0^2 < 2^{r+1} \cdot p_0^2.$

Die Stellen, an denen die falschen Bits im Wort am Ausgang des $\hat{C}_{r,1}$-Decodierers auftreten, sind statistisch nicht unabhängig voneinander: In jedem Teilwort der Länge 2^{r+1} tritt eine gerade Anzahl von Fehlern auf. Der $\hat{C}_{r,2}$-Decodierer zerlegt aber gemäß der verwendeten Decodierregel das vom $\hat{C}_{r,1}$-Decodierer (in „Zeilen" der Länge 2^{r+1}) ausgegebene Wort („spaltenweise") in Teilwörter der Länge 2^{r+2}. Für ihn treten die erwarteten $2^{r+2} \cdot p_1$ verfälschten Bits pro Teilwort statistisch unabhängig auf. Mit der gleichen Argumentation wie oben können wir die Wahrscheinlichkeit p_2, daß ein vom $\hat{C}_{r,2}$-Decodierer ausgegebenes Bit nicht mit dem entsprechenden in den Kanal eingegebenen Bit übereinstimmt, mit $p_2 < 2^{r+2} \cdot p_1^2$ abschätzen. Mit Induktion erkennen wir, daß ein vom Kanalcodierer in den Kanal eingegebenes Bit vom Gesamt-Decodierer des Elias-Codes $\mathrm{ELI}(r,m)$ mit der Wahrscheinlichkeit

$$p_m < p^{2^m} \cdot 2^{(r+m) + 2 \cdot (r+m-1) + 2^2 \cdot (r+m-2) + \ldots + 2^{m-1} \cdot (r+1)}$$

als das entgegengesetzte Bit ausgegeben wird. Der Exponent der Zahl 2 in dieser Schranke berechnet sich als

$$\sum_{i=0}^{m-1} 2^i \cdot (r+m-i) = (r+m) \cdot \sum_{i=0}^{m-1} 2^i - \sum_{i=0}^{m-1} i \cdot 2^i =$$

$$= (r+m) \cdot (2^m - 1) - 2 \cdot \left[\frac{d}{dz} \sum_{i=0}^{m-1} z^i \right]_{z=2} =$$

$$= (r+m) \cdot (2^m - 1) - 2 \cdot \left[\frac{d}{dz} \frac{z^m - 1}{z-1} \right]_{z=2} =$$

$$= (r+m) \cdot (2^m - 1) - (m-2) \cdot 2^m - 2 < (r+2) \cdot 2^m.$$

Es folgt $\qquad p_m < p^{2^m} \cdot 2^{(r+2) \cdot 2^m} = \left(2^{r+2} \cdot p \right)^{2^m}.$

Wenn die Fehlerwahrscheinlichkeit p des Kanals kleiner als $\frac{1}{2^{r+2}}$ ist, so ist $\lim_{m\to\infty} p_m = 0$. Bei genügend kleiner Fehlerwahrscheinlichkeit p des Kanals können wir also einen Elias-Code $\mathrm{ELI}(r,m)$ einer Informationsrate $R > 1 - \frac{r+3}{2^r}$ finden, bei dem die Decodierfehlerwahrscheinlichkeit unter einer beliebig klein vorgegebenen Schranke liegt. Die Elias-Codes sind bei weitem nicht so gute Codes, wie sie der SHANNONsche Kanalcodierungssatz (Seite 170) verspricht; mit ihrer verschwindenden Korrekturrate erreichen sie asymptotisch auch nicht die GILBERT-VARŠAMOV-Schranke (Seiten 188ff., 271ff.). Sie bilden aber die erste algebraisch konstruierte Serie linearer Codes, mit denen man bei von unten beschränkter Informationsrate Nachrichten beliebig sicher übertragen kann.

Die direkte Summe $C_1 \boxplus C_2$ zweier Blockcodes $C_1 \subseteq F^n$ und $C_2 \subseteq F^m$ über demselben Zeichenvorrat F ist die kleine Schwester des direkten Produktes $C_1 \otimes C_2$; sie besteht aus allen aus zwei Codewörtern $x = x_1 x_2 \ldots x_n \in F^n$ und $y = y_1 y_2 \ldots y_m \in F^m$ konkatenierten Wörtern $xy = x_1 x_2 \ldots x_n y_1 y_2 \ldots y_m \in F^{n+m}$. THOMAS HONOLD hat in seinem Beweis der MACWILLIAMS-Identitäten (Seite 266f.) von der direkten Summe Gebrauch gemacht. Hinsichtlich ihrer Fehlerkorrekturqualitäten ist die direkte Summe zweier Codes ein ziemlich schwaches Konstrukt; ihr Minimalabstand ist nur das Minimum der Minimalabstände von C_1 und C_2. Für zwei lineare Codes $C_1, C_2 \subseteq V_n(q)$ sollte die direkte Summe $C_1 \boxplus C_2 \subseteq V_{2\cdot n}(q)$ nicht mit der direkten Summe $C_1 \oplus C_2 \subseteq V_n(q)$ der Untervektorräume C_1, C_2 von $V_n(q)$ (Seite 192f.) verwechselt werden.

Die (vektorielle) Summe $C_1 + C_2$ zweier linearer Codes C_1 und C_2 derselben Blocklänge n über demselben Körper $\mathbb{F}_q$ besteht aus allen Vektoren $c_1 + c_2 \in V_n(q)$ mit $c_1 \in C_1$ und $c_2 \in C_2$. Die Summe $C_1 + C_2$ ist also nichts weiter als der von C_1 und C_2 erzeugte Untervektorraum von $V_n(q)$ (Seite 193).

Die Summenkonstruktion. Es seien $C_1, C_2 \subseteq V_n(2)$ zwei binäre, lineare Codes der Dimensionen k_1 und k_2. In einer Kombination von direkter und vektorieller Summe bilden wir den binären, linearen Code

$$C_1 \,\&\, C_2 := \{ (c_1, c_1 + c_2) \in V_{2\cdot n}(2) \, ; \, c_1 \in C_1, c_2 \in C_2 \},$$

die *Summenkonstruktion* von C_1 und C_2. (Für die Summenkonstruktion $C_1 \,\&\, C_2$ hat sich in der codierungstheoretischen Literatur weder ein Standardname noch eine Standardbezeichnung eingebürgert.)

Mit Hilfe zweier Generatormatrizen G_1 von C_1 und G_2 von C_2 läßt sich eine Generatormatrix der Summenkonstruktion $C_1 \& C_2$ angeben:

$$\begin{bmatrix} G_1 & \vdots & G_1 \\ \cdots & \vdots & \cdots \\ O & \vdots & G_2 \end{bmatrix}.$$

Satz. *Die Summenkonstruktion $C_1 \& C_2 \subseteq V_n(2)$ zweier linearer (n,k_1)- und (n,k_2)-Codes $C_1, C_2 \subseteq V_n(2)$ mit den Minimalabständen d_1 und d_2 ist ein linearer $(2 \cdot n, k_1 + k_2)$-Code mit dem Minimalabstand $d = \min\{2 \cdot d_1, d_2\}$.*

Beweis. Von diesem Satz ist nur die Aussage über den Minimalabstand beweisbedürftig: Es sei $c := (c_1, c_1 + c_2)$ ein vom Nullwort verschiedenes Codewort aus $C_1 \& C_2$ mit $c_1 \in C_1$ und $c_2 \in C_2$. Wenn $c_2 = 0$ ist, so ist $c_1 \neq 0$ und es gilt $\gamma(c) = 2 \cdot \gamma(c_1) \geq 2 \cdot d_1$. Wenn $c_2 \neq 0$ ist, so bezeichnen wir mit 'α' die Anzahl der Positionen, in denen die Wörter c_1 und c_2 zugleich die Komponente 1 besitzen. Dann gilt

$$\gamma(c) = \gamma(c_1) + \gamma(c_1 + c_2) = 2 \cdot \gamma(c_1) + \gamma(c_2) - 2 \cdot \alpha =$$
$$= 2 \cdot \big((\gamma(c_1) - \alpha\big) + \gamma(c_2) \geq \gamma(c_2) \geq d_2.$$

Wenn $c_1 \in C_1$ ein Codewort vom Gewicht $\gamma(c_1) = d_1$ ist, so hat das Codewort $(c_1, c_1 + 0) \in C_1 \& C_2$ das Gewicht $2 \cdot d_1$. Wenn dagegen $c_2 \in C_2$ ein Codewort vom Gewicht $\gamma(c_2) = d_2$ ist, so hat das Codewort $(0, 0 + c_2) \in C_1 \& C_2$ das Gewicht d_2.   □

Die Informationsrate $R = \dfrac{k_1 + k_2}{2 \cdot n}$ der Summenkonstruktion $C_1 \& C_2$ berechnet sich als das arithmetische Mittel der Informationsraten $\frac{k_1}{n}$ von C_1 und $\frac{k_2}{n}$ von C_2. Die Summenkonstruktion erscheint vielversprechend, wenn $d_2 = 2 \cdot d_1$ ist. Dann hat $C_1 \& C_2$ nämlich dieselbe Korrekturrate $\frac{d_1}{n}$ wie C_1. Auf Seite 303 werden die Reed-Muller-Codes mit Hilfe der Summenkonstruktion rekursiv definiert.

Die Summenkonstruktion läßt sich auch dann anwenden, wenn C_1 und C_2 unterschiedliche Blocklängen besitzen: Man erweitert den kürzeren Code auf die Länge des längeren Codes (notfalls brutal mit Nullen).

Der Summenkonstruktion verwandte Kombinationsmethoden zweier binärer Codes C_1 und C_2 der Blocklänge n sind untersucht worden. Für den Code mit den Codewörtern $(c_1 + c_2, c_1' + c_2, c_1 + c_1' + c_2)$ mit $c_1, c_1' \in C_1$ und $c_2 \in C_2$ ist keine einfache Formel bekannt, die seinen Minimalabstand durch die Minimalabstände von C_1 und C_2 ausdrückt.

Der Golay-Code GOL(23). R. J. TURYN kombinierte 1967 aus zwei
äquivalenten Versionen des Bauer-Codes eine Version der Erweiterung
des von MARCEL E. GOLAY 1949 entdeckten *binären Golay-Codes* GOL(23):
Wir betrachten die folgenden $4{\times}4$-Matrizen über $\mathbb{Z}_2$:

$$E := \begin{bmatrix} 1\,0\,0\,0 \\ 0\,1\,0\,0 \\ 0\,0\,1\,0 \\ 0\,0\,0\,1 \end{bmatrix}, \quad E^* := \begin{bmatrix} 0\,1\,1\,1 \\ 1\,0\,1\,1 \\ 1\,1\,0\,1 \\ 1\,1\,1\,0 \end{bmatrix}, \quad E' := \begin{bmatrix} 1\,0\,1\,1 \\ 1\,1\,0\,1 \\ 1\,1\,1\,0 \\ 0\,1\,1\,1 \end{bmatrix}, \quad O := \begin{bmatrix} 0\,0\,0\,0 \\ 0\,0\,0\,0 \\ 0\,0\,0\,0 \\ 0\,0\,0\,0 \end{bmatrix}.$$

Die von den Generatormatrizen $(E\!:\!E^*)$ und $(E\!:\!E')$ erzeugten Versionen B_1 und B_2 des selbstorthogonalen (Seite 260), doppelt-geraden
(Seite 260f.) Bauer-Codes haben nur das Nullwort 0 und das Einswort 1
gemeinsam. Wenn wir in der $12{\times}24$-Matrix

$$G := \begin{bmatrix} E & E^* & O & O & E & E^* \\ O & O & E & E^* & E & E^* \\ E & E' & E & E' & E & E' \end{bmatrix}$$

die 1.,2.,3. beziehungsweise 4. Zeile zur 9.,10.,11. beziehungsweise 12. Zeile
hinzuaddieren, so erhalten wir die Matrix

$$\begin{bmatrix} E & E^* & O & O & E & E^* \\ O & O & E & E^* & E & E^* \\ O & E^*{+}E' & E & E' & O & E^*{+}E' \end{bmatrix},$$

der wir den Rang 12 ablesen. Die Matrix G ist damit eine Generatormatrix des (24,12)-Codes

$$\hat{C} := \{(c_1+c_2, c_1'+c_2, c_1+c_1'+c_2) \in V_{24}(2)\,;\, c_1,c_1' \in B_1, c_2 \in B_2\}.$$

Je zwei Zeilenvektoren aus G sind zueinander orthogonal, der Code $\hat{C}$
ist also selbstorthogonal. Die Zeilen haben alle ein durch vier teilbares
HAMMING-Gewicht. Nach dem Satz über doppelt-gerade Codes von
Seite 261 sind die HAMMING-Gewichte aller Codewörter aus $\hat{C}$ durch 4
teilbar.

Es sei nun $c = (c_1+c_2, c_1'+c_2, c_1+c_1'+c_2) \in \hat{C}$ ein Codewort vom
Minimalgewicht $\gamma(c) = d$ mit $c_1,c_1' \in B_1, c_2 \in B_2$. Die Wörter
$c_1+c_2, c_1'+c_2, c_1+c_1'+c_2 \in V_8(2)$ haben nach dem Satz über die
gleichschenkligen Dreiecke in $V_n(2)$ von Seite 247 alle ein geradzahliges
HAMMING-Gewicht. Wäre nun $d = \gamma(c) = 4$, so wäre eines von ihnen das
Nullwort $0 \in V_8(2)$. Aus $c_1 = c_2$, $c_1' = c_2$ oder $c_1+c_1' = c_2$ folgte
wegen $B_1 \cap B_2 = \{0,1\}$ dann $c_2 = 0$ oder $c_2 = 1$. Die Codewörter
$c_1, c_1', c_1+c_1' \in B_1$ haben aber die Gewichte $0,4$ oder 8. Das ist ein
Widerspruch zu $d = 4$.

Das Codewort $(c_1, c_1', c_1+c_1') \in \hat{C}$ mit $c_1 := c_1' := 11001100 \in B_1$
belegt, daß $\hat{C}$ den Minimalabstand $d = 8$ besitzt.

Die Punktierung (Seite 277f.) des Codes $\hat{C}$ in irgendeiner der 24 Positionen ist ein linearer binärer (23,12)-Code vom Minimalabstand 7, eine äquivalente Version des weiter unten auf Seite 358 definierten 3-fehlerkorrigierenden binären Golay-Codes GOL(23). Wir setzen die Parameter des Golay-Codes GOL(23) in die Formel für die HAMMING-Schranke (Seite 183ff.) ein und stellen fest, daß dieser Code perfekt ist.

Das MACNEISH-Produkt. Es seien C_1 und C_2 zwei Blockcodes derselben Blocklänge n über Zeichenvorräten F_1 und F_2 der Ordnungen $|F_1| = q_1$ und $|F_2| = q_2$. In Anlehnung an eine von H. F. MACNEISH entdeckte Methode zur Konstruktion orthogonaler lateinischer Quadrate nennen wir den in $(F_1 \times F_2)^n$ enthaltenen Code

$$C_1 \# C_2 := \{((x_1,y_1),(x_2,y_2),\ldots,(x_n,y_n)) \, ; \, x_1 x_2 \ldots x_n \in C_1 , y_1 y_2 \ldots y_n \in C_2\}$$

das MACNEISH-*Produkt* der Codes C_1 und C_2. Der Code $C_1 \# C_2$ hat die Ordnung $q_1 \cdot q_2$, und sein Minimalabstand ist das Minimum der Minimalabstände d_1 und d_2 von C_1 und C_2. Wenn C_1 und C_2 zwei (n,k)-Codes mit derselben Menge von Informationsstellen sind, so ist auch $C_1 \# C_2$ ein (n,k)-Code.

Das MACNEISH-Produkt zweier linearer Codes ist im allgemeinen kein linearer Code; dem kartesischen Produkt $F_1 \times F_2$ zweier Körper F_1 und F_2 kann im allgemeinen noch nicht einmal die Struktur eines Körpers aufgeprägt werden; das mindert die Attraktivität dieser Code-Kombination.

Code-Verkettung. In seiner Monographie *Concatenated Codes*, M.I.T. Press, Cambridge/Mass. zeigte G. D. FORNEY 1966, wie man durch wiederholte Codierung die Übertragungssicherheit eines Kommunikationssystems beträchtlich erhöhen kann, ohne die Komplexität des Codierers oder Decodierers ins Unermeßliche wachsen zu lassen.

Es seien $q,n,k,N,K \in \mathbb{N}$ fünf natürliche Zahlen mit $q \geq 2, n \geq k, N \geq K$ und $n,N \geq 1$. Weiterhin sei F ein q-närer Zeichenvorrat. Wir betrachten ein Kommunikationssystem mit einem q-nären symmetrischen Kanal:

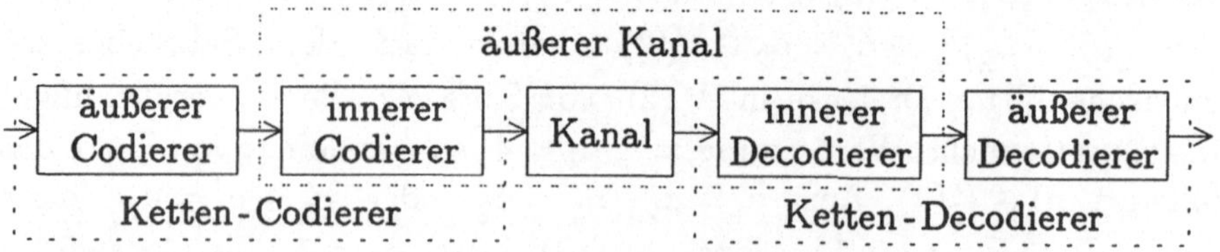

Wir interpretieren die Menge $\mathfrak{F} := F^k$ aller Wörter der Länge k mit Komponenten aus F als q^k-nären Zeichenvorrat. Der *äußere Codierer* zerlegt die von der Quelle gesandte Zeichenfolge in Informationszeichen $v = v_1 v_2 \ldots v_k \in \mathfrak{F}$, stellt dann jeweils K dieser Informationszeichen

$v_1, v_2, \ldots, v_K \in \mathfrak{F}$ zu einem Informationsblock $\mathfrak{v} := v_1 v_2 \ldots v_K \in \mathfrak{F}^K$ zusammen, codiert die Informationsblöcke mit einer *äußeren Codierung*, das heißt einer systematischen (N,K)-Codierung $\mathfrak{C}_{äuß} : \mathfrak{F}^K \to \mathfrak{F}^N$, durch Anfügen von $R := N - K$ Kontrollzeichen $v_{K+1}, v_{K+2}, \ldots, v_N \in \mathfrak{F}$ in Codewörter $\mathfrak{c} := v_1 v_2 \ldots v_N \in \mathfrak{F}^N$ eines systematischen (N,K)-Codes, des *äußeren Codes* $\mathfrak{C}_{äuß} \subseteq \mathfrak{F}^N$. Der äußere Codierer übergibt jedes Codewort $\mathfrak{c} \in \mathfrak{C}_{äuß}$ an den inneren Codierer zur weiteren Behandlung.

Der *innere Codierer* betrachtet jede der N Komponenten $v \in \mathfrak{F}$ eines Codewortes $\mathfrak{c} = v_1 v_2 \ldots v_N \in \mathfrak{C}_{äuß} \subseteq \mathfrak{F}^N$ als einen Informationsblock

$v = v_1 v_2 \ldots v_k \in F^k$, codiert die Informationsblöcke mit einer *inneren Codierung*, das heißt einer systematische (n,k)-Codierung $C_{inn} : F^k \to F^n$, durch Anfügen von $r := n - k$ Kontrollzeichen $v_{k+1}, v_{k+2}, \ldots, v_n$ in Codewörter $c := v_1 v_2 \ldots v_n$ eines systematischen (n,k)-Codes, des *inneren Codes* $C_{inn} \subseteq F^n$.

Wir fassen den äußeren und inneren Codierer zum *Kettencodierer* zusammen. Er codiert jede Folge von $K \cdot k$ Informationszeichen aus F in ein Codewort der *Verkettung* [concatenation, nested code] der Codes $\mathfrak{C}_{äuß}$ und C_{inn}. Diese Verkettung ist ein $(N \cdot n, K \cdot k)$-Code der Ordnung q. Die Codewörter der Verkettung sind die Codewörter des äußeren Codes $\mathfrak{C}_{äuß}$, deren Komponenten (aus $\mathfrak{F} = F^k$) mit der Codierung C_{inn} in Codewörter des inneren Codes $C_{inn} \subseteq F^n$ umgesetzt wurden; in diesem Sinne ist die Verkettung von $\mathfrak{C}_{äuß}$ und C_{inn} der als Teilmenge von $(C_{inn})^N$ betrachtete äußere Code $\mathfrak{C}_{äuß}$.

Beispiel. Es seien $q := 2, n := 5, k := 2, N := 3$ und $K := 1$. Der Zeichenvorrat $F := \{O, L\}$ trage die Struktur des Restklassenkörpers $\mathbb{Z}_2$ mit dem Nullelement O und der Eins L. Den Zeichenvorrat $\mathfrak{F} = F^2$ stellen wir als Körpererweiterung von $\mathbb{Z}_2$ vom Grad 2, als das GALOIS-Feld $\mathbb{F}_4 = \{0, 1, \eta, \xi\}$ mit $0 = {}^O_O, 1 = {}^O_L, \eta = {}^L_O, \xi = {}^L_L$ dar.

Als äußeren Code verwenden wir den systematischen quaternären, linearen $(3,1)$-Code
$$\mathfrak{C}_{äuß} := \{000, 1\eta\xi, \eta\xi 1, \xi 1\eta\}.$$
Der äußere Codierer arbeitet mit der Codierung
$$\mathfrak{C}_{äuß} : V_1(4) \to V_3(4) \, ; 0 \mapsto 000 \, , 1 \mapsto 1\eta\xi \, , \eta \mapsto \eta\xi 1 \, , \xi \mapsto \xi 1\eta.$$

Als inneren Code verwenden wir den systematischen binären, linearen Code C_6 aus Beispiel 4 von Seite 58 ff. Wir schreiben seine Codewörter als Spalten. Der innere Codierer arbeitet mit der Codierung

$$C_{inn} : V_2(2) \to V_5(2) \; ; \; \mathrm{OO} \mapsto \begin{matrix} \mathrm{O} \\ \mathrm{O} \\ \mathrm{O} \\ \mathrm{O} \\ \mathrm{O} \end{matrix} \, , \, \mathrm{OL} \mapsto \begin{matrix} \mathrm{O} \\ \mathrm{L} \\ \mathrm{O} \\ \mathrm{L} \\ \mathrm{L} \end{matrix} \, , \, \mathrm{LO} \mapsto \begin{matrix} \mathrm{L} \\ \mathrm{O} \\ \mathrm{L} \\ \mathrm{O} \\ \mathrm{L} \end{matrix} \, , \, \mathrm{LL} \mapsto \begin{matrix} \mathrm{L} \\ \mathrm{L} \\ \mathrm{L} \\ \mathrm{L} \\ \mathrm{O} \end{matrix} .$$

Wir schreiben die Wörter aus $V_{15}(2)$ spaltenweise als 5×3-Matrizen. Der Ketten-Codierer arbeitet mit der Codierung

$$V_2(2) \to V_{15}(2) \; ; \; \mathrm{OO} \mapsto \begin{matrix} \mathrm{OOO} \\ \mathrm{OOO} \\ \mathrm{OOO} \\ \mathrm{OOO} \\ \mathrm{OOO} \end{matrix} \, , \, \mathrm{OL} \mapsto \begin{matrix} \mathrm{OLL} \\ \mathrm{LOL} \\ \mathrm{OLL} \\ \mathrm{LOL} \\ \mathrm{LLO} \end{matrix} \, , \, \mathrm{LO} \mapsto \begin{matrix} \mathrm{LLO} \\ \mathrm{OLL} \\ \mathrm{LLO} \\ \mathrm{OLL} \\ \mathrm{LOL} \end{matrix} \, , \, \mathrm{LL} \mapsto \begin{matrix} \mathrm{LOL} \\ \mathrm{LLO} \\ \mathrm{LOL} \\ \mathrm{LLO} \\ \mathrm{OLL} \end{matrix} .$$

Die Verkettung der Codes $\mathfrak{C}_{\text{äuß}}$ und C_{inn} ist ein äquidistanter binärer, linearer, nach der PLOTKIN-Schranke (Seite 182) also optimaler (15,2)-Code.

Man erkennt unschwer eine gewisse Ähnlichkeit mit der Konstruktion des direkten Produkts (Seite 281 ff.), allerdings mit dem Unterschied, daß die 2 Informationszeichen in der nordwestlichen Ecke der Codewörter nicht unabhängig voneinander codiert werden, sondern mit Hilfe des äußeren Codierers in einen Block q^k-närer, das heißt hier quaternärer Zeichen aus $\mathfrak{F}$ umgesetzt werden, der erst vom inneren Codierer in q-näre, hier binäre Zeichen aus F aufgelöst wird. $\square$

Es ist unmittelbar einsichtig, daß der Minimalabstand der Verkettung zweier Codes mit den Minimalabständen D und d mindestens den Wert $D \cdot d$ hat. Wie das Beispiel lehrt, kann dieser Minimalabstand allerdings größer als $D \cdot d$ sein.

Der aus innerem Codierer, Kanal und innerem Decodierer bestehende *äußere Kanal* ist ein q^k-närer (gedächtnisloser) Kanal, dessen Fehlerwahrscheinlichkeiten im allgemeinen schwer auszurechnen sind. Die Fehler des äußeren Kanals sind nämlich die Decodierfehler des *inneren Decodierers*. G. D. FORNEY schlägt vor, daß der innere Decodierer dem *äußeren Decodierer* mitteile, wieviele Fehler er beim Decodieren berichtigte. Der äußere Decodierer könne aus dieser Angabe Rückschlüsse über die Sicherheit der ihm übermittelten Daten ziehen und dies bei seiner Decodierung berücksichtigen. Der äußere Decodierer betrachtet die Anzahl der korrigierten Fehler als Zuverlässigkeitsinformation und geht folgendermaßen vor:

Er decodiert $\lfloor \frac{d+1}{2} \rfloor$-mal, wobei er im Zyklus $i = 0, 1, .., \lfloor \frac{d-1}{2} \rfloor$ jeweils die vom inneren Decodierer gelieferten Codewörter mit mindestens i

korrigierten Fehlern auslöscht und danach mit ein und demselben Fehler und Auslöschungen korrigierenden Verfahren für den äußeren Code arbeitet. Zum Schluß vergleicht er die $\lfloor \frac{d+1}{2} \rfloor$ Resultate und nimmt das-jenige, welches vom empfangenen Wort am wenigsten abweicht. Wendet man dieses Decodier-Verfahren beim direkten Produkt $C_1 \otimes C_2$ aus dem Beispiel von Seite 283f. an, so wird auch der Fehler vom Gewicht 4 korrigiert!

E. L. BLOCH und V. V. ZJABLOV benutzten als äußeren Code $\mathfrak{C}_{\ddot{a}u\beta}$ das MACNEISH-Produkt $C_1 \# C_2 \# \ldots \# C_l$ von l (N,K_i)-Codes über q^{k_i}-nären Zeichenvorräten, $i = 1, 2, \ldots, l$, und als inneren Code C_{inn} einen q-nären (n,k)-Code der Dimension $k := k_1 + k_2 + \ldots + k_l$. Diese Methode ist sehr leistungsfähig. V. A. ZINOVJEV, (*Obobščennyje kaskadnyje kody*, Problemy Peredači Informacii **12** (1976), 5-15) konnte mit ihrer Hilfe viele Codes mit bis dahin nicht erreichten Parametern n,k,d konstruieren.

Beispiel. Es seien $C_1 = \{000,011,101,110\}$ der binäre (3,2)-Paritäts-kontroll-Code, $C_2 := \{000,1\eta\xi,\eta\xi 1,\xi 1\eta\}$ der quaternäre (3,1)-Code $\mathfrak{C}_{\ddot{a}u\beta}$ von Seite 291 und C_{inn} der durch seine Generatormatrix

$$\begin{bmatrix} 1 & 0 & 0 & 1 & 1 \\ 0 & 1 & 0 & 1 & 0 \\ 0 & 0 & 1 & 0 & 1 \end{bmatrix}$$ definierte lineare, binäre (5,3)-Code. Die Verkettung von $C_1 \# C_2$ mit C_{inn} hat den Minimalabstand 6, während die Verkettung von $C_2 \# C_1$ mit C_{inn} den Minimalabstand 4 hat. $\qquad\square$

8.9 Lineare Code-Isomorphismen

Auf Seite 52 wurde ein *(Code-)Isomorphismus* zwischen zwei Blockcodes $C,D \subseteq F^n$ als eine auf den ganzen Raum F^n fortsetzbare Isometrie $\varphi : C \to D$ Auf Seite 50 wurde die Gruppe $\mathrm{Iso}(F^n)$ aller Isometrien von F^n auf sich als die Gruppe $\mathrm{Aut}(F^n)$ aller Hintereinanderausführungen $\tilde{\kappa} \circ \tilde{\pi}$ jeweils einer Äquivalenzabbildung $\tilde{\pi} \in \ddot{A}qu(F^n)$ und einer Konfiguration $\tilde{\kappa} \in \mathrm{Konf}(F^n)$ gekennzeichnet.

Wir setzen voraus, daß die Elementeanzahl $q := |F|$ eine Primzahl-potenz sei, so daß wir den Zeichenvorrat F mit dem GALOIS-Feld $\mathbb{F}_q$ und den Raum F^n mit dem Vektorraum $V_n(q)$ identifizieren dürfen.

Wir verstehen unter einem *linearen (Code-)Isomorphismus* zwischen zwei linearen (n,k)-Codes $C,D \subseteq V_n(q)$ eine zu einer *linearen* Isometrie des Vektorraumes $V_n(q)$ fortsetzbare *lineare* Isometrie $\varphi : C \to D$.

Warnung: In diesem Buch wird unter einer Isometrie $\varphi : C \to D$ immer eine den HAMMING-Abstand erhaltende Bijektion verstanden, das heißt, für alle $x,y \in C$ gelte stets $\varrho\big(\varphi(x),\varphi(y)\big) = \varrho(x,y)$. Eine das Skalarprodukt erhaltende lineare Bijektion $\varphi : C \to D$, das heißt eine Bijektion, bei der für alle $x,y \in C$ stets $\varphi(x) \cdot \varphi(y) = x \cdot y$ gilt, heißt hier *orthogonale Abbildung*.

Lineare Code-Automorphismen. Es sei $C \subseteq V_n(q)$ ein linearer (n,k)-Code. Wir bezeichnen mit 'LinIso(C)' die Gruppe aller linearen Isometrien von C auf sich. Da die Gruppe aller linearen Bijektionen des k-dimensionalen $\mathbb{F}_q$-Vektorraumes C auf sich zur allgemeinen linearen Gruppe $\mathrm{GL}_k(q)$ isomorph ist, ist die Untergruppe LinIso(C) der Gruppe Iso(C) aller Isometrien von C auf sich (Seite 48) zu einer Untergruppe der $\mathrm{GL}_k(q)$ isomorph. Die Gruppe aller linearen Code-Automorphismen von C (Seite 50) wird mit 'LinAut(C)' bezeichnet. Ein linearer Code-Automorphismus kann definitionsgemäß zu einer Isometrie des Vektorraumes $V_n(q)$ auf sich fortgesetzt werden; wir fordern ausdrücklich nicht, daß eine solche Fortsetzung linear sein soll.

Nach der Kennzeichnung der Isometrien von F^n auf Seite 50 ist jede Isometrie des Vektorraumes $V_n(q)$ auf sich ein Code-Automorphismus; es folgt $\mathrm{LinIso}\big(V_n(q)\big) = \mathrm{LinAut}\big(V_n(q)\big)$. Und noch eine dritte Gleichheit: Die Gruppe $\mathrm{LinAut}\big(V_n(q)\big)$ ist der Durchschnitt $\mathrm{Aut}\big(V_n(q)\big) \cap \mathrm{GL}_n(q)$ der Gruppe aller Isometrien von $V_n(q)$ auf sich mit der allgemeinen linearen Gruppe $\mathrm{GL}_n(q)$; wegen $\mathrm{Diag}_n(q) = \mathrm{Konf}\big(V_n(q)\big) \cap \mathrm{GL}_n(q)$ und $\mathrm{\ddot{A}qu}\big(V_n(q)\big) \subseteq \mathrm{GL}_n(q)$ ist die Gruppe $\mathrm{LinAut}\big(V_n(q)\big)$ die monomiale Gruppe (Seite 202) von $V_n(q)$, $\mathrm{LinIso}\big(V_n(q)\big) = \mathrm{LinAut}\big(V_n(q)\big) = \mathrm{Mon}_n(q)$.

Die von einer Permutation $\pi \in \mathfrak{S}_n$ auf $V_n(q)$ vermöge

$$\tilde{\pi} : V_n(q) \to V_n(q) \; ; \; x_1 x_2 \ldots x_n \mapsto x_{\pi^{-1}(1)} x_{\pi^{-1}(2)} \cdots x_{\pi^{-1}(n)}$$

induzierte Äquivalenzabbildung (Seite 48) überführt für $i = 1,2,\ldots,n$ den i-ten Standard-Einheitsvektor von $V_n(q)$ in den $\pi(i)$-ten Standard-Einheitsvektor, $\tilde{\pi}(e_i) = e_{\pi(i)}$. Wenn wir die Vektoren aus $V_n(q)$ als Linearkombinationen der Standardbasis schreiben, so können wir die Äquivalenzabbildung $\tilde{\pi}$ als

$$\tilde{\pi} : V_n(q) \to V_n(q) \; ; \; \sum_{i=1}^{n} x_i \cdot e_i \mapsto \sum_{i=1}^{n} x_i \cdot e_{\pi(i)}$$

notieren und so das lästige Hantieren mit der zu π inversen Permutation π^{-1} vermeiden.

Lineare Code-Isometrien. Es seien $C, D \subseteq V_n(q)$ zwei lineare Codes. Wegen der Translationsinvarianz der HAMMING-Metrik (Seite 242) ist eine lineare Bijektion $\varphi : C \to D$ bereits dann eine Isometrie, wenn sie das HAMMING-Gewicht erhält, das heißt, wenn für jedes Codewort $c \in C$ stets $\gamma(\varphi(c)) = \gamma(c)$ ist; denn für je zwei Codewörter $c, c' \in C$ gilt dann

$$\varrho(\varphi(c), \varphi(c')) = \gamma(\varphi(c) - \varphi(c')) = \gamma(\varphi(c - c')) = \gamma(c - c') = \varrho(c, c').$$

Von ERNST WITT stammt der folgende

Satz: *Jede Isometrie zwischen zwei Untervektorräumen eines nicht-singulären metrischen Vektorraumes kann zu einer Isometrie des gesamten Raumes fortgesetzt werden.* (E. ARTIN, *Geometric Algebra*, Interscience, New York 1957, Seite 121, Theorem 3.9.) Ein „nicht-singulärer metrischer Vektorraum" ist dabei ein endlich-dimensionaler Vektorraum mit einer nicht-ausgearteten symmetrischen oder schiefsymmetrischen Bilinearform, und eine „Isometrie" ist eine lineare, mit der Bilinearform verträgliche Bijektion. Im folgenden streben wir einen formal identischen Satz über die linearen Isometrien zwischen linearen Codes an, den „Monomialsatz".

Wir wollen zeigen, daß sich jede lineare Isometrie $\varphi : C \to D$ von einem linearen (n,k)-Code $C \subseteq V_n(q)$ auf einen linearen (n,k)-Code $D \subseteq V_n(q)$ zu einer linearen Isometrie $\bar{\varphi} = \tilde{\kappa} \circ \tilde{\pi} \in \mathrm{Mon}_n(q)$ des gesamten Vektorraumes $V_n(q)$ auf sich fortsetzen läßt, das heißt, daß es n „Proportionalitätsfaktoren" $\kappa_1, \kappa_2, \ldots, \kappa_n \in \mathbb{F}_q^*$ und eine Permutation $\pi \in \mathfrak{S}_n$ gibt, so daß für alle Codewörter $c = \sum\limits_{i=1}^{n} c_i \cdot e_i \in C$ stets $\varphi(c) = \sum\limits_{i=1}^{n} \kappa_{\pi(i)} \cdot x_i \cdot e_{\pi(i)}$ gilt.

Zur Veranschaulichung denken wir uns die q^k Codewörter $c \in C$ in einer beliebigen Reihenfolge untereinander in Form einer $q^k \times n$-Matrix $M(C)$ aufgeschrieben. In derselben Reihenfolge schreiben wir die q^k Codewörter $\varphi(c) \in D$ in Form einer $q^k \times n$-Matrix $M(D)$ untereinander. Wenn in der h-ten Zeile von $M(C)$ das Codewort $c \in C$ steht, so befindet sich in der h-ten Zeile von $M(D)$ das Codewort $\varphi(c) \in D$. Der angestrebte Satz besagt, daß es möglich ist, die Spalten aus $M(C)$ so mit Hilfe einer Permutation $\pi \in \mathfrak{S}_n$ mit den Spalten aus $M(D)$ zu paaren, daß für $i = 1, 2, \ldots, n$ die i-te Spalte aus $M(C)$ jeweils mit der mit einem Proportionalitätsfaktor $\kappa_{\pi(i)} \in \mathbb{F}_q^*$ multiplizierten $\pi(i)$-ten Spalte aus $M(D)$ übereinstimmt.

Sicher müssen die Nullspalten aus $M(C)$ die Nullspalten aus $M(D)$ heiraten. Daß dies möglich ist, besagt der

Hilfssatz 1. *Die Matrizen* $M(C)$ *und* $M(D)$ *besitzen dieselbe Anzahl* s *von Nullspalten.*

Beweis. Nach dem Satz über die Gleichverteilung der Zeichen in linearen Codes von Seite 248 enthält jede Spalte von $M(C)$ und $M(D)$

entweder keine oder $q^{k-1}\cdot(q-1)$ von Null verschiedene Komponenten. Wenn $M(C)$ genau s_C und $M(D)$ genau s_D Nullspalten besitzt, so folgt $s_C = s_D$ aus der Gleichung

$$(n - s_C)\cdot q^{k-1}\cdot(q-1) = \sum_{c\in C}\gamma(c) = \sum_{c\in C}\gamma(\varphi(c)) = \sum_{d\in D}\gamma(d) =$$
$$= (n - s_D)\cdot q^{k-1}\cdot(q-1). \quad \square$$

Der Beweis des Hilfssatzes 1 macht wesentlichen Gebrauch von der Endlichkeit des GALOIS-Feldes $\mathbf{F}_q$. Um der Hygiene willen beweisen wir den Hilfssatz auch für unendliche Körper F: Bezeichne mit $i_1,i_2,\ldots,i_{s_C}$ die Positionen der s_C Nullspalten von $M(C)$. Weil F unendlich ist, gibt es ein Codewort $c = c_1 c_2 \ldots c_n \in C$ mit $c_i \neq 0$ für alle $i \in \{1,2,\ldots,n\}\setminus\{i_1,i_2,\ldots,i_{s_C}\}$. Es folgt $\gamma(\varphi(c)) = \gamma(c) = n - s_C$ und damit $n - s_C \leq n - s_D$. Entsprechend gilt $s_C \leq s_D$. Insgesamt folgt $s_C = s_D$.

Es sei nun $i := i_1 \in \{1,2,\ldots,n\}$ der Index einer Nichtnullspalte aus $M(C)$. Wir suchen nach einem proportionalen Heiratskandidaten Nr. j aus $M(D)$. Wenn wir einen solchen Kandidaten $j = \pi(i)$ gefunden haben, so verkuppeln wir die zur Spalte Nr. i proportionalen Schwestern Nr. $i_2, i_3, \ldots, i_t$ aus $M(C)$ mit den zum Bräutigam Nr. j proportionalen Brüdern aus $M(D)$. Die Proportionalitätsbedingung ist dabei gewahrt.

Als Hilfsmittel zum Beweis, daß eine solche Hochzeit aus Anzahlgründen konventionell möglich ist, führen wir für jeden Index $l \in \{1,2,\ldots,n\}$ einer von Null verschiedenen Spalte aus $M(C)$ die *Nullverkleinerung* $A_l := \{c_1 c_2 \ldots c_n \in C\,;\,c_l = 0\}$ *von* C *in der Position* l ein. Die Nullverkleinerung A_l von C in der Position l unterscheidet sich von der Ableitung des Codes C in der Position l (Seite 279) nur dadurch, daß in ihr die Null an der Position l nicht wegpunktiert wurde; die Ableitung von C in der Position l ist ein linearer $(n-1, k-1)$-Code, die Nullverkleinerung A_l ist ein linearer $(n, k-1)$-Code. Entsprechend ist für jeden Index $l \in \{1,2,\ldots,n\}$ einer Nichtnullspalte aus $M(D)$ die Nullverkleinerung $B_l := \{d_1 d_2 \ldots d_n \in D\,;\,d_l = 0\}$ von D in der Position l definiert.

Hilfssatz 2. *Zwei Nichtnullspalten der Matrix* $M(C)$ *sind genau dann zueinander proportional, wenn die Nullverkleinerungen des Codes* C *in den betreffenden Positionen übereinstimmen.*

Beweis. Wenn die beiden Spalten Nr. i und Nr. h zueinander proportional sind, so haben alle Codewörter aus C in den Positionen i und h zugleich Nullen oder Nichtnullen.

Es sei umgekehrt die Nullverkleinerung A_i von C in der Position i mit der Nullverkleinerung A_h von C in der Position h identisch. Für je zwei Codewörter $x = x_1 x_2 \ldots x_n, y = y_1 y_2 \ldots y_n \in C$ mit $x_i, y_i \neq 0$ hat das Codewort $\frac{1}{x_i}\cdot x - \frac{1}{y_i}\cdot y$ an der Position i und damit auch an der Position h die Komponente 0. Es folgt $\frac{x_h}{x_i} = \frac{y_h}{y_i}$. $\qquad\square$

Der lineare $(n,k-1)$-Code $A := A_i \subset C$ läßt sich nach Hilfssatz 2 als die Nullverkleinerung von C in jeder der t Positionen $i_1, i_2, \ldots, i_t$ interpretieren. Damit befinden sich in der Matrix $\mathbf{M}(A)$ des Codes A genau $t+s$ Nullspalten. Nach Hilfssatz 1 enthält dann auch die Matrix $\mathbf{M}(B)$ des linearen $(n,k-1)$-Codes $B := \varphi(A) \subset D$ genau $t+s$ Nullspalten, die wir mit den Indizes $j_1, j_2, \ldots, j_t, j_{t+1}, \ldots, j_{t+s}$ durchnumerieren. Die Matrix $\mathbf{M}(D)$ besitzt genau s Nullspalten, etwa in den Positionen $j_{t+1}, j_{t+2}, \ldots, j_{t+s}$. Die Spalten Nr. $j_1, j_2, \ldots, j_t$ aus $\mathbf{M}(D)$ enthalten nach dem Satz über die Gleichverteilung der Zeichen in linearen Codes von Seite 248 genau in den Zeilen der Untermatrix $\mathbf{M}(B)$ von $\mathbf{M}(D)$ die Null als Komponente. Damit ist B mit der Nullverkleinerung von D in jeder der t Positionen $j_1, j_2, \ldots, j_t$ identisch. Nach Hilfssatz 2 sind die Nichtnullspalten Nr. $j_1, j_2, \ldots, j_t$ aus $\mathbf{M}(D)$ zueinander proportionale Brüder. Die Spalte Nr. i aus $\mathbf{M}(C)$ muß einen dieser Brüder heiraten, denn ein Heiratskandidat Nr. j aus $\mathbf{M}(D)$ muß wegen der Proportionalitätsbedingung an allen Stellen, an denen die Spalte Nr. i aus $\mathbf{M}(C)$ eine Nullkomponente besitzt, selbst eine Null haben.

Wir behaupten jetzt, daß der Ehe der Spalten Nr. $i = i_1$ aus $\mathbf{M}(C)$ und Nr. $j := j_1$ aus $\mathbf{M}(D)$ kein Hindernis entgegensteht, das heißt, daß sie zueinander proportional sind. Um das einzusehen, wählen wir einen Vektor $b = b_1 b_2 \ldots b_n \in C \setminus A$ mit $b_i = 1$. Der Vektor $\varphi(b)$ liegt in $\varphi(C \setminus A) = D \setminus B$ und hat deswegen an der Position Nr. j eine Komponente $\kappa_j \in \mathbb{F}_q^*$. Es sei nun $c = c_1 c_2 \ldots c_n \in C$ ein beliebiges Codewort. Da A ein $(k-1)$-dimensionaler Untervektorraum von C ist, gibt es einen eindeutig bestimmten Vektor $a = a_1 a_2 \ldots a_n \in A$ und einen eindeutig bestimmten Skalar $\beta \in \mathbb{F}_q$ mit $c = \beta\cdot b + a$. Wegen $a_i = 0$ und $b_i = 1$ ist $c_i = \beta$. Da der Vektor $\varphi(a)$ in $B = \varphi(A)$ liegt, hat $\varphi(c) = \beta\cdot\varphi(b) + \varphi(a)$ an der Position Nr. j die Komponente $\beta\cdot\kappa_j$. Damit sind die Spalte Nr. i aus $\mathbf{M}(C)$ und die Spalte Nr. j aus $\mathbf{M}(D)$ mit dem Faktor κ_j zueinander proportional.

Wir fassen als Resultat der letzten zweieinhalb Seiten zusammen:

Monomialsatz. *Jede lineare Isometrie $\varphi : C \to D$ von einem linearen (n,k)-Code $C \subseteq V_n(q)$ auf einen linearen (n,k)-Code $D \subseteq V_n(q)$ läßt sich zu einer monomialen Abbildung $\overline{\varphi} \in \mathrm{Mon}_n(q)$ fortsetzen, das heißt, es gibt eine lineare Isometrie $\overline{\varphi} : V_n(q) \to V_n(q)$ mit $\overline{\varphi}|_C = \varphi$.* $\qquad\square$

Im Gegensatz zur nichtlinearen Situation brauchen wir bei einem linearen Code $C \subseteq V_n(q)$ nicht mehr zwischen den linearen *Isometrien* von C auf sich und den linearen *Automorphismen* von C zu unterscheiden; nach dem Monomialsatz gilt $\mathrm{LinIso}(C) = \mathrm{LinAut}(C)$.

Die punktierten Reed-Muller-Codes PRM(m,1) erster Ordnung.
Es sei n eine ungerade natürliche Zahl und $C \subseteq V_n(2)$ ein binärer, linearer (n,k)-Code, dessen sämtliche Codewörter ein gerades HAMMING-Gewicht haben. Wir vergrößern (Seite 278f.) den Code C zu einem linearen $(n,k+1)$-Code $\mathfrak{C} \subseteq V_n(2)$, indem wir zu jedem Codewort $c \in C$ sein komplementäres Wort $c^* = 1 + c \in V_n(2)$ in den Code $\mathfrak{C}$ zusätzlich mit aufnehmen. Algebraisch kann die Vergrößerung $\mathfrak{C}$ von C als die innere direkte Summe $\mathfrak{C} = C \oplus \langle\{1\}\rangle$ (Seite 196) geschrieben werden.

Es sei $\varphi \in \mathrm{LinAut}(C)$ eine lineare Isometrie von C auf sich. Nach dem Monomialsatz können wir φ zu einer Äquivalenzabbildung (wir sind im binären Fall!) $\overline{\varphi} \in \mathrm{Äqu}_n(q)$ fortsetzen. Wegen $\gamma\big(\overline{\varphi}(1)\big) = \gamma(1) = n$ folgt $\overline{\varphi}(1) = 1$. Für jedes Codewort $c \in C$ gilt

$$\overline{\varphi}(c^*) = \overline{\varphi}(1 + c) = \overline{\varphi}(1) + \overline{\varphi}(c) = 1 + \varphi(c) = \varphi(c)^*.$$

Es folgt $\overline{\varphi}(\mathfrak{C}) = \mathfrak{C}$; damit ist die Restriktion $\overline{\varphi}|_{\mathfrak{C}} \in \mathrm{LinAut}(\mathfrak{C})$ der Äquivalenzabbildung $\overline{\varphi}$ auf die Vergrößerung $\mathfrak{C}$ von C eine Fortsetzung der linearen Isometrie $\varphi \in \mathrm{LinAut}(C)$ auf den Code $\mathfrak{C}$.

Für jeden linearen Automorphismus $\psi \in \mathrm{LinAut}(\mathfrak{C})$ gilt $\psi(1) = 1$ und demzufolge $\psi(c^*) = \psi(c)^*$ für alle Codewörter $c \in C$. Wenn ψ eine Fortsetzung von φ auf $\mathfrak{C}$ ist, so ist also $\psi = \overline{\varphi}|_{\mathfrak{C}}$.

Da ψ Codewörter geraden Gewichts auf Codewörter geraden Gewichts überführt, und da der Code C aus allen Codewörtern geraden Gewichts aus $\mathfrak{C}$ besteht, gilt $\psi(C) = C$; die Restriktion $\psi|_C$ von ψ auf C ist also stets ein linearer Automorphismus von C. Die Gruppen $\mathrm{LinAut}(C)$ und $\mathrm{LinAut}(\mathfrak{C})$ stimmen folglich überein.

Die *punktierten Reed-Muller-Codes* PRM(m,1) *erster Ordnung* sind für $m \in \mathbb{N}$ als die Punktierungen (Seite 277f.) der auf Seite 256f. eingeführten Reed-Muller-Codes RM(m,1) erster Ordnung in der letzten Komponente definiert. Diese binären Codes haben die Länge $2^m - 1$ und die Dimension $m + 1$. Nach dem Satz über die Gewichtszeiger binärer abstandshomogener Codes von Seite 247 ergibt sich ihr Gewichtszeiger aus dem Gewichtszeiger $1 + (2^{m+1} - 2) \cdot z^{2^{m-1}} + z^{2^m}$ von RM(m,1) als

$$1 + (2^m - 1) \cdot (z^{2^{m-1}} + z^{2^{m-1}-1}) + z^{2^m - 1}.$$

Der punktierte Reed-Muller-Code $\mathrm{PRM}(3,1)$ ist eine äquivalente Version des Hamming-Codes $\mathrm{HAM}(3,2)$.

Wir verkleinern (Seite 279) den Code $\mathrm{PRM}(m,1)$, indem wir alle Codewörter ungeraden Gewichts hinauswerfen, und erhalten den Simplex-Code $\mathrm{SIM}(m,2)$ (Seite 257). Jede Bijektion des äquidistanten Simplex-Codes ist eine Isometrie; die Gruppe $\mathrm{LinAut}(\mathrm{SIM}(m,2))$ aller seiner linearen Code-Automorphismen ist zur allgemeinem linearen Gruppe $\mathrm{GL}_m(2)$ isomorph. Der Code $\mathrm{PRM}(m,1)$ ist die Menge aller Codewörter aus $\mathrm{SIM}(m,2)$ und ihrer Komplemente; seine Gruppe $\mathrm{LinAut}(\mathrm{PRM}(m,1))$ ist also ebenfalls zur Gruppe $\mathrm{GL}_m(2)$ isomorph.

Die Eindeutigkeit der monomialen Fortsetzung. Die Restriktionen zweier verschiedener monomialer Abbildungen aus $\mathrm{Mon}_n(q)$ auf einen Code $C \subseteq V_n(q)$ können durchaus übereinstimmen; das wird beim Extremfall des trivialen $(n,0)$-Codes $C = \{0\}$ besonders augenfällig. Wir fragen uns, unter welchen Bedingungen genau eine Fortsetzung $\bar{\varphi} = \tilde{\kappa} \circ \tilde{\pi} \in \mathrm{Mon}_n(q)$ mit $\pi \in \mathfrak{S}_n$ und $\tilde{\kappa} \in \mathrm{Diag}_n(q)$ der linearen Isometrie $\varphi : C \to V_n(q)$ existiert.

Die Permutation π ist eindeutig bestimmt, wenn in der Matrix $\mathrm{M}(C)$ des Codes C höchstens eine Nullspalte existiert, und wenn keine Nichtnullspalte proportionale Schwestern besitzt.

Die Proportionalitätsfaktoren $\kappa_1, \kappa_2, \ldots, \kappa_n \in \mathbb{F}_q^*$ sind nur dann nicht alle eindeutig bestimmt, wenn es in der Matrix $\mathrm{M}(C)$ Nullspalten gibt, und wenn $q > 2$ ist.

Bei einem „gescheiten" Code sind die Spalten einer Generatormatrix stets linear unabhängig; die Existenz zweier linear abhängiger Nichtnullspalten Nr. i_1 und Nr. i_2 bedeutet ja, daß die Komponente c_{i_2} jedes Codewortes $c_1 c_2 \ldots c_n \in C$ eine (mit einem Faktor aus $\mathbb{F}_q^*$ multiplizierte) Wiederholung der Komponente c_{i_1} ist. Nach der unteren Abschätzung des Minimalabstandes linearer Codes (Seite 262) sind je zwei Spalten einer Generatormatrix genau dann linear unabhängig, wenn der Minimalabstand des zu C orthogonalen Codes $C^\perp$ größer als 2 ist. Es folgt der

Eindeutigkeitssatz. *Es seien* $C, D \subseteq V_n(q)$ *zwei lineare Codes und* $\varphi : C \to D$ *eine lineare Isometrie. Wenn der Minimalabstand des zu* C *orthogonalen Codes* $C^\perp$ *größer als 2 ist, so gibt es genau eine monomiale Abbildung* $\bar{\varphi} \in \mathrm{Mon}_n(q)$ *mit* $\bar{\varphi}|_C = \varphi$. $\qquad\square$

Dieser Satz berechtigt uns, nicht mehr zwischen einem linearen Code-Isomorphismus $\varphi : C \to D$ und seiner monomialen Fortsetzung

$\overline{\varphi} \in \mathrm{Mon}_n(q)$ zu unterscheiden; bei anständigen Codes ist die Zuordnung $\varphi \mapsto \overline{\varphi}$ nämlich umkehrbar eindeutig, und bei unanständigen Codes stiftet diese Nichtunterscheidung nur eine sehr begrenzte Verwirrung.

Automorphismen des orthogonalen Codes. Wir rechnen zunächst aus, daß die Abbildung $' : \mathrm{Mon}_n(q) \to \mathrm{Mon}_n(q)$, die jeder als Produkt $\varphi = \tilde{\kappa} \circ \tilde{\pi}$ einer Äquivalenzabbildung $\tilde{\pi} \in \ddot{\mathrm{A}}\mathrm{qu}_n(q)$ und einer Diagonalabbildung $\tilde{\kappa} \in \mathrm{Diag}_n(q)$ geschriebenen monomialen Abbildung $\varphi \in \mathrm{Mon}_n(q)$ die monomiale Abbildung $\varphi' := \tilde{\kappa}^{-1} \circ \tilde{\pi} \in \mathrm{Mon}_n(q)$ zuordnet, ein Gruppen-Automorphismus ist: Es seien $\varphi = \tilde{\kappa} \circ \tilde{\pi}, \psi = \tilde{\nu} \circ \tilde{\sigma} \in \mathrm{Mon}_n(q)$ zwei monomiale Abbildungen mit $\tilde{\pi}, \tilde{\sigma} \in \ddot{\mathrm{A}}\mathrm{qu}_n(q)$ und $\tilde{\kappa}, \tilde{\nu} \in \mathrm{Diag}_n(q)$. Für $i = 1, 2, \dots, n$ seien die Körperelemente $\kappa_i, \nu_i \in \mathbb{F}_q^*$ durch $\tilde{\kappa}(e_i) = \kappa_i \cdot e_i$ und $\tilde{\nu}(e_i) = \nu_i \cdot e_i$ gegeben. Wir definieren vermöge $\tilde{\mu}(e_i) := \kappa_{\sigma^{-1}(i)} \cdot e_i$ mit dem Prinzip der linearen Fortsetzung (Seite 195) eine Diagonalabbildung $\tilde{\mu} \in \mathrm{Diag}_n(q)$. Aus $\tilde{\sigma} \circ \tilde{\kappa}(e_i) = \kappa_i \cdot e_{\sigma(i)} = \tilde{\mu} \circ \tilde{\sigma}(e_i)$ folgt $\tilde{\sigma} \circ \tilde{\kappa} = \tilde{\mu} \circ \tilde{\sigma}$. Wir schließen weiter $(\psi \circ \varphi)'(e_i) = (\tilde{\nu} \circ \tilde{\sigma} \circ \tilde{\kappa} \circ \tilde{\pi})'(e_i) = (\tilde{\nu} \circ \tilde{\mu} \circ \tilde{\sigma} \circ \tilde{\pi})'(e_i) = $
$= \tilde{\mu}^{-1} \circ \tilde{\nu}^{-1} \circ \tilde{\sigma} \circ \tilde{\pi}(e_i) = \kappa_{\pi(i)}^{-1} \cdot \nu_{\sigma(\pi(i))}^{-1} \cdot e_{\sigma(\pi(i))} = \nu_{\sigma(\pi(i))}^{-1} \cdot \kappa_{\pi(i)}^{-1} \cdot e_{\sigma(\pi(i))} = $
$\tilde{\nu}^{-1} \circ \tilde{\sigma} \circ \tilde{\kappa}^{-1} \circ \tilde{\pi}(e_i) = \psi' \circ \varphi'(e_i)$, also $(\psi \circ \varphi)' = \psi' \circ \varphi'$.

Für alle $\varphi \in \mathrm{Mon}_n(q)$ und alle $x = x_1 x_2 \dots x_n, y = y_1 y_2 \dots y_n \in V_n(q)$ gilt
$$\varphi(x) \cdot \varphi'(y) = \sum_{i=1}^{n} \kappa_{\pi(i)} \cdot x_i \cdot \kappa_{\pi(i)}^{-1} \cdot y_i \cdot e_{\pi(i)}^2 = x \cdot y\,;$$ damit ist $\varphi(x) \perp \varphi'(y)$ genau dann, wenn $x \perp y$ gilt.

Für jeden linearen Code $C \subseteq V_n(q)$ ist die Restriktion $\varphi|_C$ der monomialen Abbildung $\varphi \in \mathrm{Mon}_n(q)$ ein linearer Code-Isomorphismus von C auf den Code $D := \varphi(C)$. Die Restriktion $\varphi'|_{C^\perp}$ der monomialen Abbildung $\varphi' \in \mathrm{Mon}_n(q)$ auf den zu C dualen Code $C^\perp$ ist ein linearer Code-Isomorphismus von $C^\perp$ auf den zu D dualen Code $D^\perp$. Unter Berücksichtigung des Eindeutigkeitssatzes der vorangehenden Seite ergibt sich der

Satz über die Automorphismen des orthogonalen Codes. *Wenn die Minimalabstände eines linearen Codes C und seines orthogonalen Codes $C^\perp$ beide größer als 2 sind, so sind die Gruppen $\mathrm{LinAut}(C)$ und $\mathrm{LinAut}(C^\perp)$ isomorph.* □

$\mathrm{LinAut}(\mathrm{HAM}(r,q))$. Der Hamming-Code $\mathrm{HAM}(r,q)$ (Seite 263) hat den Minimalabstand 3. Der zu ihm orthogonale Simplex-Code $\mathrm{SIM}(r,q)$ (Seite 257ff.) ist ein äquidistanter r-dimensionaler Code mit dem Minimalabstand q^{r-1}. Jede lineare Bijektion von $\mathrm{SIM}(r,q)$ auf sich ist eine

Isometrie. Damit ist $\mathrm{LinAut}(\mathrm{SIM}(r,q))$ eine zur allgemeinen linearen Gruppe $\mathrm{GL}_r(q)$ isomorphe Gruppe. Für $r > 2$ oder $q > 2$ ist der Minimalabstand des Simplex-Codes $\mathrm{SIM}(r,q)$ größer als 2, und deswegen ist die Gruppe $\mathrm{LinAut}(\mathrm{HAM}(r,q))$ aller linearen Code-Automorphismen des Hamming-Codes $\mathrm{HAM}(r,q)$ eine zur allgemeinen linearen Gruppe $\mathrm{GL}_r(q)$ isomorphe Untergruppe der Untergruppe $\mathrm{Mon}_n(q)$ der allgemeinen linearen Gruppe $\mathrm{GL}_n(q)$.

Die affine Gruppe eines linearen Codes. Die Bestimmung der vollen $\mathrm{LinAut}(C)$ eines linearen Codes $C \subseteq V_n(q)$ ist oft eine schwierige und manchmal auch überflüssige Aufgabe. Für viele Zwecke reicht es aus, eine genügend große Untergruppe $U \subseteq \mathrm{LinAut}(C)$ zu kennen.

Die Diagonalabbildungen $C \to C\,; c \mapsto \lambda{\cdot}c$ mit $\lambda \in \mathbb{F}_q^*$ bilden sicher für jeden linearen Code C eine zur multiplikativen Gruppe $\mathbb{F}_q^*$ des GALOIS-Feldes $\mathbb{F}_q$ isomorphe Gruppe linearer Automorphismen. Im Fall $q = 2$ ist diese Gruppe trivial, und im Fall $q > 2$ kann man auch nicht erwarten, mit ihrer Hilfe tiefsinnige Ergebnisse zu schöpfen.

Wir indizieren die Komponenten der Wörter aus $V_n(q)$ nicht mit der Ziffernmenge $\{1,2,\ldots,n\}$, sondern mit den Elementen $0,1,\ldots,n-1$ des Restklassenringes $\mathbb{Z}_n$; wir schreiben die Vektoren aus $V_n(q)$ nicht mehr als '$x_1 x_2 \ldots x_n$', sondern als '$x_0 x_1 \ldots x_{n-1}$'. Das haben wir früher auch schon manchmal getan. Die die Vektoren ändern sich dadurch nicht; wir können jetzt mit den Indizes bequem rechnen.

Eine *affine Abbildung* des Restklassenringes $\mathbb{Z}_n$ auf sich ist eine Permutation $\pi : \mathbb{Z}_n \to \mathbb{Z}_n$, zu der es eine Einheit $a \in \mathbb{Z}_n^*$ und eine Restklasse $b \in \mathbb{Z}_n$ mit $\pi(i) = a{\cdot}i + b$ für alle $i \in \mathbb{Z}_n$ gibt. Eine solche affine Abbildung π induziert auf $V_n(q)$ eine Äquivalenzabbildung $\tilde{\pi} \in \mathrm{Äqu}_n(q)$. Wenn $\tilde{\pi}$ den Code $C \subseteq V_n(q)$ invariant läßt, wenn also $\tilde{\pi}(C) = C$ ist, so ist $\tilde{\pi}$ (exakter: die Restriktion $\tilde{\pi}|_C$) ein linearer Automorphismus von C, ein sogenannter *affiner Automorphismus*. Wir bezeichnen die Gruppe der affinen Automorphismen des Codes C mit '$\mathrm{Aff}(C)$'.

Zyklische Codes. Die zyklische Verschiebung $\sigma : \mathbb{Z}_n \to \mathbb{Z}_n\,; i \mapsto i+1$ induziert auf $V_n(q)$ die Äquivalenzabbildung

$$\tilde{\sigma} : V_n(q) \to V_n(q)\,; x_0 \ldots x_{n-2}x_{n-1} \mapsto x_{n-1}x_0 \ldots x_{n-2}.$$

Ein linearer Code $C \subseteq V_n(q)$ heißt *zyklisch*, wenn $\tilde{\sigma}$ ein Automorphismus von C ist, das heißt, wenn $\mathrm{Aff}(C)$ die von $\tilde{\sigma}$ erzeugte zyklische Gruppe $\{\,\mathrm{id},\tilde{\sigma},\tilde{\sigma}^2,\ldots,\tilde{\sigma}^{n-1}\}$ umfaßt. Auf Seite 56 wurde gezeigt, daß der Code $\mathrm{HAM}(3,2)$ eine zyklische Version besitzt. Auf Seite 316f. werden wir sehen, daß die punktierten Reed-Muller-Codes zu zyklischen Codes äquivalent sind. Kapitel 9 handelt von zyklischen Codes.

Transitivität. Auf Seite 53 wurde der Begriff der Transitivität einer Permutationsgruppe erklärt. Die von der zyklischen Verschiebung $\sigma : \mathbb{Z}_n \to \mathbb{Z}_n \, ; \, i \mapsto i+1$ erzeugte (zyklische) Untergruppe Σ der Gruppe aller affinen Abbildungen des Restklassenringes $\mathbb{Z}_n$ ist ein Beispiel einer sogar *scharf transitiven* (oder *regulären*) Permutationsgruppe: Zu je zwei Indizes $i,j \in \mathbb{Z}_n$ gibt es genau eine Verschiebung aus Σ, nämlich σ^{j-i}, die i in j überführt. Als Obergruppe einer transitiven Permutationsgruppe ist dann jede Permutationsgruppe $\Gamma \subseteq \mathfrak{S}_n$, die Σ umfaßt, selbst transitiv. Die Automorphismengruppe jedes zyklischen Codes C operiert transitiv auf den Positionen (Seite 53); die Umkehrung dieses Satzes ist nicht richtig: Auf Seite 32 sahen wir, daß die Automorphismengruppe des (nicht zu einem zyklischen Code äquivalenten) Bauer-Codes B transitiv auf den Positionen operiert.

Wenn die Gruppe LinAut(C) eines linearen (n,k)-Codes $C \subseteq V_n(q)$ transitiv auf den Positionen operiert, so sind die Punktierungen dieses Codes in allen Positionen isomorphe lineare Codes. Bei der Erweiterung eines linearen (n,k)-Codes C zu einem linearen $(n+1,k)$-Code $\hat{C}$ durch Anfügen eines Symbols c_∞ an jedes Codewort $c = c_0 c_1 \ldots c_{n-1} \in C$ wird man deswegen bestrebt sein, die Linearkombination $c_\infty \in \mathbb{F}_q$ der Komponenten $c_0, c_1, \ldots, c_{n-1} \in \mathbb{F}_q$ so zu definieren, daß die Gruppe LinAut($\hat{C}$) der linearen Automorphismen von $\hat{C}$ transitiv auf den $n+1$ Positionen $0,1,\ldots,n-1,\infty$ operiert. In Abschnitt 9.6.3 werden die Quadratische-Rest-Codes auf diese Weise „transitiv erweitert".

Die Gruppe Konf(C) der Konfigurationen jedes linearen (n,k)-Codes $C \subseteq V_n(q)$ operiert transitiv auf der Menge der Codewörter (Seite 57). Wenn seine Automorphismengruppe transitiv auf den Positionen – und damit erst recht auf jeder Menge von Informationsstellen – operiert so hat – bei Einsatz einer linearen Codierung $F^k \to C$ und eines balancierten ML-Decodierers – die Übertragungsfehlerwahrscheinlichkeit $\pi_E(a,i)$ für jedes Zeichen $\alpha \in F$ unabhängig davon, in welchem Informationswort $a \in F^k$ es an welcher Position i verarbeitet wird, stets denselben Wert π_E; das kann man auf Seite 58 im Kleingedruckten nachlesen.

8.10 Reed-Muller-Codes

Die Reed-Muller-Codes erster Ordnung wurden auf den Seiten 256f. und 298f. besprochen. Von 1969 bis 1977 rüstete die NASA ihre Raumfahrtsonden mit dem 7-fehlerkorrigierenden, 8-fehlererkennenden binären, linearen (32,6)-Reed-Muller-Code RM(5,1) aus. Die Wahl dieses Codes war weniger von den mäßigen Korrektureigenschaften als von den relativ guten Implementierungseigenschaften bestimmt. Die *Reed-Muller-Codes* (beliebiger Ordnung) wurden 1954 von D. E. MULLER beschrieben. Die Reed-Muller-Codes weisen eine große Anzahl von Symmetrien auf und lassen sich sehr effizient decodieren. I. S. REED entwickelte ebenfalls 1954 ein einfach zu instrumentierendes Decodierverfahren, die sogenannte *Schwellen-Decodierung* [threshold decoding]. Die NASA benutzte allerdings ein nur für die Reed-Muller-Codes erster Ordnung brauchbares anderes Decodierverfahren.

8.10.1 Die kombinatorische Definition

Auf Seite 212 kann man nachlesen, daß die Binomialkoeffizienten durch die PASCALsche Rekursionsformel $\binom{m+1}{s+1} = \binom{m}{s+1} + \binom{m}{s}$ für $m,s \in \mathbb{N}_0$ mit $0 \le s \le m$ und die Anfangswerte $\binom{m}{0} = \binom{m}{m} = 1$ für $m \in \mathbb{N}_0$ charakterisiert werden. Wir benutzen formal dieselbe Rekursionsformel, um mit Hilfe der Summenkonstruktion von Seite 287f. für je zwei ganze Zahlen m,s mit $0 \le s \le m$ den (binären) *Reed-Muller-Code* $\mathrm{RM}(m,s)$ *der s-ten Ordnung* und der Länge 2^m zu definieren:

$$\mathrm{RM}(m+1,s+1) \; := \; \mathrm{RM}(m,s+1) \,\&\, \mathrm{RM}(m,s).$$

Als Anfangswerte der Rekursion definieren wir die Reed-Muller-Codes

$$\mathrm{RM}(m,0) \;=\; \{0,1\} \subseteq V_{2^m}(2) \quad \text{und} \quad \mathrm{RM}(m,m) \;:=\; V_{2^m}(2) \quad \text{für} \quad m \in \mathbb{N}_0.$$

Die Bezeichnung 's-te Ordnung' sollte nicht mit der 'Ordnung des Codes' (das ist die Mächtigkeit $q := |F|$ des zu Grunde liegenden Zeichenvorrates F) verwechselt werden; die Reed-Muller-Codes sind binäre Codes.

Die Reed-Muller-Codes der nullten Ordnung sind Wiederholungscodes, während die Reed-Muller-Codes der m-ten Ordnung und der Länge 2^m die Vektorräume aller 2^m-Tupel mit Komponenten aus $\mathbb{Z}_2$ sind.

Wir berechnen die Minimalabstände $d := d\bigl(\mathrm{RM}(m,s)\bigr)$ und die Dimensionen $k := \dim \mathrm{RM}(m,s)$ mit Hilfe der Rekursionsformeln

$$d\big(\mathrm{RM}(m+1,s+1)\big) \;=\; \min\{2\cdot d\big(\mathrm{RM}(m,s+1)\big), d\big(\mathrm{RM}(m,s)\big)\},$$

$$\dim\mathrm{RM}(m+1,s+1) \;=\; \dim\mathrm{RM}(m,s+1) + \dim\mathrm{RM}(m,s)$$

(vergleiche den Satz von Seite 288) für $0 \leq s \leq m$ aus den Anfangswerten $d\big(\mathrm{RM}(m,0)\big) = 2^m$, $d\big(\mathrm{RM}(m,m)\big) = 1$, $\dim\mathrm{RM}(m,0) = 1$ und $\dim\mathrm{RM}(m,m) = 2^m$ für alle $m \geq 0$:

	$s=0$	$s=1$	$s=2$	$s=3$	$s=4$	$s=5$
$m=0$	$d=1$ $k=1$					
$m=1$	$d=2$ $k=1$	$d=1$ $k=2$				
$m=2$	$d=4$ $k=1$	$d=2$ $k=3$	$d=1$ $k=4$			
$m=3$	$d=8$ $k=1$	$d=4$ $k=4$	$d=2$ $k=7$	$d=1$ $k=8$		
$m=4$	$d=16$ $k=1$	$d=8$ $k=5$	$d=4$ $k=11$	$d=2$ $k=15$	$d=1$ $k=16$	
$m=5$	$d=32$ $k=1$	$d=16$ $k=6$	$d=8$ $k=16$	$d=4$ $k=26$	$d=2$ $k=31$	$d=1$ $k=32$

Wir betrachten diese Tabelle eine Weile und erkennen

$$d\big(\mathrm{RM}(m,s)\big) \;=\; 2^{m-s}, \quad \dim\mathrm{RM}(m,s) \;=\; \sum_{i=0}^{s}\binom{m}{i}.$$

Beide Formeln lassen sich leicht durch Induktion über m verifizieren.

Für die unvollständigen Zeilensummen $\sum_{i=0}^{s}\binom{m}{i}$, $s<m$, des PASCALschen Dreiecks gibt es keine einfachere Formel.

8.10.2 Generatormatrizen

In diesem Abschnitt beschreiben wir eine Klasse besonders regelmäßig aufgebauter Generatormatrizen der Reed-Muller-Codes.

Die Generatormatrix G(m) von RM(m,m). Wir definieren zunächst rekursiv für $m \geq 0$ eine mit 'G(m)' bezeichnete Generatormatrix des trivialen Reed-Muller-Codes $\mathrm{RM}(m,m) = V_n(2)$ der m-ten Ordnung und der Blocklänge $n := 2^m$. Die einzige Generatormatrix des Codes $\mathrm{RM}(0,0) = \{0,1\}$ ist $\mathrm{G}(0) := [1]$.

Wir benutzen für $m \geq 0$ die auf Seite 288 angegebene Konstruktion, um die Generatormatrix G($m+1$) rekursiv aus der Generatormatrix G(m) des Codes $\mathrm{RM}(m+1,m+1) = \mathrm{RM}(m,m) \,\&\, \mathrm{RM}(m,m)$ zu bilden:

$$\mathrm{G}(m+1) \;:=\; \left[\begin{array}{c:c} \mathrm{G}(m) & \mathrm{G}(m) \\ \hdashline \mathbf{O} & \mathrm{G}(m) \end{array}\right].$$

Die $n\times n$-Matrix G(m) ist eine obere Dreiecksmatrix.

Kennmengen. Wir ordnen jetzt der Reihe nach von Nord nach Süd jeder der $n := 2^m$ Zeilen aus $\mathrm{G}(m)$ eine Menge aus der n in lexikographischer Anordnung niedergeschriebenen Folge

$$\varnothing, \{0\}, \{1\}, \{1,0\}, \{2\}, \{2,0\}, \{2,1\}, \{2,1,0\}, \{3\}, \{3,0\}, \ldots$$

aller Teilmengen der Menge $\mathbb{Z}_m = \{0,1,\ldots,m-1\}$, ihre sogenannte *Kennmenge* zu. Wenn Mißverständnisse ausgeschlossen sind, lassen wir die geschweiften Klammern '{' , '}' und die Kommata ',' in der Schreibweise für die Kennmengen fort, $\{3,2,0\} = 320$. Wenn wir die Zeilen aus $\mathrm{G}(m)$ von Nord nach Süd mit den Zahlen $0,1,\ldots,n-1$ durchnumerieren, so hat die Zeile mit der Kennmenge $A \subseteq \mathbb{Z}_m$ die Hausnummer $\sum_{j \in A} 2^j$. Die Ziffern einer Kennmenge bezeichnen also diejenigen Positionen, an denen in der im Dualsystem niedergeschriebenen Hausnummer der Zeile eine 1 steht; so ist der Zeile mit der Hausnummer $13 = 2^3 + 2^2 + 2^0 = 1101$ (dual) die Kennmenge 320 zugeordnet. Wir bezeichnen der Kürze wegen diejenige Zeile aus $\mathrm{G}(m)$, der die Kennmenge $A \subseteq \mathbb{Z}_m$ zugeordnet ist, mit 'v_A'; in der Matrix $\mathrm{G}(4)$ wird die Zeile 0000000000000101 als 'v_{320}' geschrieben. In der codierungstheoretischen Literatur werden die Zeilen oft anders indiziert: Zu den Ziffern der Kennmengen wird die Zahl 1 addiert; die Zeile v_{320} wird da als 'v_{431}' oder 'v_{134}', das Einswort $v_\varnothing = 1$ als 'v_0' geschrieben.

G. BRECHT (*Bezeichnungen in der Mathematik*, DMV-Mitteilungen 3/1994, 24–27) empfindet es als „Ärgernis", die Menge $\mathbb{N}$ der natürlichen Zahlen mit '1' beginnen zu lassen. Daß hier die Hausnummern mit '0' anfangen, ist kein Zugeständnis an die mathematischen Bezeichnungsnormen; unter Schädigung der „Internationalität" und mit mangelnder „Ausrichtung am allgemeinen Nutzen" bleiben wir bei $\mathbb{N} = \{1,2,\ldots\}$.

Beispiel. Die Generatormatrix $\mathrm{G}(4)$ von $\mathrm{RM}(4,4) = V_{16}(2)$:

Nr.	dual	Kennmenge A	$\lvert A \rvert$																	
0	0000	$\varnothing$	0	1	1	1	1	1	1	1	1	1	1	1	1	1	1	1	1
1	0001	0	1	0	1	0	1	0	1	0	1	0	1	0	1	0	1	0	1
2	0010	1	1	0	0	1	1	0	0	1	1	0	0	1	1	0	0	1	1
3	0011	1 0	2	0	0	0	1	0	0	0	1	0	0	0	1	0	0	0	1
4	0100	2	1	0	0	0	0	1	1	1	1	0	0	0	0	1	1	1	1
5	0101	2 0	2	0	0	0	0	0	1	0	1	0	0	0	0	0	1	0	1
6	0110	2 1	2	0	0	0	0	0	0	1	1	0	0	0	0	0	0	1	1
7	0111	2 1 0	3	0	0	0	0	0	0	0	1	0	0	0	0	0	0	0	1
8	1000	3	1	0	0	0	0	0	0	0	0	1	1	1	1	1	1	1	1
9	1001	3 0	2	0	0	0	0	0	0	0	0	0	1	0	1	0	1	0	1
10	1010	3 1	2	0	0	0	0	0	0	0	0	0	0	1	1	0	0	1	1
11	1011	3 1 0	3	0	0	0	0	0	0	0	0	0	0	0	1	0	0	0	1
12	1100	3 2	2	0	0	0	0	0	0	0	0	0	0	0	0	1	1	1	1
13	1101	3 2 0	3	0	0	0	0	0	0	0	0	0	0	0	0	0	1	0	1
14	1110	3 2 1	3	0	0	0	0	0	0	0	0	0	0	0	0	0	0	1	1
15	1111	3 2 1 0	4	0	0	0	0	0	0	0	0	0	0	0	0	0	0	0	1

Rekursive Beschreibung der Zeilen aus G(m). Eine Zeile aus G($m+1$), deren Kennmenge A die Ziffer m nicht enthält, besteht aus der zweimal hintereinander aufgeschriebenen Zeile aus G(m), die ebenfalls die Kennmenge A besitzt. Eine Zeile aus G($m+1$), deren Kennmenge A die Ziffer m enthält, besteht aus der Konkatenation des 2^m-dimensionalen Nullvektors und der Zeile aus G(m), die die Kennmenge $A\setminus\{m\}$ besitzt.

Eine rekursionsfreie Beschreibung der Zeilen aus G(m) entnimmt man dieser rekursiven Beschreibung. Für jede Kennmenge $A \subseteq \mathbb{Z}_m$ bestimmt man die Komponenten der Zeile $v_A = x_0 x_1 \ldots x_{n-1}$ wie folgt:

Für $j = m-1, m-2, \ldots, 1, 0$ mit $j \in A$ ist

$$
\begin{aligned}
x_0 &= x_1 &= \ldots = x_{2^j-1} &= 0,\\
x_{2\cdot 2^j} &= x_{2\cdot 2^j+1} &= \ldots = x_{3\cdot 2^j-1} &= 0,\\
x_{4\cdot 2^j} &= x_{4\cdot 2^j+1} &= \ldots = x_{5\cdot 2^j-1} &= 0,\\
x_{6\cdot 2^j} &= x_{6\cdot 2^j+1} &= \ldots = x_{7\cdot 2^j-1} &= 0, \quad \text{und so weiter.}
\end{aligned}
$$

Alle übrigen Komponenten haben den Wert 1.

In Worten: Wenn wir zu einer gegebenen Kennmenge $A \subseteq \mathbb{Z}_m$ die zugehörige Zeile $v_A = x_0 x_1 \ldots x_{n-1}$ aus G(m) bestimmen wollen, so gehen wir folgendermaßen vor: Für jedes $j \in A$ setzen wir nacheinander die ersten 2^j Komponenten 0, die nächsten 2^j lassen wir unbestimmt, die nächsten 2^j Komponenten setzen wir 0, die nächsten 2^j Komponenten lassen wir unbestimmt, und so weiter. Danach setzen wir alle unbestimmt verbliebenen Komponenten 1.

Beispiel. Wir bestimmen die Zeile $v_A = v_{320} = x_0 x_1 \ldots x_{15}$ aus G(4): $3 \in A \Rightarrow x_0 = x_1 = \ldots = x_7 = 0$, $2 \in A \Rightarrow x_8 = x_9 = \ldots = x_{11} = 0$, $0 \in A \Rightarrow x_{12} = x_{14} = 0$. Die unbestimmt gebliebenen Komponenten x_{13}, x_{15} bekommen den Wert 1 zugewiesen. Insgesamt erhalten wir $v_{320} = 0000000000000101$. $\qquad\qquad\square$

Die Zeilen aus G(m) mit einelementigen Kennmengen. Sind v_A und v_B zwei Zeilen aus G(m), so hat die Zeile $v_{A\cup B}$ genau an den Positionen die Komponente 1, an denen sowohl v_A als auch v_B beide die Komponente 1 haben. Mit dieser Regel können wir jede Zeile aus G(m) mit Hilfe der m Zeilen $v_0, v_1, \ldots, v_{m-1}$ konstruieren; so hat die Zeile v_{320} genau an den Positionen eine 1, an denen die Zeilen v_3, v_2 und v_0 gemeinsam eine 1 haben. Diesen Sachverhalt werden wir bei der algebraischen Kennzeichnung der Reed-Muller-Codes im nächsten Abschnitt ausnutzen.

Die kanonische Generatormatrix $G(m,s)$ von $RM(m,s)$. Wir bezeichnen für $s = 0, 1, \ldots, m$ mit '$G(m,s)$' die Matrix, die aus allen denjenigen Zeilen von $G(m)$ besteht, deren Kennmengen aus jeweils höchstens s Ziffern bestehen. Aus der rekursiven Beschreibung der Zeilen der Matrix $G(m)$ auf der vorigen Seite folgern wir eine Rekursionsformel für die Matrizen $G(m,s)$: Für alle ganzen Zahlen m, s mit $0 \leq s < m$ gilt

$$
G(m+1, s+1) \;=\; \left[\begin{array}{c:c} G(m,s+1) & G(m,s+1) \\ \hdashline O & G(m,s) \end{array} \right].
$$

Die Matrix $G(m,m)$ ist für alle ganzen Zahlen $m \geq 0$ mit der Generatormatrix $G(m)$ des Codes $RM(m,m) = V_{2^m}(2)$ identisch. Die Matrix $G(m,0)$ besteht für jede ganze Zahl $m \geq 0$ nur aus dem Vektor $v_\emptyset = 1 \in V_{2^m}(2)$; sie ist also die Generatormatrix des (trivialen) Reed-Muller-Codes $RM(m,0)$ nullter Ordnung. Auf Seite 288 lesen wir, daß $G(m+1, s+1)$ eine Generatormatrix der Summenkonstruktion der von $G(m,s+1)$ und $G(m,s)$ erzeugten Codes (in dieser Reihenfolge) ist. Aus der Definition der Reed-Muller-Codes auf Seite 303 entnehmen wir, daß die Matrix $G(m,s)$ eine Generatormatrix des Reed-Muller-Codes $RM(m,s)$ ist; die Matrix $G(m,s)$ heißt die *kanonische Generatormatrix* von $RM(m,s)$.

Zwei liebe (na ja) Kollegen der Autoren liefen Gefahr, sich totzulachen, schlösse ein Abschnitt mit einer Definition. Um dem vorzubeugen, wird noch auf eine Eigenschaft der Reed-Muller-Codes $RM(m,s)$ aufmerksam gemacht, die sich direkt aus der Darstellung ihrer kanonischen Generatormatrizen als gewisse Auswahl von Zeilen aus $G(m)$ ergeben:

$$
RM(m,s) \subset RM(m, s+1) \quad \text{für } 0 \leq s < m.
$$

8.10.3 Algebraische Kennzeichnung

Es seien $m, s \in \mathbb{N}_0$ zwei ganze Zahlen mit $s \leq m$ und $n := 2^m$. Wir definieren auf $V_n(2)$ das *komponentenweise* (oder HADAMARD-) *Produkt*

$$
\times : \left\{ \begin{array}{ccc} V_n(2) \times V_n(2) & \rightarrow & V_n(2) \\ (x = x_1 x_2 \ldots x_n, y = y_1 y_2 \ldots y_n) & \mapsto & x \times y := (x_1 \cdot y_1, x_2 \cdot y_2, \ldots, x_n \cdot y_n) \end{array} \right.
$$

Das komponentenweise Produkt $x \times y$ zweier Vektoren $x, y \in V_n(2)$ hat an genau den Positionen die Komponente 1, an denen sowohl x als auch y die Komponente 1 haben.

Mit dieser Multiplikation ist der Vektorraum $V_n(2)$ eine kommutative $\mathbb{Z}_2$-Algebra mit dem Einswort $1 = 11\ldots1$ als Einselement. Jedes Element $x \in V_n(2)$ ist *idempotent*, das heißt es gilt $x \times x = x$.

Auf Seite 306 können wir unter der Überschrift „Die Zeilen aus $G(m)$ mit einelementigen Kennmengen" nachlesen, daß die Zeile v_A der Matrix $G(m)$ für jede Kennmenge $A \subseteq \mathbb{Z}_m$ als $v_A = \underset{j \in A}{\times} v_j$ geschrieben werden kann, zum Beispiel $v_{320} = v_3 \times v_2 \times v_0$.

Die Zeilen aus $G(m)$, deren Kennmengen höchstens s Ziffern enthalten, bilden eine Basis des Reed-Muller-Codes $\mathrm{RM}(m,s)$ der s-ten Ordnung und der Länge $n = 2^m$.

Wir beachten, daß das leere komponentenweise Produkt den Vektor $v_\emptyset = 1 \in V_n(2)$ ergibt, und notieren:

Algebraische Kennzeichnung der Reed-Muller-Codes. *Der Reed-Muller-Code $\mathrm{RM}(m,s)$ der s-ten Ordnung und der Länge $n = 2^m$ besteht aus den Linearkombinationen der komponentenweisen Produkte von höchstens s der Zeilen $v_0, v_1, \ldots, v_{m-1}$ der Matrix $G(m)$.*   ☐

Die Zeilen $v_\emptyset, v_0, v_1, \ldots, v_{m-1}$ der Matrix $G(m)$ bilden eine Basis des bereits auf den Seite 256f. besprochenen Reed-Muller-Codes $\mathrm{RM}(m,1)$ erster Ordnung. Eine leichte Klammerrechnung ergibt, daß jedes komponentenweise Produkt von höchstens s Vektoren aus $\mathrm{RM}(m,1)$ ein Codewort aus $\mathrm{RM}(m,s)$ ist. Damit läßt sich $\mathrm{RM}(m,s)$ auch als der Raum aller Linearkombinationen von komponentenweisen Produkten von höchstens s Codewörtern aus $\mathrm{RM}(m,1)$ kennzeichnen.

Orthogonalität. Für zwei Vektoren $x, y \in V_n(2)$ berechnet sich ihr Skalarprodukt $x \cdot y \in \mathbb{Z}_2$ als die Summe der Komponenten des komponentenweisen Produkts $x \times y$. Das Skalarprodukt $x \cdot y$ verschwindet genau dann, $x \perp y$, wenn das HAMMING-Gewicht $\gamma(x \times y)$ geradzahlig ist. Für jede Kennmenge $A \subseteq \mathbb{Z}_m$ hat die Zeile v_A aus $G(m)$ das HAMMING-Gewicht

$$\gamma(v_A) = 2^{m-|A|}.$$

In der Matrix $G(m)$ hat also nur die letzte Zeile $v_{\mathbb{Z}_m} = 00\ldots01$ ein ungerades HAMMING-Gewicht, $\gamma(v_{\mathbb{Z}_m}) = 1$. Damit ist für $0 \le s < m$ jede Zeile der kanonischen Generatormatrix $G(m,s)$ von $\mathrm{RM}(m,s)$ orthogonal zu jeder Zeile der kanonischen Generatormatrix $G(m,m-s-1)$ von $\mathrm{RM}(m,m-s-1)$.

Für $0 \leq s < m$ gilt außerdem

$$\dim \mathrm{RM}(m,s) + \dim \mathrm{RM}(m,m-s-1) = \sum_{i=0}^{s} \binom{m}{i} + \sum_{j=0}^{m-s-1} \binom{m}{j} =$$

$$= \sum_{i=0}^{s} \binom{m}{i} + \sum_{j=0}^{m-s-1} \binom{m}{m-j} = \sum_{i=0}^{s} \binom{m}{i} + \sum_{i=s+1}^{m} \binom{m}{i} = 2^m = n = \dim V_n(2).$$

Es folgt der

Satz über die orthogonalen Codes der Reed-Muller-Codes.

Für $0 \leq s < m$ *ist* $\mathrm{RM}(m,s)^{\perp} = \mathrm{RM}(m,m-s-1)$. $\qquad\qquad$ □

Für $0 \leq s < m$ ist also die Matrix $\mathrm{G}(m,m-s-1)$ eine Kontrollmatrix des Reed-Muller-Codes $\mathrm{RM}(m,s)$.

8.10.4 Punktierte Reed-Muller-Codes

Es seien $m,s,n,k,r \in \mathbb{N}_0$ mit $0 \leq s < m$, $n := 2^m$, $k := \sum_{i=0}^{s} \binom{m}{i}$ und $r := n - k = \sum_{j=0}^{m-s-1} \binom{m}{j}$.

Wir punktieren (Seite 277f.) den Reed-Muller-Code $\mathrm{RM}(m,s)$ der s-ten Ordnung und der Länge n, indem wir das letzte Bit jedes Codewortes unterdrücken. (Auf Seite 298f. wurden die Reed-Muller-Codes der ersten Ordnung punktiert.) Aus der Matrix $\mathrm{G}(m,s)$ erhalten wir eine Generatormatrix des *punktierten Reed-Muller-Codes* $\mathrm{PRM}(m,s)$, indem wir die letzte Spalte, den Vektor $\mathbf{1}$ streichen. Alle Zeilen dieser Generatormatrix von $\mathrm{PRM}(m,s)$ haben ein ungerades HAMMING-Gewicht. Nach dem Satz über die Gewichtszeiger binärer abstandshomogener Codes von Seite 247 haben je 2^{k-1} Codewörter des $(n-1,k)$-Codes $\mathrm{PRM}(m,s)$ ein gerades beziehungsweise ungerades Gewicht. Der Reed-Muller-Code $\mathrm{RM}(m,s)$ (immer $s < m$ beachten!) besteht als Erweiterung (Seite 276) des punktierten Reed-Muller-Codes $\mathrm{PRM}(m,s)$ um eine Universal-Kontrollkomponente nur aus Codewörtern geraden Gewichts.

Nach dem Satz über die orthogonalen Codes der Reed-Muller-Codes (zehn Zentimeter weiter oben) ist jedes Codewort aus $\mathrm{RM}(m,m-s-1)$ zu jedem Codewort aus $\mathrm{RM}(m,s)$ orthogonal, insbesondere sind die Komplemente $v_A^* := v_A + \mathbf{1}$ der zu Kennmengen A einer Mächtigkeit $|A| \leq m-s-1$ gehörigen Vektoren $v_A \in V_n(2)$ zu jedem Codewort aus $\mathrm{RM}(m,s)$ orthogonal.

Wir gehen von der kanonischen Generatormatrix $\mathrm{G}(m,m-s-1)$ von $\mathrm{RM}(m,m-s-1)$ zu einer neuen Generatormatrix $\mathrm{G}^*(m,m-s-1)$

von $\mathrm{RM}(m, m-s-1)$ über, indem wir die erste Zeile, das ist das Einswort $1 \in V_n(2)$, zu allen anderen Zeilen addieren. Die Zeilen dieser $r \times n$-Matrix $\mathrm{G}^*(m, m-s-1)$ sind das Einswort $v_\varnothing = 1$ und die Vektoren $v_A^* \in V_n(2)$ mit $1 \leq |A| \leq m-s-1$. Die letzte Spalte der Matrix $\mathrm{G}^*(m, m-s-1)$ ist der Spaltenvektor $e_1^{n\,\top} = 100\ldots00^\top$. Wir bilden die Ableitung von $\mathrm{RM}(m, m-s-1)$ in der letzten Position, indem wir in $\mathrm{G}^*(m, m-s-1)$ die letzte Spalte $e_1^{n\,\top}$ und die erste Zeile 1 streichen; wir erhalten eine $(r-1, n-1)$-Matrix, deren sämtliche Zeilen zu allen Zeilen unserer Generatormatrix von $\mathrm{PRM}(m, s)$ orthogonal sind. Diese Matrix ist damit eine Kontrollmatrix von $\mathrm{PRM}(m, s)$.

Beispiel. Aus der kanonischen Generatormatrix

$$
\begin{bmatrix}
1\,1\,1\,1\,1\,1\,1\,1\,1\,1\,1\,1\,1\,1\,1\,1\,1\,1\,1\,1\,1\,1\,1\,1\,1\,1\,1\,1\,1\,1\,1\,1 \\
0\,1\,0\,1\,0\,1\,0\,1\,0\,1\,0\,1\,0\,1\,0\,1\,0\,1\,0\,1\,0\,1\,0\,1\,0\,1\,0\,1\,0\,1\,0\,1 \\
0\,0\,1\,1\,0\,0\,1\,1\,0\,0\,1\,1\,0\,0\,1\,1\,0\,0\,1\,1\,0\,0\,1\,1\,0\,0\,1\,1\,0\,0\,1\,1 \\
0\,0\,0\,0\,1\,1\,1\,1\,0\,0\,0\,0\,1\,1\,1\,1\,0\,0\,0\,0\,1\,1\,1\,1\,0\,0\,0\,0\,1\,1\,1\,1 \\
0\,0\,0\,0\,0\,0\,0\,0\,1\,1\,1\,1\,1\,1\,1\,1\,0\,0\,0\,0\,0\,0\,0\,0\,1\,1\,1\,1\,1\,1\,1\,1 \\
0\,0\,0\,0\,0\,0\,0\,0\,0\,0\,0\,0\,0\,0\,0\,0\,1\,1\,1\,1\,1\,1\,1\,1\,1\,1\,1\,1\,1\,1\,1\,1
\end{bmatrix}
$$

des Reed-Muller-Codes erster Ordnung der Länge 32 erhalten wir die Kontrollmatrix

$$
\begin{bmatrix}
1\,0\,1\,0\,1\,0\,1\,0\,1\,0\,1\,0\,1\,0\,1\,0\,1\,0\,1\,0\,1\,0\,1\,0\,1\,0\,1\,0\,1\,0\,1 \\
1\,1\,0\,0\,1\,1\,0\,0\,1\,1\,0\,0\,1\,1\,0\,0\,1\,1\,0\,0\,1\,1\,0\,0\,1\,1\,0\,0\,1\,1\,0 \\
1\,1\,1\,1\,0\,0\,0\,0\,1\,1\,1\,1\,0\,0\,0\,0\,1\,1\,1\,1\,0\,0\,0\,0\,1\,1\,1\,1\,0\,0\,0 \\
1\,1\,1\,1\,1\,1\,1\,1\,0\,0\,0\,0\,0\,0\,0\,0\,1\,1\,1\,1\,1\,1\,1\,1\,0\,0\,0\,0\,0\,0\,0 \\
1\,1\,1\,1\,1\,1\,1\,1\,1\,1\,1\,1\,1\,1\,1\,1\,0\,0\,0\,0\,0\,0\,0\,0\,0\,0\,0\,0\,0\,0\,0
\end{bmatrix}
$$

des punktierten Reed-Muller-Codes dritter Ordnung der Länge 31. $\square$

8.10.5 Geometrische Kennzeichnung

Zur Untersuchung einiger Eigenschaften der Reed-Muller-Codes, wie zur Bestimmung der Automorphismengruppe, eignet sich eine geometrische Beschreibung besser als die kombinatorische oder algebraische. Dazu sei an einige Grundbegriffe aus der affinen Geometrie erinnert:

Affine Räume. Es seien F ein kommutativer Körper, $m \geq 1$ eine ganze Zahl und $V_m(F)$ der Vektorraum aller m-Tupel mit Komponenten aus F.

Für jeden Vektor $a \in V_m(F)$ ist die *Translation*

$$
\tau_a : V_m(F) \to V_m(F) \;;\; x \mapsto \tau_a(x) := x + a
$$

eine Bijektion. Die Translationen von $V_m(F)$ bilden bezüglich der Hintereinanderausführung von Abbildungen eine zu $V_m(F)$ isomorphe Gruppe.

Es sei nun $U \subseteq V_m(F)$ ein Untervektorraum. Die *Translate* von U, die Nebenklassen $\tau_a(U) = a + U$ mit $a \in V_m(F)$, wurden auf Seite 196 „affine Teilräume von $V_m(F)$ durch a in Richtung U" genannt. Die *Dimension* eines affinen Teilraums ist die Dimension seiner Richtung, $\dim(a + U) := \dim U$. Die affinen Teilräume der Dimension 0, 1, 2, $m - 2$, $m - 1$ heißen *Punkte, Geraden, Ebenen, Hypergeraden, Hyperebenen*. Oft lassen wir in der Schreibweise bei den Punkten, das sind ja gerade die einelementigen Teilmengen $\{a\} \subseteq V_m(F)$, die geschweiften Klammern fort, wir betrachten die Vektoren als Punkte; das ist schlampig, aber bequem.

Zwei affine Teilräume S, T derselben Dimension heißen *parallel*, $S \parallel T$, wenn es eine Translation τ von $V_m(F)$ mit $\tau(S) = T$ gibt, das ist genau dann der Fall, wenn es zwei Vektoren $a, b \in V_m(F)$ und einen Untervektorraum $U \subseteq V_m(F)$ mit $S = a + U$ und $T = b + U$ gibt. Zu jedem affinen Teilraum $S \subseteq V_m(F)$ und jedem Punkt $a \in V_m(F)$ gibt es genau einen zu S parallelen affinen Teilraum T (der gleichen Dimension) mit $a \in T$; diese Aussage ist das leicht zu beweisende EUKLID*ische Parallelenpostulat*. (Daß das EUKLIDische Parallelenpostulat nicht aus den übrigen Axiomen der EUKLIDischen Geometrie ableitbar ist, hat damit nichts zu tun; hier werden einige Aspekte von *Modellen* der PAPPUSschen affinen Geometrie beschrieben.) Zwei zueinander parallele affine Teilräume stimmen entweder überein, oder sie sind disjunkt: Die zu einem affinen Teilraum S parallelen Teilräume bilden eine Partition von $V_m(F)$, das heißt, sie überdecken $V_m(F)$, ohne sich zu überlappen.

Wenn wir geometrische Ambitionen haben, so reden wir von dem Vektorraum $V_m(F)$ als von dem *affinen Raum* $\mathrm{AG}_m(F)$ (im Fall $F = \mathbb{F}_q$ schreiben wir auch '$\mathrm{AG}_m(q)$' statt '$\mathrm{AG}_m(\mathbb{F}_q)$') und benutzen geometrische Sprechweisen wie „ein Punkt a inzidiert mit einem Teilraum S" statt „$a \in S$" oder „zwei Geraden G und H schneiden sich in einem Punkt a" für „$\{a\} = G \cap H$" und so weiter.

Zu je zwei verschiedenen Punkten $a, b \in \mathrm{AG}_m(F)$ gibt es genau eine mit ihnen inzidente Gerade, nämlich $\{a + \lambda \cdot (b - a)\,;\, \lambda \in F\}$. Zu je $s + 1$ Punkten, die nicht gemeinsam in einem $(s - 1)$-dimensionalen affinen Teilraum liegen, gibt es genau einen mit ihnen inzidenten s-dimensionalen affinen Teilraum. Der Durchschnitt über jedes System von affinen Teilräumen ist leer oder ein affiner Teilraum. Der Durchschnitt von s Hyperebenen ist entweder leer oder ein mindestens $(m - s)$-dimensionaler affiner Teilraum. Jeder $(m - s)$-dimensionale affine Teilraum ist als Durchschnitt von s geeigneten Hyperebenen darstellbar.

Der Vektorraum $V_m(q)$ besitzt $\left[{m \atop s}\right]_q = \prod_{i=0}^{s-1} \frac{q^{m-i}-1}{q^{s-i}-1}$ s-dimensionale Untervektorräume (Seite 204). Der affine Raum $\mathrm{AG}_m(q)$ enthält also genau $q^{m-s} \cdot \left[{m \atop s}\right]_q$ s-dimensionale affine Teilräume; jedes der q^{m-s} Translate eines s-dimensionalen Untervektorraumes von $V_m(q)$ ist nämlich ein s-dimensionaler affiner Teilraum von $\mathrm{AG}_m(q)$.

Affine Punkträume. Ein Gespenst geht um in deutschen Hörsälen, das Gespenst des affinen Punktraumes. Normalerweise erscheint das Gespenst am Ende des ersten Semesters der Vorlesung über Lineare Algebra und Analytische Geometrie im Anschluß an die Behandlung der Theorie allgemeiner Vektorräume. Wenn Ihnen, sehr verehrter Leser, dieses Gespenst nicht begegnete – sehr gut, dann überspringen Sie das Kleingedruckte. Wenn Sie aber doch heimgesucht wurden, so können Sie sich hier einer exorzistischen Behandlung unterziehen:

Der zu einem Vektorraum V über einem Körper F gehörige *affine Punktraum*, so haben Sie gehört, ist als eine Menge P von *Punkten* definiert, für die eine Abbildung
$$P \times P \to V \; ; \; (P,Q) \mapsto \overrightarrow{PQ}$$
existiert, die folgende zwei Eigenschaften besitzt:
$$\forall\, P \in P \;\; \forall\, a \in V \;\; \exists_1\, Q \in P \;\; \overrightarrow{PQ} = a \;\; , \;\; \forall\, P,Q,R \in P \;\; \overrightarrow{PQ} + \overrightarrow{QR} = \overrightarrow{PR}.$$

Zwei affine Punkträume P und P', so hörten Sie weiter, seien isomorph, wenn es eine Bijektion $\alpha : P \to P'$ gebe, die vermöge $\varphi(\overrightarrow{PQ}) := \overrightarrow{\alpha(P)\alpha(Q)}$ eine lineare Abbildung $\varphi : V \to V$ induziere. Ihnen wurde ein überzeugender Beweis dargeboten, daß je zwei affine Punkträume über demselben Vektorraum isomorph seien. Und dann wurde vermutlich immer von dem affinen Punktraum über V geredet, ohne daß seine Existenz bewiesen wurde. Nun, der affine Punktraum P über V existiert; setzen Sie $P := V$ und $\overrightarrow{PQ} := P - Q$ für alle $P,Q \in V$. Da bricht alles zusammen, der Pfeil ist das Minuszeichen, die einzigen affinen Punkträume sind die Vektorräume.

Ist das Gespenst verjagt? Noch nicht ganz? Genießen die affinen Punkträume nicht den Vorzug, daß man jeden Punkt als Koordinatenursprung wählen kann, während der Nullvektor in Vektorräumen eine besondere Stellung einnimmt? Eine Teufelsaustreibung der stärkeren Stufe: W. HEISE und K. SÖRENSEN, *Was Sie immer schon über affine Punkträume wissen wollten, aber sich nicht zu fragen trauten* oder *Keine Angst vor Translationen*, Journal of Geometry 41 (1991) 58 - 71.

Der affine Raum $\mathrm{AG}_m(2)$ und der Reed-Muller-Code $\mathrm{RM}(m,s)$.

Zur Beschreibung des Reed-Muller-Codes $\mathrm{RM}(m,s)$ der s-ten Ordnung und der Länge $n := 2^m$ verwenden wir den m-dimensionalen affinen Raum $\mathrm{AG}_m(2)$. In $V_m(2)$ besteht jeder $(m-1)$-dimensionale Untervektorraum aus 2^{m-1} Vektoren: Das Komplement einer Hyperebene in $\mathrm{AG}_m(2)$ ist eine dazu parallele Hyperebene. Die *symmetrische Differenz* $(H_1 \cup H_2) \setminus (H_1 \cap H_2)$ zweier Hyperebenen H_1, H_2 aus $\mathrm{AG}_m(2)$ ist eine Hyperebene, die leere Menge (wenn $H_1 = H_2$ ist) oder der ganze affine Raum (wenn $H_1 \| H_2$, aber $H_1 \neq H_2$ ist). Die symmetrische Differenz zweier affiner Teilräume ist im allgemeinen kein affiner Teilraum.

Wir schreiben jetzt die sämtlichen $n = 2^m$ Punkte des affinen Raumes $AG_m(2)$ als Spalten $s_0, s_1, \ldots, s_{n-1}$ einer $m \times n$-Matrix $S(m)$ in einer besonderen Anordnung nebeneinander: Die Zeilen von $S(m)$ sollen die Komplemente $v_0^* = v_0 + 1$, $v_1^* = v_1 + 1, \ldots, v_{m-1}^* = v_{m-1} + 1$ der Vektoren $v_0, v_1, \ldots, v_{m-1}$ sein. Die Matrix $S(m)$ ist mit der um die Nullspalte $s_{n-1} := 0$ ergänzten, auf Seite 310 beschriebenen Kontrollmatrix von $PRM(m, m-2)$ identisch. Am

Beispiel der 5×32-Matrix

$$S(5) = \begin{array}{c}\scriptstyle h \\ \\ \\ \\ \\ \\ \end{array} \begin{array}{cccccccccccccccccccccccccccccccc}\scriptstyle 0 & \scriptstyle 1 & \scriptstyle 2 & \scriptstyle 3 & \scriptstyle 4 & \scriptstyle 5 & \scriptstyle 6 & \scriptstyle 7 & \scriptstyle 8 & \scriptstyle 9 & \scriptstyle 10 & \scriptstyle 11 & \scriptstyle 12 & \scriptstyle 13 & \scriptstyle 14 & \scriptstyle 15 & \scriptstyle 16 & \scriptstyle 17 & \scriptstyle 18 & \scriptstyle 19 & \scriptstyle 20 & \scriptstyle 21 & \scriptstyle 22 & \scriptstyle 23 & \scriptstyle 24 & \scriptstyle 25 & \scriptstyle 26 & \scriptstyle 27 & \scriptstyle 28 & \scriptstyle 29 & \scriptstyle 30 & \scriptstyle 31 \\ \left[\begin{array}{cccccccccccccccccccccccccccccccc} 1 & 0 & 1 & 0 & 1 & 0 & 1 & 0 & 1 & 0 & 1 & 0 & 1 & 0 & 1 & 0 & 1 & 0 & 1 & 0 & 1 & 0 & 1 & 0 & 1 & 0 & 1 & 0 & 1 & 0 & 1 & 0 \\ 1 & 1 & 0 & 0 & 1 & 1 & 0 & 0 & 1 & 1 & 0 & 0 & 1 & 1 & 0 & 0 & 1 & 1 & 0 & 0 & 1 & 1 & 0 & 0 & 1 & 1 & 0 & 0 & 1 & 1 & 0 & 0 \\ 1 & 1 & 1 & 1 & 0 & 0 & 0 & 0 & 1 & 1 & 1 & 1 & 0 & 0 & 0 & 0 & 1 & 1 & 1 & 1 & 0 & 0 & 0 & 0 & 1 & 1 & 1 & 1 & 0 & 0 & 0 & 0 \\ 1 & 1 & 1 & 1 & 1 & 1 & 1 & 1 & 0 & 0 & 0 & 0 & 0 & 0 & 0 & 0 & 1 & 1 & 1 & 1 & 1 & 1 & 1 & 1 & 0 & 0 & 0 & 0 & 0 & 0 & 0 & 0 \\ 1 & 1 & 1 & 1 & 1 & 1 & 1 & 1 & 1 & 1 & 1 & 1 & 1 & 1 & 1 & 1 & 0 & 0 & 0 & 0 & 0 & 0 & 0 & 0 & 0 & 0 & 0 & 0 & 0 & 0 & 0 & 0 \end{array}\right]\end{array}$$

sei diese Anordnung der Punkte aus $AG_5(2)$ demonstriert. □

Für $h = 0, 1, \ldots, n-1$ stellt die Spalte Nr. h aus $S(m)$, das ist der Vektor s_h, von Süd nach Nord gelesen die Zahl $n - h - 1$ im Dualsystem dar.

Wir stellen jede Teilmenge $X \subseteq AG_m(2)$ durch ihren *Inzidenzvektor* $x_0 x_1 \ldots x_{n-1} \in V_n(2)$ dar: Wir setzen $x_h := 1$ genau dann, wenn $s_h \in X$ ist. Die Summe $x + y$ beziehungsweise das komponentenweise Produkt $x \times y$ der Inzidenzvektoren x, y zweier Teilmengen $X, Y \subseteq AG_m(2)$ ist der Inzidenzvektor der symmetrischen Differenz $(X \cup Y) \setminus (X \cap Y)$ beziehungsweise des Durchschnitts $X \cap Y$.

Für $i = 0, 1, \ldots, m-1$ ist die Zeile v_i aus $G(m)$ gerade der Inzidenzvektor der Menge aller derjenigen (als Spaltenvektoren geschriebenen) Punkte $s_h = s_{h,0} s_{h,1} \cdots s_{h,m-1} \in AG_m(2)$, für die $s_{h,i} = 0$ gilt; das heißt, v_i ist der Inzidenzvektor eines $(m-1)$-dimensionalen Untervektorraumes $U_i \subset V_m(2)$, einer Hyperebene aus $AG_m(2)$, die den Nullpunkt $s_{n-1} = 0$ enthält. Allgemeiner: Für jede s-ziffrige Kennmenge $A \subseteq \mathbb{Z}_m$ ist die Zeile v_A aus $G(m)$ der Inzidenzvektor desjenigen $(m-s)$-dimensionalen Untervektorraumes $U_A \subseteq V_m(2)$, der alle Punkte $s_h \in AG_m(2)$ enthält, für die $s_{h,i} = 0$ für alle $i \in A$ gilt.

Für je zwei Kennmengen $A, B \subseteq \mathbb{Z}_m$ gilt:

$$\begin{aligned} 1. \quad & A \subseteq B \iff U_A \supseteq U_B, \\ 2. \quad & U_{A \cup B} = U_A \cap U_B, \\ 3. \quad & U_{A \cap B} = U_A + U_B. \end{aligned}$$

Insbesondere ist $U_{\mathbb{Z}_m} = \{0\}$ und $U_\emptyset = V_m(2)$.

Geschwollen ausgedrückt: Die
Abbildung, die jeder Menge
$A \subseteq \mathbb{Z}_m$ den Untervektorraum
$U_A \subseteq V_m(2)$ zuordnet, ist ein
Anti-Isomorphismus vom
Verband $\mathfrak{P}(\mathbb{Z}_m)$ aller

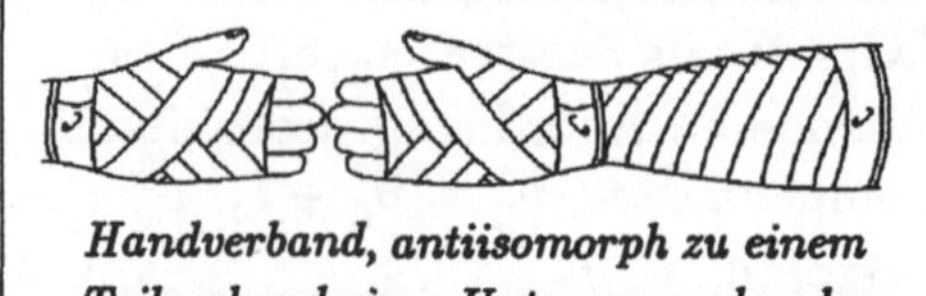

Handverband, antiisomorph zu einem
Teilverband eines Unterarmverbandes

Teilmengen von $\mathbb{Z}_m$ auf den Teilverband $\{U_A ; A \subseteq \mathbb{Z}_m\}$ des Unter-
vektorraumverbandes $\mathfrak{U}(V_m(2))$.

Der Reed-Muller-Code $\mathrm{RM}(m,1)$ der ersten Ordnung enthält mit den
Inzidenzvektoren $v_0, v_1, \ldots, v_{m-1}$ der $(m-1)$-dimensionalen Untervektorräume $U_0, U_1, \ldots, U_{m-1}$ von $V_m(2)$ auch deren Komplemente,
die Inzidenzvektoren $v_0^*, v_1^*, \ldots, v_{m-1}^*$ der dazu parallelen Hyperebenen.
Abgesehen von dem Codewort $v_\emptyset = 1$ und dem Nullvektor 0 sind alle
$2 \cdot (n-1)$ übrigen Codewörter aus $\mathrm{RM}(m,1)$ als Inzidenzvektoren von
iterierten symmetrischen Differenzen von Hyperebenen selbst Inzidenzvektoren von Hyperebenen. Der Reed-Muller-Code $\mathrm{RM}(m,s)$ der s-ten
Ordnung enthält damit gemäß der algebraischen Kennzeichnung der
Reed-Muller-Codes von Seite 308 die Inzidenzvektoren aller Durch-
schnitte von höchstens s Hyperebenen aus $\mathrm{AG}_m(2)$:

Geometrische Kennzeichnung der Reed-Muller-Codes.
Der Reed-Muller-Code $\mathrm{RM}(m,s)$ der s-ten Ordnung besteht (bei geeigneter
Numerierung der Punkte aus $\mathrm{AG}_m(2)$) aus den Inzidenzvektoren aller
mindestens $(m-s)$-dimensionalen affinen Teilräume von $\mathrm{AG}_m(2)$ sowie
ihrer iterierten symmetrischen Differenzen. $\qquad\qquad$ $\square$

8.10.6 Automorphismen

In diesem Abschnitt bestimmen wir eine Gruppe linearer Code-Automorphismen der Reed-Muller-Codes $\mathrm{RM}(m,s)$. Dabei stellt sich heraus, daß
die punktierten Reed-Muller-Codes $\mathrm{PRM}(m,s)$ eine zyklische Version
besitzen. Auf Seite 299 können wir nachlesen, daß die Gruppe
$\mathrm{LinAut}(\mathrm{PRM}(m,1))$ der linearen Code-Automorphismen des punktierten
Reed-Muller-Codes $\mathrm{PRM}(m,1)$ eine zur allgemeinen linearen Gruppe
$\mathrm{GL}_m(2)$ isomorphe Untergruppe der Gruppe $\mathrm{Mon}_{2^m-1}(2)$ ist.

Affine Transformationen. Es seien q eine Primzahlpotenz und m eine
natürliche Zahl. Jede lineare Bijektion $\varphi : V_m(q) \to V_m(q)$ aus der allgemeinen linearen Gruppe $\mathrm{GL}_m(q)$ überführt jeden Untervektorraum

$U \subseteq V_m(q)$ in einen Untervektorraum $\varphi(U)$ derselben Dimension. Die Translation $\tau_a : V_m(q) \to V_m(q) \,;\, x \mapsto x + a$ überführt für jeden Vektor $a \in V_m(q)$ jeden affinen Teilraum $T \subseteq \mathrm{AG}_m(q)$ in den zu T parallelen affinen Teilraum $\tau_a(T) = a + T$. Damit permutiert jede *affine Transformation* σ, das ist eine Bijektion $\sigma : \mathrm{AG}_m(q) \to \mathrm{AG}_m(q)$, die als Hintereinanderausführung $\sigma = \tau_a \circ \varphi$ einer linearen Bijektion $\varphi \in \mathrm{GL}_m(q)$ und einer Translation τ_a dargestellt werden kann, die affinen Teilräume von $\mathrm{AG}_m(q)$ jeder festen Dimension. Die affinen Transformationen des Raumes $\mathrm{AG}_m(q)$ bilden eine mit '$\mathrm{AGL}_m(q)$' bezeichnete Gruppe.

Für jede Primzahl n ist die auf Seite 301 beschriebene Gruppe aller affinen Abbildungen $\pi : \mathbb{Z}_n \to \mathbb{Z}_n$ des Restklassenkörpers $\mathbb{Z}_n$ gerade die Gruppe $\mathrm{AGL}_1(n)$.

Wir betrachten den binären Fall $q = 2$, setzen $n := 2^m$ und schauen uns die auf Seite 313 beschriebene Matrix $\mathrm{S}(m) \in \mathfrak{M}_{m \times n}(\mathbb{Z}_2)$ an, deren Spalten Nr. $0, 1, \ldots, n-1$ die Vektoren $s_0 = 1$, $s_1 = 01 \ldots 11^{\mathsf{T}}, \ldots$ $\ldots, s_{n-2} = 10 \ldots 0, s_{n-1} = 0$ aus $V_m(2)$ sind. Jeder affinen Transformation $\sigma \in \mathrm{AGL}_m(2)$ ist umkehrbar eindeutig eine Permutation $\sigma' \in \mathfrak{S}_n$ mit $\sigma(s_h) = s_{\sigma'(h)}$ für alle $h \in \mathbb{Z}_n$ zugeordnet. Da die Abbildung $\mathrm{AGL}_m(2) \to \mathfrak{S}_n \,;\, \sigma \mapsto \sigma'$ ein Gruppen-Homomorphismus ist, dürfen wir σ mit σ' identifizieren, das heißt, wir dürfen die Gruppe $\mathrm{AGL}_m(2)$ als Untergruppe der symmetrischen Gruppe $\mathfrak{S}_n$ auffassen.

LinAut$(\mathrm{RM}(m,s))$. Nach der geometrischen Kennzeichnung der Reed-Muller-Codes auf der vorigen Seite sind die Codewörter aus $\mathrm{RM}(m,s)$ gerade die Inzidenzvektoren aller mindestens $(m-s)$-dimensionalen affinen Teilräume des affinen Raumes $\mathrm{AG}_m(2)$ und ihrer symmetrischen Differenzen. Ist $c = c_0 c_1 \ldots c_{n-1} \in \mathrm{RM}(m,s)$ der Inzidenzvektor einer solchen Menge $G \subseteq \mathrm{AG}_m(2)$, so ist $\tilde{\sigma}(c) = c_{\sigma^{-1}(0)} c_{\sigma^{-1}(1)} \cdots c_{\sigma^{-1}(n-1)}$ für jede affine Transformation $\sigma \in \mathrm{AGL}_m(2)$ als Inzidenzvektor der Menge $\sigma(G) \subseteq \mathrm{AG}_m(2)$ wieder ein Codewort aus $\mathrm{RM}(m,s)$, denn $\sigma(G)$ ist wie G ein mindestens $(m-s)$-dimensionaler affiner Teilraum von $\mathrm{AG}_m(2)$ oder die symmetrische Differenz solcher Teilräume. Die Restriktion $\tilde{\sigma}|_{\mathrm{RM}(m,s)}$ der von der Permutation $\sigma \in \mathfrak{S}_n$ induzierten Äquivalenzabbildung $\tilde{\sigma} \in \mathrm{Äqu}_n(2)$ auf den Code $\mathrm{RM}(m,s)$ ist also ein linearer Automorphismus dieses Codes. Nach dem Satz über die orthogonalen Codes der Reed-Muller-Codes von Seite 309 ist $\mathrm{RM}(m,s)^{\perp} = \mathrm{RM}(m, m-s-1)$. Auf Seite 304 können wir nachlesen, daß $d\big(\mathrm{RM}(m, m-s-1)\big) = 2^{s+1}$ gilt. Für $s \geq 1$ ist also die Bedingung des Eindeutigkeitssatzes von Seite 299 für den Code $\mathrm{RM}(m,s)$ erfüllt:

Satz. *Die Gruppe* $\mathrm{LinAut}\big(\mathrm{RM}(m,s)\big)$ *umfaßt für* $s \geq 1$ *eine zur Gruppe* $\mathrm{AGL}_m(2)$ *der affinen Transformationen von* $\mathrm{AG}_m(2)$ *isomorphe Untergruppe.* $\square$

Die Gruppe der linearen Automorphismen des Codes $\mathrm{RM}(m,0) = \{\mathbf{0},\mathbf{1}\}$ ist trivial. Der Code $\mathrm{RM}(m,m-1)$ ist zu $\mathrm{RM}(m,0)$ orthogonal, besteht also aus allen Vektoren geraden HAMMING-Gewichts aus $V_n(2)$. Damit gilt $\mathrm{LinAut}\big(\mathrm{RM}(m,m-1)\big) = \ddot{\mathrm{A}}\mathrm{qu}_n(2)$. Für $0 < s < m-1$ ist $\mathrm{LinAut}\big(\mathrm{RM}(m,s)\big)$ sogar zur affinen Gruppe $\mathrm{AGL}_m(2)$ isomorph; einen Beweis findet man in F. J. MACWILLIAMS, N. J. A. SLOANE, *The theory of error-correcting codes*, North-Holland, Amsterdam 1977, Theorem 24, Seite 400. Für je zwei Indizes $h,j \in \mathbb{Z}_n$ überführt die Translation $\tau_{s_j-s_h}$ den Punkt $s_h \in \mathrm{AG}_m(2)$ in den Punkt s_j; $\mathrm{LinAut}\big(\mathrm{RM}(m,s)\big)$ operiert transitiv auf den Positionen (Seite 53 und 302). Damit ist die Punktierung des Reed-Muller-Codes $\mathrm{RM}(m,s)$ in jeder beliebigen Position ein zu $\mathrm{PRM}(m,s)$ isomorpher Code. Auf Seite 299 wurde festgestellt, daß die Gruppe $\mathrm{LinAut}\big(\mathrm{PRM}(m,1)\big)$ zur allgemeinen linearen Gruppe $\mathrm{GL}_m(2)$ isomorph ist. Die allgemeine lineare Gruppe $\mathrm{GL}_m(2)$ besteht aus denjenigen affinen Transformationen aus $\mathrm{AGL}_m(2)$, deren Translationsanteil trivial ist, die den Nullvektor s_{n-1} in sich überführen. Nach dem Satz umfaßt die Gruppe $\mathrm{LinAut}\big(\mathrm{PRM}(m,s)\big)$ für $s \geq 1$ eine zu $\mathrm{GL}_m(2)$ isomorphe Untergruppe; nach dem zitierten Resultat sind die Gruppen sogar isomorph.

Eine zyklische Version der punktierten Reed-Muller-Codes. Wir setzen wieder $n := 2^m$, identifizieren den Vektorraum $V_m(2)$ mit dem Körper $\mathbb{F}_n$ und wählen ein primitives Element $a \in \mathbb{F}_n$. Dieses Element a erzeugt die zyklische multiplikative Gruppe $\mathbb{F}_n^*$, das heißt, jeder Spaltenvektor s_h ist durch eine Potenz a^j, $j = 0,1,\ldots,n-2$, darstellbar; die Zuordnung $s_h \mapsto a^j$ induziert vermöge $\pi : \mathbb{Z}_{n-1} \to \mathbb{Z}_{n-1}; h \mapsto j$ eine Permutation $\pi \in \mathfrak{S}_{n-1}$ der Indexmenge $\mathbb{Z}_{n-1}$. Wir setzen π mit $\pi(n-1) := n-1$ zu einer Permutation der Indexmenge $\mathbb{Z}_n$ fort. Wir sortieren nun die Spalten der auf Seite 313 eingeführten Matrix $S(m)$ nach steigenden Potenzen von a, das heißt, wir gehen zu der $m \times n$-Matrix $S^\pi(m)$ über, deren Spalten der Reihe nach die Vektoren

$$a^0 = s_{\pi^{-1}(0)}, \; a^1 = s_{\pi^{-1}(1)}, \; \ldots, \; a^{n-2} = s_{\pi^{-1}(n-2)}, \; s_{n-1} = 0 = 00000^\top$$

sind.

Wir demonstrieren diese Umordnung an der auf Seite 313 abgebildeten Matrix $S(5)$. Als primitives Element $a \in \mathbb{F}_{32}$ wählen wir eine Wurzel des primitiven Polynoms $1 + z^2 + z^5 \in \mathbb{Z}_2[z]$. Die fünf Elemente $1,a,a^2,a^3,a^4$ bilden eine Basis des 5-dimensionalen $\mathbb{Z}_2$-Vektorraumes $\mathbb{F}_{32} = V_5(2)$. Wir stellen jedes Element $a^j \in \mathbb{F}_{32}$ als Linearkombination $a^j = s_0 + s_1 {\cdot} a + s_2 {\cdot} a^2 + s_3 {\cdot} a^3 + s_4 {\cdot} a^4$ dar und identifizieren es mit dem Spaltenvektor $s_{\pi^{-1}(j)} = s_0 s_1 s_2 s_3 s_4^\top \in V_5(2)$. So schreiben wir zum

Beispiel das Element a^{22} als $a^{5\cdot4}\cdot a^2 = (1+a^2)^4\cdot a^2 = (1+a^8)\cdot a^2 = {}= a^2 + a^{5\cdot2} = a^2 + (1+a^2)^2 = a^2 + 1 + a^4 = 10101^{\mathsf{T}} = s_{10}$, also ist $\pi(10)=22$. Das Nullelement $0\in\mathbb{F}_{32}$ identifizieren wir mit der Nullspalte $0 = 00000^{\mathsf{T}} = s_{31}$. Die Matrix $\mathbf{S}^\pi(5)$ hat die Gestalt

$$
\begin{array}{c}
h\quad 30\ 29\ 27\ 23\ 15\ 26\ 21\ 11\ 18\ 5\ 14\ 24\ 17\ 3\ 2\ 0\ 4\ 12\ 28\ 25\ 19\ 7\ 10\ 16\ 1\ 6\ 8\ 20\ 9\ 22\ 13\ 31 \\
j\quad\ \ 0\ \ 1\ \ 2\ \ 3\ \ 4\ \ 5\ \ 6\ \ 7\ \ 8\ \ 9\ 10\ 11\ 12\ 13\ 14\ 15\ 16\ 17\ 18\ 19\ 20\ 21\ 22\ 23\ 24\ 25\ 26\ 27\ 28\ 29\ 30\ 31
\end{array}
$$

$$
\mathbf{S}^\pi(5) =
\begin{bmatrix}
1&0&0&0&0&1&0&0&1&0&1&1&0&0&1&1&1&1&1&0&0&0&1&1&0&1&1&1&0&1&0&0\\
0&1&0&0&0&0&1&0&0&1&0&1&1&0&0&1&1&1&1&1&0&0&0&1&1&0&1&1&1&0&1&0\\
0&0&1&0&0&1&0&1&1&0&0&1&1&1&1&1&0&0&0&1&1&0&1&1&1&0&1&0&1&0&0&0\\
0&0&0&1&0&0&1&0&1&1&0&0&1&1&1&1&1&0&0&0&1&1&0&1&1&1&0&1&0&1&0&0\\
0&0&0&0&1&0&0&1&0&1&1&0&0&1&1&1&1&1&0&0&0&1&1&0&1&1&1&0&1&0&1&0
\end{bmatrix}.
$$

Die Permutation π ist das Produkt der Zyklen $(0\ 15\ 4\ 16\ 23\ 3\ 13\ 30)$, $(1\ 24\ 11\ 7\ 21\ 6\ 25\ 19\ 20\ 27\ 2\ 14\ 10\ 22\ 29)$, $(5\ 9\ 28\ 18\ 8\ 26)$ und $(12\ 17)$.

Kehren wir zum allgemeinen Fall zurück! Die von der Permutation $\pi\in\mathfrak{S}_n$ auf $V_n(2)$ induzierte Äquivalenzabbildung

$$\tilde\pi: V_n(2)\to V_n(2)\,;\, x_0 x_1\cdots x_{n-2}x_{n-1}\mapsto x_{\pi^{-1}(0)}x_{\pi^{-1}(1)}\cdots x_{\pi^{-1}(n-2)}x_{n-1}$$

überführt den Code $\mathrm{RM}(m,s)$ in den äquivalenten Code $\tilde\pi\big(\mathrm{RM}(m,s)\big)$.

Die Abbildung $\alpha: V_m(2)=\mathbb{F}_n\to\mathbb{F}_n=V_m(2)\,;\,x\mapsto a\cdot x$ ist eine bijektive lineare Abbildung von $V_m(2)$ auf sich, das heißt, es ist $\alpha\in\mathrm{GL}_m(2)$. Damit induziert die durch $s_{\alpha'(h)}=\alpha(s_h)$ für alle $h\in\mathbb{Z}_n$ definierte Permutation $\alpha:=\alpha'\in\mathfrak{S}_n$ eine Äquivalenzabbildung $\tilde\alpha\in\mathrm{Äqu}_n(2)$, deren Restriktion auf $\mathrm{RM}(m,s)$ ein linearer Code-Automorphismus ist.

Wir schreiben die zu α konjugierte Permutation $\pi\circ\alpha\circ\pi^{-1}\in\mathfrak{S}_n$ abgekürzt als $\sigma:=\pi\circ\alpha\circ\pi^{-1}$. Für $l=0,1,\ldots,n-2$ ist

$$a^{\sigma(l)} = s_{\alpha(\pi^{-1}(l))}=\alpha(s_{\pi^{-1}(l)})=a^{l+1},$$

also $\sigma(l)\equiv l+1\bmod(n-1)$; die Ziffer $n-1$ ist ein Fixpunkt von σ. Es sei nun $\tilde\pi(c)\in\tilde\pi\big(\mathrm{RM}(m,s)\big)$ mit $c\in\mathrm{RM}(m,s)$ ein beliebiges Codewort. Dann liegt auch $\tilde\sigma\big(\tilde\pi(c)\big)=\tilde\pi\big(\tilde\alpha(c)\big)$ in $\tilde\pi\big(\mathrm{RM}(m,s)\big)$, das heißt, die Restriktion der von der zyklischen Verschiebung

$$\mathbb{Z}_{n-1}\to\mathbb{Z}_{n-1}\,;\,i\mapsto\sigma(i)=i+1$$

induzierten Äquivalenzabbildung $\tilde\sigma: V_{n-1}(2)\to V_{n-1}(2)$ auf die Punktierung des Codes $\tilde\pi\big(\mathrm{RM}(m,s)\big)$ in der Position $n-1$ ist ein Automorphismus; dieser Code der Länge $n-1$ ist zyklisch (Seite 301):

Satz. *Der punktierte Reed-Muller-Code* $\mathrm{PRM}(m,s)$ *ist zu einem zyklischen Code äquivalent.* □

8.10.7 Gewichtszeiger

Der Reed-Muller-Code $RM(m,m) = V_n(2)$ der Länge $n := 2^m$ hat für jede natürliche Zahl $m \in \mathbb{N}$ den Gewichtszeiger $(1+z)^n$. Der Reed-Muller-Code $RM(m,0) = \{0,1\}$ hat den Gewichtszeiger $1+z^n$. Der Reed-Muller-Code $RM(m,m-1)$ besteht aus allen Wörtern aus $V_n(2)$ geraden HAMMING-Gewichts, hat also den Gewichtszeiger $\sum_{i=0}^{n/2} \binom{n}{2 \cdot i} \cdot z^{2 \cdot i}$.

Nach der geometrischen Kennzeichnung der Reed-Muller-Codes von Seite 314 besteht der Reed-Muller-Code $RM(m,1)$ der ersten Ordnung aus den Inzidenzvektoren aller $2 \cdot \left[\begin{smallmatrix} m \\ m-1 \end{smallmatrix}\right]_2 = 2 \cdot (n-1)$ Hyperebenen aus $AG_m(2)$, dem Inzidenzvektor $v_\emptyset = 1$ des ganzen Raumes $AG_m(2)$ und dem Inzidenzvektor 0 der leeren Menge $\emptyset$. Damit haben – abgesehen vom Nullwort 0 und vom Einswort 1 – alle Codewörter aus $RM(m,1)$ das Gewicht $2^{m-1} = \frac{n}{2}$. Wir erhalten damit den bereits auf Seite 257 hergeleiteten Gewichtszeiger $1 + 2 \cdot (n-1) \cdot z^{\frac{n}{2}} + z^n$ des Reed-Muller-Codes der ersten Ordnung und der Länge $n = 2^m$. Mit Hilfe der MACWILLIAMS-Identitäten von Seite 266 und des Satzes über die orthogonalen Codes der Reed-Muller-Codes von Seite 309 läßt sich daraus der Gewichtszeiger des Codes $RM(m,m-2) = RM(m,1)^\perp$ berechnen.

Zur Untersuchung des Gewichtszeigers der Reed-Muller-Codes $RM(m,s)$ mit $2 \leq s \leq m-3$ wurden die Automorphismengruppen dieser Codes verwandt. Für jedes Codewort $c \in RM(m,s)$ besteht seine *Bahn* $\mathscr{B}(c)$ *unter der linearen Automorphismengruppe* von $RM(m,s)$ aus allen Bildern $\varphi(c)$ unter irgendeinem Automorphismus $\varphi \in \mathrm{LinAut}(RM(m,s))$. Alle Codewörter einer Bahn $\mathscr{B}(c)$ haben dasselbe HAMMING-Gewicht. Beispielsweise zerfällt die Menge der Codewörter des Reed-Muller-Codes $RM(m,1)$ der ersten Ordnung in die Bahnen $\mathscr{B}(0) = \{0\}$, $\mathscr{B}(1) = \{1\}$ und $\mathscr{B}(v_0)$ mit $v_0 = 010101\ldots0101 \in V_n(2)$.

N. J. A. SLOANE und E. R. BERLEKAMP (*Weight enumerator for second-order Reed-Muller codes*, IEEE Trans. Info. Theory **16** (1970) 745-751) bestimmten die Bahnen, in die der Reed-Muller-Code $RM(m,2)$ zerfällt. Danach gibt es in $RM(m,2)$ für $\gamma := 0$ und $\gamma := 2^m$ jeweils genau ein und für jede ganze Zahl j mit $0 \leq 2 \cdot j \leq m$ und $\gamma := 2^{m-1} \pm 2^{m-j-1}$ genau

$$\Big(2^{j^2+j} \cdot \prod_{i=0}^{2 \cdot j-1} (2^{m-i} - 1)\Big) \Big/ \Big(\prod_{i=0}^{j-1} (2^{m-i} - 1)\Big)$$ Codewörter vom Gewicht γ.

Alle anderen Codewörter aus $RM(m,2)$ haben das Gewicht 2^{m-1}. Mit den MACWILLIAMS-Identitäten von Seite 266 läßt sich daraus der Gewichtszeiger von $RM(m,m-3) = RM(m,2)^\perp$ berechnen.

Die Gewichtszeiger der Reed-Muller-Codes $\mathrm{RM}(m,s)$ mit $3 \leq s \leq m-4$ sind allgemein bislang noch nicht bekannt. Unter erheblichem Aufwand wurden für $m \leq 8$ die Gewichtszeiger von $\mathrm{RM}(m,3)$ bestimmt. H. C. A. VAN TILBORG (*On weights in codes*, T. H. Report 71-WSK-03, Dept. of Math., Tech. Univ. Eindhoven, 1971) berechnete den Gewichtszeiger von $\mathrm{RM}(8,3)$. M. Kaplan (*Gewichtszeiger der Reed-Muller-Codes 3. Ordnung*, Diss. Math. Inst. TU München 1986) wurde mit einem neuen Berechnungsansatz promoviert: Aus der kombinatorischen Definition der Reed-Muller-Codes von Seite 303 folgt, daß sich der Gewichtszeiger von $\mathrm{RM}(m+1,s+1)$ als Summe der Quadrate der Gewichtszeiger der Nebenklassen $c+\mathrm{RM}(m,s)$ mit $c \in \mathrm{RM}(m,s+1)$ berechnen läßt. KAPLAN beschrieb diese Nebenklassen soweit, daß eine einfachere Herleitung der VAN TILBORGschen Ergebnisse möglich wurde. Einige dieser Nebenklassen wurden soweit untersucht, daß die (im Wonnemonat Mai 1994 immer noch nicht vollständig durchgeführte) Ermittlung der Gewichtsverteilung des Reed-Muller-Codes $\mathrm{RM}(9,3)$ nicht hoffnungslos erscheint.

8.10.8 Mehrheits-Decodierung

I. S. REED beschrieb 1954 ein Mehrheits-Decodierverfahren für die Reed-Muller-Codes $\mathrm{RM}(m,s)$ der s-ten Ordnung und der Länge $n := 2^m$: Der Kanalcodierer codiert ein *Informationswort*

$$a_s = a_\varnothing a_0 a_1 a_{10} a_2 a_{20} a_{2,1} \cdots a_{\{m-1,m-2,\ldots,m-s\}} \in V_k(2),$$

das aus $k := \sum_{i=0}^{s} \binom{m}{i}$ Bits $a_A \in \mathbb{Z}_2$ besteht (die wir mit den höchstens s-elementigen Kennmengen $A \subseteq \mathbb{Z}_m$ in der auf Seite 305 beschriebenen lexikographischen Anordnung indizieren), mit Hilfe der kanonischen Generatormatrix $\mathrm{G}(m,s)$ in das *Codewort*

$$a_s \cdot \mathrm{G}(m,s) = c_s = c_{s,0} c_{s,1} \cdots c_{s,n-1} := \sum_{A \subseteq \mathbb{Z}_m, |A| \leq s} a_A \cdot v_A \in \mathrm{RM}(m,s),$$

das er in den Kanal einspeist. Dort wird das Codewort c_s (eventuell) von einigen Störungen getroffen und in ein *Kanalwort*

$$w_s = w_{s,0} w_{s,1} \cdots w_{s,n-1} \in V_n(2)$$

verwandelt, aus dem der Decodierer das ursprünglichen Informationswort a_s ermitteln soll. Der Decodierer ist aus $s+1$ hintereinandergeschalteten Stufen aufgebaut. Die erste Stufe heißt Stufe Nr. s, die zweite Stufe heißt Stufe Nr. $s-1,\ldots$, die $(s+1)$-te Stufe heißt Stufe Nr. 0. In der Stufe Nr. $t = s, s-1, \ldots, 0$ berechnet der Kanaldecodierer für jede Kennmenge $A \subseteq \mathbb{Z}_m$ mit $|A| = t$ ein Bit $b_A \in \mathbb{Z}_2$, das seine Mutmaßung des ursprünglichen Informationsbits a_A darstellt. Wenn der Decodierprozeß die Stufe Nr. 0 passiert hat, gibt der Decodierer das Wort

$$b = b_\varnothing b_0 b_1 b_{10} b_2 b_{20} b_{21} \cdots b_{\{m-1,m-2,\ldots,m-s\}} \in V_k(2)$$

als mutmaßliches Informationswort a_s an den Empfänger weiter.

Jede Stufe Nr. $t = s, s-1, \ldots, 0$ nimmt von der vorhergehenden Stufe Nr. $t+1$ (die erste Stufe Nr. $t = s$ vom Kanal) ein Wort

$$w_t = w_{t,0} w_{t,1} \cdots w_{t,n-1} \in V_n(2)$$

entgegen, berechnet mit einem weiter unten erläuterten Verfahren aus dessen Komponenten die mit einer t-elementigen Kennmenge $A \subseteq \mathbb{Z}_m$ indizierten Bits b_A und gibt (mit Ausnahme der letzten Stufe Nr. $t = 0$) das Wort

$$w_{t-1} = w_{t-1,0} w_{t-1,1} \cdots w_{t-1,n-1} = w_t - \sum_{A \subseteq \mathbb{Z}_m, |A|=t} b_A \cdot v_A \in V_n(2)$$

an die nachfolgende Stufe Nr. $t-1$ weiter.

Das Wort w_s ist eine gestörte Version des Codewortes $c_s \in \mathrm{RM}(m,s)$. Allgemeiner: Das Wort w_t ist für $t = s, s-1, \ldots, 0$ eine gestörte Version des Codewortes

$$c_t := c_s - \sum_{A \subseteq \mathbb{Z}_m, t < |A| \leq s} a_A \cdot v_A = \sum_{A \subseteq \mathbb{Z}_m, |A| \leq t} a_A \cdot v_A \in \mathrm{RM}(m,t)$$

des Reed-Muller-Codes $\mathrm{RM}(m,t)$ der t-ten Ordnung; die Bits b_A sind ja die mutmaßlichen Informationsbits a_A. Wir können das Codewort $c_t \in \mathrm{RM}(m,t)$ als $c_t = a_t \cdot G(m,t)$ schreiben, wobei das Informationswort $a_t = a_\varnothing a_0 a_1 a_{10} a_2 a_{20} a_{21} \cdots a_{\{m-1, m-2, \ldots, m-t\}}$ ein Teilwort der Länge $\sum_{i=0}^{t} \binom{m}{i}$ des Informationswortes a_s ist. Die Arbeit der Stufe Nr. t des REEDschen $\mathrm{RM}(m,s)$-Decodierers unterscheidet sich damit in nichts von der Arbeit der ersten Stufe (ebenfalls Stufe Nr. t) eines $\mathrm{RM}(m,t)$-Decodierers in einem Kommunikationssystem, das den Reed-Muller-Code $\mathrm{RM}(m,t)$ der t-ten Ordnung verwendet, in dem der Kanalcodierer das Informationswort a_t in das Codewort $c_t \in \mathrm{RM}(m,t)$ codiert, und in dem der Kanal das Wort w_t ausgibt.

Wir sehen uns jetzt an, wie die Bits b_A in der Stufe Nr. t des Decodierers aus den Komponenten $w_{t,0}, w_{t,1}, \ldots, w_{t,n-1}$ des Kanalwortes w_t ermittelt werden: Es seien $A \subseteq \mathbb{Z}_m$ eine der $\binom{m}{t}$ Kennmengen der Kardinalzahl $|A| = t$, $A' := \mathbb{Z}_m \setminus A$ ihr Komplement sowie U_A und $U_{A'}$ die $(m-t)$- und t-dimensionalen Untervektorräume von $V_m(2)$ mit den Inzidenzvektoren v_A und $v_{A'}$. Mit $U_{1,A'}, U_{2,A'}, \ldots, U_{2^{m-t}, A'}$ bezeichnen wir die 2^{m-t} zu $U_{A'}$ parallelen affinen Teilräume aus $\mathrm{AG}_m(2)$. Für $i = 1, 2, \ldots, 2^{m-t}$ berechnet der Decodierer in $\mathbb{Z}_2$ die Summe $b_{A;i}$ aller derjenigen Komponenten $w_{t,j}$ aus w_t, für die der Punkt s_j in dem affinen Teilraum $U_{i,A'}$ liegt:

$$b_{A;i} := \sum_{0 \le j \le n-1; s_j \in U_{i,A'}} w_{t,j}.$$

Nach der Berechnung dieser 2^{m-t} *Kontrollsummen* trifft der REEDsche Decodierer eine *Mehrheitsentscheidung*: Wenn die Anzahl der Kontrollsummen mit dem Wert $b_{A;i} = 0$ den *Schwellenwert* $\frac{1}{2} \cdot 2^{m-t} = 2^{m-t-1}$ erreicht oder übertrifft, so setzt der Decodierer $b_A := 0$, anderenfalls setzt er $b_A := 1$. Die Entscheidung für das Bit 0 im Fall eines Remis ist willkürlich; manchmal kann ein aufwendigerer Decodierer in solchen Situationen bessere Entscheidungen treffen.

Der Code $\mathrm{RM}(m,s)$ hat den Minimalabstand $d = 2^{m-s}$. Wir wollen einsehen, daß der REEDsche Decodieralgorithmus mit der Ausgabe des tatsächlich eingegebenen Informationswortes $b = a_s$ terminiert, wenn das Codewort c_s im Kanal in weniger als $\frac{d}{2}$ Komponenten gestört wurde, das heißt, wenn der HAMMING-Abstand $\varrho(c_s, w_s)$ kleiner als 2^{m-s-1} ist. Zuächst einmal gilt für jede t-ziffrige Kennmenge $A \subseteq \mathbb{Z}_m$ und jeden Index $i = 1, 2, \ldots, 2^{m-t}$ stets

$$\sum_{0 \le j \le n-1; s_j \in U_{i,A'}} c_{t,j} = \sum_{0 \le j \le n-1; s_j \in U_{i,A'}} \;\; \sum_{B \subseteq \mathbb{Z}_m; |B| \le t; s_j \in U_B} a_B =$$

$$= \sum_{B \subseteq \mathbb{Z}_m; |B| \le t} \;\; \sum_{0 \le j \le n-1; s_j \in U_{i,A'} \cap U_B} a_B.$$

Für alle Kennmengen $B \subseteq \mathbb{Z}_m$ mit $|B| \le t$, für die der affine Teilraum (oder die leere Menge) $U_{i,A'} \cap U_B$ eine gerade Anzahl von Punkten enthält, das heißt, für die $\dim U_{i,A'} \cap U_B \ne 0$ oder $U_{i,A'} \cap U_B = \emptyset$ gilt, ist $\sum_{0 \le j \le n-1; s_j \in U_{i,A'} \cap U_B} a_B = 0$; wir rechnen ja in $\mathbb{Z}_2$. Der Durchschnitt des t-dimensionalen affinen Teilraums $U_{i,A'}$ mit dem mindestens $(m-t)$-dimensionalen Untervektorraum U_B ist genau dann ein einzelner Punkt, wenn die beiden Kennmengen A' und B zueinander komplementär sind, das heißt, wenn $A = B$ gilt. Wegen

$$\sum_{0 \le j \le n-1; s_j \in U_{i,A'} \cap U_A} a_A = a_A$$

folgt insgesamt

$$a_A = \sum_{0 \le j \le n-1; s_j \in U_{i,A'}} c_{t,j}.$$

Wenn das Codewort c_s im Kanal in $e < 2^{m-s-1}$ Positionen gestört wurde, so trifft der Decodierer bei der Berechnung der Bits b_A mit $|A| = s$ in der ersten Stufe Nr. s stets die richtige Mehrheitsentscheidung, das heißt, $b_A = a_A$. Das Wort w_{s-1} unterscheidet sich vom Codewort c_{s-1} deswegen auch in genau e Positionen. Da e erst recht kleiner als der Schwellenwert 2^{m-s} der zweiten Stufe Nr. $s-1$ ist, ermittelt der Decodierer mit den Bits b_A für $|A| = s-1$ ebenfalls stets die richtigen Informationsbits $b_A = a_A$. Und so weiter.

Fazit: *Ein Decodierer, der mit dem* REED*schen Mehrheits-Decodieralgorithmus arbeitet, ist zwar im allgemeinen kein Maximum-Likelihood-Decodierer, aber wenn er irrt, so erreichte oder überschritt die Anzahl der Einzelfehler bei einem Codewort trotzdem die Unfehlbarkeitsgrenze $\frac{d}{2}$ eines ML-Decodierers.*

Beispiel. Wir demonstrieren den REEDschen Decodieralgorithmus am (32,6)-Reed-Muller-Code $RM(5,1)$.

Der Codierer codiert den Informationsblock $a_1 = a_\emptyset a_0 a_1 a_2 a_3 a_4 \in \mathbb{Z}_2^6$ in das Codewort $c_1 = c_{1,0} c_{1,1} \cdots c_{1,31} = a_\emptyset \cdot v_\emptyset + \sum_{j=0}^{4} a_j \cdot v_j$. Im Kanal wird dieses Codewort in das Kanalwort $w_1 = w_{1,0} w_{1,1} \cdots w_{1,31} \in \mathbb{Z}_2^{32}$ gewandelt. Der Kanaldecodierer nimmt seine Arbeit auf:

1.0 Wenn mindestens 8 der 16 Kontrollsummen

$$w_{1,0} + w_{1,1}, w_{1,2} + w_{1,3}, \cdots, w_{1,30} + w_{1,31}$$

den Wert 0 haben, so setze $b_0 := 0$; sonst setze $b_0 := 1$.

1.1 Wenn mindestens 8 der 16 Kontrollsummen

$$w_{1,0} + w_{1,2}, w_{1,1} + w_{1,3}, \cdots, w_{1,29} + w_{1,31}$$

den Wert 0 haben, so setze $b_1 := 0$; sonst setze $b_1 := 1$.

1.2 Wenn mindestens 8 der 16 Kontrollsummen

$$w_{1,0} + w_{1,4}, w_{1,1} + w_{1,5}, \cdots, w_{1,27} + w_{1,31}$$

den Wert 0 haben, so setze $b_2 := 0$; sonst setze $b_2 := 1$.

1.3 Wenn mindestens 8 der 16 Kontrollsummen

$$w_{1,0} + w_{1,8}, w_{1,1} + w_{1,9}, \cdots, w_{1,23} + w_{1,31}$$

den Wert 0 haben, so setze $b_3 := 0$; sonst setze $b_3 := 1$.

1.4 Wenn mindestens 8 der 16 Kontrollsummen

$$w_{1,0} + w_{1,16}, w_{1,1} + w_{1,17}, \cdots, w_{1,15} + w_{1,31}$$

den Wert 0 haben, so setze $b_4 := 0$; sonst setze $b_4 := 1$.

2. Bilde das Wort $w_0 := w_{0,0} w_{0,1} \cdots w_{0,31} := w_1 - \sum_{j=0}^{4} b_j \cdot v_j$.
   Wenn mindestens 16 der 32 Bits

$$w_{0,0}, w_{0,1}, \cdots, w_{0,31}$$

   den Wert 0 haben, so setze $b_\emptyset := 0$; sonst setze $b_\emptyset := 1$.

3. Gib das Wort $b_\emptyset b_0 b_1 b_2 b_3 b_4$ aus. Stop.

8.11 Existenz von MDS-Codes

In diesem Abschnitt wird der Frage nachgegangen, für welche ganzzahligen Parameter n,k,q mit $n \geq k \geq 0$ und $q \geq 2$ ein (nicht notwendig linearer) (n,k)-MDS-Code (Seite 179) der Ordnung q existiert.

Für je zwei natürliche Zahlen $k,q \geq 2$ bezeichnen wir mit '$n(k,q)$' die größte natürliche Zahl n, für die ein (n,k)-MDS-Code der Ordnung q existiert. Für jede beliebige Ordnung $q \geq 2$ und jede Blocklänge $n \geq 1$ gibt es – wie wir auf Seite 180 nachlesen können – einen trivialen $(n,0)$- und einen trivialen $(n,1)$-MDS-Code der Ordnung q. Wir setzen deswegen $n(0,q) := n(1,q) := \infty$ für alle $q \geq 2$. Für jede Ordnung $q \geq 2$ und jede „Dimension" $k \geq 0$ existiert ein trivialer $(k+1,k)$-MDS-Code der Ordnung q. Es folgt

Satz 1.   *Für alle $k \geq 0$ und $q \geq 2$ ist $n(k,q) \geq k+1$.*   □

Die Verkürzung (Seite 279) jedes $(n+1,k+1)$-MDS-Codes in jeder seiner Positionen ist ein (n,k)-MDS-Code; damit gilt $n(k,q) \geq n(k+1,q)-1$:

Satz 2.   *Für alle $k,h \geq 0$ und $q \geq 2$ ist $n(k,q) \geq n(k+h,q)-h$.*   □

Die Punktierung (Seite 277f.) jedes $(n+1,k)$-MDS-Codes in jeder seiner Positionen ist ein (n,k)-MDS-Code. Damit reduziert sich das Problem der Existenz von MDS-Codes vorgegebener Parameter auf die Frage nach dem Verlauf der Funktion $n(k,q)$ für $k \geq 0$ und $q \geq 2$.

Die Beantwortung dieser Frage, insbesondere im Spezialfall $k=2$, ist eine der schwierigsten und faszinierendsten Aufgaben der Kombinatorik. In verschiedenen algebraischen und geometrischen Formulierungen wurde dieses Existenzproblem seit L. EULER von hervorragenden Mathematikern wie E. WITT behandelt. Von einer vollständigen Lösung ist man heute jedoch noch weit entfernt. In diesem Abschnitt werden einige einfachere Resultate bewiesen; über andere Ergebnisse wird berichtet.

Im folgenden setzen wir stets einen q-nären Zeichenvorrat
$$F = \{\alpha_1 = 0, \alpha_2 = 1, \alpha_3, \ldots, \alpha_q\}$$
voraus. Es sei an eine Vereinbarung von Seite 244 erinnert:

Jeder Blockcode $C \subseteq F^n$ enthält das Nullwort $0 = 00\ldots0$.

Es sei nun $C \subseteq F^n$ ein (n,k)-MDS-Code der Ordnung q mit dem Minimalabstand $d := n-k+1$. Wenn $k \geq 2$ ist, so gibt es nach dem Satz über die Gewichtszeiger der MDS-Codes von Seite 246 genau
$$A_{n-k+2} = \binom{n}{k-2}\cdot(q^2-1) - \binom{k-1}{k-2}\cdot\binom{n}{k-1}\cdot(q-1) = \binom{n}{k-2}\cdot(q-1)\cdot(q-d)$$
Codewörter mit genau $k-2$ Nullkomponenten; allgemeiner:

Zu jedem Codewort c eines (n,k)-MDS-Codes C der Ordnung q mit dem Minimalabstand d gibt es genau

$$A_{n-k+2} = \binom{n}{k-2}\cdot(q-1)\cdot(q-d)$$

Codewörter in C, die mit c in genau $k-2$ Positionen übereinstimmen.

Satz 3.   *Für alle $k,q \geq 2$ ist $n(k,q) \leq q+k-1$.*

Beweis. Die Anzahl $A_{n-k+2} = \binom{n}{k-2}\cdot(q-1)\cdot(q-d)$ ist für jeden (n,k)-MDS-Code der Ordnung q mit $k \geq 2$ eine nichtnegative ganze Zahl. Die Faktoren $\binom{n}{k-2}$ und $q-1$ sind positiv, also darf $q-d$ nicht negativ sein. Es folgt $q \geq d = n - k + 1$.   □

In der Literatur wird Satz 3 manchmal als „R. C. SINGLETON-Schranke für MDS-Codes" bezeichnet. In der Form $d \leq q$ besagt der Satz, daß die Ordnung eines nicht-trivialen MDS-Codes nicht kleiner als sein Minimalabstand sein kann. Im nächsten Satz wird behauptet, daß die Ordnung eines nicht-trivialen MDS-Codes auch stets größer als seine „Dimension" ist:

Satz 4. *Für jeden (n,k)-MDS-Code C der Ordnung q mit $n \geq k+2$ ist*
$$q \geq k+1.$$

Beweis. Es sei $A \subseteq C$ die Menge aller derjenigen Codewörter $x_1 x_2 \ldots x_k x_{k+1} x_{k+2} \ldots x_n \in C$, deren Präfixes $x_1 x_2 \ldots x_k x_{k+1}$ der Länge $k+1$ zu dem Wort $v := 00\ldots01 \in F^{k+1}$ den HAMMING-Abstand 1 haben; das heißt, A ist die Menge derjenigen Codewörter aus C, die in den ersten $k+1$ Positionen genau k-mal mit v übereinstimmen. Jede der $k+1 = \binom{k+1}{k}$ k-elementigen Teilmengen der Indexmenge $\{1,2,\ldots,k+1\}$ ist eine Menge von Informationsstellen (Seite 42 und 179) des MDS-Codes C; die Menge A besteht also aus genau $|A| = k+1$ Codewörtern (darunter das Nullwort $0 = 00\ldots0$). Je zwei dieser Codewörter stimmen in $k-1$ der ersten $k+1$ Positionen überein; insbesondere haben also je zwei Codewörter aus A den HAMMING-Abstand $n-k+1$ (das ist gerade der Minimalabstand d des MDS-Codes C). Insbesondere unterscheiden sich je zwei der $k+1$ Codewörter aus A in der n-ten Position (wegen der Voraussetzung $n \geq k+2$ gehört der Index n nicht zu den ersten $k+1$ Positionen). Da im Zeichenvorrat F nur q Zeichen zur Verfügung stehen, folgt $q \geq k+1$.   □

Nach Satz 1, 3 und 4 gilt für $q \geq 2$ und $k \geq q$ stets $n(k,q) = k+1$. Für den Rest dieses Abschnittes setzen wir deshalb
$$2 \leq k < q$$
voraus.

Im ersten Satz von Seite 265 haben wir gesehen, daß für jede Primzahl-potenz q ein linearer $(q+1,k)$-MDS-Code der Ordnung q existiert:

Satz 5.   *Wenn q eine Primzahlpotenz ist, so ist $n(k,q) \geq q+1$.*   □

Aus Satz 3 und Satz 5 folgt

Satz 6.   *Wenn q eine Primzahlpotenz ist, so ist $n(2,q) = q+1$.*   □

Im zweiten Satz von Seite 265 steht geschrieben, daß für jede Potenz q der Zahl 2 ein linearer $(q+2,3)$-MDS-Code der Ordnung q existiert. Zusammen mit Satz 3 folgt

Satz 7.   *Wenn q eine Zweierpotenz ist, so ist $n(3,q) = q+2$.*   □

In den folgenden Sätzen wird die SINGLETON-Schranke für MDS-Codes (Satz 3) für „Dimensionen" $k > 2$ verschärft.

Satz 8.   *Wenn $k \geq 3$ und $q \equiv 1 \bmod 2$ ist, so ist $n(k,q) \leq q+k-2$.*

Beweis. Es sei C ein hypothetischer (n,k)-MDS-Code der Ordnung q und der Blocklänge $n = q+k-1$. Wir setzen diesen Wert von n in die Formel für A_{n-k+2} auf der vorigen Seite ein: $A_{n-k+2} = 0$. Es gibt also kein Codewort mit genau $k-2$ Nullkomponenten; jedes vom Nullwort verschiedene Codewort mit mindestens $k-2$ Nullkomponenten besitzt also genau $k-1$ Nullkomponenten.

Für $i = k, k+1, \ldots, n$ bilden die Indizes $1, 2, \ldots, k-1$ und i jeweils eine Menge von Informationsstellen des separablen Codes C; das Code-wort $c_i := 1100\ldots0c_kc_{k+1}\cdots c_n \in C$ mit $c_i = 0$ besitzt also jeweils genau $k-1$ Nullkomponenten. Zu jedem Index $i = k, k+1, \ldots, n$ gibt es also genau einen Index $j \in \{k, k+1, \ldots, n\} \setminus \{i\}$ mit $c_i = c_j$. Damit gilt $|\{c_k, c_{k+1}, \ldots, c_n\}| = \frac{n-k+1}{2}$, und die Zahl $q = n-k+1$ ist im Widerspruch zur Voraussetzung eine gerade Zahl.   □

Aus Satz 5 und Satz 8 folgt

Satz 9. *Wenn q eine ungerade Primzahlpotenz ist, so ist $n(3,q) = q+1$.* □

Weitere Verschärfungen der SINGLETON-Schranke für MDS-Codes erfor-dern etwas eingehendere kombinatorische Überlegungen:

Satz 10. *Wenn $k \geq 3$ und $q \equiv 0 \bmod 2$ und*
$(q-2) \cdot q \cdot (q-1) \cdots (q+k-4) \not\equiv 0 \bmod (k-1)!$ ist, so ist $n(k,q) \leq q+k-3$.

Beweis. Es sei C ein hypothetischer (n,k)-MDS-Code der Ordnung q, der Blocklänge $n = q+k-2$ und des Minimalabstandes $d = q-1$.

Für je zwei Zeichen $\alpha,\beta \in F \setminus \{0\}$ bezeichnen wir mit '$z(\alpha,\beta)$' beziehungsweise mit '$e(\alpha,\beta)$' die Anzahlen der Codewörter $\alpha\beta x_3 x_4 \ldots x_n \in C$ mit genau $k-2$ beziehungsweise genau $k-1$ Nullkomponenten. Die Werte $z := \sum\limits_{\alpha,\beta \in F \setminus \{0\}} z(\alpha,\beta)$ beziehungsweise $e := \sum\limits_{\alpha,\beta \in F \setminus \{0\}} e(\alpha,\beta)$ sind die Anzahlen der Codewörter $x_1 x_2 \ldots x_n$ mit genau $k-2$ beziehungsweise genau $k-1$ Nullkomponenten und $x_1, x_2 \neq 0$.

Es seien jetzt $\alpha,\beta \in F \setminus \{0\}$ zwei Zeichen. Wir geben $k-3$ Indizes $i_1, i_2, \ldots, i_{k-3}$ mit $3 \leq i_1 < i_2 < \ldots < i_{k-3} \leq n$ und bestimmen für alle $n - k + 1 = q - 1$ Positionen $i \in \{3,4,\ldots,n\} \setminus \{i_1, i_2, \ldots, i_{k-3}\}$ das Codewort $x_i := \alpha\beta x_3 x_4 \ldots x_n \in C$ mit $x_{i_1} = x_{i_2} = \ldots = x_{i_{k-3}} = x_i = 0$. Mit '$A$' sei die Menge aller dieser Codewörter x_i bezeichnet. Die Codewörter aus A haben alle mindestens $k-2$ und höchstens $k-1$ Nullkomponenten (ein Codewort mit k Nullkomponenten muß ja schon das Nullwort $\mathbf{0}$ sein). Wenn ein Codewort $x_i \in A$ genau $k-1$ Nullkomponenten hat, so gibt es genau ein $j \in \{3,4,\ldots,n\} \setminus \{i_1, i_2, \ldots, i_{k-3}, i\}$ mit $x_i = x_j$. Hätten nun alle Codewörter $x_i \in A$ genau $k-1$ Nullkomponenten, so bestände A aus genau $\frac{1}{2} \cdot (q-1)$ Codewörtern; da $q-1$ eine ungerade Zahl ist, tritt das nicht ein. Also existiert mindestens ein Codewort $x_i \in A$ mit genau $k-2$ Nullen. Zu jeder der $\binom{n-2}{k-3}$ Mengen $\{i_1, i_2, \ldots, i_{k-3}\} \subseteq \{3,4,\ldots,n\}$ von $k-3$ Positionen gibt es also mindestens ein Codewort $\alpha\beta x_3 x_4 \ldots x_n \in C$, das in diesen $k-3$ und genau einer weiteren Position eine Nullkomponente hat. Von diesen (zum Teil mehrfach gezählten) mindestens $\binom{n-2}{k-3}$ Codewörtern stimmen jeweils $k-2 = \binom{k-2}{k-3}$ überein, es folgt $z(\alpha,\beta) \geq \frac{1}{k-2} \cdot \binom{n-2}{k-3} = \frac{1}{q-1} \cdot \binom{n-2}{k-2}$.

Wir bestimmen jetzt die Zahl e auf zwei Arten:

1. Jedes der Codewörter $x_1 x_2 \ldots x_n$ mit $x_1, x_2 \neq 0$ und genau $k-1$ Nullkomponenten läßt sich durch die Vorgabe von $x_1 \in F \setminus \{0\}$ und der $k-1$ Positionen aus $\{3,4,\ldots,n\}$, an denen seine Nullkomponenten stehen, bestimmen. Damit ist $e = (q-1) \cdot \binom{n-2}{k-1}$.

2. Jedes Codewort $x_1 x_2 \ldots x_n$ mit $x_1, x_2 \neq 0$ und mindestens $k-2$ Nullkomponenten kann durch die Vorgabe von $x_1, x_2 \in F \setminus \{0\}$ und durch $k-2$ Positionen aus $\{3,4,\ldots,n\}$, an denen $k-2$ seiner Nullkomponenten stehen, bestimmt werden. Dabei wird jedes Codewort mit $k-1$ Nullkomponenten $\binom{k-1}{k-2}$-mal bestimmt. Es folgt $e = \frac{1}{k-1} \cdot \left((q-1)^2 \cdot \binom{n-2}{k-2} - z \right)$.

Damit ist $z = (q-1)^2 \cdot \binom{n-2}{k-2} - (k-1) \cdot (q-1) \cdot \binom{n-2}{k-1} = (q-1) \cdot \binom{n-2}{k-2}$.

Aus $(q-1)\cdot\binom{n-2}{k-2} = z = \sum\limits_{\alpha,\beta\in F\setminus\{0\}} z(\alpha,\beta) \geq (q-1)^2\cdot\frac{1}{q-1}\cdot\binom{n-2}{k-2} =$

$= (q-1)\cdot\binom{n-2}{k-2}$ folgt $z(\alpha,\beta) = \frac{1}{q-1}\cdot\binom{n-2}{k-2}$ für je zwei Zeichen

$\alpha,\beta \in F\setminus\{0\}$. Für je zwei Zeichen $\alpha,\beta \in F\setminus\{0\}$ ist somit

$e(\alpha,\beta) = \frac{1}{k-1}\cdot\left(\binom{n-2}{k-2} - z(\alpha,\beta)\right) = \frac{1}{(k-1)!}\cdot(q-2)\cdot q\cdot(q+1)\cdots(q+k-4).$

Die von der Wahl von α und β unabhängige Zahl $e(\alpha,\beta)$ ist ganz. $\square$

Nach Satz 10 ist $n(4,q) \leq q+1$ für alle Ordnungen $q \equiv 4 \bmod 6$.
Mit Satz 5 folgt daraus $n(4,4^s) = 4^s + 1$ für $s = 1,2,\ldots$

Satz 11. *Wenn $k \geq 4$ und $q \not\equiv 0 \bmod 18$ ist, so ist $n(k,q) \leq q+k-2$.*

Beweis. Nach Satz 2, Satz 8 und Satz 10 brauchen wir nur noch zu zeigen, daß die Ordnung q eines $(n,4)$-MDS-Codes C mit $n = q+3$ und
$q \equiv 4 \bmod 18$ modulo 18 nicht zu $2,6,8,12$ oder 14 kongruent ist. Wir
nehmen wie üblich an, daß der Code C das Nullwort $\mathbf{0}$ enthält.

Der Code C enthält $A_n = \frac{1}{3}\cdot q\cdot(q-1)^2\cdot(q-2)$ Codewörter ohne Nullkomponenten, $A_{n-1} = \frac{1}{2}\cdot(q+3)\cdot q\cdot(q-1)^2$ Codewörter mit genau einer
Nullkomponente, $A_{n-2} = 0$ Codewörter mit genau zwei Nullkomponen-
ten und $A_{n-3} = \frac{1}{6}\cdot(q+3)\cdot(q+2)\cdot(q^2-1)$ Codewörter mit genau drei
Nullkomponenten. Der Code C enthält q^2 Codewörter $x = x_1 x_2 \ldots x_n$
mit $x_1, x_2 = 1$.

Wir geben uns zwei verschiedene Ziffern $i,j \in \{3,4,\ldots,n\}$ vor und
bestimmen das Codewort $x = x_1 x_2 \ldots x_n \in C$ mit $x_1 = x_2 = 1$ und
$x_i = x_j = 0$. Wegen $A_{n-2} = 0$ hat x noch eine dritte Nullkomponente.
Damit gibt es genau $e_3 := \binom{n-2}{3}/\binom{3}{2} = \frac{1}{6}\cdot(q+1)\cdot q$ Codewörter
$x_1 x_2 \ldots x_n \in C$ mit $x_1 = x_2 = 1$ und genau drei Nullkomponenten. Für
jede der $n-2$ Positionen $i \in \{3,4,\ldots,n\}$ gibt es genau q Codewörter
$x_1 x_2 \ldots x_n \in C$ mit $x_1 = x_2 = 1$ und $x_i = 0$. Damit gibt es genau
$e_1 := (n-2)\cdot q - 3\cdot e_3 = \frac{1}{2}\cdot(q+1)\cdot q$ Codewörter $x_1 x_2 \ldots x_n \in C$ mit
$x_1 = x_2 = 1$ und genau einer Nullkomponente. Wir können jetzt die
Anzahl e_0 der Codewörter $x_1 x_2 \ldots x_n \in C$ mit $x_1 = x_2 = 1$ und keiner
Nullkomponente als $e_0 = q^2 - e_1 - e_3 = \frac{1}{3}\cdot q\cdot(q-2)$ berechnen.
Allgemeiner ist $e_0 = \frac{1}{3}\cdot q\cdot(q-2)$ die Anzahl derjenigen Codewörter, die
in zwei vorgegebenen Positionen die Eins, aber in keiner Position die Null
stehen haben.

Nach diesen Vorbereitungen führen wir den Beweis in drei Schritten:

1. Wegen $A_n > 0$ dürfen wir annehmen, daß der Code C das Einswort $\mathbf{1} = 11\ldots1 \in F^n$ als Codewort enthält; die Begründung dieser Annahme können wir auf Seite 245 nachlesen. Für jede vierelementige Menge $M \subseteq \{1,2,\ldots,n\}$ sei $R(M)$ die Menge aller Codewörter $x \in C$, die in zwei Positionen aus M eine Einskomponente und in den beiden anderen Positionen aus M eine Nullkomponente besitzen. Die Menge $R := \{(M,x)\,;\; M \subseteq \{1,2,\ldots,n\}, |M| = 4, x \in R(M)\}$ hat die Kardinalzahl $|R| = \binom{n}{4}\cdot\binom{4}{2} = \frac{1}{4}\cdot(q+3)\cdot(q+2)\cdot(q+1)\cdot q$.

   Wegen $A_{n-2} = 0$ gibt es weder ein Codewort mit genau zwei Nullkomponenten noch ein Codewort mit genau zwei Einskomponenten. Deswegen hat jedes Codewort $x \in C$ mit mindestens zwei Null- und mindestens zwei Einskomponenten genau drei Null- und genau drei Einskomponenten. Zu jedem der r Codewörter $x \in C$ mit genau drei Null- und genau drei Einskomponenten gibt es damit genau $\binom{3}{2}^2 = 9$ Teilmengen $M \subseteq \{1,2,\ldots,n\}$ mit $|M| = 4$ und $x \in R(M)$. Es folgt $|R| = 9\cdot r$ und damit $r = \frac{1}{36}\cdot(q+3)\cdot(q+2)\cdot(q+1)\cdot q$. Da r ganzzahlig ist, folgt $q \not\equiv 2,14 \bmod 36$.

2. Wegen $A_{n-1} > 0$ dürfen wir annehmen, daß der Code C das Wort $0111\ldots1 \in F^n$ als Codewort enthält (das Einswort kann dann allerdings kein Codewort mehr sein). Für jede zweielementige Teilmenge $M \subseteq \{2,3,\ldots,n\}$ sei $S(M)$ die Menge aller Codewörter $x \in C$, die in den beiden Positionen aus M eine Einskomponente und in keiner Position eine Nullkomponente besitzen. Wir berechnen die Kardinalzahl der Menge $S := \{(M,x)\,;\; M \subseteq \{2,3,\ldots,n\}, |M| = 2, x \in S(M)\}$ als $|S| = \binom{n-1}{2}\cdot e_0 = \frac{1}{6}\cdot(q+2)\cdot(q+1)\cdot q\cdot(q-1)$.

   Wegen $A_{n-2} = 0$ stimmt jedes Codewort $x \in C$ mit mindestens zwei Einskomponenten in den Positionen $2,3,\ldots,n$ und keiner Nullkomponente mit dem Codewort $0111\ldots1$ in genau drei Positionen aus $\{2,3,\ldots,n\}$ überein. Zu jedem der s Codewörter $x \in C$ mit genau drei Einskomponenten in den Positionen $2,3,\ldots,n$ und keiner Nullkomponente gibt es genau $\binom{3}{2} = 3$ Teilmengen $M \subseteq \{2,3,\ldots,n\}$ mit $|M| = 2$ und $x \in S(M)$. Es folgt $|S| = 3\cdot s$ und damit $s = \frac{1}{18}\cdot(q+2)\cdot(q+1)\cdot q\cdot(q-2)$. Aus der Ganzzahligkeit von s folgt $q \not\equiv 6,12 \bmod 18$.

3. Wegen $A_{n-3} > 0$ dürfen wir annehmen, daß der Code C das Wort $000111\ldots1 \in F^n$ als Codewort enthält. Für jede zweielementige

Teilmenge $M \subseteq \{4,5,\ldots,n\}$ sei $T(M)$ die Menge aller Codewörter $x \in C$, die in den Positionen aus M eine Einskomponente und in keiner Position eine Nullkomponente besitzen. Die Kardinalzahl der Menge $T := \{(M,x)\,;\, M \subseteq \{4,5,\ldots,n\}, |M| = 2,\, x \in T(M)\}$ berechnen wir als $|T| = \binom{n-3}{2} \cdot e_0 = \frac{1}{6} \cdot q^2 \cdot (q-1) \cdot (q-2)$.

Wegen $A_{n-2} = 0$ stimmt jedes Codewort $x \in C$ mit mindestens zwei Einskomponenten in den Positionen $4,5,\ldots,n$ und keiner Nullkomponente mit dem Codewort $0001\ldots1$ in genau drei Positionen aus $\{4,5,\ldots,n\}$ überein. Zu jedem der t Codewörter $x \in C$ mit genau drei Einskomponenten in den Positionen $4,5,\ldots,n$ und keiner Nullkomponente gibt es genau $\binom{3}{2} = 3$ Teilmengen $M \subseteq \{4,5,\ldots,n\}$ mit $|M| = 2$ und $x \in T(M)$. Es folgt $|T| = 3 \cdot t$ und damit $t = \frac{1}{18} \cdot q^2 \cdot (q-1) \cdot (q-2)$. Da t ganzzahlig ist, folgt $q \not\equiv 8 \bmod 18$. $\quad\square$

A. A. BRUEN und R. SILVERMAN (*On the nonexistence of certain M.D.S.-codes and projective planes*, Math. Z. 183 (1983) 171-175) dehnten den Gültigkeitsbereich von Satz 11 auf $q \not\equiv 0 \bmod 36$ aus. M. L. H. WILLEMS (*Optimal codes, Laguerre- and special Laguerre-structures*, Europ. J. of Combinatorics 4 (1983) 87-89) zeigte, daß sich jeder $(q+k-2,k)$-MDS-Code einer geraden Ordnung q zu einem $(q+k-1,k)$-MDS-Code erweitern läßt. Mit Satz 11 folgt daher im Fall $k \geq 4$, $q \equiv 0 \bmod 2$, $q \not\equiv 0 \bmod 9$ stets $n(k,q) \leq q+k-3$.

Auf Seite 264 können wir nachlesen, daß der zu einem linearen (n,k)-MDS-Code orthogonale Code ein linearer $(n, n-k)$-MDS-Code ist. Aus der Existenz der linearen $(q+2,3)$-MDS-Codes einer Zweierpotenzordnung q folgt damit die Existenz linearer $(q+2, q-1)$-MDS-Codes der Ordnung q. Damit gilt $n(q-1,q) \geq q+2$ für alle Zweierpotenzen q. Es liegt die Vermutung nahe, daß außer in den beiden Fällen $k = 3$ und $k = q-1$ mit einer Zweierpotenz q stets $n(k,q) \leq q+1$ gilt. Eine etwas kühnere Vermutung besagt $n(k,q) \leq q+1$ für alle Nicht-Primzahlpotenzen q.

Der folgende Satz verschärft die untere Schranke aus Satz 4 für die Zahlen $n(k,q)$ mit $q \not\equiv 2 \bmod 4$:

Satz 12. *Für alle $q_1, q_2 \geq 2$ gilt $n(k, q_1 \cdot q_2) \geq \min\{n(k,q_1), n(k,q_2)\}$.*

Beweis. Das MACNEISH-Produkt (Seite 290) zweier (n,k)-MDS-Codes der Ordnungen q_1 und q_2 ist ein (n,k)-MDS-Code der Ordnung $q_1 \cdot q_2$. $\square$

Die Bestimmung der Zahlen $n(2,q)$ beschäftigt die Mathematiker seit über zweihundert Jahren. Nach Satz 3 gilt stets $n(2,q) \leq q+1$; wenn q eine Primzahlpotenz ist, so gilt $n(2,q) = q+1$ nach Satz 6. Wenn $n(2,q) < q+1$ für ein bestimmtes q ist, so erhält man mit Satz 2 die Verschärfung $n(k,q) \leq q+k-2$ von Satz 3, der SINGLETON-Schranke für MDS-Codes. L. EULER stellte anno 1779 das Problem, 36 Offiziere aus 6

Regimentern und jeweils 6 verschiedenen Chargen so im Quadrat aufzustellen, daß in keiner Zeile und keiner Spalte zwei Offiziere desselben Regimentes oder derselben Charge stehen. Der Astronom H. C. SCHUHMACHER schrieb am 10. August 1842 an C. F. GAUSS, daß sein Assistent TH. CLAUSEN (der später den berühmten v. STAUDTschen Satz über die BERNOULLI-Zahlen vor CHR. V. STAUDT bewies) die von EULER vermutete Unlösbarkeit des Problems durch systematisches Ausprobieren nachgewiesen habe. Der französische Finanzbeamte und Hobbymathematiker G. TARRY aus Algier veröffentlichte 1900 und 1901 einen solchen Aufzählungsbeweis. Im Jahre 1982 fand der Kieler Geometer D. BETTEN einen kurzen Beweis für die Unlösbarkeit des 36-Offiziere-Problems.

Eine $q \times q$-Matrix (a_{ij}) mit Komponenten aus einem q-nären Zeichenvorrat F wird ein *lateinisches Quadrat der Ordnung* q genannt, wenn in keine Zeile und keine Spalte ein Zeichen doppelt eingetragen ist. Zwei lateinische Quadrate (a_{ij}) und (b_{ij}) der Ordnung q heißen orthogonal, wenn in der Matrix $((a_{ij}, b_{ij}))$ jedes Zeichenpaar $(a,b) \in F \times F$ (genau) einmal als Komponente auftritt. Die Unlösbarkeit des EULER-schen 36-Offiziere-Problems bedeutet die Nichtexistenz eines Paares orthogonaler lateinischer Quadrate der Ordnung 6.

Es seien $n, q \geq 2$ zwei natürliche Zahlen. Weiterhin seien $n-2$ paarweise orthogonale lateinische Quadrate $(a_{ij}^3), (a_{ij}^4), \ldots, (a_{ij}^n)$ der Ordnung q gegeben. Die Menge $C := \{(i, j, a_{ij}^3, a_{ij}^4, \ldots, a_{ij}^n) ; i, j \in F\}$ ist ein $(n,2)$-MDS-Code der Ordnung q. Umgekehrt kann man ausgehend von einem $(n,2)$-MDS-Code der Ordnung q stets $n-2$ paarweise orthogonale lateinische Quadrate der Ordnung q konstruieren. Wir können deswegen die Untersuchungen über lateinische Quadrate (J. DÉNES und A. KEEDWELL, *Latin squares*, Ann. Discr. Math. 46, North Holland, Amsterdam 1991) für unsere existentiellen Probleme nutzen. So bedeutet (in Verbindung mit Satz 1 und Satz 2) die Nichtexistenz zweier orthogonaler lateinischer Quadrate der Ordnung 6, daß für alle $k \geq 2$ stets $n(k,6) = k+1$ gilt. H. F. MACNEISH bewies 1922 Satz 12 in der Sprache der orthogonalen lateinischen Quadrate. L. EULER vermutete die Nichtexistenz zweier orthogonaler lateinischer Quadrate jeder Ordnung $q \equiv 2 \bmod 4$. R. C. BOSE, S. S. SHRIKANDE und E. T. PARKER zeigten in den Jahren 1959 und 1960, daß EULER mit seiner Vermutung außer im Fall $q = 6$ Unrecht hatte: Für alle $q \geq 7$ gilt $n(2,q) \geq 4$. R. M. WILSON (*Concerning the number of mutually orthogonal latin squares*, Discr. Math. 9 (1974) 181-198) zeigte, daß für alle hinreichend großen natürlichen Zahlen q stets $n(2,q) \geq \sqrt[17]{q}$ gilt. Wir notieren hier nur ein Paar orthogonaler lateinischer Quadrate der Ordnung 10.

```
1 2 3 4 5 6 7 8 9 0        1 2 3 4 5 6 7 8 9 0
2 3 4 5 6 7 1 0 8 9        3 4 5 6 7 1 2 9 0 8
3 4 5 6 7 1 2 9 0 8        5 6 7 1 2 3 4 0 8 9
4 6 1 3 8 9 0 5 7 2        0 9 8 2 1 7 6 3 4 5
5 7 2 8 9 0 3 4 6 1        9 8 1 7 6 5 0 2 3 4
6 1 8 9 0 2 4 3 5 7        8 7 6 5 4 0 9 1 2 3
7 8 9 0 1 3 5 2 4 6        6 5 4 3 0 9 8 7 1 2
8 9 0 7 2 4 6 1 3 5        4 3 2 0 9 8 5 6 7 1
9 0 6 1 3 5 8 7 2 4        2 1 0 9 8 4 3 5 6 7
0 5 7 2 4 8 9 6 1 3        7 0 9 8 3 2 1 4 5 6
```

Mit ihrem berühmten Satz über die Nichtexistenz gewisser endlicher projektiver Ebenen zeigten R. H. BRUCK und H. J. RYSER 1959, daß $n(2,q) < q+1$ für alle diejenigen Ordnungen $q \equiv 1,2 \bmod 4$ ist, für die eine Primzahl $p \equiv 3 \bmod 4$ den quadratfreien Faktor von q teilt (zur Definition: Der quadratfreie Faktor von 360 ist 10).

(Insbesondere ist $n(2,q) \leq q$ für alle $q \equiv 6 \bmod 8$.) Nach diesem Satz von BRUCK und RYSER läßt sich Satz 11 verschärfen: Auch für $q = 18 \cdot t$, $t = 3,7,11,15,19,21,23,27,31,33,35,\ldots$ und $k \geq 4$ gilt $n(k,q) \leq q+k-2$. Im Jahre 1963 zeigte R. H. BRUCK weiter: Wenn die Ungleichung $n(2,q) \geq r$ für eine natürliche Zahl r gilt, und wenn $q \geq \frac{1}{2} \cdot (\delta^4 + 3 \cdot \delta^3 + 2 \cdot \delta^2 + 3 \cdot \delta)$ mit $\delta := q - r$ gilt, so ist $n(2,q) = q+1$. In Anbetracht dieser Sätze (und der Existenz von $2,5,2,3,2,3$ beziehungsweise 4 paarweise orthogonalen lateinischen Quadraten der Ordnung $10,12,14,15,18,20$ beziehungsweise 21) gilt $4 \leq n(2,10) \leq 11$, $7 \leq n(2,12) \leq 13$, $5 \leq n(2,14) \leq 12$, $5 \leq n(2,15) \leq 16$, $4 \leq n(2,18) \leq 19$, $5 \leq n(2,20) \leq 21$ und $6 \leq n(2,21) \leq 19$.

Mit '$m(k,q)$' sei die größte natürliche Zahl m bezeichnet, für die ein linearer (m,k)-MDS-Code der (Primzahlpotenz-)Ordnung q existiert. Trivialerweise gilt stets $m(k,q) \leq n(k,q)$. Die Zahl $m(k,q)$ kann als die größte natürliche Zahl m gedeutet werden, für die eine der folgenden drei äquivalenten Bedingungen erfüllt ist:

1. Es gibt eine Menge von m Vektoren aus $V_k(q)$, von denen je k eine Basis bilden.
2. In einem $(k-1)$-dimensionalen (desarguesschen) projektiven Raum der Ordnung q existiert eine Menge von m Punkten (eine sogenannte m-$Kurve$ [m-arc]), von denen keine k Punkte mit ein- und derselben Hyperebene inzidieren.
3. Es existiert eine $k \times (m-k)$-Matrix mit Komponenten aus $\mathbb{F}_q$, deren jede quadratische Unterdeterminante von Null verschieden ist.

Das Problem der Bestimmung der Zahlen $m(k,q)$ wurde von B. SEGRE ($Curve$ $rationali$ $normali$ e k-$archi$ $negli$ $spazi$ $finiti$, Ann. Mat. Pura Appl. **39** (1955) 357-379 und $Lectures$ on $Modern$ $Geometry$, Ed. Cremonese, Roma 1961) bekanntgemacht. SEGRE selbst zeigte $m(3,q) = m(4,q) = m(5,q) = q+1$ für $q \equiv 1 \bmod 2$. Mit Satz 2 folgt daraus $m(k,q) \leq q+k-4$ für $k \geq 6$ und $q \equiv 1 \bmod 2$. L. CASSE (A $solution$ to $Beniamino$ $Segre's$ $problem$ $I_{r,q}$ for q $even$, Atti Accad. Naz. Lincei Rend. Cl. Sci. Fis. Mat. Nat. **46** (1969) 13 - 20) behandelte den Fall $q \equiv 0 \bmod 2$: Es gilt dann $m(3,q) = q+2$, $m(4,q) = m(5,q) = q+1$ und $m(k,q) \leq q+k-4$ für $k \geq 6$. J. THAS ($Normal$ $rational$ $curves$ and k-$arcs$ in $Galois$ $spaces$, Rend. di Mat. (Roma) Ser. VI, 1 (1968) 331-334) zeigte $m(k,q) = q+1$ für $q \equiv 1 \bmod 2$ und $q > (4 \cdot k - 9)^2$. In der Note $Connections$ $between$ the $Grassmannian$ $G_{k-1;n}$ and the set of k-$arcs$ of the $Galois$ $space$ $S_{n,q}$, Rend. di Mat. (Roma) Ser. VI, 2 (1969) 121-133 publizierte THAS weitere Ergebnisse, unter anderem $m(q-2,q) = m(q-3,q) = q+1$ für alle Primzahlpotenzen $q \geq 2$, $m(q-1,q) = q+1$ für $q \equiv 1 \bmod 2$ und $m(q-1,q) = q+2$ für $q \equiv 0 \bmod 2$. Diese und weitere, von flämischen Mathematikern wie A. BLOKHUIS, A. A. BRUEN und J. THAS mit Methoden der algebraischen Geometrie und der Kombinatorik erzielte Resultate geben Anlaß zu der Vermutung $m(k,q) = q+1$ für alle $k \geq 2$ und alle Primzahlpotenzen $q > k$ außer im Fall $q \equiv 0 \bmod 2$ und $k = 3$ oder $k = q-1$.

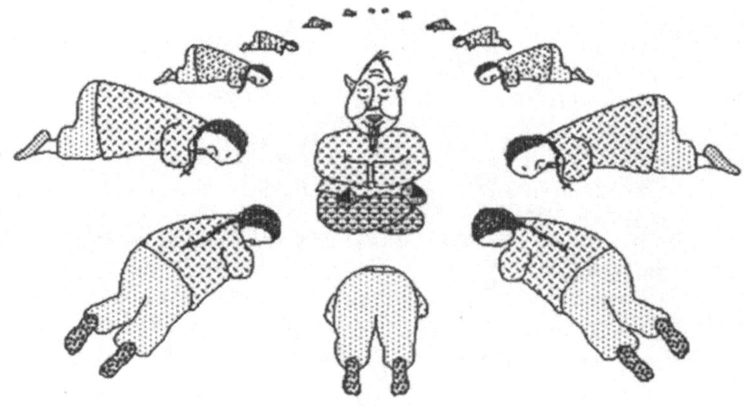

Zyklischer Kotau

9 Zyklische Codes

Um einen linearen (n,k)-Code vollständig zu beschreiben, genügt es, eine $k \times n$-Generatormatrix anzugeben, bei einem nichtlinearen (n,k)-Code der Ordnung q muß man dazu im allgemeinen alle q^k Codewörter auflisten. Die Linearität eines Codes erleichtert deswegen die Konstruktion eines Kanalcodierers ganz erheblich. Dessen Komplexität kann noch weiter vermindert werden, wenn wir nicht nur einen linearen, sondern einen sogar zyklischen Code verwenden.

Auf Seite 301 wurde die Zyklizität eines linearen (n,k)-Codes $C \subseteq V_n(q)$ durch die Bedingung

$$\forall\, c_1, c_2, \ldots, c_{n-1} \in \mathbb{F}_q: \quad c_0 c_1 \ldots c_{n-2} c_{n-1} \in C \;\Rightarrow\; c_{n-1} c_0 c_1 \ldots c_{n-2} \in C$$

definiert; ein linearer (n,k)-Code $C \subseteq V_n(q)$ ist genau dann zyklisch, wenn die Restriktion auf C der von der zyklischen Verschiebung

$$\sigma : \mathbb{Z}_n \to \mathbb{Z}_n \,; i \mapsto i + 1$$

auf $V_n(q)$ induzierte Äquivalenzabbildung

$$\tilde{\sigma} : V_n(q) \to V_n(q) \,; x_0 \ldots x_{n-2} x_{n-1} \mapsto x_{n-1} x_0 \ldots x_{n-2}$$

den Code C invariant läßt, $\tilde{\sigma}(C) = C$.

Bei jedem zyklischen Code C operiert die Gruppe $\mathrm{\ddot{A}qu}(C)$ transitiv auf den Positionen. Umgekehrt ist ein linearer (n,k)-Code, dessen Automorphismengruppe eine von einer zyklischen Permutation der Ordnung n induzierte Äquivalenzabbildung enthält, stets zu einem zyklischen Code äquivalent.

In der Literatur wurden vereinzelt auch nichtlineare zyklische Codes studiert; in diesem Buch soll aber die Zyklizität eines Codes dessen Linearität immer mit beinhalten.

9.1 Algebraische Beschreibung

Für den Umgang mit zyklischen (n,k)-Codes der (Primzahlpotenz-) Ordnung q empfiehlt es sich, den Vektorraum $\mathbb{F}_q^n = V_n(q)$ aller Wörter der Länge n mit Komponenten aus dem GALOIS-Feld $\mathbb{F}_q = \mathrm{GF}(q)$ der Ordnung q mit der Algebra

$$R_n(q) = \mathbb{F}_q[z]/(z^n - 1) = \mathbb{F}_q[z]_{z^n-1}$$

(Seite 218 ff.) gleichzusetzen, in der wir mit Repräsentanten minimalen Grades rechnen. Der Vektor

$$a = a_0 a_1 \ldots a_{n-1} \in V_n(q)$$

wird dabei mit seiner *erzeugenden Funktion*, dem (formalen) Polynom

$$a(z) := \sum_{i=0}^{n-1} a_i \cdot z^i \in R_n(q)$$

identifiziert; wir schreiben $a \cong a(z)$ oder $a = a(z)$. Das Nullpolynom $0 \in R_n(q)$ entspricht dabei dem Nullwort $0 = 00\ldots0$. Wir müssen aber aufpassen, daß wir das neutrale Element der multiplikativen Halbgruppe von $R_n(q)$, das Eins*polynom* $1 \in R_n(q)$ nicht mit dem Eins*wort* $1 = 11\ldots1 \in V_n(q)$ verwechseln; das Einspolynom wird mit dem Vektor $1 \cong 100\ldots0 \in V_n(q)$ identifiziert, das Einswort mit dem Polynom

$$1 \cong E(z) := \frac{z^n - 1}{z - 1} = \sum_{i=0}^{n-1} z^i \in R_n(q),$$

der endlichen geometrischen Reihe vom Grad $n - 1$ in dem Argument z.

Ein linearer (n,k)-Code $C \subseteq V_n(q)$ ist genau dann zyklisch, wenn für jedes, als Polynom

$$c(z) = \sum_{i=0}^{n-1} c_i \cdot z^i \in R_n(q)$$

dargestellte Codewort $c \in C$ das Polynom

$$z \cdot c(z) = \sum_{i=0}^{n-1} c_{i-1} \cdot z^i \in R_n(q)$$

(dabei verstehen sich die Indizes modulo n; es ist $-1 \equiv n - 1 \bmod n$, also $c_{-1} = c_{n-1}$) wieder ein Codewort aus C ist:

$$\forall\, c(z) \in R_n(q)\colon c(z) \in C \;\Rightarrow\; z \cdot c(z) \in C.$$

Anders ausgedrückt: Eine additive Untergruppe C der Algebra $R_n(q)$ ist genau dann ein zyklischer Code, wenn für jedes Polynom $t(z) \in R_n(q)$ und jedes Codewort $c(z) \in C$ das (modulo $z^n - 1$ berechnete) Produktpolynom $t(z) \cdot c(z) \in R_n(q)$ wieder ein Codewort aus C ist; einerseits ist das Polynom $t(z){\cdot}c(z)$ nämlich eine Linearkombination der Polynome $c(z), z{\cdot}c(z), z^2{\cdot}c(z), \ldots, z^{n-1}{\cdot}c(z)$, und andererseits ist eine additive Untergruppe C der Algebra $R_n(q)$ bereits dann ein Untervektorraum, wenn für jedes Element $c(z) \in C$ und jedes konstante Polynom $t \in R_n(q)$ das Produkt $t{\cdot}c(z)$ in C liegt. In algebraischer Sprechweise: Die zyklischen Codes der Länge n und der Ordnung q sind genau die *Ideale* der Algebra $R_n(q)$.

Für jedes Polynom $f(z) \in R_n(q)$ ist die Teilmenge

$$\{ t(z){\cdot}f(z) \, ; \, t(z) \in R_n(q) \} \subseteq R_n(q)$$

ein zyklischer Code, der *von $f(z)$ in $R_n(q)$ erzeugte zyklische Code*. Auf Seite 336 werden wir sehen, daß jeder zyklische Code von einem einzelnen Polynom erzeugt wird. In algebraischer Sprechweise: Wir werden sehen, daß $R_n(q)$ ein (nur in Trivialfällen nullteilerfreier) Hauptidealring ist.

Gleichverteilung der Zeichen. Es sei C ein zyklischer (n,k)-Code und $\{ i_1, i_2, \ldots, i_k \} \subseteq \mathbb{Z}_n$ eine Menge von Informationsstellen. Für jede Restklasse $j \in \mathbb{Z}_n$ ist dann die j-mal zyklisch verschobene Menge $\{ i_1+j, i_2+j, \ldots, i_k+j \} \subseteq \mathbb{Z}_n$ wieder eine Menge von Informationsstellen. Vom Trivialfall $k = 0$ abgesehen, gibt es also keine Position $i \in \mathbb{Z}_n$, an der sämtliche Codewörter aus C die Null als Komponente besitzen. Nach dem Satz über die Gleichverteilung der Zeichen in linearen Codes von Seite 248 gibt es zu jeder Position $i \in \mathbb{Z}_n$ und jedem Element $\alpha \in \mathbb{F}_q$ genau q^{k-1} Codewörter, deren Komponente an der i-ten Position das Element α ist.

Trivialerweise hat ein zyklischer (n,k)-Code C genau dann den Minimalabstand $d = 1$, wenn er der triviale (n,n)-Code $C = R_n(q)$ ist.

Paritätssummen. Es sei $c \cong c(z) = \sum_{i=0}^{n-1} c_i{\cdot}z^i \in R_n(q)$ ein Codewort eines zyklischen (n,k)-Codes $C \subseteq R_n(q)$. Die Paritätssumme $\sum_{i=0}^{n-1} c_i \in \mathbb{F}_q$ von c kann dann als $[c(z)]_{z=1} = c(1)$ geschrieben werden. Die Paritätssumme von c ist also genau dann Null, wenn das Polynom $c(z)$ durch $z - 1$ teilbar ist. Nach dem Satz über die Paritätssumme linearer Codes von Seite 248 besitzen also entweder alle Codewörter oder genau q^{k-1} (als Polynome aus $R_n(q)$ dargestellten) Codewörter eines zyklischen (n,k)-Codes die Zahl $1 \in \mathbb{F}_q$ als Nullstelle.

Das Generatorpolynom. Es sei C ein zyklischer (n,k)-Code über $\mathbb{F}_q$ mit $k \geq 1$ (also $C \neq \{0\}$), den wir uns in die Algebra $R_n(q)$ eingebettet vorstellen. Weiterhin seien $g(z) \in C$ ein vom Nullpolynom verschiedenes, normiertes (nicht notwendig irreduzibles) Polynom minimalen Grades

$r := \deg g(z)$, ein sogenanntes *Generatorpolynom von* C und $c(z) \in C$ ein weiteres Codewort. Dann gibt es (Seite 207) zwei eindeutig bestimmte Polynome $t(z), r(z) \in \mathbb{F}_q[z]$ mit $c(z) = t(z){\cdot}g(z) + r(z)$ und $\deg r(z) < r$. Wegen $r(z) = c(z) - t(z){\cdot}g(z)$ ist das Rest-Polynom $r(z) \in R_n(q)$ ein Codewort aus C. Weil $g(z)$ unter den Codewörtern aus $C \setminus \{0\}$ minimalen Grad hat, ist $r(z) = 0$. Damit teilt $g(z)$ in $\mathbb{F}_q[z]$ jedes Codewort, das heißt

$$C = \{\, t(z){\cdot}g(z) \,;\, t(z) \in \mathbb{F}_q[z], \deg t(z) < n - r \,\}.$$

Dieselbe Argumentation, statt auf $c(z)$ auf das Polynom $z^n - 1 \in \mathbb{F}_q[z]$ angewenndet, zeigt, daß $z^n - 1$ ein polynomiales Vielfaches des Generatorpolynomes $g(z)$ ist.

Die k Polynome $g(z), z{\cdot}g(z), z^2{\cdot}g(z), \ldots, z^{k-1}{\cdot}g(z) \in C$ sind als Polynome paarweise verschiedenen Grades im $\mathbb{F}_q$-Vektorraum $\mathbb{F}_q[z]$ linear unabhängig. Weil ihr Grad auch jeweils kleiner als n ist, sind sie auch als Vektoren des n-dimensionalen $\mathbb{F}_q$-Vektorraumes $R_n(q) \cong V_n(q)$ linear unabhängig und bilden daher eine Basis des (n,k)-Codes $C \subseteq V_n(q)$.

In Ausübung meiner Pflichten als Beamter des Freistaates Bayern verleihe ich in einem hoheitlichen Akt dem Polynom $z^n - 1 \in \mathbb{F}_q[z]$ die Würde eines Generatorpolynomes des Nullcodes $\{0\} \subset R_n(q)$.

Wir fassen zusammen:

Satz über das Generatorpolynom. *Jeder zyklische Code* $C \subseteq R_n(q)$ *besitzt genau ein Generatorpolynom* $g(z)$. *Dieses Generatorpolynom teilt in* $\mathbb{F}_q[z]$ *das Polynom* $z^n - 1$ *und erzeugt in* $R_n(q)$ *den Code* C. *Der Code* C *hat die Dimension* $k := n - \deg g(z)$. $\square$

Das Kontrollpolynom eines zyklischen (n,k)-Codes $C \subseteq R_n(q)$ mit dem Generatorpolynom $g(z)$ vom Grad $r := \deg g(z) = n - k$ ist das normierte Polynom $h(z) := \frac{z^n - 1}{g(z)}$ vom Grad $k = \deg h(z)$. Das konstante Glied des Kontrollpolynoms berechnet sich als $h(0) = -\frac{1}{g(0)}$.

Satz über das Kontrollpolynom. *Es sei* C *ein zyklischer* (n,k)-*Code über* $\mathbb{F}_q$ *mit dem Kontrollpolynom* $h(z) \in R_n(q)$. *Ein Polynom* $x(z) \in R_n(q)$ *ist genau dann ein Codewort aus* C, *wenn in* $R_n(q)$ *gilt* $h(z){\cdot}x(z) = 0$.

Beweis. Ein Polynom $c(z) \in R_n(q)$ ist genau dann ein Codewort, wenn es ein Polynom $t(z) \in R_n(q)$ mit $c(z) = t(z){\cdot}g(z) = t(z){\cdot}\frac{z^n - 1}{h(z)}$ gibt. Und das ist genau dann der Fall, wenn $c(z){\cdot}h(z) \equiv 0 \bmod z^n - 1$ gilt. $\square$

Erzeugende Polynome zyklischer Codes. Es sei $f(z) \in R_n(q)$ ein — wie dessen Generatorpolynom $g(z)$ — den zyklischen Code C in $R_n(q)$ erzeugendes Polynom. Wir können $f(z) = t(z) \cdot g(z)$ mit einem Polynom $t(z) \in R_n(q)$ schreiben. Das Polynom $t(z)$ ist zum Kontrollpolynom $h(z)$, aber nicht notwendig zum Generatorpolynom $g(z)$ teilerfremd. Es sei $P(z)$ das Produkt aller normierten, irreduziblen Teiler von $g(z)$, die $t(z)$ nicht teilen. Für das Polynom $e(z) := t(z) + P(z)$ gilt in $R_n(q)$:

$$e(z) \cdot g(z) = t(z) \cdot g(z) + (z^n - 1) \cdot P(z) = f(z).$$

Kein irreduzibler Teiler von $z^n - 1$ teilt $e(z)$. Wir folgern:

Jedes den zyklischen Code C in $R_n(q)$ erzeugende Polynom $f(z)$ läßt sich als Produkt $f(z) = e(z) \cdot g(z)$ einer Einheit $e(z) \in R_n(q)^*$ mit dem Generatorpolynom $g(z)$ von C schreiben.

Die Reversion eines Codes. Es sei F ein beliebiger Zeichenvorrat. Die Permutation $\varrho := \begin{pmatrix} 0 & 1 & \cdots & n-2 & n-1 \\ n-1 & n-2 & \cdots & 1 & 0 \end{pmatrix} \in \mathfrak{S}_n$ der Ziffernmenge $\mathbb{Z}_n = \{0, 1, \ldots, n-1\}$ induziert auf F^n die Äquivalenzabbildung $\widetilde{\varrho} : F^n \to F^n$; $x_0 x_1 \cdots x_{n-2} x_{n-1} \mapsto x_{n-1} x_{n-2} \cdots x_1 x_0$. Das Bild $\overleftarrow{C} := \widetilde{\varrho}(C)$ eines Blockcodes $C \subseteq F^n$ heißt die *Reversion* von C. Ein Code C, der mit seiner Reversion $\overleftarrow{C}$ übereinstimmt, $C = \overleftarrow{C}$, heißt *reversiv*. Die Reversion eines linearen Codes ist ein linearer Code, die Reversion eines zyklischen Codes ist ein zyklischer Code. Für jedes Polynom $a(z) \in R_n(q)$ gilt $\widetilde{\varrho}(a(z)) = z^{n-1} \cdot a(\frac{1}{z})$. (Man beachte, daß das Polynom $z^{n-1} \cdot a(\frac{1}{z})$ im Fall $a(0) \neq 0$ nicht mit der Reversion $\overleftarrow{a}(z) = z^{\deg a(z)} \cdot a(\frac{1}{z})$ von $a(z)$ (Seite 211f.) übereinzustimmen braucht.) Das Generatorpolynom beziehungsweise das Kontrollpolynom der Reversion $\overleftarrow{C}$ eines zyklischen Codes $C \subseteq R_n(q)$ ist die normierte Reversion des Generatorpolynoms beziehungsweise des Kontrollpolynoms von C.

Wir berechnen für $i = r, r+1, \ldots, n-1$ den Rest $r_i(z)$, den das Monom z^i beim Teilen durch $g(z)$ hinterläßt, das heißt, wir schreiben $z^i = t_i(z) \cdot g(z) + r_i(z)$ mit $\deg r_i(z) < r$. Die Polynome $z^i - r_i(z)$ sind alle Codewörter und bilden, weil sie paarweise einen verschiedenen Grad haben, eine Basis des Untervektorraums C von $R_n(q)$. Wir schreiben die Koeffizientenvektoren dieser Basispolynome als Zeilen einer Generatormatrix von C der Gestalt $(\mathbf{R} : \mathbf{E}_k)$, wobei $\mathbf{R}$ eine $k \times r$-Matrix und $\mathbf{E}_k$ die $k \times k$-Einheitsmatrix ist. Wenn wir in dieser Matrix die Reihenfolge der Zeilen und der Spalten umkehren, so entsteht die Standard-Generatormatrix der Reversion $\overleftarrow{C}$ von C.

Orthogonalität. Es sei $\quad g(z) = \sum\limits_{i=0}^{n-1} g_i \cdot z^i \quad$ das Generatorpolynom und $h(z) = \sum\limits_{i=0}^{n-1} h_i \cdot z^i \quad$ das Kontrollpolynom eines zyklischen (n,k)-Codes $C \subseteq R_n(q)$. Nach dem Satz über das Kontrollpolynom von der vorigen Seite ist ein Polynom $x(z) = \sum\limits_{i=0}^{n-1} x_i \cdot z^i$ genau dann ein Codewort aus C, wenn für $i = 0,1,..,n-1$ stets $\sum\limits_{j=0}^{n-1} h_{i-j} \cdot x_j = 0$ gilt, wobei wir den Index $i-j$ modulo n lesen. Diese Bedingung besagt, daß das Skalarprodukt der Koeffizientenvektoren h_i der Polynome $z^{-i} \cdot h(\frac{1}{z}) = z^{-i-k} \cdot \overset{\leftarrow}{h}(z)$ mit dem Koeffizientenvektor x von $x(z)$ jeweils den Wert $h_i \cdot x = 0$ hat. Die Vektoren $h_0, h_1, \ldots, h_{n-1}$ bilden ein Erzeugendensystem des zyklischen (n,r)-Codes der Dimension $r := n-k$, dessen Generatorpolynom die normierte Reversion $-g(0) \cdot \overset{\leftarrow}{h}(z)$ des Kontrollpolynoms $h(z)$ von C ist; dieser Code ist also der zu C orthogonale Code $C^\perp$:

Satz über den orthogonalen Code eines zyklischen Codes. *Das Kontrollpolynom eines zyklischen Codes C ist das Generatorpolynom des zu der Reversion $\overset{\leftarrow}{C}$ von C orthogonalen Codes $\overset{\leftarrow}{C}{}^\perp$.*   □

Die Teiler von z^n-1. Die Generator- und Kontrollpolynome der zyklischen (n,k)-Codes in $R_n(q)$ sind Teiler des Polynoms $z^n-1 \in \mathbb{F}_q$. In Abschnitt 7.5 (Seite 233ff.) haben wir gesehen, wie das Polynom z^n-1 über $\mathbb{F}_q$ in irreduzible Faktoren zerfällt: Es sei $p := \operatorname{char} \mathbb{F}_q$ die Charakteristik des Körpers $\mathbb{F}_q$ und v die größte Potenz von p, die in n aufgeht. Wir setzen $t := \frac{n}{v}$ und bezeichnen mit 'ζ' eine primitive t-te Einheitswurzel über dem Primkörper $\mathbb{Z}_p$ von $\mathbb{F}_q$. Die t-te Einheitswurzel liegt im Zerfällungskörper $\mathbb{F}_{q^m}$ des Polynoms $z^n-1 = (z^t-1)^v \in \mathbb{F}_q[z]$. Da dieser Zerfällungskörper auch als Körpererweiterung $\mathbb{F}_{q^m} = \mathbb{F}_q(\zeta)$ geschrieben werden kann, stimmt der Exponent m von q mit dem Grad $\deg m_\zeta(z)$ des Minimalpolynoms $m_\zeta(z) \in \mathbb{F}_q[z]$ von ζ über $\mathbb{F}_q$ überein. Über $\mathbb{F}_{q^m}$ zerfällt $m_\zeta(z)$ in Linearfaktoren,

$$m_\zeta(z) = \prod_{h \in KK(1;t,q)} (z - \zeta^h).$$

Damit ist $m = |KK(1;t,q)|$ die multiplikative Ordnung von q in der Einheitengruppe $\mathbb{Z}_t^*$ des Restklassenringes $\mathbb{Z}_t$, das heißt die kleinste natürliche Zahl, für die $q^m \equiv 1 \bmod t$ gilt. Das Polynom z^n-1 zerfällt über $\mathbb{F}_q$ als

$$z^n-1 = \prod_{j \in RK(t,q)} \big(p_j(z)\big)^v$$

in die irreduziblen Faktoren

$$p_j(z) := m_{\zeta^j}(z) = \prod_{h \in \bar{KK}(j;t,q)} (z - \zeta^h).$$

Der Verband der zyklischen Codes in $R_n(q)$**.** Es sei $s := |RK(t,q)|$ die Anzahl der Kreisteilungsklassen modulo t bezüglich q. Das Polynom $z^n - 1$ besitzt in $\mathbb{F}_q[z]$ genau $(v+1)^s$ normierte Teiler (das konstante Polynom 1 und $z^n - 1$ selbst mitgezählt). Diese Teiler sind alle Generatorpolynome und Kontrollpolynome jeweils eines zyklischen Codes der Blocklänge n über $\mathbb{F}_q$. Von diesen $(v+1)^s$ zyklischen Codes in $R_n(q)$ sind viele äquivalent, und viele sind wegen eines zu geringen Minimalabstandes uninteressant. So ist zum Beispiel die Reversion $\overleftarrow{C}$ eines zyklischen Codes $C \subseteq R_n(q)$ mit dem Generatorpolynom $g(z)$ und dem Kontrollpolynom $h(z) := \frac{z^n - 1}{g(z)}$ ein zu C äquivalenter Code mit dem Generatorpolynom $\frac{1}{g(0)} \cdot \overleftarrow{g}(z)$ und dem Kontrollpolynom $-g(0) \cdot \overleftarrow{h}(z)$.

Wenn der Exponent e (Seite 229) des Generatorpolynoms $g(z)$ eines zyklischen (n,k)-Codes C kleiner als die Blocklänge n ist, so ist e ein echter Teiler von n und das Polynom $z^e - 1$ ist ein Codewort aus C vom HAMMING-Gewicht 2. Ein binärer zyklischer Code hat genau dann den Minimalabstand 2, wenn der Exponent seines Generatorpolynoms kleiner als seine Blocklänge ist.

Die zyklischen Codes der Blocklänge n über $\mathbb{F}_q$ bilden einen zum Verband der (normierten) Teiler des Polynoms $z^n - 1 \in \mathbb{F}_q[z]$ isomorphen Verband: Es seien C_1 und C_2 zwei zyklische Codes aus $R_n(q)$ mit den Kontrollpolynomen $h_1(z)$ und $h_2(z)$. Der größte gemeinsame Teiler (normierter gemeinsamer Teiler maximalen Grades) von $h_1(z)$ und $h_2(z)$ ist das Kontrollpolynom des Codes $C_1 \cap C_2$; das kleinste gemeinsame Vielfache von $h_1(z)$ und $h_2(z)$ ist das Kontrollpolynom der vektoriellen Summe $C_1 + C_2$ (Seite 287). Die Abbildung, die jedem zyklischen Code $C \subseteq R_n(q)$ sein Generatorpolynom zuordnet, ist ein VerbandsAnti-Isomorphismus. Ein zyklischer Code $C \subseteq R_n(q)$, dessen Generatorpolynom [Kontrollpolynom] über $\mathbb{F}_q$ irreduzibel ist, wird *maximal* [*minimal* oder *irreduzibel*] genannt.

Beispiel 1. Wir bestimmen alle binären zyklischen $(10,k)$-Codes. Dazu zerlegen wir das Polynom $z^{10} + 1 = (z^5 + 1)^2$ in irreduzible Faktoren. Wir berechnen zunächst die Kreisteilungsklassen $KK(0;5,2) = \{0\}$ und $KK(1;5,2) = \{1,2,3,4\}$. Es sei $\zeta \neq 1$ eine 5-te Einheitswurzel über $\mathbb{F}_2$.

Das Polynom z^5+1 zerfällt über $\mathbb{F}_2$ in die Faktoren $p_0(z) := z+1$ und $p_1(z) := (z+\zeta)\cdot(z+\zeta^2)\cdot(z+\zeta^3)\cdot(z+\zeta^4) = z^4+z^3+z^2+z+1$. Damit zerfällt das Polynom $z^{10}+1$ über $\mathbb{F}_2$ als $z^{10}+1=(p_0(z))^2\cdot(p_1(z))^2$. Für $i,j=0,1,2$ sei $C_{ij}\subseteq R_{10}(2)$ der von dem Generatorpolynom $(p_0(z))^i\cdot(p_1(z))^j$ erzeugte zyklische Code. Der Code C_{ij} ist jeweils ein reversiver zyklischer $(10,10-i-4\cdot j)$-Code. Der $(10,0)$-Code C_{22} besteht nur aus dem Nullpolynom 0, während der Code C_{00} die ganze Algebra $R_{10}(2)$ ist. Die Generatorpolynome von C_{20} und C_{11} haben das HAMMING-Gewicht 2. Damit haben diese beiden Codes ebenso wie die mindestens einen von ihnen umfassenden maximalen Codes C_{10} und C_{01} den Minimalabstand 2. Der $(10,4)$-Code C_{21} besteht aus dem Nullpolynom 0 und den Polynomen

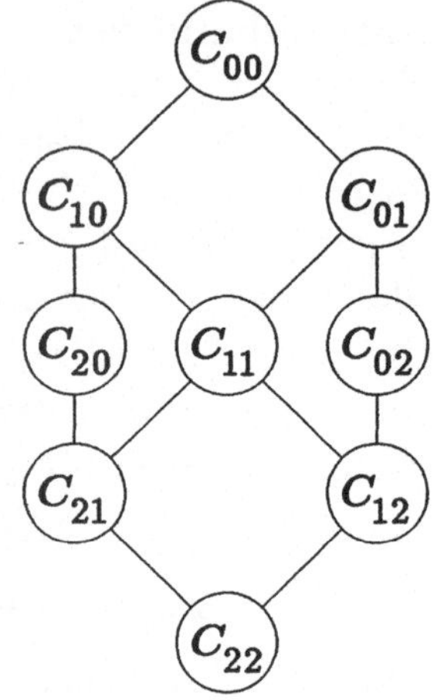

$g(z) := z^6+z^5+z+1, z^t\cdot g(z), z^t\cdot(z+1)\cdot g(z),$ und $z^t\cdot(z^2+1)\cdot g(z)$ mit $t=0,1,2,3,4$. Der minimale zyklische Code C_{21} hat also den Minimalabstand 4. Der minimale zyklische $(10,1)$-Code C_{12} besteht aus dem Nullwort 0 und dem Einswort 1, während der Code C_{02} außerdem noch die Wörter 0101010101 und 1010101010 enthält. $\square$

Beispiel 2. Wir bestimmen alle binären zyklischen $(7,k)$-Codes. Wir zerlegen z^7+1 über $\mathbb{F}_2$ in seine irreduziblen Faktoren $p_0(z) := z+1$, $p_1(z) = z^3+z+1$ und $p_3(z) = z^3+z^2+1$. Es ist $p_3(z) = \overset{\leftrightarrow}{p}_1(z)$. Für $h,i,j=0,1$ sei $C_{hij}\subseteq R_{10}(2)$ der von dem Generatorpolynom $(p_0(z))^h\cdot(p_1(z))^i\cdot(p_3(z))^j$ erzeugte zyklische Code. Die Codes C_{000}, C_{111} und C_{100} sind banal. Der maximale zyklische $(7,4)$-Code C_{001} hat das Generatorpolynom $p_3(z)$ und die Standard-Generatormatrix

$$\begin{bmatrix} 1 & 0 & 0 & 0 & 1 & 0 & 1 \\ 0 & 1 & 0 & 0 & 1 & 1 & 1 \\ 0 & 0 & 1 & 0 & 1 & 1 & 0 \\ 0 & 0 & 0 & 1 & 0 & 1 & 1 \end{bmatrix}.$$

Wir vertauschen in dieser Matrix die erste Spalte mit der zweiten und die dritte mit der

sechsten:
$$\begin{bmatrix} 0 & 1 & 0 & 0 & 1 & 0 & 1 \\ 1 & 0 & 1 & 0 & 1 & 0 & 1 \\ 0 & 0 & 1 & 0 & 1 & 1 & 0 \\ 0 & 0 & 1 & 1 & 0 & 0 & 1 \end{bmatrix}.$$
Die Zeilen dieser veränderten Matrix

sind, wie wir auf Seite 31 nachprüfen können, Codewörter des binären $(7,4)$-Hamming- Codes $\mathrm{HAM}(3,2)$. Damit erweist sich der Code C_{001} als eine zyklische Version von $\mathrm{HAM}(3,2)$. Der Code C_{010} ist als Reversion von C_{001} ebenfalls eine zyklische Version von $\mathrm{HAM}(3,2)$. Der $(7,3)$-Code C_{101} besteht aus allen Codewörtern geraden Gewichts des Hamming-Codes C_{001}, ist also eine zyklische Version des Simplex-Codes $\mathrm{SIM}(3,2)$ (Seite 280). Der Code C_{110} ist die Reversion von C_{101}. Der Code C_{011} besteht schließlich aus den Wörtern 0 und 1. $\qquad\square$

Beispiel 3. Es seien n eine Primzahl und q eine Potenz von n. Wir bestimmen alle zyklischen Codes der Blocklänge n über $\mathbb{F}_q$. Es ist $z^n - 1 = (z-1)^n$. Daher gibt es zu $k = 0,1,\ldots,n$ jeweils einen zyklischen (n,k)-Code $C_k \subseteq R_n(q)$ mit dem Generatorpolynom $g_k(z) := (z-1)^{n-k}$ und dem Kontrollpolynom $h_k(z) := (z-1)^k$. Die Codes C_k bilden eine Kette:
$$\{0\} = C_0 \subsetneqq C_1 \subsetneqq \cdots \subsetneqq C_{n-1} \subsetneqq C_n = R_n(q).$$
Wir ermitteln den Minimalabstand d_k von C_k. Offenbar ist $d_1 = n$ und $d_n = 1$. Es sei nun $1 \le k < n$ und
$$c(z) = \sum_{i=0}^{n-1} c_i \cdot z^i \in C_k$$

ein Codewort des minimalen HAMMING-Gewichts $\gamma\big(c(z)\big) = d_k$. Weil die zyklischen Verschiebungen von $c(z)$ wieder Codewörter aus C_k vom Gewicht d_k sind, dürfen wir uns $c(z)$ so gewählt denken, daß das konstante Glied von $c(z)$ von Null verschieden ist, $c_0 \ne 0$. Als Codewort aus C_k ist $c(z)$ ein polynomiales Vielfaches des Generatorpolynoms $g_k(z)$, etwa
$$c(z) = t(z) \cdot (z-1)^{n-k}.$$
Die (formale) Ableitung
$$\frac{d}{dz}c(z) = (n-k) \cdot t(z) \cdot (z-1)^{n-k-1} + \frac{d}{dz}t(z) \cdot (z-1)^{n-k} =$$
$$= \big((n-k) \cdot t(z) + (z-1) \cdot \tfrac{d}{dz}t(z)\big) \cdot g_{k+1}(z)$$
ist ein Codewort aus C_{k+1}. Die Zahlen $i = 1,2,\ldots,n-1$ sind wegen $i < n$ in dem Körper $\mathbb{F}_q$ der Charakteristik n alle von Null verschieden. Wegen $c_0 \ne 0$ hat das Polynom
$$\frac{d}{dz}c(z) = \sum_{i=1}^{n-1} i \cdot c_i \cdot z^{i-1}$$

genau einen von Null verschiedenen Koeffizienten weniger als $c(z)$, das heißt, es gilt $\gamma(\frac{d}{dz}c(z)) = d_k - 1$. Wegen $k < n$ ist $d_k \geq 2$ und damit $\frac{d}{dz}c(z) \neq 0$. Da $\frac{d}{dz}c(z)$ ein Codewort aus C_{k+1} ist, folgt

$$d_{k+1} \leq \gamma(\tfrac{d}{dz}c(z)) = d_k - 1,$$

also $d_{k+1} < d_k$. Insgesamt gilt also

$$1 = d_n < d_{n-1} < \ldots < d_2 < d_1 = n;$$

es folgt $d_k = n - k + 1$ für $k = 1, 2, \ldots, n$. Die Codes C_k sind demnach sämtlich MDS-Codes (Seite 179). $\qquad\qquad\square$

Unsere Begeisterung für diese optimalen Codes sollte sich in Grenzen halten: Die Ordnung q des Körpers $\mathbb{F}_q$ ist eine Potenz der Blocklänge n. Aus praxisbezogenem Interesse wünschen wir uns jedoch hauptsächlich – aber nicht immer – lange Codes kleiner Ordnung. Daß das Interesse der reinen Mathematiker an diesen Codes gering ist, hat keine objektiven Gründe: „Wat de Buur nich kennt, dat freet he nich!" In der Ring- und Modultheorie stürzt man sich üblicherweise ohne lange Vorrede auf *halbeinfache Ringe* (Ringe, in denen sich jedes Ideal als direkte Summe irreduzibler Ideale darstellen läßt); die Algebra $R_n(q)$ ist genau dann halbeinfach, wenn die Charakteristik des Körpers $\mathbb{F}_q$ die Blocklänge n nicht teilt. Die zyklischen Codes einer nicht zu ihrer Ordnung teilerfremden Blocklänge fristen aber nicht nur deswegen in der theoretischen Codierungstheorie ein Mauerblümchendasein.

Die Wurzeln eines zyklischen Codes. Es seien $C \subseteq R_n(q)$ ein zyklischer (n,k)-Code über einem Körper $\mathbb{F}_q$ der Charakteristik p, v die größte Potenz von p, die in n aufgeht und $t := \frac{n}{v}$. Das Generatorpolynom $g(z)$ von C läßt sich in seine über $\mathbb{F}_q$ irreduziblen Faktoren $p_j(z)$ zerlegt als

$$g(z) = \prod_{j \in RK(t,q)} \big(p_j(z)\big)^{v_j}$$

schreiben, wobei für alle $j \in RK(t,q)$ stets $0 \leq v_j \leq v$ gilt. Es ist

$$r := \deg g(z) = n - k = \sum_{j \in RK(t,q)} v_j \cdot \deg p_j(z)$$

Es sei nun $j \in RK(t,q)$ und $h \in KK(j;t,q)$. Wenn das gemeinsame Minimalpolynom $p_j(z) = m_{\zeta^j}(z) = m_{\zeta^h}(z)$ der beiden über $\mathbb{F}_q$ konjugierten Potenzen ζ^j und ζ^h der primitiven t-ten Einheitswurzel ζ als Faktor von $g(z)$ auftritt, das heißt, wenn $v_j \geq 1$ ist, so nennen wir ζ^h eine *Wurzel (der Vielfachheit v_j) des zyklischen Codes C*. Jedes Codewort $c(z) \in C$ läßt sich nämlich als $c(z) = t(z) \cdot g(z)$ mit $t(z) \in \mathbb{F}_q[z]$ und $\deg t(z) < k$ schreiben, und damit ist die t-te Einheitswurzel $\zeta^h \in \mathbb{F}_{q^m}$ eine Wurzel von $c(z)$ der Vielfachheit mindestens v_j. Der zyklische Code C läßt sich also durch die Angabe seiner Wurzeln mit ihren Vielfachheiten kennzeichnen.

Wir benutzen diesen Tatbestand, um zyklische Codes zu definieren: Wir geben uns zu jeder Zahl $h \in \mathbb{Z}_t$ eine ganze Zahl $w_h \geq 0$ vor, die die Zahl v nicht übertrifft. Wir setzen

$$v_j := \max\left\{ w_h \; ; \; h \in KK(j;t,q) \right\} \quad \text{für } j \in RK(t,q),$$

$$g(z) := \prod_{j \in RK(t,q)} \left(p_j(z) \right)^{v_j},$$

und definieren einen zyklischen (n,k)-Code $C \subseteq R_n(q)$ der Dimension

$$k := n - \deg g(z) = n - \sum_{j \in RK(t,q)} v_j \cdot |KK(j;t,q)|$$

durch sein Generatorpolynom $g(z)$. Im Verband der zyklischen Codes in $R_n(q)$ ist C der größte Code, für dessen sämtliche Codewörter die Einheitswurzeln ζ^h, $h \in \mathbb{Z}_t$, jeweils Wurzeln der Vielfachheit mindestens w_h sind. Wir sagen, *der zyklische Code C sei durch seine Wurzeln definiert.* Für die Reversion $\overleftarrow{C}$ des zyklischen Codes C ist eine t-te Einheitswurzel ζ^{-h} genau dann eine Wurzel der Vielfachheit v_j, wenn ζ^h eine Wurzel der Vielfachheit v_j von C ist. Im Fall, daß n und q teilerfremd sind, das heißt im Fall $v = 1$ und $t = n$, können wir alle Komplikationen mit den Vielfachheiten vergessen.

Zyklische Hamming-Codes. Es seien $r \geq 2$ eine natürliche Zahl und q eine solche Primzahlpotenz, daß r und $q-1$ teilerfremd sind (für $q = 2$ ist das stets der Fall). Setze

$$n := \frac{q^r - 1}{q - 1} = \sum_{i=0}^{r-1} q^i.$$

Aus $q \equiv 1 \bmod (q-1)$ folgt $n \equiv r \bmod (q-1)$; also sind auch n und $q-1$ teilerfremd. Es ist r die kleinste natürliche Zahl mit $q^r - 1 \equiv 0 \bmod n$; die Kreisteilungsklasse $KK(1;n,q)$ hat die Kardinalzahl r, und für $j = 1,2,\ldots,n-1$ gilt wegen der Teilerfremdheit von n und $q-1$ stets $|KK(j;n,q)| \geq 2$.

Es sei ζ eine primitive n-te Einheitswurzel über $\mathbb{F}_q$. Dann ist die Körpererweiterung $\mathbb{F}_q(\zeta)$ zu $\mathbb{F}_{q^r}$ isomorph, und für alle $j = 1,2,\ldots,n-1$ gilt stets $(\zeta^j)^q = \zeta^{j \cdot q} \neq \zeta^j$, also $\zeta^j \in \mathbb{F}_{q^r} \setminus \mathbb{F}_q$. Wir betrachten $\mathbb{F}_{q^r}$ als r-dimensionalen $\mathbb{F}_q$-Vektorraum und stellen fest, daß für $i,j \in \mathbb{Z}_n$ mit $i \neq j$ die n-ten Einheitswurzeln ζ^i und ζ^j linear unabhängig sind: Gäbe es nämlich ein $\lambda \in \mathbb{F}_q^*$ mit $\zeta^i + \lambda \cdot \zeta^j = 0$, so wäre $\zeta^i \cdot (1 + \lambda \cdot \zeta^{j-i}) = 0$, also $\zeta^{j-i} = -\frac{1}{\lambda}$ im Widerspruch zu $\zeta^{j-i} \in \mathbb{F}_{q^r} \setminus \mathbb{F}_q$.

Wir definieren nun einen linearen $(n, n-r)$-Code C über $\mathbb{F}_q$ durch seine $r \times n$-Kontrollmatrix $\mathbf{H}$, deren Spalten gerade aus den als Spaltenvektoren aus $\mathbb{F}_q^r$ geschriebenen n-ten Einheitswurzeln $1, \zeta, \zeta^2, \ldots, \zeta^{n-1}$

bestehen. Diese n Spaltenvektoren bilden ein Repräsentantensystem der n eindimensionalen Untervektorräume des $\mathbb{F}_q$-Vektorraums $\mathbb{F}_{q^r} = \mathbb{F}_q^{\,r}$. Bei unserem Code C handelt es sich also, wie wir auf Seite 263 nachlesen können, um eine Version des Hamming-Codes $\mathrm{HAM}(r,q)$.

Andererseits können wir C auch als (maximalen) zyklischen Code

$$C = \{c(z) \in R_n(q) \, ; \, c(\zeta) = 0\} = \{c(z) \in R_n(q) \, ; \, m_\zeta(z) | c(z)\}$$

mit der Wurzel ζ darstellen.

Fazit. *Wenn r und $q-1$ teilerfremd sind, so gibt es eine zyklische Version des Hamming-Codes $\mathrm{HAM}(r,q)$. Insbesondere ist jeder binäre Hamming-Code zu einem zyklischen Code äquivalent.*

Perioden. Es sei t ein Teiler von n. Wenn ein Wort

$$x = x_0 x_1 \ldots x_{n-1} \cong x(z) = \sum_{i=0}^{n-1} x_i \cdot z^i \in R_n(q)$$

in $\frac{n}{t}$ identische Teilwörter

$$w = w_0 w_1 \ldots w_{t-1} \cong w(z) = \sum_{i=0}^{t-1} w_i \cdot z^i$$

der Länge t zerfällt, das heißt, wenn x als Konkatenation $x = ww\ldots w$ geschrieben werden kann, so heißt das Teilwort w eine *Periode* von x; die Blocklänge t einer Periode w von x wird eine Periodenlänge von x genannt. Ein Teiler t von n ist genau dann eine Periodenlänge des Wortes $x \cong x(z)$, wenn gilt

$$z^t \cdot x(z) \equiv x(z) \bmod z^n - 1.$$

Es seien $C \subseteq R_n(q)$ ein zyklischer (n,k)-Code, $h(z)$ sein Kontrollpolynom,

$$c = c_0 c_1 \ldots c_{n-1} \cong c(z) = \sum_{i=0}^{n-1} c_i \cdot z^i \in R_n(q)$$

ein Wort einer Periodenlänge t und

$$w(z) = \sum_{i=0}^{n-1} w_i \cdot z^i$$

seine Periode der Länge t. Wir können das Wort c als

$$c(z) = \sum_{i=0}^{t-1} c_i \cdot \sum_{j=0}^{\frac{n}{t}-1} z^{j \cdot t + i} = \sum_{i=0}^{t-1} w_i \cdot z^i \cdot \sum_{j=0}^{\frac{n}{t}-1} z^{j \cdot t} = w(z) \cdot \frac{z^n - 1}{z^t - 1}$$

schreiben. Das Wort $c(z) \in R_n(q)$ ist genau dann ein Codewort aus C, wenn

$$h(z) \cdot c(z) = h(z) \cdot w(z) \cdot \frac{z^n - 1}{z^t - 1} \equiv 0 \bmod z^n - 1$$

ist, das heißt genau dann, wenn gilt

$$h(z) \cdot w(z) \equiv 0 \bmod z^t - 1.$$

So ist zum Beispiel das Einswort $1 \cong \frac{z^n-1}{z-1} \in R_n(q)$ genau dann ein Codewort, wenn $z-1$ das Kontrollpolynom $h(z)$ teilt.

Codes maximaler Länge. Es sei $h(z) \in \mathbb{F}_q[z]$ ein primitives Polynom (Seite 229) vom Grad $\deg h(z) = k$. Der Exponent von $h(z)$ hat den Wert $n := q^k - 1$. Wir betrachten den (irreduziblen) zyklischen (n,k)-Code C mit dem Kontrollpolynom $h(z)$. Der Code C heißt wegen einer im übernächsten Absatz genannten Extremaleigenschaft *Code maximaler Länge* oder *maximal-periodischer Schieberegister-Code*.

Für jede Periodenlänge t des Generatorpolynoms $g(z) := \frac{z^n-1}{h(z)}$ des Codes C gilt $z^t \cdot g(z) \equiv g(z) \bmod z^n - 1$, das heißt, das Polynom $z^n - 1$ teilt $(z^t - 1) \cdot g(z)$. Damit ist $h(z)$ ein Teiler von $z^t - 1$. Die (primitiven n-ten Einheits-) Wurzeln von $h(z)$ sind also t-te Einheitswurzeln. Es folgt $t = n$. Die n zyklischen Verschiebungen

$$g(z), z \cdot g(z), z^2 \cdot g(z), \ldots, z^{n-1} \cdot g(z)$$

des Generatorpolynoms sind demnach alle paarweise verschieden. Damit ist jedes der $n := q^k - 1$ vom Nullwort 0 verschiedenen Codewörter von C eine solche Verschiebung von $g(z)$.

Ein linearer (n',k)-Code der Ordnung q enthält genau $q^k - 1$ vom Nullwort 0 verschiedene Codewörter; wenn darunter ein Codewort existiert, dessen n' zyklische Verschiebungen alle verschieden sind, so gilt $n' \leq q^k - 1 = n$.

Alle von Null verschiedenen Codewörter unseres Codes maximaler Länge haben als Verschiebungen seines Generatorpolynoms dasselbe HAMMING-Gewicht d; der Code C ist äquidistant. Mit dem Satz über die Gleichverteilung der Zeichen in linearen Codes von Seite 248 und der PLOTKIN-Schranke von Seite 182 ergibt sich der Minimalabstand von C:

$$d = (q - 1) \cdot q^{k-1}.$$

Das Generatorpolynom $g(z)$ von C hat den Grad

$$\deg g(z) = n - k = q^k - k - 1;$$

damit besitzt jedes Codewort (zyklisch gesehen) eine zusammenhängende Serie von $k - 1$ Nullen.

Bei Kommunikationssystemen, die zu Synchronisationsfehlern neigen, ist vom Einsatz maximalperiodischer Schieberegister-Codes abzuraten: Wenn der Kanal eine zusätzliche Null in ein Codewort mogelt, so kann der Decodierer die gesamte nachfolgende Sendung mißinterpretieren, selbst wenn keine weitere Störung passiert.

Die Ordnung q des Codes C ist zu seiner Blocklänge $n = q^k - 1$ teilerfremd. Damit lassen sich die Codewörter des von $h(z)$ als Generatorpolynom erzeugten Codes $\overleftarrow{C}^\perp$ als diejenigen Polynome aus $R_n(q)$ kennzeichnen, die eine feste (primitive n-te Einheits-) Wurzel $\zeta \in \mathbb{F}_{q^k}$ von $h(z)$ als Wurzel besitzen. Damit ist die einzeilige Matrix

$$\mathbf{H} := (1, \zeta, \zeta^2, \ldots, \zeta^{n-1})$$

eine Kontrollmatrix von $\overleftarrow{C}^\perp$. Wir zerlegen die Menge der als vom Nullvektor $\mathbf{0}$ verschiedenen Vektoren des k-dimensionalen $\mathbb{F}_q$-Vektorraumes $\mathbb{F}_{q^k}$ aufgefaßten Elemente $1, \zeta, \zeta^2, \ldots, \zeta^{n-1}$ in Klassen jeweils paarweise linear abhängiger Vektoren. Jede dieser $\frac{n}{q-1}$ Klassen besteht aus den $q-1$ von $\mathbf{0}$ verschiedenen Vektoren eines eindimensionalen Untervektorraums von $\mathbb{F}_{q^k}$. Es sei nun $\mathbf{H}'$ ein $\frac{n}{q-1}$-Tupel, dessen Komponenten ein Repräsentantensystem der eindimensionalen Untervektorräume des $\mathbb{F}_q$-Vektorraumes $\mathbb{F}_{q^k}$ bilden. $\mathbf{H}'$ ist – das können wir auf Seite 263 nachlesen – eine Kontrollmatrix einer Version des Hamming-Codes $\mathrm{HAM}(k, q)$. Die $(q-1)$-te Einheitswurzel $\xi := \zeta^{\frac{n}{q-1}}$ ist ein primitives Element von $\mathbb{F}_q$, ein erzeugendes Element der (zyklischen) multiplikativen Gruppe dieses Körpers. Die Kontrollmatrix $\mathbf{H}$ von $\overleftarrow{C}^\perp$ stimmt (bis auf eine eventuelle Permutation der Komponenten) mit dem n-Tupel $(\mathbf{H}', \xi \cdot \mathbf{H}', \xi^2 \cdot \mathbf{H}', \ldots, \xi^{q-2} \cdot \mathbf{H}')$ überein. Im Spezialfall $q = 2$ ist der maximalperiodische Schieberegister-Code der Länge $2^k - 1$ damit als zyklische Version des Simplex-Codes $\mathrm{SIM}(k, 2)$ entlarvt.

Idempotente Polynome in $R_n(q)$. Wenn die Blocklänge n eines zyklischen (n, k)-Codes $C \subseteq R_n(q)$ zu seiner Ordnung q teilerfremd ist, das heißt, wenn die Charakteristik $p := \operatorname{char} \mathbb{F}_q$ die Zahl n nicht teilt, so sind auch sein Generatorpolynom $g(z)$ und sein Kontrollpolynom $h(z)$ zueinander teilerfremd; das Polynom $g(z) \cdot h(z) = z^n - 1 \in \mathbb{F}_q[z]$ ist dann ja separabel (Seite 236f.). Nach dem Satz von Bézout (Seite 209) gibt es zwei Polynome $G(z), H(z) \in \mathbb{F}_q[z]$ mit $1 = G(z) \cdot g(z) + H(z) \cdot h(z)$. Es sei $i(z) \in R_n(q)$ der normierte Repräsentant modulo $z^n - 1$ minimalen Grades des Polynoms $G(z) \cdot g(z)$. Wegen $i(z) \equiv G(z) \cdot g(z) \bmod z^n - 1$ ist das Polynom $i(z)$ ein Codewort aus C. Für jedes Polynom $t(z) \in \mathbb{F}_q[z]$ gilt $i(z) \cdot t(z) \cdot g(z) \equiv t(z) \cdot g(z) - H(z) \cdot h(z) \cdot t(z) \cdot g(z) \equiv t(z) \cdot g(z) \bmod z^n - 1$; damit gilt in $R_n(q)$ für jedes Codewort $c(z) \in C$ stets $i(z) \cdot c(z) = c(z)$. Das Polynom $i(z)$ ist also das (eindeutig bestimmte) neutrale Element der multiplikativen Halbgruppe C.   In der codierungstheoretischen Literatur wird dieses *neutrale Codewort* des Codes C üblicher- und

irreleitenderweise 'das Idempotent von C' genannt. In C kann
es aber von *idempotenten* Elementen, das heißt von Polynomen $j(z)$ mit
$(j(z))^2 = j(z)$ nur so wimmeln:

Es sei $C_{j(z)} \subseteq R_n(q)$ der von einem idempotenten Polynom $j(z) \in R_n(q)$
in $R_n(q)$ erzeugte zyklische Code. Für alle $t(z) \in R_n(q)$ gilt

$$(t(z) \cdot j(z)) \cdot j(z) = t(z) \cdot (j(z))^2 = t(z) \cdot j(z) \, ;$$

damit ist $j(z)$ das neutrale Codewort von $C_{j(z)}$. Es besteht also eine
umkehrbar eindeutige Beziehung zwischen den idempotenten Elementen
aus $R_n(q)$, den zyklischen (n,k)-Codes der Ordnung q und den normierten Teilern des Polynoms $z^n - 1 \in \mathbb{F}_q[z]$.

Für jedes Polynom $a(z) \in \mathbb{F}_q[z]$ gilt $(a(z))^q = a(z^q)$ (Seite 227). Für das

neutrale Codewort $i(z) = \sum_{l=0}^{n-1} i_l \cdot z^l$ eines zyklischen (n,k)-Codes einer zu

seiner Länge n teilerfremden Ordnung q gilt in $R_n(q)$ also $i(z) = i(z^q)$;
damit durchlaufen die Indizes l der von Null verschiedenen Koeffizienten
$i_l \in \mathbb{F}_q$ eine Vereinigung gewisser Kreisteilungsklassen modulo n bezüglich q. Im binären Fall $q = 2$ (bei ungerader Länge n) kann man also
alle $2^{|RK(n,q)|}$ idempotenten Polynome aus $R_n(2)$ – und damit alle
zyklischen Codes in $R_n(2)$ – niederschreiben, ohne sich der möglicherweise schwierigen Aufgabe zu unterziehen, das Polynom $z^n - 1$ über $\mathbb{Z}_2$
in irreduzible Faktoren zerlegen zu müssen.

Irreduzible Codes. Es seien n und q als teilerfremd vorausgesetzt. Jeder zyklische
(n,k)-Code $C \subseteq R_n(q)$ ist bezüglich der Addition und der Multiplikation in $R_n(q)$ ein
kommutativer Ring mit Einselement. Es seien $g(z)$ das Generatorpolynom und $h(z)$
das Kontrollpolynom von C. Ein Polynom $c(z) \in C \backslash \{0\}$ ist genau dann ein
Nullteiler im Ring C, wenn $c(z)$ und $h(z)$ einen nicht-trivialen gemeinsamen Teiler
besitzen.

Wenn das Kontrollpolynom $h(z)$ irreduzibel ist, so ist der (minimale) Code C ein
nullteilerfreier Ring, ein *Integritätsbereich*. Für jedes Codewort $c(z) \neq 0$ und je zwei
Polynome $x(z), y(z) \in C$ gilt

$c(z) \cdot x(z) = c(z) \cdot y(z) \Rightarrow c(z) \cdot (x(z) - y(z)) = 0 \Rightarrow x(z) - y(z) = 0 \Rightarrow x(z) = y(z)$.

Die Abbildung $C \to C$; $x(z) \mapsto c(z) \cdot x(z)$ ist also injektiv und als injektive Abbildung
einer endlichen Menge in sich auch surjektiv. Deswegen gibt es ein Element $i(z) \in C$
mit $c(z) \cdot i(z) = c(z)$. Für jedes Element $x(z) \in C$ ist $x(z) \cdot i(z) \cdot c(z) = x(z) \cdot c(z)$, also
$(x(z) \cdot i(z) - x(z)) \cdot c(z) = 0$, also $x(z) \cdot i(z) = x(z)$; der Ring C besitzt damit ein Einselement, nämlich das Codewort $i(z)$.

Zu jedem vom Nullwort 0 verschiedenen Codewort $c(z) \in C$ gibt es wegen der
Surjektivität der Abbildung $C \to C$; $x(z) \mapsto c(z) \cdot x(z)$ ein multiplikativ inverses
Element, das heißt ein Codewort $c'(z) \in C$ mit $c(z) \cdot c'(z) = 1$. Insgesamt:

Satz. *Jeder irreduzible zyklische (n,k)-Code $C \subseteq R_n(q)$ ist bezüglich der Addition und Multiplikation in $R_n(q)$ ein zu $\mathbb{F}_{q^k}$ isomorpher Körper.*   ☐

So schön dieser Satz auch sein mag, über die fehlerkorrigierenden Eigenschaften der irreduziblen Codes sagt er nichts aus.

9.2 Codierung

In diesem Abschnitt wird der Aufbau der Geräte besprochen, die zur Codierung zyklischer Codes verwendet werden. Für die technische Realisierung der auftretenden Polynomoperationen eignen sich *lineare Schaltkreise* [linear circuits]. Diese setzen sich aus Schaltelementen zusammen, deren Ein- und Ausgänge mit Ein- und Ausgängen anderer Schaltelemente verbunden sind. Der lineare Schaltkreis arbeitet mit den Elementen des GALOIS-Feldes $\mathbb{F}_q$ als Signalen, die, von einem *Taktgeber* [clock] gesteuert, als Impulse einer Dauer von etwa 10^{-7} sec dargestellt werden. Am Eingang eines Schaltelementes liegt zu jedem Zeitpunkt immer dasselbe Signal an wie am Ausgang des mit ihm verbundenen Schaltelementes.

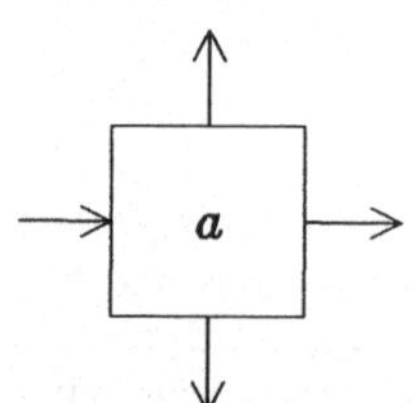

Eine *Speicherzelle* ist ein als *Flip-Flop* realisiertes Schaltelement mit einem Eingang und einem oder mehreren Ausgängen. Als Verzögerungselement gibt die Speicherzelle ein zu einem Zeitpunkt t_{i-1} eingegebenes Signal $a \in \mathbb{F}_q$ zum nächsten Zeittakt t_i aus. Im Schaltzeichen tragen wir mitunter das zum Zeitpunkt t_i auszugebende Signal $a \in \mathbb{F}_q$ ein.

Ein Schaltwerk, das aus r in Serie geschalteten Speicherzellen besteht, wird *r-stufiges Schieberegister* [r-stage shift register] genannt. In einem solchen Schieberegister wird ein Signal in r Takten vom Eingang bis zur letzten Speicherzelle verschoben.

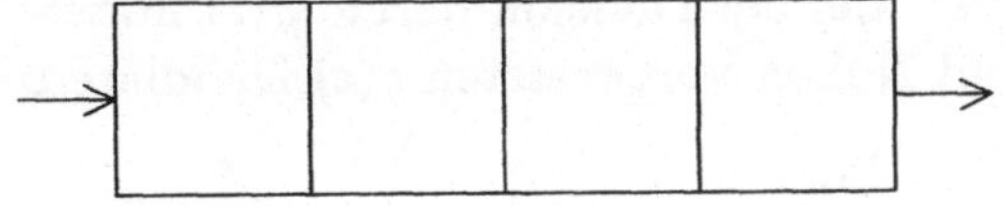

Im Schaltzeichen werden die Verbindungen zwischen den r Speicherzellen meist nicht mit eingezeichnet.

Ein *Addierer* [adder] ist ein Schaltelement, das ohne Zeitverlust die in $\mathbb{F}_q$ berechnete Summe der an seinen Eingängen anliegenden Signale ausgibt. Entsprechend ist

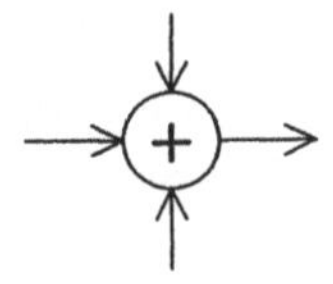

für jedes $a \in \mathbb{F}_q$ der *a-Multiplizierer* [multiplier] ein Schaltelement, das ohne Verzögerung das Produkt von a mit seinem Eingangssignal ausgibt. Der 1-Multiplizierer ist eine Leitung, während der 0-Multiplizierer das materialisierte Nichts ist.

Es sei nun $g(z) = z^r + \sum_{i=0}^{r-1} g_i \cdot z^i \in \mathbb{F}_q[z]$ ein normiertes Polynom vom Grad $r := \deg g(z)$. Wir laden die r Speicherzellen des abgebildeten $g(z)$-*Dividierers* in aufsteigender Reihenfolge von links nach rechts mit den Koeffizienten $a_0, a_1, \ldots, a_{r-1}$ eines Polynoms $a(z) = \sum_{j=0}^{r-1} a_j \cdot z^j$ und legen am Eingang des $g(z)$-Dividierers das Signal $e \in \mathbb{F}_q$ an:

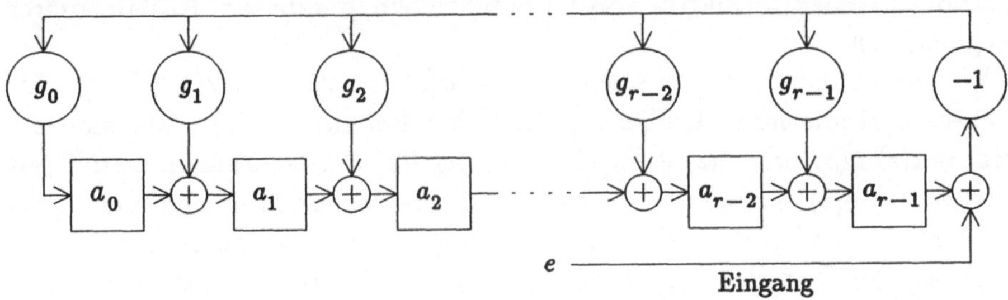

Nach einem Takt enthalten die r Speicherzellen des $g(z)$-Dividierers (wieder in aufsteigender Reihenfolge) die Koeffizienten des Polynoms

$$p(z) := -g_0 \cdot (e + a_{r-1}) + \sum_{i=1}^{r-1} (a_{i-1} - g_i \cdot (e + a_{r-1})) \cdot z^i =$$

$$= z \cdot (a(z) - a_{r-1} \cdot z^{r-1}) - (e + a_{r-1}) \cdot (g(z) - z^r) =$$

$$= [z \cdot a(z) - a_{r-1} \cdot g(z)] + e \cdot [z^r - g(z)].$$

Der Koeffizient von z^r beider Polynome in eckigen Klammern verschwindet, der Grad dieser Polynome ist also kleiner als r; modulo $g(z)$ sind sie zu $z \cdot a(z)$ beziehungsweise zu $e \cdot z^r$ kongruent. Damit ist $p(z)$ der

Rest, den das Polynom $z \cdot a(z) + e \cdot z^r$ bei der Division durch $g(z)$ hinterläßt. Wenn wir am Eingang des mit Nullen vorbesetzten $g(z)$-Dividierers
in k Takten die Koeffizienten eines Polynoms $a(z) = \sum_{i=0}^{k-1} a_i \cdot z^i \in \mathbb{F}_q[z]$
vom Grad $\deg a(z) < k$ (mit a_{k-1} beginnend in absteigender Reihen-
folge) in den Schaltkreis hineinschieben, so enthalten die r Speicherzellen die Koeffizienten des Restes von $z^r \cdot a(z)$ nach der Division durch
das Polynom $g(z)$.

Bei der Implementierung eines zyklischen (n,k)-Codes $C \subseteq R_n(q)$ mit
dem Generatorpolynom $g(z)$ nennen wir in leichter Abänderung unserer
Terminologie eine Codierung $C : \mathbb{F}_q^k \to C$ *systematisch*, wenn jedem
Informationswort $a_0 a_1 \ldots a_{k-1} \in \mathbb{F}_q^k$ sein zugehöriges, aus r Kontrollzeichen bestehendes *Redundanzwort* $p_0 p_1 \ldots p_{r-1}$ vorangestellt wird;
wenn das Informationspolynom $a(z) = \sum_{i=0}^{k-1} a_i \cdot z^i \in \mathbb{F}_q[z]$ in das Polynom
$c(z) := p(z) + z^r \cdot a(z) \in C$ mit $p(z) = \sum_{i=0}^{r-1} p_i \cdot z^i \in \mathbb{F}_q[z]$ codiert wird. Ein
in diesem Sinne systematischer Kanalcodierer arbeitet also nicht mit
dem Code C, sondern mit seiner Reversion $\overleftarrow{C}$. Auf Seite 337 ist die
Standard-Generatormatrix von $\overleftarrow{C}$ beschrieben, die diesem Kanalcodierer
angepaßt ist.

Wie berechnen wir das Codewort $C\big(a(z)\big) := c(z) = p(z) + z^r \cdot a(z)$ für
unsere systematische Codierung C? Das Polynom $c(z)$ läßt sich als
$c(z) = t(z) \cdot g(z)$ mit $t(z) \in \mathbb{F}_q[z]$ und $\deg t(z) < k$ schreiben. Damit gilt
$p(z) = t(z) \cdot g(z) - z^r \cdot a(z)$. Da der Grad des Redundanzpolynoms $p(z)$
kleiner als der Grad r des Generatorpolynoms $g(z)$ ist, berechnet sich
$p(z)$ als der Rest des Polynoms $-z^r \cdot a(z)$ nach der Division durch das
Generatorpolynom $g(z)$.

Mit einem $g(z)$-Dividierer wird ein systematischer Codierer realisiert:

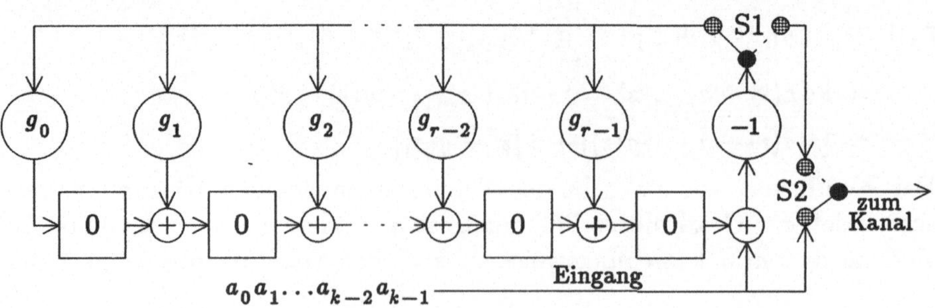

Die Quelle gibt in k Schiebetakten, während derer die Schalter S1 und S2 wie in der Zeichnung eingestellt sind, die k Informationszeichen $a_{k-1}, a_{k-2}, \ldots, a_1, a_0$ (in dieser Reihenfolge) synchron in den Kanal und in den Schaltkreis ein. Nach diesen k Takten werden beide Schalter umgelegt. Das Schieberegister des $g(z)$-Dividierers enthält jetzt den Rest, der bei der Division von $z^r \cdot a(z)$ durch $g(z)$ übrig bleibt, nämlich das Polynom $-p(z)$. In den nächsten r Takten werden die Kontrollzeichen $p_{r-1}, p_{r-2}, \ldots, p_1, p_0$ in den Kanal geschoben; dabei leert sich das Schieberegister, es wird in den *Nullzustand* zurückgeführt. Danach werden die beiden Schalter wieder umgelegt, und die Quelle kann nach einer Zwangspause von r Takten das nächste Informationswort in den Codierer schieben.

Die hier vorgestellte Codierung mit Hilfe des Generatorpolynoms $g(z)$ ist dann angezeigt, wenn die Informationsrate $\frac{k}{n}$ des Codes C nicht kleiner als $\frac{1}{2}$ ist. Im Fall $r > k$ ist eine Codierung vorzuziehen, bei der das Kontrollpolynom in den Schaltkreis verdrahtet ist. Ein solcher Schaltkreis benötigt nämlich nur ein k-stufiges Schieberegister.

Die technische Realisierung der Syndromdecodierung bei zyklischen Codes mit Hilfe des sogenannten MEGGITT-*Decodierers* und die Implementierung des BERLEKAMP-MASSEY-Decodieralgorithmus und anderer Decodierverfahren werden in den Büchern von E. R. BERLEKAMP, R. E. BLAHUT, W. W. PETERSON sowie von SHU LIN und D. COSTELLO beschrieben. T. KAMEDA und K. WEIHRAUCH behandeln im ersten Band ihrer *Einführung in die Codierungstheorie* ebenfalls die Implementierung zyklischer Codes. Ob sich dieses sehr schöne Büchlein in die Serie guter Mathematikbücher (wie zum Beispiel H. BECK, *Koordinatengeometrie. Erster Band. Die Ebene.* Springer, Berlin 1919) einreiht, deren angekündigter zweiter Band nie erscheint?

9.3 Der Äquivalenzsatz

In diesem Abschnitt gehen wir der Frage nach, unter welchen Bedingungen zwei zyklische (n,k)-Codes über $\mathbb{F}_q$ äquivalent sind. Mit 'v' bezeichnen wir wieder die größte Potenz der Charakteristik p von $\mathbb{F}_q$, die in n aufgeht. Wir setzen $t := \frac{n}{v}$.

Ausgehend von einer primitiven t-ten Einheitswurzel $\zeta \in \mathbb{F}_{q^m}$ definieren wir einen zyklischen Code $C_\zeta \subseteq R_n(q)$ durch die Angabe seines in über $\mathbb{F}_q$ irreduzible Faktoren zerlegten Generatorpolynoms

$$g_\zeta(z) = \prod_{j \in RK(t,q)} \big(m_{\zeta^j}(z)\big)^{v_j}.$$

In dieser Beschreibung haben wir nicht näher spezifiziert (und können das auch nicht so ohne weiteres), um welche der $\varphi(t)$ (EULERsche φ-Funktion, Seite 217f.) primitiven t-ten Einheitswurzeln es sich bei ζ handelt. Es sei nun $\eta \in \mathbb{F}_{q^m}$ eine weitere primitive t-te Einheitswurzel. Wir werden sehen, daß der entsprechend zu C_ζ in $R_n(q)$ definierte zyklische Code C_η mit dem Generatorpolynom

$$g_\eta(z) = \prod_{j \in RK(t,q)} \big(m_{\eta^j}(z)\big)^{v_j}$$

zu C_ζ isomorph ist; wir werden eine Permutation $\pi \in \mathfrak{S}_n$ der Indexmenge $\mathbb{Z}_n$ aufspüren, für die die Äquivalenzabbildung $\tilde{\pi} : R_n(q) \to R_n(q)$ den Code C_ζ auf C_η abbildet.

Die primitive t-te Einheitswurzel η läßt sich als Potenz $\eta = \zeta^a$ von ζ mit einem zu t teilerfremden Exponenten $a \in \mathbb{Z}_t$ schreiben. Jede zu $n = t \cdot v$ teilerfremde Zahl b ist sicher auch zu t teilerfremd; umgekehrt braucht die zu t teilerfremde Zahl a aber nicht zu n teilerfremd zu sein, sie könnte ja ein Vielfaches von p sein. Wir zeigen jedoch, daß es zu a stets eine zu n teilerfremde Zahl b mit $a \equiv b \bmod t$ gibt, indem wir beweisen, daß die t Zahlen $1, p+1, 2 \cdot p+1, \ldots, (t-1) \cdot p+1$ ein vollständiges Repräsentantensystem der Restklassen von $\mathbb{Z}_t$ bilden. In der Tat gilt für je zwei ganze Zahlen $u, w \in \mathbb{Z}$ die Kongruenz $u \cdot p+1 \equiv w \cdot p+1 \bmod t$ genau dann, wenn $(u-w) \cdot p \equiv 0 \bmod t$ ist. Da aber t zu v und damit erst recht zur Primzahl p teilerfremd ist, ist dies genau dann der Fall, wenn $u \equiv w \bmod t$ ist. Es gibt also stets eine Einheit b im Restklassenring $\mathbb{Z}_n$ mit $\eta = \zeta^b$.

Es sei $c \in \mathbb{Z}_n^*$ das zur Einheit $b \in \mathbb{Z}_n^*$ inverse Element, das heißt, $b \cdot c \equiv 1 \bmod n$. Die affine Abbildung

$$\pi : \mathbb{Z}_n \to \mathbb{Z}_n \, ; i \mapsto c \cdot i$$

induziert auf $R_n(q)$ die Äquivalenzabbildung

$$\tilde{\pi} : R_n(q) \to R_n(q) \, ; x(z) \mapsto x(z^c) \, .$$

Für je zwei Polynome $x(z), y(z) \in R_n(q)$ gilt

$$\tilde{\pi}\big(x(z) \cdot y(z)\big) = x(z^c) \cdot y(z^c) = \tilde{\pi}\big(x(z)\big) \cdot \tilde{\pi}\big(y(z)\big),$$

das heißt, $\tilde{\pi}$ ist nicht nur ein *Code*-Automorphismus von $R_n(q)$, sondern auch ein *Algebra*-Automorphismus.

Wir behaupten, daß $\tilde{\pi}$ ein Code-Isomorphismus von C_ζ auf C_η ist:

Äquivalenzsatz. $\qquad\qquad C_\eta = \tilde{\pi}(C_\zeta)\,.$

Beweis. Es sei $j \in RK(t,q)$. Wir betrachten die von ihren irreduziblen Generatorpolynomen $m_{\zeta}j(z)$ und $m_{\eta}j(z)$ in $R_n(q)$ erzeugten maximalen zyklischen Codes C_1 und C_2. Der Code

$$\tilde{\pi}(C_1) = \tilde{\pi}\big(\{\, t(z)\cdot m_{\zeta}j(z) \,;\, t(z) \in R_n(q)\}\big) = \{\tilde{\pi}\big(t(z)\cdot m_{\zeta}j(z)\big) \,;\, t(z) \in R_n(q)\} =$$
$$= \{t(z^c)\cdot m_{\zeta}j(z^c) \,;\, t(z) \in R_n(q)\} \quad = \quad \{t(z)\cdot m_{\zeta}j(z^c) \,;\, t(z) \in R_n(q)\}$$

wird von $m_{\zeta}j(z^c)$ erzeugt, ist als Bild von C_1 unter dem Algebra-Automorphismus $\tilde{\pi}$ von $R_n(q)$ ebenfalls ein maximaler zyklischer Code und besitzt deswegen ein irreduzibles Generatorpolynom $p(z)$.

Für jedes Element $h \in KK(j;t,q)$ gilt

$$[m_{\zeta}j(z^c)]_{z=\eta^h} = m_{\zeta}j(\eta^{c\cdot h}) = m_{\zeta}j\big((\zeta^b)^{c\cdot h}\big) = m_{\zeta}j(\zeta^h) = 0.$$

Das Polynom $\tilde{\pi}\big(m_{\zeta}j(z)\big) = m_{\zeta}j(z^c)$ ist damit ein Codewort aus C_2. Es folgt $p(z) = m_{\eta}j(z)$, und es gibt eine Einheit $e_j(z) \in R_n(q)^*$ mit

$$\tilde{\pi}\big(m_{\zeta}j(z)\big) = m_{\eta}j(z)\cdot e_j(z).$$

Insgesamt folgt

$$\tilde{\pi}\big(g_{\zeta}(z)\big) = \prod_{j \in RK(t,q)} \big(\tilde{\pi}(m_{\zeta}j(z))\big)^{v_j} = \prod_{j \in RK(t,q)} \big(m_{\eta}j(z)\big)^{v_j}\cdot\big(e_j(z)\big)^{v_j} = g_{\eta}(z)\cdot e(z),$$

wobei $e(z) \in R_n(q)^*$ eine Einheit ist. Das Polynom $g_{\eta}(z)\cdot e(z)$ erzeugt in $R_n(q)$ denselben Code wie $g_{\eta}(z)$, nämlich C_{η}. $\qquad\square$

Wenn die Codes C_{ζ} und C_{η} übereinstimmen, so ist der Isomorphismus $\tilde{\pi}: C_{\zeta} \to C_{\eta}$ ein affiner Code-Automorphismus, $\tilde{\pi} \in \mathrm{Aff}(C_{\zeta})$ (Seite 301). Da die Codes C_{ζ} und C_{η} jedenfalls dann übereinstimmen, wenn $\eta = \zeta^b$ über $\mathbb{F}_q$ zu ζ konjugiert ist, das heißt, wenn die Restklasse modulo t des zu n teilerfremden Exponenten c in der Kreisteilungsklasse $KK(1;t,q)$ liegt, induziert die affine Abbildung $\pi: \mathbb{Z}_n \to \mathbb{Z}_n ; i \mapsto c\cdot i$ für jeden zyklischen Code $C \subseteq R_n(q)$ den Code-Automorphismus $\tilde{\pi} \in \mathrm{Aff}(C)$. Im Fall $v = 1$ ist die Gruppe G dieser „universelle" Automorphismen induzierenden affinen Abbildungen zur Untergruppe $KK(1;n,q)$ der Einheitengruppe $\mathbb{Z}_n^*$ des Restklassenringes $\mathbb{Z}_n$ isomorph und hat demzufolge die Ordnung $|G| = m := |KK(1;n,q)|$. Wenn dagegen $v > 1$ ist, so wählen wir aus jeder der m Restklassen aus $KK(1;t,q)$ jeweils denjenigen Repräsentanten h aus, für den $1 \leq h \leq t-1$ gilt. Für jede der $\frac{v}{p}$ Zahlen $s = 0,1,\ldots,\frac{v}{p}-1$ bilden die p Zahlen $s\cdot p\cdot t+h,(s\cdot p+1)\cdot t+h,\ldots,(s\cdot p+(p-1))\cdot t+h$ ein vollständiges Repräsentantensystem der ganzen Zahlen modulo p. Damit gibt es unter den v (zu t teilerfremden) Zahlen $h,t+h,2\cdot t+h,\ldots,(v-1)\cdot t+h$ genau $\frac{v}{p}$ durch p teilbare Zahlen. Die Menge M_h der restlichen, nicht durch p teilbaren Zahlen $c \in \{h,t+h,2\cdot t+h,\ldots,(v-1)\cdot t+h\}$ besteht aus $v\cdot\frac{(p-1)}{p}$ zu n teilerfremden und modulo n (wegen $1 \leq h \leq c \leq (v-1)\cdot t+h < n$) paarweise inkongruenten Zahlen. Allerdings gilt für alle $c \in M_h$ stets $c \equiv h \bmod t$. Für jeden Repräsentanten h' einer Restklasse aus $KK(1;t,q)$ mit $h' \not\equiv h \bmod t$ und $1 \leq h' \leq t-1$ sind die Mengen M_h und $M_{h'}$ disjunkt. Die Vereinigung M aller Mengen M_h, wobei h diejenigen Repräsentanten der Restklassen aus $KK(1;t,q)$ durchläuft, für die $1 \leq h \leq t-1$ gilt, hat damit die

Kardinalzahl $|M| = m \cdot v \cdot \frac{(p-1)}{p}$. Die Menge M ist also ein vollständiges System von zu n teilerfremden Repräsentanten c solcher Restklassen aus $\mathbb{Z}_n^*$, für die $c \equiv 1, q, \ldots, q^{m-1} \bmod t$ gilt. Die Gruppe der von den $m \cdot v \cdot \frac{(p-1)}{p}$ affinen Abbildungen $\pi : \mathbb{Z}_n \to \mathbb{Z}_n$; $i \mapsto c \cdot i$ mit $c \in M$ auf $R_n(q)$ induzierten Äquivalenzabbildungen $\tilde{\pi}$ ist für jeden zyklischen Code $C \subseteq R_n(q)$ eine Untergruppe der Gruppe $\mathrm{Aff}(C)$ aller affinen Automorphismen von C.

Beispiel 1. Es seien $q := p := 2$ und $n := 28$. Dann ist $t = 7$ und $v = 4$. Es ist $KK(1;7,2) = \{1,2,4\}$, also $m = 3$ und $KK(3;7,2) = \{3,5,6\}$. Die irreduziblen Faktoren von $z^7 + 1$ sind die Polynome $p_0(z) := z + 1$, $p_1(z) := z^3 + z + 1$, $p_3(z) := z^3 + z^2 + 1$. Von den 12 affinen Abbildungen $\pi : \mathbb{Z}_{28} \to \mathbb{Z}_{28}$; $i \mapsto c \cdot i$ induzieren diejenigen mit $c = 1,9,11,15,23,25$ für jeden zyklischen Code $C \subseteq R_{28}(2)$ den Automorphismus $\tilde{\pi} \in \mathrm{Aff}(C)$, während die Äquivalenzabbildung $\tilde{\pi} \in \mathrm{Äqu}_{28}(2)$ für $c = 3,5,13,17,19,27$ jeden zyklischen Code $C \subseteq R_{28}(2)$ auf seine Reversion $\overleftarrow{C}$ abbildet. $\square$

Beispiel 2. Für jeden binären zyklischen Code C einer ungeraden Blocklänge n induziert die Permutation $\pi : \mathbb{Z}_n \to \mathbb{Z}_n$; $i \mapsto \frac{1}{2} \cdot i$ den affinen Automorphismus $\tilde{\pi} \in \mathrm{Aff}(C)$, das heißt, wenn $c_0 c_1 c_2 \ldots c_{-3} c_{-2} c_{-1} \in C$ ein Codewort ist, so ist auch $c_0 c_2 c_4 \ldots c_{-3} c_{-1} c_1 c_3 \ldots c_{-4} c_{-2}$ ein Codewort aus C. $\square$

9.4 Die BCH-Schranke

Vom Generatorpolynom $g(z)$ eines zyklischen (n,k)-Codes $C \subseteq R_n(q)$ kann man nicht ohne weiteres den Minimalabstand d von C ablesen. Der Minimalabstand d ist die Mindestanzahl der von Null verschiedenen Koeffizienten der vom Nullpolynom verschiedenen Polynome aus C. Die Bestimmung des genauen Minimalabstandes eines zyklischen Codes ist im allgemeinen eine Sache von ad-hoc-Argumenten, die oft auch das Studium der Automorphismengruppe des Codes einschließen. In gewissen Fällen läßt sich mit einem von R. C. BOSE und D. K. RAY-CHAUDHURI (1960) sowie A. HOCQUENGHEM (1959) entwickelten Kriterium eine untere Schranke für den Minimalabstand angeben.

Die BCH-Schranke. *Es sei* $C \subseteq R_n(q)$ *ein zyklischer Code einer zu seiner Ordnung q teilerfremden Blocklänge n mit dem Minimalabstand d. Weiterhin sei ζ eine primitive n-te Einheitswurzel aus dem n-ten Kreisteilungskörper $\mathbb{F}_{q^m}$. Wenn es eine ganze Zahl a und eine natürliche Zahl $\delta \leq n$ gibt, so daß die $\delta - 1$ Einheitswurzeln $\zeta^a, \zeta^{a+1}, \ldots, \zeta^{a+\delta-2}$ Wurzeln des Codes C sind, so ist $d \geq \delta$.*

Beweis. Wir betrachten die Matrix

$$\mathbf{M} := \begin{bmatrix} 1 & \zeta^a & \zeta^{2\cdot a} & \cdots & \zeta^{(n-1)\cdot a} \\ 1 & \zeta^{a+1} & \zeta^{2\cdot(a+1)} & \cdots & \zeta^{(n-1)\cdot(a+1)} \\ \vdots & \vdots & \vdots & & \vdots \\ 1 & \zeta^{a+\delta-2} & \zeta^{2\cdot(a+\delta-2)} & \cdots & \zeta^{(n-1)\cdot(a+\delta-2)} \end{bmatrix},$$

deren Komponenten dem n-ten Kreisteilungskörper $\mathbb{F}_{q^m} = \mathbb{F}_q(\zeta)$ über dem Grundkörper $\mathbb{F}_q$ entstammen. Wenn die n-ten Einheitswurzeln $\zeta^a, \zeta^{a+1}, \ldots, \zeta^{a+\delta-2}$ Wurzeln von C sind, das heißt, wenn für jedes Codewort $c \cong c(z) \in C$ stets $c(\zeta^a) = c(\zeta^{a+1}) = \ldots = c(\zeta^{a+\delta-2}) = 0$ gilt, so gilt auch $\mathbf{M} \cdot c^\mathsf{T} = 0$ für jedes Codewort $c \in C$. Nach der unteren Abschätzung des Minimalabstandes linearer Codes von Seite 262 gilt für den Minimalabstand des Codes C die Ungleichung $d \geq \delta$ sicher dann, wenn je $\delta - 1$ Spalten der Matrix $\mathbf{M}$ linear unabhängig sind. Um diese Bedingung zu beweisen, wählen wir $\delta - 1$ Spalten der Matrix $\mathbf{M}$, deren Leitelemente die n-ten Einheitswurzeln $\zeta^{j_1 \cdot a}, \zeta^{j_2 \cdot a}, \ldots, \zeta^{j_{\delta-1} \cdot a}$ mit $0 \leq j_1 < j_2 < \ldots < j_{\delta-1} \leq n - 1$ sein mögen. Wir fassen diese $\delta - 1$ Spalten zu der $(\delta - 1) \times (\delta - 1)$-Matrix

$$\mathbf{N} := \begin{bmatrix} \zeta^{j_1 \cdot a} & \zeta^{j_2 \cdot a} & \cdots & \zeta^{j_{\delta-1} \cdot a} \\ \zeta^{j_1 \cdot (a+1)} & \zeta^{j_2 \cdot (a+1)} & \cdots & \zeta^{j_{\delta-1} \cdot (a+1)} \\ \vdots & \vdots & & \vdots \\ \zeta^{j_1 \cdot (a+\delta-2)} & \zeta^{j_2 \cdot (a+\delta-2)} & \cdots & \zeta^{j_{\delta-1} \cdot (a+\delta-2)} \end{bmatrix}$$

zusammen, deren Determinante den Wert

$$\det \mathbf{N} = \zeta^{j_1 \cdot a} \cdot \zeta^{j_2 \cdot a} \cdots \zeta^{j_{\delta-1} \cdot a} \cdot \det \mathbf{A}$$

hat, wobei $\mathbf{A}$ die VANDERMONDEsche Matrix (Seite 201)

$$\mathbf{A} := \begin{bmatrix} 1 & 1 & \cdots & 1 \\ \zeta^{j_1} & \zeta^{j_2} & \cdots & \zeta^{j_{\delta-1}} \\ \zeta^{2\cdot j_1} & \zeta^{2\cdot j_2} & \cdots & \zeta^{2\cdot j_{\delta-1}} \\ \vdots & \vdots & & \vdots \\ \zeta^{(\delta-2)\cdot j_1} & \zeta^{(\delta-2)\cdot j_2} & \cdots & \zeta^{(\delta-2)\cdot j_{\delta-1}} \end{bmatrix}$$

mit der Determinante

$$\det \mathbf{A} = \prod_{1 \leq i < h \leq \delta-1} (\zeta^{j_h} - \zeta^{j_i}) \neq 0$$

ist. Wegen $\det \mathbf{N} \neq 0$ sind je $\delta - 1$ Spalten der Matrix $\mathbf{M}$ linear unabhängig. $\qquad\square$

Reed-Solomon-Codes. Es seien q eine Primzahlpotenz und n ein Teiler von $q-1$. Wie wir in Beispiel 1 auf Seite 239 nachlesen können, umfaßt der Körper $\mathbb{F}_q$ die Gruppe E_n der n-ten Einheitswurzeln. Wir bezeichnen wieder mit $\zeta \in E_n$ eine primitive n-te Einheitswurzel. Für jede ganze Zahl r mit $0 \le r \le n$ ist das Polynom

$$g_r(z) := \prod_{j=1}^{r} (z - \zeta^j) \in \mathbb{F}_q[z]$$

das Generatorpolynom eines zyklischen (n,k)-Codes $C \subseteq R_n(q)$ der Dimension $k := n - r$. Nach der BCH-Schranke hat der Minimalabstand d von C mindestens den Wert $r+1 = n-k+1$. Da d nach der SINGLETON-Schranke von Seite 178f. nicht größer als $n-k+1$ sein kann, ist der von $g_r(z)$ in $R_n(q)$ erzeugte zyklische Code C ein MDS-Code. Im Fall $n = q-1$ werden diese zyklischen MDS-Codes nach ihren Erforschern *Reed-Solomon-Codes* genannt. Zur Sicherung der Compact-Disc-Aufnahmen werden zwei 2-fehlerkorrigierende (32,28)- und (28,24)-Codes der Ordnung 256 eingesetzt. Diese Codes sind Verkürzungen der (255,251)-Reed-Solomon-Codes über $\mathbb{F}_{2^8}$. Die Fehlerkorrekturkapazität dieser Codes wird aber – in Ermangelung eines genügend schnellen Decodieralgorithmus (?) – nicht voll ausgenutzt.

MDS-Codes. Es seien q eine Primzahlpotenz und n ein Teiler von $q+1$. Die Kreisteilungsklasse jeder Restklasse $j \in \mathbb{Z}_n$ modulo n bezüglich q hat die Gestalt $KK(j;n,q) = \{j, -j\}$. Abgesehen von der Kreisteilungsklasse $KK(0;n,q) = \{0\}$ besteht nur die Kreisteilungsklasse $KK(\frac{n}{2};n,q) = \{\frac{n}{2}\}$ (und dies natürlich auch nur, wenn n eine gerade Zahl ist) aus einer einzigen Restklasse. Mit der BCH-Schranke und der SINGLETON-Schranke von Seite 178f. schließen wir:

1. *Für jede ungerade natürliche Zahl $r \le n$ erzeugt das Polynom*

$$\prod_{j=-\frac{r-1}{2}}^{\frac{r-1}{2}} (z - \zeta^j) \in \mathbb{F}_q[z]$$

in $R_n(q)$ einen zyklischen MDS-Code der Dimension $k := n - r$.

2. *Wenn n ungerade ist, so erzeugt das Polynom*

$$\prod_{j=\frac{n-r+1}{2}}^{\frac{n+r-1}{2}} (z - \zeta^j) \in \mathbb{F}_q[z]$$

für jede gerade ganze Zahl r mit $0 \le r \le n$ in $R_n(q)$ einen zyklischen MDS-Code der Dimension $k := n - r$.

JEAN GEORGIADES (*Cyclic $(q+1,k)$-codes of odd order q and even dimension k are not optimal*, Atti Sem. Mat. Fis. Univ. Modena **30** (1982) 284-285) zeigte, daß jeder nichttriviale zyklische (n,k)-Code $C \subset R_n(q)$ einer geradzahligen Blocklänge n und einer geradzahligen Dimension k im Fall $q \equiv -1 \bmod n$ außer dem Nullpolynom noch ein Codewort mit höchstens $r := n - k$ von Null verschiedenen Komponenten besitzt und damit kein MDS-Code ist.

BCH-Codes. Abgesehen von der Untersuchung gegebener Codes läßt sich die BCH-Schranke auch zur Definition von zyklischen Codes eines vorbestimmten „Mindestminimalabstands" ausnutzen:

Es seien q eine Primzahlpotenz, n eine zu q teilerfremde natürliche Zahl, ζ eine primitive n-te Einheitswurzel über $\mathbb{F}_q$, $\delta \leq n$ eine natürliche Zahl und $a \in \mathbb{Z}_n$ eine Restklasse. Dann hat der größte zyklische Code $C \subseteq R_n(q)$, der die $\delta - 1$ Einheitswurzeln $\zeta^a, \zeta^{a+1}, \ldots, \zeta^{a+\delta-2}$ als Wurzeln besitzt, mindestens den Minimalabstand δ. Der Code C ist der sogenannte *zu* ζ^a *gehörige BCH-Code (im weiteren Sinne)* der Blocklänge n und der Ordnung q mit dem *Entwurfsabstand* δ [designed distance]. Im Fall $a = 1$ wird C als *BCH-Code (im engeren Sinne)* bezeichnet; man beachte, daß nach dem Äquivalenzsatz jeder zu einer Einheitswurzel ζ^b gehörige BCH-Code im weiteren Sinne der Blocklänge n und der Ordnung q mit dem Entwurfsabstand δ ein BCH-Code im engeren Sinne ist, wenn b zu n teilerfremd ist.

Das Generatorpolynom des zu ζ^a gehörigen BCH-Codes $C \subseteq R_n(q)$ im weiteren Sinne mit dem Entwurfsabstand δ hat die Gestalt

$$g(z) = \prod_{j \in R} \prod_{h \in KK(j;n,q)} (z - \zeta^h),$$

wobei R ein Repräsentantensystem der Kreisteilungsklassen $KK(j;n,q)$ der Restklassen $j = a, a+1, \ldots, a+\delta-2 \in \mathbb{Z}_n$ ist. Den Grad des Generatorpolynoms $g(z)$ bestimmen wir als

$$r := \deg g(z) = \Big| \bigcup_{j \in R} KK(j;n,q) \Big| = \sum_{j \in R} |KK(j;n,q)|,$$

die Dimension des BCH-Codes $C \subseteq R_n(q)$ als

$$k := \dim C = n - r.$$

Bei der Definition eines BCH-Codes sollte man durch geschickte Vorgabe der Restklasse $a \in \mathbb{Z}_n$ die Dimension k und damit die Informationsrate $\frac{k}{n}$ maximieren, das heißt, die Restklassen $a, a+1, \ldots, a+\delta-2 \in \mathbb{Z}_n$ sollten so auf die Kreisteilungsklassen verteilt sein, daß die Menge $\bigcup_{j \in R} KK(j;n,q)$ möglichst klein wird. Da aber der Entwurfsabstand δ nicht mit dem Minimalabstand d übereinzustimmen braucht, ist diese Konstruktionsanweisung nur eine Faustregel.

Der binäre Golay-Code GOL(23). Wir setzen $n := 23$ und $q := 2$. Es sei $\zeta \in \mathbb{F}_{2048}$ eine primitive 23-te Einheitswurzel über $\mathbb{Z}_2$. Die Kreisteilungsklasse $KK(1;23,2) = \{1,2,3,4,6,8,9,12,13,16,18\}$ ist die Untergruppe der Ordnung $m := 11$ aller Quadrate der multiplikativen Gruppe $\mathbb{Z}_{23}^*$ des Restklassenkörpers $\mathbb{Z}_{23}$ während $KK(5;23,2) \subset \mathbb{Z}_{23}^*$ die Teilmenge aller Nichtquadrate ist. Das Polynom $z^{23}+1$ zerfällt über $\mathbb{Z}_2$ in die irreduziblen Faktoren $z+1$,

$$g(z) := \sum_{i=0}^{11} g_i \cdot z^i := \prod_{j \in KK(1;23,2)} (z - \zeta^j)$$

und

$$\overleftarrow{g}(z) := \sum_{i=0}^{11} g_{11-i} \cdot z^i := \prod_{j \in KK(5;23,2)} (z - \zeta^j).$$

Das Polynom $g(z)$ erzeugt in $R_{23}(2)$ einen $(23,12)$-BCH-Code im engeren Sinne mit dem Entwurfsabstand $\delta := 5$, den sogenannten *binären Golay-Code* GOL(23). Der *verkleinerte binäre Golay-Code*

$$\text{GOL}(23)^- := \{ c(z) \in \text{GOL}(23) : c(1) = 0 \}$$

ist ein $(23,11)$-BCH-Code im weiteren Sinne mit dem Entwurfsabstand 6 und dem Generatorpolynom $(z+1) \cdot g(z)$. Zur Berechnung der Koeffizienten des Polynoms $g(z)$ benutzen wir die Polynomgleichung

$$g(z) \cdot \overleftarrow{g}(z) = \frac{z^{23}-1}{z-1} = z^{22} + z^{21} + \ldots + z + 1,$$

aus der die Gleichungen

$$\sum_{i=0}^{h} g_i \cdot g_{11-h+i} = 1 \text{ für } h = 0,1,\ldots,11$$

folgen. Für $h = 0$ ergibt sich $g_0 = g_{11} = 1$. Für $h = 1$ erhalten wir $\{g_1,g_{10}\} = \{0,1\}$; wir dürfen uns die primitive 23-te Einheitswurzel ζ so gewählt denken, daß $g_1 = 1$ und $g_{10} = 0$ ist. Für $h = 2,3,4,5,6,7,8$ ergeben sich nacheinander die Gleichungen $g_9 = 1 + g_2$, $g_8 = g_2 + g_3$, $g_7 = 1 + g_2 + g_3 + g_4$, $g_6 = g_4 + g_5$, $g_5 = 1 + g_3 + g_4$, $g_2 = g_3 = 0$ und $g_5 = 1$. Damit ist

$$g(z) = z^{11} + z^9 + z^7 + z^6 + z^5 + z + 1.$$

Auf Seite 389 werden wir sehen, daß die BCH-Codes GOL(23) und GOL(23)$^-$ die tatsächlichen Minimalabstände 7 und 8 haben.

Auf Seite 289f. wurde eine äquivalente Version des binären Golay-Codes GOL(23) als Punktierung eines binären $(24,12)$-Codes $\hat{C}$ mit dem Minimalabstand 8 dargestellt. Auf den langweiligen Beweis, daß es sich tatsächlich um eine äquivalente Version von GOL(23) handelt, wird hier verzichtet.

Primitive BCH-Codes. Ein BCH-Code $C \subseteq R_n(q)$ einer Blocklänge $n = q^m - 1$ mit $m \in \mathbb{N}$ wird *primitiv* genannt; jede primitive n-te Einheitswurzel ζ über dem Primkörper $\mathbb{Z}_p$ von $\mathbb{F}_q$ ist dann nämlich ein primitives Element von $\mathbb{F}_{q^m}$. Die Reed-Solomon-Codes (Seite 356) sind primitive BCH-Codes. Primitive BCH-Codes sind deswegen intensiv studiert worden, weil die Kreisteilungsklassen modulo $q^m - 1$ bezüglich q recht klein sind; sie bestehen aus höchstens m Restklassen.

Die binären BCH-Codes der Blocklänge 15. Wir bestimmen alle nichttrivialen binären BCH-Codes im engeren Sinne der Blocklänge $n = 15 = 2^4 - 1$. Dazu schreiben wir zunächst die Kreisteilungsklassen modulo 15 bezüglich 2 nieder:

$$KK(0;15,2) = \{\, 0 \,\},$$

$$KK(1;15,2) = \{\, 1,2,4,8 \,\}, \qquad KK(3;15,2) = \{\, 3,6,9,12 \,\},$$

$$KK(5;15,2) = \{\, 5,10 \,\}, \qquad KK(7;15,2) = \{\, 7,11,13,14 \,\}.$$

Auf Seite 231f. wurde gezeigt, daß das Polynom $z^4 + z^3 + 1$ das Minimalpolynom einer primitiven 15-ten Einheitswurzel ζ über $\mathbb{Z}_2$ ist. Die Minimalpolynome der 15-ten Einheitswurzeln ζ^3, ζ^5 und ζ^7 sind die Polynome

$$z^4 + z^3 + z^2 + z + 1, \quad z^2 + z + 1 \quad \text{und} \quad z^4 + z + 1.$$

Die drei primitiven binären BCH-Codes C_1, C_3 und C_5 werden durch ihre Generatorpolynome

$$z^4 + z^3 + 1, \ z^8 + z^4 + z^2 + z + 1 \quad \text{und} \quad z^{10} + z^9 + z^8 + z^6 + z^5 + z^2 + 1$$

definiert. Sie haben die Entwurfsabstände $\delta = 3,5,7$. Da ihre Generatorpolynome jeweils das HAMMING-Gewicht δ haben, stimmt der Entwurfsabstand in allen drei Fällen mit dem wirklichen Minimalabstand überein.

Bei dem Code C_1 handelt es sich um eine zyklische Version des (perfekten) binären (15,11)-Hamming-Codes HAM(4,2). Für den ebenfalls optimalen Code C_5 ist die GRIESMER-Schranke (Seite 273) scharf.

Im Kleingedruckten auf Seite 408 steht etwas über die Decodierung der BCH-Codes.

9.5 Verallgemeinerte Reed-Muller-Codes

Es seien q eine Primzahlpotenz, $m \in \mathbb{N}$, $n := q^m - 1$ und $\zeta \in \mathbb{F}_{q^m}$ eine primitive n-te Einheitswurzel.

q-adisches Gewicht. Für jede in ihrer *q-adischen Darstellung*

$$j = \sum_{i \geq 0} \lambda_i \cdot q^i$$

mit nichtnegativen ganzzahligen Koeffizienten $\lambda_i \leq q - 1$ geschriebene Zahl $j \in \mathbb{N}_0$ definieren wir ihr *q-adisches Gewicht*

$$w(j) := \sum_{i \geq 0} \lambda_i.$$

Generatorpolynom. Es seien $j, h \in \{0, 1, \ldots, n-1\}$ zwei Zahlen aus derselben Kreisteilungsklasse $KK(j; n, q)$, etwa $h \equiv j \cdot q^t \bmod n$ mit $0 \leq t < m$. Aus der q-adischen Darstellung

$$j = \sum_{i=0}^{m-1} \lambda_i \cdot q^i$$

folgt

$$h \equiv j \cdot q^t = \sum_{i=t}^{m-1} \lambda_{i-t} \cdot q^i + \sum_{i=0}^{t-1} \lambda_{m+i-t} \cdot q^{m+i} \equiv$$

$$\equiv \sum_{i=0}^{t-1} \lambda_{m+i-t} \cdot q^i + \sum_{i=t}^{m-1} \lambda_{i-t} \cdot q^i \bmod n,$$

also

$$w(j) = w(h);$$

das heißt, die Elemente jeder Kreisteilungsklasse modulo n bezüglich q haben jeweils alle dasselbe q-adische Gewicht.

Für jede ganze Zahl s mit $0 \leq s < (q-1) \cdot m$ setzen wir

$$g(z) := \prod_{\substack{0 < j < n \\ w(j) < (q-1) \cdot m - s}} (z - \zeta^j).$$

Die Koeffizienten von $g(z)$ liegen in $\mathbb{F}_q$, also ist $g(z)$ das Generatorpolynom eines zyklischen Codes, des *punktierten verallgemeinerten Reed-Muller-Codes* [punctured generalized Reed-Muller code] $\mathrm{PGRM}(m, s; q)$ *der s-ten Ordnung* und der Länge $n = q^m - 1$ über $\mathbb{F}_q$.

Das Polynom $(z - 1) \cdot g(z)$ erzeugt in $R_n(q)$ als Generatorpolynom eine zyklische Verkleinerung des punktierten verallgemeinerten Reed-Muller-Codes $\mathrm{PGRM}(m, s; q)$, den *verkürzten verallgemeinerten Reed-Muller-Code* $\mathrm{SGRM}(m, s; q)$.

Modifikationen. Das Einselement $1 \in \mathbb{F}_q$ ist eine Wurzel des Codes SGRM$(m,s;q)$; damit haben – anders als beim Code PGRM$(m,s;q)$ – alle Codewörter aus SGRM$(m,s;q)$ die Paritätssumme 0 (vergleiche den Satz über die Paritätssummen linearer Codes von Seite 248). Wir verlängern (Seite 279) den Code SGRM$(m,s;q)$, indem wir an eine Generatormatrix zunächst eine Nullspalte als $(n+1)$-te Spalte und dann das Einswort $1 \in \mathbb{F}_q^{n+1}$ als zusätzliche Zeile anfügen. Die so erweiterte Matrix ist eine Generatormatrix eines linearen Codes der Blocklänge $n+1 = q^m$ über $\mathbb{F}_q$, des sogenannten *verallgemeinerten Reed-Muller-Codes*

$$\mathrm{GRM}(m,s;q)\,.$$

Der verallgemeinerte Reed-Muller-Code GRM$(m,s;q)$ ist eine Erweiterung (Seite 276f.) des punktierten verallgemeinerten Reed-Muller-Codes PGRM$(m,s;q)$:

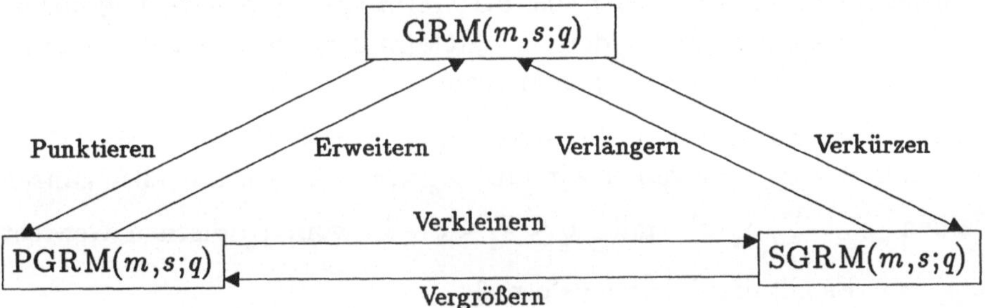

Kontrollpolynom. Für jede q-adisch dargestellte Zahl

$$j = \sum_{i=0}^{m-1} \lambda_i \cdot q^i$$

gilt

$$w(n-j) = w\left((q-1)\cdot \sum_{i=0}^{m-1} q^i - \sum_{i=0}^{m-1} \lambda_i \cdot q^i\right) =$$

$$= w\left(\sum_{i=0}^{m-1}(q-1-\lambda_i)\cdot q^i\right) = (q-1)\cdot m - w(j)\,.$$

Damit gilt

$$w(n-j) < (q-1)\cdot m - s \quad \Leftrightarrow \quad w(j) > s\,.$$

Wir schreiben das Generatorpolynom des punktierten verallgemeinerten Reed-Muller-Codes PGRM$(m,s;q)$ jetzt als

$$g(z) = \prod_{\substack{0 < n-j < n \\ w(n-j) < (q-1)\cdot m - s}} (z - \zeta^{-j})\,.$$

Das Kontrollpolynom $h(z) := \dfrac{z^n - 1}{g(z)}$ von PGRM$(m,s;q)$ hat die Gestalt

$$h(z) \;=\; (z-1) \;\cdot\; \prod_{\substack{0<j<n \\ w(j)<s+1}} (z-\zeta^{-j}) \;=\; (z-1) \;\cdot\; \prod_{\substack{0<j<n \\ w(j)>(q-1)\cdot m-(s+1)}} (z-\zeta^{j})$$

und ist zugleich das Generatorpolynom des verkürzten verallgemeinerten Reed-Muller-Codes $\mathrm{SGRM}\big(m,(q-1)\cdot m-s-1;q\big)$.

Orthogonalität. Der zum punktierten verallgemeinerten Reed-Muller-Code $\mathrm{PGRM}(m,s;q)$ orthogonale Code $\mathrm{PGRM}(m,s;q)^{\perp}$ ist der Code $\overleftarrow{\mathrm{SGRM}}\big(m,(q-1)\cdot m-s-1;q\big)$. Damit ist jede Zeile einer Generatormatrix von $\mathrm{SGRM}(m,s;q)$ zu jeder Zeile einer Generatormatrix von $\overleftarrow{\mathrm{SGRM}}\big(m,(q-1)\cdot m-s-1;q\big)$ orthogonal; da auch das Skalarprodukt des Einswortes $\mathbf{1} \in \mathbb{F}_q^{n+1}$ mit sich selbst und mit den um die Komponente 0 verlängerten Codewörtern aus $\overleftarrow{\mathrm{SGRM}}\big(m,(q-1)\cdot m-s-1;q\big)$ verschwindet (die Codewörter aus $\overleftarrow{\mathrm{SGRM}}\big(m,(q-1)\cdot m-s-1;q\big)$ haben die Paritätssumme 0), ist der zu $\mathrm{GRM}(m,s;q)$ orthogonale Code zu $\mathrm{GRM}\big(m,(q-1)\cdot m-s-1;q\big)$ äquivalent.

Dimension. Für jede natürliche Zahl $q \geq 2$ und je zwei ganze Zahlen u,v mit $u \geq 0$ bezeichnen wir mit '$\kappa_q(u,v)$' die Anzahl aller ganzen Zahlen $j = \sum_{i=0}^{u-1} \lambda_i \cdot q^i$ mit $0 \leq \lambda_i \leq q-1$ vom q-adischen Gewicht $w(j) = v$. Es gilt die Rekursionsformel

$$\kappa_q(u,v) \;=\; \sum_{i=0}^{q-1} \kappa_q(u-1,v-i)$$

mit den Anfangsbedingungen $\kappa_q(u,0)=1$ für alle $u \geq 0$, $\kappa_q(u,v)=0$ für alle $v < 0$ und $\kappa_q(0,v)=0$ für alle $v \geq 1$. Für $q=2$ sind diese Zahlen gerade die gewöhnlichen Binomialkoeffizienten, $\kappa_2(u,v) = \binom{u}{v}$.

Der Code $\mathrm{PGRM}(m,s;q)$ hat die Dimension $k := \deg h(z)$. Aus der Darstellung

$$h(z) \;=\; \prod_{\substack{0 \leq j<n \\ w(j)<s+1}} (z-\zeta^{-j})$$

entnehmen wir

$$k \;=\; \dim \mathrm{PGRM}(m,s;q) \;=\; \sum_{w=0}^{s} \kappa_q(m,w).$$

Als Erweiterung von $\mathrm{PGRM}(m,s;q)$ hat der verallgemeinerte Reed-Muller-Code $\mathrm{GRM}(m,s;q)$ ebenfalls die Dimension k.

Minimalabstand. Wir schreiben jetzt

$$s = t\cdot(q-1)+r \quad \text{mit } t,r \in \mathbb{N}_0 \text{ und } r < q-1,$$

und setzen

$$\delta := (q-r)\cdot q^{m-t-1} - 1.$$

Dann ist

$$w(\delta) = w(q^{m-t}-1-r\cdot q^{m-t-1}) = w\Big((q-1)\cdot \sum_{i=0}^{m-t-1} q^i - r\cdot q^{m-t-1}\Big) =$$

$$= (q-1)\cdot(m-t-1)+q-r-1 = (q-1)\cdot m - s.$$

Für $j=1,2,\ldots,\delta-1$ gilt (wie man — mehr oder weniger — leicht sieht) $w(j) < (q-1)\cdot m - s$. Der punktierte verallgemeinerte Reed-Muller-Code $PGRM(m,s;q)$ besitzt also die Wurzeln $\zeta,\zeta^2,\ldots,\zeta^{\delta-1}$ und ist damit eine Verkleinerung (ein Teilcode) des BCH-Codes C im engeren Sinne mit dem Entwurfsabstand δ. Damit hat der Minimalabstand von $PGRM(m,s;q)$ mindestens den Wert δ; die Codes $SGRM(m,s;q)$ und $GRM(m,s;q)$ haben — ebenfalls nach der BCH-Schranke — mindestens den Minimalabstand $\delta + 1 = (q-r)\cdot q^{m-t-1}$.

Der Code $PGRM(m,s;q)$ muß nicht mit dem BCH-Code C identisch sein, wie das Beispiel $m := 8$, $s := 4$ und $q := 2$ belegt: Für $j = 1,2,\ldots,254$ sei $p_j(z)$ das Minimalpolynom der j-ten Potenz ζ^j der primitiven 255-ten Einheitswurzel $\zeta \in \mathbf{F}_{256}$ über $\mathbb{Z}_2$. Die irreduziblen Faktoren des Generatorpolynoms

$$g(z) = \prod_{\substack{0 < j < 255 \\ w(j) < 4}} (z - \zeta^j)$$

des punktierten verallgemeinerten (255,163)-Reed-Muller-Codes $PGRM(8,4;2)$ sind die Polynome $p_j(z)$ mit $j = 1,3,5,7,9,11,13,17,19,21,25,37$. Mit Ausnahme von $p_{17}(z)$ (es ist deg $p_{17}(z) = 4$) haben diese Polynome alle den Grad 8. Damit ist deg $g(z) = 92$. Dagegen sind die irreduziblen Faktoren des Generatorpolynoms des binären BCH-Codes im engeren Sinne der Länge $n = 255$ mit dem Entwurfsabstand $\delta = 15$ die Polynome $p_j(z)$ mit $j = 1,3,5,7,9,11,13$. Dieser BCH-Code hat die Dimension 199.

$SGRM(m,1;q)$. Das Kontrollpolynom des verkürzten verallgemeinerten Reed-Muller-Codes $SGRM(m,1;q)$ der ersten Ordnung ist das Minimalpolynom der primitiven n-ten Einheitswurzel $\zeta^{-1} \in \mathbb{F}_{q^m}$; dieser Code ist damit als Code maximaler Länge (Seite 345f.) enttarnt.

$GRM(m,s;2)$. In den Büchern von E. R. BERLEKAMP und von F. J. MACWILLIAMS und N. J. A. SLOANE kann man nachlesen, daß der binäre verallgemeinerte Reed-Muller-Code $GRM(m,s;2)$ zum Reed-Muller-Code $RM(m,s)$ (Abschnitt 8.10, Seite 303ff.) äquivalent ist.

9.6 Quadratische-Rest-Codes

Die BCH-Schranke (Seite 354) liefert nur eine untere Abschätzung für den Minimalabstand eines zyklischen Codes. In diesem Abschnitt studieren wir eine Klasse zyklischer Codes einer Primzahl-Blocklänge n und einer Informationsrate $R \approx \frac{1}{2}$, deren Minimalabstand d den von der BCH-Schranke versprochenen Mindestwert, den Entwurfsabstand δ in vielen Fällen erheblich überschreitet. Allerdings steht bis heute noch kein befriedigendes Decodierverfahren zur Verfügung, das die guten theoretischen Korrekturmöglichkeiten dieser *Quadratische-Rest-Codes* [quadratic residue codes] voll ausschöpft; schlimmer noch: Der genaue Minimalabstand d ist nur für wenige dieser Codes bekannt.

Deutsche Sprache, schwere Sprache: Die Quadratische-Rest-Codes sind ebensowenig quadratisch, wie die Anorganische Chemie anorganisch, das Auswärtige Amt auswärtig oder das Mathematische Institut der TU München mathematisch ist. Der deutsche Autor fing sich im Hirschen in Oberwolfach eine Ohrfeige ein, als er auf die Frage, ob er sein Schinkenbrot mit Bauernschinken wolle, antwortete: „Lieber vom Schwein!"

Wie konjugiert man 'Quadratischer-Rest-Code'? Am besten gar nicht, es gibt zwei Möglichkeiten, dieser Bredouille zu entgehen:

1. Man nennt die Quadratische(r,n?)-Rest-Codes 'Codes des Quadratischen Restes'. Der Genitiv klingt aber blöde und zu vornehm. Nur die klassischen Ministerien heißen 'Ministerium *der* Justiz' oder ähnlich, ohne Adjektiv oder 'für'.

2. Mann schreibt 'QR-Codes' und überläßt die Konjugation dem Leser; dieser Weg wird hier beschritten.

Und gleich nochmal:

9.6.1 Das Quadratische Reziprozitätsgesetz

Es sei n eine ungerade Primzahl. Wir setzen

$$t := \begin{cases} \frac{1}{4}\cdot(n-1), \text{ falls } n \equiv 1 \mod 4 \\ \frac{1}{4}\cdot(n+1), \text{ falls } n \equiv -1 \mod 4 \end{cases}, \quad r := \frac{1}{2}\cdot(n-1) \quad \text{und} \quad k := \frac{1}{2}\cdot(n+1).$$

Die Menge

$$\Box := \{j^2\,; j=1,2,\ldots,r\} \subset \mathbb{Z}_n^*$$

bildet eine Untergruppe der multiplikativen Gruppe $\mathbb{Z}_n^*$ des Körpers $\mathbb{Z}_n$ der Restklassen der ganzen Zahlen modulo n von der Ordnung $|\Box| = r$, die Gruppe der *Quadrate* modulo n. Ihre Nebenklasse

$$\boxtimes := \mathbb{Z}_n^* \setminus \Box$$

ist die Menge der *Nichtquadrate* modulo n.

Das LEGENDRE-Symbol. Eine ganze Zahl $u \not\equiv 0 \bmod n$ wird *quadratischer Rest* beziehungsweise *Nichtrest* modulo n genannt, wenn eine beziehungsweise keine ganze Zahl j mit $u \equiv j^2 \bmod n$ existiert. Mit dem LEGENDRE-*Symbol* schreiben wir $\left(\frac{u}{n}\right) := 1$ beziehungsweise $\left(\frac{u}{n}\right) := -1$, wenn die Restklasse von u in $\square$ beziehungsweise in $\boxtimes$ liegt. Für $u \equiv 0 \bmod n$ setzen wir $\left(\frac{u}{n}\right) := 0$. Die Abbildung

$$\mathbb{Z}_n^* \to \{-1, 1\} \; ; u \mapsto \left(\tfrac{u}{n}\right),$$

die jeder Restklasse $u \in \mathbb{Z}_n^*$ ihren *quadratischen (Rest-) Charakter* $\left(\frac{u}{n}\right)$ *modulo* n zuordnet, ist ein Gruppenhomomorphismus, das heißt, es gilt für alle $u, v \in \mathbb{Z}_n^*$ stets

$$\left(\tfrac{u \cdot v}{n}\right) = \left(\tfrac{u}{n}\right) \cdot \left(\tfrac{v}{n}\right).$$

Die Multiplikativität des LEGENDRE-Symbols ermöglicht es uns, den quadratischen Charakter $\left(\frac{u}{n}\right)$ jeder ganzen Zahl $u \not\equiv 0 \bmod n$ als das (im Fall $u < 0$ mit $\left(\frac{-1}{n}\right)$ multiplizierte) Produkt der LEGENDRE-Symbole ihrer Primfaktoren zu berechnen. Die quadratischen Restcharaktere $\left(\frac{p}{n}\right)$ der von n verschiedenen Primzahlen p bestimmen wir mit Hilfe des weiter unten bewiesenen quadratischen Reziprozitätsgesetzes. Den quadratischen Charakter von -1 modulo n bestimmen wir mit Hilfe der Tatsache, daß die Menge $\square$ der Quadrate aus $\mathbb{Z}_n$ eine multiplikative Untergruppe der zyklischen Einheitengruppe $\mathbb{Z}_n^*$ ist: Für $u \in \mathbb{Z}_n^*$ gilt $u \in \square$ genau dann, wenn $u^r = u^{|\square|} = 1$ ist. Wir schließen daraus $\left(\frac{-1}{n}\right) = (-1)^r$ und notieren:

Erste Ergänzung des Reziprozitätsgesetzes.

$$\left(\tfrac{-1}{n}\right) = \begin{cases} 1, & \textit{falls } n \equiv 1 \bmod 4 \\ -1, & \textit{falls } n \equiv -1 \bmod 4 \end{cases}. \qquad\qquad \square$$

Mit Hinterlist und Hilfe der ersten Ergänzung des Reziprozitätsgesetzes schreiben wir unsere ungerade Primzahl $n = 4 \cdot t \pm 1$ als

$$n = 4 \cdot t + \left(\tfrac{-1}{n}\right).$$

Summen zweier Quadrate. Für jede Restklasse $u \in \mathbb{Z}_n$ hängt die Anzahl

$$qq_{\left(\frac{u}{n}\right)} := |\{(i, j) \in \square \times \square \; ; i + j = u\}|$$

der Darstellungen von u als Summe zweier Quadrate $i, j \in \square$ (unter Berücksichtigung der Reihenfolge der Summanden) nur von dem quadratischen Charakter $\left(\frac{u}{n}\right)$ von u modulo n ab: Im Fall $\left(\frac{u}{n}\right) = 0$ ist das trivial; wenn $u, v \in \mathbb{Z}_n^*$ zwei Restklassen vom gleichen quadratischen

Charakter $(\frac{u}{n}) = (\frac{v}{n})$ sind, so ist ihr Quotient ein Quadrat , $\frac{v}{u} \in \square$, und die Abbildung

$$\square \times \square \to \square \times \square \, ; (i,j) \mapsto (\tfrac{i \cdot v}{u}, \tfrac{j \cdot v}{u})$$

ist bijektiv. Wenn die Restklasse $-1 \in \mathbb{Z}_n$ ein Quadrat ist, so ist $\square = -\square$, also $qq_0 = r = \frac{1}{2} \cdot (n-1)$; wenn dagegen $-1 \in \boxslash$ ist, so ist $\boxslash = -\square$, also $qq_0 = 0$.

Entsprechend definieren wir für jede Restklasse $u \in \mathbb{Z}_n$ die ebenfalls nur vom quadratischen Charakter $(\frac{u}{n})$ von u modulo n abhängige Zahl

$$qn_{(\frac{u}{n})} := |\{(i,j) \in \square \times \boxslash \, ; i + j = u\}|.$$

Im Fall $-1 \in \square$ ist $qn_0 = 0$, im Fall $-1 \in \boxslash$ ist $qn_0 = \frac{1}{2} \cdot (n-1)$. Für jedes Nichtquadrat $v \in \boxslash$ ist die Abbildung

$$\square \times \boxslash \to \square \times \boxslash \, ; (i,j) \mapsto (v \cdot j, v \cdot i)$$

bijektiv; es folgt $qn_1 = qn_{-1}$. Mit $|\square \times \boxslash| = r \cdot qn_1 + r \cdot qn_{-1} + qn_0$ folgt

$$qn_1 = qn_{-1} = \begin{cases} \frac{1}{4} \cdot (n-1), & \text{falls } -1 \in \square \\ \frac{1}{4} \cdot (n-3), & \text{falls } -1 \in \boxslash \end{cases}.$$

Da qn_1 als Kardinalzahl einer endlichen Menge ganzzahlig ist, können wir dieser Formel als Abfallprodukt eine Bestätigung der ersten Ergänzung des quadratischen Reziprozitätsgesetzes entnehmen.

Im Fall $u \in \square$ beziehungsweise $u \in \boxslash$ gibt es $\frac{1}{2} \cdot (n-3)$ beziehungsweise $\frac{1}{2} \cdot (n-1)$ Paare $(i,j) \in \square \times \mathbb{Z}_n^*$ mit $i+j=u$. Für $qn_1 = qn_{-1}$ dieser Paare ist die zweite Komponente $j \in \boxslash$ ein Nichtquadrat. Es folgt

$$qq_1 = \begin{cases} \frac{1}{4} \cdot (n-5), & \text{falls } -1 \in \square \\ \frac{1}{4} \cdot (n-3), & \text{falls } -1 \in \boxslash \end{cases}$$

und

$$qq_{-1} = \begin{cases} \frac{1}{4} \cdot (n-1), & \text{falls } -1 \in \square \\ \frac{1}{4} \cdot (n+1), & \text{falls } -1 \in \boxslash \end{cases}.$$

GAUSSSCHE PERIODEN. Es sei p eine weitere, von n verschiedene Primzahl (wobei wir den Fall $p = 2$ ausdrücklich zulassen). Den Restklassenkörper $\mathbb{Z}_p$ der ganzen Zahlen modulo p, den Primkörper der Charakteristik p bezeichnen wir zur deutlichen Unterscheidung von dem Körper $\mathbb{Z}_n$ mit $\mathbb{F}_p$. Der Zerfällungskörper des Polynoms $z^n - 1 \in \mathbb{F}_p[z]$ ist der n-te Kreisteilungskörper $\mathbb{F}_{p^m}$, wobei m die kleinste natürliche Zahl mit $p^m \equiv 1 \bmod n$ ist (Seite 237 unten). Mit ζ bezeichnen wir eine primitive n-te Einheitswurzel über $\mathbb{F}_p$; da n eine Primzahl ist, heißt das, daß ζ ein Element aus $\mathbb{F}_{p^m}$ mit $\zeta^n = 1$, aber $\zeta \neq 1$ ist.

Das Minimalpolynom

$$m_\zeta(z) = \prod_{j \in K\!K(1;n,p)} (z - \zeta^j)$$

von ζ über $\mathbb{F}_p$ hat den Grad m.

Von besonderer Bedeutung für das Studium der QR-Codes sind die *(r-gliedrigen)* GAUSS*schen Perioden*

$$\xi := \sum_{i \in \square} \zeta^i \quad \text{und} \quad \xi' := \sum_{i \in \boxtimes} \zeta^i.$$

Wenn wir die Einheitswurzel ζ durch eine Einheitswurzel $\eta := \zeta^u$ mit $u \in \mathscr{N}$ ersetzen, so vertauschen wir die Rollen von ξ und ξ'. Wegen

$$0 = \frac{\zeta^n - 1}{\zeta - 1} = \sum_{i \in \mathbb{Z}_n} \zeta^i = 1 + \xi + \xi'$$

gilt stets

$$\xi' = -(\xi + 1).$$

Wir zeigen nun, daß die Gaußschen Perioden ξ und ξ' die Nullstellen eines quadratischen Polynoms über $\mathbb{F}_p$ sind, das über $\mathbb{F}_p$ genau dann in Linearfaktoren zerfällt, wenn p modulo n ein quadratischer Rest ist:

Satz über die GAUSSschen Perioden. *Die* GAUSS*schen Perioden* ξ *und* ξ' *sind die beiden Wurzeln des separablen Polynoms* $z^2 + z - (\frac{-1}{n}) \cdot t \in \mathbb{F}_p[z]$. *Es gilt* $(2 \cdot \xi + 1)^2 = (\frac{-1}{n}) \cdot n$. *Die Perioden* ξ *und und* ξ' *liegen genau dann im Primkörper* $\mathbb{F}_p$, *wenn* $(\frac{p}{n}) = 1$ *ist.*

Beweis. Wir berechnen in $\mathbb{F}_{p^m}$ das Produkt

$$\xi \cdot \xi' = \sum_{(i,j) \in \square \times \boxtimes} \zeta^{i+j},$$

indem wir die Summanden mit demselben Exponenten $u = i + j$ zusammenfassen. Wir schreiben also

$$\xi \cdot \xi' = \sum_{u \in \mathbb{Z}_n} \mu_u \cdot \zeta^u,$$

wobei $\mu_u = q n_{(\frac{u}{n})}$ für jede Restklasse $u \in \mathbb{Z}_n$ die Anzahl der Darstellungen von u als Summe eines Quadrates $i \in \square$ und eines Nichtquadrates $j \in \boxtimes$ ist. Damit gilt

$$\xi \cdot \xi' = q n_0 \cdot \zeta^0 + q n_1 \cdot \sum_{u \in \mathbb{Z}_n^*} \zeta^u = q n_0 - q n_1 = \begin{cases} -\frac{1}{4} \cdot (n - 1), \text{ falls } -1 \in \square \\ \frac{1}{4} \cdot (n + 1) \ , \text{ falls } -1 \in \boxtimes \end{cases}.$$

Unter Verwendung der Formeln $1 + \xi + \xi' = 0$ und $n = 4 \cdot t + (\frac{-1}{n})$ ergibt sich daraus

$$(z - \xi) \cdot (z - \xi') = z^2 - (\xi + \xi') \cdot z + \xi \cdot \xi' = z^2 + z - (\frac{-1}{n}) \cdot t$$

und

$$(2 \cdot \xi + 1)^2 = (\frac{-1}{n}) \cdot n.$$

Die Annahme $\xi = \xi'$ widerspricht wegen $1 + \xi + \xi' = 0$ der Gleichung
$(\xi - \xi')^2 = (2 \cdot \xi + 1)^2 = (\frac{-1}{n}) \cdot n \neq 0$.

Die FROBENIUS-Abbildung

$$\mathbb{F}_{p^m} \to \mathbb{F}_{p^m} \; ; \; x \mapsto x^p$$

ist ein Körper-Automorphismus (Seite 222). Damit gilt

$$\xi^p = \sum_{i \in \square} \zeta^{i \cdot p} = \begin{cases} \xi \, , & \text{falls } p \in \square \\ \xi' \, , & \text{falls } p \in \boxslash \end{cases}.$$

Wegen $\xi \neq \xi'$ gilt also $\xi^p = \xi$ genau dann, wenn $p \in \square$ ist. Wie wir
auf Seite 227 Mitte nachlesen können, gilt $\xi^p = \xi$ aber genau dann, wenn
die r-gliedrige GAUSSsche Periode ξ im Körper $\mathbb{F}_p$ liegt. $\square$

Die QR-Codes werden auf Seite 373 als
zyklische Codes der Länge n und der
Dimension $k = n - r = \frac{1}{2} \cdot (n + 1)$ über
dem Körper $\mathbb{F}_p(\xi) \subseteq \mathbb{F}_{p^m}$ definiert. Wir
setzen

$$q := \begin{cases} p \, , & \text{falls } p \in \square \\ p^2 \, , & \text{falls } p \in \boxslash \end{cases}$$

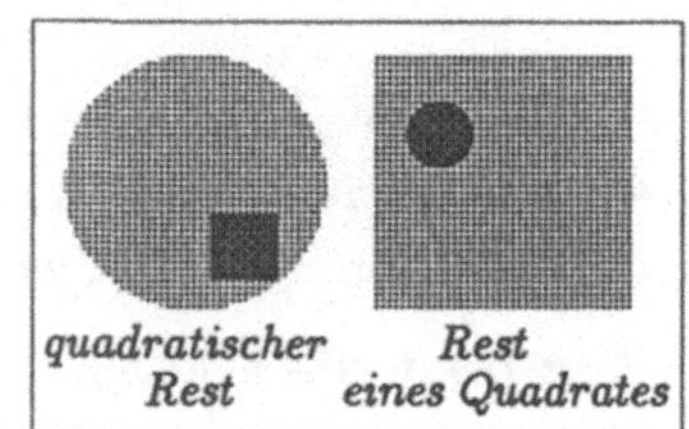

und können nach dem Satz über die GAUSSschen Perioden

$$\mathbb{F}_p(\xi) = \mathbb{F}_q$$

schreiben. Um diesen Körper zu bestimmen, ist es erforderlich, den
quadratischen Restcharakter der Primzahl p modulo n zu ermitteln.

Wir behandeln zuerst den Fall $p = 2$:

Zweite Ergänzung des Reziprozitätsgesetzes.

$$\left(\tfrac{2}{n}\right) = \begin{cases} 1 \, , & \text{falls } n \equiv 1, -1 \bmod 8 \\ -1 \, , & \text{falls } n \equiv 3, -3 \bmod 8 \end{cases}.$$

Beweis. Das Polynom $z^2 + z - (\frac{-1}{n}) \cdot t$ zerfällt über $\mathbb{F}_2$ genau dann in
Linearfaktoren, wenn t eine gerade Zahl ist; nach dem Satz über die
GAUSSschen Perioden zerfällt es genau dann, wenn $(\frac{2}{n}) = 1$ ist. $\square$

Wir können die zweite Ergänzung des quadratischen Reziprozitätsgesetzes auch als

$$\left(\tfrac{2}{n}\right) = (-1)^{\frac{1}{8} \cdot (n^2 - 1)}$$

schreiben.

Wir betrachten den Fall $p \neq 2$ und beweisen den wohl meistbewiese-
nen Satz der gesamten Mathematik, das GAUSSsche

Quadratische Reziprozitätsgesetz. *Es seien* p *und* n *zwei verschiedene ungerade Primzahlen. Dann gilt*

$$\left(\tfrac{p}{n}\right) = \begin{cases} \left(\tfrac{n}{p}\right) & ,\textit{falls } n \equiv 1 \bmod 4 \textit{ oder } p \equiv 1 \bmod 4 \\ -\left(\tfrac{n}{p}\right) & ,\textit{falls } n \equiv -1 \bmod 4 \textit{ und } p \equiv -1 \bmod 4 \end{cases}.$$

Beweis. Nach dem Satz über die GAUSSschen Perioden gilt
$$(2\cdot\xi+1)^2 = \left(\tfrac{-1}{n}\right)\cdot n.$$
Für $p \neq 2$ liegt ξ also genau dann in $\mathbb{F}_p$, wenn $\left(\tfrac{-1}{n}\right)\cdot n$ in $\mathbb{F}_p$ ein Quadrat ist.

Im Fall $n \equiv 1 \bmod 4$ ist das nach der ersten Ergänzung genau dann der Fall, wenn $\left(\tfrac{n}{p}\right) = 1$ ist. Aus dem Satz über die GAUSSschen Perioden folgt für $n \equiv 1 \bmod 4$ die Aussage:
$$\left(\tfrac{p}{n}\right) = 1 \iff \left(\tfrac{n}{p}\right) = 1.$$
In dieser Aussage dürfen wir die Rollen von n und p vertauschen.

Im Fall $n \equiv -1 \bmod 4$ liegt ξ genau dann in $\mathbb{F}_p$, wenn $-n$ in $\mathbb{F}_p$ ein Quadrat ist. Wenn auch $p \equiv -1 \bmod 4$ gilt, so ist das genau dann der Fall, wenn $\left(\tfrac{n}{p}\right) = -1$ ist. Aus dem Satz über die GAUSSschen Perioden folgt für $n,p \equiv -1 \bmod 4$ die Aussage:
$$\left(\tfrac{p}{n}\right) = 1 \iff \left(\tfrac{n}{p}\right) = -1. \qquad \square$$

Wir können das quadratische Reziprozitätsgesetz für zwei ungerade Primzahlen n und p auch als
$$\left(\tfrac{n}{p}\right)\cdot\left(\tfrac{p}{n}\right) = (-1)^{\frac{1}{4}\cdot(n-1)\cdot(p-1)}$$
schreiben.

Beispiele. Mit Hilfe des Reziprozitätsgesetzes erforschen wir den quadratischen Restcharakter der Zahl 3 für eine Primzahl $n \geq 5$:
Es ist $\left(\tfrac{n}{3}\right) = \left(\tfrac{3}{n}\right)$ genau dann, wenn $n \equiv 1 \bmod 4$ gilt. Es ist $\left(\tfrac{n}{3}\right) = 1$ genau dann, wenn $n \equiv 1 \bmod 3$ gilt. Damit ist $\left(\tfrac{3}{n}\right) = 1$ genau dann, wenn $n \equiv 1 \bmod 12$ oder wenn $n \equiv -1 \bmod 12$ gilt.

Wir berechnen $\left(\tfrac{n}{5}\right)$ für eine von 5 verschiedene ungerade Primzahl n:
Es ist stets $\left(\tfrac{n}{5}\right) = \left(\tfrac{5}{n}\right)$. In $\mathbb{Z}_5$ sind die Restklassen der Zahlen 1 und 4 die einzigen Quadrate. Es folgt $\left(\tfrac{5}{n}\right) = 1 \iff n \equiv 1, -1 \bmod 5$.

$$\left(\tfrac{503}{1103}\right) = -\left(\tfrac{1103}{503}\right) = -\left(\tfrac{97}{503}\right) = -\left(\tfrac{503}{97}\right) = -\left(\tfrac{18}{97}\right) = -\left(\tfrac{2}{97}\right)\cdot\left(\tfrac{9}{97}\right) = -1.$$

$$\left(\tfrac{503}{43030081169}\right) = \left(\tfrac{43030081169}{503}\right) = \left(\tfrac{26}{503}\right) = \left(\tfrac{2}{503}\right)\cdot\left(\tfrac{13}{503}\right) = \left(\tfrac{13}{503}\right) = \left(\tfrac{9}{13}\right) = 1. \square$$

9.6.2 Quadratsummen in $\mathbb{Z}_n$

Die Menge $\square$ der Quadrate ist eine Untergruppe der multiplikativen Gruppe $\mathbb{Z}_n^*$ des Restklassenkörpers $\mathbb{Z}_n$; bezüglich der Addition ist die Menge der Quadrate aber nicht abgeschlossen. Wir gehen der Frage nach, auf wieviele Weisen ein Element $u \in \mathbb{Z}_n$ als Summe von $i = 0,1,\ldots,r$ verschiedenen Quadraten aus $\square$ (ohne Berücksichtigung der Reihenfolge der Summanden) dargestellt werden kann:

Für jede Teilmenge $I \subseteq \square$ schreiben wir abkürzend $\Sigma_I := \sum_{a \in I} a$. Für jede Zahl $i = 0,1,\ldots,\frac{1}{2}\cdot(n-1)$ zerlegen wir das System aller i-elementigen Teilmengen von $\square$ disjunkt in die n Teilsysteme

$$\mathfrak{Q}_i(u) := \{I \subseteq \square \,;\, |I| = i, \Sigma_I = u\},$$

wobei u den Restklassenkörper $\mathbb{Z}_n$ durchläuft. Da $\square$ eine multiplikative Gruppe ist, hängt die zu bestimmende Kardinalzahl

$$\mathfrak{q}_i\left(\left(\tfrac{u}{n}\right)\right) := |\mathfrak{Q}_i(u)|$$

jeweils außer von der Zahl i nur von dem quadratischen Charakter $\left(\tfrac{u}{n}\right)$ der Restklasse $u \in \mathbb{Z}_n$ ab. Offensichtlich gilt

$$\tfrac{1}{2}\cdot(n-1)\cdot\big(\mathfrak{q}_i(1) + \mathfrak{q}_i(-1)\big) + \mathfrak{q}_i(0) = \binom{\frac{1}{2}\cdot(n-1)}{i}.$$

Ausgehend von den Anfangswerten

$$\mathfrak{q}_0(1) = 0, \mathfrak{q}_0(-1) = 0, \mathfrak{q}_0(0) = 1$$

berechnen wir die Größen $\mathfrak{q}_i(\varepsilon)$ für $\varepsilon = 1,-1,0$ mit Hilfe der folgenden

Rekursionsformel. *Für $i = 1,2,\ldots,\frac{1}{2}\cdot(n-1)$ und $\varepsilon = 1,-1,0$ gilt*

$$\mathfrak{q}_i(\varepsilon) = \tfrac{1}{i}\cdot\sum_{j=1}^{i}(-1)^{j+1}\cdot\big(qq_{\varepsilon\cdot\left(\frac{j}{n}\right)}\cdot\mathfrak{q}_{i-j}\left(\left(\tfrac{j}{n}\right)\right) + qn_\varepsilon\cdot\mathfrak{q}_{i-j}\left(-\left(\tfrac{j}{n}\right)\right) + \delta\cdot\mathfrak{q}_{i-j}(0)\big),$$

wobei $\delta := \delta_{\varepsilon,\left(\frac{j}{n}\right)}$ das KRONECKER-*Symbol ist.*

Beweis. Für $j \in \mathbb{Z}_n^*$, $u \in \mathbb{Z}_n$ und $I \subseteq \square$ setzen wir

$$\Xi_I := \tfrac{1}{j}\cdot(u - \Sigma_I);$$

für $i = 1,2,\ldots,\frac{1}{2}\cdot(n-1)$ setzen wir

$$\mathfrak{A}_{i,j}(u) := \{I \subseteq \square \,;\, |I| = i-1, \Xi_I \in \square\setminus I\} \text{ und } \mathfrak{a}_{i,j}\left(\left(\tfrac{u}{n}\right)\right) := |\mathfrak{A}_{i,j}(u)|,$$

$$\mathfrak{B}_{i,j}(u) := \{I \subseteq \square \,;\, |I| = i-1, \Xi_I \in \square\} \quad \text{und} \quad \mathfrak{b}_{i,j}\left(\left(\tfrac{u}{n}\right)\right) := |\mathfrak{B}_{i,j}(u)|.$$

Für alle $u \in \mathbb{Z}_n$ und alle $j \in \mathbb{Z}_n^*$ ist $\mathfrak{A}_{1,j}(u) = \mathfrak{B}_{1,j}(u)$; es folgt

$$(*) \qquad\qquad \mathfrak{a}_{1,j}(\varepsilon) = \mathfrak{b}_{1,j}(\varepsilon) \text{ für } \varepsilon = 1,-1,0.$$

Für $i = 2,3,\ldots,\frac{1}{2}\cdot(n-1)$, $j = 1,2,\ldots,n-2$ und jede Restklasse $u \in \mathbb{Z}_n$ ist die Abbildung

$$\mathfrak{B}_{i,j}(u)\setminus\mathfrak{A}_{i,j}(u) \to \mathfrak{A}_{i-1,j+1}(u) \ ; \ I \mapsto I\setminus\{\Xi_I\}$$

bijektiv; es folgt

$$(\ast\ast) \qquad \mathfrak{a}_{i,j}(\varepsilon) \ = \ \mathfrak{b}_{i,j}(\varepsilon) - \mathfrak{a}_{i-1,j+1}(\varepsilon) \ \text{ für } \ \varepsilon = 1,-1,0.$$

Für $i = 1,2,\ldots,\frac{1}{2}\cdot(n-1)$ und jede Restklasse $u \in \mathbb{Z}_n$ ist die Abbildung

$$\mathfrak{A}_{i,1}(u) \to \mathfrak{Q}_i(u) \, ; I \mapsto I \cup \{\Xi_I\}$$

surjektiv; jede Menge $J \in \mathfrak{Q}_i(u)$ hat die i Urbilder $J\setminus\{v\}$, wobei v die Menge J durchläuft. Es folgt

$$(\ast\ast\ast) \qquad\qquad\qquad i\cdot\mathfrak{q}_i(\varepsilon) \ = \ \mathfrak{a}_{i,1}(\varepsilon).$$

Aus $(\ast),(\ast\ast)$ und $(\ast\ast\ast)$ folgt die Rekursionsformel

$$(\ast\ast\ast\ast) \qquad\qquad i\cdot\mathfrak{q}_i(\varepsilon) \ = \ \sum_{j=1}^{i}(-1)^{j+1}\cdot\mathfrak{b}_{i-j+1,j}(\varepsilon).$$

Um die Anzahlen $\mathfrak{b}_{i,j}(\varepsilon)$ zu bestimmen, zerlegen wir das System $\mathfrak{B}_{i,j}(u)$ für $i = 1,2,\ldots,\frac{1}{2}\cdot(n-1)$, $j \in \mathbb{Z}_n^\ast$, $u \in \mathbb{Z}_n$ und $\sigma = 1,-1,0$ jeweils in die drei Teilsysteme

$$\mathfrak{B}_{i,j}^{\sigma}(u) \ := \ \{I \subseteq \square \, ; |I| = i-1, (\tfrac{\Xi_I}{n}) = 1, (\tfrac{\Sigma_I}{n}) = \sigma, j\cdot\Xi_I + \Sigma_I = u\}.$$

Wenn $j \in \square$ ist, so gilt

$$|\mathfrak{B}_{i,j}^{1}(u)| \ = \ qq_{(\frac{u}{n})}\cdot\mathfrak{q}_{i-1}(1) \, , \ |\mathfrak{B}_{i,j}^{-1}(u)| \ = \ qn_{(\frac{u}{n})}\cdot\mathfrak{q}_{i-1}(-1) \ \text{ und}$$

$$|\mathfrak{B}_{i,j}^{0}(u)| \ = \ \delta_{(\frac{u}{n}),1}\cdot\mathfrak{q}_{i-1}(0).$$

Wenn $j \in \boxtimes$ ist, so gilt

$$|\mathfrak{B}_{i,j}^{1}(u)| \ = \ qn_{(\frac{u}{n})}\cdot\mathfrak{q}_{i-1}(1) \, , \ |\mathfrak{B}_{i,j}^{-1}(u)| \ = \ qq_{-(\frac{u}{n})}\cdot\mathfrak{q}_{i-1}(-1) \ \text{ und}$$

$$|\mathfrak{B}_{i,j}^{0}(u)| \ = \ \delta_{(\frac{u}{n}),-1}\cdot\mathfrak{q}_{i-1}(0).$$

Insgesamt gilt also für $\varepsilon = 1,-1,0$ stets

$$\mathfrak{b}_{i,j}(\varepsilon) \ = \ qq_{\varepsilon\cdot(\frac{j}{n})}\cdot\mathfrak{q}_{i-1}(\tfrac{j}{n}) + qn_\varepsilon\cdot\mathfrak{q}_{i-1}(-(\tfrac{j}{n})) + \delta_{\varepsilon,(\frac{j}{n})}\cdot\mathfrak{q}_{i-1}(0).$$

Wir setzen diese Werte $\mathfrak{b}_{i,j}(\varepsilon)$ in Formel $(\ast\ast\ast\ast)$ ein und erhalten die behauptete Rekursionsformel für die Anzahlen $\mathfrak{q}_i(\varepsilon)$. $\qquad\qquad\square$

Beispiele. Trivialerweise ist stets

$$\mathfrak{q}_0(1) = \mathfrak{q}_0(-1) = \mathfrak{q}_1(-1) = \mathfrak{q}_1(0) = 0 \ \text{ und } \ \mathfrak{q}_0(0) = \mathfrak{q}_1(1) = 1.$$

Im Fall $n \neq 3$ gilt

$$\mathfrak{q}_{\frac{1}{2}\cdot(n-1)}(1) = \mathfrak{q}_{\frac{1}{2}\cdot(n-1)}(-1) = 0 \ \text{und} \ \mathfrak{q}_{\frac{1}{2}\cdot(n-1)}(0) = 1.$$

Mit Hilfe des quadratischen Reziprozitätsgesetzes bestimmen wir für $j = 1,2,\ldots$ die Primzahlen n, für die $(\tfrac{j}{n}) = 1$ beziehungsweise $(\tfrac{j}{n}) = -1$ ist, und berechnen alle Werte $\mathfrak{q}_i(\varepsilon)$ für $i = 2$ und $i = 3$:

$i = 2$	$\mathfrak{q}_2(1)$	$\mathfrak{q}_2(-1)$	$\mathfrak{q}_2(0)$
$n \equiv 1 \bmod 8$	$\frac{1}{8}\cdot(n-9)$	$\frac{1}{8}\cdot(n-1)$	$\frac{1}{4}\cdot(n-1)$
$n \equiv 3 \bmod 8$	$\frac{1}{8}\cdot(n-3)$	$\frac{1}{8}\cdot(n-3)$	0
$n \equiv 5 \bmod 8$	$\frac{1}{8}\cdot(n-5)$	$\frac{1}{8}\cdot(n-5)$	$\frac{1}{4}\cdot(n-1)$
$n \equiv 7 \bmod 8$	$\frac{1}{8}\cdot(n-7)$	$\frac{1}{8}\cdot(n+1)$	0

$i = 3$	$\mathfrak{q}_3(1)$	$\mathfrak{q}_3(-1)$	$\mathfrak{q}_3(0)$
$n \equiv 1 \bmod 24$	$\frac{1}{48}\cdot(n^2-8\cdot n+55)$	$\frac{1}{48}\cdot(n^2-10\cdot n+9)$	$\frac{1}{48}\cdot(n^2-18\cdot n+17)$
$n \equiv 5 \bmod 24$	$\frac{1}{48}\cdot(n^2-8\cdot n+15)$	$\frac{1}{48}\cdot(n^2-10\cdot n+25)$	$\frac{1}{48}\cdot(n^2-6\cdot n+5)$
$n \equiv 7 \bmod 24$	$\frac{1}{48}\cdot(n^2-10\cdot n+21)$	$\frac{1}{48}\cdot(n^2-8\cdot n+7)$	$\frac{1}{48}\cdot(n^2-1)$
$n \equiv 11 \bmod 24$	$\frac{1}{48}\cdot(n^2-10\cdot n+37)$	$\frac{1}{48}\cdot(n^2-8\cdot n+15)$	$\frac{1}{48}\cdot(n^2-12\cdot n+11)$
$n \equiv 13 \bmod 24$	$\frac{1}{48}\cdot(n^2-8\cdot n+31)$	$\frac{1}{48}\cdot(n^2-10\cdot n+9)$	$\frac{1}{48}\cdot(n^2-6\cdot n+5)$
$n \equiv 17 \bmod 24$	$\frac{1}{48}\cdot(n^2-8\cdot n+39)$	$\frac{1}{48}\cdot(n^2-10\cdot n+25)$	$\frac{1}{48}\cdot(n^2-18\cdot n+17)$
$n \equiv 19 \bmod 24$	$\frac{1}{48}\cdot(n^2-10\cdot n+21)$	$\frac{1}{48}\cdot(n^2-8\cdot n+31)$	$\frac{1}{48}\cdot(n^2-12\cdot n+11)$
$n \equiv 23 \bmod 24$	$\frac{1}{48}\cdot(n^2-10\cdot n+37)$	$\frac{1}{48}\cdot(n^2-8\cdot n-9)$	$\frac{1}{48}\cdot(n^2-1)$

Weitere Beispiele:

Für $n \equiv 13 \bmod 24$ ist $\quad \mathfrak{q}_4(1) = \frac{1}{384}\cdot(n^3 - 16\cdot n^2 + 93\cdot n - 318)$.

Für $n \equiv 1$ oder $n \equiv 49 \bmod 120$ ist

$$\mathfrak{q}_5(-1) = \frac{1}{3840}\cdot(n^4 - 25\cdot n^3 + 229\cdot n^2 - 1155\cdot n + 950). \quad \square$$

9.6.3 Definition der QR-Codes

Die Generatorpolynome $g_\square(z)$ und $g_\varnothing(z)$. Wir definieren über dem n-ten Kreisteilungskörper $\mathbb{F}_{p^m}$ über $\mathbb{F}_p$ — dem Zerfällungskörper des Polynoms

$$z^n - 1 = \prod_{u \in \mathbb{Z}_n} (z - \zeta^u)$$

über dem Primkörper $\mathbb{F}_p$ — die zwei teilerfremden Polynome

$$g_\square(z) := \prod_{i \in \square} (z - \zeta^i) \quad \text{und} \quad g_\varnothing(z) := \prod_{i \in \varnothing} (z - \zeta^i)$$

vom Grad $r = n - k = \frac{1}{2}\cdot(n-1)$. Im Fall $p \in \square$, das heißt im Fall $q = p$, gilt $\big(g_\square(z)\big)^p = g_\square(z^p)$; hier gilt also $g_\square(z) \in \mathbb{F}_p[z]$. Im Fall $p \in \varnothing$, das heißt im Fall $q = p^2$, gilt $\big(g_\square(z)\big)^p = g_\varnothing(z^p)$; hier liegen nicht alle Koeffizienten von $g_\square(z)$ im Primkörper $\mathbb{F}_p$. In beiden Fällen gilt aber $\big(g_\square(z)\big)^q = g_\square(z^q)$, und damit ist $\mathbb{F}_q$ der kleinste Unterkörper von $\mathbb{F}_{p^m}$, der alle Koeffizienten von $g_\square(z)$ enthält.

Wir schreiben das Polynom $g_\square(z)$ nach Potenzen von z entwickelt als

$$g_\square(z) \;=\; \sum_{i=0}^{r} g_i \cdot z^i.$$

Für $i = 0,1,\ldots,r$ berechnet sich der Koeffizient g_{r-i} von z^{r-i} als

$$g_{r-i} = (-1)^i \cdot \sum_{I \subseteq \square,\, |I|=i} \zeta^{\Sigma_I}.$$

Es gibt $\mathfrak{q}_i(1)$, $\mathfrak{q}_i(-1)$ beziehungsweise $\mathfrak{q}_i(0)$ Teilmengen $I \subseteq \square$ mit $|I| = i$, für die Σ_I ein vorgegebenes Quadrat, ein vorgegebenes Nichtquadrat beziehungsweise die Null aus $\mathbb{Z}_n$ ist. Damit ergibt sich

$$g_{r-i} = (-1)^i \cdot \bigl(\mathfrak{q}_i(0) + \mathfrak{q}_i(1)\cdot\xi + \mathfrak{q}_i(-1)\cdot\xi'\bigr).$$

Speziell (für $n \neq 3$): $\qquad g_0 = (-1)^i$, $g_{r-1} = -\xi$, $g_r = 1$.

Die Reversion des Polynoms $g_\square(z)$ ist das Polynom

$$\overleftarrow{g}_\square(z) \;=\; \prod_{i \in \square} (1 - \zeta^i \cdot z).$$

Im Fall $n \equiv 1 \bmod 4$, das heißt im Fall $-1 \in \square$, ist $\overleftarrow{g}_\square(z) = g_\square(z)$, für jedes Quadrat $i \in \square$ ist nämlich $z := \zeta^{-i}$ eine Nullstelle von $\overleftarrow{g}_\square(z)$. Im Fall $n \equiv -1 \bmod 4$ und $n \neq 3$ ist $\overleftarrow{g}_\square(z) = -g_{\boxempty}(z)$.

Die QR-Codes Q und N. Der von seinem Generatorpolynom $g_\square(z)$ in $R_n(q)$ erzeugte zyklische (n,k)-Code Q heißt der *Quadratische-Rest-Code (QR-Code) der Länge n über* $\mathbb{F}_q$. Der von $g_{\boxempty}(z)$ in $R_n(q)$ erzeugte — ebenfalls *QR-Code* genannte — zyklische (n,k)-Code N ist zum Code Q äquivalent: In der Tat bildet die Äquivalenzabbildung

$$\check{\nu} : R_n(q) \to R_n(q) \;;\; x(z) \mapsto x(z^u)$$

für jeden Nichtrest $u \in \boxempty$ den Code Q auf den Code $N = \check{\nu}(Q)$ ab. (Auf Seite 352 unten haben wir übrigens gesehen, daß die Abbildung $\check{\nu}$ ein Automorphismus der Algebra $R_n(q)$ ist.)

Kontrollpolynome. Das Kontrollpolynom

$$h_\square(z) \;:=\; (z-1)\cdot g_{\boxempty}(z) \;=\; \frac{z^n-1}{g_\square(z)} \in R_n(q)$$

des QR-Codes Q hat den Grad $k = \tfrac{1}{2}\cdot(n+1)$. Dasselbe gilt für das Kontrollpolynom

$$h_{\boxempty}(z) \;:=\; (z-1)\cdot g_\square(z) \;=\; \frac{z^n-1}{g_{\boxempty}(z)}$$

des QR-Codes N.

Die Verkleinerung von Q. Der von dem Kontrollpolynom $h_\boxtimes(z)$ des QR-Codes N in $R_n(q)$ erzeugte zyklische (n,r)-Code
$$Q^- := \{\, c(z) \in Q \,;\, c(1) = 0 \,\},$$
die *Verkleinerung von Q*, besteht aus allen Codewörtern des QR-Codes Q, deren Paritätssumme verschwindet. Der Code Q^- ist natürlich zu der Verkleinerung
$$N^- := \{\, c(z) \in N \,;\, c(1) = 0 \,\}$$
von N äquivalent.

Der Code $Q \cap N$ besteht aus allen Polynomen $c(z) \in R_n(q)$, die durch das Einswort
$$1 \cong E(z) = \frac{z^n-1}{z-1} = \sum_{i=0}^{n-1} z^i = g_\square(z) \cdot g_\boxtimes(z) = \prod_{u \in \mathbb{Z}_n^*} (z - \zeta^u)$$
teilbar sind; es handelt sich bei dem Code $Q \cap N$ also um den trivialen $(n,1)$-Wiederholungs-Code $E := \{\, \alpha \cdot E(z) \,;\, \alpha \in \mathbb{F}_q \,\}$, der aus den q konstanten Wörtern $\alpha\alpha\ldots\alpha$ der Länge n mit $\alpha \in \mathbb{F}_q$ besteht.

Der k-dimensionale Untervektorraum Q des $\mathbb{F}_q$-Vektorraumes $R_n(q)$ läßt sich als die innere direkte Summe $Q = E \oplus Q^-$ des 1-dimensionalen Vektorraumes E und des r-dimensionalen Vektorraumes Q^- schreiben, das heißt, zu jedem Codewort $c(z) \in Q$ gibt es einen eindeutig bestimmten Skalar $\alpha \in \mathbb{F}_q$ und ein eindeutig bestimmtes Codewort $a(z) \in Q^-$ mit $c(z) = \alpha \cdot E(z) + a(z)$. Wegen $a(1) = 0$ und $E(1) = n$ können wir diesen Skalar α als $\alpha = \frac{1}{n} \cdot c(1)$ schreiben.

Im Fall $\left(\frac{p}{n}\right) = -1$ ist $q = p^2$. Ist nun $c(z) \in Q \cap V_n(p)$ ein Codewort, dessen Koeffizienten alle im Primkörper $\mathbb{F}_p$ liegen, so gilt $\big(c(z)\big)^p = c(z^p)$. Für jedes Quadrat $i \in \square$ gilt $c(\zeta^i) = 0$. Jedes Nichtquadrat $j \in \boxtimes$ läßt sich als Produkt $j = i \cdot p$ mit einem Quadrat $i \in \square$ schreiben. Es gilt $c(\zeta^j) = c((\zeta^i)^p) = \big(c(\zeta^i)\big)^p = 0$. Es folgt $c(z) \in E$.

Der zu Q orthogonale Code $Q^\perp$. Wie sehen die Reversion und der orthogonale Code von Q aus? Eine Betrachtung der Äquivalenzabbildung
$$R_n(q) \to R_n(q) \,;\, x(z) \mapsto x(z^{-1})$$
ergibt
$$\overleftarrow{Q} = \begin{cases} Q\,, & \text{falls } n \equiv 1 \ \bmod 4 \\ N\,, & \text{falls } n \equiv -1 \,\bmod 4 \end{cases}.$$
Mit dem Satz über den orthogonalen Code eines zyklischen Codes von Seite 338 erhalten wir daraus
$$Q^\perp = \begin{cases} Q^-\,, & \text{falls } n \equiv -1 \,\bmod 4 \\ N^-\,, & \text{falls } n \equiv 1 \ \bmod 4 \end{cases}.$$
Der zu Q orthogonale Code $Q^\perp$ ist also in Q beziehungsweise in N enthalten, wenn $n \equiv -1 \bmod 4$ beziehungsweise $n \equiv 1 \bmod 4$ ist.

Der erweiterte QR-Code $\hat{Q}$. Wir wollen nun den QR-Code Q durch Anfügen jeweils eines Kontrollsymbols $\hat{c}_\infty \in \mathbb{F}_q$ an jedes Codewort $c(z) = c_0 c_1 \ldots c_{n-1} \in Q$ zu einem linearen $(n+1,k)$-Code $\hat{Q}$ erweitern, der im Fall $n \equiv -1 \bmod 4$ selbstorthogonal ist, und der im Fall $n \equiv 1 \bmod 4$ zu der entsprechend konstruierten Erweiterung $\check{N}$ des Codes N orthogonal ist.

Jedem Wort
$$x = x_0 x_1 \ldots x_{n-1} \in V_n(q)$$
ordnen wir das zugehörige *erweiterte Wort*
$$\hat{x} = x_0 x_1 \ldots x_{n-1} \hat{x}_\infty \in V_{n+1}(q)$$
zu, wobei
$$\hat{x}_\infty := \sum_{i=0}^{n-1} \lambda_i \cdot x_i$$
eine Linearkombination der Komponenten von x mit bestimmten, noch festzulegenden Koeffizienten $\lambda_0, \lambda_1, \ldots, \lambda_{n-1} \in \mathbb{F}_q$ ist. Der *erweiterte QR-Code* $\hat{Q}$ ist dann der lineare $(n+1,k)$-Code
$$\hat{Q} := \{\, \hat{c} \in V_{n+1}(q) \,;\, c \in Q \,\}.$$

Wir wünschen uns, daß für jede Permutation $\pi \in \mathfrak{S}_n$ und jedes Wort $x(z) \cong x \in V_n(q)$ das Kontrollsymbol $\hat{x}_\infty$ des erweiterten Wortes $\hat{x} \in V_{n+1}(q)$ mit dem Kontrollsymbol $\hat{y}_\infty$ des erweiterten Wortes $\hat{y}$ des Bildes $y := \tilde{\pi}(x)$ unter der von π induzierten Äquivalenzabbildung $\tilde{\pi} \in \text{Äqu}_n(q)$ übereinstimmt, $\hat{y}_\infty = \hat{x}_\infty$. Dieser Wunsch geht genau dann in Erfüllung, wenn die Koeffizienten $\lambda_0, \lambda_1, \ldots, \lambda_{n-1} \in \mathbb{F}_q$ alle gleich sind, das heißt, wenn es einen Skalar $\lambda \in \mathbb{F}_q$ mit
$$\hat{x}_\infty = \lambda \cdot x(1)$$
für alle Polynome $x(z) \in R_n(q)$ gibt.

Wir bestimmen den Skalar $\lambda \in \mathbb{F}_q$ derart, daß der erweiterte QR-Code $\hat{Q}$ die gewünschten Orthogonalitätsbeziehungen erfüllt. Dazu orientieren wir uns am Fall $n \equiv -1 \bmod 4$:

Gleichgültig, wie wir den Skalar $\lambda \in \mathbb{F}_q$ wählen, jedes Codewort $\hat{c} \in \hat{Q}$ ist zu dem erweiterten Wort $\hat{a} \in \hat{Q}$ jedes Codewortes $a \cong a(z) \in Q^-$ orthogonal, $\hat{c} \perp \hat{a}$; es gilt nämlich $a(1) = 0$ und damit
$$\hat{c} \cdot \hat{a} = c \cdot a + \hat{c}_\infty \cdot \hat{a}_\infty = 0 + \hat{c}_\infty \cdot \lambda \cdot a(1) = 0.$$

Das erweiterte Wort $\hat{1} = 11 \ldots 1 \hat{1}_\infty \in \hat{Q}$ des Einswortes $1 \cong E(z) \in Q$ ist genau dann isotrop, wenn $\hat{1} \cdot \hat{1} = n + \hat{1}_\infty^2 = 0$ ist. Nach dem Satz über die GAUSSschen Perioden von Seite 367 ist das mit $\hat{1}_\infty = \pm(2 \cdot \xi + 1)$, also mit $\lambda = \pm \frac{1}{E(1)} \cdot (2 \cdot \xi + 1)$ gleichbedeutend. Wir setzen willkürlich

$$\lambda := \tfrac{1}{n}\cdot(2\cdot\xi+1).$$

Wir definieren nun — unabhängig davon, ob $n \equiv -1\,\mathrm{mod}\,4$ oder $n \equiv 1\,\mathrm{mod}\,4$ ist — das Kontrollsymbol $\hat{x}_\infty$ des erweiterten Wortes $\hat{x} \in V_{n+1}(q)$ jedes Wortes $x(z) \cong x \in V_n(q)$ als

$$\hat{x}_\infty := \tfrac{1}{n}\cdot(2\cdot\xi+1)\cdot x(1).$$

Im Fall $n \equiv -1\,\mathrm{mod}\,4$ ist der Code $\hat{Q}$ selbstorthogonal; für je zwei Codewörter $\hat{c}_1 = \alpha_1\cdot\hat{1} + \hat{a}_1, \hat{c}_2 = \alpha_2\cdot\hat{1} + \hat{a}_2 \in \hat{Q}$ mit $a_1, a_2 \in Q^-$ gilt dann nämlich $\hat{c}_1\cdot\hat{c}_2 = \alpha_1\cdot\alpha_2\cdot\hat{1}\cdot\hat{1} + \alpha_1\cdot\hat{1}\cdot\hat{a}_2 + \alpha_2\cdot\hat{1}\cdot\hat{a}_1 + \hat{a}_1\cdot\hat{a}_2 = 0.$

Wir wollen jetzt den Code N entsprechend zu einem $(n+1,k)$-Code $\check{N}$ erweitern, der im Fall $n \equiv -1\,\mathrm{mod}\,4$ selbstorthogonal und im Fall $n \equiv 1\,\mathrm{mod}\,4$ zu $\hat{Q}$ orthogonal ist. Die erste Bedingung ist erfüllt, wenn wir jedes Wort $x(z) \cong x \in V_n(q)$ durch Anfügen des Kontrollsymbols

$$\check{x}_\infty := \pm\tfrac{1}{n}\cdot(2\cdot\xi+1)\cdot x(1)$$

zu einem Wort $\check{x} \in V_{n+1}(q)$ erweitern und $\check{N} := \{\check{c} \in V_{n+1}(q)\,;\, c \in N\}$ setzen; in der Wahl des Vorzeichens sind wir vorläufig frei. Die zweite Bedingung ist wegen $Q^\perp \subset N$ für $n \equiv 1\,\mathrm{mod}\,4$ sicher dann erfüllt, wenn das erweiterte Einswort $\check{1} = 11\ldots1\check{1}_\infty \in \check{N}$ zu dem erweiterten Einswort $\hat{1} = 11\ldots1\hat{1}_\infty \in \hat{Q}$ orthogonal ist; das heißt, es muß

$$\check{1}\cdot\hat{1} \;=\; 1\cdot1 + \check{1}_\infty\cdot\hat{1}_\infty \;=\; n + \check{1}_\infty\cdot(2\cdot\xi+1) \;=\; 0,$$

also $\check{1}_\infty = -(2\cdot\xi+1)$ gelten. Wir definieren das Kontrollsymbol $\check{x}_\infty$ als

$$\check{x}_\infty := -\tfrac{1}{n}\cdot(2\cdot\xi+1)\cdot x(1) \;=\; -\hat{x}_\infty.$$

Für die QR-Codes $\hat{Q}$ und $\check{N}$ gelten die Orthogonalitätsbeziehungen

$$\hat{Q}^\perp = \begin{cases} \hat{Q}, & \text{falls } n \equiv -1\,\mathrm{mod}\,4 \\ \check{N}, & \text{falls } n \equiv 1\ \,\mathrm{mod}\,4 \end{cases},$$

und für jeden Nichtrest $u \in \boxslash$ ist die Restriktion der monomialen Abbildung

$$V_{n+1}(q) \to V_{n+1}(q)\,;\, \big(x(z), x_\infty\big) \mapsto \big(x(z^u), -x_\infty\big)$$

auf den erweiterten QR-Code $\hat{Q}$ ein Code-Isomorphismus von $\hat{Q}$ auf $\check{N}$.

9.6.4 Das Quadratwort

Auf Seite 373 wurde eine Formel für die Koeffizienten des Generatorpolynoms $g_\square(z)$ des QR-Codes Q mit Hilfe der recht mühsam rekursiv zu berechnenden Quadratsummenanzahlen $q_i(\varepsilon)$ angegeben. Das neutrale Codewort (Seite 346 unten) ist für $q > 2$ schon viel einfacher zu bestimmen. Mit dem *Quadratwort*

$$q := q_0 q_1 \cdots q_{n-1} \cong q(z) := -\xi + \sum_{h \in \square} z^h$$

steht uns aber ein noch übersichtlicheres Codewort zur Erzeugung des QR-Codes Q zur Verfügung. (Es stiftet hoffentlich keine Verwirrung, daß der nackte, magere und unverschnörkelte Buchstabe 'q' die Ordnung $|\mathbb{F}_q|$ des zu Grunde liegenden Körpers $\mathbb{F}_q$ und nicht eine Komponente des Quadratwortes bezeichnet.)

Die Wurzeln des Quadratwortes. Wir überprüfen, für welche Exponenten $u \in \mathbb{Z}_n$ die n-te Einheitswurzel $\zeta^u \in \mathbb{F}_{p^m}$ eine Nullstelle des Quadratwortes $q(z) \in R_n(q)$ ist:

1. Für $u \in \square$ gilt $q(\zeta^u) = -\xi + \sum_{h \in \square} \zeta^{h \cdot u} = -\xi + \sum_{i \in \square} \zeta^i = 0.$

2. Für $u \in \boxslash$ gilt $q(\zeta^u) = -\xi + \sum_{h \in \square} \zeta^{h \cdot u} = -\xi + \sum_{i \in \boxslash} \zeta^i = \xi' - \xi \neq 0.$

3. Für $u = 0$ gilt $q(\zeta^u) = -\xi + r = \frac{1}{2} \cdot (n-1) - \xi.$

   Es ist also $q(1) = 0$ genau dann, wenn $\xi = \frac{1}{2} \cdot (n-1)$ ist. Sollte dies eintreten, so können wir die primitive n-te Einheitswurzel ζ durch eine primitive n-te Einheitswurzel ζ^u mit $u \in \boxslash$ ersetzen; die GAUSS-sche Periode $\xi' \neq \frac{1}{2} \cdot (n-1)$ übernimmt dann die Rolle von ξ.

Mit der sub 3. beschriebenen Wahl von ζ können wir also erreichen, daß unter den n Einheitswurzeln ζ^a, $a \in \mathbb{Z}_n$, genau die Wurzeln des QR-Codes Q Nullstellen des Quadratwortes $q(z)$ werden. Das Quadratwort $q(z)$ erzeugt dann in $R_n(q)$ den zyklischen Code Q.

Vektoriell ausgedrückt: Unter der sub 3. beschriebenen Wahl der Einheitswurzel ζ bilden die n zyklisch verschobenen Codewörter

$$q_h \cong q_h(z) := z^h \cdot q(z), \, h \in \mathbb{Z}_n,$$

ein Erzeugendensystem des k-dimensionalen Untervektorraumes Q des Vektorraums $V_n(q) \cong R_n(q)$, das heißt, jedes Codewort $c \in Q$ läßt sich als Linearkombination

$$c = \sum_{h \in \mathbb{Z}_n} \lambda_h \cdot q_h$$

mit (nicht eindeutig bestimmten) Skalaren $\lambda_0, \lambda_1, \ldots, \lambda_{n-1} \in \mathbb{F}_q$ schreiben. Wenn wir uns im Fall $\xi = \frac{1}{2} \cdot (n-1)$ aber bockig stellen und unsere Freiheit, die n-te Einheitswurzel nicht festlegen zu müssen, bewahren wollen, so bilden die Vektoren $q_0, q_1, \ldots, q_{n-1}$ nur ein Erzeugendensystem des r-dimensionalen verkleinerten QR-Codes Q^-. In jedem Fall aber bilden die $n+1$ Vektoren $q_0, q_1, \ldots, q_{n-1}, 1$ ein Erzeugendensystem des QR-Codes Q.

Abschweifung (vom eiligen Leser zu überspringen). Unter welchen Bedingungen ist es möglich, daß die GAUSSsche Periode ξ den Wert $\frac{1}{2} \cdot (n-1)$ annehmen kann?

Nach dem Satz über die GAUSSschen Perioden von Seite 367 folgt aus $\xi = \frac{1}{2} \cdot (n-1)$ die Gleichung $n^2 = (2 \cdot \xi + 1)^2 = (\frac{-1}{n}) \cdot n \in \mathbb{F}_p$, also $n \equiv (\frac{-1}{n}) \bmod p$. Im Fall $p = 2$ besagt diese Kongruenz nur, daß die Blocklänge n ungerade ist. Für $p = 2$ ist aber $\xi = \frac{1}{2} \cdot (n-1) \in \mathbb{F}_2$ genau dann möglich, wenn $(\frac{2}{n}) = 1$ ist, das heißt nach der zweiten Ergänzung des Reziprozitätsgesetzes genau dann, wenn $n \equiv 1, -1 \bmod 8$ ist. Im Fall $p > 2$ und $n \equiv (\frac{-1}{n}) \bmod p$ ist $\xi := \frac{1}{2} \cdot (n-1) = \frac{1}{2} \cdot ((\frac{-1}{n}) - 1)$ stets eine Lösung der Gleichung $(2 \cdot \xi + 1)^2 = (\frac{-1}{n}) \cdot n = (\frac{-1}{n})^2 = 1 \in \mathbb{F}_p$. Für $p > 2$ ist also $\xi = \frac{1}{2} \cdot (n-1)$ genau dann möglich, wenn $n \equiv (\frac{-1}{n}) \bmod p$ gilt. Übrigens ist dann nach dem Satz über die GAUSSschen Perioden wegen $\xi \in \mathbb{F}_p$ auch $(\frac{p}{n}) = 1$.

Fazit: $\xi = \frac{1}{2} \cdot (n-1)$ *ist genau dann möglich, wenn* $p \mid t$ *gilt.*

Das neutrale Codewort von Q. Wir studieren die vom Quadratwort $q(z)$ in der multiplikativen Halbgruppe von $R_n(q)$ erzeugte Halbgruppe

$$H := \{ q(z), (q(z))^2, (q(z))^3, \ldots \}.$$

Es ist

$$(q(z))^q = (-\xi + \sum_{h \in \square} z^h)^q = (-\xi)^q + \sum_{h \in \square} z^{h \cdot q} = -\xi + \sum_{i \in \square} z^i = q(z).$$

Damit gilt für $i = 1, 2, \ldots$ stets

$$(q(z))^i \cdot (q(z))^{q-1} = (q(z))^{i-1} \cdot (q(z))^q = (q(z))^i,$$

das heißt, $(q(z))^{q-1}$ ist das neutrale Element der als zyklische Gruppe erkannten Halbgruppe H. In $R_n(q)$ ist $(q(z))^{q-1}$ natürlich vom Einspolynom 1 verschieden, aber wegen $((q(z))^{q-1})^2 = (q(z))^{q-1}$ idempotent. Für jedes Codewort $c(z) = q(z) \cdot t(z)$ des von $q(z)$ erzeugten zyklischen Codes Q oder Q^- gilt

$$(q(z))^{q-1} \cdot c(z) = (q(z))^q \cdot t(z) = q(z) \cdot t(z) = c(z);$$

also ist $(q(z))^{q-1}$ das neutrale Codewort (Seite 346f.) von Q oder Q^-.

In der Literatur wurde zum Studium der QR-Codes in Verallgemeinerung des binären Falles $q = 2$ hauptsächlich das neutrale Codewort $((q(z))^{q-1}$ zur Erzeugung des Codes Q oder Q^- verwandt. Wegen seiner einfachen Koeffizienten scheint das Quadratwort aber die „richtigere" Verallgemeinerung vom binären auf den q-nären Fall zu sein.

Das Kontrollsymbol $\hat{q}_\infty$. Wir berechnen nun das Kontrollsymbol $\hat{q}_\infty$ des erweiterten Quadratwortes $\hat{q} \in \hat{Q}$. Nach dem Satz über die GAUSS-schen Perioden von Seite 367 gilt $\xi^2 + \xi = \left(\frac{-1}{n}\right)\cdot t$. Aus der ersten Ergänzung des Reziprozitätsgesetzes von Seite 365 folgt $\left(\frac{-1}{n}\right)\cdot n - 1 = 4\cdot\left(\frac{-1}{n}\right)\cdot t$. Damit gilt

$$\hat{q}_\infty = \tfrac{1}{n}\cdot(2\cdot\xi+1)\cdot q(1) = \tfrac{1}{n}\cdot\left(\left(\tfrac{1}{2}\cdot(n-1)-\xi\right)\cdot(2\cdot\xi+1)\right) =$$

$$= \tfrac{1}{n}\cdot\left(\tfrac{1}{2}\cdot(n-1)+n\cdot\xi-2\cdot(\xi^2+\xi)\right) =$$

$$= \xi + \tfrac{1}{n}\cdot\left(\tfrac{1}{2}\cdot(n-1)-\tfrac{1}{2}\cdot\left(\left(\tfrac{-1}{n}\right)\cdot n-1\right)\right) = \begin{cases} \xi & \text{, falls } n \equiv 1 \mod 4 \\ \xi+1, & \text{falls } n \equiv -1 \mod 4 \end{cases}.$$

Im Fall $\xi = \tfrac{1}{2}\cdot(n-1)$ ist $q(1) = \tfrac{1}{2}\cdot(n-1)-\xi = 0$, also $q \in Q^-$ und $\hat{q}_\infty = 0$. Im Fall $\xi \neq \tfrac{1}{2}\cdot(n-1)$ bilden die erweiterten Codewörter

$$\hat{q}_h := (q_h,\hat{q}_\infty) \in V_{n+1}(q), h \in \mathbb{Z}_n,$$

des h-mal, $h = 0,1,\ldots,n-1$, zyklisch verschobenen Quadratwortes $q \in Q$ dagegen ein Erzeugendensystem des k-dimensionalen Unter-vektorraumes $\hat{Q} \subseteq V_{n+1}(q)$. Es gilt stets

$$\sum_{h \in \mathbb{Z}_n}\hat{q}_h = \left(\left(\tfrac{1}{2}\cdot(n-1)-\xi\right)\cdot\mathbf{1},n\cdot\hat{q}_\infty\right) = \left(\tfrac{1}{2}\cdot(n-1)-\xi\right)\cdot\hat{\mathbf{1}} \in \hat{Q}.$$

Im Fall $\xi = \tfrac{1}{2}\cdot(n-1)$ stellt diese Linearkombination zwar den Null-vektor dar, für $\xi \neq \tfrac{1}{2}\cdot(n-1)$ können wir aber damit das erweiterte Eins-wort $\hat{\mathbf{1}} \in \hat{Q}$ als übersichtliche Linearkombination der Vektoren des Erzeugendensystems $\{\hat{q}_0,\hat{q}_1,\ldots,\hat{q}_{n-1}\}$ des Vektorraumes $\hat{Q}$ darstellen.

Die Golay-Codes. Wir beschreiben die Quadratwörter der binären und ternären QR-Codes einer Primzahllänge n. Die Zahl 2 beziehungsweise 3 ist dann modulo n ein Quadrat.

Im binären Fall $q = 2$ gilt nach der zweiten Ergänzung des Reziprozi-tätsgesetzes (Seite 368) $n \equiv 1,-1 \mod 8$. Wir denken uns die primitive n-te Einheitswurzel $\zeta \in \mathbb{F}_{2^m}$ so gewählt, daß die GAUSSsche Periode $\xi \in \mathbb{F}_2$ nicht den Wert $\tfrac{1}{2}\cdot(n-1)$ annimmt, das heißt, es sei $\xi = 1$ im Fall $n \equiv 1 \mod 8$ und $\xi = 0$ im Fall $n \equiv -1 \mod 8$.

Im Spezialfall $n = 23$ ist die Gruppe $\square \subseteq \mathbb{Z}_{23}^*$ mit der Kreisteilungs-klasse $KK(1;23,2)$ identisch. Beim binären QR-Code der Länge 23 handelt es sich also um den auf Seite 358 definierten binären Golay-Code $GOL(23)$. Während wir dort sein Generatorpolynom

$$g_\square(z) = 1+z+z^5+z^6+z^7+z^9+z^{11}$$

recht mühselig berechnet haben, schreiben wir das erzeugende Quadrat-wort aus $GOL(23)$ automatisch als

$$q(z) = \xi + \sum_{h \in \square} z^h = z + z^2 + z^3 + z^4 + z^6 + z^8 + z^9 + z^{12} + z^{13} + z^{16} + z^{18}$$

nieder. Wegen $q(z) = (z + z^3 + z^7) \cdot g_\square(z)$ erzeugen $q(z)$ und $g_\square(z)$ tatsächlich denselben Code Q (und nicht ein Polynom den Code Q und das andere Polynom den Code N). Das Kontrollsymbol des Quadratwortes $q(z) \in \mathrm{GOL}(23)$ hat den Wert $\hat{q}_\infty = \xi + 1 = 1$.

Im ternären Fall $q = 3$ gilt $\left(\frac{3}{n}\right) = 1$, also $n \equiv 1, -1 \bmod 12$. Wegen $\xi + \xi' + 1 = 0$ und $\xi \neq \xi'$ ist $\xi \neq 1$, also $\{\xi, \xi'\} = \{0, -1\}$. Wir denken uns die primitive n-te Einheitswurzel $\zeta \in \mathbb{F}_3$ so gewählt, daß die GAUSSsche Periode $\xi \in \mathbb{F}_3$ nicht den Wert $\frac{1}{2} \cdot (n-1)$ annimmt, das heißt, es sei $\xi = -1$ im Fall $n \equiv 1 \bmod 12$ und $\xi = 0$ im Fall $n \equiv -1 \bmod 12$.

Im Spezialfall $n = 11$ ist die Gruppe $\square$ der Quadrate aus $\mathbb{Z}_{11}^*$ mit der Kreisteilungsklasse $KK(1;11,3)$ identisch. Der von seinem Quadratwort
$$q(z) = z + z^3 + z^4 + z^5 + z^9$$
in $R_{11}(3)$ erzeugte QR-Code ist der *ternäre Golay-Code* $\mathrm{GOL}(11)$ mit dem Generatorpolynom
$$g_\square(z) = -1 - z + z^2 - z^3 + z^5.$$

Die QR-Codes der Länge $n = 7$. Wir beschreiben die QR-Codes Q der Länge $n = 7$ aller möglichen Ordnungen q. Die Quadrategruppe des Restklassenkörpers $\mathbb{Z}_7^*$ ist $\square = \{1, 2, 4\}$. Das Generatorpolynom, das Kontrollpolynom und das Quadratwort bestimmen wir als
$$g_\square(z) = (z - \zeta) \cdot (z - \zeta^2) \cdot (z - \zeta^4) = -1 + \xi' \cdot z - \xi \cdot z^2 + z^3,$$
$$h_\square(z) = (z - 1) \cdot (z - \zeta^3) \cdot (z - \zeta^5) \cdot (z - \zeta^6) = 1 + \xi' \cdot z - z^2 + \xi \cdot z^3 + z^4,$$
$$q(z) = -\xi + z + z^2 + z^4.$$
Nach dem Satz über die GAUSSschen Perioden ist ξ eine Wurzel des Polynoms $z^2 + z + 2 \in \mathbb{F}_p[z]$. Das Element $\frac{1}{2} \cdot (n-1) \in \mathbb{F}_p$ ist genau dann eine Nullstelle dieses Polynoms, wenn $14 \equiv 0 \bmod p$ gilt. Der Fall $p = 7$ ist wegen unserer Generalvoraussetzung $p \neq n$ ausgeschlossen. Im Fall $p = 2$ können wir uns die siebente Einheitswurzel $\zeta \in \mathbb{F}_8$ so gewählt denken, daß $\xi = 0 \neq 1 = 3$ in $\mathbb{F}_2$ gilt. Im Fall $p \equiv 2, 4 \bmod 7$ ist $q = p$, während im Fall $p \equiv 3, 5 \bmod 7$ stets $q = p^2$ gilt. In beiden Fällen ist $\square = KK(1;7,q)$ und das Generatorpolynom $g_\square(z)$ ist das (irreduzible) Minimalpolynom $m_\zeta(z)$ der primitiven siebenten Einheitswurzel ζ über $\mathbb{F}_q$. Der QR-Code Q ist in diesen Fällen ein in $R_7(q)$ maximaler zyklischer Code; der Code Q ist der größte zyklische Code in

$R_7(q)$, der die Einheitswurzeln ζ und ζ^2 als Wurzeln besitzt. Damit ist Q ein BCH-Code im engeren Sinne mit dem Entwurfsabstand $\delta = 3$.

Im Spezialfall $p = 2$ sind die Codes Q und N zyklische Versionen des binären (7,4)-Hamming-Codes $\mathrm{HAM}(3,2)$, wie wir in Beispiel 2 des Abschnittes 9.1 auf Seite 340f. nachlesen können.

Im Fall $p \equiv 1 \bmod 7$ ist $q = p$, während im Fall $p \equiv 6 \bmod 7$ stets $q = p^2$ gilt. In beiden Fällen ist $KK(1;7,q) = \{1\}$ und die primitive siebente Einheitswurzel ζ liegt in $\mathbb{F}_q$. Der QR-Code Q ist in diesen Fällen zwar kein BCH-Code, nach der BCH-Schranke ist sein Minimalabstand aber mindestens 3.

9.6.5 Automorphismen

In diesem Unterabschnitt bestimmen wir eine Automorphismengruppe der Erweiterung $\hat{Q} \subset V_{n+1}(q)$ des QR-Codes $Q \subset R_n(q)$. Es wird sich herausstellen, daß die Gruppe $\mathrm{LinAut}(\hat{Q})$ transitiv auf den Positionen operiert (Seite 53 und 302).

Wie auf Seite 203 beschrieben, erweitern wir den Restklassenkörper $\mathbb{Z}_n$ um das uneigentliche Element ∞. Es sei α ein erzeugendes Element der zyklischen multiplikativen Gruppe $\mathbb{Z}_n^*$. Dann ist α sicher ein quadratischer Nichtrest, $\alpha \in \boxtimes$; wir setzen $\omega := \alpha^2$. Die spezielle projektive lineare Gruppe $\mathrm{PSL}_2(n)$ der gebrochenen linearen Transformationen $\mathbb{Z}_n \cup \{\infty\} \to \mathbb{Z}_n \cup \{\infty\}$ wird von den drei Transformationen

$$\sigma : x \mapsto x+1, \quad \varrho : x \mapsto \omega \cdot x, \quad \pi : x \mapsto \frac{-1}{x}$$

erzeugt; sie operiert auf $\mathbb{Z}_n \cup \{\infty\}$ zweifach transitiv.

In den $\frac{1}{2} \cdot (n+1)$-elementigen Teilmengen $\square \cup \{0\}$ und $\boxtimes \cup \{0\}$ der n-elementigen Menge $\mathbb{Z}_n$ gibt es trivialerweise mindestens zwei (zyklisch gesehen) aufeinanderfolgende Indizes. Nach der BCH-Schranke hat damit der Minimalabstand der Verkleinerungen Q^- und N^- der Codes Q und N, also in jedem Falle der Minimalabstand des zum QR-Code Q orthogonalen Codes $Q^\perp$ mindestens den Wert 3. Nach dem Eindeutigkeitssatz von Seite 299 dürfen wir daher die linearen Automorphismengruppen $\mathrm{LinAut}(Q)$ und $\mathrm{LinAut}(\hat{Q})$ als Untergruppen der auf $V_n(q)$ oder $V_{n+1}(q)$ operierenden monomialen Gruppen $\mathrm{Mon}_n(q)$ oder $\mathrm{Mon}_{n+1}(q)$ betrachten.

Im folgenden soll gezeigt werden, daß es zu jeder Transformation $\tau \in \mathrm{PSL}_2(n)$ ein $(n+1)$-Tupel $\kappa = (\kappa_0, \kappa_1, \ldots, \kappa_{n-1}, \kappa_\infty) \in (\mathbb{F}_q^*)^{n+1}$

mit lauter von Null verschiedenen Komponenten gibt, so daß die Abbildung $\check{\kappa} \circ \tilde{\tau} \in \mathrm{Mon}_{n+1}(q)$, die jedes Wort $(x_0, x_1, \ldots, x_{n-1}, x_\infty) \in V_{n+1}(q)$ in das Wort $\left(\kappa_0 \cdot x_{\tau^{-1}(0)}, \kappa_1 \cdot x_{\tau^{-1}(1)}, \ldots, \kappa_{n-1} \cdot x_{\tau^{-1}(n-1)}, \kappa_\infty \cdot x_{\tau^{-1}(\infty)}\right)$ überführt, ein (linearer) Automorphismus des erweiterten QR-Codes $\hat{Q} \subset V_{n+1}(q)$ ist.

Die Äquivalenzabbildung

$$\tilde{\sigma} : V_{n+1}(q) \to V_{n+1}(q) \; ; \; x_0 x_1 \ldots x_{n-1} x_\infty \mapsto x_{n-1} x_0 \ldots x_{n-2} x_\infty$$

ist ein Automorphismus von $\hat{Q}$, weil Q ein zyklischer Code ist, und weil das Kontrollsymbol $\hat{x}_\infty$ jedes Wortes $x \in V_n(q)$ für jede Äquivalenzabbildung $\tilde{\tau} \in \mathrm{\ddot{A}qu}_n(q)$ mit dem Kontrollsymbol des Wortes $\tilde{\tau}(x) \in V_n(q)$ übereinstimmt. Die Äquivalenzabbildung

$$\tilde{\varrho} : V_{n+1}(q) \to V_{n+1}(q) \; ; \; x_0 x_1 \ldots x_{n-1} x_\infty \mapsto x_0 x_{\frac{1}{\omega}} \ldots, x_{\frac{1}{\omega} \cdot (n-1)} x_\infty$$

ist ebenfalls ein Automorphismus von $\hat{Q}$, da die Einsetz-Abbildung

$$R_n(q) \to R_n(q) \; ; \; x(z) \mapsto x(z^\omega)$$

den Code Q invariant läßt. Die (involutorische) Äquivalenzabbildung

$$\tilde{\pi} : V_{n+1}(q) \to V_{n+1}(q) \; ; \; x_0 x_1 \ldots x_{n-1} x_\infty \mapsto x_\infty x_{-1} \ldots x_{\frac{-1}{n-1}} x_0$$

bildet dagegen im allgemeinen den erweiterten QR-Code $\hat{Q}$ nicht auf sich selbst ab. Wir suchen nach einem $(n+1)$-Tupel

$$(\varepsilon_0, \varepsilon_1, \ldots, \varepsilon_{n-1}, \varepsilon_\infty) \in (\mathbb{F}_q^*)^{n+1},$$

so daß für jedes Codewort

$$c \cong c(z) = \sum_{i \in \mathbb{Z}_n} c_i \cdot z^i \in Q$$

das Wort

$$\varphi(\hat{c}) := \check{\varepsilon} \circ \tilde{\pi}(\hat{c}) = (\varepsilon_0 \cdot \hat{c}_\infty, \ldots, \varepsilon_i \cdot c_{\frac{-1}{i}}, \ldots, \varepsilon_\infty \cdot c_0)$$

im erweiterten QR-Code $\hat{Q}$ liegt. Wenn wir fündig geworden sind, wissen wir, daß die von den Äquivalenzabbildungen $\tilde{\sigma}$, $\tilde{\varrho}$, der monomialen Abbildung $\varphi = \check{\varepsilon} \circ \tilde{\pi}$ und den Diagonalabbildungen

$$\check{\kappa} : V_{n+1}(q) \to V_{n+1}(q) \; ; \; a \mapsto \kappa \cdot a \quad \text{mit} \quad \kappa \in \mathbb{F}_q^*$$

erzeugte Untergruppe von $\mathrm{Mon}_{n+1}(q)$, die hier sogenannte GLEASON-PRANGE-*Gruppe* $\mathrm{GP}_n(q)$, auf dem erweiterten QR-Code $\hat{Q}$ als Automorphismengruppe operiert. Da die GLEASON-PRANGE-Gruppe $\mathrm{GP}_n(q)$ für jedes $\kappa \in \mathbb{F}_q^*$ die Diagonalabbildung $a \mapsto \kappa \cdot a$ enthält, dürfen wir

$$\varepsilon_0 := -1$$

setzen.

Wir betrachten zunächst den Fall $n \equiv 1 \bmod 4$. Das Bild $\varphi(\hat{q})$ des erweiterten Quadratwortes $\hat{q} = (-\xi + \sum_{i \in \square} z^i, \xi)$ hat an der Position

Nr. 0 die Komponente $\varepsilon_0 \cdot \hat{q}_\infty = -\xi$, an der Position $i \in \square$ die Komponente $\varepsilon_i \cdot q_{\frac{-1}{i}} = \varepsilon_i$, an der Position $i \in \boxslash$ die Komponente $\varepsilon_i \cdot q_{\frac{-1}{i}} = 0$ und an der Position ∞ die Komponente $\varepsilon_\infty \cdot q_0 = -\varepsilon_\infty \cdot \xi$. Wenn wir $\varepsilon_i := 1$ für $i \in \square$ und $\varepsilon_\infty := -1$ setzen, so erhalten wir

$$\varphi(\hat{q}) = \hat{q} \in \hat{Q}.$$

Wir betrachten nun den Fall $n \equiv -1 \bmod 4$. Das Bild $\varphi(\hat{q})$ des erweiterten Quadratwortes $\hat{q} = (-\xi + \sum_{i \in \square} z^i, \xi + 1)$ hat an der Position Nr. 0 die Komponente $\varepsilon_0 \cdot \hat{q}_\infty = -\xi - 1$, an der Position $i \in \square$ die Komponente $\varepsilon_i \cdot q_{\frac{-1}{i}} = 0$, an der Position $i \in \boxslash$ die Komponente $\varepsilon_i \cdot q_{\frac{-1}{i}} = \varepsilon_i$ und an der Position ∞ die Komponente $\varepsilon_\infty \cdot q_0 = -\varepsilon_\infty \cdot \xi$. Wenn wir $\varepsilon_i := -1$ für $i \in \boxslash$ und $\varepsilon_\infty := 1$ setzen, so erhalten wir

$$\varphi(\hat{q}) = (-\xi - 1 - \sum_{i \in \boxslash} z^i, -\xi) = \big(q(z) - E(z), \xi + 1 - (2 \cdot \xi + 1)\big) = \hat{q} - \hat{1} \in \hat{Q}.$$

Diese Überlegungen führen uns für $n \equiv \pm 1 \bmod 4$ zu der Definition

$$\varepsilon_0 := -1, \ \varepsilon_\infty := -\left(\tfrac{-1}{n}\right) \ \text{und} \ \varepsilon_i := \left(\tfrac{i}{n}\right) \ \text{für} \ i \in \mathbb{Z}_n^*.$$

Und tatsächlich kann mit dieser Festlegung gezeigt werden, daß die monomiale Abbildung $\varphi = \tilde{\varepsilon} \circ \tilde{\pi} \in \mathrm{Mon}_{n+1}(q)$ den erweiterten QR-Code $\hat{Q}$ invariant läßt:

GLEASON-PRANGE-Theorem. $\mathrm{GP}_n(q) \subseteq \mathrm{LinAut}(\hat{Q})$.

Beweis. Um zu gewährleisten, daß die Codewörter $\hat{q}_0, \hat{q}_1, \ldots, \hat{q}_{n-1}$ ein Erzeugendensystem des Untervektorraumes $\hat{Q}$ des Vektorraumes $V_{n+1}(q)$ bilden, denken wir uns die primitive n-te Einheitswurzel $\zeta \in \mathbb{F}_{p^m}$ so gewählt, daß die GAUSSsche Periode ξ nicht den Wert $\frac{1}{2} \cdot (n-1)$ annimmt.

Wir brauchen jetzt nur zu zeigen, daß die Bilder

$$\varphi(\hat{q}_h) = (\varepsilon_0 \cdot \hat{q}_\infty, \ldots, \varepsilon_j \cdot q_{-\frac{1}{j} - h}, \ldots, \varepsilon_\infty \cdot q_{-h})$$

der Vektoren

$$\hat{q}_h = (q_{-h}, \ldots, q_{j-h}, \ldots, \hat{q}_\infty)$$

für alle $h \in \mathbb{Z}_n$ jeweils Codewörter aus $\hat{Q}$ sind. Für $h = 0$ haben wir das bei der Ermittlung der Komponenten

$$\varepsilon_0 = -1, \ldots, \varepsilon_j = \left(\tfrac{j}{n}\right), \ldots, \varepsilon_\infty = -\left(\tfrac{-1}{n}\right)$$

bereits eingesehen. Es sei nun $h \in \mathbb{Z}_n^*$. Wir berechnen die Komponenten

$$\varphi_j := \varepsilon_j \cdot q_{-\frac{1}{j} - h}$$

des Wortes $\varphi(\hat{q}_h) \in V_{n+1}(q)$ zunächst an den Positionen $j = 0, \infty, \frac{-1}{h}$:

$$j = 0 \;:\; \varphi_0 \;=\; \varepsilon_0 \cdot \hat{q}_\infty \;=\; \begin{cases} -\xi & ,\text{falls } \left(\tfrac{-1}{n}\right) = 1 \\ -\xi-1 & ,\text{falls } \left(\tfrac{-1}{n}\right) = -1 \end{cases};$$

$$j = \infty \;:\; \varphi_\infty \;=\; \varepsilon_\infty \cdot q_{-h} \;=\; \begin{cases} -\left(\tfrac{-1}{n}\right) & ,\text{falls } \left(\tfrac{-h}{n}\right) = 1 \\ 0 & ,\text{falls } \left(\tfrac{-h}{n}\right) = -1 \end{cases};$$

$$j = \tfrac{-1}{h} \;:\; \varphi_{\frac{-1}{h}} \;=\; \varepsilon_{\frac{-1}{h}} \cdot q_0 \;=\; -\left(\tfrac{-h}{n}\right) \cdot \xi .$$

Für die restlichen $n-2$ Indizes $j \in \mathbb{Z}_n^* \setminus \{\tfrac{-1}{h}\}$ setzen wir jeweils $i := \tfrac{-1}{j}$ und berechnen die Komponente φ_j von $\varphi(\hat{q}_h)$ an der Position

$$j = \tfrac{-1}{i} \;:\; \varphi_{\frac{-1}{i}} \;=\; \varepsilon_{\frac{-1}{i}} \cdot q_{i-h} \;=\; \begin{cases} \left(\tfrac{-i}{n}\right) & ,\text{ falls } \left(\tfrac{i-h}{n}\right) = 1 \\ 0 & ,\text{ falls } \left(\tfrac{i-h}{n}\right) = -1 \end{cases}.$$

Wir wollen jetzt das Wort $\varphi(\hat{q}_h)$ als möglichst einfache Linearkombination der Vektoren $\hat{q}_0, \hat{q}_1, \ldots, \hat{q}_{n-1}, \hat{1} \in \hat{Q}$ darstellen. Bei der Suche nach den an dieser Linearkombination beteiligten Vektoren orientieren wir uns an den „kritischen" Positionen $j = 0, \infty, \tfrac{-1}{h}$. Die GAUSSsche Periode $\xi \in \mathbb{F}_q$ ist explizit ein Bestandteil der Komponenten des Wortes $\varphi(\hat{q}_h)$ an den Positionen $j = 0$ und $j = \tfrac{-1}{h}$, während sie in den Codewörtern $\hat{q}_h$ oder $\hat{q}_{\frac{-1}{h}}$ beziehungsweise $\hat{1}$ an den Positionen $j = 0, \infty$ oder $j = \tfrac{-1}{h}, \infty$ beziehungsweise $j = \infty$ auftritt.

Das Codewort
$$\hat{q}_{\frac{-1}{h}} \;=\; (q_{\frac{1}{h}}, \ldots, q_{j+\frac{1}{h}}, \ldots, \hat{q}_\infty)$$
hat an den kritischen Positionen die folgenden Komponenten:

$$j = 0 \;:\; q_{\frac{1}{h}} \;=\; \begin{cases} 1 & ,\text{falls } \left(\tfrac{h}{n}\right) = 1 \\ 0 & ,\text{falls } \left(\tfrac{h}{n}\right) = -1 \end{cases};$$

$$j = \infty \;:\; \hat{q}_\infty \;=\; \begin{cases} \xi & ,\text{falls } \left(\tfrac{-1}{n}\right) = 1 \\ \xi+1 & ,\text{falls } \left(\tfrac{-1}{n}\right) = -1 \end{cases};$$

$$j = \tfrac{-1}{h} \;:\; q_0 \;=\; -\xi .$$

Im Fall $\left(\tfrac{-h}{n}\right) = 1$ stimmt das Codewort
$$\hat{q} + \hat{q}_{\frac{-1}{h}} - \hat{1}$$
mit dem Wort $\varphi(\hat{q}_h)$ an den kritischen Positionen $j = 0, \infty, \tfrac{-1}{h}$ überein:

$$j = 0 \;:\; q_0 + q_{\frac{1}{h}} - 1 \;=\; \begin{cases} -\xi+1-1 = -\xi & ,\text{falls } \left(\tfrac{-1}{n}\right) = 1 \\ -\xi+0-1 = -\xi-1 & ,\text{falls } \left(\tfrac{-1}{n}\right) = -1 \end{cases};$$

$$j = \infty \;:\; \hat{q}_\infty + \hat{q}_\infty - \hat{1}_\infty \;=\; \begin{cases} \xi + \xi - (2\cdot\xi+1) = -1 & ,\text{falls } \left(\tfrac{-1}{n}\right) = 1 \\ \xi+1 + \xi+1 - (2\cdot\xi+1) = 1 & ,\text{falls } \left(\tfrac{-1}{n}\right) = -1 \end{cases};$$

$$j = \tfrac{-1}{h} \;:\; q_{\frac{-1}{h}} + q_0 - 1 \;=\; 1 - \xi - 1 = -\xi .$$

Im Fall $\left(\frac{-h}{n}\right) = -1$ stimmt das Codewort

$$\hat{q} - \hat{q}_{\frac{-1}{h}}$$

mit dem Wort $\varphi(\hat{q}_h)$ an den kritischen Positionen $j = 0, \infty, \frac{-1}{h}$ überein:

$$j = 0 \; : \quad q_0 - q_{\frac{1}{h}} \;=\; \begin{cases} -\xi & , \text{falls } \left(\frac{-1}{n}\right) = \;\;\;1 \\ -\xi - 1, & \text{falls } \left(\frac{-1}{n}\right) = -1 \end{cases};$$

$$j = \infty \; : \quad \hat{q}_\infty - \hat{q}_\infty \;=\; 0;$$

$$j = \tfrac{-1}{h} : \quad q_{\frac{-1}{h}} - q_0 \;=\; \xi.$$

Es sei nun $i \in \mathbb{Z}_n^* \setminus \{h\}$. Wir bestätigen durch die Berechnung der Komponente der Codewörter $\hat{q} + \hat{q}_{\frac{-1}{h}} - \hat{1}$ und $\hat{q} - \hat{q}_{\frac{-1}{h}}$ an der Position $j := \frac{-1}{i}$ die Gleichung

$$\varphi(\hat{q}_h) \;=\; \begin{cases} \hat{q} + \hat{q}_{\frac{-1}{h}} - \hat{1} \;, & \text{falls } \left(\frac{-h}{n}\right) = \;\;\;1 \\ \hat{q} - \hat{q}_{\frac{-1}{h}} \;\;\;, & \text{falls } \left(\frac{-h}{n}\right) = -1 \end{cases}.$$

Wegen $\left(\frac{\frac{i-h}{i \cdot h}}{n}\right) = \left(\frac{-h}{n}\right) \cdot \left(\frac{-i}{n}\right) \cdot \left(\frac{i-h}{n}\right)$ hat das Codewort

$$\hat{q}_{\frac{-1}{h}}$$

an der Position $j = \frac{-1}{i}$ die Komponente

$$q_{\frac{-1}{i} + \frac{1}{h}} \;=\; q_{\frac{i-h}{i \cdot h}} \;=\; \begin{cases} 1, & \text{falls } \left(\frac{-h}{n}\right) \cdot \left(\frac{-i}{n}\right) \cdot \left(\frac{i-h}{n}\right) = \;\;\;1 \\ 0, & \text{falls } \left(\frac{-h}{n}\right) \cdot \left(\frac{-i}{n}\right) \cdot \left(\frac{i-h}{n}\right) = -1 \end{cases}.$$

Im Fall $\left(\frac{-h}{n}\right) = 1$ hat der Vektor $\hat{q} + \hat{q}_{\frac{-1}{h}} - \hat{1}$ an der Position $j = \frac{-1}{i}$ die Komponente

$$q_{\frac{-1}{i}} + q_{\frac{i-h}{i \cdot h}} - 1 \;=\; \begin{cases} 0 + 0 - 1 = -1 \,, & \text{falls } \left(\frac{-i}{n}\right) = -1 \text{ und } \left(\frac{i-h}{n}\right) = \;\;\;1 \\ 0 + 1 - 1 = \;\;\;0 \,, & \text{falls } \left(\frac{-i}{n}\right) = -1 \text{ und } \left(\frac{i-h}{n}\right) = -1 \\ 1 + 0 - 1 = \;\;\;0 \,, & \text{falls } \left(\frac{-i}{n}\right) = \;\;\;1 \text{ und } \left(\frac{i-h}{n}\right) = -1 \\ 1 + 1 - 1 = \;\;\;1 \,, & \text{falls } \left(\frac{-i}{n}\right) = \;\;\;1 \text{ und } \left(\frac{i-h}{n}\right) = \;\;\;1 \end{cases},$$

also

$$q_{\frac{-1}{i}} + q_{\frac{i-h}{i \cdot h}} - 1 \;=\; \varphi_{\frac{-1}{i}} \;=\; \varphi_j.$$

Im Fall $\left(\frac{-h}{n}\right) = -1$ hat der Vektor $\hat{q} - \hat{q}_{\frac{-1}{h}}$ an der Position $j = \frac{-1}{i}$ die Komponente

$$q_{\frac{-1}{i}} - q_{\frac{i-h}{i \cdot h}} \;=\; \begin{cases} 0 - 0 = \;\;\;0 \,, & \text{falls } \left(\frac{-i}{n}\right) = -1 \text{ und } \left(\frac{i-h}{n}\right) = -1 \\ 0 - 1 = -1 \,, & \text{falls } \left(\frac{-i}{n}\right) = -1 \text{ und } \left(\frac{i-h}{n}\right) = \;\;\;1 \\ 1 - 0 = \;\;\;1 \,, & \text{falls } \left(\frac{-i}{n}\right) = \;\;\;1 \text{ und } \left(\frac{i-h}{n}\right) = \;\;\;1 \\ 1 - 1 = \;\;\;0 \,, & \text{falls } \left(\frac{-i}{n}\right) = \;\;\;1 \text{ und } \left(\frac{i-h}{n}\right) = -1 \end{cases},$$

also

$$q_{\frac{-1}{i}} - q_{\frac{i-h}{i \cdot h}} \;=\; \varphi_{\frac{-1}{i}} \;=\; \varphi_j. \qquad \qquad \square$$

Da die GLEASON-PRANGE-Gruppe $GP_n(q)$ als eine Automorphismen-gruppe des erweiterten QR-Codes $\hat{Q}$ transitiv auf der Menge $\mathbb{Z}_n \cup \{\infty\}$ der Positionen operiert, ist der punktierte Code, der aus $\hat{Q}$ durch Streichen der Komponente an irgendeiner festen Position in allen Code-wörtern aus $\hat{Q}$ entsteht, jeweils ein zum QR-Code Q isomorpher Code.

$GP_n(2)$. Im Fall $p = 2$ sind die Komponenten des die Diagonalabbildung $\check{\kappa}$ definierenden $(n + 1)$-Tupels $(\varepsilon_0, \varepsilon_1, \ldots, \varepsilon_{n-1}, \varepsilon_\infty) \in (\mathbb{F}_q^*)^{n+1}$ alle gleich 1, und damit besteht die GLEASON-PRANGE-Gruppe $GP_n(q)$ in den Fällen $q = 2, 4$ aus allen Abbildungen $\check{\kappa} \circ \tilde{\tau} \in Mon_{n+1}(q)$, deren Kon-figurationsanteil $\check{\kappa}$ zu einem konstanten Vektor $(\kappa, \kappa, \ldots, \kappa) \in (\mathbb{F}_q^*)^{n+1}$ gehört, und deren Äquivalenzanteil $\tilde{\tau}$ von einer gebrochen linearen Transformation τ von $\mathbb{Z}_n \cup \{\infty\}$ induziert wird. Während κ im Fall $(\frac{2}{n}) = -1$, das heißt für $n \equiv 3, -3 \bmod 8$ und $q = 4$, die Werte $1, \xi, \xi'$ annehmen kann, ist im Fall $(\frac{2}{n}) = 1$, das heißt für $n \equiv 1, -1 \bmod 8$, we-gen $q = 2$ zwangsläufig $\kappa = 1$. In diesem binären Fall besteht $GP_n(2)$ also genau aus den von den gebrochenen linearen Transformationen aus der projektiven speziellen linearen Gruppe $PSL_2(n)$ induzierten Äqui-valenzabbildungen.

$HAM(3,2)$. Im Fall $n = 7$ und $p = 2$ ist $q = 2$. Der binäre QR-Code Q der Länge 7 ist, wie wir auf Seite 381 und in Beispiel 2 des Abschnittes 9.1 auf Seite 340f. nachlesen können, eine zyklische Version des binären Hamming-Codes $HAM(3,2)$. Auf Seite 300f. steht geschrieben, daß die volle allgemeine lineare Gruppe $GL_3(2)$ als Automorphismengruppe auf dem Hamming-Code Q operiert, $LinAut(Q) = GL_3(2)$. Diese Gruppe $GL_3(2)$ hat — ebenso wie die GLEASON-PRANGE-Gruppe $GP_7(2)$, die auf dem zum Bauer-Code äquivalenten erweiterten Hamming-Code $\hat{Q}$ als Automorphismengruppe operiert — die Ordnung 168. Die Gruppe $LinAut(\hat{Q}) = \ddot{A}qu(\hat{Q})$ operiert transitiv auf den Positionen; das wurde schon auf Seite 32 festgestellt. Für jeden Index $i \in \mathbb{Z}_7 \cup \{\infty\}$ ist die Punktierung des Codes $\hat{Q}$ in der Position i eine äquivalente Version des Hamming-Codes $HAM(3,2)$. Der Stabilisator $\{\tilde{\pi} \in \ddot{A}qu(\hat{Q}) \ ; \pi(i) = i\}$ der Gruppe aller linearen Automorphismen von $\hat{Q}$ in der Position i ist also zur allgemeinen linearen Gruppe $GL_3(2)$ isomorph und hat die Ordnung 168. Damit hat die transitiv auf den Positionen operierende Gruppe $LinAut(\hat{Q})$ die Ordnung $8 \cdot 168 = 1344$; das haben wir schon auf Seite 56 gesehen.

Golay-Codes. Die MATHIEU*sche Gruppe* M_{24} der Ordnung 244 823 040 operiert als volle Gruppe der linearen Automorphismen auf der Erweiterung des binären Golay-Codes GOL(23). Die Gruppe der Äquivalenzanteile der linearen Automorphismen der Erweiterung des ternären Golay-Codes GOL(11) beziehungsweise des quaternären QR-Codes der Länge 5 ist zur MATHIEUschen Gruppe M_{12} der Ordnung 95 040 beziehungsweise zur alternierenden Gruppe vom Grad 6 der Ordnung 360 isomorph. Das kann man im Handbuch von F. J. MACWILLIAMS und N. J. A. SLOANE nachlesen. Sonst gibt es keine QR-Codes, deren Erweiterung eine die GLEASON-PRANGE-Gruppe echt umfassende Automorphismengruppe besitzt (W. FEIT, *Some consequences of the classification of finite simple groups*, Proc. Symp. Pure Math. 37 (1980) 175-181).

9.6.6 Der Minimalabstand

Der Hauptnutzen, den wir aus dem GLEASON-PRANGE-Theorem ziehen, besteht darin, mit seiner Hilfe zu zeigen, daß wir den QR-Code Q der Länge n über $\mathbb{F}_q$ *sinnvoll* zum Code $\hat{Q}$ erweitert und zum Code Q^- verkleinert haben:

Satz über den Minimalabstand der QR-Codes. *Es seien Q der QR-Code der Länge n über $\mathbb{F}_q$ und $d := d(Q)$ sein Minimalabstand. Dann haben die Erweiterung $\hat{Q}$ und die Verkleinerung Q^- von Q beide den Minimalabstand $d + 1 = d(\hat{Q}) = d(Q^-)$.*

Beweis. Nach der Bemerkung von Seite 335 auf der 15., 14. und 13. Zeile von unten ist $d > 1$. Weiterhin gilt $d \le d(\hat{Q}) \le d + 1$. Wäre $d(\hat{Q}) = d$, so müßte das Kontrollsymbol jeden Minimalgewichtswortes aus $\hat{Q}$ den Wert 0 haben; denn sonst erhielte man durch Streichen dieses Kontrollsymbols ein Codewort aus dem QR-Code Q vom HAMMING-Gewicht $d - 1$. Aus der Annahme $d(\hat{Q}) = d$ ergibt sich also die Existenz eines Codewortes $c \cong c(z) \in Q$ mit $\gamma(c) = d$ und $\hat{c}_\infty = 0$. Wenn ein solches Codewort $c \in Q$ existierte, so könnten wir, weil $\mathrm{Aut}(\hat{Q})$ nach dem GLEASON-PRANGE-Theorem transitiv auf den Positionen operiert, aus dem erweiterten Codewort $\hat{c} \in \hat{Q}$ irgendeine von Null verschiedene Komponente streichen und erhielten ein Codewort vom Gewicht $d - 1$ in einem zu Q isomorphen, durch Punktieren aus $\hat{Q}$ hervorgegangenen Code. Aus diesem Widerspruch folgt $d(\hat{Q}) = d + 1$.

Wegen $Q^- \subset Q$ ist $d(Q^-) \ge d$. Wäre $d(Q^-) = d$, so gäbe es in Q ein Codewort $c \cong c(z)$ vom Minimalgewicht $\gamma(c) = d$ mit $c(1) = 0$. Das Kontrollsymbol $\hat{c}_\infty = \frac{1}{n} \cdot (2 \cdot \xi + 1) \cdot c(1)$ des erweiterten Codewortes $\hat{c}$ hätte dann ebenfalls den Wert 0, was den Widerspruch $\gamma(\hat{c}) = d$ nach sich zöge. Es ist also $d(Q^-) > d$. Da die GLEASON-PRANGE-Gruppe transitiv auf den Positionen von $\hat{Q}$ operiert, gibt es in $\hat{Q}$ ein Minimalgewichtswort $\hat{c}$ mit $\hat{c}_\infty = 0$. Wir punktieren das Wort $\hat{c}$ in der letzten Position und erhalten ein Codewort $c \cong c(z) \in Q$ vom HAMMING-Gewicht $\gamma(c) = d + 1$. Wegen $c(1) = n \cdot \frac{1}{2 \cdot \xi + 1} \cdot \hat{c}_\infty = 0$ gilt $c \in Q^-$. Es folgt $d(Q^-) = d + 1$. $\qquad\qquad\square$

Vom Standpunkt der mathematischen Ästhetik begründet das GLEASON-PRANGE-Theorem die Attraktivität der QR-Codes. Vom codierungstheoretischen Standpunkt gesehen sind die QR-Codes deswegen eine interessante Klasse zyklischer Codes, weil sie alle einen relativ großen Minimalabstand haben:

Quadratwurzelschranke. *Der Minimalabstand $d := d(Q)$ des QR-Codes Q der Länge n über $\mathbb{F}_q$ genügt (unabhängig von seiner Ordnung q) der Ungleichung $d^2 \geq n$. Im Fall $n \equiv -1 \bmod 4$ gilt sogar $d^2 - d + 1 \geq n$.*

Beweis. Es sei

$$c \cong c(z) = \sum_{i=0}^{n-1} c_i \cdot z^i \in Q$$

ein Codewort vom Minimalgewicht $\gamma(c) = d$. Nach dem Satz über den Minimalabstand der QR-Codes gilt $c \in Q \setminus Q^-$, das heißt $c(1) \neq 0$. Es sei weiterhin $u \in \boxtimes$ ein Nichtquadrat. Dann ist $c(z^u)$ ein Codewort aus N, und das Produkt $c(z) \cdot c(z^u) \in R_n(q)$ ist ein vom Nullwort 0 verschiedenes Codewort aus dem vom Einswort $1 \cong E(z) = g_\square(z) \cdot g_\boxtimes(z)$ in $R_n(q)$ erzeugten $(n,1)$-Code $Q \cap N$ aller konstanten Wörter aus $V_n(q)$. Es folgt $\gamma\big(c(z) \cdot c(z^u)\big) = n$. Das Produktpolynom zweier Polynome vom HAMMING-Gewicht d hat in $\mathbb{F}_q[z]$ und damit erst recht in $R_n(q)$ höchstens das HAMMING-Gewicht d^2; es folgt $d^2 \geq n$.

Im Fall $n \equiv -1 \bmod 4$ dürfen wir nach der ersten Ergänzung des Reziprozitätsgesetzes von Seite 365 speziell $u := 1$ wählen. In $R_n(q)$ berechnet sich das konstante Glied des Codewortes $c(z) \cdot c(z^{-1}) \in Q \cap N$ als die Summe $\sum_{i=0}^{n-1} c_i^2$ der Quadrate der d von Null verschiedenen Koeffizienten von $c(z)$. Damit hat $c(z) \cdot c(z^{-1})$ höchstens das HAMMING-Gewicht $d^2 - d + 1$, und es folgt $d^2 - d + 1 \geq n$. $\qquad\square$

Binäre QR-Codes. Das HAMMING-Gewicht jedes Codewortes der erweiterten QR-Codes $\hat{Q} \subset V_{n+1}(2)$ ist geradzahlig: Wegen $2 \cdot \xi + 1 = 1$ ist das Einswort $1 \in V_{n+1}(2)$ sowohl mit mit dem erweiterten Einswort $\hat{1} \in \hat{Q}$ als auch mit dem erweiterten Einswort $\check{1} \in \check{N}$ identisch. Jedes Codewort aus $\hat{Q}$ ist deswegen zu dem Einswort $1 \in V_{n+1}(2)$ orthogonal.

Wir folgern:

Der Minimalabstand jedes binären QR-Codes ist eine ungerade Zahl.

Im Fall $n \equiv -1 \bmod 8$ ist jeder erweiterte QR-Code $\hat{Q} \subset V_{n+1}(2)$ selbstorthogonal. Die Codewörter $\hat{q}_0, \hat{q}_1, \ldots, \hat{q}_{n-1} \in \hat{Q}$ haben alle das HAMMING-Gewicht $\frac{1}{2} \cdot (n+1)$, das Einswort $\hat{1} \in \hat{Q}$ hat das HAMMING-Gewicht $n+1$. Mit dem Satz über doppelt-gerade Codes von Seite 261 schließen wir, daß jedes Codewort des erweiterten QR-Codes $\hat{Q}$ ein durch 4 teilbares HAMMING-Gewicht hat. Für den Minimalabstand d des QR-Codes Q gilt $d \equiv -1 \bmod 4$.

GOL(23). Nach der BCH-Schranke von Seite 354ff. hat der binäre Golay-Code GOL(23) (Seite 358) den Entwurfsabstand $\delta = 5$; die Kreisteilungsklasse $KK(1;23,2) = \{1,2,3,4,6,8,9,12,13,16,18\}$ enthält nämlich die vier aufeinanderfolgenden Zahlen $1,2,3,4$. Nach der Quadratwurzelschranke ist $d \geq 6$. Da d als Minimalabstand eines binären QR-Codes ungeradzahlig sein muß, folgt $d \geq 7$. Weil das Generatorpolynom $g_\square(z)$ von GOL(23) das HAMMING-Gewicht 7 hat, gilt $d = 7$. Nach dem Satz über den Minimalabstand der QR-Codes haben der verkleinerte und der erweiterte binäre Golay-Code den Minimalabstand 8. Wegen $\binom{23}{0} + \binom{23}{1} + \binom{23}{2} + \binom{23}{3} = 2048 = 2^{11}$ gilt für den binären Golay-Code in der HAMMING-Schranke (Seite 184) das Gleichheitszeichen, der Code GOL(23) ist perfekt.

GOL(11). Es sei $n \equiv -1 \bmod 12$. Jedes Codewort des ternären erweiterten QR-Codes $\hat{Q} \subset V_{n+1}(3)$ ist isotrop und hat damit ein durch 3 teilbares HAMMING-Gewicht. Der Minimalabstand d des ternären Golay-Codes GOL(11) (Seite 380) genügt damit der Kongruenz $d \equiv -1 \bmod 3$. Die BCH- und die Quadratwurzelschranke liefern beide $d \geq 4$. Das Generatorpolynom von GOL(11) hat das HAMMING-Gewicht 5, also $d = 5$. Wegen $\binom{11}{0} + \binom{11}{1} \cdot 2 + \binom{11}{2} \cdot 2^2 = 3^5$ ist der Code GOL(11) perfekt.

Fast alle QR-Codes einer Primzahllänge n sind MDS-Codes, schärfer: In einer der bedeutendsten Publikationen auf dem Gebiet der algebraischen Codierungstheorie (*New 5-designs*, J. Combinatorial Theory 6 (1969) 122-151) zeigten E. F. ASSMUS, JR. und H. F. MATTSON, JR., daß mit Ausnahme einer endlichen Anzahl von Primzahlen p alle zyklischen (n,k)-Codes über einem Körper der Charakteristik p MDS-Codes sind, das heißt den Minimalabstand $n - k + 1$ haben. Der Beweis erforderte ein zu weites Ausgreifen in die algebraische Zahlentheorie, als daß er im Rahmen dieses Buches dargestellt werden könnte.

Bei vorgegebener Primzahllänge n gilt die Quadratwurzelschranke für den Minimalabstand d der QR-Codes über $\mathbb{F}_q$ unabhängig von der Ordnung q. Angesichts des Satzes von ASSMUS und MATTSON könnte man geneigt sein, den Wert der

Quadratwurzelschranke und anderer unterer Schranken für den Minimalabstand der QR-Codes anzuzweifeln. Lohnt sich der Aufwand für die, bei gegebener Länge n, nur endlich vielen Ausnahme-Charakteristiken p? Wir bejahen diese Frage aus zwei Gründen:

1. Nach der R. C. SINGLETON-Schranke für MDS-Codes (Satz 3 von Seite 324) sind die verkleinerten QR-Codes Q^- der Ordnung q und einer Länge $n > 2 \cdot q - 3$ keine MDS-Codes. Nach dem Satz über den Minimalabstand der QR-Codes ist ein QR-Code Q genau dann ein MDS-Code, wenn seine Verkleinerung Q^- ebenfalls ein MDS-Code ist. Die interessantesten QR-Codes, nämlich die kleiner Ordnung, können damit nur für sehr kleine Längen MDS-Codes sein: *Fast alle QR-Codes einer festen Ordnung q sind keine MDS-Codes.*

2. Zu einer festen Primzahllänge n können die endlich vielen ASSMUS-MATTSON-Ausnahmeprimzahlen p ganz schön zahlreich sein. D. W. NEWHART (*On minimum weight codewords in QR codes*, J. Combinatorial Theory A, 48 (1988) 104-119) konnte eine Schranke angeben, unterhalb derer alle Ordnungen q liegen, für die der Minimalabstand des QR Codes der Länge n über $\mathbb{F}_q$ kleiner als $\frac{1}{2} \cdot (n+1)$ ist: Für $p > \frac{1}{2^r} \cdot \sqrt{k^k}$, $r := \frac{1}{2} \cdot (n-1)$, $k := \frac{1}{2} \cdot (n+1)$, hat der QR-Code Q der Länge n über $\mathbb{F}_q$ stets den Minimalabstand $d = \frac{1}{2} \cdot (n+1)$. Diese Schranke ist unverschämt hoch; so rechnete MICHAEL KAPLAN mit Hilfe der auf Seite 373 angegebenen Formel für die Koeffizienten des Generatorpolynoms $g_\square(z)$ aus, daß die Koeffizienten von z^5 und z^{246} in dem mit $z + 40\,384\,785\,693$ multiplizierten Generatorpolynom des QR-Codes der Länge $n := 503$ über $\mathbb{F}_{43\,030\,081\,169}$ bei der Wahl $\xi := 21\,901\,911\,618$ verschwinden. Damit ist dieser Code kein MDS-Code.

Der wahre Minimalabstand der QR-Codes ist nur für kleine Ordnungen und kurze Längen computergestützt berechnet worden; hier einige Kostproben.

$q = 2$:
$$
\begin{array}{l|rrrrrrrrrrrrrrr}
n: & 7 & 17 & 23 & 31 & 41 & 47 & 71 & 73 & 79 & 89 & 97 & 103 & 113 & 127 & 151 \\
d: & 3 & 5 & 7 & 7 & 9 & 11 & 11 & 13 & 15 & 17 & 15 & 19 & 15 & 19 & 19
\end{array}
$$

$q = 3$:
$$
\begin{array}{l|rrrrrrrrr}
n: & 11 & 13 & 23 & 37 & 47 & 59 & 61 & 71 & 73 \\
d: & 5 & 5 & 8 & 10 & 14 & 17 & 11 & 17 & 17
\end{array}
$$

$q = 4$:
$$
\begin{array}{l|rrrrrrrrrr}
n: & 3 & 5 & 11 & 13 & 19 & 29 & 37 & 43 & 53 & 59 \\
d: & 2 & 3 & 5 & 5 & 7 & 11 & 11 & 13 & 13 & 13
\end{array}
$$

$q = 5$:
$$
\begin{array}{l|rrrr}
n: & 11 & 19 & 29 & 31 \\
d: & 5 & 7 & 11 & 9
\end{array}
$$

9.6.7 Verschärfungen der Quadratwurzelschranke

Im folgenden wird über einige Verfahren berichtet, mit denen die Quadratwurzelschranke für die selbstorthogonalen QR-Codes verschärft werden konnte. In diesem Abschnitt wird vorausgesetzt, daß

(1)
$$\boxed{n \equiv -1 \bmod 4}$$

gilt; das heißt, $-1 \in \square$ oder gleichbedeutend

(2)
$$\hat{Q}^{\perp} = \hat{Q}\,.$$

Mit
$$\sigma : \mathbb{Z}_n \to \mathbb{Z}_n \; ; \; i \mapsto i+1$$
wird wieder die Permutation bezeichnet, die die zyklische Verschiebung
$$\tilde{\sigma} : V_n(q) \to V_n(q) \; ; \; x_0 x_1 \ldots x_{n-1} \mapsto x_{n-1} x_0 \ldots x_{n-2}$$
induziert.

Der Minimalgraph. Es sei $c(z) \cong c = c_0 c_1 \ldots c_{n-1} \in Q$ ein Codewort vom Minimalgewicht $\gamma(c) = d$. Da der erweiterte QR-Code $\hat{Q}$ den Minimalabstand $d+1$ hat, ist das Kontrollsymbol $\hat{c}_\infty \in \mathbb{F}_q$ von $\hat{c}$ von Null verschieden,
$$\hat{c}_\infty \neq 0. \tag{3}$$
Wir bezeichnen die d Positionen
$$i_1, i_2, \ldots, i_d$$
des Trägers
$$T := \mathrm{Supp}(c) = \{\, i \in \mathbb{Z}_n \; ; \; c_i \neq 0 \,\}$$
von c als *Ecken* und die $n-1$ Translate
$$T_h := \sigma^h(T) = T+h = \{\, i_1+h, i_2+h, \ldots, i_d+h \,\}, \; h \in \mathbb{Z}_n^*,$$
der Eckenmenge T als *Blöcke*; die Eckenmenge T ist definitionsgemäß kein Block. Für jede Restklasse $h \in \mathbb{Z}_n^*$ gilt
$$|T \cap T_h| \geq 1; \tag{4}$$
denn nach (2) und (3) ist $c \cdot \tilde{\sigma}^h(c) = -\hat{c}_\infty^2 = 0$. Die Blöcke T_h sind auch alle untereinander und von T verschieden: Gäbe es nämlich eine Restklasse $h \in \mathbb{Z}_n^*$ mit $T = T_h$, so wäre auch $\tilde{\sigma}(c) = c$; denn sonst wäre $0 < \gamma\big(\tilde{\sigma}(c) - \lambda \cdot c\big) < d$ für ein $\lambda \in \mathbb{F}_q^*$. In $R_n(q)$ gälte dann $(z^h - 1) \cdot c(z) = 0$, und das Polynom $z^h - 1$ teilte das Polynom $z^n - 1$. Da n eine Primzahl ist, folgte mit mit dem Hilfssatz von Seite 208 daraus $h = 1$ und $c(z) = E(z)$, also $d = n$. Mit $d \leq \gamma\big(g_\square(z)\big) \leq 1 + \deg g_\square(z) = \frac{1}{2} \cdot (n+1) < n$ könnten wir einen Widerspruch herleiten.

Für je zwei verschiedene Ecken $i, j \in T$ gilt stets $i \in T_{i-j}$. Damit liegt jede Ecke $i \in T$ in genau $d-1$ Blöcken. Mit (4) folgt daraus
$$n-1 \leq \sum_{j=1}^{n-1} |T \cap T_j| = d \cdot (d-1), \tag{5}$$
eine Bestätigung der Quadratwurzelschranke im betrachteten Fall $n \equiv -1 \bmod 4$.

Die nicht-negative Differenz
$$m := d \cdot (d-1) - n + 1 = \sum_{j=1}^{n-1} \big(|T \cap T_j| - 1\big), \tag{6}$$
das sogenannte *Manko*, ist eine gerade Zahl, da n ungerade ist.

Für jede Restklasse $h \in \mathbb{Z}_n^*$ gilt:

Die Abbildung $T \cap T_h \to T \cap T_{-h} \; ; \; i \mapsto i-h$ *ist bijektiv.* $\tag{7}$

Die Anzahl der Blöcke, die genau $1, 2, \ldots$ Ecken enthalten ist, ist damit jeweils gerade. Wenn der Block T_h für eine Restklasse $h \in \mathbb{Z}_n^*$ genau eine Ecke $i \in T$ enthält, so enthält nach (7) auch der Block T_{-h} genau eine Ecke, nämlich $j := i-h$. Eine zweielementige Menge $\{i, j\} \subseteq T$ heißt *Kante*, wenn $T \cap T_{i-j} = \{i\}$ oder gleichbedeutend $T \cap T_{j-i} = \{j\}$ gilt. Wir bezeichnen die Menge aller Kanten mit '$\mathfrak{K}$' und halten fest: Für je zwei verschiedene Ecken $i, j \in T$ gilt
$$\{i, j\} \in \mathfrak{K} \; \Leftrightarrow \; T \cap T_{i-j} = \{i\}. \tag{8}$$
Nach (2) und (7) gilt für jede Restklasse $h \in \mathbb{Z}_n^*$ stets
$$\sum_{i \in T \cap T_h} c_i \cdot c_{i-h} = -\hat{c}_\infty^2 ; \tag{9}$$

insbesondere gilt für je zwei Ecken $i,j \in T$ stets

(10)
$$\{i,j\} \in \mathfrak{K} \;\Rightarrow\; c_i \cdot c_j = -\, \hat{c}_\infty^2 \,.$$

Wir erinnern uns an die Definition eines (*schlingenlosen, geretteten**) *Graphen* (*ohne Doppelkanten*): Ein *Graph* $(E,\mathfrak{T})$ besteht aus einer endlichen Menge E von *Ecken* und einem Teilsystem $\mathfrak{T} \subseteq \mathfrak{P}_2(E)$ des Systems $\mathfrak{P}_2(E)$ aller zweielementigen Teilmengen von E, der Menge $\mathfrak{T}$ der *Kanten* des Graphen $(E,\mathfrak{T})$. Für jede endliche Menge E heißt der Graph $\big(E,\mathfrak{P}_2(E)\big)$ der *vollständige Graph* auf E; ein vollständiger Graph mit drei Ecken heißt ein *Dreieck*. Ein Graph $(B,\mathfrak{S})$ heißt *Teilgraph* eines Graphen $(E,\mathfrak{T})$, wenn $B \subseteq E$ und $\mathfrak{S} = \mathfrak{P}_2(B) \cap \mathfrak{T}$ gilt. Ein Graph $(E,\mathfrak{T})$ heißt *zusammenhängend*, wenn zu je zwei Ecken $e,f \in E$ stets ein sie verbindender *Kantenzug* existiert, das heißt, wenn es eine Folge $(e_2,e_3,\ldots,e_t)$ von Ecken mit $\{e,e_2\},\{e_2,e_3\},\ldots,\{e_t,f\} \in \mathfrak{T}$ gibt. Jeder Graph zerfällt in maximale zusammenhängende Teilgraphen, seine sogenannten *Zusammenhangskomponenten*.

Satz von TURÀN. *Jeder Graph mit* d *Ecken und mehr als* $\tfrac{1}{4} \cdot d^2$ *Kanten umfaßt ein Dreieck als Teilgraphen.*

Beweis. Für $d = 1,2$ ist der Satz trivial. Es sei $(E,\mathfrak{T})$ ein dreiecksfreier Graph mit $d = |E| \geq 3$ Ecken. Wir dürfen annehmen, daß eine Kante $\{e,f\} \in \mathfrak{T}$ existiert. Nach Induktionsvoraussetzung besitzt der Teilgraph $\big(E' := E \setminus \{e,f\}, \mathfrak{T}' := \mathfrak{P}_2(E') \cap \mathfrak{T}\big)$ höchstens $\tfrac{1}{4} \cdot (d-2)^2$ Kanten. Weil $(E,\mathfrak{T})$ dreiecksfrei ist, gibt es in $\mathfrak{T}$ außer der Kante $\{e,f\}$ höchstens $d-2$ Kanten, die eine der beiden Ecken e,f enthalten. Es folgt $|E| \leq 1+d-2+\tfrac{1}{4} \cdot (d-2)^2 = \tfrac{1}{4} \cdot d^2$. $\qquad\qquad\square$

Kehren wir zu unserem QR-Code Q der Länge $n \equiv -1 \bmod 4$ zurück: Das Paar $(T,\mathfrak{K})$ ist ein Graph, der sogenannte *Minimalgraph von* Q (genauer: der Graph des Minimalgewichtswortes $c \in Q$). Nach (6) gibt es höchstens m Blöcke, die mindestens zwei Ecken enthalten; nach (4) gibt es also mindestens $n-m-1$ Blöcke, die genau eine Ecke enthalten. Es folgt

(11)
$$|\mathfrak{K}| \geq \tfrac{1}{2} \cdot (n-m-1) = n-1-\tbinom{d}{2} = \frac{d \cdot (d-1)}{2} - m \,.$$

Nach (11) und dem Satz von TURÀN gilt:

(12)
$$\textit{Wenn } n > \tfrac{3}{4} \cdot d^2 - \tfrac{1}{2} \cdot d + 1 \textit{ ist, so umfaßt } (T,\mathfrak{K}) \textit{ ein Dreieck.}$$

Wenn der Minimalgraph $(T,\mathfrak{K})$ ein Dreieck mit den Ecken $i,j,h \in T$ umfaßt, so gilt nach (10) stets $c_i \cdot c_j = c_i \cdot c_h = c_j \cdot c_h = -\,\hat{c}_\infty^2$, also $c := c_i = c_j = c_h$. (Übrigens gilt auch für jede Ecke $l \in T$, die der das Dreieck umfassenden Zusammenhangskomponente Γ von $(T,\mathfrak{K})$ angehört, stets $c_l = c$.) Jedenfalls ist $-1 = \big(\tfrac{c}{\hat{c}_\infty}\big)^2$ ein Quadrat in $\mathbb{F}_q$. Mit der ersten Ergänzung des quadratischen Reziprozitätsgesetzes von Seite 365 folgern wir:

(13)   *Wenn* $(T,\mathfrak{K})$ *ein Dreieck umfaßt, so ist* $p = 2$, $p \equiv 1 \bmod 4$ *oder* $\big(\tfrac{p}{n}\big) = -1$.

Mit (11), (12) und (13) ernten wir die

Erste Verschärfung der Quadratwurzelschranke. *Es seien* $n,p \equiv -1 \bmod 4$ *zwei verschiedene Primzahlen mit* $\big(\tfrac{p}{n}\big) = 1$. *Dann gilt für den Minimalabstand* d *des QR-Codes der Länge* n *über* $\mathbb{F}_p$ *stets* $d \cdot (3 \cdot d - 2) \geq 4 \cdot (n-1)$. $\qquad\square$

---

* Das Gegenteil von *gerichtet* ist nicht *ungerichtet*. Vergleiche J. W. VON GOETHE, *Faust I, Kerker*: Auf Mephistos Ausruf: „Sie ist gerichtet." widerspricht eine Stimme von oben: „Ist gerettet."

Auf Seite 369 haben wir gesehen, daß die Zahl 3 modulo einer Primzahl $n \equiv -1 \bmod 4$ genau dann ein quadratischer Rest ist, wenn $n \equiv -1 \bmod 12$ ist. Wir können daher die erste Verschärfung der Quadratwurzelschranke auf die ternären QR-Codes einer Länge $n \equiv -1 \bmod 12$ anwenden: Da ist stets

$$d \geq 2 \cdot \sqrt{\tfrac{1}{3} \cdot (n - \tfrac{11}{12})} + \tfrac{1}{3}. \tag{14}$$

Bei der Behandlung des ternären Golay-Codes $GOL(11)$ auf Seite 389 haben wir gesehen, daß außerdem $d \equiv -1 \bmod 3$ gelten muß.

Kehren wir wieder zum allgemeinen Fall zurück. Wir nehmen jetzt an, daß der Minimalabstand d unseres QR-Codes Q der Länge $n \equiv -1 \bmod 4$ über $\mathbb{F}_q$ den nach der Quadratwurzelschranke kleinstmöglichen Wert

$$\boxed{d = \left\lceil \tfrac{1}{2} + \tfrac{1}{2} \cdot \sqrt{4 \cdot n - 3} \,\right\rceil} \tag{15}$$

besitze, und zeigen, daß die Parameter n und q dieses Codes sehr restriktiven Bedingungen genügen. Wenn die Länge $n \equiv -1 \bmod 4$ und die Ordnung q eines QR-Codes diesen Bedingungen nicht genügen, so gilt dann – schärfer als die Quadratwurzelschranke –

$$d > \left\lceil \tfrac{1}{2} + \tfrac{1}{2} \cdot \sqrt{4 \cdot n - 3} \,\right\rceil. \tag{16}$$

Um die in (11) bestimmte Mindestanzahl $\tfrac{1}{2} \cdot (n - m - 1)$ der Kanten des Minimalgraphen $(T, \mathfrak{K})$ von Q nach unten abzuschätzen, schätzen wir das in (6) definierte geradzahlige Manko m nach oben ab: Es ist

$$m \leq 2 \cdot d - 4; \tag{17}$$

denn die Annahme $m \geq 2 \cdot d - 2$ widerspräche unserer Voraussetzung (15). Aus (1) folgt

$$m - d \equiv 1, 2 \bmod 4. \tag{18}$$

Nach (6) und (17) ist $\tfrac{1}{2} \cdot (n - m - 1) \geq \tfrac{1}{2} \cdot d \cdot (d - 5) + 4 > 0$. Mit (11) folgt

$$|\mathfrak{K}| \geq 1. \tag{19}$$

Wenn alle von Null verschiedenen Komponenten des Codewortes $c \in Q$ denselben Wert haben, so dürfen wir – der Code Q ist linear – $c_{i_1} = c_{i_2} = \ldots = c_{i_d} = 1 \in \mathbb{F}_p$ annehmen. Da c weder das Null- noch das Einswort ist, gilt nach einer Bemerkung von Seite 374 stets $(\tfrac{p}{n}) = 1$. Mit (19) und (10) schließen wir auf die Kongruenz $\hat{c}_\infty^2 \equiv -1 \bmod p$. Aus (2) folgt $d - 1 = c^2 + \hat{c}_\infty^2 = 0 \in \mathbb{F}_p$, also $d \equiv 1 \bmod p$. Wir betrachten die nach (7) gerade Anzahl $2 \cdot t$ der Blöcke T_{j_s}, T_{-j_s}, $s = 1, 2, \ldots, t$, die jeweils $r_s > 1$ Ecken enthalten. Nach (6) gilt $\sum\limits_{s=1}^{t} (r_s - 1) = \tfrac{1}{2} \cdot m$; für $s = 1, 2, \ldots, t$ gilt $0 = c \cdot \tilde{\sigma}^{j_s}(c) + \hat{c}_\infty^2 = r_s - 1 \in \mathbb{F}_p$; also $\tfrac{1}{2} \cdot m \equiv 0 \bmod p$. Der Fall $m = 2 \cdot d - 4$ beißt sich mit $d \equiv 1 \bmod p$. Mit (6) und $d \equiv 1 \bmod p$ folgt $n \equiv 1 \bmod p$. Wir fassen zusammen:

$$\text{Wenn } c_{i_1} = c_{i_2} = \ldots = c_{i_d} \text{ ist, so ist } (\tfrac{p}{n}) = 1, \; m < 2 \cdot d - 4, \; n, d \equiv 1 \bmod p. \tag{20}$$

Im Fall $p = 2$ und $n \equiv -1 \bmod 8$ ist $p = 2$; die Voraussetzung ist dann trivialerweise erfüllt.

Die Ungleichung in der Voraussetzung der Aussage (12) ist nach (15) nur für $n = 3$, $n = 11$ und $n = 23$ falsch:

$$\text{Für } n \neq 3, 11, 23 \text{ enthält der Minimalgraph von } Q \text{ ein Dreieck.} \tag{21}$$

Wir ignorieren bis auf Widerruf die QR-Codes der Blocklängen $n = 3$, $n = 11$ und $n = 23$ und setzen mit Erlaubnis von (21) die Existenz einer ein Dreieck umfassenden Zusammenhangskomponente des Minimalgraphen mit der Eckenmenge Γ voraus.

Wie in der der Aussage (13) vorangehenden Argumentation bemerkt wurde, gilt:

(22)   *Es gibt ein Element $c \in \mathbb{F}_q^*$ mit $c^2 = -\,\hat{c}_\infty^2$ und $c_l = c$ für alle $l \in \Gamma$.*

In Abhängigkeit von der Größe des Mankos m beschreiben wir das Zusammenhangsverhalten des Minimalgraphen im folgenden

Hilfssatz. *Wenn $m \le d$ ist, so ist $\Gamma = T$; wenn $m < 2 \cdot d - 4$ ist, so ist $|\Gamma| \ge d-1$; wenn $m = 2 \cdot d - 4$ ist, so ist $|\Gamma| \ge d-1$ oder $|\Gamma| = d-2$ und $T \setminus \Gamma \in \mathfrak{K}$.*

Beweis. Wenn $m \le d$ ist, so gilt nach (18) sogar $m \le d-2$ oder nach (6) gleichbedeutend $d \cdot (d-2) + 3 \le n$; mit (11) folgt $|\mathfrak{K}| \ge \binom{d-1}{2} + 1$. Besäße $(T, \mathfrak{K})$ eine Zusammenhangskomponente mit $d-s$ Ecken, $1 \le s \le d-1$, so wäre $|\mathfrak{K}| \le \binom{d-s}{2} + \binom{s}{2} \le \binom{d-1}{2}$. Aus diesem Widerspruch folgt $|\Gamma| = d$.

Wenn $m < 2 \cdot d - 4$ ist, so gilt wegen der Geradzahligkeit des Mankos $m \le 2 \cdot d - 6$ oder nach (6) gleichbedeutend $d \cdot (d-3) + 7 \le n$; mit (11) folgt $|\mathfrak{K}| \ge \binom{d-2}{2} + 3$. Wäre nun $|\Gamma| = d-s$ mit $s \ge 2$, so folgte $|\mathfrak{K}| \le \binom{d-2}{2} + \binom{2}{2} = \binom{d-2}{2} + 1$.

Wenn $m = 2 \cdot d - 4$ ist, so gilt $|\mathfrak{K}| \ge \binom{d-2}{2} + 1$. Wenn $|\Gamma| < d-1$ ist, so muß der Minimalgraph in einen vollständigen Graphen mit 2 Ecken und einen vollständigen Graphen mit $d-2$ Ecken (diese Ecken bilden die Menge Γ) zerfallen. $\square$

Im Beweis der vierten Verschärfung der Quadratwurzelschranke auf Seite 396 werden wir übrigens sehen, daß der Minimalgraph im Fall $m = 2 \cdot d - 4$ stets in einen vollständigen Graphen mit $d-2$ Ecken und eine Kante zerfallen muß. Dieses ist aber kein aufregendes Ereignis, denn alle Anzeichen sprechen dafür, daß es gar keinen QR-Code einer Länge $n \equiv -1 \bmod 4$ gibt, für dessen Minimalabstand d die Quadratwurzelschranke scharf ist, und für den das Manko m den Wert $2 \cdot d - 4$ hat; hier ist ja die ganze Zeit von nur hypothetischen QR-Codes die Rede.

Wenn der Minimalgraph $(T, \mathfrak{K})$ unseres QR-Codes Q zusammenhängend ist, so haben nach (22) alle von Null verschiedenen Komponenten des Codewortes $c \in Q$ denselben Wert. Nach (20) gilt:

(23)   *Wenn $\Gamma = T$ ist, so gilt $\left(\frac{p}{n}\right) = 1$ und $n, d \equiv 1 \bmod p$.*

Wir setzen

(24) $$|\Gamma| = d-1$$

voraus, das heißt, der Minimalgraph $(T, \mathfrak{K})$ besitze genau eine nicht in Γ enthaltene „isolierte" Ecke $v \in T \setminus \Gamma$. Weil unser QR-Code zyklisch ist, dürfen wir $v = 0$ annehmen. Weil Q linear ist, dürfen wir annehmen, daß das in (22) eingeführte Element $c \in \mathbb{F}_q^*$ den Wert $c = 1$ habe. Aus $c^2 + \hat{c}_\infty^2 = 0$ ergibt sich mit (22) die Kongruenz

(25) $$c_0^2 \equiv 2 - d \bmod p.$$

Im Fall $p = 2$ ist $c_0 = 1$; sonst wäre nämlich $\mathbb{F}_4^* = \{1, c_0, 1 + c_0\}$ und $c_0^2 \ne c_0$, also $c_0^2 = 1 + c_0$, und das widerspräche der Kongruenz (25). Mit (20) folgern wir:

(26)   *Wenn $p = 2$ oder $c_0 = 1$ ist, so gilt $\left(\frac{p}{n}\right) = 1$ und $n, d \equiv 1 \bmod p$.*

Wir setzen jetzt $p \ne 2$ und $c_0 \ne 1$ voraus. Auf Seite 376 können wir nachlesen, daß das Kontrollsymbol $\hat{c}_\infty$ den Wert $\hat{c}_\infty = \frac{1}{n} \cdot (2 \cdot \xi + 1) \cdot (d - 1 + c_0)$ hat. Nach (22) ist $\hat{c}_\infty^2 = -1$. Nach dem Satz über die GAUSSschen Perioden von Seite 367 ist $(2 \cdot \xi + 1)^2 = \left(\frac{-1}{n}\right) \cdot n$. Nach (1) und der ersten Ergänzung des quadratischen Reziprozitätsgesetzes von Seite 385 ist $\left(\frac{-1}{n}\right) = -1$. Wir folgern

(27) $$(d - 1 + c_0)^2 \equiv n \bmod p.$$

Für $j = 1, 2, \ldots, n-1$ hat die Komponente Nr. j beziehungsweise Nr. 0 des Codewortes $\tilde{\sigma}^j(c)$ den Wert c_0 beziehungsweise c_{-j}. Aus $0 = c \cdot \tilde{\sigma}^j(c) + \hat{c}_\infty^2 = c \cdot \tilde{\sigma}^j(c) - 1$ folgt die Existenz zweier Zahlen $\lambda_j, \mu_j \in \mathbb{N}_0$ mit

$$\lambda_j \leq 2, \ \mu_j \leq d-1, \ \lambda_j + \mu_j \leq d-1 \ \text{ und } \ \lambda_j \cdot c_0 + \mu_j \equiv 1 \bmod p. \tag{28}$$

Es gilt $\lambda_j = 2$ genau dann, wenn j und $-j$ Ecken sind, das heißt, genau dann, wenn $c_j = c_{-j} = 1$ ist. Im Fall $\lambda_j = 2$ gilt $0, j \in T_j$, also $|T \cap T_j| \geq 2$. Es gilt $\lambda_j = 1$ genau dann, wenn genau einer der beiden Indizes j und $-j$ eine Ecke ist.

Es sei nun J die Menge aller Indizes $j \in \mathbb{Z}_n^*$ mit $|T \cap T_j| \geq 2$. Aus (24) und dem Hilfssatz folgt $m > d$, also erst recht $m > 0$, das heißt,

$$J \neq \emptyset.$$

$$\textit{Es gibt keinen Index } j \in J \textit{ mit } \mu_j = 1 \, ; \tag{29}$$

denn sonst lieferte die Kongruenz aus (28) sowohl im Fall $\lambda_j = 1$ wie auch im Fall $\lambda_j = 2$ den Widerspruch $c_0 = 0 \in \mathbb{F}_p$, und im Fall $\lambda_j = 0$ wäre $|T \cap T_j| = 1$.

$$\textit{Es gibt einen Index } j \in J \textit{ mit } \mu_j = 0 : \tag{30}$$

Zum Beweis zerlegen wir die Eckenmenge $T = \{0\} \cup A \cup B$ in die Menge $\{0\}$, in die Menge A aller $j \in T$ mit $-j \in T$ und in die Menge B aller $j \in T$ mit $-j \notin T$. Wir setzen $a := |A|$ und $b := |B|$; dann ist $a + b = d-1$. Für jeden Index $j \in A$ ist $\lambda_j = 2$, und damit gilt $|T \cap T_j| = 2 + \mu_j$; für jeden Index $j \in B \cup -B$ ist $\lambda_j = 1$, und damit gilt $|T \cap T_j| = 1 + \mu_j$. Wäre $\mu_j = 0$ für ein $j \in B \cup -B$, so wäre nach (28) widersprüchlicherweise $c_0 = 1$. Für $j \in A \cup B \cup -B$ ist also stets $|T \cap T_j| \geq 2$, also $j \in J$. Nach Definition (6) gilt also $m = \sum\limits_{j \in J} (|T \cap T_j| - 1) \geq \sum\limits_{j \in A \cup B \cup -B} (|T \cap T_j| - 1)$. Wäre nun die Aussage (30) falsch, so gälte nach (29) für alle $j \in J$ stets $\mu_j \geq 2$; wir hätten dann $m \geq a \cdot (4-1) + 2 \cdot b \cdot (3-1) = 2 \cdot d - 4 + 1 + d + b > 2 \cdot d - 4$ im Widerspruch zu (17).

Es sei nun $j \in J$ mit $\mu_j = 0$. Wegen $|T \cap T_j| \geq 2$ gilt $\lambda_j = 2$, und aus der Kongruenz in Aussage (28) folgt

$$2 \cdot c_0 \equiv 1 \bmod p. \tag{31}$$

In $\mathbb{F}_p$ gilt also $c_0 = \frac{1}{2}$. Alle Komponenten des Codewortes c liegen in $\mathbb{F}_p$. Wir zitieren wieder die Bemerkung von Seite 374 und halten fest:

$$\left(\tfrac{p}{n}\right) = 1. \tag{32}$$

Aus (31) und (25) folgt

$$4 \cdot d \equiv 7 \bmod p. \tag{33}$$

Wir multiplizieren die Kongruenz (27) mit 16 und erhalten mit (31) und (33) die Kongruenz

$$16 \cdot n \equiv 25 \bmod p. \tag{34}$$

Zweite Verschärfung der Quadratwurzelschranke. *Es sei Q ein QR-Code einer Länge $n \equiv -1 \bmod 4$, $n \neq 3, 11$, über $\mathbb{F}_q$ vom Minimalabstand $d = \left\lceil \frac{1}{2} + \frac{1}{2} \cdot \sqrt{4 \cdot n - 3}\, \right\rceil$. Wenn $n > d \cdot (d-2)$ ist, so ist $\left(\frac{p}{n}\right) = 1$ und es gelten die Kongruenzen*

$$d \equiv 1 \bmod p \ \textit{ und } \ n \equiv 1 \bmod p.$$

Beweis. Nach (6) ist die Voraussetzung $n > d \cdot (d-2)$ zu $d \geq m$ äquivalent. Der Fall $n = 23$ ist wegen $23 \nmid 6 \cdot (6-2)$ ausgeschlossen. Nach dem Hilfssatz von Seite 394 ist $\Gamma = T$; mit der Aussage (23) folgt alles. $\qquad \Box$

Im Bereich $n < 400$ handelt die zweite Verschärfung der Quadratwurzelschranke von den Blocklängen $n = 7,19,31,43,67,71,83,103,107,127,131,151,179,199,211,227,239,$ $263,271,307,331,367,379$. In diesem Bereich ist mit dem Satz nur noch die Existenz von QR-Codes der Länge n vom Minimalabstand $d = \left\lceil \frac{1}{2} + \frac{1}{2} \cdot \sqrt{4 \cdot n - 3} \right\rceil$ über $\mathbb{F}_q$ für die folgenden Tripel (n,d,q) nicht ausgeschlossen:

$$(7,3,2)\,,\,(31,6,5)\,,\,(103,11,2)\,,\,(199,15,2)\,,\,(307,18,17).$$

Bei dem binären $(7,4)$-QR-Code handelt es sich, wie wir auf Seite 340f. nachlesen können, um eine zyklische Version des Hamming-Codes HAM$(3,2)$; dieser Code hat tatsächlich den Minimalabstand $d = 3$. Alle QR-Codes der Länge 7 über Körpern einer von 2 verschiedenen Charakteristik haben nach der zweiten Verschärfung der Quadratwurzelschranke und der SINGLETON-Schranke von Seite 179f. den Minimalabstand 4 und sind deshalb MDS-Codes.

Dritte Verschärfung der Quadratwurzelschranke. *Es sei Q ein QR-Code einer Länge $n \equiv -1 \bmod 4$, $n \neq 11$, über $\mathbb{F}_q$ vom Minimalabstand $d = \left\lceil \frac{1}{2} + \frac{1}{2} \cdot \sqrt{4 \cdot n - 3} \right\rceil$. Wenn $n > d \cdot (d-3) + 5$ ist, so ist $(\frac{p}{n}) = 1$ und es gelten die Kongruenzen*

$$d \equiv 1 \bmod p \text{ und } n \equiv 1 \bmod p \quad \text{oder} \quad 4 \cdot d \equiv 7 \bmod p \text{ und } 16 \cdot n \equiv 25 \bmod p.$$

Beweis. Nach (6) ist die Voraussetzung $n > d \cdot (d-3) + 5$ zu $2 \cdot d - 4 > m$ äquivalent. Die Fälle $n = 3$ und $n = 23$ sind wegen $3 \nmid 2 \cdot (2-3) + 5$ und $23 \nmid 6 \cdot (6-3) + 5$ ausgeschlossen. Nach dem Hilfssatz von Seite 394 ist $\Gamma = T$ oder $|\Gamma| = d - 1$. Im Fall $\Gamma = T$ folgt alles aus der Aussage (23), im Fall $|\Gamma| = d - 1$ aus den Aussagen (26), (32), (33) und (34). $\qquad\qquad\square$

Im Bereich $n < 400$ und $n \leq d \cdot (d-2)$ handelt die dritte Verschärfung der Quadratwurzelschranke von den Blocklängen $n = 47,79,139,163,167,191,223,251,283,311,347,$ 359. In diesem Bereich ist mit dem Satz nur noch die Existenz von QR-Codes der Länge n vom Minimalabstand $d = \left\lceil \frac{1}{2} + \frac{1}{2} \cdot \sqrt{4 \cdot n - 3} \right\rceil$ über $\mathbb{F}_q$ für die folgenden Tripel (n,d,q) nicht ausgeschlossen:

$$(191,15,2)\,,\,(311,19,2).$$

Vierte Verschärfung der Quadratwurzelschranke. *Es sei Q ein QR-Code einer Länge $n \equiv -1 \bmod 4$, $n \neq 3,23$, über $\mathbb{F}_q$ vom Minimalabstand d. Wenn $n = d \cdot (d-3) + 5$ ist, so ist $d \equiv 4 \bmod p$; für $p = 2$ ist $n \equiv 3 \bmod 8$, für $p \neq 2$ ist $p \equiv (\frac{p}{n}) \bmod 3$.*

Beweis. Nach (6) ist die Voraussetzung $n = d \cdot (d-3) + 5$ zu $2 \cdot d - 4 = m$ äquivalent. Der Fall $n = 11$ ist wegen $11 \neq 4 \cdot (4-1) + 5$ ausgeschlossen. Wegen $m = 2 \cdot d - 4$ und (20) gilt $|\Gamma| \leq d - 1$.

Angenommen, es wäre $|\Gamma| = d - 1$. Wenn $d \equiv 1 \bmod p$ wäre, so gälte nach (25) und (27) stets $n \equiv 1 \bmod p$; wegen $n = d \cdot (d-3) + 5$ wäre dann $n \equiv 3 \bmod p$, also $p = 2$; für $p = 2$ ist $c_0 = 1$ nach (25) im Widerspruch zu (20) und $m = 2 \cdot d - 4$; also $d \not\equiv 1 \bmod p$. Nach (26), (33) und (34) wäre also $4 \cdot d \equiv 7 \bmod p$ und $16 \cdot n \equiv 25 \bmod p$; wegen $n = d \cdot (d-3) + 5$ folgte $16 \cdot n \equiv 45 \bmod p$, das hieße $p = 2$ oder $p = 5$; beide Möglichkeiten beißen sich aber mit der Kongruenz $16 \cdot n \equiv 25 \bmod p$. Nach dem Hilfssatz zerfällt der Minimalgraph $(T, \mathfrak{K})$ unseres QR-Codes Q also in eine Kante $\{v,w\} \in \mathfrak{K}$ und den vollständigen Graphen mit $d - 2$ Ecken auf der Menge Γ.

Für jeden QR-Code einer Länge $n \equiv -1 \bmod 4$ gibt es genau $2 \cdot |\mathfrak{K}|$ Indizes $j \in \mathbb{Z}_n^*$ mit $|T \cap T_j| = 1$ und $n - 1 - 2 \cdot |\mathfrak{K}|$ Indizes $j \in \mathbb{Z}_n^*$ mit $|T \cap T_j| \geq 2$. Nach (5) gilt daher $d \cdot (d-1) = \sum_{j=1}^{n-1} |T \cap T_j| \geq 2 \cdot |\mathfrak{K}| + (n - 1 - 2 \cdot |\mathfrak{K}|) \cdot 2 = 2 \cdot n - 2 - 2 \cdot |\mathfrak{K}|$, wobei genau dann Gleichheit besteht, wenn für alle $j \in \mathbb{Z}_n^*$ mit $|T \cap T_j| \neq 1$ stets $|T \cap T_j| = 2$ gilt. In unserem Fall $n = d \cdot (d-3) + 5$ und $|\mathfrak{K}| = \binom{d-2}{2} + 1$ besteht diese Gleichheit. Wegen der Zyklizität und der Linearität des QR-Codes Q dürfen wir zu unserer Bequemlichkeit $v = 0$ annehmen. Für jede Ecke $j \in T \setminus \{0\}$ ist $\{0, j\}$ genau dann eine Kante, wenn $j = w$ ist. Es folgt

$$\textit{Für jede Ecke } j \in T \setminus \{0, w\} \textit{ gibt es ein } i_j \in T \setminus \{j\} \textit{ mit } T \cap T_j = \{i_j, j\}. \tag{35}$$

Wäre nun für jede Ecke $j \in T \setminus \{0, w\}$ stets $i_j = 0$, so wäre nach (7) stets $T \cap T_{-j} = \{-j, 0\}$; insbesondere wäre dann auch $-j$ eine Ecke. Die Restklasse $-w \in \mathbb{Z}_n^*$ wäre dann allerdings keine Ecke, denn sonst wäre wegen $-w \in T \setminus \{0, w\}$ auch $T \cap T_w = \{0, w\}$ im Widerspruch zu $\{0, w\} \in \mathfrak{K}$. Der kleinste, in den Voraussetzungen dieses Satzes mögliche Minimalabstand ist $d = 9$. Wir könnten also zwei Ecken $j_1 \in T \setminus \{0, w\}$ und $j_2 \in T \setminus \{0, w, j_1, -j_1\}$ wählen und es wären $-j_1$ und $-j_2$ Ecken. Damit enthielte der Block $T_{j_1 + j_2}$ die Ecken j_1 und j_2 im Widerspruch zur Tatsache, daß $\{j_1, -j_2\}$ eine Kante ist:

$$\textit{Es gibt zwei Ecken } j \neq 0, w \textit{ und } i \neq 0 \textit{ mit } T \cap T_j = \{i, j\}. \tag{36}$$

Wegen der Linearität des QR-Codes Q dürfen wir

$$c_0 = 1 \tag{37}$$

annehmen. Nach (10) gilt für die in (22) definierte Konstante $c \in \mathbb{F}_q^*$ stets

$$c_w = -\hat{c}_\infty^2 = c^2. \tag{38}$$

Wegen $j \neq 0, w$ gilt $c_j = c$. Mit (9), (36), (37) und (38) folgt

$$c + c_i \cdot c_{i-j} = c^2. \tag{39}$$

Wenn $i \neq w$ und $i - j \neq w$ wäre, so folgte $c_i = c_{i-j} = c$ und damit der Widerspruch $c = 0$. Aus (39) folgt also

$$c^3 - c^2 + c = 0,$$

das heißt, das Element $c \in \mathbb{F}_q$ ist eine Wurzel des sechsten Kreisteilungspolynoms

$$\Phi_6(z) = z^2 - z + 1 \in \mathbb{F}_q[z],$$

für $p \neq 2, 3$ also eine primitive sechste Einheitswurzel. In jedem Fall gilt

$$c^4 = (c^2)^2 = (c-1)^2 = c^2 - 2 \cdot c + 1 = c^2 - 2 \cdot (c^2 + 1) + 1 = -c^2 - 1,$$

also

$$c^4 + c^2 + 1 = 0. \tag{40}$$

Aus $c^2 + \hat{c}_\infty^2 = 0$ und (38) ergibt sich

$$c^4 + (d-3) \cdot c^2 + 1 = 0. \tag{41}$$

Aus (40) und (41) folgt

$$(d-4) \cdot c^2 = 0,$$

also

$$d \equiv 4 \bmod p.$$

Wenn $p = 2$ ist, und wenn $n \equiv -1 \bmod 8$ wäre, so wäre $\left(\frac{2}{n}\right) = 1$, also $q = 2$ und damit widersprüchlicherweise $c = 1$.

Für den Rest des Beweises setzen wir $p \neq 2$ voraus. Wegen $n = d \cdot (d-3) + 5$ und $d \equiv 4 \bmod p$ ist stets $n \equiv 9 \bmod p$, also $p \neq 3$. Das Element $c \in F_q$ ist eine primitive sechste Einheitswurzel. Wenn $\left(\frac{p}{n}\right) = 1$ ist, so ist $q = p$ und damit $p \equiv 1 \bmod 3$. Wenn $\left(\frac{p}{n}\right) = -1$ ist, so ist $q = p^2$, und nicht alle Komponenten des Codewortes c können in F_p liegen. Damit ist $c \in F_q \setminus F_p$, und der Primkörper F_p enthält keine primitive sechste Einheitswurzel. Es folgt $p \equiv -1 \bmod 3$. $\qquad\square$

Im Bereich $n < 40000$ handelt die vierte Verschärfung der Quadratwurzelschranke von den Blocklängen $n = 59, 383, 3083, 6323, 10103, 12659, 19463, 25763, 29759, 30803, 35159$. In diesem Bereich ist mit dem Satz nur noch die Existenz von QR-Codes vom Minimalabstand d der Länge $n = d \cdot (d-3) + 5$ über F_q für die folgenden Tripel (n, d, q) nicht ausgeschlossen:

$$(6323, 81, 121), (12659, 114, 4), (12659, 114, 121), (25763, 162, 4), (35159, 189, 37).$$

Die QR-Codes der Länge 3 sind triviale MDS-Codes. Auf Seite 396 haben wir gesehen, daß alle QR-Codes der Länge 7 über Körpern einer Charakteristik $\neq 2$ ebenfalls MDS-Codes sind. Wir konnten bislang nicht ausschließen, daß die Minimalgraphen der hypothetischen QR-Codes der Längen 11 und 23 mit dem Minimalabstand 4 beziehungsweise 6 kein Dreieck umfassen. Wir behandeln diese Fälle gesondert.

QR-Codes der Länge 11. Es seien Q ein hypothetischer QR-Code der Länge $n = 11$ über F_q mit dem Minimalabstand 4 und $c \in Q$ ein Codewort vom HAMMING-Gewicht $\gamma(c) = 4$ mit dem Träger $T = \{i_1, i_2, i_3, i_4\}$. Wir dürfen $c_{i_1} = 1$ voraussetzen. Der Minimalgraph $(T, \mathfrak{K})$ von Q besitzt mindestens vier Kanten und ist deswegen zusammenhängend. Wenn $(T, \mathfrak{K})$ ein Dreieck umfaßte, so ergäben sich aus (23) die absurden Kongruenzen $3, 10 \equiv 0 \bmod p$. Also muß $(T, \mathfrak{K})$ ein Viereck umfassen. Bei geeigneter Numerierung der Ecken gilt $c_{i_1} \cdot c_{i_2} = c_{i_2} \cdot c_{i_3} = c_{i_3} \cdot c_{i_4} = c_{i_4} \cdot c_{i_1} = -\hat{c}_\infty^2$, und damit $c_{i_1} = c_{i_3} = 1$ und $c_{i_2} = c_{i_4} = -\hat{c}_\infty^2$. Aus $c^2 + \hat{c}_\infty^2 = 0$ folgt

$$(42) \qquad\qquad 2 + 2 \cdot \hat{c}_\infty^4 + \hat{c}_\infty^2 = 0.$$

Das Quadrat $\hat{c}_\infty^2$ des Kontrollsymbols $\hat{c}_\infty$ hat dann im Widerspruch zu $\hat{c}_\infty \neq 0$ den Wert

$$(43) \qquad\qquad \hat{c}_\infty^2 = -\tfrac{1}{11} \cdot (2 - 2 \cdot \hat{c}_\infty^2)^2 = \tfrac{10}{11} \cdot \hat{c}_\infty^2.$$

Der Code Q existiert also gar nicht, alle QR-Codes der Länge 11 haben – wie wir es von dem auf Seite 389 studierten ternären Golay-Code GOL(11) wissen– mindestens den Minimalabstand 5.

QR-Codes der Länge 23. Es seien Q ein hypothetischer QR-Code der Länge $n = 23$ über F_q mit dem Minimalabstand 6 und $c \in Q$ ein Codewort vom HAMMING-Gewicht $\gamma(c) = 6$ mit dem Träger $T = \{i_1, i_2, i_3, i_4, i_5, i_6\}$. Wir dürfen $c_{i_1} = 1$ voraussetzen. Mit (20) schließen wir im vorliegenden Fall $m = 2 \cdot d - 4$ aus, daß alle von Null verschiedenen Komponenten des Codewortes c den Wert 1 haben. Es ist $\left(\frac{2}{23}\right) = 1$, also $p \neq 2$. Der Minimalgraph $(T, \mathfrak{K})$ von Q besitzt mindestens sieben Kanten und muß deswegen ein Dreieck, ein Viereck oder ein Fünfeck enthalten. (Zweiflern empfehlen wir, die Liste aller 24 Graphen mit 6 Ecken und 7 Kanten auf den Seiten 220ff. in F. HARARY, *Graph Theory*, Addison-Wesley, Reading/Mass. 1969 anzugucken.) Zum Beweis der vierten Verschärfung haben wir außer von der Voraussetzung $m = 2 \cdot d - 4$ nur noch von der Aussage (22) Gebrauch gemacht. Diese Aussage ist nicht nur dann wahr, wenn $(T,\mathfrak{K})$ ein Dreieck umfaßt, sondern auch, wenn $(T,\mathfrak{K})$ einen Kreis ungerader Länge, etwa ein Fünfeck, umfaßt. Wenn $(T,\mathfrak{K})$ ein Dreieck oder ein Fünfeck umfaßt, so muß also $6 \equiv 4 \bmod p$ sein. Wegen $p \neq 2$ umfaßt $(T,\mathfrak{K})$ also kein Dreieck und kein Fünfeck, wohl aber ein Viereck, sagen wir mit der Eckenmenge $\{i_1,i_2,i_3,i_4\}$ und mit $c_{i_1} = c_{i_3} = 1$ und $c_{i_2} = c_{i_4} = -\hat{c}_\infty^2$. Wir dürfen weiterhin von $\{i_2,i_5\} \in \mathfrak{K}$, also $c_{i_5} = 1$ ausgehen. Die Komponente c_{i_6} kann den Wert $-\hat{c}_\infty^2$ oder 1 haben.

Im Fall $c_{i_6} = -\hat{c}_\infty^2$ ist $\hat{c}_\infty^2 = -\frac{1}{23}\cdot(3-3\cdot\hat{c}_\infty^2)^2$, und aus $c^2 + \hat{c}_\infty^2 = 0$ folgt die wegen $p \neq 2$ widersprüchliche Kongruenz $2\cdot\hat{c}_\infty^2 \equiv 0 \bmod p$.

Im Fall $c_{i_6} = 1$ ist

$$\hat{c}_\infty^2 = -\tfrac{1}{23}\cdot(4-2\cdot\hat{c}_\infty^2)^2 \bmod p, \tag{44}$$

und aus $c^2 + \hat{c}_\infty^2 = 0$ folgt stets

$$4 + 2\cdot\hat{c}_\infty^4 + \hat{c}_\infty^2 \equiv 0 \bmod p. \tag{45}$$

Die Kongruenzen (44) und (45) widersprechen sich für den Modul $p = 5$. Wir erhalten damit $\hat{c}_\infty^2 \equiv -\frac{8}{5} \bmod p$. Wir setzen diesen Wert in (44) und (45) ein und erhalten $188 \equiv 0 \bmod p$, also $p = 47$. Wegen $m = 8$ gibt es einen Index $j \in \mathbb{Z}_{23}^*$, für den der Block T_j mehr als nur eine Ecke besitzt. Wegen $c^2 + \hat{c}_\infty^2 = 0$ gibt es drei nichtnegative ganze Zahlen $\lambda,\mu \leq 4, \nu \leq 2$ mit $\lambda+\mu+\nu \leq 5$ und $\lambda-\mu\cdot\hat{c}_\infty^2+\nu\cdot\hat{c}_\infty^4+\hat{c}_\infty^2 \equiv 0 \bmod 47$. Wir setzen in diese Kongruenz den Wert $\hat{c}_\infty^2 = 36$ ein und erhalten eine in den angegebenen Grenzen für λ,μ und ν nicht lösbare DIOPHANTische Gleichung.

Der Code Q existiert also gar nicht, alle QR-Codes der Länge 23 haben – wie wir es von dem auf Seite 389 studierten binären Golay-Code GOL(23) wissen – mindestens den Minimalabstand 7.

In seiner Dissertation zeigte H. C. A. VAN TILBORG (zitiert nach F. J. MACWILLIAMS and N. J. A. SLOANE, *The theory of error-correcting codes*, North-Holland, Amsterdam 1978, S. 521), daß für jeden binären QR-Code einer Länge $n \equiv -1 \bmod 8$ vom Minimalabstand d mit $n = d\cdot(d-1)+1$ eine ganze Zahl $i > 24$ mit $d = 8\cdot i+3$ existiert, und daß im Fall $n < d\cdot(d-1)+1$ sogar $n+12 \leq d\cdot(d-1)+1$ gilt. M. KLEMM (*Über die Wurzelschranke für das Minimalgewicht von Codes*, J. Comb. Th., Ser. A36 (1984) 364–372) verschärfte VAN TILBORGs Satz und zeigte, daß außer HAM(3,2) kein QR-Code einer Länge $n = d\cdot(d-1)+1 \equiv -1 \bmod 4$ existiert. Für den Fall $n \equiv -1 \bmod 8$, $p = 2$, $n < d\cdot(d-1)+1$ zeigte KLEMM $n+\sqrt{4\cdot d-8}-6 \leq d\cdot(d-2)$. Im Bereich $n < 400$ ergibt sich aus KLEMMs Satz insbesondere die Nicht-Existenz von QR-Codes der Länge n mit dem Minimalabstand $d = \left\lceil \frac{1}{2}+\frac{1}{2}\cdot\sqrt{4\cdot n-3} \right\rceil$ über $\mathbb{F}_q$ für die vier mit der zweiten Verschärfung der Quadratwurzelschranke nicht ausgeschlossenen Tripel $(n,d,q) = (7,3,2), (31,6,5), (103,11,2), (199,15,2), (307,18,17)$.

Es gehört kein allzu großer Mut dazu, zu vermuten, daß außer den (trivialen) (3,2)-QR-Codes und dem binären (7,4)-QR-Code HAM(3,2) keine weiteren QR-Codes einer Blocklänge $n \equiv -1 \bmod 4$ mit dem Minimalabstand $d = \left\lceil \frac{1}{2}+\frac{1}{2}\cdot\sqrt{4\cdot n-3} \right\rceil$ existieren.

L. STAIGER (*On the square-root bound for QR-codes*, J. of Geometry 31 (1988) 172–177) dehnte das Konzept des Minimalgraphen auf den Fall $n \equiv 1 \bmod 4$ aus: Wenn $n \leq p^2+p+1$ ist, so ist $d \geq \frac{1}{2}+\frac{1}{2}\cdot\sqrt{4\cdot n-3}$, wenn $n \geq p^2+p+1$ ist, so ist $d \geq \sqrt{n+p}$; wenn $\left(\frac{p}{n}\right) = -1$ ist, so gilt $n \leq d\cdot(d-3)+5$.

9.6.8 Informationsstellen

THOMAS HONOLD untersuchte in seiner Doktorarbeit *Doppeltzyklische Darstellungen von Quadratischen-Rest-Codes*, TU München 1994, welche Konsequenzen sich aus der Invarianz der erweiterten QR-Codes $\hat{Q}, \check{N}$ unter speziellen Untergruppen der GLEASON-PRANGE-Gruppe $\mathrm{GP}_n(q)$ ergeben, deren Äquivalenzanteil zu einer Diedergruppe $\mathfrak{D}_{\frac{1}{2}\cdot(n\pm1)}$ der Ordnung $n+1$ beziehungsweise $n-1$ isomorph ist. Einem erzeugenden Element der maximalen zyklischen Untergruppe von $\mathfrak{D}_{\frac{1}{2}\cdot(n\pm1)}$ entspricht in der projektiven speziellen linearen Gruppe $\mathrm{PSL}_2(n)$ ein Produkt δ von zwei Zyklen der Länge $\frac{1}{2}\cdot(n+1)$ beziehungsweise ein Produkt δ' von zwei Zyklen der Länge $\frac{1}{2}\cdot(n-1)$ und zwei Fixpunkten. Man kann nun die Frage stellen – erstmalig in aller Öffentlichkeit tat dies VERA PLESS (*When is a cycle an information set?* Ann. New York Acad. Sci. **319** (1979) 429–435) für den binären Fall $q = 2$, wobei sie unter anderem das Ergebnis einer Computersuche ihres Doktoranden R. A. JENSON präsentierte –, ob einer der beiden Zyklen von δ eine Menge von Informationsstellen für den Code $\hat{Q}$ bilde. Die Antwort auf diese Frage ist jedenfalls von der speziellen Wahl der Permutation δ unabhängig, weil in der $\mathrm{PSL}_2(n)$ alle Elemente der Ordnung $\frac{1}{2}\cdot(n+1)$ konjugiert sind. HONOLD behandelt in seiner Dissertation auch die entsprechende Frage, ob eine der vier möglichen Vereinigungsmengen aus jeweils einem Zyklus der Länge $\frac{1}{2}\cdot(n-1)$ und einem Fixpunkt von δ' für den Code $\hat{Q}$ eine Menge von Informationsstellen bilde; darüber wird hier aber nicht berichtet.

Durch „Umbenennen" der Koordinaten des Vektorraumes $V_{n+1}(q)$ und „Skalieren" mit einer geeigneten Konfiguration $\bar{\kappa}$ (insgesamt also durch den Übergang zu einem zu $\hat{Q}$ beziehungsweise zu $\check{N}$ isomorphen und deshalb im folgenden genauso bezeichneten Code) kann man erreichen, daß die Codes $\hat{Q}, \check{N}$ unter der *doppelt-negazyklischen Verschiebung* $D^2 \in \mathrm{Mon}_{n+1}(q)$ die einen Vektor

$$\left(x_0, x_1, \ldots, x_{\frac{1}{2}\cdot(n-1)}, y_0, y_1, \ldots, y_{\frac{1}{2}\cdot(n-1)}\right) \in V_{n+1}(q)$$

stets in den Vektor

$$\left(-x_{\frac{1}{2}\cdot(n-1)}, x_0, \ldots, x_{\frac{1}{2}\cdot(n-3)}, \ldots, -y_{\frac{1}{2}\cdot(n-1)}, y_0, \ldots, y_{\frac{1}{2}\cdot(n-3)}\right) \in V_{n+1}(q)$$

überführt, invariant werden. In Analogie zur Identifikation zyklischer Codes aus $V_l(q)$ mit den Idealen oder, was dasselbe ist, mit den $\mathbb{F}_q[z]$-Untermoduln der Algebra $\mathbb{F}_q[z]_{z^l-1}$ kann man die Codes $\hat{Q}$ und $\check{N}$ als $\mathbb{F}_q[z]$-Untermoduln der Algebra $\mathbb{F}_q[z]_{z^{\frac{1}{2}\cdot(n+1)}+1} \times \mathbb{F}_q[z]_{z^{\frac{1}{2}\cdot(n+1)}+1} \cong V_{n+1}(q)$ auffassen, in der stets mit Paaren $\left(a_1(z), a_2(z)\right)$ von Repräsentanten $a_1(z), a_2(z)$ minimalen Grades gerechnet wird. Unter der *Reversion* eines Polynoms $a(z) \in \mathbb{F}_q[z]_{z^{\frac{1}{2}\cdot(n+1)}+1}$ verstehen wir jetzt das (modulo $z^{\frac{1}{2}\cdot(n+1)}+1$ wohldefinierte) Wort $a(z^{-1}) = a(-z^{\frac{1}{2}\cdot(n-1)})$. Die Codes $\hat{Q}$ und $\check{N}$ sind im Fall $n \equiv 1 \bmod 4$ unter der *simultanen Reversion*

$$S : \left(a_1(z), a_2(z)\right) \mapsto \left(a_1(z^{-1}), -z^{-1}\cdot a_2(z^{-1})\right)$$

invariant und werden von der *kreuzweisen simultanen Reversion*

$$T : \left(a_1(z), a_2(z)\right) \mapsto \left(-a_2(z^{-1}), a_1(z^{-1})\right)$$

vertauscht. Im Fall $n \equiv -1 \bmod 4$ sind sie dagegen unter T invariant und werden von S vertauscht. Für die Abbildung

$$D := T \circ S$$

gilt also in beiden Fällen $D(\hat{Q}) = \check{N}$ und $D(\check{N}) = \hat{Q}$. Weil nun D mit der doppelt-negazyklischen Verschiebung $D^2 : \big(a_1(z), a_2(z)\big) \mapsto \big(z \cdot a_1(z), z \cdot a_2(z)\big)$ vertauschbar ist, sind die erweiterten QR-Codes $\hat{Q}$ und $\check{N}$ auch als $\mathbb{F}_q[z]$-Moduln isomorph. Die Struktur der $\mathbb{F}_q[z]$-Moduln $\hat{Q}$ und $\check{N}$ im Sinne der Theorie der endlich erzeugten Moduln über einem Hauptidealring läßt sich nun leicht bestimmen, wenn man noch berücksichtigt, daß für $q \neq 2$ stets $V_{n+1}(q) \cong \hat{Q} \oplus \check{N}$ gilt, und daß der Code $\hat{Q} \cap \check{N}$ für $q = 2$ aus allen skalaren Vielfachen der Erweiterung $\hat{1}$ des Einswortes und der Code $\hat{Q} + \check{N}$ aus allen zu $\hat{1}$ orthogonalen Vektoren besteht (für $q = 2$ gilt ja $\hat{1} = \check{1}$). Es gilt $\hat{Q} \cong \check{N} \cong \mathbb{F}_q[z]_{z^{\frac{1}{2} \cdot (n+1)}+1}$.

Eine genauere Untersuchung mit Hilfe der Primärzerlegung von $\hat{Q}$ und $\check{N}$ zeigt, daß beide Zyklen der Permutation δ jedenfalls dann eine Menge von Informationsstellen für den Code $\hat{Q}$ bilden, wenn $n \equiv -1 \bmod 4$ ist, und wenn sämtliche Primärkomponenten des $\mathbb{F}_q[z]$-Moduls $\mathbb{F}_q[z]_{z^{\frac{1}{2} \cdot (n+1)}+1}$ *symmetrisch* (invariant unter der *Reversion* $a(z) \mapsto a(z^{-1})$) sind. Die Primärkomponenten von $\mathbb{F}_q[z]_{z^{\frac{1}{2} \cdot (n+1)}+1}$, das sind die (direkt) unzerlegbaren „negazyklischen" Codes der Länge $\frac{1}{2} \cdot (n+1)$ über $\mathbb{F}_q$, entsprechen umkehrbar eindeutig den irreduziblen Faktoren von $z^{\frac{1}{2} \cdot (n+1)}+1 \in \mathbb{F}_q[z]$. Sie lassen sich (auch im Fall $q \neq 2$, da allerdings mit der Beschränkung auf ungerade Zahlen j) durch Kreisteilungsklassen $KK(j; m, q)$ modulo m bezüglich q beschreiben, wobei m der zu q teilerfremde Anteil von $n+1$ ist; das heißt, wobei m durch die Bedingung $n = p^\tau \cdot m - 1$ mit $p \nmid m$ festgelegt ist. Die Primärkomponente zur Kreisteilungsklasse $KK(j; m, q)$ ist genau dann symmetrisch, wenn $-j \in KK(j; m, q)$ gilt. Damit ist der Beweis eines Ergebnisses der HONOLDschen Dissertation skizziert:

Satz. *Es sei* $n \equiv -1 \bmod 4$ *eine Primzahl. Wenn es zwei ganze Zahlen* m *und* x *mit* $n+1 = p^\tau \cdot m$, $p \nmid m$ *und* $q^x \equiv -1 \bmod m$ *gibt, so bilden die beiden Zyklen eines Elementes* $\delta \in \mathrm{PSL}_2(n)$ *der Ordnung* $\frac{1}{2} \cdot (n+1)$ *für den erweiterten QR-Code* $\hat{Q}$ *der Länge* $n+1$ *über* $\mathbb{F}_q$ *jeweils eine Menge von Informationsstellen.* $\quad\square$

Die Voraussetzungen dieses Satzes sind zum Beispiel dann erfüllt, wenn $p = 2$ ist, und wenn n eine MERSENNEsche Primzahl (und dann natürlich $q = 2$) ist. Man vermutet, daß es unendlich viele MERSENNEsche Primzahlen gibt. Für $p = 2$ ist die Bedingung des Satzes unter den zwölf modulo 8 zu -1 kongruenten Primzahlen $n < 200$ nur für $n = 167$ verletzt. Nach JENSONs Rechnungen bildet tatsächlich keiner der beiden Zyklen von δ eine Menge von Informationsstellen für den erweiterten binären QR-Code der Länge 168. Von den 31 modulo 8 zu -1 kongruenten Primzahlen n im Intervall von 200 bis 1000 erfüllen für $p = 2$ nur noch die elf Zahlen 263, 271, 383, 431, 463, 487, 607, 647, 863, 911 und 967 die Voraussetzungen. In HONOLDs Dissertation kann man lesen, daß diese Voraussetzungen „um so leichter verletzt sind, je mehr von p verschiedene Primteiler l_i die Zahl $n+1$ hat". Die Voraussetzungen sind nämlich mit einer gewissen Teilbarkeitsbedingung äquivalent, die simultan für die Ordnungen aller Restklassen $q + l_i \cdot \mathbb{Z}$ in den primen Restklassengruppen modulo l_i bestehen muß. THOMAS HONOLD hält die elf Primzahlen 7, 23, 31, 47, 71, 79, 103, 127, 151, 191 und 199 deswegen für *besonders glücklich*!

9.7 Goppa-Codes

Primitive BCH-Codes im engeren Sinne. Es seien q eine Potenz einer Primzahl p, $m \in \mathbb{N}$ eine natürliche Zahl, $n := q^m - 1$, $\zeta \in \mathbb{F}_{q^m}$ ein primitives Element von $\mathbb{F}_{q^m}$ (das ist eine primitive n-te Einheitswurzel über $\mathbb{F}_q$), δ eine natürliche Zahl mit $\delta \leq n$ und $C \subseteq R_n(q)$ der primitive BCH-Code im engeren Sinne (Seite 357 ff.) mit dem Entwurfsabstand δ. Ein Polynom $y(z) = \sum\limits_{i=0}^{n-1} y_i \cdot z^i \in \mathbb{F}_q[z]$ ist genau dann ein Codewort aus C, wenn für $k = 0, 1, \ldots, \delta - 2$ stets $y(\zeta^{k+1}) = 0$ gilt.

Wir schreiben $\gamma_i := \zeta^{-i}$ für $i = 0, 1, \ldots, n - 1$ und $G(z) := z^{\delta - 1}$.

Dann gilt
$$\sum_{i=0}^{n-1} \frac{y_i}{G(\gamma_i)} \cdot \frac{G(z) - G(\gamma_i)}{z - \gamma_i} = \sum_{i=0}^{n-1} y_i \cdot \zeta^i \cdot \frac{(\zeta^i \cdot z)^{\delta - 1} - 1}{\zeta^i \cdot z - 1} =$$

$$= \sum_{i=0}^{n-1} y_i \cdot \zeta^i \cdot \sum_{k=0}^{\delta - 2} \zeta^{k \cdot i} \cdot z^k = \sum_{k=0}^{\delta - 2} \sum_{i=0}^{n-1} y_i \cdot (\zeta^{k+1})^i \cdot z^k = \sum_{k=0}^{\delta - 2} y(\zeta^{k+1}) \cdot z^k.$$

Das Polynom $y(z) \in \mathbb{F}_q[z]$ ist also genau dann ein Codewort aus C, wenn

$$\sum_{i=0}^{n-1} \frac{y_i}{G(\gamma_i)} \cdot \frac{G(z) - G(\gamma_i)}{z - \gamma_i} = 0$$

gilt.

Die Goppa-Codes wurden 1970 von V. D. GOPPA als Verallgemeinerung der primitiven BCH-Codes im engeren Sinne definiert:

Gegeben seien eine Primzahlpotenz q, eine natürliche Zahl m, ein Polynom $G(z) = \sum\limits_{i=0}^{s} G_i \cdot z^i \in \mathbb{F}_{q^m}[z]$ eines Grades $s := \deg G(z)$, das sogenannte GOPPA-*Polynom*, eine natürliche Zahl n und ein n-Tupel $\vec{\gamma} = (\gamma_0, \gamma_1, \ldots, \gamma_{n-1})$ von n verschiedenen Nicht-Nullstellen $\gamma_i \in \mathbb{F}_{q^m}$ des GOPPA-Polynoms $G(z)$. Für jeden Vektor $y := y_0 y_1 \ldots y_{n-1} \in V_n(q)$ definieren wir sein *Syndrom*

$$S_y(z) := -\sum_{i=0}^{n-1} \frac{y_i}{G(\gamma_i)} \cdot \frac{G(z) - G(\gamma_i)}{z - \gamma_i} \in \mathbb{F}_{q^m}[z].$$

Im Restklassenring $\mathbb{F}_{q^m}[z]_{G(z)} = \mathbb{F}_{q^m}[z]/(G(z))$ (Seite 218 f.) ist die Einheit $z - \gamma_i$ für jeden Index $i = 0, 1, \ldots, n - 1$ zu dem Polynom $\frac{-1}{G(\gamma_i)} \cdot \frac{G(z) - G(\gamma_i)}{z - \gamma_i}$ reziprok; wir dürfen daher

$$S_y(z) \equiv \sum_{i=0}^{n-1} \frac{y_i}{z - \gamma_i} \mod G(z)$$

schreiben.

In Abhängigkeit von dem n-Tupel $\vec{\gamma} \in V_n(q^m)$ und dem GOPPA-Polynom $G(z) \in \mathbb{F}_{q^m}[z]$ wird der (offenbar lineare) *Goppa-Code*

$$\Gamma(\vec{\gamma},G(z)) := \{\, c \in V_n(q)\,;\, S_c(z) = 0\,\} \subseteq V_n(q)$$

definiert.

In der Literatur wird zur Definition der Goppa-Codes statt des n-Tupels $\vec{\gamma} \in V_n(q^m)$ meist die Menge $L = \{\gamma_0,\gamma_1,\ldots,\gamma_{n-1}\} \subseteq \mathbb{F}_{q^m}$ seiner Komponenten herangezogen; das ist inkorrekt: die Menge L bestimmt den Goppa-Code nur bis auf Äquivalenz eindeutig. Die Länge n der Liste $\vec{\gamma}$ wird oft maximal gewählt, das heißt, als n-Tupel $\vec{\gamma}$ dient mit Vorliebe eine Anordnung der Elemente der Menge $L = \{\gamma \in \mathbb{F}_{q^m}\,;\, G(\gamma) \neq 0\}$.

Kontrollmatrizen. Ein Vektor $y = y_0 y_1 \cdots y_{n-1} \in V_n(q)$ ist genau dann ein Codewort des Goppa-Codes $\Gamma(\vec{\gamma},G(z))$, wenn

$$S_{\boldsymbol{y}}(z) = -\sum_{j=0}^{n-1} \frac{y_j}{G(\gamma_j)} \cdot \frac{G(z) - G(\gamma_j)}{z - \gamma_j} = 0$$

gilt. Unter Berücksichtigung der Gleichungen

$$\frac{G(z) - G(\gamma_j)}{z - \gamma_j} = \sum_{i=0}^{s-1} \left(\sum_{l=i}^{s-1} G_{l+1} \cdot \gamma_j^{l-i} \right) \cdot z^i \,, j = 0,1,\ldots,n-1,$$

sehen wir mit einem Koeffizientenvergleich ein, daß y genau dann ein Codewort ist, wenn wenn für $i = 0,1,\ldots,s-1$ die Gleichungen

$$\sum_{j=0}^{n-1} h_{i,j} \cdot y_j = 0$$

mit

$$h_{i,j} := \frac{1}{G(\gamma_j)} \cdot \sum_{l=i}^{s-1} G_{l+1} \cdot \gamma_j^{l-i}, \; j = 0,1,\ldots,n-1,$$

gelten.

Wir ordnen die Koeffizienten $h_{i,j}$ zu einer Matrix

$$\mathbf{H} := (h_{i,j}) \in \mathfrak{M}_{s \times n}(\mathbb{F}_{q^m})$$

an und erhalten eine vektorielle Charakterisierung des Goppa-Codes:

$$\forall\, c \in V_n(q):\; c \in \Gamma(\vec{\gamma},G(z)) \;\Leftrightarrow\; \mathbf{H} \cdot c^{\mathsf{T}} = 0.$$

Wir stellen die Matrix $\mathbf{H}$ als das Produkt $\mathbf{H} = \Delta \cdot \Gamma \cdot \mathbf{D}$ der Matrizen

$$\Delta := \begin{bmatrix} G_1 & \cdots & G_{s-1} & G_s \\ \vdots & & & \\ \vdots & & & \\ G_{s-1} & & & \\ G_s & & & \text{\Large 0} \end{bmatrix}, \quad \Gamma := \begin{bmatrix} 1 & 1 & \cdots & 1 \\ \gamma_0 & \gamma_1 & \cdots & \gamma_{n-1} \\ \gamma_0^2 & \gamma_1^2 & \cdots & \gamma_{n-1}^2 \\ \vdots & \vdots & & \vdots \\ \gamma_0^{s-1} & \gamma_1^{s-1} & \cdots & \gamma_{n-1}^{s-1} \end{bmatrix} \quad \text{und}$$

$$
\mathbf{D} := \begin{bmatrix} \frac{1}{G(\gamma_0)} & & & \\ & \frac{1}{G(\gamma_1)} & & \text{\Large 0} \\ & & \ddots & \\ & & \ddots & \\ \text{\Large 0} & & & \frac{1}{G(\gamma_{n-1})} \end{bmatrix} \qquad \text{dar. Weil } G_s \neq 0 \text{ gilt, ist die}
$$

Dreiecksmatrix $\Delta \in \mathfrak{M}_{s \times s}(\mathbb{F}_{q^m})$ invertierbar. Daher gilt

$$
\forall\, c \in V_n(q): \; c \in \Gamma(\vec{\gamma}, G(z)) \quad \Leftrightarrow \quad \Gamma \cdot \mathbf{D} \cdot c^{\mathsf{T}} = 0.
$$

Jede $s \times s$-Untermatrix der Matrix $\Gamma \in \mathfrak{M}_{s \times n}(\mathbb{F}_{q^m})$ ist eine VANDER-MONDEsche Matrix (Seite 201). Damit sind je s Spalten von Γ linear unabhängig. Für $j = 0, 1, \ldots, n-1$ ist die Spalte Nr. j der Matrix $\Gamma \cdot \mathbf{D}$ das $\frac{1}{G(\gamma_j)}$-fache der Spalte Nr. j der Matrix Γ. Wegen $G(\gamma_j) \neq 0$ für $j = 0, 1, \ldots, n-1$ sind damit auch je s Spalten der Matrix $\Gamma \cdot \mathbf{D}$ linear unabhängig. Mit der unteren Abschätzung des Minimalabstandes linearer Codes von Seite 262 erhalten wir eine untere Schranke für den

Minimalabstand des Goppa-Codes:

$$
d\big(\Gamma(\vec{\gamma}, G(z))\big) \geq s + 1.
$$

Die Einträge der Matrix $\Gamma \cdot \mathbf{D}$ entstammen dem Erweiterungskörper $\mathbb{F}_{q^m}$ von $\mathbb{F}_q$. Wir interpretieren den Körper $\mathbb{F}_{q^m}$ als den $\mathbb{F}_q$-Vektorraum $V_m(q)$ der m-zeiligen Spaltenvektoren. Die Matrix $\Gamma \cdot \mathbf{D}$ geht dabei in eine Matrix aus $\mathfrak{M}_{m \cdot s \times n}(\mathbb{F}_q)$ über, von der eine Auswahl von mindestens s Zeilen eine Kontrollmatrix des Goppa-Codes bildet. Wir erhalten eine Abschätzung der

Dimension des Goppa-Codes:

$$
k := \dim \Gamma(\vec{\gamma}, G(z)) \geq n - m \cdot s.
$$

Alternante Codes sind eine leichte Verallgemeinerung der Goppa-Codes: Von einem n-Tupel $\vec{\gamma} \in V_n(q^m)$ mit n paarweise verschiedenen Komponenten und einer nicht-negativen ganzen Zahl $s \leq n$ ausgehend bildet man wie oben eine Matrix $\Gamma \in \mathfrak{M}_{s \times n}(\mathbb{F}_{q^m})$. Weiterhin wählt man eine beliebige nicht-singuläre Diagonalmatrix $\mathbf{D} \in \mathfrak{M}_{n \times n}(\mathbb{F}_{q^m})$. Das Matrizenprodukt $\Gamma \cdot \mathbf{D}$ definiert als Kontrollmatrix einen $(n, n-s)$-MDS-Code $C \subseteq V_n(q^m)$, einen *verallgemeinerten* REED-SOLOMON-*Code*. Als *alternanten Code* bezeichnet man den Spur-Code $C \cap V_n(q)$. Der alternante Code hat mindestens die Dimension $n - m \cdot s$ und mindestens den Minimalabstand $s + 1$.

Die Goppa-Codes erfreuen sich deswegen einer besonderen Attraktivität, weil für sie ein effizienter Decodieralgorithmus zur Verfügung steht, mit dem bis zu $\lfloor \frac{s}{2} \rfloor$ Fehler pro Codewort korrigiert werden können. Dazu einige Vorbereitungen:

Lokator- und Auswertepolynom. Es sei $e := e_0 e_1 \ldots e_{n-1} \in V_n(q)$ ein Vektor mit dem Träger $T_e := \mathrm{Supp}(e)$. Das *Lokatorpolynom* [locator polynomial] *von* e *bezüglich* $\Gamma(\vec{\gamma}, G(z))$ definieren wir vermöge

$$\sigma_e(z) := \prod_{j \in T_e} (z - \gamma_j) \in \mathbb{F}_{q^m}[z].$$

Es gilt $0 \leq \deg \sigma_e(z) = |T_e| = \gamma(e)$. Wegen $G(\gamma_j) \neq 0$ für alle $j \in T_e$ ist das Lokatorpolynom $\sigma_e(z)$ zum Goppa-Polynom $G(z)$ teilerfremd. Da das Lokatorpolynom $\sigma_e(z)$ keine mehrfachen Nullstellen besitzt, ist es auch zu seiner Ableitung

$$\frac{d}{dz}\sigma_e(z) = \sum_{i \in T_e} \prod_{j \in T_e \setminus \{i\}} (z - \gamma_j)$$

teilerfremd (Seite 211). Das Lokatorpolynom $\sigma_e(z)$ ist normiert.

Der Grad des *Auswertepolynoms* [companion polynomial oder error-evaluation polynomial] *von* e,

$$\omega_e(z) := \sum_{i \in T_e} e_i \cdot \prod_{j \in T_e \setminus \{i\}} (z - \gamma_j) \in \mathbb{F}_{q^m}[z],$$

ist stets kleiner als der Grad des Lokatorpolynoms, $\deg \omega_e(z) < |T_e|$. Wegen $\omega_e(\gamma_j) \neq 0$ für alle $j \in T_e$ sind $\sigma_e(z)$ und $\omega_e(z)$ teilerfremd.

Angenommen, uns seien das Lokatorpolynom $\sigma_e(z)$ und das Auswertepolynom eines (noch) unbekannten Vektors $e \in V_n(q)$ bekannt. Wegen $T_e = \{ j \in \mathbb{Z}_n ; \ \sigma_e(\gamma_j) = 0 \}$ können wir den Träger T_e von e durch sukzessives Einsetzen der Elemente $\gamma_0, \gamma_1, \ldots, \gamma_{n-1}$ in das Lokatorpolynom bestimmen. Im binären Fall $q = 2$ ist damit auch der Vektor $e \in V_n(2)$ bestimmt. Im allgemeinen Fall bestimmen wir für jeden Index $i \in T_e$ die Komponente von e an der Position Nr. i als

$$e_i = \frac{\omega_e(\gamma_i)}{\left[\frac{d}{dz}\sigma_e(z) \right]_{z := \gamma_i}}.$$

Den Zusammenhang zwischen dem Syndrom, dem Lokator- und dem Auswertepolynom des Vektors $e \in V_n(q)$ beschreibt die

Schlüsselgleichung [key equation]

$$\sigma_e(z) \cdot S_e(z) \equiv \omega_e(z) \ \mathrm{mod}\, G(z).$$

Sie folgt unmittelbar aus der Definition der an ihr beteiligten Polynome.

Satz. *Es sei* $e \in V_n(q)$ *ein Vektor vom* HAMMING-*Gewicht* $\gamma(e) \leq \frac{s}{2}$. *Für je zwei Polynome* $\sigma(z), \omega(z) \in \mathbb{F}_{q^m}[z]$ *gilt*

$$\sigma(z) = \sigma_e(z) \quad und \quad \omega(z) = \omega_e(z)$$

genau dann, wenn die folgenden sieben Bedingungen erfüllt sind:

$(i) \quad \sigma(z) \cdot S_e(z) \equiv \omega(z) \bmod G(z)$

$(ii) \qquad \sigma(z) \neq 0.$

$(iii) \qquad \deg \sigma(z) \leq \frac{s}{2}.$

$(iv) \qquad \sigma(z)$ *ist normiert.*

$(v) \qquad \sigma(z)$ *ist zu* $G(z)$ *teilerfremd.*

$(vi) \qquad \sigma(z)$ *ist zu* $\omega(z)$ *teilerfremd.*

$(vii) \qquad \deg \omega(z) < \frac{s}{2}.$

Beweis. Daß das Lokator- und das Auswertepolynom von e die sieben Bedingungen erfüllen, haben wir bereits eingesehen. Es seien nun umgekehrt $\sigma(z), \omega(z) \in \mathbb{F}_{q^m}[z]$ zwei Polynome, die den sieben Bedingungen genügen. Die Polynome $\sigma_e(z)$ und $\sigma(z)$ sind nach (v) im Restklassenring $\mathbb{F}_{q^m}[z]_{G(z)} = \mathbb{F}_{q^m}[z]/(G(z))$ (Seite 218f.) Einheiten. In $\mathbb{F}_{q^m}[z]_{G(z)}$ gilt nach (i) und (ii) daher $\frac{\omega_e(z)}{\sigma_e(z)} = S_e(z) = \frac{\omega(z)}{\sigma(z)}$. Im Polynomring $\mathbb{F}_{q^m}[z]$ schreiben wir diese Gleichung als $\sigma_e(z) \cdot \omega(z) \equiv \sigma(z) \cdot \omega_e(z) \bmod G(z)$. Aus dieser Polynomkongruenz folgt wegen (iii) und (vii) die Polynomgleichung $\sigma_e(z) \cdot \omega(z) = \sigma(z) \cdot \omega_e(z)$, also teilt $\sigma_e(z)$ das Produktpolynom $\sigma(z) \cdot \omega_e(z)$, und $\sigma(z)$ teilt $\sigma_e(z) \cdot \omega(z)$. Mit (iv) und (vi) folgt daraus $\sigma(z) = \sigma_e(z)$ und schließlich $\omega(z) = \omega_e(z)$. $\qquad\square$

Decodierung. Ein Codewort $c \in \Gamma(\vec{\gamma}, G(z))$ werde in den Kanal eingespeist und dort von einem „Fehlervektor" $e \in V_n(q)$ vom HAMMING-Gewicht $e := \gamma(e) \leq \frac{s}{2}$ überlagert. Der Codewortschätzer berechnet zunächst das Syndrom $S_y(z)$ des Kanalwortes $y := c + e \in V_n(q)$. Das Syndrom $S_y(z)$ stimmt mit dem Syndrom des ihm unbekannten Fehlervektors e überein: $S_y(z) = S_{c+e}(z) = S_c(z) + S_e(z) = S_e(z)$.

Wenn das Syndrom $S_y(z)$ nicht das Nullpolynom ist, das heißt, wenn y kein Codewort ist, so bestimmt der Codewortschätzer die nach unserem Satz einzige Lösung $(\sigma_e(z), \omega_e(z))$ der Kongruenz (i) mit den Eigenschaften $(ii)-(vii)$, ermittelt — wie auf der vorangehenden Seite oben beschrieben wurde — den Fehlervektor e und gibt das korrekt decodierte Codewort $c = y - e$ weiter.

Für die Bestimmung der gesuchten Lösung $\left(\sigma_e(z),\omega_e(z)\right)$ der Schlüssel-gleichung steht dem Codewortschätzer mit der folgenden Modifikation des auf Seite 209 beschriebenen EUKLIDischen Algorithmus ein effizientes Berechnungsverfahren zur Verfügung:

1. Setze $r_{-1}(z) := G(z)$, $r_0(z) := S_y(z)$, $s_{-1}(z) := 0$, $s_0(z) := 1$ und $i := -1$.

2. Solange $\deg r_{i+1}(z) \geq \left\lfloor \frac{s}{2} \right\rfloor$ ist, führe aus:
   Setze $i \leftarrow i+1$.
   Bestimme den Quotienten $t_{i+1}(z)$ und den Rest $r_{i+1}(z)$ bei der Division von $r_{i-1}(z)$ durch $r_i(z)$.
   Setze $s_{i+1}(z) := s_{i-1}(z) - t_{i+1}(z) \cdot s_i(z)$.

3. Gib $\Sigma(z) := s_{i+1}(z)$ und $\Omega(z) := r_{i+1}(z)$ aus.

Die Polynome $\Sigma(z)$ und $\Omega(z)$ stimmen bis auf ein (gemeinsames) skalares Vielfaches mit dem normierten Lokatorpolynom $\sigma_e(z)$ und dem Auswertepolynom $\omega_e(z)$ des Fehlervektors e überein.

Daß der EUKLIDische Algorithmus tatsächlich das Lokatorpolynom und das Auswertepolynom bis auf einen (uninteressanten) Faktor $\lambda \in \mathbb{F}_q^*$ liefert, ist eine nicht weiter komplizierte, aber stinklangweilige und mühselige Übungsaufgabe zur vollständigen Induktion. Hier wird auf diesen Korrektheitsbeweis verzichtet.

Beispiel. Wir schauen uns die Arbeitsweise des Codewortschätzers am Beispiel des 3-fehlerkorrigierenden primitiven binären (15,5)-BCH-Codes $C := C_5$ im engeren Sinne mit dem Generatorpolynom

$$g(z) = z^{10} + z^9 + z^8 + z^6 + z^5 + z^2 + 1$$

und dem Entwurfsabstand $\delta = 7$ an. Den fünfzehnten Kreisteilungs-körper $\mathbb{F}_{16}$ stellen wir als Erweiterungskörper $\mathbb{F}_{16} = \mathbb{Z}_2(\zeta)$ mit einer primitiven fünfzehnten Einheitswurzel ζ mit dem Minimalpolynom $m_\zeta(z) = z^4 + z^3 + 1$ dar. Wir betrachten den BCH-Code C als den Goppa-Code $\Gamma\left(\vec{\gamma}, G(z)\right) \subset V_{15}(2)$ mit dem für $j = 0, 1, \ldots, 14$ durch $\gamma_j := \zeta^{-j}$ definierten 15-Tupel $\vec{\gamma} = (\gamma_0, \gamma_1, \ldots, \gamma_{14}) \in \mathbb{F}_{16}^{15}$ und dem Goppa-Polynom $G(z) := z^6 \in \mathbb{F}_{16}[z]$.

Der Codewortschätzer erhalte vom Kanal das Kanalwort

$$y := 000100001101010 \cong z^{13} + z^{11} + z^9 + z^8 + z^3$$

und berechnet dessen Syndrom als

$$S_y(z) = \zeta \cdot z^5 + \zeta^5 \cdot z^4 + \zeta^{12} \cdot z^3 + \zeta^8 \cdot z^2 + \zeta^6 \cdot z + \zeta^3.$$

Der EUKLIDische Algorithmus liefert die Polynome

$$t_1(z) = \zeta^{14}\!\cdot\! z + \zeta^3, \qquad r_1(z) = \zeta^{12}\!\cdot\! z^4 + \zeta^{13}\!\cdot\! z^3 + \zeta^{13}\!\cdot\! z^2 + z + \zeta^6,$$
$$t_2(z) = \zeta^4\!\cdot\! z + \zeta^9, \qquad \Omega(z) = r_2(z) = \zeta^4,$$
$$s_1(z) = \zeta^{14}\!\cdot\! z + \zeta^3, \qquad \Sigma(z) = \zeta^3\!\cdot\! z^2 + \zeta^4\!\cdot\! z + \zeta\,.$$

Der Codewortschätzer normiert (überflüssigerweise) das Polynom $\Sigma(z)$ durch Multiplikation mit dem Faktor $\lambda := \zeta^{12}$ und setzt der Reihe nach die fünfzehn Elemente $\gamma_0, \gamma_1, \ldots, \gamma_{14}$ in das so erhaltene Lokatorpolynom $\sigma(z) := \lambda\!\cdot\!\Sigma(z) = z^2 + \zeta\!\cdot\! z + \zeta^{13}$ ein und stellt fest, daß $\gamma_5 = \zeta^{10}$ und $\gamma_{12} = \zeta^3$ die einzigen Nullstellen sind. Da es sich um einen binären Code handelt, ignoriert der Codewortschätzer das Auswertepolynom $\omega(z) := \lambda\!\cdot\!\Omega(z) = \zeta$, ermittelt den mutmaßlichen Fehlervektor

$$000001000000100 \,\cong\, z^{12} + z^5$$

und das Codewort

$$000101001101110 \,\cong\, z^{13} + z^{12} + z^{11} + z^9 + z^8 + z^5 + z^3 \,=\, z^3\!\cdot\! g(z). \quad \Box$$

Nicht jeder BCH-Code ist ein Goppa-Code. Trotzdem läßt sich das hier beschriebene Decodierverfahren für BCH-Codes im weiteren Sinne abwandeln: Es seien ζ eine primitive n-te Einheitswurzel über $\mathbb{F}_q$, $a \in \mathbb{Z}_n$, $\delta < n$ eine natürliche Zahl und $C \subset R_n(q)$ der zu ζ^a gehörige BCH-Code mit dem Entwurfsabstand δ. Der Decodierer berechnet das Syndrom

$$S_y(z) := -\sum_{k=0}^{\delta-2} y(\zeta^{a+k})\!\cdot\! z^k$$

eines Kanalwortes $y \cong y(z)$, ermittelt mit einem (etwa dem EUKLIDischen) Algorithmus eine Lösung $(\sigma(z), \omega(z))$ der Schlüsselgleichung

$$\sigma(z)\!\cdot\! S_y(z) \equiv \omega(z) \bmod z^{\delta-1}$$

mit einem Polynom $\sigma(z)$ minimalen Grades, „dem" Lokatorpolynom von y. Der Codewortschätzer bestimmt durch Einsetzen aller n-ten Einheitswurzeln in das Lokatorpolynom die Restklassen $i \in \mathbb{Z}_n$ mit $\sigma(\zeta^{-i}) = 0$, die vermeintlichen Fehlerpositionen. In diesen Positionen, so mutmaßt der Codewortschätzer, besitzt der Fehlervektor die Komponente

$$\zeta^{(1-a)\cdot i}\cdot\frac{\omega(\zeta^{-i})}{[\frac{d}{dz}\sigma(z)]_{z=\zeta^{-i}}}\,.$$

Wenn das HAMMING-Gewicht des tatsächlichen Fehlervektors kleiner als $\frac{\delta}{2}$ ist, so begeht der Codewortschätzer keinen Decodierfehler.

Binäre Goppa-Codes. Es seien $\Gamma(\vec{\gamma}, G(z)) \subseteq V_n(2)$ ein binärer Goppa-Code, $y = y_0 y_1 \cdots y_{n-1} \in V_n(2)$ ein Wort vom HAMMING-Gewicht $t := \gamma(y)$ mit dem t-elementigen Träger $T_y := \mathrm{Supp}(y)$. Wegen $y_i = \begin{cases} 1, \text{falls } i \in T_y \\ 0, \text{falls } i \notin T_y \end{cases}$

für $i = 0, 1, \ldots, n-1$ stimmt die Ableitung des Lokatorpolynoms von y mit dem Auswertepolynom von y überein, $\frac{d}{dz}\sigma_y(z) = \omega_y(z)$. Nach der Schlüsselgleichung ist die logarithmische Ableitung des zum Goppa-Polynom $G(z)$ teilerfremden Lokatorpolynoms $\sigma_y(z)$ von y modulo $G(z)$ zu dem Syndrom $S_y(z)$ von y kongruent:

$$\frac{\frac{d}{dz}\sigma_y(z)}{\sigma_y(z)} \equiv S_y(z) \mod G(z).$$

Nach der Definition der Goppa-Codes gilt also

$$\forall\, y \in V_n(2):\ y \in \Gamma\big(\vec{\gamma},G(z)\big) \iff \tfrac{d}{dz}\sigma_y(z) \equiv 0 \mod G(z).$$

Die FROBENIUS-Abbildung

$$\mathbb{F}_{2^m} \to \mathbb{F}_{2^m}\,;\, x \mapsto x^2$$

ist ein Körper-Automorphismus (Seite 222), insbesondere gibt es zu jedem Element $y \in \mathbb{F}_{2^m}$ genau ein Element $x \in \mathbb{F}_{2^m}$ mit $y = x^2$; wir schreiben $\sqrt{y} := x$. Die FROBENIUS-Abbildung

$$\mathbb{F}_{2^m}[z] \to \mathbb{F}_{2^m}[z]\ ;\ f(z) = \sum_{i=0}^{n} f_i\cdot z^i \mapsto \big(f(z)\big)^2 = \sum_{i=0}^{n} f_i^2\cdot z^{2\cdot i}$$

ist ein injektiver, aber nicht surjektiver Ring-Homomorphismus: Die Menge der Bildpolynome besteht gerade aus dem Unterring $\mathbb{F}_{2^m}[z^2]$ der *perfekten Quadrate* des Ringes $\mathbb{F}_{2^m}[z]$. Das Urbild $\sum_{i=0}^{n}\sqrt{p_i}\cdot z^i$ eines perfekten Quadrates $p(z) = \sum_{i=0}^{n} p_i\cdot z^{2\cdot i} \in \mathbb{F}_{2^m}[z^2]$ wird mit '$\sqrt{p(z)}$' bezeichnet. Die Ableitung $\frac{d}{dz}f(z) = \sum_{i=1}^{n} i\cdot f_i\cdot z^{i-1}$ jedes Polynoms $f(z) = \sum_{i=0}^{n} f_i\cdot z^i$ über dem Körper $\mathbb{F}_{2^m}$ der Charakteristik 2 ist ein perfektes Quadrat.

Es sei nun $\Gamma(z) \in \mathbb{F}_{2^m}[z^2]$ das (nur um seine Eindeutigkeit zu gewähr-leisten) *normierte* perfekte Quadrat minimalen Grades unter den poly-nomialen Vielfachen des GOPPA-Polynoms $G(z)$. Dann gilt

$$\forall\, c \in V_n(2):\ c \in \Gamma\big(\vec{\gamma},G(z)\big) \iff \tfrac{d}{dz}\sigma_c(z) \equiv 0 \mod \Gamma(z).$$

Für jedes Codewort $c \in \Gamma\big(\vec{\gamma},G(z)\big)\setminus\{0\}$ können wir sein HAMMING-Gewicht $\gamma(c)$ vermöge

$$\gamma(c) = \deg \sigma_c(z) \geq \deg \tfrac{d}{dz}\sigma_c(z) + 1 \geq \deg \Gamma(z) + 1$$

nach unten abschätzen. Ein besonders schöner Fall liegt vor, wenn das GOPPA-Polynom separabel ist; dann ist nämlich $\Gamma(z) = \big(G(z)\big)^2$, also

$$d\big(\Gamma(\vec{\gamma},G(z))\big) \geq 2\cdot s + 1.$$

Wenn das Goppa-Polynom $G(z)$ über $\mathbb{F}_{2^m}$ über die Separabilität hinaus sogar irreduzibel ist und damit keine Nullstellen in $\mathbb{F}_{2^m}$ besitzt, so können wir zur Konstruktion eines Goppa-Codes $\Gamma(\vec{\gamma}, G(z))$ der maximalen Blocklänge $n := 2^m$ als n-Tupel $\vec{\gamma}$ eine Liste aller Körperelemente aus $\mathbb{F}_{2^m}$ verwenden. (Das ist natürlich auch für den q-nären Fall möglich.)

Anmerkung für Herrn OTTO MILDENBERGER, Verfasser der *Informationstheorie und Codierung*, Vieweg, Braunschweig 1990: Ein nullstellenfreies Polynom muß nicht notwendig irreduzibel sein; Beispiele finden Sie vom vierten Grad an aufwärts!

Die Schlüsselgleichung für irreduzible binäre Goppa-Codes. Es sei $\Gamma(\vec{\gamma}, G(z)) \subseteq V_n(2)$ der zu einem n-Tupel $\vec{\gamma} = (\gamma_0, \gamma_1, \ldots, \gamma_{n-1})$ von n verschiedenen Nicht-Nullstellen $\gamma_i \in \mathbb{F}_{2^m}$ eines irreduziblen Polynoms $G(z) \in \mathbb{F}_{2^m}[z]$ vom Grad $s := \deg G(z)$ gehörige „irreduzible" binäre Goppa-Code.

Die Schlüsselgleichung hat — wie wir oben gesehen haben — für jeden Vektor $e \in V_n(2)$ die Gestalt

$$S_e(z) \cdot \sigma_e(z) \equiv \tfrac{d}{dz}\sigma_e(z) \mod G(z).$$

Die Polynome $\tfrac{d}{dz}\sigma_e(z)$ und $\sigma_e(z) - z \cdot \tfrac{d}{dz}\sigma_e(z)$ sind perfekte Quadrate. Wir setzen

$$\alpha_e(z) := \sqrt{\sigma_e(z) - z \cdot \tfrac{d}{dz}\sigma_e(z)} \quad \text{und} \quad \beta_e(z) := \sqrt{\tfrac{d}{dz}\sigma_e(z)}.$$

Die Schlüsselgleichung erhält die Gestalt

$$S_e(z) \cdot \left((\alpha_e(z))^2 + z \cdot (\beta_e(z))^2 \right) \equiv (\beta_e(z))^2 \mod G(z).$$

Wir schließen jetzt aus, daß der Vektor $e \in V_n(2)$ ein Codewort sei. Das Syndrom $S_e(z)$ ist dann modulo $G(z)$ (ebenso wie die Polynome $\sigma_e(z)$ und $\tfrac{d}{dz}\sigma_e(z)$) nicht zum Nullpolynom kongruent und besitzt in dem zu $\mathbb{F}_{2^{m \cdot s}}$ isomorphen Restklassenkörper $\mathbb{F}_{2^m}[z]_{G(z)} = \mathbb{F}_{2^m}[z]/(G(z))$ (das Goppa-Polynom $G(z)$ ist ja als irreduzibel vorausgesetzt!) ein inverses Polynom $T_e(z)$:

$$S_e(z) \cdot T_e(z) \equiv 1 \mod G(z).$$

Wir schreiben die Schlüsselgleichung als

$$\left(T_e(z) + z \right) \cdot (\beta_e(z))^2 \equiv (\alpha_e(z))^2 \mod G(z),$$

ziehen aus $T_e(z) + z$ die im Körper $\mathbb{F}_{2^m}[z]_{G(z)}$ der Charakteristik 2 eindeutige Quadratwurzel

$$\tau_e(z) := \sqrt{T_e(z) + z}$$

und erhalten schließlich die endgültige (neudeutsch: *ultimative*) Fassung

$$\tau_e(z) \cdot \beta_e(z) \equiv \alpha_e(z) \mod G(z)$$

der Schlüsselgleichung für irreduzible binäre Goppa-Codes.

Die Decodierung der irreduziblen binären Goppa-Codes. Ein Codewort c eines irreduziblen binären Goppa-Codes $\Gamma(\vec{\gamma}, G(z)) \subset V_n(2)$ werde in den Kanal eingespeist und dort von einem Fehlervektor $e \in V_n(2)$ vom HAMMING-Gewicht $e := \gamma(e)$ überlagert. Der Codewortschätzer berechnet zunächst das Syndrom $S_y(z) = S_e(z)$ des Kanalwortes $y := c + e \in V_n(2)$. Wenn $S_e(z) = 0$ ist, so gibt er das Codewort y aus. Wenn $S_e(z) \neq 0$ ist, so berechnet er das in $\mathbb{F}_{2^m}[z]_{G(z)}$ zu $S_e(z)$ inverse Polynom $T(z)$ und zieht aus $T(z) + z$ die Wurzel $\tau(z) := \sqrt{T(z) + z}$. Er startet den EUKLIDischen Algorithmus in der Version von Seite 407 mit den Polynomen $r_{-1}(z) := G(z)$ und $r_0(z) := \tau(z)$, benutzt in Schritt 2 statt '$\deg r_{i+1}(z) \geq \lfloor \frac{s}{2} \rfloor$' die Abbruchbedingung '$\deg r_{i+1}(z) \geq s$', multipliziert die Ausgabepolynome $\Sigma(z)$ und $\Omega(z)$ mit einer Konstanten $c \in \mathbb{F}_{2^m}$ und setzt $\beta(z) := c \cdot \Sigma(z)$ und $\alpha(z) := c \cdot \Omega(z)$. Die Konstante c wird so gewählt, daß das Lokatorpolynom $\sigma(z) := (\alpha(z))^2 + z \cdot (\beta(z))^2$ normiert ist. Durch Einsetzen der Elemente $\gamma_0, \gamma_1, \ldots, \gamma_{n-1} \in \mathbb{F}_{2^m}$ in $\sigma(z)$ bestimmt der Codewortschätzer die Positionen $i \in \mathbb{Z}_n$ mit $\sigma(\gamma_i) = 0$ und ersetzt in dem Kanalwort y an diesen Positionen die Komponenten durch das jeweils entgegengesetzte Bit. Wenn tatsächlich höchstens $s = \deg G(z)$ Fehler passiert sind, das heißt, wenn $e \leq s$ gilt, so begeht der mit diesem, von NICHOLAS PATTERSON 1975 veröffentlichten Algorithmus arbeitende Codewortschätzer keinen Decodierfehler.

Beispiel. Die multiplikative Gruppe $\mathbb{F}_4^*$ des GALOIS-Feldes $\mathbb{F}_4$ besteht aus den dritten Einheitswurzeln über $\mathbb{Z}_2$; den Nullstellen $\xi^0 = 1$, ξ und $\xi^2 = 1 + \xi$ des Kreisteilungspolynoms

$$G(z) := \Phi_3(z) = z^2 + z + 1 \in \mathbb{Z}_2[z].$$

Wir stellen das GALOIS-Feldes $\mathbb{F}_8 = \mathbb{Z}_2(\zeta)$ als durch Adjunktion einer Wurzel ζ des über $\mathbb{Z}_2$ irreduziblen Polynoms $z^3 + z + 1$ an den Primkörper $\mathbb{Z}_2$ der Charakteristik 2 gewonnen dar. Die multiplikative Gruppe $\mathbb{F}_8^*$ des GALOIS-Feldes $\mathbb{F}_8$ besteht aus den siebenten Einheitswurzeln $1, \zeta, \zeta^2, \zeta^3, \zeta^4, \zeta^5, \zeta^6$ und enthält keine primitive dritte Einheitswurzel. Als Polynom eines Grades kleiner als 4 ist das über $\mathbb{F}_8$ nullstellenfreie Polynom $G(z)$ über $\mathbb{F}_8$ irreduzibel. Wir legen den durch das Goppa-Polynom $G(z)$ und das n-Tupel

$$\vec{\gamma} := (0, 1, \zeta, \zeta^2, \zeta^3, \zeta^4, \zeta^5, \zeta^6)$$

definierten binären irreduziblen Goppa-Code $\Gamma(\vec{\gamma}, G(z)) \subset V_8(2)$ zu Grunde.

Dieser Code besteht aus den vier Codewörtern
$$00000000\,,00111111\,,11001011\,,11110100.$$
Der PATTERSON-Codewortschätzer empfängt vom Kanal das Kanalwort
$$y \;:=\; 01100100$$
und berechnet dessen Syndrom als
$$S_y(z) \;=\; \zeta^5 \cdot z + \zeta \;=\; (1 + \zeta + \zeta^2) \cdot z + \zeta.$$
In dem zu $\mathbb{F}_{64}$ isomorphen Körper $\mathbb{F}_8[z]_{z^2 + z + 1}$ ist $S_y(z)$ zum Polynom
$$T(z) \;=\; \zeta^4 \cdot z + \zeta^5 \;=\; (\zeta + \zeta^2) \cdot z + 1 + \zeta + \zeta^2$$
invers. Der Codewortschätzer zieht im Körper $\mathbb{F}_8[z]_{z^2 + z + 1}$ die Quadratwurzel aus $T(z) + z = \zeta^5 \cdot (z + 1)$:
$$\tau(z) \;=\; \sqrt{T(z) + z} \;=\; \zeta^6 \cdot z \;=\; (1 + \zeta^2) \cdot z.$$
Er startet den EUKLIDischen Algorithmus mit den Polynomen
$$r_{-1}(z) \;:=\; z^2 + z + 1 \;,\; r_0(z) \;:=\; \zeta^6 \cdot z$$
und erhält wegen $\deg \zeta^6 \cdot z = 1 < 2 = s = \deg G(z)$ unter Vermeidung des Schrittes 2 in Schritt 3 sofort die Ausgabe
$$\Sigma(z) \;:=\; 1 \;,\; \Omega(z) \;:=\; \zeta^6 \cdot z.$$
Er normiert
$$\alpha(z) \;:=\; \zeta \cdot \Omega(z) \;=\; z \;,\; \beta(z) \;:=\; \zeta \cdot \Sigma(z) \;=\; \zeta$$
und berechnet das Lokatorpolynom
$$\sigma(z) \;:=\; \big(\alpha(z)\big)^2 + z \cdot \big(\beta(z)\big)^2 \;=\; z^2 + \zeta^2 \cdot z \;=\; z \cdot (z + \zeta^2).$$
Das Lokatorpolynom $\sigma(z)$ hat die Nullstellen $\gamma_0 = 0$ und $\gamma_3 = \zeta^2$. Der Codewortschätzer mutmaßt den Fehlervektor
$$10010000$$
und liefert das Codewort
$$11110100$$
als seine Mutmaßung des ursprünglich gesendeten Codewortes ab.   □

Das McELIECEsche Kryptosystem. ROBERT J. McELIECE schlug 1977 ein Public-Key-Kryptosystem auf der Grundlage binärer irreduzibler Goppa-Codes vor:

Ausgehend von zwei natürlichen Zahlen m und s — McELIECE denkt da an $m = 10$ und $s = 50$ —, der Blocklänge $n := 2^m$, einem irreduziblen Polynom $G(z) \in \mathbb{F}_n[z]$ vom Grad s, einer Anordnung $\vec{\gamma} = (\gamma_0, \gamma_1, \ldots, \gamma_{n-1})$ aller n Elemente aus $\mathbb{F}_n$, dem binären irreduziblen, s-fehlerkorrigierenden Goppa-Code $\Gamma(\vec{\gamma}, G(z))$ einer Dimension k, einer Generatormatrix $G \in \mathfrak{M}_{k \times n}(\mathbb{F}_2)$ von $\Gamma(\vec{\gamma}, G(z))$, einer

Verwirrmatrix [scrambling matrix] $S \in GL_k(2)$ und einer Permutations-matrix $P \in GL_n(2)$ definieren wir vermöge

$$G' := S \cdot G \cdot P \in \mathfrak{M}_{k \times n}(\mathbb{F}_2)$$

eine Generatormatrix eines zum Goppa-Code $\Gamma(\vec{\gamma}, G(z))$ äquivalenten linearen (n,k)-Codes $C \subseteq V_n(2)$. Diese Generatormatrix G' wird als *öffentlicher Schlüssel* der interessierten Öffentlichkeit bekanntgegeben. Damit ist jedermann im Besitz der s-fehlerkorrigierenden Codierung

$$C : V_k(2) \to C \; ; \; x \mapsto x \cdot G'.$$

Man beachte den Unterschied zwischen „Codierung" und „Code": Die Matrix $G \cdot P$ ist ebenfalls eine Generatormatrix des Codes C; die Abbildung $\Gamma(\vec{\gamma}, G(z)) \to C$; $v \mapsto v \cdot P$ ist eine Äquivalenzabbildung, die Codierung $V_k(2) \to C$; $x \mapsto x \cdot G \cdot P$ ist im allgemeinen von der „öffentlichen" Codierung C verschieden.

Die *privaten Schlüssel* S, G und P bleiben (ebenso wie das Goppa-Polynom $G(z)$ und das n-Tupel $\vec{\gamma}$) im Geheimbesitz der „Zentrale".

Ein Benutzer will der Zentrale gegen unbefugte Lauscher geschützt eine *Nachricht* $x \in V_k(2)$ senden. Er codiert diese Nachricht in das Codewort $c := C(x) = x \cdot G' \in C$. Er addiert einen zufällig ausgewählten Fehler-vektor $e \in V_n(2)$ vom HAMMING-Gewicht $\gamma(e) = s$ und sendet das *Kryptogramm* $y := c + e$ an die Zentrale.

Die Zentrale sortiert die Komponenten von y um und behandelt das Wort $y \cdot P^{-1} = (x \cdot S) \cdot G + e \cdot P^{-1}$ mit dem PATTERSONschen Decodier-algorithmus. Wegen $\gamma(e \cdot P^{-1}) = \gamma(e) = s$ ermittelt der PATTERSONsche Codewortschätzer das Codewort $(x \cdot S) \cdot G \in \Gamma(\vec{\gamma}, G(z))$. Die Zentrale berechnet das Urbild $x \cdot S$ dieses Codewortes unter der Codierung

$$V_k(2) \to \Gamma(\vec{\gamma}, G(z)) \; ; \; v \mapsto v \cdot G$$

und erhält die Nachricht $x = (x \cdot S) \cdot S^{-1}$ durch Multiplikation dieses Urbildes mit der Inversen S^{-1} der Verwirrmatrix.

Bei den von MCELIECE als Beispiel angeführten Parametern $m = 10$ und $s = 50$ erscheint ein Lauschangriff zwecklos:

Nach der SINGLETON-Schranke (Seite 178f.) ist $k \leq 924$. (In Wirklichkeit ist die Dimension k des Goppa-Codes meist erheblich kleiner, die SINGLETON-Schranke ist für binäre Codes nur in Trivialfällen scharf; aber darauf soll es uns hier nicht ankommen.) Es gibt also mindestens 2^{100} Nebenklassen von C in $V_{1024}(2)$. Die Syndrom-Decodierung mit Hilfe des Standardschemas (Seite 268ff.) verbietet sich also von vornherein.

Ein Angreifer könnte versuchen, aus seiner Kenntnis der Matrix G' eine Menge von Informationsstellen des Codes C herauszusuchen, hoffen, daß sich keiner der 50 Fehler in dem Kryptogramm an einer dieser Informationsstellen befindet, und so das Codewort $x \cdot G'$ zu ermitteln. Damit könnte er dann leicht die Nachricht x entschlüsseln. Wegen $k \geq 524$ ist die Wahrscheinlichkeit, eine solche fehlerfreie Menge von Informationsstellen zu finden, sehr gering. Außerdem wäre diese Menge von Informationsstellen zum Entschlüsseln des nächsten Kryptogramms wertlos.

Verspricht der direkte Angriff auf die geheimen Schlüssel Erfolg? Das Goppa-Polynom $G(z)$ unter den $\frac{1}{50} \cdot (2^{500} - 2^{250} - 2^{100} + 2^{50})$ irreduziblen Polynomen aus $\mathbb{F}_{1024}[z]$ vom Grad 50 (Seite 231) zu erraten, bedeutet einen bestimmten Spatzen unter mehr als 10^{150} isomorphen Spatzen auszusondern. Die Permutationsmatrix P unter den 1024! Permutationsmatrizen aus $GL_{1024}(2)$ zu erraten, bedeutet ein bestimmtes Gnu $\vec{\gamma}$ unter ungefähr 10^{2500} isomorphen Gnus auszusondern. Die Verwirrmatrix S unter den $2^{\binom{k}{2}} \cdot \prod_{i=1}^{k}(2^i - 1)$ Matrizen aus $GL_k(2)$ (Seite 205) zu erraten, bedeutet wegen $k \geq 524$, einen bestimmten Kolibri unter mehr als 10^{30000} isomorphen Kolibris auszusondern.

Mir ist nicht bekannt, daß das McEliecesche Kryptosystem irgendwo praktisch eingesetzt wird. Vor einem Einsatz in sicherheitsempfindlichen Bereichen sollte man noch viel Forscherschweiß über die Frage vergießen, ob man der Matrix G' nicht vielleicht doch ihre „Goppa-Struktur" ansehen kann. Ein Lauscher könnte dann einen effizienten Decodieralgorithmus für den Code C verwenden, ohne sich um die geheimen Schlüssel kümmern zu müssen. C. M. Adams und H. Meijer (*Security-related comments regarding McEliece's public-key cryptosystem*, Crypto 87, Lecture Notes in Computer Science Bd. 203, 1987, 224–228) halten es für plausibel, daß die Goppa-Codes ziemlich gleichmäßig auf die Klassen äquivalenter linearer Codes verteilt sind. Das ist natürlich Unsinn: Jeder zu einem Goppa-Code $\Gamma(\vec{\gamma}, G(z))$ äquivalente Code ist ein Goppa-Code mit demselben Goppa-Polynom $G(z)$ und unterscheidet sich von $\Gamma(\vec{\gamma}, G(z))$ nur um eine Permutation des n-Tupels $\vec{\gamma}$.

Über das McEliecesche Kryptosystem ist in der Reihe „Hochschultexte Informatik" des Heidelberger Dr. Alfred Hüthig Verlages 1990 eine Schmonzette erschienen: P. Horster und R. Sperling, *Das Kryptosystem von McEliece*. Als Kostprobe unkommentiert drei Zitate:

„Die meisten neueren Ergebnisse und Ideen in der algebraischen Codierungstheorie gehen auf Betrachtungen endlicher Körpern $GF(q)$ zurück. Hierbei macht man sich zunutze, daß die zyklischen Codes der Blocklänge n (vgl. Kapitel 3.3) über $GF(q)$ eine besondere Teilmenge von endlichen Körpern $GF(q^n)$ bilden können, die wiederum als Teilräume von $GF(q)^n$ aufgefaßt werden können." (Seite 67).

„Zu jedem endlichen Körper $GF(q)$ und jeder Zahl $m \in \mathbb{N} + 1$ gibt es bis auf Isomorphie genau ein primitives Polynom $p(x) \in GF(q)[X]$ mit grad $(p(x)) = m$." (Seite 75).

„Da in Körpern mit Charakteristik 2 die Abbildung $d(x) \mapsto d(x)^2$ bijektiv und linear ist, läßt sich aus $d(x)^2$ eindeutig das Urbild $d(x)$ bestimmen, d. h. mit eindeutigem $d(x)^2$ ist auch $d(x)$ eindeutig." (Seite 106).

10 Faltungscodes

In den letzten Jahren wurden die Blockcodes zur Datensicherung bei der Nachrichtenübertragung — insbesondere in der Raumfahrt und bei der Satelliten-Kommunikation mehr und mehr durch sogenannte „Faltungscodes" verdrängt. Die Faltungscodes sind hinsichtlich der Implementierung den Blockcodes überlegen. Auf Grund ihrer komplexen Struktur sind sie allerdings mathematisch schwieriger zu analysieren. Selbst einfachste Begriffe, die bei Blockcodes kaum definitionsbedürftig sind, erweisen sich in der Theorie der Faltungscodes als problematisch. Das liegt unter anderem daran, daß die Faltungscodes gewisse Untervektorräume des $\mathbb{F}_q$-Vektorraumes $\mathbb{F}_q^{\mathbb{N}_0}$ aller Folgen $(a_0, a_1, a_2, \ldots)$ von Elementen $a_i \in \mathbb{F}_q$ sind. Unendlichdimensionale Vektorräume besitzen aber eine solche Unzahl von Untervektorräumen, daß die Charakterisierung der Faltungscodes sehr aufwendig wird. LUDWIG STAIGER (*Subspaces of GF(q)$^\omega$ and convolutional codes*, Inf. and Control **59** (1983) 148-183) kennzeichnet die in $\mathbb{F}_q^{\mathbb{N}_0}$ enthaltenen Faltungscodes mit Hilfe der Theorie der formalen ω-Sprachen.

Auf Grund dieser Schwierigkeiten, Faltungscodes ähnlich einfach wie lineare Blockcodes zu definieren, werden Faltungscodes meist durch ihre Codierer beschrieben (Seite 416f.). Dabei wird in der Literatur fast durchgängig — von den Flachlanden bis hinter die felsigen Berge — der Unsitte gehuldigt, die Begriffe „Code" und „Codierung" durcheinanderzubringen. Diese Schlampigkeit stiftet bei den Faltungscodes noch größeren Schaden als bei den Blockcodes.

In diesem Kapitel setzen wir ein diskretes Kommunikationssystem

mit einem binären symmetrischen Kanal BSC voraus. Um der Bequemlichkeit willen verwenden wir für die Codierungen den binären Zeichenvorrat $\mathbb{F}_2 = \mathbb{Z}_2 = \{0,1\}$. Die Erweiterung der hier dargestellten Theorie auf allgemeine endliche Körper bereitet keine Schwierigkeiten. Weiterhin sei angenommen, daß die Quelle pro Zeittakt eine feste Anzahl k von Bits ausgibt, und daß der Kanal pro Zeittakt eine ebenfalls feste Anzahl $n \geq k$ von Bits aufnimmt.

10.1 Faltungscodierer

Das Schaltwerk eines *Faltungscodierers* [convolutional encoder] ist ein linearer Schaltkreis (Seite 348f.) mit Schieberegistern und modulo-2-Addierern.

Die Informationseingabe. Die Quelle sendet — mit dem mit einer ganzen Zahl $v \in \mathbb{Z}$ indizierten Anfangszeitpunkt t_v beginnend — zu den äquidistanten Zeitpunkten t_i, $i = v, v+1, v+2, \dots$, jeweils einen *Informationsblock*

$$A_i = a_{1,i} a_{2,i} \cdots a_{k,i},$$

der aus einer festen Anzahl k von *Informationsbits* $a_{m,i} \in \mathbb{F}_2$ besteht.

Rein formal verlegen wir den Anfang der Sendetätigkeit der Quelle in die Urzeit, indem wir $A_i := 0 \in V_k(2)$ für alle ganzen Zahlen $i < v$ setzen. Auch die Bezeichnung 't_v' (statt 't_0') für den Zeitpunkt des wirklichen Sendebeginns der Quelle ist rein formaler Natur. Da das Kommunikationssystem den Weltuntergang nicht überlebt, gibt es auch einen Zeitpunkt t_w, von dem ab die Quelle schweigt (nur noch Nullen sendet).

Im Zeitverlauf $\dots, t_{i-1}, t_i, t_{i+1}, \dots$ gibt die Quelle die *Informationsfolge*

$$A := \dots, A_{i-1}, A_i, A_{i+1}, \dots$$

aus.

Ein dem Codierer vorgeschalteter *Demultiplexer* entflicht die Informationsfolge A so in die k *Informationsteilfolgen*

$$a_m := \dots a_{m,i-1} a_{m,i} a_{m,i+1} \cdots, \quad m = 1, 2, \dots, k,$$

daß die Bits $a_{1,i}, a_{2,i}, \ldots, a_{k,i}$ des Informationsblockes A_i den Codierer zum Zeitpunkt t_i erreichen. Wir stellen uns den Demultiplexer in die Quelle integriert vor. So gedeutet sendet die Quelle das *Informationswort*

$$a := (a_1, a_2, \ldots, a_k).$$

Wir unterscheiden „polynomiale" und „rückgekoppelte" Faltungscodierer.

Polynomiale Faltungscodierer. Ein *polynomialer Codierer* besitzt einen Speicher, in dem er jeden Informationsblock für eine feste Anzahl M von Zeittakten aufbewahrt. Diese Zahl M heißt die *Rückgrifftiefe* [memory, constraint length] des polynomialen Codierers.

(Warnung: In der Literatur wird manchmal auch die Zahl $M-1$ statt M verwandt; die in M. Bossert, *Kanalcodierung*, Stuttgart, Teubner 1992 auf Seite 147 definierte *Eindringtiefe* hat, wenn ich das richtig verstehe, nichts mit der Rückgrifftiefe zu tun.)

Wir stellen uns diesen Speicher — den *Zustand* Z_i *des polynomialen Codierers zum Zeitpunkt* t_i — als $k \times M$-Matrix vor, die zum Zeitpunkt t_i folgende Gestalt hat:

$$Z_i := (A_{i-M}^{\tau}, A_{i-M+1}^{\tau}, \ldots, A_{i-1}^{\tau}) = \begin{bmatrix} a_{1,i-M} & a_{1,i-M+1} \cdots a_{1,i-1} \\ a_{2,i-M} & a_{2,i-M+1} \cdots a_{2,i-1} \\ \vdots & \vdots \qquad\qquad \vdots \\ a_{k,i-M} & a_{k,i-M+1} \cdots a_{k,i-1} \end{bmatrix}.$$

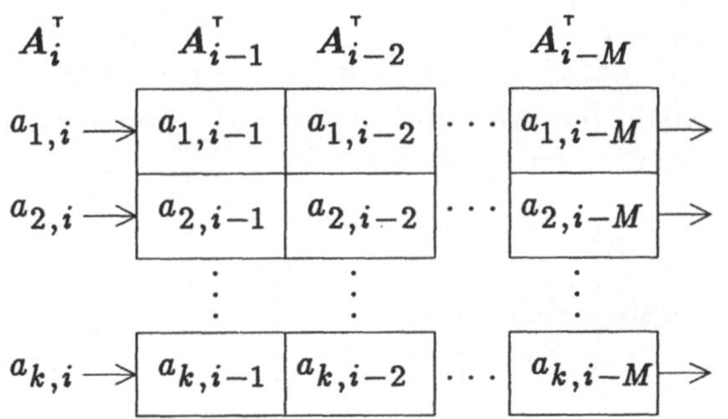

In der technischen Realisation besteht der Speicher aus k parallelen höchstens M-stufigen Schieberegistern, in die die Komponenten des Informationswortes a, das sind die Informationsteilfolgen $a_1, a_2, \ldots, a_k$, synchron eingelesen werden. Für die Speicherung der Informationsblöcke stellen wir uns in der gegebenen Beschreibung alle k Schieberegister durch eventuell zugeschaltete „stumme" Speicherzellen als M-stufig ausgelegt vor.

Rückgekoppelte Faltungscodierer. Die Ausgänge einiger Speicherzellen sind bei *rückgekoppelten Faltungscodierern* über zwischengeschaltete Addierer mit den Eingängen einiger anderer Speicherzellen verbunden. Wir nennen den Inhalt Z_i der Speicherzellen den *Zustand des rückgekoppelten Codierers zum Zeitpunkt* t_i. Weil dieser Zustand von vor beliebiger Zeit eingespeisten Informationsbits abhängt, sagen wir, ein rückgekoppelter Faltungscodierer habe die *Rückgrifftiefe* ∞.

Die Codierung. Zu Beginn der Nachrichtensendung, zum Anfangszeitpunkt t_v, sind alle Speicherzellen des Faltungscodierers mit Nullen vorbesetzt; Z_v ist der *Nullzustand*.

Zum Zeitpunkt t_i gibt der Faltungscodierer jeweils einen *Codeblock*

$$C_i = c_{1,i} c_{2,i} \cdots c_{n,i}$$

aus, der aus den an seinen n Ausgängen anliegenden *Codebits* $c_{m,i} \in \mathbb{F}_2$ besteht. Um die Injektivität der Codierung nicht von vorneherein zu verhindern, setzen wir $n \geq k$ voraus.

Die im Zeitverlauf $\ldots, t_{i-1}, t_i, t_{i+1}, \ldots$ ausgegebenen *Codeteilfolgen*

$$c_m := \quad \cdots c_{m,i-1} c_{m,i} c_{m,i+1} \cdots, \quad m = 1, 2, \ldots, n,$$

verflicht ein *Multiplexer* zu der *Codefolge*

$$C := \ldots, C_{i-1}, C_i, C_{i+1}, \ldots$$

Wir stellen uns den Multiplexer in den Kanal integriert vor. In diesem Sinne gibt der Faltungscodierer das Codewort

$$c := (c_1, c_2, \ldots, c_n)$$

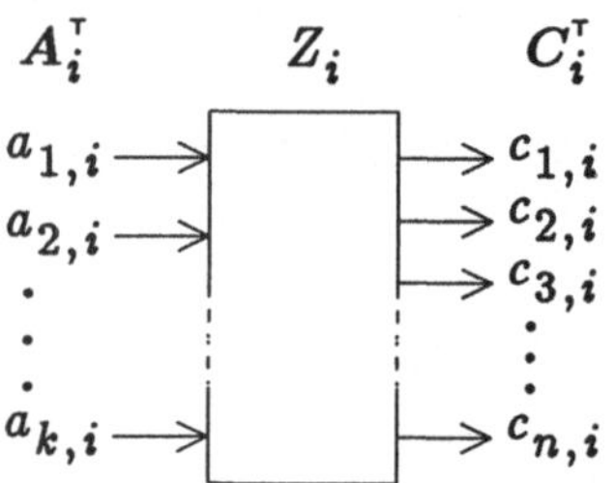

aus. Wenn wir die Verflechtung der Codeteilfolgen zur Codefolge im Multiplexer ignorieren und den Kanal durch n binäre symmetrische Kanäle ersetzen, die jeweils zu jedem Zeittakt ein Codebit aufnehmen, so erhält das Kommunikationssystem die hier abgebildete Gestalt:

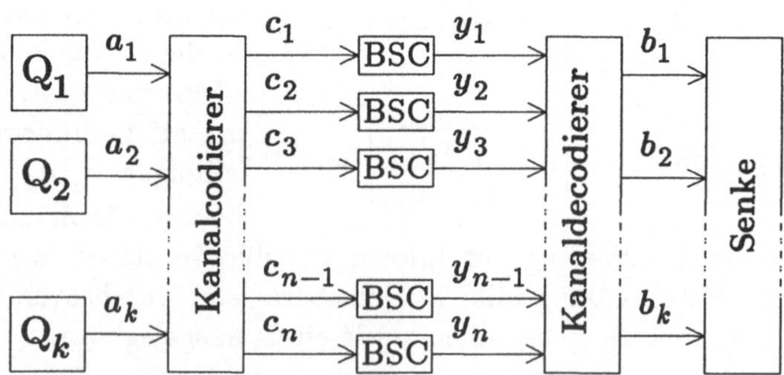

Der Codierer berechnet den Codeblock C_i aus der ihm zum Zeitpunkt t_i verfügbaren Information, das heißt abhängig von dem gespeicherten Zustand Z_i und dem eingehenden Informationsblock A_i; wir schreiben

$$\zeta(Z_i, A_i) := C_i.$$

In seinem Schaltkreis sind die Ausgänge der einzelnen Speicherzellen mit den Ausgängen des Codierers (und eventuell rückgekoppelt mit den Eingängen der Speicherzellen) über zwischengeschaltete Addierer verbunden. Einige Schaltzeichnungen mögen die Funktion der Faltungscodierer verdeutlichen:

Beispiel 1. Wir beschreiben einen Faltungscodierer mit $k := 1, n := 2$ und $M := 2$ durch die Zeichnung seines Schaltwerks im Zustand zum Zeitpunkt t_i. Dieser Codierer

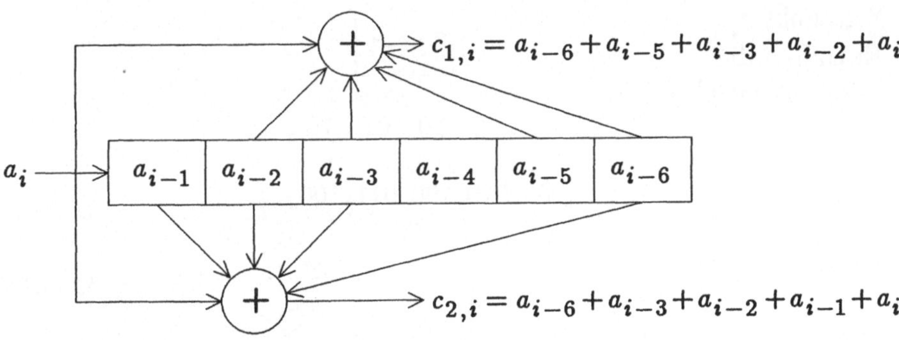

codiert die Informationsfolge $\quad \ldots, 0\,,1\,,1\,,1\,,1\,,1\,,\ldots$
in die Codefolge $\quad\quad\quad \ldots, 00, 11, 10, 01, 01, 01, \ldots$ □

Beispiel 2. Die NASA benutzt seit 1977 für einige deep-space-Projekte den folgenden Kanalcodierer mit den Parametern $k = 1, n = 2, M = 6$:

Dieser Codierer codiert die Informationsfolge

$$\ldots, 0\,,0\,,1\,,0\,,1\,,0\,,1\,,0\,,1\,,0\,,1\,,0\,,\ldots$$

in die Codefolge

$$\ldots, 00, 00, 11, 01, 00, 10, 00, 00, 11, 00, 11, 00, \ldots \quad □$$

Beispiel 3.
Hier das
Schaltwerk
eines
Faltungs-
codierers mit
$k := 1, n := 3,$
$M := 3$ im
Zustand zum

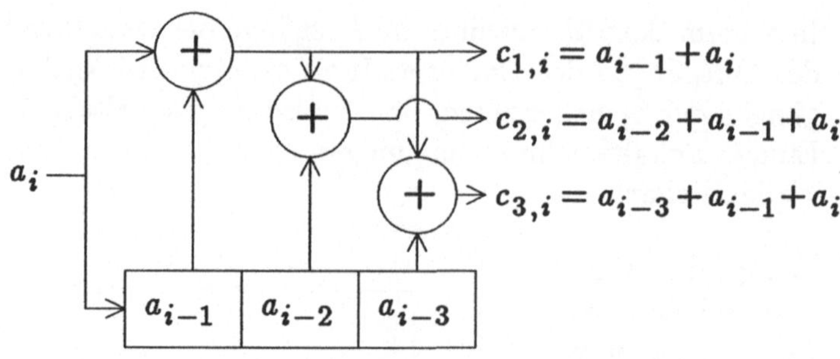

Zeitpunkt t_i. Dieser Codierer codiert die Informationsfolge

$$\ldots, 0, 0, 1, 0, 1, 0, 1, 0, 1, 0, 1, \ldots$$

in die Codefolge

$$\ldots, 000, 000, 111, 111, 101, 110, 101, 110, 101, 110, 101, \ldots \qquad \square$$

Beispiel 4.
Hier das
Schaltwerk
eines Faltungs-
codierers mit
$k := 2, n := 3,$
$M := 1$ im
Zustand zum
Zeitpunkt t_i.
Er codiert die
Informationsfolge

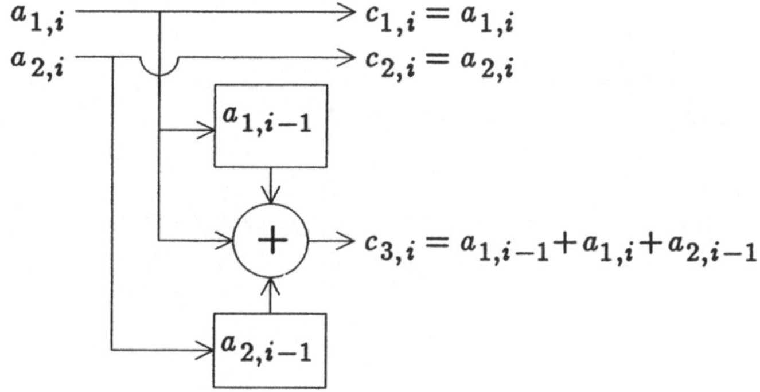

$$\ldots, 00, 01, 10, 01, 10, \ldots$$

in die Codefolge

$$\ldots, 000, 010, 100, 011, 100, \ldots \qquad \square$$

Beispiel 5. Wir durch-
trennen im Faltungs-
codierer aus Beispiel 1
die Leitung von der
zweiten Speicherzelle
zum c_2-Addierer. Bei
diesem sabotierten
Kanalcodierer kann
das HAMMING-Gewicht
einer Codefolge trotz

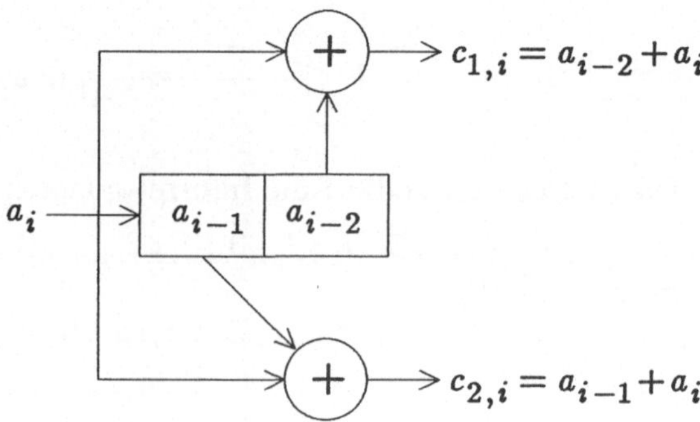

Eingabe eine Informationsfolge unendlichen HAMMING-Gewichtes endlich sein: Der Codierer codiert die Informationsfolge

$$\ldots, 0, 1, 1, 1, 1, 1, \ldots$$

in die Codefolge

$$\ldots, 00, 11, 10, 00, 00, 00, \ldots$$

Wenn die Kanalstörungen ausgerechnet die drei Einsen der Codefolge in Nullen verwandeln, so wird der Decodierer das empfangene Nullwort als das Null-Codewort diagnostizieren und eine fehlerfreie Übertragung mutmaßen. Drei Bitfehler können so zu einer *katastrophalen Fehlerfortpflanzung* führen; sie verursachen unendlich viele Übertragungsfehler. ☐

Die Faltungscodierer der Beispiele 1 bis 5 sind alle polynomial. Einen rückgekoppelten Schaltkreis hat der Faltungscodierer im

Beispiel 6. Dieser rückgekoppelte Faltungscodierer codiert die Informationsfolge

$$\ldots, 0, 1, 1, 0, 0, 0, \ldots$$

in die Codefolge

$$\ldots, 00, 11, 10, 00, 00, 00, \ldots$$

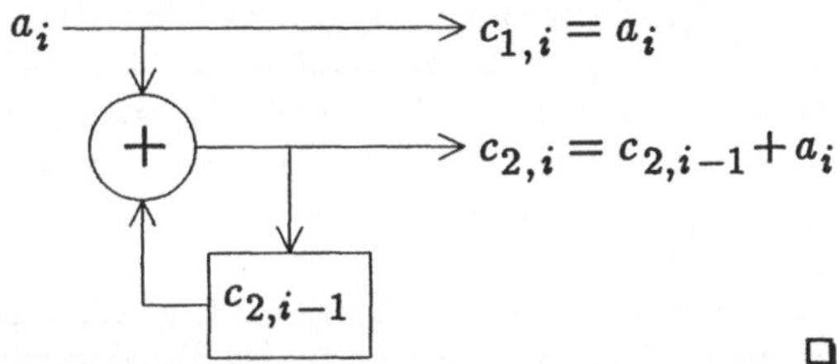

☐

10.2 Algebraische Beschreibung

Formale rationale Funktionen und LAURENT-Reihen. Wir identifizieren die von der Quelle ausgegebenen Informationsteilfolgen

$$a_m = \ldots 00 a_{m,v} a_{m,v+1} a_{m,v+2} \cdots, \quad m = 1, 2, .., k,$$

mit ihren erzeugenden Funktionen, den formalen LAURENT-Reihen

$$a_m(D) := \sum_{j=v}^{\infty} a_{m,j} \cdot D^j \in \mathbb{F}_2((D)).$$

Es ist üblich, die auf Seite 215f. mit 'z' bezeichnete Unbestimmte des Körpers $\mathbb{F}_2((z))$ der formalen LAURENT-Reihen über $\mathbb{F}_2$ in der Theorie der Faltungscodes als 'D' wie '*Delay*' [Verzögerung] zu schreiben.

Aus eschatologischen Gründen wissen wir, daß eine Informationsteilfolge $a_m \cong a_m(D)$ ein zeitverschobenes Polynom ist, das heißt, es gilt

$$D^{-v} \cdot a_m(D) \in \mathbb{F}_2[D].$$

Damit ist $a_m(D)$ eine formale rationale Funktion,

$$a_m(D) \in \mathbb{F}_2(D).$$

Wir betrachten jede als formale LAURENT-Reihe

$$a_m(D) \; := \; \sum_{j=v}^{\infty} a_{m,j} \cdot D^j \in \mathbb{F}_2((D))$$

geschriebene formale rationale Funktion als Informationsteilfolge, auch wenn sie formal das Jüngste Gericht überlebt.

Damit tun wir nichts Böses: Die Koeffizienten jeder formalen rationalen Funktion $\sum_{j=-\infty}^{\infty} a_{m,j} \cdot D^j \in \mathbb{F}_q(D)$ über einem endlichen Körper $\mathbb{F}_q$ wiederholen sich schließlich periodisch, das heißt, es gibt ein $N \in \mathbb{Z}$ und ein $h \in \mathbb{N}$ mit $a_j = a_{j+h}$ für alle $j \geq N$. (Man beachte die Analogie zu der Dezimalbruchschreibweise der rationalen Zahlen.) Der Quotientenkörper $\mathbb{F}_q(z)$ des Polynomringes $\mathbb{F}_q[z]$ über $\mathbb{F}_q$ ist also erheblich kleiner als der Quotientenkörper $\mathbb{F}_q((z))$ und des Ringes $\mathbb{F}_q[[z]]$ der formalen Potenzreihen über $\mathbb{F}_q$. Ich glaube, wir sollten um der mathematischen Hygiene willen diesen kleinen(?) Unterschied beachten. Andere Mathematiker sind da großzügiger, zum Beispiel J. H. VAN LINT auf Seite 145 seiner *Introduction to coding theory*, 2. Aufl., Berlin, Springer 1992: "Let $\mathscr{F}$ be the quotient field of $\mathbb{F}_2[x]$, i.e. the field of all Laurent series ... "

Vor dem Zeitpunkt t_v schwieg die Quelle, sie gab nur Nullen aus. Für die Arbeit des Kanalcodierers, des Kanals und des Kanaldecodierers sowie für den Empfänger ist es egal, wie wir die Zeitskala indizieren. Wir könnten die Zeitskala so verschieben, daß $v = 0$ gälte. Die Informationsteilfolgen könnten wir dann als Polynome behandeln. Ein solches Vorgehen hätte aber auch theoretische (und nur theoretische) Nachteile: Statt im Vektorraum $V_k\big(\mathbb{F}_2(D)\big)$ aller Informationswörter über dem Körper $\mathbb{F}_2(D)$ müßten wir dann in dem Modul $V_k\big(\mathbb{F}_2[D]\big)$ über dem Polynomring $\mathbb{F}_2[D]$ rechnen, was den Zwang zu langweiligen mathematischen Begründungen nach sich zöge. Der Körper $\mathbb{F}_2(D)$ existiert, und da sein Gebrauch bequem ist, benutzen wir ihn auch, so wie der Zahlentheoretiker, der sich nur für ganze Zahlen interessiert, die rationalen Zahlen benutzt, und so wie der Physiker, dessen Messungen reelle Zahlen liefern, mit komplexen Zahlen rechnet. Allerdings muß zugegeben werden, daß die Verschiebung der Zeitskala für die auf Seite 415 erwähnte STAIGERsche Charakterisierung der Faltungscodes keinen Taug hat. Wir benutzen STAIGERs Kennzeichnung hier nicht, räkeln uns in unserem gemütlichen Sessel und lächeln über REINHOLD MESSNER, der den Mount Everest ohne Sauerstoffmaske bestieg.

Definition der Faltungscodes. Für je zwei ganze Zahlen n, k mit $n \geq k \geq 0$ nennen wir jeden k-dimensionalen Untervektorraum $\mathbb{C}$ des Vektorraumes $V_n\big(\mathbb{F}_2(D)\big)$ aller n-Tupel

$$y(D) \; = \; \big(y_1(D), y_2(D), \ldots, y_n(D)\big)$$

formaler rationaler Funktionen $y_j(D) \in \mathbb{F}_2(D)$ einen (n,k)-*Faltungscode* [convolutional code]. Die antiquierten Wörter „Faltung" und „Konvolution" bedeuten beide „Produkt von Potenzreihen".

LUDWIG STAIGER, ein ehemals (gezwungenermaßen) der Zukunft zugewandter Mathematiker, definierte einen Faltungscode als einen Untervektorraum des Vektorraumes $V_n\big(\mathbb{F}_2((D))\big)$ aller n-Tupel formaler LAURENT-Reihen über $\mathbb{F}_2$, der eine Basis von Vektoren aus $V_n(\mathbb{F}_2(D))$ besitzt. Ich zweifele an, daß er sich jetzt — aus Rosinen auferstandener Neu-Bundesbürger und Inhaber des Gründungslehrstuhls der Informatik an der ML-Universität Halle-Wittenberg (Nein, weder 'Maximum-Likelihood' noch 'MARXismus-LENINismus', sondern 'MARTIN LUTHER'!) — zu der hier vertretenen Auffassung der Faltungscodes überreden läßt.

Generatormatrizen. Wir übernehmen die Begriffe und Sätze aus der Theorie der linearen Blockcodes über endlichen Körpern (Kapitel 8), sofern in ihnen kein wesentlicher Gebrauch von der Endlichkeit des Grundkörpers gemacht wird. So definieren wir eine *Generatormatrix* eines (n,k)-Faltungscodes $\mathfrak{C} \subseteq V_n(\mathbb{F}_2(D))$ als eine Matrix $\mathfrak{G} \in \mathfrak{M}_{k \times n}(\mathbb{F}_2(D))$, deren k Zeilen eine Basis des Vektorraumes $\mathfrak{C}$ bilden. Die Faltungscodierung

$$V_k\big(\mathbb{F}_2(D)\big) \to V_n\big(\mathbb{F}_2(D)\big) \; ; \; a(D) \mapsto c(D) := a(D) \cdot \mathfrak{G}$$

ordnet jedem Informationswort

$$a(D) \; = \; \big(a_1(D), a_2(D), \ldots, a_k(D)\big) \in V_k\big(\mathbb{F}_2(D)\big)$$

das Codewort

$$c(D) \; = \; \big(c_1(D), c_2(D), \ldots, c_n(D)\big) \in \mathfrak{C} \subseteq V_n\big(\mathbb{F}_2(D)\big)$$

zu.

Im Gegensatz zu den linearen Blockcodes ist die Auswahl der Generatormatrix bei Faltungscodes sehr wichtig. Die Verwendung einer ungeeigneten Generatormatrix kann katastrophale Folgen bei der Decodierung zeitigen: Die Theorie der Faltungscodes ist eine Theorie der Faltungscodierungen.

Die Techniker verwenden hauptsächlich *polynomiale Generatormatrizen*, das sind Generatormatrizen, deren Einträge Polynome sind. Ein unzuverlässiges Bauelement kann in einem rückgekoppelten Faltungscodierer nämlich „katastrophale" Codierfehler verursachen. Außerdem erfordern rückgekoppelte Faltungscodierer nach der Beendigung der Sendetätigkeit der Quelle kompliziertere Maßnahmen zur Rückführung des Speichers in den Nullzustand. Durch die Multiplikation mit dem Hauptnenner aller ihrer Einträge kann man eine Generatormatrix stets in eine polynomiale Gestalt überführen. Die Rückgrifftiefe M des dann polynomialen Codierers ist das Maximum der Grade der Polynome in seiner Generatormatrix.

Der zum Zeitpunkt t_i zu berechnende Codeblock C_i darf nicht von den zukünftigen Informationsblöcken $A_{i+1}A_{i+2}\cdots$ abhängen. Die in formale LAURENT-Reihen entwickelten Einträge einer Generatormatrix dürfen also keinen negativen Untergrad haben, müssen Elemente des Ringes

$$\mathbb{F}_2[[D]] \cap \mathbb{F}_2(D)$$

der *realisierbaren Funktionen über* $\mathbb{F}_2$ sein. Die realisierbaren Funktionen sind genau die formalen rationalen Funktionen

$$\frac{p(D)}{q(D)} \in \mathbb{F}_2(D)$$

mit teilerfremden Polynomen $p(D), q(D) \in \mathbb{F}_2[D]$, deren Nenner $q(D)$ nicht durch D teilbar ist.

Im folgenden schließe der Begriff 'Generatormatrix'
die Kausalitätsbedingung stets mit ein.

G. D. FORNEY, JR. (*Convolutional codes I: algebraic structure*, IEEE Trans. of Info. Theory **16** (1970) 720-738) bewies, daß jeder (n,k)-Faltungscode $\mathfrak{C} \subseteq V_n(\mathbb{F}_2(D))$ zu einem systematischen Code äquivalent ist. Dieses Ergebnis ist bei weitem nicht so trivial, wie der entsprechende Satz über lineare Blockcodes auf Seite 255: FORNEY zeigte, daß $\mathfrak{C}$ eine Generatormatrix $\mathfrak{G}$ mit einer $k \times k$-Untermatrix $\mathfrak{K}$ besitzt, deren Determinante $\det \mathfrak{K}$ ein nicht durch D teilbares Polynom aus $\mathbb{F}_2[D]$ ist. Damit ist $\frac{1}{\det \mathfrak{K}}$ eine realisierbare Funktion; auch die Einträge der zu $\mathfrak{K}$ inversen Matrix $\mathfrak{K}^{-1}$ sind dann realisierbare Funktionen. Die $k \times n$-Matrix $\mathfrak{K}^{-1} \cdot \mathfrak{G}$ ist eine (kausale, aber nicht notwendig polynomiale) Generatormatrix von $\mathfrak{C}$; in den Positionen, in denen in $\mathfrak{G}$ die Matrix $\mathfrak{K}$ stand, befindet sich in $\mathfrak{K}^{-1} \cdot \mathfrak{G}$ die $k \times k$-Einheitsmatrix.

Die Anzahl der Speicherzellen, die zur Implementierung einer polynomialen Generatormatrix in ihrer „offensichtlichen" Realisierung [obvious realization] benötigt werden, berechnet sich als die Summe der Maxima der Grade der Einträge ihrer Zeilen. Die *Rückgrifftiefe* eines Faltungscodes läßt sich jetzt als die Rückgrifftiefe einer ihn erzeugenden polynomialen *minimalen* Generatormatrix definieren. Es gibt (n,k)-Faltungscodes, für die keine minimale Generatormatrix existiert, die eine $k \times k$-Einheitsmatrix als Untermatrix besitzen. Durch eine geschickte Anordnung der Schaltelemente läßt sich die Anzahl der in einer „nicht-offensichtlichen" Realisierung einer minimalen Generatormatrix benötigten Speicherzellen manchmal weiter vermindern.

Wir schauen uns die zu den Faltungscodierern in den Beispielen aus Abschnitt 10.1 gehörigen Generatormatrizen an:

Beispiel 1. Der Faltungscodierer aus Beispiel 1 von Seite 419 hat die Generatormatrix

$$\mathfrak{G}_1 := (1+D^2, 1+D+D^2).$$

Der Codierer codiert das Informationswort

$$a(D) := \frac{1}{1+D} = \sum_{i=0}^{\infty} D^i$$

in das Codewort

$$a(D) \cdot \mathfrak{G}_1 = (1+D, \tfrac{1+D^2}{1+D}) = (1+D, 1 + \sum_{i=2}^{\infty} D^i). \qquad \square$$

Beispiel 2. Der Faltungscodierer aus Beispiel 2 von Seite 419 hat die Generatormatrix

$$\mathfrak{G}_2 := (1+D^2+D^3+D^5+D^6, 1+D+D^2+D^3+D^6).$$

Der Codierer codiert das Informationswort

$$a(D) := \frac{1}{1+D^2} = \sum_{i=0}^{\infty} D^{2\cdot i}$$

in das Codewort

$$a(D) \cdot \mathfrak{G}_2 = (1+D^3 + \sum_{i=3}^{\infty} D^{2\cdot i}, 1+D + \sum_{i=3}^{\infty} D^{2\cdot i}). \qquad \square$$

Beispiel 3. Der Faltungscodierer aus Beispiel 3 von Seite 420 hat die Generatormatrix

$$\mathfrak{G}_3 := (1+D, 1+D+D^2, 1+D+D^3).$$

Der Codierer codiert das Informationswort

$$a(D) := \frac{1}{1+D^2} = \sum_{i=0}^{\infty} D^{2\cdot i}$$

in das Codewort

$$a(D) \cdot \mathfrak{G}_3 = (\sum_{i=0}^{\infty} D^i, 1 + \sum_{i=0}^{\infty} D^{2\cdot i+1}, D + \sum_{i=0}^{\infty} D^{2\cdot i}). \qquad \square$$

Beispiel 4. Die Standard-Generatormatrix

$$\mathfrak{G}_4 := \begin{bmatrix} 1 & 0 & 1+D \\ 0 & 1 & D \end{bmatrix}.$$

des Faltungscodierers aus Beispiel 4 von Seite 420 ist nicht minimal. Der Codierer codiert das Informationswort

$$a(D) := (\frac{D}{1+D^2}, \frac{1}{1+D^2})$$

in das Codewort

$$a(D) \cdot \mathfrak{G}_4 = (\frac{D}{1+D^2}, \frac{1}{1+D^2}, \frac{D^2}{1+D^2}).$$

Addiert man die erste Zeile von $\mathfrak{G}_4$ zur zweiten oder die zweite zur ersten, so erhält man die minimalen Generatormatrizen

$$\mathfrak{G}_4' \;:=\; \begin{bmatrix} 1 & 0 & 1+D \\ 1 & 1 & 1 \end{bmatrix} \quad \text{oder} \quad \mathfrak{G}_4'' \;:=\; \begin{bmatrix} 1 & 1 & 1 \\ 0 & 1 & D \end{bmatrix}. \qquad \square$$

Beispiel 5. Der Faltungscodierer aus Beispiel 5 von Seite 420 f. hat die Generatormatrix

$$\mathfrak{G}_5 \;:=\; (1+D^2, 1+D)$$

Der Codierer codiert das Informationswort

$$a(D) \;:=\; \tfrac{1}{1+D} \;=\; \sum_{i=0}^{\infty} D^i$$

in das Codewort

$$a(D)\cdot \mathfrak{G}_5 \;=\; (1+D, 1). \qquad \square$$

Die Generatormatrizen der Beispiele 1 bis 5 sind alle polynomial. Die Generatormatrix $\mathfrak{G}_5$ ist *katastrophal*: es gibt ein Informationswort von unendlichem HAMMING-Gewicht, welches mit $\mathfrak{G}_5$ multipliziert ein Codewort von endlichem HAMMING-Gewicht ergibt. Eine Generatormatrix in Zeilenstufenform ist nie katastrophal; die Komponenten der Informationswörter sind dann ja stets Komponenten der zugehörigen Codewörter, das heißt, die Informationsteilfolgen sind auch Codeteilfolgen.

Satz. *Eine polynomiale Generatormatrix* $\mathfrak{G} = (g_1(D), g_2(D), \dots, g_n(D))$ *eines* $(n,1)$-*Faltungscodes* $\mathfrak{C} \subseteq V_n(\mathbb{F}_2(D))$ *ist genau dann katastrophal, wenn ihre Komponenten* $g_1(D), g_2(D), \dots, g_n(D)$ *einen gemeinsamen, von* D *verschiedenen irreduziblen Faktor* $p(D) \in \mathbb{F}_2[D]$ *besitzen.*

Beweis. Wenn ein solcher gemeinsamer Faktor $p(D)$ existiert, so hat das Informationswort

$$a(D) \;:=\; \tfrac{1}{p(D)} \in \mathbb{F}_2(D)$$

ein unendliches HAMMING-Gewicht, während das zugehörige Codewort

$$a(D)\cdot \mathfrak{G} \;=\; \Big(\tfrac{g_1(D)}{p(D)}, \tfrac{g_2(D)}{p(D)}, \dots, \tfrac{g_n(D)}{p(D)}\Big)$$

polynomiale Komponenten besitzt.

Wenn umgekehrt

$$a(D) \in \mathbb{F}_2(D)\setminus\mathbb{F}_2[D]$$

ein solches Informationswort von unendlichem HAMMING-Gewicht ist, für das das Codewort $a(D)\cdot\mathfrak{G}$ ein endliches HAMMING-Gewicht hat, so gibt es ein Monom D^u, so daß die Komponenten $c_j(D) := D^u\cdot a(D)\cdot g_j(D)$ des Codewortes $c(D) := D^u\cdot a(D)\cdot\mathfrak{G}$ für $j = 1,2,\dots,n$ Polynome aus $\mathbb{F}_2[D]$ sind. Wir schreiben $D^u\cdot a(D) = \tfrac{s(D)}{D^w\cdot t(D)}$, wobei $s(D)$ und $t(D)$ teilerfremde Polynome aus $\mathbb{F}_2[D]$ mit $D \nmid t(D)$ sind. Weil $a(D)$ ein unendliches HAMMING-Gewicht hat, ist $\deg t(D) \geq 1$. Weil nun für jeden Index $j = 1,2,\ldots,n$ stets $g_j(D) \cdot s(D) = D^w \cdot c_j(D) \cdot t(D)$ gilt, teilt jeder irreduzible Faktor von $t(D)$ die Komponenten $\mathfrak{G}$ der Generatormatrix $\mathfrak{G}$. $\quad\square$

J. L. MASSEY und M. K. SAIN (*Inverses of linear sequential circuits*, IEEE Trans. Computers **17** (1968) 330-337) zeigten, daß eine polynomiale (n,k)-Generatormatrix nichtkatastrophal ist, wenn der größte gemeinsame Teiler ihrer $k \times k$-Unterdeterminanten eine Potenz von D ist. Damit sind polynomiale minimale Generatormatrizen nie katastrophal. Von G. D. FORNEY, JR. (loc. cit.) und R. R. OLSON (*Note on feedforward inverses of linear sequential circuits*, IEEE Trans. Computers **19** (1970) 1216-1221) stammt ein allgemeiner Katastrophentest. Für Faltungscodierer einer speziellen Bauart wurde das Problem der Katastrophenartigkeit von L. STAIGER in der Note *Why are serial convolutional encoders catastrophic?* J. Inf. Process. Cybern. EIK **23** (1987) 609-614 behandelt.

Bei der Behandlung der katastrophalen Fehlerfortpflanzung zeigt sich besonders deutlich, wie katastrophal sich die Gleichsetzung der Begriffe 'Faltungscode' und 'Faltungscodierung' auswirken kann: In der Aufgabe 11.7.1 auf Seite 154 der zweiten Auflage von J. H. VAN LINT, *Introduction to coding theory*, Berlin, Springer 1992 wird der Leser aufgefordert zu zeigen, daß der durch die Generatormatrix $\mathfrak{G}_5$ definierte $(2,1)$-Faltungscode katastrophal sei. Die Generatormatrix $\mathfrak{G}_5$ ist katastrophal. Wenn wir aber den Faktor $1 + D$ aus ihren Komponenten hinausdividieren, erhalten wir die nichtkatastrophale Generatormatrix

$$\mathfrak{G}_5' := (1 + D, 1)$$

desselben Faltungscodes mit dem rechts abgebildeten Schaltwerk ihres zugehörigen Codierers. Diesen Code, in der einschlägigen Literatur *das* Standard-

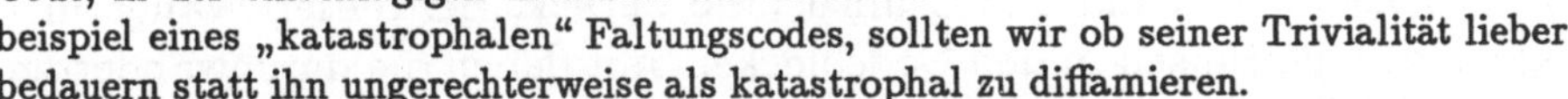

beispiel eines „katastrophalen" Faltungscodes, sollten wir ob seiner Trivialität lieber bedauern statt ihn ungerechterweise als katastrophal zu diffamieren.

Im übrigen läßt sich jede katastrophale Generatormatrix durch eine polynomiale minimale und deshalb nichtkatastrophale Generatormatrix desselben Faltungscodes ersetzen. Wir verfolgen deshalb die Theorie der katastrophalen Faltungscodierungen nicht weiter und wenden uns dem diskriminierten $(2,1)$-Faltungscode zu:

Beispiel 6. Der Faltungscodierer aus Beispiel 6 von Seite 421 besitzt die minimale, aber nicht polynomiale Standard-Generatormatrix

$$\mathfrak{G}_6 := (1, \tfrac{1}{1+D}).$$

Der Codierer codiert das Informationswort

$$a(D) := 1 + D$$

in das Codewort

$$a(D) \cdot \mathfrak{G}_6 = (1 + D, 1).$$

Wegen $\mathfrak{G}_5 = (1 + D^2) \cdot \mathfrak{G}_6$ sind die durch $\mathfrak{G}_5, \mathfrak{G}_5'$ und $\mathfrak{G}_6$ definierten Faltungscodes identisch. $\quad\square$

10.3 Zustandsdiagramme

Neben ihrer Beschreibung durch ihr Schaltwerk (Seite 416ff.) und durch Generatormatrizen (Seite 421ff.) lassen sich die Funktionen eines (n,k)-Faltungscodierers sehr übersichtlich durch sein *Zustandsdiagramm* darstellen. Das ist ein *gerichteter Graph*, dessen *Knoten* (Ecken) alle möglichen Zustände — die Speicherinhalte — des Codierers sind. Für jeden Knoten S_1 und jedes k-Tupel $B \in V_k(2)$ zeichnen wir einen *Pfeil* (gerichtete Kante) zu einem bestimmten Knoten S_2: Der Knoten S_2 ist der Zustand des Faltungscodierers zum Zeitpunkt t_{i+1}, wenn zum Zeitpunkt t_i der Informationsblock B in den sich im Zustand $Z_i := S_1$ befindlichen Codierer eingegeben wurde. Zur Verzierung notieren wir an diesem Pfeil den Codeblock, den der Codierer unter diesen Bedingungen zum Zeitpunkt t_i ausgab. Von jedem Knoten des Zustandsdiagramms gehen 2^k Pfeile ab. Wenn das Schaltwerk des Codierers α Speicherzellen besitzt, so berechnet sich die Gesamtzahl aller Pfeile als $2^{\alpha+k}$. Für die Ermittlung von Eigenschaften eines Faltungscodes aus dem Zustandsdiagramm empfiehlt es sich, um der Übersichtlichkeit willen diesen Code durch eine minimale Faltungscodierung darzustellen.

Im Zustandsdiagramm eines nichtkatastrophalen (n,k)-Faltungscodierers wandern wir entlang der Pfeile vom Nullzustand über mindestens einen anderen Zustand zum Nullzustand zurück. Bei dieser Wanderung zählen wir die Einsen in den Codeblöcken, mit denen die durchwanderten Pfeile verziert sind. Die kleinste Einsen-Anzahl d_{frei}, die man bei einer solchen Kreiswanderung erzielen kann, ist unabhängig vom speziellen nichtkatastrophalen Codierer eines Faltungscodes $\mathfrak{C}$ und heißt sein *freier Abstand* [free distance]. Der freie Abstand ist das HAMMING-Gewicht eines Minimalgewichts-Codewortes aus $\mathfrak{C}$; der HAMMING-Abstand zweier verschiedener Codewörter aus $\mathfrak{C}$ hat stets mindestens den Wert d_{frei}. Die Analogie zwischen dem freien Abstand eines Faltungscodes und dem Minimalabstand eines Blockcodes hat hinsichtlich der Beurteilung der Fehlerkorrekturqualitäten ihre Grenzen. Es ist möglich, im Zustandsdiagramm einen sehr langen Kreisweg zu durchwandern, bei dem man im Durchschnitt pro Pfeil eine geringere Anzahl von Einsen als bei dem oben genannten „minimalgewichtigen" Kreisweg einsammelt. So kann man beispielsweise diesen minimalen Weg durchmarschieren, im Nullzustand die mit dem Null-Codeblock verzierte Schleife mehrfach benutzen und danach wieder den minimalen Weg abgehen. Es ist aber nicht unwahrscheinlich, daß unter allen (n,k)-Faltungscodes einer vorgegebenen Rückgrifftiefe M (die wir mit Hilfe einer polynomialen, möglichst minimalen Generatormatrix bestimmen) die mit dem größten freien Abstand die optimalen Codes sind.

Wir schauen uns die zu den Faltungscodierern und Generatormatrizen aus Abschnitt 10.1 und 10.2 gehörigen Zustandsdiagramme an:

Beispiel 1. Hier bewundern wir das Zustandsdiagramm der $(2,1)$-Faltungscodierung aus Beispiel 1 von Seite 419 und 425. Wir wandern den Kreisweg vom Nullzustand 00 über die Zustände 01 und 10, lesen die Codeblöcke $11,01,11$ und stellen fest, daß der zugehörige $(2,1)$-Faltungscode den freien Abstand $d_{\text{frei}} = 5$ hat. An allen anderen nichttrivialen Kreiswegen, die im Nullzustand starten, sammelt man mindestens 6 Einsen ein.

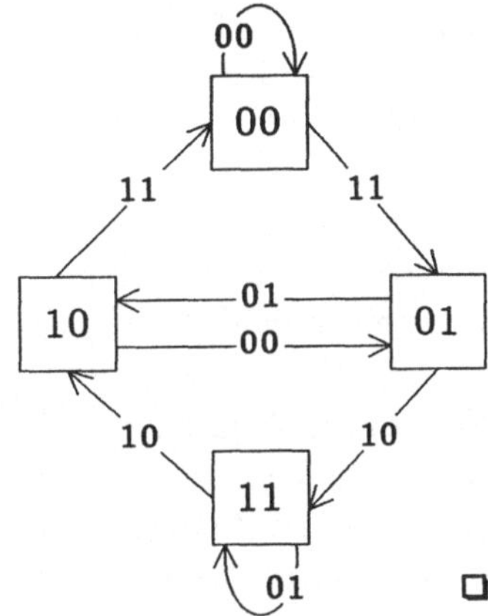

Beispiel 2. Aus Angst, eine vor 30 Jahren angedrohte Tracht Prügel doch noch zu beziehen, mochte ich meinen Vater BRUNO HEISE — er zeichnete die Abbildungen für die erste Auflage dieses Buches — nicht auftragen, das

Zustandsdiagramm des $(2,1)$-Faltungscodierers der Rückgrifftiefe 6 aus Beispiel 2 von Seite 419 und 425 mit seinen 64

Zuständen und 128 Pfeilen anzufertigen; die Tuschezeichnungen wurden inzwischen durch CAD-Zeichnungen ersetzt (nicht mehr so schön, aber die blöde Kleberei hatte ein Ende!), trotzdem blieb es beim Ausschnitt, der einen, den freien Abstand $d_{\text{frei}} = 10$ des zugehörigen Faltungscodes realisierenden Kreisweg zeigt.

Beispiel 3. Im Zustandsdiagramm der (3,1)-Faltungscodierung aus Beispiel 3 von Seite 420 und 425 wandern wir vom Zustand 000 über die Zustände 001, 010, 100 die Zustände 001, 011, 110, 100 oder die Zustände 001, 011, 111, 110, 100 zum Nullzustand 000 zurück. In jedem Fall sammeln wir acht Einsen ein. Alle anderen Rundwanderwege mit dem Ausgangszustand 000 haben mindestens das Gewicht 10. Der freie Abstand des zugehörigen (3,1)-Faltungscodes hat den Wert $d_{\text{frei}} = 8$.

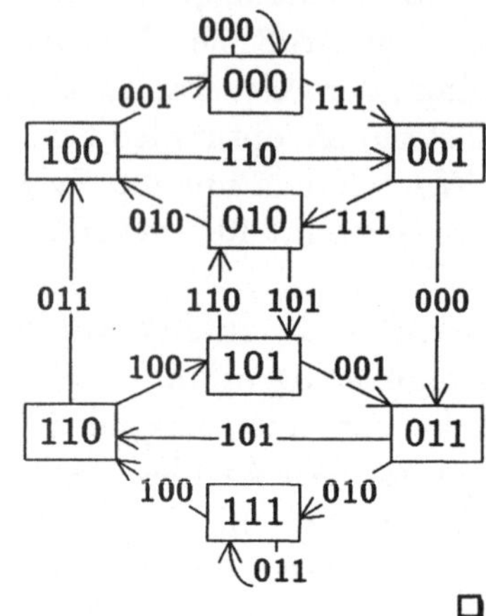

$\square$

Beispiel 4. Den freien Abstand $d_{\text{frei}} = 2$ des zum Faltungscodierer aus Beispiel 4 von Seite 420 und 425f. gehörigen Faltungscodes bestimmen wir nicht im Zustandsdiagramm dieses Codierers, sondern wir verwenden den durch die minimale Generatormatrix

$$\mathfrak{G}_4'' := \begin{bmatrix} 1 & 1 & 1 \\ 0 & 1 & D \end{bmatrix}$$

definierten Faltungscodierer desselben (3,2)-Faltungscodes. Wir bestaunen seinen Schaltkreis, sein Zustandsdiagramm und das Zustandsdiagramm des ursprünglichen Faltungscodierers:

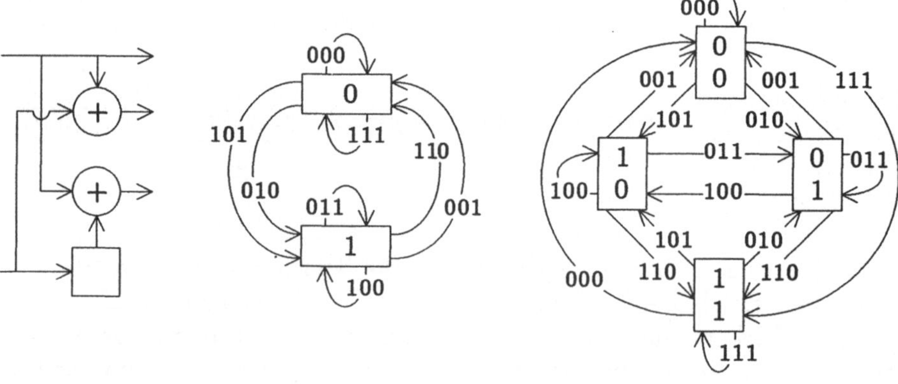

$\square$

Beispiele 5 und 6. Der zum sabotierten Faltungscodierer aus Beispiel 5 von Seite 420f. und 426 gehörige Faltungscode hat den freien Abstand $d_{\text{frei}} = 3$. In seinem Zustandsdiagramm wandern wir vom Nullzustand über den Zustand 01 zum Zustand 11 und verharren dort in einer unendlichen Schleife. Im gemeinsamen Zustandsdiagramm der nicht

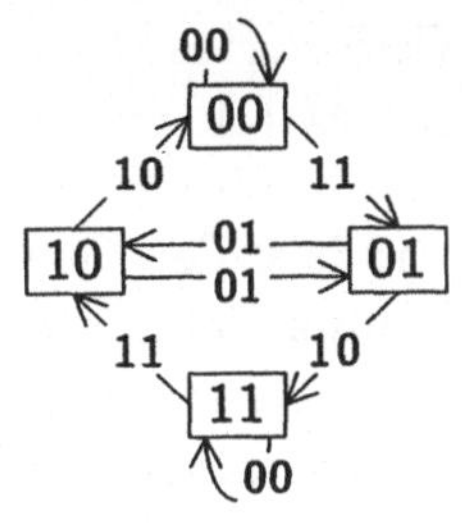

katastrophalen Generatormatrizen $\mathfrak{G}_5'$ und $\mathfrak{G}_6$ gehen wir vom Zustand 0 zum Zustand 1 und wieder zurück.   □

Die Wirkungsweise eines Faltungscodierers kann als im Nullzustand beginnender Weg entlang der Pfeile seines Zustandsdiagramms beschrieben werden. In der Praxis wird dieser Weg nicht unendlich lang sein, sondern nach einer gewissen Länge von $L + M$ durchschrittenen Pfeilen wieder im Nullzustand enden: Die Quelle beginnt zum Zeitpunkt t_0 mit der Sendung von L Informationsblöcken $A_0, A_1, \ldots, A_{L-1}$; für $m = 1, 2, \ldots, k$ sind die Komponenten $a_m \cong a_m(D)$ des Informationswortes $A = (a_1, a_2, \ldots, a_k)$ jeweils Polynome vom Grad höchstens $L-1$. Zu den Zeitpunkten $t_0, t_1, \ldots, t_{L-1}$ gibt der Codierer die Codeblöcke $C_0, C_1, \ldots, C_{L-1}$ aus. Zum Zeitpunkt t_L beginnend versetzt der Codierer durch vorgetäuschte Eingabe fingierter Informationsblöcke $A_L, A_{L+1}, \ldots, A_{L+M-1}$ seinen Speicher in den Nullzustand zurück. Bei einem polynomialen Codierer der Rückgrifftiefe M geht das automatisch, die Blöcke $A_L, A_{L+1}, \ldots, A_{L+M-1}$ sind dann Nullwörter aus $V_k(2)$. Ein rückgekoppelter Codierer muß dagegen mit einer geeigneten Auswahl von Blöcken $A_L, A_{L+1}, \ldots, A_{L+M-1}$ einen Akt der Selbsttäuschung begehen, um in den Nullzustand zurückzufallen. Der Übersichtlichkeit halber vereinbaren wir deswegen:

Wir betrachten nur noch polynomiale Faltungscodierer.

Wenn die Zahl L nicht kleiner als die Rückgrifftiefe M ist, dann kann der Codierer wirklich alle − maximal $2^{k \cdot M}$ − Zustände annehmen. Wir vereinbaren deshalb:

$$L \geq M.$$

Auf seinem Rückzug zum Nullzustand gibt der Codierer die Codeblöcke $C_L, C_{L+1}, \ldots, C_{L+M-1}$ aus, die durchaus nicht nur aus Nullen bestehen müssen; für $m = 1, 2, \ldots, n$ sind die Komponenten $c_m \cong c_m(D)$ des

Codewortes $C = (c_1, c_2, \ldots, c_k)$ jeweils Polynome vom Grad höchstens $L - M + 1$. In der Praxis unterbricht man den Nachrichtenstrom tatsächlich in dieser Weise jeweils nach einer festen Anzahl L von Zeittakten und läßt den Codierer in den Nullzustand zurückkehren. Mit dieser Maßnahme kann die Synchronisation überwacht und die Komplexität des Decodierers in Grenzen gehalten werden. Die *L-Begrenzung* [L^{th} termination, manchmal irreführend "L^{th} truncation"] eines (n,k)-Faltungscodes der Rückgrifftiefe M kann als linearer $\bigl(n \cdot (M+L), k \cdot L\bigr)$-Blockcode aufgefaßt werden. Wenn L — wie in der Praxis üblich — sehr viel größer als M ist, nähert sich die Informationsrate dieses Blockcodes der Informationsrate $\frac{k}{n}$ des Faltungscodes. Die resultierende Beschreibung der Faltungscodes als „Grenzwert" einer Folge von Blockcodes scheint keinen großen Erkenntniswert zu haben. Wir verfolgen sie daher nicht, sondern zeigen, wie man das Zustandsdiagramm eines Faltungscodierers als

Spalierdiagramm [trellis] entzerrt zeichnen kann. Wir bewundern das Spalierdiagramm der 9-Begrenzung der (2,1)-Faltungscodierung der Rückgrifftiefe 2 aus Beispiel 1 von Seite 419, 425 und 429. Der fette Weg entspricht der Informationsfolge

$$A = 1,1,1,0,1,0,0,0,1,-,-,$$

die in die Codefolge

$$C = 11,10,01,10,00,01,11,00,11,01,11$$

codiert wird:

Zeit	t_0	t_1	t_2	t_3	t_4	t_5	t_6	t_7	t_8	t_9	t_{10}	t_{11}
Info-Folge	1	1	1	0	1	0	0	0	1	-	-	-
Codefolge	11	10	01	10	00	01	11	00	11	01	11	- -

Zustand												
$S_0 = 00$												
$S_1 = 01$												
$S_2 = 10$												
$S_3 = 11$												

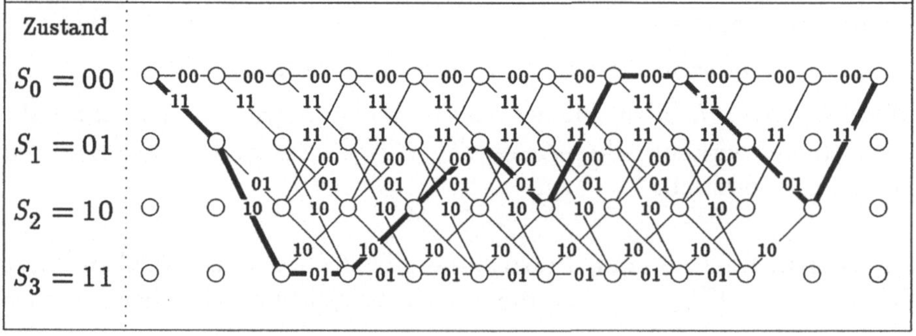

Das **Baumdiagramm** [tree] des Beispiel-1-Codierers zeigt, wie die Informationsfolge $A = 0,1,0,1$ in die Codefolge $C = 00,11,01,00,01,11$ codiert wird:

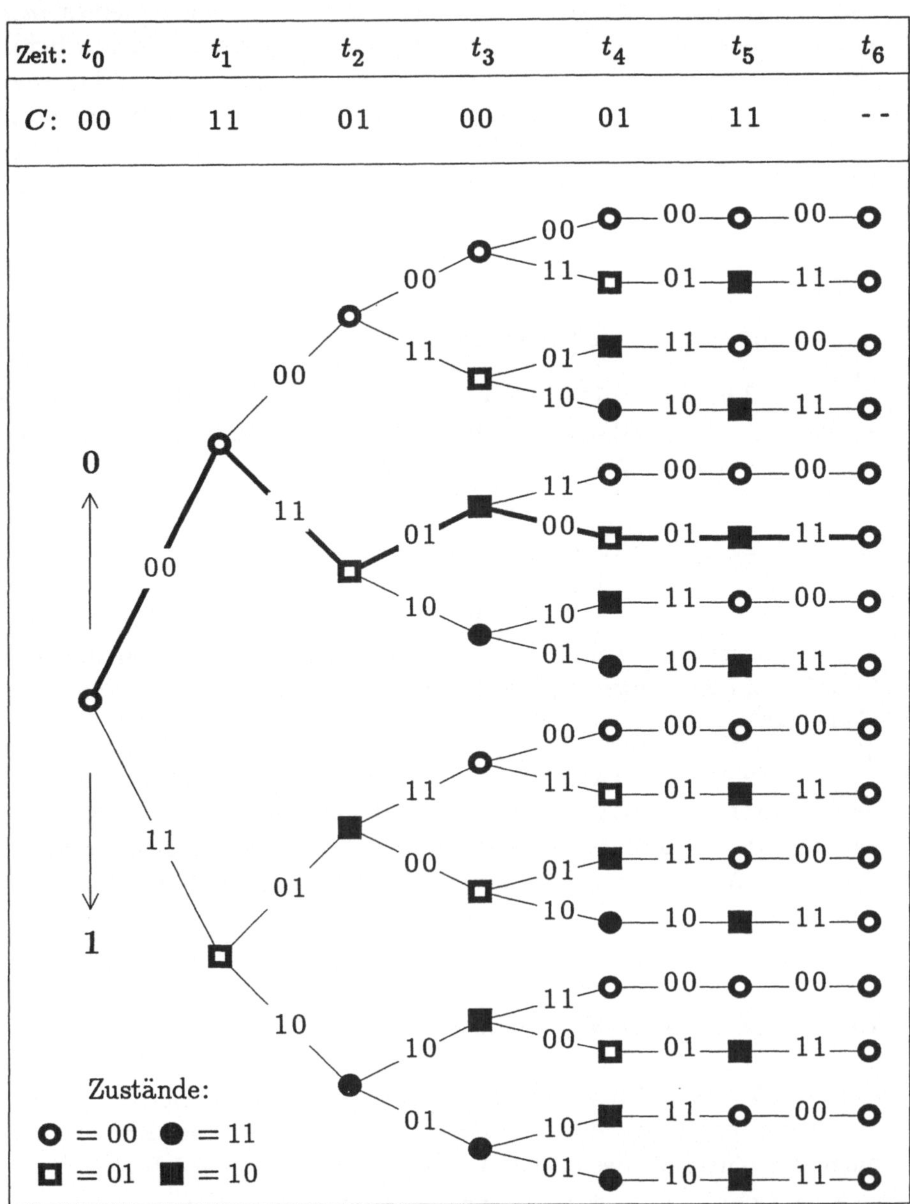

10.4 Decodierung

Bei der Beschreibung der Decodierung der L-Begrenzung eines (n,k)-Faltungscodes $\mathfrak{C} \subseteq V_n(\mathbb{F}_2(D))$ beschränken wir uns der Übersichtlichkeit wegen auf den in der Praxis bevorzugten Fall $k = 1$. Weiterhin setzen wir einen *polynomialen* Faltungscodierer der Rückgrifftiefe M voraus. Die Verallgemeinerung auf höhere Dimensionen und rückgekoppelte Codierer ist nicht weiter schwierig, vernebelt aber wegen des Schreibaufwandes das Verständnis.

Die Quelle sendet das Informationswort

$$A = a_0 a_1 \ldots a_{L-1}$$

an den Codierer, der die Codefolge

$$C = c_{1,0} c_{2,0} \cdots c_{n,0} c_{1,1} c_{2,1} \cdots c_{n,1} \cdots \cdots c_{1,L+M-1} c_{2,L+M-1} \cdots c_{n,L+M-1}$$

an den Kanal weiterleitet. Der BSC gibt diese Codefolge C in einigen Bits gestört als aus $L + M - 1$ *Kanalblöcken*

$$Y_i = y_{1,i} y_{2,i} \cdots y_{n,i}, \quad i = 0,1,\ldots,L+M-1,$$

zusammengesetzte *Kanalfolge*

$$Y = Y_0 Y_1 \ldots Y_{L+M-1}$$

an den Decodierer weiter. Der Decodierer sucht unter allen möglichen Codefolgen (der Länge $n \cdot (L + M)$) der L-Begrenzung von $\mathfrak{C}$ eine solche Codefolge

$$X = x_{1,0} x_{2,0} \cdots x_{n,0} x_{1,1} x_{2,1} \cdots x_{n,1} \cdots \cdots x_{1,L+M-1} x_{2,L+M-1} \cdots x_{n,L+M-1}$$

deren Hamming-Abstand $\varrho(X,Y)$ zur Kanalfolge minimal ist. In Umkehrung des Codierungsprozesses bestimmt der Decodierer dann aus der Codefolge X als Mutmaßung des Informationswortes A das *Ausgabewort*

$$B = b_0 b_1 \ldots b_{L-1}.$$

10.4.1 Der Viterbi-Algorithmus

Ein von A. J. Viterbi entwickelter Algorithmus sucht die Codefolge X im Spalierdiagramm des Faltungscodierers. Wir numerieren die 2^M möglichen Zustände des Codierers als

$$S_0 := 00\ldots0, S_1 := 10\ldots0, \ldots, S_{2^M-1} := 11\ldots1.$$

Im Zustandsdiagramm weist ein Pfeil vom Zustand S_j zum Zustand S_h, wenn das Präfix von S_h der Länge $M-1$ mit dem Suffix von S_j der Länge $M-1$ übereinstimmt; das „jüngste" Bit von S_h sei mit '$\beta(j,h)$' bezeichnet. Wenn von S_j nach S_h kein Pfeil weist, setzen wir formal $\beta(j,h) := ()$.

Wenn sich der Codierer zum Zeitpunkt t_i im Zustand

$$Z_i := S_j = s_1 s_2 \ldots s_M$$

befindet, so gibt er den Codeblock

$$C_i = \zeta(S_j, a_i)$$

aus und geht in den Zustand

$$Z_{i+1} := S_h = s_2 s_3 \ldots s_M \beta(j,h) = s_2 s_3 \ldots s_M a_i$$

über. Im Zustandsdiagramm ist der Pfeil von S_j nach S_h mit dem Codeblock $\zeta(S_j, a_i)$ verziert. Wir ändern die Beschriftung des Spalierdiagramms etwas ab: Wir bezeichnen den Knoten, der dem Zustand S_j zum Zeitpunkt t_i entspricht, mit $S_{j,i}$. Die (eventuelle) Kante des Spalierdiagramms, die von einem Knoten $S_{j,i}$ zu einem Knoten $S_{h,i+1}$ weist, wird im Fall $\beta(j,h) = 0$ getüpfelt und im Fall $\beta(j,h) = 1$ durchgezogen gezeichnet. Als Pedanten stellen wir uns die Zustände $S_{j,i}$ und $S_{h,i+1}$, die durch keine Kante verbunden sind, durch eine imaginäre, mit dem leeren Wort $()$ verzierte Kante doch verbunden vor. In einer Kopfzeile tragen wir den Zeitpunkten $t_0, t_1, \ldots, t_{L+M-1}$ entsprechend die Kanalblöcke $Y_0, Y_1, \ldots, Y_{L+M-1}$ ein. Für $j,h = 0,1,\ldots,2^M-1$ und $i = 0,1,\ldots,L+M-1$ definieren wir die Zahl $\varrho_i(j,h)$ jeweils als $\varrho_i(j,h) := \varrho\big(Y_i, \zeta(S_j, \beta(j,h))\big)$, den HAMMING-Abstand des Kanalblockes Y_i zu dem Codeblock $\zeta(S_j, \beta(j,h))$; wenn im Spalierdiagramm aber nur eine imaginäre Kante vom Zustand $S_{j,i}$ zum Zustand $S_{h,i+1}$ existiert, vereinbaren wir $\varrho_i(j,h) := \infty$. Wir radieren aus dem Spalierdiagramm die Verzierungen $\zeta(S_j, \beta(j,h))$ weg und ersetzen sie durch die Abstände $\varrho_i(j,h)$. Dabei verzichten wir darauf, die imaginären Kanten mit dem uneigentlichen Abstand ∞ zu beschriften.

Wir ändern, wie beschrieben, das Spalierdiagramm der 9-Begrenzung der (2,1)-Faltungscodierung der Rückgrifftiefe 2 von Seite 432 ab. Der Kanalcodierer codierte das Informationswort

$$A = 1,1,1,0,1,0,0,0,1,\text{-},\text{-}$$

in die Codefolge

$$C = 11,10,01,10,00,01,11,00,11,01,11.$$

Der Kanal addiert zunächst den leichten Fehlervektor

$$E_\alpha = 00,10,10,00,00,10,00,00,00,01,00$$

zur Codefolge C, das heißt, er gibt die Kanalfolge

$$Y_\alpha := C + E_\alpha = 11,00,11,10,00,11,11,00,11,00,11$$

an den VITERBI-Decodierer.

Wir sehen uns das zugehörige Spalierdiagramm an:

Zeit	t_0	t_1	t_2	t_3	t_4	t_5	t_6	t_7	t_8	t_9	t_{10}	t_{11}
Y_α	11	00	11	10	00	11	11	00	11	00	11	--

Zustand: $S_0 = 00$, $S_1 = 01$, $S_2 = 10$, $S_3 = 11$

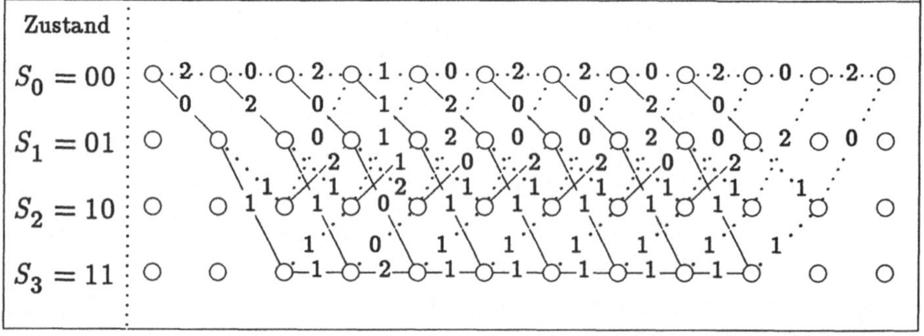

Wir sehen uns das Spalierdiagramm für den Fall an, daß die Codefolge C im Kanal von dem schwereren Fehlervektor

$$E_\beta = 00,10,10,00,00,11,01,00,01,00,00$$

überlagert wird; der Kanal reicht dem VITERBI-Decodierer die Kanalfolge

$$Y_\beta := C + E_\beta = 11,00,11,10,00,10,10,00,10,01,11.$$

Zeit	t_0	t_1	t_2	t_3	t_4	t_5	t_6	t_7	t_8	t_9	t_{10}	t_{11}
Y_β	11	00	11	10	00	10	10	00	10	01	11	--

Zustand: $S_0 = 00$, $S_1 = 01$, $S_2 = 10$, $S_3 = 11$

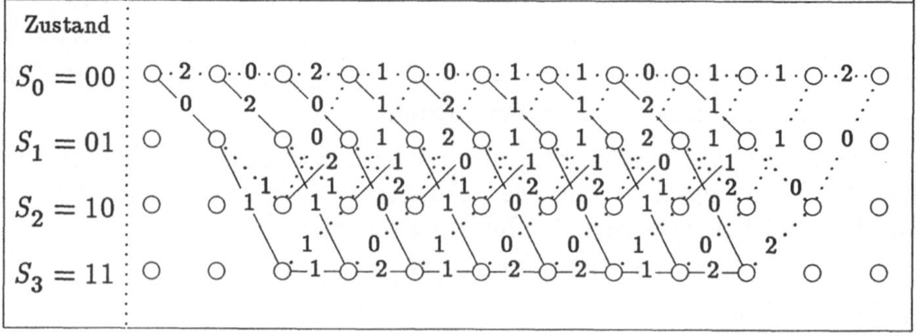

Ein *Pfad* [path] $P_i(j)$ im Spalierdiagramm ist ein Kantenzug vom Knoten $S_{0,0}$ zum Knoten $S_{j,i}$, der auch imaginäre Kanten enthalten darf. Die Summe $\mu\big(P_i(j)\big)$ der an den Kanten vermerkten Abstände ϱ heißt seine *gewichtete Länge*. (Wenn der Pfad imaginäre Kanten enthält, ist seine gewichtete Länge stets unendlich.) Es sei $P_{i+1}(h)$ ein Pfad, dessen vorletzter Knoten $S_{j,i}$ sein möge. Der Pfad $P_{i+1}(h)$ setzt sich aus einem Pfad $P_i(j)$ und der (möglicherweise imaginären) Kante von $S_{j,i}$ nach $S_{h,i+1}$ zusammen. Seine gewichtete Länge berechnet sich als

$$\mu\big(P_{i+1}(h)\big) = \mu\big(P_i(j)\big) + \varrho_i(j,h).$$

Wir ordnen dem Pfad $P_{i+1}(h)$ die Konkatenation

$$\mathscr{W}\big(P_{i+1}(h)\big) := w_0 w_1 \ldots w_i$$

aus $i+1$ Teilwörtern $w_0, w_1, \ldots, w_i$ zu; dabei ist für $t = 0,1,\ldots,i$ das Teilwort w_t das 1-Bit-Wort $w_t = 0$ oder $w_t = 1$ oder das leere Wort $w_t = (\,)$, je nach dem, ob die Kante Nr. t des Pfades $P_{i+1}(h)$ getüpfelt oder durchgezogen oder imaginär ist.

Es braucht uns im weiteren nicht zu stören, daß verschiedenen Pfaden mit imaginären Kanten dasselbe Wort zugeordnet sein kann; wenn $\mu\big(P_{i+1}(h)\big)$ endlich ist, so besitzt der Pfad $P_{i+1}(h)$ keine imaginären Kanten und läßt sich eindeutig aus dem Wort $\mathscr{W}\big(P_{i+1}(h)\big) = w_0 w_1 \ldots w_i$ rekonstruieren.

Das dem Pfad $P_{i+1}(h)$ zugeordnete Wort $\mathscr{W}\big(P_{i+1}(h)\big)$ läßt sich als die Konkatenation

$$\mathscr{W}\big(P_{i+1}(h)\big) = \mathscr{W}\big(P_i(j)\big)\beta(j,h)$$

des dem Teilpfad $P_i(j)$ zugeordneten Wortes $\mathscr{W}\big(P_i(j)\big) = w_0 w_1 \ldots w_{i-1}$ mit dem Wort $\beta(j,h) = w_i$ schreiben.

Der VITERBI-Algorithmus fahndet im Spalierdiagramm nach einem Pfad $P_{L+M}(0)$ minimaler gewichteter Länge von $S_{0,0}$ nach $S_{0,L+M}$. Die Folge der (wegradierten) Codeblöcke $\zeta\big(S_j,\beta(j,h)\big)$ an den Kanten dieses Pfades $P_{L+M}(0)$ ist eine Codefolge, deren HAMMING-Abstand zur Kanalfolge minimal ist. Das Präfix

$$B := b_0 b_1 \ldots b_{L-1}$$

der Länge L des Wortes

$$\mathscr{W}\big(P_{L+M}(0)\big) = b_0 b_1 \ldots b_{L+M-1}$$

ist des VITERBI-Decodierers Mutmaßung des originalen Informationswortes

$$A := a_0 a_1 \ldots a_{L-1}.$$

Der VITERBI-Decodierer arbeitet sequentiell:

Für $i = 0,1,\ldots L+M-1$ und $h = 0,1,\ldots 2^M$ bestimmt er jeweils das einem Pfad $P_{i+1}(h)$ minimaler gewichteter Länge $\mu_{i+1}(h)$ zugeordnete Wort $\mathscr{W}_{i+1}(h) := \mathscr{W}(P_{i+1}(h))$. Da mindestens ein Pfad $P_{L+M}(0)$ minimaler, endlicher gewichteter Länge $\mu_{L+M}(0)$ existiert, und da für jeden durchlaufenen Knoten $S_{h,i+1}$ sein Teilpfad $P_{i+1}(h)$ unter allen Pfaden von $S_{0,0}$ nach $S_{h,i+1}$ die minimale gewichtete Länge $\mu_{i+1}(h)$ besitzt, führt der VITERBI-*Algorithmus* auch wirklich zum Ziel:

1. Setze $\mu_0(0) := 0$.
2. Setze für $h = 1,2,\ldots,2^M - 1$ jeweils $\mu_0(h) := \infty$.
3. Setze für $h = 0,1,\ldots,2^M - 1$ jeweils $\mathscr{W}_i(h) := (\,)$.
4. Setze $i := 0$.
5. Solange $i \neq L+M$ ist, führe aus:
   5.1. Für $h = 0,1,\ldots,2^M - 1$ führe aus:
      5.1.1. Wähle einen Index $j_h \in \{0,1,\ldots,2^M - 1\}$ mit
      $$\mu_i(j_h) + \varrho_i(j_h,h) = \min_{0 \le j \le 2^M-1} \mu_i(j) + \varrho_i(j,h).$$
      5.1.2. Setze $\mathscr{W}_{i+1}(h) := \mathscr{W}_i(j_h)\beta(j_h,h)$.
      5.1.3. Setze $\mu_{i+1}(h) := \mu_i(j_h) + \varrho_i(j_h,h)$.
   5.2. Setze $i \leftarrow i+1$.
6. Gib das Präfix B der Länge L des Wortes $\mathscr{W}_{L+M}(0)$ aus.

Wir verfolgen im Spalierdiagramm den VITERBI-Algorithmus für die Kanalfolge Y_α von Seite 436. Dargestellt sind die Pfade $P_{i+1}(h)$, deren an den Knoten eingetragene gewichtete Längen $\mu_{i+1}(h)$ endlich sind.

Zeit	t_0	t_1	t_2	t_3	t_4	t_5	t_6	t_7	t_8	t_9	t_{10}	t_{11}
Y_α	11	00	11	10	00	11	11	00	11	00	11	--
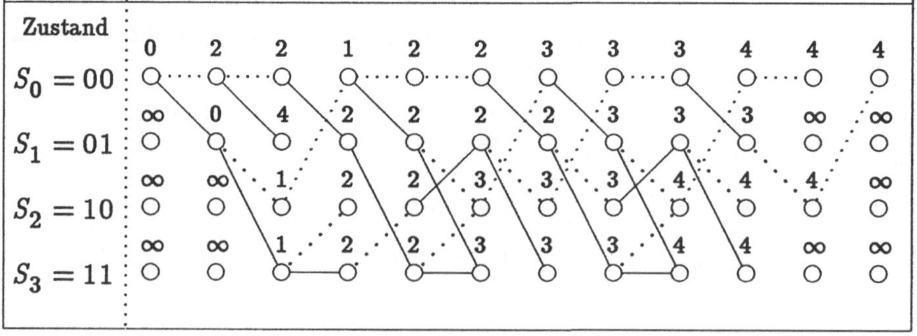 Zustand												
$S_0 = 00$	0	2	2	1	2	2	3	3	3	4	4	4
$S_1 = 01$	∞	0	4	2	2	2	2	3	3	3	∞	∞
$S_2 = 10$	∞	∞	1	2	2	3	3	3	4	4	4	∞
$S_3 = 11$	∞	∞	1	2	2	3	3	3	4	4	∞	∞

Es gibt nur einen kürzesten Pfad $P_{11}(0)$, der fette Pfad der tatsächlichen Codefolge C aus dem Spalierdiagramm von Seite 432. Die neun ersten getüpfelten und durchgezogenen Kanten dieses Pfades entsprechen den Bits 0 und 1 des vom VITERBI-Decodierer im Schritt 6 ausgegebenen ursprünglichen Informationswortes $B = A = 111010001$.

Wir beobachten, wie im Spalierdiagramm einige Pfade verenden, zum Beispiel in den Knoten $S_{1,2}$, $S_{2,3}$ und $S_{3,6}$. Andere Pfade vereinigen sich; zum Beispiel vereinigen sich im Knoten $S_{2,5}$ zwei Pfade zu einem Pfad, der sich im Knoten $S_{1,7}$ wieder teilt; ein Teilpfad vereinigt sich im Knoten $S_{3,8}$ mit einem anderen Pfad, um sofort abzusterben, während der andere Teilpfad sich im Knoten $S_{2,8}$ mit einem anderen Pfad vereinigt und dann im Knoten $S_{0,10}$ den Tod findet.

Wir schauen dem VITERBI-Decodierer beim Decodieren der durch Addition des Fehlermusters E_β zur Codefolge C entstandenen Kanalfolge Y_β (Seite 436) zu.

Zeit	t_0	t_1	t_2	t_3	t_4	t_5	t_6	t_7	t_8	t_9	t_{10}	t_{11}
Y_β	11	00	11	10	00	10	10	00	10	01	11	--
Zustand												
$S_0 = 00$	0	2	2	1	2	2	3	4	4	5	5	4
$S_1 = 01$	∞	0	4	2	2	2	3	4	2	5	∞	∞
$S_2 = 10$	∞	∞	1	2	2	3	3	2	4	4	4	∞
$S_3 = 11$	∞	∞	1	2	2	3	2	3	4	2	∞	∞

Auch hier gibt es nur einen kürzesten Pfad $P_{11}(0)$. Ihm entspricht die Codefolge

$$X = 11,10,01,10,00,10,10,00,10,10,11,$$

die zur tatsächlichen Codefolge C den HAMMING-Abstand $\varrho(X,C) = 4$ hat. Der VITERBI-Decodierer gibt das Ausgabewort $B = 111011011$ als seine Mutmaßung des Informationswortes $A = 111010001$ weiter. Es passieren zwei Übertragungsfehler.

Die Komplexität des VITERBI-Decodierers wächst linear mit der Begrenzung L und exponentiell mit der Rückgrifftiefe M. Trotz seines enormen Speicherbedarfs beruhen die meisten tatsächlich benutzten

Decodierverfahren auf der Grundlage des VITERBI-Algorithmus. Um eine „On-line-Decodierung" zu ermöglichen, gibt man nach jeweils $5 \cdot M$ Takten (Erfahrungswert) die Bits eines optimalen Pfades aus und tötet die anderen Pfade.

10.4.2 Der FANO-Algorithmus

R. M. FANO entwickelte 1963 als eine Art der von M. WOZENCRAFT und B. REIFFEN in ihrer Monographie beschriebenen sequentiellen Decodierung einen Algorithmus, der die Codefolge X im Baumdiagramm des Faltungscodierers sucht.

Wir können das Baumdiagramm der L-Begrenzung einer $(n,1)$-Faltungscodierung der Rückgrifftiefe M als Teilbaum des nach rechts umgekippt dargestellten Baumes der Menge $\mathbb{F}_2^{v}$ aller Wörter mit Komponenten aus dem binären Zeichenvorrat $\mathbb{F}_2 = \{0,1\}$ (Seite 35) deuten: Die Wurzel entspricht dem leeren Wort $(\,)$, den Knoten auf den Niveaulinien Nr. $i = 1,2,\ldots,L$ entsprechen von oben nach unten die Wörter $000\ldots0$, $00\ldots1,\ldots,\ldots,\ldots,11\ldots1 \in \mathbb{F}_2^{i}$ in ihrer lexikographischen Anordnung. Den Knoten auf den Niveaulinien Nr. $L+1$, $L+2,\ldots,L+M$ entsprechen die Wörter aus $\mathbb{F}_2^{L+1}$, $\mathbb{F}_2^{L+2},\ldots,\mathbb{F}_2^{L+M}$, deren letzte $1,2,\ldots,M$ Komponenten Nullen sind. Jeder Knoten des Baumdiagramms ist durch einen eindeutigen Pfad mit der Wurzel verbunden. Den Knoten auf der Niveaulinie Nr. L beziehungsweise den Blättern entsprechen die Informationswörter $A = a_0 a_1 \ldots a_{L-1} \in \mathbb{F}_2^{L}$ beziehungsweise die um M Nullen verlängerten Informationswörter $A = a_0 a_1 \ldots a_{L-1} 00\ldots0 \in \mathbb{F}_2^{L+M}$. Die zu einem Informationswort $A = a_0 a_1 \ldots a_{L-1}$ gehörende Codefolge lesen wir im Baumdiagramm von den Ästen (Kanten) des bis zur Niveaulinie Nr. $L+M$ verlängerten Pfades ab, der von der Wurzel bis zu dem Knoten des Informationswortes A führt.

Wir ändern zum Zwecke der Decodierung unser Baumdiagramm ab: Zunächst einmal zeichnen wir die Knoten nicht mehr mit lustigen kleinen Symbolen, sondern schlicht als Punkte — die Zustände interessieren uns nicht mehr. In einer Zeile über dem Baumdiagramm tragen wir unter die Zeitpunkte $t_0, t_1, \ldots, t_{L+M-1}$ die Kanalblöcke $Y_0, Y_1, \ldots, Y_{L+M-1}$ ein. Es sei nun $W \in \mathbb{F}_2^{i}$ das einem Knoten auf der Niveaulinie Nr. i zugeordnete Wort. Der links vom Knoten abgehende Ast ist noch mit einem Codeblock C_W verziert.

Den HAMMING-Abstand

$$\varrho(W) := \varrho(C_W, Y_{i-1})$$

des Codeblockes C_W zum Kanalblock Y_{i-1} tragen wir an die Stelle des jetzt wegradierten Codeblockes C_W ein.

Für jedes Wort

$$W = w_0 w_1 \dots w_{i-1} \in \mathbb{F}_2^i,$$

das einem Knoten des Baumdiagramms zugeordnet ist, definieren wir rekursiv seine *gewichtete Höhe*

$$\mu(W) := \begin{cases} 0, & \text{falls } W = () \\ \mu(w_0 w_1 \dots w_{i-2}) + \varrho(C_W, Y_{i-1}), & \text{falls } i \geq 1 \end{cases}.$$

Aus formalen Gründen ordnen wir jedem Wort $W \in \mathbb{F}_2^\nu$, dem im Baumdiagramm kein Knoten entspricht, die gewichtete Höhe

$$\mu(W) := \infty$$

zu. In das Baumdiagramm schreiben wir an jeden Knoten seine gewichtete Höhe $\mu(W)$.

Der FANO-Algorithmus sucht im Baumdiagramm ein Blatt minimaler gewichteter Höhe $\mu(W)$ und gibt das Präfix der Länge L des dem Blatt entsprechenden Wortes W als seine Mutmaßung des ursprünglichen Informationswortes A aus.

Wir sehen uns das in einem Beispiel an: Zunächst ändern wir wie beschrieben das Baumdiagramm der 4-Begrenzung der (2,1)-Faltungscodierung der Rückgrifftiefe $M = 2$ des Beispiels 1 von Seite 419, 425 und 429. Der Kanalcodierer codiert das Informationswort

$$A = 0101$$

in die Codefolge

$$C = 00,11,01,00,01,11.$$

Wir untersuchen was passiert, wenn der Kanal zu dieser Codefolge die leichte Fehlerfolge

$$E_\alpha = 00,01,10,00,00,01$$

beziehungsweise die schwerere Fehlerfolge

$$E_\beta = 00,01,10,01,00,01$$

zu der Codefolge addiert. Der FANO-Decodierer empfängt die Kanalfolge

$$Y_\alpha := C + E_\alpha = 00,10,11,00,01,10$$

beziehungsweise

$$Y_\beta := C + E_\beta = 00,10,11,01,01,10.$$

Zeit: t_0	t_1	t_2	t_3	t_4	t_5	t_6
Y_α: 00	10	11	00	01	10	- -

Hier ist das Blatt minimaler gewichteter Höhe $\mu(W) = 3$ eindeutig bestimmt; ihm ist das Wort $W = 010100$ zugeordnet, dessen Präfix der Länge 4 das tatsächliche Informationswort $A = 0101$ ist.

Zeit: t_0	t_1	t_2	t_3	t_4	t_5	t_6
Y_β: 00	10	11	01	01	10	- -

Auch hier ist das Blatt minimaler gewichteter Höhe $\mu(W) = 3$ eindeutig bestimmt; ihm entspricht das Wort $W = 001000$, dessen Präfix $B := 0010$ der Länge 4 zum tatsächlichen Informationswort $A = 0101$ den HAMMING-Abstand $\varrho(A,B) = 3$ hat.

Der FANO-Algorithmus klettert im Baumdiagramm wie ein Affe herum, um ein Blatt minimaler gewichteter Höhe zu finden. Als Optimist vermutet er, daß keine Kanalstörungen aufgetreten sind und prüft nach, ob unter den Knoten der gewichteten Höhe 0 ein Blatt zu finden ist. Wenn das nicht der Fall ist, hebt er die *Schwelle* S von dem Wert 0 auf den Wert $S := 1$ an und sucht unter den Knoten der gewichteten Höhe $S = 1$ nach einem Blatt. Wenn er kein Blatt findet, das heißt, wenn sich die Kanalfolge Y in mindestens zwei Bits von der Codefolge unterscheidet, so setzt er die Schwelle S auf den Wert $S := 2$ herauf, und so weiter. Um die Suche abzukürzen, kann der Decodierer die Schwelle S auch jedesmal um das *Inkrement* $I := 2, I := 3, \ldots$ statt um $I = 1$ anheben. Dann ist aber nicht mehr gewährleistet, daß der Decodierer als Maximum-Likelihood-Decodierer arbeitet.

Wir führen einige technische Notationen ein: Für $i = 0,1,\ldots,L + M - 1$ schreiben wir die *Länge* i eines Wortes

$$W = w_0 w_1 \ldots w_{i-1} \in \mathbb{F}_2^i$$

als

$$i =: |W|$$

und verwechseln diese Bezeichnung nicht mit der gewichteten Höhe $\mu(W)$. Mit '$W0$' oder mit '$W1$' bezeichnen wir das um das Bit 0 oder das Bit 1 verlängerte Wort

$$W0 := w_0 w_1 \ldots w_{i-1} 0 \in \mathbb{F}_2^{i+1}$$

oder das Wort

$$W1 := w_0 w_1 \ldots w_{i-1} 1 \in \mathbb{F}_2^{i+1}.$$

Wenn $|W| = i \geq 1$ ist, das heißt, wenn W nicht das leere Wort $()$ ist, so schreiben wir das Präfix der Länge $i - 1$ von W als

$$\text{Präf}(W) := w_0 w_1 \ldots w_{i-2}.$$

Für jedes nichtleere Wort W bezeichnen wir mit

$$\text{`}\widetilde{W}\text{'}$$

dasjenige Wort, daß sich von W im letzten und nur im letzten Bit unterscheidet. Schließlich sagen wir noch, ein nichtleeres Wort W sei *besser* als sein *Nachbar* $\widetilde{W}$, wenn seine gewichtete Höhe $\mu(W)$ kleiner als die gewichtete Höhe $\mu(\widetilde{W})$ von $\widetilde{W}$ ist, oder wenn bei gleicher gewichteter Höhe sein letztes Bit die Null ist; wir schreiben dann

$$W = \text{BESS}(W, \widetilde{W}).$$

Der FANO-*Algorithmus.*

1. Setze $S := 0$ und $W := ()$.

2. Solange $|W| \neq L + M$ ist, führe aus:

   2.1. Solange $\mu(\mathrm{BESS}(W0, W1)) \leq S$ ist, setze $W \leftarrow \mathrm{BESS}(W0, W1)$.

   2.2. Solange $W \neq ()$ und $\widetilde{W} = \mathrm{BESS}(W, \widetilde{W})$ ist, setze $W \leftarrow \mathrm{Präf}(W)$.

   2.3. Wenn $W \neq ()$ und $\mu(\widetilde{W}) \leq S$ ist, setze $W \leftarrow \widetilde{W}$.

   2.4. Wenn $W = ()$ ist, setze $S \leftarrow S + I$.

3. Gib das Präfix der Länge L von W aus.

Kommentar: Wir identifizieren die Knoten des Baumdiagramms mit den ihnen zugeordneten Wörtern aus $\mathbb{F}_2^v$. Der Decodieraffe sitzt in jeder Phase des Algorithmus auf einem Knoten W, dessen gewichtete Höhe $\mu(W)$ den aktuellen Schwellenwert S nicht übertrifft. Der Affe führt einen dem Kanalcodierer ähnlichen Apparat und ein Exemplar der Kanalfolge Y mit sich. Von seinem Standort auf dem Knoten W kann er mit Hilfe seines Apparates die Codeblöcke C_{W0} und C_{W1} und — wenn $W \neq ()$ ist — auch $C_{\widetilde{W}}$ bestimmen, mit den entsprechenden Kanalblöcken vergleichen und so die gewichteten Höhen $\mu(W0), \mu(W1)$ und gegebenenfalls auch $\mu(\widetilde{W})$ berechnen.

Im Initialisierungsschritt 1 wird der Affe mit dem Schwellenwert $S = 0$ auf die Wurzel $()$ gesetzt.

Der Affe prüft am Beginn der Schleife 2, ob er auf seinem Sitzplatz W am Ziel unserer Wünsche angelangt ist; diese Prüfung findet nur statt, wenn der Affe den Knoten W mit dem aktuellen Schwellenwert S vorher noch nie betreten hat.

Wenn $|W| = L + M$ ist, so hat der Affe ein *Blatt* W erreicht, das beim Inkrement $I = 1$ unter allen Blättern des Baumes eine eine minimale gewichtete Höhe $\mu(W)$ besitzt.

Wenn $|W| \neq L + M$ ist, so visiert der Affe in der Schleife 2.1 die beiden vor ihm liegenden Knoten an und berechnet ihre gewichteten Höhen. (Wenn $|W| \geq L$ ist, so hat einer dieser Knoten die gewichtete Höhe ∞ und ist im Baumdiagramm nicht eingezeichnet.) Wenn der bessere der beiden

Knoten („besser" bedeutet „niedriger" oder bei gleicher gewichteter Höhe „backbord") den Schwellenwert S nicht übertrifft, so klettert der Affe auf diesen Knoten, $W\leftarrow \mathrm{BESS}(W0,W1)$. Wenn dieser Knoten kein Blatt ist, so visiert der Affe wieder die beiden vor ihm liegenden Knoten an, und so weiter. Beim Vorwärtsstürmen ist der Nachbarknoten jedes erstürmten Knotens „schlechter" als der erstürmte Knoten selbst.

Wenn der Affe weder auf einem Blatt noch auf der Wurzel hockt, wenn die gewichteten Höhen beider Knoten vor ihm die Schwelle S übertreffen, und wenn der Nachbarknoten besser als sein Standortknoten ist, so muß er sich in Schritt 2.2 um eine Asteslänge zurückziehen; er kann ja nicht vorwärtsstürmen und ein Seitensprung auf den bereits früher einmal betretenen Nachbarknoten wäre nicht nur sinnlos, sondern mündete in einem unendlichen Frust.

Wenn der Affe beim Vorwärtsstürmen auf einem Nicht-Blatt $W\neq()$ gebremst wird, weil die gewichteten Höhen beider Knoten vor ihm die Schwelle S übertreffen, oder wenn der Affe beim Rückzug auf einem solchen Nicht-Blatt $W\neq()$ Station macht, und wenn der Nachbarknoten $\widetilde{W}$ „schlechter" als W ist, so hat er im Verlauf der Kletterei mit der aktuellen Schranke S noch nie auf diesem Knoten $\widetilde{W}$ verweilt; da der gesuchte Pfad im Fall $\mu(\widetilde{W})\leq S$ möglicherweise über $\widetilde{W}$ führt, springt der Affe in Schritt 2.3 auf diesen Nachbarknoten, sofern seine gewichtete Höhe die Schwelle S nicht übertrifft.

Wenn der Affe beim Vorwärtsstürmen von der Wurzel $()$ gar nicht loskommt, weil schon die gewichteten Höhen der ersten beiden Knoten den Schwellenwert S übertreffen, oder wenn der Affe beim Rückzug auf der Wurzel $()$ landet, so erhöht er in Schritt 2.4 den Schwellenwert S um das Inkrement I und beginnt sein Gekletter und Gehopse aufs Neue.

Es dürfte klar sein, daß der Decodieraffe schließlich auf einem Blatt landet, und daß dieses Blatt im Falle des Inkrementes $I=1$ unter allen Blättern wirklich die minimale gewichtete Höhe besitzt.

Wir protokollieren den FANO-Algorithmus bei der Decodierung der Kanalfolge

$$Y_\alpha = 00,10,11,00,01,10.$$

mit dem Inkrement $I=2$.

Wir schreiben nacheinander die Knoten W auf, auf denen der Affe sitzt. Mit '$\rightarrow$', '$\curvearrowright$' beziehungsweise '$\leftarrow$' bezeichnen wir die Aktion des Vorwärtskletterns, des Springens auf den Nachbarknoten beziehungsweise des Zurückkletterns, mit der der Affe auf den Knoten W gelangt.

Nr.	Aktion	Knoten	Nr.	Aktion	Knoten	Nr.	Aktion	Knoten
00	$S := 0$		11	←	00	22	→	11
01	Start	( )	12	↶	01	23	←	1
02	→	0	13	→	010	24	←	( )
03	←	( )	14	→	0101	25	$S := 4$	
04	$S := 2$		15	→	01010	26	→	0
05	→	0	16	←	0101	27	→	00
06	→	00	17	←	010	28	→	001
07	→	001	18	↶	011	29	→	0010
08	→	0010	19	←	01	30	→	00100
09	↶	0011	20	←	0	31	→	001000
10	←	001	21	↶	1	32	Stop	

Der FANO-Decodierer begeht also, wenn er mit dem Inkrement $I = 2$ arbeitet, im Gegensatz zum Inkrement $I = 1$ einen Decodierfehler und gibt das Wort $B = 0010$ statt des Informationswortes $A = 0101$ aus. Der Affe hat das Blatt $W = 001000$ der gewichteten Höhe $\mu(W) = 4$ gefunden und die Kletterei beendet. Mit dem Inkrement $I = 1$ hätte der Decodierer 52 statt der hier benötigten 33 Aktionen ausgeführt und das richtige Informationswort $B = A$ ausgegeben.

Wir lassen den FANOschen Affen jetzt die Kanalfolge

$$Y_\beta = 00,10,11,01,01,10$$

mit dem Inkrement $I = 1$ decodieren:

Nr.	Aktion	Knoten	Nr.	Aktion	Knoten	Nr.	Aktion	Knoten
00	$S := 0$		14	$S := 2$		28	←	01
01	Start	( )	15	→	0	29	←	0
02	→	0	16	→	00	30	↶	1
03	←	( )	17	→	001	31	→	11
04	$S := 1$		18	→	0010	32	←	1
05	→	0	19	→	00100	33	←	( )
06	→	00	20	←	0010	34	$S := 3$	
07	→	001	21	←	001	35	→	0
08	→	0010	22	←	00	36	→	00
09	←	001	23	↶	01	37	→	001
10	←	00	24	→	010	38	→	0010
11	↶	01	25	↶	011	39	→	00100
12	←	0	26	→	0111	40	→	001000
13	←	( )	27	←	011	41	Stop	

Nach 42 Aktionen gibt der Decodierer das Wort $B = 0010$ aus. Hätte der Decodierer mit dem Inkrement $I = 2$ gearbeitet, so hätte er nach 32 Aktionen dasselbe Wort $B = 0010$ ausgegeben.

Gegenüber dem VITERBI-Algorithmus besitzt der FANO-Algorithmus den Vorteil, daß sein *Decodieraffe* [decoding monkey] einen sehr bescheidenen Speicherbedarf hat, während VITERBIs *Pfadfinder* [scout] bei großen Rückgrifftiefen M überaus verschwenderisch ist. Der FANO-Algorithmus ist mit einem für die Praxis schweren Problem behaftet: Die Zahl L ist meist sehr groß. Die Anzahl der Rechenschritte, die FANOs Decodieraffe zu erledigen hat, hängt weitgehend von der Anzahl der Kanalfehler ab; bei vielen Fehlern wird er den Schwellenwert S sehr hoch treiben müssen. Der Affe braucht unterschiedliche Zeiten (selbst wenn wir ihn durch eine gut organisierte Affenherde ersetzen) zum Decodieren. Während der Decodierung läuft aber die Nachrichtensendung weiter. Bei einer Fehlerserie stauen sich die Kanalfolgen vor dem Decodierer, der Puffer kann überlaufen, ein Nachrichtenverlust kann eintreten. Dieses Problem ist so ernsthaft, daß der FANO-Algorithmus im Gegensatz zum VITERBI-Algorithmus zur praktischen Decodierung von Faltungscodierungen meines Wissens nicht benutzt wird.

10.5 Eine Origami-Konstruktion

Die meisten benutzten Faltungscodes und -codierer wurden beim computerunterstützten Suchen mit dem Ziel, den freien Abstand zu maximieren, gefunden: L. R. BAHL, F. JELINEK, *Rate 1/2 convolutional codes with complementary generators*, IEEE Trans. Info. Theory IT-**17** (1971) 718-727, J. J. BUSSGANG, *Some properties of binary convolutional code generators*, IEEE Trans. Info. Theory IT-**11** (1965) 90-100, R. JOHANNESSON, *Robustly optimal rate one-half binary convolutional codes*, IEEE Trans. Info. Theory IT-**21** (1975) 464-468, K. J. LARSEN, *Short convolutional codes with maximal free distances for rates 1/2, 1/3 and 1/4*, IEEE Trans. Info. Theory IT-**19** (1973) 371-372, E. PAASKE, *Short binary convolutional codes with maximal free distance for rates 2/3 and 3/4*, IEEE Trans. Info. Theory IT-**20** (1974) 683-689.

Algebraische Konstruktionen von Faltungscodes findet man bei A. D. WYNER, R. B. ASH, *Analysis of recurrent codes*, IEEE Trans. Info. Theory IT-**9** (1963) 143-156, J. L. MASSEY, *Threshold decoding*, M.I.T. Press, Cambridge/Mass. 1963 und J. L. MASSEY, D. J. COSTELLO, JR., J. JUSTESEN, *Polynomial weights and code constructions*, IEEE Trans. Info. Theory IT-**19** (1973) 101-110.

In diesem Buch sei eine — wie die erwähnten Arbeiten auch schon etwas angejahrte — japanische Konstruktion angedeutet. Durch Falten des ausgeschnittenen Quadrates

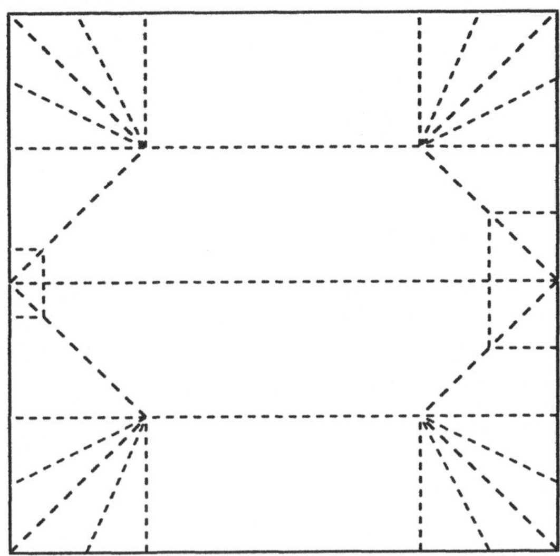

entlang der gestrichelten Linien erhalten Sie das Origami-Modell eines *Faltungsköters*:

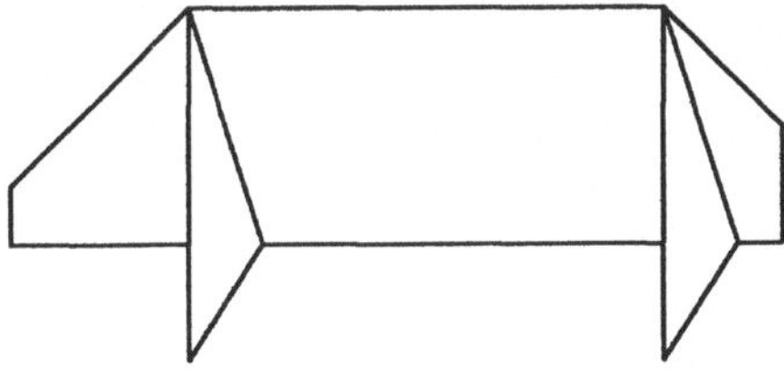

Ist Ihnen nur ein Faltungsschwein herausgekommen? Verzweifeln Sie nicht! Kaufen Sie sich ein neues Buch und starten Sie den nächsten Versuch! Ich werde mir von dem Autorenhonorar ein Bier kaufen und auf Ihr Wohl trinken.

Danke und Prosit,
Ihr Werner Heise

Literatur

ABRAMSON, N., *Information theory and coding*, McGraw-Hill, New York 1963

ADAMEK, J., *Foundations of coding*, John Wiley, Chichester 1991

AMELKIN, V. A., *Abzählende Codierungsmethoden*, Nauka, Novosibirsk 1986 (in Russisch)

V. AMMON, U., TROENDLE, K., *Mathematische Grundlagen der Codierung*, Oldenbourg, München 1974

ARAZI, B., *A common sense approach to the theory of error-correcting codes*, M.I.T. Press, Cambridge/Mass. 1988

ARIMOTO, S., *Informationstheorie*, Kyoritsu Shuppan, Tokio 1982 (in Japanisch)

ARŠINOV, M. N., SADOVSKIJ, L. N., *Codes und Mathematik*, Nauka, Moskau 1983 (in Russisch)

ASH, R. B., *Information theory*, Interscience, Dover, New York 1990 (Nachdruck des bei John Wiley, New York 1965 erschienenen Originals)

ASSMUS, E. F. JR., KEY, J. D., *Designs and their codes*, Cambridge Univ. Press, Cambridge 1992

ATLAN, H., *L'organisation biologique et la théorie de l' information*, Hermann, Paris 1972

BERGER, T., *Rate distortion theory*, Prentice-Hall, Englewood Cliffs/N. J., 1971

BERLEKAMP, E. R., *Algebraic coding theory*, McGraw-Hill, New York 1968

BERLEKAMP, E. R., *A survey of algebraic coding theory*, Springer, Wien 1970

BERLEKAMP, E. R., *Key papers in the development of coding theory*, IEEE Press, New York 1974

BERSTEL, J., D. PERRIN, *Theory of codes*, Academic Press, Orlando 1985

BILLINGSLEY, P., *Ergodic theory and information*, John Wiley, New York 1965

BLAHUT, R. E., *Theory and practice of error control codes*, Addison-Wesley, Reading/Mass. 1983

BLAHUT, R. E., *Principles and practice of information theory*, Addison-Wesley, Reading/Mass. 1987

BLAKE, I. P., MULLIN, R. C., *A mathematical theory of coding*, Academic Press, New York 1975

BLOCH, E. L., ZJABLOV, V. V., *Verallgemeinerte Kaskadencodes*, Svjaz, Moskau 1976 (in Russisch)

BLOCH, E. L., ZJABLOV, V. V., *Lineare Kaskadencodes*, Nauka, Moskau 1982 (in Russisch)

452   Literatur

BOJARINOV, I. M., *Störungsgeschützte Codierung digitaler Information*, Nauka,
    Moskau 1983 (in Russisch)
BORODIN, L. F., *Einführung in die Theorie der störsicheren Kodierung*, Geest & Portig,
    Leipzig 1972 (Übersetzung aus dem Russischen)
BOSSERT, M., *Kanalcodierung*, Teubner, Stuttgart 1992
BRILLOUIN, L., *La science et la théorie de l'information*, Masson, Paris 1959
CAMERON, P. J., VAN LINT, J. H., *Designs, graphs, codes and their links*,
    Cambridge Univ. Press, Cambridge 1991
CHABERS, W. G., *Basics of communication and coding*, Clarendon, New York 1985
CLARK, G. C., CAIN, J. B., *Error-correction-coding for digital communications*, Plenum,
    New York 1981
CONWAY, J. H., SLOANE, N. J. A., *Sphere packings, lattices and groups*, Springer, 2. Aufl.,
    Berlin 1993
CZISÁR, I., KÖRNER, J., *Information theory*, Academic Press, New York 1982
DADAEV, JU. G., *Die Theorie der arithmetischen Codes*, Radio i Svjaz, Moskau 1981
    (in Russisch)
DELSARTE, P., *An algebraic approach to the association schemes of coding theory*,
    Philips Research Reports Supplements 10 (1973)
DÉNES, J., KEEDWELL, A. D., *Latin Squares*, Ann. Discr. Math. 46, North-Holland,
    Amsterdam 1991
DÉNES, J., SZOKOLAY, M., *Theoretische und praktische Probleme der Datenübertragung*,
    Verlag Technik, Berlin 1974 (Übersetzung aus dem Ungarischen)
DUSKE, J., JÜRGENSEN, H., *Codierungstheorie*, Bibl. Inst., Mannheim 1977
EBELING, W., *Lattices and codes*, Vieweg, Braunschweig 1994
FANO, R. M., *Informationsübertragung*, Oldenbourg, München 1966
    (Übersetzung aus dem Amerikanischen)
FEINSTEIN, A., *Foundations of information theory*, McGraw-Hill, New York 1958
FORNEY, G. D., *Concatenated codes*, M.I.T. Press, Cambridge/Mass. 1966
FURRER, F. J., *Fehlerkorrigierende Block-Codierung für die Datenübertragung*,
    Birkhäuser, Basel 1981
GABIDULIN, E. M., AFANASJEV,V.B., *Codierung in der Radioelektronik*, Radio i Svjaz,
    Moskau 1986 (in Russisch)
GALLAGER, R. G., *Low density parity check codes*, M.I.T. Press, Cambridge/Mass. 1963
GALLAGER, R. G., *Information theory and reliable communication*, John Wiley,
    New York 1968
GALLAGER, R. G., *Information theory and reliable communication*,
    CISM Courses and Lectures 30, Springer, Wien 1979
GOLDIE, C. M., PINCH, R. G. E., *Communication theory*, Cambridge Univ. Press, New
    York 1991
GRAY, R. M., *Source coding theory*, Kluwer, Dordrecht 1990
GRICYK, V. V., MIHAILOSKII, V. N., *Qualitätseinschätzung der Informations-
    übertragung*, Naukova Dumka, Kiev 1973
GUIAŞU, S., *Information theory with applications*, McGraw-Hill, New York 1977
GUIAŞU, S., TEODORESCU, R., *Incertidude et information*,
    Les Presses de l' Université Laval, Quebec/Canada 1971

HAMMING, R. W., *Information und Codierung*, VCH, Weinheim 1987
   (Übersetzung aus dem Amerikanischen)
HARTNETT, W. E. (Hrsg.), *Foundations of coding theory*, Reidel, Dordrecht 1974
HENZE, E., HOMUTH, H. H., *Einführung in die Informationstheorie*, Vieweg,
   Braunschweig 1970
HENZE, E., HOMUTH, H. H., *Einführung in die Codierungstheorie*, Vieweg,
   Braunschweig 1974
HILL, R., *A first course in coding theory*, Clarendon, Oxford 1986
HOFFMAN, D. G., LEONARD, D. A., LINDNER, C. C., PHELPS, K. T., RODGER, C. A.,
   WALL, J. R., *Coding theory. The essentials*, Marcel Dekker, New York 1991
HORSTER, P., SPERLING, R., *Das Kryptosystem von McEliece*, Hüthig, Heidelberg 1990
HYVÄRINEN, L. P., *Information theory for systems engineers*, Springer, Berlin 1970
INGELS, F. M., *Information and coding theory*, Intext, Scranton 1971
JAGLOM, A. M., JAGLOM, I. M., *Wahrscheinlichkeit und Information*,
   Deutscher Verlag der Wissenschaften, Berlin 1984 (Übersetzung der 4. russ. Aufl.)
JELINEK, F., *Probabilistic information theory*, McGraw-Hill, New York 1968
JEROFEJEW, W., *Die Reise nach Petuschki*, Piper, München 1978
   (Übersetzung aus dem Russischen)
JOHANNESSON, R., *Informationstheorie*, Studentlitteratur und Addison-Wesley,
   Lund 1992 (Übersetzung aus dem Schwedischen)
JONES, D. S., *Elementary information theory*, Clarendon, Oxford 1979
JUNGNICKEL, D., *Finite fields*, Bibl. Inst., Mannheim 1993
KAMEDA, W., WEIHRAUCH, K., *Einführung in die Codierungstheorie. I*, Bibl. Inst.,
   Mannheim 1973
KANEFSKY, M., *Communication techniques for digital and analog signals*,
   Harper & Row, New York 1985
KASAMI,T., TOKURA,N., IWADARE,Y., INAGAKI,Y., *Codierungstheorie*, Mir, Moskau 1978
   (Russische Übersetzung des japanischen Originals)
KOLAKOWSKI, L., *Der Himmelsschlüssel*, Piper, München 1981
   (Übersetzung aus dem Polnischen)
KOLESNIK, V. D., MIRONČIKOV, E. T., *Die Decodierung zyklischer Codes*, Svjaz, Moskau
   1968 (in Russisch)
KOLESNIK, V. D., POLTYREV, G. SH., *Ein Kurs über Informationstheorie*, Nauka,
   Moskau 1982 (in Russisch)
KOSCIELNY, C., *Ein Software-Zugang zum Rechnen in endlichen Körpern mit
   Anwendungen auf fehlerkorrigierende Codes und Kryptographie*, Verlag der Breslauer
   Technischen Hochschule, Breslau 1983 (in Polnisch)
KREFT, L., *Beiträge zur algebraischen und arithmetischen Codierungstheorie*, Hüthig,
   Heidelberg 1989
KULLBACK, S., *Information theory and statistics*, John Wiley, New York 1959
LEONTJEV, V. K., *Codierungstheorie*, Znanije, Moskau 1977 (in Russisch)
LIDL, R., NIEDERREITER, H., *Finite fields*, Addison-Wesley, 1983
LIN, SHU, *An introduction to error-correcting codes*, Prentice Hall,
   Englewood Cliffs/N.J. 1970
LIN, SHU, COSTELLO JR., D. J., *Error control coding*, Prentice Hall,
   Englewood Cliffs/N.J. 1983

LINDNER, R., STAIGER, L., *Algebraische Codierungstheorie*, Akademie, Berlin 1977

LONGO, G., *Teoria dell' informazione*, Boringhieri, Turin 1980

LONGO, G. (Hrsg.), *Algebraic coding theory and applications*,
CISM Courses and Lectures 258, Springer, Wien 1979

LUNELLI, L., *Teoria dell' informazione e dei codici*, clup, Mailand 1981

MACWILLIAMS, F. J., SLOANE, N. J. A., *The theory of error-correcting codes*,
6. Nachdruck, North-Holland, Amsterdam 1993

MANN, H. B. (Hrsg.), *Error-correcting codes*, John Wiley, New York 1979

MANN, H. B., RAY-CHAUDHURI, D. K., *Lectures on error-correcting codes*,
Univ. of Arizona, Tucson/Ariz. 1974

MARKOV, A. A., *Einführung in die Codierungstheorie*, Nauka, Moskau 1982
(in Russisch)

MASSEY, J., *Threshold decoding*, M.I.T. Press, Cambridge/Mass. 1963

MCELIECE, R. J., *The theory of information and coding*, Encyclopedia of Mathematics
and its Applications 3, Addison-Wesley, Reading/Mass. 1961

MCELIECE, R. J., *Finite fields for computer scientists and engineers*, Kluwer,
Boston/Mass. 1987

MEYER-EPPLER, W., *Grundlagen und Anwendungen der Informationstheorie*, 2. Aufl.
bearbeitet von G. HEIKE und K. LÖHN, Springer, Berlin 1969

MILDENBERGER, O., *Informationstheorie und Codierung*, 2. Aufl., Vieweg,
Braunschweig 1992

MIYAKAWA, H., HARASHIMA, H., IMAI, H., *Information und Codierung*, Iwanami,
Tokio 1985 (in Japanisch)

MORGERA, S. D., KRISHNA, H., *Digital signal processing*, Academic Press,
Boston/Mass. 1989

NEJFACH, A. E., *Faltungscodes für die Übertragung diskreter Information*, Nauka,
Moskau 1978 (in Russisch)

OSWALD, J., *Théorie de l'information ou analyse des systèmes*, Masson, Paris 1986

PETERSON, W. W., *Prüfbare und korrigierbare Codes*, Oldenbourg, München 1967
(Übersetzung aus dem Amerikanischen)

PETERSON, W. W., WELDON, E. J., *Error-correcting codes*, 2. Aufl., M.I.T. Press,
Cambridge/Mass. 1972

PIERCE, J. R., *An introduction to information theory*, 2. Aufl., Dover, New York 1980

PINSKER, M. S., *Information and information stability of random variables and
processes*, Holden-Day, San Francisco 1964 (englische Übersetzung aus dem Russischen)

PLESS, V., *Introduction to the theory of error-correcting codes*, 2. Aufl., John Wiley,
New York 1989

PÖTSCHKE, D., SOBIK, F., *Mathematische Informationstheorie*, Akademie, Berlin 1980

POLI, A., HUGUET, L., *Codes correcteurs: théorie et applications*, Masson, Paris 1989

PRETZEL, O., *Error-correcting codes and finite fields*, Clarendon Press, Oxford 1992

RAISBECK, G., *Informationstheorie*, Oldenbourg, München 1970

RAO, T. R. H., *Error coding for arithmetic processors*, Academic Press, New York 1975

REZA, F. M., *An introduction to information theory*, McGraw-Hill, New York 1961

ROMAN, S., *Coding and information theory*, Springer, New York 1992

ROSIE, A. M., *Information and communication theory*, Van Nostrand, London 1973

SAMOJLENKO, S. I., *Störungsgeschützte Codierung*, Nauka, Moskau 1966 (in Russisch)

SCHULZ, R.-H., *Codierungstheorie*, Vieweg, Braunschweig 1992

SELIGER, N. B., *Codierung und Datenübertragung*, Oldenbourg, München 1975
(Übersetzung aus dem Russischen)

SHANNON, C. E., WEAVER,W., *Mathematische Grundlagen der Informationstheorie*,
Oldenbourg, München 1976 (Übersetzung aus dem Amerikanischen)

SLEPIAN, D., *Key papers in the development of information theory*, IEEE, New York 1974

SLOANE, N. J. A., *A short course on error-correcting codes*,
CISM Courses and Lectures 188, Springer, Wien 1975

SLOTNIK, B. M., *Fehlerkorrigierende Codes in Kommunikationssystemen*, Radio i Svjaz,
Moskau 1989 (in Russisch)

STACHOV, A. P., *Goldener-Schnitt-Codes*, Radio i Svjaz, Moskau 1984 (in Russisch)

STEINBUCH, K., RUPPRECHT,W., *Nachrichtentechnik Bd. III: Nachrichtenübertragung*,
3. Aufl., Springer, Berlin 1982

SWEENY, P., *Codierung zur Fehlererkennung und Fehlerkorrektur*, Hanser und Prentice
Hall, München 1992 (Übersetzung aus dem Englischen)

SWOBODA, J., *Codierung zur Fehlerkorrektur und Fehlererkennung*, Oldenbourg,
München 1973

THOMPSON, TH. M., *From error-correcting codes through sphere packings to simple
groups*, Math. Ass. Amer., Washington/D.C. 1983

TONCHEV, V., *Combinatorial configurations, codes and graphs*, John Wiley,
New York 1988 (englische Übersetzung aus dem Bulgarischen)

TOPSØE, F., *Informationstheorie*, Teubner, Stuttgart 1974
(Übersetzung aus dem Dänischen)

TRAUB, J. F., WASILKOWSKI, G. W., WOZNIAKOWSKI, H., *Information, uncertainty,
complexity*, Addison-Wesley, Reading/Mass. 1983

TSFASMAN, M. A., VLĂDUŢ, S. G., *Algebraic-geometric codes*, Kluwer, Dordrecht 1991
(englische Übersetzung aus dem Russischen)

VAN LINT, J. H., *Coding theory*, Springer, Berlin 1971

VAN LINT, J. H., *Introduction to coding theory*, 2. Aufl., Springer, Berlin 1992

VANSTONE, S. A., OORSCHOT, P. C., *An introduction to error-correcting codes with
applications*, Kluwer, Boston/Mass. 1989

VITERBI, A. J., OMURA, J. K., *Digital communication and coding*, McGraw-Hill,
New York 1978

WAKERLY, J., *Error-correcting codes, self-checking circuits and applications*,
North-Holland, New York, 1978

WAN, ZH., *Algebra und Codes*, Wissenschaftsverlag, Peking 1980 (in Chinesisch)

WELSH, D., *Codes und Kryptographie*, VCH, Weinheim 1991
(Übersetzung aus dem Englischen)

WIGGERT, D., *Codes for error control and synchronization*, Artech, Boston/Mass. 1988

WOLFOWITZ, J., *Coding theorems of information theory*, 3. Aufl. Springer, Berlin 1978

WOZENCRAFT, M., JACOBS, I., *Principles of communication engineering*, John Wiley,
New York 1965

WOZENCRAFT, M., REIFFEN, B., *Sequential Decoding*, M.I.T. Press, Cambridge/ Mass.
1961

ZIGANGIROV, K. Š., *Die Prozeduren der sequentiellen Decodierung*, Svjaz, Moskau 1974
(in Russisch)